"博学而笃志,切问而近思。"
(《论语》)

博晓古今,可立一家之说;
学贯中西,或成经国之才。

复旦博学·复旦博学·复旦博学·复旦博学·复旦博学·复旦博学

作者简介

吴廷俊，1945年11月出生于湖北天门，1969年毕业于武汉大学中文系。现为华中科技大学新闻与信息传播学院教授、博士生导师、校学术委员会委员。享受国务院政府特殊津贴。学术兼职有中国新闻史学会副会长、中国新闻教育史研究会会长、北京大学新闻学研究会副会长兼导师。主要研究方向是中国新闻史、新闻教育学、网络传播学。主要著作有《中国新闻传播史稿》、《新记大公报史稿》（获第三届吴玉章新闻奖）、《马列新闻活动与新闻思想史》、《科技发展与传播革命》、《网络传播学导论》（合著）等。

新闻与传播学系列／新世纪版

博学

中国新闻史新修

吴廷俊 著

JC

复旦大学出版社

内容提要

本书是作者结合多年教学经验与研究成果，在已出版多本相关著作的基础上修订而成的一本集大成的中国新闻事业史著作。全书以时间为序，"上编"、"中编"和"下编"分别叙述了"帝国晚期"、"民国时期"和"共和国时代"新闻事业的发展历史，并用"补编"的方式叙述了我国台、港、澳地区1949年以来新闻事业的变迁史。作者认为，"帝国晚期"、"民国时期"和"共和国时代"新闻事业的形态特征分别是"八面来风"、"五方杂处"和"定于一尊"。这是"史实"的一条线。"绪论"和各章"简论"构成了全书的另一条线——"史论"。基于各章史实，本书从媒介生态学的角度，在横向上论述了在中国环境中主要生长出了"利器媒介"、"喉舌媒介"和"官营媒介"；在纵向上论述了中国媒介发展的沿革呈现"承袭型"，发展的动力是"政治推进"，生存方式为"依附生存"。此外，无论是"史"还是"论"，本书对1949年以前的民营媒介和自由主义报刊也给予了足够的关注。

本书被方汉奇教授誉为"体例新，内容新，观点新"，"充分地体现了作者的真知灼见"，"开阔的视野"，"实事求是的治学精神"，"理论勇气"，以及"对整个中国新闻事业史研究的全局的和准确的把握"，并认为此书于"史胆、史识、史才都有所追求，也都有所表现"，"十分难能可贵"。

目　录

序 .... 方汉奇
绪论　突破"中体西用"：论中国新闻事业的产生与发展 ....（ 1 ）

上编　八面来风：帝国晚期的新闻事业

第一章　回溯：集权制度下的古代报纸 ....（ 3 ）
　本章概要 ....（ 3 ）
　第一节　中国新闻传播溯源 ....（ 4 ）
　　一、史官的新闻传播活动 ....（ 4 ）
　　二、乐官的新闻传播活动 ....（ 4 ）
　　三、古代报纸的出现 ....（ 6 ）
　第二节　朝廷官报 ....（ 8 ）
　　一、官报是封建帝国集权政治的需要 ....（ 8 ）
　　二、官报的历史沿革 ....（ 9 ）
　　三、官报的编发与管理 ....（ 14 ）
　第三节　非法民报 ....（ 16 ）
　　一、非法民报是社会矛盾激化的产物 ....（ 16 ）
　　二、非法民报的历史沿革 ....（ 17 ）
　　三、非法民报的主要特征 ....（ 19 ）
　　四、非法民报对新闻史的意义 ....（ 20 ）
　第四节　合法民报 ....（ 21 ）
　　一、合法民报的产生与盛行 ....（ 21 ）
　　二、合法民报的主要特征 ....（ 22 ）
　本章简论：古代报纸是政治的需要 ....（ 24 ）

第二章　西力东渐与在华外报 ....（ 27 ）
　本章概要 ....（ 27 ）

第一节　鸦片战争前在华外报的出现 …………………………（28）
　　　　一、传教士和教会的办报活动 …………………………………（28）
　　　　二、商人和政客的办报活动 ……………………………………（33）
　　第二节　鸦片战争后在华外报网的形成 …………………………（35）
　　　　一、有新变化的教会报刊 ………………………………………（35）
　　　　二、有新发展的外商报刊 ………………………………………（39）
　　第三节　在华外报的报刊业务与办报思想 ………………………（46）
　　　　一、采编业务与印刷技术 ………………………………………（46）
　　　　二、报刊理念与办报思想 ………………………………………（48）
　　本章简论：在华外报是西力东渐的产物 ……………………………（50）

第三章　向西方学习与国人办报发轫 ……………………………（53）
　　本章概要 ………………………………………………………（53）
　　第一节　从译报开始 ……………………………………………（54）
　　　　一、林则徐与《澳门新闻纸》 …………………………………（54）
　　　　二、其他译报活动 ………………………………………………（55）
　　　　三、魏源的"夷情备采"译报思想 ………………………………（56）
　　第二节　洪仁玕对太平天国新闻事业的构想 ……………………（57）
　　　　一、洪仁玕与《资政新篇》 ……………………………………（57）
　　　　二、《资政新篇》中关于新闻事业的构想 ……………………（58）
　　　　三、巩固中央集权是洪仁玕新闻思想的出发点 ………………（59）
　　第三节　早期的民间办报活动及其遭遇 …………………………（59）
　　　　一、汉口的《昭文新报》 ………………………………………（59）
　　　　二、上海的《汇报》与《新报》 ………………………………（60）
　　　　三、广州的《述报》与《广报》 ………………………………（60）
　　第四节　王韬与《循环日报》 ……………………………………（61）
　　　　一、在学习西方过程中裂变 ……………………………………（61）
　　　　二、创办并主持《循环日报》 …………………………………（62）
　　　　三、首创中国报刊政论文体 ……………………………………（64）
　　　　四、提出"立言"的办报主张 ……………………………………（65）
　　本章简论：爱国主义推动国人办报发轫 ……………………………（66）

第四章　维新运动与政治家办报开端 ……………………………（69）
　　本章概要 ………………………………………………………（69）

第一节　康有为的办报活动与办报思想 …………………………（70）
　　一、康有为与"公车上书" ……………………………………（70）
　　二、卓有成效的办报活动………………………………………（71）
　　三、"设报达聪"思想的提出 …………………………………（72）
第二节　梁启超维新时期的办报活动与办报思想 ………………（73）
　　一、关心国事的梁启超…………………………………………（73）
　　二、维新时期的报刊活动………………………………………（74）
　　三、时务文体问世………………………………………………（78）
　　四、"耳目喉舌"论的提出 ……………………………………（79）
第三节　严复的报刊活动与报刊思想 ……………………………（81）
　　一、严复的报刊活动……………………………………………（81）
　　二、严复的报刊思想……………………………………………（83）
第四节　唐才常、谭嗣同的报刊活动与报刊思想 ………………（84）
　　一、唐才常的报刊活动与报刊思想……………………………（84）
　　二、谭嗣同的报刊活动与报刊思想……………………………（85）
第五节　卓越的报刊事业家汪康年 ………………………………（87）
　　一、汪康年的报刊活动…………………………………………（87）
　　二、汪康年的办报主张及报纸改革实践………………………（88）
第六节　清末的新式官报 …………………………………………（89）
　　一、被迫的进步…………………………………………………（89）
　　二、从地方到中央的新式官报…………………………………（90）
本章简论："有益于国事"是早期政治家办报的初衷 ……………（93）

第五章　革命改良双重奏与政党报刊斗争 ……………………（95）
本章概要 ……………………………………………………………（95）
第一节　戊戌政变后梁启超的报刊活动与报刊思想 ……………（96）
　　一、戊戌政变后梁启超的报刊活动……………………………（96）
　　二、戊戌政变后梁启超的报刊思想……………………………（99）
第二节　改良派其他的报刊活动 …………………………………（102）
　　一、在美洲与南洋的报刊活动…………………………………（102）
　　二、在港澳及内地的报刊活动…………………………………（103）
第三节　同盟会成立前革命派的报刊活动 ………………………（105）
　　一、早期宣传活动与《中国日报》创办………………………（105）
　　二、在日本的报刊活动…………………………………………（108）

三、在国内的报刊活动……………………………………（109）
　第四节　同盟会的机关报《民报》………………………………（111）
　　一、同盟会成立与《民报》创刊…………………………（111）
　　二、《民报》与《新民丛报》的大论战……………………（112）
　第五节　辛亥革命时期革命派的办报活动……………………（114）
　　一、于右任等在上海的报刊活动…………………………（114）
　　二、詹大悲等在武汉的报刊活动…………………………（117）
　　三、在其他地区的报刊活动………………………………（120）
　第六节　资产阶级革命派的报刊思想…………………………（121）
　　一、基本要点………………………………………………（121）
　　二、主要局限………………………………………………（123）
　本章简论：国人的办报高潮实质是政党的斗争高潮…………（124）

中编　五方杂处：民国时期的新闻事业

第六章　民初混乱与新闻事业的被动进步……………………（129）
　本章概要……………………………………………………………（129）
　第一节　民初新闻事业无序发展………………………………（130）
　　一、"咸与共和"与报纸暂时繁荣…………………………（130）
　　二、"政党政治"与政党报纸蜂起…………………………（132）
　　三、"复辟帝制"与报纸遭殃………………………………（135）
　第二节　新闻时代的开拓者黄远生……………………………（138）
　　一、黄远生的新闻生涯……………………………………（138）
　　二、黄远生的新闻思想……………………………………（139）
　　三、《远生遗著》与"远生通讯"……………………………（141）
　第三节　近代中国的一代名记者邵飘萍………………………（144）
　　一、邵飘萍的新闻生涯……………………………………（144）
　　二、邵飘萍的新闻思想……………………………………（146）
　　三、邵飘萍的采访艺术……………………………………（147）
　第四节　民国初年的新闻记者群及其代表人物………………（149）
　　一、刘少少…………………………………………………（149）
　　二、林白水…………………………………………………（150）
　　三、徐凌霄…………………………………………………（152）
　第五节　报纸副刊的发展与变化………………………………（154）

本章简论：报纸的本位转换是中国新闻事业的一种进步 …………… （156）

第七章　新文化运动与启蒙报刊 …………………………………… （160）
  本章概要 …………………………………………………………… （160）
  第一节　启蒙报坛"三剑客" ……………………………………… （162）
    一、启蒙报刊首创者及主将陈独秀 …………………………… （162）
    二、文学革命的"首举义旗者"胡适 ………………………… （163）
    三、启蒙报刊革命精神提升者李大钊 ………………………… （166）
  第二节　启蒙报刊的旗舰《新青年》……………………………… （168）
    一、《新青年》的创办与出版 …………………………………… （168）
    二、前期《新青年》对新文化运动的贡献 …………………… （169）
    三、《新青年》的民主、科学办报态度 ………………………… （172）
  第三节　《每周评论》创办与报刊新阵线形成 …………………… （174）
    一、《每周评论》推动新文化运动进入新阶段 ………………… （174）
    二、报刊新阵线形成与思想领域的报刊论战 ………………… （175）
  第四节　新文化运动带来的报刊业务改革 ……………………… （184）
    一、白话文和新式标点在报刊上广泛应用 …………………… （184）
    二、副刊改革 …………………………………………………… （185）
    三、报刊文体创新 ……………………………………………… （189）
  第五节　中国新闻教育发端和新闻学研究发轫 ………………… （190）
    一、中国新闻教育与新闻学研究的拓荒者蔡元培 …………… （190）
    二、北京大学新闻学研究会的成立 …………………………… （191）
    三、徐宝璜与他的《新闻学》…………………………………… （193）
  本章简论：新文化运动使新闻事业从"新"起航 ………………… （194）

第八章　大革命推动新闻事业黄金发展 …………………………… （197）
  本章概要 …………………………………………………………… （197）
  第一节　无产阶级和共产党报刊诞生 …………………………… （199）
    一、《新青年》改组与《共产党》月刊创办 …………………… （199）
    二、《向导》周报与中共早期报刊 ……………………………… （201）
    三、中国社会主义青年团的早期报刊 ………………………… （204）
    四、工人报刊的发展 …………………………………………… （208）
  第二节　杰出的马克思主义理论宣传家瞿秋白 ………………… （209）
    一、瞿秋白及其新闻活动经历 ………………………………… （209）

二、瞿秋白对中共党报理论的贡献……………………………………（212）
第三节 国共合作时期国共报刊新发展与新变化………………（213）
一、共产党报刊的新发展…………………………………………（213）
二、国民党报刊的新变化…………………………………………（214）
第四节 私营企业性报纸的进一步发展…………………………（216）
一、《申报》、《新闻报》及上海企业性报纸的发展………………（217）
二、《世界日报》及北京企业性报纸的发展………………………（221）
三、《大公报》续刊与天津企业性报纸的发展……………………（224）
第五节 中国无线电广播事业的诞生……………………………（228）
一、外国商人把无线电广播舶来中国……………………………（228）
二、国人自办无线电广播电台的开始……………………………（229）
三、中国早期无线电广播的管理…………………………………（229）
第六节 中国通讯社事业的发展…………………………………（230）
一、中国早期通讯社………………………………………………（230）
二、中国通讯社在20世纪20年代的发展…………………………（230）
第七节 中国新闻学研究与新闻教育的发展……………………（231）
一、新闻学研究的发展……………………………………………（231）
二、早期新闻教育的发展…………………………………………（232）
本章简论：思想政治领域大革命推动新闻事业黄金发展……………（234）

第九章 两极政治环境下的新闻事业……………………………（237）
本章概要……………………………………………………………（237）
第一节 国民党的新闻事业与新闻统制…………………………（240）
一、国民党新闻系统形成与新闻机构改组………………………（240）
二、国民党的新闻统制与业界争取新闻自由的斗争……………（246）
第二节 共产党与人民的新闻事业艰难生存……………………（249）
一、国统区内共产党报刊秘密出版与左翼新闻活动……………（249）
二、中华苏维埃的崭新新闻事业…………………………………（253）
第三节 私营企业性报纸的分化与发展…………………………（257）
一、史量才进步与《申报》改革……………………………………（258）
二、《大公报》对蒋介石"小骂大帮忙"……………………………（262）
三、罗隆基北上与《益世报》的抗日救亡倾向……………………（265）
四、成舍我新办报主张与《立报》创办……………………………（266）
五、张竹平异军突起与"四社"成立………………………………（269）

第四节　在救亡中奋进的爱国新闻人士 …………………… (270)
　　一、伟大的人民新闻出版事业家邹韬奋 ………………… (270)
　　二、现代中国的一代名记者范长江 ……………………… (275)
　　三、想"为国家尽一点点力"的胡适 …………………… (280)
第五节　新闻教育新发展与新闻学研究新成果 ……………… (287)
　　一、新闻教育新发展 ……………………………………… (287)
　　二、新闻学研究新成果 …………………………………… (292)
本章简论：两极政治环境下新闻业发展三亮点 ……………… (294)

第十章　抗战烽火中的新闻事业 …………………………… (299)
本章概要 …………………………………………………………… (299)
第一节　国民党新闻中心内迁与重建 ………………………… (301)
　　一、国民党新闻中心内迁及趋势 ………………………… (301)
　　二、国民党新闻机构的抗战态度 ………………………… (303)
　　三、国民党的新闻政策 …………………………………… (305)
第二节　共产党和革命新闻机构在国统区合法运行 ………… (307)
　　一、《新华日报》和《群众》周刊的创办与刊行 ……… (307)
　　二、中国青年新闻记者学会的成立 ……………………… (312)
　　三、国际新闻社的成立 …………………………………… (314)
第三节　联合办报好 …………………………………………… (315)
　　一、《救亡日报》的创办与宣传 ………………………… (315)
　　二、《重庆各报联合版》的创办与刊行 ………………… (319)
第四节　民族气节天平上的私营企业性报纸 ………………… (320)
　　一、《新民报》与《大公报》：转徙迁播，决不投降 … (320)
　　二、《新闻报》与《申报》：心存幻想，一脚踏上不归路 … (324)
第五节　抗日根据地新闻事业的发展与改革 ………………… (327)
　　一、边区首府延安的新闻事业 …………………………… (327)
　　二、各抗日根据地报刊的整顿与发展 …………………… (331)
　　三、抗日根据地新闻界的整风与中共党报理论的形成 … (334)
第六节　沦陷区的新闻界 ……………………………………… (342)
　　一、敌伪新闻机构 ………………………………………… (342)
　　二、爱国进步报刊 ………………………………………… (344)
第七节　外国记者在中国的采访活动 ………………………… (347)
　　一、埃德加·斯诺与《红星照耀中国》 ………………… (347)

二、安娜·路易斯·斯特朗与《人类的五分之一》……………(350)
三、艾格妮丝·史沫特莱与《伟大的道路》…………………(351)
本章简论：民族正气推动新闻事业新发展……………………(352)

第十一章　两极对决中的新闻事业……………………………(355)
本章概要………………………………………………………………(355)
第一节　抗战胜利后的新闻界……………………………………(356)
一、国民党及国统区新闻事业的膨胀…………………………(356)
二、共产党和人民新闻事业的发展……………………………(358)
三、民营新闻事业的恢复与发展………………………………(360)
第二节　全面内战爆发后的新闻界………………………………(361)
一、国民党新闻事业发展到顶峰………………………………(361)
二、共产党新闻事业的暂时收缩与艰苦斗争…………………(362)
三、民主报刊的斗争……………………………………………(365)
第三节　人民解放战争走向胜利中的新闻界……………………(368)
一、《观察》破产与自由主义报刊的幻灭……………………(368)
二、《大公报》新生与民营报刊的最后抉择…………………(380)
三、中国新闻事业的除旧布新…………………………………(383)
第四节　共产党新闻事业向全国拓展……………………………(386)
一、对旧有新闻事业的处理……………………………………(386)
二、共产党全国新闻事业网的加速布局………………………(387)
本章简论：各类新闻媒介消长均在两极对决大局中………………(388)

下编　定于一尊：共和国时代的新闻事业

第十二章　新中国成立与新闻事业一元格局形成……………(393)
本章概要………………………………………………………………(393)
第一节　社会主义改造与一元党报体制建立……………………(394)
一、对私营新闻事业的改造……………………………………(394)
二、公营新闻事业体系的形成…………………………………(397)
第二节　新中国发展新闻事业新举措……………………………(401)
一、新闻总署成立与新闻法规制定……………………………(401)
二、两次全国新闻工作会议与新闻工作改进…………………(403)
第三节　建国初新闻事业发展中出现的问题……………………(406)

一、在三次思想文化大批判运动中"一边倒" …………………… （406）
　　二、在学习苏联新闻工作经验中的教条主义 …………………… （410）
　第四节　1956年的新闻改革 ……………………………………… （411）
　　一、改革的酝酿 …………………………………………………… （411）
　　二、改革的实施 …………………………………………………… （414）
　　三、改革的意义 …………………………………………………… （420）
　本章简论：新中国新闻体制应从"非常态"转换到"常态" ………… （421）

第十三章　探索建设社会主义与新闻事业曲折发展 …………… （424）
　本章概要 ……………………………………………………………… （424）
　第一节　"鸣放"中的新闻界与新闻界的反右派斗争 …………… （425）
　　一、宣传"双百"，动员"鸣放" ………………………………… （425）
　　二、毛泽东对1956年新闻改革的否定 ………………………… （430）
　　三、反右派斗争中的新闻界 …………………………………… （432）
　　四、新闻界的反右派斗争 ……………………………………… （434）
　第二节　"大跃进"中的新闻界与新闻界的"大跃进" …………… （438）
　　一、"大跃进"中反科学的新闻宣传 …………………………… （439）
　　二、新闻界的"大跃进" ………………………………………… （444）
　　三、"反右倾"中的新闻界 ……………………………………… （447）
　第三节　惯性向"左"难刹车 ……………………………………… （450）
　　一、新闻界的短期调整与发展 ………………………………… （450）
　　二、以"阶级斗争为纲"的新闻界 ……………………………… （454）
　　三、批判《海瑞罢官》点燃"文革"导火索 ……………………… （458）
　本章简论：应正确理解"政治家办报" ……………………………… （460）

第十四章　"文化大革命"与黑暗新闻业 ………………………… （464）
　本章概要 ……………………………………………………………… （464）
　第一节　新闻媒体煽动全国动乱 ………………………………… （465）
　　一、全国起动乱，媒体当吹鼓手 ……………………………… （465）
　　二、"助纣为虐"的新闻媒体 …………………………………… （467）
　第二节　新闻界成为"文革"重灾区 ……………………………… （481）
　　一、被摧残的新闻界 …………………………………………… （481）
　　二、畸形的新闻格局 …………………………………………… （483）
　　三、扭曲的新闻理论 …………………………………………… （485）

四、新闻教育的灾难……………………………………………(487)
第三节　"文革小报"的泛滥………………………………………(489)
　　一、"文革小报"的兴起与衰亡……………………………………(489)
　　二、"文革小报"与派性斗争………………………………………(494)
本章简论："革命新闻体制"弊端的总暴露……………………………(496)

第十五章　走进新时期与新闻事业新篇章……………………(499)

本章概要……………………………………………………………(499)
第一节　揭批"四人帮"与新闻界拨乱反正………………………(500)
　　一、新闻界自身的拨乱反正………………………………………(500)
　　二、新闻界为全国范围拨乱反正而努力…………………………(506)
　　三、新闻教育重新发展……………………………………………(509)
第二节　社会转型与新闻工作全面改革……………………………(510)
　　一、新闻观念的转变………………………………………………(511)
　　二、新闻业务的改革………………………………………………(514)
　　三、管理体制的演变………………………………………………(516)
　　四、新闻教育的发展………………………………………………(518)
第三节　市场经济体制建立与新闻事业快速发展…………………(520)
　　一、媒介产业化进程………………………………………………(520)
　　二、媒介功能的多面发挥…………………………………………(525)
　　三、第四媒体在中国的出现与发展………………………………(526)
　　四、传播新技术发展与新闻媒介融合……………………………(530)
　　五、新闻人才新要求与新闻教育新变革…………………………(531)
第四节　加入WTO与新闻事业新的变化…………………………(533)
　　一、新闻媒介生态的新变化………………………………………(534)
　　二、新闻传播观念的新变化………………………………………(540)
　　三、新闻媒体发展的新变化………………………………………(543)
　　四、新闻传播法制建设……………………………………………(548)
　　五、新闻教育面临的新机遇………………………………………(551)
本章简论：新闻制度层面的改革尚需加大力度……………………(553)

补　编

第十六章　1949年后台、港、澳的新闻传播事业……………(559)

本章概要 …………………………………………………………（559）
第一节　台湾新闻传播事业的发展 ………………………………（561）
　　一、"戒严"时期的新闻传播事业 ……………………………（561）
　　二、"解禁"后新闻传播事业的竞争与发展 …………………（564）
第二节　香港新闻传播事业的演进 ………………………………（576）
　　一、新中国成立后的新闻传播事业……………………………（577）
　　二、回归后新闻传播事业的发展………………………………（580）
第三节　澳门新闻传播事业的变化 ………………………………（585）
　　一、新中国成立后的新闻传播事业……………………………（585）
　　二、回归后新闻传播事业的新变化……………………………（587）
本章简论：享受新闻自由与遵守职业操守…………………………（590）

后记 ………………………………………………………………（593）

序

拜读了吴廷俊教授《中国新闻史新修》一书,眼前一亮,觉得这是和中国新闻事业史有关的同类专著中的佳构,是一部从史实出发,不落窠臼,言所欲言,充满了新意的好书。

中国新闻史的研究,正规地说来,是从1927年戈公振的《中国报学史》出版开始的。中经几个阶段,到20世纪的80年代,进入了它的繁荣期。从那时到现在,据有关专家统计,以"中国新闻事业史"或类似的文字命名的专著和教材,已不下60种。早出的几部,处在拨乱反正的时代,还能使人耳目一新,觉得与"文革"和"文革"以前的那一时代的写法毕竟两样。但后续出版的,在形式和内容上逐渐趋同,使读者难有新鲜感。

吴廷俊教授的这部新著不一样。它给人以耳目一新的感觉。

首先是框架新。它把一部中国新闻史分成"帝国晚期"、"民国时期"、"共和国时代"三个大的板块,分别用形象化的语言"八面来风"、"五方杂处"、"定于一尊"作标题,以为区隔。其中的"帝国晚期"部分,以回溯的方式追记了"集权制度下的古代报纸",即把古代报纸历史的那一部分也囊括在内。这种大的区分格局,完全打破了传统的按古代近代史、新旧民主主义革命史和社会主义革命和建设史写新闻事业史的模式,既符合中国新闻事业发展历史的实际,又颇具匠心,颇有新意。

其次是体例新。例如古代的部分,不是按照朝代的先后顺序写,而是按"朝廷官报"、"非法民报"和"合法民报"三种类型,分别开来,综合起来写。这是纵的方面。横的方面,则每章必设专节,以"本章概要"打头,以"本章简论"作结,以便于读者省览。其中,后一部分的内容,有点像《史记》中的"太史公曰"和《资治通鉴》中的"臣光曰"。沿用的其实是中国史家的传统,因为此前未被重视,使读者反而有新的感觉。

再次是内容和观点新。这方面的例子俯拾即是,不胜枚举。举其荦荦大者,如绪论部分提出,"中国近代报纸不是在外报的根基上产生和发展起来的，而是中国原有的'报'在近现代环境下借'西国之报章形式'生长起来的"的观点。上编部分提出三种媒介的观点，即认为"喉舌媒介、官营媒介、利器媒介是中国新闻事业发展进程中的主流"；中编部分提出，媒体区分为"营政"、"论政"、"营利"等三种类型；这一编和下一编中提出有关中国媒介生长的特征，以及各时期政党报刊具有不同类型的种种观点，都颇多新意。此外，第七、九两章，分别为半个世纪前一度被斥为旧政权"罪大恶极的帮凶"，建国后又屡遭批判的胡适，设置了专目，一个题为"文学革命的首举义旗者"，一个题为"想为国家尽一点点力"，对这一历史人物作了正面的评价。这些，也都极富新意。

所有这一切，都充分地体现了作者的真知灼见，他的开阔的视野，他的实事求是的治学精神，他的理论勇气，和他对整个中国新闻事业史研究的全局的和准确的把握。中国的史家历来有讲究史胆、史识、史才的传统，作者于此三者都有所追求，也都有所表现，是十分难能可贵的。

文史是相通的。这一点在作者的这部专著中也得到了印证。其表现是既注意到史学专著所要求的严谨，而字里行间又不乏文采。但和作者曾获吴玉章新闻学奖的那部《新记大公报史稿》比较起来，这部专著的严谨程度有所增加，文学的语言则有所减少。这一迹象表明，作者作为一个出身文学，转而治史的文史兼通的学者，他的史学家的倾向更为明显了。

"多打深井，多做个案研究"，是我不久前对新闻史研究工作者提出的一项建议。现在我仍然坚持这样的观点，即新闻史研究必须以"多打深井"和"多做个案研究"为基础。本书的作者，就是打过"深井"和做过"个案研究"的。他为了研究新记公司时期的《大公报》，曾经用四年的时间，通读了1926年至1949年这家报纸的全部藏报，对有关的背景和相关的材料做过深入的研究。此后，又从事过有关中国新闻史众多选题的个案研究。呈现在读者面前的这部书，正是他长时期"打深井"和"做个案研究"的结果。没有由此而得到的积累和功力，这样一部涉及整个中国新闻事业史的专著，是写不出来也是难以写好的。是为序。

方汉奇
2008年4月6日于北京宜园

绪论

突破"中体西用":论中国新闻事业的产生与发展

大家都说,中国近代报纸是舶来品,是由西方传教士传到中国来的;可在我看来,这句话只说对了一半。一方面,西人在中国创办近代报刊,仅仅是揭开了中国新闻史的序幕,正戏的开始还是在国人创办近代报刊之后;另一方面,国人创办近代报刊并没有沿着当时在华外报的主流——企业报纸发展起来,而是走了从政论到政党报纸的发展道路。所以,我以为,中国近代报刊是在外报的启示下,吸取西报的形式,沿用中国古代报纸的内核,根据新形势的需要再行设计的产物。正如今人桑兵所说,一些东西,"看似完全由西方移植引进,其实也并不那么简单……引进之时固然有所选择取舍,引进之后还要加以调整,尤其是在许多方面实际上利用了中国已有的基础,或是不能不受国有条件的制约,因此在落实到中土的时候,发生了种种变异"①。

这一点,梁启超早就看到了。他认为,报纸的本质是"耳目喉舌",而能起到"耳目喉舌"功用的"报"在中国古已有之:"古者太师陈诗以观民风者……犹民报也;公卿大夫,揄扬上德,论列政治,皇华命使,江汉纪勋,斯干考室,驷马畜牧,君以之告臣,上以之告下,犹官报也。"由于中国报纸的发展"迟缓而无力",致使"中国邸报兴于西报未行以前,然历数百年未一推广"②。"即自通商以后,西国之报章形式,始入中国",《循环日报》等近代报纸才在中国时兴起来③。就是说,报纸的本质东西,我国早已有了;并且"邸报"发行,作为万国报纸的"先辈",只是一直没有推广而已;通商后,西国报章形式传入我国,我国的报纸才得以恢复

---

① 参阅桑兵:《近代中国的知识与制度转型·解说》,"近代中国的知识与制度转型丛书"总序,三联书店。
② 梁启超:《论报馆有益于国事》,《时务报》第1册,1896年。
③ 梁启超:《本馆第一百册祝辞并论报馆之责任及本馆之经历》,《清议报》第100册,1901年12月21日。

发展起来。

实际上,翻开中国新闻事业史和西方新闻事业史,我们会很容易发现两者存在着明显的区别,这也说明,中国近代报刊不是在"外报"的根基上产生和发展起来的,而是中国原有的"报"在近现代环境下借"西国之报章形式"生长起来的。

何以如此?新闻事业是一种文化事业,它必然受文化母体的影响,有其很强的传承性。中西方由于地理环境和人的行为方式不同产生了文化的差异,这种文化差异必然会在新闻事业上反映出来。《周礼·冬官·考工记》总序中有一句话:"橘逾淮而北为枳……此地气然也。"生长在淮南的柑橘移植到淮北,就会蜕变成味道苦涩的枳,这是由于淮北的"地气"使它变成这样的。《晏子春秋·内篇杂下》之十也有记载说:"婴闻之:橘生淮南则为橘,生于淮北则为枳,叶徒相似,其实味不同,所以然者何?水土异也。"即使是相同品种,不同地方的水土也会使其结出不同的果实,这也就是我们常说的"一方水土养一方人"。同理,一方水土里生长出一方新闻媒介,这就是说,什么样的生存环境就会生长出什么样的媒介。这种情况符合"媒介生态"理论。

所谓的"媒介生态"理论,是指援用生物学中"生态"、"生态系统"等概念建构出的一种新闻媒介研究理论。生物学中的"生态",表述的是生物的生存状态以及它们与周围环境之间的关系;"生态系统"是指生物群落及其与生存环境共同组成的一个动态平衡系统。将"媒介生态"理论作为新闻史研究的理论视角,主要就是研究媒介群落之间、媒介个体之间的竞合以及与生存环境之间如何保持动态平衡①。这里说的媒介是既包括外部形态又包括内部运作的具有生命的有机体,即新闻事业。

一、中国环境与中国媒介

中国的媒介生存环境怎样?这种生存环境中生长出怎样的媒介?
1. 中央集权制与"喉舌媒介"

说到中国的特征,首推国家体制层面即国家结构形式上的中央集权制。

公元前221年,秦始皇"振长策而驭宇内,吞二周而亡诸侯",扫平六合,统一中国,拉开了中央集权制的帷幕。三公九卿制和郡县制是"秦中央集权国家

---

① 吴廷俊、阳海洪:《新闻史研究者要加强史学修养——论中国新闻史研究如何走出"学术内卷化"状态》,《新闻大学》2007年秋季号。

制度的两大支柱"①。"三公九卿制"是关于中央政府行政机构和官员设置的制度,而"郡县制"是关于地方行政机构设置的制度。这一年,因丞相王绾请封皇子为燕、齐、楚王而引发了廷尉李斯与其他大臣关于是继续封国建藩还是实行郡县制的争论。李斯说:"周文武所封子弟同姓甚众,然后疏远,相攻击如仇雠,诸侯更相诛伐,周天子弗能禁止。今海内赖陛下神灵一统,皆为郡县……则安宁之术也。"秦始皇采纳李斯的意见,由此中国废分封、设郡县,郡县两级官员均由皇帝任免,成为中央政府在地方的代理,直接对皇帝负责;此外,为了更好地行使中央集权,秦始皇还采取了其他一些具体措施,主要的有统一货币、统一车轨、统一度量衡、统一文字,等等。

秦始皇建立起来的中央集权制度不仅被后来的历代统治者所沿用,还不断地被加强。隋炀帝建立科举制,用考试方法来选举进士,把选举官吏的权力从地方大族手中集中到中央政府手中。史家以为:"隋的中央集权制度比秦汉更为加强了。"②公元960年,宋朝建立,赵匡胤称帝后,吸取唐后期"安史之乱"和藩镇割据尾大不掉的教训,"杯酒释兵权",解除重臣宿将掌握禁军的权力,把所有军权都集中在自己手中。同时,采取措施,"收乡长镇将之权悉归于县,收县之权悉归于州,收州之权悉归于监司(路的行政机构),收监司之权悉归于朝廷"③,将政权、财权、军权全部集中于中央。

1911年10月10日,武昌首义的枪声一响,中国最后一个封建王朝大清帝国土崩瓦解,但是,存在了2 132年的中央集权制似乎没有随之被埋葬。1912年1月1日建立起来的"中华民国"只是空有其名,并无其实。很快,"民国"变成了"军国"、"党国",1928年8月国民党开始"训政",全国实行"一个政党,一个主义"④。1929年3月,国民党"三大"又规定:国民党对"中华民国之政权治权","独负全责"。可见,所谓"训政",就是"以党治国",就是剥夺人民民主权利的一党专政。

"国家结构形式具有很强的继承性和历史连续性。当今我国实行的民主集中单一制,英国的地方自治单一制,法国中央集权单一制和瑞士、德国、美国的分权制衡联邦制,基本方面的很多内容和特点往往上百年甚至上千年都没有太大变化,尽管其间经历了不止一次的社会经济结构变迁和无数次的'改朝换代',它们却依然故我。……中国、法国国家结构形式中的中央集权神韵等,都是一代

---

① 赵毅、赵轶峰主编:《中国古代史》,高等教育出版社,2006年版,第210页。
② 李培浩:《中国古代史纲》下,北京大学出版社,1985年版,第11页。
③ 《范太史集》卷二十二,《转对条上四事状》。
④ 蒋介石:《为什么要有党》,《中国现代政治思想史资料选辑》上册,四川人民出版社,1984年版,第566页。

又一代自觉不自觉地继承了下来。"①易中天说得更明白:郡县制的特点是"天下一统,四海为家,中央集权,分级管理……这种制度,一直延续至今"②。

中央集权制度下,国家机器要保持正常运转必须要解决两个问题:第一个是政令畅通,就是将朝廷的政令、皇帝圣旨迅速地、原原本本地传达下去;第二个是举国"听一","听一",就是听最高当局的。要做到政令畅通,就必须有畅通的渠道;要举国"听一",就必须有令举国"听一"的手段,刊行官报就是迅速传达政令的一条很好的渠道,也就是宣达皇权、统一行动最好的手段。报刊,本来是一种大众传媒,但是在中国,长期以来,其主要功能成了政府、政党发号施令的喉舌,成了政府和政党的"喉舌媒介"。所以从古至今,中国的主流媒介均为"喉舌媒介",也正因为如此,在中国新闻史上,没有哪一种理论比"耳目喉舌"论对新闻事业发展的影响更为深刻、长久。

"耳目喉舌"论从它正式问世之日至今有110多年的历史。一个多世纪以来,"耳目喉舌"论前后经过了四次演变。

在中国新闻史上,最早明确提出"耳目喉舌"论的是梁启超先生。1896年,他在《论报馆有益于国事》中说:"去塞求通,厥道非一,而报馆其道端也。无耳目,无喉舌,是曰废疾。今夫万国并立,犹比邻也。齐州以内忧同室也。比邻之事而吾不知,甚乃同室所为不相闻问,则有耳目而无耳目;上有所措置不能喻之民,下有所苦患不能告之君,则有喉舌而无喉舌;其有助耳目喉舌之功用而起天下之废疾者,则报馆之谓也。"梁启超从"有益于国事"的高度立论,对"喉舌媒介"作了全面论述:在功能上,既强调"耳目"作用,又强调"喉舌"作用;在所属上,既强调属于国君,又强调属于臣民;在传播方向上,既强调纵向的通上下之情,又强调横向的通中外之故。梁启超希望通过"喉舌媒介"实现"去塞求通",使内外交流、上下了解,达至和谐、统一的境地。

戊戌变法失败后,梁启超亲自考察了资本主义制度,比较系统地了解了西方资本主义政治学说,因此他的"耳目喉舌"论增加了新的内涵。1901年12月,梁启超在《本馆第一百册祝辞并论报馆之责任及本馆之经历》中说:"报馆者,国之耳目也,喉舌也,人群之镜也,文坛之王也,将来之灯也,现在之粮也。"此时,他的"喉舌媒介"是以"监督政府"、"向导国民"为出发点的,所以,作为"喉舌"的媒介是属于"国家"的,是一个与政府处于平等地位的独立的社会系统。遗憾的是,梁启超期盼的这种"耳目喉舌媒介"在中国近现代新闻史上属于"稀有媒介",除了像《大公报》这样极个别的报纸外,几乎找不到了,更没能成为主流

---

① 童之伟:《国家结构形式论》,武汉大学出版社,1997年版,第4页。
② 易中天:《帝国的终结——中国古代政治制度批判》,复旦大学出版社,2007年版,第22页。

媒介。

以孙中山为首的资产阶级革命派把报纸视作政党的"喉舌"。孙中山说："《民报》成立,一方面为同盟会之喉舌,以宣传主义;一方面则力辟当时保皇党劝告开明专制要求立宪之谬说,使革命主义,如日中天。"①孙中山的"喉舌媒介"主要作用是为政党宣传主义,为政治运动的开展制造舆论。因为在他看来,"惟夫一群之中,有少数最良之心理,能策其群而进之,使最宜之治法,适应于吾群,吾群之进步,适应于世界,此先知先觉之天职,而吾《民报》之所为作也"。既然人群有先知先觉和后知后觉之分,那么利用报刊制造舆论,教育民众,是先知先觉者的天职。因此,他要求《民报》作为同盟会的"喉舌",将同盟会的纲领,"非常革新之学说,其理想输灌于人心而化为常识"②。孙中山的"喉舌媒介"思想是建立在思想支配行动这种认识论和英雄史观的基础上的,所以,他的"喉舌媒介"有三个明显特征:其一是看重"言"的功能,重"喉舌",轻"耳目",赋予媒介"宣传主义"、"力辟谬说"的任务;其二是在"言"的方式上强调单向"输灌"和"鼓吹";其三是强调"喉舌"为政党所支配、所运用。

中国共产党在长期革命斗争年代,接受苏联布尔什维克报刊理论,反复强调"党报是党的喉舌",同苏联布尔什维克一样,实行"机关报"体制,以"党委机关报"代替"全党报"。1941年2月6日,《新中华报》发表题为《纪念本报新刊两周年》社论,说"《新中华报》便是传达中共中央政治局意见的有力喉舌"。党报如何当好"党的喉舌"呢？中国共产党根据列宁的名言指出:报纸应该成为党这个"集体的宣传者与集体的组织者"。所谓宣传者,就是忠实地宣传党的路线、方针、政策,"不仅要在自己的篇幅上,在每一篇论文、每一条通讯、每个消息……中都能贯彻党的观点、党的见解,而且更重要的是报纸必须与整个党的方针、党的政策、党的动向密切相联,呼吸相通,使报纸应该成为实现党的一切政策、一切号召的尖兵、倡导者"。所谓组织者,就是一方面"充实群众的知识,扩大他们的眼界,启发他们的觉悟,教导他们,组织他们";一方面"响应党的号召,或根据党的方针倡导各种群众运动和工农大众的斗争"③。中国共产党的"喉舌媒介"理论从革命年代一直沿用到建设年代。

与孙中山的"喉舌媒介"论相比较,中国共产党除了同样强调媒介"言"的功能,强调政治宣传之外,还把"言"的功能的发挥落实到组织系统上,用组织监督媒介,保障其宣传功能的实现。

---

① 孙文:《中国之革命》,《中山全书》第4册,1935年版。
② 孙文:《〈民报〉发刊词》,《民报》第1期,1905年10月。
③ 《致读者》,《解放日报》1942年4月1日社论。

2. 帝制传统与"官营媒介"

始于秦王朝延续到清王朝的中国历史上的中央集权制有一个基本特点,就是君权政治:"君临天下",皇帝的权力至高无上。当初,秦嬴政自称始皇帝,不是用一个简单称号满足自己的虚荣心,而是有其实实在在内容的。他在设计三公九卿制、郡县制等国家官僚机制时,皇帝是不在其内的。皇帝乃天子,置于权力系统的顶端而不受权力系统的制约;皇帝权力由天授予,以"奉天承运"的天赋权威"君临天下"。皇帝不是国家行政体系结构的组成部分,所以中国历代行政法典中没有任何关于皇帝的条款,皇帝可以为所欲为,决定一切,制约一切,主宰一切。

秦嬴政为皇帝所谋取的如此大的权力,后来者还不满足,还要不断加以扩大。

汉武帝之后,东汉的刘秀"退功臣,进文吏",使皇帝"总揽权纲";"虽置三公,事归台阁",使三公徒有虚名,并无实权,权力集中于尚书台,而尚书台则直接听命于皇帝。

隋文帝改革官制,建立"三省",分担秦汉时丞相的职责,加强和巩固了皇帝的权力。

明太祖朱元璋"罢丞相","自操威柄",使六部事权直接听命于皇帝,同时设锦衣卫,使其监视各级官吏图谋不轨行为。明成祖又设特务机构——东厂,由宦官提领,权在锦衣卫之上。厂卫的设立,大大加强了君权。

清王朝建立,承袭明朝的政治制度,并进行调整,使皇权膨胀到前所未有的程度。雍正时期,废止议政王大臣会议,改设军机处。军机处总揽全国军政大权,在皇帝掌握下经办一切军政要务,成为中央施政发令的最高权力机关。在办事过程中,军政大臣"只供传述缮撰,而不能稍有赞画于其间",一切政令都要"钦承宸断",历史上丞相制度由此告终。清朝皇帝真正做到了集权一身,权力不受任何侵犯,君主专制达于顶点①。

至于"中华民国",实为"党国",甚至是"军国"。1938年3月,在武汉召开的国民党临时全国代表大会上,确立总裁制,选举军委会主席蒋介石为国民党总裁,规定国民政府要受军委会节制,这样一来,蒋介石不仅是海陆空最高统帅,而且是国民党总裁,还节制国民政府,集党政军大权于一身,把"一党专政"推向一人独裁的地步。

代表人民根本利益的中国共产党领导广大人民群众经过几十年坚苦卓绝的奋斗,建立起了中华人民共和国,实行工人阶级(通过共产党)领导的、以工农联

---

① 李培浩:《中国古代史纲》下,北京大学出版社,1985年版,第378页。

盟为基础的、团结国内各民主阶级和各民族的人民民主专政。这应该说是一个翻天覆地的变化。但是，由于在国家政体上仍然是中央集权制，尤其是在曾经的极"左"思想的指导下，政治生活越来越不正常，党内生活、社会生活中民主越来越少，在"一句顶一万句"的标榜下，在一段时间内（即"文化大革命"期间），整个国家变成了"一言堂"，连国家主席被诬陷打倒时声辩的权利都被剥夺得干干净净。

这里还要特别说一下汉武帝的"罢黜百家，独尊儒术"。这一行动的建议者是"春秋公羊家"董仲舒。他说："春秋大一统者，天地之常经，古今之通谊（义）也。今师异道，人异论，百家殊方，指意不同，是以上亡以持一统，法制数变，下不知所守。"他建议："诸不在六艺之科、孔子之术者，皆绝其道，勿使并进。"（《汉书·董仲舒传》）汉武帝采纳了这一建议，钦定儒家思想为国家的统治思想。以"礼"为核心的儒术，经过董仲舒发展后，不仅为西汉的中央集权统治而且为此后 2 000 年的封建专制制度奠定了思想基础。"孔子为在他去世两个半世纪后，随着帝国政府的建立而成为必不可少的官吏们提供了一门官场哲学。"[①]这样一来，君主不仅控制了全国的权力，而且控制了全国臣民的思想。全国只允许一个人有思想，不允许其他人有思想，其他人只能以此人的思想为思想，否则，就是"异端邪说"，就是"杂音"。

国家的政治权力和思想权力全部集中于"君主"一人的"君主制"，其要害是民主的缺失：国家权力由社会公器变成了一人专有的私器；民众对国家事务的议政权、参政权和监督权完全被剥夺；同时，民众的知情权、表达权和思想权也被剥夺。千百年来，中国统治者对民众惯用"愚民政策"，千方百计对民众封锁消息，一切对老百姓保密。因此，历史上的中国政府，对媒介都是采取控制的原则。具体做法是，一方面大量发展和培植官办媒介，另一方面对民营媒介百般打压，乃至扼杀。

翻开中国新闻事业史，我们可看到官营媒介一直占据了绝对优先的主流的位置。

古代虽然有三种类型的报纸：朝廷官报、非法民报和合法民报，但是官报明显占主流。从时间上来看，从唐代的开元年间（公元 713—741 年）到清末的 1 100 多年时间内，朝廷官报始终存在，即使八国联军侵占北京，慈禧和光绪被迫流亡西安那年都未中断。直到 19 世纪末，才为新式官报所取代。再者，合法民报《京报》从本质上来看也是一种官报，因为内容只不过是官报的翻版而已，并

[①] 斯塔夫里阿诺斯：《全球通史——1500 年以前的世界》，上海社会科学院出版社，1992 年版，第 283 页。

且发行机构报房也是从发行官报的官报房中分化出来的,以至后来对报刊的记载,邸报、京报的概念常被混用。

近代向西人学习,国人自办近代报刊,最先成气候的是新式官报。1895年中日甲午战争后,清政府征求善后之策,英国人李提摩太建议创办官报。次年,总理衙门准许将维新派所设强学书局改为官书局,派孙家鼐主持,除译刻书籍外,还出版《官书局报》、《官书局译报》。戊戌变法失败后,这些官报被迫停刊。庚子之役后,随着慈禧"新政"的推行,新式官报很快恢复起来,并发展到全盛①。首先是地方官报的创办,然后是中央官报也发展起来。1907年,中央政府官报《政治官报》正式创刊。此外中央和地方政府部门还出版了许多专业性官报。清末十年间,全国出版的官报,总数达百种以上,形成了一个从中央到地方的官报体系。

戊戌维新期间,维新派人士创办报刊,戈公振先生认为是"民报勃兴",其实康有为、梁启超等人创办的维新派报刊,之所以在很短的时间内把全国搅动,很大程度上是依靠朝廷力量的推动,得到朝廷尤其是得到了光绪帝的首肯和支持的。再者,康有为等人本来就是官身。所以,维新报刊与官方有着千丝万缕的联系,如取得官方支持,获取官方资本,利用官方推广发行,等等。

进入现代,在两极环境中,国民党和共产党都建立了自己的政权,两党的新闻媒介无疑都是官办的。到了中华人民共和国建立后不久,"全国山河一片红",所有媒介全部国营,100%的媒介均为官办媒介。

与此相反,民营媒介的命运十分不济:好运不多,厄运连连。古代的"小报",一直处于非法状态,朝廷视之如洪水猛兽,在皇帝谕旨和大臣们的奏折中,谈到小报时,不是"当重决配",就是"严行禁止",更有甚者,将办小报的人杀头治罪。清代雍正时期,何遇恩、邵南山被杀,开中国报人因办报喋血的先河。进入近代,国人创办的第一批近代报刊,惨淡经营,有夭折的,有挂"洋旗"的,有寻求官方保护的,有被查封的,即使是得到光绪帝支持的维新报刊,也因慈禧一翻脸,被全部查禁,报人谭嗣同等人身首异处。

进入民国,"民间报纸受歧视"的状况更为严重。其一,在两极的夹缝中两面受攻击。尽管它们总是不断地"察言观色",不断地"选择方向",还是难以生存。其二,在国民党庞大的党报体系面前,民营报刊失去平等竞争的权利。这种不平等主要包括新闻来源不平等、新闻传递不平等、白报纸分配不平等等等。其三,在封报捣馆的灾祸中,民营报馆首当其冲。

中华人民共和国建立后,开始政府对于民营报纸的政策还是扶持的,但是由

---

① 戈公振:《中国报学史》,三联书店,1955年版,第46页。

于当时的特殊环境,在急速的"公私合营"运动中,私营媒介"敲锣打鼓"地接受"合营",导致私营媒介从此在中国大陆的消失。在往后的时间,创办私营媒介成为禁区,尤其是论政性的民营媒介,似乎连讨论的余地都没有。在一个有深厚论政传统的国家,民众谈论国事竟曾禁忌重重,实在令人感慨。

3. 内忧外患与"利器媒介"

中国进入近代社会不是自身矛盾运动的结果,而是被西方殖民主义者加外力拽进来的。1840年的鸦片战争,西方列强用大炮轰开了中国紧闭的国门,强制中国改变自身的运动方向,中国以此为契机进入近代社会。因此,进入近代社会的中国景况,用"内忧外患"四个字足以概括!

一方面,西方列强强迫清政府签订一系列不平等条约,使得中国社会发生根本性的变化。独立主权受到严重侵犯,领土完整遭到破坏,司法、关税等主权开始丧失;世界资本主义经济强烈冲击中国的自然经济,使得中国逐步变成为西方资本主义国家的商品销售地和原材料供应地。一句话,中国由一个独立的封建帝国沦为半殖民地半封建国家。接踵而来的一次次侵略战争,中国一次次的惨败,帝国主义列强加快了侵略中国的步伐,掀起了瓜分中国、奴役中国的狂潮。

中国救亡图存迫在眉睫!

另一方面,清政府政治黑暗,官场腐败。早在嘉庆、道光年间,清王朝的统治就已经显露衰败,整个统治集团奢侈腐化,沉醉于糜烂生活之中。中央官吏贪赃枉法,公行贿赂。地方官员勒索民膏,心狠手辣。军官也腐败,致使军队战斗力减退。特别是英国将鸦片走私到中国后,不仅造成大量白银外流,银价飞涨,市场紊乱,人民负担加重,国家财政困难,尤其是一部分官员和士兵吸食鸦片上瘾,使得统治集团更加腐败,军队战斗力渐至不堪一击的程度。鸦片战争后,清政府把巨额战争赔款通过增税增捐等各种途径转嫁到广大民众尤其是农民头上,大大增加人民负担,加上黄河、长江流域和珠江流域连年水灾、旱灾和蝗灾,天灾人祸,广大劳动人民生活在水深火热之中。

以上的情景,迫使中国民族资产阶级在政治上早熟。

鸦片战争后,"外国资本主义对于中国的社会经济起了很大的分解作用,一方面,破坏了中国自给自足的自然经济,破坏了城市的手工业和农民的家庭手工业;另一方面,则促进了中国城乡商业经济的发展"①。自然经济的解体和商品经济的发展,给中国资本主义发展造成了某些有利的条件。随着中国资本主义的初步发展,资产阶级登上了中国近代史的政治舞台。中国资产阶级一诞生,它看到的不是"人间的美好",而是一幅悲惨的景象:一方面外国列强气势汹汹,要

---

① 《毛泽东选集》第2卷,第620页。

瓜分中国，一方面是本国清朝政府腐败无能，主权被侵，白银外流，生灵涂炭。如何救亡图存？如何使国家富强起来？中国资产阶级刚一降生，就碰到了这样一个严重的问题。没有足够的时间为自己进行经济积累，也没有时间为自己建构完备的思想体系，民族资产阶级挑起了"救亡图存"的重担，在政治上早熟起来。

另外，政治早熟与民族资产阶级在政治上的代表人物有关。西方资产阶级在形成过程中，进行了"文艺复兴"、"宗教改革"，培养出了自己的知识分子作为本阶级在政治上的代表人物。中国资产阶级来不及为自己培养知识分子就已经"重任在肩"了。与此同时，由于国门的被打开，西方文化的"侵入"，第一批接触了西方文化的中国封建士大夫，其世界观渐渐发生变化，成为资产阶级在政治上的代表人物。由于中国传统文化的影响，中国文坛上历来就洋溢着一种"为天地立心，为生民立命"的宏大气象。中国文人信奉"天下兴亡，匹夫有责"，强烈的政治意识是中国文人区别于西方文人的一种价值取向，并形成了一种中国式的文人传统。他们向往民族兴旺、国家富裕、人民强盛。他们"睁开眼睛"看世界之后，他们与西方资产阶级的学说接触后，这种政治责任感更加强烈。于是，刚刚坠地的中国资产阶级还没有来得及为自己积累财富，就开始着手从政治上寻求"救亡图存"的武器。

报刊是早期资产阶级看中的最好的救国"利器"。中国觉悟的封建士大夫对近代报纸"情有独钟"。他们看重近代报纸，首先不是视之为"新闻纸"，而是视之为"传达纸"，传上下之意，达内外之情；他们运用报纸，不是用来刊载商品行情，发展商贸事业，而是运用报纸"立言"，宣传政治主张，推动维新变法。

林则徐创办《澳门新闻纸》作为"备采夷情"的利器；王韬把《循环日报》当作"立言"、宣传维新思想的讲坛；面对清政府听任外人办报、不准国人办报的现实，郑观应愤怒地说，报馆为"国之利器，不可假人"；梁启超更是大声疾呼："报馆有益于国事。"于是，维新派人士在整个维新运动期间，把"办报达聪"、"去塞求通"作为开展政治运动、宣传维新思想的主要手段；孙中山等资产阶级革命派将报纸看作"舆论之母"，利用办报纸为革命运动制造舆论。

进入民国后，国家形势不但没有好转，而且更加恶化，先是旧军阀割据混战，后是新军阀争权夺利。1931年九一八事变后，日寇铁蹄从东北践踏到华北，1937年七七事变引发全面抗战，"东北危机！""华北危机！""中华民族危机！"救亡图存的形势更加严峻，"中华民族到了最危险的时候！"中国的报人也和全国民众一道发出"怒吼"！在国乱期间，许多有良知的报人，包括一些私营企业性报纸老板都继承先辈报人的爱国传统和政论传统，为国家兴衰、为民族存亡置生命于不顾而大声疾呼。邵飘萍为宣传马克思主义而献身；林白水因抨击封建军阀而殉命；为宣传抗日救亡，邹韬奋被捕入狱，史量才遭特务暗算；甚至连一批大学教授也创办时政期刊,想为国家出点力;《大公报》辗转上海、武汉、重庆、香港、桂林,事业毁掉一个又一个,但"抗战到底"、"誓不投降"的呼声越叫越猛;中共的报刊更是高举抗战的旗帜,给全国民众以极大的鼓舞!

中华人民共和国建立后,媒介仍然是作为"利器"在使用。

虽然中国新闻史上也出现过营利媒介、民营媒介和信息媒介,但是它们始终没有能发展成主流,主流一直都是喉舌媒介、官营媒介和利器媒介。

二、中国媒介的生长特征

如果说,中国环境中生长出来的主要是"喉舌媒介"、"官办媒介"和"利器媒介"的话,那么,综观中国新闻事业发展的进程,这些媒介的生长状态如何呢?

1. "政治推进"

与西方媒介的发展主要由经济推动不同,中国媒介生长动力机制主要是政治需要。即媒介主要由政治需要产生,在政治斗争中发挥政治宣传作用,随政治的风云变幻而起伏消长。

这一特点首先表现在古代报纸的刊行上。戈公振先生说,就报纸历史而言,朝廷官报邸报之产生,为政治上之一种需要;《京报》也是这样。戈先生的这一看法是十分中肯的。中国的古代官报,从唐代的"报状"、"报"到宋代的"进奏院状报"、"朝报",到明清的"邸报"、"邸钞",合法民报不管它叫什么名称,也不管是由哪个机构编发,它们都是封建统治阶级为巩固自己的政治统治创设的舆论工具。另外,非法民报也大抵如此。"小报"出现在宋朝那个特殊的朝代就是最好的说明。宋朝时,民族矛盾、阶级矛盾、新旧党矛盾使各种政治势力十分活跃,活跃的政治势力需要舆论配合;在矛盾错综复杂的形势下,各方面的人士都需要了解政治动向。政治上的需要是"小报"应运而生的根本原因。在以后的各个朝代,每当政治形势出现"山雨欲来"的局面,非法民报就出现。清雍正时期,被杀的何遇恩、邵南山,其实还是统治阶级内部政治斗争的牺牲品。

进入近代,面对气势汹汹的外国列强,"师夷长技以制夷",成为一时的社会认同,创办近代新报,就是这种社会认同在新闻领域的落实。王韬等人在深沉的民族责任感和强烈的爱国情怀驱使下,创办了第一批近代报刊,并将这些报刊作为宣传维新变法思想的讲坛。紧接着,登上政治舞台的中国民族资产阶级先后发动和领导了维新和革命两场政治运动,在这两场政治运动的推动下,中国出现了两次办报高潮。维新派人士为了国事办报,为新民办报,为求通办报,为发起和推动维新变法运动办报,或者说,他们的办报活动本身就是政治运动的主要内容。他们办报把政治宣传、政治发动和运动指挥三者紧密结合在一起。维新报馆既是宣传机关，又是组织机构和运动指挥机构；一家报纸的主要负责人既是主要撰稿者，又是运动的主要策划者和实际领导人。

戊戌变法失败后，中国报刊的政治性又有所发展，就是政党的政治斗争成为报刊发展的推动力。此时，中国民族资产阶级内部出现两个政治党派——保皇党和革命党。前者主张中国实行"开明专制"、"君主立宪"制度；后者主张用暴力推翻封建制度、推翻清政府。由于所选择的道路不同，追求的目标不同，因此，这一时期政治斗争从两个方面推动报刊的发展，一方面为了宣传本党的政治主张而创办报刊，另一方面为了驳斥敌对党的政治主张而创办报刊。

民国时期的情况比较复杂。民初，"政党政治"推动政党报刊的发展。新文化运动的早期，以陈独秀为首的一批先进知识分子在总结资产阶级革命失败教训的基础上，为了从根本上动摇封建专制统治的思想基础，倡导在政治革命之前先进行一场思想革命，即"国民性改造"的启蒙运动。但是，很快"救亡"压倒"启蒙"，"不及政治"的陈独秀转变为中国共产党的主要领导人。中国工人阶级登上政治舞台，开始领导中国新民主主义革命。进入20年代，思想政治领域的大革命带来新闻业的黄金发展时期。随着新文化运动的扩展和深入，思想改造与政治斗争的结合，新旧思潮的激战，儒家思想"一说独尊"的格局被瓦解，思想政治观念呈多元发展势头，给中国新闻事业的繁荣发展提供了契机。

随后，中国形成了两极对立政治势力，即中国共产党和中国国民党及其领导下的两个政权。两个政党、两个政权为了自己政治斗争的需要各自创办新闻传媒，中国便出现了两极对立的、两种性质截然不同的新闻事业。这是1927年7月至1949年9月中国大陆新闻事业的基本格局。新的政党斗争和1931年之后的抗日救亡宣传极大推动中国媒介的发展。中国共产党及其领导的红色政权，先后在江西和陕西建立起自己的新闻宣传体系，包括红中社、新华社、陕北新华广播电台和以《新华日报》、《解放日报》为首的报刊事业。国民党及其国民政府，先后以南京、重庆为中心建立起自己的新闻宣传网络，通讯社系统、广播电台系统和报刊系统十分齐备。

尤其需要指出的是，这个时期，私营性报纸也在"国家兴亡，匹夫有责"的政治热情鼓动下，在抨击军阀混战、动员抗日救国等方面作出贡献，并由此推动了报纸自身的发展。

中华人民共和国成立后，到改革开放之前，由于整个国家没有把重点转移到以经济建设为中心的轨道上来，依然是以阶级斗争为纲，处处"突出政治"，事事"政治挂帅"，新闻事业的发展依然是由政治任务来决定，新闻媒介无一不是在"三反"、"五反"、反右派斗争、"三面红旗"、"反右倾"、"反帝反修"、"文化大革命"等历次政治运动的推动下发展和运作的。

由于"政治推进"媒介生长，所以，中国新闻事业在自己的发展进程中形成了两个明显的传统：论政传统和政治家办报的传统。

关于论政传统。

中国历史上本来就有深厚的"文人论政"传统。以伦理道德为中心的中国传统文化有一个明显特点，就是具有强烈的政治色彩，每一个中国人都十分关心政治，关心国家大事，关心国家民族的兴衰，"家事、国事、天下事，事事关心"，"天下兴亡，匹夫有责"就是其形象的写照。中国人关心政治，喜欢议论朝政国事。即使是平头百姓，三五相聚，高谈阔论，话题多为国政军情。而读书人更是以"修身、齐家、治国、平天下"为己任，他们比其他阶层的人更有一种深沉的历史责任感，中国文坛历来洋溢着一种"为天地立心，为生民立命"的宏大气象，强烈的政治意识和沉重的历史责任感是中国文人区别于西方文人的一种价值取向。中国文人为了实现自己的政治抱负，除了走"读书做官"的道路，成为统治阶级中的一员，帮助皇帝管理好他的"家"，治理好他的"国"之外，还有一条道路就是"文人论政"。"文人论政"的"文人"一般是在野文人，他们没有踏入仕途，"报国无门"，只有写诗作文，以"文章报国"。"文人论政"在不同的时代有不同的形式，在宋代有"书院议政"，在明代有"结社论政"，在近代，"文人论政"最有效、最成功的形式就是"文人办报"论政。为了"论政"的需要，王韬在继承古代政论优点的基础上，加上自己独特的风格，首创报刊政论文体，这种无刻意雕琢、文字朴素的报刊政论文体一创立，就如一匹初生的马驹，无拘无束、随心所欲地纵横驰骋于各个领域，兴之所至，欣然成篇，使读者如坐春风之中。随后，梁启超根据时务的需要，从根本上突破了文言文写作框框，开创一种通俗、自由、新颖的报刊政论文体，被时人称为"报章体"或"时务文体"，成为其他维新派报刊撰文的楷模，对后世产生了深远的影响。

报刊政论文体的问世适应了中国近代报刊的发展。各报都十分重视政论文的写作，报纸的影响力主要看它发表的政论文章，一篇好政论文的发表，往往如"一石激起千层浪"，引起强烈的社会震动。长篇的如梁启超在《新民丛报》上发表的《新民说》，中篇的如章太炎在《苏报》上发表的《驳康有为政见书》，短篇的如《大江报》上的时评《大乱者救中国之妙药也》。因而，各报馆都十分注重政论作家队伍的建设，于是一批著名的报刊政论作家应运而生，其佼佼者有梁启超、谭嗣同、章太炎、朱执信、汪精卫、胡汉民、陈天华、宋教仁等。从维新运动到辛亥革命，在中国新闻史上被称为报刊政论时代。

此后，这一传统得到了很好的发扬。不仅党派报刊注重论政，就是私营报纸，有影响的还是社论写得出色的报纸，《大公报》就是典型。该报一创刊就明确表示，要"以大公之心，发折中之论"。在此原则指导下，《大公报》出版即负

"敢言"之名,指责权贵,讥评地方,且不为威胁利诱所动摇。每每碰到关系国家大政方针的问题,《大公报》都要站出来说话,通过发表论说来表明自己的态度和观点。该报的"敢言"传统在新记公司时期有了进一步发展。新记《大公报》经历的岁月,即1926年至1949年,是中国现代史上天翻地覆的23年。这一时期,《大公报》的言论范围更加扩大,凡涉及民族荣辱、国家利害的人和事,无论国内的还是国际的,都是它"言"的锋芒所向。这一时期的《大公报》不仅"敢言",而且"善言",一是在批评政府的同时,积极向政府提出建议,有意识地将舆论监督与舆论引导结合起来,二是在纷繁复杂的时局面前,独具慧眼,把握关键,提出新颖的独到见解。

关于政治家办报的传统。

中国传统文化的政治性,使得"文人"与"政治家"只隔一步之遥,"文人办报"与"政治家办报"也只隔一步之遥。所以,国人自办近代报刊虽然是从"文人办报"开始的,但是,随着资产阶级登上政治舞台,资产阶级在政治上的代表——康有为、梁启超等维新派人士以政治家的姿态步入报坛,把报刊作为他们开展政治活动的工具,使报刊与政治运动和政治团体紧密结合起来,"文人办报"很快蜕变为"政治家办报"。他们不只是"清谈"不行动的"秀才",而是既论政又从政的"政治家",所以他们重视"旬刊",看重"丛报",认为可以发表大篇幅的政论文章,可以将论政与从政结合起来。他们不仅以"言论报国",而且用"行动救国",所以中国最初的政治家办报有一个明显特点,那就是国家利益至上,他们是从"报馆有益于国事"的高度,看重报纸的政治宣传功能,也是从这个视角创办政治报刊的。

如果说资产阶级维新派人士办报是政治家办报的开始,那么,资产阶级革命派和改良派的报刊活动促进了中国政治家办报传统的形成。除康有为、梁启超、唐才常等人外,孙中山、陈少白、章太炎、于右任等人也都是以政治家的身份投身办报活动的。和所有政治家一样,他们办报不是为了营利,而是为了营政,办报是他们从事的政治活动的一个组成部分。同时,有重大影响的报刊无一不是由这些著名政治家创办或主编。中国共产党领导人与国际共产主义运动领导人一样,大都是从创办或者编辑报刊开始自己的政治生涯的,他们运用自己手中的报刊为实现党的伟大事业而斗争。

在中国,正式而明确地提出"政治家办报"这个概念的是毛泽东。毛泽东提出的"政治家办报"概念与中国新闻史上实际存在的"政治家办报"的含义有明显的区别。1957年6月,他先后两次论述"政治家办报"的问题。一次是6月7日,毛泽东同当时新华社社长吴冷西谈话时,批评《人民日报》对最高国务会议召开一事只发"两行字的新闻",没有发表社论:"中央党报办成这样子怎么行?

写社论不联系当前政治,这哪里像政治家办报?"6月13日,毛泽东在卧室同吴冷西、胡乔木等人作长篇谈话时,重申"要政治家办报,不是书生办报"观点①。1959年6月20日,在中共中央政治局会议上,毛泽东谈到宣传问题时,在批评了《人民日报》后说:"我是提倡政治家办报的,但有些同志是书生,最大的缺点是优柔寡断。"并说,政治家"办报也要多谋善断,要一眼看准,立即抓住、抓紧,形势一变,要转得快"②。后来,毛泽东又提出各省第一书记要管好报纸。在他看来,政治家办报必须并且只能听第一书记的。比如,毛泽东不同意刘少奇支持和领导1956年《人民日报》改革的做法,当胡乔木说这个改革是"中央同意了的"时,毛泽东立即反问道:中央是谁?③ 言下之意,只有他本人才能代表中央。毛泽东虽然也讲过,第一书记在党委会中也只是普通的一员,但是在1957年以后,党内生活越来越不正常,大家都看毛泽东的眼色行事,毛泽东也习以为常、觉得理所应当了,变成了"政治家办报"就是以第一书记的好恶来办报。

2."依附生存"

所谓依附生存,就是指新闻媒介缺乏独立性,或者说根本就不是一个独立体,不能自立生存、自主运作和自由发展。

中国媒介的依附生存是由"喉舌媒介"的性质决定的。"喉舌媒介"在本质上就是一种"依附媒介"。既然是"喉舌",就得依附于"大脑",离开了"大脑"何以生存?

分析中国的喉舌媒介,基本上是党派喉舌媒介。刘建明把政党报刊分为三种类型:一是思想追随型,二是自称独立型,三是集权组织型,并且把马克思的《新莱茵报》、列宁的《火星报》、中共早期的《向导周报》和《新青年》季刊等党报称为思想追随型,把十月革命后苏联的党报称为集权组织型④。按照刘建明的意见,中国历史上的党派报刊大致上可以这样划分:资产阶级维新派和革命派党报、民国初年政党政治作用下蜂起的"政党报纸"属于思想追随型党报;共产党的报刊以中央革命根据地中华苏维埃共和国中央政府成立为界,之前的可以称为思想追随型党报,之后的属于集权组织型党报。

下面分析1927年后的共产党党报,即党委机关报生存状况。

根据列宁的观点,党的出版物"不能是个人或集团的赚钱工具,而且根本不能是与无产阶级整个事业无关的个人事业……写作事业应当成为无产阶级整个事业的一部分,成为由整个工人阶级的整个觉悟的先锋队所开动的一部分巨大的

---

① 吴冷西:《忆毛主席》,新华出版社,1995年版,第41、45页。
② 同上书,第141页。
③ 朱正:《反右派斗争始末》上,明报出版社,2004年版,第79页。
④ 刘建明:《当代新闻学原理》,清华大学出版社,2005年版,第472—475页。

社会民主主义机器的'齿轮和螺丝钉'。写作事业应当成为社会民主党有组织、有计划的、统一的党的工作的一个组成部分"①。为此,必须做到以下两点。

在组织上,党报必须绝对服从党的领导,这种领导不仅仅是思想上、政治上的领导,而且是组织上的领导。按照列宁的说法:"党的一切报刊,不论是地方的和中央的,都必须服从党代表大会,服从相应的中央和地方党组织。凡是不同党保持组织关系的党的报刊一律不得存在。"②中国共产党在延安整风期间,以《解放日报》改版为抓手,对新闻界进行整风改革,建立起一整套制度,保证党对党报的组织领导。根据权力集中的组织原则,中共对党报实行党委负责制的管理体制,各级党委负责管理好自己的机关报,除了分管的常委,第一书记要亲自抓报纸。

在政治上,党报必须与党保持高度一致。"党的政治行动必须一致。不论在广泛的群众集会上,不论在党的会议上或者在党的报刊上,发出任何破坏已经确定的行动一致的'号召'都是不容许的。"③为此,党报编辑部必须遵守和执行党的一切决议;在党的机关报上,不允许出现反对党的观点的文章;将在党报上发表非党观点文章的写作者开除出党,"无党性的写作者滚开!"中共对此有更严格的要求,1942年9月22日,《解放日报》发表题为《党与党报》社论,要求"在党报工作的同志……一切要依照党的意志办事,一言一行,一字一句,都要顾到党的影响";"党报不但要忠实于党的总路线、总方向,而且要与党的领导机关的意志呼吸相关,息息相通;要与整个党的集体呼吸相关,息息相通,这是党报工作人员的责任"。

作为"党的工作的一个组成部分"的中共新闻事业,反对"闹独立性"。1942年《解放日报》整风改革,第一个阶段的报纸版面改革取得了较大的进步,但是因为"有些问题未能与中央商量",遭到毛泽东严厉的批评。于是,专门安排一段时间进行加强党性和党的观念的教育,以"克服宣传人员中闹独立性的倾向"。8月8日,中共中央任命陆定一为《解放日报》总编辑,9月5日,他在编委会上传达了毛泽东的批评意见:报纸对于政策问题的宣传,必须经常向中央请示报告;以后凡是重要问题,小至消息,大至社论,必须与中央商量;中央和西北中央局要管理报纸;报纸不能闹独立性,应当在统一领导下进行工作,不能闹一字一句的独立性;自由主义在报社内是不能存在的,不要以为报纸发表的文章,某人具名,可以自己负责,这是关系到党的事情;要规定些条例和制度。为了保

---

① 《列宁全集》第12卷,人民出版社,1987年版,第93页。
② 同上书,第152页。
③ 《列宁全集》第13卷,人民出版社,1987年版,第129页。

障党的观念的加强，《解放日报》社内部建立健全了各种制度：编委会的每个成员分工联系一个党政军领导机关，使加强党的观念落到实处；建立审查稿件制度，规定重要社论、消息、通讯、文章由党中央审定；建立检查报纸制度，实行领导人看大样制度等。毛泽东对此表示满意。同时，各级报刊取消了个人负责的主笔制度，建立编委会，加强编辑部的集体领导；取消每天一篇社论的做法，《解放日报》的社论是代表党中央、代表西北局说话，尤其要精心写作，认真修改，并送中央审查后才发表。

中国共产党一直都坚定地贯彻"党管媒介"的原则，同"闹独立性"倾向作斗争。媒介的领导干部由政党领导机关选派，媒介的经费由政党津贴（政党成为执政党后，媒介经费由国家财政拨款），媒介与政党的领导机关构成一种"血缘"关系，媒介对于政党领导机关的指示没有听与不听的选择权，只能无条件地听，并且无条件执行。

媒介的依附性生存给政党的工作带来了极大的方便。媒介成为政党领导机关（领导者）手中"得心应手"的"驯服工具"，能及时地把党的方针、政策，把党的领导人的指示宣传出去；能够按照领导的意图形成舆论或引导舆论；便于用党的领导人的思想统一全国民众的思想，"心向一处想，劲往一处使"，保证党的中心工作的顺利开展。中国共产党成功地利用新闻媒介宣传群众，鼓舞群众，使全国民众团结一心，推翻了"三座大山"，建立起了崭新的中华人民共和国。以至于蒋介石被赶到台湾后说，他是被共产党的新闻宣传打败的。

媒介的依附性生存，报纸"总编辑的实际处境是丫鬟手中的钥匙——当家不作主。报纸登什么，由省、市主管领导说了算"①。媒介完全丧失独立性，就出现两个难以克服的弊端，一是造成媒介监督机制的缺失，二是当党的领导犯错误时，媒介不仅不可能进行及时批评、纠正，而且可能推波助澜。这两个方面，中国共产党在取得政权后都是有深刻教训的。整个"大跃进"期间，媒介一味跟风，违反科学的宣传，完全说假话、说大话，"祸国殃民"（刘少奇语）。十年"文革"期间，新闻媒介受制于少数阴谋家、野心家，充当了他们为非作歹的工具。改革开放这么多年了，我们的新闻媒体的监督功能发挥得还不够充分。不是我们的媒体不想监督，也不是我们党和国家领导人不准监督，朱镕基、温家宝等领导人不是对央视的《焦点访谈》寄予了很大的期望吗？但往往是"打老鼠，不打老虎"，原因就在于我们的媒介对权利制衡和监督的机制尚不完善。

关于国民党的党报，以《中央日报》为例说明之。

综观《中央日报》80年的历史，不难看出，它自始至终都紧紧地依附在国民

---

① 孙友深：《新闻改革，难!》，《新闻战线》1988年第4期。

党躯体上,按照"本党"意志说话,"一切言论,自以本党之主义政策为依归"。

创办之初的武汉《中央日报》是武汉国民党中央的机关报,担任社长的是汪精卫派的干将顾孟余。它依附汪精卫,忠实地传达国民党中汪派的声音,并发表过大量反对蒋介石和南京国民政府的文章。武汉"分共"之后,移至上海出版的《中央日报》便依附南京国民党中央。1928年2月10日,《中央日报》在发刊词《本报的责任》中公开表示:"本报为代表本党之言论机关报,一切言论,自以本党之主义政策为依归。"①也就是说,《中央日报》完全没有自己的观点,国民党中央的观点就是《中央日报》的观点。同年6月和9月,国民党中央通过了《设置党报条例草案》等三个文件,进一步加强对党报人事权和言论权的控制。根据国民党中央颁布的《设置党报办法》规定,中央机关报应设在首都,因此,《中央日报》1929年2月由上海搬到国民党中央所在地南京出版。自此开始一直到蒋经国下台,该报一直被以蒋氏父子为首的国民党中央所控制。马之骕回忆说,蒋介石对《中央日报》要求非常严格,"稍有差错,必遭训斥"。陶希圣回忆说:"在重庆时代,蒋委员长对《中央日报》的鞭策很严,责成其认真踏实地宣达中央的政策。"②该报虽然先后经过了1932年改组、实行社长制,1947年股份制改造、成立"中央日报社股份有限公司",在形式上有了一些相对独立性,但是并没有从本质上改变它对国民党中央的依附,它依然是长在国民党中央"大脑"上的"喉舌",依然还是按"大脑"指挥来说话,依然不可能对国民党及其政府有所批评监督。抗日战争时期,面对国民党政府经济和政治上的腐败,官僚机构臃肿,办事效率低下,官员以权谋私,结党营私,贪污腐化,草菅人命的现实,《中央日报》未哼一声;抗战胜利后,面对国民党政府接收大员到收复区大闹"五子登科",致使国统区通货膨胀,民不聊生,"人心失尽",《中央日报》也未发一言。反观一些独立的民间报纸,如《大公报》对这些伤天害理之人、之事发表一篇篇犀利檄文,《中央日报》应该感到汗颜!

3. "承袭发展"

与西方媒介"突进型"发展不同,中国媒介发展沿革明显呈现"承袭型"。所谓"承袭发展",就是后一个时期的媒介承袭了前一个时期媒介的特征而发展起来。纵观中国新闻发展史,其主流报纸一直都是沿着政府、政党机关报轨迹发展起来的,本来有几个时期可以"突进"的而没有"突进"。

中国自汉唐始即有官报,这便是政府机关报的开始。唐朝出现的两种官报,其中"进奏院状"是最早的地方政府机关报,朝廷官报便是最早的中央政府机关

---

① 蔡铭泽:《中国国民党党报历史研究》,团结出版社,1998年版,第52页。
② 同上书,第233页。

报。到了宋朝，地方政府机关报合并到中央政府机关报，一直发展到清末。

在中国资产阶级开始创办近代报刊之前，近代报刊在中国大地上生存已经有半个多世纪的历史了——那是外国人在中国办报。鸦片战争前，主要是传教士办报，鸦片战争后，主要是外商办报，19世纪70年代后，外商报纸迅速发展起来，很快就取代教会报刊成为在华外报的发展主流。在这方面的先行者是英国商人安纳斯托·美查(Ernest Major)。美查于清同治初到中国经商，主要经营外国洋布的进口与中国茶叶、蚕丝的出口贸易，后又于1862年前后开办江苏药水厂，1872年4月创办《申报》。关于美查创办《申报》的原因，历来有两种说法：一种是说他做生意折了本，"思改业"，一种是说由于江苏药水厂事业兴旺，盈利颇丰，美查将多余的资金用于办报。这两种说法有一个共同点，就是美查创办《申报》是他工商活动的组成部分，他办报本身就是为了营利。《申报》老报人张默在《六十年来之〈申报〉》一文中说："英人美查在沪创办报纸"，"不过视为营业之一种"。美查将经营企业的原则用于报纸的经营管理，降低成本，同时改革言论，增加新闻量，重视文艺稿件，以满足各方面读者的需要。只用了短短8个月的时间，《申报》就击败了已有11年历史的《上海新报》而成为上海发行量最大的报纸。由于经营得法，《申报》获利颇丰，美查成了中国历史上的第一个报业资本家。他利用报馆所获之利，先后开设点石斋书局、图书集成铅印书局、申昌书局、燧昌自来火厂、肥皂厂，同时还在新加坡东北开办了一个占地4万亩的农场，拥有资产过百万。1889年，美查归国之时，已是一个腰缠万贯的大富翁。

《申报》的创办与成功，在中国新闻史上可以说有划时代意义。紧跟着《申报》之后，一批企业性报纸在中国出现了，主要的有1882年5月英商字林洋行创办的《字林沪报》、1893年2月英国商人丹福士等人创办的《新闻报》等。企业性报纸很快取代教会报纸成为在华外报发展的主流。

然而，几乎与此同时出现的国人自办近代报刊，似乎没有看到这一点，并没有沿着企业报纸发展的主流发展起来，而是继承着中国古代报纸的传统，沿着政论报到机关报的轨迹发展起来了。就连洪仁玕给太平天国设计的报馆也是中央朝廷的机关报。故在经过了很短一段政论报纸时期后，维新报刊一出现，就使政党机关报发展到高潮。1895年8月康有为在北京创办的强学会机关报《中外纪闻》，被认为是中国政党机关报的萌芽，而随后出现的《时务报》、《知新报》等是正式的政党机关报[①]。

中华民国建立之初，孙中山先生效仿西方发达国家，在中国实行政党政治，

---

① 梁启超：《本馆第一百册祝辞并论报馆之责任及本馆之经历》，《清议报》第100册，1901年12月21日。

于是中国出现了与西方同样的"政党报纸"蜂起的状况。民初,一下子冒出312个党派,这些党派创办了五花八门的报纸,据1912年10月22日统计,各种党派向内务部登记的报馆就有90多家。这些政党机关报为本党能在政府和议会中多一点利益争吵不休,互相攻讦,在群众中造成了很坏的影响。

由于工业革命的胜利,西方新闻界以大众企业报纸的"太阳"驱走"政党报纸"的黑暗,实现了突进性发展,标志着真正意义大众传媒时代的到来。在中国,当时的形势也很不错,中国的民族资本主义工商业获得了一个短暂的发展良机,爱国热情、提倡国货、振兴实业,三者交融,成为一种潮流。这种形势对私营企业性报纸的发展最为有利,因而私营企业性报纸发展得相当好:上海的《申报》《新闻报》的发行量都突破了10万大关;在天津,新记公司接办《大公报》,提出"不党、不卖、不私、不盲"的办报方针,形成了自己的独特风格;在北京,成舍我创办了《世界晚报》《世界日报》《世界画报》,不仅报纸赢得了众多读者,他自己也从此在中国报界确立了一定的地位。但是,这种发展势头没有延续多久,随着两极政治势力的形成,随着日本帝国主义对中国的侵略,救亡图存再次成为当务之急,私营企业性报纸失去进一步发展机会,中国新闻界没有能实现从"政党报纸"向"企业报纸"的突进,在两极政治形势的作用下,政党机关报又一次成为发展主流。

中华人民共和国成立之初,中国共产党对私营企业性媒介还是比较扶持的,高层领导人刘少奇也曾经有过关于"巩固新民主主义制度"的构想,但是由于众所周知的原因,刘少奇"巩固新民主主义制度"的构想受到批判,私营企业报纸很快消失,中华人民共和国的新闻事业成了中国共产党在解放区新闻事业的扩展。1949年12月,新中国刚刚成立的新闻总署召开全国报纸经理会议,提出了报纸企业化经营的方针,但是没有贯彻执行。1956年1月15日,中共中央批转了文化部党组《关于将各级党报企业管理工作逐步划归各级党委领导的意见》,明文规定我国的新闻机构都是党政机关直属的事业单位,我国的报纸都是清一色的党政机关报。

三、中国新闻事业的发展与改革

1978年进入新时期以来,中国经过30年的新闻改革,新闻传播业发展相当迅猛。据《2005年中国传媒产业发展报告》,2005年底,我国共出版各类报纸404亿份,各类期刊27.5亿册。年末共有广播电台273座,电视台302座,教育台50个。全国有线电视用户12 569万户,有线数字电视用户413万户。年末广播、电视综合人口覆盖率分别为94.5%、95.8%。该报告还推算,2005年我国传媒产业总产值为3 205亿元,约比2004年上升11.9%①。就报纸而言,2004年我国出版的日报数量位居世界首位,占全球日报出版总量的14.5%。日报出版规模连续第五年位居世界第一,成为无可争议的世界日报出版大国。我国日报的千人拥有量2004年达到75.86份。其中,北京、上海两地的千人日报拥有量分别增至274.2份和268.1份,已超过中等发达国家水平②。截止到2006年12月,中国网民已达1.3亿之多③。因此,从数量来看,特别是从历史的比较来看,我国已是媒体大国,这是不争的事实。

新闻改革是贯穿30年新闻事业发展史的一条主线。在业务和体制两个层次的改革上,我们都取得了一定成就,如媒体角色的变化:从阶级斗争的工具到为经济建设和社会发展服务的大众传播媒体,再到一部分属于信息产业的划分;媒体结构上的变化:从单一的机关媒体到以机关媒体为主体,面向各个层次和群体的多元媒体格局;在经营管理上,从依靠财政拨款的事业单位,到"事业单位,企业管理",再到尝试建立以媒介集团为标志的现代企业;在内容及传播手法上,从"新闻+副刊"到新闻、科教、娱乐百花齐放,从高高在上式的说教到充分考虑受众特点的内容编排,等等。但是,通过总结我们不难发现,这些新闻改革主要是新闻业务领域的改革,绝大多数改革成就还只能说是"边缘突破",核心部分即新闻体制层面上的改革进展不大,因此,中国新闻界一些根本性的问题如舆论监督、新闻法治、新闻自由等的滞后状态尚未得到有效的改变,与中国整体改革的现实不相匹配,与其他领域的改革进程相比显得落后。

中国新闻业发展的历程,尤其是新时期新闻改革不尽如人意的现实告诉我们,中国的新闻改革急需从边缘进入核心,即进行新闻体制的改革,突破新闻事业生长的"中体西用"状态,变单一生存为多元生存,变单一的政治推进为多元推进,变一样生长为多样生长。

早在民国时期,这方面的呼声就已经不绝于耳。民国甫立,民间办报便蔚然成风,报纸追求独立社会地位的要求也很强烈。1912年3月4日临时政府内务部违反立法程序,颁布《民国暂行报律》三章,"欲袭满清专制之故智,钳制舆论"。报律刚一公布,报界一片哗然。上海报界俱进会首先通电全国,全国众多报纸随即响应,纷纷发表社论,表示:对此种"钳制舆论"之"报律","报界全体万难承认!"在报界的抗议下,临时大总统孙中山于3月9日发表《令内务部取消

---

① 《2005年中国传媒产业发展分析》,http://www.china.org.cn/chinese/zhuanti/06media/1197886.htm。
② 《王国庆解读2005〈中国报业年度发展报告〉》,http://media.people.com.cn/GB/40710/40715/3595542.html。
③ 第19次《中国互联网络发展状况统计报告》,2007年1月。

暂行报律文》，公开表态说："言论自由，各国宪法所重。"并且指出内务部做法的不合法："民国一切法律，皆当由参议院议决宣布，乃为有效，该部所颁暂行报律既未经参议院议决，自无法律之效力，不得以暂行二字，谓可从权办理。"①"暂行报律事件"对中国报人争取新闻自由斗争是一次鼓舞。中国最早的独立政论家黄远生力主办报应"主持正论公理，以廓清腐秽，而养国家之元气"，"以公明督责，督责此最有权力者"；邵飘萍创《京报》，公开主张新闻独立于政治，办报宗旨在于"使政府听命于正当民意"②。

南京政府成立后，国民党借口"训政"，鼓吹"以党治国"，要求新闻界"为党的需要立言"，规定"各刊物立论取材，须绝对以不违背本党之主义政策为最高原则"，扼杀新闻媒体独立品格。即使在这种情况下，不少有识之士对新闻本质和报纸品质的思考从来没有间断过。著名新闻学者黄天鹏就曾指出，报纸既要独立于党派，又要独立于资本。因为若新闻事业完全受党之支配，独立报纸就无存在之可能，全国成为清一色党报，容易造成"指鹿为马"的状况；若把新闻只当作商品，一味博取读者欢心，亦难以保证新闻之真；更何况过分依赖广告，报纸也难免卷入资本的漩涡而无法自拔③。邹韬奋同样既反对媒体隶属于党派，也反对报刊为金钱所控制。他说："我无意恳求一两个大老板的援助，又坚决地认为大众的日报应该要完完全全立于大众的立场"；"我心目中没有任何党派，这并不是轻视任何党派，只是何党何派不是我所注意的，只须所行的政策在事实上果能不违背中国大众的需求和公意，我都肯拥护，否则我都反对。"④

当时盛行的"八字方针"（"无偏无党"、"经济独立"）和"四不方针"（"不党、不卖、不私、不盲"）体现了私营企业性报纸对独立新闻体制的追求。民国初年，面对资产阶级政党报纸卷入争权夺利的党派斗争而走向毁灭，《新闻报》提出"无偏无党"、"经济独立"的办报方针，力求创建起一种"独立"的和"非政党"的报纸来。如邵飘萍1918年创办《京报》就是出于这种动机，其志趣在于以《京报》来"供改良我国新闻事业之试验，为社会发表意见之机关"⑤。到了20年代，新军阀割据，党派纷争，政见杂陈，莫衷一是。于是，"经济独立"、"无偏无党"的办报方针为很多私营企业报纸所采用。"四不方针"是新记公司的吴鼎昌、胡政之、张季鸾在总结了中国近代报刊的历史教训后提出来的。他们认为，中国素来

---

① 《孙中山全集》第2卷，中华书局，1982年版，第199页。
② 转引自单波：《20世纪中国新闻学与传播学·应用新闻学卷》，复旦大学出版社，2001年版，第42、44页。
③ 黄天鹏：《中国新闻事业》，上海书店，1930年版，第168—169页。
④ 邹韬奋：《经历》，三联书店，1958年版，第82、134页。
⑤ 汤修惠：《一代报人——邵飘萍》，《文史资料选编》第6辑，北京出版社，1980年版。

办报的方法有两种：一种是商业性的，报纸是赚钱的工具；另一种是政治性的，报纸为党派的宣传喉舌，不将报纸本身当作一种事业，等到宣传的目的达到了以后，报纸也就跟着衰竭了。所以，他们提出"四不方针"，试图"为中国报界辟一条新路径"，创建起独立新闻体制①。

国民党内的一些开明人士也认为，对党营的新闻机构也必须给予相对的独立经营权限。1932年萧同兹接手中央通讯社社长职务时就向蒋介石提出了三个条件：一是中央社迁出中央党部，对外独立经营；二是要求拥有独立发稿权；三是拥有用人自主权。因为在他们看来，一个国家没有一种独立生长的新闻媒介，就不可能保障公民知情权、表达权和对国家权力监督权的真正落实，民主政治建设就是一句空话，政权的巩固和社会稳定就会受到威胁。

中国共产党是一个意识形态很强的革命政党，在整个革命时期，都把意识形态当作党生存的首要条件，而且无论在何种艰难环境中，都以新闻宣传为武器向四周扩散党的政治影响力，把新闻宣传作为党的一个方面军。这就决定了中国共产党把新闻事业纳入视野时就不是把它作为一种现代性的社会分工，而是把它作为党的事业的一个工作部门，并把它置于党的组织领导下，不能有一丝一毫的独立性。这样的新闻体制，在残酷的革命年代，充分保证了各级党委对各级新闻单位的领导；在汪洋大海般的小农经济的包围下，党能坚持以无产阶级思想武装全党；在分散的革命根据地情况下能进行党的整体建设；在新闻资源极度缺乏和与敌对政党的新闻战中，能够发出党的坚强有力的声音……所有这些，对于团结全党以维护中央权威、动员力量以支持战争并最终取得革命胜利发挥了重要的作用。

中华人民共和国成立了，党取得了对于全国的领导权，党由革命党变为执政党，党的生存环境和具体任务都发生了根本变化。但遗憾的是，当时党中央主要领导人没有意识到党的生存环境和任务的改变需要相应的制度创新，而是把那种在战争年代形成的新闻体制从解放区向全国推广，把"非常态"当作"常态"。虽然党凭借自己在革命年代树立起来的威信，使新闻媒介也很快地获得了人民的信任，也提出过不少好的新闻工作方针，比如"联系实际、联系群众、批评与自我批评"等，但是，由于新闻制度没有改变，所以新闻事业和新闻宣传工作的成绩中潜藏着问题，好的东西很难发扬，而问题则很快暴露并发展。比如，建国初期，党重视批评与自我批评，新闻媒体的批评与自我批评一度也搞得相当不错；但由于体制原因，坚持下去很难。尤其是1953年中共中央宣传部发文规定："不经请示不能擅自批评党委会，或者利用报纸来进行自己同党委会的争论。"并指

---

① 王芸生、曹谷冰：《1926年至1949年的旧大公报》，《文史资料》第27辑。

出:"报纸批评同级党委",或者"同党委会争论","这是一种脱离党委领导的做法,也是一种严重的无组织无纪律的现象"①。从此以后,报纸开展批评、媒介发挥监督威力大打折扣。

  刘少奇对这种新闻体制的弊端看得比较清楚,头脑也比较清醒。在他的支持下,1956年以《人民日报》为首的新闻单位进行了一次很有意义的改革,力求建立起适合社会主义建设的新闻体制。他对新华社领导说:新华社不做国家通讯社,还是当老百姓好;《人民日报》应该强调它是党中央的机关报又是人民的报纸,它发表的文章"可以不代表党中央的意见,而且可以允许一些作者在《人民日报》上发表同我们共产党人的意见相反的文章"②。刘少奇的意思很明确,就是要进行新闻体制改革,给新闻媒体充分自主的生长空间。但是到了1957年,毛泽东出于反右派斗争的需要,对刘少奇的指示、1956年新闻改革和《人民日报》改版"兴师问罪",原有新闻体制的弊端不仅没有丝毫改变,反而更加突出,新闻媒体的独立性思考完全被扼杀,新闻批评完全被禁止,整个国家的新闻媒体对国家的政治经济生活不发出一点点批评意见,一味迎合说好话,于是出现了1958年全国媒体一起睁着眼睛说瞎话、说胡话、说大话、说假话的现象。

  "文化大革命"十年,整个国家所遭的灾难、人民所遭的灾难、新闻界所遭的灾难,从某种意义上来说,是原有新闻体制弊端的总暴露。原有新闻体制把所有新闻传媒全部编织在党的权力链条上,大大地萎缩了新闻事业的活力,从制度上极大地增加了新闻媒体对"大脑"的依附性,这就为某些别有用心者如"四人帮"之流控制媒介、篡党夺权、制造舆论提供了极大方便。郑保卫主编的《中国共产党新闻思想史》在历数了从抗日战争到"文化大革命"党的新闻宣传工作的错误后说:"当时的许多做法并没有违反组织原则和宣传纪律,但是,这种看似'听话'、'守纪'、'紧跟'、'照办'的做法,实际上却是违反了党性原则的行为。"③这就说明,在原有新闻体制中,要求新闻界"独立思考"、不"随风倒"从理论上说不通,在实际上根本做不到,所以,解决问题的根本做法是革除原有新闻体制弊端,保证新闻媒体有更为充分的活动空间,能够真正按照新闻自身规律运作。

  如何从根本上革除原有新闻体制的弊端呢?按照前文提出的"媒介生态"理论来看,主要在于改善媒介生长环境。如何从根本上改善媒介生长环境?主要是进行政治体制改革。所以,当前,我们应该按照中共十七大的政治报告的精神,加速政治改革的步伐,加强社会主义民主政治建设。胡锦涛在政治报告中指

---

① 《中国共产党新闻工作文件汇编》中册,新华出版社,1980年版,第279页。
② 同上书,第483页。
③ 郑保卫主编:《中国共产党新闻思想史》,福建人民出版社,2004年版,第542—543页。

出,要"坚定不移发展社会主义民主政治",从根本上保障"人民当家作主"理念的落实。胡锦涛说:"人民当家作主是社会主义民主政治的本质和核心,要健全民主制度,丰富民主形式,拓宽民主渠道,依法实行民主选举、民主决策、民主管理、民主监督,保障人民的知情权、参与权、表达权、监督权。"[①]只有社会主义民主政治发展和政治体制改革深化,从根本上改善媒介生长环境,新闻改革才能够向深层次推进,即在新闻体制方面进行改革。这里要强调的是,我们所说的新闻体制改革,不是用一种新的体制替代原有体制,而是革除原有体制的弊端,使新闻事业更健康发展,新闻媒介多元生存,新闻媒介功能全面发挥。

当然,改善媒介生长环境、改革新闻体制是整个社会改革,尤其是国家政治体制改革的一部分,是一个渐进过程,不可能在短时期内实现。对此,我们必须要有耐心,必须要有信心!

---

① 《十七大报告学习辅导百问》,学习出版社、党建读物出版社,2007年版,第27页。

上 编

八面来风：帝国晚期的新闻事业

第一章

回溯：集权制度下的古代报纸

本 章 概 要

  新闻传播是人类社会的一种特有的信息传播活动，它随着人类社会的开元而出现，随着人类社会的发展而进步。

  最早的新闻传播活动可以追溯到原始社会。原始人如何进行新闻传播，没有文字可考，并且因为人类社会自身的不成熟，人类的社会交往活动的简单，新闻传播必然十分简单。因此我们溯源人类的新闻传播将上限定在文字产生，换言之，本书论述的新闻传播活动是有文字记载的新闻传播活动。

  中国有文字记载的新闻传播最早可以追溯到春秋战国时期。当时的新闻传播主要有两种形式，一种是史官传播，一种是太师采风。

  中国是世界上最早出现古代报纸的国家之一。当代新闻史学界大多数人以为中国古代报纸最早出现在唐代。

  中国古代的报纸，按照出现的时间顺序大体上可分为三类：一类是朝廷官报；一类是非法民报；一类是合法民报。从形式上看，合法民报最完备；从本质上看，非法民报最接近于近代意义上的报纸；从影响上看，朝廷官报则最大，它存在于从汉唐到清朝的晚期，在历代封建统治者的经营下，成为封建社会传播信息的主要渠道。三类报纸虽然有这样或那样的不同，但有一点是相同的，就是都是为了政治上的需要。

第一节　中国新闻传播溯源

一、史官的新闻传播活动

中国是世界上史学最发达的国家之一，甲骨文中已有"御史"的记载，自周代和春秋时代起，就有史官之设。史官既掌握国家的法典，又记载君王的言行，并规定："左史记言，右史记事。"（《汉书·艺文志》）史官的后一种职能颇有一点类似近代跑中央机关的记者。他们记载的君王言行，保存下来是历史，传播开来是新闻。

《墨子·明鬼篇》中记叙了杜伯追杀周宣王于圃一事："其三年，周宣王合诸侯而田于圃，田车数百乘，从数千，人满野。日中，杜伯乘白马素车，朱衣冠，执朱弓，挟朱矢，追射宣王，射之车上，中心折脊，殪车中，伏弢而死。当是之时，周人从者莫不见，远者莫不闻，著在周之《春秋》。"作者强调"从者莫不见，远者莫不闻"，既说明这件事是真实的，已经载入史册，又说明这件事在当时曾经作为重大新闻广为传播。

《左传·宣公二年》中记载了"晋灵公不君"这段史实，当时任晋国史官的董狐敢于直书"赵盾弑其君"一事，还与赵盾面对面地辩论之后，"以示于朝"。"以示于朝"是说不仅写在史书上，还要把它公之于朝堂。由此可见，当时的史官不仅时记录重大的朝政大事，而且也把这些大事作为新闻加以公开传播。

古代史官不仅记录宫廷事件，还参与国家的重大外事活动。《史记·廉颇蔺相如列传》中记载秦王和赵王的渑池会，里面就有史官活动的描述："秦王饮酒酣，曰：'寡人窃闻赵王好音，请奏瑟。'赵王鼓瑟，秦御史前书曰：'某年月日，秦王与赵王会饮，令赵王鼓瑟。'"其后蔺相如以死相逼，请秦王击缶，秦王击缶之后，"相如顾召赵御史书曰：'某年月日，秦王为赵王击缶。'"可见当时史官在记录重大新闻事件时，已注重本国利益。

当然，在绝大部分情况下，史官的记录是不公开的，主要目的是为了保存档案，供日后修史之用，在当时则秘而不宣。不过，他们记录重大事件的及时性，和今天的新闻记者非常相似。

二、乐官的新闻传播活动

古代乐官也有类似新闻采集活动。乐官的新闻传播活动是指"太师采风"

一事。太师者,中国古代乐官之长也,西周始设,春秋时各诸侯国沿置。采风者,了解民情是也。关于"太师采风"一事,文献上记载不少。《礼记·王制》:天子每五年出巡一次,所到之处,"命太师陈诗以观民风"。班固《汉书·食货志》:每年正月,主号令的长官在路上敲着大铃,向行人采诗,然后交给乐官太师,配上乐谱,唱给天子听。《汉书·艺文志》:"古有采诗之官,王者所以观民风、知得失、自考证也。"各家所说,虽有差异,但有几个共同之点是清楚的:中国古代确实设有采集民风民俗的职官——太师;太师的主要任务是将在民间采集的诗配上乐谱唱给天子听;天子依靠"太师采风"观察风土人情,了解朝政得失,以便考核更正。曾虚白先生分析道,在太师之下,设有大批行人,使之深入民间求诗。他们的工作犹如现代的新闻记者。而次等人员的来源及其工作,据《公羊传·宣公十五年》何休注:"男年六十,女年五十,无子者,官衣食之,使之民间求诗,乡移于邑,邑移于国,国以闻于天子。"曾先生进一步指出,这些"行人"在民间所求之诗,是否代表民意,他引用《公羊传》的话加以说明:"男女怨恨,则相从而歌;饥者歌其食,劳者歌其事。"可见,"太师采风"确实能了解一些民情民意。

这一点有现存的《诗经》为证。《诗经》是中国第一部诗歌选集,编辑成书的时间大约在公元前6世纪。据说,当时采集到的诗共有3 000余首,后经人选编了305首。这个选编的人是谁?历来说法不一,司马迁认为是孔子,今人不同意,认为是周王朝的乐官。《诗经》的选编者是谁并不重要,重要的是《诗经》的内容。《诗经》的主要部分,也就是精华部分是"风",即十五国风。这些"风"诗形象而真实地记叙了周代500多年的社会风貌,表达了当时人民的思想、愿望和情感,有相当的广泛性和深刻性。这些真实反映民情民意的民歌,通过"太师采风"的方式把它们采集起来,加以整理,配上音乐,不仅唱给天子听,而且在民间广为传唱,表达舆论,是中国古代一种主要的新闻传播形式。近人郑观应说:"太史采风,行人问俗,所以求通民隐、达民情者,如是其亟亟也。"① 梁启超说得更明确,他把"太师采风"说成是中国古代的"民报":"古者太师陈诗以观民风:饥者歌其食,劳者歌其事,使乘辎轩以采访之,乡移于邑,邑移于国,国移于天子,犹民报也。"②

汉武帝时,建立了专门的音乐官署"乐府",掌管朝会、宴饮、祭祀以及道路游行时所用的音乐,兼采民间诗歌和乐曲。乐府诗中的民歌来自民间,在很大程度上反映了劳动人民的生活情况和思想感情,很类似今天的社会新闻。如《东门行》(北宋郭茂倩编《乐府诗集·相和歌辞·相和曲》):"拔剑东门去,舍中儿

---

① 郑观应:《日报》,《中国新闻史文集》,上海人民出版社,1987年版,第18页。
② 梁启超:《论报馆有益于国事》,《中国新闻史文集》,上海人民出版社,1987年版,第24页。

母牵衣啼:'他家但愿富贵,贱妾与君共铺縻。上用仓浪天故,下当用此黄口儿。今非!''咄!行!吾去为迟,白发时下难久居。'"寥寥几笔,揭示了男主人公的内心矛盾和反抗精神以及女主人公的善良性格。

三、古代报纸的出现

大凡报纸出现,先有官报,后有民报,中西皆然。中国官报最早何时出现,历来新闻史家说法不一。有人以为产生于先秦,有人以为产生于汉代,有人认为产生于唐代,都不如中国新闻史学的奠基人戈公振先生的"始于汉唐"的提法准确。

秦理斋在《中国报纸进化小史》一文中写道:"我国新闻事业,发轫最早。在昔商周之际,政府已设置专官,春秋二季,出巡列邦,采风问俗,归而上诸太史。刘歆与扬雄曰:'诏问三代、秦、周,轩车使者、遒人使者,以岁八月巡路,求代语、童谣、歌戏。'而周官太史所掌,亦曰'陈诗以观民风'。大抵今日所传诗歌、《国语》、《国策》,要亦当时新闻之流亚。王安石目《春秋》为断烂朝报,良有以也。"①戈公振先生在中国新闻史的开山之作《中国报学史》中的第二章《官报独占时期》开头就指出这种看法站不住脚,他说:"世之尊报纸者,常以之比附《春秋》,盖根据王安石'断烂朝报'之一语也。"王安石说话的根据是《春秋》中许多文章的写法"均与后世报纸之性质相近"。但戈公振认为,《春秋》作为一部优秀的史书,记事严谨求实,为"后世报纸记事之极则",但还"似不能即谓之报"②。

"官报起于商周"站不住脚,《春秋》不能算是官报,那么最早的官报是什么?戈公振说:"本书之言官报,仍自邸报始。"在《中国报学史》中,有专门一节解释"邸报"名称之由来。在这一节,戈公振引用了《汉书》的注释:"郡国朝宿之舍,在京师者率名邸。邸,至也;言所归至也。"戈公振指出,郡国在京师设邸的制度,由来久矣。"邸中传抄一切诏令章奏以报于诸侯,谓之'邸报'。犹今日传达消息之各省驻京代表办事处也。"由此,戈公振提出自己的观点:"'邸报'始于汉唐,亦称'杂报'、'朝报'、'条报',其源盖出于'起居注'、'月表'、'阅历'、'时政记'之类。历朝因之。"③接着,戈先生设问道:"汉有邸报乎?"为了回答这个问题,戈先生拿出了两个证据:一是南宋徐天麟所著《西汉会要》卷六十六《百官表》中记载:"大鸿胪属官有郡邸长丞"一句,二是《汉书》颜师古对此的注释:"主

---

① 《最近之五十年》,申报50年纪念特刊,1922年,申报馆出版。
② 戈公振:《中国报学史》,三联书店,1955年版,第22页。
③ 同上书,第23页。

诸郡之邸在京师者也。按郡国皆有邸，所以通奏报、待朝宿也。"据此，他认为："通奏报云者，传达君臣间消息之谓，即'邸报'之所以有起也。"①就是说，戈先生以为，汉代郡国在京城的"邸"所"通奏报"就是"邸报雏形"。

戈先生的结论，是有分寸的。汉代有了"通奏报"的邸，他们所抄报的东西，虽然不能叫"邸报"，但是可以看作"邸报雏形"。汉代初，郡县制和分封制并存。刘邦分封异姓王，由于异姓王势力坐大，这样对集权造成威胁，刘邦便取消异性王，改分封同姓王，这种封王管辖的地区，历史上称为"郡国"。所谓"大鸿胪"是诸郡国在京城里设置的机构，又成为"邸"。"邸"是封建割据的产物，属于"郡国"在京城自行设立的机构，并非中央朝廷设置的行政机构②。颜师古对此的注释说得很清楚，郡国设置"邸"这一机构的任务有二：一是"通奏报"，一是"待朝宿"。就是说，"邸"的主要任务是"通奏报"，传递郡国与朝廷之间的奏报；此外，就是负责郡国来京城办事人员的食宿。"通奏报"者，上情下达，下情上传，尽管传的主要是"官文书"，但是也是一种信息的传递，这或许就是戈先生认定汉有"邸报雏形"的根据。

新闻史学界的许多人以至今没有发现汉代文献上有关于邸报的记载，没有发现汉代邸报原件为由，认为汉有邸报的观点不能成立。"还不能肯定汉代已有邸报。"③从"通奏报"得出汉有邸报的"结论是不正确的"④。"汉朝有报纸的说法，也是不能成立的。"⑤其实，戈先生并没有说"汉朝有报纸"，他只是以为，汉代"郡邸长丞"的"通奏报"还只是"'邸报'之所以有起也"，即"邸报雏形"，不能算"邸报"。他也明确认为："'邸报'二字之见于集部者，自唐始。"⑥戈公振发表于1927年《国闻周报》第4卷第5期上的《中国报纸进化之概观》中也说："汉唐当藩镇制度盛行时，其驻在京师之属官，皆有'邸报'之发行。"

戈先生的几个观点很明确：其一是"邸报始于汉唐"。"汉唐"是泛指，自汉至唐整个时期。其二是汉朝"邸"的"通奏报"只是"邸报雏形"。现在很多著作在论述唐代官报时，也是从"进奏院"和"进奏院状"开始的。其实，唐代的进奏院就是由汉代的"邸"发展而来的，依然是藩镇在京城设立的办事机构，其任务依然是"通奏报"、"待朝宿"；唐代的"进奏院状"仍然只是一种供藩镇本人阅读的、情报性质的报纸。由方汉奇教授从英国不列颠博物馆找到的"唐归义军进

---

① 戈公振：《中国报学史》，三联书店，1955年版，第24页。
② 黄卓明：《中国古代报纸探源》，人民日报出版社，1983年版，第15页。
③ 同上书，第11页。
④ 刘家林：《中国新闻通史》上，武汉大学出版社，1995年版，第6页。
⑤ 方汉奇主编：《中国新闻事业通史》第1卷，中国人民大学出版社，1992年版，第33页。
⑥ 戈公振：《中国报学史》，三联书店，1955年版，第25页。

奏院状"原件,可以清楚地看到这一点。其三是"邸报"名称自唐始。戈先生在论述唐代"邸报"时,其证据是孙樵的《经纬集》中《读开元杂报》。这一点是当今新闻史学界绝大多数人的观点和论据。

戈公振先生不仅认为"'邸报'始于汉唐",而且还指出,邸报的刊行,"历代因之",其内容"所记无非皇室动静,官吏升降,与寻常谕摺而已"。结论是:自汉唐始,"官报遂成为国家之制度",这种情况直到清末。这就是说,中国古代朝廷官报不仅存在于汉唐以降的差不多整个封建社会时期,而且编发官报成为国家的一种制度。

中国的古代报纸,除了朝廷官报之外,还有两类,一类是非法民报,一类是合法民报。三类报纸,从形式上看,合法民报最完备,从本质上看,非法民报最接近于近代意义上的报纸,从影响上看,朝廷官报则最大,它存在于从汉唐代到清朝的晚期,在历代封建统治者的经营下,成为封建社会传播信息的主要渠道。

第二节 朝廷官报

一、官报是封建帝国集权政治的需要

中国封建社会的统治者为什么要发行官报?对此,中国新闻史的奠基人戈公振先生在《中国报纸进化之概观》一文中说:"自报纸历史上言之,邸报(中国古代官报的概称)之产生,为政治上之一种需要。"具体地说,中国封建统治者发行官报,是维护中央集权统治的需要。从公元前221年,秦始皇"振长策而驭宇内,吞二周而亡诸侯",扫平六合,统一中国,到公元1840年鸦片战争,中国被西方列强用枪炮和商品强行逼迫进入近代社会为止,其间2 000多年,虽经多次改朝换代,但中国的政治体制一直没有发生变化,都是专制主义的中央集权制度。中国专制主义集权统治的一个基本特征,就是国家的权力全部集中在中央,并且皇帝至高无上,一切军政要务都由皇帝一人说了算。《史记》:"天下之事,无论大小皆决于上。"这个"上",就是指历朝历代的皇帝。可见,中国的封建社会的专制主义集权统治,不仅是中央集权,而且是皇帝集权。

在高度的中央集权统治和高度的皇权专制下,国家机器的正常运转必须要解决两个问题。第一个是政令畅通。所谓政令畅通,就是将朝廷的政令、皇帝圣旨迅速地、原原本本地传达下去。要做到政令畅通,就必须有畅通的渠道。刊行官报就是迅速传达政令的一条很好的渠道。第二个是举国"听一"。所谓"听

一",就是按皇帝一个人的思想思考。为了"国体尊而民听一",于是发行官报,"使朝廷命令,可得而闻,不可得而测,可得而信,不可得而诈"(宋·周麟之《海陵集》)。宣达皇权,统一思想,传达政令,统一行动,维护中央集权统治,是中国封建统治者创办和发行官报的根本目的。同时封建王朝要使庞大的国家机器协调地运转起来,除了宣达皇命、统一思想,还需要给各级官吏提供一定的情况;而各级官吏为了在激烈的矛盾冲突中平安地保存自己,进而步步往上爬,也需要了解朝廷情况,决定对策。这便是中国古代官报长期存在的基本原因。

二、官报的历史沿革

(一)产生于唐代

唐代出现有两种类型、两种性质的官报:一种为中央朝廷编发的政府公报性质的朝廷官报;一种为地方官员驻京机构编发的情报性质的官报。

唐代的中央政府公报性质的朝廷官报,由中央朝廷职官中书舍人编定后,一方面由进奏院抄送全国官员,一方面在京城张贴。对于这类报纸的有关情况记载最详细的文献,是孙樵所著《经纬集》卷三载《读开元杂报》。孙在文章中写道:

> 樵囊于襄汉间,得数十幅书,系日条事,不立首末。其略曰:某日皇帝亲耕籍田,行九推礼;某日百僚行大射礼于安福楼南;某日安北奏诸蕃君长请扈从封禅;某日皇帝自东封还,赏赐有差;某日宣政门宰相与百僚廷争十刻罢。如此,凡数十百条。樵当时未知何等书,徒以为朝廷近所行事。有自长安来者,出其书示之。则曰:"吾居长安中,新天子嗣国及穷庑自溃,则见行南郊礼,安有籍田事乎?况九推非天子礼耶?又尝入太学,见丛蘖负土而起若堂皇者,就视得石刻,乃射堂旧址,则射礼废已久矣,国家安能行大射礼耶?自关以东,水不败田,则旱败苗,百姓入常赋不足,至有卖子为豪家役者。吾尝背华走洛,遇西戎还兵千人,县给一食,力屈不支,国家安能东封?从官禁兵安能仰给耶?北房惊啮边甿,势不可控,宰相驰出责战,尚未报功,况西关复惊于西戎,安有扈从事耶?武皇帝以御史窃议宰相事,望岭南走者四人,至今卿士龇舌相戒,况宰相陈奏于仗乎?安有廷奏争事耶?"语未及终,有知书者自外来,曰:"此皆开元政事,盖当时条布于外者。"樵后得《开元录》验之,条条可复云。然尚以为前朝所行不当尽为坠典。及来长安,日见条报朝廷事者,徒曰今日除某官,明日授某官,今日幸于某,明日畋于某,诚不类数十幅书。樵恨生不为太平男子,及睹开元中书,如奋臂出其间,

因取其书帛而漫志其末。凡补缺文者十三,改讹文者十一。是岁大中五年也。

孙樵是著名古文学家韩愈的学生,在唐宣宗、僖宗年间曾作过中书舍人。据作者称,这篇《读开元杂报》写于宣宗大中五年(公元851年)。这一年,孙樵来到长安,所以文中有"及来长安"的话。孙樵在该文中,前后叙述了两种"报"。一种是他在襄汉间居留期间看到的"系日条事,不立首末"的"数十幅书",上面的内容都是朝廷政事动态,诸如皇帝行九推礼,百僚行大射礼,宰相与百僚廷争,等等。因"条条可复"《开元录》,故孙樵自名曰"开元杂报"。另一种是孙樵来到长安后,"日见条报朝廷事者",虽然分条通报得极为简单,内容主要是皇帝起居和日常活动:"今日除某官,明日授某官,今日幸于某,明日畋于某。"这两种"报"虽然一种出现在开元,一种出现在大中,一种叙事较详,一种叙事很略,一种反映了盛世景象,一种则不过是例行公事,因此孙樵遂有"恨不为太平男子"之叹,但两者有其共同点:那就是由朝廷发布并且"条布于外"。从记叙内容和发布形式看,带有较为明显的政府公报性质。可见,唐代从开元到大中都有带政府公报性质的朝廷官报发行,但其名称不叫"开元杂报",也不叫"条报",而可能叫"报状"或"报"等。

情报性质的官报,是"汉邸"发展的结果,与唐代邸务及藩镇制度的发展有密切关系。唐代是我国封建社会空前繁荣的一个朝代,中期开始,在一些边疆地区建立藩镇,设置节度使。朝廷对这些大权在握的地方大员十分倚重,随着藩镇势力的日益扩大,他们在京城自置的邸的权限也日益扩大,名称也由邸改为留后院,或上都邸务留后院,代宗大历十二年(公元777年)后,又改称为上都知进奏院,简称进奏院。柳宗元在《邠宁进奏院记》中,对唐代进奏院的由来作了重要说明:"凡诸侯述职之礼,必有栋宇建于京师,朝见为修容之地,会计为交政之所。其在周典,则皆邑以具汤沐;其在汉制,则皆邸以奉朝请。唐兴因之,则皆院以备进奏。政以之成,礼于是具,由旧章也。……宾属受词而来使,旅赍奉章而上谒。稽疑太宰,质政于有司。下及奔走之臣,传遽之役,川流环连,以达教令。大凡展采于中都,率由是也。故领斯院者,必获历闑阁,登太清,仰万乘之威而通内外之事。"根据柳宗元的说法,唐代的进奏院是在周朝的邑、汉朝的邸的基础上发展起来的。周邑仅仅是诸侯觐见时的招待所,汉邸除有招待所的职能外,还兼有办事处的职能。唐代的进奏院作为地方大臣在京师的代理机构,其职能就大大地强化了。它甚至可以"质政于有司","历闑阁,登太清,仰万乘之威而通内外之事"。也就是说,各地进奏官可以向朝廷有关部门查询一些政务,参与朝廷盛典,可以将京师的消息抄写成"进奏院状"直接通报给派他们出来的地方长官。唐代进奏院不但是地方长官在京城的办事机构,而且还是情报机构。唐代进奏院职能的强化和"进奏院状"的出现是和藩镇制度紧密相联的。唐代中后期崛起的独霸一方的、俨然小朝廷的藩镇,平时表面上听令于朝廷,而暗中却在不断地扩充自己的势力,为了了解朝廷和其他藩镇的动向,他们必然会充分利用设立在京都的进奏院,选派得力官员担任进奏官,主持进奏院的工作。史料记载,由于"唐李藩镇跋扈,邸官皆得入见天子"(清《历代职官表》按语)。唐代进奏官为藩镇所派,对藩镇负责,他们在京城各显神通,大量刺探朝廷和各地情报,将与自己长官利害有关的、能引起自己长官兴趣的消息抄写下来,派专人送回,故一般称为"进奏院状"。"进奏院状"只对藩镇个人抄送,以藩镇个人为唯一读者,并且带有相当的机密性,故它只具有情报性质。具有情报性质的唐代"邸报"的材料,大部分来自朝廷官报"报状",还有一部分或是邸吏们在京城的所见所闻,或是执行节度使交办的专门任务后的情况汇报。

英国不列颠图书馆藏"唐归义军进奏院状"就属于这种性质的报纸。这份"进奏院状"是归义军节度使张淮深派驻唐王朝京城的进奏官给张淮深写的一份关于"三般专使"为张向朝廷"请旌节"一事的专题汇报。这份有60行文字的"进奏院状",开头部分比较完整,前11行的文字为:

  进奏院 状上
  当道。三般专使所论旌节次第逐件具录如后:右伏自光启三年二月十七日专使衔宋闰盈、高再盛、张文彻等三般同到兴元驾前。十八日使进奉。十九日对。廿日参见四宰相、两军容及长官,兼送状启信物。其日面见军容、长官、宰相之时,张文彻、高再盛、史文信、宋闰盈、李伯盈同行,囗定宋闰盈出班,袄对扣击,具说本使一门拓边效顺,训袭义兵,朝朝战敌,为国输忠,请准旧例建节,廿余年朝廷不以指拟。今因遣闰盈等三般六十余人论节来者……

从以上引文中,可以了解该状的整个意图。这份"进奏院状"的内容是,归义军节度使张淮深为"请旌节"事派往朝廷的三般专使在兴元、凤翔两地活动的情况:他们何时到兴元,何时见皇帝,何时开始就求旌节一事与朝廷大员交涉,交涉情况如何,碰到什么困难,专使内部有何分歧,发生过哪些争吵,个人都说了些什么,表现如何,等等。

旌节是中国古代高级官员出行时用以显示身份的一种仪仗,唐代由皇帝专门赐予节度使。张淮深代张义潮守归义军,担任节度使已经20年了,但没有得到皇帝赐予的旌节,心中颇为不满,故有此次"请旌节"的事情发生。

这份"进奏院状"原件有力地证明了我国最早出现的古代报纸是一种带有

情报性质的书写品。这种具有情报性质的报纸由地方官员自置于京城的"进奏院"抄发,除称为"进奏院状"外,还有的称"状报"、"报状"、"上都留后状"、"留邸状报"等。刘禹锡代杜佑作的《谢男师损等官表》中写道:"伏见今月一日制,授臣长男师损秘书省著作郎、次男式方太常寺主簿,又得进奏官裴遵状报,伏承圣恩,特降中使送官告到臣宅,分付师损者。"①李德裕在《会昌一品集》卷十七《论幽州事宜状》中说:"臣伏见报状,见幽州雄武军使张仲武已将兵马赴幽州……"②刘禹锡、李德裕都称"报状"。

孟棨《本事诗》记载韩翃在淄青幕府中做事时,同僚某半夜向他贺喜时写道:"'员外除驾部郎中、知制诰。'韩翃愕然曰:'必无此事,定误矣。'韦就座,曰:'留邸状报:制诰阙人,中书两进名……曰:与韩翃。'"这里称"留邸状报"。

也有称"邸报"的。"(韩翃)不得意,多家居。一曰,夜将半,客叩门急,驾曰:'员外除驾部郎中、知制诰。'翃愕然曰:'误矣!'客曰:'邸报:制诰阙人,中书两进君名,不从,又请之,曰:与韩翃。'"③《全唐诗话》虽为宋人所作,但所记韩翃升迁之事发生在唐德宗年间(公元780—804年)。"客"从"邸报"上得知韩翃除驾部郎中的消息时,韩本人尚一无所知,可见客所见到的"邸报"不是朝廷官报,而是比朝廷官报来得快的"藩镇情报"。

(二)官报在宋代的发展

官报在宋代发展的主要表现是唐代的中央朝廷官报和藩镇情报到了宋代基本上合二为一,而成了朝廷官报。

这一重大变化取决于宋代"进奏院"的质变。宋王朝建立后,为了巩固中央政权和实现政治统一,采取了抑制地方封建割据势力的办法,搞了一套由朝廷直接控制的地方职官制度。唐代的节度使制度虽然在宋初仍然存在,但不久,节度使实权被解除,所有管理地方行政的各级官吏,皆由朝廷派遣,原来由节度使自置的进奏院也改由朝廷统一设立。公元981年,宋太宗下诏,成立上都进奏院,属门下省,由中央直接任命150名进奏官办公,分管各州奏报。这样,进奏院就由唐代地方官员的派出机关变成了直隶朝廷的行政机构。这种性质的进奏院所发行的"邸报"或"进奏院状"就不再是"藩镇情报",而是"中央朝廷政府公报"了。

宋代的朝廷官报的名称有"进奏院状报"、"邸报"、"朝报"等。

"臣某言:今月八日得进奏院状报,圣体康复,已于二月二十三日御延和殿,

---

① 转引自方汉奇主编:《中国新闻事业通史》第1卷,中国人民大学出版社,1992年版,第38页。
② 同上。
③ 《全唐诗话》第3卷,第15页。

亲见群臣者。"(宋祁《景文集》第 36 卷)这里称"进奏院状报"。

据《宋会要辑稿·刑法二下》:"臣僚言":"恭维国朝置进奏院于京师,而诸路州郡亦各有进奏吏,凡朝廷已行之命令,已定之差除,皆以之达于四方,谓之'邸报',所从久矣。"因而,宋代官吏文人的书信中、诗作中、日记中、文章中,谈及"邸报"的地方随处可见。如苏东坡的诗句"坐观邸报谈迂叟,闲说滁山忆醉翁",便是人所共知的。

"朝报"这个名称最早在宋太宗时期就出现了。王禹偁《小畜集》卷十《有伤》诗:"壁上时牌催昼夜,案头朝报见存亡。"这首诗是为悼念他的老师——一个叫贾黄中的人而写的,贾卒于宋太宗至道二年,即公元 996 年。该诗写作时间应该不会离得太远。但"朝报"名称的流行则在北宋末年;至南宋,"进奏院状报"这一名称基本消失,"朝报"成了朝廷官报的较为正规的名称。徽宗大观四年(公元 1110 年)六月诏令:"近撰造事端,妄作朝报。累有约束,当定罪赏。"(《宋会要辑稿》卷四)又据王安石将《春秋》戏称为"断烂朝报",又据南宋人赵升在《朝野类要》中对"朝报"作了详细介绍,可知从北宋后半期起,朝廷官报已被概称为"朝报"了。

宋代的朝廷官报与唐代比,内容有了较大扩充。据《宋会要辑稿》载,宋孝宗乾道九年(公元 1173 年)有一个奏章谈到:"国朝置都进奏院,总天下之邮递,隶门下省,凡朝廷政事施设、号令、赏罚、书诏、章表、辞见、朝谢、差除、注拟等,令播告四方,令通知者,皆有令格条目,具合报事件誊报。"另从宋人著作中若干有关记载看,朝报内容并不像唐代官报只限于一般的诏旨奏章、皇帝起居和藩镇所关心的专题,还有更多的诸如宫廷和皇族生活情况、仕官升迁、镇压农民起义和少数民族的战事等朝廷政事动态。

(三) 官报在明清的延存

历代文献中,尚未见到有关元代报纸的记载。

明朝建立后,恢复了朝廷官报。明代朝廷官报一般都称为"邸报",有时也称"邸钞"。

《明人尺牍选》第 1 卷载《王鏊与陆冢宰书》:"得邸报,知已正位冢宰,甚盛,甚盛。"王鏊是明宪宗成化年间(公元 1465—1487 年)的官僚。

《亭林文集》第 3 卷载《与公肃甥书》:"窃意此番纂述,止可以邸报为本,粗具草藁,以待后人,如刘昫之《旧唐书》也。"亭林,顾炎武,明末清初思想家。

以上史料说明,明代从前期至后期,朝廷官报的主要概称是"邸报","邸钞"只是偶见,如《万历邸钞》。

明代官报在形式上有一重大发展,即活字印刷。印刷新闻早在宋代已经出现,许多非法报纸就是印刷品。北宋毕昇虽然发明了活字版,但没有推广,更没有被运用到新闻传播上,所以那时的报纸只能是雕版印刷的。到了明末,"邸报"印刷改为活版,《亭林文集》中《与公肃甥书》记载:"忆昔时邸报,至崇祯十一年(公元1638年)方有活版;自此以前,并是写本。"邸报的活字印刷是我国新闻传播技术的一大进步,也是我国新闻事业史和世界新闻事业史上的大事件。

清代统治者在取得全国政权以后,参考明代封建官报的发行办法,继续向全国范围内发行朝廷官报。顺治、康熙、雍正的公文及私人文书中,有不少关于当时官报的记载。

清代的官报一般也称"邸报"。

顺治十七年(公元1660年)十一月二十一日,四川御史杨素蕴在奏疏中说:"曰邸报,见平西王清以副使胡允等十员拟升云南各道。"[1]

康熙时代的王士禛在《池北偶谈》卷四中写道:"今之……邸报,亦有所本。"[2]

雍正时代的诸晦香在《明斋小识》卷五中说:"适有持邸报来者,阅竟置于案,客来携去。"[3]

清末,慈禧、光绪流亡西安,也曾在西安发行"行在邸钞",用以代替在北京发行的"邸报"。帝后回銮后,这种"行在邸钞"才停止发行。

三、官报的编发与管理

(一) 朝廷官报的编发

无论是唐代"报状"、宋代"邸报"、"朝报",还是明清"邸报"、"邸钞",都是由封建王朝有关中央机关直接编发的。

关于唐代"报状"的编发。黄卓明认为:"应是通过'中书舍人'发布的。杜牧的'前数月见报',很可能就是他在担任这一职官期间见到的。"在唐代,无论是"报状"还是"进奏院状"都属于公文,前者由朝廷掌管文书的中书舍人直接编发,后者由进奏官直接编发,不需要经过中间环节。不列颠图书馆所藏的敦煌"进奏院状"已清楚地表明了这一点。

关于宋代"邸报"、"朝报"的编发机关,据现有史料看,是很清楚的。赵升在《朝野类要》卷四中,对"朝报"的编排发行过程作了详细介绍:"朝报,日出事宜也,每日门下后省编定,请给事判报,方行下都进奏院,报行天下。"宋代改革后

---

[1] 史松等:《清史编年》第1卷,中国人民大学出版社,1985年版,第585页。
[2] 转引自方汉奇主编:《中国新闻事业通史》第1卷,中国人民大学出版社,1992年版,第189页。
[3] 同上。

的进奏院隶属门下省,由给事中掌管。宋代的门下省为皇帝的秘书侍从机关,给事中"掌读中外出纳及判后省之事"(《宋史·职官志》),即负责颁发朝廷诏令,向皇帝呈递群臣奏章,基本上充当皇帝的耳目喉舌。宋代"朝报"为日刊,门下后省编排,给事中审定,进奏院抄发。

据史料,宋代"朝报"的发行,除通过驿站发行全国各级官吏外,还可以叫卖都市。南宋出版的《靖康要录》卷十五载:"(靖康)二年(公元1127年)二月十三日……是日……百官皆赴秘书省,士庶赴东朵楼,军民赴大晟府,僧道赴西朵楼,集议推戴张邦昌事……初百官集秘书省,莫知议何事。凌晨,有卖朝报者,并所在各有大榜揭于通衢,云'金人许推择赵氏贤者'。其实乃奸伪之徒假此以绐百官使毕集也。"这里的"朝报",显然是张邦昌的爪牙为张建立"楚"傀儡政权而编造的"假朝报"。另据南宋人周密在《武林旧事》卷六中介绍临安各商铺的营业情况时,提到有一家"供朝报"。朱传誉先生怀疑它卖的是伪装成"朝报"的民营报纸。不管是"假朝报"还是"伪民报",都证实一点,就是南宋"朝报"可以合法地公开出售。

明代虽然恢复了"邸报",但没有恢复进奏院这样的官署,于是"邸报"便由通政司负责发抄。"通政司所以出纳王命,为朝廷之喉舌;宣达下情,广朝廷之聪明,于政体关系甚重也。"(陆容《菽园杂记》)其抄发程序,顺治元年(公元1644年)六月戊午,大学士冯铨、洪承畴奏言中有较为明确的记叙:"按明时旧例,凡内外文武官民条奏,并各部院覆奏本章,皆下内阁票拟,已经批红者仍由内阁分下六科,钞发各部院,所以防微杜渐,意至深远。"(蒋良骐《东华录》)

明代"邸报"传报情况与宋代由朝廷直接向全国各级官吏传播不同,改由各巡抚及总兵的提塘官抄送。"巡抚及总兵俱有提塘官在京师,专司邸报。"(沈德符《万历野获编》第24卷)提塘从六科抄得文报后,专程由快马递送省府,交巡抚、总兵等省级长官。省以下的各府另雇在京抄报人转录若干份,由驿站递送。

清代官报的抄发和明代相似,不过其抄、传制度日趋完善。据《大清会典》:"每日钦奉上谕,由军机处承旨,其应发钞者,皆下于阁……下阁后,谕旨及奏折,则传知各衙门钞录遵行,题本则发科由六科传钞。""凡题奏奉旨之事,下科后令该省提塘赴科钞录,封发各将军督抚提镇。"可知清朝主持"邸钞"工作的是皇帝的办事机关军机处,由军机处把应发抄的谕旨奏章发交内阁,到内阁后,一方面传知各衙门抄录执行,一方面交由六科发抄,即各省在京提塘官到六科抄录,传报四方。

(二)朝廷对官报的管理

中国的历代封建王朝都很注意对朝廷官报的管理,以使它为巩固中央政权发挥充分的作用。

首先是加强对发报内容的管理。对官报上所刊载的内容,划有严格的范围,对能发报和不能发报的材料有严格的规定。如宋哲宗元符元年(公元1098年)明确规定:"进奏官许传报常程申奏,及经尚书省已出文字,其实封文字,或事干机密者,不得传报。如违,并以违制论。"(《宋会要辑稿·刑法二》上)明代也有同样规定:"天启元年四月甲戌,禁抄发军机。"(《明史·熹宗本纪》)"崇祯三年正月乙未,禁抄传边报。"(《明史·庄烈帝本纪》)

其次,是建立审查制度,管理报纸编排。封建王朝对官报的编排逐步建立起了一整套越来越严密的制度。宋代对进奏院改革,统一任命进奏官,其目的就是为了对官报集中管理。宋真宗咸平二年(公元999年)正式建立"邸报""检详"制度。"检详",就是审查。《宋史·刘奉世传》就讲到:"熙宁三年(公元1070年),初置枢密院诸房检详文字,以太子中允居吏房。先是进奏院每五日具定本报状上枢密院,然后传之四方。"进奏院"传之四方"的"邸报",一定是要经过枢密院"检详"之后的定本状报。为了防止进奏官伪装私人信件通过驿站向各地传递朝廷不准发报的内容,宋代还规定了"进奏官五人联保法",即"不得非时供报朝廷事宜,令进奏官五人为保,犯者科违制之罪。"(《宋会要辑稿·职官二》)

到了南宋,又建立"每日判报"制度。光宗绍熙四年(公元1193年)规定,朝报每日由门下省编排好后送给事中"判报"(赵升《朝野类要》卷四)。

第三,建立传报制度,严格传报纪律。尤其是清代对负责抄录传递"邸钞"的提塘官管理十分严格,"法制详慎,其奉职倍为谨凛矣"(清《历代职官表》卷二十一按语)。另据乾隆年间的两条"钦定",前条规定提塘官抄报应到"公报房"集体抄录,以杜绝私抄讹传;后条规定提塘官抄报后,应将原件送回"兵部存案",以避免泄漏遗失。

第三节 非法民报

一、非法民报是社会矛盾激化的产物

中国古代的非法民报称"小报"。小报产生于宋代,它的出现是社会矛盾激化的结果。

宋王朝历经320年,无一天安宁。在外,有金、辽威胁,年年战争,民族矛盾十分尖锐,而宋代皇帝为防止"尾大不掉"的局面发生,对武将猜忌、限制,使他们或"有发兵之权,而无握兵之重"(枢密),或"有握兵之重,而无发兵之权"(三

帅)。边疆有事时,每派宦官监军,多方牵制,使将帅不能因时因地灵活应变。因此,从宋太宗太平兴国四年(公元979年)对辽的高粱河之役开始,直到宋王朝南迁,在对辽、西夏和女真的历次战役中,几乎没有一次不是以丧师失地结束的。这就是北宋比之我国历史上的其他统一王朝都表现得特别软弱的原因之一。至于南宋,苟安一角,那就更不用说了。在内,"冗兵"、"冗官"、"冗费",开支巨大,农民负担过重,而大地主、大商人乘机兼并,大发横财,阶级矛盾非常严重,不断地爆发农民起义。另外,在统治阶级内部,长期存在革新派与保守派之间的新旧党争。民族矛盾、阶级矛盾、新旧党矛盾,在宋代可以说是三线贯一,交织进行。各种政治势力的活跃,都需要一定的舆论配合;社会各层人物都需要了解形势的发展变化、各级官吏也都需要及时了解朝廷政事动态,以便采取相应的措施,维护其既得利益。所以,"小报"的编者们适应这种需要,突破朝廷官报的传播范围,充分利用自己的各种优势,私下经营"小报"。所以说,"小报"在宋朝这个特殊的朝代出现,是各种矛盾日趋激化、多层人物空前活跃的产物。

二、非法民报的历史沿革

(一)产生于北宋后期

对非法民报的最早记载是宋仁宗天圣九年(公元1031年)发布的一道谕旨:"仁宗天圣九年闰十月十五日诏:如闻诸路进奏官报状之外,别录单状,三司开封府在京诸司亦有探报,妄传除改,至感中外。自今听人告捉勘罪决停,告者量与酬赏。"(《宋会要辑稿·刑法二》)这里明确地说这种非法报纸出自"诸路进奏官"之手,在"京诸司"中的一些政府官员有人充当"探报",这种非法报纸被称为"单状"。宋英宗治平三年(公元1066年)闰十一月,监察御史张戬奏言:"窃闻近日有奸佞小人肆毁时政,摇动众情,传惑天下,至有矫撰敕文、印卖都市,乞开封府严行根捉造意雕卖之人行遣。"(《宋会要辑稿·刑法二》)这里的非法报纸有了发展,竟敢"矫撰敕文",同时还敢"印卖都市"。更有甚者,非法报纸为了迷惑朝廷,防备"根捉",还伪装成朝廷官报。宋徽宗大观四年(公元1110年)十月诏:"近撰造事端,妄作朝报,累有约束,当定罪赏。"并责成开封府差人"缉捉",还特别提醒对"进奏官密切觉察"(《宋会要辑稿·刑法二》)。

(二)盛行于南宋

对于非法民报最早称为"小报"并对"小报"的情况描述得最为详细、生动的是周麟之的《海陵集》卷三载《论禁小报》一文:"方陛下颁诏旨,布命令,雷厉风飞之时,不无小人诪张之说,眩惑众听,无所不至。如前日所谓召用旧臣者,浮言胥动,莫知从来。臣尝究其然,此皆私得之小报。小报者,出于进奏院,盖邸吏辈为之也。比年事之有疑似者,中外不知,邸吏必竞以小纸书之,飞报远近,谓之小报。如曰:'今日某人被召,某人罢去,某人迁除。'往往以虚为实,以无为有。但朝士闻之,则曰:'已有小报矣!'州郡间得之,则曰:'小报已到矣!'他日验之,其说或然或不然。使其然耶,则事涉不密;其不然耶,则何以取信? 此于害治,虽若甚微,其实不可不察。臣愚欲望陛下深诏有司,严立罪赏,痛行禁止。使朝廷命令,播之天下,天下可得而闻,不可得而测;可得而信,不可得而诈,则国体尊而民听一。"周麟之,在南宋第一个皇帝宋高宗时作过中书舍人、吏部尚书等官,他对小报情况的描述,显然是有根据的。《论禁小报》原是他在绍兴二十六年(公元1156年)上呈高宗的一篇奏折。

"小报"这个名称正式出现在皇帝诏令中,并被皇帝严加禁止,是在宋孝宗淳熙十五年(公元1188年)正月二十日的诏令中:"近闻不逞之徒,撰造无根之语,名曰小报,转播中外,骇惑听闻。今后除将进奏合行关报已施行事外,如有似此之人,当重决配。其所受小报官吏,取旨施行。令临安府常切觉察禁戢,勿致违戾。"(《宋会要辑稿·刑法二》)足以使皇帝恐慌并引起高度重视,可见小报之盛行。

同书载绍熙四年(公元1193年)的一则"臣僚言",更是具体地描述了当时小报盛行的状况:"近年有所谓小报者,或是朝报未报之事,或是官员陈乞未曾施行之事,先传于外,固已不可。至有撰造命令,妄传事端,朝廷之差除,台谏百官之章奏,以无为有,传播于外。访闻有一使臣及合门院子,专以探报此等事为生。或得之于省院之漏泄,或得之于街市之剽闻,又或意见之撰造,日书一纸,以出局之后,省、部、寺、监、知杂司及进奏官悉皆传授,坐获不赀之利。以先得者为功,一以传十,十以传百,以至遍达于州郡监司。人情喜新而好奇,皆以小报为先,而以朝报为常。真伪亦不复辨也。""臣僚言",是群臣在朝廷应对时的发言。这位大臣从"小报"的"探报"多、发行快、读者兴趣高、传播范围广等多方面描述了小报盛行的情况。

(三) 隐现于明清

宋代的非法民报"小报"在明、清时出现过它的变种,性质如前,名称变换,时隐时现。

据记载,嘉靖和万历年间,有一种被称为"朝报"的报纸,肯定不是朝廷官报。估计它是非法民报的伪称。"一日看除目,三年损道心。除目,今之推升朝报也。其中升沉得丧,毁誉公私,人情世态,畔援歆美,种种毕具。"(《五杂俎》卷十三) 又据王瓒《近事丛残》:"胡总制宗宪……先令人于朝报中捏造一事云:差锦衣卫百户苏某前往浙江,与该按抚官会议军情,听令便宜行事等因。乃宣言钦差将到。"上面两则史料中的"朝报"无论从内容还是语气判断都不可能是朝廷官报,很可能是类似宋代的非法民报,借用前朝的官报名称来伪装,以防备查禁。

"小报"的后代在清朝也曾出现于京城和各省会,有的称为"小钞",有的称为"报条"。王士祯在《池北偶谈》中提到,清初"亦有小报,谓之小钞"。蒋良骥在《东华录》中也说,康熙五十三年(公元1715年)有人报告,"近闻各省提塘及刷写报文者,除科抄外,将大小事件探听写录,名曰小报"。它的命运同它祖辈的命运一样,遭到了朝廷的查禁。据载,清世宗雍正四年(公元1726年),有两个编发"小钞"的报人名叫何遇恩、邵南山,被当局以"捏造小钞,刊刻散播"的罪名处死。

三、非法民报的主要特征

中国古代非法民报"小报",现在虽然没有发现原件,但从古籍关于它的记载中,也可以看到它的一些基本特征。

其一,"小报"有一支专业或业余的编排、采写队伍。周麟之说:"小报者出于进奏院,盖邸吏辈为之。"可见,起初小报只是编发朝廷官报的"邸吏"们的"第二职业",他们利用工作之便,将得到的宫廷内外的各种消息编成小报。后来,有些与进奏官有这样或那样关系的一些"在京无图之辈及书肆之家"也编印小报,"印卖都市"。这些小报的编印者为了扩大消息来源,他们还雇请一些"报探"。"其有所谓内探、省探、衙探之类,皆私衷小报,率有漏泄之禁,故隐而号之曰新闻"(赵升《朝野类要》卷四)。这些报探,有的是业余的,有的是"专以探报此等事为生"。这些业余或专业的报探便是我国最早的专跑机关的通讯员或新闻记者。

其二,有较为丰富的内容,可读性较高。"小报"比起朝廷官报来,内容要广泛得多,有进奏官提供的"朝报未报之事"、"官员陈乞未曾施行之事",有朝报上不准发表的"朝廷之差除","台谏百官之章奏",也有报探"得之于省院之漏泄、街市之飘闻",还有他们"意见之撰造"。这些内容有关于宫廷的,有关于省院的,有道听途说的,因而有真的,有假的,有真假各半的,有符合朝廷意见的,也有不符合朝廷意见的。内容多,消息广,可读性也大,人们读小报的积极性大大超过读朝报。

其三,小报传播迅速,时效性较强。文献史料中,不少地方写到小报时,用了"传之四方"、"转播中外"、"飞报远近"等词句;小报为日刊,"以小纸书之",每天传报;再说,它没有朝廷官报那样严格的"审查制度",自由编排,自由印发,愈是可读性大的传播得愈快;从读者的角度讲,"人情喜新而好奇,皆以小报为先,而朝报为常",故当天小报一出来,便"以先得者为功,一以传十,十以传百,以至遍达于州郡监司"。小报传播迅速、时效性较强的特点，使它比朝廷官报更具备新闻纸的资格。小报所刊载的内容，被"隐而号之曰新闻"。固然"新闻"这个名词早在唐代就已经出现了（唐人尉迟枢著有《南楚新闻》一书，所录者皆是当时的短隽故事），但把报道朝廷政事、宫廷动态的文章叫做新闻，是从宋代小报开始的。

其四，小报的编发者以谋利为目的，因而小报是中国最早具备商品性格的报纸。小报的编发者，无论是"邸吏辈"还是"在京无图之辈及书肆之家"，编发小报一般没有什么政治目的，他们或利用职业之便，或利用工作之余，或利用一技之长，编发内容丰富的、能引起各方面人士兴趣的小报，主要目的是为了赚钱谋利。那些发行的人员，也是如此。报纸"出局之后，省、部、寺、监、知杂司及进奏官悉皆传授，坐获不赀之利"。因而，小报的发行就和朝廷官报全然不同，它不通过官方的传播系统，而是自办发行，或私下"传授"，或"绕街叫卖"。小报在发行上的买卖方式，说明它的出现完全是一种社会需要。

其五，小报在社会大变动的时期，传播人们所需要的各种信息，有的内容在一定程度上反映了人民的心愿，因而在客观上起到了表达舆论的作用。宋徽宗大观四年（公元1110年）九月有一份小报登载皇帝训斥蔡京的诏书曰："前宰相蔡京，目不明而强观，耳不聪而强听。公行狡诈，行迹诡谀，内外不仁，上下无检，所以起天下之议，四海凶顽，百姓失业，远窜忠良之臣，外擢暗昧之流，不察所为，朕之过也。"后来据说这诏书是假的。小报敢于矫御笔以抨击奸臣，在一定程度上反映了人民的心愿。

其六，小报因为是非法的民报，因而在历代屡遭查禁，朝廷视之为洪水猛兽。从古籍中看到的有关小报的记叙，几乎全是指控和禁令，但是它从诞生之日起，一直到清末，不绝如缕。可见，这种非法民报具有很强的生命力。

四、非法民报对新闻史的意义

小报在中国新闻史上具有重要意义。

首先，小报作为民报身份出现，第一次突破了官方对新闻传播活动的垄断和朝政国事的封锁，打破了封建官报的一统天下格局，满足了一部分士大夫知识分子对朝廷政事信息的需求。小报突破了朝廷对报道内容的限制，能将一些统治者不愿意公布的消息报道出来；小报突破了朝廷对编报审查的限制，自采，自编，编发者自己定夺；小报突破了朝廷官报的传报制度，抄写或刻印之后，直接叫卖街头，或私下传售。

其次，小报的编发者和刻印者之所以敢于冒治罪的风险，主要动机在于"获不赀之利"。因而,小报第一次突破朝廷官报作为政府政治宣传品的范围而走入市场,成为一种商品;编报发报成为一种商品生产。报纸具有商品性,相对于朝廷官报来讲,这无疑是一种进步。既然是一种商品生产,就必然讲究受众需要,就必然讲究时间性原则,就必然讲究竞争。这样做,就会大大提高报纸的可读性。

第三,小报虽然与朝廷官报一样,以刊载朝廷政事和宫廷消息为主要内容,但是它敢于刊登一些朝廷不愿公布的事件,甚至根据民众心愿编造一些于朝廷大员不利的故事,这在一定程度上表达了民意舆情,有一定的社会进步性。

从报刊业务的角度看,以上三点说明小报与近代报纸最为接近,因此,中国新闻史学界有人提出,宋代小报的出现是中国古代报纸的开始。这虽然是一家之言,没有被大家所接受,但是宋代小报在中国新闻史上的重要地位是十分明显的。

第四节 合法民报

一、合法民报的产生与盛行

合法民报产生于明代中期,盛行于清代。合法民报的产生,是由当时的社会环境决定的。随着社会政治、经济的发展,人们对新闻的需求愈来愈迫切,因而使得官方新闻传播的范围愈来愈大。官报读者主要是封建官吏,许多人想看而看不到;而能在一定程度上满足人们新闻的需求小报又没有合法地位,政府很难对其施加有效的控制。出于政治上的需要,政府允许民间自设报房,翻印部分官报稿件,公开出售。因而,合法民报在内容上以刊登朝廷"官文书"为主,而在编发上由民间设立报房独立发行;既可以宣达皇命,又可以营利赚钱。因而可以把《京报》看成是中国政企合一报纸的发端。

中国古代合法民报最早出现在明代中期,仍然称"邸报",它的产生与民间报房的出现有直接关系。明人于慎行在《谷山笔麈》卷十一《筹边》中有一段话描述当时北京城内新闻传播活动的情况:"近日都下邸报有留中未下先已发钞者,边塞机宜,有未经奏闻先有传者……幸而君上起居,中朝政体,明如悬象,原无可掩。设有造膝附耳之谋,不可使暴于众,居然传播,是何政体。又如外夷情形,边方警急,传闻过当,动摇人心,误事大矣。报房贾儿博锱铢之利,不顾缓急。当事大臣,利害所关,何不力禁。"[①]这段话不仅描述了明朝中叶京城里新闻传播

---

① 《明史资料丛刊》第3辑,江苏人民出版社,1980年版,第91页。

活动十分活跃,而且说明了民间报房已经很兴旺。"估计最早的民间报房是从官方提塘报房分离出来的。因为自办报房可以'博锱铢之利',一些在京提塘或下属的抄报人役就脱离原来的隶属关系,自设报房,自行营业。"①"报房贾儿"们才敢于在经济利益的驱使下,"不顾缓急"抄报各种朝廷不准播报的新闻。

万历十年四月户部尚书张学颜的一道奏折中称,京师所属宛平大兴两县辖区内"原编一百三十二行",使其中"抄报行"、"刊字行"、"图书行"等三十二行是免纳税银的。这说明新闻出版业不仅成了一种公开的合法的行业,而且受到政府的特殊照顾。

明末人祁佳彪在崇祯五年三月初一的日记中说:"何甥来,云送邸报为业。予乃送之至李子木,令其服役焉。"②这说明社会上有以送邸报为业的人,当然这里说的"邸报"肯定不是朝廷官报,而是民间报房编发的民报。

明代报房首先出现在京城,有时候人们也称报房编发的报纸为"京报"。这在清人著作中可以找到证据。清人俞正燮在《癸巳存稿》第十四卷《书〈芦城平话〉后》中说,他曾在王乔年处见到过"明时不全京报"。

合法民报盛行于清代,并且正式命名为《京报》。

清代初期和中期的《京报》情况,在清人的文章、书札和日记中,都可以找到有关记载;清末的《京报》不仅为近代人所普遍见到,而且现在有些图书馆里和收藏家家中还藏有同治、光绪、宣统年间的《京报》原件。

俞正燮《癸巳存稿》中有许多关于清代《京报》的记载,最早的是雍正年间的,第十一卷《麟》:"雍正十二年(公元1735年)十二月初三日,宁阳孙永祥家,牛产麟,见《京报》。"川督黄廷桂、川抚宣德的一个奏折,奏报雍正十二年十二月初三日,宁阳孙水祥家里,牛产了一头"麟"。在第六卷又多次提到乾隆、嘉庆年间《京报》所刊载的内容。

《京报》盛行于清代的另一证据,就是出版发行《京报》的机构"报房"在清代兴隆起来。据记载,清末仅北京一地,知道名号的就有"聚兴"、"聚升"、"合成"、"杜记"、"集文"、"同顺"、"天华"、"公兴"、"聚恒"、"同文"、"信义"等11家之多,在北京"报房"工作的人员最多达300多人。

二、合法民报的主要特征

其一,内容是官报的翻版。《京报》的内容基本是朝廷官报"邸报"、"邸钞"

---

① 方汉奇主编:《中国新闻事业通史》第1卷,中国人民大学出版社,1992年版,第153页。
② 同上。

的翻版。因而其版面安排,首先是"宫门钞",报道宫廷消息,发布重要任免令;其次是"上谕",刊登皇帝的敕令和公告;再其次是奏折,即群臣的奏议、报告。故整份《京报》包括"宫门钞"、"谕旨"、"奏折"三大部分。不同的是《京报》对大臣奏折的刊载有选择的权力,同时,偶尔也刊载少量报房的探报人自己撰写的稿件,其中除了关于报道皇帝行止的消息外,较多的是一些社会新闻。如明代文学家冯梦龙在《古今新谭》中曾转述《京报》上登载的两个小偷在下水道中"槁死"的消息,写得十分生动:"太仓库于万历戊戌中有偷儿从水窦中入,窦隘,攒以首,无完肤矣,亦得一大宝,置顶标,如前出。至窦之半,不意复有偷儿入,俱不能退,两顶相抵,槁死,而宝在其中。久之,拥水不流,治渫始见。见邸报。"这里的"邸报"显然是《京报》,被习惯地称为"邸报",朝廷官报"邸报"肯定是不会刊载这类怪诞事件的。

其二,形式比较完备。《京报》有较为固定的刊期、报名和形式,比朝廷官报与小报要完备得多。从现存的《京报》来看,一般为日刊,也有两日刊。每期一册,页数不等,书本式,封面用黄纸,上面印有红色的楷书"京报"两字,下面印有报房的字号标记。以北京"集文报房"出版的《京报》为例说明:它是长方形的小册子,宽3寸,长6寸,用黄色土纸为封面,左上方印有"京报"两字,右下方印着"集文报房"四字,都是红色楷书。里页为竹纸印刷,每页文字8行,每行23字,用木刻宋体活字排印,无中缝和书边。

其三,报房自主经营。《京报》有专门从事编印和发行的独立机构"报房"。"报房"的出现,使得中国的报业成为一个公开的专门行业。"报房"的工作分为探报、抄报、编报、印报、送报,"报房"的人员分工不太固定,由老板根据情况临时分配。

"报房"的抄报、编报过程是比较紧张的,黄卓明在《中国古代报纸探源》中根据他收集到的材料,整理出《京报》的编辑过程是这样的:清王朝内阁在东华门外,设有一个称为"抄写房"的专门机构,每天中午由报房派人去抄录当天发布的"官文书"。这一机构就是清廷发布"邸钞"的地方。报房取得抄件后,除被称为"宫门钞"的朝廷政事动态报道和谕旨全部照登外,奏折因数量较多,加以选用。编排好的《京报》当晚出版,次晨发行;有时候,报房从业务经营上着眼,为了抢时间,争取读者,一拿到"宫门钞"就立即排印,并印成单页,争取读者,名称就叫作《宫门钞》,在晚间发行,这就是后来晚报的雏形。

其四,报房自办发行。《京报》完全脱离朝廷官报的发行系统而自办发行。报房可以叫卖市面,也可以接受订户,零售每册大约10文,订阅一月收费200文至300文。光绪三十年二月,北京各报房公议调整划一定价后,有一则"京报房公启"："启者：本行承办《京报》，历有年所，按月取资，价目原未划一。从前酌盈济虚，尚可敷衍，近今百物增昂，于报资多有萧条者，以致刻下赔累不堪。兹由甲辰二月初一起，将报资酌定一律。价目：大本八页、小本十页，每报每月取钱三吊；大本四页、小本五页，每月取钱二吊；按日送阅宫门钞、上谕条，每月取钱一吊。此后旨依定价送阅，庶阅者概不多费，于送者亦可借免赔累矣。特此谨白。京报房公启。"对北京的长期订户，报房均有人上门送报。送往各省的《京报》，报房专门设立报站，雇人递送。

本章简论：古代报纸是政治的需要

本章简论，主要是对中国古代报纸的发展发表几点看法。

第一，古代报纸的刊行是政治的一种需要。

首先，朝廷官报和合法民报是这样。如前引用的戈公振先生的话，自报纸历史言之，邸报之产生，为政治上之一种需要，他还说："清初改称《京报》，其性质与前代无异。"在这段话中，戈先生明确指出了中国的古代报纸从封建官报到合法民报都是一种政治的需要，其性质是一样的。这一看法十分中肯，也就是说，中国的古代官报，从唐代的"报状"、"报"到宋代的"进奏院状"、"朝报"，到明清的"邸报"、"邸钞"，合法民报不管它叫什么名称，也不管是由哪个机构编发，它们都是封建王朝的喉舌，是封建统治阶级为巩固自己的政治统治的舆论工具。

其次，非法民报也是这样。如前所述，"小报"的出现本来就是宋朝那个特殊的朝代各种矛盾激化的结果。民族矛盾、阶级矛盾、新旧党矛盾使各种政治势力十分活跃，活跃的政治势力需要舆论配合；在矛盾错综复杂的形势下，各方面的人士都需要了解政治动向。政治上的需要是"小报"应运而生的根本原因。在以后的各个朝代，每当政治形势出现"山雨欲来"的局面，非法民报就出现。如在清代，雍正皇帝登位前后，封建统治集团内部矛盾斗争十分激烈。康熙皇帝死前，他的二十几个儿子为了谋求帝位，明争暗斗到了白热化的程度，结果雍正获胜，做了皇帝，为了铲除异己，他囚禁老八、处死老九。在这种形势下，有两个报人，即前面所叙的何遇恩、邵南山被反雍正者利用，于雍正四年（公元1726年）五月编发了一份"小钞"，刊载一则报道，披露雍正端午节游圆明园，同近臣登几十艘龙舟，从早到晚，饮酒作乐。这份"小钞"被雍正发现，下令严查，结果，何、邵二位报人成了封建统治阶级内部矛盾斗争的牺牲品。

第二,三种类型的报纸中,官报始终占据着主导地位。

首先,从时间上来看,从唐代的开元年间(公元713—741年)到清末的雍正年间(公元1723—1735年)一千多年时间内,朝廷官报始终存在,而且历代朝廷都把编发朝廷官报当成一件重要的大事来办,并归口重要的机构负责,唐代官报由"中书舍人"发布,宋代由门下省编定、进奏院负责抄发,明代由通政司负责编定,内阁分下抄发,清代由军机处编定,内阁传知抄发。有些重要的消息的发布,皇帝还要亲自过问。

其次,合法民报《京报》从本质上来看也是一种官报。《京报》虽为民报,但它和朝廷官报在内容上是完全相同的,它只不过是官报的翻版而已。最早的民间报房也是从发行官报的提塘官抄报房中分化出来的。报房刊行《京报》,完全是在政府监督下翻印邸报稿件,以至后来对报刊的记载,"邸报"、"京报"的概念常被混用,因为它们本来是一回事。

另外,最具有新闻报纸特征的非法民报始终不能有合法地位。宋代"小报"虽然在内容上依然是宫廷动态、官吏升降等,但它毕竟突破了封建朝廷对新闻事业的控制,并在一定程度上反映了下层社会的舆论,但这种报纸在它的近千年的历程中,一直处于非法的地位,尤其在明、清两代,它只能时隐时现,在中国新闻事业中没有应有的一席之地,当然也就不能勃兴起来取官报的地位而代之。

第三,中国古代的报纸形成的传统根深蒂固。

在漫长的封建社会,中国古代的报纸,不论是官方的"邸报",还是民办的"小报"和"京报",都必然要和当时的封建统治阶级保持一定的联系,受他们的制约。封建统治者既要利用官报来传达皇命、统一思想、通报情况、协调行动,又害怕臣民知道得太多,对他们的统治不利,因而统治阶级对为他们服务的邸报也要严加控制,使之不敢越雷池半步;对合法民报也限制在"翻印朝廷官文书"的范围内;对非法民报,则完全予以封杀。同时,封闭的社会形态和社会心态,鸡犬之声相闻、老死不相往来的小国寡民生活,安土重迁、分散经营、自给自足的自然经济,都不利于新闻事业的发展。在政治因素与经济因素的双重束缚下,中国古代报纸发展十分缓慢。在内容上,从唐代的官文书到清代还是官文书,基本上没有自己采写的文章;在形式上,从唐代的书本式到清代依旧是书本式;在抄印上,朝廷官报从唐代到清代一直都是手抄的,始终停留在古代报纸的范畴之内。明末清初,受资本主义经济萌芽的影响,一度出现过注重信息的数量与时效的商品化报纸的契机,但很快在日益激化的阶级和民族矛盾面前,被当时的封建统治者扼杀了。

中国古代报纸是建立在封建社会政治、经济、文化的基础之上的,尤其是朝廷官报和合法民报是封建统治者政治斗争的产物,是为维护封建中央集权统治服务的,所以,它们必然会随着中国封建社会的灭亡而自行消亡,不可能演进成为近代报纸。虽然如此,古代报纸,尤其是朝廷官报所形成的"出纳王命"等传统根深蒂固,对中国近现代报纸发展的影响不能低估。

第二章

西力东渐与在华外报

本章概要

从第一章的论述可以看出,中国是世界上最早出现古代报纸的国家之一,并且中国的古代报纸发展到明清《京报》,形式上已经很完备了。但是,形式再完备,它也只是一种官文书,也只是古代报纸家族中的成员,它没有也不可能直接演进成为近代报纸。

另外,19世纪初期,中国社会的资本主义经济虽然有所生长,但仍然十分微弱,对整个社会影响还很小,整个社会依旧处于自给自足的小农经济之中,中国民族资产阶级还没有形成并登上政治舞台,也不可能提出什么政治要求。再加上中国封建统治阶级的顽固,清朝文字狱甚多,人民根本没有一点言论、集会、出版、结社的自由。国人自己创办近代报刊尚缺乏经济、政治基础和条件。

然而,也就在此时,近代中文报刊居然出现了。从1815年8月第一家中文近代报刊《察世俗每月统记传》创办开始,陆续出现了第一批中文近代报刊。这第一批中文近代报刊是西方传教士创办起来的,同时,外国人在中国也办起了外文报刊。

鸦片战争是中国历史的转折点,它使中国由一个统一的封建帝国很快演变为一个半封建半殖民地社会。在华外报的发展也以鸦片战争为界,分为前后两个阶段。

鸦片战争以前,由于清政府严禁外国人在中国传教和办报,外国人只能以各种隐蔽的方式在中国沿海一带进行办报活动。从1815年到鸦片战争结束,外国人在南洋马六甲、雅加达和中国广州、澳门等地一共创办了《察世俗每月统记传》、《东西洋考每月统记传》等6种中文报刊和《蜜蜂华报》(葡文)、《广州纪录报》(英文)等11种外文报刊。

一般来讲,外国人创办的中文报刊以中国人为读者对象,其创办人绝大部分是外国传教士,这些报刊也基本上属于宗教性质。外国人创办的外文报刊以在华的外国人为读者对象,多为西方商人和社会团体所创办,其内容是新闻占重要地位,商业报道较多。

鸦片战争之后,中国海禁大开,利用洋枪洋炮的威力,外国人取得了在中国办报的特权,外国人办的报刊便在中国这块古老的大地上迅速地、大规模地发展起来,从香港、广州、澳门,直向全国很多地区扩展,教会报刊、外文报刊,特别是外商报刊在这些地区纷纷创办,初步形成了一个在华外报网。到19世纪后期,外国人在中国一共办起了近两百种中外文报刊,占当时我国报刊总数的80%以上,几乎垄断了我国当时的新闻事业。

第一节 鸦片战争前在华外报的出现

一、传教士和教会的办报活动

鸦片战争前,传教士和教会在靠近中国的南洋和中国沿海一带办报,主要创办了6种中文报刊:《察世俗每月统记传》(1815年8月5日)、《特选撮要每月统记传》(1823年7月)、《天下新闻》(1828年)、《东西洋考每月统记传》(1833年8月)、《依泾杂说》(1837年)、《各国消息》(1838年10月),其中最有影响的是《察世俗每月统记传》和《东西洋考每月统记传》。

(一)马礼逊、米怜与《察世俗每月统记传》

罗伯特·马礼逊(Robert Morrison,1782—1834),英国传教士,基督新教(16世纪欧洲宗教改革,基督教分成新旧两派,旧派称天主教,新派称基督教)派遣到中国传教的第一个人。

1804年,年仅22岁的马礼逊主动上书英国海外传教组织伦敦布道会(London Missionary Society,成立于1795年)请求到中国来传教,他在请愿书上写道:"求上帝将我置于困难最多和从人类眼光中看来最难成功之布道区域中。"在这一请求被接受以后,他进行了一系列的准备与训练,比如学习医学、天文学和中国语言文学等,于1807年春开始了前往中国的航程。先从伦敦启程转道纽约,再从纽约乘船横渡太平洋,于当年9月到达中国广州。由于清廷严令禁止外国传教士传教,马礼逊无法开展传教活动,在美国驻广州领事馆一位领事的庇护下暂时隐居广州。一年之后前往澳门,隐居在东印度公司里,不久和该公司一位高级职员的女儿结了婚,并被聘为公司高级译员。从此,马礼逊有了一个公开的身份,来往于广州和澳门之间。但是,由于中国政府禁令甚严,马礼逊的传教活动进展不大,不得已,马礼逊只得向伦敦布道会求援。

1813年,英国伦敦布道会派遣米怜来华。威廉·米怜(William Milne,1785—1822),英国传教士,受英国伦敦布道会派遣,于1813年7月来到中国担任马礼逊的助手。鉴于当时在中国境内发行传教宣传品极端危险,米怜建议将对华传教和出版基地暂时先放在南洋群岛一带,马礼逊深以为然,于是派米怜到邻近中国的南洋群岛华侨聚集的地方进行考察。1814年冬天,米怜先在爪哇,后在附近的其他华人聚居地区开展试探活动,挨门挨户地散发《新约》的中译本和马礼逊用中文编写的宗教小册子,以及其他宗教宣传品,还和当地一些官绅进行了广泛接触。米怜的活动获得了很大成功。回广州后,米怜便向马礼逊建议,将对华传教的基地和出版中心设在马六甲,因为该地离中国近,华侨众多,交通方便,而且当地官员对他们的传教活动予以支持。

马礼逊接受了这个建议,并委派米怜去执行这项任务。1815年4月17日,米怜带着刻字工梁发(广东高鹤县人,1816年入教,1827年任教士职,是第一个成为基督教传教士的中国人)从广州出发航行35天抵达马六甲。

米怜到马六甲之后,按原定计划开始了紧张的工作,不到3个月,就办起了专供贫苦华人学习的义务学校——立义馆,建立了中、英文印刷所。这年8月,在这里创办出版了第一家中文近代报刊《察世俗每月统记传》,同时也是外国人所办的第一家以中国人为宣传对象的近代刊物,故《察世俗每月统记传》实为中国近代报刊之发轫。

《察世俗每月统记传》属于宗教性质,该刊的宗旨是以"阐发基督教义为根本要务"(米怜语)①。从内容上看,直接宣传教义的文章占全刊的绝大部分,其次是宣传伦理道德,再次是介绍世界各国情况及天文地理等方面的科学知识。该刊上第二期刊登了中国近代报刊史上的第一条消息,这条消息便是有关天文方面的:"照查天文,推算今年十一月十六日晚上,该有月食。始蚀于酉时约六刻,复原于亥时约初刻之间。若此晚天色晴明,呷地诸人俱可见之。"

《察世俗每月统记传》为月刊,形式如我国古代线装书,和明清《京报》差不多,用木板雕印,每期5页,约2 000字。该刊初印500册,至1819年初每期增至1 000册,后增至2 000册,至1819年5月共印3万余册,免费在南洋华侨中散发,其中一部分还由人带进广州、澳门分发。该刊于1821年停刊,历时7年,先后共出版7卷80多期。

---

① 米怜:《基督教在华最初十年之回顾(1891年)》,马六甲英华书院,1820年版。

马礼逊、米怜为了达到传教的目的,十分注意办报技巧。

第一,马礼逊尤其是米怜非常注重研究读者对象的心理特点,选择读者易于接受的宣传形式,以提高宣传的效果。作为《察世俗每月统记传》的主编和主要撰稿人的米怜,在编辑和撰稿时,尽量运用中国的传统形式,尽量迎合中国人的心理。其表达方式尽可能附会儒学,每一期的封面上都印有"子曰:多闻,择其善者而从之"的字句;在文章中更是大量引用"四书"、"五经"和孔孟程朱的言论。例如《论不可泥古》一文中第一句是:"子曰:君子之于天下也,无适也,无莫也,义之于比。"《立义馆告帖》的第一句:"礼记曰:玉不琢不成器。"此外,还经常引用儒家言论来阐释《圣经》文句,以示两者的思想和精神的一致性。米怜附会儒学的目的是要告诉中国读者:基督教义和儒家学说是并行不悖、相得益彰的。这是他的一种宣传策略,因为他清楚,对基督教义十分生疏的中国人,如果不附会儒学,基督教义就很难被接受。米怜曾坦率地说过,对于那些于我们的主旨尚不能很好理解的人们,让中国哲学家们(指儒家)出来讲话,会收到好的效果。此外在文章的写作上,他们常采用中国文学特别是章回体小说的表现手法,连解释天文现象的知识性文章也要在篇末用上:"欲知后事如何,且听下回分解"这类句子结尾。在行文口气上,他们总是用自家人的口气讲话,尽量做到亲切自然,不板起面孔说教,经常讲"我们中国人"如何如何。他们十分懂得,要使中国人的思想"西方化",先得把自己装扮得"中国化"。

第二,他们还十分注意文章的短小、通俗。马礼逊、米怜认为,《察世俗每月统记传》的读者以"贫苦与工作者居多",这些人都很忙,"读不得多书,一次不过数条",所以"每篇必不可长"(《察世俗每月统记传·序》)。该报刊中数百字、千把字一篇的文章居多,即使有长文章,采用分篇连载,自成段落,也不觉长。另外,米怜写的对话体论说文,成了以后传教士在中国写布道书的范本。米怜善于抓住人们思想上的一些矛盾,假托两位知心朋友促膝谈心,在和谐而活跃的气氛中,一步步将所要讲的道理表达出来。如《张远两友相论》、《铁匠同开店者相论》、《东西夕论》等文。

作为西方传教士为了在中国传教,马礼逊和米怜可谓是尽心尽力,尽职尽责,积劳成疾,英年早逝,无怨无悔。马礼逊1834年在广州病逝,葬于澳门,年52岁;米怜1822年6月在马六甲病逝,年仅37岁。

参与《察世俗每月统记传》编辑、出版工作的梁发(1789—1855年),15岁开始学习制作毛笔,后改学刻板印刷。1810年前后,马礼逊因要找人雕刻汉文的《使徒行传》而结识了梁发。1815年,梁发随米怜到马六甲,《察世俗每月统记传》创刊后,不仅担任刻印和发行工作,还以"学善者"、"学善居士"的笔名撰稿。1816年,由米怜主持,受洗加入基督教,成为"我国之第一基督教新教教士亦即正式服务报界之第一人也"①。此后,梁发因传教多次遭到清廷拘捕,1855年在广州病逝,年66岁。

(二) 郭士立与《东西洋考每月统记传》

查尔斯·郭士立(Charles Gutzlaff, 1803—1851),德籍传教士(中文名又作郭实腊、郭甲利、郭施拉、居茨拉夫),1823年加入荷兰布道会,1826年在荷兰鹿特丹神学院毕业后被任命为牧师,同年被派往东方荷属殖民地传教。1827年受荷兰布道会的派遣来华传教,起初在爪哇、暹罗等地活动,两年后,和荷兰布道会脱离关系,转而同英国在华的传教士、商人、官员建立了广泛的联系。1833年8月,郭士立以鬼神莫测的手腕在广州创办了《东西洋考每月统记传》;之后郭士立还参加过英文报刊《中国丛报》的编辑工作。

《东西洋考每月统记传》是西方传教士打入中国本土创办的第一家中文报刊。该报刊虽然也属于宗教性质,但是不停止在阐释教义这一步,而是把主要篇幅用于介绍西方科学与民主思想,以增进中国人对西方的了解。在谈及创刊缘起时,郭士立称:"本月刊之问世,旨在使华人了解我们的艺术、科学思想。本刊无意涉及政治,更不以恶言相加。我们将以良善之途径,使华人了解西人并不野蛮,提供事实,使华人知道寻求新知。更有进者,编者将致力促进友谊,期能百成。"②所以,它刊载的内容在宗教、伦理道德方面就大为削弱,而科学文化知识则大大增加,其中介绍各国地理的文章特别多。郭士立认为,中国人之所以"排外",是因为他们与世隔绝,愚昧无知,让他们了解周围各国形势,可以使之"开茅解塞,及舍偏私之见"。当然,《东西洋考每月统记传》对自然科学和工艺技术的宣传,明显地贯穿了一种西方优越而东方落后的思想。

形式上《东西洋考每月统记传》与《察世俗每月统记传》差不多,木雕刻印,线装。但是在办报理念上,《东西洋考每月统记传》比《察世俗每月统记传》大大前进了一步。1833年12月出版的《东西洋考每月统记传》上刊载《新闻纸略论》一文,这是中文近代报刊上出现的第一篇论述西方报纸的专文,全文虽然只有331个字,但论述了报纸的起源、新闻自由和当时一些主要国家的报刊出版概况等问题。由此可知,编者已经有意识地注意并且运用西方报刊经验了,从而使《东西洋考每月统记传》在业务近代化方面获得显著进展,并具有近代化报刊的一些基本特征。① 重视言论,每期必有,且置于首页。该刊言论的重点已不在阐发教义上,而是转向社会的政治、经济、文化方面。② 新闻成为必备的一栏。主要是刊登政治新闻;社会新闻开始出现。该刊关于酒徒打人致死的报道和一

---

① 戈公振:《中国报学史》,三联书店,1955年版,第65页。
② 转引自刘家林:《中国新闻通史》上,武汉大学出版社,1995年版,第53页。

位105岁老翁4年前娶一个22岁闺女并生子的消息,是迄今所见中文近代报刊中最早的社会新闻。③刊登商业信息,每期均有行情物价表。

《东西洋考每月统记传》亦为月刊,1834年5月出至第10期时一度停刊,1835年2月复刊,同年7月再次停刊,转由在广州成立的"在华实用知识传播会"接办,1837年2月在新加坡再次复刊,称新《东西洋考每月统记传》,1838年4月最后停刊。

郭士立是一个对西方文化传播、东西文化交流颇有兴趣的人,他在办刊过程中的所作所为,表明他已不是一个一般的传教士。

首先,郭士立以增进中国人对西方了解、促进中西文化交流为办刊宗旨。他在用英文撰写的一篇文章中,相当坦率地表白了这一点。他说:"……尽管我们与他们(指中国人——笔者注)有过长期的往还,可是他们却仍然自称是世界上第一个民族,而把其他民族看成是'蛮夷'。这种毫无根据的自负,严重地影响了住在广州的外国居民利益以及他们同中国人的交往。这个月刊是为维护广州和澳门的外国公众利益而开办的。它(指《东西洋考每月统记传》——笔者注)的出版意图,就是要使中国人认识我们的工艺、科学和道义,从而清除他们那种高傲和排外的观念。刊物不必谈论政治,也不要在任何方面使用粗鲁的语言去激怒他们。这里有一个较为巧妙的表明我们并非'蛮夷'的途径,这就是编者采用摆事实的方法,让中国人确信,他们需要向我们学习的东西还是很多的。"(《中国丛报》第2卷,1835年12月)显然,郭士立要用展示西方科学文化优越的办法来消除中国人对他们的轻蔑和敌视态度。

其次,郭士立为了达到目的,常常采取取悦读者、缩短和中国人之间距离的办法。在当时报禁甚严的情况下,郭士立居然能打入中国本土办报,并且使其较长时间刊行,其奥秘就在于此。他精通汉语,熟悉中国情况,常穿中国服装,吊下一条假辫子,把自己打扮成中国人,甚至不惜拜一个福建人做干爸爸,来取得中国亲属的身份;他还采用免费给人治病的手法以笼络和取悦中国人。另外,他还擅长贿赂中国官员。当时中国官场贿赂成风,即使是一道神圣的谕旨、庄严的法令,到了这些受贿官员手中,往往也成了一纸空文。熟悉中国情况的郭士立当然深谙此道。1836年义律新来广州,请教郭士立推销鸦片的方法,郭说:清政府"要路显官,尽为私人奸佞之徒","倘以贿赂扩张贩路,必能达到目的"。义律闻之大喜,并请郭帮忙办理。可见郭士立乃贿赂能手。《东西洋考每月统记传》在广州出版可能是施以贿赂的结果。

第三,郭士立也很讲究宣传方式。为了达到其宣传目的,郭士立在《东西洋考每月统记传》上经常变换表达方式,增加稿件的说服力。如编造一些假托旅居国外华人寄给亲友的信,大肆吹嘘西方国家(主要是英国)的文明,夸耀其城市美丽、交通便利、贸易兴隆、器物精工,居民"知礼识礼"、"身晓才艺",国家官员按法律办事,不欺压人民,本国居民享受民主权利,外国来客也可以来往自由,受到厚待。"信"中说原来把这些国家看作"蛮夷",现在感到羞愧。还编撰一些挖苦中国人的小故事,如道光十七年六月出版的一期《东西洋考每月统记传》上,编了这样一个故事:有一次编辑和一位"钟灵毓秀"的中国进士交谈,问他一些关于太阳、云、雨、虹、风等方面的知识,这位进士一句也讲不出,"痴呆"无比。编辑先生面对这位"读书不足以知物,作诗不足以为贤"的进士表示:"余专务尽物之格,渐传闻与看官。"

二、商人和政客的办报活动

鸦片战争前,来华办报的外国人除了传教士之外,还有商人和政客。传教士为了传教的需要,主要是创办以中国人为读者对象的中文报刊,而商人和政客的办报活动主要是为了维护在华经商和冒险的外国人的利益,他们主要是创办外文报刊。鸦片战争前,外文报刊的发展远远超过中文报刊,中文报刊连同同时期在南洋出版的《察世俗每月统记传》等在内共6种,其中在中国境内出版的只有3种。而外文报刊则达17种上下,且一般(主要指英文报刊)规模都较大,出版时间也较长,有的达十几年或20年之久。中文报刊出版时间最长的为六七年,有3种报刊只出1年左右。

(一)《蜜蜂华报》和澳门的葡文报刊报

《蜜蜂华报》(A Abelha da China)为葡萄牙执政党所办,1822年9月12日在澳门创刊,葡文,它是在我国境内出版的第一份外文报刊,周刊,并出有增刊数种。主编安东尼奥(Fvey Antonio)是执政党的领导成员和澳门的教会领袖。1823年原执政党被推翻,主编先后逃往广州和印度加尔各答,报纸遂停刊。1824年由反对党接办,改名《澳门钞报》(Gazeta de Macao),1826年因经费困难而停刊。

1834年至1836年,又有两家较有影响的葡文报纸问世。一家是1834年10月12日创刊的《澳门钞报》(A Chronica de Macao),该报内容除新闻外,还刊登政治材料。《澳门钞报》起初为周刊,后来改为双周刊,1837年停刊。另一家是1836年6月9日创刊的《帝国澳门人》(Macaista Imparcial),该报发行人与主编为菲力西诺(Felis Feliciano da Cruz),虽然该报公开声称它"不与任何政党联系","我们只献身于公众利益",但仍经受不起政治压力,1838年7月24日因批评总督被封。同年9月5日,澳葡当局创办了《澳门政府公报》(Boletin Official do Gorerna de Macao),起初,报名变换不定,至1839年才定名为《中国葡萄人报》

(*O Portuguez na China*)。该报主要关心澳门本地政治新闻。

在鸦片战争前,1838年在澳门创办的葡文报刊还有《澳门邮报》(*O Corrcio Macaense*)、《商报》(*O Commercial*)和《真爱国者》(*O Verdadeiro Patriota*)等。由于受澳门当局的专制管制,再加上党派斗争与经济困难等因素的制约,葡文报刊在出版过程中都变动不定,而且大多寿命不长。这些报刊所关注的是葡国本国和澳门当地问题,对中国内地事务兴趣较少。

总的说来,澳门葡文报刊数量虽多,但影响不大,和当时中国形势的发生联系不多。

(二)《广州纪录报》和广州的英文报刊

葡文报刊创办虽早,但影响不大,在华外文报刊的主角是英文报刊。出版英文报刊的主要是英美商人。自19世纪20年代中期起,英国在广州的势力迅速发展。30年代,定居广州的外国人近300人,其中一半为英国人;英国资产阶级在经历了1825年经济危机后,积极努力扩大中国市场,在1836年至1837年间,英国来广州的船只增至171艘,英国在广州的商馆增至31家(外国在广州的商馆共55家)。在华英美商人激增,商业贸易扩大,出版英文报刊成为迫切需要,一时间,英文报刊在广州纷纷出现,其中影响较大的有4家:《广州纪录报》、《中国差报与广东钞报》、《中国丛报》、《广州周报》。

《广州纪录报》(*Canton Register*)是在中国大陆出现的第一家英文报刊,1827年11月创刊,起初为双周刊,1834年改为周刊,每逢星期二出版。创办人是英国的鸦片商马地臣(James Matheson,1796—1878)。马礼逊从创刊起即为该报主要撰稿人,有关中国的新闻都出自他的手笔,在该报上,马礼逊还撰写了关于出版自由的文章,这是我国境内报刊上最早论述这一问题的文章。《广州纪录报》是商业性质报纸,创刊时曾声称:"我们的主要努力是发表丰富而准确的物价行情。"其实,该报的注意领域很广泛,它有强烈的政治性,它公开鼓吹侵华政策,为鸦片贸易辩护,主张西方政府应对中国采取强硬态度等。它还增出过《广州行情周报》,不仅对在华外商有很大影响,还发行到南洋、印度以及英美本土的一些城市。鸦片战争爆发前夕,1839年5月该报迁往澳门。鸦片战争结束后,迁往香港,改名《香港纪录报》继续出版。

《广州纪录报》维护英国商人在华利益,而《中国差报与广东钞报》(*Chinese Courier and Canton Gazette*)则代表美国商人在华利益。该报于1831年7月28日创刊于广州,创办人为美商伍德(William W. Wood)。《中国差报与广东钞报》与《广州纪录报》一致宣传殖民政策和鼓吹不平等贸易,但为了各自的利益时而有所争吵。

《广州周报》(*Canton Press*)创刊于1835年9月12日,为英商自由贸易派的报纸,是《广州纪录报》的主要对手,起初是亲东印度公司的,第二年2月首任编辑富兰克林(W. H. Franklin)去职,改由一位普鲁士商人摩勒(Edmund Moller)任主编,此后,该报采取了反东印度公司、鼓吹自由贸易的方针,对英国商人及其团体有所非议,因而经常同《广州纪录报》展开争论。《广州周报》以新闻报道面广、评论有见地而著称,它还特别关注中国情势,重视报道当地新闻。1836年(清道光十六年),清太常寺少卿许乃济上奏要求驰禁鸦片,同年10月13日,它出版了一张号外,转载7月24日《京报》上的文件奏折,这是中国近代报刊的第一张号外。该报还增出过《商业行情报》(*Commercial Price Current*),独立发行。1839年底中英关系紧张之际由广州迁澳门,1844年3月停刊。

《中国丛报》(*Chinese Repository*)创刊于1835年5月,该报由英国传教士马礼逊倡议,在美国商人奥立芬(D. W. C. Olyphant,广州同孚洋行老板)给予经费和物资的帮助下创办。每月出版一期。主编裨治文(Elijah Coleman Bridgman,1801—1861)是美国方面派遣来华的第一个新教传教士。《中国丛报》创办的目的在于搜集中国多方面的情报,同时讨论对华侵略政策,它是在更深层次上为西方的殖民主义行径服务。该报大量发表有关中国的政府机构、政治制度、法律条例、朝政要员、军政大事、内政外交、商业贸易、农业生产、文化教育、宗教信仰、伦理道德、风俗习惯等方面的材料,为殖民主义者提供"有关中国及其邻邦最可靠、最有价值的情报"[①]。

由于局势紧张,《中国丛报》于1839年5月迁澳门,1844年10月迁香港,后又迁回广州,1851年底停刊。1847年起因裨治文经常在上海,改由格兰杰(James Granger Bridgman)编辑,1849年9月起又改由卫三畏(Samuel Wells Williams,1812—1884,美国传教士)编辑,直至终刊。《中国丛报》以其丰富的资料,为后来的中外历史学界所重视。

第二节 鸦片战争后在华外报网的形成

一、有新变化的教会报刊

（一）新变化概说

经过鸦片战争和尔后的几次侵略战争,西方殖民主义者取得了在中国办报

[①] 转引自方汉奇主编:《中国新闻事业通史》第1卷,中国人民大学出版社,1992年版,第281页。

的特权,外报也从此开始在中国许多城市出版。鸦片战争后,最先使用在中国办报这个特权的还是传教士和西方教会,他们捷足先登,在中国创办大批教会报刊。

教会报刊的兴盛,与教会在华的传教活动的发展有直接关系。19世纪50年代末60年代初签订的《天津条约》和《北京条约》,均有保证传教士在中国各地从事传教活动的条款,使得传教士的传教活动进入了一个发展期,来华的传教士人数和教会团体骤增。鸦片战争结束时,在华的基督教传教士只有31人,1860年增至100人,中国教徒猛增至2 000多人;1877年,在华基督教传教士达到470人,中国教徒近万人;19世纪末,在华基督教传教士达2 000多人,中国教徒11万多人。许多报刊便利用教会或传教士个人名义纷纷出版了。

与鸦片战争前的情况相较,这时的传教士和教会所办的报刊并不十分热衷于"阐发教义",而是把主要篇幅致力于所谓"和平"、"友谊"的宣传,说什么外国人"越七万余里航海东来",其目的是想"与中国敦和好之谊",中国人应理解这一点,不应仇恨他们,不应用"武功"来抵抗他们。其次,这些刊物也经常刊载一些介绍"西学"的文字,借以炫耀西方国家的物质文明。

(二)《六合丛谈》的创办及其影响

《六合丛谈》于1857年1月26日(清咸丰七年正月朔日)在上海正式创刊,它不仅是上海的第一家传教士报刊,同时也是上海的第一家中文近代报刊。1843年,伦敦布道会的传教士们就在上海开埠之初陆续来到上海,10多年后,洋人在中国的传教、办报活动有了一个相对宽松的环境,传教士们开始酝酿办报了。这就有《六合丛谈》的出版。

《六合丛谈》的主编为英国伦敦布道会传教士亚历山大·伟烈亚力(Alexander Wylie),由英国伦敦布道会传教士麦都思在上海创办的墨海书馆负责印刷出版,每月出版一册。《六合丛谈》不是纯粹宗教性的刊物,而是教会综合报刊,它在序言中写道:"今予著《六合丛谈》一书,亦欲通中外之情,载远近之事,尽古今之变,见闻多逮,命笔志之,月各一编,罔拘成例,务使穹苍之大,若在指掌,瀛海之遥,如同衽席。"[1]可见,当时西方传教士创办这种性质的刊物的主要目的,是为了打破中国人的仇恨排外和以天朝自居、故步自封的心理,同时也是宗教宣传的一种需要。

以这样的办报思想作指导,《六合丛谈》的主要内容包括以下几个方面: ① 天文、地理和其他自然科学知识。② 商业行情信息,如"银票单"、"水脚单"、"进出口之货价与交易单"等。③ 中外时事新闻。在新闻报道方面,除了"泰西

---

[1] 《六合丛谈小引》,刊于1857年1月26日《六合丛谈》。

近事述略"等有关西方国家的时事新闻之外,该刊较为注重对中国国内的新闻报道,设有《粤东近事》、《金陵近事》、《中华近事》等新闻栏目。④ 宗教内容。如韦廉臣所撰写的《真道实证》和慕维廉所撰写的《总论耶稣之道》等,都曾在该刊上连载。

《六合丛谈》虽然在上海印刷出版,但是其目标却想把影响推向全国,尤其五个通商口岸。主编伟烈亚力说:"通商设教,仅在五口,而示人足迹为至者,不知凡几,兼以言语各异,政化不同,安能使之尽明吾意哉?是以必须书籍以通其理,假文字以达其辞。"①然而由于种种原因,《六合丛谈》目标没有达到,它只在上海维持出版了一年多即告停刊。

(三)《万国公报》的创办及其影响

在教会报刊中,历史最长、发行最广、影响最大的是《万国公报》。

《万国公报》,原名《中国教会新报》,1868 年 9 月 5 日在上海创刊,每周出版一期,主办人是美国监理会传教士林乐知(Young Gohn Allen,1836—1907)。林乐知 1858 年在美国埃默里大学毕业后立志当传教士,1860 年 6 月,带着夫人和女儿来到上海。该报为周刊,以林华书院的名义出版,由上海美华书馆负责印刷。《中国教会新报》创刊时是一份宗教性质报纸,其宗旨为"宣传宗教、联络教徒教友以及沟通传教活动信息"。林乐知在《中国教会新报》第一期上发表的《中国教会新报启》一文中写道:"俾中国十八省教会中人,同气连枝,共相亲爱,每礼拜发给新闻一次,使共见共识,虽隔万里之远,如在咫尺之间,亦可传到外国有中国人之处。"所以,该报主要刊登阐释教义的文章,以及沟通教徒教友情况的各地"教友来信"等。

《中国教会新报》从第 301 期(1874 年 9 月 5 日)起改名为《万国公报》,仍为周刊,出至第 750 册(1883 年 7 月)因经济拮据休刊。1889 年 2 月复刊,便成为广学会的机关报,由周刊改为月刊。1907 年 5 月 30 日林乐知在上海病逝,《万国公报》遂于 7 月终刊,前后历时 39 年,除去中间休刊 5 年,实际刊行 34 年。

《中国教会新报》更名《万国公报》后,虽然名义上是教会报纸,实际上性质发生了变化,由宗教性质演变为非宗教性质的了,即侧重传教演变为侧重刊登时事政治内容。尤其是成为广学会机关报后,这种倾向更明显。"广学会"初名"同文书会",1894 年改称广学会,是基督教在中国设立的最大教会出版机关。关于该机构创设以及出版书刊的目的,英国传教士韦廉臣在《同文书会发起书》中写道:"……凡欲影响这个帝国的人必定要利用出版物。……只有等我们把中国人的思想开放起来,我们才能最终对中国的开放感到满意。"这个出版机关

---

① 《六合丛谈小引》,刊于 1857 年 1 月 26 日《六合丛谈》。

以"输入最近知识,振起国民精神,广布基督恩纶"为幌子,先后出版了2 000多种书籍和10多种期刊。

《万国公报》成为广学会机关报之后,仍由林乐知主编,广学会的督办(后改称总干事)英国传教士李提摩太(Timothy Richard,1845—1919)也负责过该报的编辑工作;负责编纂工作的还有美国传教士丁韪良等。他们都是有名的中国通,长期留居中国。林乐知在中国待了46年,最后死于上海;李提摩太在中国待了45年,死前3年才回国。他们除了传教和办报外,还经常以学者、教育家、慈善家和清廷客卿的姿态周旋于官绅之间。李提摩太曾被光绪帝聘为顾问,只因慈禧政变而没有上任;丁韪良在清朝的高等学府京师大学堂担任总教习达32年之久。

《万国公报》上有关教会的新闻和阐释教义的文章不多,它热衷于介绍"西学",在每期的扉页上附印一行字:"本刊是为推广与泰西各国有关的地理、历史、文明、政治、宗教、科学、艺术、工业及一般进步知识的期刊。"此外,就是介绍世界各国不断变化的形势,意在鼓吹变法维新。这几点正迎合了当时求索救国道路的中国资产阶级先进分子的兴趣,并在中国封建统治阶级的一部分上层人物中产生了明显的影响。光绪皇帝就曾经购回广学会出版的89种书籍和全套《万国公报》,在思想上接受了这些书刊所宣传的主张。尤其是在中国资产阶级维新运动中,《万国公报》曾以迷人的姿态出现过,发表过许多关于维新变法的文章,因而对中国维新运动的兴起影响尤大。该报先后刊载了李佳白的《改政急便条义》、《新命论》,林乐知的《中西关系论略》、《文学兴国策序》,甘霖的《中国变新策》,李提摩太的《醒华博议》、《新政策》等文章。其中李提摩太的《新政策》在发表前,已经写了一份计划,通过翁同龢呈给光绪帝参考,并得到了光绪帝的批准。许多官员不仅接受这些文章的观点,而且还积极帮助报刊推销发行,有的还主动捐款,在经济上予以支持;在一般士大夫和知识分子中,《万国公报》和广学会的影响也颇大,尤其是一些维新派人士,更是盛称其"于中国事一片热心"(康有为《致李提摩太书》)、"有益于我国非浅鲜矣"(王韬《中东战纪本末序》),梁启超在《读西学书法》一文中,积极向国人推荐《万国公报》。

1898年维新运动高涨时期,《万国公报》销售量激增到3.8万多份,1903年发行量达5.4万多份,为当时中国发行量最大的刊物。它的主要读者对象是中国各级当权人物和高级知识分子,因而它的发行网遍及清朝政府的各级政府机关及府县以上的教育机关。

(四)《益闻录》的创办及其影响

《益闻录》是天主教在华的机关报。1879年3月16日(清光绪五年二月二十四日)在上海徐家汇总部率先创办,用毛边纸单面铅印,每期6页,最初为半月刊,不久改为周刊,三年后又改为周二刊,一直出版到 1898 年与《格致新报》合并,易名《格致益闻汇报》。《益闻录》的主编为李杕,李杕是担任外国教会报刊主编的第一个中国人。1882 年底又另聘邹弢为主笔,辅助李杕编报。天主教传入中国的时间远比基督教要早,但创办报刊的时间晚得多,1878 年创办的《香港天主教纪录报》是天主教在华的第一张英文报纸,而《益闻报》则是天主教在华出版的第一张中文报纸。

《益闻录》以时事新闻为主,每期至多只有一两篇宣传教义或介绍教会人物的短文。《益闻录》和其他天主教报刊一样,创办目的主要不是为了宣传教义,而是为了扩大社会影响。值得一提的是,报纸上所刊载的新闻,一般情况下均以客观报道的姿态出现。由于天主教在 1900 年之前以法国为"保教国",而且耶稣会本部就在法国,所以在华的天主教里,法国势力很大,并以法国为政治靠山,但又由于法国国力不强,尚不能左右中国的政局,因而在华天主教所办的报纸大多销量有限,社会影响也没有达到预期效果。

二、有新发展的外商报刊

(一) 新发展概述

西方列强对中国觊觎良久,用尽心机,先派传教士,后遣洋枪队,其目的是打开中国大门,抢占中国市场,倾销过剩商品,缓解经济危机。一旦战争胜利,当然销商品、做生意、掠资源、发大财成了其首要任务,因此,外商报刊又有了新的发展。

外商报刊在中国的新发展,主要表现在香港和上海,之所以如此,与这两个城市的发展有密切关系。

鸦片战争后,香港成了英国的殖民地,殖民者在这里建立了隶属于英国的政府。港英政府一开始就对商业贸易采取开放政策,准许世界各地区商船和人员来港进行商贸活动,香港一下子就由一片荒村变成了中英贸易基地。19 世纪 50 年代中期,这里的洋行近 100 家,进入香港的船只大大超过大陆开埠城市,并且在一个相当长的时期内保持着这种优势。

1843 年开埠后,上海在中外贸易中的地位迅速上升,来沪入口的外国商船逐年增加,来沪经营的外国洋行迅速增多,对外贸易额迅速扩大,到 50 年代后期,取代了广州居全国之首。第二次鸦片战争后,镇江、南京、九江、汉口成为通商口岸,外国船只可以在长江航行,长江流域的货物源源不断地运往上海,私人资本也被吸引纷纷流入上海。60 年代,洋务派在上海兴办了一批近代工业,上海人口大增,生意兴旺,经济繁荣,成为一座繁华的国际化的大都市。

在这种背景下，外商报刊在这两个城市有新发展是顺理成章的事。外商报刊新发展表现在三个方面：一是外商外文报刊在中国本土大量创办，二是外商中文报刊由为经商服务发展成本身就是一个营利企业，三是大陆的外商报纸的主流由以往的外文报纸变成中文报纸。

（二）外商外文报纸的发展

鸦片战争后，香港的英文报刊除个别外，基本上都是商业报刊。

香港的英文商业报刊的发展分两个阶段。从1841年到1860年，是香港商业外文报刊大发展阶段，1860年后，发展优势为上海所取代。

在第一个阶段，香港有英文商业报刊17家，占全国总数24家的70.83%，数量上占绝对优势。其中最有影响的英文报刊有3家，《中国之友》、《香港纪录报》和《德臣报》，形成三足鼎立局面。

《中国之友》，1842年3月17日在澳门创刊，同月24日迁香港出版。创办人是英国商人奥斯威尔德。

《香港纪录报》，前身是《广州纪录报》，1843年迁来香港改为本名。创办者是怡和洋行，至1849年转为英国商人屈泉所有。

《德臣报》，1845年2月创刊于香港，创办人和主笔是英国出版商肖锐德，英国商人德臣参与创办，并于1858年成为该报发行人。

这些商业报纸都以商业行情、船运信息和商品广告为主要内容，同时，也经常刊载言论，根据英国政府对华的经济政策和香港市政建设发表意见。

在第二阶段，香港的英文商业报纸的发展速度放慢，前阶段的三家报纸，有两家倒闭，只剩下《德臣报》和后创办的《孖剌报》(Daily Press)对峙。

《孖剌报》1857年创刊，由美国商人茹达(George M. Ryder)和英国商人孖剌（一译为莫罗，原名Yorick Jones Murrow）创办，他们分别担任发行人和编辑。第二年，产权完全为后者所有。

19世纪60年代后，上海经济发展十分迅猛，外国商人和外国洋行骤增，香港的外文商业报纸的发展优势为上海所取代。

上海的外文商业报纸不仅数量多，而且文种多，其中最有影响的是英文《字林西报》(North China Daily News, 1850—1951)。《字林西报》最早由英国商人亨利·奚安门(Henry Shearman)于1850年8月3日创办，初名《北华捷报》(North China Herald)，周刊，每星期六出版，每期对开一张，共4页。历任编辑有奚安门、康普东、詹美生等。由于上海是个重要的商业中心，新闻与商业性材料日益增多，该报馆在1856年增出日刊《每日航运新闻》(Daily Shipping News)，1862年改名为《每日航运和商业新闻》(Daily Shipping and Commercial News)，1864年7月1日扩充为独立出版的日报，改名《字林西报》，属英商字林洋行所有，该报

1951年才自行停刊,前后共出版101年。

作为一个英国商人,奚安门办报为英国资本主义服务的目的很明确。关于该报的出版缘起和创办宗旨,《北华捷报》创刊号上发表的《致读者书》中说:"由于上海开埠已有六年。而不到五年的时间,上海已成为亚洲第四大港口;四个月前,上海与香港之间已开辟了定期航线……我们认为创办一个报刊的时机来到。"本报"要为本埠造成最有利益的东西"。奚安门在文章中继续写道,为了促进上海经济的发展,希望"母国"(英国)乃至世界各国都能重视上海的发展,尽快同大清帝国建立密切的政治联系,更加扩大对华贸易;对华政策不能只顾眼前利益,应有全局和长远打算,看到这个大帝国有着惊人的丰富资源[①]。

1864年7月《北华捷报》改出《字林西报》后,反映在华英国资本家的要求、服务英帝国主义的观点更加露骨,当时主编马诗门提出一个口号,叫做"公正而不中立",并把它印在言论版的上方,公开声称为英国侵华政策和英国在华商人效劳。为了刺探中国情报,《字林西报》的触角伸得很长,几乎在中国内地每一个设有教堂的城镇,包括甘肃、新疆、四川、云南等地在内的边远地区,都聘有通讯员,专门负责收集当地资料,为英帝国主义制定侵华政策和英国商人在华做生意提供各方面的情报。

(三) 外商中文报纸的发展

首先看外商中文报纸在香港的发展。

鸦片战争后,传教士办的中文报刊在香港消沉了,香港的中文报界一下子成了商业报纸的一统天下。

香港第一张中文商业报纸是《香港船头货价纸》。该报1858年初由孖剌报馆创办,周三刊,其内容除少量新闻外,十分之九的篇幅用来刊登商情、船期和广告。1864年,《香港船头货价纸》更名为《香港中外新报》,70年代再次更名为《中外新报》。《中外新报》依然主要以商人为发行对象,但也照顾一般市民,新闻量有明显增加。

香港中文商业报纸除了《香港中外新报》外,较有影响的还有《中外新闻七日报》,该报由德臣报馆1871年3月创办,每逢周六出版。3月25日的《告白》中说:"本馆设报之意,原不图弋利求本,惟欲中国士商益增识见,扩新耳目。"为此,该报不仅刊登商情、船期和广告,还以大量篇幅刊登新闻,不仅刊登政治、军事、外交、文化方面的新闻,还刊登社会新闻。此外,还发表评论,用以宣传传统伦理,进行惩恶劝善。1872年4月6日,《中外新闻七日报》改名为《香港华字日报》出版,仍由德臣报馆印刷。

[①] 转引自马光仁:《上海新闻史》,复旦大学出版社,1996年版,第13页。

再看上海外商中文报纸的发展。

上海外商中文报纸的发展以1872年《申报》的创刊为界分为前后两个阶段,前一阶段以《上海新报》为代表,后一阶段以《申报》、《新闻报》为代表。

1.《上海新报》和《申报》的创办与竞争

《上海新报》1861年11月创刊,是上海第一家商业中文报纸,初为周刊,自1862年5月改为每周出版三次,星期日停出,1872年7月又改为日刊。该报由英商字林洋行出资创办,始终由西方传教士任主笔,第一任是华美德(美),第二任是傅兰雅(英),第三任是林乐知(美)。因与《申报》竞争失败,于1872年12月31日停刊。

《上海新报》主要是为商业贸易服务。随着西方资本主义列强对华经济侵略活动的逐步扩大,他们需要有中文报刊为其做广告、刊登各类商业告示、传递商业信息等,以达到向中国倾销商品的目的。《上海新报》正是迎合西方各国在华商人的这种需求而问世的。创刊号上刊登的字林主人的启事,阐述了该报的创办目的:"大凡商贾贸易,贵乎信息流通。本行印此新报,所有一切国政军情,市俗利弊,生意价值,船货往来,无所不载。类如上海地方,五方杂处,为商贾者,或以言语莫辨,或以音信无闻,以致买卖常有阻滞,观此新报,即可知某货定于某日出售,届期亲赴看货面议,可免经手辗转宕延,以免买空盘之误。"它把商情船期放在首位,每期都有广告、行情表、船期表。

《上海新报》自1868年2月1日起采用英国式的固定版面安排的方法,扩展为四个版面,新闻和言论集中于第二版,第一、三、四版全都是广告、船期消息、商业行情等商业性信息内容和专栏及机器图说。机器图说一项,很引人注目,所刊载的或为重型机器如火轮车、种麦轮器等,或为家常用具如风琴铁柜(今保险箱)等,每绘一图,附以说明。机器图说的刊载,在当时很能益人智慧,唤起人们利用新式工具以节时省力的观念。尤其值得指出的是,从1870年3月24日起,《上海新报》开始采用新闻标题,每条新闻上均加简明标题,如"刘提督战亡"、"种树得雨"等,用头号活字排印,正文则用4号活字。以往不按内容加以分别的标题时,一堆新闻上只刊"中外新闻"、"选录某某报"字样,用头号活字排列以代标题。加标题后,读者只看标题便可知新闻的大概内容,开中文报纸新闻标题的先河。

《上海新报》在创刊后的十年中,是上海唯一的一家中文报纸,一枝独秀,别无对手。可是到了1872年,《申报》出版,成了《上海新报》的一个强有力的竞争对手。为竞争的需要,《上海新报》出现了一些新的变化。首先是刊期。《上海新报》于1872年7月2日由原来的周三刊改为日报。其次是内容,鉴于《申报》投中国文人之所好,在刊载新闻、言论和商情等内容之外,还刊载诗文小品等的做法，《上海新报》也采取相应举措，开始登载文人们所写的竹枝词、诗话等。最后是售价。《上海新报》用上等印报纸印刷，比《申报》采用的毛太纸成本高得多，但是为了和《申报》竞争，强行压低售价，没多久，《上海新报》便渐渐难以维持了，终于在1872年12月31日宣告停刊。

《申报》原全称《申江新报》，1872年4月30日（清同治十一年三月二十三日）创刊，初为双日刊，自第5号起改为日刊（星期日停出），单面铅印，每期8张（8版）。起初由英国商人安纳斯脱·美查（Ernest Major）、伍华德（C. Woodword）、普莱亚（B. Pryer）、麦基洛（J. Mackillop）等四人合资创办，后产权归美查一人所有。1909年产权归国人所有。1949年5月《申报》停刊，前后出版了77年。

美查于同治初年（即19世纪60年代初期）来华经营茶叶、缫丝等出口贸易。当时资本主义各国对中国的经济侵略是以商品输出为主要形式，在中国大量推销商品和掠夺资源。美查经营茶、丝亏本，想改营其他赚钱，他的中国买办陈莘庚看到《上海新报》销路好，利润大，便建议他办报，因此，美查和其他三人订立合同，每人投资四百两银子，合资办报，并将报名定为《申江新报》，简称《申报》。"申"是楚公子春申君黄歇封邑而得名的上海的别称。

可见美查创办《申报》是他商业活动的继续，《申报》的宗旨是以"行业营生为计"，即办报是为了"营利"，为了赚钱。仅这一点就把该报和它以前所有的报纸区别开来了：宗教报刊重在宣传，不在营利，常免费赠阅；以往商业报纸旨在利用报纸宣传，为主人所从事的商业贸易营利，主要不在报纸本身赚钱。商业报纸中出现以办报直接赚钱的《申报》，标志着在华外商中文报纸开始了一个新的阶段。《申报》是中国新闻史上第一家以营利为目的的商业性报纸。

为了达到营利的目的，《申报》便进行了一系列的改革，满足各方面读者的需要，从而扩大发行量，并以此拉开了同《上海新报》竞争的帷幕。

首先是改革言论。以往商业报纸重商业行情，忽视言论，视之为可有可无，从香港的《中外新报》到上海的《上海新报》都是如此。而《申报》认识到言论的重要性，认为言论"有系乎国计民生"，"上关皇朝经济之需，下知小民稼穑之苦"（《本馆条例》，1872年4月30日《申报》）。所以，《申报》不但每期必有言论，而且置于首页，引人注目。创刊第一个月就发表论说72篇。《申报》的言论有一个显著特点，就是重视与社会实际生活的联系。如关于日英商人擅自建筑淞沪铁路一事，《申报》从1876年到1884年8年间先后就此问题发表了不少论说：《议建铁路引》、《论铁路事》、《论铁路有益于中国说》、《论铁路火车事》、《又论铁路火车》、《再论铁路火车》、《铁路不可不亟开说》等。《申报》还发表了不少关于开发矿藏、发展工业和航运事业的言论。当然，这些意见和观点都是反映了外国商业资本家的愿望与要求,为他们取得在中国修建铁路特权、掠夺中国资源而服务的。

其次是增加新闻量。《申报》为了满足各方面读者的需要,不断改进新闻报道,不断扩大报道面,不断增加新闻量。《申报》创刊半年后便在杭州设立分销处,为该报有外埠通讯员之始。1874年派员赴台湾实地采访日军侵台战事,并刊出了中文报纸上最早的军事通讯。1882年1月26日,登载了发自天津的中国第一条国内新闻电讯。《申报》创刊初期,每期只有几条新闻,10年后增加到一二十条,90年代增加到四五十条。

此外,《申报》在新闻报道上也有重要改进。比如,对社会新闻报道,此前各报所刊的社会新闻大多为道听途说和街谈巷议,其中有不少为无稽之谈,没有多少价值。《申报》的社会新闻开始注重反映社会实际生活,揭露普通百姓所受的压制和痛苦。它对"杨乃武与小白菜"和杨月楼等案件的报道,曾经轰动一时。对军事新闻报道也有改进,《遐迩贯珍》、《上海新报》等报刊对太平天国的军事报道曾经产生过一定影响,但都是一些简短的消息,给人印象不深。《申报》在1874年日本侵略台湾战争中,派人去战地采访,写出相当细微而生动的军事通讯,把军事新闻写作向前推进了一步。

同时重视文艺稿件和广告。文学作品成为《申报》必备的一栏,此前出版的宗教报刊和商业报刊,只是偶尔才刊登一些旧体诗和寓言类作品,内容多以宣传教义、惩恶劝善为主,没有多少文学价值。而《申报》为了联系为数众多的旧式文人,在报纸上特辟文艺一栏,虽然内容多限于竹枝词一类,较为单一,但颇吸引文人骚客,为《申报》打开销路起到了不小的作用。在《申报》创刊后几天,就刊出长篇的《招刊告白引》。"告白"即广告。宣传报纸广告的作用,认为"告白一事,俗之所不能免,而事事有相关也",这是我国早期报纸刊载的论述广告的一篇较为重要的文章。《申报》的广告,内容无所不包,在版面上占据相当的篇幅。在中国报刊史上,《申报》第一次将近代报纸的新闻、言论、文艺副刊及广告这四项基本内容综合在版面上。《申报》是中国新闻史上形态最完备的近代报纸。

最后,要特别一提的是《申报》的主人将《申报》作为企业来办,把商业经营原则应用于报纸管理,对《申报》的发展起了决定性的作用。如前所述,《申报》创刊时,比它早10年出版的《上海新报》仍在刊行。为了和《上海新报》一决雌雄,《申报》通过降低成本、降低售价、增加内容、扩大报道面来吸引读者,打开销路。《申报》初创时,每张每月只售铜钱8文,差不多只是《上海新报》每月30文的1/4;《申报》又刊载诗文小品,投词林文人之所好。这样,仅用了8个月时间,便击败了强大的竞争对手——老牌的《上海新报》。之后,《申报》为了与其他报纸竞争,不断扩大经营业务,除出版《瀛寰琐记》月刊外,还于1876年3月30日创办了一种为便利"稍识字者"阅读的白话报《民报》(周三刊);1877年4月,又创办不定期的《环瀛画报》;1884年5月8日,还办起了以新闻时事画为主的《点石斋画报》(旬刊),开我国新闻画报的先声。《申报》从营业的目的出发,力图以出版系列化、管理企业化来增强竞争实力,因此,被称为中国商业性报纸之始。美查便是中国近代新闻业史上的第一个报业资本家。美查靠办《申报》发财后,又陆续经营了江苏药水厂、燧昌自来火局、申昌书局、点石斋石印局和肥皂厂等工业企业,同时,还在新加坡东北的沙岛开办了一个占地四万亩的农场,拥有资产过百万。

2.《新闻报》的创办及其与《申报》的竞争

《申报》的成功,使得各种商业性报纸接踵而起,但因竞争不力又纷纷败下阵去,直到《字林沪报》,尤其是《新闻报》创刊后,才打破了《申报》一家垄断上海商业性报纸的局面。

《字林沪报》1882年4月2日由英商字林洋行创办,初名《沪报》,出至第73号改此名,为《字林西报》的中文版。字林洋行在它的《上海新报》停刊10年之后又创办《字林沪报》,看来是想报10年前的"一箭之仇"。字林洋行聘请华人蔡尔康为该报主编。蔡尔康,生员出身,精通经、史和诗文,文笔流畅,早年在《申报》馆任职三年。他任《字林沪报》主编后,处处模仿《申报》,苦心经营。

比起原来的《上海新报》,《字林沪报》在业务上更是做了一系列重要改变:除了上面讲到的聘任中国人担任主笔之外,《字林沪报》在报纸的内容和体例上也改变了《上海新报》那种单调的情况。言论被重视了,每期必有,品评时事,鼓吹兴办洋务,其方针与倾向和《申报》大致相同。文艺也成为必备的内容,附于新闻栏之后,体例也同《申报》相仿。在其后期,渐有改革,开始连载长篇小说,突破了诗词一统天下的局面,注意适应读者多方面的兴趣。这是报纸副刊诞生过程中一个重要步骤,至1897年11月24日,被认为是我国报纸第一个副刊的《消闲报》终于以《字林沪报》的附张的名义问世,开我国报纸副刊之先河。此外,《字林沪报》在新闻版上也同《申报》展开竞争,在国际、外埠、本埠各类新闻中都做得比较充实,还广派访员,开辟消息来源,并取得路透社的供稿特权。但终因缺乏独创性,始终不能胜过《申报》,18年后,字林洋行只得在1900年将《字林沪报》卖给了日本东亚同文会,改名《同文沪报》,出至1908年,又改名《沪报》,直至终刊。

《新闻报》1893年2月17日(清光绪十九年正月初一)由中外商人合资创刊于上海,由英商丹福士为总董事,聘请蔡尔康等为主编。不久华商股东退出,丹福士独资经营。后丹福士经商失败,1899年11月4日将《新闻报》卖给了美国人福开森(John C. Ferguson,1866—1945),从此,该报获得长足发展,成为一家以经济新闻为主要内容、以工商界为主要发行对象的报纸,重视经营与广告,发行量曾居全国报纸前列。

福开森1886年毕业于美国波士顿大学,随后来华传教,从事一系列的文化教育活动。他曾在南京成立汇文书院,又出任上海南洋公学监督,还担任过"亚洲文会"、华洋义赈会会长、中国红十字会副会长等职,他还混迹于清朝官场,被授予二品顶戴。他购进《新闻报》后,首先抓班底建设,因为他虽然自命为"中国通",但毕竟是个外国人,对中国社会的真实情态终究有些隔膜,且他兼任其他职务,不能专力于办报。经过考察,他物色了汪汉溪和金煦生(笔名柳籍)两人为《新闻报》骨干,汪任总经理,管业务,金为总主笔,负责编辑部。汪汉溪原来是南洋公学庶务处庶务员,福开森每天早晨坐马车到学堂办公,发现汪汉溪总是最早签到,最迟签退,而且处处精打细算,办事井井有条。经打听方知汪家住在市南,上下班皆步行,来回不下30里,每天风雨无阻,从不请假或迟到。福开森看中了汪汉溪,先派他兼任《新闻报》管事,后索性调他任《新闻报》总经理。旧时报馆,集权于总经理,编辑部也要听总经理的。汪汉溪为报答福开森的知遇之恩,在《新闻报》终其一生,殚精竭虑,为《新闻报》的发展立下了汗马功劳。

福开森、汪汉溪为了同《申报》展开竞争,便针对《申报》在官僚士绅中有较大影响的特点,密切注意商情报道,在商业界赢得了大量订户。汪汉溪集中主要力量,开辟《经济新闻》专栏,不惜费用,不嫌繁琐,竭力把市场情况、商货行情,翔实地刊诸报端。经过一段时间的努力,《新闻报》的行情表整整占两版篇幅。因此,不仅上海的工商界,大至工厂、公司、洋行,小至澡堂、理发店,都订阅一份《新闻报》,而且江南各县镇较大的商号,凡需向沪批发商品,要随时了解上海行情的,也要订阅《新闻报》。《新闻报》以经济新闻见称,在商界发行面广,广告也源源而来。

经过一段时间的努力,《新闻报》在上海市区的发行量超过了《申报》。从此,《申报》、《新闻报》并驾齐驱,成了中国资产阶级商业性报纸的两面航帜。

第三节 在华外报的报刊业务与办报思想

一、采编业务与印刷技术

(一) 采编业务

其一,采用新闻采访业务。中国古代报纸没有报人自己采写的消息,自然也没有新闻采访业务(当然,宋代"小报"的"探报"可以看作中国记者、通讯员的祖先)。在华外报作为近代报纸,需要刊登新闻,当然也要采用西方近代办报的新闻采访业务。19世纪70年代以前,报纸还没有专职记者,只是在报上刊登征求新闻的启事,或者碰到重大事件派访员前去采访,如1861年创办的《上海新报》曾派访员采访太平天国的战事消息。1872年《申报》创办后,正式聘有本埠与驻外访员,到1875年,已在北京、南京、苏州、杭州、武昌、汉口、宁波、扬州等26个省会和重要城市设特约记者,及时报道当地的有关新闻。重大事件发生后,报馆还派出专职记者到现场采访。如1874年6月,日本借口台湾"生番"杀戮琉球人及日本人,发兵进攻"番社",《申报》便派记者前往台湾实地采访,7月22日在报上发表了这个记者发回的第一篇台湾战讯。

其二,运用新闻专电。随着电讯交通事业的发展和电报传递新闻稿件的运用,在这一时期的报纸上出现了我国新闻事业史上最早的一批新闻专电。1874年1月30日《申报》刊登的"伦敦电"报道英内阁改组的消息,是中文报纸上出现的第一条国际新闻电讯;1882年1月16日《申报》刊登的该报驻京记者经由天津拍来的一条关于清廷查办一名渎职官员的电报消息,是见于报上最早的一条国内新闻专电。

其三,发展新闻文体和新闻写作。新闻传播活动早在中国古代就已经出现,邸报是当时的主要新闻传播媒介,但是邸报内容大多是皇帝的谕旨、大臣的奏章,只是反映皇帝活动和朝廷动态的"宫门钞",它们本身并非新闻文体。只有在华外报创办后,才出现近代新闻文体和新闻写作,报纸上刊登的各类新闻稿件都着眼于报道新近发生的事实,短小活泼。

军事新闻的出现推动了军事新闻写作的发展;始于19世纪60年代、盛行于70年代的公堂案件新闻的出现,又一次促进了新闻文体与新闻写作的发展,这种案件新闻写作不停留在公堂审讯报道上面,而是根据审讯所提供的线索进行采访,对被告人身世、案情由来和曲折经过进行详细报道,很能吸引读者;商情、航运、灾害新闻和人们的生活直接相关,这一类新闻写作要求如同军事新闻那样,要写得明明白白和准确无误。

(二) 印刷技术

中国虽然发明了印刷术,但只是停留在古代技术层面,并且也没有将它运用于新闻传播上来。在华外报出版,运用了包括铅字、印刷机等在内的近代印刷设备和印刷技术。1815年基督教在马六甲设立了中文印刷所,采用雕版印刷,米怜创办的《察世俗每月统记传》就在这个印刷所印刷;1834年美国传教士利用在中国找到的一套汉文木刻活字,在波士顿复制成一整套汉文铅活字运来中国;1838年法国在华传教士也如法制作了一套;石印技术在19世纪30年代引入中国,1838年9月广州出版的《各国消息》就是第一张采用石印的报纸,此后的半个多世纪,石印报刊均占有一定的比例,和铅字印报并存了一段时间。

鸦片战争后,英华书院由马六甲迁到香港,开始采用中文铅字设备,该书院1853年创刊的《遐迩贯珍》成为中国第一家用铅字印刷的近代报纸。1857年麦都思的墨海书馆创办出版《六合丛谈》,成为大陆第一家采用铅字印刷的中文报刊;1859年美国长老会在宁波设立的英华书馆又试制成功电镀汉字字模和以24盘常用字为中心的元宝式字架。这些铅活字和字模字架经过复制和推广,逐渐为当时的中文报纸所采用。到了70年代前后,多数中文报纸已经改用铅字印刷。只是因为印刷机是手摇的,每小时仅印出数百张。1876年以后少数报纸开始采用煤气印刷机代替手摇印刷机。

二、报刊理念与办报思想

(一) 近代报刊理念

其一,报纸是新闻纸,其作用主要是通消息。中国的古代报纸基本上是官文书,即使是明末清初出现的《京报》,虽然在形态上很完备,但还是官文书,办报人不能在报上表达自己的意志,不能自己撰写文章,更与老百姓没有关系。当时,中国人尚无近代报刊的概念。外国人在华创办报纸,尤其是商业性报纸,采用近代报纸理念办报,使中国人开了眼界。特别是外报上刊登的论述近代报纸的性质、作用的文章,使中国人对新闻报纸的看法有了一个观念上的更新。继《东西洋考每月统记传》于1834年1月刊载《新闻纸略论》后,外报便经常刊登介绍西方近代报纸的文章。《申报》创办初期,就连续发表了几篇论述新报的文章,1872年6月8日发表的《邸报别于新报》认为:"邸报之作成于上,而新报之作成于下。"1873年7月18日发表《京报异于西土新报》,指出:"新报是合朝野之新闻而详载之,京报仅有朝廷之事,而闾里之事不与。"1873年7月20日又发表《论各国新报》,详细论述了新报的作用:"各国新报之设,凡朝廷之立一政也,此处之新闻纸,或言其无益,彼处之新闻纸,或言其有损,朝廷即行更改。必待各处新闻纸言其尽善尽美而后为。"还说:"朝廷立政,小民纵欲有言,未免君民分隔,诸多不便。一登于新闻纸内,则下情立即上达,至于闾阎行事、制器,或远隔重洋,或另在他国,信函相商,多劳往返,一登新闻纸内,则千里如同面谈。"

其二,报纸形态为开版式,设栏目,每篇新闻上有标题。中国古代报纸形式,直到《京报》仍然是很简陋的书本式、无标题、无版面、无栏目、无插图、无照片。外报的兴办,开始采用西方近代报纸的形式。1828年创刊的《天下新闻》开始突破中国古代报纸的书本式,用铅字单张印刷;1833年创刊的《东西洋考每月统记传》第一个登载行情物价表,并首创在新闻后加编者按;1853年创刊的《遐迩贯珍》首次运用新闻图片,首次开辟广告专版,开中文报刊登广告之先河;1858 年创刊的《中外新报》的版面完全打破了书本式而成为单张报纸式;1872 年《上海新报》首次用白报纸两面印刷,1870 年率先采用新闻标题;1876 年《申报》第一个刊登新闻图画;1897 年《字林沪报》的附张《消闲报》为中文报纸的第一个副刊。总之,大致到 19 世纪 70 年代,大部分日刊外报的版面已经由书本式改为单页式,广告一般占全部篇幅的 1/3 至 1/2,并对新闻、言论进行简单分栏。

其三,报纸要做经营,要靠内容吸引读者,靠管理增加盈利。中国古代报纸,是官文书,借由递送朝廷文件的驿站发行,无须经营,也无须管理。

外报创办特别是外商报纸的创办,使办报成为办企业,报馆主人成了报业资本家,他们把商业经营管理的原则运用到报纸企业管理上,采用降低成本、降低售价的办法来增加销售量;通过增加内容、扩大报道面来吸引读者,打开销路;通过大登广告、行情表、船期单来争取订户,获取利润。由于用经商原则管理报纸,报纸业务便发生了一系列变化,信息观念加强了。为了充分体现新闻的时效性特点,用新鲜性占领市场,办报人采取了许多措施。首先是报纸与杂志分开,各自向独立发展的方向迈进;并且在时间观念的支配下,报纸的刊期不断缩短,战前的周刊(宗教报纸为月刊)在战后缩为三日刊、两日刊,最后基本上都成了日报。其次,充分运用现代通讯与交通工具进行新闻报道,设"专电"的目的,是为了"抢"新闻。如前所述,《申报》取代《上海新报》靠的是经营管理,《新闻报》能后来居上,靠的也是经营管理。

(二) 明确办报思想

按近代报刊理念创办起来的外报,每一家都有明确的办报思想。任何一家外报创刊,都要用发刊词或告读者之类的文章将它的宗旨、意图等公之于世。如米怜写的《察世俗每月统记传·序》、《申报》发表的《本馆告白》和《申江新报缘起》,都就办报的目的、方法、内容以及其他有关问题,向读者作了说明。米怜在文章中说,"善书乃成德之好方法",《察世俗每月统记传》要成为"善书",使得"浅识者可以明白,愚者可以成得智,恶者可以改就善,善者可以进德",从而达到"成人的德"之目的。《申报》的文章不但介绍了它将刊载的内容,而且说明了它与《京报》不同的特征。它说,"夫京报以见国家之意",而"吾申新报一事,可谓多见博闻而便于民者也"。反观中国古代报纸,邸报刊载的是皇帝圣旨、大臣奏折、朝廷政令,其作用与官文书一样,且任何朝代的邸报都一样,没有自己的办报思想;《京报》虽然由报房发行,但是各家报房对抄来的官文书只有多登、少登、快登、慢登的权利,没有不登或加登的权利,报房主人是不用考虑它的宣传目的、社会作用的,所以也没有什么办报思想;非法小报的编发者只是利用人们"喜新好奇"的心理,报"朝报未报之事"、"官员陈乞未曾施行之事",根本谈不上有什么办报思想。

本章简论：在华外报是西力东渐的产物

由本章内容可以得出以下四个结论。

第一，西人揭开了中国近代新闻史的序章。中国自古代开始就有"邸报"、"京报"等这样的官报，但是内容大多都是刊载皇帝的谕旨、大臣的奏章，它们本身并非新闻文体，只是反映皇帝活动和朝廷动态的"宫门钞"，一直被限制在一个固定的写作模式之内，因此不能被称作完整意义上的新闻纸。一直到1815年8月第一家中文近代报刊《察世俗每月统记传》创刊，刊登了中国近代报刊的第一条消息；再到1872年4月中国新闻史上第一家商业性报纸《申报》在上海创刊，在中国报刊史上第一次将近代报纸的新闻、言论、文艺副刊及广告这四项基本内容综合在版面上，同时也是中国新闻史上形态最完备的近代报纸。在这将近60年的时间里，几乎所有的中文报刊无一例外地都是由西方人出于各种各样的目的而创办的，是他们揭开了中国近代新闻史的序章。

第二，在华外报是列强入侵中国的"文器"。在华外报的出现及其迅速发展，是与西方殖民势力的入侵和扩张同步进行的。特别是鸦片战争前后来华的外国人，有一些怀着侵略野心，也有一些出于传教的目的，更多的人是想寻找发财的机会。但是，他们的所作所为，实际上是将中国逐步推向殖民地的道路。

从在华外报的政治倾向来看，绝大多数是为西方殖民主义侵略中国的总目标服务的。在华外报的迅速发展并占据了中国报坛的垄断地位，是西方殖民主义者的文化侵略行为。鸦片战争之前，大多数外报，特别是英文报刊，都积极为英国倾销鸦片政策辩护，鼓吹对中国实行武装侵略。鸦片战争以后，又为新的侵略扩张行为制造舆论。一些外报特别赞扬西方殖民主义统治之下的印度，鼓吹中国应该走印度的道路，甚至有不少在华外报的主持人，直接投入到侵华活动中去。例如，郭士立曾为英国侵略军充当向导，在英军侵占舟山时，还直接担任当地的行政长官；麦都思曾担任英国侵略军的翻译，担任上海工部局董事；裨治文担任过侵华美军司令的翻译，参与签订《望厦条约》的活动，等等。郭士立在办报过程中的所作所为就表明他已经是一个决心打开中国大门的先锋了，他在广州创办《东西洋考每月统记传》的目的就是以西方文明来征服中国人的思想。

即使是那些教会出版机关，其侵略性也十分明显。比如前面说到的基督教在中国建立的最大的出版机关"广学会"，虽然打着"输入最新知识，振起国民精神,广布基督恩纶"的幌子,实际上是英美殖民主义者侵略中国的大本营。其机关报《万国公报》在维新运动中似乎十分迷人,但它的编纂者们绝不是为中国的繁荣富强而献策,也绝不会为中国人民"造福"。他们所提倡的"维新"主张和康、梁的维新主张是有本质区别的。李提摩太就这样说过:"我们认为一个彻底的中国的维新运动,只能在一个新的道德和新的宗教基础上进行。……只有耶稣基督才能提供给中国新需要的这个新道德的动力。"他在《新政策》中曾建议聘用"西人"担任中国政府顾问,"建立新部,以八人总和",其中四名"西人",这四名"西人"中应为"英美两国者"。这就很清楚,他们"维新"的目的是为了加强对中国的控制,加速中国的殖民地化进程。所以说,近代报刊从西方传到中国,是西方列强打开中国大门的"文器"。

第三,在华外报在客观上充当了西文东进的桥梁。西方殖民者在中国办报,在进行文化思想征服的同时,将西方近代文明也带入了中国,见证了中国由古代社会向近代社会演变的历史。

首先,外报将西方自然科学技术介绍给了中国。这方面的任务主要由传教士所办的中文报刊担负。自《察世俗每月统记传》、《东西洋考每月统记传》、《遐迩贯珍》、《六合丛谈》到《万国公报》,无不把介绍科学技术作为一项必备的内容。介绍的内容有实用科学技术,如治河、防火、采煤、修建公路等,也有西方科技的新发明、新成果,如轮船、蒸汽机、电话、显微镜等,以及有关天文、地理、生理学、物理学、化学、动植物学等方面的知识。这些自然科学技术与知识的介绍,不仅促进了先进的科学技术在社会生产与生活中的运用,而且也促进了中国自然科学知识理论水平的提高。

其次,外报将西方人文科学与社会科学方面的一些成果介绍给中国,其对中国社会影响之深广程度,大大地超过了自然科学技术方面。外报大量刊登世界各国历史与现状的基本知识,介绍西欧、美国等国家的人文、地理、政情、历史沿革、国际关系等方面的情况,夸耀英美等国政治民主、社会繁荣的景象。第二次鸦片战争之后,外报更以多种方式进行西方富强之道的介绍,其内容涉及通商、理财、开矿、筑路、办厂、出报、练兵等方面,这些介绍后来又逐步和希望中国变法的宣传结合起来,扩大了其在社会上的影响。同时,外报也进行了某些资产阶级社会观念和学说思想的宣传,内容涉及西方的政治制度、经济制度和社会制度方面的知识,宣传了资产阶级的议会政治、市场经济、出版自由、君民一体、民主法制等思想。

所有这些都为中国社会融入了近现代因素,为中国社会由古代社会向近现代社会的演变准备了物质和思想基础,而中国近代报刊无疑也记载了这段社会逐渐演变的屈辱史和发展史。

第四,从新闻事业发展的角度看,在华外报是国人办报的启蒙之师。如前所说,中国虽然是世界上最早出现报纸的国家之一,但那都是古代报纸。鸦片战争以后,中外交涉日益频繁,社会需要有公开传播新闻、发表公告的工具。咸丰元年(1851年),江西巡抚张芾奏请刊刻邸报,发交各省,却被皇帝斥为"识见错谬,不知政体,可笑之至"①。可见当时中国的清政府是何等的因循守旧。

在华外报的出现与发展,不仅将近代报纸的实物展示在中国人的面前,而且以其成功的实践和新鲜的理论成为中国人创办近代报刊的启蒙之师。

首先,传播了近代报刊的观念和办报思想。在"民可使由之,不可使知之"思想的支配下,中国封建王朝的统治者对以"满足民众知情权"为宗旨的近代报刊从根本上是排斥的。咸丰元年,"上谕"严厉申斥江西巡抚张芾时说:"国家设官分职,各有专司。逐日所降明发谕旨及应行发钞内外臣工折奏,例由内阁传知各衙门通钞,即由各该管衙门行知各直省,或由驿站,或交提塘分递。该衙门自能斟酌缓急轻重,遵令妥办,岂有各省大吏无从闻知之理?所有刊发钞报,乃民间私设报房,转向递送,与内阁衙门无涉。内阁为经纶重地,办事之侍读中书,从无封交兵部发递事件。若令其擅发钞报,与各督抚纷纷交涉,不但无此体制,且恐别滋弊端。"②在他们看来,刊行报纸,不仅不符合中国体制,而且还会滋生弊端。外报上发表了一系列有关新报的文章,从理论上论述了报纸的理念,以及办报的方法,使国人从中看到了近代报纸对国计民生的作用,产生了创办报刊的念头。

其次,将创办近代报刊的技术传到中国,中国人学习到办报的实际本领,使办报有了可能性。中国古代报纸为官文书,其编排、书写和发行与朝廷文书无异,而近代报纸就不一样了,从采访、写作、编辑到排版、印刷、发行,以至广告刊登、成本核算等,既有采编、印制,也有经营、管理等一整套技能技巧,非中国朝廷官员所能知之,亦非中国传统读书人所能为之。在华外报传播的办报技能,就如前面所说的两个方面,即采编技能与印刷技能,全面而又系统,虽然为形而下的操作层面,但是切实可行,学了便可以用,很是实惠。

最后,在华外报馆在办报过程中,吸收不少中国人参与其事,客观上为国人办报培养了人才。除第一个参与外人办报的中国人梁发、第一个成功的中国报人王韬以及在香港报馆、印书馆工作过的众多中国人外,内地如上海的外报馆中,更是有许多中国人参与办报,他们中的许多人都成了办报里手,为国人创办近代报刊发挥了重要作用。

外国人在中国办报揭开的仅仅是中国新闻史的序章,不是正章;随后出现的国人创办近代报刊,才是正章。

---

① 转引自戈公振:《中国报学史》,三联书店,1955年版,第40页。
② 同上书,第40—41页。

第三章

向西方学习与国人办报发轫

本章概要

　　前章述道,在华外报把西方近代报纸的观念、办报技术和设备传到了中国,促进了中国人办报的开始。另一方面,在华外报在其发展过程中,出于种种原因,创办者吸收很多中国人到报馆工作。这些到外报报馆"打工"的中国人,在帮助外国人办报的过程中,不仅接受了近代报纸的观念,还直接学习到了办报的本领和技术。在向西方学习中,国人办报便发轫了,所以,第一批创办近代报刊的中国人,一般都是一些接触到西方文明的人。他们或者利用与在华的外国人打交道的机会,或者到外国创办的机构中做事,或者利用出国的机会接触西方文化,接触近代报纸。接触近代文明,他们的政治思想发生变化;接触近代报纸,他们产生了办报的念头。

　　19世纪60年代起,随着洋务运动的兴起,中国的资本主义经济有了一定的发展,尤其在西方殖民主义势力到达较早、开埠较早的城市,如香港、上海、广州等地方。以上海为例,第二次鸦片战争后,上海扩大了与海内外的联系,不仅成为国内贸易的枢纽,而且成为对外贸易的中心。1865年后,全国对外贸易的货物有50%是通过上海汇集后运往海外的;在洋务运动的号召下,官办、官商合办及商办的带有资本主义性质的企业陆续开办起来,诸如洋炮局、江南制造局、轮船招商局等的兴办,都为国人自办近代报纸创造了条件。

　　国人办报,经历了从译报到办报的发展过程。林则徐奉旨到广州查禁鸦片,为了了解"夷情"开始了"译报"活动;鸦片战争后,设立翻译局,成立翻译馆,大量翻译西书西报,既是洋务运动的组成部分,又是一种社会时尚。在与西人和西方文明的接触中,一部分中国知识分子认识到西方科学和民主的先进性,对近代报纸更是"情有独钟",利用到外报馆打工的机会,一方面积累经验,一方面积累资金,等待时机,开始自己独立办报。

国人自办报刊首先出现在沿海地区和西方殖民主义者的势力最先到达的城市,因而第一批国人创办的近代报刊很自然形成三个中心:上海、香港和广州。在上海,有《汇报》、《新报》;在广州有《述报》、《广报》;在香港有《循环日报》等。九省通衢的武汉,虽然产生第一张国人自办的《昭文新报》,但很快夭折,没有形成气候。

19世纪70年代,中国资产阶级刚刚形成,资本主义经济虽然有了一定的发展,但规模及影响十分有限,所以中国早期国人办报走的是一条十分艰难的发展道路。

第一节 从译报开始

一、林则徐与《澳门新闻纸》

《澳门新闻纸》是份文摘式的译报,是林则徐于1839年7月在广州组织人创办起来的,至1840年11月止。现存6册,为其中的一部分。参加译报工作的主要有袁德辉、梁进德等。袁德辉祖籍四川,马来亚华侨,大约在1825年进入马礼逊英华书院学习,后回广州定居,1839年3月被林则徐聘为译员;梁进德为梁发之子,曾跟随裨治文学习英文和希伯来文数年,1839年5月为林则徐招募进府任译员。

林则徐为什么要组织人创办《澳门新闻纸》?这得从他到广州禁烟说起。

林则徐(1785—1850),字元抚,又字少穆、石麟,福州人,我国近代杰出的政治家和民族英雄,范文澜称他是清代开眼看世界的第一人。1839年3月,林则徐被清政府派赴广州禁止鸦片贸易,为了和外国侵略者进行斗争,他十分重视了解"夷情"。他认为"沿海文武员弁,不谙夷情,震于英吉利之名,而实不知其来历"①,"而中国政府全不知外国之政事,又不询问考求,故至今中国仍不知西洋"(魏源《海国图志》)情势,因此"必须时常探访夷情,知其虚实,始可定控制之方"②。于是,林则徐到广州后,下令搜集外人在广州、澳门出版的各种报刊,招募英文翻译人才摘录翻译这些报纸上有关中国的时事报道、评论及中外贸易情

---

① 《林则徐集·奏稿》中卷,中华书局,1965年版,第649页。
② 同上书,第765页。

况,尤其是涉及鸦片生产和西方各国对中国禁烟的反应的文章,以备参考。起初,译员们"零星译出",林则徐认为这样不便查阅、保存,便改为按时间顺序译出,分期装订,名曰《澳门新闻纸》。

《澳门新闻纸》只送给林则徐、广东巡抚怡良、道光帝等几个特定的人参阅,不公开发行,不向社会传播,不具备新闻纸的诸因素,所以还不能算报纸,虽然它很接近报纸,林则徐不能算办报,只能算译报。

作为一份官办的情报汇集,《澳门新闻纸》所搜集的情况是相当广泛的,不但有政治、军事情报,还有经济情报,其内容主要包括西洋国家的历史、地理、法制、时事及鸦片的生产和销售情况,因而它在当时对林则徐了解"夷情"、办理"夷务"、指导反侵略斗争起了很大作用。1840年3月,林则徐给怡良信中写道:"顷澳门来禀,谓英夷到一兵船……查此船即九月新闻纸内所说要来中国调停各事者,今既来此,祇可严防。"林则徐在广州期间,曾从新闻纸中得知英军来华,准备北犯定海、天津消息后,曾多次上书朝廷,"奏请敕下筹防"。

二、其他译报活动

鸦片战争时期的中国人的译报活动不能忽略徐继畬与他的《瀛寰志略》。

徐继畬(1795—1873),山西五台人,1826年中进士,入翰林院为庶吉士,又授编修,后任广西巡抚,改任福建巡抚兼署闽浙总督。从1841年起,他利用公务上的便利,在大量收集、翻译外文资料的基础上,撰成《瀛寰志略》,后经大量的改、补、删、订,于1848年刊行。

《瀛寰志略》共分10卷,卷1至卷3,介绍地球及亚洲各国概况;卷4至卷7,介绍欧洲俄罗斯、瑞典、丹麦、普鲁士、日耳曼、瑞士、土耳其、希腊、意大利、荷兰、比利时、法兰西、西班牙、葡萄牙、英吉利诸国;卷8介绍非洲诸国;卷9至卷10,介绍美洲各国。其出版的目的是为了使国人了解"海外诸国"的"疆土之广狭,道里之远近",不再昧于外情。《瀛寰志略》的资料来源较为庞杂,除直接取自西人的口译材料、前人的文献记录外,还有一部分译自当时西人所出的地图册、报纸。

鸦片战争后,以学习西方坚船利炮为主要内容的洋务运动随之兴起。"盖翻译一事,系制造之根本。"[①]因而译书译报是洋务运动的一项重要举措。

1868年6月,江南制造局的附属机构翻译馆建成开馆,次年,上海广方言馆并入。翻译馆采用的译书方式是"西译中述",即由外国人将西方著作先口译成中文,再由中国人笔述润色,最终形成译文。因此,翻译人员分为两类:一类是

---

① 《洋务运动》(四),上海人民出版社,1961年版,第18页。

担任口译的西方人,有傅兰雅、林乐知、金楷理、伟烈亚力等;一类是笔述人员,有徐寿、徐建寅、华蘅芳、李善兰等。为了解西方大事,译录新报是翻译馆的一项要务。在开办之初,江南制造局总办冯光、会办郑藻如等请示办学开馆事宜,并附呈《拟开办学馆事章程十六条》。其中之一为"杂新报以知情人为"。曾国藩批曰:"目前切要之务。"①

江南制造局翻译馆的译报工作从1873年4月开始,所译外报主要取自英、法、美、日、普、瑞等国,每日或数日译要闻若干条,印送官绅阅后,其式如手折,每月每季则又汇编成册,名为《西国近事汇编》。后来除分呈官绅外,亦对外销售。《西国近事汇编》连续出版到1899年,对于国人了解世界大事具有极高的参考价值。梁启超曾说:"欲知近今各国情状,则制造局所译《西国近事汇编》最为可读,为其翻译西报,事实颇多也。"②

三、魏源的"夷情备采"译报思想

在总结林则徐主持《澳门新闻纸》工作和其他译报活动的基础上,魏源首先提出了"夷情备采"的译报思想。

魏源(1794—1857),林则徐的挚友,原名远达,字默深、墨生,又字汉士,湖南邵阳人,中国近代著名的爱国者,资产阶级维新派的思想先驱。他早年学过王守仁的心学,后来同龚自珍先后师承当时经学大师刘逢禄,并有"龚魏"并称,影响很广,1831年被两江总督陶澍邀为幕僚。时林则徐任江苏布政使,后晋升为江苏巡抚,与魏源同居一城,两人相互往来,过从甚密。

1841年6月,林则徐被罢职,发往新疆伊犁,途经江苏镇江时,同魏源相见,老友重逢,百感交集,通宵畅谈,万语千言。林则徐把在广州禁烟斗争中编写的《四洲志》和收集到的外报等资料,全部交给了魏源,托他将这些资料整理成书,以益国家。魏源不负林则徐的重托,于1848年9月完成了50卷《海国图志》。

在《海国图志》一书中,魏源提出了"夷情备采"的译报思想。《海国图志》一书内专门收录有林则徐论述报纸的文稿。魏源目睹了林则徐禁烟和反击侵略者所取得的初步胜利,认为关键在于"知夷情",因而他提出了"筹夷事必知夷情"的观点。在《海国图志》中,魏源还严厉批评了清廷不仅"不知夷情",还拒绝"知夷情"的愚蠢做法,"苟有议翻夷书刺夷事者,则必曰多事"。他认为:"欲制外夷者,必先悉夷情始,欲悉夷情者,必先立译馆、编译书始。"他不顾清廷的清规戒

---

① 见马光仁主编:《上海新闻史》,复旦大学出版社,1996年版,第73页。
② 梁启超:《读西学书法》,《中西学门经书七种》第7卷,大同译书局,1898年版。

律,大胆提出"立译馆,翻夷书","刺夷事",主张要向林则徐那样"探阅新闻纸"(魏源《海国图志·筹海篇三·议战》),只有"夷情备采",才能做到"知己知彼,可款可战"(魏源《海国图志叙》)。在魏源看来,搜集外报,摘译外报,是为了"夷情备采",而最终目的是"师夷长技以制夷"。

魏源"夷情备采"译报思想的基础是强烈的爱国主义思想。1840年鸦片战争的失败,有几千年悠久历史的文明古国暴露出种种落后腐朽的现象,与此同时,外国殖民主义者对中国的侵略活动一步步加紧。一些具有强烈爱国主义思想的知识分子开始寻求救国之路。魏源就是其中一位。他们一方面憎恨外国殖民主义者;另一方面,他们又认识到西方在许多方面确实比中国要进步。因而,学习他们的优点以达到强国的目的便成为一些有识之士的共识。而要学习西方,必先了解西方,"夷情备采"主张的立足点是"制夷"。"师夷长技"是为了"制夷"。

再者,"夷情备采"的译报思想也是抗击列强侵略活动的产物。正如林则徐所说:"现值防夷吃紧之际,必须时常采访夷情,知其虚实,始可以定控制之方。"译报,就是为了"采访夷情",了解敌方"虚实",就是为了根据实际情况制定对敌斗争的策略。林则徐主持的译报活动,不仅在中国人抗击列强的过程中发挥了重要作用,而且也成了魏源提出"夷情备采"思想的实践基础。

第二节 洪仁玕对太平天国新闻事业的构想

一、洪仁玕与《资政新篇》

洪仁玕(1822—1864),字益谦,号吉甫,广东花县官禄村人,洪秀全的族弟,太平天国后期的主要领导人,也是中国近代史上最早向西方寻求真理的先进代表人物之一,第一个明确提出新闻构想的中国人。洪仁玕早年参加"拜上帝会",但因故未参加金田起义,后转至香港,在与西方传教士的结识过程中,研究了西方资本主义社会的政治制度和思想文化。1859年9月洪仁玕抵达天京,此时,正值天国由盛转衰之际,洪秀全喜出望外,封他为"开朝精忠军师顶天扶朝纲干王",总理朝政,并降诏天下,要人"悉归其制"。洪仁玕受任于败兵之际,奉命于危难之际,他决心施展才干,有所作为,于是写了《资政新篇》进呈天王,并经天王批准,成为太平天国后期的治国纲领。

二、《资政新篇》中关于新闻事业的构想

《资政新篇》是资本主义性质的治国纲领，内容相当丰富，共分为"用人察失类"、"风风类"、"法法类"和"刑刑类"四大类。在"法法类"中，洪仁玕在探究英、美、法、德、俄等西方国家及日本、暹罗、波斯、埃及、土耳其、马来亚等东方国家的风土人情、国情大势，以资借鉴基础上，向天王提出了30多条建议。在这些建议中，洪仁玕提出了对太平天国新闻事业的一系列构想。

其一，"设新闻馆以收民心公议"。洪仁玕在"法法类"中写道："设新闻馆以收民心公议，及各省郡县货价低昂、事势常变。上览之得以资治术，士览之得以识变通，商农览之得以通有无。昭法律，别善恶，励廉耻，表忠孝，皆借此以行其教也。教行则法著，法著则知恩，于以民相劝戒，才德日生，风俗日厚矣。"他认为，朝廷设立新闻机构，在于了解各地民心舆情，报道各地政治、经济的变化情况，既可以给朝廷制定政策提供依据，又可以教育民众，移风易俗，改变社会风气。

其二，"兴新闻官"收集全国新近发生的各种事实，"以资圣鉴"。洪仁玕还写道："兴各省新闻官，其官有职无权，性品诚实不阿者。官职不受众官节制，亦不节制众官，即赏罚亦不准众官褒贬。专收十八省及万方新闻篇有招牌图记者，以资圣鉴，则奸者股票存诚，忠者清心可表。于是一念之善，一念之恶，难逃人心公议矣。人岂有不善，世岂有不平哉！"这里，新闻官看起来级别不高，又无实权，但是，他们作为朝廷派出的、不受地方官员节制的大员，直接向天王报告各地官员的表现，在地方上往往很有威慑力。

其三，"准卖新闻篇或设暗柜"使"上下情通"。洪仁玕在"法法类"中还说："要自大至小，由上而下，权归于一，内外适均而敷于众也。又由众下而达于上位，则上下情通，中无壅塞弄弊者，莫善于准卖新闻篇或设暗柜也。"所谓"新闻"就是报纸，"暗柜"就相当于现在的检举箱。"有新闻篇以泄奸谋，纵有一切诡弊，难逃太阳之照矣。"在洪仁玕看来，如果有人搞阴谋削弱天王的集权领导，就用报纸加以公开揭露，发动人们写检举信加以揭发，使之无处藏身，从而达到"上下情通"、"权归于一"。

其四，新闻"只须实写，勿着一字浮文"。为了发展国家的新闻事业，洪仁玕还对担任新闻官的人选和新闻工作的要求作了一些具体规定：他要求新闻官须由"性品诚实不阿"的人担任；无论是报道新闻，还是向天王报告官员情况，都事关重大，必须真实，"只须实写，勿着一字浮文。倘有沉没书札银信及伪造新闻者，轻则罚，重则罪"。如果朝廷考察，有暂时没有落实的，就应注明"有某人来

说"、"未知是否"、"俟后报明"字样,则朝廷可以不加责问。

三、巩固中央集权是洪仁玕新闻思想的出发点

洪仁玕对新闻事业的构想,明显地体现了西方近代新闻思想和中国传统观念的结合。首先,重视舆论监督是洪氏新闻事业构想的核心。洪仁玕认为报纸可以"昭法律、别善恶、励廉耻、表忠孝",具有重要的社会舆论作用和教育作用。同时,他又主张新闻官具有相对独立性,不受众官管制,亦不管制众官。因为众官无权对新闻官"褒贬赏罚",新闻官直接对天王负责,就可保证言路的畅通。这种新闻机构,具有独立于行政体制之外的监察机构的某些属性。

其次,洪氏新闻事业构想的立足点是巩固太平天国的中央集权统治。太平天国后期内部分裂严重,政治上出现"人心改变,政事不一,各有异心"的政治离心状态。如何加强中央集权成为当务之急。"准卖新闻篇"的设想,就是为了能上情下达,下情上达,使中央政府制定的方针、政策和法令得以贯彻,以便能达到"权归于一"。

第三节 早期的民间办报活动及其遭遇

戈公振在《中国报学史》中说:"我国人自办之日报,开其先路者,实为《昭文新报》,《循环日报》次之,《汇报》、《新报》、《广报》又次之。"[①]王韬在《倡设新报小引》中也说:"我国民报之产生,当以同治十二年在汉口出版之《昭文新报》为最早。"[②]

一、汉口的《昭文新报》

《昭文新报》是国人自办的第一家近代报纸,1873 年 8 月 8 日由艾小梅创刊于汉口。该报实物至今未见,据比它早创刊一年的《申报》报道可知,这家报纸是仿香港、上海报纸的形式创办起来的,每日出一期,内容"奇闻轶事居多,间有诗词杂作"。因"人情未习",买报者少,销路不佳;两个月后改为每五日出一期,

---

① 戈公振:《中国报学史》,三联书店,1955 年版,第 119 页。
② 载 1874 年 2 月 5 日《循环日报》。

并装订成书,以便保存,销路仍不佳,经济上难以支撑,不到一年就停刊了。

二、上海的《汇报》与《新报》

《汇报》1874年6月16日由容闳发起创办于上海。容闳是中国最早的留美学生,广东香山县人,他与洋务派官僚和传教士都有密切关系,又主张改革。1871年,容闳被任命为赴美留学副监督员,他发起创办《汇报》时,正负责选送及管理留美学生的工作,旋即又赴美,基本没参与报务。

《汇报》每日出2张8页。行情、船期、广告占4页,新闻占4页。《汇报》注重论说,平均间隔一天都有一篇论说发表,提出富国强民主张。《汇报》的投资者皆为容闳的同乡,股东们怕文字惹祸,特聘请英国人葛理担任主笔;才出版不到三个月,股东们仍担心出事,干脆决定以葛理的名义办报,改名《彙报》,由管才叔任主笔;后因管理不善,于1875年7月改名《益报》,请朱莲才任主笔。《益报》无论是政治倾向,还是报纸业务,比起《汇报》都有倒退。年底朱莲才辞职,《益报》也就停刊了。

一年后,上海另一家国人办的报纸《新报》创刊了。《新报》1876年11月23日由在上海的"各省商帮"创办,起初采取中英文并排,以便吸引在华的外国读者,但是外国读者不多,第二年就取消英文。为了求生存,《新报》接受了上海道台冯焌光的资助,走上了官商合办的道路。《新报》声称:它为适应官商需要而出版,对于商务和来自北京的新闻以及与外交有关的新闻,将尽快刊登。因而国人称之为"官场新报",外人称之为"道台的嘴巴"。由于得到了官府的支持,《新报》的刊行比较顺利,1882年,新任道台不愿参与其事,《新报》在当年2月14日停刊。

三、广州的《述报》与《广报》

《述报》1884年4月18日创办于广州,是该地区有重大影响的中国人自办报纸,也是广州第一家中文日报。《述报》由广州海墨楼石印书局承印,创办人、编辑人均不可考。该报每日出四页一份,逢十休刊,零售价每份一分二厘。第一、二页为中外新闻,第三页选登翻译的西方各国书籍、文章的摘要,第四页是广告、商业行情和船期。《述报》比当时上海《申报》内容还要多,它刊登新闻图片也比《申报》要早;该报为中国最早的石印报纸,通讯工作也较健全,用电报传递消息,报上刊登的消息有国内外的多方来电、专电。

《述报》刊行一年后的4月3日,突然刊登一篇《本馆告白》,称"兹拟本月十九日起至廿一日止,停派三天,更定章程,增聘主笔,于廿二日重新派送"。但是不知出于何故,再也不见《述报》派送了。

一年后,1886年6月24日广州的第二家中文日报《广报》创刊了,创办人邝其照,先后担任主笔的有吴大猷、林翰瀛、肖竹朋、罗佩琼、劳宝胜、武子韬。《广报》在国内外许多地方发行。据《七十二行商报纪念刊》载:《广报》初办之时,"不及于政治"。1891年,"不及于政治"的《广报》因刊登某大员被参一折触犯了广东都督李小泉,被以"辩言乱政"及"妄谈时事,淆乱是非,胆大妄为"的罪名查封①。《广报》的查封可能是近代民族资产阶级报刊遭此厄运的第一例。

第四节 王韬与《循环日报》

第一批国人自办的民营近代报刊,在重重阻力面前惨淡经营。唯有王韬创办的《循环日报》如一枝出墙的红杏,盛开在南国,报道了中国资产阶级走上政治舞台的早春天气的来临。

在具体论及王韬和《循环日报》之前,我们有必要先辨析一下《香港华字日报》是否为国人自办中文报纸的问题。如上章所言,《香港华字日报》的前身是英文外报《德臣报》的中文版《中外新闻七日报》,1872年4月6日改为现名,独立发行,由原主笔陈蔼廷主持笔政,并在当日的《本馆告白》中说:"此新闻纸系唐人自设。"还说:"译撰遴选、命意措词,皆由唐人主持为之布置,而西人无预也。"后人仅根据第一句话断定该报为香港第一家国人自办中文报纸,但是看后面的话,说得很清楚,陈蔼廷的权限仅为编辑权,尚无产权、经营权,更无人事权,故它与由华人黄胜担任主编的《香港中外新报》一样,不能算一张完全的国人自办的报纸。而1874年5月16日刊载于《循环日报》的《中华印务总局告白》则说:"本局创设循环日报,所有资本及局内所有事物皆由我华人操权,非别处新闻纸馆可比。"稍后,王韬说得更明白:《香港华字日报》与《德臣报》"出自一家"。可见,王韬的《循环日报》才是香港第一家国人自办中文报纸。

一、在学习西方过程中裂变

王韬(1828—1897),原名利宾,字兰卿,1862年到香港后改名韬,字仲弢,又

---

① 参见方汉奇主编:《中国新闻事业通史》第1卷,中国人民大学出版社,1992年版,第484—485页。

字紫诠,江苏甫里人,中国近代史上早期的资产阶级改良主义思想家,也是中国著名报刊政论家,中国第一个成功报人,中国报刊政论时代的开拓者。

王韬一生经历曲折,境遇坎坷。在中国社会的转折时期,他也由一个封建落拓文人转变成为改良主义的报刊政论家。

王韬出身于书香门第,从小受儒家教育,18岁考秀才,以后考举人屡试不中。1849年,21岁的王韬受雇于英人麦都思开设的上海墨海书馆任编辑。这是他走向世界的起点。他在墨海书馆和麦都思、艾约瑟等外国传教士共事达13年之久。在此期间,王韬广读西书,广交西友,受到西方近代科学文化和思想意识的熏陶,思想上发生很大变化。王韬的青年时代,正处于两次鸦片战争和太平天国运动时期,在亡国危机和革命风暴面前,他主张救亡,但反对革命,因而他极力为挽救清王朝的统治而出谋划策,接二连三给江苏巡抚徐君青等人上书,主张仿效西方,实行某些改革。王韬的一系列"治国安邦"的建议虽然有些被采纳,但他本人并没有受到当局的青睐,他大有怀才不遇之感。1862年,发生了一件意外事件,成了王韬一生的转折点。这年2月,王韬由沪返故乡,探视母病,结识了太平天国苏福省(苏、常一带)的民政长官刘肇均,并受到器重,他认为可以施展抱负了,便于1862年2月4日化名黄畹给刘肇均写了一个条陈《上苏福省民务逢天义刘肇均书》,从战略上为天国谋划。条陈转给忠王李秀成,后忠王兵败,条陈落入清廷之手,于是清廷通缉王韬。这年10月4日,王韬化装从上海逃到香港,开始了长期的流亡生涯。这年他34岁。

不幸的遭遇反倒给了王韬一个放眼世界的机会。他在香港共生活了23年。起初,王韬应英华书院院长英国传教士理雅谷(James Legge)的邀请,将多种中国经典译成英文,1867年至1870年,理雅谷返国,王韬跟随他到欧洲,游历了英、法等国。在这次游历中,王韬接触了西方资本主义社会的实际,对它们的科学成就尤感兴趣,这对他封建观念的改变、改良思想的形成起了很大作用。回香港后,他集中主要精力,根据西方报刊提供的材料编译了长达14卷的《普法战纪》;1873年,又集资购买了英华书院的印刷设备,组织中华印务总局;1874年春天,在香港创办《循环日报》并获得很大成功。10年后,1884年4月,得到李鸿章的默许,王韬移家返沪,结束了流亡生涯。这年他56岁。

王韬晚年担任上海格致书院掌院(格致书院是我国第一所教授西方科学知识的学校),同时也常为《申报》撰稿。1897年69岁的王韬病逝于上海。

二、创办并主持《循环日报》

王韬是以早期改良主义思想家的身份开始他的办报活动的。他的办报活动主要是在香港期间创办和主编《循环日报》。

《循环日报》发刊于1874年1月5日,为大型日报,是中国报刊史上第一张以政论为主的报纸,也是早期资产阶级改良派宣传他们政治主张的重要阵地。《循环日报》初创时,新闻占三分之一的篇幅,用白报纸印刷;新闻版分"京报选录"、"羊城新闻"、"中外新闻"三栏;船期部分用土纸印刷。《循环日报》创刊后的头三年,由王韬亲任主编,1876年以后,由洪干甫代理,王韬"兼理报务"。

《循环日报》的创办宗旨为"强中以攘外,诹远以师长"①。就是说,要振兴中华,抵御外敌,就必须学习西方先进的科学文化知识。因而《循环日报》的命名也颇具含义,王韬自己说:"弱即强之机,强即弱之渐,此乃循环之道然也。"他盼望中国走变法自强之路,实现由弱变强之循环。

1874年2月12日该报上发表的《倡设日报小引》和《本局日报通告》,较为全面地论述了《循环日报》的办报思想。文章说,中国大弊在于"民情壅于上",新报的作用就在于"博采舆情",使上下通达,希望朝廷广泛听取百姓意见。同时,强调了学习西人和西学的重要性和紧迫性,称本报对西学将"广为翻译,备加汇罗,俾足以左中治、稔外情、详风俗、师技艺。其良法美意足以供我揣摩,地理民风足以资我见闻,则尤今日所急宜讲求者也"。

从创刊起,王韬便主持该报。起初几年,王韬对报务几乎是全力以赴,后来,激情有所减退,从1876年起,他把主笔的事交给了洪干甫,自己只负责定稿,而把主要精力用于编辑整理自己的著作。正如他在致唐景星的信中说:"今岁日报一役,已延洪干甫茂才代为捉刀,拟以闲中日月将生平著述略加编辑。"②1879年后,常为病困扰,渐生思乡之情;1882年后,王韬经常往返于香港和上海之间,直至1884年回沪定居。

因王韬把《循环日报》作为宣传改良主义的讲坛,这就决定了《循环日报》的最大特点是每天在头版的显著位置发表一篇论说,这些论说大部分都出自王韬的手笔。在主持《循环日报》十年期间,他用"遁窟废民"、"天南遁叟"、"弢园老民"、"欧西寓公"等笔名,在报上发表了大量的政论文章,系统地宣传他的政治改良思想,成为近代中国著名的报刊政论作家和中国报刊政论时代的开拓者。根据他历年在《循环日报》上发表的政论文章汇编出版的《弢园文录外编》是中国历史上第一本报刊政论文集。也有论者指出,由于当时在报上发表文章一般不署名,所以不能肯定王韬在《循环日报》发表的政论文章都收入《弢园文录外编》中了,也不能肯定《弢园文录外编》里的文章完全是在《循环日报》上发表的。

---

① 王韬:《上潘伟如中丞》,《弢园尺牍》,中华书局,1959年版,第206页。
② 王韬:《与唐景星司马》,《弢园尺牍》,中华书局,1959年版,第125页。

到底情况如何,待来者进一步研究。

三、首创中国报刊政论文体

王韬在主持《循环日报》笔政和从事报刊政论文的写作过程中,首创了中国近代报刊的政论文体。

王韬报刊政论在继承了我国古代杰出政论家的长处的基础上形成了自己的风格。其政论文有如下几个明显的特色。

其一,及时论述时政。王韬主编《循环日报》的十年间,国内外所发生的时政大事,他都一一加以论述,评价其措置,褒贬其得失,使报刊政论文章以战斗的姿态介入国内外政务大事之中,增强了报刊影响舆论的政治作用,提高了报刊的政治地位。其二,广泛的政论内容。王韬政论文的内容,既有国政大事、洋务外交,还有读书随感、新书序跋,不仅如此,他还将友人的送迎、学校的创办都作为政论文章的内容。其三,系统的中心思想。王韬的政论,每篇都各有主题,串联起来又形成系统的中心思想。王韬报刊政论文的中心思想是强调"变"。在《变法》一文中,他说:"知天下事,未有久而不变者也。"在《弢园文录外编·自序》中谈到:"自中外通商以来,天下之事繁变极矣。"但他的"变"是在维护封建君主专制制度的前提下的"变",是"练兵之法宜变"、"学校之虚文宜变"、"取士之法宜变"、"律例之繁文宜变"的小改小变,是"以格致"(自然科学)变陋习。这也是早期资产阶级改良思想的基本特点。其四,战斗的政论文风。王韬的政论文章问世后,即以战斗的文风,一扫统治文坛让人窒息的时文气息,使读者如闻韶乐,精神为之一振。王韬的政论文篇幅短小、内容集中、观点鲜明、文字浅显。选入《弢园文录外编》的187篇文章中,绝大部分在1 000字左右。据粗略统计,他的政论文章超过1 500字的,仅占所有政论文章的10%。他的文章很少引经据典,也无刻意雕琢,文字朴素,文意清晰。

王韬的报刊政论开创了一种新的报刊文体,即报刊政论文体。这一崭新文体的创立对刚刚出现不久的中国近代报刊意义重大。《循环日报》创刊初期,我国近代报刊正值萌发初期,新闻稀少,消息陈旧,通讯、特写还没问世,文艺副刊尚未形成,报刊版面呆板,新闻体裁单一,在这一片荒漠的原野上,报刊政论文体一创立,就如一匹初生的马驹,纵横驰骋,无拘无束,广涉各个领域,兴之所至,欣然成篇,使读者如坐春风之中,长期以来统治我国文坛的刻板空疏的"桐城派"文风为之一扫。王韬认为:"时势不同,文章亦因之而变。""时文不废,天下不治。"因此,他反对"泥古",反对"刻意模仿"和无病呻吟,反对陈腐的八股调和形式主义。他指出:"文章所贵,在乎纪事述情,自抒胸臆,俾人人知其命意之所在,而一如我怀之所欲吐,斯即佳文。"(《弢园文录外编·自序》)王韬的政论文体,立论鲜明,内容充实,言之有物,深入浅出,通俗易懂,境界开阔,而且富有感情,很有说服力。他的文章既继承了古代杰出政论家的优点,又有自己的独特风格,对当时的文坛和以后的维新派政论有很大影响。

四、提出"立言"的办报主张

王韬在《论日报渐行于中土》、《论各省会城宜设新报馆》、《上潘伟如中丞》等文章中,表达了他"立言"的办报主张。

王韬认为,办报的目的在"立言"。他在《上潘伟如中丞》中,诉说了自己的这一观点:"韬虽身在南天,而心乎北阙,每思熟刺外事,宣扬国威。日报立言,义切尊王,纪事载笔,悄殷敌忾。强中以攘外,诹远以师长,区区素志,如是而已。"①所谓"立言",就是议论朝政,宣传政治主张,"博采舆论"使"民情之向背,政治之得失"达于上,使朝廷"措置咸宜"(王韬《论各省会城宜设新报馆》)。

王韬认为,创办新报,"益者"很多。他在《论各省会城宜设新报馆》中列举了三条:"一曰知地方机宜也。雨旸之不时,盗贼之多寡,政事之利弊,民不尽报之州县,州县不尽报之上司,有新报则无不知之矣。二曰知讼狱之曲直也。禀辞出于状师,批语出于僚幕,成狱之词由于胥吏之填砌,则曲直易淆矣。若大案所关,命采访新报之人得入衙观审,尽录两造供词及榜掠之状,则虽不参论断,而州县不敢模糊矣。三曰辅教化之不及也。乡里下民不知法律,子诉其父,妇诉其姑,甚或骨肉乖离,友朋相诈,诪张为幻,寡廉鲜耻。而新报得据所闻,传语遐迩,俾其知所愧悔,似亦胜于间胥之觥挞矣。"第一条"知地方机宜",是讲报纸可以全国上下通畅;第二条"知讼狱之曲直",是讲报纸可以起监督作用;第三条"辅教化之不及",是讲报纸对民众有教化作用。

王韬认为,报纸的主编唯有秉公诚正、绝伦超群者才能胜任。他说:"西国之为日报主笔者,必精其选,非绝伦超群者,不得预其列。今日云蒸霞蔚,持论蜂起,无一不为庶人之清议。其立论一秉公平,其居心务期诚正。如英国之《泰晤士》,人仰之几如泰山北斗,国家有大事,皆视其所言以为准则,盖主笔所持衡,人心之所趋向也。"因此,对报纸的"秉笔之人不可不慎加遴选。其间或非通材,未免识小而遗大,然犹其细焉者也;至其挟私评人,自快其忿,则品斯下矣,士君子当摈之而不齿"。

王韬认为,报纸的文风应该是"直抒胸臆","辞达而已"。1883年王韬在自

---

① 王韬:《上潘伟如中丞》,《弢园尺牍》,中华书局,1959年版,第206页。

序其《弢园文录外编》时说:"今春身患风痹,几乎手足拘挛,杜门却扫,习静养疴,因取历年来存稿稍加厘次,授诸乎民。自愧言之无文,行而不远,要为有识之士所齿冷,惟念仲尼有云'辞达而已',知文章所贵在乎纪事述情,直抒胸臆,俾使人人知其命意之所在,而一如我怀之所欲吐,斯即佳文。"

王韬虽然亲自考察了西方的社会制度,了解了西方报纸发展的情况,但是他的办报思想很大程度上仍然植根于中国封建社会的"文人论政"传统,将新报比作封建朝廷的谏官。他在《论各省会城宜设新报馆》中说:"尧有直谏之鼓,舜有诽谤之木","郑人游乡校以议执政,而子产不毁。然则今之新报,抑亦乡校之遗意也"。

本章简论:爱国主义推动国人办报发轫

结合本章内容,作三点分析。

第一,"师夷制夷"是国人办报发轫之原因。

1840年鸦片战争失败,有几千年悠久历史的文明古国,暴露出种种落后腐朽的现象。正如马克思所说:"清王朝的声威一遇到不列颠的枪炮就扫地以尽,天朝帝国万世长存的迷信受了致命的打击,野蛮的、闭关自守的、与文明世界隔绝的状态被打破了。"(马克思《中国革命和欧洲革命》)19世纪末期,西方资本主义已经发展到帝国主义阶段,它们对中国的殖民侵略活动一天天加紧。1894年爆发的甲午海战失败,日本帝国主义迫使清朝政府签订了可耻的《马关条约》;接着是俄、德、法三国干涉还辽,各帝国主义疯狂地在中国展开划分势力范围的竞争,中国处于被瓜分的地位。正如列宁说的那样:"欧洲各国政府已经开始瓜分中国了……他们盗窃中国就像盗窃死人的财物一样,一旦这个假死人试图反抗,它们就像野兽一样猛扑到他身上。"[①]从洋务运动中刚刚诞生的中国民族资产阶级一睁开眼睛,看到的便是这一片内忧外患的景象。与此同时,西方资本主义文明随着殖民主义的文化侵略来到中国,似乎朝这个密封了几千年的铁罐头中吹进了一股清风。在华外报的纷纷创办,将西方的科学文化知识和民主政治介绍给中国,使一些原来只知之乎者也的读书人大开眼界,他们不仅对坚船利炮感兴趣,对声光化电感兴趣,对资产阶级的议会制度、民主政治、言论自由更感兴趣。这股民主思潮与抵御外侮的爱国主义思潮汇合之后,便孕育了最早向

---

① 列宁:《中国战争》,《火星报》第1号,1900年12月。

西方寻找救国真理的先驱者队伍。由于当时中国的民族资产阶级在经济上还十分薄弱,在政治上也没有成为一种完全独立的势力,加上时间关系,它一时还没有产生本阶级的知识分子队伍。中国最早向西方寻找救国真理的先驱队伍中的骨干力量是一些封建士大夫知识分子。他们在民族危亡面前觉悟起来了,在同西方文化的接触中,敏捷地接受了资产阶级思想,使他们在政治上早熟起来。

"师夷长技以制夷",成为一时的社会认同,创办近代新报,就是"师夷长技以制夷"在新闻领域的落实。第一批"睁眼看世界"的先进分子认为,中国要走富强之路,就必须改革;要改革,就必须办报纸,以作倡导。在他们看来,报纸是"国之利器",办报的目的不是为了牟利,而是为了"立言",宣传政治主张,为了广见闻,通时务,为了通民隐,达民情,为了惩恶扬善,辅助教化,为了批驳"夷言",捍卫民族尊严。所以,第一批创办新报的报人都具有深沉的民族责任感和强烈的爱国情怀;第一批国人创办的新报,也都不同程度地表现出一种中华民族固有的爱国主义精神。19世纪70年代,商业性报纸成为在华外报发展的主流,而几乎与此同时出现的国人自办新报没有沿着这条主流发展起来,而是走了另一条发展道路,即从政论报刊到政党报刊的道路。

第二,政治软弱、经济薄弱是早期国人办报悲惨遭遇的原因。

虽然,在19世纪60年代后,中国民族资本主义有所发展,但是民族工商业仍然十分微弱,中国资产阶级在经济上还十分薄弱,还未能为报刊的生存与发展提供足够的条件,办报并不一定有利可图,营利性的报纸很难生存。同时,政治环境更差,中国封建统治从来都是蔑视人民"知"的权利和"言"的自由,将其视作统治者的专利,在清廷统辖下的中国,国人没有任何言论出版自由,鸦片战争以后,清政府对出版业施行"禁止华人而听西方开设"的政策(郑观应《盛世危言·日报》),中国人办报毫无法律保障,只要当地官员稍有不满意,就可任意将其封闭。

政治软弱和经济薄弱,导致国人办报走曲折之道路。诚如前文所言,国人创办的第一批近代报纸经济上不能完全独立,单纯依靠经营很难立足,汉口《昭文新报》创办不久即因经济原因而停刊。经济上的薄弱也就导致了政治上的软弱。不仅清朝政府可任意查封报纸,就连外国殖民者也借助其在租界的特权压迫中国人办报。《岭南日报》不过因在稿件中称外国人为"夷",便被英国租界当局将其逐出沙面。因而,国人办的报纸走的是一条畸形发展的道路,早期的办报者一方面要办报,一方面又顾虑重重,为了生存,被迫作出多种让步式的努力。

一是寻求官方庇护。中国人在内地办的报纸,都要与官方拉关系,或找官员作政治后台,或由官员直接参与创办,否则报纸便难以立足。如上海《新报》的情况。

一是"挂洋旗"作掩护。寻找一洋人作为名义上的主持人，以求取得治外法权的保护，逃避清廷的压迫。如上海《汇报》的情况。

一是迁入租界出版。根据不平等条约所赋予的特权，租界为清廷势力所不及。为了躲避清廷迫害，一些报馆便入租界出版。如广州的《广报》被查封后，就改名《中西日报》迁入沙面租界出版，官府则无可奈何。

中国国人办报的畸形发展，在世界上是罕见的。

第三，《循环日报》成功得益于香港的特殊环境。

一个奇怪的现象是，当时国人在内地创办的报刊一个个命运不佳，而王韬创办的《循环日报》却在殖民地的香港出版发行，取得了很大的成功。王韬创办《循环日报》，不仅报纸事业获得成功，而且以之作讲坛，很好地宣传了自己的改良主张。

《循环日报》的成功与主办人王韬的才识是分不开的，但比较这一时期国人在内地办的报刊，不可否认，香港的办报环境则是《循环日报》成功的关键因素。

1842年，清廷把香港割让给英国。港英政府一开始就在香港实行自由贸易政策，准许世界各地的商船和人员自由往来，使香港成为自由港。香港不仅是中英贸易的基地，而且成为远东地区货物交易的中心。相对稳定的居住环境以及自由开放的政策，推动香港人口较快增长。据统计，香港在被占领前，人口为2 000人，1842年增长到2万人，1895年，香港人口近25万人。繁荣的商业和较宽松的政治环境，是《循环日报》得以生存和发展的基础。

同时，香港的政治环境相对宽松，当时在那里办报享受着比内地大得多的新闻自由。当然，这种新闻自由也是有前提和限制的，即只要不发表对英国殖民统治者的不利言论，港英当局都不会干预。一定历史条件下的新闻言论自由是报纸获得成功的不可或缺的重要前提。

第四章

维新运动与政治家办报开端

本 章 概 要

　　甲午战败,宣告洋务运动破产,促使国人救亡图存的爱国热潮空前高涨。以此为契机,变法维新思想很快在中上层官吏和众多士大夫中得到广泛传播,变法维新运动逐渐达到高潮。资产阶级维新派十分重视报刊宣传工作。康有为1895年上书光绪皇帝,提出若干变法主张,其中第四条就是谈办报问题。他说:"四曰设报达聪。……中国百弊,皆由蔽隔,解弊之方,莫良于是。"①在康有为看来,中国百弊丛生的原因是蔽隔阻塞,消息不灵,要解除弊病,最好的办法就是办报、译报。当年6月,康有为与梁启超等在北京商讨办报问题。康有为认为,要开通风气,"非合大群不可",而要合大群,"非开会不可"(《康有为自编年谱》)。他说的开会,指组织团体。梁启超则认为,要想开会,"非有报馆不可。报馆之议论既溃于人心,则风气之成不远矣"②。积极主张变法的维新派官员、户部郎中陈炽也认为:"办事有先后,当以报先通其耳目,而后可举会。"因此,"设报达聪"成了维新运动的基本方式。

　　在维新运动的推动下,国人办报出现热潮。据不完全统计,从1895年到1898年,全国出版的中文报刊有120种。其中80%左右是中国人自办的。而国人自办报刊中,又以资产阶级维新派以及与它有联系的社会力量创办的报刊,数量最多,影响最大。这些报刊的出版地区遍及全国沿海和内陆的很多城市,它积极推动了维新运动的发展,打破了外报在华出版的优势,成为中国社会舆论的一支主要力量。

---

① 《康有为政论集》上,中华书局,1981年版,第159页。
② 《梁启超年谱长编》,上海人民出版社,1983年版,第40页。

与维新运动的开展相应,维新派在维新时期的报刊活动以 1896 年 8 月为界分为前后两个阶段:前一个阶段,从 1895 年 8 月到 1896 年 8 月。维新派通过办报进行维新运动的发动和准备,使统治阶级的上层对维新变法的主张从知之甚少到知之渐多,由敌视到同情甚至支持。这一阶段,维新派报刊主要有《中外纪闻》、《强学报》。后一个阶段,从 1896 年 8 月到 1898 年 9 月。维新运动已形成高潮,维新派将办报作为组织运动、领导运动、指导运动的主要手段。这一阶段维新派的报刊主要以上海、天津、长沙为中心,在上海有《时务报》,在天津有《国闻报》,在长沙有《湘学报》、《湘报》。在广州、香港、澳门、成都、重庆、福州、桂林等地也都办有维新派的报刊。

在这次办报热潮中,不仅出现了一大批有影响的报刊,而且涌现出一批杰出的维新报人,他们不仅热情地从事报刊实际工作,而且对新闻思想的发展作出了贡献,这些思想对中国新闻事业的发展产生过深刻的影响。

在这次办报热潮之后,还有一种报纸,那就是戊戌政变后的新式官报。从某种意义上看,新式官报也是"变法"的产物。在经历了甲午战败、庚子赔款的重创后,以慈禧为首的封建顽固势力镇压了维新运动,但也不得不扯起"变法"旗号,于 1901 年 1 月宣布筹办"新政"。随着"新政"的推行,新式官报很快兴办起来。新式官报以 1907 年为界,分为两个阶段:之前是地方官报的创办,《湖南官报》、《江西官报》和《北洋官报》首先破土;之后是中央官报的创刊,1906 年,清廷宣布"预备立宪",次年中央政府官报《政治官报》正式创刊。除了综合性的官报外,中央和地方政府部门还出版了许多专业性官报,如《商务官报》、《学部官报》、《交通官报》等。总之,清末十年间,全国出版的官报,总数达百种以上,形成了一个从中央到地方的官报体系。

第一节 康有为的办报活动与办报思想

一、康有为与"公车上书"

康有为(1858—1927),原名祖诒,字广厦,号长素,广东南海人,出身于世代官宦之家。康有为早年即博通经史,并经常翻阅"邸报",熟知朝政时事。但他在科举考试的道路上却充满曲折,"六试不售",对科举心灰意冷。1879 年和 1882 年,康有为分别游历香港和上海,看到这两个城市经济繁荣,街道整洁,社会治安良好,深感"西人治国有法度"。于是广收西学书籍和报刊学习之,尤其是广学会的《万国公报》对他的影响最大。1888年,31岁的康有为自以为学贯中西,可以大有一番作为了,于是到北京应顺天乡试,结果又一次落榜,心中十分苦闷。一人登长城,放眼远眺,大好河山落入外人之手,而朝廷腐败,听任宰割,他痛心疾首,回海南后,写了《上清帝第一书》,提出变法建议。1891年,康有为开始在广州创办万木草堂,收徒讲学,讲授今文经学,致力于变法研究。在这里,他培养了众多弟子,其中有梁启超、徐勤、麦孟华、何树龄、欧榘甲、罗孝高等数十人,后来都成了维新运动骨干和著名报人。1893年,36岁的康有为终于在广州考取举人。1895年4月,康有为与梁启超一道赴北京参加会试。此时,正值清政府在日本的胁迫下签订了丧权辱国的《马关条约》,日本要求中国割让台湾、辽南,赔款两亿两白银。消息传开,举国震惊,参加会试的举子们更是群情激愤,纷纷上书反对签约。康有为利用这一形势,联合各省举人,举行了一次大规模的请愿活动。他利用一日一夜时间,起草了一封长达14 000多字的《上清帝第二书》,在上面署名的有16省应试举人603人,这就是闻名中外的"公车上书"。从此,康有为以政治家的身份,活跃在中国的政治舞台上,办报是他政治活动的重要组成部分。

二、卓有成效的办报活动

维新时期,康有为进行了一系列卓有成效的办报活动,主要是筹备、创办《中外纪闻》和《强学报》。

《中外纪闻》原名《万国公报》,是维新派在国内出版的第一家政治报纸,1895年8月17日由康有为在北京创刊,因广学会机关报《万国公报》在中国士大夫阶层有很大影响,故康有为将自己的报纸也叫《万国公报》。

《万国公报》由梁启超和康有为另一弟子麦孟华负责编辑。报纸每隔一天出版一期,委托京报房用木版印刷,主要对象是在京的官员,发行的办法是随《京报》免费赠送。《万国公报》主要围绕"公车上书"的主旨进行宣传,其内容分上谕、外电、各报选录、译报、评论等,主要论述富国强兵之道、振兴国家之策、教民新民之法,阐述了救亡图存的变法主张,在官员中产生了很大影响。正如康有为所说:"报开两月,舆论渐明,初则骇之,继亦渐知新法之益。"(《康有为自编年谱》)不少官员通过阅读《中外纪闻》,对维新运动采取支持态度。

1895年11月,康有为在北京发起成立维新派的政治组织"强学会"。由于广学会的李提摩太抗议,《万国公报》从此更名为《中外纪闻》,作为强学会的机关报。此为中国政党报纸的萌芽。

《中外纪闻》1895年12月16日正式出版,由梁启超和汪大燮主持编务。

《中外纪闻》的内容比《万国公报》丰富,"首恭录阁抄,次全录英国路透社电报,次择译外国各报,如《泰晤士报》、《水陆军报》等类,次择录各省新报,如《直报》、《沪报》、《申报》、《新闻报》、《汉报》、《循环报》、《维新报》、《岭南报》、《中西报》等类,次译印西国格致有用诸书,次附论说"①。不但内容丰富,编辑业务、经营业务也都有改进。规定《中外纪闻》上采用的各国各省日报上的文章,一定标明出处,条条有根据。《中外纪闻》每两日出版一期,每月出版 15 期,月底取回,装订成册,以便保管。与《万国公报》免费赠阅不同,《中外纪闻》为购阅,规定京中购阅《中外纪闻》者,每月收银 3 钱,京外购阅者,除报费外,另按路程远近,酌加寄费。

1895 年 11 月,康有为从北京南下到上海。同年 12 月,在黄遵宪、梁鼎芬、龙泽厚等维新党人的协助和张之洞的资助下创设了强学会上海分会,并于 1896 年 1 月 12 日创办了机关报《强学报》。为了加强工作,康有为从广东急调他的两个弟子徐勤、何树龄来上海主持编务。

《强学报》为铅字排印,五日刊,装订成册,上海强学分会书局发行。初期的发行办法亦为免费赠送。创刊号上刊登的《本局告白》说:"现当开创之始,专以发明强学之意为主。派送各处,不取分文,一月以后,乃收报费。"

比起《中外纪闻》来,《强学报》的政治态度更激进。创刊号的封面上注明本报创刊于"孔子卒后二千三百七十三年",并将这个日期置于"光绪二十一年"之前,并发表《孔子纪年说》,这表明了康有为当时"托古改制"的政治立场。在这种思想指导下,《强学报》发表了一系列阐述维新变法的文章。

强学会的活动和《中外纪闻》及《强学报》的宣传,引起了封建顽固派的恐惧和仇恨,纷纷上书弹劾,诬陷强学会及其报刊蛊惑人心,图谋不轨。光绪皇帝在慈禧太后的高压下,于 1896 年 1 月 20 日下令封闭强学会,《中外纪闻》与《强学报》分别于 1 月 6 日和 1 月 25 日被迫停刊。《强学报》仅存在 14 天,出版了 3 期,现存 2 期。

三、"设报达聪"思想的提出

"公车上书"后不久,会试发榜,康有为考中进士,授工部主事之职。康有为便以此职身份接连上书,即《上清帝第三书》和《上清帝第四书》。在这些上书中,康有为提出了一系列"变法"主张和建议。在《第二书》(公车上书)和《第四书》中,还专门提出了"开报馆"和"设报达聪"的建议。

---

① 转引自陈玉申:《晚清报业史》,山东画报出版社,2003 年版,第 75 页。

在《第二书》中,康有为写道:"《周官》诵方、训方,皆考四方之慝;《诗》《国风》《小雅》,欲知民俗之情。近开报馆,名曰新闻,政俗备存,文学兼述;小之可观物价,琐之可见土风。清议时存,等于乡校;见闻日辟,可通时务。外国农业、天文、地质、教会、政律、格致、武备各有专门,以为新报,尤足以开拓心思,发越聪明,与铁路开通,实相表里。宜纵民开设,并加奖劝,庶裨政教。"这里,康有为不仅借中国古代历史论述了新报的作用,而且建议朝廷应鼓励民众办报。

1895年6月30日,康有为又在《上清帝第四书》中进一步提出了"设报达聪"及翻译外报的建议。"……四曰设报达聪。《周官》训方、诵方,掌诵方慝方志,庶周知天下,意美法良。宜令直省要郡各开报馆,州县乡镇亦令续开,日、月进呈。并备数十副本发各衙门公览,虽乡校或非宵旰寡暇,而民隐咸达,官慝皆知。中国百弊,皆由蔽隔,解蔽之方,莫良于是。至外国新报,能言国政。今日要事,在知敌情。通使各国,著名佳报,咸宜购取其最著而有用者,莫如英之泰晤士、美之滴森,令总署派人每日译其政艺,以备乙览,并多印副本,随邸报同发,俾百僚咸通悉敌情,皇上可周知四海。"①

康有为认为,办报之所以能起到"达聪"之目的,在于它能达民隐,表达民心民情;能解蔽隔,上下通畅,政通人和;能通敌情,外情内达,知己知彼;能使皇上知四海,察世俗,耳聪目明。

第二节　梁启超维新时期的办报活动与办报思想

一、关心国事的梁启超

梁启超(1873—1929),字卓如,号任公,别署饮冰室主人、少年中国之少年、新民子等,广东新会人,维新派的主要领导人之一,维新运动出色的政治宣传家,中国近代新闻事业史上的丰碑式人物。他不但是一个杰出的报刊活动家,而且是一个深刻的新闻思想家。戈公振评价他说:"我国报馆的崛起,一切思想的发达,皆由先生启其端。"(戈公振《新闻学撮要》插页)

梁启超自小勤奋读书,聪颖过人,"八岁学为文,九岁能缀千言",12岁中秀才,16岁中举人,1890年年仅17岁的梁启超上京会试,落榜,南归途中,路经上海,购得多种西书,读之,思想为之震慑,从此向往西学。回广州,经人介绍,得见

---

① 康有为:《上清帝第四书》,《戊戌变法》(二),神州国光社,1953年版,第185页。

康有为,为康的维新思想所倾倒,遂拜康为师,向康学习今文经学。

1894年21岁的梁启超跟随康有为再次赴京会试,从此开始了他的社会政治活动。从1895年到1898年,梁启超作为康有为的第一助手,以满腔热情发起并领导维新运动,创办维新报刊,指导维新运动,在全国产生了巨大影响,"自通都大邑,下至僻壤穷陬,无不知有新会梁氏者"(胡思敬《戊戌履霜录》)。

1898年9月21日,慈禧发动政变。梁启超同康有为一道逃往日本,继续创办报刊宣传他们的政治主张,并作为保皇派的主将,同资产阶级革命派展开了报刊大论战。这个时期,梁启超精力最旺盛,写的文章最多,名声也最大。他的思想和文章在舆论界影响颇大,有人称这时期的梁启超为"舆论之骄子,天纵之文豪"(吴其昌《梁启超》)。

辛亥革命之后,1912年11月,梁启超跟袁世凯在政治上取得默契,结束了流亡生涯,回到阔别14年的北京。梁启超回国之后,很快卷入民国初年的政党斗争,于1913年组织进步党并成为其领袖,和国民党对抗,为袁世凯张目。1914年,曾任熊希龄内阁司法总长数月。1915年初,袁世凯帝制自为的阴谋暴露在光天化日之下,梁启超深感愤怒和失望,特撰反对袁世凯复辟帝制的文章《异哉所谓国体问题者》予以痛击。1917年,曾一度出任段祺瑞内阁财政总长,不久彻底离开北洋政府,结束了他的政治生涯。第二年游历欧洲。1920年回国后,任清华研究院导师,并任南开高校教授,同时改组研究系刊物《解放与改造》,定名《改造》,担任主编。1929年梁启超因积劳成疾,溘然长逝,终年才56岁。

综观梁启超的一生,他既是一位政治活动家、报刊政论家、报人,又是一名学者。报刊活动伴随了他一辈子。1920年之前,梁启超以政治家的身份从事报刊活动;1920年之后,以学者的身份从事报刊活动。

作为政治家的梁启超,他参与的每一场政治运动(维新运动、保皇运动、进步党活动)几乎都以失败告终,而他创办和主编的每一家报刊几乎都取得成功,都产生了重大影响。

作为报人,梁启超有着丰富的报刊活动,从1895年开始办报到1922年停止报刊活动,一共27年。27年中,他亲自创办、主编报刊有11种,这在中国新闻史上是罕见的;作为报刊政论家,他在报刊上发表的政论文章影响了一代人。

二、维新时期的报刊活动

维新时期,是梁启超的成名期。在此期间,梁启超除主编过《中外纪闻》外,还参与创办并主编《时务报》,"遥领"过《知新报》,竭力赞助过《湘报》、《湘学报》的出版,还支持过《农学会报》、《蒙学报》、《萃报》等的创办活动,或为其作序,或为其写叙例。据统计,当时全国 50 家维新派报刊至少有 10 多家与梁启超有过联系。下面仅就梁启超在《时务报》、《知新报》的工作进行论述。

（一）参与筹办并主编《时务报》

《时务报》1896 年 8 月 9 日创刊于上海,旬刊,书本式,每期 20 余页,约三四万字,从创刊到停刊,共出 69 期。《时务报》为同人报,由于鲜明的政治态度和新颖的政论文章,成为维新运动的一面旗帜,也是国人办报热潮中最有影响的一家报纸。主编梁启超,总经理汪康年。

关于《时务报》的筹备情况,汪康年和梁启超各执一词,学界也是看法不一,聚讼纷纭。汪康年在《国闻报》上刊登《汪康年启事》说:"康年于丙申秋创办《时务报》,延请新会梁卓如孝廉为主笔。至今二年。"这表明,汪康年是创办者,是老板,而梁启超是被汪康年聘请来当主笔的。关于创办《时务报》的起因,汪康年接着说:甲午战败后,国家深受大辱,士大夫们纷纷寻求救国之策,"以图自强而洗大耻者。丙申春,康年与诸人同议,知非广译东西文各报,无以通比己之邮；非指陈利病,辨别同异,无以酌新旧之中,乃议设时务报馆于上海"。关于为什么聘邀梁启超,汪康年说:"时梁卓如孝廉方留滞京邸,致书康年,有公如设报馆某当惟命是遵之语。乃发电信,延来报馆,专司论说。"这就是说,梁启超是在央求的情况下才被延聘来专写论说的。关于办报经费,汪康年说:"馆中经费,全赖集资",并列举了所有经费来源①。

针对《汪康年启事》中的说法,梁启超专门撰写《创办时务报原委记》加以驳斥道:"本日在《国闻报》中见有汪君穰卿告白云:'康年于丙申秋创办《时务报》,延请新会梁卓如孝廉为主笔'等语,阅之,不胜骇诧。"针对汪康年所谓自己创办《时务报》的说法,梁启超说:"所谓创办者何：一曰筹款,二曰出力而已。"指出,《时务报》的款项乃原《强学报》余款,另有几项捐资。至于出力,梁启超认为,《时务报》筹备工作主要是黄遵宪、梁启超和汪康年三人共同出力,尤以黄遵宪最甚。"同乡黄公度京卿遵宪适在沪。公度固强学会同事之人,愤学会之停散,谋再振之,亦以报馆为倡始。于是与穰卿启超三人,日夜谋议此事。"从"捐款"、拟订"创刊公启"到与外界"所立合同"、"劝捐"、"派报"等,"亦均公度之力"。

黄遵宪对于《时务报》的创办,也有自己的说法。1898 年 8 月 17 日刊登在《国闻报》上《黄遵宪等五人告白》说:"丙申五月,遵宪、德潇与邹君殿书,汪君穰卿、梁君卓如同创《时务报》于上海,因强学会余款开办,遵宪首捐千金为倡,当推汪君驻馆办事,梁君为主笔。"

看来,梁启超和黄遵宪的说法,比较合乎实际。实际情况是,1896 年春,强

---

① 见戈公振:《中国报学史》,三联书店,1956 年版,第 133 页。

学会机关报《中外纪闻》和《强学报》因宣传变法维新思想而招致顽固派封杀,从新加坡外交总领事任上回国的黄遵宪在湖北洋务局任职,"愤学会之停散,谋再振之,欲以报馆为倡"。《强学报》查封时,黄遵宪正好在上海。汪康年本人早有维新思想,也"有志于报",强学会成立时,康有为邀其到上海主持会务。强学会被查封后,黄遵宪找到汪康年,商量可否以强学会余款另办新报,并自己首先捐款1 000元。二人皆以为,梁启超主持新报编务最为合适。此时的梁启超因《中外纪闻》的封杀正躲避在北京的一所寺庙,办报之意犹存,接到黄、汪邀请,欣然赴沪,与黄、汪共同主持《时务报》筹办事宜。

除了这些,关于把《时务报》办成一个什么样的刊物,汪康年和梁启超之间也存在分歧。汪康年以为报纸应取谨慎态度,政论易于乱人,主张少发论说,把《时务报》办成"以广译西报为主"的日刊,准备完全办成"译报",而且报名也拟为《译报》①。梁启超态度激进,认为既言维新,就要抒发言论。而且认为既然要他当主笔,他就要发表议论,才能名副其实,进而认为《译报》之名"不足倾动人",建议改为《时务报》②。黄遵宪考虑到以前强学会"太过恢张"而遭封禁,居间调和汪、梁二人的意见,结果报名改为《时务报》,以译文为主,但是增加论说。《时务报》既设言论,又以大幅刊载西文译报。内容首为论说,依次是《谕旨恭录》、《奏折录要》、《京外近事》和《域外报译》。其中,《域外译报》后又分成西文、东文、法文译报,占全刊的一半以上。

这场争论埋下了一年之后梁、汪决裂的伏笔,这是后话。

虽然汪康年和梁启超他们两人各有说法,但是还是可以看出,《时务报》的事业为强学会事业的继续;该报虽由黄遵宪、吴德潇、邹凌翰、汪康年、梁启超五人发起创办,但以黄遵宪、汪康年、梁启超三人出力最多。1896年8月9日(光绪二十二年七月初一)《时务报》创刊,汪康年为经理,梁启超主持编务,并负责撰写政论。黄遵宪调赴北京。

(二) 主持《时务报》编务,并撰写论说

《时务报》一创刊,便以其犀利的思想和虎虎生气赢得人心,朝野为之掀动。在报刊内容的充实和质量提高方面,梁启超作出最大贡献,他的妙笔生花,使得《时务报》名声大噪,风行全国,很快成为中国第一大报,为变法运动的发展做出重要贡献。

梁启超执笔写的《论设立时务报宗旨》说,面对马关条约的奇耻大辱,国人大多麻木不仁,或"不知",或"不悉",仿佛与己无关,这种状况是"上下之壅蔽"

---

① 《陶在铭致汪康年》,《汪康年师友书札》(二),上海古籍出版社,1986年版,第2099页。
② 《张元济致汪康年》,《汪康年师友书札》(二),上海古籍出版社,1986年版,第1676页。

所造成的。出版新报,"能通消息,联气类,宣上德,达下情。内之情形暴之外,外之情形告之内。在事者,得恳艰苦于人;僻处之士,不出户庭能知全球之事"。国人阅读新报,了解世事,去壅蔽,开顽固,从而奋起救国,就像"隆冬始春,百草枯槁,蛰虫咸俯,震雷一击,而蛰者起,枯者苣"①。可见,《时务报》以宣传维新变法、救亡图存为宗旨。这一宗旨的实现,主要体现在主持编务和撰写论说的梁启超的工作中。

梁启超在《时务报》上发了大量鼓吹维新变法的文章。他的文章见解新颖,文字平易流畅又富于感情,在读者中影响极大。这一时期的代表作有《变法通议》、《论报馆有益于国事》等。《变法通议》是梁启超在《时务报》上发表的第一篇鼓吹维新变法的文章,也是最重要的一篇文章。全文共分13节,6万余言,从创刊号登起,在报上连载20余期(1—8,10,15—19,23,25,27,29,33,36,39,43),比较系统地阐述了他的变法主张。他说,中国已面临覆灭的边缘,情况已到了变亦变、不变亦变的地步,与其被人变,不如自己主动变,实行变法,才能挽救国家危亡。他还认为:"变法之本,在育人才;人才之兴,在开学校;学校之立,在废科举;而一切要其大成,在变官制。"他把变法维新的希望寄托在改革教育制度和改变官制上。在《变法通议》中,梁启超还提出了发展民族资本主义的主张。此外,梁启超在《时务报》上发表的政论文还有《论中国积弱由于防弊》、《论中国之将强》、《论军政民政相嬗之理》等。这些文章立论新颖,论说有力,令世人警醒!

除了撰写论说之外,梁启超还要承担繁重的编务。《时务报》创刊后的头半年内编辑工作主要由梁启超一人负责。23岁的梁启超以巨大的热情主编《时务报》,每期除自撰4 000余字的论说外,还要给2万多字的译文作文字润色,编排全部奏牍告白,校阅全部稿件。时值盛署,"洋蜡皆变流质",而他"独居一小楼上,挥汗执笔,日不遑食,夜不遑息"(梁启超《创办时务报原委》)。直到1896年冬,才陆续约请徐勤、麦孟华等人来参加编辑工作。

《时务报》在梁启超主编期间,成了维新派的宣传机关和联络机关,它和广大读者保持了密切的联系,受到了广大读者的欢迎和爱护,当报纸经费发生困难时,不少读者解囊相助,帮助报纸渡过难关。《时务报》在各界人士中产生了很大影响,不少开明官吏通令所属机关订阅《时务报》,还有些维新派的教育工作者,也鼓动学生阅读《时务报》,因此,该报最高销售量达17 000份,是当时国内发行量最高的一份报纸。正如梁启超自己所说:《时务报》出版后,"一时风靡海内,数月之间,销行至万余份,为中国有报以来所未有。举国趋之,如饮狂泉"

---

① 转引自戈公振:《中国报学史》,三联书店,1955年版,第147—148页。

(《清议报》第 1 期)。

1897年10月,梁启超因与汪康年的矛盾激化,负气离沪到长沙,任时务学堂总教习,梁、汪关系从此决裂,自第55期后,《时务报》上就不再有梁启超的文章了。

(三)遥领《知新报》编务

《知新报》是维新派在华南的重要舆论阵地。它在康有为的亲自领导下于1897年2月22日在澳门创刊。何廷光任经理,康广仁主持编务。梁启超也参与该报的筹备工作,并为该报撰文。该报初创时名《广时务报》,含"推广时务报"和"广东时务报"两重意思,后为避免与《时务报》重名而改为《知新报》。先是五日刊,后改为周刊、半月刊。

《知新报》与《时务报》的编辑方针是一致的。《知新报》第一期刊登的《知新报缘起》说:"报者,天下之枢铃,万民之喉舌也。得之则通,通之则明,明之则勇,勇之则强,强则政举而国立,敬修而民智。"它与《时务报》南北呼应,相互配合,从不同的角度大力宣传维新派的主张。梁启超在《知新报序例》中说,前些时,新报上都设有"西国近事"、"格致汇编"这样的栏目,所刊登的文章对国人思想开放有很大好处,可惜近来"中止"了,真令人可惜。因此他要求《知新报》在"译录西国政事"外,还应广为刊登西国"格致之学",以补内地维新报刊之不足。康广仁对此十分赞成,他认为,今日办新报,就是要像办学校一样,大力传播各种科学知识,开启民众的"智识"。在这种思想指导下,《知新报》办得很有特色,除了一般宣传维新变法外,还重点传播西学和西方科技知识。同时,由于《知新报》在澳门出版,为清廷势力所不及,因而言论更为大胆。戊戌政变后,《知新报》连续刊登《北京要事汇闻》报道政变经过,评说政变性质。随后,又陆续发表文章,歌颂为变法献身的死难者,驳斥顽固派攻击变法的谬论。

在各地维新派所办报刊被查封殆尽的情况下,唯独《知新报》幸存下来,继续出版到1901年1月才自动停刊,共出了133期。

三、时务文体问世

为了宣传维新变法,梁启超此时改革和发展了王韬的报刊政论文体,并形成了自己的风格。王韬的报刊政论文虽然较桐城文体通俗易懂,但仍属于文言文的范畴,梁启超及此时的维新派人士在报刊写作上从根本上突破了文言文写作框框,开创一种通俗、自由、新颖的报刊政论文体。这一前所未有的"新文体"被时人称为"报章体"或"时务文体",成为其他维新派报刊撰文的楷模。

梁启超在《清代学术概论》中说:"启超夙不喜桐城派古文,幼年为文,学晚汉魏晋,颇尚矜炼,至是自解放,务为平易畅达,时杂以俚语、韵语及外国语法,纵笔所至不检束,学者竞效之,号新文体,老辈则痛恨,诋为野狐。然其文条理明晰,笔锋常带情感,对于读者,别有一种魔力焉。"

这段文字,概括出"时务文体"的四个基本特点。

其一,文体解放——"纵笔所至,略不检束"。即打破写作上的清规戒律,打破桐城派古文的"义法"、"家法",打破古文、时文、散文、骈文的框框界限,实行文体大解放,无拘无束,灵活自由,想怎么写就怎么写。所以梁启超的文章写得恣意奔放、酣畅淋漓。

其二,文风自由——"平易畅达,时杂以俚语、韵语及外国语法"。因为维新派的文章是为"开民智"而作,故应"平易畅达"、"浅显易懂"。梁启超认为,所谓"平易畅达",就是用浅近文字,时杂以俚语、韵语来论证问题;用比喻深入浅出地说明道理;骈散结合,善用排比以烘托气氛;引用西方科学知识和外国词汇等。这样的文章,既文字通俗,又道理明白。

其三,结构清晰——"条理明晰",逻辑性强。梁启超的文章看似纵笔所至,无拘无束,实际上有一种潜在的逻辑力量,读者随着他的思路读下去,就会在不知不觉中被他说服。

其四,情感充沛——"笔锋常带感情"。梁启超的文章感情充沛,富于煽动性,"灼然如炽火,热情如沸水,猛烈如飞瀑,奔腾如驰马",感人至深。这也是他的文章最能打动读者之所在。

梁启超的时务文体曾风靡一时,连梁启超自己也说"学者竞效之","对于读者别有一种魔力"。"时务文体"是适应在新形势下宣传维新变法思想,抨击封建顽固势力,动员更多的人拥护支持维新变法运动的需要而产生的。"文体"解放,首先是思想解放;解放文体,是为了更好地解放思想,维新派要解决"时务"问题,所以才创造出"时务文体"。所谓"时务文体"实质上就是论述"时务"(现实中急需解决的问题)的文体,也可以说,"时务文体"是中国资产阶级维新变法运动的产物。

四、"耳目喉舌"论的提出

(一)梁启超对"耳目喉舌"论的集成

应该说,维新时期的维新报人,在论述新报作用时,都不同程度地提到过"耳目喉舌"的问题,可以说,"耳目喉舌"论是维新人士的共识,梁启超只不过是一个集大成者。

1896年8月9日,在《时务报》第1期上,梁启超发表了他报刊思想的处女作《论报馆有益于国事》。在这篇文章中,梁启超集中论述了"耳目喉舌"论的报刊思想,代表了维新时期维新派报刊思想的最高水平。

梁启超在《论报馆有益于国事》中首先说:"觇国之强弱,则于其通塞而已。"并指出,中国受侮数十年,原因就在于"不通"。把"通塞"与否提到事关国家强弱的高度,为报馆的重要性的提出作铺垫。

接着说:"去塞求通,厥道非一,而报馆其导端也。"中心论点:报馆是去塞求通诸途径中最好的途径。为什么这样说呢? 文章分析道:"无耳目、无喉舌,是曰废疾。今夫万国并立,犹比邻也。齐州以内,犹同室也。比邻之事而吾不知,甚乃同室所为不相闻问,则有耳目而无耳目;上有所措置不能喻之民,下有所苦患不能告之君,则有喉舌而无喉舌;其有助耳目喉舌之用而起天下之废疾者,则报馆之谓也。"梁启超认为,一个国家如果不设报馆,不出版报刊,就像一个人没有耳目和喉舌一样,是为废疾之人,内情不能外达,外情不能内传,上情不能下达,下情不能上传,内外阻隔,上下蔽塞,无耳目以广听闻,无喉舌以助交流。设报馆、办报刊,可以"起天下之废疾",于国事则大有益矣!

关于报馆之去塞求通的功效,王韬于 1874 年 2 月在《倡设日报小引》中指出,报纸可以"通上下";郑观应在《盛世危言·日报》中也说,欲通民隐、达民情,最好的办法就是"广设日报";康有为 1895 年在《上清帝第四书》中,更是明确提出,解除蔽隔,最好是开设报馆。而梁启超比其他人高一筹的地方,一是把报馆看作去塞求通诸途径中最好的途径,二是把报馆去塞求通功能形象地比喻为人的"耳目喉舌"。在梁启超看来,中国"壅塞"十分严重:"上下不通,故无宣德达情之效,而舞文之吏因缘为奸";二是"内外不通,故无知己知彼之能,而守旧之儒反鼓其舌"。这种"壅塞"严重地阻碍了社会的进步和国家的强盛,因而需要办报以"去塞求通"。

梁启超指出:"阅报愈多者其人愈智;报馆愈多者其国愈强。"西国之所以强盛,一个重要原因就在于新闻事业发达,政府鼓励和保护报馆,报纸种类齐全,人人都有合适的报纸阅读:"言政务者可阅官报,言地理者可阅地学报,言兵事者可阅水陆军报,言农务者可阅农学报,言商政者可阅商会报,言医学者可阅医报,言工务者可阅工程报,言格致者可阅各种天算声光化电专门名家之报。有一学即有一报,其某学得一新义,即某报多一新闻,体繁者证以图,事赜者列为表,朝登一纸,夕布万邦,是故任事者无阂隔蒙昧之忧,言学者得观善濯磨之益。犹恐文义太赜不能尽人而解,故有妇女报,有孩孺报。其出报也,或季报,或月报,或半月报,或旬报,或七日报,或五日报,或三日报,或两日报,或每日报,或半日报。"但是,中国现实很难达到这样的地步。怎么办?他认为,要弥补报纸种类不全的缺憾,只能在内容上尽量丰富些,至少有以下四项内容:"广译五洲近事","详录各省新政","博搜交涉要案","旁载政治学艺要书"。如果这样做了,就能够"风气渐开,百废渐举,国体渐立,人才渐出"。

第三节　严复的报刊活动与报刊思想

一、严复的报刊活动

严复(1854—1921),初名传初,又名宗光,字又陵,做官后改名复,字几道,福建侯官人,中国近代资产阶级重要的思想家、杰出的报刊活动家。

严复1876年毕业于福州船政学堂后,次年被选送留学英国,进英国海军学校,学习海军驾驶技术。但是西方资产阶级的社会科学深深地吸引了他,他广泛地阅读了亚当·斯密、孟德斯鸠、卢梭、达尔文、赫胥黎和斯宾塞等人的著作,同时也考察了英国社会,萌发了以英国为榜样改造中国的思想。1880年回国,任北洋水师学堂总教习。甲午海战后,主张维新,并以巨大的热情投入维新宣传运动。他先于康、梁将西方资产阶级进化论和社会改良学说介绍过来,影响了整整一个时代的青年知识分子,成为中国近代资产阶级初期的启蒙思想家。但由于他很少参加实际政治运动,政治上保守,故在政变后,严复终于由"趋时"分子变成了"复古"人物。1915年加入筹安会,拥护袁世凯称帝,主张尊孔,反对新文化运动。

严复是以资产阶级思想家的身份从事报刊活动的,他的报刊宣传活动从1895年开始,先后在天津《直报》上发表了《论世变之亟》、《原强》、《辟韩》、《救亡决论》等政论文章,对中国封建专制制度和儒家思想进行了猛烈的抨击,并提出了"开民智"、"厚民力"、"明民德"的治本方案。这些言论在"公车上书"和《中外纪闻》等创刊之前,在思想界属破天荒之举。严复因此而名噪一时。当然,使严复在中国新闻史上奠定地位的报刊活动是创办《国闻报》、《国闻汇编》。

大约在1897年夏,严复就和友人王修植、夏曾佑和杭辛斋等一起着手筹办《国闻报》,当年10月26日,《国闻报》便在天津创刊了。《国闻报》是资产阶级改良派在华北地区唯一的报纸,也是维新党人创办的第一份日报。该报内容是"首登本日电传上谕,次登路透电报,次登本馆主笔人论说,次登天津本地新闻,次登京城新闻",然后是华北各地及外洋新闻。

《国闻报》名义上的主人是李志成,实际创办人和主持者是严复,因为他是朝廷命官,不便对外张扬,所以采取了慎重态度。为了避免官府干预,国闻报馆设在天津紫竹林海大道租界地面，以便有什么事情，可以得到租界当局保护。

严复办报，十分讲究职业道德和报章公德，《国闻报馆章程》中说："毁谤官长，攻讦隐私，不但干国家之律令，亦实非报章之公理，凡有涉于此者，本馆概不登载。即有冤抑等情，借报章申诉，至本馆登上告白者，亦必须本人具名，并有妥实保家，本馆方许代登。如隐匿姓名之件，一概不登。"

作为一张日报，《国闻报》新闻本位的特点很明显。在新闻报道方面，该报既多且速，为了保障新闻多、报道快，国闻报馆在全国设立了大小"访事地"（记者站）百余处，向中外派出"访事人"（记者）数十位，特别是聘请"西人"访事，可以得到一些有价值的重大新闻，因此，该报被时人称为"消息确而速，又极多极详"。

《国闻报》从创刊起，就面临顽固派及保守势力的威胁。到1898年3月27日，该报便伪称盘给日本人西村博办理，实际上编辑人员基本上没有变动。一直到1899年，《国闻报》才正式卖给日本人。该报售于日本人后，一直办到1901年改名为《天津日日新闻》，以汉奸方若为主编，成为日本侵略者的文化侵略工具。

出版日报并获成功，严复并不满足。在《国闻报》出版一个多月后，又于1897年12月8日创办了一个旬刊《国闻汇编》。严复对旬刊特别看重，为了办好它，严复将《国闻报》的编辑事务主要交给了王植修和夏曾佑，自己亲自主编旬刊。创办《国闻汇编》的用意是专门刊登"重要之事"，"足备留存考订者"，以专供"士大夫读书之人"阅读，故《国闻汇编》以刊载论说、译文及重要消息为主，尤"详于外国之事"。梁启超也称赞说："天津《国闻汇编》，成于硕学之手，精深完粹。"①

每一期《国闻汇编》的内容分两部分，前一部分为西方学术论著译稿，后一部分为外国报纸上新闻和评论的译文。足以使《国闻汇编》享有盛誉的是刊登严复的重要译文《天演论》和《群学肄言》（部分）。《天演论》连载于第二、四、五、六册中。《天演论》原名《进化论与伦理学》，是英国生物学家赫胥黎的著作，旨在介绍达尔文关于生物界"物竞天择，适者生存"的进化论思想。《群学肄言》原名《社会学研究法》，是英国资产阶级社会学者斯宾塞的著作，用进化论的观点研究社会问题。全书共16章，严复"为《国闻报》成其前二篇"。《天演论》和《群学肄言》用来分析社会问题的观点虽然是庸俗进化论的观点，但严复是企图通过这两部著作的译述，向中国人民发出民族危亡的警号，呼吁只有顺应"天演"规律，厉行变法，才能由弱转强，获得生存，否则就有亡国灭种和被淘汰的危

---

① 梁启超：《清议报第一百册祝辞并论报馆之责任及本馆之经历》，《清议报》第100号。

险。这在当时确实有振聋发聩的作用。正如资产阶级革命派的机关报《民报》所说:"自严氏书出,而物竞天择之理,厘然当于人心,而中国民气为之一变。"

然而,由于"文义艰深"、"销量太少",《国闻汇编》仅出 6 期便停刊了。"《国闻汇编》,阅者多以文义艰深为嫌,每期仅售至五六百份。实在赔本不起,现已停止不印,专办日报"(《汪康年师友书札》第一册)。

二、严复的报刊思想

严复的办报思想可以用"求通"二字加以概括,但与梁启超"求通"有所不同,梁启超主要在求"通上下",严复主要在求"通内外",尤"以通外情为要务"。

严复的这种"求通"报刊思想主要集中反映在《〈国闻报〉缘起》一文中。

严复说,他之所以仿效英国《泰晤士报》创办《国闻报》,就是用它来"求通"的:"夫通之道有二:一曰通上下之情;二曰通中外之故。如一国自立之国,则以通下情为要义。塞其下情,则有利而不知兴,有弊而不知去;若是者,国必弱。如各国并立之国,则尤以通外情为要务。昧于外情,则坐井而以为天小,扪籥而以为日圆;若是者,国必危。"所以无论国内国外、内地边地的所有重要之事,均刊登于《国闻报》,使"阅兹报者,观于一国之事,则足以以通上下之情;观于各国之事,则足以通中外之情。上下之情通,而后人不自私其利;中外之情通,而后国不自私其治。人不自私其利,则积一人之智力以为一群之智力,而吾之群强;国不自私其治,则取各国之政教以为一国之政教,而吾之国强"。就是说,上下之情、中外之情皆通,便可达到"民强"、"国强"之目的。

严复"求通"思想与王韬、梁启超等人的"求通"思想在实质上基本一致。王韬曾把报纸的功能概括为使"民隐上达","君惠下逮","答内事于外,通外事于内"。梁启超也认为设报馆为"去塞求通"最好的途径。当然,王韬、梁启超侧重于"通上下之故",严复以为,当今中国非一国自立之国,而是与各国并立之国,则应"以通中外情为要务"。

严复对报纸和杂志有比较明确的区分。严复在《国闻汇编缘起》中说:"大抵日报则详于本国之事,而于外国之事则为旁及。旬刊则详于外国之事,而于本国之事则为附见。阅报之人亦可分为二类:大抵阅日报者,则商贾百执事之人为多,而上焉者或嫌其陈述之琐屑;阅旬刊者,则士大夫读书之人为多,而下焉者病其文字之艰深……本馆编报之例,大要亦有二:凡寻常之事,无论内地边地,中国外国,义取观览明晓者,皆登之每日续印之报;至重要之事,亦无论内地边地,中国外国,苟足备留存考订者,皆登之十日合印之《汇编》。"在严复看来,日报以新闻为主,旬刊以论说为主;日报以刊登本国之事为主,旬刊以刊载外国之事为主;日报以商贸之人为读者对象,旬报则以士大夫读书之人为读者对象。基于这样的认识,严复在创办日报《国闻报》的同时,又创办了一个增刊旬报《国闻汇编》。相比较而言,严复更看重旬刊。

第四节 唐才常、谭嗣同的报刊活动与报刊思想

一、唐才常的报刊活动与报刊思想

唐才常(1867—1900),字黻丞,又字伯平,号佛尘,湖南浏阳人。虽出身贫寒,但从小好读书,聪明过人,1886年,19岁赴县、府、道三考均获第一名,成为有名的才子。1894年唐才常考取两湖书院,与谭嗣同俱师浏阳学者欧阳中鹄,有"浏阳二杰"之称。甲午战争后,他积极参加维新变法活动,与谭嗣同一道组织学会,提倡新学,推行新政。戊戌政变后,他赴香港、日本等地联络爱国志士,1900年回上海召开"中国国会",组织自立军准备起义勤王,不幸事败,在汉口被捕,同年7月28日遇害。

唐才常不仅是维新时期著名的政治活动家,而且是杰出的报刊活动家和报刊政论家,维新时期,在长沙先后主编了《湘学新报》、《湘报》。

《湘学新报》是维新派在湖南地区的第一份报纸,1897年4月22日创刊,该报由时任湖南学政的江标、徐仁铸和时任湖南按察使的黄遵宪先后督办,为综合性旬刊,出版半年后即1897年11月5日改名为《湘学报》。该报作为倡导新政新学的舆论机关,试图以"思以体用赅贯之学,导湘人士"为目的,以倡新学、开民智、育人才、图富强为宗旨,设有掌故、史学、时务、舆地、算学、商学、交涉等固定栏目。唐才常除担任主编外,还兼任史学、时务、交涉三栏的编辑,并以"洴澼子"为笔名,在该报上发表一系列的文章,介绍西方国家的历史、议会制度等,宣传其维新思想,提出在中国实行君主立宪的主张。

1897年下半年,黄遵宪到湖南任盐法道兼署按察使,徐仁铸继江标为湖南学政,加快了湖南新政新学的步伐。1898年2月,"南学会"成立,每七日集会一次,由会员发表演讲,"慷慨论天下事",兼及省内各项新政。南学会"无变法之名而有变法之实","无议院之名而有议院之实",实际上成了湖南维新运动的领导机关。南学会成立后,有鉴于《湘学报》刊期太长,文字过于艰深,不能满足省内日益高涨的维新运动的需要,便决定另办一份通俗的日刊报纸,作为南学会的机关报,这便是1898年3月7日创刊于长沙的《湘报》。

《湘报》是集资办起来的,设董事会,由唐才常、谭嗣同、熊希龄、梁启超、李维格任董事,熊希龄为董事长,唐才常任主编。《湘报》为书册式,每日一册,页数不等,有论说、奏疏、电讯、公牍、本省新闻、各国时事、商务、杂事等栏目,通过南学会各州县分会或新派学堂发行,不取报资。

《湘报》以政论为主,发表了大量鼓吹变法维新的言论,明确提出了变法维新的一系列主张,还刊登中外报刊关于维新运动的评论,以及各地维新派团体的文告、章程、启事,如实地反映了湖南地区变法维新运动的历史进程,深受读者欢迎,发行量仅次于《时务报》,被康有为誉为"全国最好的一张维新报纸"。戊戌政变后,《湘报》于1898年10月15日停刊,历时7个月,共出版177期。

唐才常与同时代其他维新派人士一样,十分看重报刊开启民智的作用。在《湘报序》中,唐才常指出,中国极疲薾、极滞拙,原因在于民众如"绳枢瓮牖之儒,井蛙篱鷃之子,咫尺不见,迅雷不闻"。因此,他呼吁要"广开报馆","大声疾呼",使自秦汉以来的愚障"云开雾豁",使民众的"脑筋震荡,人人有权衡国是之心,而谋变通,而生动力"。

因为新报的作用是开启民智,面向百姓,所以不应该像以往"断烂朝报"那样"钻研政典",文风应"义求平实,力戒游谈",让那些读书很少的人"皆易通晓"。

二、谭嗣同的报刊活动与报刊思想

谭嗣同(1865—1898),字复生,号壮飞,又号华相众生,湖南浏阳人。父亲谭继洵官至湖北巡抚,母亲早亡。谭嗣同自幼随父亲在外读书,又备尝后母虐待,故少年时便养成"倔强能自立"的性格。弱冠后从军新疆,20岁后曾用10年时间漫游祖国各地,足迹遍及十几个省,大开眼界。甲午战败,民族危机使谭嗣同的思想发生了巨变,从此,他坚定地走上了救亡图存的改良主义道路。1896年初,谭嗣同的父亲给谭嗣同活动了一个南京候补知府的官职。在宁一年,他写成了"冲决一切网罗"的《仁学》。《仁学》是维新派第一部哲学著作。1897年10月应湖南巡抚陈宝箴的邀请,谭嗣同回湖南参与新政。谭嗣同回到湖南,立即发起开办"时务学堂",并担任组织工作,次年3月又和唐才常等创建"南学会",并亲任会长。同年8月21日,谭嗣同奉旨进京,被光绪皇帝擢为四品衔军机章京,参与新政。政变后,谭嗣同被捕,决心以死警醒国人,他说:"变法无不从流血而成,中国未有因变法而流血者,此国之所以不昌也;有之,请自嗣同始。"9月28日慷慨就义,年仅34岁。

谭嗣同不仅是我国近代杰出的思想家、维新志士,而且是那一时期重要的报刊活动家。他在南京曾计划办《矿学报》。《湘学新报》创办后,他通过书信往来等方式支持《湘学新报》的工作。他是《湘报》的创办人之一和主要撰稿人,他共在《湘报》上发表25篇文章,内容涉及政治、经济、法律、教育各个方面,比较重要的有《壮飞偻治事十篇》、《论粤汉铁路之益》等。同一时期,谭嗣同还关心过《时务报》的工作。1897年9月被推为董事,为它撰稿,以通信方式推荐稿件、人才,提出编辑、发行方面的意见。

谭嗣同办报时间虽然只有一年多,写的文章也不如唐才常的多,但他作为一个思想家从事报刊活动,他的办报思想是值得重视的。谭嗣同的报刊思想集中在1897年写的《报章文体说》和1898年写的《湘报后叙》中。

首先,谭嗣同认为,报贵在"新",报纸是帮助人们"求新"的工具,日报是帮助人们"日新"的工具。在《湘报后叙》中,他首先引用典籍,说明中国与"夷狄"之分,不在于地域,而在于国家是否能够求新日新:"旧者夷狄之谓也,新者中国之谓也。守旧则夷狄之,开新则中国之。"并且夷狄与中国的划分不是一成不变的,"新者忽旧,时曰新夷狄;旧者忽新,亦曰新中国"。在当今世界形势变化急遽,"昨日之新,至今日而已旧;今日之新,至明日而又已旧"。为使中国不继续沦为"夷狄",就要求新。谭嗣同认为,"助人日新之具"中最好的就是办报。书籍虽然可以传播新知识、新思想,但是从构思、谋篇,到完稿、成书,耗费时日,即使是像《湘学新报》这样的新报,十天出一期,也不能够做到"日日使新人,阐新理,纪新事。"湖南在有了《湘学新报》后,之所以还要办日报《湘报》,就是"日一出之,其于日新之义庶有合也"①。

其次,谭嗣同认为,报纸是"民史"、"民口"。他引用梁启超的话,历来有君史民史之说,中国的二十四史,不过是皇帝一姓一氏的家谱,与广大民众一点也不沾边,只有维新派办的报刊才是民众说话的嘴巴。"吾见《湘报》之出,敢以为乡民庆,曰:诸君复何忧乎?国有口矣。"他还指出,"防民之口,甚于防川",此周之所以亡也;"不毁乡校",此郑之所以安也。因此,国家应鼓励人民创办新报,使民众有说话的地方②。

同时,谭嗣同盛称维新变法以来所出现的"报章文体是范围最广泛、内容最丰富的文体"。在《报章文体说》中,谭嗣同勇敢地回击了封建势力顽固派对报章文体的攻击,赞扬了伴随维新运动而出现的这种崭新文体,为中国新闻文体第一次变革奠定了理论基石。

---

① 谭嗣同:《湘报后序》,1898年3月18日《湘报》。
② 同上。

第五节　卓越的报刊事业家汪康年

一、汪康年的报刊活动

汪康年(1860—1911),字穰卿,别号毅伯、灝年等,浙江杭州人。1890年应张之洞邀请,任两湖书院教习,自强书院编辑,兼任张之洞的家庭教师。光绪十八年(1892年)进士。甲午战败后,汪康年思想上受到很大刺激,深感"非变法无以图存",1895年到上海参加强学会,从此开始了办报活动。由于与张之洞的关系,汪康年在政治上,先是依违于维新派与洋务派之间,后完全蜕变为洋务派人士,但从新闻事业发展上看,他却是个杰出的报刊活动家,为中国新闻事业的发展和报刊业务的改革作过重要的贡献。

如前所述,汪康年1896年春与黄遵宪、梁启超一道筹办《时务报》,并任该报总经理。《时务报》声誉日隆后,汪康年与梁启超之间的矛盾日益尖锐。1897年10月,梁启超负气南下,《时务报》便由汪康年一人掌握。

为了突出新闻的时效性,汪康年于1898年5月在上海又创办《时务日报》。还是在《时务报》筹备时,汪康年就提出办日报,由于黄遵宪没有支持他的意见,而办成了旬刊。参与《时务日报》集资的有曾广铨、汪大钧等,而社务由汪康年一人主持,实现了汪康年办日报的夙愿。

1898年"百日维新"期间,康有为通过御史宋伯鲁上书光绪皇帝,要求将《时务报》改为官报,设立官报局,由梁启超去管理,企图夺回被汪康年一人独霸的《时务报》。光绪皇帝批准将《时务报》改为《时务官报》,迁至北京出版,并责成康有为督办此事。汪康年得知消息后,抢在康来沪之前于当年8月17日将《时务报》改名为《昌言报》,将《时务日报》改名为《中外日报》,加以抵制。

《昌言报》由梁鼎芬担任主笔,"一切体例均与从前《时务报》一律",戊戌政变后出至第10期于1898年11月19日停刊。

汪康年在政变发生后被朝廷通缉,仓皇逃至上海租界。为了躲避官府追究责任,汪康年聘请英商杜德勤(Charles John Dudgeon)做《中外日报》的发行人,公开挂起"洋旗"。因此《中外日报》在政变后仍然可以继续出版,并发表文章,详细报道政变情况。1898年,因经济拮据,曾接受上海道蔡乃煌的资助,蔡乃煌委派同乡沈仲赫到报馆监督,编辑们甚感不便,纷纷离去。不久,汪康年干脆将报纸卖给了蔡乃煌。1910年蔡乃煌下台,《中外日报》也随之停刊。

此外，汪康年在北京还办过两张报纸。1904 年，汪康年赴京出任内阁中书。1907 年 3 月在北京创办《京报》。1909 年，该报因报道杨翠喜案，卷入"丁未政潮"，于当年 8 月 26 日被勒令停刊，前后仅出版 5 个月。1910 年 11 月 2 日，汪康年又在北京创刊《刍言报》。该报系三日刊，侧重评论方面，新闻在其次。汪康年亲自负责编辑、校对及发行工作。1911 年 11 月 14 日，汪康年在天津逝世，《刍言报》也随之停刊。

二、汪康年的办报主张及报纸改革实践

由以上介绍可知，汪康年对办报有特别浓厚的兴趣，从 1896 年办《时务报》开始一直到老死，报刊生涯共计 15 年，他用心经营了几家有影响、有特色的报纸，不仅提出了许多有见地的办报主张，而且将这些主张付诸实践，获得了很大成效。

汪康年十分注重报纸的时效性。在他看来，办报的话，最好是办日报。因为旬刊周期过长，不利于消息传播。对于把《时务报》办成旬刊，他一直耿耿于怀，1898 年《时务日报》的创办终于偿其夙愿。为进一步加强报纸时效，他在报上首设"专电"。《时务日报》章程第五条："各处如有异常紧要之事，均令访友即行电告，俾阅者先睹为快。"为奖励来报专电，无论北京还是其他外省访员拍来的专电，除馆薪外，每条特奖银二元。《时务日报》的这种做法，大大激励了其他各报纷纷效仿，同样也以多付稿酬的办法奖励来稿，开设自己的"专电"，在当时报界树立了增强新闻时效性的风气。此外，1898 年 8 月 17 日的《中外日报》启事中，还规定："本馆凡有紧要事件，皆当发传单，以供诸君先睹为快。"所谓"传单"，实际就是后世所称号外，即在报纸交付刊印后，对发生的重大紧急事件的随时发刊。这些举措，都充分反映了汪康年办报实践中对新闻时效性的高度重视。

汪康年首倡我国报纸版式改革，是中国近代进行报纸版面改革的第一人。他将《中外日报》版面"分三层，俾阅者少省目力，句读加点，以清眉目。首页开明目录，告白分门别类，以便检览。"而同时期的许多报刊都采用书本式，油光纸单面印刷，版面编排简单，整版按谕旨、论说、说事从右到左依次排开，读来费劲耗时。汪康年首创了"版面分刊，新闻分类"的编辑方法。《中外日报》每天出 2 张，4 开 8 版，用白报纸两面印刷，每版 3 个横栏，短行编排，并加句点。题文的字号有区别，大小眉目清楚。《中外日报》的首页上还"开明目录，告白分别门类，以便检阅。"所有这些举措都是开风气之先。汪康年的改革措施加快了出报速度，提高了印刷质量，方便了读者阅读，美化简洁了版面，为增加发行量创造了条件。戈公振评论说，汪康年的这一举动"开我国日报改进之机"①。

---

① 戈公振：《中国报业史》，三联书店，1955 年版，第 140 页。

汪康年有很强的报纸广告经营意识。《时务日报》章程第12条开宗明义称："本馆并登聚会告全白，如同业会议及寿筵喜筵，须布告于众者，均可代登。此项告白，编于新闻之中，使人易见，实为最便。每人每事，取洋一元。"形似于后世的开业、聚会、喜寿宴会类的广告，均可刊登于此，标明价格和编排方式，以告知天下。并且"告白价，第一日每字五厘，二日至七日每字三厘，以后每字两厘半，登在首页加一倍。告白至少以三十字为章，多则以十字递加。"这突出地表现了报纸广告的价格策略：首页最贵；连续登载，价格优惠；价格计算方法以字数论，最低标准为30字，若要增加，以10字为进。这些具体的别出心裁的规定不仅有效地保证了《时务日报》的广告收入，而且清楚地反映出汪康年在报业经营中有很强的广告经营意识。

汪康年认为，必须充分发挥报纸社会服务功能。汪康年当初设立《时务日报》的宗旨是："闻见患其不博，论说患其不参。博则虚实可相核，参则是非可相校，固不以复出为嫌。"这段自述表明了汪康年的报纸参与社会生活、为社会服务的思想。《时务日报》章程中写明："如有新撰新译书籍，亦请送至本馆，当酌为代登"，"如有仿制创制之物，请即函告本馆，即可托人前往试验，如确，当代登报表扬"，以及访求实业人才，倡导设立戒缠足会、女子学堂、蒙学公会和农学会等。凡此种种热心为读者和社会服务的举措，到后世都演变为以报纸名义募捐、救灾等优良传统。《时务日报》通过报纸自身的号召力和实际行动，提高了在普通读者和社会生活中的影响力，巩固了报纸既有的声望。

以上这几条在当时都是汪康年别出心裁的创举，也是汪康年对报刊业务改革的主要贡献。戴季陶1932年11月在给上海《晨报》社长潘公展的信中，曾提到汪康年和《中外日报》的这些贡献："此报乃次于《新闻报》而起之上海第三大报，改油光纸为报纸，创成现行之版面体裁，注意国际通讯，批评内外政治，皆其在新闻史上之功绩。"程家君曾以汪康年、狄楚青、史量才、成舍我四人相提并论，写了一篇《论几位崭露头角的新闻事业家》（载《再生》杂志第208期），他对汪的评论是："汪康年是位有野心的新闻事业家，他把报纸看成自己的事业，态度积极。在我们中国对新闻事业具有这样高度事业心的人，要算汪穰卿是第一人。"

第六节　清末的新式官报

一、被迫的进步

清末新式官报是清王朝力图维持其腐朽的统治而实施改革的产物。

1851年，担任江西学政的张芾曾以"京报内容简略，寄递迟延，价贵难得"为由，奏请内阁刊刻邸报，被清廷斥为"识见错谬，不知政体，可笑之至"。

鸦片战争后，国门洞开，以"强兵"为务的洋务运动拉开了向西方学习科技的帷幕，然而，甲午战争给国人又一次沉重的打击，它宣告了洋务运动的破产，于是，提倡维新成为这一时期政治主题。以光绪为代表的帝党为挽救时局的衰败，应维新派人士的请求，倡办官报，从而推动了新式官报的产生。

1896年，经总理各国衙门奏准，将维新派创设的强学书局改为官书局，刊行《官书局报》和择译外报的《官书局译报》。这是清廷公开发行新式官报之始。这两种官报的形式与报房《京报》差不多，内容除了谕旨和奏折外，尚有些关于西方新事的译文："印送各路电报，只选择有用者照原文抄录，不加议论，凡有涉时政、臧否人物者，概不登载。"①"百日维新"期间，光绪帝曾批准将上海《时务报》改为《时务官报》。但是《时务官报》没有办成，戊戌政变后，连《官书局报》也被迫停刊了。刚刚萌芽的新式官报又归于沉寂。直到庚子事变后，慈禧被迫推行"新政"，准许兴办官报。以1902年《北洋官报》的创办为标志，清朝新式官报才得以发展起来。

1900年，义和团运动在山东爆发，迅速席卷直隶、天津、北京，八国联军借机入侵中国，一度攻陷北京，清政府被迫签订了丧权辱国的《辛丑条约》。《辛丑条约》索赔的银两远远超过了历史上任何一次不平等条约，腐朽的清王朝真正感到了统治的危机，于是不得不打出"变法"的旗号。1901年1月，西逃途中的慈禧以光绪的名义颁下谕旨，表示愿意"变法"，推行"新政"，要求大臣们"各就现在情弊"，"条议上闻"。对此，一些大臣提出"兴办官报"的建议。管学大臣张百熙在奏疏中说："报纸所以寄耳目，东西洋于开化变法之始，无不以此为要图。官吏不知民情，与草野不识时局，致上下不喻意，中外不通情，皆报纸不能流通之故也。中国通商各埠，由民间自行办理者不下数十种，然成本少而宗旨乱，除略佳之数种外，多不免乱是非而淆视听。又多居租界，挂洋旗，彼挟清议以訾时局，入人深而藏力固，听之不能，阻之不可。惟有由公家设官报，诚能持论通而记事确，自足以收开通之效而广闻见之途。"②于是，开办官报成了清廷中央政府和各地方政府推行新政的一项重要举措。

二、从地方到中央的新式官报

随着"新政"的推行，新式官报纷纷创办起来。1902年，《湖南官报》、《江西

---

① 戈公振：《中国报学史》，三联书店，1955年版，第43页。
② 转引自陈玉申：《晚清报业史》，山东画报出版社，2003年版，第288页。

官报》和《北洋官报》首先问世,其中《北洋官报》最具代表性,为新式官报的发展起到了示范、带动作用。

《北洋官报》1902年12月25日创办于天津,创办者为当时的直隶总督兼北洋大臣袁世凯,双日刊,活版铅字印刷。发刊序文认为,近代报刊在中国发展都是"私报","官报尝一设于京师,未久而旋罢"。"私报"中虽然好的不少,但是其中也"不无诡激失中之论,及或陷惑愚民,使之莫知所守"。然而,"求其所以交通上下之志,使人人知新政新学为今日立国之必不可缓之务,而勿以狃习旧故之见,疑阻上法,故不能无赖于官报"。在此基础上,阐明《北洋官报》的宗旨:"今设直隶官报,以讲求政治学理,破锢习,潜智识,期于上下通志,渐致富强为宗旨。"

《北洋官报》的体例为:"篇首恭录圣谕广训一节,次则恭录谕旨,再次则本省之政治、学务、兵事,旁至时务各学之新理,农工商业之近效,教务洋务之交涉,各国各省之新闻。"每期有告诫式序文一篇,时事及风景画一两幅,还刊发公私告白(广告)。其组织为北洋官报局,设总办一人,总办之下分设编纂处、翻译处、绘画处、印刷处、文案处、收支处。该报每期免费送直隶各府厅州县及各村各学堂看。可见,《北洋官报》从报纸形式到生产过程,已超出了古代"邸报"范畴,像一张近代报纸了。

袁世凯办《北洋官报》为其他官员做了示范。1903年,办理商约大臣吕海寰、伍廷芳奏请仿照《北洋官报》创办《南洋官报》,得到清廷答复:"南洋现尚无官报,应令仿照北洋章程妥酌开办,一体发交各属,销售各学堂阅看。"并说:"南北洋官报如能畅行,各省亦可逐渐推广。"《南洋官报》由江苏总督兼南洋大臣督办创办,其销售主要在所辖苏、皖、赣三省。

随着"南北洋官报"的兴办,中央和各省官报也纷纷创办,其中有《政治官报》、《安徽官报》、《山西官报》、《四川官报》、《豫省中外官报》、《湖北官报》、《汉口官报》、《山东官报》、《陕西官报》、《江西日日官报》、《甘肃官报》等,新式官报的发展呈鼎盛状态。

清朝新式官报鼎盛的标志是《政治官报》的创办。1906年,清廷宣布"预备立宪"后,御史赵炳麟奏请设立中央政府官报,"将朝廷立法行政,公诸国人","使绅民明悉国政,为预备立宪之基础"。1907年,清朝中央政府设立考察政治馆,议定开办《政治官报》,"专载国家政治文牍","期使通国人民开通政治之智识,发达国家之思想,以成就立宪国民之资格"。《政治官报》为日刊,由考察政治馆办理,共出版1370期。1911年5月,清王朝宣布实行内阁制,内阁总理大臣奕劻等奏请将《政治官报》改为《内阁官报》,成为清政府内阁的正式机关报。8月24日,《内阁官报》正式刊行,其条例明确规定,凡谕旨、奏章、法令统由《内阁官报》刊布，凡京师各衙门通行京外文书，亦均由《内阁官报》刊布，并且规定一切法令从刊登之日起生效。

清政府实施"预备立宪"后，中央政府一些部门相继出版专业性官报，如1906年商务部及学务部分别创办旬刊《商务官报》和《学务官报》，1909年邮传部创办《交通官报》，1906年外务部曾商议将《外交报》改归官办，但未实行，后于1910年出版了英文报纸《北京日报》。"预备立宪"中，各地的专业性官报如雨后春笋，种目繁多，涉及了教育、政法、商务、实业等许多方面。其中以教育官报数量最多，几乎每省都有。

在清末最后10年，清朝各级政府出版的官报，总数达百余种，形成了一个从中央到地方的新式官报系统。这种新式官报虽然在形式上进入了近代报刊的范畴，但是在本质上还是中国古代报纸邸报的继续。

首先，新式官报仍然是充当朝廷喉舌。虽然新式官报中有官商合办、官督商办，有始官办而终归商办，有始商办而终归官办的，但是"体例大率相同"①，绝大部分篇幅是用来刊载谕旨、奏章、公告、文札、法规、章程等官文牍，官文牍中居多者为法规章程和各地调查报告，反映了官方各项活动的进展和要求，其他方面的新闻很少。尤其是中央政府机关报《内阁官报》规定其为"公布法令之机关"，并且一切法令从刊登之日起生效。这表明，新式官报实际上还只是朝廷"喉舌"，是各级政府传达政策法令的机构，与邸报"宣达皇命，传达政令"的功能差别不大。

其次，新式官报均不设采访部，不设专职记者，"访事"都是聘请官员兼任，不到社会上采访新闻，主要在各自工作的范围内收集一些消息，反映官场动态。少数高层官报能够直接接收外电和选译外报，多数官报只是转载"私报"上的一些消息。

最后，官报的编辑工作受到朝廷的严格控制，每期刊登的稿件编辑好后，必须呈交主管部门审查批准，才可以刊行。比如，两江总督张之洞为控制《湖北官报》，亲自为其拟定体例，规定"官报文字，必取雅驯。幕府拟稿，偶有不惬意，辄令重改，再三不厌"②。在各级官府的控制下，官报所有的言论皆顺着统治者的意思说，只说好的，不说问题，报喜不报忧，对官场的腐败行为不能揭露，不能发挥舆论监督作用。对于官报的这种做法，"私报"不以为然，"与其名为《官报》，实贻报界羞，毋宁名之曰'官言'，较为妥当也"③。

---

① 戈公振：《中国报学史》，三联书店，1955年版，第47页。
② 同上。
③ 《申报》1911年7月6日，转引自陈玉申：《清末报业史》，山东画报出版社，2003年版，第295页。

本章简论:"有益于国事"是早期政治家办报的初衷

上一章说,国人创办近代新报发轫是"师夷长技以制夷"在新闻领域的落实。说第一批创办近代报刊的国人是一些"睁眼看世界"的读书人,深沉的民族责任感和强烈的爱国情怀驱使他们创办起了以"立言"为宗旨的政论报纸。随着资产阶级登上政治舞台,资产阶级在政治上的代表——维新派人士以政治家的姿态步入报坛,把报刊作为他们开展政治活动的工具,使报刊与政治运动和政治团体紧密结合起来,读书人办报很快蜕变为"政治家办报",并且"政治家办报"很快成为中国近代报纸发展的主流。

中国最初的政治家办报有一个明显特点,那就是国家利益至上。他们是从"报馆有益于国事"、报纸功能的角度看重报纸的。

康、梁等人认为,"中国受辱数十年",最大的原因就是蔽塞不通:由于"上下不通","上有所措置不能喻之民,下有所苦患不能告之君",政令不能传,民隐不能达;由于"内外不通",国内之事不能传于外,国外之事不能闻于内(梁启超《论报馆有益于国事》)。"塞其下情,则有利而不知兴,有弊而不知去;若是者,国必弱……昧于外情,则坐井而以为天小,扪籥而以为日圆;若是者,国必危。"(严复《〈国闻报〉缘起》)

维新派人士认为,要"去塞求通",最好的办法是创办报刊。康、梁等人对近代报纸"情有独钟",他们看重报纸、创办报纸、运用报纸,是为了用报纸"去塞求通",以报纸"起天下之废疾",使上下沟通无阻,内外交流畅通,民众观念日日新,国家事业年年旺。

"去塞求通"、"救亡图存"是维新派人士进行维新运动的主要任务,因而创办报刊成了维新派人士进行维新运动的主要工作。在整个维新运动时期,以康有为、梁启超为首的维新派人士创办了《中外纪闻》、《强学报》、《时务报》、《国闻报》、《湘学报》等许许多多的著名报刊,进行维新思想的宣传。为此,"论说"成为政治家办报的必备栏,新闻也是以时政新闻为主,包括四项内容、四个目的:①"广译五洲近事"——使国民知天外有天,不夜郎自大、故步自封、抱残守缺;②"详录各省新政"——使国民知新政之利,不阻挠变法,积极支持新政;③"博搜交涉要案"——使国民明白立国体、讲法律的重要性,懂得国际交往,懂得如何与外国人打交道;④"旁载政治学艺要书"——使国民了解世界各种实学流派,知道其日新月异的发展轨迹,抛弃八股文,接受新知识。

同时,维新派政治家们还将"办报"与"开会"融为一体,两者相互为用,达到广"新学"、行"新政"之目的。

这里还要说明一点,就是这一时期的政治家办报形式上是"民报",但是带有明显的"官方色彩"。戈公振先生认为,中日战后,国人敌忾之心颇盛,《中外纪闻》、《强学报》与《时务报》、《时务日报》等接踵而起,一时间民报"兴也勃焉"。这当然是不错的。但是,还应看到,康、梁等政治家创办的维新派报刊,之所以在很短的时间内把全国搅动,很大程度上是依靠朝廷力量的推动。康、梁等人清楚地看到,在中国办事,没有官方的支持是很难成功的。所以他们紧紧地抓住当时的最高领导人光绪帝,不停地给他上书,劝说他推行改良,建议他"设报"以"达聪"。康有为包括办报在内的所有政治活动,都是得到了光绪帝的首肯和支持的,并且,他本人就是官身。无论是早期创办的《中外纪闻》、《强学报》、《时务报》,还是后期创办的《国闻报》、《湘学报》、《湘报》,维新派报刊都与官方有着千丝万缕的联系,取得官方支持,获取官方资本,利用官方推广发行,等等。"百日维新"期间,在刊行《时务报》时,梁启超和汪康年发生矛盾,梁启超的愤而离职,标志着康有为的势力在《时务报》的旁落。康有为不甘如此,上书光绪,请求将《时务报》改为官报,让梁启超管理。光绪果然按此意下旨,将上海《时务报》改为《时务官报》,舆论界哗然,一边倒向汪康年。汪康年趁势以《时务报》原系私人资本为由,改称为《昌言报》,保住了报馆,却失掉了《时务报》招牌。《时务报》改《时务官报》的事虽然没有办成,但维新报刊官方(帝党)背景于此可见一斑。

维新报刊的"官方色彩"是由维新运动的特点决定的。

以康、梁为首发动的维新运动是一场自上而下的政治改良运动,其最基本的特点是幻想依赖开明的统治者实施全面的变法改良,这一基本特点决定了这一时期维新报刊的特点,即"官方依赖"。必须指出的是,支持维新派办报的光绪帝不是实权派,实权派慈禧老佛爷一翻脸,维新报刊则如秋风落叶。

再说,维新运动是一场自上而下的政治运动,这一时期办报的主要读者对象是居于统治阶层的封建官绅。维新人士创办报刊面临重重困难,因此他们要取得官方的许可,要有足够的开办经费,要让官绅成为他们的忠实读者。只有解决好这些困难,才能把报刊办起来,而依赖官方才是解决问题的现实途径。

第五章

革命改良双重奏与政党报刊斗争

本 章 概 要

  戊戌变法失败后,中国政治斗争格局发生了重大变化。其中最大变化之一是民族资产阶级越来越迅速分化,逐步形成两股主要的政治力量:一股是以康有为、梁启超为代表的资产阶级改良派,另一股政治力量是以孙中山为首的资产阶级革命派,并形成"改良"和"革命"两场政治运动。在这样的背景下,中国国人办报出现了前所未有的高潮。

  首先是改良派报刊活动方兴未艾。在资产阶级维新运动推动下,1898年6月11日,光绪皇帝下诏明定国是,颁发了"准许自由开设报馆"的命令,中国统治者第一次"恩准"了新闻出版自由。但是人民还没来得及享用这种自由,慈禧于9月21日发动了政变,10月9日发出查禁全国报馆、严拿报馆主人的谕令,除地处澳门的《知新报》和租界报纸外,各地报刊纷纷被迫停刊。政变后,康、梁等人逃到海外,他们没有灰心丧气,没有偃旗息鼓,而是重新组织力量继续他们的事业。不过随着资产阶级革命运动的兴起,昔日虎虎生风的维新派变成了阻碍历史前进的保皇派。1899年7月,康有为在加拿大成立"保皇会",随后又在南洋、欧、美、澳等地设立了170多个分会,并大力创办报刊,作为其言论机关。其中影响最大的是在日本创办的《清议报》、《新民丛报》。与海外舆论阵地相呼应,1903年以后,保皇派在国内的报刊也恢复和发展起来了,其中有代表性的是《时报》。并且在一个时期的舆论领域内,保皇宣传还占有明显的上风。

  其次是革命派报刊活动风起云涌。历史进入20世纪初,中国政治思想战线发生了极大变化。经过戊戌政变,八国联军打进北京城,自立军起义失败和唐才常被杀害等,一部分资产阶级有识之士眼见亡国在即,痛感改良的道路走不通,于是他们丢掉幻想,走上了革命道路。随着资产阶级革命运动的发展,资产阶级革命派报刊兴旺起来了。辛亥革命时期,资产阶级革命派报刊活动分三个阶段。

第一个阶段从1900年到1904年,以《中国日报》、《苏报》为代表。《中国日报》是资产阶级革命派出版的第一家机关报,1900年1月25日创办于香港,社长兼总编辑陈少白。《中国日报》出版的同时,还出版有《中国旬报》。此时,资产阶级革命派报刊在海外获得了发展。首先是在留学生和流亡者最多的日本。在日本发展起来的革命派报刊分两种类型,一种是留学生自己创办的报刊,另一种是留日学生同乡会创办的报刊。和海外的革命报刊活动相呼应,1903年前后,资产阶级革命派报刊在国内也发展起来。《苏报》是资产阶级革命派在国内所掌握的第一家报纸。中国教育会、爱国学社、光复会、华兴会等资产阶级革命团体和倾向革命的分子,在国内创办了一批革命报刊。如《国民日日报》、《警钟日报》和《中国白话报》等。

第二个阶段从1905年到1907年,以《民报》为代表。1905年8月中国资产阶级统一的革命政党"同盟会"成立,11月26日创办出版自己的机关报《民报》。《民报》作为资产阶级革命派的宣传中心,一方面系统地、完整地宣传革命思想和革命理论,一方面和保皇派进行报刊大论战,取得了很大的成绩。

第三个阶段从1908年到1911年,以"竖三民"和《大江报》为代表。1907年以后,在舆论上占了上风的资产阶级革命派更多地致力于国内实际行动的准备和组织工作,大批同盟会会员从海外回到国内,着手组织以推翻清朝封建统治为目的的武装起义。为了适应革命形势发展的需要,革命派报刊宣传的重点也逐渐向国内转移。从1908年至1911年的四年时间内,国内革命派报刊有了很大发展,尤以上海、武汉、广州等城市的报纸为最活跃,涌现出了"竖三民"和《大江报》等一批有重大影响的革命派报刊,这批报刊为最后推翻封建统治者的斗争起到了摇旗呐喊的作用。

第一节 戊戌政变后梁启超的报刊活动与报刊思想

一、戊戌政变后梁启超的报刊活动

(一)梁启超与《清议报》

戊戌政变后,怀着对腐败、残忍的后党的满腹忧愤,梁启超逃到了日本,三个月后,于1898年12月23日在旅日侨商冯镜如等人的资助下在横滨创办了《清议报》。《清议报》是戊戌政变后康、梁在海外创设的第一个舆论机关,旬刊,冯镜如为发行人,梁启超为实际主持者,麦孟华、欧榘甲辅助之。

在《清议报序例》中,梁启超论述了该报的四项宗旨:政治主张是"拥帝反后",鼓吹改良,以下四项为宗旨"一、维持支那之清议,激发国民之正气;二、增长支那人之学识;三、交通支那、日本两国之声气,联其情谊;四、发明东亚学术,以保存亚粹。"在第11册上,刊登的《本报改定章程告白》中,梁启超又将四项宗旨概括为一句话:"本报宗旨专以主持清议、开发民智为主义。"所谓"主持清议",就是用舆论谴责"逆后贼臣"(慈禧、荣禄)发动政变、把持朝政的罪行;所谓"开发民智",就是宣传西方近代社会政治学说和文化,对民众进行思想启蒙。

在《清议报》出满一百册后,梁启超撰文概括该报有四大特色,一曰"倡民权",二曰"衍公理",三曰"明朝局",四曰"厉国耻"。并指出:"此四者,实惟我《清议报》之脉络之神髓,一言以蔽之曰:广民智振民气而已。"

《清议报》在报刊业务上也颇有创新:其一,改革言论写法,如"国闻短评"的写法是将新闻与评论紧密结合,对报刊政论文体有重大突破,为后来风行于各报的"时评"的起源;其二,分门别类地编排稿件。创刊初期,除"本馆论说"栏外,将所有稿件按"支那人论说"、"日本及泰西论说"、"支那近事"、"万国近事"、"支那哲学"、"政治小说"六栏分门别类刊登,清晰而又丰富;第11册后设置栏目又有所增加。其三,刊登政治小说,作为政治宣传的重要手段,也是该报的首创。另外该报最先使用了"记者"、"党报"、"机关报"等新闻名词。

作为《清议报》的实际主持人和主要撰稿人,梁启超在1898年至1901年3年内,把主要时间和精力运用在该报的编辑工作上。他以"哀时客"、"任公"、"饮冰子"、"饮冰室主人"、"少年中国之少年"、"定远"等为笔名,为《清议报》写了31篇论说及多篇专栏文章。

1901年12月21日《清议报》出至第100期,梁启超发表了《本馆第一百册祝辞并论报馆之责任及本馆之经历》。为了表示纪念,这一期改为特大号。特大号刚出版,报馆遇到火灾而被迫停刊。

(二)梁启超与《新民丛报》、《新小说》

《清议报》停刊后,梁启超又于1902年2月8日在横滨办起了《新民丛报》。这是家大型综合性半月刊,内容有25类,政治经济、历史地理、宗教学术、小说文苑无所不包,东西南北、古今中外无所不谈。《新民丛报》的政治主张仍是改良,它不赞成用武装手段推翻清朝政府,认为"导中国进步当以渐"。所谓"渐",就是办教育以"开民智",以"新民","新民"乃"中国第一要务"。在创刊号上刊登的《本报告白》宣布该报宗旨:"本报取《大学》'新民'之义,以为欲维新我国,当先维新我民。中国之所以不振,由于国民公德缺乏,智慧不开。故本报专对此病开药治之。务采合中西道德以为德育之方针,广罗政学理论以为智育之原本。""本报以教育为主脑,以政论为附从……惟所务在养吾人国家思想,故于目前政府一二事之得失,不暇沾沾词费也。""持论务极公平,不偏于一党派。"可见梁启超创办《新民丛报》的用意,主要在于"新民",即对中国传统的道德、学术、风俗进行革新。因此介绍各种新思想、新学说、新知识就自然成为它宣传的重要内容。据统计,1902 年《新民丛报》共出版 24 期,卷首插图 80 幅,其中属于西方国家景物和人物的 75 幅,占 94%;每期首篇和第二篇文章,属于介绍西方文化思想的 23 篇,占 48 篇的 48%;发表各种文章、资料 340 多个篇目,其中评价或涉及西方资产阶级意识形态方面的 180 多篇,占 53%①。

从政治倾向看,《新民丛报》以 1904 年初为界分为前后两个时期。前期的《新民丛报》积极从西方资产阶级思想界寻找武器,并以此向中国民众进行说教,即进行"新民"的工作。并且,由于梁启超等人与孙中山等革命派人士接触,受其影响,《新民丛报》上还发表了许多论述革命的文章。1903 年 2 月,梁启超应美洲保皇会邀请,赴北美游历,在此期间,康有为对他与革命派交往十分不满。12 月,梁启超从美洲考察回到横滨后,《新民丛报》"言论大变",连续发表文章,反对革命,公开提出与共和"长别"矣。后期的《新民丛报》不遗余力鼓吹"君主立宪"和"开明专制",对日益高涨的革命运动则竭力反对,并酿成了与革命派《民报》的报刊大论战。由于逆历史潮流而动,《新民丛报》在论战中惨败,不得已,于 1907 年 11 月 20 日出至第 96 期后自动停刊。

《新民丛报》是梁启超一生中办得时间最长的一家报纸。他在《新民丛报》上发表了系统阐述他政治思想的代表作《新民说》,这篇洋洋 10 万余言的长文,从创刊号起连载 34 期。在该文中,梁启超强调新民为今日中国第一要务,号召国民摆脱奴性,树立独立、自由的思想,养成自尊、进步、利群、进取、冒险的精神。在该报上,他还发表了阐述办报思想的重要文章《敬告我同业诸君》。梁启超此时文章较维新时期更加臻于成熟,时有"新民文体"之称。《新民丛报》时期的梁启超被人称为"舆论之骄子,天纵之文豪"。

梁启超在创办《新民丛报》的同年(1902 年)11 月还创办了我国最早刊载新体小说的刊物《新小说》月刊。梁启超创办此刊的目的,同样是"新民"。他在《新小说》第 1 号上发表的《论小说与群治之关系》中说:"欲新一国之民,不可不先新一国之小说。欲新道德,必新小说;欲新宗教,必新小说;欲新政治,必新小

---

① 据方汉奇主编:《中国新闻事业通史》第 1 卷,中国人民大学出版社,1992 年版,第 653 页。

说。"以往，小说只是供人们茶余饭后消遣娱乐，而梁启超公然声称，编辑《新小说》是"专欲发表区区政见，以就正于爱国达识之君子"。把小说与国家前途联系起来，与"新民"联系起来，梁启超为第一人。在这样思想指导下，《新小说》发表了许多政治小说、历史小说、社会小说，还发表了戏曲、诗歌等，鼓吹改良。

事后，梁启超回忆起当年创办《新小说》的指导思想时说："壬寅秋间，同时复办一新小说报，专欲鼓吹革命，鄙人感情之昂以彼时为最矣！"①

二、戊戌政变后梁启超的报刊思想

戊戌政变后到辛亥革命前，梁启超不仅有丰富的报刊实践活动，而且发表了多篇阐述其报刊思想的文章，主要的有《清议报一百册祝辞并论报馆之责任及本馆之经历》、《敬告我同业诸君》、《新民丛报章程》、《论小说与群治之关系》、《时报发刊词》、《舆论之母与舆论之仆》等。这一时期，梁启超报刊思想的主要观点如下。

其一，梁启超主张报纸应脱离一党之报范围，成为一国之报、世界之报。他在《本馆第一百册祝辞并论报馆之责任及本馆之经历》中说："有一人之报，有一党之报，有一国之报，有世界之报。以一人或一公司之利益为目的者，一人之报也；以一党之利益为目的者，一党之报也；以国民之利益为目的者，一国之报也；以全世界人类之利益为目的者，世界之报也。"他认为，维新时期的《时务报》、《知新报》为"一党报"，《清议报》"在党报与国报之间"，今后努力的方向，就是要"全脱离一党报之范围，而进入于一国报之范围，且更努力渐进以达于世界报之范围"②。他主张，办报不应以一人或一公司的利益为目的，也不应以一党的利益为目的，应该以国民的利益为目的，进而以全世界人类利益为目的。

其二，梁启超认为必须提高报纸的社会地位，强调报纸应担负起社会责任。他十分赞赏西方报纸作为社会的"第四种族"。他说："清议报之事业虽小，而报馆之事业则非小。英国前大臣波尔克，尝在下议院指报馆、记事之席而叹曰：'此殆于贵族、教会、平民三大种族之外，而更为一绝大势力之第四种族也。'"所以，作为社会"第四种族"，报馆有崇高的地位，是"国家之耳目也、喉舌也，人群之镜，文坛之王也，将来之灯也，现在之粮也"。可见报馆势力伟大、责任重大。所以，欧美各国大馆报的一言一论都为世人所关注，"彼政府采其议以为政策

---

① 梁启超：《鄙人对于言论界之过去及将来》，《饮冰室合集·文集》第11册，中华书局，1941年版，第2页。

② 梁启超：《本馆第一百册祝辞并论报馆之责任及本馆之经历》，《清议报》第100册。

焉,彼国民奉其言以为精神焉"。报馆对于政府,为"政本之本",对于社会,如"教师之师",故广大民众喜欢报纸,"如饮食男女,不可须臾离"①。

其三,梁启超认为报纸的主要职能是"监督政府"、"向导国民"。他在《敬告我同业诸君》中说:"某以为报馆有两大天职,一曰对于政府而为其监督者,二曰对于国民而为其向导者是也。"

对于监督政府,他说,因为人性不能尽善,要把事情做好,必须有"对待者、旁观者之监督"。监督有法律监督、宗教监督和名义上监督。名义监督的权柄操在舆论之手,而舆论是无形的,其代表为报馆,"报馆为人道之总监督可也"。他进一步指出监督政府的合法性:政府受公众委托行使最高权力,如果没有限制,就是圣人,也难免"滥用其权",所以西方国家除了法律监督、政党对峙外,还借重报馆的舆论监督。报馆是代表国民对政府进行监督的,它和政府一样都是国民的"雇佣","报馆者非政府之臣属,而与政府立于平等之地位者也。不宁惟是,政府受国民之委托,是国民之雇佣也,而报馆则代表国民发公意以为公言者也。"报馆、政府、国民三者之间的关系是:国民雇用政府,报馆代表国民来监督政府。不仅如此,梁启超还认为:报馆对政府的监督必须严厉,"报馆之视政府,当如父兄之子弟,其不解之事也,则教导之,其有过失也,则扑责之"。

对于向导国民,他说,报馆向导国民与著书、学校向导国民途径不同:"学校者,筑智识之基础,养具体之人物者也。著书者,规久远、明全义者也。报馆者,救一事、明一义者也。"因此,办报者应通过宣传议论,来唤醒民众的觉悟。

总之,梁启超认为:"大抵报馆之对政府,当如严父之督子弟,无所假借;其对国民,当如孝子之事两亲,不忘几谏,委曲焉,迁就焉,而务所以喻亲于道,此孝子之事也。"②

其四,梁启超提出"健全舆论"观。什么是舆论呢?他说:"多数人意见之公表于外者也。是故少数人所表意见,不成为舆论;虽多数人怀抱此意见而不公表之,仍不成舆论。"还认为,舆论必须合于正理、适于时势③。因此,舆论的威力是很大的,它是"天地间最大之势力,未有能御之者"。梁启超进一步认为,舆论有错误与正确之分,错误的舆论误人误国,正确的舆论利民利国。"俗论妄论之误国人,中外古今,数见不鲜矣。故非舆论之可贵,而健全之为可贵。"舆论很重要,舆论尤须健全。报纸应该以"忠告政府,指导国民,灌输世界之知识,造成健全之舆论",成为舆论机关。

---

① 梁启超:《本馆第一百册祝辞并论报馆之责任及本馆之经历》,《清议报》第100册。
② 梁启超:《敬告我同业诸君》,1902年10月2日《新民丛报》,第17号。
③ 梁启超:《读十月初三日上谕感言》,1910年11月12日《国风报》,第28期。

梁启超提出了健全舆论"五本"、"八德"论。所谓"五本",即健全舆论的要素:"一曰常识。""二曰真诚。""三曰直道。""四曰公心。""五曰节制。"所谓"八德"即报馆欲尽其天职须具备的品德:"一曰忠告。"(好话好说)"二曰向导。""三曰浸润。""四曰强聒。""五曰见大。""六曰主一。""七曰旁通。""八曰下逮。"在梁启超看来,报馆如"能谨彼五本而修此八德者,则必能造成一国健全舆论"①。

其五,梁启超十分赞赏西方发达国家的思想自由,认为思想自由为一切文明之母。日本松本君平《新闻学》说报馆"彼如豫言者,驱国民之命运;彼如裁判官,断国民之疑狱;彼如大立法家,制定律令;彼如大哲学家,教育国民;彼如大圣贤,弹劾国民之罪恶;彼如救世主,察国民之无告苦痛救济之途"。在《本馆第一百册祝辞并论报馆之责任及本馆之经历》一文中,梁启超对这段关于报馆"功德"的论述,十分赞同,进而论述道:"近世泰西各国之文明,日进月迈,观以往数千年,殆如别辟一新天地。"是什么力量推动了法国大革命?"无他:思想自由、言论自由、出版自由,此三大自由者,实惟一切文明之母,而近世世界种种现象皆其子孙也。"②

其六,梁启超提出判断报纸优劣的四项标准。他说,一张"完全尽善"的报纸,必须具备四个条件:"一曰宗旨定而高,二曰思想新而正,三曰材料富而当,四曰报事确而速。"所谓"宗旨定而高",就是"以国民最多数之公益"为办报宗旨;所谓"思想新而正",就是"取万国之新思想以贡于其同胞",并且择其"最有利而无病"者,全力鼓吹;所谓"材料富而当",就是"全世界之智识,无一不具备焉";所谓"报事确而速",是报纸成其为报纸而受人欢迎的一个特点,因而各报馆对于重要时事"或访问,或通信,或电报,费重资以求一新事不惜焉"③。

与戊戌政变前相比较,梁启超报刊思想发生十分明显的变化。

戊戌政变前,梁启超的报刊思想主要是"耳目喉舌"论,强调报纸的作用是通内外之情与上下之故,把报纸当作改良和挽救岌岌可危的封建统治的工具。戊戌政变后,梁启超的新闻思想更深地受到了西方资产阶级新闻思想的影响,这时他的新闻思想就丰富得多了,并且无论是关于报纸性质的论述、报纸功能的论述、报馆地位的论述,还是关于言论自由、舆论监督的论述,都有相当深刻的看法。

这一变化,与他的世界观的变化密切相关。改变前,梁启超是一个刚刚从封建士大夫阶层脱胎而出的资产阶级在政治上的代表人物,他的世界观没有脱离

---

① 梁启超:《国风报叙例》,1910年2月20日《国风报》,第1期。
② 梁启超:《本馆第一百册祝辞并论报馆之责任及本馆之经历》,《清议报》第100册。
③ 同上。

封建士大夫世界观的范畴,所以,他只能从封建社会"言官"职责上去演化出报馆的职责。而政变以后,梁启超主要是侨居海外。这一个时期,他接触到了各种西方政治、经济、哲学和法学等资产阶级的所谓"本原之学",并亲自考察了资本主义制度,政治思想跨入了一个崭新的境界。正如他在《夏威夷游记》中所说:"自居东以来,广搜日本书而读之,若行山阴道上,应接不暇,脑质为之改易,思想言论与前者若出两人。"他在探索西方国家富强原因时,勇敢地接受了资产阶级国家观、天赋人权说、三权鼎立说以及进化论。因而,梁启超这一时期的新闻思想包含了西方自由资产阶级新闻理论的主要成分。

第二节 改良派其他的报刊活动

一、在美洲与南洋的报刊活动

(一)改良派在美洲的报刊活动

1899年7月20日,康有为在加拿大千岛与华侨商人李福基、冯秀石等人共同创立了一个政治团体——"保救大清光绪皇帝会",简称"保皇会",康有为任会长,梁启超、徐勤任副会长。保皇会以保光绪、反慈禧、抵制革命为宗旨。总部设于澳门,并陆续在美国、墨西哥、南洋、日本等地建立分支机构170多个。康有为非常重视报刊的喉舌作用,于是一批保皇报刊在各地纷纷创刊。

在美洲,改良派于1899年在美国旧金山和檀香山成立了保皇会,并在旧金山创办了《文兴日报》。该报是保皇会在美洲的第一张机关报,由徐勤、梁启超、欧榘甲等人先后担任主编,内容为"大倡保皇扶满之说"[①],对当地华侨影响甚大。1902年,欧榘甲又在旧金山控制了《大同日报》。该报是旧金山的华侨洪门即天地会、哥老会、三合会等团体创办的报纸,正在《文兴日报》当编辑的欧榘甲,以自己青年时期曾参加过洪门会党这个关系,进入《大同日报》,担任总编辑,完全掌握了这家报纸。

1900年4月19日,改良派在夏威夷群岛的檀香山创刊了《新中国报》。报头下印"夏威夷第一",表明它是夏威夷最早的改良派报纸,也是当地最早的华侨报纸之一。初创时的主编是梁启超。梁返日后,由其他人主编。内容依然是极力鼓吹保皇立宪。1900年,改良派还在加拿大温哥华创刊了《日新报》,该报

---

① 冯自由:《革命逸史》,中华书局,1981年版,第138页。

是康、梁亲赴加拿大创办起来的,其宗旨亦是宣传保皇立宪、抵制革命。

(二) 改良派在南洋的报刊活动

1899 年 5 月 26 日,改良派在新加坡创刊了《天南新报》,日刊。这是改良派在南洋创办的第一张报纸,由侨商邱菽园出资创办,由徐勤、欧榘甲、汤觉顿等主编,是新加坡保皇会的机关报。该报"以歌颂清帝变政为宗旨","英属各埠华侨,从之者大不乏人"①。直至 1902 年 2 月被查封。1906 年春,原由新加坡华侨、资产阶级革命派陈楚楠等创办的《南洋总汇报》被陈云秋和朱子佩等保皇派接办。康有为的弟子欧榘甲、徐勤、伍宪子等即利用此报与革命派的《中兴日报》进行论战。

二、在港澳及内地的报刊活动

(一) 改良派在港澳的报刊活动

在香港,改良派除利用《华字日报》、《循环日报》、《维新日报》等老牌的改良派报纸,继续进行维新改良及保皇的宣传外,当地保皇会还在 1903 年创办了《实报》,1904 年 4 月 20 日创办了《商报》。《商报》由徐勤、伍宪子、伍权公等主编,被保皇会员称为"吾党之总机关",销行近 5 000 份,影响很大。曾与革命派的《中国日报》展开激烈的论战。

在澳门,《知新报》于政变后仍然继续出版,后成为保皇会的重要机关报之一。该报在何穗田、刘桢麟、陈继俨等人的主持下,仍然不遗余力地鼓吹政治改良运动、鼓吹保皇,继续刊登康有为在"百日维新"时期的各种奏折以及称颂光绪圣德、指斥慈禧擅权的文章。直至 1901 年 1 月 20 日出至 133 期才自动停刊。另外,保皇会还创办了《濠镜报》。该报于 1898 年创刊,由卢雨川、黄式如、陈子韶主编。

(二) 改良派在内地的报刊活动

戊戌政变后的一个时期内,康、梁等改革派与清政府的矛盾十分尖锐。尽管康、梁逃亡海外,清廷还要悬赏通缉他们。康、梁也在海外报纸上大骂"逆臣贼后"。1903 年后,随着革命派的活动日益活跃,清廷与康、梁的矛盾降至次要地位,与革命派的矛盾上升为主要矛盾。清廷虽未解除对康、梁的通缉,但已允许改良派在海外创办的报刊在国内销售,允许保皇会其他人员回国活动。改良派遂借此机会派人回国办报。

《时报》是戊戌政变后改良派在内地创办的第一张机关报。1904 年 6 月 12 日创刊于上海。康、梁十分重视这一国内的舆论阵地,先后投资 20 万元,派康门

---

① 冯自由:《革命逸史》,中华书局,1981 年版,第 171 页。

得力弟子狄葆贤和罗普分别担任该报的经理和主笔。还派梁启超潜回上海为之策划、定报名、撰写发刊词与发刊条例等。为防地方当局的干扰,《时报》打的是日商招牌,日本人宗方小太郎担任名义发行人。

《时报》的报名取义于《礼记》的"君子而时中"一语。该报主张随时而变,要合于"时"。它以执中公允的姿态,既批评封建顽固派,又批评革命派,持的是地道的改良派主张。

但是,《时报》的主持者狄楚青对康、梁的保皇事不大热心,不肯尽力,被徐勤指责为"叛党之人";梁启超1908年在给康有为的信中也说:"吾党十余万金以办此报,今欲扩张党势于内地,而此报至不能为我机关,则要来何用?"①故在宣传报道上,《时报》除了1904年至1905年间关于向英帝国主义争回粤汉铁路筑路权的宣传与1905年前后的关于反对美国政府华工禁约的宣传外,在政治上没有什么大影响。然而,该报在报纸编辑工作上,有很多改革和创新,在当时的报界有很大影响,使它成为近代新闻史上一张颇有影响的全国性大报。

它首创"时评"专栏。每篇一两百字,密切配合当日重大新闻,应时而发,尖锐泼辣,引人入胜。它在编排上"务求醒目",标题和评论的主眼处都加圈加点以示突出。同时,还打破报纸书本式,首创对开版式。《时报》开创的对开版式与书本式并行了一段时间,直到民国后才完全取书本式而代之。为了满足文学爱好者的需要,《时报》还另出"附张",辟设"小说"专栏,从创刊号起,每期刊登一两篇小说,以翻译西方近代小说为主,如雨果的《悲惨世界》、莎士比亚的《哈姆雷特》等,都在《时报》的小说专栏中首先刊出。

这一时期,除了由康、梁保皇会直接出人出钱办的类似《时报》这样的机关报外,还有一些报刊是各地改良派人士自行创办的,这些人多是不愿当亡国奴但又害怕革命的官僚地主阶级知识分子,以及与维新派有历史渊源的资产阶级上层分子。如天津的《大公报》、北京的《京话日报》、上海的《中外日报》、广州的《岭海日报》等,都是这些改良派人士自行创办的。

《大公报》1902年6月17日创刊于天津。是我国历史悠久的报纸之一,也是一张有重大影响的民营大报。创办人英华(1866—1926),字敛之,满族正红旗人,生于北京。年幼家贫,勤奋自学,博览群书,愤世嫉俗,有正义感。清末政治黑暗、吏治腐败、国运衰败的现实使得英敛之"惶惶不可终日",痛恨误国之奸佞、虐民之豪强,因此矢志终身不入仕途。在探求救国救民的道路和人生谛义的过程中,他于1888年信奉了天主教。但是,天主教的教义并不能解决他所遇到的种种问题。在康、梁等人维新变法、救亡图存的呼声中,英敛之萌发了维新思

---

① 梁启超:《与夫子大人书》,《梁启超年谱长编》,上海人民出版社,1983年版,第432页。

想,并加入变法的行列。变法失败,英敛之受到株连,更激起他对顽固派的不满,决心与之斗争到底。适逢教友柴天宠等人集资创办《大公报》,邀他"主持其事",他欣然同意了。

《大公报》以"开风气,牖民智,挹彼欧西学术,启我同胞聪明"为宗旨。在英敛之的主持下,该报很快就形成了"敢言"的风格。在创刊的第二天,就发表《大公报出版弁言》明确表示:"本报但循泰西报馆公例,知无不言,以大公之心,发折中之论;献可替否,扬正抑邪,非以挟私挟嫌为事,知我罪我,在所不计。"在这种原则指导下,《大公报》出版即负敢言之名,指责权贵,讥评地方,且不为威逼利诱所动摇。每每碰到关系国家大政方针的问题,英敛之和《大公报》都要站出来说话,通过发表论说来表明自己的态度和观点。因为该报有法国公使的背景,又在租界出版,故敢于斥责以慈禧太后为首的后党政府,敢于痛骂权奸袁世凯。此外,《大公报》还有一些明显特点:副刊用白话写作,通俗易懂;同人不兼任有报酬的外职,不为党派作宣传;不刊登黄色和刺激性新闻;热心公益,服务社会等①。

武昌首义成功,英敛之的"君主立宪"主张破产了,他心灰意冷,无心主持《大公报》的编务。1912年2月23日,英敛之在报上刊登《告白》声称外出,离开了《大公报》,潜心宗教和教育事业。

《京话日报》是一张以市民为主要读者对象的小型日报,1904年8月16日创刊于北京,通篇用京话,"以浅显之笔,述朴实之理,记要紧之事"。社长彭翼仲,又名诒孙,江苏常州人。《京话日报》的政治倾向是坚持保皇立宪,反对革命,但反帝的立场十分鲜明。同时,该报对官场的腐败和黑暗深恶痛绝,对社会底层民众的疾苦深表同情,敢于为被压迫、被欺侮的下层人民说几句公道话。因此,该报影响很大,英敛之称赞说:"北京报界之享大名与社会程度适当其可者,要推《京话日报》为第一。"②

第三节 同盟会成立前革命派的报刊活动

一、早期宣传活动与《中国日报》创办

严格地讲,资产阶级革命派从1900年起才开始创办报刊。而在此之前,即

---

① 参见吴廷俊:《新记大公报史稿》,武汉出版社,2002年版,第4—5页。
② 英敛之:《北京视察识小录》,1907年11月27日《大公报》。

从 1894 年前后到 1899 年底的几年里,资产阶级革命派的宣传活动,主要靠个别革命党人利用游说、演讲及向中外报刊投稿和编印、翻印一些小册子等方式来进行。

资产阶级革命派早期的报刊活动与孙中山是分不开的。孙中山不仅是杰出的资产阶级革命家,也是著名的资产阶级革命的宣传家和报刊活动家。1891 年前后,他曾在香港《循环日报》、上海《万国公报》和《新闻报》、澳门《镜海丛报》等报刊上发表文章,探讨改造中国的道路。1894 年兴中会在檀香山成立时,他也曾利用当地的华侨报纸宣传革命主张。兴中会在香港成立总会时,孙中山提出了办报计划,但由于他们的革命活动遭到清政府镇压,计划未能实现。革命派早期的革命宣传主要是翻印小册子和口头演讲。翻印的小册子主要有《扬州十日记》、《嘉定屠城记》、《黄书》等,其主要内容是记叙清兵残暴地屠杀汉族同胞情形的。译印的西方资产阶级思想家的书籍多是卢梭、孟德斯鸠、斯宾塞等人论述资产阶级民主思想的著作。这些小册子和书籍,因印数有限,宣传的对象面窄人少,效果不大。靠演讲、游说来宣传革命思想,效果也不佳。1896 年孙中山第一次到檀香山进行革命宣传,在华侨中演讲时,"劝者谆谆,听者终归藐藐,其欢迎革命主义者,每埠不过数人或数十人而已"①。

这几种宣传方式,声势小,效果差,国人知道革命者甚少,支持革命者更少。1895 年广州起义失败,孙中山回忆当时的惨状时说:"举国舆论莫不目予辈为乱臣贼子,大逆不道,咒诅谩骂之声不绝于耳,吾人足迹所到,凡认识者,几视为毒蛇猛兽,而莫敢与吾人交游也。"②

这种进行革命宣传活动的艰苦情形,直到 1900 年初兴中会的机关报《中国日报》创刊,才有所改变。

《中国日报》是兴中会的第一张机关报,也是中国资产阶级革命派创办的第一张报纸,1900 年 1 月 25 日创刊于香港,报名取"中国者,中国人之中国"之义。冯自由称之为"革命党组织言论机关之元祖"③。

《中国日报》的创刊是由孙中山先生在日本亲自筹划的。由于当时香港港英当局禁止孙中山入境的禁令尚未解除,他不能亲自来港主持报纸工作,但报纸的筹办工作一直是在他的领导和参与下进行的,诸如为报纸筹措经费、选派编辑记者、拟定报名等。1899 年秋,孙中山派陈少白到香港主持《中国日报》创刊工作。《中国日报》初出版时,陈少白任社长兼总编辑。

---

① 孙中山:《孙文学说》第 8 章,《革命原起》。
② 同上。
③ 转引自刘家林:《中国新闻通史》上,武汉大学出版社,1995 年版,第 232 页。

陈少白(1869—1934),原名闻韶,号夔石,笔名天羽、黄溪、无咎。广东省新会县外海乡人。他文思敏捷,在兴中会有"才子"之称,是革命派早期报刊宣传工作的主要人物。他从1895年起协助孙中山开展兴中会的工作,准备武装起义,同年广州起义失败后随孙中山流亡日本。1899年冬,奉孙中山之命赴香港,化名服部次郎筹办《中国日报》。1905年同盟会成立,被选为香港分会会长。辛亥革命后,一度出任广东都督府外交司长。不久辞职,脱离政界,兴办实业。1924年孙中山逝世后,回到新会任外海乡乡长,热心于家乡建设,还创办了我国最早的乡报《外海报》。该报以移风易俗为宗旨。1934年12月病逝于北平。遗著有《兴中会革命史要》等。

《中国日报》创刊后的半年内,因不明英人对清政府的态度,还不敢打出推翻清朝政府的旗号,所以在《中国日报》的发刊词中说:"欲使中国维新之机勃然以兴"。半年以后,义和团运动爆发,八国联军入侵,清政府丧权辱国的行径激起全国人民的无比愤慨,《中国日报》的言论也就日趋激烈。它发表章太炎的文章《拒满蒙入会状》、《解辫发说》,指责清政府腐败无能,卖国投降,是一个"强盗政府",提出推翻清政府、实现民族革命的明确主张。

《中国日报》创刊半年后,革命色彩日趋强烈,它的革命宣传有以下几个方面。

其一,报道内地革命党人的活动。1900年惠州革命党人的武装起义,1903年上海革命党人的反清活动,《中国日报》都作了详细报道。这些报道,如实地记述了起义军英勇战斗的事迹,歌颂了起义者的革命精神。

其二,揭露清政府的腐败无能和政府官员的卖国罪行。1904年5月,该报发表了《清宫之近况与中央政府之前途》,尖锐地揭露了清王朝的种种卖国罪行,对广西巡抚王之春出卖广西主权给法帝国主义的罪行,也作了详细的报道和严厉的声讨。

其三,呼吁反帝救亡和与保皇势力展开论战。《中国日报》把帝国主义对中国的鲸吞蚕食的罪恶活动公诸报端,号召中国人民奋勇抗争,救亡图存。1902年,《中国日报》与保皇派在广州创办的《岭南报》展开论战,批驳保皇派的主张。这次论战是报刊史上革命派同保皇派第一次有影响的论战。

其四,宣传留日学生的革命活动。1902年到1903年间,留日学生的革命运动空前高涨,《中国日报》驻东京记者详细报道了这方面的情况。1902年春,章太炎在东京发起"支那亡国二百四十二年纪念会"。《中国日报》不但发了消息,全文刊登了该会宣言,并且在《中国日报》社内召集粤、港、澳三地同情革命人士举行了响应性集会。

《中国日报》不仅是兴中会的宣传机关,同时也是兴中会的起义联络机关。

如1900年,孙中山派陈少白、杨衢云等策划广州、惠州起义,"大本营"就设在报馆三楼,大量的革命党人出入报馆,在此开会、议事、居留。起义失败后,这里又成为起义善后的收容所。1902年初,孙中山由日抵港,也在《中国日报》下榻。

《中国日报》在编排上作了重大的改革,采用了横排短行的"日本版式",打破了中国报纸直排长行的老版式。在《中国日报》的子报《中国旬报》上,还开辟了一个《杂俎》专栏,运用广东民间喜闻乐见的文艺形式,揭露、讽刺和鞭挞昏庸腐朽的清朝官吏。《中国旬报》停刊后,这个《杂俎》专栏移入日报,改名《鼓吹录》,成为中国报纸最早的文学副刊之一。

《中国日报》于1913年8月停刊,历时13年8个月。从创刊到1906年8月由陈少白主持;1906年9月到1909年由冯自由主持;之后由同盟会南方支部主持。

二、在日本的报刊活动

(一)留日学生革命报刊活动

在《中国日报》出版的同时,资产阶级革命报刊在海外也获得发展,首先是在日本。当时的日本是中国留学生最多的国家。

我国留日学生创办的第一家刊物是《开智录》,于1900年11月1日创刊,在日本横滨出版。又称《开智会录》,是横滨"开智会"的机关报。该刊为油印半月刊,由郑贯一主编,冯自由和冯斯栾协助。他们三人分别以"自立"、"自由"、"自强"的笔名发表文章,提倡资产阶级的自由平等思想,人称"三自"。同年12月改为铅印,由《清议报》代印、代发。1901年3月20日停刊,共刊行6期。

《开智录》出版不久,1900年12月6日《译书汇编》创刊于日本东京,这是中国留日学生创办的第一份杂志,月刊,也是留日学生创办的报刊中最早具有初步革命思想的刊物,由杨廷栋、杨荫杭、雷奋等人创办,专门译载西方资产阶级学者的政治学名著,如卢梭的《民约论》、孟德斯鸠的《万法精理》等。

《开智录》和《译书汇编》在宣传资产阶级民主思想方面,起了一定的促进作用,但它们还没有提出明确的革命主张,同改良派的分野还不太鲜明。

留日学生中最早具有鲜明革命倾向的政论刊物是《国民报》。该刊由秦力山、程家柽、沈翔云、王宠惠等于1901年5月10日在东京创办,1901年8月10日停刊,前后仅出4期。该刊用中英两种文字发表政论,不遗余力地宣传反对帝国主义侵略,介绍西方自由、平等、民主、共和等思想观点。在各期所刊文章中,突出的有《说汉种》、《中国灭亡论》、《亡国篇》、《正仇满论》等,这些文章猛烈抨击了数千年来的封建专制制度,提出以暴力推翻清王朝。第4期刊登的章太炎的《正仇满论》是革命派最早的一篇正面批驳保皇谬论的文章。

（二）各省同乡会的报刊活动

从 1902 年起,我国留日学生反清革命的思潮日益高涨,各省留日学生按省份成立革命团体同乡会,又以同乡会的名义出版报刊。其中主要的有《游学译编》、《湖北学生界》、《浙江潮》、《直说》、《江苏》等。

《游学译编》于 1902 年 12 月 14 日创刊于东京,月刊,由湖南留日学生同乡会主办。到 1903 年 11 月 3 日出至第 12 期停刊。编辑有杨守仁、陈天华、黄兴等。

《湖北学生界》于 1903 年 1 月 29 日创刊于东京,月刊。第六期改为《汉声》,1903 年 9 月 21 日停刊,前后共出 8 期。由湖北留日学生同乡会主办,是留日学生界主办的第一份以省名命名的刊物。编者有刘成禺、蓝天蔚等。

《浙江潮》于 1903 年 2 月 17 日创刊于东京,月刊,1904 年初出至第 12 期停刊。由浙江留日同乡会主办。先后担任编辑的有孙翼中、蒋方震等。鲁迅曾为《浙江潮》撰稿,他的第一篇小说《斯巴达之魂》及《中国地质略论》、《论铂》、《地底旅行》就发表在这个刊物上。

《直说》于 1903 年 2 月 22 日创刊于东京,月刊。出版不久即停刊,现存只有两期,由直隶留日学生杜羲等主编。

《江苏》于 1903 年 4 月 27 日创刊于东京,月刊。1904 年 5 月 15 日出至第 12 期停刊。由江苏留日同乡会主办,总编辑秦毓鎏。孙中山以"逸仙"为笔名在该刊发表了《支那保全、分割合论》的论文,这是孙中山在留日学生刊物上最早发表的文章。

这些学生刊物以发表反清言论、鼓吹革命为主。它们注意宣传民族主义思想,介绍中国历史上可歌可泣的民族英雄,用以激发读者的爱国情绪。同时,它们注意宣传民主革命思想,主张实行民主政体,认为只有革命才能救中国。这些革命宣传,对革命运动起了推波助澜的作用。但由于缺乏统一领导,各刊物在宣传上难以做到有力配合,再加上经济上没有保障,出版不易持久,1904 年 6 月以前便先后停刊了。

三、在国内的报刊活动

（一）《苏报》与"苏报案"

《苏报》是资产阶级革命派在国内的报刊中影响最大的一家。"苏报案"是清朝政府与帝国主义相互勾结对爱国革命报刊进行联合镇压的严重行动,是中国近代新闻史上的一个重大事件。

《苏报》1896 年 6 月 26 日创刊于上海,日刊。创办人为旅日华侨胡璋(铁梅),其妻生驹悦系日本人,《苏报》以生驹悦的名字在日本驻上海总领事馆注册。该报初期由邹弢任主笔,但邹并无实权,一切均由胡璋作主。胡璋时期的《苏报》内容多为社会新闻及黄色新闻,还和日本外务省及黑龙会关系密切,因此声名不佳,经营也不利,难以再继续办下去。其时,适逢具有改良主义思想倾向的江西铅山县知县陈范因教案被罢官后正移居上海,他"愤官场之腐败,思以清议救天下"①,于是,在1899年底出资买下《苏报》,聘请妹夫汪文溥为主笔。陈范在接办《苏报》后,先是热衷于变法维新的宣传,《苏报》一度被认为是亲保皇党的报纸。1902年后,国内舆论渐渐倾向革命,陈范也受到革命思想的影响,深感保皇之路行不通,逐渐倾向于革命。1903年5月27日,陈范正式邀请上海爱国学社的章士钊担任《苏报》主笔,以章太炎、蔡元培等为主要撰稿人。从5月27日到7月7日《苏报》被查封,章士钊在主持笔政的40天中,在言论主张、栏目设置、新闻报道等方面,都采取了旗帜鲜明、大胆革命的措施,使《苏报》面目一新,成为一家影响巨大的革命报纸。

1903年6月,《苏报》发表了一系列具有强烈革命色彩的文章:6月1日刊登《康有为》,指出康有为已经由一位维新功臣变为"革命之反动力"了;6月5日,发表有影响的消息《密谕严拿留学生》,海内外哗然;6月9日,除在《新书介绍》介绍邹容的《革命军》外,还发表章士钊的《读〈革命军〉》;6月10日,全文刊登章太炎的《序〈革命军〉》,大大扩大了《革命军》的影响;6月29日,在显著位置发表章太炎的《康有为与觉罗君之关系》(又名《驳康有为政见书》),对康有为所谓中国只可行立宪不可行革命的谬论进行了严厉批驳,并以轻蔑的口吻直呼光绪皇帝为"载湉小丑"。《苏报》的革命宣传,使清政府和帝国主义者十分震恐,他们迫不及待地勾结起来,对它进行迫害。在章太炎的《康有为与觉罗君之关系》发表的第二天,即6月30日,帝国主义的租界当局派军警包围了苏报馆和爱国学社,章太炎等五人被捕,邹容次日投案,苏报馆被查封。

在抓捕过程中,章太炎"志在流血",临危不惧,邹容大义凛然,视死如归。在监狱中,邹容坚强不屈,被苦役折磨致死。章太炎无所畏惧,坚持斗争,在回答《新闻报》记者来访时说:"吾辈书生,未有寸刃尺匕足以抗衡,相延入狱,志在流血,性分所定,上可以质皇天后土,下可以对四万万人矣。""请看五十余年后,铜像巍巍立于云表者,为我为尔,坐以待之,无多聒聒可也!"章太炎表现出来的崇高革命情操和大无畏的英雄气概,赢得了社会舆论的尊敬。

"苏报案"的审理,从1903年7月15日到1904年5月22日,长达10个月,一共开庭7次。在法庭上,清廷官员丑态百出,而革命者则从容应对,"不知所谓

---

① 蒋慎吾:《兴中会时代上海革命党人的活动》,《民国丛书》第2编第98册,上海书店,1989年版,第206页。

圣讳",侃侃而谈。最后,邹容被判处 2 年徒刑,章太炎被判监禁 3 年,《苏报》被判"永远停刊"。这场以洋人做法官,清政府为原告,《苏报》为被告的奇特诉讼史称"苏报案"。

(二) 国内革命派的其他报刊活动

这一时期,革命派在国内的报刊活动主要集中在上海、杭州和金华等地。

革命派在国内创办的第一家报刊《大陆》月刊,1902 年 12 月 9 日在上海创刊。它以刊发政论为主,主编为戢元丞。

戢元丞,湖北人,为甲午战争后第一批被派到日本学习的留学生,1900 年自立军起义前夕,被孙中山派到湖北、湖南策动革命。自立军起义失败后,又返回日本。之后,在孙中山支持下集资回上海创立作新社图书局,《大陆》就是由作新社出版发行的。

《国民日日报》1903 年 8 月 7 日创刊于上海,是在"苏报案"后,上海的革命报刊继续战斗的产物,章士钊主编。该报并不隐讳革命立场,继续宣传反清革命,但在斗争上较《苏报》重视宣传策略,不"为爆炸性之一击"。1903 年底因报社内部意见分歧停刊。

《警钟日报》1904 年 2 月 26 日在上海创刊,蔡元培、汪允宗先后任主编。该报前身为蔡元培组织的反帝革命团体"对俄同志会"的机关报《俄事警闻》(1903 年 12 月 15 日创办),改为《警钟日报》后,把宣传拒俄和宣传反清结合起来,继续进行革命宣传。1905 年春被租界当局查封。

为了通俗地宣传革命主张,革命派还创办了白话报刊,如《中国白话报》、《杭州白话报》等。《中国白话报》于 1903 年 12 月 19 日在上海创刊,主编林白水。该刊着重对读者进行爱国主义和民族主义的教育。《杭州白话报》由项藻馨于 1901 年 6 月 20 日创办,最初是月刊,以后改为旬刊、周刊、三日刊、日刊。1903 年孙翼中担任主编后,该报成为革命派报纸。在他的主持下,《杭州白话报》以通俗的语言、简短的文字攻击清廷媚外,呼吁救亡,启发读者的革命思想。该报出版至 1910 年 2 月 10 日,是辛亥革命时期出版时间最长的一份白话报刊。

第四节 同盟会的机关报《民报》

一、同盟会成立与《民报》创刊

1905 年 7 月,孙中山由欧洲抵达日本东京,中国留日学生 1 000 多人为他举行盛大欢迎会。孙中山与黄兴、宋教仁等人感觉到,革命团体的分散活动不能适应日益澎湃的革命发展的需要,高涨的革命形势要求建立统一的政党来领导,制定完整的纲领来规范。7月30日,各革命团体70多人在东京召开了联席会议,决定建立中国同盟会,提出了"驱除鞑虏,恢复中华,建立民国,平均地权"的革命纲领。8月20日,同盟会正式成立,选举孙中山为总理。黄兴在会上提议以《二十世纪之支那》作为同盟会的机关报,得到大会通过。该刊是留日学生创办的刊物,1905年6月24日创办,由宋教仁主持;8月27日出版的第2期上发表《日本政客之经营中国谈》一文,揭露了日本侵略我国辽东半岛的野心,被日本政府查禁。在这种情况下,同盟会决定另办《民报》作为机关报。

经过两个多月的筹备,同盟会的第一张大型机关报——《民报》,终于于1905年11月26日在日本东京创刊。开始时为月刊,后改为不定期刊,每期6万至8万字,150页左右,设有论说、时评、谈丛、选录等栏目。

《民报》出版到1910年2月停刊,共出版26期,第1期至第5期主编是胡汉民。1906年6月,章太炎出狱,被同盟会迎到东京,主编《民报》。《民报》的第6期至第18期和第23期、24期均为章太炎主编。第19期为张继主编,第20期至第22期由陶成章主编。1908年10月出版了24期之后,被日本政府以"激扬暗杀"为由予以封禁。后来汪精卫于1910年1月秘密编发了第25期与第26期,声称在法国出版,实际上还是在日本印刷。

孙中山为《民报》撰写了发刊词,在发刊词中,他第一次把同盟会纲领概括为民族、民权、民生三大主义,即三民主义。自创刊起,三民主义就成为《民报》宣传的主要内容,即宣传以排满为中心的民族主义;宣传以建立共和政体为中心的民权主义;宣传以土地国有为中心的民生主义。围绕三民主义问题,《民报》还同保皇派报刊《新民丛报》开展了一场激烈论战。

为了革命宣传的需要,《民报》还大力介绍世界各国资产阶级革命运动和民族解放运动,介绍西方的进步文化和各种新思潮。其中也包括早期社会主义理论。此外,《民报》还发表过主编章太炎不少提倡佛教、阐发佛学、研究国学、整理国故的文章,他的目的是:"以国粹激动种姓,增进爱国热肠"。

二、《民报》与《新民丛报》的大论战

早在《民报》创刊之前,革命派和改良派就已经开始了小规模的论战。如《中国日报》与《岭南报》及《商报》的论战等,但这些论战还未形成规模,相对而言,保皇派在社会上仍占有很大优势和影响。但《民报》一创刊,就改变了这种局面。

《民报》第1期,就发表了"思黄"(陈天华)的《论中国宜改创民主政体》、汪精卫的《民族的国民》,点名对康、梁的谬说进行批驳。改良派立即应战,梁启超在《新民丛报》上先后发表《申论种族革命与政治革命之得失》、《开明专制论》、《驳某报土地国有论》等文章,并于1906年春将《新民丛报》上新近发表的反对革命的文章汇集成册,题为《中国存亡一大问题》,印行一万多册,广为散发。这样就形成了两军对垒的阵势。

两报之间的大规模论战是从1904年4月开始的。《民报》第3期发表《〈民报〉与〈新民丛报〉辩驳之纲领》一文,列举了双方在12个问题上的根本分歧,认为这些是攸关中国存亡的大问题,并表示"自第四期以下,分类辩驳"。

双方主要围绕以下三个问题展开论战。

第一,要不要推翻清政府,实行反清的民族革命。《民报》揭露了满洲贵族封建统治集团对国内各民族的压迫,指出《新民丛报》鼓吹的爱国不必反清"实质是变相保皇,只有实行民族革命推翻民族牢狱,才能真正达到爱国的目的"。至于《新民丛报》认为革命必将导致内乱和亡国,《民报》认为:这次革命只"革"本国独裁政府的"命",并不笼统排外,可以避免帝国主义的干涉与瓜分,倒是如果不革命,国家越来越弱,必会遭到瓜分。

第二,要不要实行民主革命,建立共和政体。《民报》指出《新民丛报》之要求立宪和"开明专制",只不过是为了稳定已经动摇了的清朝封建政权,欺骗和麻痹人民群众。《民报》主张用暴力手段推翻封建政府,建立资产阶级民主共和国。

第三,要不要废除封建土地制度,实行民生主义及土地国有。《民报》驳斥了《新民丛报》反对"平均地权"、否认封建剥削和土地贫富悬殊现象等维护封建土地制度的观点,指出贫富不均乃是客观存在的事实。因此土地私有制度必须改变;只有实行平均地权和土地国有,发展生产,解决社会民生问题,才能取得民主革命的胜利。

在论战中,《民报》的很多文章,立论以事实为依据,深刻地揭示清朝政府的腐败无能,而《新民丛报》为清廷及皇帝辩护的种种论点都失却根据。从论战阵容上看,《新民丛报》几乎只有梁启超一人,而《民报》则有章太炎、胡汉民、汪精卫、陈天华、朱执信、汪东、黄侃等多人。从声势上看,《民报》显然占了压倒《新民丛报》的优势。1907年11月,不堪招架的《新民丛报》在清廷宣布预备立宪后自动停刊,两刊论战宣告结束。

《民报》对《新民丛报》大论战的意义是巨大的。论战使革命思想得到进一步传播,同盟会的纲领逐渐深入人心,得到愈来愈多的人的支持,而保皇派的声望大大降低,力量大大减弱,尤其在青年学生中,以谈革命为时髦,这样为辛亥革命奠定了理论基础;论战促进了革命报刊的大发展,1905年8月以前,革命派期刊不足30种,报纸10多种,论战后期,期刊增加到40多种,报纸增加到65种以上;论战也促进了报刊政论文的进一步发展,尤其是驳论文得到明显的广泛应用,在写作上注意引证、辩驳和逻辑,文章质量大大提高了。

第五节 辛亥革命时期革命派的办报活动

经过论战,革命派在气势上已经明显压倒保皇派,于是,从1907年起,革命派把活动重点从海外转移到国内,重新着手组织武装起义,报刊宣传也主要是配合武装起义开展。

上海、武汉和长江中下游成了革命派活动的重要基地。

一、于右任等在上海的报刊活动

(一)于右任与《神州日报》及"竖三民"

于右任(1879—1964),陕西三原人,名伯循,字诱人,"右任"是他1904年开始为报纸投稿时所用的笔名,此后所用的笔名还有骚心、大风、神州旧主、剥果、半哭半笑楼主、啼血乾坤一杜鹃、关西余子等,中国近代资产阶级政治活动家,有影响的报刊活动家。于右任青少年时期博览群书,中过举人,1904年,因为写"爱自由如发妻,换太平以颈血"诗句,被三原县令德锐和陕甘总督升允举发,遭到通缉而逃往上海。同年4月到日本,会见了孙中山,加入了同盟会。不久回国,创办报刊,进行革命的鼓吹。辛亥革命后,于右任出任南京政府交通次长,嗣后长期担任蒋介石政府的监察院长,对国民党上层的贪污腐化现象不满,并有所弹劾,有爱国正义的表现。全国解放前夕,于右任被蒋介石胁迫飞往台湾,晚年在台湾写了不少怀念家乡的诗词,1964年逝世。周恩来评价于右任时说:"在国民党内部,他还不能算是一位真正的左派",但算是一个"公正的人,有民族气节"的人①。

于右任的报刊活动主要在1907年至1912年民国成立之前的五年当中。他先后创办了《神州日报》、《民呼日报》、《民吁日报》、《民立报》,并且为在东京出版的《秦陇》、《夏声》等革命刊物写稿,成为名重一时的报刊活动家。

---

① 见《人物》1981年第4期,第36页。

于右任创办的第一张报纸是《神州日报》。该报1907年4月2日创刊于上海,于右任为社长。为什么叫《神州日报》?据于右任说:"就是以祖宗缔造之艰难和历史遗产之丰实,唤起中华民族之祖国思想","激发潜伏的民族意识"①。《神州日报》是一张在编辑和印刷方面完全现代化的大型日报,虽然没有公开声明是革命派的言论机关,但实际上革命倾向是明显的,尤其是新闻报道,在"有闻必录"的口号下,详细报道各地武装起义的情况,给革命运动以舆论上的支持。同时,还注意"学界新闻"的报道,以加强同青年学生的联系。《神州日报》创刊不久,发行数超过一万。创刊仅80天,因邻居失火,殃及报社,编辑、印刷、营业三部均被烧掉,于右任无力恢复,自行辞出。之后该报由其他人接办。辛亥革命前,这张报纸一直为革命派所掌握。

于右任离开《神州日报》后,曾在上海道台蔡乃煌创办的《舆论日报》任主笔,因意见不合,不久离开,自己积极再筹新报。这便有《民呼日报》的刊行。据他1908年8月27日在上海各报刊出的启事称:"鄙人去岁创办《神州日报》,因火后不支退出,未竟初志,今特发起此报,以为民请命为宗旨,大声疾呼,故曰'民呼',辟淫邪而振民气,亦初创《神州》之志也。"②经过几个月的筹备,《民呼日报》于1909年5月15日创办,于右任仍为社长,聘范鸿仙、徐血儿、戴天仇等为撰述。该报以"大声疾呼,为民请命"为宗旨,大力揭露贪官污吏的罪行,大造清朝气数已尽的舆论。当时甘肃省闹灾荒,都督升允只顾个人保官,不管人民死活,三年匿灾不报,继续征收田赋。《民呼日报》对灾荒作了详细报道、评述,对升允的罪行作了猛烈的抨击。还通过报道某艺人义演助赈,发表《官不如优》的短评;某歌妓义唱捐款,就发表《官不如娼》的短评。通过这些具体事实的揭发,说明清朝灭亡时机已到,快"变天"了。《民呼日报》的宣传遭到清政府的仇恨,陕甘代理总督毛庆藩诬指于右任吞没救灾公款,向上海公共租界提出控告。公共租界当局拘捕了于右任,虽经14次研讯,查明纯属诬告,但还是横蛮地判决,将于右任"逐出租界"。《民呼日报》于1909年8月14日被迫停刊,前后仅出版92天。

于右任并未屈服,在《民呼日报》停刊两个月以后,1909年10月3日,他在法租界又创办了《民吁日报》。出版前,在上海各报刊登广告:"本社近将《民呼日报》机器生财等一律过盘,改名《民吁日报》,以提倡国民精神,痛陈民生利病,保存国粹,讲求实学为宗旨。"③《民吁日报》创刊之初,于右任因被租界当局驱

---

① 傅德华主编:《于右任辛亥文集》,复旦大学出版社,1986年版,第259页。
② 同上书,第18页。
③ 冯自由:《革命逸史》第3集,中华书局,1983年版,第308页。

逐，不便出面，便由朱少屏担任发行人，范鸿仙任社长，景耀月任总编辑。

谈到《民吁日报》的报名，于右任说："以吁为呼，自形相近，表示人民表愁苦阴惨之声；而分析吁字，又适为'于某之口'。于沉痛中，尤含幽默意味。"一说"改呼为吁，暗示人民的眼睛被挖掉了"①。该报创刊时，正值日本前首相、侵略中国和朝鲜的元凶伊藤博文访俄途中到我国东北进行阴谋活动。对此，《民吁日报》连续发表报道、评论，予以揭露和抨击。正好伊藤在哈尔滨车站被朝鲜爱国志士安重根刺杀，《民吁日报》又发表20多篇报道和评论，认为伊藤之死罪有应得，歌颂安重根是名垂千古的"血性男儿"。日本政府恼羞成怒，指令其驻沪领事馆勾结租界当局以"有碍中日邦交"的罪名于1909年11月19日查封了《民吁日报》。《民吁日报》前后只存在48天。

于右任不气馁。为了"培植吾国民独立之思想"，于右任在沈缦云的资助下，于1910年10月11日创办了《民立报》。报名仍以"民"字开头，表示与"民呼"、"民吁"一脉相承，人们遂称这三张连续出版的报纸为"竖三民"。关于报名，于右任在回答"为什么'民呼'封闭后办'民吁'，'民吁'封闭后又办'民立'"的提问时说："先是什么都不怕，大声疾呼地宣传革命。不允许大声疾呼就只好叹息。叹息也不准许就迫得非挺立起来不可！"挺立起来是对的，所以《民立报》能一直办到民国成立以后②！与于右任办的前三张报纸相比，《民立报》无论是经济上还是采编力量上，都要强很多。社长由于右任自任，吴忠信、童弼臣任总经理，宋教仁为总主笔，范鸿仙、景耀月、邵力子、章士钊、叶楚伧、张季鸾、陈其美、吕志伊、马君武等报界俊秀为编辑。1911年7月31日，领导长江流域革命活动的"中国同盟会中部总会"在上海成立，于右任、范鸿仙、宋教仁、陈其美、吕志伊任职其中，遂确定《民立报》为其机关报。武昌起义打响后，它将起义消息及时地报道给上海人民，并且停登广告、社会新闻。全报各版都用于革命宣传，因而大受读者欢迎，日销达2万余份，"昼夜印机不停"仍不能满足需要，是当时国内最有影响的一家革命派报纸。

《民立报》不仅是革命党人的宣传机关，而且充当革命党人在上海的联络机关，不少内地革命党人来上海联络工作，"均假《民立报》为东道主"。同盟会中部总会成立后，《民立报》馆又成为总部所在地。武昌首义后，孙中山归国抵沪时，首先来到《民立报》馆。南京临时政府成立后，于右任、宋教仁、景耀月、马君武、吕志伊等均出任内阁成员，《民立报》社务由范鸿仙主持。《民立报》不仅发

---

① 傅德华主编：《于右任辛亥文集》，复旦大学出版社，1986年版，第18页。
② 黄季陆：《高山流水》，转引自刘家林：《中国新闻通史》上，武汉大学出版社，1995年版，第307页。

表临时政府的各种消息,而且发表了《中华民国临时大总统宣言书》,实际上成了临时政府的机关报。1913 年,"二次革命"失败后,于右任逃亡日本,范鸿仙被暗杀,《民立报》于当年 9 月 4 日停刊,共出版 1 036 号。

(二) 其他革命派报刊

上海交通方便,印刷技术先进,又有帝国主义租界作为缓冲,所以这里成为革命派在国内进行报刊宣传活动的一个中心。除了于右任创办的报纸外,另外还有《中国女报》、《越报》、《锐进学报》、《大陆报》等 10 余家报纸。

《中国女报》于 1907 年 1 月创刊于上海,月刊,秋瑾主编。她在发刊词中提出:"结二万万大团体于一致,通全国女界声息于朝夕","使我女子生机活泼,精神奋飞"。《中国女报》指出妇女的首要任务是争女权、争独立、争解放。该报办了两期后被迫停刊。

《越报》创刊于 1909 年 11 月,月刊,由赵汉声主编,声称以"救国拯民"为宗旨。仅出一期即停刊。

《锐进学报》创刊于 1911 年 7 月,由锐进学社出版,尹锐志、尹维峻主编。出版不久即停刊。

《大陆报》创刊于 1911 年 8 月 29 日,英文名为 China Press,是辛亥革命时期革命党人在国内创办的唯一英文日报。该报由孙中山在国外募集资金出版,创办这一报纸的目的是争取国际舆论对中国革命的支持。辛亥革命后继续出版,反袁的"二次革命"失败后变为美商报纸。

二、詹大悲等在武汉的报刊活动

1861 年汉口开埠后,交通方便,信息灵通,各方面发展迅速,到 19 世纪末 20 世纪初,武汉已经发展成为仅次于上海的第二大商埠,也是长江流域一带革命党人活动的中心,革命派报刊因此而兴起于一时。1907 年后,武汉陆续出现为革命派所控制或直接由革命党人所创办的报刊大约 10 余种,最著名的是《大江报》。

(一) 詹大悲与《大江报》

詹大悲(1889—1928),名潮,字质存,笔名大悲,湖北蕲春人,中国近代资产阶级革命家。詹大悲中学毕业后,便参加湖北地区的民主革命活动,是群治学社、振武学社、文学社等革命团体的骨干,主要负责宣传工作,是辛亥革命时期湖北地区革命宣传战线上的一员主将。武昌起义爆发后,他一度任鄂军军政府汉口分府的主任。1912 年参加改组后的国民党,出任国民党汉口交通部部长,后又被选为湖北议会的议长。1922 年又担任孙中山在广州的大元帅府的宣传员。

1927年任大革命时期的湖北省政府财政厅厅长。1928年1月9日,被桂系军阀以"赤化分子,阴谋暴动"的罪名杀害于武汉。

詹大悲也是著名的报刊活动家。1908年在武汉被宛思演聘为《商务日报》总主笔,开始他的报刊活动。在他的主持下,《商务日报》渐渐成了群治学社的机关报。该报日出两大张,言论激烈,被称为汉口报界倡导革命的急先锋,同时,报社也成了革命党人策划起义和进行联络的机关。不久,群治学社活动败露,《商务日报》也被封闭。

《商务日报》的被封,使詹大悲等人心急如焚,他们为重建舆论机关积极奔走,在宛思演的同乡胡为霖的资助下,于1910年12月14日创办了《大江白话报》。该报是在何海鸣所办的《大江》、《白话》两刊合并的基础上创办的,胡为霖任总经理,詹大悲任总编辑,何海鸣任副总编辑。发刊后,大胆敢言,凡武汉官厅各种黑幕无不尽情揭露,胡为霖胆怯退出报馆,馆务一度陷于停顿。詹大悲集资于1911年1月3日接办该报,自任总经理,去掉"白话"二字,改名为《大江报》。编辑为何海鸣等。1911年1月30日,武汉地区革命党人在振武学社的基础上成立了一个新的革命团体"文学社",从事革命发动工作,詹大悲被选为文书部长,《大江报》被指定为文学社的机关报。从此《大江报》在文学社的指导下,激烈抨击清朝政府的反动统治,大力鼓吹只有推翻这个反动的腐朽的政府,中国才有出路。尤其是它以清政府的新军下级官兵作为主要宣传对象,取得了显著效果。

足以使《大江报》享有盛名的是它所刊载的两篇时评:《亡中国者和平也》,《大乱者救中国之妙药也》,比较起来,后者影响更大。《亡中国者和平也》一文发表于1911年7月17日《大江报》时评栏,署名"海",为何海鸣所作。该文重点是驳斥改良派企图用请愿等"和平"手段来抵制革命的倒行逆施,指出所谓"和平"之道是"亡中国之道",鼓吹只有"大乱"(革命)才能拯救中国。《大乱者救中国之妙药也》是前文的姊妹篇,刊载于1911年7月26日《大江报》时评栏,署名"奇谈",出自黄侃的手笔。全文共计才231字,然字字千钧,颂扬革命的态度热情洋溢。全文如下:

> 中国情势,事事皆现死机,处处皆成死境,膏肓之疾,已不可为。然犹上下醉梦,不知死期之将至。长日如年,昏沉虚度。软痛一朵,人人病夫。此时非有极大之震动,极烈之改革,唤醒四万万人之沉梦,亡国奴之官衔,行见人人欢然自戴而不自知耳。和平改革既为事理所必无,次之则无规则之大乱,予人民以深创巨痛,使至于绝地,而顿易其亡国之观念,是亦无可奈何之希望。故大乱者,实今日救中国之妙药也。呜呼!爱国之志士乎!救国之健儿乎!和平已无可望矣。国危如是,男儿死耳!好自为之,毋令黄祖呼佞

而已。

作者旗帜鲜明地告诉人民,只有"大乱",即革命,才是拯救中国的唯一的出路;文章号召爱国志士们、救国健儿们,要勇敢地积极地投身革命!文章文辞质朴,气势昂扬,很富有感召力,特别是它的标题鲜明生动,一个比喻修辞的运用使文章的内涵既浅显而又深刻地得到了表现。

这篇时评的作者黄侃,系章太炎弟子,湖北人,留学日本,回国后在河南教书。时返乡省亲路经汉口,詹大悲为之接风洗尘。酒后,黄侃大骂立宪派,认为他们所提倡的和平改革纯属欺人之谈,于是提笔为《大江报》写了这篇时评。

《大江报》的革命宣传使清朝统治者恨之入骨,1911年8月1日,巡警包围了《大江报》社,逮捕了詹大悲,何海鸣不在报社,次日闻讯自行投案。詹大悲在法庭上表现得大义凛然,在回答为何发表如此激烈文章时说:"国民长梦不醒,非大乱不足以惊觉,望治情殷,故出此忿激之语。"当法官追查作者时,詹大悲则勇敢承担一切责任,只是说系"外间投稿",经其过目后"选定刊载","一切责任均归我负",始终没有说出黄侃。最后,詹、何被判监禁18个月,《大江报》被查封。詹大悲和《大江报》把人们心中的革命激情推到了沸腾的地步,它实际上吹响了武昌起义的号角,在《大江报》事件发生后不到3个月,武昌起义爆发了。

(二)其他革命派报刊

1907年以后创办的革命报纸中,著名的除了《大江报》之外,还有《商务日报》、《大汉报》、《中华民国公报》等。

《商务日报》的前身《商务报》创刊于1909年10月8日,为一家商业报纸,以沟通商务为宗旨。不久主办人病故,宣告终止业务。"日知会"会员宛思演变卖祖产于1909年12月将该报盘进,更名为《商务日报》,由宛思演任经理,詹大悲任总编辑,何海鸣为编辑。不久,资金告罄,詹大悲变卖田产得以维持;又因报馆同人均为群治学社成员,遂以部分群治学社资金充作报资,该报也顺理成章地成为群治学社的机关报。史料显示,这是湖北地区革命团体第一家正式机关报。1910年4月,因学社成员决定起事事泄,《商务日报》被查封。

《大汉报》于1911年10月15日创刊。它是武昌起义打响后革命党人出版的第一家报纸,被时人称为"民国之第一张报纸"。该报创办人胡石庵,湖北天门人,早年加入同盟会,与詹大悲、何海鸣为生死朋友。1910年,胡石庵变卖家产在汉口经营印刷业,开设一家"大成汉记印刷公司",印刷革命书刊,秘密翻印革命宣传品《猛回头》、《警世钟》等小册子。武昌起义打响后,革命党人急需印刷宣传品和创办报刊,在这关键时刻,胡石庵利用自己的有利条件,创办《大汉报》,并且一人承担所有工作,想尽办法为革命造声势。汉口保卫战中,胡石庵还出版号外,全市散发。该报断断续续一直出至1926年8月,因胡石庵病故而随之停刊。

《中华民国公报》于1911年10月16日创刊。该报是武昌起义后成立的武昌军政府军务部的机关报,自称为"中华民国军政府之机关报",是中国历史上第一个资产阶级革命政权的言论机关。该报经费由黎元洪亲自批准,由军政府每月津贴5 000元。该报初创时,每日出一次或两次不定,每日出一张或两三张不等,后来固定出两张半。两张的报纸两面印刷,另半张用连史纸单面印刷。开始"不取阅者分文",后来改为收费铜圆两枚,每期发行4 000份左右。该报的宗旨是"颠覆现今之异族恶劣政府,改建简单社会主义之民国"。内容是刊载军政府和下属各部门及各革命团体的公告,发表有关起义进展情况和各省光复情况的详细报道、有关清廷对付革命情况的报道以及有关军政府政策与革命形势的评论等。南京临时政府成立后,该报沦为政党论战的工具,1913年"二次革命"爆发后停刊。

三、在其他地区的报刊活动

除上海、武汉外,革命派人士还在国内其他地区创办了不少鼓吹革命的报刊,其中主要集中在广州、香港和京津等地。

广州。这一时期,同盟会会员自由结合集资在广州创办了《拒约报》、《时事画报》、《群报》、《珠江镜报》、《南越报》、《可报》、《天民报》等18家左右的报刊,但是这些报刊都不具备机关报性质。其中重要的有《时事画报》和《可报》。

《时事画报》创刊于1905年9月,由著名岭南派画家高剑父、潘达微等人绘编出版,为革命派创办的第一份画报。1907年停刊,翌年迁往香港出版,辛亥革命后又迁回广州。该报在当时有一定特色:由图画和文字两个部分组成,图画部分大都是配合时事新闻绘制的宣传画,如《钦廉起义图》、《黄冈起义图》、《鉴湖女侠秋瑾像》之类;文字部分有论说、短评、要闻、谈丛、小说、诗界等栏目。

《可报》创刊于1911年3月,创办人为陈炯明,主笔为朱执信,编辑有叶夏声、马育航、邹鲁等。当时广东赌博风行,谘议局开会讨论是否禁赌,在表决时同意者书"可"字,反对者书"否"字,因而被戏称为"可议员"和"否议员"两派。"可议员"陈炯明、朱执信等创办《可报》,表示要通过报纸宣传禁赌,以此掩人耳目。

香港。革命派人士在香港创办的报刊有13家,有影响的除老牌的《中国日报》外,还有《日日新报》、《东方报》、《社会公报》、《真报》、《新少年报》等。

京津。在北京,最早出现的是1909年12月创刊的《帝国日报》,后来有1911年2月8日创刊的《国风日报》。在天津,革命派相继创办的报刊有《忠言报》、《北方日报》、《克服学报》、《民国报》、《民意报》等,其中《民意报》影响最大。该报直接由京津同盟会副会长李石曾主持,以"鼓吹中央革命"为宗旨,成为京津同盟会机关报,是辛亥革命时期天津最有影响的革命派报纸。

第六节　资产阶级革命派的报刊思想

一、基本要点

辛亥革命时期,以孙中山为代表的资产阶级革命派,在从事报刊宣传的过程中,曾就报纸的性质、任务、作用等问题发表过一些见解和主张,粗略地表述了他们的办报思想。归纳起来,主要有以下几点[①]。

第一,为革命办报,把鼓吹民族民主革命作为报纸的首要任务。资产阶级革命派的报刊活动家的办报目的很明确:打倒清政府。《中国日报》的命名意在强调"中国乃中国人之中国",同盟会成立后,在国外和我国港澳地区出版的革命报刊公开地把革命反清作为自己的办报宗旨。《民呼日报》等报一再表示要"为民请命","吊民伐罪",作"义师先声"。虽然措词上并无革命字样,但鲜明地传达革命信息,宣传革命主张。

第二,高度评价报纸的战斗作用,把报纸视为政治斗争的锐利武器。资产阶级改良派和革命派都高度评价报刊的作用,只是改良派主要看重报刊对"新民"和"开发民智"的作用,而革命派则更看重报刊的政治宣传作用。他们认为:"报纸能宣布公理,激励人心,何异政令?报纸能声罪致讨,以儆效尤,何异裁判定案?报纸能密查侦察,以显其私,何异侦探暗差?报纸能布其证据,直斥其人,何异警察巡兵?报纸能与人辩诬讼冤,何异律师?报纸能笔战舌战,何异军人?"[②]

[①] 以下五点内容,主要参考了方汉奇主编的《中国新闻事业通史》第1卷第6章第9节的相关内容,特此说明。

[②] 郑贯公:《拒约须急设机关日报议》,转引自方汉奇主编:《中国新闻事业通史》第1卷,中国人民大学出版社,1992年版,第981页。

第三,承认报纸的党派性,主张办机关报作为党派"喉舌",以宣传革命的纲领、主张,并化为"常识",让民众接受。改良派和革命派都认为报纸是"喉舌",早期梁启超认为报纸是国家和民众的"喉舌";政变后,梁启超虽然创办了几家出色的政党机关报,但他又主张,报纸应脱离一党之报,进入一国之报,甚至世界之报。而革命派则公开声称,政党机关报就是应充当政党进行政治斗争的喉舌,政党机关报是政党的有机组成部分。1910年初,孙中山在旧金山指导当地华侨建立同盟会支部和出版机关报《少年中国晨报》时说:"扩大少年学社公开为中国同盟会是体,扩大《美洲少年》改组为日报是用,有体有用,我们党的宗旨和作用才发挥出来,两件事就是一件事。"①这些论述把党报和党联为一体,明确了党和党报的关系是"体"和"用"的关系。在《民报发刊词》中,孙中山明确地说:《民报》创刊后,就是将同盟会"非常革新之学说,其理想输灌于人心,而化为常识"。

第四,认为报纸和记者是国民的代表和舆论的代表。革命党报人一方面承认报纸的党派性,是党的喉舌,一方面又说自己代表人民说话,所以,他们的报纸的报名多以"民"名之:《民报》、《国民日日报》、《民呼日报》、《民吁日报》、《民立报》、《民生报》、《民声报》等。"夫报馆者,固平民之代表也。平民者,又与贵族立于反对之地位者也"②。又说报纸、记者与平民的关系是"记者据最高之地位,代表国民,国民而亦即承认其为代表者"③。

第五,认为报纸是"舆论之母",不仅可以宣传革命思想,而且可以表达舆论、影响舆论,甚至制造舆论。他们认为,"将图国民之事业,不可不造国民之舆论"④。认为报纸有"左右舆论之势力"⑤。

除以上几点外,辛亥革命时期的革命派报刊活动家还提出了其他的一些办报主张,如鼓吹资产阶级的言论自由,重视报纸在传播知识和"开民智"方面的功能,认为报刊宣传应与武装斗争紧密配合,主张以通俗的语言向"下等社会"进行革命宣传,等等,涉及报纸性质、任务、作用、文风等新闻理论与实践的各个方面。

---

① 转引自方汉奇主编:《中国新闻事业通史》第1卷,中国人民大学出版社,1992年版,第983页。
② 蹈海子:《民呼日报宣言书》,转引自方汉奇主编:《中国新闻事业通史》第1卷,中国人民大学出版社,1992年版,第983页。
③ 《国民日日报发刊词》,转引自方汉奇主编:《中国新闻事业通史》第1卷,中国人民大学出版社,1992年版,第983页。
④ 同上书,第984页。
⑤ 秋瑾:《中国女报发刊词》,转引自方汉奇主编:《中国新闻事业通史》第1卷,中国人民大学出版社,1992年版,第984页。

二、主要局限

由于唯心主义哲学观和个人英雄主义的影响,以孙中山先生为首的资产阶级革命派的报刊思想表现出明显的局限性,最主要表现在"舆论之母"论的提出上。

毋庸讳言,孙中山的"舆论之母"论,有它相当合理的进步的成分。他把报刊称为"舆论之母",要求革命派报刊以宣传革命主张为己任,希望《民报》等作为同盟会的喉舌,将同盟会的纲领宣传到民众中去,使之化为一种"常识"。这当然是正确的。但是深入地问一句,他为什么将报刊称为"舆论之母"呢?问题就显现出来了。

在孙中山等人看来,民众是分为"先知先觉"者和"后知后觉"者的,先知先觉者之责任,就是掖后知后觉者一道前进。在《民报发刊词》中,孙中山说:"惟夫一群之中,有少数最良之心理能策其群而进之,使最宜之治法适应于吾群,吾群之进步适应于世界,此先知先觉之天职,而吾《民报》所为作也。""夫缮群之道,与群俱进,而择别取舍,惟其最宜。此群之历史既与彼群殊,则所以掖而进之之阶级,不无后先进止之别。""由之不贰,此所以为舆论之母也。"①

他们处处以"先知先觉"者自居,以为中国革命只需要几个"华盛顿"式的人物就够了,因此,革命派的宣传民众的工作做得是相当不广泛、不深入的。对于"唤起民众"的广泛性和深刻性,连孙中山先生也是直到晚年才有一个较为彻底的认识。

此外,在"舆论之母"论的指导下,他们不仅利用报刊宣传革命主张,批驳保皇派论调,而且利用报刊"制造舆论",为了配合某一次大的政治或者军事行动,大"造"舆论,甚至不惜编造假新闻,制造舆论。如汉口的《大汉报》,为了造声势,一开始发表了不少假文告和假报道。第2期发表的《孙大总统告同胞书》根本不存在,是胡石庵编造出来的,当时孙中山尚在国外,临时政府尚未成立,总统选举还没进行。另外,该报上刊登的许多民军方面的战斗捷报和各地援鄂部队到达的消息,也是编辑们编出来的。故当时就有人说,"中华民国是吹出来的"。胡则振振有词地说:"把声势说得夸张些,既可以安民心,又可以丧敌胆,这个谎非扯不可。"②就是著名的《民立报》上,为了配合武装起义制造舆论,也刊登了许多虚假新闻。

---

① 《民报发刊词》,《孙中山选集》上卷,人民出版社,1956年版,第72页。
② 蔡寄欧:《鄂州血史》,转引自丁淦林主编:《中国新闻事业史》,高等教育出版社,2002年版,第147页。

本章简论：国人的办报高潮
实质是政党的斗争高潮

对本章的内容作结，首先说明一点，就是国人办报出现的高潮实际上是政党的政治斗争所推动的。戊戌变法失败后，中国民族资产阶级形成两股主要的政治力量，出现两个政治派别：一个是以康有为、梁启超为代表的资产阶级改良派，这一派和戊戌变法时期的维新派既有联系，又有区别。戊戌变法时期，维新派在以光绪皇帝为首的帝党的支持下，希图从上而下进行改革。他们通过创办报刊，进行舆论宣传，对地主、官僚出身的知识分子及资产阶级知识分子进行启蒙思想的教育，促进了中国知识分子思想的觉醒和解放。戊戌变法失败后，他们仍然幻想在不根本动摇封建统治的基础上，通过自上而下的温和改良来发展资本主义，主张实行"开明专制"、"君主立宪"制度。资产阶级革命运动蓬勃兴起后，他们极力反对资产阶级革命派领导的民主革命，逐渐由维新派、改良派堕落成为保皇派。另一个是以孙中山为首的资产阶级革命派。这一股政治力量早在甲午战争时就出现了，但在戊戌变法时期还很幼弱，故不能在当时的政治舞台上占据主导地位。但戊戌变法失败后，特别是1900年后，资产阶级革命派力量渐强。他们主张用暴力推翻封建制度、推翻清王朝。在整个辛亥革命时期，他们创办了大量报刊，宣传革命，为革命斗争服务。

资产阶级革命派与改良派是中国资产阶级内部的两个政治派别，保皇会和同盟会分别是这两个政治派别的政治团体——政党，所以，他们创办的报刊是名副其实的政党报刊。这些报刊都公开声称是本党的喉舌，是党派进行政治斗争的工具。所以，中国新闻史上的国人办报高潮，实际上是政党报刊扩张所致，政党的政治斗争(包括军事斗争)越激烈，报刊就越发展。

与同一时期有几家商业性报刊出版必然会竞争一样，同一时期有几家分属不同政党的报纸出版必然会论战，革命派和保皇派的报刊大论战，实际上是政党报纸的论战，是报刊的创办者——政党的论战。

为此，这一时期报刊有两个显著特征。其一，报刊的发展主要是政党进行政治斗争需要的推动。这里所说的政治斗争，包括两个方面，即对外的斗争与对内的斗争，即对封建统治者的斗争和两派政党之间的斗争。这两方面的斗争既有区别，又有联系。保皇党和革命党虽然都是为了国家民族的振兴，但所选择的道路不同，追求的目标不同，因此，他们创办报刊既是为了宣传本党的政治主张，又是为了驳斥对立党的政治主张。同时,随着政党事业的发展和论战的进行,报刊的种类和报刊业务有进一步的发展。如前所述,革命派在与保皇派报刊论战中,期刊由原来的20多种增加到40多种,报纸由10多种增加到近70种;同时报刊政论的质量也有了很大提高。

这一时期报刊的另一个显著特征,就是报刊主要发挥政治宣传功能。中国近代政党,无论是政党的嚆矢——"强学会",还是成熟的政党——"保皇会"和"同盟会",都是为了开展政治运动而产生的。所以,他们创办报刊的目的很明确,就是进行政治宣传,把报刊的政治宣传功能发挥到极致。比如,英伦蒙难后的孙中山深感报刊的威力无穷,一改以往口头宣传的老套做法,立即掀起了创办报刊的热潮,并利用党报党刊,进行了广泛而有力的政治宣传,从而在思想上、气势上占据上风,至少取得了几个方面的成效:一是宣传了自己的政治主张,使革命的目标明确;二是廓清了改良派的思想迷雾,统一了革命派党内思想;三是为进行武装革命作了舆论准备。

本章内容说明的第二个问题,是政党报刊的发展主流,使得这一时期中国报刊形成两大传统:政治家办报传统和报刊政论传统。

如果说19世纪90年代资产阶级维新派人士办报是政治家办报的开始,那么20世纪前10年,资产阶级革命派和改良派的报刊活动加速了政治家办报传统的形成。除康有为、梁启超、唐才常等人外,孙中山、陈少白、章太炎、于右任等人也都是以政治家的身份投身办报活动的。和所有政治家一样,他们办报不是为了营利,而是为了营政,办报是他们从事的政治活动的一个组成部分。所以,无论是维新党的报馆,还是革命党的报馆,都是本党的机关,不仅是宣传机关,而且是组织队伍的联络机关和政治运动的指挥机关。同时,有重大影响的报刊无一不是由这些著名政治家创办或主编的。这些政治家、政治运动的领导人与组织者运用他们所创办或主编的报刊宣传政治主张,组织队伍,指挥斗争,推动政治运动的进展。

西方传教士把近代报纸传到中国来,被中国的读书人一眼看中的是近代报纸能"立言",能宣传政治主张,而宣传政治主张则首推言论最为有效,所以国人自办第一张成功的近代报纸是以政论为主的《循环日报》,这张报纸影响最大者也在于它每天在显著位置上刊载的言论,尤其是政论。王韬在《循环日报》上及时地论述时政,首创我国报刊政论文体,他本人也成了中国新闻史上的第一个报刊政论作家。资产阶级维新时期和革命时期,政治家们充分发挥报刊政论的作用,由《循环日报》开始的报刊政论传统到了此时得到了长足的发展,一篇政论文的发表,往往如"一石激起千层浪",引起强烈的社会震动。长篇的如梁启超在《新民丛报》上发表的《新民说》,中篇的如章太炎在《苏报》上发表的《驳康有为政见书》，短篇的如《大江报》上的时评《大乱者救中国之妙药也》。政论文质量的好坏和影响的大小，成了评价报刊质量高低的一个重要标志，因而各报馆都组织有一个相对稳定的素质较高的政论文写作队伍，一批著名的报刊政论作家应运而生，其佼佼者有梁启超、谭嗣同、章太炎、朱执信、汪精卫、胡汉民、陈天华、宋教仁等。从维新运动到辛亥革命，在中国新闻史上被称为报刊政论时代。

中 编

五方杂处：民国时期的新闻事业

第六章

民初混乱与新闻事业的被动进步

本章概要

1912年中华民国成立到1915年新文化运动前,是中国民族资产阶级领导的旧民主主义革命从鼎盛走向终结的时期。这一时期,以孙中山为代表的资产阶级民主主义者,创建了中华民国,成立了临时政府,取得了以民主共和代替封建帝制的伟大胜利。但因辛亥革命的不彻底性和中外反动势力的破坏,以袁世凯为代表的地主买办势力篡夺了国家政权,肆意践踏民主,共和制度名存实亡,先后上演了袁世凯复辟帝制和张勋复辟的丑剧,最终形成了军阀割据的混乱局面。

中华民国建立以后,中国的新闻事业曾经出现过一度的繁荣。清政府对言论出版的禁律废弛于无形;经过章太炎及报界同仁的斗争,混入南京临时政府的清廷官吏企图沿袭老谱压制新闻出版自由的《暂行报律》也被孙中山下令取消了,随之颁发的《中华民国临时约法》明确规定了"人民有言论、著作、刊行及集会、结社之自由"。一时间,新闻事业呈现出一片繁荣的景象,尤其是"政党报纸"如雨后春笋般地创办起来,并盲目地运用所谓"自由"。但是,这种繁荣是一种虚假的繁荣,这种发展是一种无序的发展,没有可持续性。

问题很快出现了。1913年"二次革命"失败后,新闻界即遭到了以袁世凯为首的封建军阀官僚们的严重压制和摧残,迅速地从繁荣走向了凋敝和堕落。报纸数量锐减,所刊内容为规避政治迫害而趋向消极和风花雪月,由鸳鸯蝴蝶派主持的报纸副刊和格调低下的文艺小报盛极一时。

民初新闻事业在新闻业务方面出现了一个基本特点,就是报刊由政论时代向新闻时代转变,改变了以前重论说、轻新闻的传统,而成为重新闻或者新闻和论说并重。这种演变的原因归根结底来源于袁世凯对新闻事业的摧残,以及革命形势的江河日下和言论自由的丢失,是一种无奈的选择。袁世凯的严刑峻法和武力镇压,使得报纸失去话语空间,发表言论动辄得咎,只得走报道新闻的道路。

在报刊由政论向新闻时代转变的过程中出现了一大批以采访独家新闻、内幕新闻和写新闻通信著称的名记者,如黄远生和邵飘萍等,这些记者的出现取代了上个时期报刊政论作家的地位,而成为当时中国新闻界的佼佼者。

第一节 民初新闻事业无序发展

一、"咸与共和"与报纸暂时繁荣

无可否认,辛亥革命推翻了持续两千多年的帝制统治,建立了中华民国,民主的空气和言论自由的空间扩大了。经过革命的洗礼,清朝的诸多新闻法规(包括《大清印刷物专律》、《报章应守规则》、《大清报律》等)无形之中就被废止。与此同时,新闻界争取新闻自由的斗争精神也似乎增强了。1912年3月4日,南京临时政府内务部借口清朝新闻法规的废除,急忙颁布了《民国暂行报律》,"与报界约法三章":①(新闻杂志)其发行及编辑人姓名须向本部呈明注册……否则不准其发行。② 流言煽惑,关于共和国体有破坏弊害者,除停止出版外,其发行人、编辑人并坐以应得之罪。③ 调查失实、污毁个人名誉者,被污毁人得要求其更正。要求更正而不履行时,经被污毁人提起诉讼时,讯明,得酌量科罪①。此律一出,即遭到新闻界的强烈抵制,上海数十家报纸同时刊登指向南京临时政府的专电,称:"先定报律,是欲袭满清专制之故技,钳制舆论,报界全体万难承认!"章太炎针对这一问题,写了《却还内务部所定报律议》作为社论发表于《大共和日报》上,文章同时也分别在《申报》、《新闻报》、《民立报》上发表,其提出的"民主国本无报律"的观点受到多数人的迎合。在形势的威迫下,3月9日,孙中山发布《大总统令内务部取消暂行报律文》:"该部所布暂行报律,虽出补偏救弊之苦心,实昧先后缓急之要序,使议者疑满清钳制舆论之恶政,复见于今,甚无谓也。又,民国一切法律,皆当由参议院议决宣布,乃为有效。该部所布暂行报律,既未经参议院议决,自无法律之效力,不得以暂行二字,谓可从权办理。""此次内务部所布《暂行报律》三章,未经参议院决议,应作无效。"同时,

---

① 张静庐辑注:《中国近代出版史料》初编,上海杂志出版社,1953年版,第325页。

在11日颁布的具有宪法性质的《中国民国临时约法》中又规定了"人民有言论、著作、刊行及集会、结社之自由",言论出版自由的原则以法律的形式确定了下来。

在"咸与共和"的"大好"形势下,昌言无忌,言论自由,新闻事业迅猛发展。报刊数目大大增加,办报活动风起云涌,蔚为大观;报刊的作用和记者的地位日益受到重视。据统计,在武昌起义后半年的时间内,全国的报纸由100家增至500家,总销量数达到4 200万份。这两个数字都超过了历史最高纪录[1]。新创办的报纸多数集中在北京、天津、上海、广州、武汉等革命思潮比较普及和光复较早的城市。其中在当时的政治文化中心北京出版的就有50多种,在上海出版的有40多种,天津35种,广州30种,浙江20多种,湖南11种,武汉9种。这些报纸中,既有以刊登时事性政治材料为主的政府机关报,除前面提到的1911年10月16日在武昌创刊的《中华民国公报》外,1912年1月29日又出版了中国历史上第一张资产阶级共和国的国家机关报《临时政府公报》,一些光复的省区也都出版了机关报。这些报刊,和封建官报的性质完全不同,带有明显的民主色彩,有的形式上也和民办报纸一样,官报气味不浓。又有鼓吹"实业救国"的经济报刊和以推销自己的商品为目的的纯商业性报纸,例如湖北工业总会的《工业世界》、武昌的《民国经济杂志》。既有知识分子创办的发表自己主张的报纸,例如章士钊在上海创办的"坚持不偏不倚"和"朴实说理"的《独立周报》,黄节1912年在广州创办的以"发扬民主,伸张民权,罢斥贪官污吏"为己任的《天民日报》,又有"专对女界而言",争取妇女参政权利的十几种妇女报刊,例如上海神州女界共和协济社的《神州女报》和《女子共和日报》。总之,各种性质的报刊如雨后春笋般出现,造就了民初新闻界的"繁荣"。

同时,报界和记者在社会中的地位也得到了空前的提高。在民主情绪高涨的氛围下,民初的报刊,特别是综合性日报,大都表示赞成共和、拥护民主,并且都自认为是天然的"舆论之母"、"舆论代表",是"四万万众共有之舆论机关"[2],极力宣扬在民主制度下,"报馆与国务院、总统府平等对待,其性质与参议院均同为监督公仆之机关"[3]。新闻记者更以"不冠之皇帝,不开庭之最高法官"[4]的身份自居,当仁不让地负起"监督政府,指导国民"的天职。人们不仅可以在报上批评官员,甚至可以点名骂大总统。当然各地军政府当局对报刊出版也摆出一副尊奉言论自由、尊重报界的姿态,也使得报纸的言论自由受到尊重,记者的

---

[1] 丁淦林主编:《中国新闻事业史》,高等教育出版社,2002年版,第158页。
[2] 见1912年2月13日《民立报》。
[3] 见1912年6月4日《国风日报》。
[4] 见1912年4月30日、5月19日《大中华民国杂志》。

社会地位有所提高。四川军政府在所颁布的《独立协定》中,特意写进"巡警不得干涉报馆"的字样;国务院特地设立新闻记者招待所,每天由国务院秘书长负责接待记者采访;四川都督府政务处每次开会时,为便于女记者旁听采访,特在旁听席上为女记者用红布围成了一个女记者室;1912年5月,北京邮传部下令减免了新闻邮电费。各地军政府对报纸采取的宽容政策和态度,无疑对当时报界的繁荣也到了重要的作用。

二、"政党政治"与政党报纸蜂起

民国初年在"政党政治"观念的影响下,各种党派林立。据不完全统计,民国初年各种党派有312个,上海、北京两地政党占全国党派数的一半以上。在众多政党中影响最大的是国民党、共和党、统一党和民主党。这些政党成分复杂,有资产阶级、立宪派、旧官僚、中下层知识分子和乡绅,他们虽然名义上"咸与共和",却仍然暗中对立,各自立党营私,相互明争暗斗。各种党派创办了五花八门的报纸,为自身的利益作宣传,甚至用作相互攻击和诋毁的武器。尤其是趁共和政体刚创立之机新成立的政党、新创办的党报,为本党能在政府和议会中多一点利益争吵不休、互相攻讦,在群众中造成了很坏的影响。据1912年10月22日统计,各种党派向内务部登记的报馆就有90多家,这些政党报纸在历史上并没有起到多少积极作用,反而加剧了政局的混乱。

民国初年的政党报纸五花八门,其中绝大部分是国会中两大党即同盟会（国民党）和共和党（进步党）的机关报。同盟会（国民党）作为第一大党,其系统的报纸遍布各大城市。在革命党人势力较大的上海,同盟会拥有光复前创办的《民立报》、《天铎报》、《大陆报》和新创办的《太平洋报》、《民国西报》、《中华民报》、《民国新闻》等。其中《民立报》实际成为同盟会的总机关报,日出对开三张半,14版,大量刊载社论、选论、译论、时评等言论,担任着宣传同盟会重大方针政策的任务,在社会上有很大的影响。创办于1912年7月25日的《民国新闻》以"保障共和政体,宣扬民生主义"为宗旨,与《中华民报》及自由党主办的《民权报》同时以言论激烈著称,报名中又均有"民"字,被合称为"横三民"。另外,在北京、武汉、广州、重庆等地,除原有的体系报刊外,同盟会又大肆创办政党刊物,这些报纸曾经拥护共和,反对专制,对袁世凯、黎元洪进行过抵制和斗争,表现了一定的民主精神,但由于内外矛盾交错,这些报纸革命的调子越来越低,甚至泯灭敌我界限,自相矛盾。

共和党、民主党、统一党在1913年5月合并,成立进步党。其成员大多是立宪党人、旧官僚、同盟会中的分裂分子,他们结成大党的目的,是为了和国民党相抗衡。主要领导人有梁启超、章太炎、张謇等。进步党在政治上支持袁世凯,并得到袁世凯的扶持,所以以进步党为主创办的报纸成为袁世凯的忠实拥护者,包括《时报》等原立宪派报纸,《亚细亚日报》等袁世凯御用报纸,以及《不忍》等君宪余孽报纸。老牌的私营报纸《申报》、《新闻报》等在言论上也倾向于这一派。该系统的报纸大多标榜"促进共和政治"、"保证民权"、"为民请命",但实际上他们的共同点是敌视孙中山和同盟会,反对共和,一味袒袁、拥袁,千方百计地为袁的篡权和实行强权统治效力。1912年2月中下旬,《申报》、《新闻报》、《时报》、《神州日报》、《时事新报》、《爱国报》、《民报》、《民声日报》等大肆鼓吹"建都北京",以便早日实现"安宁"和"秩序",为袁世凯留在北京大造舆论。1913年2月由康有为创办的《不忍》月刊,以尊孔教为国教、复辟清室、实行君主立宪为宗旨,恶意攻击革命与民主共和是中国的根本祸患,污蔑民主革命使民生"多艰"、国土"沦丧"、纪纲"亡绝"、人心"堕落"、教化"陵夷"、国粹"丧失"①。

  国民党和进步党这两个党在国会内外的一切方面都针锋相对,因而它们的机关报也势不两立。《民立报》和《大共和日报》两大党报都大唱高调,极力标榜自己如何拥护民生共和,如何为民请命、关心民瘼,如何"平心允当"、"不偏不倚"。实际上大动干戈,拼命为自己的党派大造声势,为本政党在议会和政府机关中的权力之争制造舆论。正如亲眼目睹这场斗争的黄远生当时评论的那样:"今以大借款为例,甲党之报今赞成而前实反对,乙党之报则今反对而前实赞成。甚至同在一时,赞成唐绍仪之借款者而不赞成熊希龄之借款;赞成熊希龄之借款者而不赞成唐绍仪之借款。又试以对于政府之态度而论,其其未入国民党之先,则甲党赞成,而乙党思推倒之;于其既入国民党之后,则乙党赞成,而甲党思推倒之。同此一人,而前后有尧桀之别,同此一事而出入有霄壤之分。大略竖尽古今,横尽万国,所谓政治家者,未有如吾国今日之政客之无节操之无主张,惟是一以便宜及感情用事。推其原因所由来,不外所争在两派势力之消长,绝无与于国事之张弛而已。"②

  两派报纸除了争论之外,还进行人身攻击,互揭老底,互讦阴私,互骂"贼党"、"贼报"。人身攻击还不够,又发展为殴人毁报的武斗。国民党派的《长沙日报》和共和党派的《湖南会报》因相互敌视,酿成武斗,以后各派记者出入时,均带手枪一支。北京也发生过两派党报人员的武斗事件,1912年7月5日晚,共和党在北京的机关报《国民日报》因攻击南京临时政府为"南京假政府",同盟会的《国光新闻》总经理田桐就率领同盟会系统的《民主报》、《国光报》、《民意

---

① 康有为:《不忍杂志序》,《不忍》第1号,1913年2月。
② 《远生遗著》卷一,商务印书馆,1984年版,第84页。

报》、《女学报》、《亚东新报》等7报工作人员20余人,前往《国民公报》报馆问罪,将该报经理徐佛苏、主笔蓝公武殴至"口鼻流血,面青气喘,两足跟筋露血出","内外受伤,咯血不支",并将承印该报的群化印书馆全部捣毁,营业损失达3600余元,连带该馆承印的数家报纸也被迫停刊。不仅两党报纸之间因争权夺利而争论不休,就是同一党内的各报之间,也经常因意见分歧而发生争吵,展开笔战。比如,辛亥革命后,同盟会(国民党)系统的报纸,虽然发展很快,遍布全国,在数量上始终占有较大的优势,但在宣传上却一盘散沙,互不通气,各自为政,矛盾层出。甚至同一张报纸,因内部分歧而出现前后矛盾的言论。

这场势同水火的政党报纸的斗争,实质是资产阶级政党之间争夺权力的斗争,是为本党在议会和政府中获得更多的席位和更多的权力而进行的斗争。这种斗争使得政党报纸威信扫地。共和党(进步党)报纸处处吹捧袁世凯、黎元洪,贬抑孙中山、黄兴,并不时发表反对约法、诋毁共和的谬论,被视为立宪余孽的喉舌,遭到人们的唾弃;国民党报纸由于妥协色彩越来越浓,致力于议会党派之间的权力意气之争,置国民革命事业于脑后,沉湎于无谓的纷争,亦为人们所不齿。

政党报纸的混乱局面也给一些低级庸俗、目的在于牟利的报纸以可乘之机。这些报纸没有明确的政治主张,言无定见,见利忘义,有奶便是娘,更为人们所不屑。他们要么把主要的精力用来刊登低级趣味的文字,"以营业为前提",要么就是钻各政党派别纷争不断的空子,换取办报津贴以敛财。仅仅将其他报刊上的新闻拿来为己用,编辑全仗"剪刀、糨糊、红水笔"。"报馆往往比个体作坊还要简陋","斗室一间,即该报之全部机关;编辑、仆役各一人,即为该报之全体职员;凡具数百元资本,即可创设报馆,无怪报纸日出日多也"①。更有甚者,上海还出现了"马路小报",北京出现了"鬼报"。所谓"马路小报"连"一间斗室"都没有,往往在出版前夕,在旅馆开一房间作为临时主笔房;靠剪报等方式胡乱对付一些文字,不负责任地随便拉登广告,交付印厂,"以报费收入,即充印刷、纸张之需,印多印少包与印刷者,广告费作为执笔者润笔,发行所则在四马路拐角报贩摊上"②。所谓"鬼报",就是由一批报界中人办的"滑头报纸",这种报纸每天只印30到50张,一半贴在指定的贴报处,四分之一送给可能送干薪的大人先生,借此向津贴办报的军阀、官僚交差要钱,身边留下几份证明自己确是新闻业者,这种报纸在大街上买不到,所以有人叫它做"鬼报"。"办份'鬼报',只需制

---

① 载申报馆1922年编印的《最近之五十年》纪念特刊。
② 景学涛:《报界旧事》,转引自刘家林:《中国新闻通史》上,武汉大学出版社,1995年版,第335页。

作一块某某报社的牌子挂在门口,买一令白报纸,然后参加'联合版'组织,便可开张。"①"联合版"组织内部报纸的内容都是一样的,由各报纸的负责人轮流编辑新闻,再冠以不同的报刊名称即可出版。

三、"复辟帝制"与报纸遭殃

1913年11月,袁世凯以国民党议员参与了"二次革命"为借口,下令解散国民党,取消国民党议员的资格。1914年1月,又下令取消国会,各地的自治会和省议会也被通令取消。5月,用《中华民国约法》取代《中华民国临时约法》,改责任内阁制为总统制,把总统的权力扩大到与专制皇帝相似的程度,使其专制独裁统治得以用法律的形式肯定下来。而与政治倒退相伴随的,则是在思想文化领域出现了尊孔复古的逆流。1912年,袁世凯下令尊崇伦常,要"全国人民恪守礼法";1913年,他又颁发"尊崇孔圣"的通令,为其复辟帝制做思想准备。为了进一步控制舆论,袁世凯又开始摧残新闻事业。

袁世凯摧残新闻事业的手段主要有四种。

其一是高价收买,以为己用。据不完全统计,直接或间接受袁世凯收买的报纸总数在125家以上。其中有影响的有上海的《大共和日报》及《时事新报》、北京的《新社会日报》、长沙的《大公报》等。为了收买报纸和报人,袁世凯不惜血本,派往上海收买报纸的人,一次就携款30万元;到北京某报"商请转移论调"的人,出手便是10万元。为了收买梁启超为不同意帝制而写的《异哉所谓国体问题者》一文的发表权,袁世凯派人到天津,表示愿出20万元巨款,遭到了梁的拒绝。即使对于一般的报纸,袁世凯也常予数千元或上万元的津贴,并发给各种名目繁多的费用,例如给予"宣传费"、"润笔费"或"车马费"。袁世凯大慷国家之慨,奴才报纸、报人便大饱私囊。同时,袁世凯收买报纸报人,尤其是收买有影响的报人更是无孔不入。梁启超在袁世凯执政的几年中,接受了袁世凯给他的每月3 000元的著书费,为袁世凯写文章说好话②。据郑逸梅《书报旧话》载:章太炎因借杭州人程祖福2万元办报无力偿还,甚为着急。袁世凯得知消息后,即派人携2万元到沪。章太炎起初颇踌躇,无奈程祖福索款甚急,只得收下,来人要一收据,章太炎怕有把柄落入他人之手,不肯写出正式据证,仅在名片上写"收到二万元"五字。袁世凯乘人之危收买了《大共和日报》。而接受袁世凯收

---

① 王新命:《新闻圈内四十年》,转引自刘家林:《中国新闻通史》上,武汉大学出版社,1995年版,第335页。
② 梁家禄、钟紫、赵玉明、韩松:《中国新闻业史》,广西人民出版社,1984年版,第122页。

买的报纸、报人,其论调皆或多或少为袁氏张目。如北京乌泽声及其主办的《国华报》、汪健斋及其主办的《京津时报》等,其论调皆以"筹安会"的意志为转移,撰文颂祷袁世凯的"雄才大略",声讨蔡锷和护国军。袁世凯改元之令刚宣布,这些报刊又立即一致将"洪宪元年"揭诸报首,并出红报致贺。袁世凯的收买行径严重腐蚀了新闻界,使不少报人腐化堕落,人格扫地,新闻道德沦丧。

其二是办"御用"报,充当"喉舌"。袁世凯一上台,就立即着手办"御用"报纸,为自己称帝作舆论鼓吹。办报的途径不仅包括利用各级官府的权势,出版大量的政府官报,而且还用公款创办或盘进了一批民办的报纸,以民间报纸的形式充当他的舆论机关,这种策略被称为"阳为舆论之仆,阴为舆论之母",使他能在"民意"的外衣底下操纵舆论。在这种政策下,各种号称"民间报纸"实是封建军阀工具的报刊纷纷出世。袁世凯先后在北京创办了《亚细亚报》、《国权报》和《金刚报》;在上海接办了《神州日报》;在广州接办了《时敏报》;在长沙创办了《国民新报》。这些报纸打着民办的招牌,由御用文人主持,以民意代表的身份鱼目混珠,强奸民意,操纵、诱导舆论。1915年12月,参政院劝进之案尚未通过,北京各御用报刊称袁世凯为"皇帝"、"今上"、"圣躬"和"我大皇帝","万岁无疆"等谀词已经充斥版面①。其中《亚细亚日报》是北京御用报纸中影响最大的一家,是袁世凯登上大总统宝座后,直接出巨款,由薛大可出面于1912年创办的御用报纸。日出三大张,由薛大可任主编,网罗了樊增祥、丁佛言、易实甫为其撰稿。该报曾竭力攻诋以孙中山为代表的革命党人,也发表过大量鼓吹帝制及拥戴劝进的文牍、函电。例如1913年"二次革命"爆发后,该报联合北京右翼报纸,领衔发表所谓的《讨贼露布》,肆意攻击国民党。1915年5月,袁世凯接受丧权辱国的"二十一条"后,该报特发号外曰:"后此中日亲善,永保和平,诚东亚之福",无耻地歌颂袁氏的卖国行径。1915年8月,发表了袁世凯政治顾问、美国人古德诺《共和与君主论》一文,宣扬"中国如用君主制,较共和为宜",在全国报纸中最先公开为袁世凯恢复帝制作宣传。此后,它大量刊登伪造的"劝进"文电,并胁迫北京其他报纸为袁歌功颂德,掀起了一场拥袁称帝的丑剧。1916年3月22日,袁世凯被迫宣布取消帝制后,该报也随之停刊。

其三是挥舞大棒,强力镇压。对看不顺眼的,或与其持不同意见的报纸采取强力镇压,动辄抓人封报,这是袁世凯摧残新闻业硬的一手。早在1912年6月,《中央新闻》在报道中批评了袁世凯的一些做法,袁世凯政府的内务部总长赵秉钧、步兵统领乌珍亲自带兵包围《中央新闻》报馆,逮捕了12人。各地方军阀政府封闭报馆、迫害报人的事件也经常发生。到1913年袁世凯派人刺杀了宋教

---

① 参见方汉奇主编:《中国新闻事业通史》第1卷,中国人民大学出版社,1992年版,第1053页。

仁,镇压了"二次革命"后,对反对他的报纸更是进行大规模的镇压,报纸报人被警告训斥、传讯罚款、打砸搜查、封门逮捕的事件接连不断。北京、天津、武汉等地的国民党系统报刊全部被查封。上海的《民立报》、《天铎报》虽在租界未遭查封,但也因被禁售,经济上难以维持而被迫停刊。民国元年,全国报刊约 500 家,北京占 1/5。"二次革命"后,北京报纸只剩下 20 家,上海剩下 5 家,汉口剩下 2 家。据著名记者黄远生当时的报道说:国民党报刊"已经一律停止,现存者惟《大同报》、《大中华民国日报》之稍带国民党臭味者"。"新闻团分子逃亡者半,遭杀戮者半,京中言论界稍带国民党色彩之报纸从此无片影之留"(《远生遗著》)。著名记者邵飘萍此时在杭州办《汉民日报》,也因"庇护乱党"的罪名被捕入狱。袁世凯镇压报纸所使用的专制手段,比起清末来可以说是有过之而无不及。例如当时北京的《正宗爱国报》,因时评中有"军人为国家卖命,非为个人卖命。若为个人,可谋之处甚多,何必从军"这样的语言,就被冠以"迹近通匪,煽惑军心"①的罪名。该报社长丁宝臣遭逮捕,未经审讯就被枪毙,报馆也被查封。据统计,在袁世凯的摧残下,到 1913 年底,全国继续出版的报纸只剩下 139 家,和民国元年的 500 家相比,锐减了 300 多家。1913 年是农历癸丑年,当时人把这一年报纸遭到的浩劫称为"癸丑报灾"。

其四是制定法律,严格统制。尤其是 1913 年 3 月袁世凯暗杀了对自己领导地位构成威胁的宋教仁后,为了使摧残舆论的暴行合法化,就开始实行严格的新闻检查制度,一再通令各地对报纸严加管制。在 1912 年至 1914 年几年内,随着其统治地位的加强,袁世凯制定与颁布了许多对新闻界实施全面管制的专门法律,对报纸的登记出版发行和编辑采访写作等活动横加干涉,限制新闻出版自由。1914 年 4 月 2 日,袁世凯政府以清除报界"败类杂种"等理由颁布了专门报律《报纸条例》。此条例条款共 35 条,它不仅继承了《大清报律》压制报纸的全部内容,而且在前清报律基础上增加了许多内容,其中包括:禁止报纸刊登"混淆政体"、"妨害治安"和各级官署禁止刊登的一切文字,每天的报纸在发行前须呈送报样给警察机关备案,以及对报纸的创办实行批准兼保证金制等,从政治、经济两个方面限制新闻事业的发展,条文十分严苛。北京英文报纸《京报》称之为"世界上报律比较之最恶者"②。同年 12 月,袁世凯政府又颁布了《出版法》,对包括报纸在内的一切文字、图画印刷都做了类似的规定。此外,袁世凯政府还有《戒严法》、《治安警察法》等,使军人和官吏可以滥加援引,对报纸、报人横加干涉、肆意迫害。

---

① 李龙牧:《中国新闻事业史稿》,上海人民出版社,1985 版,第 84 页。
② 同上书,第 125 页。

经过袁世凯的摧残,中国报界不成样子。据统计,在1912年4月至1916年6月袁世凯统治时期,全国报纸至少有71家被封,49家受到传讯,9家被军警捣毁。全国报纸总数始终维持在130家至150家,形成了持续4年的新闻事业的低潮。新闻记者中至少有24人被杀,60人被捕入狱[①]。报纸不仅数量少,而且格调卑下,不少报人变成了"文丐",不仅丧失了新闻工作者应有的道德,而且连一点起码的文人骨气也没有了,他们把办报当成卖身投靠、营私牟利的手段;不少报馆变成了骗钱馆,有的甚至挂报馆的招牌,实开鸦片馆,伤天害理;不少报纸黄色文字充斥版面,变成了诲淫诲盗的"教科书"。1915年12月,袁世凯宣布恢复帝制,北京各报都套红以示庆贺,把民国五年(1916年)改印成洪宪元年,并在报名和报眉旁署"中华帝国洪宪元年某年某月";有的报人竟在报上称袁世凯为"大皇帝",并自称"臣记者",极尽阿谀奉承之能事,真是丢尽了新闻界的脸。

当然,尽管袁世凯滥施淫威,但是新闻界反袁斗争从来没有停止过,随着袁世凯称帝野心的暴露,反袁队伍越来越扩大。1915年至1916年,上海新闻界一些要求革命的报人及其报刊,看清了袁世凯的反革命面目,不畏强暴,坚持斗争,先后创办了《爱国晚报》、《民意报》、《中华新报》和《民国日报》等,对袁世凯称帝大加挞伐。袁世凯的御用报纸越来越不得人心,帝制分子薛大可主编的《亚细亚报》1915年在上海创刊后不久,连遭两枚炸弹,不得不停刊。1916年初,袁政府命令全国一律使用"洪宪"年号,淞沪警察厅也致函上海日报公会,转告各报照改,否则"禁止发卖,并将报纸没收"。在这种情况下,上海日报公会下属各报多半只是在报头上添印了一行小号字,以为应付。6月袁世凯的"83日皇帝梦"幻灭,黎元洪即下令废除《报纸条例》。8月,国会复会,新阁成立,国内政治生活又活跃起来,新闻界才开始复苏。

第二节　新闻时代的开拓者黄远生

一、黄远生的新闻生涯

黄远生(1885—1915),名基,字远庸,笔名远生,江西九江人。生于书香家庭,早年就读于南浔公学,16岁中秀才,20岁中举,21岁中进士,他弃官不做,留学日本攻读法律,受梁启超思想影响较深。1909年回国被清政府任命为邮传部

[①] 丁淦林主编:《中国新闻事业史》,高等教育出版社,2002年版,第165页。

员外郎兼参议厅行走和编译局纂修官。他在回忆人生道路时说:"革命既起,吾之官乃与满廷俱毕。嗣后即立意不作官、不作议员,而遁入于报馆……"①他混迹官场一年后,就离职投身新闻界。

黄远生的新闻生涯是从1912年在北京创办并主编《少年中国》周刊开始的,后又编辑梁启超主办的《庸言》月刊,并担任上海《时报》、《申报》、《东方日报》和《亚细亚报》的特约记者,还常在《东方杂志》、《论衡》杂志、《国民公报》上发表文章。黄远生正式从事新闻工作的时间并不长,大约只有三四年的光景,可是他在当时的新闻界已名声斐然,"像彗星一样,一时显著于报界"②,与刘少少、徐彬彬(凌霄)有民国初年新闻界"三杰"之称。作为一个历史人物,黄远生的思想受到他所处时代的政治、经济、文化的影响和他本人所处阶级地位的局限,被打上了鲜明的时代烙印,所以他既看不到人民的力量,也看不到以孙中山为代表的资产阶级革命派和以袁世凯为代表的封建军阀斗争的实质,而一度被老奸巨猾的袁世凯所利用。他曾为袁世凯的御用报纸《亚细亚日报》写过文章,也为袁世凯叫过好,甚至给袁上过条陈。到了1915年,袁世凯称帝野心公开暴露,黄远生渐渐醒悟,并决心与袁氏报纸决裂。袁世凯想借重他在舆论界的声望,逼他写赞成帝制的文章,聘他担任御用报纸《亚细亚日报》上海版总撰述,还表示事成之后,许以10万元的酬金和部长职位。黄远生坚辞不就,并在上海各报刊登《黄远生反对帝制并辞去袁系报纸聘约启事》,表示"以国体问题与贵报主义不和",以示决绝。此后,他便逃离北京,先到日本,11月中旬在日本乘"佐渡号"轮船赴美。不料此去成永诀。1915年12月27日晚上,黄远生在旧金山唐人街回旅馆途中被中华革命党人林森指派刘北海枪杀,年仅31岁。在他被暗杀12周年之际,友人以诗纪念他,称其"同是记者最翩翩,脱手新闻万口传";戈公振更称他为"报界之奇才"。

二、黄远生的新闻思想

黄远生的办报主张和新闻思想,主要集中在为《庸言》杂志写的《本报之新生命》、为《少年中国》杂志写的《少年中国之自白》及《祝之欤诅之欤》、《忏悔录》、《新年闲话》等文章中。概括起来,有以下几个要点。

其一,办报是为"主持公理,指斥时弊"。黄远生认为新闻记者应该有"良心",应该有强烈的使命感和社会责任感。在《祝之欤诅之欤》中,黄远生认为:

---

① 《远生遗著》卷一,商务印书馆,1984年版,第129页。
② 胡太春:《中国近代新闻思想史》,山西教育出版社,1987年版,第247页。

"有所为报者,文明机关之一也。为之言者曰:报之发达,与文明之发达成比例。"他明确地认为,报纸是现代文明的机关之一。同时,他说:"故远生者,作报人之人,亦即文明人也。凡作报者,皆文明人也。凡作文明机关者,一切皆文明人也。"在《少年中国之自白》中,黄远生指出,由于种种原因,"国民之精神,神州之正气,日以消绝",眼看"大难将至",中国优秀分子,应有人站出来,创办报刊,"主持正论公理,以廓清腐秽,而养国之元气","使百年之后,吾黄钟犹有再兴之日"。他认为,报馆作为舆论机关,其使命应为"救国兴邦"①。他的这一办报主张是针对民国初年报界堕落而言的。民国初年的报界或梏于党见,或屈于权势,"举国言论,趋于暮气,趋于权势,趋于无聊之意思,不足以表现国民真正之精神",所以,他对不为"公明之舆论"而"或为大总统之私,或为政府之私,或为官僚之私,或为会党之私,或为豪强雄杰奸商著猾之私"的报馆大加批判,对袁世凯窃权专制、禁锢言论的行为严加抨击,指出前清时记者尚可"指斥乘舆,指斥权贵",而袁之专权下"自由不及前清远甚,岂中国固只容无法律之自由,而不容有法律之自由乎?"因而黄远生认为,报界要改变这种状况,必须首先"屏绝因缘,脱离偏倚",才能不畏权贵,不带偏见,"以公明之心、政治之轨道","督责此最有权力者(指袁世凯)",如一味看权贵者的脸色行事,"袁总统以马为鹿,我亦不敢以为马,袁总统以粪为香,我亦不敢以为臭",这种"家奴或走狗"于社会何用?因而他疾呼:"夫人生之最惨,莫惨于良心之所不欲言者,因而他故而不能不言,良心之所急于倾吐者,而乃不得尽言,而身死或族灭乃次之。"他以为,督责国家之"最有权力者",即使"牺牲耶,我等不复计也"②。

其二,新闻报道要客观、公正、真实、全面。在为《庸言》写的《本报之新生命》中,黄远生系统论述了这一观点。他认为,无论新闻还是言论,必须"客观"。他说:"吾曹此后,将力变其主观的态度,而易为客观。故吾曹对于政局,对于时事,乃至对于一切事物,固当本其所信,发挥自以为正确之主张,但决不以吾曹之主张为唯一之主张,决不以一主张之故,而排斥其他主张。且吾曹所有主张,以及其撷取其他之主张之时,其视综合事实而后下一判断之主张,较之恁恃理想所发挥之空论,尤为宝贵。"他主张尽可能客观报道,不以自己的主张轻易否定排斥他人的主张,在没有大量确凿事实之前,不要轻易发议论,可以把事实摆出来,以供今天或者将来作参考③。同时,在《消极之乐观》中,他再次强调新闻的真实性:"以吾人今日之思想界,乃最重写实及内照之精神,虽甚粗燥而无伤也。"他

---

① 《远生遗著》卷一,商务印书馆,1984年版,第11页。
② 同上书,第12、15页。
③ 同上书,第103页。

的好友林志钧曾谈到他对真实性的态度时说:"他要做一回通讯,拿起笔来写,在他是一点不费脑力的事,他所费力的,就是——搜集材料。差不多要直接由本人得来的消息,才去评论。换句话说,就是要和当事人对证明白的,才肯相信,然后就这个事实加以评论。偶然亦有听错了话,替谣言做了传声筒,他到后来得了真实消息,跟着就把前头的话更正了。他强调真实性,反对随便演绎推理。"黄远生写新闻通讯的材料,大多是他亲自采访获得的。在没有充分的事实根据之前,他绝不"逞臆悬谈";一旦发现先前报道的事件或发表的意见有误,便及时更正。"所以黄远生的许多文章都是当时历史事实的忠实记录,为历史学家所看重。解放前出版的《中国政治史》(李剑农编)、《中国近代史》(陈恭禄编),就有多处取材于黄之通讯。"[1]为了新闻的真实,黄远生特别重视掌握第一手材料,他反对一些新闻记者以传闻为新闻、面壁虚造的做法,更反对"一人杜撰,万报誊写"。

其三,记者要加强自身的修养和基本功的训练,做到四能:"① 脑筋能想; ② 腿脚能奔走; ③ 耳能听; ④ 手能写。"所谓"能想",就是"调查研究,有种种素养";所谓"能奔走",就是"交游肆应,能深知各方面势力所在,以时访接";所谓"能听",就是"闻一知十,闻此知彼,由显达隐,由旁得通";所谓"能写",就是"刻画叙述不溢不漏,尊重彼此之人格,力守绅士之风度"[2]。黄远生强调,记者要加强"种种素养":广博的知识与经验,正确的分析思考能力;广泛地接触社会,加强活动能力;深入调查研究,善于触类旁通,分析事物的能力;注重事实,恰如其分地叙述的能力。这既是黄远生对记者的要求,也是他自身经验的总结。

三、《远生遗著》与"远生通讯"

黄远生是中国新闻史上第一个以新闻采访和新闻通讯写作而负有盛名的新闻记者,他是中国报纸从政论时代向新闻时代演变的开拓者。黄远生有深厚的中西学问基础和驾驭文字的能力。他的文章庄谐并进,幽隐毕达,发人深省,创造了一种新的报刊文体——新闻通讯。由于这种文体始于1912年初以"远生"署名的《申报》上的"北京通讯",驰名中外,影响很大,故称"远生通讯"。这种新闻体裁以一种崭新的形式一问世,便深受广大读者的欢迎。虽然在辛亥时期,"通讯"一词并非始自黄远生,报刊上就曾出现过类似通讯的文章,但当时不仅名称不固定,称"某地通信"或"通信",外地寄回报馆的消息,为了区别电讯而名

---

① 邦梁:《试论黄远生的新闻思想》,《视听纵横》2006年第1期。
② 黄远生:《忏悔录》,《东方杂志》1915年11月10日。

之，写法也是"忽左忽右"，时而把文学中的虚构手法运用过来，并加上与主题无关的抒情、写景，写得如文学作品，时而又机械地照事实记录，单调而又刻板。只有黄远生作了重大改革后，才使通讯这种文体的名称及写法基本固定下来。后人评价说："我国报纸之有通讯，实以黄远生为始。"（黄流沙《从进士到记者的黄远生》）"自黄远生出，而新闻通讯放一异彩……为报界创一新局面。""崛起而为通信界之大师。"（黄天鹏《新闻文学概论》）黄远生去世后，其文章由生前好友林志钧将其散见于各报刊的文章整理结集，编为《远生遗著》四卷，包括"论说"、"通讯"、"时评"、"杂著"四部分，其中通讯部分可以说是中国新闻史上最早的通讯文集。

收入《远生遗著》中的通讯172篇，约占全集文章总数的3/4。黄远生的通讯之所以当时脍炙人口，以后饮誉不衰，是因为它具有如下的基本特点。

其一，落笔政坛要事，采写内幕新闻。黄远生的通讯主要是政治通讯。在那时局大动荡的年代，人们迫切需要了解国家政坛要事，黄远生以高度的政治敏感，将了解的政坛要事、时局变化及时报告给人们。黄远生学贯中西，中过进士，留过学，又在前清做过官，人生经历丰富，对国际时事和国内政界非常熟悉，使他在民国总统、内阁总理、各部总长及党政要员之间交游肆应、周旋自如，了解重大政治动向、官场内幕消息特别灵通，这为他成为一名杰出的政治记者提供了得天独厚的便利条件。黄远生敢于触及重大新闻题材，善于报道读者关心的重大政治新闻，善于采写"内幕新闻"。常常能采访到他人采访不到的独家重大新闻，并通过他深邃的思考、敏锐的观察、如椽的妙笔反映出来，将关乎国家前途命运的大事，告知世人。

他以通讯为文体，对同期几乎所有民众瞩目的重大问题都进行了报道，重要人物涉及孙中山、黄兴、宋教仁、章太炎、蔡元培、袁世凯、黎元洪、唐绍仪、段祺瑞等，重要事件如俄国侵入蒙古、英国出兵西藏、六国大借款、丧权辱国的"二十一条"、袁世凯就任大总统、张振武被杀、宋教仁遇刺等，都在他笔下得到真实详尽的记载；党派的勾心斗角，官僚的腐败无能，都在他通讯中被揭露。时人读了，可了解时局动态；后人读了，可得到历史记录。丁淦林主编的《中国新闻事业史》认为"从某种意义上说，黄远生的通讯是当时社会的一面镜子"。

其二，文章视野开阔，文笔辛辣，尖锐深刻。黄远生的通讯视野开阔，思想深刻，发微探幽，入木三分。通讯风格亦庄亦谐，涉笔成趣，富有幽默感和趣味性。往往在诙谐中含有庄重，在戏谑中鞭挞黑暗社会。代表作《外交部之厨子》，从一个神通广大的厨子入笔，揭露出官场的腐败。此厨子在前清"声势浩大，家产宏富"，能耐之大，"乃至能回西太后之意，与中外赫赫之李鸿章对抗"。民国成立后，该厨子仍盘踞外交部，"外交部之厨，暴殄既多，酒肉皆臭，于是厨子畜大狗数十匹于外交部中而豢养之,部分之狗,乃群由大院出入,纵横满道,狺狺不绝,而大堂廊署之间,遂为群狗交合之地,故京人常语外交部为狗窖子。窖子,京中语谓妓院也"①。黄远生在这里痛快淋漓地抨击了官场的腐败,尽情地戏谑,无情地鞭笞,读后耐人寻味。

黄远生对民初窃国弄权的袁世凯及其一帮趋炎附势、助纣为虐的附庸深恶痛绝,以犀利之笔写下大量辛辣尖锐的通讯,针砭时政,淋漓尽致,毫不留情。他认为民初的政治舞台"乃有黑幕而无明幕"。在《遁甲术专门之袁总统》、《袁总统此后巡回之径路》等文中直言不讳痛责袁世凯:"故政局之日趋险恶者,非他人为之,乃袁总统自为之也。彼等及今而不改此度者,则吾国命运可以二言定之,盖瓦解于前清,而鱼烂于袁总统而已。"又说:"长此不变以终古,袁总统者在世界历史上虽不失为中国怪杰之资格,而在吾民国史上终将为亡国之罪魁。"他指斥形形色色的官僚"如盗、如丐、如流氓","百鬼昼行,万恶皆聚,如蠹阗塞,危亡面前而不为动"的丑类。当日本帝国主义提出"二十一条"的屈辱条约时,黄远生在《新闻日记》里一一记录他深刻的爱憎。1915年8月7日,他写道:"秦皇岛已到有日本鱼雷艇四军舰一矣!关东州已下戒严令矣!胶济路已戒严矣!威吓强迫,无所不用其极矣!""盖日人此次举动,在吾国为深仇大耻,创巨痛深。"当得知日方已下最后通牒,而袁政府尚在开"特别外交紧急会议"时,他挥笔痛呼:"此时——此时——方在会议之中——呜呼,吾国之命运系于此时。"②

其三,既真实可信,又形象生动。前文提到,黄远生的通讯大都来自第一手材料,真实可信。在没有充分的事实根据之前,他绝不"逞臆悬谈";一旦发现先前报道的事件或发表的意见有误,便及时更正。黄远生认为,如果不亲自采访,而凭道听途说写稿,必误大事:"以今法作报,可将一无辜善良之人凭空诬陷,即可陷其人于举国皆曰可杀之中。盖一人杜撰,万报誊写,社会心理薄弱,最易欺蒙也,至于凭意造论,吠影吠声,败坏国家大事,更易为矣。"③因此,他的不少通讯都是目击记。另外,黄远生写通讯又不仅是真实的记录,而且加上形象的描述,细节的捕捉,做到"须眉毕现",刻画入微,使人如临其境,如闻其声,具有很强的现场感。1915年4月7日的一则《新闻日记》,叙述"亡国人之苦痛"生活时,黄记叙了这样一件事:"一日大雨,洋夫妇分坐两洋车,另以一车载其所爱之狗。车覆狗头碎,洋夫妇扼车夫项乱鞭之,车夫死于鞭下,夫妇洋洋抱病狗而去。"④

---

① 《远生遗著》卷二,商务印书馆,1984年版,第52页。
② 《远生遗著》卷四,商务印书馆,1984年版,第167—168页。
③ 《远生遗著》卷一,商务印书馆,1984年版,第133页。
④ 《远生遗著》卷四,商务印书馆,1984年版,第142页。

第三节 近代中国的一代名记者邵飘萍

一、邵飘萍的新闻生涯

邵飘萍(1886—1926),原名镜青,后改名振青,字飘萍,笔名阿平、素昧平生,浙江金华人。他自幼好读书,聪明过人,13岁考中秀才,17岁考人浙江高等学校师范科。城市生活开阔了他的眼界,立宪派和革命派的政治活动引起了他对时事、报刊的兴趣和关注,并非常崇拜梁启超及其报刊政论,萌发了"新闻救国"的思想,开始给《申报》写稿。他从浙江高等学堂毕业后回金华任中学教师,并被聘为《申报》特约通讯员。民国初年报界的一度繁荣吸引他投身新闻界,从此,他以满腔的热情毕生从事新闻工作,当过编辑、主编、特约记者、社长;办过报,办过通讯社,并从事过新闻学研究和新闻教育工作,是新闻界不可多得的全才。他用一支笔搅动政界、军界的情绪,使那些故作雍容大度的政客、军阀暴跳如雷,而又束手无策。冯玉祥曾这样形容邵飘萍的文字:邵飘萍"主持《京报》握一枝毛锥,与拥有几十万枪支之军阀搏斗,卓绝奋勇,只知有真理,有是非,而不知其它,不屈于最凶残的军阀之刀剑枪炮,其大无畏之精神,安得不令全社会人士敬服!"于是"飘萍一支笔,抵过十万军"的美名就由此而传出。同时,在中国新闻史上,邵飘萍也是第一个重视通讯社,并以通讯社为依托成功开展新闻采访和报道活动的著名记者。邵飘萍不但在中国新闻史上享有盛名,而且在中国近代文化史和中国的民主革命史上也产生过很大的影响。他为人正直,追求光明,追求真理,追求进步,追求革命,他的一生是一个正直的爱国的新闻记者的战斗的一生,也是为反帝反封建军阀的民主革命事业奋斗的一生①。1919年5月3日,邵飘萍应邀出席北大学生集会,他号召学生"挺身而出,救亡图存,奋起抗争",成为"五四"运动的发动者之一;1920年以后,他积极宣传马克思主义,并在李大钊、罗章龙的介绍下,于1925年秘密加入中国共产党。1926年4月26日,被奉系军阀以"宣传赤化"的罪名逮捕杀害,年仅41岁。

邵飘萍曾说:"余百无一嗜,惟对新闻事业乃有非常趣味,愿终生以之。"②1912年他应杭州《汉民日报》社长杭辛斋之聘担任该报主笔正式投身新闻界,开

---

① 方汉奇:《报史与报人》,新华出版社,1991年版,第401页。
② 见1920年4月24日《京报特刊》。

始了职业报人的生涯。在《汉民日报》,他坚持"报馆可封,记者之笔不可封;主笔可杀,舆论之力不可斫"的大无畏精神,撰写了大量"精通简要,雅善讥弹"的论说、时评、随笔,以激烈辛辣的笔调,旗帜鲜明而又幽默深刻地抨击袁世凯以及大小军阀的专横跋扈,揭露和痛斥浙江贪官污吏钻营牟利、残害人民的罪行,表现出可贵的斗争精神和过人的才华①。1913 年 3 月,宋教仁在上海火车站被刺,邵飘萍有预见性地指出:"有行凶者,有主使者,更有主使者中之主使者",矛头直指袁世凯。当局立即以"扰害治安罪"查封了《汉民日报》,并逮捕了邵飘萍。邵飘萍自己回忆起这段经历时这么说:"忽忽三载,日与浙江贪官污吏处于反对之地位,被捕三次,下狱九月。"获释后,他转往上海。1914 年东渡日本,就读于政法学校,并和学友潘公弼等三人创设了"东京通讯社",为京津沪等城市的报纸写东京通讯。适逢日本提出"二十一条"之际,邵飘萍将条款内容电发国内,以激起人民奋起反抗。1915 年邵飘萍应邀回国,在上海同时担任《申报》、《时报》、《时事新报》的主笔。袁世凯死后,1916 年下半年,邵飘萍受聘任《申报》驻北京特派通讯员,以夹叙夹议虚实结合的手法负责撰写"北京特别通信"。从此以后,他便以北京为基地进行一系列的新闻活动,从此,"飘萍之名大著"。

到京不久,为了改变外国通讯社"任意左右我国之政闻"的状况,邵飘萍创办了当时北京最有影响的通讯社"北京新闻编译社",戈公振在《中国报学史》中给予了极高的评价:"我国人自办通讯社,起源于北京,即民国 5 年 7 月(应为 8 月),邵振清所创立之新闻编译社是也。"邵飘萍也曾一度兼任章士钊主办的《甲寅》日刊的主编。1918 年 10 月邵飘萍独立创办了大型日报《京报》,《京报》创刊时,邵飘萍欣然命笔,大书"铁肩辣手"四个字悬于编辑室正面墙上,以自勉和激励同仁。"铁肩辣手"取自明朝杨椒山的诗句"铁肩担道义,妙手著文章",邵飘萍将"妙手"改为"辣手",一字之改,反映了邵飘萍胸怀真理、不畏强暴的倔强性格和办报宗旨。邵飘萍说:"《京报》每顺世界进步潮流,为和平中正之指导。崇拜真理,反对武力,乃《京报》持论之精神。"1919 年 8 月《京报》因揭露段祺瑞政府的专制统治及卖国政策被皖系军阀查封,邵飘萍再次赴日本,经好友张季鸾的推荐,任大阪《朝日新闻》特约记者,并系统地考察和研究了日本的新闻事业;同时,借助日文攻读了《资本论大纲》、《社会主义研究》、《世界大革命史》等宣传、介绍马克思主义的著作。次年,段祺瑞政府垮台,邵飘萍即回北京,9 月复活《京报》。

在从事实际新闻工作的同时,邵飘萍还热情地开拓新闻学研究和新闻教育事业,1918 年与蔡元培、徐宝璜一起创立"北京大学新闻学研究会","是为报业

---

① 参见方汉奇主编:《中国新闻通史》第 1 卷,中国人民大学出版社,1992 年版,第 1099 页。

教育之发端"①。1923年受聘于北京平民大学,指导出版了有"报界罕有之出版物"称号的平民大学报学系的《新闻学系级刊》。1924年又受聘于国立法政大学报学系,讲授新闻采访学。邵飘萍结合自己的实践经验和理论知识,出版了《新闻学总论》和《实际应用新闻学》两本新闻学专著,是中国新闻教育史上最早的一批教材。

二、邵飘萍的新闻思想

1918年以后,邵飘萍一方面由于在"北京大学新闻学研究会"授课,另一方面由于侨居日本期间,到日本新闻学会听课,直接接触外国新闻学讲义、书籍,并考察日本新闻事业,逐渐形成了自己的新闻思想。1923年《实际应用新闻学》和《新闻学总论》的出版,标志着他的新闻思想日臻成熟。邵飘萍的新闻思想有一个明显特点,就是吸取了西方自由资产阶级新闻理论的有关思想。

其一,邵飘萍认为新闻事业是"社会公共机关","国民舆论代表"。"新闻业之发达与社会之发达与否,两者处于互为因果的关系"②。在他看来,新闻事业传递消息要面向全社会,"对于人类之间互相传达其意志、感情、趣味、知识与一切利害有关之消息";它与全社会发生联系,是"社会发表意见之机关",是"国民舆论代表"。因此,邵飘萍主张新闻事业应有自己的独立性:"夫新闻社为社会机关,在社会上有独立之地位,且此种独立地位,与任何国家机关,皆属平等。"③这种独立包括:"信仰独立",唯独信仰真理和事实,不为权势所撼动,不为武力所屈服,不为党派或个人所左右;"组织独立",不受任何政治势力和经济势力的控制;"经济独立",既不仰仗官方财政,也不依赖党派津贴。独立新闻业的作用,一是"必使政府听命于正当民意之前",代表人民监督政府;二是"从政治教育入手",唤醒民众,教育民众,使国民共起,铲除军阀。

其二,邵飘萍认为,新闻业是超然于统治阶级与被统治阶级的第三种社会因素,记者是"布衣之宰相,无冕之王",是"社会之公人",是居于统治者与被统治者之外的"第三者"。新闻记者应该"尽自己之天职",如有"平社会之不平",或"苟见有强凌弱、众暴寡之行为,必毅然伸张人道。而为弱者吐不平之气,使豪暴之徒不敢逞其志,不能不屈服于舆论之制裁"④。同时他也认为,新闻记者要

---

① 戈公振:《中国报学史》,三联书店,1955年版,第259页。
② 邵飘萍:《我国新闻学进步之趋势》,《东方杂志》第21卷第6号,1924年3月。
③ 《从新闻学上批评院秘厅对新闻界之态度》,原载1924年6月25日《京报》。
④ 邵飘萍:《新闻学总论》,转引自方汉奇:《纪念邵飘萍——在邵飘萍诞辰一百周年纪念会上的讲话》,第47—48页。

有自己的职业素养,"理想的新闻记者,必须政治经济社会诸学,皆有甚深之研究;此外,尤当有一二门专门学科,与夫三国以上之言文;再加以多年之实地经验"①。

其三,邵飘萍认为,应建立民主思想的新闻法规以保护新闻自由。邵飘萍在新闻活动中备受军阀迫害,饱尝封建言论专制之苦,自己的遭遇,使得他认识到健全以保护新闻自由为目的的新闻法规的重要性。他呼唤新闻自由,对反动政府对新闻自由的压制,他坚决反抗。"尤有当警告该秘书长者,报纸登载失实,更正亦至平常……岂并世界新闻惯例而丝毫不知,竟动辄以警厅'严切根究依法办理'腐败官话来相恫吓……苟下次再有此种可怜之事,请恕忙碌,相应不理。"②在《新闻学总论》一书中,他以相当大的篇幅对此作了专门论述。他尖锐地指出了新闻法与新闻事业对立的状况,抨击了专制统治者制定新闻法压制新闻事业的反动性。他要求,新闻界应通过斗争,逐步使新闻事业在"基础正当的法律保护之下"。有了"正当法律",一方面可以使新闻界有一个武器,以保护自身的自由;另一方面可以适当地约束政府,使政府的压迫被限制在法律允许的范围和限度之内,使新闻事业"达到法律上相当自由之目的"。

其四,邵飘萍认为,"报纸第一任务,在报告读者以最新而又最有兴味、最有关系之各种消息","故构成报纸之最重要原料厥新闻"。他并且以"《京报》供改良我国新闻之试验"。《京报》以新闻为主,用主要篇幅刊载国内外消息,为我国报纸从政论时代向新闻时代演变作了贡献。他强调新闻的真实性,关于新闻的真实性,邵飘萍无论是在做记者期间还是在主持报纸期间,始终以"探究事实不欺读者"为新闻报道的第一信条③。并且在《京报》上自称"本报刊载新闻向极慎重",申明"本报不肯随便乱来之态度"可以告白于天下④。同时他针对以往对报纸评论"少事实而多论断"、好发空论的缺点,很注意用事实说话。他认为"事实乃最易于证明是非","其足令读者同情信仰,反较诸凭空臆断之言为有力"(《新闻学总论》)。

三、邵飘萍的采访艺术

作为一名新闻记者,邵飘萍采访到的内幕新闻、独家新闻多,这是因为他的采访艺术高超,可以说达到了炉火纯青、游刃有余的地步。邵飘萍的采访艺术概

---

① 邵飘萍:《我国新闻学进步之趋势》,《东方杂志》第 21 卷第 6 号,1924 年 3 月。
② 《昏聩糊涂之国务院秘书长》,原载 1924 年 6 月 21 日《京报》。
③ 方汉奇:《纪念邵飘萍——在邵飘萍诞辰一百周年纪念会上的讲话》。
④ 《昏聩糊涂之国务院秘书长》,原载 1924 年 6 月 21 日之《京报》。

括起来,大约有如下四条。

其一,随时处于角色之中。邵飘萍是一个时刻都处于角色之中的记者,"新闻鼻"、"新闻脑"时刻都在紧张工作。用他自己的话说是"其脑筋无时休息,其耳目随处警备,网罗世间一切事物而待其变"(《实际应用新闻学》)。他总是善于随时利用自己生活中日常接触到的人和事,发现新闻,抓住线索,采访到独家新闻。1917年3月,引起国内震动的中德断交的决定在正式公布以前,新闻界首先探知这一消息的便是邵飘萍。事件发生前的一天,邵飘萍在国务院某秘书办公室,隔壁恰好是国务总理段祺瑞的办公重地,忽然,他听到院仆打电话通知美国公使,说段祺瑞总理下午3点将赴美国使馆访晤。邵飘萍马上联想到美德断交的事,为了孤立德国并且取代德国在中国的地位,美国极力拉拢中国,希望两国采取一致行动。段祺瑞此时会晤美国公使,无疑是与中德关系问题有关。邵飘萍抢先赶到了美国使馆,向一参赞询问两国要人会见的内容、目的。单刀直入的提问使参赞大为惊讶。邵飘萍趁势进一步表示自己并非局外人,早已知道了此事,只不过想通过使馆使消息得到证实。在虚虚实实的采访中,他又探听到美国政府对驻华使馆的有关训令。之后,他又赶回国务院采访段祺瑞,他直接向段祺瑞表明自己是知情人,要了解中德断交的确切日期。邵飘萍思想的敏捷与善于捕捉时机,使这次采访获得圆满成功。

其二,广泛交游,不惜小费。邵飘萍风流倜傥,善言辞,"广交友,重然诺",上达总统、总理,下至仆役、百姓,他都与之靠得拢,谈得来,因而耳目众多。他重交情,讲排场,在广泛交际中完成采访任务。他经常在酒楼饭店宴请政府要员,并且在发出的请柬上标注"只叙友情,不谈政治"的字样,令官员们解除戒备心理,但酒过三巡后就开始旁敲侧击,从他们的酒后谈话中获得重要内幕消息,用纸片写成小段,交给隔壁等候的工作人员,让他们骑车赶往邮局将消息发出。常常宴会还没结束,一条条新闻专电已经到达报馆。有时为达到采访目的,他也能不惜小费,求门房通报一声,可以不惜500元,甚至1000元。

其三,千方百计,随机应变。邵飘萍在自己的《实际应用新闻学》中的"电话"一节中说:"遇不肯接电话之官僚,如有特别必要时,亦可用非常之手段,而此非常手段中半面又有极正当之理由。非常手段者,即谓私宅中人请彼说话,或言某机关请彼说话是也……俟其接谈,则告以'我乃某某',并告以'恐与新闻记者接坐中有人闻之不便,故不得已出此'……"邵飘萍的脑筋极为灵活,"守如处女,动若脱兔,有鬼神莫测之机"。一次,内阁讨论金佛郎案,严禁记者列席旁听。邵飘萍守在会场门边,正为无法入内而发愁,见法国公使进入会场,他立即尾随其后,门卫以为他是公使的随从,没加阻拦。次日,邵飘萍将采访到关于金佛郎案的讨论内容见诸报端,内阁"为之惊骇"。

其四,掌握心理,把握战机。邵飘萍善于将心理学运用于采访活动之中,掌握采访对象的心理状态,把握采访时机,使别人看来不可想象的采访活动获得成功。1917年初,府院(总统府、国务院)之间矛盾激化,在是否与德断交对德宣战的问题上,总统黎元洪与总理段祺瑞争执不下。3月4日,段祺瑞不辞而别出走天津,以此胁迫总统府,黎元洪被迫妥协。段祺瑞于3月7日深夜11时回京。邵飘萍闻讯于11点30分赶到车站时,扑了空。邵飘萍穷追不舍,又驱车直奔段祺瑞官邸。警卫见是邵飘萍,不欲放行,邵说有要事相告,坚持要门卫通禀,段祺瑞欣然接见,并与之谈到凌晨3点。采访中,邵飘萍不仅摸清了府院之争的来龙去脉,并且预先了解到一年之后政局可能发生的变化。例如一年后梁启超出任财政总长,就是段祺瑞侃侃而谈的一个内容。邵飘萍一离开段祺瑞官邸便直赴《甲寅》日刊印刷所,将刚得到的消息插入要闻栏,当日见刊,这条新闻不仅以内幕新闻取胜,而且时效快,可称为"今日讯"。邵飘萍之所以能在深夜见到业已就寝的国务总理,除了他的勇气、善于连续作战外,关键是他深知其人。段祺瑞回京,是胜利者,满腔得意,正想借有声望的报纸发表其见地,炫耀胜利。邵飘萍便利用这种心理深夜求见,一举成功。无怪乎张季鸾如此评价邵飘萍:"北京大官本恶见新闻记者,邵飘萍能使之不得不见,见且不得不谈,旁敲侧击,数语已得要领。其有于时忌者,或婉曲披露,或直言攻讦,官僚无如之何也。自官僚渐识飘萍,遂亦重视报纸。"①

第四节 民国初年的新闻记者群及其代表人物

民初名记者,除了黄远生、邵飘萍之外,还有刘少少、林白水、徐凌霄等。

一、刘少少

刘少少(1870—1929),字少珊,笔名少少,湖南善化人。民初北京的著名记者,在当时的新闻界有"怪杰"之称。出身知识分子家庭,青年时代求学于岳麓书院,有文才,得到学政徐仁铸的赏识。1905年留日,学法政,曾协助杨度主办《中国新报》。1909年回国后,应邀任北京《帝国日报》编辑,取"少年中国之少年"之义,以"少少"为笔名,撰写政论,在新闻界崭露头角。武昌起义后,一度返

---

① 转引自方汉奇主编:《中国新闻通史》第1卷,中国人民大学出版社,1992年版,第1102页。

湖南,任共和党报纸《湖南新报》和杨怀中、徐特立等教育界人士主办的《公言》杂志的编辑、记者、主笔,影响较大,"京城咸知刘少少其人"(《长沙新闻记者联合会年刊》)。北京《亚细亚日报》初创时,被聘为主笔,主写时评。1915年,上海《亚细亚日报》欲聘其为主笔,遭他拒绝。袁世凯称帝阴谋暴露后,他拒绝了袁世凯的收买,避走天津,并发表文章反对帝制,遭到通缉。1918年应聘到北京大学任教,研究道家学说,鼓吹封建国粹,反对白话文,思想趋于保守。晚年的刘少少仍然热衷于政治活动,经常为报刊写文章,"庄谐杂出"、"时有新意",为一部分旧知识分子所欣赏。

二、林白水

林白水(1874—1926),名獬,又名万里,字少泉,号宣樊,笔名宣樊、退室学者、白话道人等,中年以后自号白水,福建侯官(今福州)闽侯县人。近代著名报刊活动家和新闻记者,也是中国历史上第一批出国留学攻读新闻学的人(1906年,林白水留学日本,专攻新闻学;同时赴日本学习新闻学的还有邵力子)。林白水一生经历曲折、复杂。他参加过华兴会、同盟会、爱国学社,辛亥革命成功后,他进入政界,担任福建省法制局局长,制定了福建第一部选举法。民国成立后,他又参加了共和党,沦为政客,也当过袁世凯总统府秘书、参政院参政、直隶总督府秘书,在《亚细亚日报》上发表过鼓吹恢复帝制的文章。官场的黑暗腐败使他最终辞官办报,但在办报过程中亦接受过北洋军阀各派系及北洋政府的津贴。林白水以笔锋尖锐、嬉笑怒骂、好揭隐私、议人短长而闻名报界,后终因刊发讽刺官僚的时评《官僚之运气》触怒了反动军阀张宗昌,1926年8月6日被以"通敌有证"的罪名无辜杀害于北京天桥,年52岁。1985年7月30日,中华人民共和国民政部颁发证书追认林白水为革命烈士。

林白水的办报生涯是从1901年被聘为林琴南创办的《杭州白话报》编辑开始的。在此后的30多年中,共创办和主编过近10种报刊。其主要的办报活动有:1903年12月19日在上海创办《中国白话报》,以"白话道人"为笔名几乎撰写每期所有栏目的文章,大力倡导天赋人权、人类平等、百姓合群等新鲜观点。1904年受蔡元培之聘,担任《俄事警闻》(后改名《警钟日报》)的白话主笔,发表了激烈的抨击慈禧太后的诗文,赢得了很好的口碑。后来为君主立宪派的《时报》、革命派的《民立报》等报纸撰写评论文章,"政治上摇摆于君主立宪和民主共和之间"①。民国成立后,在福建主编《新中国日报》。1916年9月由段祺瑞

---

① 方汉奇主编:《中国新闻事业通史》第1卷,中国人民大学出版社,1992年版,第1105页。

出资与友人在北京合办《公言报》,成为安福系的喉舌,对国民党大加攻击,肆意讥弹。1919年2月,又在上海创办《和平日报》,返回北京后于1921年春创办《新社会报》(不久改名为《新社会日报》)。1922年春,《新社会日报》因攻击吴佩孚被封,林白水将报纸改名为《社会日报》继续出版,该报纸面向市民,注重社会新闻,反映民众疾苦,受到读者欢迎。林白水特有的文字和风格常使得《社会日报》成为人们街谈巷议的谈话资料,当时"北平之中央公园,夏日晚凉,游人手持报纸而诵者,皆《社会日报》也"。

林白水办报活动的光辉点在武昌起义前,尤其是在创办《中国白话报》,参与编辑《俄事警闻》、《警钟日报》那一段时间。作为一名记者,林白水擅长写内幕新闻,这是值得称道的,然而他对中国报刊事业最大的贡献是把白话文运用于报刊所作出的建树。

林白水跻身于报界,就和白话文结下了不解之缘,他1904年创办的《中国白话报》虽出版不到10个月,但在中国报刊史上有着重要的意义。该报作为革命党人在上海地区创办的第一家白话报,"给当时的上海报界带来了一阵清新的民间气息"。林白水"用明白晓畅、浅显易懂的白话文宣传科学和民主,鼓吹暴力和暗杀,使革命思想在新军、会党、青年学生和手工业工人中有了一定程度的传播",促进了革命派跨出上层社会和知识分子的圈子,扩展到社会底层[①]。他认为,白话文,"妇女孩子一看也明白,不识字的一听就知道"(《中国白话报》第1期),用它写文章办报,"第一可去国民的自大心,第二可长国民的自信心,第三可以壮国民的自立心",能够收到很好的效果。当然,将白话运用于办报并非林白水的创造,而是在维新运动中产生的。维新派最早的白话报是裘廷梁(可桴)1898年4月创办的《无锡白话报》。但把白话文作为宣传资产阶级革命思想,林白水则是第一人。他以激烈锐猛的内容和激昂慷慨的文字,把白话文从维新派手中解放出来,面向社会的中下层民众作宣传,确有振聋发聩的作用。如在《中国白话报发刊辞》中,林白水写道,只有让那些"种田的、做手艺的、做买卖的、当兵的以及孩子们、妇女们个个明白,个个增进学问,增进见识,那中国自强就着实有望了。"甚至公开讲,"天下是我们百姓的天下",官吏"本是替我们百姓办事的,就像店里请的伙计一样"。

林白水是我国新闻史上最早用白话文写评论的政论家之一。较之梁启超半文半白的报章文体,林白水更为大胆奔放,他采用纯白话,文章带有浓烈的感情色彩,常用反语比喻,辛辣尖刻、冷峭凌厉是他语言的主要风格。这种风格在他晚期的政论中表现得特别充分。有人甚至说:"我们每日拿出脑血换的八枚铜

[①] 方汉奇、林溪声:《林白水——以身殉报的报界先驱》,《新闻与写作》2006年第9期。

元,买一张《社会日报》,只要读一段半段的时评,因为它有益于我们知识的能力。"①20年后,林白水回忆办白话报的经历时,还十分得意:"说到《杭州白话报》,算是白话的老祖宗,我从杭州到上海,又做了《中国白话报》的总编辑,与刘申培两人共同担任,中国数十年来,用语体的报纸来做革命的宣传,恐怕我是第一人了。"(《社会日报》1925年12月4日)

三、徐凌霄

徐凌霄(1888—1961),民初著名的新闻记者,江苏宜兴人,原名凌霄,笔名彬彬、凌霄汉阁主,是民国初年著名记者和剧评专栏作家。他生于封建士大夫家庭,伯父徐致靖、堂兄徐仁铸都是清朝官吏中著名的维新派人物。徐凌霄生长于这样的家庭,受其影响,成人后多同君主立宪派人物往来。黄远生于1915年在美国旧金山遇刺身亡后,徐凌霄于1916年继黄远生任上海《申报》、《时报》的驻京特派记者,长期为两报撰写北京通讯和随笔,由他创作的京味纪实小说《古城返照记》1928年9月至1931年2月在《时报》连载刊出,一时洛阳纸贵,好评如潮。30年代以后徐凌霄又任《大公报》副刊《戏剧周刊》、《北京》副刊和《小公园》的主编,设立了"凌霄随笔"、"凌霄汉阁谈荟"、"凌霄汉阁笔记"、"凌霄汉阁随笔"等专栏,写出的随笔融时事、经史和历史掌故于一体,颇受读者欢迎。他用彬彬笔名采写的通讯,以内容隽趣、文笔晓畅著称,尤其是他熟悉民初一些政治要员的身世经历,所写通讯常能运用有趣的内幕材料,颇受读者欢迎。如他记述张勋复辟时官场丑行的通讯,实在是惟妙惟肖。通讯的标题是《复辟十日中之官场现形》,全文共一千字整(不包括标点,当时《时报》所刊文字尚无现代标点)。在这简短的文章中,把"复辟伪谕下后",京城官场人士的言行写得活灵活现。徐凌霄写道:"宣统小皇登位"后,前清的"遗老""逸民"们,又都"辫发垂垂"了。随之细写那些"奉旨照旧供职的民国官吏"们,他们还不知道"满清服制翎顶袍褂"之类"是否恢复",尤其是他们早将头上的"烦恼丝"在革命声中"剪除"了,所以在文中才出现了这样一幕:"吴炳湘谢恩时犹穿大礼服入内,至宫门,为辫兵及内监呵斥而出",次日宣统又降旨,赏康有为"头品顶戴"。于是,官吏们明白了,皇上"已决定用清官服"。接着,徐凌霄又为读者描绘一连串的戏剧场面:"新蒙雨露之官僚乃大忙",纷纷跑到旧官服店去物色翎顶袍褂,可惜这些店家早已歇业。没办法,向旗人家中去借,而旗人家"官大者"云"须自用"。官小的,又把手中之物当作奇货可居,只准高价租赁,绝不出售。逼得这些官吏

---

① 方汉奇、林溪声:《林白水——以身殉报的报界先驱》,《新闻与写作》2006年第9期。

们竟到"各戏班中"去"搜罗",幸好一个叫雷振春的,"由天津运来一大箱",真是有如雪中送炭。其中一个"原任某师长的张某"竟一下子蒙皇恩"简放某省提督",他终于从这"一大箱"中捞到一件蟒袍,可惜略小了点儿,长度仅仅到达膝盖,穿在身上有如京戏中的旦角。但他还是"穿着入宫谢恩"去了,出得宫来,却又听到"各省反对复辟消息,知事不妙,即将袍褂团掷京寓,微服当晚出京,次日,而某师长反对复辟,痛斥从逆贼之电发表矣"。张某的官迷丑态及变色龙伎俩活现纸上。

徐凌霄的通讯既有上述典型人物的详细记述,又有一览全貌的概括分析。如他剖析当时一些官僚的内心世界时写道:"各尚书侍郎发表后,原任民国之特简人员,未即承恩者分为三种。一种则匿迹销踪,不复到署,观机而动,如某法院长、审记院长等是也;一种则赶即投往天津段合肥处,则目光较锐,神经其敏,如某某次长是也;一种则以前清官衔,宫门跪安,运动议政要人……"

对于张勋复辟这股历史长河中的小小逆流,岂止是人民不满,革命者起而反对,就连"清室老成人"也对"复辟皆抱悲观",只是一些"昏天黑地的贝子、贝勒、王公哥儿"们无比兴奋,"翎顶辉煌,车马络绎,以为政权纵未能即得,而贵族威严已恢复"矣。这是徐凌霄对张勋复辟这一丑剧的及时报道,写得真实、生动、形象,而又有着深刻的分析与评价。尤其是结尾处,写张勋跪在宣统脚下的描述更加绘声绘色。张勋在宣统面前根本没听清楚说的是什么,只是叩头,连说"奴才遵办"。退下之后,再看辫帅汗湿衣襟,"主子英明,天威可畏"之类的不绝于口,把这个封建王朝的余孽刻画得入木三分。

《又一个——劫车案——之结束》也是徐凌霄的代表作。在这篇通讯中,他从侧面取材,以幽默风趣的语言和生动的细节描述有力地揭示了总统黎元洪和封建军阀头子曹锟之间的勾心斗角。

袁世凯死后,徐凌霄还写了大量的议会通讯,如《政闻经要△内阁组织之趋势△新合肥与旧合肥》(《时报》1917年5月31日第1版)、《地方制之大结束与小波折》(《时报》1917年1月15日)、《三月九日之宪法会议△议员做官问题△副总统兼议长问题》(《时报》1917年3月12日第1版),等等。这些通讯除如实报道议会讨论的一些议题之外,对议员们的逃席、请假、睡觉、谈天及一些毫不负责的言行作了无情的揭露与辛辣的讽刺。

徐凌霄1961年病逝于北京,终年73岁。著有《凌霄随笔》、《凌霄汉阁随笔》、《凌霄一士随笔》等,与黄远生、刘少少一道被称为"民初三大名记者"。

第五节　报纸副刊的发展与变化

民初,与报刊政论的衰退相对的,是报纸副刊的发展与变化。

副刊是我国近代报纸的一大特色。我国报纸副刊的出现,一般认为,当始于《字林沪报》1897年11月24日创办的附张《消闲报》。此前的报纸,并未专辟副刊性质的专栏,虽然也常常刊登一些小说、随笔、杂文、诗词之类的作品,但一般都附载于新闻与论说的后面。就是维新派报人,如梁启超、严复虽然很注意小说的社会作用,并有过在报上开辟"附印说部"的设想,但终未付诸实施。副刊的第一次繁荣是在辛亥革命时期,一部分报纸在版面上辟有副刊,有的还印有专门的副刊刊图,如《中国日报》的"鼓吹录"、《国民日日报》的"黑暗世界",以及《神州日报》的第6版、《民吁日报》的第5版、《民立报》的第8版等。这些副刊上的文章,内容健康,形式活泼,较好地配合了革命思想的宣传。

到了民初,报纸副刊又有了进一步的发展并发生了较大变化。所谓发展,主要是指有更多的报纸开辟副刊,创办副刊成为报纸的普遍现象。尤其是一些老牌大报创办新的副刊,影响很大,《申报》的"自由谈"、《新闻报》的"快活林"、《时报》的"余兴"、"小时报"等。所谓变化,主要是指大多数副刊革命色彩消退,专门刊登茶余饭后消闲性文字,有的干脆成了"鸳鸯蝴蝶派"的领地。这一时期有代表性的副刊是《民权报》的副刊、《申报》的"自由谈"、《新闻报》的"快活林"和《时报》的"余兴"等。

上海《民权报》的副刊是"公认的鸳鸯蝴蝶派的策源地"①。《民权报》1912年3月28日创办,1914年1月自行停刊。该报从创办之日起,日出3大张12版,第11版为副刊,由蒋箸超、吴双热担任主编,设有"袖里乾坤"、"今文古文"、"过渡镜"、"众生相"、"燃犀草"、"滑稽谱"、"自由钟"、"瀛海奇闻"、"天花乱坠"等十余个小栏目,虽然也有揭露黑暗、抨击时弊、讽刺官僚政客的文字,但从整体上看,消闲内容占主流。长篇连载占了很大篇幅,比较典型的、有代表性的"鸳鸯蝴蝶派"言情小说都首先在《民权报》上连载。著名的有徐枕亚的《玉梨魂》,吴双热的《孽缘镜》、《兰娘哀史》,李定夷的《霄玉怨》、《红粉劫》等。除长短篇章回体小说外,笔记、戏剧、剧评、诗评和各类随笔也受到重视。《民权报》停刊后,1914年4月25日,蒋箸超又出版了《民权素》月刊,作为民权副刊的延

---

① 方汉奇主编:《中国新闻事业通史》第1卷,中国人民大学出版社,1992年版,第1078页。

续,更成为这一时期"鸳鸯蝴蝶派"作品的大本营。在第一集的序文中写道:"……惜乎,遂令可歌可泣之文字,湮没而不彰,转不若出雕虫小技,尤得重与天下人相见,究而言之,彼锦心绣口者,可以遣晨夕、抵风月;于过时有何裨益焉!"

《申报》副刊《自由谈》创刊于1911年8月24日,初创时刊登的内容多为游戏文字,设有"游戏文字"、"海外奇谈"、"岂有此理"、"博君一笑"、"尊闻阁杂录"等小栏目,也刊载一些诗词和回文体诗、叠字诗之类,每天还刊载长篇翻译小说。整个副刊的内容只限于供读者茶余饭后消遣之助。《自由谈》前期的几位主编如王钝根、吴觉迷、陈蝶仙、周瘦鹃等都是南社成员和"鸳鸯蝴蝶派"的健将,直至1932年12月起改由黎烈文主编,才结束了"鸳鸯蝴蝶派"、"礼拜六派"把持《自由谈》长达21年多的历史。

《新闻报》副刊《快活林》前身是《庄谐丛录》,1914年8月16日改名为《快活林》,由严独鹤主编,主要撰稿人有李涵秋、向恺然、朱枫隐、许瘦蝶、范烟桥等,所刊登的《侠凤奇缘》、《镜中人传》、《玉珏金环录》、《鸳鸯剑弹词》为典型的"鸳鸯蝴蝶派"作品。

《时报》有刊登文艺作品的传统,创办之初,就辟有"小说"专栏,翻译发表过许多世界名著,如雨果的《悲惨世界》、莎士比亚的《哈姆雷特》等。1906年,著名小说作家包天笑进《时报》,在他的倡议下,该报首创的副刊《余兴》,"专登除新闻及论说以外的杂著",主要撰稿人有范烟桥、周瘦鹃、毕倚虹等,这些人后来皆成了"鸳鸯蝴蝶派"的骨干。《余兴》(还有1915年创办的副刊《小时报》)刊登了许多有影响的作品,如周瘦鹃的《霜刀碧血记》、《邻人之妻》和毕倚虹的《人间地狱》、《十年回首》等。

为什么昔日虎虎生风、富有革命朝气的报纸副刊,此时却成为卿卿我我的"鸳鸯蝴蝶派"的天下?答案很简单:这是时代变迁的一种产物。

其一,辛亥革命以后,特别是在革命的果实被篡夺后,一部分人的革命理想渐渐破灭,对前途丧失信心。黄兴有诗云:"三十九年知是非,大风歌罢不如归。惊人事业随流水,爱我园林想落晖。"[①]黄兴尚且如此,何论他人?比如由柳亚子、陈去病、高天梅三人发起成立的南社,本为近代著名反清革命团体,该社以诗文酬唱,提倡民族气节,鼓吹爱国民主思想与反清革命。到了民初,南社中的许多人却成了"鸳鸯蝴蝶派"的干将。所谓"鸳鸯蝴蝶派",就是在这个特殊年代产生的一种文学流派,它的大本营在上海,它的领地则在报纸的副刊上,其成员都是一些既有较高的古典文学素养,又谙熟租界洋场生活的知识分子。

---

① 转引自马光仁:《上海新闻史》,复旦大学出版社,1996年版,第461页。

其二,在袁世凯的高压和黑暗统治下,办报论政,有诸多风险,许多私营报纸为了生存和发展,也不得不避开政治漩涡,另谋生路。故一些大报的副刊也走向消闲道路,走"鸳鸯蝴蝶"道路,借"鸳鸯蝴蝶派"作品缠绵悱恻的内容,来迎合小市民读者的消闲需要,以此为报纸招徕更多的读者,从而获利。一些读者一拿到报纸,就先看小说,有的还每天剪存装订成册。1912年,《民权报》因为刊登徐枕亚的《玉梨魂》,销量激增。有的读者为之着迷,急于知道下文如何,来不及等报纸登完,就写信向记者讨要全稿。连载小说的魅力,正在于"吊读者的胃口"①。

本章简论:报纸的本位转换是中国新闻事业的一种进步

中国民族资产阶级领导的旧民主主义革命虽然在形式上取得了胜利,但是只革掉了男人头上的一条辫子,没有给中国社会造成多大的震动。虽然成立了中华民国临时政府,但人民并没有得到任何好处。相反,"阿Q"被处死了,"赵老太爷"照样神气活现地存在!帝制终结,民国的成立,虽然对新闻媒介的控制有所放松,但是这似乎并没有给中国的新闻事业的发展带来多大好处。

首先是"政党报纸"的蜂起与堕落。在"政党政治"的作用下,一时间从地下冒出五花八门的政党报纸,这看似是新闻自由的结果,实际上是政党争权夺利的产物。这些政党报纸置民众利益于不顾,为了一党的私利作无谓的论战,没有原则,没有是非,完全党同伐异而已。政党报纸在争论之余,还相互进行人身攻击,互揭老底,以至不少报纸"纯以谩骂为事,不知报纸的原则何在"。人身攻击都不足以让他们发泄私愤,最后又发展到暴力手段,经常会有殴打报人、捣毁报馆的情况发生。政党报刊这种拙劣表演,使自己声名狼藉。

同时,袁世凯对新闻界的摧残。一方面残酷镇压,一方面高价收买,中国报界出现了严重的腐败堕落现象。面对袁世凯窃国称帝的无耻行径,报界不仅乏人抵制和声讨,相反,不顾人格、卖身投靠、为虎作伥者大有人在。不少报人视办报为利薮,到处伸手要钱,谁给钱就给谁帮腔,为舆论所不齿,被称为"报流氓"。还有一些人为了谋取暴利,竟与鸦片烟馆勾结,以报馆充当私卖鸦片的秘密营业点。1917年至1918年在广州的36家报馆中,就有20余家兼卖鸦片。至于借办报结交显宦,混迹官场,成为军阀的走卒和帮凶的,以及借手中的言论权进行欺

---

① 陈昌凤:《蜂飞蝶舞:旧中国著名报纸副刊》,福建人民出版社,1999年版,第16页。

诈勒索的,更是数不胜数。袁世凯时期,中国报界是御用报得宠,奴才报发财,正义报遭殃。

最后是报界低俗之风盛行。民国初年,随着对新闻业管制的放宽,办报的门槛降低,办报就成了部分不良分子营私牟利的手段。一些报人仅仅是为了牟利,并不认真办报,只靠剪辑拼凑的新闻和低级趣味的文字来敷衍了事,剪刀、红墨水、糨糊,是他们办报纸的素材,这样办出来的报纸多为低级庸俗之作;此外,副刊沦为"鸳鸯蝴蝶派"和"礼拜六派"的天下,版面充斥着风花雪月、打情骂俏。这种副刊的沦落,归根结底是辛亥革命失败的产物,是不成熟的资产阶级文化和残余的封建文化合流的结果。在辛亥革命的整个过程中,文学艺术并没有得到正常的发展,在斗争中,他们仅仅把文艺当作一种战斗工具和武器;在自认为斗争胜利后,又把文艺当作"高兴时的游戏";在感到革命失败、前途渺茫时,则把文艺看作是"失意时的消遣"①。

总之,民国初年的中国新闻界,一言以蔽之,"污七八糟"。正如戈公振先生所总结的那样:"民国以来之报纸,舍一部分杂志外,其精神远逊于清末。""若与欧美之进步率相比较,则其进步将等于零。"②

但是,任何事情都有其两面性,袁世凯对新闻业的摧残,逼得报纸由政论时代向新闻时代演变。一般来说,报纸首先是新闻纸,应该以新闻为本位,由于我国进入近代社会时面临的救亡图存的特殊形势,所以国人办报是从政论报刊开始的,并出现了一个长达近40年的政论时代。但是,民国初年政党报纸的党同伐异,使得发端于戊戌、成熟于辛亥的报刊政论到了这一时期只是一种互相丑诋的手段,而于社会进步没有多大价值;加上袁世凯的专制统治,禁忌甚多,言论自由全无。这种恶劣的形势逼着中国的报纸向新闻时代演变。

当然,中国报纸向新闻时代演变,还有其他一些客观因素。一方面,第一次世界大战的爆发,使帝国主义侵略中国的精力分散,中国的民族工商业得以在这个空隙中有所发展。经济的发展,必然导致人们对于新闻信息需求的增加,经济报道也就在这个时候开始有所加强。另一方面,这个时候国内的局势也一直是动荡不安。国内外的变局,都唤起了人们对时局的关注和对新闻的需求。为了适应读者的这种需要,报纸上的新闻报道普遍得到加强。而且,时代的发展,西方近代文明的传播,使得人们求知欲望大大增强,对于所发生的事情需要深入了解,尤其是关于政界要人的动态、言论以及各派政治势力幕前幕后活动的采访,一些内幕、独家的报道,特别受到读者的欢迎和重视。这些条件促进了中国的报

---

① 冯并:《中国文艺副刊史》,华文出版社,2001年版,第147页。
② 戈公振:《中国报学史》,三联书店,1955年版,第196、198页。

纸由政论时代向新闻时代演变。

中国报纸新闻时代来临的表现主要有以下几点。

其一,重视新闻采访、新闻报道、新闻通讯。

中国报纸从政论时代向新闻时代演变的表现之一是各报重视新闻采访与新闻报道,报纸已经完全从杂志中分离出来,成为社会生活中传递各种信息不可缺少的工具。报纸作为新闻纸的观念在报界被越来越多的人所接受,新闻日益成为报纸的主要内容。民初,各报新闻栏目逐渐增多,消息的比重在报纸上明显加大。一般大型日报每天一般都有二三十条新闻,多的达到三五十条。以刊载新闻为主的日报也在急剧增加。1912年7月25日创刊的《国民新闻》在出版预告中说:"非有精确之新闻,无以造正大之舆论。非有正大之舆论,无以扶初步之共和。"①这反映了当时报纸发展的一个趋势。

新闻通讯文体也在这个时期问世并且很快定型。一批名记者为了开展新闻竞争,他们精心钻研采访技术,并形成了比较系统的经验。同时,他们创造了一种崭新的报刊文体——新闻通讯。不少新闻通讯采用夹叙夹议的方法,文字生动,写作上很有特色。

其二,一批名记者脱颖而出。

中国报纸从政论时代向新闻时代演变的表现之二是各报在新闻领域内开展激烈竞争,一批名记者脱颖而出。由于能否采访到重要的独家新闻与报纸声誉有直接关系,因而各报十分重视新闻报道。这就促进了专业新闻记者队伍的迅速壮大,国内各大报都有专业或业余记者队伍。为了开展竞争,搞好新闻报道,各报除增聘地方通讯员外,一些财力雄厚的报社还重金聘请有才干的记者长驻北京,即"北京特约通信记者",造成专电、通讯繁荣一时。如《申报》、《新闻报》、《时报》重金聘请黄远生、邵飘萍、张季鸾为驻北京特约记者。于是,出现了一批著名的新闻记者,他们是黄远生、徐彬彬(凌霄)、刘少少、邵飘萍、林白水、胡政之、张季鸾等人,其中黄远生、邵飘萍的影响最大。这些名记者大都是留日学生,受过资产阶级教育,有一定的现代新闻学知识和办报经验,有敏锐的思想,有熟练驾驭文字的能力,他们为中国报刊向新闻时代演变作出了重要贡献。

其三,通讯社的兴起。

中国报纸从政论时代向新闻时代演变的表现之三是通讯社的兴起。通讯社,是指专门搜集和供应新闻稿件、图片和资料并将其提供给其他新闻媒体的专业新闻组织。它的建立反映出的是社会对于新闻信息的需求的增长,也反映出了社会对于新闻信息的重视程度。我国国人自办通讯社开始于20世纪初,是从

---

① 转引自胡太春:《中国近代新闻思想史》,山西人民出版社,1987年版,第225页。

译报、剪报、通信工作发展而来的。民国初年,在空前的新闻竞争中,发展通讯事业也被提上议程。中国报界曾经于 1912 年在上海召开了一次特别大会,创办通讯社是当时一个最主要的提案。提案称:"报馆记事,贵乎详、确、捷。试问我国今日所登之新闻若何?吾恐同业诸君亦不自以为满意。同人等以为吾国报界急宜设法组织一通信机关,互相通信,俾各报得以低廉之价,得至确之新闻,以供读者。"提案得到了通过,并且迅速开始实施,专门发布新闻稿的通讯社也随之应运而生。于是在很短时间内全国办起通讯社 20 多家,主要省市都办起了一批由专业人员从事新闻采访并向报社发稿的通讯社[①]。通讯社的成批出现,为我国报纸开展新闻报道提供了很大的便利。

最后要说的一句话是,报纸从政论时代向新闻时代演变,以及随之发生的变化,是中国新闻史上的一种进步,无论这种进步是主动的还是被迫的。

---

① 胡太春:《中国近代新闻思想史》,山西人民出版社,1987 年版,第 226 页。

第七章

新文化运动与启蒙报刊

本章概要

穿过民初"污糟"之迷雾，中国新闻业从"零"开始，从"新"起航。所谓从"零"开始，就是像当初西方的民主自由报刊那样，从思想领域的革命开始；所谓从"新"起航，就是与新文化运动一道起航。

那么，是什么使中国新闻业走出"污糟"之迷雾呢？是启蒙报刊。何谓启蒙报刊？以传播新思想、新文化为主要内容，以改造国民性为主要目的，以学生办报为主体的新兴报刊。可见，启蒙报刊是伴随着新文化运动的兴起而出现的。

新文化运动是辛亥革命之后，中国发生的一场思想启蒙运动，它如同欧洲文艺复兴和法国启蒙运动，其目的是改造国民性，摧毁旧传统，即以西方的个人主义来取代中国传统的封建家族主义。"举一切伦理、道德、政治、法律、社会之所向往，国家之所祈求，拥护个人自由权利与幸福而已。思想言论之自由，谋个性之发展，法律面前，人人平等也。个人之自由权利，载诸宪章，国法不得剥夺之，所谓人权是也……此纯粹个人主义之大精神也……欲转善因，是在以个人本位主义易家族本位主义。"①简言之，即争取"法律上之平等人权，伦理上之独立人格，学术上之破除迷信，思想自由"②。

新文化运动是清末维新运动的继续和发展。新文化运动的主要人物陈独秀、李大钊、胡适、鲁迅、钱玄同、吴虞、刘半农、易白沙、周作人、傅斯年、罗家伦等人所做的工作是严复、谭嗣同、梁启超等人工作的继续。他们都是主张用"西学"（西方资本主义文化）反对"中学"（中国封建传统文化）。但是，新文化运动

---

① 陈独秀：《东西民族根本思想之差异》，《青年杂志》第1卷第4号。
② 陈独秀：《袁世凯复活》，《新青年》第2卷第4号。

的启蒙要求和主张的彻底性和深刻性,为维新运动所不可比拟。它以彻底与旧传统决裂的崭新姿态和宏伟气魄使之与维新运动相较有了新的性质。陈独秀等人深刻地反省了辛亥革命失败的经验教训,深感传统文化模式不冲破,共和国体也只是空有其名,"伦理之觉悟为最后觉悟之觉悟"①。陈独秀认为,一定的政治伦理秩序是立足于一定的政治伦理意识之上的,他指出:共和立宪制的基础是"独立、平等、自由"的价值意识,"君主专制"的基础是"儒家三纲之说"。要真正建立共和立宪制就必须先行彻底摧毁儒家三纲之说(打倒孔家店),确立独立、平等、自由的价值意识,否则,即使挂了共和立宪的招牌也靠不住,辛亥革命共和失败的经验即是见证。于是,在那种万马齐喑的黑暗之中,陈独秀发动了中国历史上最深刻的思想革命——"新文化运动",率先打出了"民主与科学"这一所向披靡的旗帜,率先喊出"打倒孔家店"这一石破天惊的口号。

新文化运动兴起于1915年,发展到1919年与爱国青年运动结合在一起,便进入到了一个新的阶段。第一次世界大战后,列强分赃的巴黎和会的无理决定和北京政府卖国行为,激起了广大人民群众,特别是青年学生的极大义愤,轰轰烈烈的"五四"爱国运动爆发了。随着马克思主义在中国的传播,随着工人群众的介入,这场以思想启蒙开始的新文化运动很快地变成为一场爱国救亡、实行社会政治变革的政治运动了。

启蒙报刊始终是新文化运动的主要阵地,它随着新文化运动的兴起而产生,随着新文化运动的发展而发展。启蒙报刊出现的标志是1915年9月《新青年》的创办。到"五四"前后,学生报刊纷纷创办,成为启蒙报刊的主体,具有代表性的是长沙的《湘江评论》、天津的《天津学生联合会报》以及全国学联在上海出版的《全国学生联合会日刊》、上海学联出版的《上海学生联合会日刊》和《上海学生联合会通俗丛刊》、北京学联出版的《五七》日刊、武汉学联出版的《学生周刊》、广东学联出版的《广东省学生联合会日报》、杭州学联出版的《杭州学生联合会报》等;一些学校的学生会和其他学生组织也办有报刊,如北京大学的《北京大学学生周刊》、天津南开学校的《南开日刊》等;此外,一些青年知识分子所组织的社团也纷纷创办报刊,如周恩来、马骏、邓颖超等组织的天津"觉悟社"创办了《觉悟》,毛泽东、李大钊、恽代英等参加的"少年中国学会"分别在上海、南京、成都创办有《少年中国》、《少年世界》和《星期日》;还有个人创办的报刊,如瞿秋白在北京创办的《新社会》旬刊,恽代英在武汉创办的《武汉星期评论》等。

总之,这个时期中国新闻传播业的特点,用一个"新"字加以概括,再准确不过了。

---

① 陈独秀:《吾人之最后觉悟》,《青年杂志》第1卷第1号。

第一节 启蒙报坛"三剑客"

一、启蒙报刊首创者及主将陈独秀

启蒙报刊的首创者及主将是陈独秀。陈独秀（1879—1942），字仲甫，安徽怀宁人，早年丧父，自称小时是个"没有父亲的孩子"。在祖父严厉的督促下读书，既使他增长了学识，又使他养成了反抗的性格，这对他日后成为大学教授、成为"康党"（维新派）、"乱党"（革命派）和共产党人打下了牢固的根基。

他通过《时务报》了解维新派的主张，并欣然成为其中的一员；1901年在日本加入同盟会，积极从事推翻清王朝的革命活动；"二次革命"失败后，1914年他再次流亡日本，深刻反思"革命成功"而"共和流产"的原因，他认识到，民初政治混乱，主要是"国民之智力"尚未达到"建设国家于二十世纪"程度，于是，他决心转移阵地，发动一场"改造国民性"的文化运动。

1915年夏天，陈独秀回国，便以一位新文化运动领袖的身份出现在中国思想界，发动并领导了中国的新文化运动，为中国的社会发展做出了卓越贡献，同时也创造了他自己人生的辉煌。在日益深入的新文化运动中，陈独秀接受马克思主义，思想又一次发生深刻变化，此后，他发起筹备成立中国共产党，领导中国无产阶级革命，任中共第一至第五届中央书记、委员长、总书记。在第一次国内革命战争后期，他因右倾错误，被撤销总书记职务，1929年又被开除党籍；后参加"托派"活动。1932年，他被国民党逮捕，抗战爆发后获释，仍以各种力所能及的方式进行爱国抗战活动。1942年死于四川江津。

陈独秀是中国近现代的著名报刊活动家，尤其是作为新文化运动的著名领袖和擎旗人，在首先创办和主编启蒙报刊，在宣传新思想、新道德，反对旧思想、旧道德方面做出了卓越的贡献。

陈独秀的报刊活动分为四个阶段。

第一阶段为从事资产阶级革命报刊活动阶段，自1903年至1914年。1903年陈独秀从日本回国，在上海协助章士钊编辑《国民日日报》，开始他的报刊活动，后回安徽，于1904年3月在安庆创办并主编半月刊《安徽俗话报》。《安徽俗话报》是资产阶级革命派在安徽的重要宣传机关，陈独秀以"三爱"为笔名，在该报上发表了很多文章，包括大量的时事评论，很为读者瞩目。在他的主持下，这份报纸对民主革命思想的传播有很大作用，因言论激烈，1905年秋被勒令停刊。二次革命失败后,陈独秀因担任过安徽都督柏文蔚的秘书长,家被抄没,人遭通缉。他先避上海,后于1914年赴日本,在东京又协助章士钊编辑《甲寅》杂志。这期间,他热衷于介绍和提倡揭示人生哲学的中外文艺作品,他曾撰文号召国民自觉地居于国家主人的地位,不要把"爱国"和"忠君"混为一谈。并在报刊上发表时论,传播资产阶级民主革命思想,反对封建专制,激励国民志气,克服"奴隶根性"。

第二阶段为从事启蒙报刊活动阶段,自1915年至1920年上半年。这是陈独秀作为启蒙报刊的首创者及主将,报刊活动最光辉的时期。1915年夏天,陈独秀回国,为了宣传自己"新民救国"的主张,他便创办了中国现代报刊史上和思想史上最重要的刊物《新青年》(初名《青年杂志》)。《新青年》的创刊,代表了一代知识分子的新觉悟,他们企图仿效当年法国大革命前的资产阶级启蒙家那样在中国发动一场思想启蒙运动,把国民动员起来,创建真正的资产阶级民主共和国。

第三个阶段为从事无产阶级和共产党报刊活动阶段,自1920年下半年至1927年。1920年,作为中国共产党上海发起组的核心人物,陈独秀亲自领导了《新青年》的改组。陈独秀在筹建共产党和担任中共主要领导人期间,除继续在《新青年》上发表文章外,还曾在《共产党》月刊、《劳动界》、《向导》、《中国青年》以及《时事新报》、《晨报》、《国民日报》等十几家报刊上发表了不少较好的文章。

第四个阶段为托派报刊活动阶段,时间是1927年以后。大革命后期,陈独秀在革命实践和宣传工作中出现右倾错误,在报刊上宣传右倾机会主义路线,1929年他因进行分裂活动被开除党籍后,成立托派组织,创办过《无产者》、《火花》、《热潮》等几个托派刊物。

二、文学革命的"首举义旗者"胡适

胡适(1891—1962),原名洪骍,字适之,安徽绩溪人。早年在家乡接受了9年传统教育,13岁到上海,先后入读梅溪学堂、澄衷学堂和中国公学,开始接触新学。1910年考取第二批庚款留学生赴美留学,进入康奈尔大学,先修农科,后改修哲学。1915年入哥伦比亚大学研究院,从学于实用主义哲学家杜威。在美学习时间总计长达7年。1917年在《新青年》上发表《文学改良刍议》,反对文言文,提倡白话文,主张文学革命。同年7月回国,任北京大学教授。参与编辑《新青年》,发表新诗集《尝试集》,为当时新文化运动的著名人物。1919年在《每周评论》上发表《多研究些问题,少谈些"主义"》,引发著名的"问题与主义"之争。1922年创办《努力周报》,宣扬"好人政府"和"省自治联邦制"的主张。1925年参加段祺瑞策划的善后会议。1929 年在《新月》发表《人权与约法》一文,与梁实秋、罗隆基等发起"人权运动",反对国民党实行独裁与文化专制,倡导自由主义。1932 年,在国难临头之际,创办《独立评论》,该刊成为当时北方学人议政的中心。1938 年出任驻美大使,1942 年卸任。1946 年 7 月回国任北京大学校长。1948 年到美国。1958 年定居台湾,任"中央研究院"院长。1962 年 2 月 24 日突发心脏病逝世。他著有《中国哲学史大纲》(上卷)、《白话文学史》(上卷)、《胡适文存》等。

胡适有着丰富的报刊实践,是现代中国公共舆论中引人注目的重要发言人。其报刊活动可以划分为以下三个阶段。

第一阶段(1906—1909),初涉报界,胡适先后担任《竞业旬报》的撰稿人、主编,该报是胡适"思想之胚芽,文笔之摇篮"。《竞业旬报》是竞业学会的会刊。竞业学会成立于 1906 年,由中国公学里的一班热衷于国家民族事业、趋向革命新潮的革命同志所组织,目的在于"对于社会,竞与改良;对于个人,争自濯磨"。该学会成立后第一件事即是创办《竞业旬报》,因为"骨子里要鼓吹革命",要"传布于小学校之青年国民",所以其《发刊词》明确反对"务为艰深之文,陈过高之义",决定提倡"国语",以白话文刊行。《竞业旬报》第 1 期于 1906 年 10 月 28 日出版,至 1909 年初停刊时,共出 41 期。从第 24 期(1908 年 8 月 17 日出版)至第 40 期(1909 年 1 月 22 日出版),胡适是该报的编辑兼主笔,并且是"任职时间最长、文章最多的一位主笔"。在胡适等的努力之下,该刊因进步思想与白话文形式的和谐赢得了读者的喜爱,曾在全国 51 个大、中、小城市设立代办处(固定的销售点);它的寿命也比《中国白话报》、《杭州白话报》、《安徽白话报》、《宁波白话报》、《潮州白话报》和《国民白话日报》等同时期的白话报刊要长。《竞业旬报》对胡适意义重大,是其"思想之胚芽,文笔之摇篮"。1931 年,胡适在《四十自述》中表示:《竞业旬报》上一些思想成为他后来思想的"重要出发点";"一年多做白话文的训练"给了他"绝大的好处"——"从此白话文形成了我的一种工具。七八年之后,这件工具使我能够在中国文学革命的运动里做一个开路的工人"①。

第二阶段(1917—1930),胡适从归国伊始决心"不谈政治"到"忍不住谈政治",进而成为争人权的"斗士"。胡适自言是"一个注意政治的人",留美七年期间,他积极训练公开讲演的能力;学习议会程序;信仰世界主义、和平主义、国际主义②。1917 年胡适归国之初,由于目睹"出版界的孤陋"、"教育界的沉寂",于

---

① 欧阳哲生编:《胡适文集1》,北京大学出版社,1998 年版,第 78—85 页。
② 同上书,第 225—247 页。

是"打定二十年不谈政治的决心,要想在思想文艺上替中国政治建筑一个革新的基础"。在这种心境的影响下,无论是加入《新青年》还是替《每周评论》写稿,他始终保持对政治的低调。1919 年 6 月,陈独秀被捕,胡适接办《每周评论》后,方才有"不能不谈政治的感觉"。于是,自我定位为"实验主义信徒"的胡适在第 31 期《每周评论》上发表他的政论"导言"——《多研究些问题,少谈些"主义"》,这一"导言"引起了无数的抗议——"北方的社会主义者驳我,南方的无政府主义者痛骂我",结果"我第三次替这篇导言辩护的文章刚排上版,《每周评论》就被封禁了;我的政论文章也就流产了"。《每周评论》于 1919 年 8 月 30 日被封禁,此后胡适自述"忙与病使我不能分出功夫来做舆论的事业",然而等候了两年零八个月,"中国的舆论界仍然使我大失望";因而"实在忍不住",由"不谈政治"走上"谈政治"的"歧路",与丁文江、张慰慈等创办《努力周报》①。该报 1922 年 5 月 7 日创刊,1923 年 10 月停刊,总计出版了 75 期,它象征着"现代中国自由知识分子最初的聚集"②。胡适在该报上共发表文章 107 篇,其中政论 24 篇,时评 68 篇,文论 8 篇,年谱 7 篇(《努力周报》附刊《读书杂志》除外)。该报虽然仅存了一年半时间,但引发了三次很有影响的争论——"好政府主义的论争"、有关"联省自治"的讨论以及"科玄论战"。《努力周报》因"谈政治到了'向壁'的地步"被迫停刊后,接下来的数年,身处北京的文化人面临一个混乱恐惧的年代,需要度过一段扰攘不安的岁月。"北京已进入恐慌时代,大学教授及新闻记者多离京"③。1926 年前后北京知识分子纷纷南下避难,构成中国现代历史的一道独特景观,武汉、广州、厦门等南方主要城市吸纳了不少南迁的文人学士,上海更是如此。1927 年胡适从国外考察归来,选择居住上海,成为南迁文人的中心,还重新聚集了一些新近归国的留学生。他们筹办《新月》月刊,于 1928 年 3 月 10 日创刊,编辑由 5 人共同负责,胡适虽然未列名,但实际上是该刊的领衔人物。《新月》最初以文艺性刊物的面貌问世,这种基调不能让胡适等人满意。该年 5 月 16 日,胡适在日记中写道:"上海的报纸都死了,被革命政府压死了,只有几个小报,偶尔还说说老实话。"④胡适等人打算对《新月》进行改组,使其"在思想及批评方面多发表一些文字"。自第 2 卷第 2 号开始,《新月》果然一改过去的面目,刊登了胡适那篇著名的《人权与约法》一文,反响巨大。蔡元培先生写信称赞"振聩发聋,不胜佩服"。时任商务印书馆董事长的张元济先生也认为该

---

① 欧阳哲主编:《胡适文集 3》,北京大学出版社,1998 年版,第 363—365 页。
② 章清:《"胡适派学人群"与现代中国自由主义》,上海古籍出版社,2004 年版,第 65 页。
③ 此段历史请参见司马长风《中国新文学史》上卷第十七章"作家南迁与北伐风暴",香港昭明出版社,1978 年版。
④ 曹伯言编:《胡适日记全编 5》,安徽教育出版社,2001 年版,第 110 页。

文"文章之好,议论之正大"。近代工商业巨头张謇之子、南通大学校长张孝若更表示"先生有识见有胆量……不问有效无效,国民人格上的安慰,关系也极大"。接着,《新月》又相继刊登胡适的《〈人权与约法〉的讨论》、《我们什么时候才可有宪法——对〈建国大纲的疑问〉》、《新文化运动与国民党》、《知难,行亦不易——孙中山先生的"行易知难说"述评》,罗隆基的《论人权》、《告压迫言论自由者(研究党义的心得)》、《专家政治》,以及梁实秋的《论思想统一》。这些倡导人权、呼唤思想言论自由、批评国民党专制的雄文产生了轰动效应。一时之间,从南到北,国民党各地党部要求缉拿、惩办胡适。教育部向时为中国公学校长的胡适下达训令:"该校长言论不合,奉令警告。"国民党中宣部更是组织枪手,出版《评胡适反党义近著》等,对胡适大加挞伐。《新月》第2卷第4号出版不久即遭查禁。这些文章结集为《人权论集》,出版后亦遭查禁。

第三阶段(1932—1937),国难临头之际,胡适等创办《独立评论》,使之成为北方学人,尤其是北大、清华、燕京、南开等校园知识分子议政的中心。这一阶段的内容后面有专门论述,此处从略。

1938年后,胡适基本上与报界关系不大了——虽然1946年7月从美国回来出任北京大学校长期间,当时不少朋友劝他恢复《独立评论》,他却认为"那个小册子的新闻事业的黄金时代已经过去",复刊《独立评论》不合时宜;虽然1949年11月在台北正式创刊的《自由中国》推举他为"发行人",但身在美国的胡适并不知情,并于1953年以措词严厉的信辞去"发行人"一职。

三、启蒙报刊革命精神提升者李大钊

李大钊(1889—1927),字守常,河北乐亭人,从小父母双亡,由祖父抚养成人。1907年,祖父逝世,家境国事迫使19岁的李大钊政治上早熟。他在《狱中自述》中说:"祖父谢世,钊感于国事凌夷,慨然起研究政治,以期挽救民族,振奋国群之思想,乃与二三同学,乘暑假之便,赴天津考学校。"那年,他考进了天津北洋法政学校,在那里,学习了六年,深入学习了欧美资本主义国家的历史、民主政治和近代科学知识,尤其是近代法制思想和制度对他影响尤深,他成了一个激进的民主主义者。1913年,李大钊从北洋法政学校毕业,次年到日本留学,进入早稻田大学政治专业学习。在日本期间,李大钊广泛阅读了西方社会科学方面的书籍,包括马克思主义的著作。1916年5月,还没有毕业的李大钊回到中国,此时国内正值反袁高潮,他先到上海,旋即到北京,参加反袁斗争。1918年,在章士钊的推荐下,李大钊被蔡元培聘为北京大学图书馆主任,来到了新文化运动的策源地。此时,他不仅成了新文化运动的领袖之一,而且很快由一个激进的民

主主义者转变成为一个共产主义者,在中国最早系统传播马克思主义,把新文化运动推进到一个新阶段,并在北京发起组织共产主义小组,积极筹备成立中国共产党。中国共产党成立后,他任中共第二届至四届中央委员,在帮助孙中山确定联俄、联共、扶助农工三大政策和改组国民党的工作中,他起了重要作用。1924年在国民党第一次全国代表大会上,他被选为中央执行委员,同年出席共产国际第五次代表大会。1927年4月6日,他被奉系军阀逮捕,28日在北京从容就义,时年39岁。

李大钊同陈独秀一样,是中国近现代著名的报刊活动家,有丰富的报刊活动经历,尤其对启蒙报刊的发展亦做出了卓越的贡献。此外,他还是最早的马克思主义宣传家,对马克思主义在中国的传播起了开山的作用。

李大钊的报刊活动,从学生时代就开始了,大致分为三个阶段。

第一阶段从1913年至1915年,为从事资产阶级革命报刊活动阶段。1913年李大钊在天津北洋法政学校读书时,担任"北洋法政学会"会刊《言治》月刊的编辑,在该刊上发表了30多篇反对封建专制、抨击军阀政客、忧国忧民的诗文。在留学日本期间,李大钊先后担任过留日学生进步团体神州学会机关刊物《神州学丛》和留日学生总会的机关刊物《民彝》杂志的主编。他在这两个刊物上发表文章进行反袁宣传。

第二阶段从1916年回国至1919年,为从事启蒙报刊活动阶段。他先应邀担任《晨钟》报第一任主编。《晨钟》报本为众议院议长研究系政客汤化龙创办,李大钊希望利用它宣传民主思想,唤起"吾民族之自我的自觉",撞响"自由之钟","勇往奋进……索我理想之中华,青春之中华"①。他认为,时代的青年应该担负起创造青春中华的责任。因言论处处受到掣肘,他在《晨钟》只工作了22天就辞职了。1917年初,李大钊在北京又参加章士钊主持的《甲寅》日刊的编辑工作,也因在政治上与章士钊不一致,只干了几个月就离开了。《晨钟》报、《甲寅》日刊的遭遇使李大钊认识到,利用这些旧党派报刊宣传新文化是不可能的。在他到北京大学工作后,刚好《新青年》由陈独秀个人主编刊物改为编辑部共同负责的同人刊物,1918年2月,李大钊参加到《新青年》编辑部,与陈独秀一道成为新文化运动的领袖人物。这一阶段,李大钊还参加过《每周评论》、《新潮》、《少年中国》、《国民杂志》的创办、编辑工作,积极为《宪法公言》、《中华》、《通俗》、《言治》(季刊)、《太平洋》等刊物撰写过稿件,对新文化运动的开展起过重大影响。这一阶段,李大钊还有一特殊贡献,就是发表了一系列歌颂俄国十月革命和宣传马克思主义的文章。1918年,正当皖系军阀段祺瑞政府阴谋把我国拉

---

① 李大钊:《晨钟之使命——青春中华之创造》,1916年8月15日《晨钟》。

进帝国主义反苏俄战争中去的时候，李大钊在报刊上接连发表了几篇热情歌颂十月革命的文章。7月，他在《言治》季刊发表《法俄革命之比较观》，11月在《新青年》上发表两篇政论《庶民的胜利》和《Bolshevism的胜利》，1919年元旦又为《每周评论》写了《新纪元》一文。李大钊在这些文章中，热情歌颂十月革命"是世界革命的新纪元，是人类觉醒的新纪元"。他满怀信心地预言："试看将来的环球，必是赤旗的世界！"五四运动期间，李大钊还把轮值主编的《新青年》第6卷第5号编成《马克思研究》专号，他为专号写了长篇论文《我的马克思主义观》，系统地介绍了马克思主义的政治经济学、唯物史观和科学社会主义三个组成部分的基本原理，把读者的眼光引导到这一时代最先进的革命学说上来。

第三阶段从1920年至1927年牺牲为止，为从事无产阶级革命报刊活动阶段。这一阶段，李大钊在改组后的《新青年》及《晨报》副刊、《民国日报》上发表文章，更加热情地宣传马克思主义。

总之，报刊活动使李大钊由一个激进的民主主义者很快变化为一个共产主义者，反映在报刊宣传中，就是从批判孔夫子到宣传马克思。李大钊是我国最早的马克思主义报刊宣传家。

第二节 启蒙报刊的旗舰《新青年》

一、《新青年》的创办与出版

《新青年》原名《青年杂志》，1915年9月15日创刊于上海，16开，月刊，每6号为一卷，由陈独秀创办并主编。1916年9月1日出版至第2卷第1号便改名为《新青年》。1917年2月，陈独秀应蔡元培之聘，担任北京大学文科学长，《新青年》也随之迁到北京，次年1月第4卷第1号开始，改为同人刊物，即实行轮值主编制，由陈独秀、钱玄同、刘半农、胡适、李大钊、沈尹默等轮流编辑。还有一种是所谓"客员"，即积极写稿并参加编辑部会议，参加讨论有关编辑、发行的重大问题，但不轮值主编，其中有鲁迅、周作人、高一涵（曾代刘半农编过一期）以及陶孟和、王星拱、陈大齐、张申府等人。为了避开北洋军阀政府的迫害，1920年2月，陈独秀由北京回到了已是新文化运动中心的上海，并开始筹建中国共产党上海发起组，《新青年》从第7卷第4号起在上海出版，陈独秀继续担任主编。1920年9月1日出版的第8卷第1号起，《新青年》开始成为上海共产主义小组的机关刊物。1921年2月上海法租界巡捕房查抄新青年社，处以罚款并勒令迁移。

迫使《新青年》从第8卷第6号起在上海转入秘密编印,假托迁往广州,1922年7月出至第9卷第6号后休刊,前后共出版54期。1923年6月15日,《新青年》改为季刊,在广州复刊出版,成为共产党中央的理论机关刊物,由瞿秋白主编。1924年出到第4期后休刊。后断断续续出到1926年7月终刊。

《新青年》从创刊到终刊,前后有11年的历史,从刊物的性质变化来看,《新青年》大致可以分为前后两个不同的时期:前期从1915年创刊到1920年上半年为启蒙刊物。这一时期,它高举科学、民主的旗帜,向封建专制主义文化进行猛烈的攻击,成为新文化运动的马首;后期则从1920年下半年到1926年终刊,为共产党(先是发起组)的机关刊物,专门进行马克思主义理论宣传,为中国共产党的成立和发展发挥了重要作用。

二、前期《新青年》对新文化运动的贡献

前期的《新青报》作为启蒙报刊的旗舰,对新文化运动的开展、对国民的启蒙教育所起的作用是无与伦比的。它的创刊标志着新文化运动的开始,在整个新文化运动中,它又自始至终充当运动的旗帜。《新青年》的创办人比较清醒地认识到,辛亥革命最后失败的根本原因,在于没有进行一场强大的"国民性改造"的思想解放运动,广大群众的思想没有从牢固的封建意识的桎梏中摆脱出来。因此,要在中国实现民主共和,必须向中国广泛传播西方文化、科学,开展彻底的反封建运动,对国民进行启蒙教育,用资产阶级民主主义思想取代封建主义思想,唤起民众。否则先进的政治制度即使移植过来也是徒有其名,终归失败。故《青年杂志》一创刊,首先打出了"民主"与"科学"两面大旗,作为反对封建专制文化的武器,发动了一场以反对旧道德、提倡新道德,反对旧文学、提倡新文学为主要内容的新文化运动,《新青年》并始终是新文化运动的主要阵地。《青年杂志》创刊号称"民主"为"人权",它说:"自人权平等之说兴,奴隶之名,非血气所能忍受";并把民主与科学比作一辆车子的两只轮子,缺一不可。要求人们驾着以民主与科学为双轮的这辆战车,向封建专制和封建礼教勇猛冲击[①]。由于武器精良,认识深刻,态度坚决,故《青年杂志》(《新青年》)的刊行,为新文化运动的开展作出了巨大贡献。

第一,以大无畏的精神向孔家店发起猛烈的攻击。《新青年》大力介绍西方的民主、自由、平等、博爱等新思想、新道德,批判中国封建主义的旧思想、旧道德,并针对当时甚嚣尘上的尊孔复古逆流,展开批判孔孟之道的斗争。1916年9

---

① 陈独秀:《敬告青年》,载《青年杂志》创刊号。

月，康有为上书总统、总理，建议把孔教定为国教并写入宪法，主张以孔孟伦理为立国的精神。《新青年》立即发表陈独秀写的《驳康有为致总统、总理书》，接着又发表《宪法与孔教》、《再论孔教》等文章，旗帜鲜明地提出"打倒孔家店"的口号，抨击儒家伦理观，认为儒家伦理观是袁世凯专制统治的旧式政治控制工具。陈独秀还把思想上反对封建伦理道德和政治上要求实行民主共和结合起来，进行宣传。《新青年》认为，孔教与民主政治势不两立。"欲建设西洋式之新国家，组织西洋式之新社会，以求适今世之生存，则根本问题，不可不首先辅入西洋式社会国家之基础，所谓平等人权之新信仰，对于与此新社会、新国家、新信仰不可相容之孔教，不可不有彻底之觉悟，猛勇之决心，否则不塞不流，不止不行。"①据此，《新青年》对中国封建文化展开了毫不留情的批判，凡不合科学、民主原则的，"虽祖宗之所遗留，圣贤之所垂教，政府之所提倡，社会之所崇尚"，都在扫荡之列。《新青年》还在读者通信栏中开展关于"孔教"的辩难，形成了"打倒孔家店"的强大的社会舆论。可见，《新青年》着重从反对封建主义的思想道德入手，向孔家店发起猛烈的进攻，比较全面地批判了封建伦理道德，指出封建伦理道德是君主专制的思想武器，把思想上的反对封建礼教和政治上的追求民主结合在一起。

第二，以昂扬的斗志，倡导"文学革命"和"白话文运动"。随着新文化运动的发展，在批判封建思想专制的同时，《新青年》又倡导了一场"文学革命"和"白话文运动"，并把这作为反封建主义斗争的重要组成部分，文学革命同反封建的思想革命紧密结合，以白话文为传播科学、民主的工具，把思想解放运动引向了更广阔的领域。陈独秀明确意识到，所谓新文化运动，就是树立新思想，破除旧思想；破旧立新，相反相成。而文学作为新旧思想的主要载体，就成了这一立一破的具体对象。就此而言，在陈独秀的总体思路上，摧毁"旧文学"、建立"新文学"就不单是文学本身的问题，而是整个社会政治伦理思想革命的一部分。

《新青年》从1917年起首先打出了文学革命的大旗。文学革命主要内容是反对文言文，提倡白话文。在提倡白话文方面，《新青年》的编者作出了巨大贡献。陈独秀此前就曾提倡白话文，编过《安徽俗话报》，胡适、钱玄同、刘半农、鲁迅等人在提倡白话文、反对文言文方面，都取得了理论和实践成就。1917年1月1日，《新青年》第2卷第5号发表了胡适从美国寄来的《文学改良刍议》，首先提出了几点关于文学改良的意见，以及以白话文代替文言文的意见，并主张改革中国旧的文学体裁。胡适在文中倡导"文学改良"的"八条要求"，即"一曰言之有物。二曰不模仿古人。三曰须讲求文法。四曰不作无病之呻吟。五曰务去

---

① 陈独秀：《宪法与孔教》，《新青年》第2卷第3号，1916年11月1日。

滥调套语。六曰不用典。七曰不讲对仗。八曰不避俗字俗语"。第一条讲的是内容问题,强调文学贵在表达人的思想感情,反对"近世文人沾沾于声调字句之间"的倾向。其他各条旨在打破旧文学形式的束缚,其用意也是为了能够自由地表述作者的思想感情。"他对白话文的提倡,也突破了清末白话文的局限,即把原来白话文只是为了便于向下层群众进行宣传,尚不足登大雅之堂的附庸性质,一下提高为正宗地位,这是有重大意义的,影响深远。"①随着《文学改良刍议》的发表,胡适成了文学革命的"首举义旗的急先锋",拉开了文学革命的序幕。主将陈独秀随后出场,于同年2月,在《新青年》第2卷第6号上发表了他的《文学革命论》,把文学革命作为开发文明、解放思想和改造国民性的利器,同思想革命、政治革命密切结合起来,直截了当地提出了"文学革命"的口号,反对"文以载道",反对"代圣贤立言",向为封建主义服务的旧文学发动猛烈的进攻。陈独秀在文章中说:"今欲革新政治,势不得不革新盘踞于运用此政治者精神界之文学。"陈独秀提出了文学革命的三项任务:推倒雕琢的、阿谀的贵族文学,建设平易的、抒情的国民文学;推倒陈腐的、铺张的古典文学,建设新鲜的、立诚的写实文学;推倒迂晦的、艰涩的山林文学,建设明了的、通俗的社会文学。陈独秀的《文学革命论》不仅明确地将文学"改良"改为"革命",并一开始就在欧洲社会政治革命和中国社会政治革命的框架中谈及"文学革命",将文学革命看作整个社会政治思想革命的一部分。1917年4月,胡适在读过该文后,致信陈独秀说:"奉读大著《文学革命论》,快慰无似!足下所主张之三大主义,适均极赞同。"同时,他也认为"此事之是非,非一朝一夕所能定,亦非一二人所能定。甚愿国中人士能平心静气与吾辈同力研究此问题,讨论既熟,是非自明。吾辈已张革命之旗,虽不容退缩,然亦决不敢以吾辈所主张为必是,而不容他人之匡正也"②。1917年5月,陈独秀则回信表示:"容纳异议,自由讨论,固为学术发达之原则,独致改良中国文学,当以白话为文学正宗之说,其是非甚明,必不容反对者有讨论之余地,必以吾辈所主张者为绝对之是,而不容他人之匡正也。"胡、陈二人虽然在信中的语气不同——这缘自他们不同的性格,但在基本问题上保持一致。陈独秀称胡适是文学革命的"急先锋";胡适则表示"当日若没有陈独秀'必不容反对者有讨论之余地'的精神,文学革命运动决不能引起那样大的注意",至少要"推迟十年"。他们互相呼应和配合,坚持以白话文学为中国文学之正宗,从而使文学革命和白话文运动迅猛发展起来。

胡适、陈独秀的文章发表后,在《新青年》上展开了文学革命问题的讨论,许

---

① 方汉奇主编:《中国新闻事业通史》第2卷,中国人民大学出版社,1996年版,第17页。
② 欧阳哲生编:《胡适书信集(上)》,北京大学出版社,1996年版,第91—92页。

多进步人士积极响应胡适和陈独秀倡导白话文的呼吁,《新青年》也成为在全国推广白话文的重要阵地。鲁迅在《新青年》上发表的《狂人日记》《阿Q正传》、《孔乙己》等一系列文学作品,都是具有独特风格和优美语言的白话文作品,"显示了文学革命的实绩"。北京大学教授刘半农、钱玄同等都是文学革命的积极拥护者。如钱玄同认为,改良中国文学应当以白话文为文学的正宗,批评古文家为"桐城谬种"、"选学妖孽",主张文学改革。他们发表文章声援、推动文学革命,从而形成声势,有力地促进了新文化运动有机组成部分——文学革命的开展。

第三,《新青年》广泛介绍西方科学知识,进行反封建迷信的宣传,也是卓有成效的。《新青年》反对唯心主义,宣传唯物主义,反对迷信盲从、主观武断及黑暗愚昧现象,倡导用科学的态度和观点来对待社会和人生。迷信向来是封建文化的组成部分,反动统治阶级在鼓吹封建伦理道德的同时,必然利用迷信来阻碍改革。辛亥革命失败后,社会上迷信现象再现,在上海,还出版了一种《灵学杂志》,大肆宣扬"鬼神之说不张,国家之命遂促"谬论。于是《新青年》负起了反迷信斗争的任务。陈独秀在第4卷第5号上发表《有鬼论质疑》一文,对鬼神一套愚弄百姓的把戏提出了一系列质问。接着又在第5卷第1号上发表《偶像破坏论》,对一切封建迷信进行了有力抨击,他形容偶像是"一声不做,二目无光,三餐不吃,四肢无力,五官不全,六亲不靠,七窍不通,八面威风,九(久)坐不动,十(实)是无用"。在一个相当长的时间,《新青年》始终没有忘记反对封建迷信,驳斥所谓"灵学",使科学和民主在反封建斗争中进一步扩大阵地。

《新青年》对封建专制和封建礼教的猛烈抨击,震动了整个思想界、舆论界,引起了封建复古主义者的极大仇恨。刘师培于1919年创办《国故》杂志,专门与《新青年》大唱对台戏。他攻击《新青年》破坏礼教,破坏国粹,破坏礼法,破坏伦理,是"洪水猛兽",是"异端邪说",企图借助武力实行镇压。《新青年》面对反动势力的攻击,无所畏惧,庄严宣告:若因为拥护"德先生"与"赛先生"(即民主与科学),受到"一切政府的压迫、社会的攻击笑骂,就是断头流血,都不推辞!"①

三、《新青年》的民主、科学办报态度

《新青年》不仅大力宣传民主与科学的思想,而且以民主和科学的态度办报。这种民主和科学的办报态度表现在三个方面。

其一,以"兼容并包"的方针组成同人编辑部。陈独秀根据西方民主原则,反对专制主义,提倡在真理面前人人平等。他说:"学术思想之专制,其湮塞人

---

① 陈独秀:《本志罪案之答辩书》,《新青年》第6卷第1号。

智、为祸之烈,远在政界帝王之上。"①因而编辑部成员,只要是反对封建主义,提倡新文化都能"兼容并包"。当时陈独秀是激进的民主主义者,李大钊是初步接受了马克思主义的知识分子,胡适是主张西方民主的自由主义者,鲁迅是封建士大夫阶级的"逆子贰臣"。在编辑部内,实行"言论自由"、"不尚一尊"的原则,不强求一律,不强加于人。胡适任主编时,刊物大肆宣传实用主义,李大钊任责任编辑时,则把刊物编成马克思主义研究专号。

其二,确立以"自由讨论"、"各抒己见"为原则编发稿件。《新青年》曾经公开昭告世人,社员的不同意见,也将明白地发表出来。因为,陈独秀等人认为"真理以辩论而明,学术由竞争而进","言论自由神圣不可侵犯,为各国宪法所特别保护",因而,《新青年》、《每周评论》编发稿件的原则就是"自由讨论"、"各抒己见",决不压制言论自由。典型的例子就是李大钊与胡适在《每周评论》、《新青年》上发生的一场所谓"问题与主义"的论战。1919年6月,胡适在陈独秀被捕、李大钊避难的时候,利用代编《每周评论》的机会,在第26、27期上连续刊载《杜威讲演录》,竭力宣扬实用主义,在7月20日出版的第31号《每周评论》上又发表他自己写的《多研究些问题,少谈些"主义"》,公开反对谈马克思主义、谈社会主义,反对社会革命。胡适的文章发表后,首先写文章反对他的是《国民公报》的编辑蓝公武,他在该报发表了自己写的《问题与主义》。胡适将蓝文转载于《每周评论》第33号上。逃难之中的李大钊看到之后,认为蓝文用唯心主义反对实用主义,没有击中要害,于是写了《再论问题与主义》一文,以书信的形式寄给胡适,胡适立即于1919年8月17日发表在《每周评论》第35号上。李大钊的文章与胡适的文章针锋相对,从胡适文章中抽出四个问题,一一加以驳斥。李大钊的文章发表后,胡适又发表了三论、四论问题与主义的文章。《每周评论》被查封后,他们俩又继续在《新青年》上发表文章进行争论。在这场论战中,虽然双方观点对立、旗帜鲜明,但论战的态度是心平气和、各抒己见的,堪为后人楷模。具体内容,随后详论。

就是对待外面来稿,陈独秀也是同样对待。《新青年》的"读者言论"就是专为刊载社外不同意见而设立的,"通讯"栏更是百花齐放,联系作者、读者,开展自由讨论,进行不同观点的交流与辨析,从中引发了打倒孔家店、掀起文学革命、破除鬼神迷信等重大问题的讨论,促成思想大解放。另外,《每周评论》、《新青年》等在进行学理讨论中,还把不同观点的文章全文或摘要同时编发,让读者比较、讨论。这种做法,使报刊充分发挥了引导社会舆论的作用,可以帮助读者明辨是非。

---

① 陈独秀:《宪法与孔教》,《新青年》第2卷第3号。

其三，提倡以充分说理的精神撰写文章。陈独秀曾说，创办报刊，是用来开展思想斗争的，但斗争的双方都得讲道理，应"拿出自己的知识本领来正正堂堂地争辩"，坚决反对借用学术以外的势力压人。因而《新青年》表示："宁欢迎有意识有信仰的反对，不欢迎无意识无信仰的随声附和。"在自由讨论、各抒己见中，陈独秀要求撰文者摆事实，讲道理，以理服人，反对专横武断的作风，"舆论家的手段，全在用明白的文字，立足的理由，诚恳的精神讨论问题，阐明事理"。

第三节 《每周评论》创办与报刊新阵线形成

一、《每周评论》推动新文化运动进入新阶段

虽然《新青年》反对封建主义、倡导民主与科学的思想启蒙宣传，引发了波澜壮阔的新文化运动，有力地打破了封建思想的牢笼，但是，随着运动的发展，矛盾暴露出来了。

1918年下半年以后，国内外形势急剧变化。在政治上，欧战结束，巴黎和会即将开幕，国内南北政府的议和会议也就要举行，人们拭目以待政治风云的变幻；在思想上，十月革命的胜利加速了马克思主义在中国的传播。思想启蒙与政治斗争的结合成为一种时代的呼声，加强政治宣传和鼓动也成为一种时代的要求。《新青年》月刊是大型综合理论性杂志，周期较长，不能完全适应形势发展的需要。再说，其不言时政、旨在新民的方针也显得与形势不相适应。另外，开始几年，《新青年》基本上是孤军奋战，缺乏策应的力量，有时难免应付不过来。因此，陈独秀、李大钊决定创办一个"更迅速、刊期短、与现实更直接"的刊物，及时报道、评论当时的紧迫重要时政，以配合《新青年》，更好地进行政治宣传，开展思想文化斗争。于是，就有了《每周评论》。

《每周评论》1918年12月22日由陈独秀、李大钊创办于北京，周报，创刊的宗旨是"主张公理，反对强权"，是一份以评述时事、发表政论为主的政治时事评论报。其栏目有"国外大事述评"、"国内大事述评"、"社论"、"文艺时评"、"随想录"、"新文艺"、"国内劳动状况"、"通信"、"评论之评论"、"读者言论"、"新刊批评"、"选论"等12类。《每周评论》于第二年8月31日被北洋军阀查禁，一共出版了37期。第1至25期由陈独秀主编，第26至37期由胡适主编。

《每周评论》的创办，把反封建主义的新文化运动与反对封建军阀的政治斗争联系起来，推动了新文化运动的新进展。它和《新青年》互相配合，彼此补充，

共同为时代输入新思想,提倡新文学,把思想文化斗争和政治斗争紧密结合,把新文化运动推向一个新阶段。《新青年》重在阐明学理,《每周评论》重在批评时政;《新青年》以不谈实际政治问题为编辑方针,《每周评论》则专事讨论本国和世界的政治,并加强反帝反封建军阀的政治时事报道评述,在《新青年》提倡民主、科学,反对封建文化、道德的传统宣传基础上,根据形势需要,宣传新思潮,大力开展政治鼓动,不少文章鲜明生动,尖锐泼辣,是当时报刊的楷模,许多刊物,如湖南的《湘江评论》、上海的《星期评论》、浙江的《钱江评论》等纷纷效仿,发扬它的优点。

五四运动爆发之前,《每周评论》的矛头直指封建军阀。它揭露了帝国主义利用封建军阀在中国进行内战的阴谋,指出南北和谈的双方都是受帝国主义操纵的军阀,南北双方和谈不过是为了继续争权夺利。《每周评论》在抨击祸国殃民的军阀的同时,还强调指出,官僚、政客、军阀是"三害",如不除此"三害",政治便不能有清宁的日子。它还指出:"若想真和平,非多数国民起来,用那最不和平的手段,将那顾全饭碗阻碍和平的武人、议员、政客扫荡一空不可。"《每周评论》密切结合时政进行鼓动宣传,这对于正在高涨的人民群众反军阀斗争是一个有力的支持。《每周评论》配合《新青年》提倡新文学、反对封建复古主义的斗争,作出了重大贡献。

五四运动爆发以后,《每周评论》对运动作了强烈反映和大力支持。从5月11日出版的第21期起,接连5期用全部或大部分篇幅,有时还增出专页,详细报道了五四运动的经过和前因后果,刊载关于群众运动的详细报道,发表支持群众正义斗争的评论,迅速传播中国人民"外争国权,内惩国贼"的呼声,有力地鼓舞了革命群众的斗志。《每周评论》把这场伟大的群众爱国运动第一次称为"五四运动",赞扬它是中国学生和中国人民的一个"创举"。

二、报刊新阵线形成与思想领域的报刊论战

(一)报刊新阵线的形成

《每周评论》的创办还有一个历史性的贡献,就是它带动了许多宣传新思想、新文化的"新报刊"创办,形成了一个巍巍壮观的报刊"新阵线"。所谓新报刊,就是以宣传新思潮为己任、以青年学生和青年社团为办报主体、以白话文和新式标点为表达方式、以理论期刊为主要形式的报刊;所谓新阵线,就是以新报刊形成的与复古主义顽固派报刊对垒的力量方阵。报刊"新阵线"的形成,改变了《新青年》孤军奋战的局面,一扫"二次革命"后中国新闻界的萧条景象,出现了一种欣欣向荣的朝气和摧枯拉朽的气势。"新阵线"中的这些"新报刊"以科

学与民主为旗帜,宗旨明确,风格独特,内容新颖,既显示了反封建主义的民主倾向,又广泛地介绍了国外的各种新思潮。据统计,"五四"时期,全国出现了各级各类报刊500多种①,汇聚成一股冲击旧制度的滚滚洪流,把中国历史推进到了一个新时期。

北京是新文化运动的中心,五四运动的发源地,"新报刊"首先在北京出现,北京的"新报刊"当然也成了中国新闻界"新阵线"的核心。北京的青年学生,在"五四"前夕,北京大学学生组织"新潮社"出版了《新潮》,北京学生救国会出版了《国民》,运动刚刚开始时,出版了北京学生联合会的机关刊物《五七日刊》,此后又出版了《少年中国》、《新社会》、《曙光》、《新生活》等。在我国其他省市,学生报刊也大量出现。天津有《天津学生联合会报》、《平民半月刊》等;上海有《上海学生联合会日刊》、《上海学生联合会丛刊》、上海复旦大学的《平民周刊》等;浙江有《浙江新潮》、《钱江评论》等;湖南有《湘江评论》、《新湖南》、《女界钟》;武汉有武汉学生联合会的《学生周刊》、《武汉星期评论》等。在这些学生刊物中,具有较大影响的是毛泽东主编的《湘江评论》、周恩来主编的《天津学生联合会报》、瞿秋白等编辑的《新社会》旬刊、少年中国学会出版的《少年中国》杂志和恽代英主编的武汉《学生周刊》等。尤其是毛泽东主编的《湘江评论》、周恩来主编的《天津学生联合会报》被誉为新报刊中的南北盛开的两朵香葩。

《湘江评论》与《每周评论》、《星期评论》(中华革命党主办,1919年6月创办于上海)齐名,被称为"五四"时期的三大"评论"。

当五四运动发展到湖南时,在毛泽东推动下,湖南学生联合会正式成立,并于1919年7月14日,在长沙创办出版了《湘江评论》,聘毛泽东为主编。《湘江评论》是一份宣传新思潮的时事政治性周刊,宗旨是宣传研究"新思潮",以评论国内外大事为重点,全部使用白话文。

《湘江评论》的《本报启事》说明:"本报以宣传最新思想为主旨。"其内容有"西方大事述评"、"东方大事述评"、"湘江大事述评"、"世界杂评"、"放言"、"新文艺"、"特载"、"甚么话"等栏目,它以述评为主,时事报道和评论相结合,从形式到内容,丰富多彩,引人注目。创刊号上,毛泽东写的《创刊宣言》就以大无畏的革命精神向黑暗的强权统治宣战:"世界什么问题最大?吃饭问题最大。什么力量最强?民众联合的力量最强。什么不要怕?天不要怕,鬼不要怕,死人不要怕,官僚不要怕,军阀不要怕,资本家不要怕。"《湘江评论》的"世界杂评"和"西方大事述评"栏目里的文章大都是毛泽东写的。毛泽东在《湘江评论》上写的最重要的政治论文是《民众的联合》,这篇"五四"时期具有全国影响的历史文

---

① 据方汉奇主编:《中国新闻事业通史》第2卷,中国人民大学出版社,1996年版,第39页。

献,曾连续刊载在《湘江评论》第2、3、4期上,反映了他革命统一战线思想的萌芽,这篇文章曾被许多报刊转载、推荐。如北京的《又新日报》、成都的《星期日》周刊和上海的《时事新报》就全文或摘要转载了这篇文章。

《湘江评论》积极宣传反帝反封建的民主革命思想,宣传革命精神和"民众大联合"的思想,以大无畏的革命精神,向一切腐朽、黑暗的强权统治展开猛烈的攻击,在当时深受广大革命青年和爱国人士的欢迎,每期发行近5 000份,被认为是一份"真正代表人民说话"的刊物,是非常有分量和见解新颖的刊物。同时,该刊锋芒犀利,战斗性强,在受到人民欢迎的同时也必然受到反动阶级的仇视,他们诬蔑它是"怪人怪论"、"邪说异端",1919年8月上旬,《湘江评论》出至第5期时,被湖南军阀张敬尧武力查封。

《湘江评论》政治上的革命性和思想上的深刻性,与其主编毛泽东有直接关系。毛泽东从少年时代起就关心国家大事,认真研究报刊,为报刊撰写稿件,他节约生活费用,买下多种报刊,广泛涉猎,熟读了《新民丛报》、《民立报》,十分喜爱陈独秀主编的《新青年》杂志,对《新青年》倡导科学与民主、反对封建礼教、主张文学革命十分赞同。

在《湘江评论》创刊一周后,《天津学生联合会报》创刊了,主编周恩来。周恩来从少年时代起就开始了寻找救国救民的真理,不仅阅读了许多宣传革命的进步书刊,开阔了眼界,而且创办和进步报刊,宣传先进思想革命主张。

周恩来在南开时期就开始了他的办报活动。他进入南开第二年,就与同学创建"敬业乐群会",并于1914年10月15创办了会刊《敬业》半年刊,从现存的五期《敬业》来看,每期都有周恩来以"飞飞"、"翔宇"等署名发表的文章,后几期,还专门辟有"飞飞漫墨"专栏。周恩来还是南开全校学生刊物《校风》周刊的编委,担任纪事类总主任和经理部总经理。作为纪事类总主任,他亲自采写消息、通讯近300则;作为《校风》总经理,他承担了印刷、发行、校对、招致广告等事务。周恩来认为校刊是"千人喉舌",可以通过报刊舆论团结同学,宣扬爱国主义、民主主义思想,反对封建主义①。

"五四"前夕,周恩来从日本回到天津。1919年5月4日,天津学生联合会成立,创办了《天津学生联合会报》,大家一致推举周恩来任主编。经过紧张筹备,7月21日,《天津学生联合会报》创刊,周恩来亲自撰写《革心、革新》作为发刊词,明确地提出了改造思想与改造社会的响亮口号,阐明了改造社会与改造思想的辩证关系。《天津学生联合会报》共出100多期,先为日报,对开四版一大张,不久改为三日刊,对开一张半。内容分"主张"、"要闻"、"时评"、"评论"、

---

① 参见丁淦林主编:《中国新闻事业史》,高等教育出版社,2002年版,第198页。

"来件"、"演说"、"外论"等栏,内容极其丰富,是"五四"时期宣传新思想的重要阵地。其中"主张"与"时评"两栏是报纸的重点栏目,由周恩来主编,文章也主要由周恩来撰写。在五四运动中,《天津学生联合会报》作为天津学生联合会的舆论机关,同联合会保持一致的联系,不仅起到宣传、鼓动作用,还发挥了组织者的作用。

随着五四运动的不断深入,1919年9月16日,天津一批学生,包括周恩来、邓颖超、马骏及郭隆真等20人又组织了革命团体"觉悟社",1920年1月20日,"觉悟社"出版了自己的刊物《觉悟》,亦推周恩来为主编,以宣传新思潮、鼓吹思想改造和社会革新为主旨。根据规定,重要文章集体讨论,均不署名,"社员用抽签法,决定代表一个人的号数,代替各人对外的姓名",周恩来是五号,谐音"伍豪",邓颖超是一号,取名"逸豪"。《觉悟》最大的特点是提倡学生的思想改造,倡导为实际斗争服务,它宣称"要本着共同讨论的出产物,去实行作引导社会的先锋"。

青年周恩来认为报纸是人民表达心声的最好工具,是"千人喉舌"。新闻报道一要讲究真实性,二要讲究时效性。他说:"新闻真实,细巨无遗,采录迅速。"他把迅速与真实一样看作新闻的基本原则。在他的主持下,《天津学生联合会报》及时把全国各地的消息传达给天津人民,遇有重大新闻,不失时机地抢发号外。1919年10月1日,上海、天津等七省市代表赴京请愿,要求解决山东问题,周恩来随行采访,他深入现场,抢发消息,及时反映群众斗争的情况。

(二)思想领域的报刊论战

新文化运动是一场史无前例的思想文化领域的大革命,它的广泛性、深刻性也是前所未有的。运动中,各种各样的思潮必然会出来作充分的表演,无论是主动的还是被动的。于是,在中国报刊史上,又出现了一场论战。这场论战,大致分为两种类型,一类是新旧思潮的激战,一类是从西方引进来的思潮之间的论战。

1. 新旧思潮的报刊激战

按照陈独秀的初衷,新文化运动就是要彻底摧毁几千年封建专制统治的思想基础,和盘踞在国人心中的封建伦理道德,用民主科学的新思想、新道德代替三纲五常的旧思想、旧道德。这就必然会引起旧思想、旧道德的拼死反抗。一场新旧思潮的激战在所难免。在1918年下半年至1919年上半年期间,一场新旧思潮的大激战在报刊上展开了。

代表封建顽固势力的重要人物有林琴南、辜鸿铭、刘师培等,代表封建顽固势力的报刊有《国故》月刊、《新申报》、《东方杂志》、《公言报》等,其中《国故》月刊是刘师培等封建顽固派文人专为抵制新文化运动而于1919年初在北京创办的。这些封建顽固派文人在报刊上发表了一批文章,对新文化运动大肆进行诬蔑、攻击。他们把《新青年》等宣传新文化运动的报刊视作"洪水猛兽",把陈独秀等新文化运动的战士称为"过激派",认为新文化运动是"功利倡而廉耻丧,科学尊而利益亡,以放荡为自由,以攘夺为责任"。他们把中国封建文明称为"先民精神上之产物","吾国文化上之结晶体",甚至一厢情愿地吹嘘道:"至醇至圣之孔夫子,当有支配全世界之时,彼示人以高洁、深玄、礼让、幸福之唯一可能之道。"他们甚至还在文章中暗示反动军阀政府动用武力迫害陈独秀等新文化运动的战士,"救济之道,在统整吾固有之文明",而在此"是非淆乱之时","强有力主义者"(暗指封建军阀势力)应该"一切是非置之不论","以强力压倒一切主义","快刀斩乱麻,亦不失为痛快之举"。五四运动爆发后,《公言报》等代表封建顽固派的报刊攻击五四运动是"铲伦常,覆孔孟"的"恶果"。对此,《每周评论》等报刊立刻予以反击。《每周评论》出版特别附录专页《对于北京学生运动的舆论》,转载选录了《晨报》、《国民公报》、《益世报》等报纸的九篇评论,集中批驳法律制裁的谬论,赞扬学生运动;指出学生风潮,激于爱国心,光明磊落;青岛事件为全国人民所注目,学生运动得到各方舆论之同情。

这场大激战最为典型的案例就是"荆生事件"。复古主义派的代表人物之一林琴南(姓林,名纾,字琴南,早年参加过改良主义运动,晚年是反对新文化运动的干将),在《新申报》上发表了文言小说《荆生》,肆意谩骂新文化运动,并表示想借军阀势力镇压新文化运动。《每周评论》抓住小说《荆生》进行了重点分析批判。1919 年 3 月 9 日,出版的第 12 号《每周评论》加编者按转载了这篇小说。这篇小说别有用心地杜撰了一个"伟丈夫"荆生殴打和辱骂新文学鼓吹者的故事:田其美、金心异、狄莫三个少年(分别影射陈独秀、钱玄同和胡适)在北京陶然亭聚议,一致认为必须要"废古文,行白话,非孔学"。忽然间,一"伟丈夫"荆生"破壁而出",责骂三少年胆敢发此"禽兽之言",于是,对三少年一顿拳打脚踢,得胜而去。《每周评论》的编者按指出,这篇小说的中心思想是"想利用强权压倒公理",是代表反动派的"武力压制政策的",并且连续发表文章对《荆生》加以分析批判。《每周评论》对反动小说《荆生》的批判,史称"荆生事件"。除了《每周评论》之外,《荆生》这篇小说一经发表,立刻遭到新文化运动战士的反击,如李大钊在北京《晨报》上发表《新旧思潮之激战》,对林琴南进行批判。

另外,林琴南还在北京《公言报》上发表公开信《致蔡鹤卿太史书》、《再答蔡鹤卿书》,指名道姓地攻击蔡元培等新文化战士。此后,林琴南又在《新申报》上发表文言小说《妖梦》,其手法之低劣,比《荆生》更等而下之,同样遭到了新文化运动战士的痛斥。陈独秀在 1919 年《新青年》第 6 卷第 1 号上发表的《本志罪案之答辩书》,是一篇面对封建顽固派的攻击、表明坚持新文化运动心志的战斗宣言。陈独秀在文中理直气壮地向社会宣称:"本志同人本来无罪,只因为拥护那德谟克拉西和赛因斯两位先生,才犯了这几条滔天大罪。要拥护那德先生,便不得不反对孔教、礼法、贞节、旧伦理、旧政治。要拥护那赛先生,便不得不反对旧艺术、旧宗教。要拥护德先生又要拥护赛先生,便不得不反对国粹和旧文学。"但是,"只有这两位先生可以救治中国政治上、道德上、学术上、思想上一切的黑暗"。因此,为了宣扬倡导民主与科学,"一切政府的压迫,社会的攻击笑骂,就是断头流血,都不推辞"。这篇文章也是《新青年》前期思想宣传的一个基本总结。同时,《晨报》、《新潮》、《国民》、《浙江评论》等纷纷发表各种文章反击顽固势力,使言论自由、学术民主的思想深入民心。

2. 西来思潮的三次论战

在《新青年》倡导下,五四时期报刊呈现出思想活跃、百家争鸣的局面。除新旧思潮的报刊大激战之外,还有西来思潮之间的论战。主要有马克思主义同资产阶级实用主义、伪社会主义和无政府主义之间的三次大论战。

(1)"问题与主义"的论战。

所谓"问题与主义"的论战,是马克思主义同资产阶级实用主义之间的论战,其实质是要不要用马克思主义来指导中国革命。这场论战发生在1919年下半年。

1919年6月,胡适在陈独秀被捕、李大钊避难的时候,利用责编《每周评论》的机会,在第26、27号上连续刊载《杜威讲演录》,竭力宣扬实用主义。在7月20日出版的《每周评论》第31号上,胡适发表了他的《多研究些问题,少谈些"主义"》。在这篇文章里,胡适首先用调侃讥讽的口吻历数"谈'主义'"的种种"教训"。他说:"第一,空谈好听的'主义'是极容易的事,是阿猫阿狗都能做的事,是鹦鹉和留声机都能做的事";"第二,空谈外来进口的'主义'是没有什么用处的";"第三,偏向纸上的'主义'是很危险的"。接着又说:"现在中国应该赶紧解决的问题,真多的很。从人力车夫的生计问题,到大总统的权限问题;从卖淫问题到卖官卖国问题;从解散安福部问题到加入国际联盟问题;从女子解放问题到男人解放问题……哪一个不是火烧眉毛的问题?""我们不去研究人力车夫的生计,却去高谈社会主义……还要得意扬扬夸口道:'我们所谈的是根本解决。'老实说罢,这是自欺欺人的梦话,这是中国思想界破产的铁证,这是中国社会改良的死刑宣告!"最后说:"我希望中国的舆论家,把一切'主义'摆在脑背后,做参考资料,不要挂在嘴上做招牌,不要叫一知半解的人拾了这些半生不熟的主义去做口头禅。"①

---

① 转引自刘家林:《中国新闻通史》下,武汉大学出版社,1995年版,第26页。

胡适的文章发表后,遭到李大钊的严厉批驳。李大钊当时正在昌黎五峰山,看了胡适的文章后,马上写了《再论问题与主义》一文,针锋相对地指出,不应当把"宣传理想的主义"和"研究实际的问题"对立起来,两者"是交相为用的"、"是并行不悖的"。一方面,研究问题必须有主义作指导;一方面实行主义时也必须同实际相结合。他认为,社会主义"原有适应实际的可能性"。"一个社会主义者,为使他的主义在世界上发生一些影响,必须要研究怎样可以把他的理想尽量应用于环绕着他的实境。所以现在的社会主义,包含着许多把他的精神变作实际的形式适合于现在需要的企图"。李大钊的《再论问题与主义》发表后,胡适又写了《三论问题与主义》和《四论问题与主义》。"三论"刊登在《每周评论》第37号,这篇文章刚排上版,1919年8月31日《每周评论》就被北洋军阀政府封禁了。

《每周评论》被反动政府查封,但这场论战并没有因此停止。同年底,胡适又在《新青年》上发表《新思潮的意义》一文,继续宣扬实用主义和改良主义,反对马克思主义,说什么"十篇'赢余价值论',不如一点研究的兴趣"。接着李大钊于12月1日在《新潮》上发表《物质变动与道德变动》,1920年1月又在《新青年》上发表《由经济上解释近代中国思想变动的原因》等文章,和胡适针锋相对,用历史唯物主义观点进一步说明"一切的主义,都在物质上经济上有他的根源";认为思想、主义、哲学等的变化取决于经济、物质的变化。李大钊的文章从根本上否定了胡适的观点。与此同时,一些重要的社团内部,如少年中国学会等,也展开了"问题与主义"论战,批判了实用主义和改良主义。胡适后来在《胡适口述自传》中回忆说:"问题与主义之争是我和马克思主义者冲突的第一个回合。"

(2) 关于社会主义的论战。

马克思主义科学社会主义在中国广泛传播,直接引出中国社会的发展道路问题,于是研究系人士梁启超、张东荪等人借罗素来华讲学之机,对马克思主义进行批评,挑起了关于社会主义的论战。这场论战发生在1920年下半年。

1920年10月,张东荪陪罗素到湖南讲学,11月回到上海,在《时事新报》上发表题为《由内地旅行而得之又一教训》的时评,发挥罗素的观点,反对马克思的科学社会主义学说。12月初陈独秀在《新青年》上发表《关于社会主义的讨论》,动员大家进行广泛讨论和批判。同月中旬张东荪又在《改造》月刊第3卷第4号上发表《现在与将来》,系统阐述他反社会主义的观点。次年2月梁启超也在《改造》第3卷第6号上发表《复张东荪书论社会主义运动》,支持和发挥张东荪的观点。张东荪、梁启超等人打着"资本主义必倒、社会主义必兴"的幌子,反对社会主义,鼓吹发展资本主义。他们的基本观点是:中国的唯一病症是贫乏,救中国也只有一条道路,就是开发实业,以增加富力。开发实业只能用资本主义的方法。虽然说"资本主义必倒、社会主义必兴",但是世界上还没有一个国家不经过资本主义而直接进入社会主义的。再说,中国还没有真正的劳动阶级,所以"真的劳农主义决不会发生,而伪的劳农革命恐怕难免"。同时,他们又预感到,资本主义的发展会出现"欧美产业社会"的劳资对立,为预防社会革命,主张实行"劳资协调主义"。

张东荪、梁启超的观点,遭到了共产主义知识分子的反驳。他们在《民国日报》的副刊《觉悟》和《新青年》等报刊上发表文章进行批判。重要的有李大钊的《中国的社会主义与世界的资本主义》,李达的《讨论社会主义并质梁任公》、《社会革命的商榷》,陈独秀的《社会主义批评》,蔡和森的《马克思学说与中国无产阶级》,何孟雄的《发展中国的实业究竟要采用什么方法》等。社会主义的拥护者们指出,开发实业,增加富力,谈社会主义的人从来没有反对过,并且认为是必要的。社会主义者和资本主义者的不同在于"用什么方法去增加富力和开发实业"。他们从理论上和事实上论述了资本主义制度的不合理性和腐朽性,以及社会主义制度的优越性,指出:中国"在今日而言开发实业,最好莫如采用社会主义"。针对中国没有真正劳动阶级,"不能发生社会主义运动"的观点,指出,中国虽然同欧美相比,产业发展程度不同,但"社会主义运动的根本原则却无有不同",并且"中国无产阶级所受的悲惨,比欧美、日本的无产阶级所受的更甚",所以"中国不但有讲社会主义的可能,而且有急于讲社会主义的必要"①。

张东荪、梁启超等人的观点虽然包含了某些合理因素,但是他们的出发点是反对工人运动,反对科学社会主义理论,反对中国走社会主义道路。社会主义者对他们的批判,不仅捍卫了马克思主义学说,而且肯定了中国发展社会主义的方向,对中国共产党的建立起了促进作用。

(3)马克思主义与无政府主义的论战。

随着马克思主义在中国的广泛传播和各地共产党筹备组的成立,马克思主义与无政府主义的对立日益尖锐起来,并酿成了一场激烈论战,这场论战大致发生在1919年下半年到1921年上半年。

马克思主义传入前,无政府主义已在中国广泛传播。到"五四"时期,全国出版宣传无政府主义的书刊,据不完全统计有70余种,许多无政府主义的团体、组织也涌现出来。其代表人物就是黄凌霜、区声白。1919年2月,黄凌霜在《进

---

① 陈独秀:《社会主义批评》,《新青年》第9卷第3号,1921年5月。

化》月刊上发表《评〈新潮杂志〉所谓今日世界之新潮》一文,把马克思主义歪曲成所谓"集体主义"加以攻击。1920年春,几个无政府主义者在《奋斗》杂志上连续发表题为《我们反对布尔扎维克》和《为什么反对布尔扎维克》的文章,大肆攻击马克思主义和十月革命,反对无产阶级专政。无政府主义是小资产阶级思想中的一种反动思潮,其核心是反对无产阶级专政和建立无产阶级政党。不击退无政府主义思潮的进攻,马克思主义不可能与工人运动相结合,工人阶级革命政党就不可能产生。1920年9月,陈独秀在《新青年》发表著名的《谈政治》,阐述马克思主义关于国家的学说,对无政府的主要观点进行批判。一个叫郑贤宗的无政府主义者立即写信给陈独秀表示反对。区声白也写信给陈独秀表示异议,两人来往辩论的信件达六次之多。马克思主义者以此为契机,从1919年下半年开始,发起了对无政府主义的批判。

陈独秀将他同区声白的来往信件以《讨论无政府主义》为题在《新青年》上发表,接着,一批马克思主义者发表了《马克思主义与中国无产阶级》(蔡和森)、《社会革命底商榷》、《无政府主义之解剖》(李达)、《自由与秩序》(李大钊)等一系列文章,对猖獗一时的无政府主义进行批判。

无政府主义者反对一切强权、一切国家,尤其集中攻击无产阶级专政。他们宣称:"我们不承认资本家的强权,我们不承认政治家的强权,我们一样不承认劳动者的强权。"他们从极端个人主义出发,主张个人绝对自由,反对一切组织纪律和集中统一①。马克思主义者的文章指出无政府主义的理论基础是不能成立的,论述了在一定历史条件下保存"强权"的必要性。强权之所以可恶,是因为有人拿它来拥护强者与无道,压迫弱者与正义;假如反过来,拿它来救护弱者与正义,排除强权与无道,就不见得可恶了。无产阶级就是要用"强权"来推翻资产阶级专政,依靠"强权"来建立和巩固无产阶级专政,维护广大人民群众的利益。所以,建立无产阶级专政是必要的。有的文章还指出,无政府共产主义社会是空想的,是空中楼阁,不可能实现的。这次论战使人们初步认清了无政府主义的本质和危害,对传播马克思主义、扩大马克思主义的影响具有重要的意义,为创建中国共产党奠定了良好的思想理论基础。

这次论战持续了一年之久。经过深入的讨论,许多先进的知识分子划清了马克思主义和无政府主义的界限,走上了马克思主义的道路。北京共产主义小组同混入小组内的无政府主义者黄凌霜、袁明熊、张伯根等人进行了坚决的斗争,并迫使他们退出了北京共产主义小组。

---

① 陈独秀辑:《讨论无政府主义》,《新青年》第9卷第4号,1921年8月。

第四节　新文化运动带来的报刊业务改革

一、白话文和新式标点在报刊上广泛应用

新文化运动之前,我国出现了少数白话文报刊。最早的白话新闻报是由上海《申报》馆出版发行的《民报》,该报创刊于1876年3月,"专为民间所设,故字句皆如寻常说话",是供识字不多的人阅读的。戊戌变法时期,改良派出于"开发民智"的需要,创办了《演义白话报》(1897)、《无锡白话报》(1898)等一批报刊。辛亥革命时期,革命派为了进行思想启蒙,又先后创办了《常州白话报》(1900)、《杭州白话报》(1901)、《中国白话报》(1903)、《安徽白话报》(1904)等。民国元年全国创办了不少白话报刊,北京一地就不下十四五家,但都在短时间内停刊。当时的白话文报刊在社会上还未形成很大影响,也未引起社会的重视。白话文被封建士大夫认为是难登大雅之堂的语言,办白话报也受到轻视。《新青年》创办前,整个社会的报刊、教科书、应用文,可以说整个文化界还几乎全部盛行使用文言文写作。

这种情况,到"五四"时期掀起文学革命运动后才发生比较大的变化。《新青年》最先提倡白话文,反对文言文,并身体力行,逐渐把自己改成了全部应用白话文的刊物。但《新青年》本身完全改用白话,也经历了一个过程。它的第一卷全部是文言文。从第2卷开始,有了胡适用白话翻译的小说和他写的白话诗,这只占很小篇幅。第3卷第6号《通信栏》中钱玄同提出:"我们既然绝对主张用白话体做文章,则自己在《新青年》里做的,便应该渐渐的改用白话。"他带头并建议该刊同人从此以后不论是写论文还是通信,"一概用白话"。这样,从第4卷起,白话文迅速增多,到第6卷几乎完全采用白话了。《新青年》为白话文在新闻领域的推广打开通道,树立了学习的榜样。在它的影响下,五四运动中涌现的数百种报刊纷纷采用白话文,如《每周评论》、《湘江评论》等。一些全用文言的大报,如《国民公报》、《晨报》、《东方杂志》等也开始部分采用白话,有的办了白话文副刊,有的出现了白话文的短评、通讯,还有的在一部分消息和社论中也采用白话文。一批学生报刊,也先后采用了白话文写评论、消息、通讯、小说等。新文化运动所提倡的文学革命,使报刊文体变为大众易读易懂的白话,扩大了读者群,由此也扩大了报刊的影响力。自白话文风行之后,电讯、通讯、特写等体裁也得到了发展。

随着白话文的广泛采用,文章结构形式也作了重大改革。过去报刊上文章不分段,也无标点,只在句读处加圈,或者用空一格的办法表示句读,看起来很不方便。随着白话文的采用,也由《新青年》等刊物带头逐步形成了一整套新式标点符号,为许多报刊所采用。《新青年》从第4卷起开始采用新式标点,第7卷第1号公布了《本志所用标点符号和行款的说明》,并公布了供统一使用的标点符号共计13种,此后报界相继使用。白话文和新式标点符号的广泛使用,使报刊宣传朝着通俗化、大众化的方向迈进了一大步。这不仅在整个新闻界,而且在思想界、文化界、教育界都产生了很大的影响。

二、副刊改革

在新文化运动中,虽然期刊首建奇功,但报纸也起到了很大的作用。当时,配合期刊宣传新文化运动最为得力者,是报纸的副刊,并从副刊革新入手,在内容和形式上都出现巨大变化。不少报纸运用副刊宣扬民主与科学思想,甚至传播社会主义新思潮。报纸副刊的革新是"五四"时期新闻工作改革的一个重要方面。

(一)四大副刊

前章说道,民国初年,由于袁世凯等封建军阀对新闻界的摧残,不少报纸副刊黄色文字充斥版面,成了诲淫诲盗的场所,另外有更多报纸副刊成了鸳鸯蝴蝶派作品的重要基地。新文化运动兴起以后,针对民国初年报纸副刊的庸俗面貌,文化精英们对副刊作了有史以来的全面革新,使副刊完全突破了消闲低级趣味性质,介绍新思想、新知识、新文艺,反对封建思想文化,传播马列主义,而成为传播新文化的重要阵地,并出现了颇有影响的所谓"四大副刊"。

1. 上海《时事新报》的副刊《学灯》

《时事新报》创刊于1907年12月9日,本是研究系在上海的机关报,它的前身是清末反动官僚上海道台蔡乃煌创办的《舆论日报》,后由梁启超、张东荪等集资接盘过来,改名为《时事新报》。1918年研究系失势后,该报政治态度也有所变化,并支持、参与新文化运动的宣传。它的副刊《学灯》创刊于1918年3月4日,这个副刊是副刊改革中最早的一个,它完全抛弃了消闲的内容,而把几乎全部版面都用来介绍西方新文化新思想,刊登过有关社会主义和马克思主义的文章,并曾全文转载毛泽东在《湘江评论》上发表的《民众的大联合》一文。另外,郭沫若早期的诗作也是发表在《学灯》上。它在宣传新思想、提倡新文学方面是很有影响的。

2. 北京《晨报》的副刊《晨报副镌》

《晨报》前身是研究系的《晨钟报》,1916年8月15日创刊,当年12月改为

《晨报》。在新文化运动的推动下,1919年2月7日,《晨报》宣布将副刊版(第7版)改版,在鲁迅的支持下,这个副刊改成四开版的单张,刊名《晨报副镌》,由孙伏园主编。《晨报副镌》每日一张,每月合订为一册,名《晨报副镌合订本》。开设的栏目有讲演录、论坛、杂感、小品文、诗歌、小说、戏剧研究等。该刊注重介绍新知识、新思想、新文艺,介绍西方的自然科学、社会科学,在提倡新文学、发展新文学方面作出了很大的贡献。鲁迅的著名小说《阿Q正传》就是在这个副刊上连续发表的。

3. 上海《民国日报》的副刊《觉悟》

在国民党报刊史上,上海《民国日报》是继《民立报》之后的又一家影响较大的报纸,是在"二次革命"失败后,由中华革命党总务部长陈其美(英士)在1916年1月22日创办的。本是中华革命党主办的反袁报纸,该报创刊时就在第3版和第12版辟专栏连载章回小说,后在第8版设置《民国闲话》、《民国小说》两个副刊,其面貌与旧报纸副刊差不多。在新文化运动的推动下,1919年6月16日起,《民国日报》取消了前面说的两个副刊,改出宣传新思潮的副刊《觉悟》,由邵力子主编,陈望道助编。《民国日报》副刊《觉悟》是中国早期传播马列主义各种刊物中影响最大的一家副刊。如列宁的《共产主义和社会的进化》、《帝国主义论》、《论粮食税》,恩格斯的《空想的和科学的社会主义》都在上面刊载过。《觉悟》成为中国共产党早期宣传马克思主义的重要阵地,直到1925年五卅运动时期,《觉悟》的内容一直表现出比较彻底的民主主义思想和初步的社会主义倾向。邵力子主编《觉悟》期间,高举了科学、民主的大旗,支持新文化运动,进行反帝反封建的宣传,其中最重要的就是宣传了十月革命,传播了马列主义。此后邵力子离开《觉悟》,《民国日报》被国民党右派掌握,《觉悟》失去了进步作用。

4. 北京《京报》的副刊《京报副刊》

《京报》1918年10月5日由民国时期著名的新闻记者邵飘萍创办,该报副刊于1924年12月5日创刊,是《京报》十多种副刊中影响最大的一种,孙伏园主编。在孙伏园主持下,以及鲁迅的支持下,该副刊积极宣传新思想和新文学。当时革命形势日趋高涨,该刊积极支持群众爱国运动,抨击军阀专制政策和帝国主义侵略行径。同时提倡进步文化,批判封建复古思想和资产阶级自由主义思想。1924年底《晨报》副刊主编孙伏园因为发表鲁迅《我的失恋》一诗与主编决裂,脱离《晨报》,到《京报》主编《京报副刊》。该副刊于1926年4月24日随着《京报》被封以及邵飘萍被害而停刊,共出477期。

在四大副刊的影响下,各地报纸副刊都不同程度地进行了改革,成为传播新思想、新文化的园地,同时也积累了行之有效的编辑副刊经验,在新闻发展史上具有一定的地位。

(二)"副刊大王"孙伏园

孙伏园(1894—1966),浙江绍兴人,原名福源,笔名伏庐、柏生、松年等。1894年出生在浙江绍兴的一个店员家庭。早年在家乡读书,1918年经周作人介绍,与其弟孙福熙一起到北京大学旁听,第二年转为正式生。在北大期间,加入文学团体新潮社。北大校长蔡元培所提倡的"学术自由、兼容并包"的办学方针一直影响了他以后的编辑工作。1919年他任北京《国民公报》编辑副刊时,编发了鲁迅先生的《一个青年的梦》等译作和作品。《国民公报》因刊登揭露段祺瑞执政府的文章而被查封后,孙伏园转入《晨报》当记者。1920年底,他与茅盾、郑振铎等人共同发起著名文学团体——文学研究会。1921年孙伏园从北大毕业,正式进入《晨报》任副刊编辑。在《晨报》副刊上,孙伏园发表了鲁迅的《阿Q正传》、冰心的《寄小读者》、周作人的《自己的园地》等许多脍炙人口的作品,也曾刊登了大量介绍西方文化和科学的译著。正是在他的主持下,《晨报副刊》兼收并蓄,内容丰富,成为"五四"时期宣传新思想、新文化的重要阵地。1924年10月代理主编刘勉已删去孙伏园预备在副刊上发表的鲁迅先生的打油诗《我的失恋》,两人起冲突,孙伏园愤然辞职,离开《晨报》,并于同年11月与鲁迅等人发起成立语丝社,出版《语丝》周刊。12月初在鲁迅先生的支持下,孙伏园接受了邵飘萍的邀请,主编《京报副刊》。主编《京报副刊》期间,孙伏园坚持了他一贯的编辑主张,除了继续刊登文学作品和西方译著之外,还发表了很多支持学生反对封建军阀的文章。1925年4月24日《京报》被军阀查封,孙伏园与其弟孙福熙一起南下广州到中山大学任教。1926年应厦门大学文学院院长林语堂之邀,赴该校任国学院编辑部干事,兼任厦门南普陀寺附设闽南佛学院教职,并与当时在厦大任教的鲁迅保持密切往来。当年冬,再赴广州,任《国民日报》副刊编辑,兼任中山大学史学系主任。1927年3月他应邀到武汉主编汉口《中央日报》副刊,编发了毛泽东的《湖南农民运动考察报告》、郭沫若的《脱离蒋介石以后》等文章。孙伏园主持的《中央副刊(汉口版)》是武汉最活跃的副刊,很受读者欢迎。"宁汉合流"后《中央日报》迁至上海出版,《中央副刊》停刊。同年冬孙伏园到上海,次年,创办并主编《当代》杂志,1929年与其弟孙福熙一起去法国留学。1931年回国后,应晏阳初等人之请,出任河北定县中华平民教育促进会文学部主任,推动平民文学教育,主编《农民报》,还与瞿菊农主编《民间》杂志。1937年他曾任湖南衡山实验县县长。抗战爆发后转至重庆,1939年3月被选为中华全国文艺界抗敌协会理事,1940年被任命为国民政府军委会政治部设计委员。1941年初,孙伏园接受了重庆《中央日报》社社长陈博生的约请,到《中央日报》主编《中央副刊》,因刊发了郭沫若的历史剧《屈原》而被《中央日报》社解聘。抗战胜利后,在成都华西大学文学院、齐鲁大学、四川大学中文系任教授。1949年上半年，任成都《新民报》主笔兼副刊主编；1949年7月，孙伏园到北京参加第一次全国文代会，被选为全国文联委员。中华人民共和国成立后，他担任国家出版署版本图书馆馆长。1954年冬因脑溢血中风后右边偏瘫。1966年1月2日，孙伏园病逝于北京。

孙伏园的一生主要从事两项事业，一是副刊编辑，一是平民教育。从前者看，他前后主编过六个报纸副刊，不仅把副刊编辑得有声有色，而且积累了大量副刊编辑的经验，发表了一系列研究报纸副刊的文章，比如他在《京报副刊》第一期上发表了《理想中日报的附张》，汉口时期发表了《中央副刊的使命》等，提出了一整套副刊编辑思想，享有"副刊大王"的美誉。

关于副刊的任务，孙伏园认为那个时代主要有四项。

一是"大报改革的先驱"。他说："五四运动以前，大报上的社论、新闻等文字，都是文言的，而且全没有标点。句读要读者自己去摸索。这样的文字已经不适应新文化运动宣传的需要了。但是用白话文代替以前的报刊文字，必定会有许多事实上的困难。所以一些大报便最先在副刊上加标点，用语体文。在副刊上使用白话文成为许多家报纸改革报纸文字的首选。"[1]

二是"为大报作学术上的解释"。他说："那时的报馆编辑部还没有图书馆、资料室等设备。新闻上的名词或史实，有需要向读者解释的地方，新闻编辑部还没有解释的余裕或可能。副刊的特约作家们，方面比较广泛，于是这个任务也由副刊担负起来了。"[2]

三是"一百种杂志的替代"。对于这一点，他解释说："副刊上登载的稿件，分析开来，其实都应该各各归入一种杂志。只是十年来提倡学术的声浪虽然很高，学术界的人材依然缺乏，学术界的出产也因而缺乏。起起伏伏的杂志，名称虽然很多，大抵不能持久。少数文学上的出产，浅浅的，短短的，没有载入专门杂志的需求，同时却有藉日报而广播的必要，于是日报副刊遂应运而生了。"[3]

四是"供给人以娱乐"[4]。他指出："日报的副刊，照中外报纸的通例，本以趣味为先。"[5]孙伏园在编辑《晨报副镌》时，文字上力求通俗，务使大多数人都能了解；内容上偏重文艺，务使大多数人得以精神上的享乐，还设置了《开心话》、《星期讲坛》栏目以轻松的内容娱乐读者。

---

[1] 转引自宋应离、袁喜生、刘小敏编：《20世纪中国著名编辑出版家研究资料汇辑（第三辑）》，河南大学出版社，2005年版，第357页。
[2] 同上。
[3] 孙伏园：《中央副刊的使命》，见《中央副刊》1927年3月27日。
[4] 孙伏园：《理想中日报的附张》，见《京报副刊》1924年12月5日。
[5] 孙伏园：《杂感》，见《编余闲话三则》第4版，1922年11月11日。

关于报纸副刊的内容,孙伏园主张兼容并包,尽量广泛,在《理想中日报的附张》一文中,他归纳成三个方面。

第一,副刊应刊登一些与日常生活有关的、引人研究之趣味的、平易有趣之笔能表达的艰深的学术,且多以常识的培养为主要题材。如介绍宗教、哲学、科学、文学、美术等方面知识以代替一部分杂志的内容。因为当时社会不存在这些专门的杂志,这一方面是因为国人对西方新思想、新文化的需要,另一方面也是因为当时的社会上缺乏常识的人实在太多了,所以常常弄出啼笑皆非的笑话,所以,他希望副刊能够多刊登一些常识性文章。

第二,文学艺术这一类的作品,是日报附张的主要部分。在孙伏园主持的副刊上,文学艺术作品占了很大篇幅,经他之手编发的文学作品有不少已经成为我国现代文学中的经典之作。

第三,日报附张应注重刊登短篇的批评。他说,无论对于社会,对于学术,对于思想,对于文学艺术,不是对于出版书籍,日报附张本身负有批评的责任。孙伏园主编的副刊中,《晨报副刊》的《杂感》栏几乎成为每日必有的内容,其话题讨论范围之广,参与人数之多,在很大程度上提高了《晨报副刊》的思想性和可读性。

三、报刊文体创新

除了白话文的使用和副刊改革之外,这一时期报刊文体的创新也是报刊业务改革的一个重要方面。

首先是政论文的创新。报刊重视政论,是我国报业的传统,但是在袁世凯当政之后,却一度中断。《新青年》发起新文化运动后,报纸政论传统得到恢复,政论重新受到重视并有新的发展,各家报刊广泛采用社论、专论、代论、来论、外论等多种形式发表论说,打破民国以来报刊万马齐喑的沉闷局面,报刊政论的战斗作用得到充分发挥,并出现一些新的报刊政论文体。比如,报刊上出现了"述评"这一新的报刊文体。这种文体是在"时评"的基础上发展而来的,其基本特点是将新闻和评论有机结合在一起,夹叙夹议,及时评论国内外大事。作为新闻和评论结合的产物,和过去的政论文章相比,"述评"这一文体与时代联系更为紧密、紧凑,并且主题鲜明、思想深刻、语言犀利、针对性强,因此在引导舆论方面的效果也更显著。

其次是新闻通讯的改革。民国之后,黄远生使通讯这种新闻文体在名称和写法上得到了固定,但由于"远生通讯"是特殊历史条件下的产物,文中出现大段大段的时事分析。"五四"时期,为了及时报道爱国群众运动,而出现了一种

"小通讯"。这种"小通讯"的基本特点是既尊重新闻性，又适当地运用某些文学手法。

最后是"报刊杂文"的产生。这种文体是将文学的手法与新闻评论的内容结合起来，是文艺与言论相结合的一种体裁，又叫"文艺性的评论"，当时常以"随感录"名称出现于各种报刊上。它以凝练锋利的文字，对现实生活中的病态现象，进行无情的揭露与辛辣的讽刺，做到艺术性与思想性、战斗性的结合。取材广泛，形式多样，具有短小、活泼、锋利、隽永等特点，糅合"议"与"说"之长，以批评时事、世事为主题，为时人所关注。杂文问世后，就成为报刊上一种常见的、独立的文体。

此外，调查报告、报告文学等其他新闻体裁也有新发展。从总体上来说，"五四"时期是我国报刊新闻体裁发展繁荣的时期。

第五节　中国新闻教育发端和新闻学研究发轫

一、中国新闻教育与新闻学研究的拓荒者蔡元培

蔡元培(1868—1940)，字鹤卿，号孑民，浙江绍兴人。1883年，蔡元培16岁，考中秀才，1889年中举，1892年中进士，被点为翰林院庶吉士，两年后，授职翰林院编修。甲午海战后，他受西学影响，同情维新变法。戊戌政变后，他立志走教育救国的道路，回绍兴办学，任中西学堂监督，提倡新学。1902年，蔡元培与蒋智由等在上海成立中国教育会，创办爱国学社，进行革命宣传。1904年冬，他与陶成章等组织光复会，任会长。次年，他加入同盟会。1912年1月，他出任南京临时政府教育总长。袁世凯窃权后，他辞职留学德国。1916年，他回国任北京大学校长。1924年国民党改组后，他历任国民党中央监委、特委常委、大学院院长、中央研究院院长等职。1931年"九一八"事变后，他积极主张抗战，与鲁迅、宋庆龄等组织中国民权保障同盟，反对国民党独裁统治。1937年卢沟桥事变后，他力主抗战。1940年3月5日在香港病逝。

蔡元培不仅是著名的革命民主主义者、杰出的教育家，而且是中国新闻学研究和新闻教育的拓荒者。蔡元培成为新闻学研究和新闻教育的创始人，是他对新闻事业的热爱和对"民主办报"、"民主办学"思想追求的结果。早在1902年，他在上海组织中国教育会、爱国学社时，就和《苏报》有密切联系，在他的支持下，爱国学社的成员章太炎、邹容等人在《苏报》上进行了一系列革命宣传。在

拒俄运动期间，蔡元培又组织"对俄同志会"，并于1903年12月15日创办了机关报《俄事警闻》。随着日俄战争的爆发，"对俄同志会"改为"争存会"，《俄事警闻》亦于1904年3月改为《警钟日报》，成为"争存会"的机关报。在蔡元培的主持下，《俄事警闻》和《警钟日报》旗帜鲜明地进行革命宣传，对鼓动读者的革命情绪发挥了很好的作用。1904年4月26日，《警钟日报》以编发孙中山海外来信的方式，在国内第一次公布了资产阶级革命团体同盟会的政治纲领："驱除鞑虏，恢复中华，创建民国，平均地权。"故他自己说："鄙人在爱国学社办事时，与《苏报》颇有关系。其后亦尝从事于《俄事警闻》、《警钟日报》等。"(《蔡元培全集》第3卷)1916年12月26日，蔡元培被任命为国立北京大学校长，他任职后大力实行改革，提倡民主办学、教授治校的方针，打破旧界限，"网罗众家"，"广延积学与热心的教员"，使旧派的沈尹默等与新派的陈独秀、胡适之等同校任教、认真教学；同时实行思想自由、"兼容并包"的政策，无论何种学派，如果其言之成理、持之有故，即使彼此对立，也听其自由发展。黄季刚与胡适之，其文学主张完全不相同，在北大，他们能各行其是，"并不相妨"。在蔡元培的主持下，北京大学成为科学与民主的最高学府，陈独秀、李大钊、胡适等人会集北大，《新青年》在这出版发行，北大成了新文化运动的中心。学生中的社团和学生自办刊物如雨后春笋，不少学生还利用课余时间为社会报刊写稿，他们对新闻产生了浓厚的兴趣。这一切都为北大成为新闻学研究与新闻教育的发源地创造了良好的条件。

二、北京大学新闻学研究会的成立

戈公振在《中国报学史》中说："民国元年全国报界俱进会曾提议设立新闻学校，是为我国知有报业教育之始。民国九年，全国报界联合会已进一步，已议决新闻大学组织大纲。惜两会均因不久瓦解，未能见诸实行。民国七年，国立北京大学学生，得学校当局之赞助，设立新闻学研究会，是为报业教育之发端。"[①] 戈氏说的"新闻学研究会"是在蔡元培支持下成立的"北京大学新闻学研究会"。

1918年，蔡元培首先决定在北京大学政治系开设新闻学课程，聘请在美国攻读新闻学刚刚回国的徐宝璜任教，供文科各系学生选修。同年7月，学生罗章龙等人酝酿成立一个新闻学术研究团体，这一主张得到了《京报》社长、名记者邵飘萍的支持。邵飘萍写信给蔡元培，蔡元培欣然同意，并亲自草拟了简章，简章规定该研究会的名称为"北京大学新闻研究会"（后改称"北京大学新闻学研

---

① 戈公振：《中国报学史》，三联书店，1955年版，第259页。

究会"),其宗旨是"灌输新闻知识,培养新闻人才",研究内容为六项:新闻的范围、新闻采访、新闻编辑、新闻造题、新闻通讯法、报社与通讯社的组织。蔡元培还在《北京大学日刊》上发表校长布告,公开征求会员。

1918年10月14日,北京大学新闻学研究会正式成立。校长蔡元培亲自担任研究会会长,文科教授徐宝璜担任副会长。在成立大会上,蔡元培发表了《北大新闻学研究会成立演说词》,他首先阐述了进行新闻学研究的必要性:"凡事皆先有术后有学。外国之有新闻学,起于新闻发展以后。在我国自有新闻以来,不过数十年……民国元年以后,新闻骤增,仅北京一隅,闻有80余种。……惟其发展之道,全恃经验,如旧官僚之办事然。苟不济之以学理,则进步殆亦有限。此吾人所以提出新闻学之意也。"接着他指出了新闻学与各种学科的关系,说:"欧美各国,科学发达,新闻界之经验又丰富,故新闻学早已成立。"所以,研究会要像《申报》那样,"先介绍欧美新闻学"。最后,蔡元培强调新闻家应以严肃的态度对待新闻事业,养成良好的职业道德,否则,不但"自毁其品格",而且"贻害于社会"①。

北京大学新闻学研究会由北京大学文科教授、学会副会长徐宝璜和《京报》社长、名记者邵飘萍担任导师,每周分别由他们授课。徐宝璜讲理论新闻学,邵飘萍讲应用新闻学。为了达到"研究新闻学理,增长新闻经验,以谋新闻事业之发展"之目的,研究会注重新闻理论与实践的结合。1919年4月22日创刊了《新闻周刊》,为会员提供发表习作的园地,这是中国历史上第一家新闻学业务刊物。《新闻周刊》出版3期。研究会有会员50余人。研究期满发给证书,其中得到听课一年证书的共23人,得听课半年证书的共32人。毛泽东是研究会成员,得到了听课半年证书。

新闻学作为一门学科被介绍到中国来,是20世纪初期的事情。但是到1918年为止,除了翻译出版过一本日本人松本君平写的名为《新闻学》的小册子,和在个别报刊上出现过几篇探讨报纸作用的文章外,还没有人对新闻学作过专门的研究②。北京大学新闻学研究会是中国第一个新闻学研究团体。1919年5月9日,蔡元培因不满军阀对学生运动的镇压,对科学、民主的摧残,愤然辞去北大校长职务离京出走。8月21日,邵飘萍因被反动军阀追捕而流亡日本。1920年秋,研究会第一批会员多数已离校,徐宝璜又出任民国大学校长,研究会便停止活动。

北京大学新闻学研究会前后只办了两期,虽然只有两年多的历史,但它的成

---

① 转引自刘家林:《中国新闻通史》下,武汉大学出版社,1995年版,第67—68页。
② 方汉奇:《报史与报人》,新华出版社,1991年版,第223页。

立及其活动,使新闻学开始在中国成为一门科学而存在并获得发展,标志了中国的学者开始将新闻学术研究和新闻教育引进大学殿堂。因此,北京大学新闻学研究会是中国新闻学研究的发轫,也是中国新闻教育的发端。

三、徐宝璜与他的《新闻学》

徐宝璜撰著的《新闻学》是我国国人自著的第一部新闻学著作。

徐宝璜(1894—1930),字伯轩,江西九江人,我国早期著名新闻教育家、新闻学者。徐宝璜于1912年北大毕业后考取留美官费生,入美国密歇根大学攻读经济学及新闻学科目,他是第一个到欧美学习新闻学的留学生(林白水、邵力子1906年赴日本学习新闻学)。1916年归国,任北京《晨报》编辑,旋即被北大校长蔡元培聘为文科教授兼校长室秘书。1918年与蔡元培、邵飘萍等发起成立北大"新闻学研究会",被推为副会长、新闻学导师和会刊《新闻周刊》编辑主任,主持研究会的日常工作。同时,北大课程表上增设"报学"课,由徐宝璜讲授新闻学基础知识。1920年起,徐先后在北京民国大学、朝阳大学、中国大学、北京平民大学等校教授新闻、经济等方面的课程。1930年,筹建北京大学新闻系。同年,徐宝璜因劳累过度病逝于北平,生平著述有《货币论》、《新闻学》等书,以及《邵飘萍〈实际应用新闻学〉序》、《新闻之性质及其价值》等论文。

《新闻学》是中国最早的新闻学专著,对当时的新闻学研究影响极大,在中国新闻史上具有很高的地位。《新闻学》一书在成书前四易其稿,初稿名《新闻学大意》,后改为《新闻学》,由北京大学新闻学研究会出单行本,于1919年12月1日正式出版。蔡元培在为该书作的序中赞誉为我国新闻界的"破天荒"之作。邵飘萍在《京报》上发表书评说:"《新闻学》以前中国无专门研究新闻之书籍,有之自先生始,虽仅五六万字,以言简精当,则无出其右者。在中国新闻学史上,有不可抹灭之价值,无此书,人且不知新闻为学,新闻要学,他无论矣。"1930年,复旦大学新闻系黄天鹏教授重印此书,更名为《新闻学纲要》。

《新闻学》全书约6万字,分14章:① 新闻学之性质与重要;② 新闻纸之职务;③ 新闻之定义;④ 新闻之精彩;⑤ 新闻之价值;⑥ 新闻之采集;⑦ 新闻之编辑;⑧ 新闻之题目;⑨ 新闻纸之社论;⑩ 新闻纸之广告;⑪ 新闻社之组织;⑫ 新闻社之设备;⑬ 新闻纸之销路;⑭ 通讯社之组织。可见,《新闻学》的篇幅虽短,但内容丰富,徐宝璜对新闻的定义、新闻的诸要素、新闻价值、新闻媒体的性质与任务及作用、新闻的编辑与采访、新闻评论的写作、广告的处理、报纸的销售、报社的组织与设备、通讯社的组织与实践问题,均有所论述,涉及新闻理论、新闻业务和新闻事业管理等新闻学的各个方面。该书虽然有许多材料取之于"西籍",但是作者结合中国新闻事业的实际情况进行论述,不乏创见。另外,该书条理明晰,言简意赅,材料新鲜,所介绍的欧美发达国家报业及其发展状况,我国新闻界以前是不太了解的。

徐宝璜的《新闻学》反映了我国进步知识分子反帝反封建的民主主义思想,是我国学术界接受了资本主义的民主与科学思想的产物,因而包括了西方自由资产阶级新闻理论的主要观点,对我国新闻界及新闻学界所产生的影响是深远的。

本章简论:新文化运动使新闻事业从"新"起航

对于中国新闻事业的发展来说,新文化运动时期是有着特殊重要的意义的。之所以这样说,就是因为这个时期出现了一种前所未有的新兴报刊,那就是启蒙报刊。启蒙报刊的出现,揭开了中国报刊史的崭新篇章。

首先,启蒙报刊的内容之深刻,前所未有。

虽然如前所说,新文化运动是维新运动的继续和发展,陈独秀、胡适、李大钊等人与严复、谭嗣同、梁启超等一样都是主张用"西学"反对"中学",但是,新文化运动的启蒙要求和主张的彻底性和深刻性,为维新运动所不可比拟。这就决定了启蒙报刊在内容上比维新报刊,甚至革命报刊更深刻。

其一,与维新报刊相比,启蒙报刊对西学的引进更自觉。从最早一批睁眼看世界的魏源、王韬等,到康有为、梁启超、严复等,他们开始接触西学的时候,基本上还是一些刚刚从封建士大夫脱胎而来的资产阶级在政治上的代表人物,有的还仍然是一些有改良要求的士大夫,所以他们对西学的了解和认识,还处于一个自发的阶段,只是由于救亡图存的需要,他们出于对国家的感情,在当时的"在华外报"上,在同外国人的接触中,认识到西国和西学。西学不仅可"用",而且可以为"体"。所以,他们不仅主张学习西方的声化光电,社会制度、政治制度也都可以借用。但是,他们对西方社会科学的引进是比较盲目的,见什么介绍什么,缺乏选择。

与维新报刊的盲目引进相比,启蒙报刊对西学的引进就要自觉得多。新文化运动的领导人和启蒙报刊的创办者陈独秀等,大多是从"康党"到"革命党"走过来的,他们也办过维新报刊、革命报刊,他们知道其中的软肋,所以当他们发动新文化运动时,思想上是很明确的,就是要"启"国民之"蒙",他们对西学的引进进入到一个自觉的阶段,即经过选择后再引进,他们选择了民主和科学。

启蒙报刊的主要内容是提倡民主和科学。民主,指的是资产阶级的民主政治。科学,除了指科学知识外,主要指科学精神、科学态度和科学方法。启蒙报刊的编辑们认为,民主和科学是推动社会前进的两个轮子,中国要从专制和愚昧下求得解放,摆脱落后状态,赶上西方强国,"当以科学与人权并重"。民主与科学的提出与宣传,反映了时代的迫切要求,成为当时文化思想战线上的两面光辉旗帜。

其二,与维新报刊,甚至革命报刊相比,启蒙报刊对西学的引进更有针对性。虽然维新派人士也认识到"设报达聪"、"新民",但是如何"达聪"、如何"新民",则不甚了了。最高水平的理论就是"去塞求通"。但是,"壅塞"来自何处?维新人士看不到。在这一点上,新文化运动的精英们就要高明得多。他们认为,中国的愚昧、落后,根本原因在于以儒家为主的传统文化。长期以来,儒家传统文化的三纲五常、伦理道德,极大地扭曲和残害中国民众的思想,给专制政治统治造成了极大的方便。专制必尊孔,孔家不灭,专制难除;孔家不灭,愚昧难脱;孔家不灭,落后难免。"主张尊孔,势必立君,势必复辟",袁世凯和张勋上演复辟闹剧就是证明。

启蒙报刊提倡民主与科学,主要目的是"改造国民性",矛头指向儒家传统文化。陈独秀在《宪法与孔教》中大声疾呼:"欲建设西洋式之新国家,组织西洋式之新社会,以求适应今世之生存,则根本问题,不可不首先输入西洋式之国家基础,所谓平等人权之新信仰,对于与此新社会、新国家、新信仰不可相容之孔教,不可不有彻底之觉悟,勇猛之决心,否则不塞不流,不止不行!"被世代封建统治者奉为金科玉律的儒家学说,在启蒙报刊的编辑们眼中,不仅一钱不值,而且都在扫荡之列。一句"打倒孔家店"的口号,足以使整个旧社会和遗老遗少们战栗!

其次,启蒙报刊的体制之新鲜,前所未有。

中国国人创办近代报刊,从康有为、梁启超到孙中山、章太炎创办的报刊,都是政治团体报或政党机关报,到了民国初年为议会竞选作宣传的"政党报纸"更是如此。党派报纸的党派性,虽然方便政党的政治斗争,也为维新运动和革命运动作出了巨大的贡献,但是问题也是明显的,尤其是没有建构起思想体系,没有在思想领域做深入的发动,没有撼动封建统治的思想文化基础。所以,陈独秀认为,"从事国民运动,勿囿于政党运动",启蒙报刊应把主要力量放在发动思想的文化运动上,以求提高国民的觉悟,不应纠缠于党派斗争。在《新青年》的带动下,摆脱旧的资产阶级政党政治趋向,成了这一时期知识界的普遍要求。所以,宣传新文化运动的启蒙刊物多为非党非派,即使原来是党派机关报,为新文化运动所推动,也发生了一定的变化。如研究系的《晨报》因派系主要领导人在政治斗争中失败而结伙出国,控制随之减弱,故1919年2月7日《晨报》改版,支持新文化运动。《国民公报》也是如此。

第三,启蒙报刊的风格之民主,前所未有。

前面说到的《新青年》等启蒙报刊民主科学办报态度,其表现令人耳目一新,在中国近现代史上别开生面。

新文化运动兴起、《新青年》创刊之时,正是袁世凯复辟封建帝制甚嚣尘上之日,也正是中国处在因辛亥革命失败而向黑暗沉落的痛苦时刻。1914年5月,袁世凯御用的约法会议通过了《中华民国约法》,从而彻底摆脱了孙中山先生制定的《临时约法》的约束,确定了他独裁统治的体制。与这种政治趋向密切配合的是思想文化上的复古尊孔的逆流。1912年10月康有为发起成立了"中国孔教会",在各地封建军阀势力的支持下,到处设立分会,1913年8月,公然上书参、众两院要求"定孔教为国教"。康有为等人虽然意在拥戴宣统复辟,但在客观上为袁世凯的复辟张目,所以受到袁世凯的欢迎。袁世凯知道,要在政治上复辟封建帝制,必然要封建专制主义思想文化相配合,要用封建专制主义抵制民主、自由、平等的近代资产阶级思想。1914年2月,袁世凯公布《崇圣典例》,要求各省一律实行祭孔,并叫嚣:"近自国体变更,无识之徒误解平等自由,逾越范围,荡然无守,纲常沦落,人欲横流,几成土匪禽兽之国。"可见,他对刚刚传入的一点点平等自由观,是切齿痛恨。

就在袁世凯从政治和思想两个方面扑灭升起的并不旺盛的民主自由之火,准备帝制自为之时,《新青年》创刊了。陈独秀"不尚一尊"以及民主、科学办报的态度本身就是对封建专制主义思想和复古主义文化的否定。

同时,这种民主科学办报态度,促进西方先进思想,包括马克思主义向中国的引进。讲民主,才有论战,有论战,才有真理的显现。以民主、科学的态度办报,中国报刊出现了百花齐放、百家争鸣的喜人局面。西方各种先进思想,包括马克思主义在启蒙报刊上各展风采,竞相论战。在这种百花齐放、百家争鸣的过程中,马克思主义成为最有吸引力和最有生命力的学说,在中国得到了广泛的传播。

此外,这种民主科学办报态度,推动启蒙报刊自身的健康发展。《新青年》民主科学办报态度成为启蒙报刊创办者效法的榜样,一时间,以学生报刊为主体的启蒙报刊不仅如雨后春笋般涌现,而且健康发展,成为一支支宣传新思想、新文化的劲旅。可以这样说,《新青年》不仅以其传播的民主科学思想教育了整整一代青年,使一大批先进知识分子逐渐觉醒,而且教育了一代报人,教他们如何以民主科学的态度办报,开展自由讨论,在讨论中以理服人,不以势压人,收到良好的宣传效果。

第八章

大革命推动新闻事业黄金发展

本章概要

经过新文化运动的洗礼,中国新闻事业发展史揭开崭新篇章后,发展到20世纪20年代进入有史以来的黄金时期。

黄金时期新闻事业的发展主要表现在五个方面。

第一个方面是无产阶级报刊脱颖而出。经过五四运动的洗礼,无产阶级报刊的诞生已水到渠成。

首先是马克思主义的广泛传播。五四运动前,新文化运动是反封建的思想运动,主要是宣传资产阶级民主思想和近代科学思想。五四运动以后,新文化运动发展成为以传播马克思主义为主流的思想运动,因此,各地出现了一大批宣传马克思列宁主义的进步刊物,除了许多早期宣传新文化的报刊这时期都以宣传马克思主义和俄国革命为主要内容外,还涌现出许多宣传社会主义的刊物。据统计,在五四运动后的半年时间内,全国出版的在不同程度上具有社会主义倾向的报刊有200余种。无产阶级世界观和社会主义理论在中国广泛传播,这使无产阶级报刊和共产党报刊的产生有了思想理论基础,无产阶级报刊和共产党报刊的出现又反过来推动了马克思主义的传播。

其次是无产阶级政治团体的出现。1919年"五四"和"六三"运动之后,中国无产阶级大踏步登上了政治舞台,开始领导新民主主义革命的进程。李大钊在北京、陈独秀在上海、毛泽东在湖南、恽代英在武汉、周恩来在天津陆续发起成立了各种名目的马克思主义小组和共产主义小组,以探讨中国革命道路。激烈的阶级大搏斗要求创办新闻传播媒介宣传本阶级的革命主张,这使无产阶级报刊和共产党报刊的产生有了阶级基础,无产阶级报刊和共产党报刊的诞生又反过来推动了无产阶级革命运动。

同时,马克思主义同工人运动相结合,涌现出一批初具共产主义思想的知识分子。这批初具共产主义思想的知识分子的出现,使无产阶级报刊和共产党报刊的产生有了人员基础。他们在北京、上海、天津、武汉、湖南等地创办出版了许多以宣传马克思主义为主要内容的共产主义报刊。

中国共产党诞生后,很快创办了一批党的机关报。早期无产阶级报刊和共产党报刊中,著名的有改组后的《新青年》、《共产党》月刊、《向导》周报、《新青年》季刊、《前锋》、《热血日报》、《先驱》和《中国青年》杂志等。

第二个方面是国共合作时期,革命报刊的发展与变化。

1924年1月20日至30日,有共产党员参加的国民党第一次全国代表大会在广州召开,确定了国共合作的方针。在国共合作的形势下,革命报刊有了长足的发展,这包括国民党报刊的新变化和共产党报刊的新发展。

1912年8月,同盟会改组为中国国民党。国民党的机关报和党人经营的报刊一时间蓬勃发展起来,遍布于京、津、沪、汉及全国各主要城市。袁世凯制造的"癸丑报灾"使国民党报刊片甲不留,国民党也随之被解散。1914年,随着孙中山先生重组中华革命党(1919年10月中华革命党又改组成国民党),这类报刊才开始死灰复燃。但是由于国民党组织上的涣散,政治上革命性减弱,国民党报刊也失去了当年的锐气。国共合作后,在三大政策的指导下,在共产党人的帮助下,一些国民党报刊又重新焕发革命精神。

在工人运动的推动下,共产党报刊发展非常迅速。国共合作的形势为其发展创造了更加有利的环境,在中央机关报不断完善的同时,各地方党委机关报也陆续创刊了。

第三个方面是私营企业性报纸进一步发展。

在这段时期,北京、天津、上海三个城市的几家私营企业性大报出现了令人瞩目的变化。上海的《申报》、《新闻报》的发行量都突破了10万大关;在天津,新记公司接办《大公报》,提出"不党、不卖、不私、不盲"的办报方针,形成了自己的独特风格;在北京,成舍我创办了《世界晚报》、《世界日报》、《世界画报》,不仅报纸赢得了众多读者,他自己也从此在中国报界确立了一定的地位。

此外,以"四大金刚"为代表的各类休闲小报在20年代大量涌现,成为报界的一道风景。

第四个方面是广播事业的诞生与通讯事业的发展。

我国的广播事业在这一时期起步。1923年初,中国境内的第一座无线广播电台在上海诞生,它是由美国商人创办的。同年,我国自办的第一座无线广播电台在哈尔滨试播。这标志着中国广播事业开元。

通讯社事业在这一时期也有了较大的发展。到1926年,全国通讯社已增加到 155 家,其中较为有名的有"国闻通讯社"、"申时电讯社"及国民党的"中央通讯社"等。

第五个方面是新闻学研究和新闻教育的发展。

在这段时期,新闻学研究得到进一步发展,几年之中出版的新闻学著作有十多种,其中较为有影响的有任白涛的《应用新闻学》,邵飘萍的《实际应用新闻学》和《新闻学总论》,戈公振的《中国报学史》。

新闻教育事业在这段时期蓬蓬勃勃发展起来,从上海圣约翰大学开始,先后有厦门大学、北京平民大学、北京燕京大学、上海南方大学、上海国民大学等设立了报学系,培养了一大批新闻人才。

第一节 无产阶级和共产党报刊诞生

一、《新青年》改组与《共产党》月刊创办

(一)共产党上海发起组成立与《新青年》改组

作为新文化运动旗舰的《新青年》1920 年 9 月进行改组,由资产阶级的民主启蒙刊物转变成为无产阶级社会主义刊物。

《新青年》转变是有一个过程的。

1919 年 6 月 11 日陈独秀因散发《北京市民宣言》传单被捕入狱,经多方营救于 9 月 16 日获释。获释后的陈独秀辞去了北京大学文科学长职务,并决定《新青年》"自七卷始,由仲甫一人编辑"①。12 月,陈独秀在第 7 卷第 1 号上发表《本志宣言》说:"我们相信世界上的军阀主义和金力主义已造成了无穷的罪恶,现在是应该抛弃的了。"宣布抛弃封建主义和资本主义,则表明《新青年》向社会主义转变的开始。

当时,《新青年》编辑部内,虽然新文化运动的左翼与右翼并存,彼此之间进行着相当激烈的论争,但是还没有完全分裂。由于"六三"运动开展,陈独秀开始研究劳工问题,1920 年 2 月,陈独秀秘密离开北京到了上海,并开始筹建中国共产党上海发起组,《新青年》也随之迁到上海出版。这年 5 月,《新青年》出版第 7 卷第 6 号,成为"劳动节纪念号",上面刊载了陈独秀写的《劳动者彻底觉悟》和李大钊写的《五一运动史》,还以大量篇幅反映了各地工人阶级生活和斗

---

① 周作人 1919 年 6 月 23 日日记,《知堂回想录》,香港三育图书有限公司,1980 年版,第 357 页。

争情况。第 7 卷第 6 号编成"劳动节纪念号",这是《新青年》宣传马克思主义与工人运动相结合的一块里程碑,也是新文化运动发展的"新的集合点"。这表明《新青年》同人中的激进民主主义者逐渐与无产者接近,向无产阶级的立场转变,从而也促使《新青年》的社会主义因素不断增长,推动《新青年》最终向社会主义刊物转变迈进了一大步。

正好共产国际的代表魏金斯基到中国了解政治情况,帮助中国建立共产党,他先到北京见到李大钊,后由李大钊介绍到上海找到陈独秀。在共产国际代表的帮助下,中共上海发起组于 1920 年 7 月成立,陈独秀为负责人。《新青年》由这年 9 月出版的第 8 卷第 1 号起变成了中国共产党上海发起组的机关刊物。这一期上发表了陈独秀的《谈政治》一文,在与无政府主义划清界限后,表示拥护无产阶级革命和无产阶级专政。从这一期起,《新青年》开辟了《俄罗斯研究》专栏,以译载有关苏俄革命的理论和实际的各种材料,介绍苏俄政府的各种政策。陈独秀《谈政治》的发表与《俄罗斯研究》专栏的开辟,表明《新青年》的转变基本完成。

由于历史的原因,改组后的《新青年》编辑部仍然保持新文化运动统一战线的面貌,陈独秀主持编辑部,继续与北京的社员保持联系。从 1920 年底至 1921 年初,为出版宗旨和出版地址,《新青年》内部又进行了一次争论。胡适写信给陈独秀,指责《新青年》"色彩过于鲜明",差不多成了美国进步杂志《苏俄》的汉译本,主张恢复"不谈政治"的戒约,要求把《新青年》迁回北京出版。对胡适的意见,陈望道表示不信任;李大钊和鲁迅虽然不反对《新青年》移到北京,但李大钊希望能维持《新青年》精神之团结",鲁迅则看到分裂不可避免,指出胡适不谈政治是不可能的。陈独秀收到胡适的信后,明确表示"不赞成《新青年》移北京",并提醒胡适等人不要和梁启超等人过于接近,以免"书呆子为政客所利用"。胡适的意见遭到否决后,他便随之退出了《新青年》编辑部。

《新青年》的改组,标志着中国无产阶级报刊的诞生,同时,也表明它的主持人陈独秀由一个民主主义者转变为一个社会主义者,由一个"不谈政治"的启蒙者转变成为一个无产阶级革命的领袖。

(二)李达与《共产党》月刊创办

在各地共产主义小组纷纷成立的时候,为了向先进知识分子加强关于共产主义和共产党的教育,直接推动建党的准备工作,党的上海发起组于 1920 年 11 月 7 日又创办了一个半公开半秘密的理论性机关刊物《共产党》月刊,由李达主编。《共产党》月刊为 16 开本,每期约 50 页。《共产党》月刊的创刊日期选定俄国十月社会主义革命胜利三周年的日子,表明它要坚决走十月革命的道路,为建立一个列宁主义的中国党而斗争。现存第 1 至 6 期,第 6 期出版日期为 1921 年

7月7日。

为建党工作的需要,《共产党》月刊以大量篇幅介绍有关共产党的知识,如第三国际和国际共运的材料,包括第三国际的一些重要文件,介绍第三国际成立经过、阐述成立意义的文章,开辟《世界消息》专栏,报道欧美各国共产党成立的消息,译载《美国共产党党纲》、《美国共产党宣言》等。《共产党》月刊特别重视介绍列宁的建党学说和苏共建设的经验,曾发表了列宁在苏共第九次代表大会上的演说及《国家与革命》第一章。总之,《共产党》月刊在中国历史上第一次树起"共产党"的大旗,集中介绍了关于共产主义和共产党的基本知识,进行了关于中国革命问题的初步探讨。在第1号《短言》(即宣言)中,明确宣布:要逃出奴隶的境遇。"只有用阶级战争的手段,打倒一切资本阶级,从他们手里抢来政权;并且用劳动专政的制度,拥护劳动者的政权,建设劳动者的国家以至于无国家,使资本主义永远不致发生。"

《共产党》出版后,成了中国各地共产主义者学习共产党知识的必要读物和交流情况的重要阵地。比如,北京共产主义小组用它向长辛店工人讲解"工人为什么要有政党"的道理;武汉的共产主义小组组织进步学生阅读《共产党》月刊上的文章,讨论"劳动者为什么要起来革命"等问题,毛泽东向长沙《大公报》推荐转载该刊上的文章《俄国共产党的历史》、《列宁的历史》等①。

《共产党》月刊的主编李达不仅是中国著名的马克思主义理论家,中国共产党的创始人之一,而且是著名的马克思主义宣传家,中共早期报刊事业的开拓者。他主编的《共产党》月刊深受欢迎,被各地共产主义小组列为必读材料,其最高发行量达5 000份,为推动中共的建立发挥了很大作用。1922年10月,李达应毛泽东之邀离沪赴湘,就任湖南自修大学学长。次年4月,他创办了自修大学校刊《新时代》,并亲任主编。在发刊词中,李达明确地提出该刊任务和宗旨,主要是宣传马克思主义和党的"二大"纲领,阐述唯物主义原理,探讨中国革命的基本问题。

二、《向导》周报与中共早期报刊

(一)蔡和森与《向导》周报

《向导》周报是中国共产党中央的第一个政治机关报,1922年9月13日创刊于上海,从第6期起迁到北京出版,1926年因奉系军阀进北京,对共产党加紧迫害,《向导》编辑部与发行部又先后迁广州、武汉等地,1927年"七一五"汪精

---

① 参见段启咸:《共产党月刊的历史作用》,《江汉论坛》1981年第1期。

卫叛变，被迫于8月18日停刊，前后历时近5年，共出版201期。《向导》周报是16开本，开始出版时每期8页，从第142期起，增加到12页，到144期又增加到16页。从第55期起，将原先的《中国一周》、《世界一周》两栏合并为《时事评论》栏，并开辟《寸铁》专栏，该栏的特色是文章短小精悍，尖锐泼辣，揭露敌人的阴谋往往一针见血。《寸铁》专栏一直办到《向导》停刊为止。《向导》周报第一任主编是蔡和森；1925年6月，蔡和森因病离职，由当时中宣部主任彭述之兼任主编；1927年4月后，由党中央负责宣传工作的瞿秋白兼主编。

《向导》周报是《共产党》月刊停刊之后创办的。创办之初，它的主要任务是集中宣传中共"二大"的路线、方针、政策，指导工人阶级的革命斗争。它的第1期就刊登了《中国共产党第二次全国代表大会宣言》，旗帜鲜明地提出中国人民当前的主要任务是打倒帝国主义，打倒封建军阀，建立一个统一的真正民主的共和国。

1923年6月，中共第三次全国代表大会确立了与国民党建立革命统一战线政策，《向导》周报便把党的统一战线政策作为一个宣传重点。为了推动国共合作的实现，《向导》反复阐明民主革命时期无产阶级建立统一战线的重要性和可能性，指出关门主义对革命的危害性；同时还发表一系列文章，帮助孙中山先生总结以往革命失败的教训，认识到只有联合无产阶级、发动广大民众才能取得革命胜利。可以这样说，孙中山先生"联俄、联共、扶助农工"三大政策的提出，国共合作的实现，《向导》周报的宣传起到了相当大的作用。

总之，《向导》为大革命时期中共最有影响的报刊之一，受到广大读者的热烈欢迎，发行量逐渐上升。创刊初期，每期发行仅2 000份，后增加到4 000份，两年后增加到2万份，到1926年为5万份，武汉时期最高发行量达10万余份。

《向导》周报的首任主编蔡和森(1895—1931)，名泽鹰，字润寰，别名和森，湖南双峰人。1914年进入湖南第一师范学习，在这里蔡和森结识了毛泽东，两人成为志同道合的挚友。1918年同毛泽东发起组织新民学会。1919年秋同母亲葛健豪、妹妹蔡畅、好友向警予一起到法国勤工俭学，在法期间，他阅读了大量马克思主义的书籍，1921年与周恩来、赵世炎等人组织中国旅法共产主义小组，年底被法国当局强行遣送回国。到上海后，经陈独秀介绍加入中国共产党。在中共第二至六次全国代表大会上，他当选为中央委员，第五、六届政治局委员。1931年夏，他以中共代表身份去香港指导工作，由于叛徒出卖被捕，年底被国民党杀害于广州，年36岁。蔡和森不仅是中共早期卓越领导人、著名马克思主义理论家，而且是党报活动家、宣传家。蔡和森对中共早期党报事业的贡献，主要表现在两个方面。

第一个方面是以满腔热情从事党报编辑工作。蔡和森热心于党报工作，早在留法勤工俭学时,受法国社会主义报刊的影响,就产生了创办以宣传主义为宗旨的报刊的念头,他在与陈独秀的一次通信中就谈到:"和森感国内言论沉寂,有主义有系统的出版物几未之见,至于各国社会运动的真情,尤其隔膜得很。"因此,他打算以自己"读书阅读之所得,做一种有系统有主张极其鲜明强固的文化运动,意欲择定论机关之同趣者发表之"(《新青年》第9卷第4号)。1921年底回国后,他热情协助编辑临时团中央机关刊物《先驱》。当党的"二大"指派他为《向导》周报主编后,他便以极大的革命激情,致力于党报的编辑工作。他在任《向导》主编三年时间内,付出了巨大的劳动,从组稿到校对,许多具体工作都由他一个人担任。1928年6月,蔡和森出席了在莫斯科召开的中共"六大",回国开展工作,任中央宣传部部长,接编当时的中央机关报《布尔塞维克》,在宣传党的正确路线、加强党的理论建设方面起了重大作用。

第二个方面是以忘我的精神从事党的报刊政论写作。自1922年5月为《先驱》撰稿开始,在短短几年时间内,蔡和森为《先驱》、《向导》、《中国青年》、《布尔塞维克》等党报撰写政论文达数十万言。单为《向导》写的文章就有五六十万字,其中用"和森"署名的文章131篇;用"振宇"署名的文章36篇。这些文章既有理论深刻的长篇大论,又有一针见血的短文。蔡和森的政论文章,气势恢宏,章法严谨,思想深邃,说理透彻,尤其注意理论与实际的结合,富于逻辑性与战斗性,在群众中产生了很大影响。茅盾先生在《回忆蔡和森》中曾说:"建党初期理论家,蔡公健笔万人夸。"

(二)《新青年》(季刊)和《前锋》(月刊)

继《向导》之后,中共中央在1923年复刊了《新青年》(季刊)、《前锋》(月刊)等。它们各有特点,但同《向导》周报一样,都是中共中央机关刊物,它们同《向导》一起,相互配合,共同担负起党的宣传任务。

1923年6月15日,《新青年》季刊在广州复刊,瞿秋白任前期主编,1924年12月出版第4期后休刊,1925年4月复刊。原定为月刊,但不能按期出版,实际上成为不定期刊,以宣传马克思主义理论为基本任务。在复刊号上,发表了瞿秋白执笔的《〈新青年〉之新宣言》,其中指出:"《新青年》的职志,要与社会以正确的指导,要与中国平民以智识的武器。"《新青年》季刊不仅重点介绍了马克思主义的有关著作和国际无产阶级革命运动的经验,而且从理论上论证中国共产党在民主革命中的纲领和主张,在指导无产阶级革命方面发挥了重要作用。为此,它先后出版了"共产国际号"、"国民革命号"、"列宁号"、"世界革命号",刊登《列宁主义概论》等文章,系统介绍列宁主义,还翻译刊登了列宁的《俄国革命之五年》、《革命后的中国》、《亚洲的觉悟》、《民族与殖民地问题》等,为中国人民学习马克思列宁主义、了解俄国社会主义革命和建设的情况,提供了有力的帮助。

《新青年》季刊积极参加当时理论界的论争。1923年,哲学界发生了"科学与玄学"的讨论。著文讨论的张君劢、梁启超和丁文江等人都站在唯心主义立场上说话,对人生观均不能给予科学的解释。1923年12月出版的《新青年》季刊上发表了瞿秋白的《自由世界与必然世界》、《实验主义与革命哲学》与陈独秀的《〈科学与人生观〉序》等文章,从唯物主义角度对唯心主义的错误观点进行批判,对世界观、历史观、人生观的关系作了科学的解释。

中共中央在出版《新青年》季刊的同时,还于1923年7月1日在上海创办了《前锋》杂志,亦由瞿秋白主编,原定为月刊,实际未能按期出版,1924年2月1日出版第3期后停刊。它的基本任务是,通过对中国与世界政治经济形势的分析,宣传中国共产党的纲领和主张。《前锋》具有鲜明的理论色彩,同时又重视调查研究材料,采用了许多统计数字,很有说服力。

《前锋》杂志、《向导》周报、《新青年》季刊相互配合,在思想上、理论上形成了一个强大的中国共产党早期的宣传阵势。

三、中国社会主义青年团的早期报刊

(一)《先驱》、《少年》和《赤光》

中国共产党在组建的同时,也指派人组建中国社会主义青年团。随着地方青年团组织的成立,青年团的报刊也出现了。与青年团组织发展相适应,青年团的报刊也是首先是由地方团的组织创办起来的。

青年团的第一个刊物是天津社会主义青年团组织1920年11月成立后不久出版的《劳报》,旋即被查封。1921年11月,中国社会主义青年团正式建立。次年,又出现一些地方团刊,如北京团组织1922年1月15日创办了《先驱》,四川团组织3月出版了《人声》,广州团组织6月创办了《青年周刊》等。影响最大的是北京的《先驱》,该刊出版至1923年8月15日,共出版25期。由于遭到北京反动政府迫害,该刊自第4期起迁上海出版,成为社会主义青年团临时中央的第一家机关报。担任主编的人员有刘静仁、邓中夏、蔡和森、高尚德、施存统等,其中施存统担任主编的时间最长。

中国社会主义青年团地方报刊在国外也创办起来了。1922年6月,赵世炎、周恩来、陈延年等人在法国巴黎成立了青年团组织"中国少年共产党",是年8月1日在巴黎创刊出版了中国社会主义青年团旅欧支部机关刊物《少年》,该刊系理论性月刊,出了6期后,曾停刊两个月。到1923年3月1日复刊出版第7期。后改为不定期刊,1923年12月出版第13期后停刊。《少年》前期由赵世炎

主编,陈延年、陈乔年负责刻印发行。1923年3月后,由周恩来接编。

1924年2月1日,《少年》改名《赤光》出版,成为时事评论性半月刊,由中共旅欧支部与中国社会主义青年团旅欧支部合办,周恩来主编。1925年6月出至第33期后停刊。1928年又在巴黎复刊。后又迁到德国柏林出版,由成仿吾等主编。

《少年》、《赤光》主要在欧洲等地发行,少量在美洲的加拿大、古巴等地发行。读者对象主要是早期旅欧的中国共产主义者、勤工俭学学生和华工。《少年》、《赤光》在传播共产主义理论、批判无政府主义,以及揭露封建军阀的统治及帝国主义侵华阴谋等方面,起了一定作用。此外,它们还登载共产国际的一些文件,报道世界工人运动、青年运动和中国国内青年运动的消息。周恩来在《赤光》前10期上曾用"伍豪"、"翔宇"、"飞飞"等笔名发表过数十篇政论和时评。邓小平也一度担任过该刊的编撰和刻印工作。

(二)恽代英、萧楚女与《中国青年》

中国社会主义青年团1923年8月25日在南京召开第二次全国团代会,对团的工作进行整顿,在讨论宣传工作时,决定停办《先驱》,另外出版团中央机关报《中国青年》。

《中国青年》1923年10月20日创刊于上海,1927年10月被迫停刊,最后一期为第8卷第3号。《中国青年》设有"社评"、"时事述评"、"寸铁"、"书报评论"、"青年界消息"、"文艺"等栏,形式多样,图文并茂。恽代英、萧楚女先后任主编,林育南、邓中夏、任弼时、李求实、张太雷等曾参加过编辑工作,并为主要撰稿人。

《中国青年》除积极配合《向导》等党报宣传马克思主义,宣传党的路线、方针、政策,对国内外重大政治事件发表评论外,还特别注意与各种消极思想作斗争,使广大青年政治觉悟迅速提高,增强识别是非的能力,更加坚定地投身到反帝反封建的革命斗争中去。由于马克思主义日益深入人心,各地青年的革命活动日益活跃,一切落后势力也力图扩大对青年的影响,与无产阶级争夺青年。胡适和梁启超等人大肆宣传读古书的重要,引导青年埋头故纸堆,脱离当前的革命斗争。胡适办了《读书杂志》及《国学季刊》,提倡"整理国故"。《读书杂志》第7期刊登了胡适为清华同学拟定的一个最低限度的国学书目,内容包括经、史、子和文学、哲学等方面的古书将近200部,其中还有20多部佛教书。《中国青年》周刊针对这种情况接连发表不少文章,揭露"提倡国学"者的不良用心。《中国青年》第7期的文章《学术与救国》中说,在这个"外受国际资本主义的压迫,内受军阀的剥削"的社会里,学习的目的是进行国民革命,如果舍此不顾,只是埋头研究科学技术,即使有成就,在社会制度没有变革的情况下,也将成为无用之才,或者"只能拿着他的技术帮助外国人做事,结果技术家只有成为洋奴"。这就揭示了所谓"学术救国"、"读书救国"论的不切实际。和胡适等人的强调针锋相对,《中国青年》提出了"到民间去"的口号,大力引导青年投身到工农运动中去,号召知识青年深入工农兵,特别是到农村中去发动和组织农民参加国民革命。

《中国青年》周刊以青年为对象,发刊词宣称,《中国青年》要办成青年"忠实友谊的刊物","要引导一般青年到活动的路上","到强健的路上","到切实的路上",使青年成为国家的有用之才。它的编排采用生动活泼的形式,内容尽量适合青年特点。《中国青年》创刊时,正当文学和恋爱之风盛行,有些青年陶醉于风花雪月的作品之中,而忘却现实斗争。《中国青年》便抓住青年所关心的恋爱与文学两个问题发表不少文章,从正面引导和培养青年树立革命的人生观。

《中国青年》是当时最受青年人欢迎的刊物,它先后出版4年多时间,最高发行量达3万多份,在广大青年中产生了很大影响。不少人是从读《中国青年》的文章开始接受马克思主义而走向革命的。

"江城双星"恽代英、萧楚女为《中国青年》的发展壮大作出了巨大贡献。

恽代英(1895—1931),原籍江苏武进,生于湖北武昌的一个书香门第,从小就表现出良好的文化修养,1913年,18岁的恽代英以深厚的中西学功底考入私立武昌中华大学,攻读哲学和文学。在这里,他开始接触《新青年》等新报刊,思想接受新文化、新思潮的影响。1917年,在湖北组织以"群策群力,自助助人"为宗旨的"互助社"。五四运动期间,又组织"利群书社"。1919年8月,与萧楚女、张太雷等8名革命青年在上海组建中国社会主义青年团,从此走上革命道路。1921年加入中国共产党。1923年在社会主义青年团全国代表会上被选为团中央委员,任团中央宣传部部长。恽代英是中国青年运动的杰出领导者,卓越的无产阶级政治活动家。1931年4月29日在南京被国民党反动派杀害,年36岁。

恽代英也是中共早期杰出的报刊活动家和报刊政论家。报刊宣传是他从事革命活动的重要组成部分。"五四"时期他就为《新青年》、《少年中国》、《端风》、《东方杂志》等刊物写论文数十篇,提倡民主与科学。五四运动到党成立期间,他参与指导编辑武汉学联机关报《学生》、《武汉星期评论》等刊物。1923年兼任《中国青年》主编。在第一次国共合作期间,主编过国民党报刊《新建设》,并指导上海《民国日报》副刊部工作。第一次国内革命战争失败以后在广州秘密主编党的《红旗报》。

恽代英的文章注意分析,立论精辟,说理透彻,平易近人,通俗易懂,有人说:"只要你读到它,全身就像火烧一样地发热。"恽代英先后在《中国青年》上发表了100多篇文章和三四十篇通讯,按照党的指示、团的决议,结合青年运动的实际,以共产主义原则和国民革命的理论教育青年群众。他在系统地介绍马列主义理论的同时,还鼓励青年研究社会科学,认识世界,改造世界。

萧楚女(1891—1927),原名萧秋,笔名楚女,湖北汉阳人,出生在一个小商人家庭。早年丧父,过早地挑起家庭生活担子,没有条件上学。12岁时,萧楚女到一家茶叶店当学徒,后又做过茶馆跑堂。由于没有稳定的职业,曾在江西、江苏、安徽流浪,在轮船上当过伙夫,做过小贩和报童。萧楚女虽然没有上过学,但酷爱学习,求知欲强。1911年参加新军,结识了有文化的郑希曾,拜郑为师。萧楚女凭着坚强的毅力和勤奋,学习了当时中学的全部课程,自学成才。他不仅学习知识,而且从书中寻找救国救民的道理。在袁世凯窃国复辟的岁月,萧楚女独自徘徊于当年屈原行吟的江边,抒发忧国忧民的情怀。《离骚》中有"忽反顾以流涕兮,哀高丘之无女"的诗句,他就毅然将自己的原名"秋"改为"楚女",立志做一个有利于人民的"荆楚神女"。萧楚女在武昌卖报时,利用到中华大学卖报的机会,经常站在窗外听老师讲课,时间一长,感动老师,被允许进教室旁听,因而结识恽代英。两人志趣相投,竟成莫逆。恽代英常带他参加各种活动,介绍他参加"利群书社"。1919年,两人一道参与中国社会主义青年团的组建工作。1922年,在恽代英、林育南的介绍下,加入中国共产党,然后到重庆,以教书的身份从事革命工作。在此期间,曾受党组织委派到《新蜀报》作革命宣传,并担任该报主笔。1925年5月,萧楚女奉命来到上海,与恽代英一道编辑《中国青年》。1926年初,与恽代英一起到广州。恽代英参加国民党第二次全国代表大会。萧楚女应毛泽东之邀,任广州农民运动讲习所教务长,后又到黄埔军官学校任政治教官。1927年在广州"四一五"反革命大屠杀中被国民党杀害,年36岁。

萧楚女通过勤奋自学和革命实践,掌握了马克思主义理论和科学文化知识,写得一手漂亮的文章,是自学成才的典范。他写的文章以情理动人,分析深刻有力,他被青年称为"真理的战士"、"革命的煽动家"。他在《中国青年》上发表了许多时事评论、政治论文,宣传革命理论,谈青年的思想、修养,帮助青年提高认识,树立正确的人生观。在《革命党人的基本素质是什么》一文中,他提出三点:首先是一往直前的勇气,第二是热烈的感情,第三是正确的认识和革命的人生观。他对青年循循善诱,深得青年们的拥戴和敬慕。有些读者看到"楚女"的名字,错把他当成女子写信向他求爱,其实他是一个铮铮男子汉。萧楚女被害后,1927年6月25日出版的《中国青年》刊载了《征求萧楚女遗著》启事,说:"谁不知道有个大麻子萧楚女,他是本刊创始者之一,他是青年群众的名星,他是刻苦忠实的革命家!自少年以至于死,他一直以革命为生命,一直在颠沛流离、贫困捕逃的情形之下……他的死,是革命青年失去了良师;他的死,是革命队伍丧失了勇敢的战士;他的死,使我们更加透彻认识了敌人;他的死,在每个革命者的心上剜上伤痕!"

恽代英和萧楚女,虽然家庭出身不同,但是两人的革命生涯十分相似,被誉为中国社会主义青年团和革命报刊史上的"江城双星"。

四、工人报刊的发展

中国共产党成立后,就把领导工人运动作为自己的中心工作,并着力开展工人报刊的出版工作。党成立之前,各地共产主义小组创办出版的工人报刊如《劳动界》(上海)、《劳动音》(北京)、《劳动者》(广州)等刊物都已相继停刊。党成立后,从1921年下半年到1923年初,便又在全国很多地区,如上海、北京、广州、武汉、长沙等地,创办了一批工人报刊。其中最著名的有《劳动周刊》、《工人周刊》等。

《劳动周刊》是中国劳动组合书记部的机关报,也是党领导下的第一张全国性的工人报纸,1921年8月在上海创刊,编辑主任张特立(张国焘),实际负责编辑的是李启汉。它在发刊词中宣布:"我们的周刊不是营业的性质,是专门本着中国劳动组合书记部的宗旨,为劳动者说话,并鼓吹劳动组合主义。"该刊采用4开小型报的形式,在全国重要城市设有发行网,受到工人们的欢迎。《共产党》月刊在第6期转载了它的发刊词,称赞它"办得异常完善,大可以增进劳动者的知识,这是教育训练劳工们一个最好的机关报"。1922年6月19日,被上海公共租界工部局以"登载过激言论"、"鼓吹劳动革命"的罪名勒令停刊,总共出刊41期。

《工人周刊》1921年7月创刊于北京,曾被誉为"北方劳动界的一颗明星"。该刊最初以"工人周刊社"名义发行。1922年夏,在上海《劳动周刊》停刊的情况下,该刊转为中国劳动组合书记部的机关报。1924年2月全国铁路总工会成立后,又改为"中华全国铁路总工会"的机关报,编辑、发行地点也由北京迁到铁路总工会所在地郑州。1926年又迁到天津出版发行,直至年底停刊。《工人周刊》着重报道各地工人,特别是华北地区工人的生活境况,报道工人运动及罢工情况,比较全面地反映了中国工人的第一次罢工高潮和当时中国工人运动发展的状况。同时,结合实际,对工人进行马克思主义教育。

中国劳动组合书记部在各地的分部创办了一批刊物,如山东的《山东劳动周刊》,湖南的《长沙劳动周刊》,湖北的《真报》与《劳动周刊》,广州的《劳动周报》,香港的《香港劳动周刊》等。在以上报刊中,湖北汉口出版的《真报》在鼓动"二七"大罢工斗争中作出了特殊贡献。

《真报》创刊于1922年10月10日,由湖北省工团联合会主办,林育南主编。

它积极报道与支持工人的斗争,在广大工人中传颂。1923年2月4日京汉铁路全线总罢工开始后,《真报》成为罢工工人的喉舌,2月7日发生镇压工人的惨案,8日《真报》以"扰乱地方,鼓动工潮"的罪名被查封。它的编辑之一施洋,7日被捕,15日被军阀杀害。林育南等出走上海,发表《汉口〈真报〉馆宣言》,抗议军阀的暴行,号召全国人民起来,打倒军阀吴佩孚。《真报》在工人报刊史上写下了壮烈的一页。

"二七"惨案以后,全国工人运动转入低潮,工人报刊中多数被迫停刊或被查封,能够坚持出版的为数极少。1924年下半年,工人运动开始复兴,大批工人报刊陆续创办,如《中国工人》、《上海工人》、《青年工人》、《铁路工人》、《造船工人》等,其中影响最大的是《中国工人》。

《中国工人》1924年10月创于上海,为中共中央主办,邓中夏、罗章龙先后担任主编。1925年5月,中华全国总工会成立后,成为总工会机关刊物,1926年迁到武汉出版,1927年7月汪精卫背叛革命后被迫停刊。该刊的主要任务是总结工人运动的经验教训,介绍国际工人运动的经验,为迎接工人运动高潮的到来做准备。

1925年五卅运动后,全国工人运动又出现高潮,大批新的工人报刊兴办起来。上海出版了《上海总工会日刊》、《上海工人》、《劳动青年》,湖北省出版了《工人导报》,湖南省出版了《湖南工人》,天津出版了《工人小报》,广东出版了《粤汉工人》,东北出版了《满洲工人》、《铁路工人》等,形成了中国工人报刊的第一次高潮。在这些报刊中,1925年6月省港罢工委员会出版了《工人之路》,4开4版,出至1927年1月21日停刊,成为当时出版时间最长的工人报刊。

第二节 杰出的马克思主义理论宣传家瞿秋白

一、瞿秋白及其新闻活动经历

瞿秋白(1899—1935),小名阿双,学名霜,后改名秋白,号雄魄,江苏常州人。瞿家祖辈为官,后家道中落,以至于债台高筑,他16岁被迫辍学,到一家乡间小学谋生;次年,他母亲因生活贫困自杀身亡。世态炎凉使他产生了消极的厌世观。1916年秋,瞿秋白到了北京,先在北京大学旁听,半年后考进免费的俄文专修馆。北京的生活开阔了他的视野,新文化运动打破了他的消极厌世观。五四运动的爆发把他"卷入漩涡",他"抱着不可思议的热情参与学生运动"。1920

年他参加李大钊等组织的马克思学说研究会的活动。1921年瞿秋白赴苏俄采访。次年2月,在莫斯科由张太雷介绍加入中国共产党。同年11月,共产国际在莫斯科召开第四次代表大会,瞿秋白作为陈独秀的翻译参加了大会,会后于1923年1月随陈独秀一同回国。回国后,瞿秋白便参加了党的领导工作,在中共"三大"至"六大"上,先后当选为中央执行委员会候补委员、候补中央委员、中央委员和政治局委员。1927年主持召开"八七会议"。1934年10月中央红军开始长征,瞿秋白因病留在江西。次年在转移途中被俘,6月18日在福建长汀英勇就义,年36岁。

在长汀瞿秋白烈士纪念碑的碑文上写着:"瞿秋白是伟大的马克思主义者,卓越的无产阶级革命家、理论家和宣传家。"作为中共早期新闻宣传战线的主要领导人,瞿秋白非常重视马克思主义理论的宣传,在加强党的马克思列宁主义的理论建设方面,作出了卓越贡献。在其革命生涯中,他一身与报刊相伴随,一方面投入实际斗争,一方面创办、主编报刊,"几乎参加了中国共产党1935年以前创办的所有重要报刊的工作,在报刊上发表译著和其他文章近六百篇,达三百万字。从'五四'运动开始,直到他1935年就义的十几年时间里,始终与报刊工作直接打交道,这在中国近代新闻传播史上是极为少见的"①。

的确,从创办启蒙报刊到创办无产阶级报刊,到主编共产党机关报,从在国内办报到国外采访,瞿秋白的新闻活动非常丰富,其新闻活动经历大致分为五个时期。

第一个时期,从1919年至1920年,为创办启蒙报刊时期。这一阶段主要是创办、主编《新社会》旬刊。这个刊物是瞿秋白和郑振铎、瞿世英、耿济之、许地山等人联合创办的,1919年11月1日创刊,1920年5月1日被查封,共出了19期。这个刊物发刊词说,该刊物的宗旨是"尽力于社会改造事业","创造德莫克拉西的新社会——自由、平等、没有一切阶级、一切战争的和平幸福的新社会"。这表明,这个刊物基本属于启蒙性质,它与《新青年》、《新潮》、《国民》、《曙光》并列,被称为"五四"时期全国最有影响的五家刊物。《新社会》被查封后,瞿秋白等人不气馁,于1920年8月5日又创办了《人道》月刊,这个月刊公开声明它是《新社会》的继续。由于内部分歧和经费困难等原因,《人道》仅出了1期就停刊了。

第二个时期,从1920年10月至1923年1月,为苏俄采访时期。1920年10月,瞿秋白受聘于北京《晨报》和上海《时事新报》,担任两报的驻莫斯科特派记者,赴苏俄采访。同行的有俞颂华、李宗武。在莫斯科的两年间,瞿秋白进行了

---

① 曾宪明:《中国百年报人之路》,远方出版社,2003年版,第204页。

大量的采访活动,他的足迹遍布莫斯科、赤塔、伊尔库茨克、沃木斯克等广大地区;采访对象十分广泛,既有革命领袖列宁,国家和政府领导人等"大人物",也有普通工人、农民、士兵、知识分子,甚至还有地主、投机商、没落贵族和妓女等。通过采访,了解到丰富的第一手资料,并写了大量的通讯,分别发表在北京《晨报》和上海《时事新报》上。单单在北京《晨报》上发表的就有41篇,共16万字。另外瞿秋白还写了《饿乡纪程》、《赤都心史》、《俄国文学史》、《俄罗斯革命论》等四本书,前三本共35万字,先后在国内出版了,最后一本由于军阀政府的压制,未能出版。仅以出版的通讯和著述来计算,已达50多万字。

瞿秋白的苏俄通讯,是十月革命后中国记者第一次向中国人民忠实报道社会主义苏联的各方面情况,因而在当时产生了很大影响,不仅吸引了更多的人关注世界上这个新型国家中所发生的新事物,而且推动了马克思主义在中国的传播。

第三个时期,从1923年2月至1927年4月,为从事中共中央机关报创始时期。1923年1月,瞿秋白从苏联回国,先到北京,参加《向导》的编辑工作;"二七"惨案发生后,中共中央机关从北京迁回上海,瞿秋白也于1923年3月底到达上海,不久接受了中央指派的筹办《新青年》季刊的任务。当年6月15日,《新青年》季刊创刊,由瞿秋白担任主编,在第一期上,瞿秋白发表了《新青年之新宣言》作为发刊辞,还发表了《国际歌》中文歌词。

在第一次国内革命战争时期,瞿秋白主要负责党的宣传工作,一直是中央党报编辑委员会的负责人之一。在主编中央机关报《新青年》季刊的同时,还主编《前锋》。在这个刊物上,瞿秋白发表了100多篇文章和译文,热情宣传马克思列宁主义,并运用马克思列宁主义原理分析中国革命的实际问题。1925年6月,瞿秋白根据党中央的决定,在上海创办并主编了《热血日报》。他在主编《热血日报》期间,写发刊辞1篇,社论19篇,小言2篇,署名"维"、"维摩"、"维一"的文章各1篇,共25篇,平均每天发表一篇还多。为了编好《热血日报》,他冒着生命危险,忍着疾病的痛苦,奔走于党中央与编辑部之间,成为五卅运动中党在宣传战线上最得力的领导人。

1926年瞿秋白被选为中共中央政治局委员。次年3月,中共中央机关由上海迁到武汉,瞿秋白也由沪至汉主持中央的宣传工作。《向导》编辑部由上海迁汉口,瞿秋白又以代理宣传部部长的身份兼《向导》的主编,主编了最后8期《向导》。

第四个时期,从1927年9月至1933年底,为从事党的地下报刊活动时期。1927年蒋介石、汪精卫相继发动反革命政变后,中国共产党被迫转入地下,党中央机关报《向导》被迫停刊。1927年汉口"八七"会议后,瞿秋白随同党中央回到上海，他立即为创办新的中央机关报而奔走。考虑到"国民党已经反动，共产党再也不能向导国民党了"，所以新的中央机关报不再用《向导》的名称，改称《布尔塞维克》。"中央常委暂决定秋白、亦农、中夏、若飞、超麟为编辑委员会，秋白为主任。"实际上，瞿秋白担任了这个刊物的政治领导和主编，一直到1928年5月赴莫斯科筹备党的"六大"为止。

1930年8月，瞿秋白经欧洲回国，正好中央创办了机关报《红旗日报》，他便积极领导这张报纸的工作，亲自为它撰写社论。六届三中全会结束后，党中央又决定出版《实话》五日刊，作为《红旗日报》的副刊。瞿秋白亲自为这家刊物的创刊号写了《中国共产党三中全会的意义》。在瞿秋白的领导下，《红旗日报》和《实话》同国民党反动派的残暴迫害作了英勇斗争。1931年1月，在上海召开的中共中央六届四中全会上，瞿秋白被王明排挤出中央政治局，他转移到文化战线，在上海同鲁迅一道支持和领导了左翼报刊的活动。

总之，在这6年多的时间内，瞿秋白竭尽全力，顽强作战，创办了一批党的地下报刊，在党的新闻事业史上写下了可歌可泣的一页。

第五个时期，从1934年2月至1935年2月，为从事中央苏区报刊活动时期。1934年2月，瞿秋白到达瑞金就任中央工农民主政府人民教育委员，不久，接替沙可夫担任《红色中华》社长兼主编，并且在红军长征后一直把这张报纸坚持到最后一期。在他任《红色中华》社长和主编时，正是王明"左"倾错误达到顶点的时期，瞿秋白备受排挤，因而很多好的办报意见没有被采纳。

二、瞿秋白对中共党报理论的贡献

在丰富的新闻活动中，尤其是在较长时间的党报活动中，瞿秋白不断地总结办党报的经验，提出了一系列无产阶级党报工作的原则、任务、方法，为中国无产阶级党报理论的形成奠定了坚实的基础。瞿秋白无产阶级党报理论的观点集中在六届三中全会上结束"立三路线"后作出的《组织问题决议案》中的关于党报部分和他到中央苏区前写的《关于红色中华报的意见》一文中，还散见于其他文章中，瞿秋白对无产阶级党报理论的观点，归纳起来有如下几条。

第一，党报必须具有指导性。他认为，党报和党报的文章必须具有最高的指导性。他主张"以党报的社论为代表中央政治局在政治上的分析与策略上的指导"。

第二，党报也必须具有具体性。他认为，党报和党报的文章必须具备最大限度的具体性，理论要联系实际，不能只是"空谈理论"。他主张，党报要反映一切实际工作中出现的问题，比如党的建设问题，"各级党部的情形，各级党部在苏维埃地方政府之中的作用,各级党部的发展,各级党部的优点和错误等等——必须反映在这个报纸上";又比如,各条战线的具体情形,从政治经济大问题到日常生活上的小问题,好的情况、坏的现象都应该在党报上得到反映。

第三,党报必须具有最强烈的群众性。他认为党报上的文章要尽可能通俗化,使群众喜欢看,看得懂,党报才能真正深入到极广大的劳动群众中去,把党的意志化为群众的行动。

第四,党报必须设立工农通讯员,建立群众发行网。他提出,党报必须设立全国系统的工农通讯员,经过他们使党报与广大群众密切联系起来。必须建立群众的发行网,使党报及时地与群众见面。

第三节 国共合作时期国共报刊新发展与新变化

一、共产党报刊的新发展

(一)中共党报系统的形成

第一次国共合作期间,共产党的报刊有了新的发展。这种新发展首先表现在随着共产党组织的迅速发展和队伍的壮大,在加强中央党报的基础上,各级地方党组织自己创办的机关报也陆续出现,形成了一个从中央到地方的中共党报网。

第一个地方党委机关报是北京地委于1924年4月27日创办的《政治生活》(后改为北方区委的机关报),由赵世炎主编,1926年7月停刊,共出版79期。该刊物的主要内容是反对日本侵略,反对军阀内战。随着1925年农民运动逐渐出现高潮,《政治生活》又密切关注农民运动,发表了李大钊撰写的《土地与农民》、《豫鲁陕等省的红枪会》等重要文章,对农民运动进行鼓吹。

此外,广东区委于1926年2月在广州创办了机关报《人民周报》;湖南区委于1925年12月在长沙创办了《战士》周报;湖北区委于1926年10月在汉口创办了《群众》周报;河南区委于1925年8月在开封创办了《中州评论》;还有江西的《红灯》周刊、浙江的《火曜》、福建的《革命先锋》等。这些报刊的创办,初步形成了一个从中央到地方的党报系统,大大加强了党和各地群众的联系。这些刊物的形式和宣传中心,一般都与中央机关刊物《向导》大致相似,但是因所在地区的具体条件不同而各有特色。如广东的《人民周刊》在省港大罢工、反对国民党右派和巩固广东革命根据地的宣传中起了很大作用;湖南的《战士》周报对指导和支持湖南农民运动很得力;河南的《中州评论》特别重视指导河南青年工作。

(二) 五卅运动与《热血日报》

共产党报刊得到新发展的第二个表现是中共中央创办日报,加强对群众运动的直接指导。以五卅运动中创办的《热血日报》最具代表性。1925年5月30日,上海发生了震惊全国的"五卅"惨案,中共中央决定由蔡和森、瞿秋白、李立三、刘华等人组成行动委员会,领导群众的斗争。同时决定创办《热血日报》,加强对运动的政治鼓吹和有效指导。

《热血日报》1925年6月4日在上海创办,由瞿秋白主编,这是我们现在看到的第一张由中国共产党创办的日报,日出四开一张,设有"社论"、"本埠要闻"、"国内要闻"、"紧要消息"、"国际要闻"、"舆论之制裁"和副刊"呼声"。《热血日报》创刊后,立即投入五卅运动,积极支持群众的反帝斗争。它的发刊辞向广大劳动人民宣告:"创造世界文化的是热的血和冷的铁,现在世界强者占有冷的铁,而我们弱者只有热的血;然而我们心中果然有热的血,不愁将来手中没有冷的铁,热的血一旦得着冷的铁,便是强者之末运。"《热血日报》两旁印有"全国各界联合一致对外,各业罢工者联合起来啊!中国人不能受外国人统治,中国人的上海归中国人管理"等醒目口号,以引起读者的注意。

《热血日报》在五卅运动中坚决支持广大人民的正义斗争,反对帝国主义的暴力,受到了广大群众的欢迎,发行量超过了有10年历史的《民国日报》,达3万多份。而帝国主义和奉系军阀对《热血日报》恨之入骨,下令通缉瞿秋白等人,使得该报仅出版了20多天就被迫停刊。我们现在能看到的最后一期是6月27日出版的第24号。

二、国民党报刊的新变化

民国初年,国民党报刊先是因政党论战而堕落,后是因袁世凯镇压而消亡,在五四运动后又逐渐复苏起来,倾向新政治、新文化。进入20年代后,虽然基本上保持前进趋势,然而前进的步子是迟缓的,报刊的数量少,水平也不高。1923年12月30日,在中国国民党第一次全国代表大会召开前夕,孙中山对一些国民党党员说,革命成功极快的方法,宣传要用九成,武力只可用一成[①]。国共合作后,孙中山吸收共产党员加入国民党,并以毛泽东代理中宣部部长之职,主管新闻宣传。在共产党人的积极帮助下,国民党报刊的政治水平大大提高,发生了新

---

① 转引自丁淦林:《中国新闻事业史》,高等教育出版社,2002年版,第225页。

的变化,出现了新的局面。这种新变化、新局面在广州和武汉表现尤为明显。

1924年10月,孙中山先生在广州首先创办了《民国日报》,该报发挥中央机关报作用,由国民党中央宣传部主持,黄季陆担任社长。1926年,国民党又接管了《国民新闻》,改组成为广东省党部机关报。

在广州,影响最大的是国民党中央宣传部主办的《政治周报》。《政治周报》于1925年12月5日创刊,是国民党中央宣传部的机关报,当时毛泽东代理国民党宣传部部长,所以1至4期由毛泽东主编,5至14期由共产党员沈雁冰、张秋人接编,1926年6月5日停刊,共出版14期。1925年11月,国民党右派在北京西山召开会议,作出了《取消共产党在国民党中之党籍》、《开除国民党中央执行委员会中之共产党员》等反动决议,公开进行反共、反统一战线的宣传。针对这种情况,毛泽东在《政治周报发刊理由》中提出,不能放任反革命的宣传,必须向反革命派发起反攻。并指出:"我们反击敌人的方法,并不多用辩论,只是忠实地报告我们革命工作的事实。"从第一期起,《政治周报》就设有一个《反击》专栏,刊登反击国民党右派的短文。毛泽东以"子任"为笔名为这一专栏写了一系列犀利杂文,尖锐地揭露了国民党右派勾结帝国主义和军阀的罪恶活动,揭露了国民党右派的反革命实质。《政治周报》很受读者欢迎,每期印数4万份。《政治周报》在打破国民党右派的反革命宣传、维护国共合作和巩固广东革命根据地方面,起了杰出的作用。

在这段时期,武汉地区的国民党创办了一批新的报刊,著名的有汉口的《楚光日报》、《汉口民国日报》和汉口《中央日报》及其副刊《中央副刊》等。

《楚光日报》于1925年3月24日在汉口创刊。创办人及经理为董必武,总编辑为宛希俨。报馆工作人员仅四五名,都是共产党员。这家报纸名义上是国民党湖北省党部机关报,实际上却处于共产党的领导下。该报于"七一五"反革命政变发生后停刊。

1926年9月,北伐军攻克汉口和汉阳。10月占领武昌。1926年11月25日,《汉口民国日报》创刊,每天出版对开3大张。该报初为国民党湖北省党部机关报,后又兼作武汉国民政府及国民党中央党部机关报。社长董必武,总经理毛泽民,先后担任主编的有宛希俨、高语罕、沈雁冰。

《楚光日报》和《汉口民国日报》积极报道工人运动、农民运动和北伐战争的形势,宣传中国共产党的主张和孙中山的联俄、联共、扶助农工三大政策,揭露帝国主义及新、旧军阀的罪恶,在全国产生了很大影响。

国民党中央及武汉国民政府的机关报《中央日报》于1927年3月22日在汉口创刊,由当时国民党中央宣传部部长顾孟余挂名主持,总经理杨绵仲,总编辑陈启修。陈启修为共产党员。《中央日报》作为武汉国民党中央的喉舌,忠实传达其声音,并发表了大量反对蒋介石和南京国民政府的文章,同时,及时报道北伐军的胜利消息,在反映大革命形势等方面作出了一定的贡献。但是,1927年7月15日,汪精卫"分共"后,该报立场大变,发表反共文章,成为汪蒋反共的工具。该报于1927年9月停刊。

汉口时期《中央日报》的副刊《中央副刊》办得很有特色,它由曾经主编过《晨报副镌》、《京报副刊》的著名副刊编辑孙伏园主编。《中央副刊》于1927年3月22日随《中央日报》创刊而创刊,同年9月1日停刊,共出159期。1927年春夏所发生的一些重大事件,在《中央副刊》上都有所反映。如毛泽东的《湖南农民运动考察报告》与谢冰莹的《从军日记》都曾在上面刊登过。

此外,国共合作的各级国民党组织开始建立工人部、农民部,开展工农运动,创办工农报刊。国民党中央工人部出版了《革命工人》;国民党湖南省执行委员会创办了《湖南工人》,这个刊物在共产党人主持下出版,具有较强烈的革命性;国民党山西省执行委员会出版了《山西工人》;1926年1月国民党第二次全国代表大会通过了农民运动的决议后,国民党中央农民部创办了《中国农民》月刊;北伐战争开始时,农民部还创办了《农民运动》周刊。在共产党的帮助下,国民党中央军事机关、国民革命军的各级政治部及军事院校也创办了不少军人刊物。据不完全统计,广州地区在北伐前出版的军人刊物大约有30多种,最有影响的是《中国军人》。《中国军人》1925年2月20日创刊于广州黄埔军校,是黄埔军校青年军人联合会出版的,刊物主编是共产党员王一飞。这个刊物在黄埔军校政治部主任周恩来的关怀指导下出版,出版宗旨是:"鼓吹革命军人,团结革命军人,唤醒全国军人,促进全国军人的觉悟"。

第四节　私营企业性报纸的进一步发展

一方面,第一次世界大战期间,由于欧洲一些帝国主义国家暂时放松了对中国的经济侵略,中国的民族资本主义工商业获得了一个短暂的发展良机。另一方面,北京政府也颁布了一系列发展社会经济的政策和各种条例、法令,使得中国社会风气大为改观,"建设新社会,以竞胜争存"成为当时时髦的话语。爱国热情、提倡国货、振兴实业,三者交融,成为一种潮流,财政、金融、工矿、交通,商业、贸易,都有一定的发展。这种形势对私营企业性报纸的发展最为有利,因而其发展也最为明显:原来基础好的,现在发展更稳健;原来发展得不好的,现在起死回生复苏起来了;一些新创办的私营报纸,适逢其时,顺风顺水。

一、《申报》、《新闻报》及上海企业性报纸的发展

(一)《申报》、《新闻报》的发展

在中国新闻事业发展的黄金时代,资产阶级报纸,特别是那些老牌的商业性报纸发展非常迅速,其中以《申报》、《新闻报》为最。

《申报》1909年被华人经理席子佩以7.5万元买下,从此,这张著名商业性大报的产权回归国人之手;1912年春,史量才、张謇、陈陶遗、应季中、赵竹君五人以12万巨款从席子佩手中购下《申报》产权,合股经营,张謇任董事长,史量才任社长。当年9月签约,说好分三次付款,10月办理移交事宜。史量才在办理结交手续后,立即延聘新人,特将《时报》总主笔陈冷(景韩)"挖"过来任总主笔。1915年,席子佩采取突然袭击办法,以《申报》新主人未付完款便出版报纸冒牌发行为由,向上海公共租界会审公廨起诉,要求经济赔偿。会审公廨判新主人败诉,赔偿前主人24.5万元,否则,报纸仍归前主人所有。在此情景下,其他人再也无心办报,纷纷退出,只有史量才坚定不移,倾家荡产,终凑足偿银。从此,《申报》成了史量才的私人企业。史量才爱报如命,经营有方,聘陈冷为总主笔、张竹平为经理,经过一段时间的周密经营后,便大有进展。

《新闻报》在汪汉溪父子的精心经营下,基本上一直处于发展趋势。

进入20年代后,两报进入稳步发展期,销数急剧上升:《申报》1921年销数为4.5万份,至1926年底,达14.1万份;《新闻报》1921年销数近5万份,1923年达10万份,到1926年达14.1万余份,差不多接近该报的历史最高水平(15万份)。

《申报》、《新闻报》在20年代之所以能迅速发展,除继续以办企业的方式加强管理外,主要还有以下两个方面的原因。

其一,施行"无偏无党"、"经济独立"的办报方针。

"无偏无党"、"经济独立"的办报方针本是福开森在1899年接办《新闻报》后不久提出来的,它被确定为该报的办报方针大致是在民国初年。因为那时,资产阶级政党报纸急剧堕落,威信扫地,大批其他报纸也因接受津贴卷入争权夺利的党派斗争之中而陷入毁灭境地,以致社会对政党报纸普遍地唾弃,不少新闻界人士力求在"独立"的和"非政党"的新闻事业中寻找出路。如邵飘萍1918年创办《京报》就是出于这种动机,其志趣在于以《京报》来"供改良我国新闻事业之试验,为社会发表意见之机关"[①]。到了20年代,"八字方针"为什么又特别强调并且更为盛行了呢?因为这时,中国共产党成立后,急风暴雨般的革命群众运动

---

① 汤修惠:《一代报人——邵飘萍》,《文史资料选编》第6辑,北京出版社,1980年版。

席卷中国大地,加之军阀割据,流派纷争,各界人士都拭目以待,一时间都莫衷一是。这些资产阶级报人们更是在这种形势面前受到巨大震动。许多的不理解、更多的无奈,使得他们力图避开各种矛盾和斗争,为新闻事业开拓一条"安全"发展的道路,这样"经济独立"、"无偏无党"的办报方针不仅为《新闻报》、《申报》所推崇,而且已被很多同类报纸所采用了。

诚然,他们所说的"无偏无党"是带有很大的虚伪性的,在激烈斗争的面前,不可能有什么绝对的中间立场,报纸总会表现出一定的政治倾向性。但是《申报》、《新闻报》在执行"经济独立"的经营方针、"无偏无党"的编辑方针的时候,也确实大大地削弱了报纸的政治性内容,大大地加强了报纸的知识性和社会性,因而也就大大地适应了更多的读者的口味,大大地扩大了报纸的销路。《申报》于1921年6月1日创办了面向中下层市民的《常识》增刊,每天两版主要内容是介绍道德、法律、卫生等方面的知识,不仅内容广泛,而且文字通俗,形式活泼,趣味性强,因而效果良好;1921年11月出了《汽车增刊》;1924年2月辟了"本埠增刊";10月创办了"商业新闻";12月创办了"教育新闻";1925年9月增办了"艺术界"等。《新闻报》的做法也大致类似,它先后创办有"新知识"、"本埠附刊"、"图书附刊"、"经济新闻"、"教育新闻"等。此外,在"八字方针"指导下,《申报》、《新闻报》还施行一条重新闻、轻言论的原则,社论和长篇政论文章在报纸上基本取消,而代之以百数十字的短评,也是尽讲一些不着边际、八面圆通的话。

其二,更新设备,采用先进技术。

首先是印刷设备的更新。当时,上海四大报纸都集中在四马路棋盘街一带,每天黎明,数十成群的报贩子飞奔前来取报,谁家的报纸出得较早,它的批发数也就因之提高,出报的快慢与销数的增减具有不可忽视的关系,因而《申报》、《新闻报》也就十分注重印刷设备的更新。如1914年《新闻报》日销2万份,用的是1架2层轮转印报机,该机每小时可出报7 000份,这是上海报馆由平版机改用轮转机的第一家。1916年《新闻报》销路增至3万份,汪汉溪便购进1架波特氏3层轮转机、2架4层轮转机,致使到1921年该报销数骤增至6万余份。1924年汪汉溪死后,其子汪伯奇坐升总经理,他于1927年又购进Waleer Scott新型高速轮转机2架,每架每小时可以印4大张的报纸3.6万份,这样《新闻报》到1926年销数达14万份,1929年销数达15万份,印刷设备得到了充分的保证。其次是通讯设备的技术条件的先进,争取时间,保证新闻快速。当时上海各报的外国新闻绝大多数都是依赖外国通讯社的上海分社,这些分社收到电讯后,须先译成中文、誊写油印,再分送给各报社,这样时间就要延迟到第二天。《新闻报》为了出奇制胜,把国际新闻抢在前面,便购进设备,设立了一个国际电讯电报房,内装最新式的收报机四部,其中两部短波,专收国外新闻,两部中波,专收国内新闻。如此一来,《新闻报》直接收听到比较重要的新闻后,当晚译出,翌日见报。同样的新闻,登在其他报上等于看隔天报,"新闻"已成"旧闻"。《新闻报》把自己收译的外电,冠之以"本报国外专电"。这个"国外专电"为《新闻报》销数的增加和声望的提高发挥了很大作用。这个国际电讯电报房的收报员是专门招考进来的,因为他们有技术,薪水高达每月180元,仅次于总编辑。

(二) 上海其他企业性报纸的发展

这一时期,在上海还有一批企业性报纸获得了较大发展。其中突出的是《时报》、《时事新报》。《时报》、《时事新报》与《申报》、《新闻报》一道被称为当时上海的"四大报"。

《时报》于1904年由狄楚青创办于上海,原以短小犀利的时评著称。民国成立后,《时报》的台柱子纷纷离去,或经商,或当官,或被其他报馆挖走,该报往日的光彩日渐暗淡下去。1921年前后,《时报》在《申报》、《新闻报》两大报的夹缝中生存得非常艰难,年年亏损,狄楚青不得不将他主持了17年之久的《时报》以8万元的价格卖给了从美国回来的黄伯惠。黄伯惠接办后,自任总经理,对报纸进行了一系列改革。在内容与版面上,大量刊登社会新闻和体育新闻来吸引读者;加强图片新闻,使之成为该报的亮点。早在黄伯惠接办之前,编辑戈公振1920年就创办了一张《图画时报》,每周出一版,已有一定影响。黄伯惠自己爱好并擅长摄影,于是购置多架照相机,鼓励记者多摄新闻照片。又在装备上,花10多万银元从德国购置了一套高速套色轮转印报机、制版机等,使《时报》印刷质量在当时国内各报中居领先地位。

《时事新报》20年代脱离研究系,张竹平集资5万元盘购产权,自任总经理,聘汪英宾任总编辑,潘公弼任总主笔。为了寻求发展,该报从新闻采访到版面内容等方面都有一些新的创举,如设专任外勤记者,打破了"公雇访员"垄断某些新闻采访的局面,提高了报道的真实性程度。在版面与内容上,《时事新报》首创"专栏新闻",除了1913年创办的"教育新闻"栏目外,20年代又相继创办了"工商之友"、"国际新闻"等栏目。这些做法都为上海,乃至全国报纸所仿效。

上海私营企业报纸的发展,除以上"四大报"外,《商报》也不可忽视。

《商报》于1921年1月由广东商人汤节之创办。创刊之初,面向商界,首创"商业金融"专栏。这个专栏不仅刊载有关商业、公债的评论,介绍经济思想的文章,而且详录国际汇兑、贸易和国内行情市价的消息,深受商界欢迎。后来,《商报》转以知识界和青年学生为主要对象。《商报》是当时一张比较进步的报纸,大革命时期,该报深受知识分子及青年学生的喜爱,受到社会的普遍关注,尤其是主笔陈布雷撰写的评论,很受舆论界关注。

陈布雷(1890—1948),原名训恩,字彦及,号布雷,笔名畏垒。浙江慈溪人。

1911年"浙江高等学堂"毕业后,应上海《天铎报》之聘,担任记者兼主笔,正式投身报界。1912年元旦,孙中山就任南京政府临时大总统,用英文撰写《对外宣言书》,陈布雷将其译成中文首先在《天铎报》上刊出,成为陈布雷的得意之作,陈布雷由此名气渐起。22岁的陈布雷立即感到"年少锋芒显露,不自敛抑",易招人所忌。于是,辞职回归故里,到宁波效实中学教书。1920年,陈布雷结束家居生活,到上海商务印书馆做编译,次年到《商报》任主笔。从1921年到1926年冬,陈布雷在《商报》主持笔政6年,为《商报》赢得了声誉。邹韬奋在《患难余生记》中评价说:"布雷先生在报界文坛的声誉,在《商报》时代就已建立起来。他当时不但富有正义感,而且还有革命性。当时人民痛恨军阀,倾心北伐,他以'畏垒'为笔名在《商报》上发表的文章,往往能以犀利的笔锋,公正的态度,尽人民喉舌的职责。他对文字修养非常注意,可谓一丝不苟;而对于每日的社论题目,尤能抓住当前最核心的、最为人所注意的问题。"

《商报》由于经营不善,几经转手,最后于1928年底停刊。而陈布雷在《商报》的业绩造成在报界的影响,引起蒋介石的注意。在蒋介石多方笼络下,陈布雷1929年7月脱离报界,成为蒋介石的高级幕僚。1948年11月13日,陈布雷在对蒋政权绝望的情况下服安眠药自尽,年58岁。

此外,小报的泛滥也成了上海滩的一个景观。四开版面,以刊登消遣趣味文字为主要内容的小报,起始于清朝末年,李伯元所办的《游戏报》是典型代表。20年代,这类趣味小报泛滥起来了,据不完全统计,20年代中至30年代初,上海滩先后出现过700多种小报,用"泛滥"一词,不为过分。其中最为有名的是所谓"四大金刚"。

"四大金刚"之首是《晶报》。《晶报》原为《神州日报》的附刊,随《神州日报》免费赠送,也单独发售。《晶报》发行后广受好评,"每逢附有《晶报》的日子,(《神州日报》)销数便大增,没有《晶报》的日子,销数便大减"。后来由于经济收入颇丰,于1919年3月3日独立出版,3天出一张,成为一家以刊载社会新闻和文艺材料为主的小型报纸,由原《神州日报》经理余大雄主持。《晶报》初期,为了应付外界,以袁世凯次子袁克文为主笔。袁克文曾在该报上发表长篇连载《辛丙秘苑》,因文中涉及许多要人典故,很吸引读者,使报纸销路猛增。为了吸引读者,《晶报》还大量刊登"鸳鸯蝴蝶派"的言情文字、时文俏语、社会黑幕笔记以及政界秘闻。《晶报》曾发布了三个"凡是":"一、凡是大报上所不敢登的,《晶报》均可登之;二、凡是大报上所不便登的,《晶报》都能登之;三、凡是大报上所不屑登的,《晶报》亦好登之。"①文艺界的所有流派和各式文人组成了《晶

---

① 参见包天笑:《钏影楼回忆录》,香港大华出版社,1971年版,第447页。

报》复杂的作者群,张丹斧、周瘦鹃、严独鹤、徐卓呆、愈逸芬等鸳鸯蝴蝶派作家均为该报撰稿人。

《晶报》成了20年代名噪一时的著名小报,它的出现,引起了消闲小报在20年代的大流行。《晶报》出版到1940年5月停刊。

"四大金刚"的其他三家分别是:《金刚钻》(1923年10月创刊),由一帮反对《晶报》的文人创办,取名《金刚钻》,寓意克"晶"。《福尔摩斯》(1926年3月创办),以英国大侦探福尔摩斯的名字为报名,专揭载大报不敢刊登的社会内幕新闻。《罗宾汉》(1926年12月创刊),以当时风行的美国电影《罗宾汉》为报名,意在宣扬中国戏剧,在戏迷中有较大影响。

二、《世界日报》及北京企业性报纸的发展

(一) 成舍我与《世界日报》创办

成舍我原名成勋,又名成平,舍我是他的笔名,祖籍湖南湘乡县,1898年8月生于南京,1991年4月病逝于台湾。

成舍我的祖父成策达曾做过湘军曾国荃的幕僚。父亲成壁,在成舍我三岁时到安徽候补,后只做过县级典史、巡检等小官,位卑禄薄,家境不宽余,幼年成舍我只能跟随父亲读书识字。后虽进过小学中学,但终只是肄业。1912年,14岁的成舍我开始在社会上闯荡,17岁到沈阳,经人介绍到《健报》做事,从校对到副刊编辑,从此投身报界,与新闻业接下了不解之缘。成舍我有志于新闻业,他想效仿美国新闻大王赫斯特当中国的新闻大王。他的笔名"舍我"就是袭用《孟子》上"舍我其谁"一句的意思。1915年,成舍我到上海,与友人组成"卖文公司",向各地报刊投稿。不久,参与《民国日报》要闻和副刊编辑工作。1917年,成舍我到北京发展,欲进北京大学深造,因无中学毕业文凭不能报考。焦急中,致书北京大学校长蔡元培,自述求学之殷,望校长通融。洋洋万言,情真意切,蔡元培为之感动,准许以同等学力报考旁听生。1918年,成舍我进北京大学旁听,并结识了李大钊。李大钊同情这个勤奋而贫困的青年,介绍他到《益世报》(北京版)兼职当编辑。北京大学当时规定,旁听生第一学年成绩平均分在80分以上者,可以转为正式生。成舍我白天在学校上课,晚上到报馆上班。天道酬勤,1919年9月,成舍我成为北大国文系正式生,报馆的工作也做得很好。1921年夏,他从北大毕业,在《新青年》第9卷第2号上发表了译文《无产阶级政治》(列宁著),同时出版了《中国小说史大纲》一书。

1924年4月,对于成舍我来说,是关键性的一年。这年4月,他辞掉了《益世报》工作,用他多年积攒的仅仅200元大洋,在北京独立创办了《世界晚报》,

从此,成舍我有了自己的企业。他以《世界晚报》为本钱,滚动发展:1925年2月创办《世界日报》,当年10月,又将《世界日报》第5版《画报》独立出来,以之为基础创办了《世界画报》。这样,就形成了"日"、"晚"、"画"三报同时出版的"世界报系"。

1924年至1925年,成舍我在北京创办《世界日报》系列一举成名。不久,又到南京创办《民生报》。抗日救亡时期,又在上海创办著名的《立报》。1933年在北京创办新闻专科学校。抗战爆发后,北京《世界日报》于1937年8月停刊,他便把《立报》迁香港出版,香港沦陷后,又到桂林创办"世界新闻专科学校",自任校长。他经常穿着一双大皮鞋,跑遍了中国天南地北,很想实现他做新闻大王的美梦。国民党在新闻界的一些要人也三番五次和他联络,企图利用他在国内新闻界的影响和想当新闻大王的心理,为国民党的新闻宣传打开局面。成舍我果然上钩,在国民党CC派的支持下,募集巨款,于1945年1月复刊重庆《世界日报》,并创办"中国新闻公司"。该公司准备战后将中心迁往南京,并分别在全国东、西、南、北、中五大地区的主要城市办起10家大报,都以《世界日报》命名,企图垄断中国的新闻事业。成舍我担任"中国新闻公司"总经理兼报社社长,前《中央日报》社社长陈沧波任公司常务董事兼报社社评委员会总主笔。成舍我落入国民党的泥潭越陷越深,不能自拔。1945年11月20日复刊北平《世界日报》;1946年,他以社会贤达的身份当上了伪国大代表。1948年又被选为北平市立法委员。北京解放前夕,成舍我先逃到南京,再寓居香港,后于1952年冬天定居台湾。1955年秋创办"世界新闻职业学校",自任校长,长期从事新闻教育工作。1988年1月台湾解除"报禁",90高龄的成舍我又申请继续办《台湾立报》。三年后,依依不舍地离开了人间,也依依不舍离开了他钟情的报界。

《世界日报》是成舍我在1924年到1925年在北京先后创办的《世界晚报》、《世界日报》、《世界画报》的总称。《世界晚报》1924年4月16日创办,为一张4开4版小报;《世界日报》1925年2月10日创刊,为日出2张8版的大报;《世界画报》1925年10月1日创刊,初为隔日刊,第13期以后改为周刊。

《世界日报》是一张完全沿用西方资本主义现代报纸的做法创办起来的报纸,它的历史大致可以分为两个时期:从创刊到1937年7月因抗战爆发而停刊为第一个时期;抗战胜利后,《世界日报》于1945年11月在北京复刊,到1949年2月北平解放为第二个时期。《世界日报》在第一个时期政治上能参加反对帝国主义、反对军阀政府的运动,业务上也颇有建树,成舍我也因此蜚声报坛。

和新记《大公报》一样,《世界日报》在发刊辞中,首先宣布了"不党不偏"的办报宗旨,提出报纸不受津贴,不畏强暴,保持公正立场,替百姓大众说话。1926

年的一段时间,进步青年张恨水、张友鸾、左笑鸿等人先后担任了日报、晚报总编辑,革命青年张友渔也到《世界日报》任职,并担任日报主笔。该报在反对帝国主义、反对封建军阀的态度上是鲜明的,尤其是"教育界"专栏,常常通过"学潮"、教育经费等问题比较明确地反对段祺瑞政府,指名道姓地批评当时的教育总长章士钊,在知识分子中有颇大的影响。1926 年"三一八"惨案发生后,从 3 月 19 日到 3 月 23 日,《世界日报》每天都以头版的全版刊登这个惨案的情况,第一天用大字标题标出《段政府果与国民宣战矣》,第二天的标题是《吊死扶伤,哀动九城》。这些报道虽然欠深刻,但在当时能对惨案作大规模的连续报道,并登载了刘和珍等烈士的遗体照片,在社会上还是产生了不小的影响。

《世界日报》的报纸业务改革的建树首先体现在副刊上。日报的副刊叫《明珠》,晚报的副刊叫《夜光》,都由张恨水主编。张恨水的几部长篇小说都是先在这两个副刊上连载的,如《明珠》上连载过《金粉世家》,《夜光》上连载过《春明外史》。张恨水的小说,笔锋犀利,描写生动,引人入胜,很多读者买到报纸后,都先看小说连载。另外,《世界日报》第五版还按日增出一种副刊,叫"世界日报副刊",由刘半农主编,许多名家学者都为这个副刊撰稿,鲁迅的《马上支日记》,最初就连载于这个副刊上。

《世界日报》的报纸业务改革的建树还体现在版面编排上。为了吸引读者,《世界日报》打破大多数报纸把政治新闻、经济新闻作头条的惯例,常常把一些读者感兴趣的地方新闻、社会新闻、教育新闻放在头条。在做标题方面,成舍我也仿效赫斯特"黄色新闻"标题的做法:词句惊人,字号大,排列醒目。《世界日报》上的重要新闻,一般都用大字或木刻字做通栏标题。如 1925 年 8 月 22 日,北洋政府教育司司长刘百昭强行接管北京女子师范大学,学生紧闭校门,刘百昭翻墙进去的新闻标题是《刘百昭爬墙而入》;1926 年"三一八"惨案的标题是《段政府果与国民宣战矣》。

(二) 北京其他企业性报纸的发展

大革命时期的北京地区,一直都在北洋军阀的直接统治之下,这里的私营报业是在极其艰难的情况下发展着的,比较有名的报纸除了成舍我主持的《世界日报》外,还有邵飘萍主持的《京报》与林白水主持的《社会日报》等。

1920 年秋,流亡日本的邵飘萍回国。9 月 7 日,他在北京复刊《京报》。此次他将从日本学到的报业管理经验注入《京报》的管理体制,以《京报》作为"供改良我国新闻之试验",对报社内部的组织和版面编排进行了改革。此后,《京报》积极支持冯玉祥的国民军,支持孙中山领导的国民革命,称赞国共合作的南方革命政府"治绩为全国第一"。1921 年元旦出版特刊,把祸国殃民的军阀的照片刊载在报纸上,照片下注明"公敌"字样,使军阀们大为恼怒。1922 年底,苏联第一次苏维埃代表大会召开,《京报》于次年元月作了详尽报道。"五卅"惨案发生后,《京报》又作了连续两个月的报道。1926年春"三一八"惨案发生后,《京报》发表大量文章,讨伐段祺瑞政府。

与邵飘萍同为民初名记者的林白水,在《公言报》被军阀查封半年后,于1921年初又创办了《新社会报》,到1922年2月因攻击军阀吴佩孚而被警察厅封闭。1922年春,他将《新社会报》中"新"字去掉,改名为《社会日报》继续出版。林白水文笔犀利,论点精辟,敢说真话,敢作诤言,为时人称道。他"既长于文言,复精白话,朗畅曲达,信手拈来,皆成妙谛;其见诸报端者,每发端于苍蝇臭虫之微,而归及于政局,针针见血,无物遁形"。《社会日报》在林白水的主持下,对封建军阀的胡作非为大加鞭挞,嬉笑怒骂,痛快淋漓,林白水本人也因此惹祸。

三、《大公报》续刊与天津企业性报纸的发展

(一)新记公司与《大公报》续刊成功

《大公报》是中国近现代新闻史上一张极有影响的报纸。1902年6月17日由英敛之在天津创刊,1912年2月23日,英敛之离开《大公报》潜心宗教和教育事业。英敛之时期的《大公报》以"敢言"著称。英敛之离开后,该报每况愈下,1916年9月,原股东之一的王郅隆全部买下,聘胡政之为经理兼总编辑。胡政之对经、编两行皆熟,加上他的敬业,《大公报》一时稍有起色。1918年,胡政之以《大公报》记者身份赴欧洲采访"巴黎和会"新闻。但是,由于王郅隆是安福系的重要人物,报纸的言论明显亲皖系军阀,并有媚日倾向,声誉很坏,为读者所厌弃;加之胡政之不在,内部管理混乱,营业也年年亏损,难以为继。胡政之1920年7月回国后不久辞职,王郅隆也在直皖战争后逃遁日本,1923年9月1日日本关东大地震,王被倒塌的房屋砸死。《大公报》又苟延残喘两年,最后弄到没有人看,每天只印几十份,贴在报馆门前的阅报栏上,或者送给人看,到后来实在办不下去,只好于1925年11月27日停刊。

《大公报》停刊9个月后,于1926年9月1日,居然神奇地复刊了。此次《大公报》的复刊,是吴鼎昌、胡政之、张季鸾三人合作的结果:吴鼎昌出资5万元买下了《大公报》的全部资产,并与胡政之、张季鸾合作,组成"新记公司",以"新记公司"的名义复活《大公报》,吴鼎昌任社长,胡政之任总经理兼副总编辑,张季鸾任总编辑兼副总经理,所以,复活续刊后的《大公报》史称"新记《大公报》"。所谓"新记公司"的主要内涵包括吴鼎昌的资金、胡政之的班底("国闻通讯社"和《国闻周报》的员工)及张季鸾的一支笔。

新记《大公报》实行的是"四不"办报方针,即"不党"、"不卖"、"不私"、"不盲"。在新记《大公报》复刊的第一天,张季鸾便以记者的名义发表《本社同人旨趣》,郑重地提出并且加以解释:"第一不党",即"原则上等视各党,纯以公民之地位发表意见,此外无成见,无背景";"第二不卖",即"不以言论作交易","不受一切带有政治性质之金钱补助,且不接受政治方面之入股投资";"第三不私",即"报纸并无私用,愿向全国开放,使为公众喉舌";"第四不盲",即"盲从",不"盲信",不"盲动",不"盲争"。

新记《大公报》的"四不"办报方针是"新记公司"三位老板吴鼎昌、胡政之、张季鸾10多年办报经验教训的总结。

吴鼎昌(1884—1950),字达诠,笔名前溪,四川成都人。1901年获官费赴日本留学,先在东京预备学堂修业,后进入东京高等商业学校。1905年加入同盟会,但没有参加任何革命活动。1910年学成回国,考中进士,任翰林院检讨。次年出任大清银行总务科长,转任大清银行江西分行经理。中华民国成立后,1912年1月参加中国银行筹备事务,被任命为中国银行正监督,发行中国银行第一批钞票。1913年,熊希龄组阁,出任造币厂监督。袁世凯死后,加入安福系为重要成员,得以出任段祺瑞内阁财政次长兼造币厂长、盐业银行总经理,并发起成立盐业、金城、中南、大陆"四行储蓄会",被推选为总经理,后随安福系倒台而丢官。

胡政之(1889—1949),名霖,字政之,四川成都人。8岁时随父亲到安徽。在安徽省高等学堂,胡政之开始接触西方文明,接受《天演论》中"物竞天择,适者生存"的观点。1907年自费留学日本,在东京帝国大学攻读法律。1911年学成回国,干了一段短时期的律师工作后开始从事新闻工作,先在上海《大共和日报》任职,后与安福系发生关系,被推荐担任王郅隆的《大公报》的经理兼总编辑。1918年底,以该报记者身份赴欧,是中国采访巴黎和会的唯一记者。回国后不久离开《大公报》,与林白水合办《新社会报》,因意见不合,旋即离开。1921年8月创办了以安福系为背景的国闻通讯社,并于1924年8月创办《国闻周报》。后来安福系的人撤离,胡政之一人完全掌握了国闻通讯社和《国闻周报》。胡政之编辑、经理均在行,尤以管理见称。

张季鸾(1888—1941),名炽章,原籍陕西榆林,出生于山东邹平。父亲张楚林在总兵刘厚基和知府蔡兆槐的栽培下考中进士,成为榆林近百年历史上破天荒之事。张楚林为感刘厚基和蔡兆槐的恩情,曾在家中设立二人牌位,令子孙后代祭祀。这种报恩思想对张季鸾影响很深。张季鸾13岁丧父,15岁丧母,在陕西的一位关学大师刘古愚老先生教育下,打下了坚实的文史功底。1905年,年仅17岁便考取官费留学日本,入东京第一高等学校学习政治经济。1911年回国,他便从事新闻工作,先在上海协助于右任编辑《民立报》,辛亥革命后,曾一度担任临时大总统孙中山的秘书。1912年4月1日,孙中山辞去临时大总统职务,张季鸾也离开了总统府,结束了一生中极为短暂的政界生涯。第二年到北京,创办《北京民立报》,宋教仁被刺后,著文讨袁,被捕,3个月后出狱返沪,与朋友康心如合办《民信日报》。袁世凯死后,与康心如重上北京,接办政学会机关报《中华新报》,因揭露安福系卖国阴谋,第二次被捕,经营救脱难。1919年又返沪主持政学会在上海机关报《中华新报》,至1924年该报停刊。

吴鼎昌、胡政之、张季鸾三人合作复活《大公报》时,都已年届不惑,且"投身报业率十余年"。尤其是张季鸾、胡政之,经过在新闻界十余年的挣扎奋斗,得到的多为失败的教训。在接办《大公报》之前,他两人均在党派新闻机构中服务,虽才华出众,终因反复无常的政治风云变幻莫测,他们所办的报纸也连连倒闭。吴鼎昌留日回国,浮沉于财、政两界,多年的政治风波使他懂得掌握报纸对于赢得政治资本的重要性以及雄厚而独立的资金对于报纸命运的重要性。他通过多年来对报界的观察,认为"一般报馆办不好,主要因资本不足,滥拉政治关系,拿津贴,政局一有波动,报就垮了"①。因此,吴、胡、张三人都懂得了,在当时政治风云变化多端的情况下,靠政治背景、靠他人津贴,要办一张像样的、能站得稳脚跟的报纸是不可能的。所以,吴鼎昌计划,"拿五万元开一个报馆,准备赌光,不拉政治关系,不收外股。请一位总经理和一位总编辑,每人月薪三百元,预备好这两个人三年薪水,叫他们不兼其他职务,不拿其他的钱"。这可以算"四不"办报方针的最初设想。张季鸾对吴鼎昌的想法赞赏备至,事后回忆说:"达诠于新闻事业,见解独卓,兴趣亦厚,以为须有独立资本,集中人才,全力为之,方可成功。"胡政之在以后总结新记《大公报》成功的经验时,也说:"中国素来做报的方法有两种:一种是商业性的,与政治没有联系,且以不问政治为标榜,专从生意上打算;另一种是政治性的,自然与政治有了联系,为某党某派作宣传工作,但是办报的并不将报纸本身当作一种事业,等到宣传的目的达到了以后,报纸也就跟着衰歇了。但自从我们接办了《大公报》以后,为中国报界辟了一条新路径。……我们的最高目的是要使报纸有政治意识而不参加实际政治,要当营业做而不单是大家混饭吃就算了事。这样努力一二十年之后,使报纸真能代表国民说话。"②

新记《大公报》不仅印刷精美,版面精妙,编排新巧,而且消息准确迅速,时评透辟深刻,因而发展很快。1926年9月续刊时发行不足2 000份,到第二年5

---

① 王芸生、曹谷冰:《1926年至1949年的旧大公报》,《文史资料》第27辑。
② 同上。

月增至6 000份,广告收入由每月200余元增至1 000余元。为了办好《大公报》,吴、胡、张三人在这一时期确实是全力以赴,尽心尽力。据当时人回忆,报纸复刊不久,胡政之经常到大街看报纸零售情况,还假装读者听取人们对《大公报》的反馈意见。每天到报社后,他总是先看发行和广告情况,查对账目,了解报纸行情,下午详细阅读本市和外地报纸,并将它们与《大公报》相比较,从中找出新闻线索,发电指示驻外记者的采访行动,晚上还要到编辑部写社评或看稿件,直到截稿后才回总经理室。张季鸾每天到报社后,先翻阅中外各报,下午会客访友,晚上回到编辑部看重要稿件,审阅小样、大样,然后写社评。在报纸的编排上,胡政之、张季鸾参考了日本的《朝日新闻》等报,作了一些改革。两整版的国内外要闻,重要新闻突出,长短新闻搭配,另配有图片,标题醒目,版面美观、新颖,很能吸引读者。吴、胡、张三人提出的"四不办报方针"以及他们强烈的事业心使一张历史悠久但却长期默默无闻,甚至一度破产的报纸,续刊后获得成功,很快从天津走向华北,从华北走向全国,一跃而成为一张极有影响的全国大报。

(二) 天津其他企业性报纸的发展

20年代天津地区比较有名的企业性报纸还有《益世报》等。《益世报》于1915年10月10日在天津创刊,由罗马天主教教廷指派的天津教区副主教雷鸣远和中国天主教徒刘守荣、杜竹萱等创办并主持。1937年停刊。

《益世报》创刊时,即任命刘守荣为总经理,全面负责报馆的日常经营活动。刘守荣,字浚卿,蓟县人,民国后到天津,在雷鸣远办的师范学校任教,是雷的忠实追随者。在刘守荣的主持下,《益世报》的政治倾向基本上是进步的,加上有教会和租界庇护,言论比较大胆。创办之初,它反对过袁世凯的洪宪帝制,反对过张勋复辟;也支持过五四运动,曾连载周恩来在法国勤工俭学期间写的《旅欧通讯》。1925年,奉系军阀势力进入天津,《益世报》的政治立场为反奉拥直,因此,刘守荣被逮捕,报纸被强行接收。直到1928年夏天奉系被驱逐出天津,刘守荣才得以收回《益世报》。面对颓局,刘守荣励精图治,由独资经营改股份合伙经营,以解决资本短缺的危机,不仅挽回了走下坡路的绝境,而且重振旗鼓,事业上有了新的发展。

此时,《益世报》还有一个值得一提的人是颜旨微。颜旨微,名泽祺,山东人,世居北京,早年留学日本。1923年至1928年间,颜旨微出任《益世报》总主笔。他任主笔期间,每日撰论说一篇,仿梁启超"新文体",以浅近文言评论时事,流畅易读,与上海《商报》主笔陈布雷齐名,有"北颜南陈"之说,《益世报》因此在北方有一定的影响。

第五节　中国无线电广播事业的诞生

一、外国商人把无线电广播舶来中国

同近代报纸一样,中国的无线电广播最初也是舶来品。中国境内第一座广播电台是奥斯邦于1923年初在上海创办起来的。

奥斯邦(E. G. Osborn)是美国商人,曾经做过新闻记者。第一次世界大战结束不久,原来生产的大批用于军事的无线电器材积压起来,欧美帝国主义为了推销这批废旧器材,便在殖民地半殖民地国家大建无线电台。奥斯邦看到经营无线电器材可以赚大钱,于1922年底到达上海,不久,便在上海开办了"中国无线电公司",发售收音机及元件。为了生意上的需要,与英文《大陆报》馆合作,租用外滩广东路3号大来洋行的屋顶,办起了"大陆报—中国无线电公司广播电台",呼号XRO,发射功率为50瓦,1923年1月23日首次播音。奥斯邦创办广播电台的目的,完全是想通过播送音乐与新闻来招揽顾客,推销无线电器材。由于广播电台发射机质量不好,影响收音机的销路,所以公司生意不好。再加上北洋军阀政府不准外国人在中国设立无线电台,奥斯邦的公司勉强支持了三个月后宣布倒闭,电台也停止了播音。

奥斯邦的广播电台虽然只存在了三个月,但是它开启了中国无线电广播的先河,从此以后,外国人接二连三地在上海创办广播电台。

第二座广播电台是由美商新孚洋行于1923年5月在上海创办的,其命运和奥斯邦的广播电台一样,开办不到几个月就垮台了。

第三座广播电台是美商开洛电话材料公司创办的,该台呼号是KRO,发射功率开始时为100瓦,后来有所增加。该广播电台自1924年5月在上海法租界开始播音,到1929年10月停止播音,前后经历5年多。该广播电台开办时间较长,尚有一定的影响。

奥斯邦、新孚洋行、开洛公司等个人和单位无视中国政府的禁令,在中国境内私设广播电台,这显然是对中国无线电主权的侵犯;但是,他们把无线电广播这一20世纪之初的最新科学技术和新闻媒体传入中国,不但开阔了中国人的视野,引起了人们收听广播的兴趣,而且揭开了中国广播事业发展史的第一页。

二、国人自办无线电广播电台的开始

我国自办无线电广播为先有官办,后有民办。第一座官办广播无线电台是奉系当局创办起来的。该台1923年春季在哈尔滨试验播音,呼号XOH,发射功率为50瓦,用汉语、俄语播音。经过多次试验后,1926年10月1日,"哈尔滨广播无线电台"开始正式播音,呼号XOH,发射功率为100瓦,每天播音两小时,内容有新闻、音乐、演讲、物价行情等。该台是由我国早期的无线电专家刘瀚主持安装的。刘瀚曾执教于无线电学校,有比较丰富的无线电工程的理论素养和实践经验。哈尔滨广播无线电台1928年元旦改呼号为COHB,用汉语、俄语、日语三种语言广播,发射功率扩大到1 000瓦。同日,沈阳无线电广播电台也开始正式播音,发射功率为2 000瓦,呼号COMK。

此外,北洋军阀政府还在天津、北京创办了广播电台。天津台1927年5月15日正式播音,呼号COTN,发射功率为500瓦。北京台同年9月1日正式开始播音,呼号COPK,发射功率初为20瓦,后增至100瓦。

以上四座广播无线电台均由奉系当局的"东北无线电监督处"管理。该管理处1923年建立于沈阳,是中国早期的广播管理机构,它除了筹建广播电台外,还负责制定颁布有关无线电广播的管理法规。

早期中国自办的广播无线电台除了上述四座官办台之外,在20年代后期又出现了民办台。上海新新公司的老板邝赞为了推销无线电器材和矿石收音机,开办了一座相当简陋的广播电台——"新新公司广播电台"。该台1927年3月18日正式播音,发射功率为50瓦,主要播送唱片及转播游艺场的戏曲。这是国人自办广播中第一座私营广播电台。

一般来说,中国早期的广播电台无论是外国人办的还是国人自办的,发射功率不大,收听范围只限于电台所在地区及其附近,加以收听工具昂贵,因此影响不大。

三、中国早期无线电广播的管理

20年代初,外国人在上海开办无线电广播电台、推销收音机的时候,北洋政府对于这一新传媒还一无所知,以为无线电广播与无线电报是一回事,就下令不准私自设立接收装置。后经过一段时间的争论,北洋政府逐渐认识到,公开播送新闻和音乐的广播电台和无线电台不是一回事,于是态度发生了改变。交通部于1924年8月公布了《装用广播无线电接收机暂行规则》,这是中国历史上第一个关于无线电广播的规则。规则对收音机装置范围、收听内容、收音机收费等问题作了具体规定,规则对民间装设收音机虽然作了许多苛刻的限制,但还是有进步意义的,它由原来的无条件取缔改变为有条件限制,客观上对发展中国无线电广播业起到了一点促进作用。

在国人自办无线电广播业兴起之后,1926年10月,北洋政府便责成东北无线电监督处经奉系军阀镇威上将军公署批准颁布了《无线电广播条例》、《装设广播无线电收听器规则》和《运销广播无线电收听器规则》等三个无线电广播法规。这三个法规较两年前交通部公布的《暂行规则》趋于完备、全面,并在一定范围内付诸实施了。

第六节　中国通讯社事业的发展

一、中国早期通讯社

中国境内第一家通讯社也是由外国人创办的。1872年,英国路透社伦敦总部在上海设立了远东路透分社。依照1870年1月路透社、哈瓦斯社、沃尔夫社及美联社签订的"三社四边"协定,路透社在中国享有独占发稿权。因此,路透社得以垄断中国新闻通讯事业达30多年。

国人创办最早的通讯社是1904年在广州创办的"中兴通讯社"。该社的发行人及编辑是骆侠挺。该社主要向广州、香港等地报纸发稿。

国人自办的最早对外发稿的通讯社是"远东通讯社"。该社由清廷驻比利时使馆的随员王侃叔于1909年在比利时首都布鲁塞尔创办,是国人在海外创办的最早的通讯社。该社表面上由王侃叔私人创办,实际上是官办的,其原因是为了当通讯社与他国产生抵触时,不牵涉清政府。

民国成立后,各地报刊事业蓬勃发展,也促进了通讯社发展。在1912年至1918年的五六年间,新创办的通讯社有20余家。其中比较有影响的有:邵飘萍1915年创办的东京通讯社与1918年在北京创办的新闻编译社;1918年,林焕庭在上海创办了国民通讯社,该社是由孙中山直接领导创办起来的,是中华革命党的对外宣传机构。

二、中国通讯社在20世纪20年代的发展

20年代,通讯社又有了较大发展。据戈公振先生统计,到1926年,全国共有通讯

社达155家;北京最多,武汉次之。但大部分通讯社规模很小,影响也不是很大,其中比较重要的有"国闻通讯社"、"申时电讯社"及国民党的"中央通讯社"等。

"国闻通讯社"是20年代较有影响的私营通讯社,由胡政之于1921年9月在上海创办。胡政之创办国闻通讯社的原因,是由于他1918年代表《大公报》到欧洲参加巴黎和会,看到各国通讯社的记者坐在新闻记者席上,面前备有纸笔,而中国由于没有通讯社记者出席而不能享受优待。于是在回国之后,他便辞去了报馆职务,致力于创办通讯社。国闻通讯社的总部设在上海,北京、汉口、天津等地有分社。每日发稿两次,约7 000字。1924年8月3日创刊《国闻周报》,作为"国闻通讯社"的附属物,专门评述国内外大事。1926年,胡政之与吴鼎昌、张季鸾三人接办天津《大公报》,国闻通讯社也迁到天津,几乎成为《大公报》的采访部。《大公报》以消息快捷、详细而为人称道,与国闻通讯社关系颇大。1936年4月1日,《大公报》在津、沪两地同时出版,国闻通讯社人员充实了两社编辑、采访力量,它本身则从5月1日起停办。

"申时电讯社"也是20年代影响较大的通讯社,创办于1924年。创办人是《申报》经理张竹平。当时,《申报》与《时事新报》两报编辑同仁,在工作余暇,将两馆所得各方专电,择要编译,拍发给外埠有关系的数家报社采用。试办数年后,深受各地报纸欢迎,随之纷纷订稿。原有人员因无暇兼顾,于1928年重新扩建组织,另外招聘专职人员,分别编发中、英文电讯。"申时电讯社"每日拍发电讯达6万多字,并编发英文电讯。该社与国内外报社签约而供稿者,达110余家,为当时国内最具规模的通讯社。该社于1937年上海沦陷时停办。

国民党的"中央通讯社"1924年4月1日开始发稿。3月28日,国民党中央执行委员会在第29号"通告"中说,为求新闻确实,宣传普及起见,特由宣传部组织中央通讯社,凡关于中央及各地党务消息,暨社会、经济、政治、外交、军事,以及东西各国最新之要闻,足供我国建设之参考者,靡不为精确之调查、系统之记述,以介绍于国人。中央通讯社成立后,在国民革命斗争中发挥了重要作用,选派记者随军采访,及时报道东征胜利和各地政权建设新闻,在一定程度上维护了广州国民政府。

第七节 中国新闻学研究与新闻教育的发展

一、新闻学研究的发展

20世纪20年代,我国新闻学研究真正地开展起来,其研究领域涉及新闻理论、新闻业务和新闻史诸方面,并出版了我国国人撰著的第一批新闻学著作。

在新闻理论方面,除稍早出版的徐宝璜的《新闻学》(北京大学新闻学研究会 1919 年 12 月 1 日出版)外,1924 年 6 月,北京京报馆出版了邵飘萍的《新闻学总论》,全书共 10 章 40 节,论述了新闻事业的性质、记者的地位和资格、报纸的内容和形式以及通讯社事业发展等,是继徐宝璜的《新闻学》之后的又一部重要的新闻学总论方面的力作。

在新闻业务方面,1922 年 11 月杭州"中国新闻学社"出版了任白涛的《应用新闻学》,全书分总论、搜材(采访)、制稿、编辑四编,是我国早期的一部重要的论述新闻业务的著作。1923 年 9 月北京京报馆出版了邵飘萍的《实际应用新闻学》,书中论述了记者的地位、记者的资格和准备、访问的类别与方法等,是我国最早的新闻采访学专著。

在新闻史学研究方面,成果更为明显。早在 1917 年,姚公鹤就写过一篇《上海报纸小史》的长文,连载于当年出版的《东方杂志》第 14 卷第 6 号、第 7 号和第 12 号上,这是我国最早的有关新闻业史的专门论述。1922 年,《申报》主笔秦理斋又写过一篇《中国报纸进化小史》,该文将中国新闻业的发展划分为四个时期,对后人的研究很有启发作用。世界书局 1926 年 9 月出版蒋国珍的《中国新闻发达史》,全书共 5 章 13 节,是我国新闻史研究方面的第一部专著。当然 20 年代出版的最有影响的新闻史研究方面的专著当推戈公振的《中国报学史》,该书 1927 年由商务印书馆出版,全书分 6 章,28.5 万字,是我国第一部系统论述中国新闻事业发展史的著作,书中几乎全是第一手资料,出版后深受中外学术界好评。

二、早期新闻教育的发展

发轫于 1918 年"北京大学新闻学研究会"的中国新闻教育,到了 20 年代随着新闻事业进入黄金时代有了相当程度的发展。1920 年至 1927 年,全国先后有 12 所高等学校成立新闻系科。

1920 年,上海圣约翰大学正式成立报学系。该系是美籍教授卜惠廉(W. A. S. Poee)在教务会议上提议创办的。初创时附设在普通文科内,聘请当时《密勒氏评论报》主笔柏德生(D. D. Rtterson)兼任其事,故授课一般在晚上进行;选修这个专业的学生达 50 人之多。校长见学生们对新闻学颇有兴趣,乃函告美国董事会,增聘新闻学教授一人。1924 年,武道(M. E. Votam)来华任该系系主任。课程设有新闻、编校及社论、广告、新闻学历史与原理等。以英语讲课,每期新生约五六十人。该系还出版发行英文版的《约大周刊》,供学生实习用。上海圣约翰大学报学系是我国开办时间最长的新闻系之一,一直到 1952 年院系调整时,才合并到上海复旦大学新闻系。

1921 年,华侨陈嘉庚先生创办厦门大学,报学科是该校开设的 8 个学科之一。这是国人自己开办的第一个大学新闻系科,不过刚开办时只有 1 个学生,第二年才增加到 6 个。1923 年,厦门大学学生闹学潮,教授 9 人和全体学生宣布离校,报学科也就停办了。

1923 年,北京平民大学创办报学系。徐宝璜担任系主任,邵飘萍、吴天生任教授。学制 4 年,再加预科 2 年,共 6 年。该系课程开设得较为齐全,共 11 门课。该系还出版发行《北京平民大学新闻学系级刊》,由王豫洲主编。

1924 年,建立新闻系的院校有所增加。北京燕京大学、北京国民大学、国际大学都建立了报学系。国民大学和国际大学的报学系均创立不久即停办。燕京大学报学系影响较大,该系发起委员会主席美国密苏里新闻学院院长威廉筹资 5 万美元,白瑞华为系主任,教授有蓝序等人,初办时有学生 9 人。1927 年因经费困难停办。1929 年恢复,并与美国密苏里大学新闻学院交换教授及研究生。该系曾创办有"燕京通讯社"和《新闻学研究》、《报学》等杂志。该系一直办到 1952 年,在院系调整时并入北京大学中文系新闻专业,1958 年这个专业又并入中国人民大学新闻系。

1925 年春,上海南方大学创立报学系。《申报》协理汪英宾兼任系主任。该系分本科与专修科,其办系宗旨为"训练较善之新闻记者,以编较善之报章,而供公众以较善之服务";"本科之唯一目的,为养成男女之有品学者,以此职业去服务公众"。该系初创时,有本科生 18 人,专修科生 5 人,选修生 80 多人。还成立有"南方大学通讯社",由学生外出采访新闻,义务供上海各报社采用。次年,南方大学闹学潮,该系停办。

同年,上海国民大学成立,设有报学系,南方大学报学系因学潮停办后,部分师生到该系。该系由戈公振任系主任并讲授《中国报学史》、《新闻学》,还聘请《商报》编辑潘公展讲授编辑法,《时事新报》总编辑潘公弼讲授报馆管理,《商报》总编辑陈布雷讲授社论写作。专读生 6 人,选读生 30 余人。该系学生还曾联合上海光华大学、大夏大学报学系学生联合组成"上海报学社",倡导理论与新闻实践结合。

1926 年上海沪江大学、大夏大学、光华大学都增设报学系,存在时间短,具体情况不详。

本章简论：思想政治领域大革命推动新闻事业黄金发展

思想政治领域的大革命带来新闻业的黄金发展。从五四运动到1928年3月南京国民政府成立之前，是中国历史上一个十分重要的时期：思想多元并存，政治控制相对松弛，工商经济稳健发展，这些正好为新闻业的发展创造了相对好一点的环境。

首先，从思想文化界情况看，随着新文化运动的扩展和深入，新旧思潮的激战，儒家思想"一说独尊"的格局被瓦解，使得中国思想文化界空前活跃，各种思想和学术流派很快形成，思想文化观念呈多元发展势头。

思想文化的多元发展，主要表现在文化道路的不同选择。以胡适、丁文江为代表的"西化派"，大都曾留学欧美，新文化运动时期，他们积极宣传西方的民主和科学，主张建立类似英美那样的资产阶级民主共和制。在文化道路的选择上，强调彻底摒弃一切传统思想，实行欧美化。与"西化派"相对，有以章士钊为代表的"甲寅派"，以梅光迪、胡先骕为代表的"学衡派"，以梁启超、梁漱溟、张君劢为代表的"东方文化派"等，由于东西文化倾向不同，1923年引发了一场"科学与玄学"的论战。

这一时期思想文化的多元化发展，还表现在新文学主张的提出。据统计，从1921年到1923年，全国出现大小文艺社团40余个，出版了各种各样的文学刊物。

中国思想界的这种形势，给中国新闻事业的繁荣发展提供了契机。

其次，从政治局势看。这一时期，从1921年7月中国共产党诞生，到1928年3月南京国民政府成立，中国的整个政治形势错综复杂。一方面，共产主义势力迅速发展，帮助孙中山改组国民党，国民革命掀起高潮；另一方面，旧军阀割据、相互混战。袁世凯死后，各省都督、督军纷纷扩张实力，拥兵自重，割地称雄，形成军阀割据的局面。这些军阀或联合，或分裂，形成许多派系，如皖系、直系、奉系、阎系、冯系、滇系、桂系等。他们相互之间争权夺利，厮杀火并，战争不断。而北京的中央政府却名存实亡，摇摇欲坠，政变频频发生。由于专制统治废弛于无形，为中国新闻事业的发展提供了一个较为宽松的环境，报纸、广播、通讯事业在这段时期都获得了充足发展。中国新闻事业发展进入到一个黄金时期。

从经济形势看，这一时期，中国经济的发展主要是工商业进步显著。中国的民族工业在经历了第一次世界大战期间的发展之后,在20世纪20年代仍然处于平稳发展之中。首先是民族工业发展最为迅猛,据统计,在1920年至1927年的8年间创造的资本额在10 000元以上的企业达1 109家,资本总额达27 833万元①。外国在华资本的增长也进入历史上最快的时期,这主要表现在对华商品输出、直接投资和借款方面。

工商业的发展带动了城市的繁荣。这一时期城市人口剧增,全国超过10万人口的城市在1919年达到69个,几个大城市人口增长更为迅猛:上海在1919年时为240万,到30年代初达340万之多;天津同期人口为90万、150万;广州为70万、105万;南京为40万、70万;汉口为35万、85万。由于工矿业的发展,唐山、井陉、焦作、萍乡、安顺、本溪、大冶、鞍山等工矿业城市的面貌发生巨大变化;一些城市因为作为交通枢纽而繁荣起来,如郑州、石家庄、蚌埠、浦口、镇江、安庆、九江、黄石等②。

经济发展,尤其是工商业的进步、城市的繁荣,为新闻业的发展提供了必备条件。

在以上背景下,中国新闻业进入黄金时期。

但是,这毕竟是一个军阀混战的时代,所以,"黄金时期"的中国新闻界也并非"晴空万里",大小封建军阀对新闻事业的摧残也一直没有停止过,在他们把持的地盘内,任意查封报馆、杀害报人的事情时有发生。1926年,著名记者邵飘萍、林白水在北京相继被奉系军阀杀害,成为震惊全国的事件。

现代中国一代名记者邵飘萍,不仅在业务上精益求精,而且在政治上追随时代潮流,不断进取。他不仅在报纸上宣传进步思想,还参加革命斗争,五四运动中,他积极支持学生运动,遭到段祺瑞政府的通缉,避走日本。在日期间,他用心研究《资本论大纲》、《社会主义研究》、《俄国革命史》等宣传马克思主义的著作。1921年中国共产党成立时,他已经是中国共产党的挚友了。他经常利用工作之便,给党以许多有益的帮助,自己的思想上也发生了深刻变化。1924年,经李大钊、罗章龙介绍秘密加入中国共产党。

邵飘萍入党后,《京报》的言论与党的路线更加协调,反对帝国主义和封建军阀的斗争的旗帜越来越鲜明,成为北方革命的舆论阵地。1926年,"三一八"惨案发生后,邵飘萍的《京报》全力揭露"三一八"惨案真相,抨击当局,被列入黑名单。此外,因支持冯玉祥对抗张作霖,支持郭松龄倒戈,支持国民军与直系联合发动反奉战争,称张作霖为"公敌",与奉系结怨甚深。1926年4月中旬,国民

---

① 杜恂诚:《民族资本主义与旧中国政府》,上海社科院出版社,1991年版,第107页。
② 魏宏远主编:《中国现代史》,高等教育出版社,2005年版,第137、141页。

军撤离北京,张作霖进占北京第三天,4月24日,邵飘萍被诱骗逮捕;4月26日凌晨,不经审讯,以"宣传赤化"罪名,被枪杀于天桥刑场。

林白水虽然在政治上、思想上远未达到邵飘萍的境界,但是,他对封建军阀的厌恶,加上文笔犀利尖刻,也使他遭到恶势力的仇恨。1923年10月,因抨击曹锟贿选总统丑闻,报馆遭封闭,被囚禁月余。就在他被害的前几个月,1926年4月15日,当直系军阀打进北京赶走冯玉祥时,他在16日的《新社会报》上赞扬冯玉祥及其军队。其后,又发表题为《代老百姓告哀》的时评,指责直奉联军为"洪水猛兽"。他还给奉系军阀张宗昌起了一个绰号"长腿将军"。8月5日,林白水在《社会日报》上发表了一篇招来杀身之祸的文章《官僚之运气》,讥讽原北京政府财政次长张宗昌的密友潘复,把潘与张的关系比作"肾囊之于睾丸",大大开罪了张宗昌和潘复,张、潘决计置之于死地。6日凌晨1时,派人诱捕林白水。4时许,不经审讯,张宗昌以"通敌有证"罪名,将林白水枪杀于北京天桥刑场。

邵飘萍与林白水,都是民国初年新闻界的风云人物,对中国新闻事业的发展贡献卓越。两人均以"莫须有"罪名在同一地点被害,死期前后相距正好一百天,时人称为"萍水相逢百日间"。

第九章

两极政治环境下的新闻事业

本 章 概 要

1927年春天,一方面革命处于高潮,统治中国15年的北洋军阀政府走向末路;另一方面,新的反动势力在重新纠合。1927年4月12日蒋介石在上海发起"清共"行动,共产党员和工人群众的血流成河。7月15日,汪精卫仿效蒋介石在武汉采取"分共"行动,随即国民党内宁、汉两派合流。从此,国共合作破裂了,轰轰烈烈的大革命失败了。

自此,在中国出现了两种根本对立的政治势力,即以共产党为代表的革命的、进步的政治势力和以蒋介石国民党反动派为代表的反动、后退的政治势力。这两种政治势力都建立起了自己的政权。1927年4月18日,国民党定都南京,成立南京国民政府。1927年南昌起义和秋收暴动后,毛泽东随即在江西井冈山建立革命根据地。到1930年,共产党领导的农村大小革命根据地达15个之多。毛泽东又提出了"工农武装割据"的总概念。为了有效抵抗国民党军队的围剿,共产党于1931年11月成立中华苏维埃共和国中央政府,并通过了《中华苏维埃共和国宪法大纲》及土地法、劳动法和经济政策、红军政策、文化教育政策等文件,选举产生了中央政府的领导人。中华苏维埃共和国中央政府的成立,《中华苏维埃共和国宪法大纲》的颁布,标志着在中国领土内存在着两个性质根本不同的政权。西安事变后,为了建立抗日民族统一战线,共产党虽然同意将自己领导的苏维埃人民共和国"工农政府"改名为"中华民国特区政府"(抗战爆发后,1937年9月6日苏维埃中央政府更名为"陕甘宁边区政府"),但是"在特区和红军中必须保持共产党的领导"[①],可见,虽说是

---

① 转引自王桧林主编:《中国现代史》,高等教育出版社,2006年版,第168页。

南京"国民政府'统一'全国"①,但实际上两种不同性质的政权并存。

两极对立的政治势力,两种截然不同性质的政权,为了政治斗争的需要,各自都十分重视发展自己的新闻事业,因而中国便出现了两极对立的、两种性质截然不同的新闻事业。这是1927年7月至1949年9月中国大陆新闻事业的基本格局,而1927年7月至1937年7月是这种格局的形成时期。

由于国民党政府是一个代表地主买办阶级利益的党国政府,因而它和以往的北洋军阀政府基本不搞官办的新闻宣传机构,而靠政客集团以民间形式办报和用收买办法控制民营报纸不一样,公开实行"以党治国",一方面大肆创办国民党的新闻机构,一方面公开禁止"异党"报刊出版,把新闻事业纳入自身的统治机构之中。国民党的喉舌《中央日报》明确宣称要"为党之主义立言,为党的创建者之遗教立言",要"发扬党义与阐明遗教",并"不讳为本党主义之辩护人"。因而,国民党南京政府从一建立它的统治之日起,便开始建立包括通讯社、广播电台、报纸在内的新闻事业系统。

共产党是一个以马克思列宁主义为指导、仿照苏联共产党的模式建立的无产阶级政党,十分讲究政治上、组织上和思想上的高度统一,十分讲究党性,所以也十分重视新闻宣传工作,十分强调新闻媒介是党的整个事业的组成部分,所以共产党从筹备时开始就重视新闻宣传。中华苏维埃共和国中央政府成立后,更是重视新闻工作,在十分困难的条件下,依然创办各种报纸,成立通讯社。正如中共中央机关报《红旗日报》发刊词所说的:"不仅要反对国民党的政治压迫,同样要起来建立自己的革命报纸,宣传革命的理论,传达真实的革命斗争的消息,建立在革命斗争中之一个伟大的推翻国民党的言论机关。"②共产党的新闻宣传事业分为两个部分。一部分在国统区,一部分在红色根据地。在国统区,共产党的报刊在地下状态进行艰苦卓绝的斗争。在红色根据地,在人民政权之下,一种全新的新闻事业迅速发展起来。因为根据地的斗争主要是红军的武装斗争,所以,根据地早期的新闻事业的显著特点是与红军的战斗生活紧紧联系在一起。

在两极对立的大环境当中,那些原来靠"无偏无党"求发展的、靠念生意经过日子的私营企业性报纸也无不受到制约,而不可能超脱。所以在共产党的革命新闻事业于艰难中顽强发展、国民党的反动新闻系统于顺利中迅速形成的同时,中国私营企业性报纸也面临着严峻的选择,它们在抉择中分化,在分化中发展。

---

① 王桧林主编:《中国现代史》,高等教育出版社,2006年版,第80页。
② 《〈红旗日报〉发刊词——我们的任务》,复旦大学新闻学院编:《中国新闻史文集》,上海人民出版社,1987年版,第166页。

蒋介石政府建立之初,中国私营企业性报纸对其抱有许多美妙的幻想,不少报人因对封建军阀疯狂残害新闻事业的劣迹有不同程度的不满,在蒋介石建立了所谓的全国"统一政权"后,他们似乎看到了希望,于是他们幻想在国民党政权下享受新闻出版自由,发挥新闻的舆论监督作用,像西方国家那样,成为国家的"第四种权力"。出于这种动机,私营企业性报纸迅速创办起来。据1931年8月以前的统计,仅上海一地出版的报纸就有50余家,通讯社达14家。北方的新闻界这时也得到了相当的发展。在北京,除原有的一些报刊外,曾遭到封建军阀查封的《晨报》、《京报》也都恢复出版;天津的报界也很热闹。不少新闻人评论政治,指点时事,似乎很想有所作为。但是随着时间的推移,蒋介石的新闻统制政策不断地击破了这些资产阶级报人们的幻想,他们发现蒋介石并非真心实意给他们以"新闻自由"、"言论自由"、"出版自由",在国民党统治下,新闻事业不可能走独立发展的道路,也不能发挥所谓"监督政府"、"批评时政"的社会职能。他们失望了。于是,中国的私营企业性报纸开始分化。一部分报纸向所谓"社会化"方向发展,其表现是减少政治新闻、减少评论,大登社会新闻,甚至让那些奸杀、恋爱、绑票的文字充斥版面,以招徕读者,扩大销路,如上海的《时事新报》;一部分报纸摸索出了一条所谓"为社会服务"的"新路",天津《益世报》首创"社会服务版",一时间"服务"二字成为时尚,不少报纸纷起仿效;少数报纸由于某些特殊关系,在表面公正的外衣下,实际上在正统观念的驱使下,投进蒋介石的怀抱,鼎鼎有名的《大公报》便是如此;而更多的报纸则在广大群众要求抗日的热情推动下,转变态度,实行改革,投入到抗日救亡的运动中来,如史量才接办的《申报》、成舍我新办的《立报》、天津的《益世报》等。

这个时期的私营报业发展还有一个特点,就是一些有影响的大报凭着实力朝着报业托拉斯的方向发展。如前所述,北平的"世界报系"、天津的新记《大公报》、上海的《申报》等,经过20年代的经营,奠定了继续发展的经济基础,在这个时期,利用有利的社会环境,进一步扩展自己的事业。成舍我1934年南下,在南京创办了《民生报》,1935年又到上海创办《立报》,一步步地朝报业大王的目标发展;《大公报》1936年闯进上海滩,创办《大公报》上海版;史量才收购《新闻报》的大部分股权,不仅成为拥有当时发行量最大、影响力也最大的两家报纸的老板,而且又以《申报》为中心,创办多种刊物,发展多种文化产业;张竹平发起组建了包括《时事新报》、《大陆报》、《大晚报》和"申时电讯社"在内的"四社联合办事处",在中国当时新闻界自成一个体系。这表明,这个时期,中国私营新闻业出现了集中化、垄断化的趋势,其形式有一人多报、一报多版(馆)、报业联合、兼并收购等,很是热闹。

1931年"九一八"事变后,国难当头,以胡适为首的一批大学教授,不愿意袖手旁观,出于对国家、民族命运的关切,这时候创办期刊,希望造成"中心舆论势力以领导社会,监督政府"。读书人创办时政类期刊,也是这一时期私营报刊的一道风景。

第一节 国民党的新闻事业与新闻统制

一、国民党新闻系统形成与新闻机构改组

(一)三大新闻机构的创办

国民党三大新闻机构,是指"中央通讯社"、《中央日报》和"中央广播电台"。"中央通讯社",简称"中央社",是国民党新闻通讯网的中心。

早在国共合作时期,1924年4月1日在广州便成立了中央社,直属国民党中央党部。后来中央社一直以4月1日为创建纪念日。中央社的创建与戴季陶关系密切。当年1月,国民党召开第一次全国代表大会,戴季陶被选为国民党中央宣传部部长。担任中宣部部长后,戴季陶积极筹建中央社。1925年7月1日,国民政府在广州成立,当时,国民党中央党部和国民政府的所有重要文告和各部中央消息,都由中央社编发。1926年7月,国民革命军北伐战争开始后,中央社派记者随军采访,逐日报道北伐军事消息。10月,北伐军攻克武汉,中央社搬迁到武汉。1927年蒋介石发动"四一二"反革命政变、南京国民政府成立后,蒋介石为了控制全国新闻发布权,便在南京又搞了一个"中央社"。汪精卫"七一五"反革命政变后,"蒋汪合流",武汉"中央社"便于1928年迁往南京与蒋介石的"中央社"合并。

早期的"中央社"规模很小,工作人员也仅仅20多个,没有自己的电讯设施,只是利用两部老式收音机抄收一些外国通讯社的广播稿,同时抄录一些党政官报上的文章,免费送给宁沪各报,但采用率很低;有时,靠请客吃饭的办法来扩大用稿范围,提高稿件采用率。

《中央日报》是国民党党报的核心,也是国民党新闻事业的核心。

《中央日报》创办的情况比较复杂。1926年12月,随着北伐战争的胜利推进,广州国民政府迁到武汉,史称武汉国民政府。1927年3月22日,武汉国民政府在汉口创办《中央日报》,社长由中宣部部长顾孟余兼任,总编辑为陈启修。陈启修是中共党员,所以有一批中共党员和进步人士参加编辑工作,如沈雁冰、杨贤江、孙伏园等。武汉《中央日报》办得很有特色,尤其是孙伏园主编的《中央

副刊》,有明显的进步倾向,毛泽东的《湖南农民运动考察报告》、郭沫若的反蒋檄文《我离开蒋介石以后》等文章都发表在《中央副刊》上。7月15日,以汪精卫为首的武汉国民政府也发动"分共"、"反共",与"宁派"国民党合流,武汉《中央日报》于9月15日停刊了,共出版176号。现我国台湾新闻史学界为《中央日报》修史时,一般不算武汉《中央日报》。

1927年4月,南京国民政府成立时,便有设立机关报的筹议。当时正值上海《商报》停刊,于是国民党就接收其一切设备,利用这些设备,于1928年2月1日在上海创办了《中央日报》,由孙科任董事长,国民党中央宣传部部长丁惟汾任社长,国民党东路军前敌总指挥部政治部主任潘宜之兼任总经理,彭学沛任总编辑。《中央日报》的编辑委员会由各方面的代表人物胡汉民、吴稚晖、戴季陶、李石曾、陈布雷、叶楚伧、蔡元培、杨杏佛等组成,胡汉民任主席。又设撰述委员会,应邀担任撰述委员的有该党内外知名人士胡适、邵力子、罗家伦、傅斯年、邵元冲、唐有壬、马寅初、王云五、潘公展、郑伯奇等①。不久,国民党中央颁布的《设置党报办法》规定,《中央日报》应设在首都,因此,该报于1929年2月1日迁到南京出版。《中央日报》迁宁后,由国民党中央宣传部党报委员会领导,中宣部部长叶楚伧兼任该委员会主席,下设经理部、编辑部。总编辑为严慎予,后由鲁荡平、赖琏相继接任。南京《中央日报》特别强调以"拥护中央,消除反侧,巩固党基,维护国本"为职责②。这表明,迁宁后的《中央日报》主要充当蒋介石集团的喉舌,为巩固南京国民党政府的地位服务。

"中央广播电台",一般简称"中央台"。

国民党的广播事业的创始人是陈果夫,他在国民党内有"广播保姆"的美誉。在1924年,陈果夫就有办广播作政治宣传的想法。1925年,他与黄埔军校校长蒋介石联络,并四处奔走,设法筹款,罗织专门人才,终因经费困难,计划搁浅,壮志难酬。国民党定都南京后,陈果夫旧事重提,与戴季陶、叶楚伧联名倡议筹办广播电台。1928年3月,陈果夫向上海美商开洛公司订购功率为500瓦的中波广播发射机全套设备,中宣部派徐恩曾负责其事,徐便成了"中央台"首任台长。不久,徐恩曾调走,吴道一接任,吴是上海交通大学毕业生,后成了国民党广播界的权威人士。

1928年8月1日,国民党二届五中全会开幕,中央广播电台此日正式播音,全名为"中国国民党中央执行委员会广播无线电台",呼号是"XKM"。台址设在国民党中央党部的后院,选定国民党二届五中全会开幕的日子开始播音。当天

---

① 方汉奇主编:《中国新闻事业编年史》,福建人民出版社,2000年版,第1095页。
② 赖光临:《七十年中国报业》,台湾"中央日报社",1981年版,第124页。

蒋介石、陈果夫、戴季陶等均前往致词。"中央台"是国民党广播网络的中心,当时《中央日报》曾刊登该台的《通告》称:"嗣后所有中央一切重要决议、宣传大纲以及通令通告等,统由本电台传播。"①"中央台"建立之初,隶属于国民党中央宣传部。

(二) 三个党报条例的颁布

1928年2月2日,国民党二届二中全会在南京召开,通过了《整理党务》、《改组国民政府》等一系列决议,国民党党中央的大权完全落入蒋介石之手,南京国民党政府在确立自己的统治地位的斗争中向前迈进了一大步。为了进一步打击党内其他派系势力,国民党中央常务会第144次会议,通过并颁布了三个关于党报管理的条例——《设置党报的条例》、《补助党报条例》和《指导党报条例》,以加强国民党中央对新闻传播事业的控制和管理。

关于党报的设置和管理体制,条例规定,党报包括党报、半党报和准党报三种。"由中央及国内外各级党部所主持者"为党报;"由本党党员所主办而受党部津贴者"为半党报;"完全由本党党员所主持者"为准党报。条例规定,党报的设计、管理、审核和指导,由中央宣传部特设指导委员会进行;"直属于中央之各党报由中央宣传部直接指导之;其属于各级党部之各党报,得由各级党部秉承中央意旨领导之;但须按月向中央报告。"

关于党报的报道和宣传内容,条例规定,报上的新闻、言论、副刊、广告都必须以"本党主义及政策为最高原则"。言论要负责解释党的政策纲领;新闻"要利用事实阐扬本党主义及政策";副刊要"尽量利用理论的、事实的、艺术的方法宣传本党主义及政策"。

关于宣传纪律,条例规定:"各党报须绝对站在本党的立场上,不得有违背本党主义、政策、章程、宣言及决议之处;各党报须完全服从所属各级党部之命令,不得为一人或一派所利用;各党报对于各级党部及政府送往发表之文件,须尽先发表,不得迟延或拒绝;各党报对于本党应守秘密之事件绝对不得发表。"并规定,对于这些纪律,如有违反者,将分别给予警告、撤职,直至改组编辑部。

关于党报津贴,条例规定,半党报接受津贴的条件是"言论及记载随时受党之指导","完全遵守党定言论方针及宣传策略"。言下之意,听话者,便给钱。条例企图用经济手段实施对半党报、准党报的管理。

从同盟会到国民党,从革命党到执政党,派系林立是国民党的特征。关于党报的三个文件的通过和颁布,规范党报纸的创办与刊行,对于国民党新闻体系的建立,不能不说是有一定意义的。

---

① 《中央日报》1928年8月1日。

（三）地方新闻机构的创办

中央新闻机构的创建，党报条例的制定，使国民党新闻体系的形成有了龙头和规范，随之而起的是地方新闻机构的创办。

国民党地方党报主要分两类：一类是由中央宣传部管辖的地区性的报纸，一类是由地方党部管辖的报纸。

前一类报纸主要有《华北日报》（1929年元旦创办于北平）、英文《北平导报》（1930年1月10日创刊）、《天津民国日报》（原名《河北民国日报》，1930年11月1日改是名）、《武汉日报》（前身为湖北省党部的《湖北民国日报》，1929年6月10日改是名）、《西京日报》（1933年3月10日创刊于西安）、《福建民报》（原名《福建新报》，为福建省党部的报纸，1934年3月改是名）、《广州中山日报》（原为由国民党中宣部主办的《广州民国日报》，后为粤方报纸，1936年7月改是名，重归中宣部管辖）。

后一类报纸大都由国民党省、市、县各级党部所创办，这类报纸虽然数量多，但一般都采用在《民国日报》统一名称的前面冠以地方名，如《山东民国日报》、《河南民国日报》、《绥远民国日报》、《宁夏民国日报》、《甘肃民国日报》、《云南民国日报》、《嘉兴民国日报》、《九江民国日报》、《厦门民国日报》等。至于县级党报，那就更多了，尤其是江浙沿海一带，据不完全统计，至1934年，江苏有报纸225种，浙江有79种，其中多半是党报[①]。

以汪精卫、陈公博为首的国民党改组派也创办了自己的报刊。汪精卫叛变革命后，与蒋介石集团既"合流"，又争权夺利。1927年10月至11月间，汪精卫（还有唐生智）在与蒋介石、李宗仁的武装对抗中以失败告终，他不得不作让步，让蒋介石当上了军事委员会委员长兼中央政治委员会主席。汪精卫当然不会甘心，就办起了《革命评论》，由陈公博主编，鼓吹所谓的资产阶级改良主义运动，用笔杆子向他的政敌蒋介石集团攻击，借以争取群众。《革命评论》的文章既承认蒋介石的领导权，又指责说，在蒋介石的领导下，"民众的疾苦不惟丝毫没有解除，反而如水益深，如火益热"。他们主张来一次改组，以便继续领导"中国革命"。因此，人们称汪精卫、陈公博为改组派。

除蒋介石、汪精卫两大派的报刊外，国民党其他派系也都出版了自己的报刊，这些报刊和蒋介石、汪精卫派的报刊一起从上到下组成了一个以《中央日报》为中心的报刊宣传网。据1936年统计，国民党统治区有报刊共1 763家，其中国民党党、政、军报刊大约占2/3。

国民党地方性广播电台，按其管理体系可分为三个系统：中央广播事业管

[①] 方汉奇主编：《中国新闻事业通史》第2卷，中国人民大学出版社，1996年版，第360页。

理处管辖的地方台;交通部所管辖的广播台;地方政府和地方党部管辖的广播台。

属于第一类的主要有福州台、河北台、西安台、南昌台、长沙台和南京台。

属于第二类的主要有北平台、成都台和上海台。

属于第三类的主要是各省创建的广播电台,据统计,至1937年6月,国民党统治区有23座广播电台,其中江苏省最多,有6座,浙江、四川各2座,其余省各1座。

到抗战爆发前,国民党已经建立起从中央到地方的无线电广播系统。

(四) 新闻机构改组与新闻事业强化

进入30年代,国民党党内矛盾暂时趋于缓和;"九一八"事变后,民族矛盾急剧上升。全国民众要求抗日救亡的呼声越来越高涨,就是原来偏于保守的民营报纸也被感召而转变政治态度,对国民党消极外交政策表示不满。在这种情况下,国民党原有的新闻机构,无论是规模设备、管理方式还是领导体制,都很不适应。为了改变这种状况,国民党在第四次全国代表大会举行前夕,特地召开了中央执行委员会临时会议,通过了关于《改进宣传方略案》和《改进中央党部组织案》的决议,对改进和加强新闻宣传事业提出了许多有益意见。

决议首先要求国民党的新闻宣传应适应变化了的形势,扩大宣传内容,"决不可以党务工作自囿";其次要求国民党新闻工作应改进宣传策略,提高宣传效果,改变以往"宣传过火,新闻的意味减弱"的现象;最后还要求改变新闻机构的领导体制,使新闻事业具有相对独立的地位,并在内部实行企业化管理,激发新闻机构自身的活力。

按照《改进宣传方略案》的精神,《中央日报》率先进行改组。1932年3月,《中央日报》改为社长制,37岁的程沧波为首任社长,言论报道上,直接对国民党中央负责,行政上独立。内部管理实行社长领导下的总编辑、总经理负责制。程沧波还提出:"经理部要充分营业化,编辑部要充分学术化,整个事业当然要制度化、效率化。"①同年,先后增出《中央夜报》、《中央时事周报》。1935年开始用轮转印报机,日出3大张,每日销数由8 000份增加到30 000份。这年10月,在南京市中心新街口建成了中央日报大楼。蒋介石为推行"攘外必先安内"反动政策,在庐山创办"庐山军官训练团",一时间军政人员云集庐山,于是在1937年6月,《中央日报》开办庐山版。抗日战争爆发后,《中央日报》先迁长沙,后到重庆,1938年9月在重庆复刊,又先后增设长沙版、昆明版、成都版、西康版、贵阳版、屯溪版、桂林版、福建版。

---

① 转引自方汉奇主编:《中国新闻事业通史》第2卷,中国人民大学出版社,1996年版,第366页。

在《中央日报》改组的同时,"中央广播电台"也作了很大的扩充。"中央广播电台"最初装有500瓦功率的中波发射机,每天大约播音4小时,但由于功率太小,因此收听效果不好。1932年又新建了一座75千瓦功率的发射台,呼号改为XGOA,频率为660千周,波长为454米。由于发射功率增大,不仅覆盖全中国,而且覆盖南洋一带,成为"东亚第一台"。

为了加强对国统区无线电广播的管理,1932年夏,正式成立中央广播无线电台管理处,直属国民党中央执行委员会。1936年1月,该处改称中央广播事业管理处;1936年又成立了以陈果夫为主任的"中央广播事业指导委员会",制定了全国广播电台分配办法、全国广播电台节目播送办法。办法规定:从1936年10月起,所有各省公营、民营广播电台,一律要转播中央广播电台的简明新闻、时事述评、名人演讲等节目,如果没有转播设备,到时必须停播自己的节目。

国民党的广播,从整体上来看,充斥了反动政治宣传,如对内攻击共产党,对外宣传"攘外必先安内",并极力吹捧蒋介石。但是从某些节目或副刊来看,也有若干进步文化的迹象。例如著名政治家、教育家、学者如蔡元培、马寅初、叶圣陶、竺可桢等都曾应邀在中央台做过广播讲演,语言学家赵元任还主持播讲《国语广播训练大纲》。这些活动在宣传进步思想、传播科学文化知识方面起了一定的进步作用[①]。

中央通讯社的改组,是30年代初国民党新闻事业强化的重要环节。早期的"中央社"规模太小,全国除蒋派国民党报刊外,采用中央社新闻稿的报纸不多,所以1932年5月,国民党中央对"中央社"进行了改组。

改组后的"中央社"实行社长制,由国民党中央宣传部秘书萧同兹担任社长。萧同兹担任"中央社"社长后,向国民党中央提出三条改革要求:一是"中央社"迁出中央党部,对外独立经营;二是要求拥有独立发稿权;三是拥有用人自主权。当国民党中央答应他的要求后,萧同兹又提出"工作专业化"、"业务社会化"、"经营企业化"三项改革目标。为了达到这一目标,萧同兹还拟定了《全国七大都市电讯网计划》和"中央社"《十年发展计划》。

改组后的"中央社",在表面上改变了附设在国民党中央党部内、基本上只发布党务新闻的状况,而建立了独立机关,扩大了报道范围。从此,"中央社"的运转能量大大加强了。首先它取得了建立专用新闻电台的独占权利,并装置了无线电收发报机,传递和发布新闻电稿,使一切无力自派记者拍发新闻电讯的地方报纸部不能不依赖它,因此它取得了间接控制全国报纸的实际地位,并且更新

[①] 赵玉明:《中国广播电视通史》,北京广播学院出版社,2004年版,第27页。

设备,1934年花费巨款到意大利和德国购回最新机器,增强发报能力;其次,在全国各地陆续设立分社,派驻通讯员,建立通讯网络,更加强了对国内问题报道的统制。1932年,"中央社"开设了上海、汉口两个分社,次年又开设了北平、天津、西安、香港四个分社,1935年又开设南昌、成都、重庆、贵阳四个分社,1936年又开设广州分社。除了这11个分社外,"中央社"还在其他省会及重要城市派驻了30个通讯员。另外,"中央社"还和当时在我国发行中文稿的路透社、哈瓦斯社、合众社等外国通讯社订立交换新闻合同,名曰"收回发稿权",实际上是切断国内各报从外国通讯社取得新闻来源的渠道。中央社通过交换和购买到的外国新闻又以"中央社"的名义转发国内各地,使"中央社"成为外国通讯社的转发站。改组后的"中央社"通过采取以上措施,建立起了新闻通讯网络,垄断了新闻来源渠道,控制了无线电传发新闻的专利权,使之在国民党新闻系统中占有重要的地位。

二、国民党的新闻统制与业界争取新闻自由的斗争

在第二次北伐,国民革命军攻下北京后,国民党便决定,在其统治的区域内由"军政"转为"训政"。1928年10月,国民党中央执行委员会常务委员会通过了《训政纲领》,以法律的形式规定了"一党专政"的方针和"以党治国"的原则。在新闻宣传领域,国民党提出了"以党治报"的口号,规定非国民党的报纸也必须接受国民党的思想指导和国民党政府的行政管理,将全国的新闻事业都纳入"一党专政"的轨道,使整个新闻界都"党化"起来。"党化新闻界"、"以党治报"成了国民党的新闻统治思想。

1931年"九一八"事变后,国民党借口民族矛盾激化,汲取德国、意大利法西斯新闻宣传思想和所谓"经验",进一步加强了对新闻宣传的控制。1934年1月,国民党第四届中央执行委员会通过一项决议,明确规定中央宣传委员会的任务就是"养成有力量之言论中心",实行"对全国新闻界的有效之统制"。1934年3月,国民党中央宣传委员会主任邵元冲在国民党新闻宣传会议的《开幕词》中,对所谓"有效新闻统治"做了进一步解释:"一方面要希望自己的新闻宣传发生有力的表现,一方面要应付反党反宣传的新闻。"就是说,国民党要加强党的新闻业之权威,取得新闻界运动的最高领导权,"彻底完成新闻一元主义(即纯粹党化新闻界)之任务"①。

在这一思想的指导下,国民党制定了一系列法令、条例,以及各种新闻检查

---

① 转引自方汉奇主编:《中国新闻事业通史》第2卷,中国人民大学出版社,1996年版,第395、396页。

制度和各种新闻检查机构,以落实其新闻统治思想。国民党的新闻检查大致以1933年为界分为前后两个时期。前期实施出版登记制和事后追惩制。早在1928年6月,国民党中央出台一些党报建设条例的同时,还制定了《指导普通刊物条例》和《审查刊物条例》,对非国民党系统的报刊出版和刊行事宜作了详细规定。1929年,又颁布了《宣传品审查条例》,规定凡是国民党或非国民党的新闻宣传品都要送交国民党各级党部审查;同年,国民党中央还颁布了《出版条例原则》,规定:凡认为是"出版品",均应"登记审查",凡"宣传反动思想"、"违反国家法令"、"妨碍社会治安"、"败坏善良风尚"的出版品,"不得登记"。这是国民党实行出版品登记制的开始。

1930年12月16日,国民政府正式颁布《出版法》。该法律共6章14条,对新闻纸或杂志的登记和"登记事项之限制"作了详细规定。随后,又根据《出版法》的精神,国民党中央和国民政府又进一步颁布了《日报登记办法》(1931年1月)、《出版法实施细则》(1931年10月)、《宣传品审查标准》(1932年11月)等文件,使审查追惩制度越来越细。

1933年之后国民党开始推行事前预防的新闻检查制。1933年1月19日,国民党第4届中央执行委员会第54次常务会议通过了《新闻检查标准》和《重要都市新闻检查办法》,并先后在南京、上海、北平、天津、汉口等大城市设立新闻检查所,各地新闻检查所由党、政、军三方机关派员组成,归口国民党中央宣传委员会指导。《出版法》规定只检查与军事、外交、地方治安有关的消息,各地检查所要求当地当日出版的日报、晚报、小报,通讯社稿,甚至特刊、增刊、号外等,都要在发稿前将全部新闻稿件送审。《新闻检查标准》规定,"各报社刊载新闻,须以中央通讯社消息为准",否则,"扣留或删改"。国民党这种新闻检查标准的颁布和实施,实际上造成全国新闻宣传高度统一化和新闻界的"纯粹党化"。1935年,国民党又成立了独立于中央宣传委员会之外的、专门管辖各地新闻检查所的中央新闻检查处,贺克寒任处长,新闻检查系统由此形成。

此外,国民党还通过"邮电检查"、"禁止邮递"、建立民营报纸顾问制等手段,对新闻宣传进行统制,以达到"党化新闻界"之目的。

国民党专制新闻统制,遭到国统区除国民党新闻机构之外所有新闻从业者的反对,要求新闻自由的呼声不绝于耳,争取新闻自由的斗争接二连三。

各种新闻团体,均把争取新闻自由、维护新闻界的权益作为自己的重要职责。就连此时对国民党"小骂大帮忙"的《大公报》也多次发表社评,对专制新闻统制进行批评。1930年7月15日,《大公报》的社评说,国民党缺乏言论自由观念,国民政府缺乏保护言论自由的法律,因此,"国民党执政以还,摧残言论,压迫报界,成为一时风气,方法之巧,干涉之酷,军阀时代,绝对不能梦见"①。当国民党新闻检查体系完成后,新闻检查既细又严的时候,《大公报》于1934年12月10日发表《为报界向五中全会请命》的社评,提出:国难当头,"统制新闻"似有必要,但是"统制言论"实在不应该。"政府要拿全国的报纸文章,都弄成清一色,不但于官方无益,并且有害!"1935年1月25日,发表题为《关于言论自由》的社评,对执行检查的军政机关和有关检查人员进行了严厉抨击。同年7月14日和30日,又连发两篇批评"新出版法"的社评。1936年6月9日,发表《论统制新闻》的社评,对当局实行"蒙头盖面之统制新闻政策"进行抨击,并提出以"暴露主义"代替"封锁主义"。

面对新闻界同人的正义斗争,国民党当局不得不有所表现:1929年12月27日,蒋介石通电全国,表示开放报馆"言禁",还在北平召开记者会,表示欢迎报界对政府的善意批评,希望各报自1930年元旦起,"以真确之见闻,作翔实之贡献,其弊病所在,能确见其实症结;非攻讦私人者,亦请尽情批评"②。1932年1月8日,国民政府通令取消电报新闻检查:"查言论自由,为全国人民应有之权利,现在统一政府成立,亟应扶持民权,保障舆论,以副颙望,而示大公。"③

典型的例子是记者节的诞生。1933年1月21日,镇江《江声日报》的经理兼主笔刘煜生被国民党江苏省政府主席顾祝同以"宣传共产"的罪名枪杀了,证据仅仅是《江声日报》副刊上发表的《当》、《下司须知》、《涛声》、《端午节》等几篇描写社会生活的小说。上海《申报》首先披露了这一消息,舆论界及整个文化界愤怒了,中国民权保障同盟两次发表宣言,指出,"刘煜生之死,非死于描写社会生活之文字,而实死于揭载鸦片公卖之黑幕"。全国律师协会决定提出上诉;上海日报记者公会召开会议,商讨采取行动,200多名记者联名发表宣言,谴责顾祝同"毁法乱纪,摧残人权",要求予以制裁;南京的首都记者协会也要求"严惩苏省当局,以保人权"。在强大舆论压力面前,国民政府监察院在对此案进行调查后,表示要"弹劾"顾祝同。但到了2月,监察院又说顾祝同是军人,不宜办理此案,更激起了民众的愤怒。为了平息民愤,9月1日,国民政府行政院发布《保护新闻从业人员》的训令:训令"内政部通行各省市政府,军政部通令各军队或军事机关,对于新闻从业人员,一体切实保护"。国民政府的训令,当然不是真的要给人民以新闻自由,但多少给了人民一些争取新闻自由的机会。1934年8月,杭州记者公会向新闻界发出倡议,公定9月1日为记者节,每年届时举行

---

① 《报纸如何为民众说话》,《大公报》1930年7月15日。
② 转引自《大公报》1929年12月29日。
③ 朱汇森主编:《中华民国史事纪要》,台湾中华民国史料研究中心,1984年版。

庆祝活动,以保护新闻记者的权益。杭州的倡议发出后,得到了许多地区新闻界的响应。当年9月1日,北平、杭州、太原、厦门、长沙、南京、青岛、绥远等地新闻界举行了庆祝活动。北平新闻界庆祝大会还致电国民党中央,要求"实行去年9月1日的命令,保障记者安全,维护言论自由"。从1935年起,"9·1记者节"得到了全国新闻界的承认,《大公报》在9月2日,还发表题为《记者节》的短评,说:"我们以为与其停刊,还不如积极地要求解放言论,作有效的维护!"

从此,我国的新闻记者有了自己的节日!每年9月1日,全国新闻界都要开展争取新闻言论自由、保障人权的活动。这个节日,直到1949年才完成了它的历史使命。

第二节 共产党与人民的新闻事业艰难生存

一、国统区内共产党报刊秘密出版与左翼新闻活动

(一)共产党报刊秘密出版

蒋介石、汪精卫先后"清共"、"分共"之后,国统区的共产党组织转入地下状态,共产党的报刊也只能秘密出版。

《布尔塞维克》1927年10月24日创刊于上海,是中共中央的政治理论机关刊物,瞿秋白、罗亦农、王若飞等组成编委会,瞿秋白任主编。《布尔塞维克》先是周刊,后改为半月刊,1928年11月改为月刊。1932年7月出到第5卷第1期停刊,共出版52期。中共中央常委会1927年10月22日作出的关于出版《布尔塞维克》报的决定指出:"《布尔塞维克》报当为建立中国无产阶级的革命思想之机关,当为反对资产阶级及一切反动妥协思想之战斗机关。《布尔塞维克》报并且要是中国革命新道路的指针——反对帝国主义军阀豪绅资产阶级的革命斗争的领导者,它应当做工农群众革命行动的前锋。"

《布尔塞维克》创刊时,正值蒋介石、汪精卫叛变革命后不久,为了突破国民党反动派的查禁,采取伪装封面的方法,曾先后用了《少女怀春》、《中央半月刊》、《新时代国语教授书》、《中国文化史》、《金贵银贱之研究》、《经济月刊》、《中国古史考》、《平民》、《虹》九个化名。国民党反动派颠倒黑白,将他们叛变革命、血腥屠杀共产党人及革命群众的倒行逆施说成是"革命"行动,对民众进行欺骗宣传。为了粉碎国民党反动派的欺骗宣传,《布尔塞维克》在发刊词中义正词严地指出:"国民革命因为国民党领袖的背叛革命而受着非常严重的打

击——国民党,中国最早的革命党已经因而灭亡了","此后民众所看见的国民党,已经不是从前的革命的国民党,而是屠杀工农民众、压迫革命思想、维持地主资本家剥削、滥发钞票紊乱金融、延长乱祸、荼毒民生、屈服甚至于勾结帝国主义的国民党"。发刊词特别指出:"此后中国的革命,只有无产阶级的政党能够担负起领导责任。"

《布尔塞维克》在宣传报道中,经常揭露国民党的反动本质,指出他们是一伙新军阀,在本质上和老军阀是一丘之貉;《布尔塞维克》还揭露国民党反动派投靠帝国主义的罪行,把他们投降帝国主义的奴才嘴脸暴露在光天化日之下。

《布尔塞维克》是在党的机关报《向导》周报停刊(1927年7月18日)后、党中央没有宣传机关的情况下创刊的,它的创办和出版具有重大意义。首先安定了党心民心。它的出现,说明共产党没有被蒋介石赶尽杀绝,党中央仍然在战斗。其次,《布尔塞维克》对蒋介石国民党反动派的揭露和抨击,教育了党员和人民,为斗争指明了方向。

《红旗》1928年11月20日创刊于上海,为中共中央的政治机关报,由中共中央宣传部主办。第1期至第4期为16开本,第5期改为32开本,第24期又改为8开的单张报纸。改成报纸之前为周刊,之后为三天出一期。《红旗》前期注重鼓动性,每周对新发生的政治事件都发表评论,后期加强指导性,大量刊登党的文件。《红旗》因为是秘密发行,故发行量只有2 000多份,大部分在上海。

《上海报》是继《热血日报》之后的由中共在上海出版的工人报纸,原名《白话日报》,1929年4月17日创刊,由中共江苏省委主办,李求实主编。一个月后,改名《上海报》,秘密出版。为了逃避敌人的迫害,曾化名《天声》、《晨光》、《沪江日报》、《海上日报》等出版。该报于1930年8月15日根据中共中央决定与《红旗》三日刊合并出版《红旗日报》,仍由李求实主编。1931年3月8日停刊。

共产党报刊在国统区的出版发行是异常艰苦的斗争。《红旗日报》只出版一周,就被上海帝国主义巡捕房和国民党反动政府先后捕去发行人员四五十人。《上海报》先后约有10名送报人及特派员被捕,其中有的被判重刑8年;因为贩卖《上海报》而被捕被罚的小报贩先后有80人之多。正所谓"本报一年来实在是在火线上与敌人肉搏"①。但是党的地下报刊工作者不畏迫害,机智勇敢地坚持斗争,使党的报刊顽强地战斗在白色恐怖之中。《红旗日报》发刊不到一个月,销数就达18 000余份。

---

① 李伟森:《〈上海报〉一年工作的回顾》,复旦大学新闻学院编:《中国新闻史文集》,上海人民出版社,1987年版,第158页。

由于"左"倾错误的影响,这一时期国统区的党报不仅宣传了一些"左"的错误观点,就是在宣传策略和发行方式上也犯有"左"倾盲动主义的错误。《红旗日报》在工作人员一再遭缉捕、印刷所被破坏、被迫一再改版、压缩篇幅的情况下,还坚持公开出版,并号召群众"要一致的积极的为《红旗日报》的扩大与发展而斗争"。

(二) 左翼新闻活动

1. 《文艺新闻》的创办

《文艺新闻》是中国左翼作家联盟的外围刊物之一,1931年3月16日在上海创刊。前期由袁殊主编,后来由楼适夷、沈端先、叶以群先后编辑。1932年6月20日,出至第60号停刊。

袁殊在《文艺新闻之发刊》中宣称:"新闻是为大众,属于大众……文化的主人是大众,文艺新闻的主人亦是大众。"

《文艺新闻》的内容主要是对反动派文艺的批判和文艺界动向的报道,中国报纸以后盛行的文化艺术动态报道,大概是自《文艺新闻》始。该刊偶尔登载一些短小的文艺作品,报道一些时事政治。该刊所报道的时事有不少是国民党反动派禁止刊登的,如"左联"五位作家被害的事件,当时只有《文艺新闻》敢于发消息,并刊登了烈士的照片和悼念文章。又如"九一八"事变发生后的第二天,《文艺新闻》的记者就即刻走访上海的知名作家,请他们每人写出几行对事变的感想和意见,并马上出版一个特辑。由编辑、记者定题请许多作家写文章,然后出专辑,这种做法在当时是具有创造性的。

2. 中国新闻学研究会的成立

《文艺新闻》的主持人袁殊与中国左翼作家联盟("左联")关系密切,因此《文艺新闻》实际上成了"左联"的外围刊物。另外,袁殊爱好新闻,与黄天鹏等人过从甚密,《文艺新闻》周围有一批新闻爱好者,在中国共产党杰出的政治活动家、无产阶级新闻活动家瞿秋白、邓中夏的支持和指导下,以《文艺新闻》周刊编辑、记者为主,再加上上海《申报》、《新闻报》、《时报》的进步记者、上海民治新闻学院、复旦大学新闻系部分师生40余人,于1931年10月23日在上海正式成立了中国新闻学研究会(简称"新研")。"新研"是中国第一个在中国共产党领导下的从事新闻学研究的群众组织。1932年10月26日,《文艺新闻》第33号上发表了《中国新闻学研究会成立宣言》,《宣言》说:成立新闻学研究会的动机,是"对过去新闻学的不满足,对现在新闻业的不信任",因此,"我们除了致力新闻学之科学的技术的研究外,我们更将以全力致力于以社会主义为根据的科学的新闻学之理论的阐扬"。1932年4月12日,"新研"又发表了《檄全国新闻记者书》:"公开檄告我新闻全体在业的同志,迅速的集合,组织起来,从研究到行动,负起新闻界对社会所应负的任务。"

1932年春,"新研"在《文艺新闻》上出了一个专业副刊《集纳》。"集纳"是英文"journalism"(新闻事业)一词的音译。"中国新闻学研究会"最早对无产阶级新闻理论作了一些初步的探讨,他们主要在新闻事业的阶级性和新闻事业的大众性等方面提出了自己的观点:① 在阶级社会里,"一切阶级的现象和现实是新闻产生的源泉";"资本主义"的"所谓新闻事业已成了某阶级压迫、麻醉、欺骗某阶级的工具",因此,"我们要将现实统治阶级的压迫与欺骗及一切麻醉,无情地揭发与暴露",从而"建立依于大众利益的新闻事业"。② 提出要建立以社会主义为根据的新闻学理论。"新闻价值原是以最大多数读者之喜欢与否而确定;新闻之工作者,自研究而从业,亦必须以最大多数人之利弊为依归。"③ 主张"新闻大众化","致全力于充实社会大众的新闻文化"。④ 主张新闻学不能盲从国外,不能"忽略中国的文化进程和中国的社会背景"①。

3. 中国左翼新闻记者联盟的建立

1932年"一·二八"事变后,中国新闻学研究会呼吁新闻界行动起来,投身到抗日救亡运动中去。为了发动和团结更广大的新闻工作者,此时已经成为中共党员的袁殊,遵照党组织的指示,准备发起筹备成立左翼新闻记者联盟,作为"左联"的下属组织。于是,1932年3月20日,在"新研"的基础上发起建立了"中国左翼新闻记者联盟"(简称"记联")。"记联"在成立时通过了《中国左翼新闻记者联盟斗争纲领》、《广泛建立工农通讯员》和《开办国际通讯社传播革命消息》等项决议。"记联"成立后,通过各种方式努力团结广大进步新闻工作者,开展革命宣传,促进革命文化运动的发展,对国民党反动新闻事业及专制新闻统制进行了有力的斗争。"记联"成立不久,根据《开办国际通讯社传播革命消息》的决议,创办了"国际通讯社"。该社以报道抗日救亡活动为主,稿件为国内外报纸采用,四个多月后被国民党反动政府和帝国主义法租界查封。但是左翼新闻记者联盟并没有被吓倒,它仍然采取秘密和公开相结合的方式进行新闻报道活动。

因《集纳》副刊随《文艺新闻》的停刊而停办,"记联"于1934年1月出版了《集纳批判》周刊。《集纳批判》是《集纳》的继续与扩大。《集纳批判》提出了批判资产阶级新闻学,批判为帝国主义、封建主义、国民党法西斯反动统治服务的反动新闻事业;同时提出了建立无产阶级新闻学及为人民大众利益服务的进步新闻事业。《集纳批判》仅仅只出了4期就被迫停刊了。"记联"于1936年5月

---

① 《中国新闻研究会宣言》,复旦大学新闻学院编:《中国新闻史文集》,上海人民出版社,1987年版,第172页。

宣布自动解散。

二、中华苏维埃的崭新新闻事业

中国共产党领导的工农红军开辟和建立起来的根据地，自1931年11月7日中华苏维埃第一次全国代表大会在江西瑞金召开，成立中华苏维埃共和国中央政府之后，它便具有新型社会制度性质。这里有自己的政权组织，有自己的宪法大纲。宪法大纲规定，中华苏维埃共和国是工农民主专政的国家，它的全部政权属于工人、农民、红军士兵及一切劳苦民众。"广大民众投入到苏区火热的社会生活中，成立了工会、贫农团、妇代会、少先队等组织，建立了当时全国最有次序、最为平等和朝气蓬勃的社会。"①

在中华苏维埃中央政府的领导下，根据地的政治、经济、文化是崭新的，这里的新闻事业也是崭新的。

（一）"红中社"的创建

"红中社"全称"红色中华通讯社"，1931年11月7日创办于中央革命根据地。1930年底到1931年初，红军粉碎了国民党的第一次反革命"围剿"，在战斗中缴获了敌人两部无线电收报机和一部发报机。1931年1月6日，中央红军利用这些无线电器材，在江西宁都县的小布镇建立了第一座红色电台。原国民党军队报务员王诤和他的朋友刘寅在毛泽东和朱德的鼓励下参加了红色电台的创建工作并发挥了积极的作用。红色电台一建立，就开始抄收国民党中央社的新闻电讯，截抄国民党军队的内部通报和军事情报，供领导参考，起到了充当红军领导机关耳目的作用。红色电台创办不久，红军又成立了无线电大队，举办了无线电训练班。1月28日，红军政治委员毛泽东发布《红一方面军命令》，肯定了无线电大队的成绩，提出了"扩大无线电队的组织"的任务，并要求各单位选派人员到总部学习无线电技术。红色电台的创立，无线电技术人员的培训，为"红中社"的诞生提供了物质条件。

1931年6月，中国共产党苏区中央局作出了关于召开全国工农兵苏维埃代表大会的决议。为了打破帝国主义和国民党反动派对革命根据地的新闻封锁，有效地扩大党和红军的影响，中央局还决定在大会召开期间建立我党的第一个文字广播电台，即无线电通讯社。1931年11月7日，全国苏维埃代表大会在江西瑞金召开，建立了中华苏维埃共和国中央政府。也就在中华苏维埃全国代表大会开幕的欢呼声中，"红色中华通讯社"诞生了。"红中社"以"CSR"为呼号，使用中文、英文

---

① 王文泉、刘天路主编：《中国近代史》，高等教育出版社，2006年版，第354页。

对外播发大会的消息和有关文件。尽管此时"红中社"的机构尚未健全,电讯器材也很不完备,但它揭开了"红中社"光荣历史的第一页!"红色中华通讯社"是"新华社"的前身,1931年11月7日这一天也就被定为"新华社"的诞生纪念日。"红色中华通讯社"的诞生为中国无产阶级的新闻通讯事业奠定了基础。

红色中华通讯社诞生后,第一项任务是向全国播送新闻报道,播送内容有党中央和苏维埃共和国中央政府发布的重要宣言、声明、通告等,革命根据地的建设情况和红军战报,国民党统治区人民群众的反抗斗争等。"红中社"的第二项任务是抄收国民党中央社电讯及塔斯社英文广播,将抄收来的消息编辑成《参考消息》(原名《无线电材料》、《每日电讯》),每天油印五六十份,送中央领导同志参阅。

1934年10月16日中央红军开始长征,红色中华通讯社停止对外发稿,只是陆续抄收国内外新闻电讯。1935年10月19日,红一方面军胜利到达陕北吴起镇,与陕北红军会师。11月25日,红中社恢复工作,由中华苏维埃共和国中央政府西北办事处秘书长任质斌负责。

1936年12月西安事变爆发后,在周恩来等赴西安调停后不久,由陈养山、陈克寒、陈泊(布鲁)等人在短短几天内筹备成立了红中社西安分社。发稿一个星期后,由中共陕西省委的李一氓负责。西安分社的新闻稿是抄收红中社从陕北发来的电讯,刻版油印而成。主要内容是宣传抗日救国、建立抗日民族统一战线,许多稿件都直接和西安事变有关。这些稿件扩大了共产党的政治影响,推动了西安事变的和平解决。1937年1月,当红中社改名新华社时,红中社西安分社也改名新华社西安分社。1937年3月,当中共代表团返回延安时,西安分社也结束了新闻宣传活动①。

(二)《红色中华》报的创办

《红色中华》报1931年12月11日创刊于江西瑞金,它的出版发行分为前后两期:从创刊到1934年10月因红军长征暂时休刊为中央根据地时期;1936年1月在陕北瓦窑堡复刊到1937年1月改名《新中华报》为陕北时期。《红色中华》报在中央根据地时期又分为两个阶段:第一阶段为从1931年底创刊到1933年初,即《红色中华》报第1期到第49期。这一阶段《红色中华》报为苏维埃中央政府机关报,一般是一周出一期,由政府副主席项英掌握,先后任主编的有周以栗、王观澜、李一氓。第二阶段从1933年春到1934年10月,即《红色中华》报第50期到第240期。1931年初党中央机关由上海迁到中央苏区,便迅速抓住了《红色中华》报的领导权,这一阶段的《红色中华》报为党中央、团中央、中央政府、全国总工会的联合机关报,周二刊,开始由沙可夫任主编,1934年初又改由

---

① 刘云莱:《新华社史话》,新华出版社,1988年版,第10—11页。

中央政府教育人民委员瞿秋白兼任社长和主编。中央根据地时期的《红色中华》报与"红中社"是一套班子，两块不同的牌子，编辑部的成员既编报纸，又编文字广播稿件，参与领导和编辑工作的除周以栗、王观澜、李一氓、沙可夫、瞿秋白等人外，还有李伯钊、谢然之、杨尚昆、任质斌、徐名正、韩进、贺坚等人。

《红色中华》报为8开版，一般出4版到8版，最少出2版，多时出10版。设有"社论"、"要闻"、"来电"、"小时评"、"红色区域建设"、"中央革命根据地消息"、"党的生活"、"工农通讯"、"赤色战士通讯"、"工农民主法庭"、"突击队"、"红色小辞典"等栏目。从第70期起增加了"红角"专栏，刊登识字课和文艺短文。从第72期起又增加了文艺副刊"赤焰"，不定期出版。

《红色中华》是党在根据地创办的第一张历史较长的中央级的铅印报纸，它有两个极明显的特点：其一是紧密配合党政的中心工作，积极组织宣传报道。在瑞金创刊后，《红色中华》开始一段时间主要是大力进行关于建设和巩固工农民主政权的宣传。当时中央要求各地从1931年底开始展开一个以建设基层政权为中心的建政运动，《红色中华》便发表社论，说明加强基层政权建设的重要性，号召全体干部动员起来，搞好基层的建设，巩固中央革命根据地。《红色中华》从第5期起还增辟了一个专栏经常报道政权建设情况，介绍先进经验，并及时指出运动中存在的缺点和出现的问题。其二是坚持群众办报的方针。《红色中华》创刊不久，就在党、政府和群众团体中发展了200多名通讯员，后来又在报社内部建立通讯部，加强对通讯工作的指导。《红色中华》还从第56期起增设了《写给通讯员》专栏，以加强与通讯员的联系，以及《读者通讯》专栏，刊登读者的意见，促使广大读者关心报纸工作。《红色中华》最多不过十几个工作人员，大部分通讯工作都依靠通讯员和工农读者来做。《红色中华》因为坚持了群众办报路线，故能在工作人员极少的情况下，使报纸的质量不断提高，报纸的发行量增加到四五万份。

但由于当时中共中央在教条主义、宗派主义的控制下推行着一条关门主义、冒险主义、惩办主义的"左"倾路线，而党中央迁往中央苏区后对《红色中华》报又抓得很紧，所以《红色中华》报登载的文章和通讯报道中对形势的分析、任务的提出、政策的宣传等常常带有"左"倾的错误。如提出和宣传"武装保卫苏联"、"组织反帝拥苏大同盟"等表现"左"倾路线的口号；宣传浮夸和强迫命令，当时中央苏区总人口在比较稳定的情况下，还不足100万，但报纸上却宣传要"扩大红军一百万"、"建设百万铁的红军"；报道失实或片面性，特别是关于白区情况的报道只讲国民党统治危机重重，摇摇欲坠，不讲国民党的统治正趋于相对稳定；在战争报道上，只讲胜利，不讲敌情，结果是苏区范围一天比一天小，读者从新闻与事实的对比中，产生了对新闻真实性的怀疑、对党报的不信任。

1934年10月中央红军开始长征,《红色中华》报由留在江西坚持工作的瞿秋白、韩进主持,继续沿用原来的期号,继续以中华苏维埃共和国中央政府的名义出版,用以迷惑敌人,掩护主力红军转移。在中央红军离开中央苏区后,《红色中华》报以中央分局和中央办事处的名义出版。1935年2月,形势恶化,中央分局和中央办事处改为分散活动,《红色中华》报才停刊。

1935年11月25日《红色中华》报在陕北瓦窑堡复刊,沿用长征前的期号。复刊后的《红色中华》报与红色中华通讯社仍然是一个机构,两块牌子。由于没有铅印设备,只好改成油印。1937年1月《红色中华》报更名为《新中华报》,沿用《红色中华》报的期号,为325期,油印,仍为中华苏维埃中央政府机关报。

(三)《红星》报的创办

《红星》报是中国工农红军军事委员会的机关报,1931年12月创刊于中央革命根据地,由中国工农红军总政治部出版,邓小平是前期主编之一,遵义会议后由陆定一主编。《红星》报原为铅印报,在长征途中由于条件限制改为油印报。《红星》报篇幅为4开4版,特殊情况出8版,如有重大捷报出"号外"。《红星》报不定期出版,短则两天,长则半月。在两万五千里长征途中,《红色中华》报暂时停刊,《红星》报成了中共中央和中央军委唯一的报纸,每期印七八百份发至连队。

对于《红星》报的性质、任务和作用,创刊号上的《见面话》作了形象的说明:"《红星》报要是一面大镜子,凡是红军里一切工作和一切生活的好处坏处都可以在它上面看得清清楚楚。它要是一架大无线电台,各个红军的斗争消息,地方群众的斗争消息,全中国全世界工人农民的生活情形,都可以传到同志们的耳朵里。它要是一个政治工作指导员,可以告诉同志们一些群众工作、本身训练工作的方法,可以告诉哪些工作做得不对,应当怎样去做。它要是红军党的工作指导员,把各军里党的工作经验告诉同志,指出来哪些地方做错了和纠正的方法。它要成为红军的政治工作讨论会"。"它要是全体红军的俱乐部","它要是一个裁判员"。"总之,它担负很大的任务,来加强红军里的一切政治工作,提高红军的政治水平线、文化水平线,实现中国共产党苏区代表大会的决议,完成使红军成为铁军的任务。"

《红星》报的办报行动实践了它的诺言。纵观《红星》报的创办过程,它的特点之一是版面虽小,但栏目多,内容丰富。它的版面编排除了有《社论》、《要闻》、《专电》、《前线通讯》、《国内时事》、《国际时事》等栏目外,还辟有十多个固定的小专栏,其中有《党的建设》、《列宁室工作》,有《军事测验》、《军事纪律》、《红军生活》,有《红星号召》、《响应红军号召》、《扩大红军》,有《俱乐部》、《红军歌》,等等。《红星》报的特点之二是面对战争现实,面向战士实际,文章短小,通俗生动。该报上的消息、通讯一般只有两三百字。如小通讯《王家烈叫救命》："遵义之战王家烈险些被我活捉,幸得脚快逃跑,连鸦片枪和大衣都抛掉了。他的队伍第一、第五、第六、第八、第九、第十五等六个团和特务营全被红军消灭驱散。王家烈逃到贵阳之后,就打电报向蒋介石叫救命,电报里说:遵义之战部队损失极大,子弹用光了,伙食都没有了,军心涣散,快快送钱送子弹来,否则士兵没有饭吃就要造反了。"这篇通讯全文150多字,内容具体,行文活泼,描写生动,把王家烈被红军打得惶惶然若丧家之犬的丑态写得活灵活现。

(四)《青年实话》的创办

《青年实话》是少共苏区中央局(即中国共产主义青年团苏区中央局)的机关报,于1931年7月1日在江西永丰县龙岩创刊。总编辑部一度设在江西于都,后迁到瑞金。《青年实话》由阿伪任主编。少共苏区中央局宣传部部长陆定一、少年先锋队中央总队长王盛荣等人是编委。少共苏区中央局历任书记顾作霖、何凯丰,秘书长张家萍,儿童局书记曾饶冰、陈丕显,以及肖华、刘志坚等都是该报的主要撰稿人。《青年实话》先后出半月刊、旬刊、周刊。开始是8开一张,采用便于张贴的单张壁报形式。后来改为油印32开本小册子,有插图封面。它宣传的主要内容和《红色中华》报差不多。不同的是它具有鲜明的青年报刊特色,编排形式和内容活泼多样,文字通俗生动,适合青年特点。它经常刊载团中央的文件,交流青年团工作的经验,介绍马克思主义的基础知识。它一创刊就提出"应该使报纸为着战争"的方针,并以此作为自己的宣传中心,发动青年踊跃参加红军,努力生产支前,组织青年积极参加拥军优属活动,等等。同时,还向青年介绍当前国内外形势和革命任务。在栏目设置上,除社论和一般论说外,它注意适合青年爱好特点,设置了《青年生活素描》、《前线通讯》、《白区青年生活》、《青年卫生顾问》、《自我批评》、《轻骑队》、《工农大众文艺》、《体育》、《游戏》、《测验》、《悬赏征答》、《歌曲》等多种栏目,有时还有漫画。它刊登的《十劝郎当红军》、《共产青年团礼拜六歌》、《打倒日本帝国主义歌》等,在青年中广泛流行。《青年实话》深受青年读者,特别是红军中青年战士的欢迎。开始发行8 000份,后来增加到近30 000份,影响仅次于《红色中华》。1934年10月红军长征前夕停刊。现在能看到的最后一期是1934年9月30日出版的第113期。

第三节 私营企业性报纸的分化与发展

两极环境下,国民党、共产党的新闻事业迅速发展,当然不在话下,私营新闻业也在 20 年代发展的基础上，有了进一步的发展。特别是"九一八"之后，这些在前一个时期靠"无偏无党"、"经济独立"发展起来的私营报纸不可能保持所谓"中立"了，它们的政治态度必然会分化——在发展中分化，在分化中发展。

一、史量才进步与《申报》改革

（一）史量才的进步

1912 年史量才买下《申报》，在与席子佩的诉讼中赔了巨款，史量才不仅硬撑过来了，而且在 20 年代有了很大发展。但是，在 20 年代末，由于内部人事变动，总主笔陈冷、经理张竹平、协理汪英宾等重要骨干相继辞职，给《申报》带来了极大困难。

史量才毕竟是见过大世面的人，处变不惊。他果断起用张蕴和继任总主笔，马荫良继任经理，1931 年 1 月又成立总管理处，史量才亲任总经理兼总务部主任，马荫良副之，聘黄炎培为设计部主任，戈公振副之，陶行知为总管理处顾问（不对外公布）。总管理处的成立和一批进步人士的聘用，不仅有效解决了《申报》的困难，而且推动了史量才个人思想的进步和《申报》的改革。

史量才（1880—1934），名家修，祖籍江苏江宁，出生于上海青浦县。1901 年考入杭州蚕学馆，毕业后在上海育才学堂、南洋中学做过教员。1901 年在上海创办女子蚕桑学校，参加过浙江绅商在清末发动的拒款保路运动。1908 年担任过《时报》主笔。1912 年 10 月，史量才从席子佩手中购进《申报》，惨淡经营，使这张报纸迅速发展成为国内著名的资产阶级大报。1929 年，史量才又从福开森手里购进《新闻报》的大部股权，成为当时中国最大的报业资本家。史量才借重在新闻界的地位，还曾参与创办中南银行，发起民生纱厂，扩大五洲药房，复兴中华书局等。

纵观史量才的办报思想，前后有一个明显的变化。1931 年以前，史量才的办报思想是传统的史学观与西方资产阶级自由主义新闻观相结合，既强调要继承中国古代史家的"敢言直书"的优良传统，又向往实现西方资产阶级的"言论独立"的自由精神。关于前者，他说："日报者，属于史部。"（史量才《申报六十周年发行年鉴之旨趣》）既然史量才认为报纸属于历史范畴，那么便主张办报如同治史，要求报人以"忠诚"的态度，采集可靠的消息，写出真实的文章。1921 年 12 月 12 日，美国密苏里大学新闻学院院长威廉博士（Dr. Waleor Williams）来访时曾问：中国办报，除经济外，其最困难之点何在？史量才说："编辑方面，以消息为最难抉择，盖今日之新闻界，尚少忠诚之通讯员也。"（《最近之五十年》，申报馆五十周年纪念刊）对于报纸的独立精神，史量才十分推崇，他在 1921 年 12 月

23日接待美国新闻学家格拉士(F. P. Glass)时说:"孟子所谓'贫贱不能移,富贵不能淫,威武不能屈',与顷者格拉士君所谓'报馆应有独立之精神'一语,敝馆宗旨亦隐相符合。且鄙人誓守此志。办报一年,即实行此志一年也。"(1921年12月23日申报欢迎格拉士莅馆时史量才的致词)因而他主张,《申报》不与任何党派发生关系,在当时政治斗争中取超然态度,实施"无偏无党,经济独立"的办报方针。

在这种办报思想的指导下,史量才主持的《申报》在1931年以前,政治保守,言论"老成持重"。对1927年3月中共领导的上海三次武装起义、4月12日蒋介石策划的大屠杀,《申报》都有意站在"超然"立场上,不偏不倚。然而,史量才作为民族资产阶级在舆论界的代表,在1931年之后,面对日益尖锐的民族矛盾,不能再沉默了。日本帝国主义占领我国东三省后,采取军事进攻和经济侵略相结合的手段大量倾销日本商品,使得我国市场大大缩小,严重地危及着民族工业的存在和发展。因此,民族资产阶级的抗日倾向日益明显,对蒋介石国民党的不抵抗政策也日益不满。1931年正是《申报》创刊60周年"纪念年",被民族危亡激奋的史量才以此为契机大作文章。他以成立《申报》总管理处为契机,拟定新的办报方针。1931年9月1日,《申报》发表《本报六十周年纪念宣言》,公布了新的办报方针。宣言说,为了肩荷社会先驱推进时代的责任,为了促进我民族臻于兴盛与繁荣,本报决心积极行动起来,做到包括"反对帝国主义强加于我国家民族头上的不平等条约,锤碎束缚我生命自由之枷锁,跻我国家民族于自由平等之地位"在内的七条。

"九一八"事变发生的第二天(19日),《申报》就以醒目标题刊出《日军大举侵略东省——蔑弃国际公法,破坏东亚和平》等新闻,并以大量篇幅登载了87条战地消息,其中45条是《申报》记者第一手采访所得。9月23日还发表时评《国人乎速猛醒奋起》,责问国民党军队妥协退让到何时,提出希望国人赶快奋起自救、抵抗。

12月15日,内外交困的蒋介石暂时下野,《申报》竟发表时评《欢送》。蒋离开南京前下令杀害了第三党领袖邓演达。12月19日宋庆龄在上海发表《国民党不再是一个革命集团》的时局宣言,抗议国民党杀害邓演达和镇压群众运动。当天上海日报公会召开紧急会议,讨论是否全文发表宋庆龄的宣言。史量才说:"宋庆龄是国父孙中山夫人,她的宣言,我们各报纸为什么不能发表?谁敢扣压,谁就负法律责任。"在他的坚持下,多数上海报纸第二天全文刊发了宋庆龄的宣言①。

---

① 方汉奇主编:《中国新闻事业编年史》,福建人民出版社,2000年版,第1199页。

1932年上海"一·二八"抗战,史量才积极捐款支援十九路军抗战,不仅在言论上积极支援抗战,而且发动海内外为十九路军捐献军饷、御寒衣裤、药品等,被推为上海市民地方维持会会长。同时,他的办报思想也有相应的进步,认为报纸无异于社会的一架收音机,《申报》应该"传达公正舆论,诉说民众痛苦"。

1932年6月,南京大学闹学潮,《申报》报道学潮真相,将国民党统治集团的黑暗情况公布于众。1932年夏天,蒋介石对江西根据地发动第四次围剿,《申报》对此连续发表《"剿匪"与"造匪"》时评,表示反对。蒋介石亲自下手令"《申报》禁止邮递",使得《申报》在上海租界之外无法发行。后经多方疏通,当局才撤销禁令①。

史量才争取民主的进步倾向在中国民权保障同盟成立之后表现得更加明显。1932年12月,宋庆龄、蔡元培、杨杏佛、鲁迅等发起成立该同盟,反对国民党迫害进步人士,争取言论、出版、集会、结社自由。史量才虽然没有加入,但是指定了两名《申报》记者以个人名义加入,亲自出席了同盟的成立大会并发言。《申报》在揭露镇江《江声日报》记者被枪杀等事件中,成为同盟的一个宣传讲坛②。

(二)《申报》改革及其遭遇

1932年11月30日,《申报》在9月《宣言》的基础上再度发表《申报六十周年革新计划宣言》,宣布将从12个方面着手改革。《申报》在改革的实践中,也确实取得了令人瞩目的成果。

史量才采用陶行知的建议,重点抓一头一尾,即评论和副刊。改革前的时评不温不火,远离时事;改革后的时评笔锋犀利,既应乎"时",又敢于"评"。其特点是紧密联系形势发展,指出时局发展的趋势,帮助广大民众了解国内外政治军事形势的发展变化。

副刊《自由谈》的改革更是引人注目。《自由谈》是中国历史最悠久的副刊之一,创刊于1911年,一向是鸳鸯蝴蝶派文人的领地。为了改变这种状况,史量才更换了原主编周瘦鹃,起用刚从法国留学回来的年仅28岁的文学青年黎烈文。黎烈文上任后,即宣布要使《自由谈》立足于文艺的"进步和现代化","决不敢以'茶余酒后消遣之资'的'报屁股'自限"。改革后的《自由谈》刊登杂文、随感、散文、考据、诗歌、漫画等,抨击国民党的不抵抗丑行,揭露国民党钳制舆论、进行"文化围剿"的劣迹,成为进步文化的重要阵地。《自由谈》的改革得到了鲁迅、茅盾、瞿秋白、郁达夫、郑振铎、陈望道、叶圣陶等人的大力支持。特别是鲁

---

① 方汉奇主编:《中国新闻事业通史》第2卷,中国人民大学出版社,1996年版,第429页。
② 同上书,第430页。

迅,他成了这一时期《自由谈》的一面旗帜,他在《自由谈》上用40多个笔名发表了143篇文章,以实际行动帮助黎烈文的改革事业。一大批左翼作家占领了《自由谈》主要阵地,使文坛旧势力惶惶不已。他们污蔑说鲁迅与沈雁冰已成了《自由谈》的两大台柱,《自由谈》已形成了"一种壁垒"①。

《申报》的改革还表现在扩大业务范围,开展系列服务活动。从1932年7月起,发行《申报月刊》,12月开办"《申报》流动图书馆",为社会下层的群众自学提供便利。1933年1月"《申报》新闻函授学校"正式开学。3月"《申报》业余补习学校"成立。6月"《申报》读者服务部"开张,代读者订购书报杂志,同年开始出版发行《申报年鉴》、《申报丛书》。年底聘请地理学专家编印出版了《中华民国新地图》,首次印制《中国分省新图》等。

史量才新办报方针和《申报》的改革,受到广大民众的欢迎;同时也遭到蒋介石国民党反动政府的嫉恨。他们首先对史量才采取收买政策,给了史量才许多荣誉职衔,什么"上海临时参议会议长"、"红十字会名誉会长"、"中山文化教育馆常务理事以及农村复兴委员会委员"等。但史量才不吃这一套,对国民党政策的批评有增无减。收买政策失败后,蒋介石和国民党当局便对史量才采取高压政策,下令对《申报》停止邮递,要撤换总编辑陈彬龢等人并由国民党中宣部派人指导。在史量才的据理力争下,蒋介石一方面口头答应给《申报》恢复邮递,一方面暗中布置对史量才下毒手。1934年11月13日史量才坐着自备保险车由杭州回上海。车到海宁与杭县交界处,迎面驶来一辆"京字72号"汽车拦住道路,车上跳下7名暴徒,举枪向史量才射击,司机等人先被击中,史量才下车奔入一草屋内,暴徒穷追不舍,史量才又逃到一干涸水塘内被暴徒枪杀。

史量才遇害,是中国新闻界的悲剧,是强权对舆论的摧残。2 000多人参加史量才的葬礼,各界还分别举行了追悼会,全国各地的唁电、唁信雪片般飞来,有一副挽联写道:"舆论在人间公过去公不曾过去,元凶犯众怒他将来他没有将来。"历史不会忘记史量才,人民不会忘记史量才!

章太炎在《史量才墓志铭》中对史量才的办报生涯作了崇高评价:"史氏之直,肇自子鱼。子承其流,奋笔不纡。"太炎先生认为,史量才经营才干卓越,但由于继承春秋史官子鱼的精神,奋笔敢言,才遭致杀身之祸。史量才的被刺,又一次证明,民族资产阶级企图在半封建半殖民的旧中国按"独立精神"办报的路子是走不通的,即使"经济独立"了,言论也不可能有真正长时间的独立。

史量才被刺后,《申报》又开始"老成持重"起来,改革的成果不复存在,《自由谈》于1935年11月停刊,"新闻函授学校"也停办了。

---

① 见《鲁迅全集》第5卷,人民文学出版社,1981年版,第160页。

二、《大公报》对蒋介石"小骂大帮忙"

(一)吴、胡、张亲蒋

《大公报》对蒋介石"小骂大帮忙"与其主持人吴鼎昌、胡政之、张季鸾在政治上的亲蒋态度是分不开的。吴鼎昌、胡政之、张季鸾三人与史量才以"九一八"为交叉点走到了历史的十字交叉路口。1931年"九一八"事变使不少原来态度保守的报人觉醒过来纷纷投入抗日救亡运动,而鼎鼎有名的"新记公司"的吴、胡、张却与之相反,一头扎进了蒋介石的怀抱。

吴、胡、张三人亲蒋一方面为他们三人阶级立场所决定,另一方面也是蒋介石投其所好、极力拉拢的结果。《大公报》在20年代后期的成功,在全国产生广泛的影响,使得蒋介石刮目相待,出于反革命政治的需要,他决心对吴、胡、张三人采取笼络政策,把《大公报》掌握在自己的手中,为我所用。吴鼎昌热心功名,一心想做官,他拿出5万元办《大公报》也是为了在政治舞台东山再起积累点政治资本;胡政之早年混迹于安福系,既要事业,又要名利;张季鸾受儒家思想影响较深,重感情,爱恭维。

蒋介石首先对张季鸾优礼有加,以表示自己"礼贤下士",使重感情、爱恭维的张季鸾渐入彀中。1931年"九一八"后,张季鸾和《大公报》鉴于中日国力悬殊太大,提出"忍辱发奋"、"卧薪尝胆"、"明耻教战"的"自卫之策",暗合了蒋介石"攘外必先安内"的"缓抗"、"不抵抗"政策,因而在客观上帮了蒋介石的忙。1934年,蒋介石在南京励志社大宴群臣,国民政府各院、部、会的负责人数百人,而首宾席上却坐着一介布衣张季鸾。宴会上,当着文武百官的面,蒋介石对张季鸾推崇备至,频频夹菜敬酒,这给了张季鸾多大的面子!张季鸾自幼受儒家思想熏陶至深至重,"士为知己者死"、"知恩必报"的观念很重的张季鸾深感蒋介石的"知遇之恩",他认为,既然蒋介石"以国士待我",我也应"以国士报之"。从此,张季鸾成了蒋介石的"忠臣"。西安事变后,张季鸾同蒋介石的关系又有了新发展,他对蒋介石,从报知遇之恩发展到真心实意拥护。抗战爆发后,两人可以说是同心携手,"共赴国难"。①

吴鼎昌于1931年被蒋介石延揽进了"国防设计委员会"。1935年又参加了由蒋介石亲任行政院长的"名流内阁",出任实业部长。1937年7月抗战爆发后,转任贵州省政府主席兼滇黔绥靖副主任,佩上将军衔。1945年被调到重庆当蒋介石的国民政府文官长,成了蒋的幕僚。要蒋介石装出一副和平姿态,邀请

---

① 吴廷俊:《新记大公报史稿》,武汉出版社,2002年版,第242—243页。

毛泽东到重庆谈判一事便是吴鼎昌向蒋介石献的一策。1948年又被选为蒋介石的"总统府秘书长"。全国解放前夕，背着人民判决的第17名战犯的罪名，溜到香港作寓公。1950年8月22日病死于香港。

胡政之和蒋介石正式发生关系是在张季鸾死后。1941年9月张季鸾在重庆病逝，胡政之于1942年补缺为"国民参政员"。1945年初以购买新机器为名，接受了蒋介石20万美元官价的外汇。1946年1月以"社会贤达"的资格参加旧政治协商会议。11月，胡政之不顾《大公报》同人的劝阻，屈服于蒋介石的压力参加了"伪国大"。之后，胡政之意志消极，终于在上海解放前的一个月1949年4月14日在上海病死。

（二）《大公报》对蒋介石"小骂大帮忙"

吴鼎昌、胡政之、张季鸾的亲蒋导致了《大公报》要背离它续刊时倡导的并使之一度大获成功的"四不"办报方针，而重新确立一条"小骂大帮忙"的办报方针。所谓"小骂"，即张季鸾所说的"只要不碰蒋先生，任何人都可以骂"①；所谓"大帮忙"，即在关键时刻、关键问题上尤其是在国共两党斗争的问题上竭力为蒋介石及其反动政权鼓吹。

对"九一八"事变，《大公报》完全拥护蒋介石的不抵抗政策。张季鸾接到于右任来的电报，转告蒋介石的"缓抗"意思后，便和胡政之商量，"宁牺牲报纸销路，也不向社会空气低头"。还召集全体编辑会议，宣布"明耻教战"的四字编辑方针，并于10月7日发表题为《明耻教战》的社评。在《大公报》看来，中日双方力量悬殊，不应"仓卒开动战端"。当然《大公报》的"缓抗论"，与蒋介石的"先安内后攘外"的"缓抗论"在出发点上有区别，但在报纸宣传上并无二致，所以在这个关键时刻《大公报》第一次帮了蒋介石的大忙。

对"一·二八"淞沪抗战，《大公报》不予支持。"一·二八"淞沪抗战爆发后，《大公报》虽然也发表社评对日本帝国主义的残暴表示愤慨，对十九路军的勇士们英勇抵抗嘴里也不敢再说"不抵抗"或"缓抗"，但他们不是给抗战将士们鼓气，而是一方面把眼睛盯着"国联"，希望英、美帝国主义出面干涉，另一方面把气出在共产党身上。1932年2月28日《大公报》发表《拥护民族利益为一切前提》，胡说什么当全国同胞"为国家民族存亡关头，悲愤紧张、孤注一掷之时，而江西湖北为剿匪事尚牵制大部军队。此诚国难中之最大矛盾，国民所引为痛心者也"。明明是蒋介石不肯调援军支持十九路军而在赣鄂两省积极进行"剿共"，《大公报》不去责备蒋介石反而"警告共产党中之知识分子，在此民族的空前危急之时，亟应作根本反省"。

---

① 《文史资料》总第25辑，第29页。

对蒋介石改组政府,《大公报》极力吹捧。1935年蒋介石决定以美、英帝国主义为背景,在"举国一致,共赴国难"的幌子下,改组政府,由他自己亲任行政院长,成立所谓"名流内阁"。对此,《大公报》极力捧场,12月13日《大公报》发表张季鸾写的《政府改造之时局的意义》说:"综合观之,足知现时之中央,为在可能范围内代表举国一致之政府,在现状之下,可谓最有强力之政府……尤值注目者,蒋委员长数年来专任军事,不躬负政治责任,现在军事之责任未解,竟肯挺身任内政外交全局之冲,此不可以寻常问题目之者也。"

对"西安事变",《大公报》更是全力为蒋介石效忠。"西安事变"发生,蒋介石被扣,《大公报》如丧考妣,心急火燎。从1936年12月13日到25日蒋介石被释放之前,《大公报》连续发表一系列谴责张学良、杨虎城,吹捧蒋介石的文章。12月13日,《大公报》要闻版头条是《张学良竟率部叛变,蒋委员长被留西安》,14日的社评《西安事变之善后》开宗明义地提出,要以"解决时局,避免分崩,恢复蒋委员长自由为第一要义"。这当中以12月18日张季鸾写的《给西安军界的公开信》为代表。文章对蒋介石进行肉麻的吹捧后,对张学良、杨虎城大加指责:"你们要从心坎里悲悔认错","你们赶紧去见蒋先生谢罪罢!你们快把蒋先生抱住,大家同哭一场!"这篇文章表现了对蒋介石极力恭维、体贴,狂热的拥戴。宋美龄叫《大公报》馆把那天的报纸加印了许多万份,用飞机散发到西安。

蒋介石回到南京将张学良扣押起来,《大公报》不去责备蒋介石的食言寡信,却为之叫好。1937年1月22日的社评《对西安负责者之最后警告》说:"彼等须知,自上月12日之变,彼等本为叛军,中国苟欲维持为一国家,决不容某一部军队之叛乱,对顽迷不悟之叛军,最后只有以武力讨伐之。"

"西安事变"后,《大公报》更是在"抗战救国"的旗帜下,处处为蒋介石大帮其忙。《大公报》拥蒋,其中有张季鸾等人与蒋介石私人关系的因素,有资产阶级立场的局限性因素,也有担心国家分裂、拥护团结抗战的爱国主义感情在里面。在"西安事变"和平解决后,《大公报》天津版2月15日刊登了范长江采访延安后写的通讯,透露了中共关于建立抗日民族统一战线的四项保证,并在2月23日发表社评《今后之内政外交》,对抗日民族统一战线的成立表明欢迎态度。1937年6月23日的社论《对于国事之共同认识》中提到:"愿一致认识拥护国家中心组织为建国御侮之前提条件。"主张要御侮、要救国、要建国,都必须拥护蒋介石政府这个国家中心[①]。

[①] 吴廷俊:《新记大公报史稿》,武汉出版社,2002年版,第261页。

三、罗隆基北上与《益世报》的抗日救亡倾向

1931年"九一八"事变后,《益世报》聘请罗隆基担任主笔,抨击国民党的不抵抗政策,反映广大人民抗日救亡的意愿,"其影响一度超过《大公报》"①。

罗隆基,字努生,江西安福人。1921年毕业于清华学校。后留学英、美,研究政治学和近代史,获美国哥伦比亚大学哲学博士学位。1931年归国后,先后在上海光华大学和中国公学任教,同时主编《新月》杂志,因发表文章批评蒋介石一党训政政策,被免去大学教授职务。也就因为这篇文章,被《益世报》的总经理刘豁轩看中,决定聘其为报纸主笔。罗隆基接到《益世报》聘书后,知识分子的责任感驱使他毫不犹豫地离沪北上,出任《益世报》主笔。

1932年1月12日《益世报》发表了罗隆基撰写的第一篇社论《一国三公的僵政局》,矛头直指当时国民党三位地位最高的人物蒋介石、汪精卫和胡汉民。1月26日,即沪战爆发的前两天,罗隆基在《益世报》上又连续发表社论《可以休战》、《再论对日方针》,主张武装抗日。这两篇社论奠定了该报一段时间的言论基调。随后,又相继发表《剿共胜利不算光荣》、《攘外即可安内》等重要社论,呼吁停止内战,一致对外,联合起来,共同抗日。

1932年"一·二八"日军在上海挑衅,对十九路军奋起抗战的英勇事迹,《益世报》给予了赞扬;中国军队奉命撤离上海,3月7日《益世报》发表《从头干起》的社论,给国民以鼓励,并提出了"长期抗战"、"全面抗战"等正确主张;当南京国民政府对日本的侵略有妥协表现时,提出"一面抵抗,一面交涉"主张时,《益世报》发表题为《反对局部调停》的社论,表示反对态度。

马占山在黑龙江抗日的消息,关内报纸《益世报》刊载得最早,对各地声援马占山或东北义勇军的消息也刊登得最多。《益世报》对马占山等东北抗日将领给予了高度评价。

1933年,《塘沽协定》签订后,北方形势日益恶化。《益世报》对国民党政府的妥协态度十分不满,多次发表文章予以批评;特辟《抗日舆论》专栏,大量发表人民群众的爱国言论。

《益世报》抗日救亡立场和大量报道抗日消息、表达人民爱国主张,以及对国民党政府对日妥协的批评,受到广大读者的欢迎,同时遭到国民党当局的嫉恨。国民党中央宣传部、国民党河北省党部和天津市党部,多次出面威胁,要求撤换主笔,并派特务暗杀罗隆基,迫使罗隆基离开报馆。之后,《益世报》又聘请

---

① 马艺:《天津新闻传播史纲要》,新华出版社,2005年版,第136页。

华大学教授钱端升担任主笔。钱端升上任后,继续发表抗日社论,并且其文章的深刻和犀利,不亚于罗隆基。蒋介石对此非常恼火,下令对《益世报》停邮和电报使用,迫使钱端升离开报馆。稍后,《益世报》抓住宋哲元倾向抗日的机会,重新聘请罗隆基回到报馆。罗隆基重任主笔后,不顾个人安危,继续撰文呼吁抗日,批评国民党政府的不抵抗政策。1935年"一二·九"运动爆发,罗隆基在《益世报》上发表题为《爱国无罪》的社论,指责当局把中国搞成"爱国有罪"的局面了。并说:"到了举国的人民畏罪而不敢爱国,国家必亡。"①

《益世报》不仅在新闻和言论方面宣传抗日救亡主张,而且开辟专页载文揭露日寇的侵华罪行,如连载《满蒙忧患史》、《万鲜残案实录》、《田中奏章》、《满蒙权益拥护秘密会议记录》等;还载文详细报道沦陷后的东北惨景,如《盗治下的沈阳》、《铁蹄下的长春》等。另外,还设置哲学、文学、经济、国际、妇女等专刊,聘请平津教育界的知名人士撰写文章,从各个方面讲述抗日救亡的道理。

1937年7月28日,日军侵入天津,天津各报除几家附逆之外都已经停刊。《益世报》因在租界,还能坚持出版。8月18日,《益世报》社长生宝堂被日军杀害,报纸于9月3日被迫停刊。

四、成舍我新办报主张与《立报》创办

(一)成舍我的新办报主张

20年代创办"世界报系"大获成功,对成舍我是一个极大的鼓舞。1930年初,雄心勃勃的新闻事业家成舍我为了更好地发展自己的事业,实现当中国新闻界巨头的愿望,他打算游历欧美。他的想法得到了李石曾的赞助,于4月16日离开北平由上海出国。他先在法国考察了新闻事业,后到瑞士的日内瓦参加万国报界公会,又到比利时的布鲁塞尔的报界公会发表演说,再经德国、英国等地到美国考察新闻事业。1931年2月19日回到上海。

成舍我在欧美游历考察期间,曾写了两篇有关考察新闻事业的通讯,一篇是《我所见之巴黎各报》,很详细地记叙巴黎各报的情况。特别是对巴黎报纸缩减篇幅,降低售价(法报每张售价只合中国币一分钱)很感兴趣,他认为这一点很值得仿效。另一篇是《在伦敦所见英国报界之新活动》,除介绍英国报界发生的新活动外,尤其对报界对政界的影响极为赞赏,他说:"符离街(英报馆集中地)支配唐宁街(英首相府所在地),在词典上无'言论自由'之吾辈中国记者观之,自不能不悠然神往耳。"以上两点对他办报思想的发展很有影响。回国后,成舍

---

① 转引自马艺:《天津新闻传播史纲要》,新华出版社,2005年版,第140页。

我在北京报界公会为他举行的欢迎会上谈访问观感时,尤其主张报纸的言论应完全听从民意的支配。

这就是说,旅欧归来的成舍我最希望在中国创办一张如欧美19世纪三四十年代崛起的大众化报纸,这种报纸面向社会的下层群众,以刊登社会新闻为主,文字通俗,价格低廉;同时在思想上神往和追求西方那样的言论自由,希望中国的媒体有一个较高的地位,能够对政府的决策起到应该有的建言和监督的作用。这种报刊思想在当时的中国无疑是具有进步意义的。

(二)《立报》的创办与成功

其实,像法国报纸"缩减篇幅,降低售价"的做法,成舍我早就进行过。1927年4月18日,他就以"小报大办"方法在南京创办《民生报》。这张4开"小报",版面小,而内容丰富,新闻性强,完全不像前些时上海滩上的消闲小报,所以销售量很快超过了南京的首位大报《中央日报》。7年后,1934年5月,《民生报》因揭露当时行政院长汪精卫的部下彭学沛贪污舞弊等事件,于7月23日被南京宪兵司令部查封,成舍我也因之系狱40天。

出狱后,成舍我办小型报的志趣更浓,一年后,与人合资在上海创办了另外一张4开小型报——《立报》,并担任社长。《立报》1935年9月20日创刊,到1941年12月24日终刊,先后出版6年多,分为两个时期:从创刊到1937年11月25日停刊,为上海期;1938年4月在香港复刊到终刊为香港期。《立报》的主要成就在上海期。

上海期的《立报》确实能在政治上坚持进步,在创刊号上刊登的《我们的宣言》就明确地讲:"我们要想树立一个良好的国家,我们就必先使每一个国民都知道本身对国家的关系。怎样叫大家都知道,这就是我们创办《立报》唯一目标,也就是我们今后的最主要使命。"《立报》决心成为一张"立场坚定,态度公正","对外争取国家独立,驱逐敌寇,对内督促政治民主,严惩贪污"的报纸。成舍我同十年前任用张友渔办《世界日报》一样,此时也用了一批进步人士和共产党人办《立报》。共产党员恽逸群主编"国际新闻"版,并兼写社论;共产党员徐迈进主编"本市新闻"版;萨空了先主编副刊"小茶馆",后当总编辑。《立报》上刊登的恽逸群写的社论,反映了中国共产党的抗日民族统一战线政策,说出了人民群众的心里话,而且文章简短,注意分析说理,很受读者欢迎。上海"八一三"战事前后,《立报》每日发表抗日言论,并及时报道战况,因而每天报纸一上市,立即被抢购一空。《立报》在香港复刊后,未能保持进步性,特别是香港后期,成舍我与国民党拉上关系,报纸的政治态度发生了根本变化,使其声誉一落千丈。

《立报》在报纸业务上有颇多的独创之处:其一,《立报》以大报的格局安排版面。《立报》虽然是一张4开的报纸,但在版面安排上完全不同于一般消闲小报,而是一张大报性的小型报,即将大报的主要材料加以浓缩、精编,比大报更为精粹。《立报》创刊时至1937年初,信守"本报销达10万份之前不载广告"的承诺,不登广告。一版登要闻,二版上半版登国内外新闻,下半版为《言林》副刊,三版上半版登本市消息,下半版是副刊《花果山》,四版上半版刊登文化、教育、体育新闻,下半版是副刊《小茶馆》。1936年6月1日,增加两版,版面略加调整,一版仍登要闻,二版上方登国内消息,下方为《言林》,三版上方登本市消息,下方为《花果山》,四版登国际新闻和广告,五版是《教育与体育》、《经济》专栏,六版为《小茶馆》、长篇小说连载。从上述版面安排可以看出,《立报》完全采取了大报的编排方式,做到了"麻雀虽小,五脏俱全"。当时消闲小报是不能参加报业公会的,而《立报》是报业公会的成员,取得了和大报平起平坐的地位。

其二,《立报》以"精编"的方法组编稿件。对于国内外新闻,在广泛了解的基础上,摘取其主要内容,编写成简明扼要的消息,对于要发详细内容的稿件,也力求文字简洁、准确流畅。这种精编办法,该长则长,该短则短,这就使这张小型报纸的新闻内容并不比大报少。对于这种稿件精编方法,茅盾先生有过颇有见地的论述,他认为,小型报纸的编辑部就是一部提炼机,这样小型报就会成为大报的精华。

其三,《立报》最大的特色是"大众化"。《立报》从创刊起,就提出两个口号:"报纸大众化"和"日销百万为目的"。在《我们的宣言》中还着重强调:我们绝不是打着大众化的旗号牟私利,一定要把报纸办得通俗易懂,刊登的材料要与群众休戚相关,使全国国民"能读、必读、爱读,使他们觉得读报真的和吃饭一样需要"。为了使"大众化"这个办报口号为广大读者所了解,《立报》在报纸边上经常刊登一些醒目明了的短语,如"天天读报最易增进本身对国家的认识,故欲民族复兴必先实行报纸大众化"(一版报边);"报纸大众化是价钱便宜人人买得起,文字浅显人人看得懂"(二版报边);"永远不增价终年不休刊,凭良心说话拿真凭实据报告新闻"(二版报边);"欢迎直接订阅3月只收报费1元,请电96081即可每早准时送到"(三版报边);"只要少吸一支烟你准看得起,只要略识几百字你准看得懂"(四版报边)。为了防止报贩从中作梗,保证群众及时阅读到报纸,《立报》自备自行车100辆,每天早晨8时前把报纸直接送给订户。

其四,《立报》的副刊富于特色。《立报》有3个副刊——《言林》、《花果山》、《小茶馆》,都为名家主编,各具特色。《言林》属文艺性质,每期约2 500字,四五篇短文,起初由谢六逸教授主编,后由茅盾接编。《花果山》由小说家张恨水主编,除刊登长篇连载小说外,还刊登风物小志、历史掌故、世界珍闻、讽刺小品之类的短小文章。《小茶馆》副刊原名《点心》,由萨空了主编,主要是刊登常识性的文章,改名《小茶馆》之后,以刊登读者来信为主,多反映下层群众生活。

其五，《立报》注视独家新闻的采访。《立报》自己有电台，就可以直接收到国内外各通讯社的电讯稿，这样就可以抢在别家报纸前面刊登一些重要新闻。如轰动一时的"西安事变"、蒋介石被释放、"七君子"被捕等重要消息，在上海报纸上首先发表的就是《立报》。对一些重大新闻需要作详细报道，编辑部不惜花大力气派记者跟踪采访，掌握第一手材料，写出精彩生动的独家新闻稿。1935年"一二·九"运动期间，上海部分学生离沪去南京向国民党政府请愿，为了反映这一全市注目的事件，《立报》就派记者与请愿学生随行。当学生被阻留在昆山、无锡，记者就从这两地写回生动、具体的报道，甚至还出现了上海教育局长潘公展向学生下跪哀求学生勿再前行的细节。

由于《立报》在政治上主张抗日救亡，在业务上按"报纸大众化"的要求进行改革，因而颇受群众欢迎。创刊不到半年，日销量已超过10万份。1937年到上海"八一三"抗战时，日销量达20万份，创当时报纸销量的最高纪录。

五、张竹平异军突起与"四社"成立

张竹平（1886—1944），江苏太仓人，上海圣约翰大学的毕业生，笃信基督教。在史量才接办《申报》后，入《申报》馆，并被聘为经理。在任期间，张竹平显示出出色的报业管理才华，成为《申报》中兴的有功之臣，深得史量才的赏识。但是，张竹平不是一个甘于久居人下的人，在积累了丰富的经验和一定的资金后，他开始谋求自己的事业。他自己说，他平生有三大志愿，一是办英文新闻纸，二是办晚报，三是办电讯社。他的事业从办电讯社开始。1924年，他还在《申报》任职，就利用业余时间，聚集一些人开始筹办电讯社，对外正式发稿。1928年正式创立了"申时电讯社"。同年，张竹平又与汪英宾、潘公弼等人合股购下《时事新报》，后又组建股份有限公司，任董事长兼经理。1930年冬天，张竹平离开《申报》，正式开始独立经营自己的事业。1931年2月，与董显光等人合股从英商伊兹拉之妻的手中购进濒临倒闭的英文报纸《大陆报》，张任经理，董任总编辑。几乎同时，张竹平又与董显光、曾虚白等人策划创办了《大晚报》。

上述四家新闻机构都是集资创办的，张竹平均占有三分之一的股份，并且事实上把握了各单位的经营权，因而张竹平一跃而成为上海新闻界仅次于史量才、汪伯奇的报业资本家。为了谋求更大的发展，张竹平将这四家新闻机构联合起来，组建了"四社联合办事处"。

"四社"的成立，在当时的新闻界影响很大。像这样一个既有报纸，又有通讯社，既有日报，又有晚报，既有中文报纸，又有英文报纸的联合体，在中国新闻史上还是空前的；同时，四家机构联合起来，经济实力也相当雄厚。所以，当时就有人说,"四社"联合是搞"报业托拉斯"。

"四社"的成立,意味着在国民党政府的新闻事业体制之外形成了一个私营报业联合体,这对于国民党的新闻统治来说,造成了很大的不方便;加上出于筹集资金的需要,张竹平又与反蒋的福建"中华共和人民革命政府"发生关系,更为蒋介石国民党政府所不容。1934年下半年,《时事新报》受到"禁邮"警告,继而,孔祥熙指示亲信向张竹平施加压力,强行收购"四社"股权。1935年初,董显光辞去《大陆报》总编辑,"四社"塌了一脚。张竹平在压力面前退步,原本只想卖《时事新报》一家,保留其余三家。蒋介石又指使杜月笙再加压力,不得已,张竹平只得以20万元地价,将《时事新报》卖给了孔祥熙。后来,其余三家也渐渐被孔家占有。

1935年5月1日,张竹平在各大报刊出启事,称自己生病,急需休养,已经向四社董事会辞去"所有四公司总经理职务","暂请杜月笙先生代理"。杜月笙也同时刊出启事,接受张竹平的委托。6月16日,"四社"同时举行股东大会,改选董事会,杜月笙为董事长。中国第一家私营报业托拉斯就这样被国民党高官"和平"地"劫收"了。

第四节　在救亡中奋进的爱国新闻人士

一、伟大的人民新闻出版事业家邹韬奋

(一) 丰富的新闻出版活动

邹韬奋(1895—1944),原名恩润,祖籍江西余江,生于福建永安。韬奋少年丧母,家贫如洗,1912年到上海就读于南洋公学,后转入圣约翰大学,1921年7月毕业,1922年受聘到中华职业教育社工作。韬奋自小阅读梁启超在《新民丛报》发表的文章、黄远生在《时报》与《申报》上发表的北京通讯,使他对新闻工作产生好感,立志当一个新闻记者。韬奋的一生,是从事新闻出版工作的一生。从1926年接办《生活》周刊开始他的新闻生涯到1944年病逝,一共18年,韬奋共主编、创办过《生活》周刊、《大众生活》周刊、《生活日报》、《生活星期刊》、《抗战》三日刊、《全民抗战》、《大众生活》(香港版)等7种报刊。他对这些报刊注入全部的心血、满腔的热情。从1933年起的短短的11年中,他三次被迫流亡,一次被捕入狱,然而对新闻事业的热爱愈来愈炽烈,为人民办报的决心愈来愈坚定。

《生活》周刊是邹韬奋主编的第一家报刊。这家杂志是资产阶级社会教育团体中华职业教育社1925年10月创办的,是职业社专门宣传职业教育、进行职业指导刊物,主要刊登一些职业指导消息和简要的职业指导言论,发行量才2 000份。邹韬奋刚主编《生活》周刊之初,刊物上的稿件几乎是邹韬奋一个人的"产品",邹韬奋给自己取了六七个笔名,分别用于不同的文章。从1927年起,《生活》几乎每期都发表一篇到几篇"小言论",署名"韬奋"。这是他的刻意之作,很受读者注意,"韬奋"这个名字也因此出了名。1931年以前,邹韬奋的《生活》周刊主要是刊登有关个人修养、职业修养的文章,以期帮助青年人提高修养和找工作的能力。

　　"九一八"事变后,国民党实行不抵抗政策,粉碎了邹韬奋资产阶级改良主义的幻想。1932年2月和7日邹韬奋在《生活》周刊上先后发表了《我们最近的思想与态度》和《我们最近的趋向》,表明他的思想发生了很大的变化。他开始把自己的目光投向时代,抗日救亡成了《生活》周刊的主题,《生活》周刊由一份职业教育的刊物变为以新闻时政评述为主的新闻周刊。韬奋思想上的变化、《生活》周刊对抗日救亡运动的宣传和对国民党当局"攘外必先安内"等卖国谬论的抨击,深为国民党反动当局所不容,要对《生活》采取"禁邮"措施。邹韬奋希望有所挽回,便托国民党元老蔡元培向蒋介石疏通,蒋介石拿着《生活》周刊合订本说:"批评政府就是反对政府,绝对没有商量的余地!"①1932年7月,国民党当局下令对《生活》"禁邮"。邹韬奋和同事们没有被吓倒,他们通过铁路、轮船、民航托运把《生活》大包大包地运出去,邹韬奋主动削减自己的薪水以补贴运费。结果,《生活》周刊的销路不但没有减少,反而增加,这年年底,《生活》周刊发行到15万份。

　　《生活》的事业在斗争中不断扩大,1932年7月在"读者服务部"的基础上成立了"生活书店",1933年又成立了"生活出版合作社"。

　　1932年12月,韬奋参加了中国民权保障同盟,被推选为执委。次年6月18日,民权保障同盟执行委员兼总干事杨杏佛被国民党特务暗杀,韬奋也被列入了黑名单。在这种情况下,他将《生活》周刊交给胡愈之、艾寒松等人,自己被迫流亡出国。1933年7月14日,韬奋第一次踏上流亡的旅程。他是带着两个问题出国的,一个是"世界的大势怎样",一个是"中华民族的出路怎样"。他选择资本主义的英国、法国、美国和社会主义的苏联及法西斯主义正在兴起的意大利和德国作为考察的重点。两年的流亡生活,他经过认真考察、研究、学习,对以上两个问题找到了明确的完满的答案,他的思想转变到了一个新的高度。他认为社会

---

① 张达:《邹韬奋》,《新闻界人物》(2),新华出版社,1983年版,第112页。

主义比资本主义好;中华民族要彻底解放,只有在无产阶级政党共产党领导下,才能获得,而且也必须朝着社会主义的方向走去。在两年的流亡过程中,他始终紧张地观察和写作,他把自己参观、访问、考察、了解所得陆续写成通讯,共519篇,50多万字,后汇集成三本《萍踪寄语》,回国之后又写了一本《萍踪忆语》。

就在邹韬奋出国流亡后半年,1933年12月16日,国民党政府以"言论反动,思想过激,毁谤党国"的罪名查封了《生活》周刊。最后一期《生活》是第8卷第50期。次年2月10日,邹韬奋好友杜重远在上海创办了《新生》周刊,"新生"即"生活重生"之意。1935年5月4日,《新生》周刊第2卷第15期刊载艾寒松化名"易水"写的《闲话皇帝》,该文泛论以君主立宪作为外壳的现代资本主义国家,其政权实质仍是资产阶级专政。讲到日本时,说日本天皇不过是有名无权的傀儡,是装饰品,真正的统治者是日本军部。日本总领事硬说该文"侮辱天皇,妨害邦交",因而组织示威、闹事,不仅要求国民党禁止《新生》周刊发行,而且还要惩办主编和作者。国民党当局秉承日本帝国主义的旨意,开庭审判,查封《新生》,判杜重远一年零两个月徒刑,制造了轰动舆论界的"新生事件"。"新生事件"发生时,邹韬奋正在美国西部,他从《芝加哥论坛报》上得知此事,十分气愤,当即决定回国。

1935年8月,邹韬奋回国,于11月在上海创办《大众生活》周刊。不久,"一二·九"运动爆发,《大众生活》给学生的爱国行动以热情的声援,参加救亡运动的重要作家和热血青年的重要文章都在《大众生活》上发表。《大众生活》一连好几期的封面都是"一二·九"运动场面的照片。《大众生活》受到广大人民群众的热烈欢迎,在全国产生了很大的影响,销数达20万份。

1936年2月,《大众生活》出至第16期被查封,邹韬奋流亡到了香港。5月,被选为全国各界救国联合会执行委员。6月,他又在香港创办了《生活日报》、《生活日报星期增刊》(至第11号改名《生活日报周刊》)。《生活日报》高举抗日救亡的旗帜,坚决反对日本帝国主义对中国的侵略,无情揭露日本侵略军在中国的种种暴行,大力报道中国人民抗日救国的英勇斗争。由于运往内地困难,读者有限,资金窘迫,《生活日报》于1936年7月31日便自动休刊,前后仅出版了55天。

1936年8月,邹韬奋回到上海,他把《生活日报周刊》改名为《生活星期刊》迁到上海出版。这个刊物除原有的12页文字外,又增加了4页图片,内容比《大众生活》更丰富、精彩。11月,邹韬奋在上海与救国会的其他负责人沈钧儒、李公朴等"七君子"被国民党反动政府逮捕,《生活星期刊》出至第28期也被查封。在监狱中,邹韬奋坚贞不屈,一方面回顾总结自己所走过来的路,一方面利用各种机会进行抗日救亡的宣传,痛斥反动当局的迫害。

1937年"七七"事变后,国民党当局迫于全国人民的压力,释放了"七君子"。邹韬奋一出狱,就在上海创办了《抗战》三日刊。上海沦陷后,邹韬奋来到武汉,1938年6月被聘为国民参政会参政员。7月,《抗战》和李公朴办的《全民》合并而成《全民抗战》,由邹韬奋主编。该刊因及时反映广大群众的呼声,最高发行量达30万份,创当时全国杂志发行量的最高纪录。10月武汉沦陷,邹韬奋将《全民抗战》搬到重庆出版。1941年2月"皖南事变"后,国民党政府查封了《全民抗战》和生活书店,韬奋被迫第三次流亡。他愤然辞去"参政员",弃下家小,只身到香港。韬奋一到香港,便在这里复活了《大众生活》,这是他主编的最后一家刊物。在该刊物上,韬奋热情宣传抗战,大力鼓吹民主政治。这一时期,他还在其他报刊上发表不少文章,著名的《抗战以来》就是连载在范长江主编的《华商报》上,这篇文章尖锐而深刻地揭露了国民党的法西斯统治,叙述了和国民党法西斯新闻检查作斗争的情形,对海外华侨认清国民党政府的反动本质起了很大作用。1941年底,香港沦陷,《大众生活》停刊了。在中共南方局的安排下,邹韬奋和许多居港的进步文化人士安全撤离。邹韬奋几经辗转来到苏北抗日根据地,后患耳癌于1943年秘密到上海治病,次年7月24日病逝,年49岁。临终前他要求中共中央追认他为党员。9月28日,中共中央在唁电中说:"先生遗嘱,要求追认入党……我们谨以严肃而沉痛的心情,接受先生临终的请求,并引此为吾党的光荣。"

总结邹韬奋的报刊出版活动经历,大致上可分为四个时期:早期、流亡期、救亡期、抗战期。时代在发展,他的政治思想也在发展,报刊活动越来越精彩。

(二)韬奋新闻精神

1944年11月15日,毛泽东题词:"热爱人民,真诚地为人民服务,鞠躬尽瘁,死而后已。这就是邹韬奋先生的精神,这就是他之所以感动人的地方。"毛泽东的题词,不仅高度评价了邹韬奋的一生,而且表述了一个伟大的概念——感人的"韬奋精神"!

这里所说的"韬奋精神",也就是邹韬奋的新闻精神。

第一,坚定不移的政治立场和高尚的气节,这是韬奋新闻精神的主干。

邹韬奋从事报刊活动的时候,正是国民党对国统区左翼及进步文化事业进行疯狂迫害和摧残的时候。国民党对邹韬奋采取软硬兼施的办法,妄图使他屈服就范,但都没有得逞。"软"的方面:1935年,南京国民党当局曾派复兴社总书记刘建群和后来成为国民党中央宣传部部长的张道藩,到上海来拉拢邹韬奋。不久蒋介石又"有意"约他到南京"当面一谈"(邹韬奋《患难余生记》),但遭到邹韬奋的严词拒绝:"我不愿作'陈布雷第二'!"国民党当局还曾多次派人拉邹韬奋入党,如抗战初期在重庆的时候,国民党中央党部CC派头子徐恩曾(是邹韬奋南洋公学的同学），就曾多次与邹韬奋"晤谈"，"希望"他"加入国民党"，但邹韬奋说："要我加入国民党，也不妨事前和我商量商量，现在无缘无故在短时期内把几十处书店封闭，把无辜的工作人员拘捕，在这样无理压迫下要我入党，无异叫我屈膝。中国读书人是最讲气节的，这也是民族气节的一个根源……""硬"的方面：国民党曾一次又一次封闭了邹韬奋花费大量心血和精力创办的报刊和书店，到1941年2月止，56个"生活书店"分店被封55家，只剩下重庆一家分店。国民党一次又一次地迫害邹韬奋，使他三次流亡，一次坐牢。但不管"软"也好，"硬"也好，邹韬奋都大义凛然，始终坚定不移地站在工农群众、人民大众和无产阶级的立场上，和国民党反动派斗争。他宣称："三军可以夺帅，匹夫不可夺志"，体现了一个革命报人富贵不能淫、贫贱不能移、威武不能屈的高尚节操。因此，胡愈之评价邹韬奋说："他有一副硬骨头！"在30年代"国统区"及国民党文化"围剿"中，邹韬奋是继鲁迅之后的又一名勇将。

第二，密切联系人民群众，反映人民群众的呼声，热心为读者服务，这是邹韬奋的办报宗旨，也是"韬奋新闻精神"的核心。

首先是以广大读者的利益为中心确定办报宗旨。邹韬奋接办《生活》周刊不久，特意发表《本刊与民众》一文指出："本刊的动机完全以民众的福利为前提"，并忠实地"替民众里面最苦的一部分"人向社会呼吁。两三年后，当《生活》周刊发行数从几千份猛增至8万份时，社会上便有人说什么"好了！《生活》周刊可以赚钱了"，为此，邹韬奋专门写了《〈生活〉周刊究竟是谁的？》一文，宣称"生活周刊是以读者的利益为中心"的。当他的世界观发生根本性变化后，这一思想就更明确，他自觉地把为民众服务与争取民族解放的斗争结合起来。1936年7月31日在《生活日报的创办经过和发展计划》中，他说："我平生并无任何野心，我不想做资本家，不想做大官，更不想做报界大王。我只有一个理想，就是要创办一种为大众所爱读、为大众作喉舌的刊物……要创办一种真正代表大众利益的日报。"在国民党的监狱中，他说："我在20年前想做个新闻记者，在今日要做的还是个新闻记者——不过意识比20年前明确些，要在'新闻记者'这个名词上面，加上'永远立于大众立场的'一个形容词。"

其次是以满腔的热情做好读者工作。邹韬奋热爱读者，关心读者，服务读者，和读者建立和保持了广泛的联系和真挚的友谊。他主持的《生活》周刊，是中国重视读者来信比较早的刊物之一，它与读者的亲密关系受到人们的普遍赞扬。他接办《生活》周刊后，就增辟了读者《信箱》专栏，并把它保留给以后每一种刊物。《信箱》每月收到大量读者来信，邹韬奋以满腔热情阅信复信。他说："做编辑最快乐的一件事就是看读者来信，尽自己的心力，替读者解决或商讨种种问题，把读者的事看成自己的事，与读者的悲欢离合、甜酸苦辣打成一片。"邹韬奋的工作和精神取得了广大读者的信任,他们中的许多人把长期疑难不决的问题、有关个人秘密的事情,甚至不愿告诉父母亲友而宁愿写信同邹韬奋商量,听取他的意见。对他们提出的问题,邹韬奋用全副精力答复。他说:"答复的热情,不逊于写情书,一点也不肯马虎。"

最后是"注重为大多数民众谋福利,不以赢利为最后目的",做好报刊经营发行工作。他办《生活》周刊,尽力以低廉价格让更多的读者分享精神食粮。当时物价飞涨,刊物成本大增,但是为了减轻读者负担,他从不轻易加价。虽然广告是《生活》周刊的经济来源之一,但邹韬奋坚持不登骗人的广告,他认为"本报对于所登载的广告,也和言论、新闻一样,是要向读者负责的"。

第三,强烈的事业心和忘我刻苦的工作精神,这是韬奋新闻精神的境界。

据邹韬奋在《生活史话》中回忆说,《生活》周刊初创时,全部只有"两个半人",而编辑部的全部工作(包括编辑、撰稿、复信等)便都落到他的身上。往往全期文章,长的短的、庄的谐的都由他这个"光杆编辑"包办。他往往"模仿了孙悟空先生摇身一变的把戏,取了十来个不同的笔名,每一个笔名派它一个特殊的任务","这样一来,在光杆编辑主持下的这个编辑部似乎人才济济,应有尽有!"为了写好文章,还必须参阅大量资料。《生活》周刊没有自己的资料室,邹韬奋就"采用了'跑街'政策,常常到上海的棋盘街和四川路一带跑,在那一带的中西书店里东奔西窜,东翻西阅,利用现成的'资料室'。有些西文杂志实在太贵,只得看后记个大概,请脑袋代劳;有的酌量买一点"。奔回编辑部后,就马上分配各位"编辑"(笔名)工作!除此以外,"光杆编辑"还得兼做"光杆书记"的工作——阅读、答复读者的大量来信。他"自己拆信、自己看信、自己起草复信、自己眷写复信(因要存稿),忙得不可开交,但也忙得不亦乐乎"。"当然,光杆编辑不是万能,遇有必要的时候,还须代为请教专家。拿笔之外,还须跑腿。"尽管工作是这样艰苦、紧张,但邹韬奋不以为苦,反以为乐。他把事业看得比生命还重要,深深地挚爱着自己的工作,他说:"我们都是傻瓜,好像乐此不疲似的,常自动地干到夜里十一二点钟,事情还干不完,只得恋恋不舍地和办公桌暂时告别……"

二、现代中国的一代名记者范长江

(一)范长江及其新闻活动经历

范长江(1909—1970),原名范希天,四川内江人。他18岁时便参加了南昌起义,起义失败后,于1928年考入南京中央政治学校乡村行政系。"九一八"事变后,他认清了国民党政府的真实面目,愤然离开了中央政治学校,于1932年进入北京大学。次年元月,日军侵占山海关,范长江强烈地意识到,埋头故纸堆是不能救国的,就毅然走出书斋,全力投入抗日救亡运动。他曾参加"辽吉黑抗日义勇军后援会"的活动,出发到热河省凌源一带。回北平后,又参与发起组织北大学生长城慰问团,到长城各口慰问抗日军队。

1933 年下半年,范长江为北平《晨报》、《世界日报》和天津《大公报》投稿开始他的新闻工作。1952 年离开新闻战线,担任政务院文化教育委员会副秘书长。1954 年任国务院第二办公室副主任。1956 年起先后任科委副主任、科协副主席等职。1970 年 10 月 23 日在河南确山被"四人帮"迫害致死。

范长江从事新闻工作共 19 年,以 1938 年秋天正式离开《大公报》为界分为前后两个时期。前期主要是在《大公报》担任记者,历任《大公报》记者、采访部主任、中国青年新闻记者学会负责人;后期主要是在共产党领导下从事新闻战线上的领导工作,历任国际新闻社负责人、香港《华商报》主编,新华社华中分社、华中总分社社长,华中新闻专科学校校长,新华社总社副社长和总编辑,中华人民共和国成立后,先后担任新华社总编辑、上海解放日报社社长、新闻总署副署长、人民日报社社长等职。而作为一代名记者,他的主要成绩在前期。

范长江前期的新闻活动主要是在《大公报》时期进行的采访活动。从 1935 年 5 月取得《大公报》旅行记者身份算起到 1938 年秋天,范长江在《大公报》工作了三年多时间。三年多时间内,他进行了从塘沽到川南的采访、西北旅行采访、陕北采访、抗战初期的战地采访。他以满腔的爱国热情、满腹的经纶才学,和勇敢顽强、吃苦耐劳的精神,以及深厚的文史功底,不仅采访到有重要价值的新闻,而且撰写出引人入胜的通讯。正如一位《大公报》老报人所说的那样:"民国二十四、五、六年间以及二十七年 5 月以前,《大公报》上'长江'笔名所写的通讯稿,可以说真是脍炙人口,红半边天,受到全国人士的注意。"①在这些采访活动中,最重要的有两项——"西北采访"与"延安采访"。这两项大的新闻采访活动足以使他"红半边天"。

(二)"西北采访"与"延安采访"

1. "西北采访"与《中国的西北角》

1934 年,天津《国闻周报》上的《赤区土地问题》专栏上的文章引起范长江的注意,他曾专程跑到江西,弄到中共中央苏区的油印小册子阅读,他认为把共产党说成"匪"是根本不能成立的,所谓"剿匪"也是完全没有意义的。为了进一步搞清"红军北上后中国的动向如何","未来抗战的大后方——西北、西南的情况怎样"这两个问题,他打算进行一次西北考察。他的计划得到了《大公报》总

---

① 陈纪滢:《抗战时期的大公报》,转引自吴廷俊:《新记大公报史稿》,武汉出版社,2002 年版,第 158—159 页。

经理胡政之的支持。1935年7月,26岁的范长江以《大公报》旅行记者的身份,从成都出发,开始了西北地区考察旅行。范长江足迹遍及川、陕、青、甘、内蒙等广大地区,历时10个月,全程4 000余里。他把旅行见闻写成通讯陆续在《大公报》上发表。

范长江的西北采访大致分为四个阶段。

第一阶段:成兰之行——从成都到兰州。这一阶段,主要写了《岷山南北剿匪军事之现势》、《成兰纪行》两篇通讯。关于这两篇通讯的立场和观点,范长江后来回忆说:"我在这两篇文章中贯彻了这样一个基本观点:国共两党要有平等地位,首先国民党要停止剿匪内战,共商抗日大计。因此,我在写作时,正式称中共军队为'红军',提到剿匪的地方加以引号表示对剿匪方针的否定。"①

第二阶段:陕甘穿梭——在兰州、西安之间,经不同路线穿梭两个来回。这一阶段主要写了11篇通讯,这些通讯的特点,就是追随长征途中的红军,跟踪采访。

第三阶段:翻越祁连山——神秘的青海。写了通讯3篇。主要描写祁连山地区复杂的民族关系、特殊的社会情形和日渐错综的外交环境。

第四阶段:纵横贺兰山。完成最后一篇通讯《贺兰山的四边》。

范长江的西北通讯揭露了西北地方的弊政,描述了西北人民啼饥号寒的悲惨景象,第一次透露了红军长征路上的一些真实情况。这些通讯发表后,在社会上引起了很大反响。《大公报》馆还将范长江的旅行通讯辑成《中国的西北角》一书出版,该书在短短的几个月内,连续再版7次。此后,范长江被《大公报》录为正式记者,并参加《大公报》上海版的工作。

范长江西北旅行采访成功的原因,一方面固然是由于他个人的才干和勇敢的精神,另一方面《大公报》的支持也是不能低估的。正如他自己在回忆中写的:"《大公报》那时在全国的声望很高,有了《大公报》的正式名义,又经常在报上发表我署名的通讯,还有《大公报》在全国的分支机构可以依靠,虽然我的经济情况那时还很困难,常捉襟见肘,但我的活动的局面已经打开了。"②

2."延安采访"与《动荡中之西北大局》

1936年12月"西安事变"发生时,正在绥远抗战前线采访的范长江立即离开绥远,历经艰危于1937年2月3日到达西安,采访了周恩来、叶剑英等。这次采访消除了他对"西安事变"的误解。随后范长江到达延安采访,并和毛泽东进行了彻夜长谈。毛泽东向他追述了十年内战的历史,并特别详细地讲解了中国

---

① 《长江自述》,《范长江新闻文集》下,中国新闻出版社,1989年版,第1117页。
② 同上书,第1116页。

共产党抗日民族统一战线政策。陕北之行促使范长江的世界观发生了深刻的变化,毛泽东的谈话使他"茅塞顿开,豁然开朗",他高兴地说:"抗日民族统一战线的伟大政策,把我多年没有解决的'阶级'和'民族'矛盾从根本上解决了,这是我十年来没有解决的大问题。"当时他打算留在陕北,长期考察和报道红军和共产党,但是毛泽东劝他立即返回上海,利用《大公报》在国民党统治区的舆论地位,积极宣传共产党的主张,推动抗日民族统一战线的形成。范长江愉快地服从了这个安排。

范长江是国内以记者身份进入延安采访毛泽东、朱德等领导人,并如实报道陕北革命根据地情况的第一人①。作为第一个采访延安的国统区的中国记者,他在这次具有历史意义的采访中写成了著名的通讯《动荡中之西北大局》,这篇通讯发表在国民党三中全会开幕的日子——1937年2月15日——的天津《大公报》上;随后,又在《国闻周报》上发表《陕北之行》。范长江的这两篇通讯打破了蒋介石的新闻封锁,不仅向国统区人民宣告了中国共产党抗日民族统一战线主张,而且向全国广大读者描绘了陕北革命根据地生气勃勃的面貌,介绍了中国共产党著名领袖人物的言行,对全国各界人士产生了重大影响。

(三) 范长江的旅游通讯

作为现代中国的一个名记者,范长江在抗日救亡运动中和抗战初期所写的通讯,曾经轰动全国。

强烈的时代感,是范长江通讯的第一个特色。他选取的新闻题材,大都是反映国家和民族的根本问题,反映广大人民群众最关心的大事,因此他的通讯具有强烈的时代气息,能够深深地震动人们的心。

红军长征的真实情况,是范长江在通讯中第一次向全国透露出来的。长征途中,红军跨越大渡河、夺取铁索桥、翻雪山、过草地等一些惊人之举,都是范长江的通讯告诉给人们的;陕北红色根据地的情况,也是范长江在通讯中,第一次详细报道给国统区的人民的;毛泽东、周恩来、彭德怀、刘伯承、刘志丹、徐向前、萧克等人的音容笑貌和军事才能也是范长江的通讯真实地描绘和报道出来的;中国共产党的抗日民族统一战线政策,通过范长江的通讯而告之天下,为广大爱国民众所接受;"西安事变"的真相通过范长江的通讯报道之后,粉碎了反动派的谣言,使国统区的人民明白了事变的真相。

为了写好这些重大的社会题材,范长江把笔触深入到社会的每一个方面。他的西北通讯内容涉及西北的政治、经济、军事、民族、宗教、文化、教育、交通等问题,几乎囊括了西北社会的所有层面,既选取了丰富而典型的材料,又发表了

---

① 胡愈之:《不尽长江滚滚来——范长江纪念文集》,群言出版社,1994年版,第18页。

精辟而独到的见解。

浓烈的感情是范长江通讯的第二个特色。范长江的通讯吸引人、感动人,与其中浓烈的感情分不开。这种感情中有爱、有憎、有喜、有愁;这些感情的表达有的是直抒胸臆,有的是寓情于景。

在陕北,范长江为英勇的抗日战士的事迹所感动,他在通讯中便用诗一般的语言,热情地赞颂他们:"许多英勇的战士,在这里作出了对国家神圣的牺牲,他们的热血和头颅,在这里换来了民族的胜利。他们的行径,将永远为后世所讴歌,他们的功业,将被全中国子孙所崇敬。这里的战痕已经快湮没,这里的血迹已经弄模糊,然而他们拼一身以殉国家之精神,将炳耀千古!"(《塞上行》)一连串含有韵律的基本对仗的句子,语气由徐渐疾,奔涌而出,表达了作者对为国捐躯的勇士们的崇敬、爱戴之情!

"欲成大河者,必长其源,欲成大事者,必固其基。源愈长,则此河之前途愈有浩荡奔腾之日;基愈固,则人生事业愈不敢限其将来。"(《中国的西北角》)这段抒情独白是范长江看到长江的发源和涪、岷二江的分流时所发出的感慨。虽然这里发出的感慨具有个人奋斗的感情色彩,但是这种触景而生的情,情深意浓。

生动、形象的描写是范长江通讯的第三个特色。范长江的通讯,人物描写生动、形象,只用几笔,神态毕肖,一路读来,如见其人,如闻其声,给读者留下深刻的印象。

通讯是这样描写"毛泽东先生"的:"书生外表,儒雅温和,走路像诸葛亮'山人'的派头,而谈吐之持重与音调,又类村中学究。"《塞上行》还特别强调一笔:毛泽东"面目上没有特别'毛'的地方,只是头发稍微长一点"。谦和持重,既有政治家的风度,又有军事家的气魄,这是毛泽东的形象。

写刘伯承是将其肖像与经历糅合在一起写:"身体看来很瘦,血色也不好,四川人有这样高的个子,要算'高'等人物。""他之有名,不在到红军之后,西南一带,对'刘瞎子'的威风,很少不知道的。他作战打坏了一只眼,身上受过九次枪伤,流血过多,所以看来外表不很健康,然而他的精神很好,大渡河也是他打先锋。行军时,飞机炸弹还光顾了他一次,幸而不厉害。他在莫斯科曾经令伏罗西洛夫敬佩过的。'红军总参谋长'是每个红色战斗员都知道利害的。"读者读后,既如同亲睹刘伯承其人,又了解了他的主要事迹,不禁产生敬佩爱戴之情。

具有游记散文的特点是范长江通讯的第四个特色。一般游记散文,其内容包括赞美祖国河山,谈论国家治乱,评述历史人物,介绍风土人情,考证古迹典故,从而抒发思想感情,阐释人生哲理,反映时代特征、社会本质。范长江的通讯具备游记散文取材广泛的这一特点,所不同的是,范长江通讯中的题材大都取于现实,即那些新近发生的关乎祖国前途和命运的重大事件和问题。在写作上,则借助游记散文的疏放、灵活的手法,结构变化多样。有时以游程为线索谈沿途见闻,有时就某个问题和事件布局谋篇,有时将旅途印象串联成文,写出自己的真情实感。范长江在通讯中,将叙述、描写、议论、抒情熔于一炉,把事件、人物、景物有机地编织在一起,文章如行云流水,浑然天成。另外,范长江的通讯除根据主题需要而择用大量现实材料外,还适当采用诗词、谚语、地方掌故、历史地理知识,读者读来,如饮甘醇。通讯《从嘉峪关说到山海关》,就结合对日寇向长城进犯的揭露,先从历史的角度介绍了自秦以来历代修筑长城的情况,以及历代在长城沿线抵御外族入侵的重大战争和经验教训,再从现实的角度介绍长城各主要隘口的情形,简直是一部古今长城史。

三、想"为国家尽一点点力"的胡适

(一)国难当头,胡适"重操旧业"

新文化运动时期创办《新青年》在全国思想界有呼风唤雨之威力的"三剑客"——陈独秀、李大钊、胡适,到了30年代,他们的情况如何?"从批判孔夫子到宣传马克思"的李大钊已于1927年4月6日被奉系军阀杀害了;从"不及政治"的教授到中共早期领袖的陈独秀,因路线错误,于1929年被开除党籍,1932年,他被国民党逮捕,在监狱中一直呆到抗战爆发;而胡适,依然在当他的教授,做北京大学文学院院长。由于阶级关系的复杂,民族矛盾的激化,救亡图存的呼声比任何时候都要高涨,思想界的"清议"已经没有多少人感兴趣了,"知识分子"们明显地被"边缘化"了,似乎找不到"活做"了。然而,中国的读书人向来有"以天下为己任"的宏大志向,而像胡适这样的著名教授,曾经被历史推到了社会的中心而"暴得大名",现在,国难当头,他是不可能袖手旁观的。"胡适们"会想办法重返"舆论中心",这是中国知识分子的本性使然。

同时,由于新文化运动刚过去不久,当时社会上的人们对新文化精英的音容还记忆犹新,对靠创办刊物而成为社会舆论"马首"的公众人物,寄予了很大的期望。李大钊作古,陈独秀被囚禁,因此,大家自然而然地把目光投向了胡适。

1931年"九一八"事变爆发不久,当时在清华大学任教的俞平伯就给胡适写信,建议他亲自出马,重操旧业,在北平办一"单行之周刊"。为什么要这样做?俞平伯说:"今日之事,人人皆当毅然以救国自任,吾辈之业唯笔与舌……现今最需要的,为一种健全、切实、缜密、冷静的思想,又非有人平素得大众之信仰者主持而引导之不可,窃以为,斯人,即先生也。以平理想,北平宜有一单行之周刊,其目的有二:(一)治标方面,如何息心静气,忍辱负重,以抵御目前迫近之

外侮。(二)治本方面,提倡富强,开发民智。精详之规划,以强聒之精神出之;深沉之思想,以浅显之文字行之,期于上至学人,下逮民众,均人手一编,庶家喻户晓。换言之,即昔年之《新青年》,精神上仍须续出也。救国之道莫逾于此,吾辈救国之道更莫逾于此。以舍此以外,吾人更少可为之事矣。先生以为如何?如有意则盼大集同人而熟商之。"①虽然后来俞平伯并没有参与《独立评论》的创办或为之撰文,但是这一段话很能体现当时一些自由知识分子的愿望,即拥戴胡适以办刊物谋求"救国"、"强国"或者是"治标"、"治本"之道;自感要实现自己的救国愿望和政治理想,只有办刊物造舆论,别无"可为之事"。

胡适晚年写《丁文江的传记》时,谈起创办《独立评论》的初衷,也说:"大火已烧起来了,国难已临头了。我们平时梦想的'学术救国'、'科学建国'、'文艺复兴'等等工作,眼看见都要被毁灭了。……《独立评论》是我们几个朋友在那个无可如何的局势里认为还可以为国家尽一点点力的一件工作。当时北平城里和清华园的一些朋友常常在我家里或在欧美同学会里聚会,常常讨论国家和世界的形势。就有人发起要办一个刊物来,说说一般人不肯说或不敢说的老实话。"②胡适说的"有人"即是蒋廷黻,当时他对办刊物最热心、最积极。《独立评论》的基金筹款依丁文江的提议,仿照《努力》周报的办法,社员每人捐出每月固定收入的5%,以使刊物在经济上完全独立。"独立"社员的4 205元捐款便是《独立评论》开办的基金总额。积了五个月的捐款后创刊出版了第一期,刊物出了近两年,社员捐款才完全停止。这份刊物不依附于任何党派与利益集团,完全是由这批自由知识分子因着对"社会的公心"而自发筹办,从而在经济上保持了绝对的"独立性"。所以,我们完全可以将《独立评论》的创刊,看作"在这最严重的国难时期",知识分子"笔墨报国"的工作③。或者说,《独立评论》是以胡适为代表的一批自由主义知识分子被民族危机刺激后,决定用"笔与舌"为国家做点事所搭建起来的一个舆论平台。

尤为值得一提的是,胡适将创办、主编《独立评论》一事理解为对"公家"尽责,为之劳心劳力却毫无怨尤。1936年1月9日在给周作人的信中,胡适写道:"三年多以来,每星期一晚编撰《独立评论》,往往到早晨三四点钟,妻子每每见怪,我总对她说:'一星期之中,只有这一天是我为公家做工,不为吃饭,不为名誉,只有完全做公家的事,所以我心里最舒服,做完之后,一上床就熟睡,你可曾

---

① 俞平伯:《致胡适》,1931年9月30日,中国社会科学院近代史研究所中华民国史组编:《胡适来往书信选》中册,中华书局,1979年版,第84页。
② 胡适:《丁文江的传记》,安徽教育出版社,1999年版,第142—143页。
③ 胡适:《独立评论的一周年》,《独立评论》第51号,1933年5月21日。

看见我星期一晚上睡不着的吗?'她后来看惯了,也就不怪我了。"①

(二)《独立评论》编辑方针与主要内容

《独立评论》1932年5月22日由胡适创刊于北平,1937年7月25日停刊,共出版了244号,发表文章1 309篇。

关于《独立评论》的编辑方针,胡适在创刊号《引言》中有清楚的说明:"我们八九个朋友在这几个月之中,常常聚会讨论国家和社会的问题,有时候辩论很激烈,有时议论居然颇一致。我们都不期望有完全一致的主张,只期望各人都根据自己的知识,用公平的态度,来研究中国当前的问题。所以尽管有激烈的辩争,我们总觉得这种讨论是有益的。我们现在发起这个刊物,想把我们几个人的意见随时公布出来,做一种引子,引起社会上的注意和讨论。我们对读者的期望和我们对自己的期望一样:也不希望得着一致的同情,只希望得着一些公心的,根据事实的批评和讨论。我们叫这刊物做'独立评论',因为我们都希望永远保持一点独立的精神。不依傍任何党派,不迷信任何成见,用负责任的言论来发表我们个人思考的结果:这是独立的精神。"②主编《独立评论》时期,胡适坚持"独立"的办刊方针;主张言论自由,鼓励意见交锋;倡导并实践"敬慎无所苟"的议政理念;注重时事评论的时效性与深度的结合。有研究者指出:《独立评论》具有"容忍异见"、"不畏强御"、"不趋时髦"的论政风格③。

在创刊一周年时,胡适又补充说,我们之所以创办这一刊物,是要把"我们"中"各人"对国家社会问题的思考和主张公之于众,希望得到社会的关注与同情。"我们自始就希望他成为全国一切用公心讨论社会政治问题的人的公共刊物。"他们特别强调:"现时中国最大需要是一些能独立思考,肯独立说话,敢独立做事的人。"胡适具体阐释了"独立"的含义:

> ……"贫贱不能移,富贵不能淫,威武不能屈",这是"独立"的最好说法。但在今日,还有两种重要条件是孟子当日不曾想到的:第一是"成见不能来缚",第二是"时髦不能引诱"。现今有许多人所以不能独立,只是因为不能用思考与事实去打破他们的成见;又有一种人所以不能独立,只是因为他们不能抵御时髦的引诱。"成见"在今日所以难打破,是因为有一些成见早已变成很固定的"主义"了。懒惰的人总是想用现成的、整套的主义来应付当前的问题,总想拿事实来附会主义。有时候一种成见成为时髦的风气,

---

① 欧阳哲生编:《胡适书信集(中)》,北京大学出版社,1996年版,第681页。
② 胡适:《引言》,《独立评论》第1号,1932年5月22日,第2页。
③ 陈仪深:《〈独立评论〉的民主思想》,台北"中央研究院"近代史研究所,1989年版,第240—251页。

或成为时髦的党纲信条,那就更不容易打破了。我们所希望的是一种虚心的、公心的、尊重事实的精神①。

既然是想造成一个"强有力的中心舆论",那么《独立评论》的内容也就显得特别令人关注了。从蒋廷黻拟定的方案来看,十分宏伟,分三项:一内政,二外交,三人生观。但胡适认为"这方针不甚高明"②。为什么胡适认为蒋廷黻提出的方针"不甚高明"呢?主要因为蒋的方针认为"专制"为"事实所必须"、民治在中国"不能实行"、"以亲日为用"等项可能很难达成一致。这些意见可能很难被从未动摇过"民治"观念的胡适所认同。结果,刊物还未办起来,分歧和争端先发生了。胡适"转念一想"用一种"自由主义"的方式,解决了"争端"。在胡适看来,"最好的方法是承认人人各有提出他自己的思想信仰的自由权利;承认人人各有权利期望他的思想信仰逐渐由一二人或少数人的思想信仰变成多数人的思想信仰。只要是用公心思考的结果,都是值得公开讨论的"③。事实上,胡适们对于《独立评论》要讨论的内容和意见没有,也不可能达成一致,只是对讨论问题的方式达成一致。但是,可以肯定的是,无论是分歧还是共识,只要是他们事前所讨论的问题,大都成为后来《独立评论》中政论文章的主题。当然,其中影响较大的是"民主与独裁"争论及其对日本侵略、国民党专制、共产党革命的态度④,而又以"民主与独裁"争论的影响最大。

这场争论虽然始于1933年12月,但是在1932年6月《独立评论》就已经就国民党政府的强权政治展开了讨论。傅斯年在《独立评论》第5号上发表了《中国现在要有政府》一文,说:"此时中国政治若离了国民党便没有政府。"接着,丁文江、翁文灏分别在《独立评论》第11号、15号也发表了《中国政治的出路》和《我的意见不过如此》,主张强权政治。丁文江指出:"国民党是以一党专政为号召的。我们不是国民党的党员,当然不赞成它'专政'。但是我们是主张'有政府'的人。在外患危机的时候,我们没有替代它的方法和能力,当然不愿意推翻它。"只要国民党"绝对尊重人民的言论思想自由","停止用国库支出来供给国民党省市党部的费用","我们可以尽力与国民党合作,一致的拥护政府"⑤。翁文灏也表示:"在这个危机存亡的时候我们更需要一个政府,而且要一个有力量

---

① 胡适:《独立评论的一周年》,《独立评论》第51号,1933年5月22日,第2页。
② 胡适:《胡适的日记》手稿本第10册(1930年10月—1932年2月),台湾远流出版事业股份有限公司,1990年版。
③ 胡适:《又大一岁了》,《独立评论》第151号,1935年5月19日,第4页。
④ 张太原:《自由主义与马克思主义:〈独立评论〉对中国共产党的态度》,《历史研究》2002年第4期。
⑤ 丁文江:《中国政治的出路》,《独立评论》第11号,1932年7月31日。

能负责的政府。我们不应该破坏政府……"①而胡适则认为:"中国今日应该有一个负责任的人民干政团体"来监督政府,指导政府并且援助政府,这个"干政团体"应由"智识阶级和职业阶级的优秀人才"组织而成②。

1933年12月10日,蒋廷黻在第80号《独立评论》上发表《革命与专制》的文章,被认为是"胡适的英美派知识分子朋友们第一个明确表态拥护'专制'的宣言"。"独裁"与"专制"的争论正式展开。蒋廷黻从历史角度提出,中国之所以内战频仍,国家无法真正统一,其原因就在于未能像英国那样经历过16世纪的顿头(都铎)王朝的专制、法国那样经历彭布(波旁)王朝200年的专制、俄国那样经历罗马罗夫(罗曼罗夫)王朝300年的专制。一个国家唯有先经历一个"专制建国"阶段,才能有效地走向近代化。蒋廷黻是一个历史学教授,时任清华大学历史系主任,首先表示无条件拥护南京国民政府,其次提出应重视发展经济,而轻视民主宪政,最后的结论是:"统一的势力是我们国体的生长力,我们应该培养;破坏统一的势力是我们国体的病菌,我们应该剪除。"在同期《独立评论》上,萧萧发表的《原则政治》对民国以来所实行的西方政治制度所遭受的失败进行了全面清算:"二十年来的中国,外国的理论及榜样,什么都搬来实验过,什么都是一个惨败,甚至是招牌愈新,内幕愈恶浊。"

在《独立评论》第81号、82号上,胡适连续发表《建国与专制》、《再论建国与专制》,对蒋廷黻的观点进行回应,说民主宪政之所以在中国遭受失败,是因为它是"幼稚的"政治体系;而独裁的统治是一种非常复杂的统治形式,需要领导人具有超人的才干和渊博的知识,而中国目前还没有这样的人。

1933年12月31日,蒋廷黻在《独立评论》第83号上,发表《论专制并答胡适先生》,进一步强调中国目前需要用"大专制"取代"小专制",即用"一个人专制"取代"割据各地专制"。吴景超、丁文江等人支持蒋廷黻。吴景超在《独立评论》第84号上发表《革命与建国》,丁文江在《独立评论》第133号发表《民主政治与独裁政治》等文,对胡适进行驳斥,甚至提出了"全面独裁"的主张。

为什么出现了"独裁论"压倒"民主论"的局面,特别是在这些留学西方的教授精英群体中?张太原在自己的研究中,将《独立评论》的主要撰稿人进行了梳理,以独立社社员和发表文章在9篇以上者为标准,共列出了32人,其中31人有在欧美留学经历,占96.9%;20人获博士学位,占65%。欧风美雨的熏陶,使他们具有自由主义思想理念。这些人当中,居然出现了"独裁论"压倒"民主论"的局面,这说明他们对民国以来实行民主政治失败现状的不满,同时也说明他们

---

① 翁文灏:《我的意见不过如此》,《独立评论》第15号,1932年8月28日。
② 胡适:《中国政治出路的讨论》,《独立评论》第17号,1932年9月11日。

对"九一八"之后国家命运的担忧。一边是中国国民一盘散沙,内乱不已,一边是日本帝国主义的铁蹄已经踏上了国土。这些具有民族责任感的教授们面临着一种两难之中的无奈选择,为了短期效应,他们选择了"独裁",希望中国能够像德国那样,出现一个铁腕领袖,在最短时间内把中国统一起来。不仅蒋廷黻等人如此,就是胡适的民主观念也出现转变:由积极主张以西方国家的现代化经验为母体和参照,彻底改造中国的社会政治结构,改变国家政权性质和政府组织方式,实行英美式的政治民主化,转向理解国民党政权的统治方式,要求在"法治"、"提高行政效率"等技术层面进行体制内的改革①。

这批欧美留学的教授们的这个转变,只是一种权宜之计。他们认为,在那样一种背景下,一下子实行民主政治谈何容易,而国难当头,不容许慢慢来,当务之急,就是用一种强权政治统一意志,统一国力,抗击日本帝国主义的侵略,挽救中华民族。丁文江当时就说过:"我的结论是在今日的中国。"②蒋廷黻后来回忆当时争论的情景时说:"我从未认为胡适反对向繁荣方向发展经济,同时,我也希望他从未怀疑我反对政治民主。我俩的不同点不是原则问题,乃是轻重缓急问题。"③

(三)《独立评论》的社会影响

胡适常讲,《实务报》、《新民丛报》和《新青年》三家杂志,代表三个时代。《独立评论》能否代表一个时代不敢说,但是可以肯定地说,它是20世纪30年代最有影响的杂志之一。从销量看,1936年底,《独立评论》达到14 000份,而《新民丛报》最多10 000份左右,《新青年》最多大约也只有10 000份;从受众分布看,创刊时寄售及代订处分布于38个城市,到终刊时达到51个城市;从稿件来源上看,创刊第一年,社外稿占42.7%,到第四年,社外稿占59.6%。用胡适的话说:"社员的稿件逐渐减少,而社外的投稿逐渐增多……显示了社会上对我们表同情的人逐渐加多。"④可见,《独立评论》由一个"八九个朋友"所办的"小刊物",变成了"全国人的公共刊物"。难怪蒋廷黻曾自夸《独立评论》"国内第一个好杂志"⑤。胡适也把《独立评论》刊行的这段时期称为"小册子的黄金时代"。近来有人指出,若从近代思想史的角度看,《独立评论》"在20世纪中国自由主义政

---

① 陈谦平:《抗战前知识分子在自由理念上的分歧——以〈独立评论〉主要撰稿人为中心的分析》,香港"中华民国史研讨会"发表,2007年。
② 丁文江:《独裁政治与民主政治》,《独立评论》第133号。
③ 《蒋廷黻回忆录》,岳麓书社,2003年版,第147页。
④ 《胡适来往书信选》,中华书局,1979年版,第116页。
⑤ 转引自《胡适日记》手稿本第11册,1934年1月28日,台湾远流出版事业股份有限公司,1990年版。

论刊物中具有'承前启后'的作用,与之前的《努力周报》、《新月》杂志及之后的《观察》、《自由中国》半月刊,在推进中国民主政治的过程中,正好构成那个时代中国自由知识分子的价值谱系"①。

《独立评论》是一家时事政论刊物,它的社会影响主要是对政治实体的影响。

第一,为阻止宋哲元完全投靠日本人尽力。1935年9月23日,日本冈田内阁通过了"实行华北自治"的决议,他们将工作重点放在平津卫戍司令宋哲元身上。在日本人的威胁下,宋哲元成立一个半自治性的政权组织"冀察政务委员会",宋哲元任委员长。宋哲元离汉奸只有一步之遥了。1936年11月29日,《独立评论》第229号刊登了张熙若的《冀察不应以特殊自居》的文章,对冀察政务委员会委员长宋哲元"责备得很厉害",不久,独立社即遭查封。《大公报》等报纸不仅跟踪报道,而且发表评论,"希望冀察当局与该报同人早一点彼此消释误会"。经过多方斡旋,最后宋哲元与胡适饭叙。谈了什么,胡适从来没有透露过,但是效果是明显的,就是《独立评论》随即复刊,宋哲元始终没有敢完全投靠日本人,基本上"在中央整个国策领导之下"。宋哲元的情况,以《独立评论》为代表的舆论界不能不说起到了相当大的作用。

第二,对南京国民政府的影响越来越大。苏雪林在致胡适的信中说:"《独评》持论稳健,态度和平,年来对于中国内政外交尤贡献了许多可贵的意见。中国近年经济文化的建设,日有成功,政治渐上轨道,国际舆论也有转移,我敢说《独评》尽了最大推动的力量。"②甚至有人说:"《独立评论》所代表的精神,曾经替民族支持半壁的江山。"③

以上的信件里的话,难免有溢美之词。但是,《独立评论》的一系列文章,使得蒋介石对"独立社"格外重视。"九一八"之后,蒋介石邀请北平知识分子名流到南京"共商国是","独立社"的人特别多。据翁文灏回忆,蒋见到他的时候说:"自从民国以来,当局人物都对国家不起,只顾个人争权位,不知保全国家领土。我过去也是这样的人,从今天起,我愿意改变方针,至于国事应该如何办,要向翁先生请教。"他并表示愿以三天时间,听翁文灏陈治国方略④。胡适、丁文江、翁文灏、蒋梦麟、周炳琳均为国民政府国防设计委员会首批委员。在前文提到的32人中,有21人后来到国民政府担任要职或担任国民参政会参政员,占65.6%。

---

① 范泓:《在"民主与独裁"中的胡适》,《书屋》2004年第9期。
② 《胡适来往书信选》,中华书局,1979年版,第325页。
③ 《贺函之一》,《独立评论》第231号。
④ 转引自陈谦平:《抗战前知识分子在自由理念上的分歧——以〈独立评论〉主要撰稿人为中心的分析》,香港"中华民国史研讨会"发表,2007年。

第五节　新闻教育新发展与新闻学研究新成果

一、新闻教育新发展

1928年成立的南京国民政府重新制定了教育宗旨、教育政策,颁布各项教育法令、法规、纲领。在三民主义旗帜下,突出民族主义思想和传统伦理道德,强化国民党的政治要求。同时,也兼采西方的教育学说,在学校实践中汲取资本主义国家的教育制度和管理方式,学校类别、层次及数量都有不同程度的发展。在学校教育整体发展的情况下,新闻教育也有了一定程度的发展。新发展的表现,一是新闻系科的数量增多,老牌新闻院系得到新发展,同时又创建了一批有影响的新院系,至1936年底,全国共创建了23个新闻系科,其中1928年以后创建的为14个[①];二是新闻教育制度化,早期的新闻教育不够规范,这一时期逐渐走上规范发展道路;三是办学方式多样化,除了正规大学办新闻系,一些老报人、有实力的新闻单位也联合创办新闻学校。

（一）燕京大学新闻系的恢复与发展

前章讲到,1924年初创的燕京大学报学系1927年因经费困难停办了。到了1929年10月1日,随着燕京大学海淀新校舍的落成,重新组建的燕大新闻系同时恢复,经过努力,又有了新的发展。

早期燕京大学报学系无论是建制、设施,还是课程设置、教学授课都不够完善。恢复后的新闻系属于文学院,聂士芬教授任系主任,与稍后到校的黄宪昭教授担任主要专业课程的教授工作。

恢复后的燕大新闻系在继承了老燕大报学系的传统和优点的基础上,制定了严格的教学计划,并按计划认真开展教学活动,各项工作逐步趋于正规。

燕大新闻系与美国密苏里大学新闻系签订了交换教授及研究生的协议。密苏里大学新闻系派到燕大新闻系交换的第一位研究生叫葛鲁甫（Sam Groff）,他的研究方向是广告学和报业管理,并在燕大新闻系讲授广告学。燕大新闻系助教卢祺新1931年作为交换研究生被派往密苏里新闻学院学习,两年后学成回燕大新闻系执教。

该系的学术活动也开展起来了。从1931年起,每年举办一次"新闻学讨论

---

① 李建新：《中国新闻教育史论》,新华出版社,2003年版,第72页。

会",邀请中外新闻学界名流和平津主要报社领导前来与会,大家从不同角度,发表对新闻学的观点,不仅提高了教师的学术水平,而且使学生深受教益。

燕大新闻系十分重视培养学生的实践动手能力,大力创建学生的新闻实践园地。1930年创办了英文《燕大报务之声》(Yenta News)。1931年创办《平西报》。1932年创办"燕京通讯社"和《新闻学研究》刊物。抗战期间,燕大新闻系迁到四川,又创办了《报学》杂志和《燕京新闻》刊物。

由于教学正规,理论知识学习比较系统,实践能力培养措施得力,毕业生的质量很高。到1937年为止,燕大新闻系历届毕业生共62人,很多人成为国内外新闻界名重一时的名人,如《大公报》的萧乾、黎秀石、朱启平,中央社的驻外记者任伶逊、汤德臣、卢祺新、沈剑虹、徐兆镛,战时重庆、桂林、成都、香港的新闻界名人陈翰伯、蒋荫恩、余梦燕、王继朴等①。

抗战爆发后,北平一些国立大学纷纷南迁,燕京大学作为美国教会的私立大学留在北平,成为日伪统治下文化教育的孤岛。此是后话。

(二)顾执中与上海"民治新专"

这一时期,专业的新闻学校开始创办起来。1928年秋,广州设立中国新闻学院,由谢英伯主持,后改为中国新闻学校,停办时间不详。这是目前所知道的中国最早的一所专业新闻学院。在同类学校中,影响最大的是上海民治新闻专科学校。

该校的创始人是顾执中。顾执中(1898—1995),号效汤,上海人。父亲为基督教徒,他便经牧师介绍入教会学校中西中学读书,打下良好的英文基础。后由于家境不好,他放弃升学念头,进入社会,先后当过店员、描图员,也曾到母校代课。1920年,他到基督教慕义堂任理事,后又到工部局教外国人讲上海话,更加提高了英语水平,开始用英文为英文报刊写稿。1923年起,他参加新闻工作,先在《时报》当记者。1927年2月,到《新闻报》工作,从记者做到采访部主任,一直干了15年。

顾执中不仅是一名经验丰富的著名记者,而且是一名著名的新闻教育家。他于1928年在上海创办民治新闻专科学校,为国家培养出大量的新闻专业人才。

上海"民治新专"自1928年创办起到1953年最后一批学生分配完为止,历时25年,共经历了四个不同的时期:第一个时期,从1928年起至1940年夏,因顾执中被敌伪特务枪击受伤,"新专"一度停办,为上海初创期。"新专"初创时定名为上海民治新闻学院,取改变中国当时民主政治暗淡之意,后来由于国民党

---

① 李建新:《中国新闻教育史论》,新华出版社,2003年版,第98—99页。

政府教育部和上海教育局以不配称"新闻学院"不准立案,便于1932年改称上海民治新闻专科学校。这一时期,"新专"规模不大。第二个时期,从1941年至1945年,为重庆等地复课期。因战争原因,"新专"这一时间的工作很不正规。顾执中1941年逃到仰光,在那里办起民治新专短期班。1942年春,顾执中回到重庆,着手筹备"新专"正式迁渝复课事宜,新校舍当年秋竣工,次年春正式复课。1944年春,顾执中到印度加尔各答任《印度日报》总编辑,又在那里办起了一个新专短期班。第三个时期,从1945年底至1949年3月,为上海恢复期。此时期除有上海本部外,还设有香港分校。第四个时期,从1949年至1953年底,为解放后的新时期。这一时期,"新专"改名为"上海民治新闻学校",招收新生以工农学生为主要对象。由于种种原因,1953年秋季停止招生,年底在校学生全部分配完毕。

在长期的工作实践中,顾执中先生表现出了对新闻教育事业的高度热情,以及办学风格的求实和办学方向的进步。

顾执中对新闻教育事业的感情是执著的。为了创办民治新专,并使之生存下去和发展起来,他克服了重重困难,甚至面对敌伪暗杀的威胁也毫不畏惧。顾执中是新闻教育的有心人。早在1923年,他在上海《时报》当外勤记者的时候,便感到当时中国报馆一般只有搞编辑工作的内勤,几乎没有搞采访工作的外勤,是一个严重的问题,而随着历史的发展,中国报纸又必然需要大批新生力量,特别是外勤记者。当时的新闻工作者的素质远远不适应急剧发展的形势的需要,因而他迫切地感到要创办一所新闻专科学校,培养新时代的新闻工作者。那时顾执中还是上海昆山路景林中学的校长,该校是基督教监理公会的教会景林堂创办的。为了不使新闻教育受宗教框框的限制,顾执中果断地向景林堂理事会提出辞职,与沈颂芳、闵刚侯、沈吉苍、范仁齐、葛益栋5人合资1600元创办了民治新闻学院。学校开办后,国民党当局以种种理由不准立案,顾执中硬顶过来了。1933年上半年民治新专的经费非常困难,沈颂芳等5人退出,他一个人硬是撑下来了。顾执中对民治新专的感情,胜过了对自己的生命。1940年8月他被敌伪特务枪击受伤,先避香港,后从重庆转到仰光、加尔各答之后,又立即办起民治新专短期班,一个人担负差不多全部课程。

顾执中的办学风格是求实的。这一点首先表现在招生问题上,不注重资历,而注重实际水平。如第一届招生考试中,投考者不少是大学毕业生,有一位甚至是留美回来的博士,考生中大部分虽然没有高中毕业文凭,但在写作水平上有些人往往不比前者差。因此在录取上一视同仁,谁合标准就取谁。20世纪80年代北京还健在的一个原民治新专的老同学,当时只是一个学徒工,学校不拘资历录取了他,使他得以为祖国新闻工作贡献力量。求实风格还表现在教学上开办夜班、白班,为不少学生听课提供了方便,白天工作的人可以在晚上听课,当晚班的人可以在白天听课。

顾执中的办学方向是进步的。"民治新专"不设训育主任,对学生的政治活动不干涉、不压迫,使得不少学生可以参加进步政治活动,出壁报,外出写标语等。"九一八"事变后,"民治新专"的教授和学生很多人参加抗日救亡运动。1935年10月,顾执中在国外考察新闻与教育事业以后,"民治新专"的办学方向更为明确,他本人参加了共产党领导的抗日救亡运动,并积极聘请从事救亡工作的进步人士来校讲课。1949年3月,顾执中因逃避上海国民党警备司令部的逮捕出走香港,不久就随其他进步人士一道抵达北平。6月初,在中共中央统战部部长李维汉及胡乔木的支持下,即回上海,继续主持"民治新专"的工作,并按党的要求,在招生、课程设置方面进行改革。

1954年顾执中到北京高等教育出版社任编审。1995年4月16日逝世,年97岁。

(三)谢六逸、陈望道与复旦大学新闻系

这个时期,新闻教育最重要的成绩是复旦大学新闻系的创办。

复旦新闻系的创办与发展同谢六逸、陈望道的努力分不开。

谢六逸(1898—1945),贵州贵阳人。他早年留学日本,回国后在商务印书馆编辑所工作。1926年,他任复旦大学国文科新闻组教授,1929年至1938年任复旦大学新闻系主任,其间于1935年9月起主编上海《立报》副刊《言林》,1937年5月起主编《国民周刊》。1938年8月因病回贵阳,不久任上海迁贵阳的大夏大学文学院院长、贵阳师范学院国文系主任等,同时出版《每周文艺》、《文讯》等刊物,宣传抗战。

陈望道(1890—1977),浙江义乌人。早年留学日本,1919年回国积极从事新文化运动。1920年应邀参加《新青年》杂志的编辑工作,随即参加上海共产主义小组。1923年至1927年间在上海大学任中文系主任、教务长、代理校务主任等职。1927年至1931年任复旦大学中文系主任。1933年至1934年7月任安徽大学中文系教授。1934年9月至1935年7月在上海主编《太白》半月刊。抗战时期,参加上海文化界救亡协会,1940年到重庆,任复旦大学中文系教授、文学院院长。1943年9月至1950年7月任复旦新闻系主任。

谢六逸、陈望道都是中国著名新闻教育家、新闻教育界的先驱,尤其为复旦新闻系的创立与建设,付出了辛勤的劳动,作出了杰出的贡献。

1917年,复旦大学成立国文部,聘《民国日报》编辑邵力子担任部主任。1924年,国文部改名为中国文学科,陈望道即向邵力子建议设立"新闻学讲座",讲授新闻学。1925年,刘大白任中国文学科主任后,次年将"新闻学讲座"扩大为"新闻学组",聘请谢六逸为教授,正式招收学生。1927年,中国文学科改为中文系,陈望道任系主任,力主将"新闻学组"从中文系独立出来,成为文学院的一个系,由"新闻学组"的教授谢六逸出任第一任系主任。

谢六逸担任复旦新闻系主任达10年之久,作为该系的开创者,他做了大量的有成效的工作。他亲手制定下办系宗旨:"社会教育,有赖报章,然未受文艺陶冶之新闻记者,记事则枯燥无味,词章则迎合下流心理,于社会教育了无关涉。本系之设,即在矫正斯弊,从事文艺的新闻记者之养成,即以正确之文艺观念,复导以新闻编辑之规则,庶几润泽报章,指导社会,言而有文,行而能远。"他认为,复旦新闻系的培养目标应是"在养成本国报纸编辑与经营人才"。他还具体地确定了教学内容:"灌输新闻学知识,使学生有正确的文艺观念及充分之文学技能,更使之富有历史、政治、经济、社会与各种知识,而有指导社会之能力。"

谢六逸既注重学生基础知识的学习,又强调学生对新闻专业知识的掌握,还十分注意对学生实际动手能力的考察。他规定,一、二年级必须读完本系必修课,以攻读基础知识、辅助知识各科为主;三年级攻读专门知识,并注重写作技巧;四年级以实习与考察为主,使学生多有与社会接触之机会。对于必修专业课,非学完不得毕业。

陈望道不但积极推动和促成创办复旦新闻系,而且于1943年起接程沧波之手担任复旦新闻系第三任系主任达7年之久,为该系的建设与发展又作出了新的贡献。

陈望道主持复旦新闻系系务之后,便以"好学力行"四字勖勉学生,并把它定为"系铭"。在培养目标上,陈望道强调学生要坚持真理,"有胆有识"。他有句名言:"我不教学生做绵羊,我教他们作猴子。"在课程设置上,他主张广博知识,学有专长。他说:"做一个记者,除了熟悉新闻业务之外,最好还掌握一门专长。"因而学生除学习必修专业课外,还按兴趣分设文史哲组、财政金融组、政治外交组,学生根据分组要求,选修其他课程。另外,陈望道为了解决学生实习困难,1944年4月,他发起募捐筹建新闻馆。在邵力子等人支持下,募集大部分款项,在嘉陵江畔建造成一座有十来间房间的"新闻馆",内设图书室、阅览室、印刷房、编辑室。陈望道还从1943年起,恢复了因抗战爆发而停办的"复旦通讯社",自任社长。记者、编辑均由学生担任,每隔五天发油印稿一次,免费供给各地报纸采用。1944年还铅印系报《复旦新闻》,供学生实习用。

由于陈望道的努力,复旦新闻系系誉蒸蒸日上,名闻全国,报考新闻系的人日益增多。到1945年复旦大学共录取新生228人,其中新闻系新生有57人。当时复旦大学有5院24个系科,在校学生2 000余人,新闻系学生占200多人,为全校之冠。

二、新闻学研究新成果

这一时期,新闻学研究有了新进展,主要研究范围得到扩展,取得了一些新成果。

首先,新闻史的研究成绩尤为突出。1927年9月出版《中国新闻发达史》后,同年11月,商务印书馆出版了戈公振的中国新闻史学的奠基之作——《中国报学史》。

戈公振(1890—1935),江苏东台人,字春霆,号公振。出身世代书香门第,自幼刻苦学习,酷爱书法绘画。1913年到上海,在《时报》主人狄楚青创办的有正书局图画部当学徒,其艺术天分和勤奋好学精神得到狄楚青的赏识,很快被提拔为出版部主任。1914年调到《时报》馆工作,在这里他度过了15年时光,当过校对、助理编辑、本埠版主编,最后做到总编辑。同时,致力于新闻教育和新闻学研究,在上海国民大学、南方大学、大夏大学、复旦大学等校的新闻系做兼职教师。为了了解西方先进国家的办报情况,1927年初,戈公振自费出国考察,从英国、法国、德国、意大利、瑞士,到美国、日本,1928年底回国,完成《世界报业考察记》,书稿交给商务印书馆,可惜因上海"一·二八"事变书馆遭日本飞机轰炸发生火灾,未能付梓。

回国不久,戈公振应史量才的邀请,加盟《申报》,任设计处主任,兼任《申报星期画刊》主编。1931年,史量才成立《申报》总管理处,聘请黄炎培为设计部主任,戈公振副之,成为史量才的主要智囊之一。1932年春,随国际联盟调查团到欧洲,次年开始旅居苏联3年。1935年8月应邹韬奋的邀请回国,参加《生活日报》的筹备。同年10月22日在上海病逝。

戈公振对中国新闻事业的贡献,还表现在新闻学研究方面,出版有《中国报学史》、《新闻学撮要》、《新闻学》等著作,其中负盛名的是《中国报学史》,被称为中国新闻史研究的奠基之作。

《中国报学史》写于1925年至1926年,1927年由商务印书馆出版。戈公振在书中首次提出报刊史研究是一门学问。在《绪论》中他说:"所谓报学史者,乃用历史的眼光,研究关于报纸自身发达之经过,及其对于社会文化之影响之学问也。本书所讨论之范围,专述中国报纸之发达历史及其对于中国社会文化之关系,故定名曰'中国报学史'。"①戈公振从大量的历史典籍和浩如烟海的报刊中,收集了第一手资料,清晰地描绘出中国从汉唐到20世纪20年代中国报刊发展

---

① 戈公振:《中国报学史》,三联书店,1955年版,第1页。

的概貌,是中国第一部系统、全面地论述中国报史的著作,该书最大的特点就是史料丰富、系统。

戈公振在考察中国新闻史的演进时,从媒介所有权角度划分为如下四个时期:官报独占时期、外报始创时期、民报勃兴时期、报纸营业时期,这种历史分期显示出戈公振先生对新闻事业的"洞见":新闻自由与经济独立息息相关。在《中国报学史》中,戈氏把中国形形色色的媒介划分为两大形态:官报与民报,对报业的经营管理给予了高度的关注,举凡内部管理、报纸发行、广告经营,戈氏都予以详细论说。

戈公振的《中国报学史》"最见功力,影响最大,是中国报刊史研究的开山之作"[1],奠定了中国新闻史研究的学科地位。

除了戈公振的《中国报学史》之外,新闻史方面的研究成果值得一说的还有蒋国珍的《中国新闻发达史》,1927年9月由上海世界书局出版。

在新闻理论研究方面,作出较大贡献的是黄天鹏。黄天鹏(1908—1982),广东普宁人,1923年求学于北京平民大学报学系,当时徐宝璜是该系系主任,所以黄天鹏算是徐宝璜先生的学生。1927年初,平民大学报学系出身的记者发起成立了"北京新闻学会",同时创刊《新闻学刊》,黄天鹏便主编了这个中国最早的新闻学刊物。1928年8月,北京新闻学会又创办了一个刊物《新闻周刊》,仍由黄天鹏主编。当年年底,黄天鹏到上海。不久,进《申报》当要闻版主编。1929年3月在上海创刊了《报学杂志》。

《新闻学刊》、《新闻周刊》和《报学杂志》,是我国第一批新闻学研究的专门学术刊物,为新闻学的理论研究提供了很好的平台,许多著名的新闻学专家都是它们的作者。如《新闻学刊》,徐宝璜、邵飘萍、胡政之、戈公振、黄天鹏、徐凌霄等都为之撰稿,可见这个刊物上的文章代表了当时新闻学研究的最高水平。

1930年,黄天鹏应谢六逸之请,到复旦大学新闻系任教,担任"新闻学研究室"主任。在此期间,他将散见于报纸、杂志及新闻学刊物上的有关新闻学的重要论文收集编辑成几本新闻学文集:《新闻学名论集》、《新闻学刊全集》、《新闻学论文集》、《报学丛刊》、《新闻学演讲集》等。此外,他还编撰了十几部新闻学著作,包括《中国新闻事业》、《新闻文学概论》、《怎样做一个新闻记者》等。当时,我国新闻学研究尚处于起步阶段,出版的新闻学著作屈指可数,正如黄天鹏所说:"总计中国所有新闻学书二十余册中,我却编著了十几种。现在市上流通的,经过我手制的占了十分之八,在量上自然可观,而质上我是十二分的惭愧,没有什么有力的贡献。不过在沉寂的新闻界能够引起国人的注意和认识,而发生

---

[1] 方汉奇:《新闻史上的奇情壮彩》,华文出版社,2000年版,第338页。

了研究的兴趣,这一点上我是引为自慰的。"①黄天鹏一生笔耕不止,是我国早期新闻学者中著作最多的一人。

抗战期间,黄天鹏担任重庆《时事新报》经理。1939年5月16日,担任10家报纸联合版经理。抗战胜利后,到南京担任中央印务局总管理处处长。1949年去台湾,先后在台湾中央大学、师范大学、政治大学、文化大学、世新新闻专科学校担任新闻学教授。1982年3月24日病逝,终年74岁。

在新闻业务研究方面的贡献,应该提到郭步陶。郭步陶1912年进《申报》当编辑,不久辞职进《新闻报》,前后有近20年的新闻实务经历。1930年进入新闻教育界,到复旦大学新闻系任教,讲授新闻编辑和评论课程。为适应教学工作的需要,结合长期新闻实践经验,郭步陶编写了《编辑与评论》。《编辑与评论》是我国第一部新闻评论学方面的专著,1933年9月由上海商务印书馆出版。出版时,复旦新闻系主任谢六逸、《申报》原总主笔张蕴和、《新闻报》主编李浩然都为之作序,大加赞赏。之后,郭步陶又撰写了《评论作法》、《时事评论作法》等著作。

本章简论:两极政治环境下新闻业发展三亮点

从1927年到1937年的10年,中国新闻业的发展有不少可圈可点的东西。从前面的叙述中,我们可以清楚地看到,这个时期主要有三个亮点。

这个时期,中国新闻业发展的第一个亮点是私营新闻业发展到了它们的顶峰。

据统计,1931年国统区有报纸488家,到1936年增加到1 049家,除去国民党和其他政党、团体的报纸外,大部分是私营报纸。私营报纸中,有私人独资创办的,也有股份公司创办的。《申报》、《新闻报》、《立报》、《益世报》不仅事业能保持稳健发展势头,而且政治上也能明显站在抗日救亡的立场上;《大公报》、《独立评论》既营业,保持事业的可持续性发展,而且站在时代政治的中心,言他人不能言、不敢言的话,造"中心舆论"。

私营新闻业的这种发展,主要得益于有一个良好的媒介生存和发展的环境。

首先,经济的发展,尤其是民族资本主义的短暂繁荣,为私营新闻事业的发展提供了经济基础。南京国民政府的第一个10年,中国经济进入了一个新的嬗

---

① 黄天鹏:《新闻讲话》,《新闻学演讲集》,上海现代书局,1931年版,第186页。

变期。国民党根据其制定的《训政纲领》,一方面加紧对红军和革命根据地进行"围剿",一方面采取了一系列发展经济的措施,使得中国资本主义有了一定的发展。资本主义尤其是民族资本主义的发展,使私营新闻业在资金调度、广告收入、设备更新以及物资添置储备等方面,得到了非常有利的条件[①]。

其次,政治局势的错综复杂,政治斗争风云变幻,刺激了私营新闻业的发展。北京政府被推翻后,国民党内部的各派系之间的矛盾重新激化,军事冲突连连发生:1929年3月的蒋桂战争,5月蒋冯战争,1930年3月冯、阎、桂对蒋介石的历时7个月的"中原大战";政治闹剧接连不断,汪精卫的"中央扩大会议"刚收场,唐绍仪的中监会"非常会议"又开幕……新军阀的武斗,老政客的文争,愈演愈烈。局势的动荡,使民众对于新闻的需求与日俱增,这就大大刺激了私营新闻业的创办与发展。

再次,民族矛盾的上升,抗日救亡运动的发展,推动了私营新闻业的发展。1931年"九一八"事变后,整个东北沦陷,华北又频频告急,国难当头,每一个有良心的中国人都关心时局的变化,需要看到真实详尽的新闻报道;同时还需要有媒体表达他们的爱国呼声,以及救亡的建议。在这种情况下,以救亡图存为主题的报刊纷纷创办起来,即使原来一些保守的报刊也转变立场,发表救亡文章,受到民众欢迎,发行量大增。

最后,蒋介石为了拉拢新闻界的姿态,客观上有利于私营新闻业的发展。南京国民政府成立之初,蒋介石鉴于国民党统治还不够稳固,还需要借助私营报纸为他制造舆论,他也就对报界采取了若干"宽容"政策;另外,军事行动仍在首位,蒋介石既要同李宗仁、冯玉祥、阎锡山大战以便收服他们,又要抽出兵力对付日益壮大起来的共产党和红军,因而他一时还无法控制全国的新闻界。为了笼络新闻界,蒋介石煞有介事地发表通电开放"言禁",召开记者招待会,表示欢迎报界"善意的批评"。一些天真的报人,也就真以为时机到了,便大办其报,大进其言,一批"言国事"的报刊也应运而生。

30年代国民党新闻机构的改组,是本时期中国新闻业发展的第二个亮点。

20年代末,国民党创办的新闻宣传机构,都是在国民党"党化新闻界"的指导方针下建立起来的党营新闻业,机构直属中央或各级党部。1931年"九一八"事变后,国难当头,民族矛盾激化,社会各界抗日救亡的呼声日益高涨,新闻界更是走在前面,一些进步报刊和民主报人纷纷发表宣言,发出抗战救亡的呼喊,就连原来一些保守的民营报刊在民众爱国激情的感召下,也转变立场,走入救亡的行列。在这种情况下,国民党的新闻事业就显得很不协调,非常被动。"南京的

---

① 方汉奇主编:《中国新闻事业通史》第2卷,中国人民大学出版社,1996年版,第411页。

中央新闻事业规模有限,经营不力,宣传声音微弱,各地的党营新闻事业受到国民党尚未转变的整个宣传方针的局限以及各地党部的约束,更是单一刻板,不受欢迎。"①

为了改变这种状况,中央执行委员会临时会议决定改进党营新闻宣传工作,增加新闻宣传结构的活力。从前面的叙述可知,这次国民党新闻业的改组,不仅仅只是新闻业务的改进,重要的是新闻体制的转变。为了达到这一目的,蒋介石起用了程沧波、萧同兹等能人主持新闻工作。程沧波,1903年出生,江苏武进人。1925年从复旦大学毕业,在上海报界工作了几年。1930年到英国伦敦政治经济学院求学。次年回国,任《时事新报》主笔、总编辑。1932年3月就任南京《中央日报》社社长。1939年6月调任国民政府监察院秘书长,不久又调任国民党中央宣传部副部长,还曾兼任过复旦大学新闻系主任。1941年被委派到香港任《星岛日报》主笔。抗战胜利前夕,与成舍我合作,创办重庆《世界日报》,任常务董事、主笔。抗战胜利后,参与对上海《申报》、《新闻报》的接收工作,代表国民党利益对《申》、《新》二报进行监控。1949年到了台湾。萧同兹,1895年出生,湖南常宁人,1924年加入国民党,长期从事工运、农运和宣传工作,在促使张学良"易帜"上做过贡献。1932年5月被委任为中央通讯社社长,在"中央社"工作了32年多,其中在社长任上18年。程沧波、萧同兹等人没有辜负国民党、蒋介石的期望,很好地领导了《中央日报》、"中央社"的改组工作,使国民党党营新闻业打开了新局面。

第一,淡化党报面孔,推进党报"民间化"。程沧波将《时事新报》的经验带到《中央日报》,提出《中央日报》不仅要当党的喉舌,还要当"人民的喉舌"。在1932年5月8日的社论《敬告读者》中,程沧波说:"人民利益即党之利益,为人民利益而言,即为党的利益而言。故本报为党之喉舌,即为人民之喉舌。"在办报实践中,他要求党报要避免板起面孔进行说教,避免武断、形同骂街的文字;在内容上要反映民众生活,揭露某些贪官污吏的罪恶,有通俗易懂的文风。程沧波在回忆中说,他主持的《中央日报》,"不是盛气凌人,或假借政治势力对其他方面的压迫,而是以极礼貌亲和方式与全国思想界周旋;用盛情与友谊对全国舆论界联系"②。改组后《中央日报》等党营新闻机构的这些做法,一定程度上缓解了民众对国民党新闻媒体的戒备和逆反心理,拉近了和部分读者的距离。《中央日报》30年代改组后的发行量,由原来的8 000份增加到30 000份左右。

---

① 方汉奇主编:《中国新闻事业通史》第2卷,中国人民大学出版社,1996年版,第363页。
② 程沧波:《我在本报的一个阶段——时代环境与宣传政策》,转引自蔡铭泽:《中国国民党党报历史研究》,团结出版社,1998年版,第144页。

第二,实行社长负责制,走相对独立发展道路,改变新闻机构作为国民党党部附属物的形象。萧同兹担任"中央社"社长后,"中央社"立即迁出中央党部,对外独立经营,并且行使独立发稿权(以新闻为本位,发稿不受干预)、用人自主权(用人唯贤,工作人员由社遴选)。报人出身的程沧波按照美国《纽约时报》的做法改组《中央日报》,将原来的总编辑负责制改为社长负责制,由社长对国民党中央党部负责,报社有了独立的法人资格,经济上实行报社内部的会计独立制。

有了独立法人地位,有了独立经营权、发稿权和用人权,党营新闻媒体才能有活力,才能发挥主观能动性,才能对自己的新闻宣传行为负起更多的责任。

第三,实行经营企业化,保证经济独立。一般来讲,党营新闻媒体只讲政治效益,不讲经济效益,其经费由政党津贴,因此不讲营业,更不讲企业化经营。但是,国民党此次新闻机构改组,程沧波、萧同兹等人明确提出了企业化经营的问题。萧同兹将他的办社"三方针"解释为"经营企业化"、"工作专业化"、"业务社会化",把企业化经营放在首位。程沧波时期的《中央日报》虽然还没有真正实行企业化经营(国民党的新闻媒体真正实行企业化经营是1946年年初,这是后话),但是明确提出了"经营企业化"的理念,强调经营活动,建立独立成本核算制度和会计制度,为今后国民党党报完全实行经营企业化打下了基础。

党营新闻媒体"民间化"发展不是不要坚持党性;相对独立性不是不服从党部的领导和指导;企业化经营不是把经济效益放在首位。国民党党营新闻机构的这次改组,只不过是借鉴民营新闻媒体成功的经验,增强活力、提高宣传效果的一种手段而已。事实上,《中央日报》等党营新闻媒体改组后,国民党及其政府的"喉舌"和"辩护人"色彩,不但没有减弱,相反还有所增强。

一言以蔽之,国民党在20世纪30年代所进行的新闻机构改组,是执政党新闻业改革的一次有益尝试。

苏维埃政权的新闻业创办是本期中国新闻业发展的第三个亮点。

如前所述,1930年11月7日,中华苏维埃中央政府成立,标志着中国大地上出现了一种崭新的政权——无产阶级和劳苦大众自己的政权。"红色中华通讯社"、《红色中华》报、《红星》报等苏维埃的新闻业在形态上虽然很简陋,但是从实质上看,却是崭新的,与国民党的新闻业有本质区别,与私营新闻业完全不一样,与国统区共产党地下出版的报刊也有些不同。

首先,苏维埃的新闻业是在人民政权下创办起来的,是在"明朗的天空"下刊行和发展的,既不受国民党专制新闻统制的压迫,也不受资本家经济利益的约束,它享受着完全的新闻自由。

其次,显示出强烈的无产阶级的党性,很好地配合党和政府的中心工作进行宣传。《红色中华》报反复强调"报纸不仅是集体的宣传员和集体的鼓动员,而且是集体的组织者"①。积极围绕党和苏维埃政府的中心工作进行宣传,开展与根据地军民生活密切相关的政权建设、经济建设、红军建设、提高人民生活等方面的宣传,是《红色中华》报、《红星》报等报纸的最主要的内容。

最后,报纸办给广大工农兵群众看,同时依靠工农兵群众办报。苏维埃的报纸以工农兵为读者对象,这些读者文化水平低,文盲比重在90%以上,加上"忙",忙于生产,忙于打仗,因此苏维埃报纸都做到了文字浅显,文章短小,通俗易懂,生动形象。同时,大力发展通讯员队伍,大量刊登通讯员的稿件,依靠群众办报,成为苏维埃报纸的优良传统之一。

---

① 列宁:《从何着手?》,《列宁全集》中文版第5卷,人民出版社,1986年版,第8页。

第十章

抗战烽火中的新闻事业

本章概要

1937年7月7日"卢沟桥事变",标志着日本发动了全面的侵华战争。7月8日,中共中央向全国发出通电:"平津危急,华北危急,中华民族危急!只有实行全民族抗战,才是我们的出路!"①号召全国各族人民奋起抗战。随着战争形势的日益严重,蒋介石感到再也没有退让的余地,7月17日,发表庐山谈话说,如果放弃尺寸土地与主权,便是中华民族的千古罪人。还表示:"如果战端一开,那就地无分南北,人无分老幼,无论何人皆有守土抗战之责任,皆应抱定牺牲一切之决心。""八一三"上海事变发生后,国民政府于8月14日发表《自卫战声明书》,宣告:"中国决不放弃领土之任何部分,遇有侵略,惟有实行天赋之自卫权以应之。"

中国全面抗日战争打响了!一切人都在抗战中受到考验,一切事都在抗战中受到检验!可以骄傲地说,中国新闻界的绝大多数都是民族志士,都能为抗战鼓与呼,显示了新闻人的本色。中国新闻业在抗日烽火中得到了一定的发展。

首先,国民党新闻业在抗日烽火中重建。抗战全面爆发前,国民党已经以南京、上海为中心建立起了较为强大的新闻宣传网络。随着"七七"卢沟桥事变、"八一三"上海事变、华北沦陷、沪宁失守,国民党原来建立的新闻系统很快被打乱。随着国民党政治中心的内迁,国民党的新闻中心跟着辗转迁移,从上海、南京,到武汉、长沙,再到重庆、桂林,很快建立起了以重庆为中心的新闻宣传网络,并且在辗转迁移中,国民党的新闻事业有了一定的发展。就报纸而言,到1944年,国民党省、特别市一级党报发展到41种,县级党报397种,其数量已经超过

---

① 中央档案馆:《中共中央文件选集》第11册,中共中央党校出版社,1991年版,第274页。

战前①，加上军报170家，抗战期间，国民党共计创办过600家左右的报纸，占当时全国报纸总数的53.9%。

　　国民党在抗战开始阶段，抗战态度还是比较鲜明的，它的新闻机构抗战的态度也比较鲜明。中国抗日战争进入相持阶段后，一方面随着日本政府的侵华方针的新变化，即由过去对国民党政府实行军事打击为主、政治诱降为辅的方针改变为以政治诱降为主、军事打击为辅的方针，一方面随着共产党及其领导的军事力量日益增强和政治影响日益扩大，国民党抗战热情减退，制造反共摩擦日益增多，国民党的新闻机构抗战宣传热情也随之减弱，反共宣传则随之加强。

　　其次，共产党的新闻事业在抗战烽火中发展到新阶段。共产党的新闻事业一开始就旗帜鲜明地发出抗战的怒吼，积极宣传中共全面抗战的正确主张。随着根据地的扩大，根据地的新闻事业也相应有了空前的发展。延安新华广播电台的创建，中共中央机关报《解放日报》的创刊，特别是经过整风改版，不仅新闻实践成功运作，而且党报理论体系成熟并建立起来；同时，共产党在国统区也创办了一批合法的新闻机构，《新华日报》、《群众》周刊在复杂的环境下，既当共产党的喉舌，又当全国人民的喉舌。这一切，表明中国共产党的新闻事业发展到了新的高度！

　　再次，国民党、共产党及一切爱国报人联合创办新闻机构，成为这一时期中国新闻界的佳话。国共两党联合创办《救亡日报》，而重庆《中央日报》、《大公报》、《时事新报》、《新华日报》、《扫荡报》、《国民公报》、《新蜀报》、《新民报》、《西南日报》、《商务日报》等10家报纸出版《重庆各报联合版》，为抗战宣传作出了贡献。

　　最后，私营报纸在抗战烽火面前呈现明显的分化情况。绝大多数私营报刊坚持民族气节，宁可事业毁灭，也不向日寇屈服，《大公报》是其中杰出的代表。正如曾虚白在《中国新闻史》中所说："从北伐到抗战，拥护国策、为宣扬国策而努力的报纸很多，其中以《中央日报》和《大公报》贡献最大。《中央日报》是国民党党报，它为政府发言，即使意见很正确，影响力却有限，尤其是对抗日政策，得不到一般人的谅解；《大公报》是一个纯粹的民营报纸，尤其是它过去在言论方面的贡献，已经给国人很深的印象，它的意见自然容易受到重视。这段时期，掌《大公报》言论大旗的是中国名报人张季鸾，很多他宣扬国策的评论性文字，已成了重要的历史文献。"②与《大公报》等许多坚持宣传抗战立场的报纸不同，《新闻报》在"八一三"事变后，随即接受日本新闻检查，《申报》在太平洋战争爆发

---

① 方汉奇主编：《中国新闻事业通史》第2卷，中国人民大学出版社，1996年版，第633页。
② 曾虚白：《中国新闻史》，台湾三民书局，1989年版，第406页。

前,尚能利用租界的特殊环境,用"挂洋旗"的方法坚持正义立场,坚持正常出版,但太平洋战争爆发后,《申》、《新》两报为日本军部报道部控制出版,走上了不归之路。此外,上海"孤岛"时期,利用租界的特殊性"挂洋旗"公开出版爱国反日报纸成为一种现象,著名的有《文汇报》等。

沦陷区的新闻业,除敌伪新闻机构之外,重要的还有秘密出版的爱国反日报刊和爱国反日报人。

第一节 国民党新闻中心内迁与重建

一、国民党新闻中心内迁及趋势

1937年11月20日,国民政府发表《迁都宣言》,宣布迁都重庆,国民党的新闻机构也随之内迁到达重庆。

国民党新闻中心的内迁是由《中央日报》首先开始的。还在1937年6月,蒋介石到庐山开办军官训练团,庐山成了当时政治与舆论中心,《中央日报》便创办了第一个分版——庐山版,由曾虚白主持。卢沟桥事变后,《中央日报》在社长程沧波的安排下,立即采取应变措施,留下部分人员继续坚持出版,大部分人员及主要设备分水陆两路分别向长沙、重庆转移。上海事变后,南京被战时氛围所笼罩,《中央日报》坚持出版到11月26日才开始撤退。11月22日,《中央日报》发表题为《告南京市民》的社论,号召南京市民"凝定意志,勿自惊扰,为民族生存而奋起,为国家独立而抗战"。还说"国家到了这个关头,国力的支持全靠民力作后盾,民众能多出一份心力和物力,政府不但可以从容应敌,并且还有转败为胜、转弱为强的把握。"1937年12月13日,南京沦陷。1938年1月10日长沙《中央日报》创刊,编号继南京版,为3405号,由张明炜担任社长。1938年9月1日,《中央日报》重庆版出版,为总部,程沧波任社长兼总主笔,编号继长沙版,长沙版改为分版,设分社主任。

在《中央日报》内迁同时,其他新闻机构也迅速完成了转移计划。由于日寇进犯,国民党广播事业损失惨重,中央广播电台在被迫西迁过程中,汉口广播电台、汉口短波广播电台和长沙广播电台联合接替中央台的播音。从南京失守到武汉沦陷,武汉和长沙的广播电台担负起抗战广播宣传的使命。1938年3月10日,国民党中央广播电台在重庆恢复播音;中央通讯社也于1938年下半年迁到重庆;《扫荡报》也于1938年10月迁到重庆。这样,随着抗战进入相持阶段,国民党政府撤到重庆后,便凭借它的财力和权力,在大后方逐渐建设起了以重庆为中心的巨大的新闻宣传网。为了加强宣传,统一口径,国民党中宣部还成立了"党报社论委员会",委员会起草的社论稿,由中央社统一发布,各地《中央日报》及其他国民党报纸收译发表。

国民党新闻中心的这次内迁,表现出两种明显的趋势:第一,从地域上看,从东南沿海向西南内地转移,从大城市向中小城市转移;第二,从规模上看,新闻媒体数量有较大幅度的增长,但是实力减小,质量降低。

抗战爆发前,国民党中央和国民政府的主要新闻机构的总部一般都设立在南京;上海的新闻机构数量多,实力雄厚,影响较大。随着国民党政治中心的西迁,新闻中心也从东南沿海向西南内地转移;各大新闻机构都纷纷设置分支机构,从大城市向中小城市辐射。在抗战期间,《中央日报》曾经先后出版过长沙、贵州、昆明、广西、湖南、成都、福建、福州、安徽、芷江(贵阳版的分版)、屯溪等10多个分版,构成了一个庞大的《中央日报》系统。

此外,其他几家直属中央党报也随着战局变化而转移和开设分版。《中山日报》从广州移至韶关,并于1938年2月开设梅县《中山日报》;《民国日报》在40年代初先后开设了西康《民国日报》、青海《民国日报》、宁夏《民国日报》等;《武汉日报》1939年10月创办恩施《武汉日报》;《西京日报》1939年1月创办南郊《西京日报》等。

除了中央党报以外,国民党还注重发展地方党报,据国民党中央宣传部统计,截至1944年,地方党报共计412家,除16家省级,其余均为县级。

抗战期间,国民党的军报也创立分支机构。军报系统大致上分为三个子系统:《扫荡报》系统、《阵中日报》系统和《扫荡简报》系统。《扫荡报》由军事委员会政治部主管,1932年6月23日在江西南昌创办,1935年5月迁至汉口出版,1938年10月1日迁至重庆,随后创办桂林、昆明分版;《阵中日报》是上海"八一三"事变后发展起来的,由国民党中央军委会主办,始设北战线版和南战线版,后来有第一战区版、第二战区版、第四战区版、第九战区版,最后全国分设10个战区,《阵中日报》也增设10个分版,由战区司令部主办,除第三战区用《前线日报》名称外,其余均用《阵中日报》报名出版;《扫荡简报》为流动性的小型军事简报,油印,由各集团军和军主办,随部队行动,《扫荡简报》先后大约出版过50多种。据马星野在《战时新闻宣传》一文中讲,抗战时,国民党的军报大致上有170家。

由于分支机构的不断设立,国民党新闻业规模十分庞大。综上,抗战期间,国民党先后创办过中央党报18家,地方党报412家,军报170家,共计创办过600家左右的报纸。当时全国的报纸按1 100家计,则国民党党报占全国报纸总数(不包括沦陷区和解放区)的53.9%,大大高于战前40.5%的比例①。

虽然报纸种数增加,但是迁至武汉后实力则不如抗战爆发前。曾虚白认为主要是"器材匮乏"和"人才欠缺"两个因素造成的。曾虚白指出其严重程度:白报纸没地方买,改用粗糙的土纸;买不到油墨,用土制油墨;轮转机改平板机,影响出版时间等。由于"人才欠缺",很多地方报纸没有人写社论,只有抄自他报;重庆一家大报因没有经理致使业务陷于停顿。曾虚白还分析因为"器材匮乏"和"人才欠缺"造成的两大危害:其一是报纸篇幅减少。"通常,在战时,人民关心时事,报纸应该扩充篇幅,以适应读者的需要,但是战时中国的报业却正相反。"其二是报纸质量差。不仅印刷质量差,而且内容匮乏,各报没有特色。因为规模小,全国性的报纸变成了地方性报纸,但是又没有地方新闻,除了战时新闻和国际新闻,一张报纸上简直就没有可看的东西。并且,要闻版十之八九是由中央社发布,各报都是一样,没有什么特色②。

二、国民党新闻机构的抗战态度

国民党新闻机构的抗战态度,总趋势是由积极而消极。

抗战开始阶段,由于国民党对于抗战还是积极的,因而国民党的新闻机构也能旗帜鲜明地宣传抗战。不仅抗日救国成为新闻媒体的主调,而且宣传抗战救国的文章和报道占了绝大的篇幅。

卢沟桥事变后,7月9日《中央日报》以要闻版的整版篇幅报道日军制造事端的消息,针对日寇散布的所谓"日军演习时,有一日兵失踪,因入宛平搜查,遂至发生冲突"的谣言,《中央日报》7月12日发表社论,予以严厉驳斥,说:"此次卢沟桥事件,显系出于日军之预定计划,其责任应完全由日方负之。"对于日军所犯罪行,社论表示了愤怒:"平津两地三日来的现象,轰炸、烧杀、屠戮、阴谋,各幕活剧同时表演,这是中国近百年来极大的创痛,也是黄种人毁灭文明的开始。"1937年7月17日,蒋介石在庐山就卢沟桥事变发表谈话,表明国民党的抗战态度。《中央日报》立即发表题为《和战之最后关头》的社论,向全国民众传达谈话精神。隔日该报又发表《鲜明的态度》,对蒋的谈话作进一步解释,说:"忍耐已达于最低线,我们只能牺牲,牺牲到底。……如果我们被迫而抗战,战事一开,我们只有两条路,一条是完全胜利,一条是灭亡。弱国与人开战,没有中途媾

---

① 蔡铭泽:《中国国民党党报历史研究》,团结出版社,1998年版,第204页。
② 曾虚白:《中国新闻史》,台湾三民书局,1989年版,第409—410页。

和的机会。中途媾和,便是整个投降,也就是全国灭亡,很明显的事理。"这是鼓励人们下定将抗战进行到底的决心。

"八一三"上海抗战爆发后,全国民众群情激愤,《中央日报》的抗战态度也更趋坚定。它为抗战军民的行动叫好:抗战的炮声是"中华民族解放的曙光"。它号召全国同胞去同敌人"拼个你死我活"!"这次的抗战,意义是神圣的。为国家的生命,为民族的尊荣,为人类的正义,我们不能不奋起而发动抗战。"①

为了及时报道中国军队英勇抗击日寇的情况,《中央日报》从抗战打响就开辟了《各地通讯》专栏,平津军民与敌人浴血奋战的场景、上海前线中国军队顽强抗日的事迹都在版面上得到了反映。尤其值得一提的是,《中央日报》不仅报道国民党军队抗击日寇的战况,而且也热情报道共产党领导的八路军消灭日寇的战绩。1937年10月2日,该报专门报道八路军取得平型关大捷的消息,说:"我军奋勇出击,连日战事激烈。我善于游击之某部已开抵前线作战,敌连日损失甚巨。"这样的报道,表现了新闻人应有的职业道德。

国土沦丧,敌寇凶残,我抗日军民大义凛然。《中央日报》爱憎分明,一方面揭露日寇的惨无人道、丧心病狂,一方面赞扬我炎黄子孙威武不能屈的民族气节,褒奖前方将士奋不顾身、英勇杀敌的精神。1938年夏,山西忻县陈敬棠拒绝组织伪维持会,慷慨自尽,一家十余口全部殉节。国民政府明令褒奖。《中央日报》抓住这个典型,大事宣扬,以培养民族精神和民族气节。8月14日,《中央日报》的社论《褒扬陈敬棠》中写道:"陈敬棠的拒绝伪命,并没有别的企图,更没有任何原因,只因他知道自己是一个中国人。在这人禽之分的重要关头,他不能丝毫放松,辜负平生的学问,所以他的行为只有一个'诚'字!"社论号召全国民众学习陈敬棠:"全国人士听着,当今之世,人人可做陈敬棠,只要到紧要关头立定脚足,到人禽关头,认清自己的本分,就可以做圣贤,做义士,受民族崇拜。……否则,一旦失足,骂名千古,子子孙孙,都承蒙羞辱。"文章写得有激情,富有感召力。

国民党党报报人,不仅用文字为抗战作宣传,而且用自己的实际行动为抗战作牺牲。他们在战火纷飞的前线出生入死进行战地采访;在上海"孤岛"冒着生命危险办报,与敌人周旋。在血与火的考验中,他们之中不少人献出了生命。有人统计,在抗战期间为国捐躯的新闻工作者中,国民党报人及其家属有100人以上②。

---

① 《神圣抗战的展开》,《中央日报》1937年8月14日。
② 蔡铭泽:《中国国民党党报历史研究》,团结出版社,1998年版,第210页。

抗日战争进入相持阶段,国内外形势有了一些新的变化。一方面,日本政府的侵华方针发生新的改变,即由过去对国民党政府实行以军事打击为主、政治诱降为辅的方针,改变为以政治诱降为主、军事打击为辅的方针。日本1938年11月3日、12月22日连续两次发表所谓《近卫声明》,改变过去"不以国民政府为谈判对手"的论调,公开对国民党政府诱降。在这种新的形势下,国民党副总裁汪精卫公开投敌当了汉奸,蒋介石集团抗战热情也有所减退。另一方面,共产党的全面抗战主张得到全国人民的拥护,抗日民族统一战线的建立,共产党八路军、新四军在抗日救国的战场上大显神威,军事上迅速壮大,政治上威望提高。国民党害怕中共在抗战中"坐大"会危及国民党对全国的统治,因此在1939年1月举行的五届五中全会上确立了"防共、限共、溶共、反共"方针,并设立专门的"防共委员会"。会后,国民党又秘密颁布了《限制异党活动办法》《异党问题处理办法》《处理异党实施方案》《沦陷区防范共党活动办法草案》等一系列文件。国共间的军事摩擦时有发生。在这种形势下,国民党的新闻机构抗战宣传热情减退,相应地反共宣传反倒积极起来,大肆宣扬"一个领袖、一个意志、一个纲纪、一个目标",企图取消共产党及其领导下的军队和根据地。"皖南事变"前夕,1941年1月4日,《中央日报》发表了一篇杀气腾腾的社论《以统一保障胜利》,说:"国家民族今日已至真是决定盛衰存亡的关头,断不容任何个人,任何军队,蔑视国家的法令,违反国家的纪律,逞其私欲,任意妄行,以容损国家法纪的尊严者,破坏国家政治军事的统一。……统一的象征在哪里?贯彻政令是统一,贯彻军令是统一,整肃纲纪是统一,制裁叛逆是统一。"社论还说:"敌寇是我们的唯一的敌人,违反纪律妨碍抗战者,是有助日寇的行为,也是国家民族的罪人,与汉奸无殊!惟有贯彻政令,严肃军纪,制裁这些'千古罪人',方能维护国家的统一,方能保障抗战的胜利。"颠倒是非的宣传,制造杀人的舆论,两天后,骇人听闻的"皖南事变"发生了。国民党新闻机构破坏统一战线、破坏抗战的大好局面的宣传不仅越来越多,而且越来越恶劣。

三、国民党的新闻政策

抗战期间,国民党的新闻政策有一个变化过程:由比较开明到比较野蛮,因而,国统区的新闻环境也由比较好变为比较恶劣。

西安事变和平解决后,1937年2月,国民党召开五届三中全会,会上通过了《恢复孙中山先生手订联俄联共拥护农工三大政策案》和《根除赤祸决议案》。这表明国民党的内外政策开始发生根本性的改变,"由内战、独裁和对日不抵抗的政策,向着和平、民主和抗日的方向转变,而开始接受抗日民族统一战线政策"①。会上,蒋介石还就开放言论自由等问题发表了谈话。他说:"中央过去并未限制言论自由,除刑法及出版法已有规定外,只对于下列三种不能不禁止:(一)宣传赤化、危害国家与危害地方治安之言论与记载;(二)泄露军事外交机密;(三)有意颠倒是非,捏造毫无根据之谣言。除此三种之外,本属开放,本属自由,而且亦希望全国一致尊重之言论自由。……今后更当本此主旨,改善管理新闻与出版物之办法,且当进一步扶助言论出版事业之发展,使言论界在不背国家利益下,得到充分贡献之机会。"②国民党三中全会全的决议和蒋介石的谈话,虽然嘴上还在为过去的错误政策辩护,但是在国家危急时刻,尚能以民族利益为重,一方面承诺恢复孙中山的"三大政策",一方面保证开放言论自由和改变新闻环境。

1937年8月,中国共产党在陕北洛川召开了中央政治局扩大会议,会议提出了著名的《抗日救国十大纲领》。在全国抗日高潮的影响和共产党的推动下,国民党最高当局的对内政策发生了比较明显的变化,如释放政治犯,同意在南京、武汉、西安、重庆等地设立八路军办事处,同意共产党在南京出版发行机关报《新华日报》等。1938年3月29日至4月1日,国民党在武汉召开临时全国代表大会,大会通过了《抗战建国纲领》。在新闻和出版方面,《纲领》规定:"在抗战时期,于不违反三民主义最高原则及法令范围内,对于言论、出版、集会、结社当予以合法之充分保证。"从国民党五届三中全会到临时全国代表大会,国民党的新闻政策在抗日民族统一战线形成过程中有了比较明显的改变,国统区的新闻环境也随之有了比较明显的改善,《危害民国紧急治罪法》、《敦睦邦交令》等一些苛刻的新闻法规、条款被废止了,邹韬奋等一批民主新闻工作者从监狱中走出来了,中国共产党的机关报《新华日报》等在国统区公开创刊出版了。

但是,国民党答应开放言论自由等新闻政策是被动的、有条件的,所以,当抗战进入相持阶段后,马上就往后退。在1939年1月举行的五届五中全会确立了"防共、限共、溶共、反共"方针后,在《国民总动员纲领及实施办法》中,在所谓"国家民族至上,军事胜利第一,意志力量集中"的原则下,对言论出版自由的条件作了重新解释:"(一)不违背国民革命最高原则三民主义;(二)不鼓吹超越民族之理想与损害国家绝对性之言论;(三)不破坏军政军令及行政系统之统一;(四)不利用抗战形势以达到国家民族利益以外之任何企图。"并规定:"一切思想言论,悉以此为准绳。有违此义,则一体纠绳,共同摈绝。"③为此,国民党在

---

① 《毛泽东选集》第1卷,人民出版社,1991年版,第255页。
② 《蒋委员长谈话》,《中央日报》1937年2月23日。
③ 转引自蔡铭泽:《中国国民党党报历史研究》,团结出版社,1989年版,第188—189页。

1939年5月前后,颁布或修改了一系列新闻检查条例,建立了以军事委员会战时新闻检查局为最高机关的各地新闻检查机构,形成了严密的新闻检查系统,正式对国统区新闻界实行新闻检查。

从此,在国统区新闻界充满了激烈的检查与反检查斗争。一方面是国民党的新闻检查机构实行野蛮的检查,一方面,共产党和民主报刊采取各种方式反对检查,要求改善新闻环境,争取新闻出版自由。就连对国民党政府"小骂大帮忙"的《大公报》都感觉到"新闻业务实少有进步"主要是因为新闻政策太坏。该报1943年10月1日的社评《今后的中国新闻界》指出:一个"中央社"成了新闻总汇,所有报纸前来"批发"就是了;一个"新闻检查处"成了新闻标准的最高权威。于是,全国的报纸上的文章成了"清一色"的中央社稿,或新闻检查处的观点,报界不能发挥自己的主观能动性,不能尽到自己对国家、对民族的言论责任。共产党机关报《新华日报》与国民党新闻检查机关更是常起冲突。这一点后面还要专门论述,此处从略。

第二节　共产党和革命新闻机构在国统区合法运行

一、《新华日报》和《群众》周刊的创办与刊行

《新华日报》是共产党在国统区公开出版的第一张机关报,1938年1月11日创刊于汉口,1938年10月25日移重庆出版,1947年2月28日被国民党当局查封。

（一）南京筹备,武汉创刊

《新华日报》筹备于南京。早在1937年2月,当以周恩来为首的共产党代表团到达南京,和国民党谈判实行团结、准备抗战时,就向国民党政府提出了在南京公开出版机关报的问题。当时,蒋介石嘴上是答应了,也承认了中国共产党在国统区出版报刊的合法地位,但在实际上又以种种借口百般阻挠,一直拖到10月份才勉强应许在南京筹办。当中共只用了一个月时间筹备、试版送审时,南京已危在旦夕,来不及正式出版。后来,经过辗转迁移,才于12月11日在汉口先出版了《群众》周刊,接着于1938年1月11日正式出版了《新华日报》。

《新华日报》在武汉时期,报社先设在汉口府西路149号,以后又有两次搬迁。至1938年10月25日撤离为止,《新华日报》在武汉共出了258期,每日对

开一张,发行1万余份。社长潘梓年,总编辑华岗,总经理熊瑾玎,编辑人员有许涤新、章汉夫、杨放之、朱世纶、何云等。华岗任总编辑不久,受王明错误路线的打击,被调往东南战场作战地记者。1939年秋,因病离开报社。解放后于1955年被错误审查,长期关押,1972年含冤逝世。华岗到东南战场后,吴克坚接任《新华日报》总编辑。

《新华日报》在发刊辞中说:"本报愿在争取民族生存独立的伟大战斗中作一个鼓励前进的号角";"将尽其所能为巩固与扩大抗日民族统一战线而效力";将力求成为全国民众的共同的呼声;将"无情地抨击一切有害抗日与企图分裂国内团结之敌探汉奸及托派匪徒之阴谋"。

在武汉期间,《新华日报》、《群众》周刊最主要的宣传成绩是驳斥了"亡国论"和"速胜论",宣传了持久战的思想,科学地说明抗战的前途,坚定了国统区广大人民坚持抗战、抗战必胜的信心。1938年初,华北大片国土沦陷,上海、南京相继失守,日本帝国主义在加强军事进攻的同时,对国民党政府开展诱降活动,加上汪精卫集团大肆宣扬再战必败的无耻论调,因此蒋介石虽然口头上说要抗日到底,内心里并没有打消与日本和谈的念头,"亡国论"一时间颇有市场。针对这种情况,《新华日报》和《群众》周刊多次发表社论和专论,揭露了日本帝国主义新的侵略阴谋,打击了投降派的活动。后来中国军队集中兵力会战日本侵略军,以40万人对日军七八万人,取得了歼敌7 000的胜利,原来唱"亡国论"的人一下子唱起"速胜论"来了。为了使蒋介石集团清醒过来,《新华日报》根据毛泽东《论持久战》一书的观点发表了一系列论文,驳斥了亡国论与速胜论的错误论调,科学地分析中国抗战的形势,指出中国人民只要坚持持久战,就一定能打败日本侵略者。

《新华日报》在武汉时期就非常注重在群众中进行宣传。除了在报上开办"读者信箱"专栏外,还倡导读者群众组织"读者会"。在1938年4月22日发表的《本报读者会的性质和工作》中,对读者会的性质和工作提出了明确意见。读者会组织集体阅读,讨论《新华日报》的文章和资料;也帮助扩大报纸的发行,从而使得《新华日报》扩大了在读者中的影响。同时读者也向《新华日报》反映各地抗战救亡的情况,向报纸提出批评和建议,帮助把报纸办得更好。当时在国民党的要害单位——汉阳兵工厂,也组织过读者会,但后来被国民党禁止了[①]。

《新华日报》诞生后,作为中国共产党的公开的机关报,在国际上也产生了重要影响。1938年2月7日,《新华日报》刊登了英国共产党伦敦《工人日报》拍

---

① 杨放之、徐迈进:《从南京到武汉》,石西民、范剑涯编:《新华日报的回忆·续集》,四川人民出版社,1983年版,第152页。

来的电文:"敬向新中国的喉舌致反法西斯的革命敬礼!"苏联《真理报》也在5月5日发表署名马克西莫夫的文章《中国人民喜爱的报纸》,说:"据路透社电讯的报告,现在就是中国最辽远的地方,也可以看到这个报纸。……《新华日报》成了中国人民所爱读的报纸,进步的分子和一切爱国志士都敬重它,并很注意倾听它的呼声。"①

在武汉时期,《新华日报》和《群众》周刊绝大部分时间都归以王明为书记的长江局的领导,因而,也宣传了当时长江局领导人王明的"一切经过统一战线"的右倾投降主义观点。1938年10月,党中央六届六中全会批判和纠正了王明的错误之后,《新华日报》和《群众》周刊在以周恩来为首的南方局领导下进行工作,周恩来兼任《新华日报》社的董事长。1938年10月24日,武汉沦陷前夜,周恩来来到《新华日报》社,由他口授、朱世纶记录,为最后一期报纸撰写了社论《暂别武汉》。社论郑重宣告:我们只是暂别武汉,武汉终究要回到人民手中。

《新华日报》在汉口创刊后,便在广州设有分馆。同年10月,广州沦陷。广州分馆工作人员则溯西江而上迁到桂林,于1938年12月在桂林设立《新华日报》桂林分馆,馆址在桂西路(今解放西路)26号,归八路军桂林办事处领导。邝达芳、沈毅然、张尔华等先后主持分馆的工作。自同年12月7日起,由重庆《新华日报》总馆将该报纸型航寄桂林翻印,发行至广西、广东、湖南等省份。直至1940年4月8日为国民党顽固派所阻,被迫停止翻印。航空版翻印停止后,桂林分馆仍继续接收订户,照常营业,千方百计把报纸送到读者手里。1944年秋,桂林实行紧急疏散时,它才最后停止工作。

(二)在重庆坚持出版

由于周恩来事先作了周密准备,《新华日报》1938年10月24日从武汉撤离,10月25日便在重庆继续出版了。《群众》周刊也一起迁到重庆。

《新华日报》、《群众》迁到重庆不久,便迎来了创刊一周年纪念。中共中央为此发来贺电,对《新华日报》提出新的要求:希望"《新华日报》在扩大的六中全会决议的正确方针指导之下,对于克服困难渡过难关,增加力量争取更大胜利的伟大工作,对于巩固和扩大全民族团结和巩固国共长期合作的伟大任务,对于争取民族独立民权自由民生幸福的新的中华民国的伟大事业,更能尽其应尽的作用"。还希望报纸要在"力求内容的改进,加强与读者的联系"等方面再下工夫。中共中央的贺电为《新华日报》今后的发展指明了方向——巩固全民族团结,巩固国共长期合作,争取民族独立民权自由民生幸福,为"新的中华民国"的

---

① 闵大洪:《武汉时期的〈新华日报〉》,石西民、范剑涯编:《新华日报的回忆·续集》,四川人民出版社,1983年版,第471页。

伟大事业作贡献。

重庆时期的《新华日报》是一种在特殊条件下出版的共产党机关报。既要坚持中共中央独立自主的原则立场,又要维护国共合作的抗日民族统一战线;既要宣传八路军、新四军抗击日寇的英雄事迹,又要与国民党的新闻检查机关周旋。如前所说,抗战进入相持阶段后,国民党为了限制和迫害共产党和进步新闻事业,除制定各种极为苛刻的新闻检查条例外,还设置了"新闻检查局","新闻检查局"专门有一位副局长负责检查《新华日报》。他们对付《新华日报》的一条狠毒的原则是:"让你办报,不让你讲话;让你印报,不让你发行。"《新华日报》在周恩来的指导下,把合法斗争与非法斗争巧妙结合起来,同国民党当局进行了长期的有理有节有效的斗争。

在编辑上反检查。《新华日报》是中国共产党在国民党统治区内出版发行的机关报,自然要宣传共产党的抗日主张与方针政策,但是国民党新闻检查机关对《新华日报》的内容进行极其严格的审查,任意删改或扣留稿件,给报道造成了极大的困难,因此同反动的新闻检查制度进行斗争是《新华日报》反迫害的一个重要方面。在这一方面,《新华日报》充分利用合法的一手,但在重大问题上也不惜冒着被封的危险使用"非法"的一手。1939年9月11日,毛泽东在延安对中央社、《扫荡报》、《新民报》记者发表了谈话,对国民党制造摩擦、破坏团结抗日的事实表示了中国共产党的严正态度和坚定立场。若要送审这篇谈话,国民党新闻检查机关肯定通不过,于是就干脆不送检,在10月19日《新华日报》上发表了毛泽东的这篇著名谈话。报纸提前出版,印好后绕道送到重庆市内,在大街小巷叫卖。1941年1月"皖南事变"后,《新华日报》要发表有关事变真相的报道、评论,同时还有周恩来以极其悲痛的心情写的题词:"为江南死国难者志哀!""千古奇冤,江南一叶;同室操戈,相煎何急!"为了反对国民党的检查,编辑部和印刷厂的同志排了两个不同的报版,一个是没有周恩来题词的报版以应付检查;一个是载有周恩来题词的报版,抓紧印报,送到市内发行,等国民党发现时,街头已经销售了这天的报纸。这天的《新华日报》不但发行了,而且销数增加5倍。为了抨击国民党法西斯新闻检查制度,《新华日报》还经常采取"暴检"的方式。如果一篇稿件部分被删,就在文中被删处注上"被略"、"遵检"、"以下奉命删登"等字样,或代以"×××"、"……"等符号;如果整篇稿件被扣发,或将稿件题目刊出,以透露稿件的一些内容,或在版面上留下大块空白,名叫"开天窗"。"暴检"是国民党最害怕的一种反检查斗争方式,因此一再被严禁,但是"暴检"的事仍然经常出现。

在新闻来源上反封锁。国民党政府规定,《新华日报》记者只能在重庆一地采访,而且还有很多限制;国民党反动派的党政机关不向《新华日报》记者提供消息;《新华日报》记者到学校、团体、工矿采访经常有特务盯梢。尽管困难重重,《新华日报》记者还是千方百计地进行采访,出色地完成报道任务。周恩来对《新华日报》记者的采访非常关心,对他们的采访计划提出具体修改意见。《新华日报》在周恩来的关怀下,依靠中共驻重庆代表团从内部电台抄收一些重要文件,弄到延安和敌后根据地的一些报道材料;他们还依靠地下党组织在读者中物色可靠的人担任通讯员;搜集和利用国统区的地方报纸,将其中的一些材料进行改写;与国外有关方面联系,开辟国际新闻来源,等等。这样,粉碎了国民党对新闻来源的封锁。

在发行上反阻挠。国民党虽然被迫同意《新华日报》公开出版,但是想方设法阻挠它的发行。他们利用自己的御用工具"重庆市报贩工会",不准报贩卖《新华日报》,谁卖就开除谁的会籍。为了抵制国民党的破坏、阻挠活动,《新华日报》自己招收和培养了一批穷苦劳动人民出身的报丁、报童,依靠他们把报纸直接给市内及郊区乡镇的订户送去,并在街上零售。在共产党的培育下,这支队伍开始只有七八个人,经过四五年后,发展到100多人。他们不畏艰险,勇敢机智地进行斗争,胜利完成了任务,他们中的一些人还成了坚强的革命战士。

《新华日报》非常注意建立新闻界的统一战线。当时在重庆的20多家报纸中,几乎所有中间性质的报纸都被争取了过来,常常在重大问题上采取共同立场来对付国民党,比如争取言论自由,反对抗战期间的摩擦等。《新华日报》与《大公报》、《新民报》、《时事新报》等报纸之间也经常互换信息,有些《新华日报》先得知的消息,比如国民党向解放区运兵,往往先交给别的报纸发表,然后由《新华日报》转载。《新华日报》的负责人如张友渔、熊复等,也给中间派报纸写社论和评论[①]。

中共中央和南方局十分关心《新华日报》的工作。在组织领导上,除周恩来亲自兼任董事长外,还配备了党性强、水平高的领导干部和工作人员。如潘梓年担任《新华日报》社长达10年之久,在党中央、南方局和周恩来、董必武等人的直接领导下,团结报社全体同志,为报纸的创办与健康发展做了许多辛勤的工作。潘梓年,1893年1月1日生于江苏宜兴县。在"五四"运动的影响下,他积极投入革命活动,1927年在革命处于低潮时毅然加入共产党。1933年5月在上海被捕,在国民党的狱中受过电刑,灌过辣椒水,但他毫不动摇。1937年10月潘梓年由党中央营救出狱不久,从周恩来那里接受了筹办《新华日报》的任务,并经过中央批准任命为社长。他同大家战斗在一起,生活在一起,同志们都亲昵地

---

① 熊复:《关于〈新华日报〉的历史地位及特点》,石西民、范剑涯编:《新华日报的回忆·续集》,四川人民出版社,1983年版,第471页。

称他"潘老总"。潘梓年办报,有坚定的党性原则,董必武曾以"如君党性实堪钦"的诗句赞扬他。他虽然工作繁忙,但始终勤勤恳恳地致力于写作。他挤出时间写社论,写专论,写长枪大戟式的理论文章,也写匕首投枪式的杂文。除在《群众》周刊和其他报刊上发表的作品之外,仅在《新华日报》上发表的署名文章就有近80篇之多,经他精心审改的稿件,更是难以计数了。在政治方向上,中共中央和南方局更为关心,中共许多领导人经常为《新华日报》写文章,毛泽东的著作也经常在《新华日报》上转载,如《论新阶段》、《新民主主义论》、《在延安文艺座谈会上的讲话》、《论联合政府》、《驳白皮书》等。中央一旦发现《新华日报》出现某些偏向时,便及时纠正。1943年下半年,《新华日报》在宣传上出现了某些思想偏向,如国民党政府主席林森去世那一天,报上全文登载了中央社发的消息和照片,并围了一个很大的黑框,副刊上刊登的一些文章对罗斯福的"新政"评论不正确,有的甚至宣传资本主义国家的所谓"自由"、"民主",等等。中央不仅专门派人到重庆了解情况,而且指示董必武对《新华日报》的工作人员进行一次整风,将同这种思想偏向有关的人集中到南方局所在地——红岩,学习了一个月,进行严肃认真的批评与自我批评。同年,周恩来由延安回重庆后,还亲自主持了《新华日报》编辑工作和出版工作的改进。党中央和毛泽东的关怀、周恩来等中央领导人的直接领导,确保了《新华日报》坚持正确的政治方向。因此,《新华日报》作为共产党的喉舌,在国统区忠实坚决地宣传了共产党的路线、方针、政策,发挥了团结群众、组织群众、分化敌人、打击敌人的历史作用。

二、中国青年新闻记者学会的成立

中国青年新闻记者学会(简称"青记")是在中国共产党支持和领导下的国统区合法的青年记者团体,1938年3月30日正式成立于汉口。

"青记"的前身是发起于1934年夏天的"上海记者座谈会"。这是一个松散的组织,由恽逸群(上海新声通讯社编辑)、袁殊(上海新声通讯社记者)、陆诒(《新闻报》记者)、鲁风(上海申时通讯社记者)、吴半农(上海《大晚报》中文版编辑)等人发起,相约每周聚餐一次,谈论时事、工作和学习等问题。很快发展到10多人,最多时有30多人。大家觉得活动很有收获,为了扩大影响,1934年8月31日,还创办了专刊《记者座谈》,"集纳之理论与实践的研究",特别重视探讨新闻记者的道德修养问题,上面还刊登了袁殊写的《新闻记者歌》,号召新闻记者应该牢牢记住自己的社会责任。

抗战爆发几天后,周恩来代表中共中央到上海检查党的工作,在与胡愈之、夏衍等的交谈中,指示应加强新闻界的联系与团结工作,组成统一战线。胡愈之、夏衍同"上海记者座谈会"同人们商量,并很快达成共识,为了积极推进中国新闻事业的发展,更好地为抗战宣传作贡献,感到有进一步组织起来的必要。经范长江、羊枣(杨潮)、夏衍、碧泉、邵宗汉、朱明、恽逸群等人商量,决定在"上海记者座谈会"的基础上成立一个永久性的团体,定名"中国青年新闻记者协会",并推举范长江、羊枣、恽逸群三人负责筹备。中国青年新闻记者协会于1937年11月8日在上海山西路南京饭店成立,基本会员24人,推选范长江、恽逸群、羊枣、碧泉、朱明为总干事,夏衍、邵宗汉为候补干事。

上海、南京相继失守,青年新闻记者协会的会员有的到了香港,有的留在上海,但大部分到了武汉,经商定,决定将"中国青年新闻记者协会"更名为"中国青年新闻记者学会"。1938年3月30日,"中国青年新闻记者学会"成立大会暨第一届全国代表大会在汉口举行,出席会议的除上海、武汉两地代表外,还有长沙、广州、西安、重庆、香港和南洋各地的代表,国民党中宣部部长邵力子、监察院院长于右任,新闻界的知名人士张季鸾、曾虚白、邹韬奋、《新华日报》社社长潘梓年,文化界知名人士郭沫若、沈钧儒等人也参加了会议。会议通过了《中国青年新闻记者学会成立宣言》和学会《简章》,推选《大公报》的范长江、《扫荡报》的钟期森和《新华日报》的徐迈进为常务理事,朱明为秘书。关于"青记"的性质,《中国青年新闻记者学会宣言》说:"我们是愿献身于新闻事业有青年精神的记者组合。"关于"青记"宗旨,《宣言》说:"为了补救目前抗战中新闻工作的缺点,为了失去岗位的同业,为了训练成功大批健全的新闻干部以应付将来新闻事业的需要,我们不能不起来组织,不能不赶紧以集体的力量,加强自我教育,加紧自我扶助。"成立大会后,4月1日,学会接到国民党中宣部"准予备案"的通知,从此,"青记"以一个"合法"的青年记者团体开展各项活动。

"青记"的学术组于1938年4月1日出版了自己的机关刊物《新闻记者》月刊,主要负责人是范长江、刘尊棋。该刊主要内容是研究新闻学术,反映国内外新闻界情况,交流新闻工作经验。皖南事变后被迫停刊[①]。从成立到1938年10月武汉失守的7个月中,"青记"还开办了"记者之家",设立了"战地报纸供应部"等,还帮助一些青年投身新闻工作,解决一些报社急需用人的困难,协助华侨记者做好战时报道工作,并同外国新闻工作者建立了多方面的联系,使他们能正确地报道中国抗战的实况。

武汉沦陷后,"青记"的总部从汉口迁往重庆,并在成都、长沙、广州、延安等地成立了分会,会员由150人左右发展到1 000人左右。

---

① 方汉奇主编:《中国新闻事业编年史》中卷,福建人民出版社,2000年版,第1384页。

三、国际新闻社的成立

国际新闻社(简称"国新社")是在共产党领导下的国统区公开合法的进步新闻通讯社。

"国新社"筹备于武汉,成立于长沙,发展于桂林。

1938年秋,抗日战争全面开展一年了,面对军事上的失利,国民党亲日派控制的宣传机关不敢面对现实,不敢把事实真相告诉人们,一味自欺欺人,关于战事的宣传充满了假话、大话和空话,因此失去国际新闻界的信任。当时在武汉的许多外国记者因无法得到正确的战地消息而大为不满。在这种情况下,国民党军事委员会在武汉成立了国际宣传处,处长是宋美龄的亲信董显光,副处长是曾虚白,他们对亲日派搞的新闻宣传有所不满,很想改弦更张,有所作为,可是一时很难物色和组织一支合格的记者队伍去进行战地采访,把最新战况如实报道出来。于是他们想到了一些在战地、在后方、在群众中直接接触实际并积极进行报道的新闻记者,希望依靠他们提供一些供国际宣传的材料。他们看中了《大公报》记者、采访部主任、"青记"负责人范长江,准备约请他担任特约战地通讯员。起初,范长江没有接受;范长江请示周恩来,周恩来指示,可以以"青记"会员为骨干成立一个通讯社为国际宣传处服务。这样,范长江与当时在国民党军事委员会第三厅担任文化处处长的胡愈之一起同国际宣传处副处长曾虚白商谈,达成了建立"国际新闻社"为国际宣传处服务的协议,由国际新闻社负责给国际宣传处供应对外宣传的报道材料,国际宣传处按月给国新社提供稿酬。于是范长江就辞去了《大公报》采访部主任的职务,专力筹建国新社。

双方协议达成不久,武汉就沦陷了。范长江等南撤长沙。国新社在范长江、孟秋江、胡愈之等的积极筹备下,于1938年10月20日在长沙正式成立,并得到国际宣传处的同意成为国民党统治区公开的、合法的新闻通讯社。在"长沙大火"后,1938年11月15日,范长江得到当时也在长沙的周恩来的指示,将"国新社"与"青记"迁往桂林。"国新社"迁桂后,11月21日挂出牌子,开始工作。范长江任社长,孟秋江任副社长,黄药眠任总编辑,工作人员有任重、张狄刚、于友、高咏等几个人,大家不辞辛劳,克服困难,任务完成得很出色,使国际宣传处十分满意。曾虚白曾写信给范长江,列举一些在对外宣传中收到良好效果的通讯,希望多多供应。之后,国新社又根据共产党组织的指示,扩大业务,开展对国内报纸的通讯服务。国新社的稿子颇受用户的欢迎,上百家国内报纸都采用该社新闻通讯,于是在国统区新闻界,国新社就打开了一个全新的局面。

国新社打开局面之后,于1939年下半年开始扩大自己的机构,先后设立了香港分社、重庆办事处和金华办事处,成为全国性的通讯社。国新社的三个分支机构在供稿上有一个基本的分工:国新社重庆办事处负责国统区的新闻报道工作;香港分社负责国际宣传工作,并向国内提供国际新闻稿件;金华办事处着重开展新四军地区的报道工作。

国新社从1938年10月成立到1947年5月完全停止发稿将近10年的历史中,它在国统区的合法存在时间只有3年多一点,而它为国际宣传处提供对外宣传稿件的工作则进行了不过1年多时间。由于国新社坚持宣传进步观点,报道真实情况,引起国民党中统局特务的暗中破坏,中统局认为国新社的活动是"异党活动",其头目徐恩曾亲自写信给曾虚白要求停止与国新社联系。在这种情况下,国际宣传处便单方面废止了同国新社订立的供稿合同。"皖南事变"后,1941年5月,桂林、重庆的国新社被迫关闭。香港分社也在同年12月停止活动。日本投降后,国新社上海办事处于1945年12月成立,由孟秋江主持工作。国新社香港分社在1946年初重建。中华人民共和国成立后,国新社才结束其光荣使命①。

第三节 联合办报好

我们历史悠久的中华民族,有其光荣的爱国传统,"国家兴亡,匹夫有责",在民族存亡的关键时刻,中国新闻界的同人绝大多数都能以民族利益为重,携手共赴国难。以往不同党派、不同政见的报纸,相互支持,相互帮助,甚至不同党派还能联合创办一家报纸,共同经营一家报纸,求同存异,以"版面"为阵地,打击敌人。

一、《救亡日报》的创办与宣传

(一)《救亡日报》的创办

《救亡日报》是国共两党联合创办的一张宣传抗日救亡的报纸,1937年8月24日创刊于上海,1941年2月28日被国民党扼杀。《救亡日报》在其三年半的历史中先后经历了三个时期:上海时期,1937年8月24日创刊,11月22日停刊;广州时期,1938年1月1日复刊,10月21日停刊;桂林时期,1939年1月10

---

① 方汉奇主编:《中国新闻事业编年史》中卷,福建人民出版社,2000年版,第1400页。

日复刊,1941年2月28日停刊。抗日战争胜利后《救亡日报》改名《建国日报》在上海复刊,只出版了12天又被国民党封闭了。《救亡日报》的影响主要在上海时期和桂林时期。

1937年卢沟桥事变后,南京国民党政府在全国舆论敦促下修改了《危害民国紧急治罪条例》,释放了邹韬奋等"七君子"和一部分政治犯。在这种情况下,国统区的进步文化新闻工作者便纷纷创办起抗日救亡的报刊。比如,刚从国民党监狱中出来的邹韬奋于1937年8月19日在上海创办了《抗战》三日刊。《抗战》三日刊迅速反映国内外形势的发展并作出评述,又能及时反映抗战期间人民大众的要求,因此颇受欢迎,尤其是每期附有地图的《战局一览》和战地通讯,最受群众欢迎。该刊还刊载过中国共产党对时局的宣言,朱德、彭德怀的抗战通电等。共产党看到在国统区进行抗战宣传是时代的需要,于是第十八集团军驻上海办事处主任潘汉年根据周恩来的指示,同国民党上海负责文化宣传的潘公展商量合办一份报纸。经双方商定,各出资500元作为开办费,另外各派一名总编辑、一名编辑部主任,公推刚从日本回来的郭沫若任社长,报纸命名《救亡日报》,以"上海文化界救亡协会"的名义出版。共产党方面派出总编辑夏衍、编辑部主任林林;国民党方面派总编辑樊仲云、编辑部主任汪馥泉。其他编委包括了文艺、新闻、社会科学界的知名人物和一些国民党人士,其中有巴金、王芸生、王任叔、阿英、邵宗汉、金仲华、茅盾、长江、柯灵、胡愈之、胡仲持、陈子展、夏丏尊、章乃器、张天翼、邹韬奋、傅东华、曾虚白、叶灵凤、鲁少飞、郑伯奇、郑振铎、钱亦石、谢六逸、萨空了、顾执中等。经费来源一部分由上海文化界救亡协会拨给,其余由国民党津贴。

《救亡日报》当时的专业记者只有三个人,其他则由上海文化界救亡协会的成员供稿。胡愈之、郑振铎也以上海文化界救亡协会宣传委员的身份每天来报社参加工作。为了办好报纸,当时在报社工作的十多人相约一律不拿薪水,写稿不取稿费,来报社办公的交通费也由自己负担。但是国民党派到《救亡日报》的总编辑樊仲云只在出版后几天,每晚八九点钟到编辑部来走一走,就算完成了他的任务。后来就再也不到《救亡日报》来了。

《救亡日报》的报头是社长郭沫若的手笔,报头下面写明"上海文化界救亡协会机关报,社长郭沫若,总编辑夏衍",樊仲云因实际上没有上班,也没有担负工作,所以"榜上无名"。在《救亡日报》工作的共产党人利用国共合作的名义,以高昂的革命热情和坚持抗战的正确立场,团结一大批文化界的进步人士,把这张报纸办成一家独具风格的左、中、右三方面都要看的报纸。

《救亡日报》在上海时期的宣传特点是:专稿多,长稿多,特写多,新闻性较弱。然而由于它坚持抗战的旗帜鲜明,有精辟的战局分析和实际的战地采访,不讲假话,把真实的战况报告给人民群众,而且把日本占领上海后可能发生的祸乱告诉大家,希望人民群众有一定的精神准备,因此,《救亡日报》虽然处境困难,每天仍可销1 000份以上,最多的时候能销3 500多份。

《救亡日报》集中体现了文化界抗日统一战线的性质。许多著名作家、教授、社会名流为了抗日救亡都纷纷给《救亡日报》义务供稿,宋庆龄写政论,何香凝写诗词,郑振铎写杂文,冯玉祥写抗战诗歌,李公朴写战地通讯,社长郭沫若也经常亲临前线采访,为报纸写通讯、评论。田汉更是为《救亡日报》写过不少论文、戏剧、诗歌、小品、新闻特写。有一次国民党空军轰炸停泊在黄浦江对面的日本"出云舰",田汉立即写了一篇关于出云舰的资料,配合新闻在第二天的报纸上登出来了①。

《救亡日报》把文字宣传与实际行动结合在一起,收到了很好的效果。当时正是沪战最激烈的时刻,在前线的几个国民党将领都是郭沫若北伐时期的同事。陈诚首先来访问《救亡日报》的郭社长,并订了上百份《救亡日报》到前线散发,同时也诚恳地请郭社长替他组织三个战地服务团,到前线去担任慰问和救济难民的工作。在征求中共的同意后,郭沫若组织了三个战地服务团,每团二三十人到前线去慰问伤兵,救济难民。郭沫若、夏衍、田汉等人不止一次亲自到张发奎、罗卓英的司令部去劳军。每次去时都会带大量的《救亡日报》在前线分发,扩大报纸的影响;回来后则写成访问记等,向读者报道前线的情况。

上海沦陷当天,《救亡日报》从原址撤走,中共决定将其迁往广州出版。11月22日,《救亡日报》出版了"沪版终刊号",发表了郭沫若写的终刊词《我们失去的只是奴隶的枷锁》和夏衍写的社论《告别上海》,向上海人民说:"上海光复之日,即本报与上海同胞再见之时。"

(二)《救亡日报》在桂林复刊

广州、武汉相继失守后,桂林便成了国统区新闻文化事业的中心。桂林当时是广西的省会,国民党桂系军阀统治中心。抗战后,蒋桂合作抗日,但桂系领袖李宗仁等又对蒋介石颇为忌惮。为了团结广西中上层人士和省内外名流学者作为广西的政治资本,桂系特地组织了一个颇有声势的"广西建设研究会",会长李宗仁,副会长白崇禧、黄旭初,常务主任李任仁,委员包括了李四光、李达、胡愈之、欧阳予倩、杨东莼、千家驹、范长江、夏衍等人。李宗仁还以"礼贤下士"的姿态聘请知名教育家杨东莼担任广西建设干部学校的教务长。广西当局为了对抗

---

① 夏衍:《记〈救亡日报〉》,广西日报新闻研究室编:《救亡日报的风雨岁月》,新华出版社,1987年版,第6页。

蒋介石,争取国内外学者支持,故而对言论自由的限制不如蒋介石那么严密,图书审查制度也不像重庆那么顽固不讲理①。因而,1939年之后,沦陷区的知识分子纷纷撤到桂林,桂林一时文人荟萃,有文化城之称,新闻事业在桂林有一个较大的发展。

《救亡日报》1939年1月10日在桂林复刊。为了办好报纸,夏衍等人不仅同胡愈之、范长江等共同研究改革方案,还虚心向《大公报》的王文彬、《扫荡报》的钟期森请教。在报社内采取"每日评报"制度,每天早上报纸印出来后,由夏衍先校看一遍,对版面、内容、形式等用红笔批点,然后贴在墙上,每个社员都可以进行点评。

桂林时期的《救亡日报》,首先改变了上海、广州时期的那种"既不像杂志,又不像报纸"的形式——那时主要毛病是"文人办报",不甚了解办报的基本规律,其具体表现为登长文章,发空议论,新闻性差,靠"名人"的文章支撑场面,为了登一篇名人的长文章,或把版面打乱,或把国内外要闻挤到二、三版甚至无法刊出。其次改革版面,打破陈规,把当天国内外大事简编成几百字到一千字稿件,并规定,每天一定要有一篇不超过1 200字的社论②,其内容从国际大事、抗战形势,一直到社会风气、人民生活。第二版、第三版主要登国内政情、广西和桂林的社会消息,第四版除固定的《文化岗位》栏之外,有时也出音乐、戏剧、美术方面的专刊。同时,利用上海文化界救亡协会的老关系,由报社根据需要,分别约请文化界知名人士写文章。当时被国民党软禁在桂林的越南共产党领导人胡志明还曾经为《救亡日报》撰写过分析东南亚民族革命形势和前景的文章。此外,改革文风,力求做到文章通俗易懂,反对教条八股。

为了扩大宣传面,《救亡日报》还出版了综合性刊物《十日文萃》,将《救亡日报》、《新华日报》上知名人士和作家的文章加以汇编。这家综合刊物是在广州时创刊的,1940年7月在桂林复刊,销路颇好。

总之,桂林时期的《救亡日报》在共产党的领导下既坚持了革命立场,宣传抗战,反对投降,又办出了独特的风格,讲出了国民党报纸不会讲、《新华日报》不便讲、人民大众心中想讲的话,因此成了一张各界人士都爱看都想看的报纸,销量从2 000份猛增到8 000份,读者遍及广西、湖南、江西、广东、四川以及香港、南洋等地。

1941年皖南事变后,2月28日《救亡日报》被国民党勒令停刊。

---

① 广西日报新闻研究室编:《救亡日报的风雨岁月》,新华出版社,1987年版,千家驹序。
② 夏衍:《记〈救亡日报〉》,广西日报新闻研究室编:《救亡日报的风雨岁月》,新华出版社,1987年版,第37页。

二、《重庆各报联合版》的创办与刊行

抗战时期,重庆作为"战时陪都",是国民政府和国民党中央机构的所在地,也是国统区政治与文化中心,自然也成了新闻事业的中心。平津、沪宁、武汉的报纸大都先后迁到重庆出版,加上原有的《新蜀报》、《西南日报》、《商务日报》、《国民公报》等,重庆报业最盛时达 22 家。在民族大义的激励下,在抗日救国的旗帜下,重庆报界结成了广泛的抗日民族统一战线,尽管它的内部有不同的政治倾向,尽管它内部不时发生这样或那样的斗争,有时甚至是很激烈的斗争,但总体来看,报界自身的合作还是有成效的、值得肯定的。1938 年 10 月,中央社萧同兹、《大公报》曹谷冰、《新民报》陈铭德等人发起成立重庆报界联谊会,以轮流作东的方式,集会商讨白报纸、燃料、粮食等物资供应问题,以便集体请求政府当局予以解决,同时还协调各报广告收费标准、工人工资标准等事项。《新华日报》的总经理熊瑾玎也参加了联谊会的活动,并积极帮助解决其他报社的困难。熊瑾玎在四川梁山县与商人合作开办一个小型造纸厂,自给自足尚有富余,有一次,《中央日报》的存纸用尽,总经理张明炜找《新华日报》借纸,熊瑾玎爽快地借给 40 令,解了《中央日报》的燃眉之急。后来,《新华日报》向《中央日报》借用大型铜模,铸标题字,《中央日报》也满足了《新华日报》的要求。

当然重庆新闻界的合作最典型的事例还是《重庆各报联合版》的创办与刊行。

1939 年 5 月 3 日和 4 日,日寇飞机对重庆市区进行丧心病狂的大轰炸,人民生命财产受到严重损失,重庆报业遭受损失者占十分之九,不少报社已经无法正常出报。于是国民党军事委员会下令,重庆 10 家损失最惨重的报纸《时事新报》、《大公报》、《新蜀报》、《新华日报》、《国民公报》、《扫荡报》、《中央日报》、《商务日报》、《新民报》、《西南日报》联合出报,定名为《重庆各报联合版》(简称"联合版"),蒋介石"手谕":由 10 家报社负责人程沧波(《中央日报》)、曹谷冰(《大公报》)、崔唯吾(《时事新报》)、潘梓年(《新华日报》)、丁文安(《扫荡报》)、康心如(《国民公报》)、周钦岳(《新蜀报》)、陈铭德(《新民报》)、汪观云(《西南日报》)、高允斌(《商务日报》)组成联合委员会主持其事。程沧波为联合委员会主任委员。各报经理组成经理委员会,黄天鹏(《时事新报》)为主任委员。各报总编辑组成编撰委员会,王芸生(《大公报》)为主任委员。另外还组成了一个迁移委员会,崔唯吾为主任委员。各委员会的办事机构均设在时事新报馆的防空洞内。

《重庆各报联合版》于 1939 年 5 月 6 日出版第 1 号。上面刊登的《发刊词》

坚定表示:"敌人对我们的各种残酷手段,我们的回答是加紧我们的组织,我们要拿组织的力量,去粉碎敌人的一切阴谋诡计。"《联合版》出至8月12日,共出版99号;开始每天半张2版,后来为一张4版。10家报纸,党派不同,政见相异,经济势力不一,社会影响有别,但是,在"抗战"的大旗下,大家尚能相安共事,报纸能够正常出版。8月13日,各报自行恢复出版。《重庆各报联合版》虽然只存在99天,但是它在中国新闻史上有特殊重要的意义。

第四节 民族气节天平上的私营企业性报纸

一、《新民报》与《大公报》:转徙迁播,决不投降

抗战全面爆发后,私营企业性报纸绝大多数的态度都很鲜明,宁肯事业受损,决不向日寇投降。

私营企业性报纸主要集中在南京和上海。全面抗战爆发后,这两地的私营报纸绝大多数都表现出了高尚的民族气节,不接受日寇的检查,果断停刊,实行战略转移。据1937年版《上海公共租界工部局年报》载:"自11月华军退出上海后,出版物之停刊者,共30种。"[①]成舍我创办的大众化报纸《立报》,此时已出版两年多了,成了全国畅销的报纸,该报以文章短小,重视新闻报道及副刊、内容丰富而深受读者青睐。1937年11月24日,《立报》出版了上海时期的最后一期,在告别词《本报告别上海读者》中,分析了国内外形势和抗战前途,希望留在上海的同胞们继续坚持斗争,争取抗战的最后胜利。之后撤往香港。1938年4月1日,《立报》香港版创刊。虽然香港《立报》在编排和内容上不比上海《立报》差,但是因为不大适合香港人的胃口,所以销路不理想。《时事新报》在接到租界工部局"劝令停刊一切反日文字"的通知后,决定自11月26日起自行停刊,迁往内地出版,1938年4月27日在重庆复刊,是上海最早迁到重庆出版的企业大报。

为国难所激发出民族气节和抗战激情,最具代表性的报纸是《新民报》和《大公报》。

《新民报》1929年由几位四川籍的青年记者陈铭德、吴竹似、刘正华等创办于南京,他们当时都是国民党员,并且都服务于国民党的中央通讯社,对中央社

[①] 转引自马光仁:《上海新闻史》,复旦大学出版社,1996年版,第826页。

刻板的工作方式和垄断新闻的做法不满意,觉得与自己理想中的新闻自由相去甚远,于是就产生了办民间新闻业的想法,遂办起了一张规模不大的同人报《新民报》,报名取"作育新民"的意思,希望继承和发扬同盟会机关报《民报》的革命精神。《新民报》创办时,陈铭德从中央社辞职,专任社长;吴竹似、刘正华以业余时间参与编辑,初始时先后任总编辑,当年冬天,聘张友鸾为总编辑。新民报社全称为"首都新民报社",初期社址设在南京洪武街,1930年迁至估衣廊73号,1935年又迁到繁华热闹的新街口北中山路102号。在篇幅上,起初每天出版4开一张,1931年改为对开一张,1936年又改为对开两张。初期为筹集资金,报社接受四川军阀刘湘的资助,因而发表了不少反共言论。《新民报》主要工作人员长期受西方资产阶级新闻思想的影响,主张"为办报而办报,代民众以立言,超乎党争范围之外"[①]。但是,陈铭德等人毕竟是一批有高度爱国热情的青年人,当国家遭受日寇铁蹄践踏的时候,他们的民族气节凸显出来了。从1931年"九一八"事变到1932年"一·二八"淞沪抗战,报纸抗战救国的立场很鲜明,及时报道了日寇侵华消息,反映全国人民抗日救国的各种活动,敦促国民党政府放弃妥协,抗战到底,在当时产生了很大影响,报纸发行激增到1万多份,到1936年,发行量达2万份左右。1937年,邓季惺正式进入《新民报》,并担任副经理,建立了一系列完善的管理制度,同年6月20日成立南京新民报股份有限公司。南京《新民报》的版面编排、标题制作都较讲究,尤其副刊更具特色,《葫芦》、《新园地》、《新民副刊》、《读者呼声》等副刊在读者中都产生过较大影响。1937年7月全面抗战爆发后,《新民报》虽然坚持在南京出版,但由于对外交通阻塞、纸张供应困难,不得不压缩篇幅,到11月下旬仅出8开一张,最终在南京陷落的前16天,即1937年11月27日出版最后一期后,宣布停刊。

  1938年1月15日,《新民报》在重庆复刊。这是抗战时期由战地西迁到重庆的第一张报纸。《新民报》在重庆出版,抗战激情不减,1938年12月《新民报》紧随《新华日报》之后,举办报纸义卖,支援浴血苦战的抗日将士。这种报纸义卖活动在中国新闻事业史上是一个创举[②]。赵超构于1944年7月30日开始发表的《延安一月》,系统地报道了延安的军事、政治、财政、经济、文教、卫生等基本情况以及中共领导人的一些言论。在版面编辑上,报纸由对开两张的大报形式,改为4开一张的小报形式,新闻和评论短小精悍,有较多的花边新闻。内容上侧重于"社会新闻",并根据抗战开始后文化人和学校大量迁往四川这一形势,专门设置了《艺文坛》、《学府风光》等专栏。同时加强副刊编辑,副刊主持人

[①] 《新民报七周年纪念词》,《新民报》1936年9月9日。
[②] 方汉奇主编:《中国新闻事业编年史》,福建人民出版社,2000年版,第144页。

张恨水、张友鸾、张慧剑等均为名流高手,他们常以冷峻犀利之笔,或正话反说,或反话正说,点评时事,颇具战斗力。

《新民报》在40年代后不断扩大事业。1941年11月1日开始增出晚刊。1943年6月18日,创办了成都版晚刊。1945年2月1日,又增出成都版日刊。到抗战后期,《新民报》重庆、成都两地4报一天的总发行量最高达到10万份,是大后方发行量最大的报系。

《大公报》本是天津的报纸,1936年4月1日南下创办《大公报》上海版。《大公报》上海版创刊当日,总编辑张季鸾在社评《今后之大公报》中就说:《大公报》创办沪版,"既非扩大事业,亦非避北就南,徒迫于时势迫切之需要"。日寇的侵华贪欲,不仅在于东北、华北,而在整个中国,张季鸾等人认为,全面抗战的爆发在所难免。另外,以当时中日两国实力悬殊看,抗战开始阶段,北方势将不保。所以,沪版创办,说明《大公报》重心南移。

1937年7月7日卢沟桥事变后,7月28日晚日寇大举进攻平津,天津对外交通断绝。30日,《大公报》上海版发表题为《天津本报发行转移之声明》,说:"天津本报决与中华民国在津之合法的统治同其命运,义不受非法统治之干涉。万一津市合法官厅有中断之日,则不论其为外国军事占领或出现任何非法的中国人之机关,本报将即日自动停刊,待国家合法的统治恢复之日,再继续出版。"也就是当日,日军猛攻天津,天津失守,《大公报》天津版苦苦挣扎了4天,于8月5日停刊了。

"八一三"上海事变,张季鸾、胡正之等人预感到上海非可久守。8月17日,张季鸾亲自带领经编两部骨干赶往武汉,筹备汉口《大公报》。经过一个月的紧张筹备,9月18日,"国耻"六周年纪念日,汉口《大公报》创刊出版了,署号继天津版,为12262号。当日发表的社评说:"我们原是天津报,从去年四月在津沪两地发行。……此次平津沦陷,我们在天津停版了,接着上海战起,上海本报,也邮递困难。在这国家兴亡的关头,我们的报,竟不能与全国多数省区的读者诸君相见,这是我们同人非常惭愧的。""因此我们决定一面维护沪版,一面在汉口出版,从今天起,在沪汉两地发行。"

上海抗战打了整整三个月,到11月12日,中国军队付出了沉重代价后奉命撤离,上海开始"孤岛"时期。虽然公共租界工部局警告在租界出版的中文报纸,不要用过激言论"刺激"日方,但是,各报依然如故。12月13日,南京沦陷的当日,日本占领军通知租界各中文报纸,自15日起须送小样检查。《大公报》的胡政之、王芸生等人明确表示,宁肯停版,也不接受检查。1937年12月14日,《大公报》上发表了王芸生写的两篇社评,一篇是《暂别上海读者》,一篇是《不投降论》。在《暂别上海读者》中,王芸生说:"我们是中国人,办的是中国报,一不投降,二不受辱。……国军退出后的上海,完全成了一个孤岛,我们在这孤岛上又撑持了三十多天。在这三十多天内,我们继续记载南北各战场的战绩,继续鼓舞国人抗战的决心,关于上海的一切,尤充满了沉重的篇幅。特殊势力的气焰一天天的增高,租界内中国人的生命财产也一再受到非常的侵犯,我们这个中国人办的中国报,自然也渐渐的不能与特殊势力并存了。特殊势力先接收了我们的新闻检查所,成立了他们的新闻检查机关。这个机关要求我们送报,我们不送;昨天又来'通知',说:'自十二月十五日须送小样子检查,而不经检查之新闻一概不准登载。'我们是奉中华民国正朔的,自然不受异族干涉。我们是中华子孙,服膺祖宗的明训,我们的报及我们的人义不受辱,我们在不受干涉不受辱的前提下,昨天敌人的'通知'使我们决定与上海读者暂时告别。"文章写得沉稳、慷慨。《不投降论》更是表达了大公报人对国家的真挚感情:"我们是报人,生平深怀文章报国之志,在平时,我们对国家无所赞襄,对同胞无所贡献,深感惭愧。到今天,我们所能自勉,兼为同胞勉者,惟有这三个字——不投降。"这些文字,现在读起来,都令人感动不已!

《大公报》上海版停刊了。虽然汉口版还在坚持出版,但是,武汉不保在预料之中。胡政之经过周密思考,认为可在香港建立一个新的基业。港馆的筹备工作由胡政之亲自出马。克服了重重关隘,1938年8月13日,上海抗战一周年纪念日,《大公报》香港版与港粤读者见面了。

1938年中秋后,日军逼近武汉,武汉保卫战开始。此时,大家心里都明白,武汉地处平原,无险可守,若日军从东、北两面夹击,三镇不免沦陷。《大公报》汉馆对撤离早有准备。1938年10月17日,《大公报》汉版出了最后一张报纸,署号12656号。

1938年12月1日《大公报》重庆版正式创刊,署号继汉版。《大公报》渝馆由张季鸾直接领导。在此后7年多的时间内,它成为当时重庆发行量最大的一家报纸。

1940年,日本帝国主义疯狂推行南进政策,企图向太平洋和东南亚地区扩张。胡政之断定,日寇南侵,香港难保,他考虑要为《大公报》香港馆找一条退路。1941年3月15日,在胡政之的亲自筹划下,《大公报》又创刊桂林版,馆址在桂林东郊星子岩,日出对开一大张。初期桂林版《大公报》由重庆《大公报》总管理处领导,王文彬为发行人兼副经理,蒋荫恩任编辑主任。1941年12月太平洋战争爆发后,香港《大公报》人员也撤到桂林,桂林版编辑力量大大加强,由原香港版《大公报》总编辑徐铸成任桂林版《大公报》总编辑,金诚夫任经理。1942年4月1日又出《大公晚报》,4开一张。由杨历樵等负责。1944年6月,桂林实行第一次大疏散,《大公晚报》于6月27日停刊,《大公报》桂林版则延至9月12

日停刊。

从天津到上海，到武汉，到重庆，从上海到香港，到桂林，到重庆，整个抗战时期，《大公报》不惜毁掉一个又一个基业，坚持抗日救亡，发表了大量控诉日本帝国主义血腥罪行的文章和战地通讯。同时也发表过一些揭露国民党政府腐败、黑暗的文章。1941年5月15日，《大公报》获美国密苏里大学新闻学院授予的1940年度外国报纸荣誉奖章，这是现代中国报界第一次获国际新闻奖。重庆新闻界当天举行隆重庆典，张季鸾亲撰社论《本社同人的声明》，强调"文人论政"的传统。

1941年9月6日，总编辑张季鸾在重庆病故，王芸生接掌言论大权，虽然仍持拥蒋立场，但其言论尺度有所放松，并几度与蒋介石发生冲突。第一次是在太平洋战争爆发后，恰逢国民党五届九中全会通过《修明政治案》，《大公报》发表社评《拥护修明政治案》，直斥"某部长"（外交部部长郭泰祺）以巨额公款购公馆，而某巨室（孔祥熙家族）以"逃难的飞机竟装来了箱笼老妈与洋狗"。结果前一事以某部长撤职了事，后一事虽经"交通部"来函更正，仍激起浙江大学和西南联合大学的学生抗议。第二次是在1943年2月，《大公报》重庆版发表王芸生执笔的社评《看重庆，念中原！》，批评国民党政府不恤民命，明知河南大旱，仍令河南人民"罄其所有，贡献国家"。此文引起强烈反响，报纸也因此被勒令停刊3日。第三次是从1943年3月29日黄花岗起义纪念日开始，由《大公报》重庆版发起的"爱恨悔"运动，企图以"爱、恨、悔"的精神来力挽"颓风"。这场运动于5月10日遭当局干预停止。吴稚晖在一个"中央纪念周"上说，这场运动"是替共产党作宣传"。

1945年8月15日，《大公报》重庆版在当天第2版刊载通栏特大字号标题的消息《日本投降矣！》。8月16日第2版发表社评《日本投降了》，一开头就引用杜甫《闻官军收河南河北》一诗，喜悦之情，溢于言表。

二、《新闻报》与《申报》：心存幻想，一脚踏上不归路

这里主要说的是另外两张私营企业性大报《新闻报》和《申报》所走的另一条路。

1937年11月9日，即蒋介石下令驻沪部队撤离的当天，日本侵略军就向租界当局提出取缔一切反日宣传活动的要求。紧接着，强行接管了国民党设在哈同大楼的新闻检查所。11月28日，侵略者通知上海12家报社："日本军事当局宣布，自1937年11月28日下午3时起，原中国当局行使的报刊监督、检查的权力由日本军事当局接管。"12月13日晚上，日本侵略者以上海新闻检查所的名

义向各报社发出通知,迫令各报自翌日(12月14日)晚上起,须将稿件小样送到该检查所检查,未经检查的新闻报道一概不得刊载。如前所述,《大公报》等报纸拒绝日寇新闻检查,在痛斥了侵略者的野蛮后,断然宣布停刊,而大名鼎鼎的《新闻报》却卑躬屈膝地接受日寇的新闻检查,同时接受检查的还有《时报》、《大晚报》。

《申报》是一张有光荣的抗日救亡传统的大报。自1932年初实行改革后,一段时间是新闻界的马首。全面抗战爆发后,《申报》也和大多数民族资产阶级的报纸一样,反映人民的抗战要求,批评国民党当局消极抗战的态度。"八一三"的次日,《申报》发表时评《上海的大炮又响矣!》,说:"自卢沟桥事变以来,我们抱着大事化小、小事化了的本旨与敌人周旋,正是使日本人得寸进尺。"平型关大捷后,1937年9月29日《申报》发表时评《西北捷音》给予高度评价:"平型关的胜利是国共合作的第一个喜讯,全国人民高兴极了。这次胜利,不仅使平汉、平绥两线的战局换了样子,同时更证明了八路军将士忠勇卫国的赤诚。"为了抗战宣传,《申报》还于1937年8月21日特增出"夕刊";10月1日新辟《专论》栏,约请郭沫若、邹韬奋、金仲华、郑振铎、陈望道、章乃器、胡愈之、周宪文等爱国人士撰写评论,每天在专栏上发表。《主和者就是汉奸》(周宪文撰)一文,严厉抨击了当时的投降主义倾向,产生了很好的社会影响。

即使在1937年12月13日收到日军关于送检小样的"通知"后,《申报》也能和《大公报》一样,坚持民族气节,拒绝日军新闻检查,毅然停刊。之后,也能与《大公报》一样,先后于1938年1月15日创办汉口版,1938年3月1日创办香港版。汉口版出至7月30日就停刊了;《申报》在香港没有什么读者,出版环境日益险恶,于是香港版出到1939年7月停刊了。《申报》的底子毕竟是一家纯商业性报纸,与《大公报》重在"言论报国"不同,它把营利放在很重要的位置,所以,在汉口和香港出版受挫后,就立即折回上海。1938年10月10日《申报》沪版复刊。

"孤岛"时期,上海一批进步新闻人利用租界的特殊环境,采取特殊的方式——挂"洋商招牌"创办爱国报刊,避开日本占领军的新闻检查,进行抗战宣传。1938年2月后,这种"挂洋招牌"的报纸越来越多。已经接受日寇新闻检查的《新闻报》在自身事业日趋萎缩情况下,于9月1日,连同其晚刊《新闻夜报》挂上了美商招牌,请回原报馆主人福开森任监督,另外聘请一位美国人包德任总经理,以美商太平洋出版公司的名义发行,李浩然、严独鹤分别担任《新闻报》、《新闻夜报》的总编辑。《新闻报》算是暂时摆脱了日本侵略者的新闻检查。

《申报》在沪复刊,也是采用这种方式,以美商哥伦比亚出版公司名义出版。

董事长阿特姆司(W. A. Adams),董事安乐满(N. F. Allman),总经理由阿特姆司兼任,副经理王晓钦,总主笔由安乐满兼任,副总主笔张蕴和。洋人只挂名拿钱,不实际管事,实际经营管理由马荫良主持。复刊后的《申报》一般来说爱国立场还是鲜明的。坚持抗战主张,及时报道全国各地军民抗战事迹和胜利消息,这些对于"孤岛"人民来说是一种鼓舞。但是,追求经济利益使《申报》对形势的认识有很大局限性,民族责任感虽有但不高,宣传抗战的行动有但缺乏激情。所以,在民族危亡之秋,该报主持人还在重弹"不偏不倚"的老调,复刊词说什么"本报在此纷扰错杂之氛围中,迄能保持不偏不党之精神,利诱在所必拒,威迫亦置罔顾,一为多数人民谋福利,尽指导舆论之天职"。他们在版面上,在社交活动中,尽量玩"平衡",与各方面都打交道,无论是杜月笙还是黄金荣,都是"座上客"。

《申报》、《新闻报》"挂洋旗"出版的好景不长。1941年太平洋战争爆发,日本偷袭美军基地珍珠港,同时,日本海军分别在上海、香港登陆。12月9日,日军占领上海公共租界,"孤岛"全部沦陷,当天就查封了《申报》、《新闻报》,并禁止当天已经印好的报纸发行,老牌《申报》、《新闻报》落入日军之手。开始一年时间,《申》、《新》两报由日本陆军管理,陆军部长秋山邦雄具体掌控。12月15日,《申》、《新》两报恢复出版。为了利用这两张老牌私营报纸为日本做宣传,秋山命令《申》、《新》两报仍然以美商名义出版,采取中间立场的编辑方针,以欺骗读者。1942年11月25日,日本海军接管《申》、《新》两报,勒令两报人员全部离开报馆,加以筛选,挑选效忠"皇军"的铁杆汉奸回报馆。

日本海军挑选了早已投靠日本人的陈彬龢担任《申报》社长,主持报务,任命汉奸商人吴蕴斋为《新闻报》社长,李思浩为董事长。从此,《申》、《新》两报成为货真价实的汉奸报纸,完全站在日本帝国主义的立场上,大肆宣传"大东亚战争"的"胜利",鼓吹中日"共存共荣"、建设"大东亚共荣圈"等反动内容,对日本帝国主义施行的每一个侵略政策都大加吹捧和赞扬,为虎作伥。

在报刊业务上,《申》、《新》两报也有明显变化。以《申报》为例:大量译载日本报纸的社论或文章,为扩大日本报刊的反动谬论提供版面;恢复社论,改组副刊,以便更"有效"地进行汉奸宣传①。

这两张老牌大报就这样在汉奸道路上越滑越远,后来被国民党以附逆罪名接管,再后来又被共产党以反动报纸名义查封或改组,都是情理中的事情了。

---

① 参见马光仁:《上海新闻史》,复旦大学出版社,1996年版,第939—941页。

第五节 抗日根据地新闻事业的发展与改革

抗战期间,中国共产党领导的根据地有了很大的发展。原陕甘宁革命根据地于 1937 年 9 月更名为陕甘宁边区,苏维埃政府更名为边区政府。首府延安是中共中央所在地,是人民抗日力量的政治指导中心,八路军、新四军和其他人民抗日武装的指挥中枢。此外,八路军、新四军和广大人民群众在敌后英勇作战中,又建立了华北、华中和华南三大敌后抗日根据地。在中国共产党党性原则指导下,在广大人民群众抗日斗争的推动下,根据地的新闻事业有了新的发展。

一、边区首府延安的新闻事业

(一)延安的报刊

1.《解放》周刊和《新中华报》的加强

《解放》周刊于全面抗战爆发前夕 1937 年 4 月 24 日创刊于延安,1941 年 8 月 31 日停刊,为中共中央的政治理论机关刊物,初为周刊,后改为半月刊。张闻天负责。1937 年 7 月 23 日《解放》周刊第 12 期发表了毛泽东的重要政论《反对日本进攻的方针、办法和前途》,对指导抗战起了极大的作用。在抗日战争时期,《解放》周刊大力宣传中共坚决抗战的方针和全面抗战的路线,反对国民党顽固派妥协退让的方针和片面抗战的路线。同时,《解放》周刊还刊登文章,指导各解放区的建设工作和进行马克思列宁主义的宣传。

《红色中华》报于 1936 年 1 月在陕北瓦窑堡复刊,作为陕甘宁边区政府机关报,西安事变不久,1937 年 1 月 29 日改名为《新中华报》,由于物资条件的限制,仍为油印报,1937 年 9 月才改为铅印报。1939 年 2 月 7 日,中共中央将《新中华报》改组,作为中共中央和陕甘宁边区政府的联合机关报,这就改变了当时延安没有中共中央机关报的状况。毛泽东给《新中华报》题辞:"把新中华报造成抗战的一支生力军。"第二年毛泽东又给《新中华报》写了一篇题为《必须强调团结和进步》的文章,指出"坚持抗战,反对投降;坚持团结,反对分裂;坚持进步,反对倒退"的方针为《新中华报》的政治方向。

2.《解放日报》及一批新报刊的创办

《解放日报》1941 年 5 月 16 日创刊于延安,是中国共产党中央委员会的机关报,是共产党在解放区出版的第一张大型日报,也是我国民主主义革命时期贡献最大、影响最大的一家革命报纸。该报对开4版,第一任社长博古,第一任总编辑杨松,次年11月杨病逝,陆定一继任总编辑。《解放日报》至1947年3月27日停刊,共出版2 130期。

《解放日报》的创刊是严峻斗争形势发展的需要。1941年起,解放区进入了一个极端困难的时期:一方面日本帝国主义集中75%以上的侵华兵力和95%以上的伪军对解放区及敌后根据地进行大规模的扫荡;另一方面国民党顽固派制造震惊中外的"皖南事变",掀起了第二次反共高潮,派出大量兵力包围封锁解放区。在这种情况下,党内一部分同志"左"倾观念在抬头,在宣传工作中提出一些不符合政策的口号,造成了很不好的影响,同时国共两党统一战线内部复杂的政治斗争与军事冲突,使中共中央面临纷繁复杂的局面,这都给党的新闻宣传工作带来了繁重的任务。党在国统区的《新华日报》受国民党反动派越来越严重的迫害,宣传上受到很大限制,同时,中共中央机关报《新中华报》只是一张4开4版的周两刊,不能适应形势的需要,因此,中共中央在毛泽东同志的倡议下决定创办大型机关报《解放日报》。1941年5月15日中共中央就出版《解放日报》发出通知:"五月十六日起,将延安《新中华报》、《今日新闻》合并,出版《解放日报》。一切党的政策,将经过《解放日报》与新华社向全国传达。《解放日报》的社论,将由中央同志及重要干部执笔。"为了集中力量办好《解放日报》,中央还决定停办《解放》周刊、《中国青年》、《中国妇女》、《中国工人》等。

《解放日报》的发刊词在谈到出版使命时说:"本报之使命为何?团结全国人民战胜日本帝国主义一语足以尽之。这是中国共产党的总路线,也就是本报的使命。"①《解放日报》创刊不久,国际上爆发了苏德战争,报纸立即提出建立反法西斯国际统一战线的主张,围绕苏德战争的性质发表评论,对战局的发展作出正确的分析,走在世界反法西斯舆论的前列。

另外,根据抗战形势的需要,在延安还先后创办了一批新的报刊。

《八路军军政杂志》1939年1月15日创刊,八路军总政治部出版,时任八路军总政治部宣传部部长的萧向荣担任主编。毛泽东为之写的发刊词指出,创办出版《八路军军政杂志》的目的是"为了提高八路军的抗战力量,同时也为了供给抗战友军与抗战人民关于八路军抗战经验的参考材料"。

《中国青年》1939年4月16日创刊出版,全国青年联合会延安办事处主办,胡乔木主编。《中国青年》是大革命时期的《中国青年》的继续。新《中国青年》创刊后的第二期上发表了毛泽东的论文《五四运动》,第三期上又刊载了毛泽东的演讲稿《青年运动的方向》。

---

① 复旦大学新闻系编:《中国新闻史文集》,上海人民出版社,1987年版,第219页。

《共产党人》1939年10月20日创刊,这是中共中央出版的以党的建设为中心内容的中央机关刊物,由张闻天主持。毛泽东写的发刊词谈了创刊宗旨:"帮助建设一个全国范围的、广大群众性的、思想上政治上组织上完全巩固的布尔什维克化的中国共产党。"

《中国工人》1940年2月7日创刊,中共中央职工运动委员会主办,邓发主持。毛泽东为之写了发刊词,其中对群众办报问题作了论述:"一个报纸既已办起来,就要当作一件事办,一定要把它办好。这不但是办的人的责任,也是看的人的责任。看的人提出意见,写短信短文寄去,表示欢喜什么,不欢喜什么,这是很重要的,这样才能使这个报办好。"

《中国文化》1940年2月15日创刊,为陕甘宁边区文化协会主办的机关刊物,由艾思奇主编。在创刊号上发表了毛泽东的重要著作《新民主主义论》。文章指出了"科学的态度是'实事求是'",是"《中国文化》出版的态度"。

《边区群众报》1940年3月25日创刊,陕甘宁边区党委机关报,谢觉哉任社长,胡绩伟任主编。该报以农村基层干部和农民为读者对象,其主要特点是通过通俗、多样、活泼有趣的方式宣传党的重大政治任务。

这些报刊在陕甘宁边区的首府延安出版,使延安成了抗战宣传的一个中心。

(二) 通讯社和广播电台

1. 新华社的加强

"红色中华通讯社"于1937年1月改名为"新华通讯社",改名之后仍然和《新中华报》是社、报一家,社长由博古兼任,社址在延安城内,后又迁至城东清凉山,每天播发两千字左右的新闻稿。1937年1月29日出版的《新中华报》在头版头条刊登了新华社1月25日的新闻稿"和平解决有望,前线无大工作,红军力求和平",报道了和平解决西安事变的动态,这是迄今所见到的以新华社名义见报的第一条消息。2月6日刊载新华社稿《德意日成立军事密约》,是迄今所见到的新华社最早的国际消息[①]。

为了加强新华社的工作,1939年初,党中央决定新华社与《新中华报》社分开,各自成为独立的组织机构,同受中共中央党报委员会领导。自此,新华社开始了独立发展的新阶段,第一任社长向仲华,社址由清凉山迁至党中央所在地杨家岭。同年6月,新华社进一步调整组织机构,设立了编辑科、通讯科、译电科和油印科。

整顿地方通讯社。从1939年下半年起,各地陆续建立了一批通讯社,一些解放区党报也附设了通讯社。这些通讯社在报道当地抗日活动和根据地建设方

---

① 刘云莱:《新华社史话》,新华出版社,1988年版,第9页。

面起了一定的作用。但是由于名称不统一,组织不统一,任务不明确,所以在发稿上存在极大的分散性和无政府状态,以致有些通讯社曾发表了与中央精神相违背的新闻电稿,影响了党的工作。为了改变这种状况,1941年5月,中共中央发出了《关于统一根据地内对外宣传的指示》。根据《指示》精神,新华总社对各地通讯社进行了必要的整顿:各地方通讯社均改为新华社分社,单独和延安新华总社建立直接的业务关系。这样一来,凡带全国、全党、全军性质的新闻电讯一律由新华总社发布。这样既加强了党对外宣传的统一领导,也加强了中央的宣传力量。统一播发全国性电讯是新华社发展史上的一大进步。1944年8月,新华总社成立英文广播部,从9月1日起,正式开始对外播发英文电讯稿。到抗战胜利前夕,新华总社已由抗战开始时的20多人增加到110多人。

2. 延安新华广播电台的创建

周恩来直接领导广播电台的筹建工作。1940年3月,周恩来从莫斯科治病回延安时带回共产国际赠送的一部广播发射机。中共中央决定建立广播电台,成立了广播委员会,周恩来亲自担任主任。周恩来去重庆工作以后,由朱德主持电台的筹建工作。中央军委三局从有关部门抽调30多人组成九分队专门担负建设广播电台的具体任务。他们因陋就简,开凿了三孔窑洞作为机房和播音室,把破旧的汽车头拆卸改装为发动机,用高大的树干架设天线。

1940年12月30日,延安新华广播电台开始试验播音,呼号为"XNCR"。延安新华广播电台的创建,是中国无产阶级广播事业的开端,是中国无产阶级新闻事业史上光辉的一页,它标志着中国无产阶级新闻事业从报刊、文字广播又迈进了语言广播的阶段。当时延安新华广播电台每天上午下午各播音一次,每次一小时左右,广播的主要内容有中共中央重要文件、《新中华报》社论、《解放》周刊重要论文、国际国内新闻,以及名人讲演、科学常识、文艺节目。

试播期间的主要听众是敌后抗日根据地军民,也兼顾国民党统治区的听众。尽管因条件所限,播音质量时断时续,但是在根据地和国统区都有很多人倾听"延安的声音"。1942年昆明西南联大的师生还写信赞扬延安台的声音像"黑夜里的一盏明灯"①。

中共中央及中央领导十分重视和关怀延安新华广播电台的工作。1941年5月25日,中共中央在《关于统一各根据地对外宣传的指示》中要求"各地应经常接收延安新华社的广播,没有收音机的应不惜代价设立"。同年6月20日,中央宣传部在《关于党的宣传鼓动工作提纲》中强调了发展广播事业的重要性,指出"应当在党的统一的宣传政策之下,改进现有的通讯社及广播事业的工作"。为

---

① 刘云莱:《新华社史话》,新华出版社,1988年版,第22页。

了支持电台办好文艺节目,毛泽东把自己保存的 20 多张录有抗战歌曲和音乐的唱片赠送给"延安台",并当面嘱咐电台同志们要认真搞好广播工作。

1943 年春天,延安新华广播电台因发射机的大型电子管失效,一时又得不到补充,只得暂时停播。停播期间,九分队的同志们经过一年多的努力重新设计和改装了广播发射机;同时,部队在晋西北的一次战斗中缴获了一套蒸汽机设备,改装成 25 马力的蒸汽机解决了电力供应问题。1945 年 9 月 5 日,延安新华广播电台正式恢复播音。后曾长期把 9 月 5 日作为人民广播事业创建纪念日。1980 年 12 月经中宣部批准,中央广播事业局发出通知,把中国人民广播事业创建纪念日改定为每年 12 月 30 日,即 1940 年延安新华广播电台试播的第一天。

二、各抗日根据地报刊的整顿与发展

（一）中央对各抗日根据地报刊的整顿

1939 年以前,随着敌后抗日根据地的建立和发展,各种小型报刊便纷纷创办起来。据不完全统计,从 1937 年到 1939 年,在华北、华中两个主要敌后解放区,约有小型报刊 700 余种。晋察冀解放区创办抗日报刊较早,主要有《抗敌报》、《救国报》、《边区导报》等约 100 种;晋冀鲁豫解放区有《战斗日报》、华北《新华日报》等百余种;山西吕梁山抗日根据地有《战斗导报》、《大众日报》等 50 多种;晋绥边区有《战地通讯》、《西北战线》等 50 多种;山东解放区有《大众日报》、《鲁南大众报》等约 80 种;华中地区有《新华报》、《抗敌报》等 300 多种。这些以油印为主的小型报刊适应群众抗日斗争的需要,在向敌后人民进行武装起来反对日本帝国主义侵略的宣传教育起了重要作用,得到了广大群众的支持与爱护。但是由于大量报刊兴办于一时,分工不明,力量分散,加之各方面条件的限制,这些小型报刊的政治质量和宣传水平得不到保证。1939 年 5 月 17 日,中共中央发出了《关于宣传教育工作的指示》,要求"从中央局一直到省委、区党委,以至比较带有独立性的地委、中心县委止,均应出版地方报纸",而且规定"党委与宣传部均应以编辑、出版、发行地方报纸为自己的中心任务"。根据这个指示,大约从 1939 年下半年到 1941 年上半年,各地停办或合并了许多小型报刊,集中力量创办或加强了各级党委的机关报。

（二）各抗日根据地报刊的发展

1.《新华日报》华北版

该报是中共中央北方局的机关报,报纸于 1939 年 1 月 1 日创刊于晋东南沁县,是敌后解放区的第一张铅印日报。何云任首任社长兼总编辑,继任者为陈克寒。该报一部分编辑及印刷工人由武汉《新华日报》调来,因此这张报纸办得较好,发行量曾经达到 5 万份,华北各个抗日根据地都有这张报纸的读者。1943 年,中共中央北方局撤销,成立中共中央太行分局,该报同年 10 月 1 日改为《新华日报》太行版,成为中共中央太行分局机关报。太行版一直出版到 1949 年 8 月 20 日,因撤销太行区建制而终刊①。

2.《大众日报》

该报 1939 年 1 月 1 日创刊于沂水县王庄,初为中共苏鲁豫皖边区委员会机关报,不久,中共中央山东分局成立后改为分局机关报。该报在发刊词中强调要"为大众服务",因此,这张报纸十分注意联系群众,建立强大的通讯员队伍,即使在战争十分激烈的情况下,报纸仍能按期出版,而且内容丰富多彩。首任社长刘导生,第一任总编辑是匡亚明。以后,匡亚明、陈沂先后担任社长。1949 年 4 月由农村迁入济南。1955 年改为中共山东省委机关报出版至今,是中国共产党党报中连续出版时间最长的一家。

3.《抗战日报》

晋绥边区有中共中央晋绥分局的机关报《抗战日报》,该报 1940 年 9 月 18 日创刊于山西兴县。创刊词提出,该报的主要宣传任务是:"抗战到底,团结到底,建设晋西北。"第一任总编辑是赵石宾,后相继为郝德青、常芝青。1944 年 12 月 20 日毛泽东对《抗战日报》作了改进报道工作的指示,指出:"排新闻的时候,应以本地为主,国内次之,国际又次之。""不是给新华社办报,而是给晋绥边区人民办报,应根据当地人民的需要(联系群众,为人民服务),否则便是脱离群众,失掉地方性的指导意义。"②在毛泽东同志的关怀下,《抗战日报》终于办成了根据地中最好的报纸之一。1946 年《抗战日报》改名《晋绥日报》。

4.《晋察冀日报》

晋察冀边区有中共中央晋察冀分局的机关报《晋察冀日报》,初名《抗敌报》,1937 年 12 月 11 日创办,1940 年 11 月 7 日改为本名,4 开 4 版,一直坚持出版到 1948 年 6 月 14 日终刊,总共出版 2 854 期,为中国共产党在华北敌后各根据地中创办时间最早和出版时间最长的党报。社长、总编辑邓拓。

邓拓(1912—1966),福建闽侯人,笔名马南邨。1930 年参加中国共产党,1938 年 4 月起先后任《抗敌报》主任、社长、总编辑,兼任新华社晋察冀总分社社长。1949 年 10 月,任中共中央机关报《人民日报》总编辑。1957 年当选为中华

---

① 方汉奇主编:《中国新闻事业编年史》,福建人民出版社,2000 年版,第 1406 页。
② 中共中央文献研究室编:《毛泽东新闻工作文选》,新华出版社,1983 年版,第 120 页。

全国新闻工作者协会主席。1958年调离《人民日报》,任中共北京市委书记等职,兼中共北京市委理论刊物《前线》主编。"文化大革命"前夕,遭受错误批判于1966年5月18日含冤去世。

《抗敌报》从创办起就十分注意报纸的党性、群众性与地方性,在指导反扫荡的军事宣传上以及根据地生产运动中发挥了显著的作用。1938年,《抗敌报》连续登载了"刘庆山事件"。刘庆山是当时灵寿县的有名的抗日积极分子,检举区长粟怀王、助理员梁世昌贪污恶行,而县长蓝天轻信假报告,不调查研究、不向上级请示,随意将刘庆山枪杀,造成冤案。灵寿人民召开锄奸申冤大会,要求政府惩办贪污分子,撤换县长。《抗敌报》坚决站在群众一边,连续14天发表消息、通讯、来信、诗歌等谴责蓝天的不法行为和官僚主义作风。边区政府接受民意,最后将蓝天撤职,粟、梁两贪污犯被依法查办。整个事件的报道轰动了边区,显示出舆论的威力,密切了党和人民的联系。

邓拓认为党报工作群众路线主要表现在三个方面,即群众内容、群众形式和群众写作。他注意在报纸中反映群众生活内容,用群众喜闻乐见的表现手法进行宣传,提倡建立群众写作队伍。《晋察冀日报》的通俗性副刊《老百姓》,把新近发生的事用通俗的语言讲给老百姓听,很受群众欢迎。

群众写作体现在发动群众积极参与办报上。《抗敌报》和《晋察冀日报》在边区各地、县有报社的特约记者,各系统、各部门有特约通讯员、通讯员,他们积极地把各地情况及时反映到报纸上来。"陈珠妮遇害事件"的报道就是来自群众来稿。陈珠妮是平山县东熟泥沟村妇救会主任,因积极参加抗日工作受到丈夫和公公的嫉恨而被杀害。当时妇救会副主任丁一岚在1941年向《晋察冀日报》投稿揭发。邓拓从来稿中发现这篇题为《血的控诉》的文章,联想到多年来边区个别地方发生抗日积极分子被迫害的事件,觉得很有教育意义,就编发了边区政府处理凶手的消息和这篇文章。这个报道大快人心,提高了报纸的威信。由此还演绎了一段战地情缘:邓拓和丁一岚因此开始通信,并在1943年结为伉俪。

5.《江淮日报》

该报于1940年12月2日在华中抗日根据地的苏北盐城县创办。先出4开2版,1941年6月1日改版出对开4版,是苏北根据地的第一张日报。初创时为中共中央中原局机关报;次年5月,中共中央中原局和东南局合并成立华中局,该报成为华中局机关报。该报社长由中共中央华中局书记刘少奇(胡服)兼任,副社长兼总编王阑西。胡服题写报头,陈毅撰写发刊词。陈毅在发刊词中说,《江淮日报》既是党报,又是华中人民的喉舌,是党联系广大群众的纽带,是建设华中敌后抗日根据地的有力宣传工具。该报在刘少奇、陈毅的亲自领导下,在宣传抗战和根据地建设中,发挥了党报的组织作用。特别是对"皖南事变"的详细报道,及时揭露了国民党反动派的反共投降阴谋。最初发行4 000份,后增至1.5万份;除华中根据地外,还秘密发行至日伪占领区。由于日寇和国民党军队的夹击,办报条件十分困难,最终于1941年7月22日停刊。

三、抗日根据地新闻界的整风与中共党报理论的形成

(一)《解放日报》改版是延安整风的重要组成部分

1942年2月1日,毛泽东在陕北延安中共中央党校开学典礼上作了《整顿党的作风》的报告,这是毛泽东宣布整风运动的正式开始,也是最后清算以王明、博古为代表的"左"倾错误路线的开始。此前,在中央高级干部中间,就已经先期开始了整风学习。

众所周知,王明和博古分别在20世纪30年代前期担任中共中央的总负责人。王明在担任总负责人时,站在教条主义立场,形成了第三次"左"倾错误路线;而"自1931年9月间以秦邦宪(博古)同志为首的临时中央成立起,到1935年1月遵义会议止,是第三次'左'倾错误路线的继续和发展时期"①。第三次"左"倾错误路线给中共革命带来了重大损失。虽然在1935年的遵义会议上纠正了"左"倾机会主义路线在军事上和组织上的错误,确立了毛泽东在军事上的领导地位,但是由于时机不成熟等诸多因素的限制,没有对"左"倾错误路线作政治上和思想上的清理。不仅如此,王明等人1937年11月从莫斯科回到延安后,他们以"天兵天将"自居,到处传达"天王"的"圣旨",由于他们缺乏中国革命实际斗争经验,一切照搬马列主义教条,动辄拿马克思主义来"包装"自己,"吓唬"别人,因而教条主义作风一时间在中共党内还有相当大的影响。与此同时,从国统区奔赴延安的大批"小资产阶级"知识分子尚未得到应有的改造,在思想上、政治倾向上与延安的生活形态还存在许多隔阂。毛泽东早已经意识到以上问题的严重性,他在审时度势。直到40年代后,一方面共产国际对中共政策发生变化,一方面"皖南事变"发生,全党进一步认识到王明路线的危害,于是,1941年9月,中央政治局才接连召开扩大会议,重新检视土地革命战争时期的政治路线即"左"倾机会主义路线问题。毛泽东决心从实际斗争需要出发,从马克思主义中国化和思想斗争的角度,发动和领导一场轰轰烈烈的整风运动。

再者,博古对过去的路线错误没有进行清理,影响到他对中央新的正确路线

---

① 《毛泽东选集》第3卷,人民出版社,1991年版,第966页。

的贯彻执行。改版前的《解放日报》深深地打上了博古的办报思想印记。博古认为,《解放日报》应该有大报作风,不能像苏区打游击时办的小报那样只登载自己的党政军民活动,而要着眼世界,把国际新闻放在首位①。简言之,就是要"立足全党全国,放眼世界"。因此,新创办的《解放日报》呈现以下特点。

在版面安排上,一版主要刊登国际新闻,二版是远东新闻,三版是国内新闻,主要是国统区新闻,陕甘宁边区和各抗日根据地新闻则集中放在第四版上半部分,下半部分是副刊。

在社论问题上,博古和首任总编辑杨松都主张每天发一篇社论。一方面他们都有留苏经历,对苏联《真理报》每天一篇社论比较认同,同时国内《大公报》每天一篇社论的传统也深深地影响了他们。他们认为这是一张大报有影响力的标志之一。

在新闻的价值取向上,创刊后的《解放日报》没有"积极贯彻"毛泽东对当时蒋介石政府的策略,而是过多地表现出王明"一切经过统一战线,一切服从统一战线"的痕迹。因此,在新闻稿件中,把蒋介石称作"蒋委员长",过分强调统一战线。此外,在发布国外和国民党中央社新闻时,没有加以改写,是为他人做"义务宣传员"。

另外,报纸在反映边区人民群众生活上还很不够,不仅稿量少,而且脱离群众实际生活。同时也没有承担起引导和教育群众的责任。报纸上不时刊登一些脱离实际、夸夸其谈的长篇大论,十足的"洋八股"。

显而易见,作为《解放日报》的负责人,博古的这种办报思路与毛泽东要求的真正的党报还有很大距离。为此,毛泽东在不同场合对《解放日报》的办报方针进行批评和指导。毛泽东曾经对总编辑杨松说:"讲中国历史,要多讲现代,少讲古代,特别是遵义会议以后,党如何挽救危局,要多加宣传,让大家知道正确路线是怎样把革命引向胜利的。"②毛泽东对《解放日报》强调:"我们在中国办报,在根据地办报,应该以宣传我党的政策、八路军、新四军和边区、根据地为主。"③1942年3月8日,毛泽东为报纸题词:"深入群众,不尚空谈。"3月16日,中共中央宣传部发出《为改造党报的通知》,指出:"报纸的主要任务就是要宣传党的政策,贯彻党的政策,反映党的工作,反映群众生活,要这样做,才是名副其实的党报。如果报纸只是或者以极大的篇幅为外国通讯社登载消息,那么这样的报纸是党性不强,只不过是为别人的通讯社充当义务的宣传员而已,这样的报

---

① 王敬:《博古与〈解放日报〉改版》,《我们同党报一起成长》,人民日报出版社,1989年版,第6—7页。
② 转引自杜青:《回忆杨松同志》,《中共党史人物传》,陕西人民出版社,1985年版,第192页。
③ 中国社科院新闻研究所编:《新闻研究资料》总第17辑,第13页。

纸是不能完成党的任务的。"①正因为这样,毛泽东同志才在1942年1月24日的政治局会议上严肃地批评了《解放日报》的错误,并指出今后的改进方向②。两天后,毛泽东在《中宣部宣传要点》中指出:"鉴于遵义会议以前,主观主义与宗派主义的错误给予党与革命的损失异常之大,鉴于遵义会议以后党的路线虽然是正确的,但在全党内,尤其在某些特殊地区与特殊部门内,主观主义与宗派主义的残余,并没有肃清,或者还很严重的存在着。"这里所说的"特殊部门"显然是指《解放日报》等宣传部门。中央宣传部的通知更明确地说,中央关于增强党性的决定和中央同志关于反对主观主义、宗派主义的讲话,并没有引起一些同志的深刻注意,"其原因,或则是有些同志过去犯了主观主义与宗派主义的错误相当的严重,一时尚没有深刻认识自己的错误,不愿意做深刻的自我批评,不愿意迅速的改正自己的错误。"③吴冷西认为:"这里说的一些同志,显然包括博古同志在内。"④也就是说,整顿《解放日报》是毛泽东清算遵义会议以前错误路线的整风运动的组成部分,也是针对博古本人的思想改造。

因为距离"名副其实的党报"要求甚远,《解放日报》的改版势在必行。

《解放日报》改版从1942年3月开始到1944年2月结束,两年的时间分为三个阶段。

第一阶段:1942年4月至8月,为版面改革。

1942年2月,整风运动在党内全面展开,《解放日报》表现得麻木和迟缓。在这期间发生了两件事情,引起了毛泽东的不满。

第一件事情是对第二阶段整风运动缺乏应有的政治敏感,对其重要性认识不够,从而导致宣传不力。表现之一是1942年2月1日,毛泽东在中央党校开学典礼上发表整风动员报告《整顿党的作风》,《解放日报》对此只是在第三版右下方发了个三栏题的消息,作为一般新闻处理。几天后,中央宣传部召开整顿文风的会议,毛泽东作了《反对党八股》的演讲。《解放日报》仍未引起足够的重视,只是在第三版左下方发了个三栏题的消息。对此,中央宣传部随后发出指示,明确指出:"……中央的这一反主观主义、宗派主义、党八股的思想,并没有贯彻到整个党的工作中去,尤其是在宣传教育部门中,没有把贯彻党的这一思

---

① 中国社科院新闻研究所编:《中国共产党新闻工作文件汇编》上,新华出版社,1980年版,第126页。
② 丁济沧、苏若望主编:《我们同党报一起成长——回忆延安岁月》,人民日报出版社,1989年版,第19页。
③ 《毛泽东文集》第2卷,人民出版社,1993年版,第389页。
④ 参见丁济沧、苏若望主编:《我们同党报一起成长——回忆延安岁月》,人民日报出版社,1989年版,第19页。

想,作为自己目前宣传教育工作中的中心任务"①。显然,这里对"宣传部门"的批评有明确的指向性。

另一件事是刊登王实味和丁玲所写披露延安阴暗面的杂文。1942年3月,《解放日报》陆续刊登了丁玲的杂文《三八节有感》和王实味的杂文《野百合花》。这两篇文章对延安生活的阴暗面进行了披露,特别是王实味的文章。这引起了毛泽东的极大重视。3月31日,在《解放日报》改版座谈会上,毛泽东对以上现象作出了严厉批评。他同时要求,整风运动要好好利用报纸。

在毛泽东的督促和指导下,博古着手对《解放日报》进行改版。

1942年4月1日,《解放日报》正式宣布改版。这一天,报纸发表了由博古执笔的改版社论《致读者》。社论指出:"改革的目的,就是要使《解放日报》能够成为真正战斗的党的机关报。"然后,社论对报纸创刊以来的工作作了检讨,其中,"尤其重大的弱点是,最近中央号召全党反主观主义、反宗派主义、反党八股,进行思想革命与改造全党工作的时候,党报没有能尽其应该的责任。"为此,"我们认为需要使我们的工作,有一个彻底的改革"。

从这一天起,《解放日报》的版面安排有了明显的改观。一版成为要闻版,取代了过去的国际新闻版面,二版是边区和国内,三版是国际,四版是副刊。一天一篇社论的做法也被取消。在对敌斗争策略上,开始贯彻"以我为主"的宣传方针,有意识地增加了党的政策与人民群众生活的报道。

改版当天的头条新闻很能说明改版指导思想的变化。当时由于遭受敌人封锁,解放区财政收入十分困难,农民负担越来越重。每年边区政府征收的公粮公草逐年增加。1942年,在征粮数目没有公布以前,有人造谣说当年要大幅度增加征收数目,从而影响边区政府和群众关系。于是边区政府决定当年大幅度减少征粮征草数目。这样一条重要新闻在改版前只放在第四版。改版当天,一版头条则是这则新闻的续闻,并且以特号黑体字作标题加以突出强调。此后报纸跟踪报道减征公粮以及农民生产积极性提高等消息,也都是发表在一版。不仅如此,改版后,普通农民还上了报纸的头版头条。4月30日,《解放日报》在一版头条刊发劳动英雄吴满有的事迹,并配发社论《边区农民向吴满有看齐!》。在第二版还刊登了通讯《模范英雄吴满有是怎样发现的》。这组新闻开辟了党报宣传的新思路,也使广大农民备受鼓舞。

《解放日报》改版把新闻视线从国际转到国内,特别是解放区。同时破除八股文风,更多地反映边区和解放区生活。每日一篇社论的取消也意味着社论的

---

① 参见王敬:《博古与〈解放日报〉改版》,《我们同党报一起成长》,人民日报出版社,1989年版,第7—8页。

重要性增加,社论写作权也向更高的政治核心层转移。《解放日报》版面的变化使联系实际、贴近群众方面前进了一大步。特别是文风也为之一变,充满生活气息的新内容、新题材不断出现在报纸重要版面。

第二阶段:1942年8月至1943年3月,为确立党性观念。

尽管《解放日报》改版后面目焕然一新,但是其精神内核还是没能达到中央特别是毛泽东的要求,就是"最近党中央号召反主观主义、反宗派主义、反党八股进行思想革命与改造全党工作的时候,党报没有尽其应该的责任。一方面,党报在这个时期中,没有能成为这个巨大的工作的鼓手和先锋,另一方面,在党报本身还未能尽除主观主义、宗派主义与党八股的余毒"①。于是,毛泽东派陆定一担任《解放日报》总编辑,并且参加政治局会议。从8月中旬开始,陆定一就根据中央和毛泽东的指示精神进一步改造《解放日报》。

陆定一曾经担任共青团中央宣传部长,先后主编过《中国青年》、《列宁青年》、《中国实话报》等报刊。1936年长征途中,接替邓小平主编中国工农红军军委机关报《红星》报。后任红军总政治部宣传部部长等职。

1942年8月29日,中央政治局会议就《解放日报》问题作出了相关决议。9月5日,陆定一在编委会上传达了毛泽东对报纸的具体批评指导意见。意见内容是:《解放日报》有很大进步,但是尚未成为真正的党中央的机关报。第一,日常政治必须报告中央。小至消息,大至社论,须与中央商量,报社内部亦须如此。有些消息如党校一学生自杀,是不应该刊登的。第二,报纸不能有独立性。自由主义在报社是不能存在的。第三,起草党报工作条例和报馆管理规则,交中央讨论。第四,《解放日报》同时又是西北局的机关报。西北局应积极参与管理党报②。毛泽东的批评使大家意识到,党报的核心是党性原则。党报工作人员党性观念的缺乏,是《解放日报》没有成为一张真正党报的症结所在。显然,毛泽东并不以报纸的版面改观为满足,他需要从核心原则上对《解放日报》加以彻底改造。

于是,博古主动作了检讨。陆定一领导了《解放日报》的新一轮改革。9月22日,《解放日报》发表博古写的社论《党与党报》,就党报的党性原则做出了系统说明。首先明确提出"报纸是党的喉舌"的观点,并且指出,"在党报工作的同志,只是党的组织的一部分,一切要依照党的意志办事,一言一行,一字一句,都要照顾到党的影响","要与党的领导机关的意志呼吸相关,息息相通;要与整个

---

① 张之华主编:《中国新闻事业史文选》,中国人民大学出版社,1999年版,第274页。
② 王敬:《陆定一在延安〈解放日报〉》,田方、午人、方蒙主编:《延安记者》,陕西人民教育出版社,1993年版,第58—59页。

党的集体呼吸相关,息息相通,这是党报工作人员的责任"。其次,党性原则要求确保党对报纸的绝对领导,不能闹独立性和自由主义;党性原则不但要求党报宣传贯彻好党的方针政策,而且要求有创造性,使党的意图变成群众的自觉行动。再次,党性原则要求反对主观主义,提倡实事求是,联系实际,贴近群众。最后,党报工作者应该有公仆意识,不可以自以为是,去做"无冕之王"。

与此同时,编委会还制定一系列制度,确保党性观念落到实处。如制定报纸检查条例;制定看大样制度;对社论、专论、各版及头条新闻实行签字负责制;根据个人工作表现实施奖惩制;编委会成员联系党、政、军各领导机关的分工负责制等。这些制度成为以后中共新闻工作的核心原则加以执行。

为了从不同角度进一步阐述党与党报之间的关系,胡乔木和陆定一分别撰写《报纸是人民的教科书》及《我们对于新闻学的基本观点》等文章,发表在《解放日报》上。它们成为中共党报理论的重要思想来源。

对《解放日报》党性的确立,毛泽东表示满意。他在给时任中宣部代理部长凯丰的信中说:"近日与博古谈了半天,报馆工作有进步,可以希望由不完全的党报变成完全的党报。"[①]

第三阶段:1943年3月至1944年2月,为树立全党办报观念。

早在1942年3月,《解放日报》改版座谈会上,毛泽东就提出了全党办报的问题,他说:"利用《解放日报》,应当是各机关的经常业务之一。"这句话后来被认为是全党办报思想的发端,但当时没有引起足够的重视。1942年9月,中共中央西北局做出的《关于〈解放日报〉工作问题的决定》中,批评了"个别地方党部和部分党员对《解放日报》表示一种漠不关心的态度",从而要求党员干部"经常看报,帮助党报的发行及组织党报的通讯工作"[②]。通知还明确规定,各分区党委及县委的宣传部长,均应担任《解放日报》通讯员。在9月22日发表的《党与党报》社论上,也涉及全党办报思想。如"党的领导机关,要看重报纸,给报纸以宣传方针,而且对每一个新的重要问题,都要随时指导党报如何宣传","供给党报各种指导、材料、文章和意见等";"党的各级机关,各级组织,以至于每个党员,都对党报负有责任"[③]。但是,各级党委与报纸的关系仍然缺乏密切合作。正如1943年3月中共中央西北局《关于〈解放日报〉几个问题的通知》中说:"各地党委对于《解放日报》的帮助和利用,还是不够的,还没有真正达到把它'当作自己经常业务之一',还缺乏系统地利用党报来指导自己地区的工作,还缺乏经

---

① 《毛泽东文集》第2卷,人民出版社,1993年版,第441页。
② 中国社科院新闻研究所编:《中国共产党新闻工作文件汇编》上,新华出版社,1980年版,第132页。
③ 张之华主编:《中国新闻事业史文选》,中国人民大学出版社,1999年版,第259—260页。

常地把自己地区的工作方针和动态,及时地在《解放日报》上反映。"为了改变这种局面,西北局认为,要办好《解放日报》仅依靠报社同志是不够的,还必须"依靠边区全党同志,特别是各级党委的负责同志的力量"①。为此,西北局要求,各级党委同志要经常向《解放日报》投稿,地委应加强对报纸通讯处的指导。这个通知出台后,全党办报的问题才引起了高度重视。

1944年2月16日,《解放日报》因创刊1 000期而发表社论,对改版以来的工作进行系统回顾和全面总结,得出重要结论:"这一年又十个月中间,我们的重要经验,一言而蔽之,就是'全党办报'四个字。由于实行了这个方针,报纸的脉搏就能与党的脉搏呼吸相关了,报纸就起了集体宣传与集体组织者的作用。"很明显,毛泽东要求《解放日报》不仅成为全党的宣传者,而且要成为全党的组织者。毛泽东的"全党办报",就是各级党委都要关心报纸,不仅是领导报纸,还应亲自参与办报,把报纸工作列为党委工作的重要议事日程,掌控报纸。

至此,党报与党的工作系统完全融为一体了。

(二)中共党报理论的形成

这次整风,在中国无产阶级新闻史上具有特殊意义,它不仅在实践上促进了当时共产党的新闻事业的发展,而且在新闻理论上进行了多方面的探讨,使中国无产阶级党报理论得以确立。在这次整风中确立的党报理论一直指导着中国共产党的新闻工作。这时期确立的党报理论集中在毛泽东对《解放日报》的一系列指示及在改版座谈会上的讲话,中共中央宣传部《为改造党报的通知》,中共中央西北局《关于〈解放日报〉工作问题的决定》(1942年9月9日)、《关于〈解放日报〉几个问题的通知》(1943年3月20日),胡乔木的文章《报纸是人民的教科书》(1943年1月26日《解放日报》),陆定一的文章《我们对于新闻学的基本观点》(1943年9月1日《解放日报》),《解放日报》发表的社论《致读者》(1942年4月1日)、《党与党报》(1942年9月22日)、《本报创刊一千期》(1944年2月16日)等文件和文章中。初步确立起来的无产阶级党报理论的基本观点归纳起来有以下几条。

第一,坚持无产阶级新闻的党性原则。党报必须在党中央和各级党委的领导下工作,自觉地宣传党的路线、方针、政策和决议,不得刊登任何违反党的路线、纲领和决议的文章,不得以任何形式闹独立性。中宣部《为改造党报的通知》首先要求党报必须增强党性,规定党报的"主要任务就是要宣传党的政策,贯彻党的政策,反映党的工作,反映群众生活"。《解放日报》的社论《党与党报》

---

① 中国社科院新闻研究所编:《中国共产党新闻工作文件汇编》上,新华出版社,1980年版,第141—142页。

从理论上对党报的党性原则作了较为深刻的阐述,社论从列宁的"报纸不仅是集体的宣传者和集体的鼓动者,而且是集体的组织者"这一论断出发,指出:"如果说这个'集体'就是指报馆同人而言,指几个在报馆里工作的人员而言,那么报纸就不成其为党报,而成为报馆几个工作人员的报纸",这样办报,"那就一定党性不强,一定闹独立性,出乱子,对于党的事业不但无益,而且有害"。社论要求,"在党报工作的同志……一切都要依照党的意志办事,一言一行,一字一句,都要顾到党的影响"。

第二,贯彻"全党办报"的方针,加强党对新闻事业的领导,依靠全党和全体人民群众的集体智慧,把报纸办好。除了各级党委建立党报委员会专门负责新闻宣传工作外,"党必须动员全党来参加报纸工作",热情关心党报工作,大力支持党报工作,从各方面帮助党报工作,来一个"全党办报"。中共中央西北局《关于〈解放日报〉工作问题的决定》规定:"各分区党委及县委的宣传部长,均应担任《解放日报》通讯员,并与报馆取得直接联系。"《解放日报》在社论《本报创刊一千期》中深有体会地说:"我们的重要经验,一言以蔽之,就是'全党办报'四个字。"这样,"报纸的脉搏就能与党的脉搏呼吸相关","就起了集体宣传者与集体组织者的作用"。

第三,正确处理新闻的政治性与真实性的关系。陆定一的《我们对于新闻学的基本观点》从哲学高度阐述了这个问题。文章首先指出,事实是第一性的,新闻是第二性的,而所谓新闻,就是"新近发生的事实的报道"。在此基础上,文章论述了真实性与政治性之间的关系,指出对革命的新闻工作者来说,"新闻归根结蒂具有政治性",但如果把事实与其政治性的关系颠倒过来,那就给"造谣、曲解、吹牛等等开了大门"。文章强调指出:"只有把尊重事实与革命立场结合起来,才能做一个彻底的唯物主义的新闻工作者。"

第四,坚持新闻为党的实际斗争服务的方向。《解放日报》改版就是坚持这一方向的范例。改版,就是改变过去那种把报纸的主要篇幅用来刊登国内外通讯社的消息,刊登过量的国际消息,脱离党的中心工作,脱离党的实际斗争的不良做法,使报纸密切地服务于解放区军民的斗争。

第五,加强新闻队伍的思想建设,反对"无冕之王"的观点,树立"人民公仆"思想。1942年11月17日《解放日报》发表专论《给党报的记者和通讯员》,要求新闻工作者提高自己的党性修养,树立"人民公仆"思想,批判资产阶级新闻学关于"无冕之王"的观点。文章明确宣告:"我们党报的记者通讯员,决不能像资产阶级的记者通讯员那样,自称为'无冕之王'。我们老老实实自称为公仆,我们是党和人民这个大集体的公仆。我们不是依照个人兴趣和个人利益或少数人的利益办事,我们老老实实为党为人民办事。"

第六，坚持群众办报路线，大力发展工农通讯员队伍。《解放日报》的社论《展开通讯员工作》中指出："我们的党报同时也是群众的报纸"，因此，"我们的报纸就不仅需要有能干的编辑与优秀的记者，而尤其需要有生活在广大人民中间的、参加在各项实际工作里面的群众通讯员"。据1944年11月统计，边区的通讯员近两千人，其中工农通讯员达1 100多人。他们为报纸提供了大量稿件和情况，使党报有了广泛的群众基础。

第七，树立鲜明生动、活泼有力的马克思主义文风，反对党八股。毛泽东的名著《反对党八股》深刻论述了这个问题的重要性，并且划清了两种文风的界限。同时，毛泽东还编印了一本小册子《宣传指南》，收集了《列宁是怎样进行宣传的》、《季米特洛夫论宣传的群众化》、《鲁迅论创作要怎样才会好》和《六中全会论宣传的民族化》四篇材料，以帮助大家树立马克思主义的文风。

第六节 沦陷区的新闻界

一、敌伪新闻机构

（一）敌伪报刊

卢沟桥事变之后，日本帝国主义迅速南侵。到了抗战相持阶段，沦陷区主要为东北和华北、华中三个部分。在东北以长春、沈阳为中心，在华北以北平、天津为中心，在华中以上海、南京为中心建立起了日伪新闻机构的主要基地。

在东北，伪满洲国在1932年成立之初，日伪当局就成立了思想统治机构——"资政局弘法处"，以此控制新闻舆论。1935年10月，日伪当局又建立了新闻统治机关"满洲弘报协会"，将报纸的言论、报道和经营全部纳入"管制统治"。1937年，日伪为了进一步控制伪满的新闻舆论和文化事业，又设立"弘报处"，赋予9项任务：控制舆论、控制文艺、政策发表、监督新闻机构、控制宣传资料、管理出版物、管理影片、控制广播及通讯社、掌管情报。1941年8月，伪满洲国颁布《通讯社法》、《新闻社法》、《记者法》，用法律形式强化对伪满新闻事业的控制和垄断。1942年后，伪满实行新闻新体制，成立《康德新闻》、《满洲新闻》和《满洲日日新闻》三大新闻社，垄断整个东北报纸新闻发布权。1944年5月《满洲新闻》和《满洲日日新闻》合并为日文《满洲日报》。

在北平，日伪报刊主要有《新民报》、《武德报》、《实报》、《华北新报》、《北严晨报》、《新兴报》、《冀东晨报》、《全民报》等。其中《新民报》由日本人武田南阳控制;《武德报》是伪治安总署的机关报;《实报》社长管翼贤在抗日战争爆发前就十分反动,被日本人收买后,他所办的《实报》为日本人卖命也最起劲。日本侵略者为了进一步控制新闻报道,还在北平成立了"北支派遣军报道部"。天津的日伪报刊主要有《庸报》、《东亚晨报》、《新天津报》、《冀东晨报》、《天声日报》等。其中《庸报》早在抗日战争爆发之前就被日本人收买,之后在日本侵略者扶植下,成了华北地区销量最多的汉奸报纸。这样以北平、天津为主,形成了日伪在华北的新闻中心。

在上海的日伪报刊主要有《新申报》、《中华日报》、《平报》、《国民新闻》、《新中国报》等。其中《新申报》由日本人坂尾与市主持,直接为日本侵略者说话;《中华日报》是汪精卫创办的报纸,是汪伪国民党机关报,社长林柏生。南京的日伪报刊主要有《新南京报》、《南京新报》、《总汇报》、《南京晚报》、《民国日报》等。其中《南京晚报》由日本人田义一控制。这样,以上海、南京为主,形成了日伪在华中的新闻中心。

据1940年统计,日伪在我国19个省的大中城市里,大约有报刊139种,出版最多的时候达六七百种(东北地区未计算在内),其中较大的报纸有200多种,较大的杂志有100多种。

日伪报刊为了打开销路,就大登色情、淫乱的黄色新闻,宣扬腐朽的生活方式和人生哲学,但是报刊销路仍然很少。中国人不愿意看日伪报刊。沦陷区的广大爱国群众,对日伪报刊不但不愿意看,而且十分痛恨,他们有的向日伪报社丢炸弹,有的采取行动捣毁报馆等。这说明,日本帝国主义的新闻宣传和它的军事侵略一样,是征服不了中国人民的。

(二) 敌伪通讯社与广播

在沦陷区,日伪除办报外,为了进一步控制新闻来源,还办了不少的通讯社。抗战时期,日本同盟社的华文部几乎成为沦陷区敌伪报纸唯一新闻来源。汪精卫投敌之后,该部又改成汪伪组织的"中华通讯社"。1940年3月30日,汪伪"国民政府"在南京正式成立,特于是年5月1日将汪伪组织在上海设立的"中华通讯社"和原"维新"政府所属的"中华联合通讯社"合并为"中华电讯社",作为沦陷区新闻通讯事业的最高统制机关,隶属于伪宣传部之下。"中华电讯社"除在南京设立总社外,还先后在东京、香港、上海、广州、武汉、杭州等地设立分社。该社理事长由汪伪政府宣传部部长林柏生兼任。

在沦陷区,日伪还大办广播,作为鼓吹"大东亚共荣圈"、"东亚圣战"的重要喉舌。

1937年卢沟桥事变之后,北平、天津、太原、青岛等地的广播电台相继沦入日军之手。在日本广播协会的直接插手下,各地电台先后恢复播音。1938年1

月1日,以大汉奸王克敏为首的伪"中华民国临时政府"在北平宣告成立。同日,伪"北平中央广播电台"开始播音。1940年3月,日本政府将王克敏的"中华民国临时政府"并入南京汪伪"国民政府",原"临时政府"改为"华北政务委员会"。7月,汉奸组织"华北政务委员会"控制下的伪"华北广播协会"成立。该会管辖下的广播电台有8座,分布于北平、天津、济南、青岛、石家庄、唐山、太原、徐州等地,总发射功率为100多千瓦,其中以北平"中央广播电台"为华北地区日伪广播事业中心。此外,日寇在我国建立的另一个傀儡组织——伪"蒙疆联合自治政府"(1939年9月1日正式成立,定张家口为"首都"),也下设有伪"蒙疆广播协会",控制绥远、察南、晋北等地广播事业,先后在张家口、大同、呼和浩特、包头等城市办起了广播电台。

在上海,1937年11月上海沦陷后,日本侵略军接管了国民党在上海的两座广播电台,利用其设备建立起日伪"大上海广播电台",成为日军军事当局的喉舌。1938年2月,日伪"上海市广播无线电台监督处"成立,并宣称"取代原国民党中央广播事业指导委员会的全部职权",强令上海各电台向该处申请登记。太平洋战争爆发后,日军占领上海租界地区,一律封闭民营广播电台,并接收了美国人办的广播电台。至此,上海的广播电台几乎都成了日伪的宣传工具。在南京,1937年12月13日南京沦陷后,日军就设立了"南京广播电台"。1941年2月,汪伪政权在南京建立伪"中国广播事业建设协会",又将其"南京广播电台"改称"中央广播电台"。与此同时,拟定了广播电台《组织章程》和《广播无线电台计划》,企图"统一"沦陷区的广播事业。"中国广播事业建设协会"控制下的广播电台除南京伪"中央台"外,还有上海、汉口、杭州、苏州、蚌埠等地的广播电台。汪伪政权规定:在其统治区内,除日伪电台外,"民间不得再有广播电台"。

在抗战期间,日伪在中国境内先后建立起来的广播电台大约有五六十座。

二、爱国进步报刊

(一)天津的爱国进步报刊

1937年7月,天津沦陷后,一些爱国的学生、工人和新闻工作者就在地下出版了20多种小型抗日报刊,如《高仲明纪事》、《炼铁工》、《抗战》、《突击》、《匡时》、《火线上》、《北方》、《后方》、《中心月刊》、《前哨月刊》等。《高仲明纪事》报是由天津《益世报》的一个进步编辑主持出版的,影响较大,发行多达六七千份,传遍全天津。《炼铁工》是由粗通文字的爱国工人编辑的,虽然文中有不少错别字,但是爱国之情溢于言表,因而在天津大小工厂中很为流行。《前哨月刊》是由几个爱国学生创办的,出版不久被敌人查封。

当时这些报刊是在极其艰难的环境下出版的,物质条件极差,既无正规编辑记者,又无厂房设备和印刷条件,还得时时提防日伪的查抄。以《高仲明纪事》报为例,该报系秘密出版发行的油印小报,由爱国的职业报人们编辑,从1937年创刊,直至1939年停刊,共出700余期。每期发行达6 000余份,在天津地区普遍流传,曾先后遭到敌伪三次查抄。

(二)上海"孤岛"时期的爱国进步报刊

"孤岛"指1937年11月12日上海沦陷到1941年12月8日太平洋战争爆发这段时期的上海租界地区。这一时期由于这些租界仍是英、美、法的势力范围而得以孑立于日占区的包围之中,形同"孤岛",故有此称。

日本占领上海后,逼迫租界当局取缔抗日宣传活动,并从1937年12月15日起,由日军报道部对租界华文报纸实施新闻检查。在这种双重压力下,大批抗日报刊自11月下旬起纷纷停止出版或迁往内地。如前所述,11月22日,《救亡日报》出版"沪版终刊号"。24日,《立报》发表停刊启事。12月14日,《大公报》、《申报》拒绝接受日军的新闻检查,被迫停刊。继续出版的,只剩《新闻报》、《时报》及三家晚报——《大美晚报》(中文版)、《华美晚报》和《大晚报》。

但是,与此同时,中共以及其他爱国力量并未停止抗日办报与宣传活动,他们利用租界的特殊条件,创办起一批新的抗日报刊。一是编译报刊,对租界中的外文报刊进行有目的的编译,为抗日宣传服务;二是以外商名义发行报纸,即"洋旗报",以逃避日寇的新闻检查,到1938年冬,这类报纸已有十六七家;三是以其他形式出版抗日报刊,其中影响最大的有中共领导下各救亡团体主办的机关刊物,如《团结》周报、《学生》半月刊等。新的抗日宣传阵地的开拓,粉碎了日军扼杀租界内抗日报刊的企图,为"孤岛"民众引路导航,在这些报刊中,较为重要的有《译报》、《每日译报》和《文汇报》等。

《译报》,是由中国共产党上海地下组织于1937年12月9日在租界创办的报纸,夏衍主编。当时,上海租界出版的外文报刊种类很多,有英文的《大美晚报》、《字林西报》、《大陆报》、《上海泰晤士报》,有法文的《上海日报》,俄文的《柴拉报》、《斯罗沃报》,德文的《远东新闻》。此外,还可以看到苏联的《真理报》、《消息报》,法国的《人道报》,美国的《新群众》等。其中有不少外国报刊或多或少地刊登有关中国抗战的消息和资料。因此,上海共产党地下组织决定利用这些报刊的资料和它们的合法性,创办一种纯翻译性的报纸,一切新闻、通讯、评论都来自外国报刊,做到既宣传抗战救国的主张,又使租界当局找不到干涉的借口。《译报》每天4开1张,其内容有介绍中国共产党领导全国人民进行抗战的英雄事迹,有译文报道世界人民对中国人民抗战的支持,因此很受欢迎,很有影响。它"像黑夜天空里的一颗星星,在浓黑里射出一股悦目的光芒,稍能提供一点真实的别人不能登载的消息,和几篇使人兴奋清醒的文章"。《译报》销量多达两万多份。《译报》刚出版几天,就接二连三地受到日本当局及汉奸的骚扰,后因印刷所受敌人威胁,无法继续出版,于12月20日出版了第12期后被迫停刊。

《译报》停刊后,1938年1月21日,改名《每日译报》出版。这次出版请了两个与公共租界有特殊关系的英国人任发行人,采用"挂洋商招牌"出革命报刊的战术,这样既可以减少租界当局的阻力,又可以避免日伪的"新闻检查"。《每日译报》最初为4开小型报,每天一张,内容与《译报》基本相同,出版一月之后,即从2月20日起,除了刊登外报译文外,还刊登自己编写的新闻。从5月1日起,又改为出一张半,增加了一些专栏、副刊、周刊。从6月1日起,改出两张:一张为新闻版,内容包括消息、社论、通讯及特写等;另一张为译文或副刊版。到6月2日后,扩充为对开的大型报纸,每天除对开一张外,还附4开一张。1939年夏,日本帝国主义和汪精卫伪政权与租界的帝国主义势力相勾结,用金钱收买了英籍发行人裴士和鲍纳。5月18日,公共租界当局借口《每日译报》刊登全国生产会议新闻未经送审,责令停刊,并从此不准复刊。

《文汇报》是在中国共产党人的帮助下出版的一张抗日的进步报纸,1938年1月25日创刊于上海。创办该报的主要成员是几个铁路职员,他们集资约7 000元作为开办费,《大公报》总经理胡政之也投资1万元。为了避开日方检查,报社股东找英人克明担任发行人。克明是个典型的无业流氓,开始他每月要薪金300元,后每月要薪金1 000元。1939年5月,日伪用10.6万元巨款收买了克明,迫使《文汇报》停刊。克明就这样发了大财。

《文汇报》主笔是徐铸成,国际新闻编辑为储玉坤,副刊编辑柯灵,记者邵伯南等,全报社一共只十多人。《文汇报》创刊时,每日对开一张,第一版要闻,第二版国际新闻,第三版本市新闻,第四版《文荟》副刊。从3月5日起,《文汇报》每日出两大张,要闻、国际新闻、本市新闻各扩大为两版,并增加经济新闻版。到4月份又扩大篇幅,日出三大张,又增加了教育、体育版,社会服务版和一个通俗副刊。到五六月,《文汇报》发行量已超过5万份。《文汇报》的编辑方针是伸张民族大义,宣传抗日救国。报纸观点鲜明,内容丰富,在沦陷区报道抗日消息,发表抗日言论,因而颇受欢迎,创刊5个月销量即超过5万份。

《文汇报》坚持抗日立场,受到了日伪的仇恨。一次,敌人向报社营业部柜台扔下一个纸包,内装一只血淋淋的手臂,一张写着"如再不改你的毒笔,有如此手"的纸条。又一次,敌人送来一筐苹果和一封信,信上说,贵报纸为爱国宣传,令人钦佩,特送上水果,以表慰敬。原来这筐苹果每个都注射了烈性毒液。

敌人的威胁没有吓倒《文汇报》,后来使用收买发行人的卑劣手段才使报纸被迫停刊了。

另外还有《申报》、《新闻报》等报纸也是假托外国人的名义出版,坚持宣传抗日,但后来都被日军报道部所控制。

第七节 外国记者在中国的采访活动

一、埃德加·斯诺与《红星照耀中国》

"九一八"前后,中国共产党开始着手建立国际宣传渠道。1931年初,中共中央宣传部在上海创办了中国工农通讯社,对外印发中英文稿。另外《中国论坛》、《中国呼声》等英文刊物的出版也向国外介绍江西苏区根据地的情况,宣传中共的抗日救亡主张。1935年,中共在法国巴黎创办《救国时报》,作为面向海外宣传建立抗日民族统一战线的机关报。编辑部设在莫斯科,航运纸型到巴黎印刷发行,廖焕星、李立三先后任主编。该报发行40多个国家,销数2万份,扩大了党在国内外的影响。同时上海《字林西报》、《大美晚报》和《密勒氏评论报》等外国报纸也开始注意中共的抗日救亡运动,并透露了红军北上抗日的消息。

随着有关中国红色根据地的宣传的不断开展,不少同情中国人民及其革命斗争的外国进步新闻工作者陆续来到中国,报道中国人民的觉醒与斗争,增进中国人民同世界各国人民之间的相互理解与友谊。还有些人冒着生命危险,穿越敌占区,进入中共领导的红色根据地进行采访,将中国共产党及其领导下的中国工农红军的真相公之于众,让世界各国人民了解中国革命和红区建设的实况。其中著名的美国新闻记者埃德加·斯诺是到陕甘宁革命根据地采访的第一个外国新闻记者,他所撰写的《红星照耀中国》一书打破了国民党政府长达9年的新闻封锁,告诉全世界正直的人们"原来还有另外一个中国呵"!

埃德加·斯诺,1905年7月11日生于美国密苏里州堪萨斯城,1926年进密苏里大学新闻学院学习。1928年2月开始作环球旅行,9月来到中国,原计划采访6个星期,但耳闻目睹中国人民的内忧外患,引起他的深切同情和关切,从此一住竟13年。头两年他担任上海的英文周报《密勒氏评论报》的助理主编,不久受报社派遣,他乘坐火车,沿着中国当时的主要铁路(沪杭、沪宁、津浦、京沈、沈哈及京绥等线)旅行采访,以撰写介绍铁路沿线城镇见闻的文章。他写的报道《中国五大怪》(载《密勒氏评论报》1928年12月15日),指出旱、涝、饥、虫及地震等天灾给中国人民带来了严重灾难;《拯救二十五万生灵》(载《密勒氏评论报》1929年7月4日)则描述了萨拉齐镇(今内蒙古自治区土默特右旗)空前的旱灾造成数以万计人民的死亡,对中国人民的苦难深表同情;《中国人请走后门》(载《密勒氏评论报》1929年11月9日)一文则激烈地抨击了"华人与狗不得入内"所代表的种族歧视。

这次采访成为他认识中国社会的重要"觉醒点"。1930年至1933年,斯诺担任美国"统一新闻协会"驻远东游历记者、驻北平代表,在中国东南沿海、西南地区及东北地区和日本、越南、缅甸、印度等国家采写旅行通讯及撰写评论。1933年9月,斯诺的第一部著作《远东前线》在美国出版,书中记述了日本侵略中国的背景和经过,歌颂了中国军民的抗日斗争。1933—1937年,他应聘在燕京大学新闻系任教,讲授"新闻特写"和"旅行通讯",同时担任美国《纽约太阳报》、英国《每日先驱报》的特约记者。1935年"一二·九"运动爆发后,积极支持爱国学生,并及时向世界报道这次爱国运动,在12月9日当晚即给美国《纽约太阳报》发了一条独家新闻。1936年7月,斯诺编译的中国现代作家短篇小说选集《活的中国》(Living China)在英国出版,该书收录了鲁迅、柔石、郭沫若、茅盾、巴金等15位左翼作家的作品和斯诺撰写的《鲁迅评传》等。

1936年6月到10月,经宋庆龄介绍,在中共地下组织秘密安排下,斯诺勇敢地进入陕北红色区域采访了4个月,与毛泽东、彭德怀、徐海东、左权、聂荣臻、程子华等红军领导人进行了详细访谈。同年11月14日、21日《密勒氏评论报》首先发表了他采写的题为《与共产党领袖毛泽东的会见》的长篇报道和由他拍摄的毛泽东头戴缀有五角红星的八角军帽的照片。这篇会见记突破了国民党政府对苏区长达9年的新闻封锁,使国统区的读者第一次比较全面地了解了中共对于抗日战争的路线、方针、政策,以及陕北苏区的情况。随后,在1937年1、2月间,上海的英文报纸《大美晚报》(2月5日)、北京的英文刊物《民主》(1月),以及英国、美国的一些报纸也相继发表了斯诺写的关于陕北的报道。其中,美国的《生活》杂志发表了他在陕北红区拍摄的70余幅照片,美国的《亚洲》杂志发表了他采写的《来自红色中国的报告》等。在这些报道的基础上,斯诺又用英文撰写了30万字的《红星照耀中国》(Red Star Over China)一书,1937年10月首先由英国伦敦戈兰茨公司出版,两个月内再版4次,发行十几万册。1938年1月美国纽约兰登出版社又出版该书。同年2月,上海地下党以复社名义翻译出版该书第一个中文版本,为了便于在沦陷区和国民党统治区发行,书名改换成较为稳妥的《西行漫记》。该书出版后,多次再版,在国统区、革命根据地及港澳、东南亚一带广泛流传,影响巨大。从此,该书风行世界,被翻译成10多种文字出版,成为畅销的世界名著。

斯诺关于陕北苏区的报道,首次向全世界报道了中国红军万里长征的英勇业绩、中共领袖人物的崇高信念,以及陕北苏区欣欣向荣的景象,介绍了中共对时局的看法以及愿意同国民党合作建立抗日统一战线的主张,使中国人民争取进步的斗争赢得了世界各国人民的理解、同情与尊敬。《红星照耀中国》的问世,被评价为"标志着西方了解中国的新纪元","与哥伦布对美洲大陆的发现一样是震撼世界的成就"。这本通讯报道内容丰富,文笔优美,并附有大量照片,不仅被誉为"经典性报告文学的样板",而且也被看作是灿烂的历史篇章。斯诺本人也被推崇为本世纪新闻记者中的"一代风骚"。斯诺之所以能取得成功,首先在于他把握到了中国共产党的潜在力量和中华民族的希望,同时也在于他独立思考、不轻信盲从的求实态度,善于捕捉新闻的敏感性,敢于冒险牺牲的大无畏精神,渊博的社会政治历史知识,以及深厚的文学功底等。

斯诺的书开启了了解中国共产党的大门。在斯诺采访后,尤其在西安事变后,中国共产党的影响全面扩大。毛泽东后来说:"斯诺著作的功劳,可与大禹治水相比。"① 在斯诺之后,外国记者先后进入苏区的,有史沫特莱、维克托·基恩(《纽约先驱论坛报》)、厄尔·H·利夫(合众国际社)、美国《亚洲》杂志五人团;经斯诺介绍进入苏区的,有尼姆(海伦·福斯特)、贝特兰、卡尔逊、福尔曼、爱泼斯坦等人。其中美国驻华使馆武官、参赞卡尔逊在敌后根据地和延安考察长达51天,其论著和报告得到罗斯福总统的高度重视②。

1937年抗战爆发后,斯诺离开北平,先后在西安、上海、香港、武汉、重庆、成都等地从事新闻工作,投身于中国人民的抗日斗争。有关报道后整理为《为亚洲而战》(The Battle for Asia)一书,于1941年由美国兰多姆出版公司出版。抗战期间,斯诺还积极参加中国工业合作社运动(简称"工合"运动),帮助中国在战争中重建经济。1941年2月,斯诺因撰文揭露"皖南事变"真相,被国民党取消记者特权,被迫离华返美。回美国后一直从事记者和写作活动,始终关注着中国人民的命运。新中国成立后,由于当时美国政府采取敌视中国的政策,迫害民主进步人士,斯诺被迫迁居瑞士,他和中国的联系被人为地割断了10多年。直到1960年他才以美国作家的身份得到签证,访问新中国,会见了毛泽东、周恩来等中国领导人,撰成《大河彼岸》(The Other Side of the River)一书,于1962年在美国出版,以极大的热情介绍了新中国的昌盛景象,被称为了解新中国的"百科全书"。1964年10月至翌年1月,作为法国《新直言》周刊记者再访新中国。后自费摄制反映中国革命历程的纪录影片《四分之一的人类》,至1968年完成。1970

---

① 转引自张威:《1936:斯诺赴延安采访的台前幕后》,《新闻记者》2005年第10期,第49页。
② 李永林等:《高擎红星的人——记中国人民的伟大朋友斯诺先生》,《党史纵横》2000年第5期。

年8月至翌年2月,三访新中国,4月在美国《生活》杂志上发表与毛泽东的重要谈话,预告了中美两国长期冻结的关系将有重要变化的信息。1972年2月15日,斯诺病逝于日内瓦,他生命的最后一句话是:"我热爱中国!"他的骨灰遵其遗愿,将一部分埋葬在北京大学的未名湖畔,汉白玉墓碑上书写着金色大字:"中国人民的美国朋友埃德加·斯诺之墓"。

二、安娜·路易斯·斯特朗与《人类的五分之一》

安娜·路易斯·斯特朗(1885—1970),1885年11月24日出生于美国内布拉斯加州一个叫弗伦德的边疆小镇。1908年在芝加哥大学获博士学位,并开始从事社会活动。

斯特朗一生中曾先后6次到中国旅行、采访。1925年,她第一次来到中国。在广州,她报道了孙中山领导的民主革命运动和中国人民的反帝运动——省港大罢工,采访了罢工领导人苏兆征。1927年,她第二次到中国,由上海经汉口,深入湖南农村,报道了轰轰烈烈的农民运动,写下了《千千万万的中国人》一书。1937年,斯特朗又来到中国采访。当时,抗日烽火燃遍了中国大地,她经香港到达武汉。1937年末,她到山西南部的八路军总部进行采访。在采访过程中,她看到了人民战争的汪洋大海必将使日本帝国主义侵略军遭到灭顶之灾。她奋笔写了《人类的五分之一》一书,报道了八路军进行的敌后抗日游击战争,热情地记录了中国人民英勇抗击日本侵略者的历史篇章。斯特朗还是第一个向全世界揭露"皖南事变"真相的外国记者。她在美国各大报纸上用有力的事实揭露了国民党反动派破坏抗战的罪行,如实地报道了中国共产党领导人民军队英勇抗战的业绩。

1940年末,斯特朗又到重庆采访。在重庆,她采访了蒋介石,也采访了周恩来。

1946年,斯特朗第5次到中国,采访了解放区,最后到达延安,并在那里度过冬天。在她采访毛泽东的时候,毛泽东阐述了他的"帝国主义和一切反动派都是纸老虎"的著名论断。

1958年8月,她第6次来到中国,并在北京定居下来,时年72岁。在新中国受到外界封锁、歪曲和误解的年代里,她创作了《中国为粮食而战》、《西藏见闻》、《西藏农奴站起来》等书,并满怀激情地编写了69篇《中国通讯》,向全世界人民报道了中国社会主义革命和建设的成就,为增进中美两国人民的了解和友谊做出了重大贡献。1970年3月29日,因心脏病医治无效,在北京逝世。她的一生为促进中美两国人民的了解和友谊做出了极其宝贵的贡献。邓颖超说:

"斯特朗生于美国,死于中国,她是中美两国人民的共同骄傲,又是两国人民的友谊象征。"①

三、艾格妮丝·史沫特莱与《伟大的道路》

在斯诺来华的同年12月,另一位美国进步记者艾格妮丝·史沫特莱跨越苏联边境,进入中国东北,12年以后才返回美国,为中国人民解放事业做出了重要贡献。

史沫特莱1890年出生于美国西部密苏里州的一个贫穷的工人家庭。16岁起离家独立生活,当过报童、侍女、烟厂工人和书刊推销员。1917—1920年,她迁居纽约,开始为宣传社会主义思想的《号角》周刊和女权运动刊物《节育评论》撰稿。1918年3月被指控企图煽动反抗英国统治的叛乱而遭拘捕,出狱后继续支持印度民族革命运动。1920年,由于受反动当局的迫害离美赴欧,来到德国柏林。在德国的8年中,她一面教授英语和美国研究等课,一面攻读印度史博士学位。1927年写成自传体小说《大地的女儿》(Daughter of Earth),后被译为多种文字,广为流传。

1928年底,史沫特莱通过一位德国共产党人的介绍,以德国《法兰克福日报》特派记者和英国《曼彻斯特卫报》特派记者的身份,途经苏联来到中国,开始谱写她"生命中最重要的一章"。当时白色恐怖正笼罩着中国大地,史沫特莱对国民党当局的倒行逆施以及由此造成的中国社会内忧外患、黑暗腐败的种种状况极为愤慨,写下了大批揭露中国社会黑暗状况、报道中国革命真相的文章,首次将中国共产党所领导的江西苏区的建设情况向全世界传播。她还参加了宋庆龄等领导的中国民权保障同盟,积极支持左翼文化运动,结识了鲁迅、茅盾等作家,帮助"左联"与美国进步刊物《新群众》建立了联系。1931年2月柔石等五位左翼作家被杀后,她将鲁迅的《黑暗中国的文艺界现状》一文译成英文送往国外,使50多位美国一流作家愤而向国民党联名发出抗议书。1933年,她所撰写的《中国人的命运》(Chinese Destinies)在美国出版,反映了中国20年代末到30年代初的社会状况。同年5月去苏联疗养,写成《中国红军在前进》(China's Red Army Marches)一书,于1934年在莫斯科出版。该书又名《中国红色风暴》,记述了1927年至1932年间中国人民在共产党领导下创建工农红军和苏维埃共和国、同国民党反动派奋起作战的英勇业绩。

---

① 参见新华社北京9月16日电《中国人民之友——安娜·路易斯·斯特朗》,《人民日报》2005年9月17日,第2版。

1934年史沫特莱再次来华。1936年12月到西安报道了"西安事变"。1937年,史沫特莱访问延安,会见了毛泽东等中共领袖和红军指战员,并对朱德总司令作了深入采访。毛泽东回答了她对中日战争和西安事变提出的问题。毛泽东很重视这次谈话,在之后给斯诺和范长江写信时,均随信附上这次谈话的记录,希望他们广为传播①。

抗战爆发后,史沫特莱写成《中国在反击》一书(*China Fights Back*),于1938年由美国先锋出版社出版,该书反映了华北地区的抗日政治军事形势和八路军的成绩。1938年10月武汉沦陷后,她随八路军、新四军采访,转战于华北、华中和华东,写了许多著名的战地通讯和报告文学。后潜心撰写朱德的传记《伟大的道路》(*The Great Road: The Life and Times of Chu Teh*)。该书不仅记录了中国人民军队的总司令朱德60岁以前所走过的道路,同时还生动地展现了中国新民主主义革命的壮丽画卷,与斯诺的《红星照耀中国》同为有关中国革命史的名著。该书1955年以日文译本首次出版。1949年2月在美国麦卡锡主义的反共狂潮中,史沫特莱被指控为"苏联间谍",在美国几无栖身之地。新中国诞生后,她取道欧洲来华,不料1950年5月在伦敦停留期间,竟病重不治而逝。根据她的遗愿,骨灰安放在北京八宝山烈士公墓,朱德亲自题写碑文,把她称作"中国人民之友"。

本章简论:民族正气推动新闻事业新发展

抗日战争时期,国土沦丧,同胞流血,但是,中国人民并没有被日本侵略者的铁蹄和屠刀所吓倒,中华民族在毁灭中新生,在烈火中永生,中国的新闻事业在抗战正气的推动下获得发展。

首先,国共两党的新闻业在抗日烽火中发展。

抗战全面爆发后,随着国民党政治中心的内迁,国民党的新闻中心跟着辗转迁播,从上海、南京,到武汉、长沙,再到重庆、桂林,很快建立起了以重庆为中心的新闻宣传网络,在辗转迁播中,国民党的新闻事业有了一定的发展。同时,共产党的新闻业在抗战烽火中发展到新阶段。《新华日报》在国统区创刊出版,延安新华广播电台创建播音,中共中央机关报《解放日报》创刊出版,各抗日根据地还创办了一批分区党委机关报。

---

① 方汉奇主编:《中国新闻事业编年史》,福建人民出版社,2000年版,第1350页。

其次,民营报刊也并没有因战火而停止发展,不仅老牌报刊发展保持强劲势头,还有不少新创办报刊发展起来。成舍我的《立报》在上海被迫停刊后,出版香港《立报》;陈铭德的《新民报》在南京停刊后,撤至重庆,不但出版日刊,还增出晚刊,后又扩大事业,在成都出版日报和晚刊,一时间,该报在重庆、成都两地日出4报,发行量超过10万份;另外,严宝礼等几个爱国人士集资在上海"孤岛"创办著名爱国报纸《文汇报》,不畏日伪恐吓,坚持民族正义,创刊5个月后,发行量即超过5万份。

抗战不仅是中国当时新闻业发展的动力,而且成为当时新闻宣传的主题,成为检验报纸和报人的试金石。一切都在"抗战"的天平上得到测试,对新闻界而言,坚持抗战、宣传抗战的"抗战报刊"、"抗战报人"名垂青史,相反,以任何名目鼓吹投降的"汉奸报刊"、"汉奸报人",无论编排多精致、业务多熟练都只能是遗臭万年。

从这个立场看,在抗战烽火中,中国新闻界在精神上出现许多值得夸耀的东西,其主要有二。

一是报刊不分党派、不计前嫌,在抗战的旗帜下,新闻人相互帮助,甚至联合办报。国共两党联合创办出版的《救亡日报》从上海到广州,再到桂林,不仅抗战立场鲜明,而且报刊业务也有长足进步。1939年5月,重庆10家损失最惨重的报纸出版《重庆各报联合版》,更是中国新闻史上的佳话。这10家报纸中,有国民党机关报《中央日报》,有共产党机关报《新华日报》,有外地迁来的民营报纸,也有本地的民营报纸,党派不同,政见相异,经济实力不一,社会影响有别,但是,共同出版的《重庆各报联合版》在防空洞正常出版,何也?只因共举抗战大旗。正如《发刊词》所说:"敌人对我们的各种残酷手段,我们的回答是加紧我们的组织,我们要拿组织的力量,去粉碎敌人的一切阴谋诡计。"

二是私营报刊的民族气节在抗战中发挥到了极致,成为中国新闻人的骄傲。民营报刊没有党派的利益,只有民族的利益,所以,它们的民族气节,在抗战的每一个阶段都表现得淋漓尽致。民营报刊的民族气节尤以文章报国为己任的《大公报》最具代表性。该报的民族气节体现在三个方面。

其一,为了民族利益,不惜牺牲一个又一个事业,毁掉一个又一个报馆。先是天津馆,再是上海馆、汉口馆,后是香港馆、桂林馆。为了创办新的事业,大公报人不仅置私利于不顾,而且置生命于不顾。如张季鸾在1937年为了创办《大公报》汉口版,抱病告别夫人和刚满一个月的孩子,离开上海奔赴武汉。胡政之曾回忆送张季鸾离沪的情景:"记得他临行之时,咳咳呛呛,正在患病,力疾而行,绝不躲闪。我送他出门,伤感的和他说道:'大公报已与国家溶成一片了,我相信中国抗战,免不了毁灭一下,但是毁灭之后,一定能复兴。本报亦然,我留沪料理毁灭的事,愿兄到内地努力复兴大业。'"

其二,为激励抗日将士和全国民众抗战士气和必胜信念,及时报道前方胜利的消息,褒奖英勇的抗战杀敌勇士,同时发表一篇又一篇充满激情的掷地有声的社评。1937年12月14日撤离上海发表的《不投降论》,字里行间洋溢出中国报人对国家、对民族的真挚感情:"我们是报人,生平深怀文章报国之志,在平时,我们对国家无所赞襄,对同胞无所贡献,深感惭愧。到今天,我们所能自勉,兼为同胞勉者,惟有这三个字——不投降。"

其三,是痛斥汉奸卖国贼。对汪精卫叛国投敌,继而成立汉奸政府,《大公报》几乎是全程跟踪揭露和痛斥。尤其是1939年底,汪精卫与日本签订卖国条约《日支新关系调整要纲》,次年初又派人带着《要纲》秘密潜入香港,《大公报》获悉,1月22日,港版要闻版发表独家新闻《高武宗、陶希圣携港发表,汪精卫卖国条件全文》,副题是:"集日阀多年梦想之大成!极中外历史卖国之罪恶!从现在卖到将来,从物质卖到思想。"(1940年1月22日香港《大公报》)次日,渝版发表题为《敌汪阴谋的大暴露》的社评指出:"汪精卫的所谓'和平救国',就是整个亡国。这完全说明了一个绝对的真理,就是:与日本军阀做对手,只有打仗,讲'和平'就只有亡国。"(1940年1月23日重庆《大公报》)

第十一章

两极对决中的新闻事业

本章概要

  这一章的重点有两个，一是国共两党新闻事业在两极政治势力的对决过程中立显消长，二是在两极政治势力的对决形势下民营报刊纷纷作出最后抉择。

  1945年8月15日，日本帝国主义无条件投降，中国的抗日战争胜利结束，国内矛盾也随之发生新的变化。经过八年抗战，中国共产党比以前强大得多，中国共产党领导的解放区和军队比以前强大得多，这便使得中国人民解放事业取得最终胜利有了可靠保证，也使得国民党政府更加坐卧不宁，迫不及待地要消灭它。抗战一结束，国内阶级矛盾立即激化起来了。大地主大资产阶级与广大人民、国民党与共产党发生激烈冲突，国内阶级矛盾成为主要矛盾。随着蒋介石发动全面内战，中国的历史进入解放战争时期。

  两极对立政治势力在军事上的最后较量，必然导致国共两党新闻事业的最后消长。这是政党新闻事业发展的普遍规律。

  与军事上的较量进程相应，国共两党新闻事业最后较量分为三个阶段。

  1945年9月至1946年6月，为两党新闻事业的激烈竞争阶段。抗战胜利后，全面内战爆发前，国民党的新闻事业在接收区抢夺阵地，恶性膨胀；共产党新闻事业一方面利用国共在形式上的合作，以迅雷不及掩耳之势在收复区创办报刊，一方面在扩大的解放区大力发展新闻事业。

  1946年6月至1947年7月，为中共新闻事业艰苦斗争阶段。人民解放战争处于战略防御阶段，在内战炮火中，解放区的报刊遭到很大破坏，不得不在规模上有所收缩，中共中央机关报《解放日报》和《新华日报》分别于1947年3月27日和2月27日被迫停刊，新华社在解放战争中发挥了"一身三任"的重大作用；国民党的新闻事业在这一阶段发展到了它的顶峰。

1947年8月至1949年10月,为国共两党新闻事业消长的定局阶段。人民解放战争转入反攻阶段,国民党在军事上全面崩溃,国民党在大陆的新闻事业也随之土崩瓦解;共产党新闻宣传中心《人民日报》、"新华社"、"新华广播电台"由农村进入城市,共产党和人民的新闻事业在大陆获得最后胜利。

在两极政治势力的对决中,带有不同程度中间色彩的私营企业性报刊又面临新的抉择,这一次的抉择比十年内战时期的抉择更加严峻,因为这次抉择将决定它们生死存亡的命运。在这次抉择中,大致有三种态度。其一是鲜明地站在人民大众的立场上,同国民党的专制统治进行斗争,在共产党新闻事业同国民党新闻事业进行最后较量中发挥积极作用。《民主报》、《新民报》、《文汇报》是其代表。其二是宣传"第三条道路",既不满意国民党大地主大资产阶级统治,也不愿意实行共产党领导下的人民民主专政,而想走"第三条道路",而当这种宣传破产后,他们多数也站到人民一边来了,储安平和他的《客观》、《观察》杂志是其代表。其三是从"党蒋"立场转入人民立场,王芸生和《大公报》是其代表。在解放战争初期,王芸生和《大公报》为蒋介石发动内战尽力效劳,后来由于种种原因,转而站到了人民一边。

第一节 抗战胜利后的新闻界

一、国民党及国统区新闻事业的膨胀

日本侵略者投降了,国民党在美帝国主义的大力支持下,企图独占人民抗战的胜利果实。在新闻事业方面,国民党也是采取种种手段,在接收区大肆扩张新闻地盘,使其新闻事业迅速膨胀起来。

首先,原有新闻媒介向"收复区"搬迁。

日本政府一宣布投降,国民党中央宣传部立即开始策划将国民党新闻机构向"收复区"转移。国民党机关报《中央日报》1945年9月10日在南京正式复刊,社长马星野;抗战胜利后,中央通讯在社长萧同兹的指导下立即派遣大批人员分赴各地"接收"敌伪通讯社,恢复国内各地分社,1946年4月,总社由重庆迁返南京;"中央广播电台"也于1946年5月随国民党政府还都南京一道迁返。此外,国民党军报《扫荡报》改名《和平日报》,于1945年11月12日在南京出版;原来在安徽屯溪出版的《中央日报》搬往上海;《东南日报》的丽水版迁往杭州,南平版迁往上海;专以反共宣传为业的龚德柏跟着蒋介石"接收先遣队"进入南

京,恢复出版了《救国日报》,以后又出版了《大同晚报》。"收复区"各地国民党的军政机关、特务组织、御用报人,也纷纷出版了许多地方报纸。

其次,接管敌伪新闻媒介。

1945年9月,国民党政府行政院颁布了《管理收复区报纸通讯社杂志电影广播事业暂行办法》,规定:"敌伪机关或私人经营之报纸、通信社、杂志及电影制片厂、广播事业一律查封,其财产由宣传部会同当地政府接收管理。"根据这个暂行办法,国民党政府名正言顺地在"收复区"大肆接收原敌伪新闻机构,打着"党化全国报纸"的幌子,演出了一场新闻"劫收"丑剧,原日伪新闻事业一转眼就并入了国民党反动新闻事业之中,许多日伪报纸改头换面成了国民党的机关报。在上海,臭名昭著的汉奸报纸《平报》改名为《正言报》后,便成了国民党上海市党部的机关报;在汉口,汉奸报纸《大楚报》改名为《华中日报》后成了国民党汉口市党部机关报;在北平,在日伪《华北新报》基础上出版了国民党北平党部机关报《华北日报》。1945年8月下旬,国民党中央广播事业管理处陆续派人到各地接收日伪广播电台,在10个月时间里,共接收日伪广播电台21座,广播发射机41部,总发射电力为274千瓦①。

最后,改组和接管民营报纸。

在上海,国民党以《申报》、《新闻报》在太平洋战争爆发后曾经附逆为名,攫取了它们的部分股权,并于1945年11月复刊,在国民党中央宣传部的"管理下恢复出版"。为了控制这两家颇有影响的报纸,蒋介石颇费心机,他曾多次对处理《申》、《新》两报问题作出指示,并由有关部门专门制定了《管理申、新两报办法》。国民党还组织了"《申报》、《新闻报》报务管理委员会",潘公展担任《申报》报务管理委员会主任并兼任社长,萧同兹担任《新闻报》报务管理委员会主任,程沧波任社长。这样,《申》、《新》两报复刊后,虽然打着"商业民办"的旗帜,但实际上完全被国民党CC集团控制。到1946年春,上海出版的大型日报已有近20家,小型日报上百家,中文晚报5家,绝大部分为国民党所控制,使得上海这个原来以"商业化报纸"为主的城市,成为国民党宣传势力控制的地方②。

经过这样一系列动作,国统区新闻事业在数量上迅速膨胀起来。

国民党新闻事业膨胀的另一个表现,就是正式走上企业化发展道路,并出现报业集团。早在30年代初,在程沧波、萧同兹等人的努力下,国民党新闻事业就提出了企业化经营发展的思路,并迈开了可喜的一步,由于抗战爆发,改革搁浅。战后,媒介企业化问题重新被提出来,并正式付诸实施。

---

① 方汉奇主编:《中国新闻事业编年史》,福建人民出版社,2000年版,第1505页。
② 丁淦林:《中国新闻事业史》,武汉大学出版社,1990年版,第303页。

南京《中央日报》于1945年在南京复刊之初,就开始企业化的准备工作。1946年3月,在国民党中央发布"本年四月一日直辖党报一律开始实施(企业化)"的指示后,社长马星野随即在国民党六届二中全会上"建议南京《中央日报》首先实施企业化,并率先自动停止领津贴"。经过一年的筹备,1947年5月30日,国民党中央日报社股份有限公司正式成立,陈果夫为董事长,马星野为社长兼发行人。

南京中央日报社股份有限公司的成立,标志着国民党党报企业化经营管理筹备过程的完成,自此,国民党各大型党报都组建了报业股份有限公司,按照企业制度管理报纸,形成一个个报业集团。国民党中央日报报业集团拥有12家报纸,均以《中央日报》分版的名义在南京、上海、重庆、贵阳、昆明、桂林、长沙、福州、厦门、海口、沈阳、长春等12个城市同时出版;国民党军报《扫荡报》改为《和平日报》后,也发展成为一个拥有南京、上海、汉口、重庆、兰州、广州、沈阳、台湾和海口等9个分版的全国性大型报业集团。此外,国民党中央直辖的党报《武汉日报》除在汉口出版日报和晚报外,还出版宜昌分版;国民党在广州出版的中央直属党报《中山日报》出版梅县分版,等等。

二、共产党和人民新闻事业的发展

在国民党蒋介石抢夺"收复区"新闻阵地的同时,共产党和人民的新闻事业也获得了显著发展。

首先,利用国共合作在形式上的存在,共产党以迅雷不及掩耳之势充分利用可以在国统区办报的合法权利创办自己的报刊。1945年9月14日,正在重庆谈判的毛泽东、周恩来致电中共中央并转华中解放区负责人,提出尽快派人去上海等地办报的要求:"上海《新华日报》及南京、武汉、香港等地以群众面目出版的日报,必须迅速出版。根据国民党法令,可以先出版后登记。早出一天好一天,愈晚愈吃亏。"电报还指出:到上海等地去,"要多去,快去"①。

根据电报精神,中共中央立即派人到上海、北平、南京等大城市办报。《新华日报》除重庆版外,在上海、南京分别成立了筹备处,筹备出报事宜。在蒋介石国民党的阻挠、《新华日报》无法在上海等地出版的情况下,1946年6月,《群众》杂志由重庆迁到上海,担负起党报的任务。抗战初期在上海人民当中有广泛影响的《救亡日报》1945年10月10日改名《建国日报》在上海复刊,社长、总编辑仍为郭沫若、夏衍。《建国日报》是一张具有特色的四开小型报纸,内容充

---

① 《尽快去上海等地办报》,《毛泽东新闻工作文选》,新华出版社,1983年版,第131页。

实,文字简短,敢于讲话,一出版便吸引了许多读者,很快便发行五六千份。但该报只出了15天,于1945年10月24日被国民党当局无理查封。

在中共上海地下党组织的领导下,一些中共地下党员和进步人士,还创办了《文萃》周刊、《消息》半周刊。但由于国民党当局的迫害,《文萃》只出了10期即被封,编辑陈子涛、骆何民、吴承德三人被捕并惨遭杀害。《消息》也只出了14期被查封。在北平,共产党于1946年1月取得合法条件后,立即筹办报纸。2月22日《解放报》创刊。同时成立新华社北平分社。《解放报》以"致力于和平民主建设为宗旨",开辟了《群众呼声》、《读者通讯》、《问与答》等专栏,同国统区人民建立了广泛的联系,发行量达5万份。5月29日《解放报》和新华分社被反动当局查封了。由于国民党的迫害,中国共产党在国统区公开出版的报刊在极其困难的条件下勉强维持出版的只有重庆《新华日报》、上海《群众》杂志,但它们也分别于1947年2月28日、3月2日被国民党查封。

其次,共产党和人民的新闻事业在解放区迅速发展。为了反对国民党篡夺胜利果实,中国共产党领导的解放区军民坚决执行党中央制定的"针锋相对、寸土必争"的方针,大举向沦陷区进军。到1945年10月10日,人民解放军已控制了热河、察哈尔两省的全部地区和河北、绥远、山西、豫北、淮北、淮南、苏北、苏中等大部分地区以及东北部分地区,原来被分割得支离破碎的解放区迅速扩大而连成一片,形成了几个大的战略区。随着解放区的扩大,党和人民的新闻事业也获得了显著的发展。

其一,报刊有了迅速的发展,特别是各大战略区创办或改出了大型报纸。1945年8月15日,山东解放区的《大众日报》由两日刊改为日刊,这年冬,中共中央华东局成立,《大众日报》又改为华东局机关报(1949年3月,该报又成为山东分局机关报);1945年9月,《晋察冀日报》迁到新解放的城市张家口出版,版面扩大成对开的大报;1月1日在新建的东北解放区,中共中央东北局机关报《东北日报》在沈阳创刊;12月9日,中共中央华中局机关报《新华日报》华中版在江苏淮阴创刊;1946年5月15日,随着晋冀鲁豫解放区扩大并连成一片,中共晋冀鲁豫中央局在邯郸市创办了全区性的机关报《人民日报》。

其二,人民的广播事业又有了新的发展。除延安新华广播电台在1945年9月5日恢复广播外,张家口新华广播电台也于8月24日建成并开始播音。与此同时,在东北地区,随着我军胜利收复失地,在哈尔滨、抚顺、通化等地建立起了人民广播电台。据统计,到1946年9月,各地已建立起人民广播电台11座。

其三,无产阶级新闻教育事业也发展起来了。1946年2月,华中新闻专科学校在苏北淮阴成立,这是解放区第一所专门的新闻学校,由范长江任校长;另外各解放区原有的和新开办的某些高等学校,如延安大学、华北联大、山东大学、中原大学等,也曾设立过新闻系或新闻专修班,这些学校为党培养了一批新闻工作者。

三、民营新闻事业的恢复与发展

抗战胜利,是全国人民的大喜事,举国欢庆,百业俱兴。新闻事业的发展,不仅表现在国民党、共产党新闻事业的发展上,民营新闻业也有了可喜的发展,除了原有报刊的恢复和发展外,还有一批报刊乘战后和平机会创刊。

战后原有报刊发展较好的有《大公报》、《文汇报》、《新民报》、《益世报》和《世界日报》等。

1945年8月15日,日本宣布无条件投降,《大公报》重庆版在当天第二版用八栏特大字号标题《日本投降矣!》报道这一特大喜讯;次日第二版发表社评《日本投降了》,文前引用杜甫《闻官军收河南河北》七律诗一首:"剑外忽传收蓟北,除闻涕泪满衣裳。却看妻子愁何在,漫卷诗书喜欲狂。白日放歌须纵酒,青春作伴好还乡。即从巴峡穿巫峡,便下襄阳向洛阳。"喜悦之情,溢于言表。《大公报》不仅仅只是高兴,而且期望在战后发展事业。还在1945年4月,胡政之就利用作为中国代表团的成员赴美国旧金山出席联合国创立大会的机会,会后在美国订购了三部轮转印报机和部分通讯器材、卷筒纸及办公用品,为战后大展宏图做好了必要的物质准备。8月22日,是《大公报》发行15 000号纪念日。纪念会开过,负责恢复沪、津两馆的干部同人随即分别启程了。

1945年11月1日,《大公报》上海版复刊。复刊号上发表了《重来上海》的长篇社评,说:"我们是一张民间报纸……二十年来,饱经忧患,同人等不揣谫陋,始终固守'不私、不盲'的社训,对建国大业,尽其平凡之努力。现在我们也随着国家复员而复员,上海版今日首先复刊,我们今后一本过去不畏强权,不媚时尚的传统,继续为国家服务,为社会服务。"

随后,1945年12月1日复刊出版《大公报》天津版。1946年1月在上海成立《大公报》总管理处,统摄上海、天津、重庆三馆的工作。1948年3月15日复刊出版香港版,设立台湾办事处负责对上海版航空印行。《大公报港版复刊词》说:"本报是民间组织,营业性质,现在总社在沪,天津、重庆均有分版,台湾,以上海纸版航空递寄,到台印行,连同香港本版,一共虽有五个单位,事业却是整体的……言论方针是各报一致的。"

上海《文汇报》1939年5月被迫停刊后,创办人严宝礼长期滞留上海,等待时机复刊《文汇报》。抗战胜利后,《文汇报》作为第一家民主报纸于1945年8月8日在上海复刊了。8月23日,在《今后的本报》的社论中,宣布今后的办报方针:"宗旨纯洁,完全站在民众的立场发言";"本报本着言论自由的最高原则,发表社论,力求大公无私";"报道新闻,迅速翔实";保持"富贵不能淫,威武不能屈之高尚报格";"报纸为发展社会之工具","本报同人必竭尽所能,为社会服务"。1946年4月,徐铸成从《大公报》回到《文汇报》任总主笔。在徐铸成、宦乡、柯灵、孟秋江等人的主持下,《文汇报》迅速、健康地发展起来了。

抗战胜利后,陈铭德、邓季惺将《新民报》总管理处迁回南京,发展成为拥有南京、上海、北平、重庆、成都5个分社、报纸(日报、晚报)8种的报团,报纸日销总量12万份,是大后方发行量最大的报系。

《益世报》战后很快在天津复刊,刘浚卿之子刘益之为总经理,原总编辑兼总经理刘豁轩再度受聘担任社长兼总编辑。《益世报》复刊后,在政治上标榜所谓"不偏不倚",以争取读者,因此事业发展较快,同时在天津、北平、南京、上海、重庆等地出版,日销量达8万余份。

《世界日报》的老板成舍我本来早有战后发展规划,所以抗战一胜利,成舍我立即飞往北平,于1945年11月20日复刊了《世界日报》和《世界晚报》。

在一批老牌报纸恢复发展的同时,一批新的民营报刊破土而出。这批新创办的民营报刊有一个共同点,就是性质偏重时政。其具代表性的有《客观》(储安平创办,1945年11月至1946年4月在重庆出版)、《观察》(储安平1946年9月创办于上海)、《联合日报》(1945年9月21日创刊于上海)、《民主报》(民盟1946年2月创刊于重庆)和稍后创刊的《世纪评论》(1947年元月创刊于南京)、《时与文》(1947年3月创刊于上海)、《新路》(1948年5月创刊于北平)、《大学评论》(1948年7月创办于南京)等。这些报刊的情况,后面还要论述,此处从略。

第二节 全面内战爆发后的新闻界

一、国民党新闻事业发展到顶峰

1946年6月,国民党军队悍然攻击中原的解放军,随后,向我解放区发动了全面进攻。国民党蒋介石以数百万军队同时向我苏皖、山东、晋冀鲁豫、晋察冀、晋绥和东北解放区大举进攻,并以大军包围陕甘宁边区。国民党蒋介石依仗着军事上暂时的优势和美国人的援助,气焰十分嚣张,他们狂妄宣称,要在3至6个月内消灭人民解放军。1946年10月11日,蒋介石军队攻占了我晋察冀解放区首府张家口。此时,连张家口在内,蒋军共攻占我135座城市。在国统区扩大的同时,1947年,蒋介石国民党的新闻事业也发展到了它的顶峰。

在报纸方面,据1947年8月底的统计,国统区登记的报纸总数为1781家,其中上海96家,南京87家,天津68家,北平59家;广东137家,湖南126家,湖北119家,福建114家,江苏102家,可谓战后"报业复兴的巅峰阶段"[①]。这些报纸中,国民党党报占有很大比重。国民党中央直辖党报23家,总发行数约45万份,省级党部主办的党报27家,总发行数约40万份,此外,还有很多国民党县级党部主办的地方党报和军方主办的报纸。

在通讯社事业方面,中央社在全国设有50多个分社和办事处,在国外设有20多个类似机构,发展到它的全盛时期。

在广播事业方面,到1946年秋,仅中央广播事业管理处所属的广播电台增至42座,中、短波发射机达81部,总发射力增至550千瓦。

二、共产党新闻事业的暂时收缩与艰苦斗争

蒋介石冒天下之大不韪,于1946年6月下旬悍然发动了全面的反革命内战。在战争开始阶段,国民党军队暂时侵占了一部分解放区,因而这些地区我党的新闻事业特别是报刊事业受到了很大的损失。

为了准备突围,中原解放区坚持了多年的《七七日报》不得不在国民党进攻的前夕6月24日停刊。接着蒋军在苏皖全线进攻,皖中的《大江报》、淮南的《淮南日报》也停刊了;《苏中报》、《江海报》或随军撤退,或在极端艰苦条件下出版。9月,华中版《新华日报》随军撤离淮阴,12月26日也被迫停刊。10月11日蒋军占据张家口,著名的《晋察冀日报》退至山区出版,由对开改出半张;一些地区性报纸不得不停刊。1947年初,蒋介石对解放区的全面进攻失败后改为对陕北、山东两大战场发动重点进攻,使解放区的新闻事业继续遭到严重破坏。在山东,由于解放区一度缩小,《大众日报》进入山区坚持出版,地区性报纸停刊;在陕北大多数地方报纸都停刊了。1947年3月19日,中共中央和人民解放军总部撤出延安,《解放日报》也跟随撤离,先出8开2版,坚持到3月27日出了第2130号之后也停刊。

面对这种新的形势,中共中央对新闻宣传工作做了妥善的部署,加强了新华社和新华广播电台的工作,以便使之在军事宣传战线上更好地发挥作用。早在1946年5月,新华社的组织机构就进行了一次大的改组,原编辑科各组分别扩

[①] 曾虚白:《中国新闻史》,台湾三民书局,1989年版,第453、455页。

充为"解放区新闻部"、"国民党区新闻部"、"国际部"、"语言广播部"(即延安新华广播电台)、"英文广播部"、"英文翻译科"等,还增设了资料室,新建立了电务处,先后抽调一大批新闻工作者到新华总社工作。社长廖承志,总编辑余光生,先后担任副总编辑的有艾思奇、陈克寒、范长江、钱俊瑞、石西民、梅益和徐迈进。全面内战爆发后,新华社一方面投入紧张繁重的报道工作,另一方面,鉴于国民党军队可能进犯延安和陕甘宁解放区,着手筹划和部署新华总社和广播电台的转移工作,以便确保文字宣传和语言广播在解放战争中不至于中断。1946年11月,周恩来召开专门会议,研究决定,新华社和军委三局派出先遣队在陕北筹建新华总社的临时接替站;与此同时,中共中央还指示晋绥、晋察冀、晋冀鲁豫三个解放区分别考虑为新华总社选择适当地点作为第三线战备地址。

1947年3月14日,延安新华广播电台播完中午节目后,新华社、延安台和《解放日报》奉命向瓦窑堡转移。先遣队事先已在离延安东北90多公里的子长县即瓦窑堡的史家畔村建立了新华社临时编辑部,在好坪沟村建立了广播发射机房和播音室。当晚,延安台在这里用战备台继续播音。3月19日,我军主动撤出延安。3月21日,延安新华广播电台改名为陕北新华广播电台。晋冀鲁豫中央局接到中央有关筹建新华社临时总社和陕北台第三线战备台的命令后,立即作出具体部署和安排,中央局副书记、军区副政委薄一波向军区三处下达迅速赶装一部广播发射机的任务。与此同时,中央局宣传部从晋冀鲁豫总分社、《人民日报》社和邯郸台等单位抽调领导干部和有关人员朱穆之、安岗等,组建新华社临时总社的班子。

由于战局变化,新华社和陕北台在瓦窑堡一直坚持工作到3月28日,根据中共中央指示,设在晋冀鲁豫解放区太行山麓的新华临时总社(今河北省涉县境内)从4月1日起正式接替在陕北的全部业务,太行第三线战备台用"陕北新华广播电台"的呼号进行广播。在转移、交接的过程中,新华社的文字广播一天也没有停止过,语言广播也只因"坚壁清野"中断了3天,这样在极端困难的条件下保证了中共中央的指示继续传达到各解放区。

太行新华临时总社和新的陕北新华广播电台接替陕北台的全部业务工作后,陕甘宁边区的新华总社和原陕北台的工作人员,根据中共中央指示,除留下一支40人左右的小分队由副社长范长江率领跟随党中央转战陕北外,其余大批同志立即东渡黄河,向太行转移。7月中旬,新华总社和陕北台在太行正式恢复工作。

新华社留在陕北的工作队,代号"四大队"。"四大队"跟随中共中央领导机关转战陕北一年多时间,行程几千里,在毛泽东、周恩来、任弼时等中央领导同志的关怀和指导下,一身三任,出色地完成了许多艰巨任务。他们除担负中共中央与太行新华总社之间的联络工作外,还要抄收中央社及外电报道,编印《新闻简报》、《参考消息》供中央领导同志参阅,负责组建并领导西北总分社及前线分社,以及组织陕北战场的军事报道。

随着解放战争从战略防御转入战略反攻,并迅速走向全国胜利,为了加强军事宣传,新华社在人民解放军内普遍设立了分支组织。1947年8月,开始在反攻部队中设立野战分社,后经过调整,在野战军中建立了四个总分社,在兵团一级中建立分社,各军成立支社,使我军在各个战场的胜利消息能迅速传遍全国。

在军事宣传工作开展得艰苦而又有成效的同时,土地改革新闻宣传也创造性地开展,和军事宣传一道构成这一时期解放区新闻工作的基本内容。

在土地改革新闻宣传中,新闻界工作人员不仅热情宣传党中央指示精神,反映广大贫苦农民热烈拥护土地改革的情况,报道农民斗争恶霸地主的壮举,而且结合土地改革新闻宣传的实际,在中央同志的指导下,开展了一场新闻整风运动,即反"客里空"运动,丰富了共产党的新闻理论。

所谓反"客里空"运动,就是以反对不真实的新闻报道和报道中弄虚作假的资产阶级新闻作风为内容的新闻改革运动。"客里空"是苏联剧本《前线》中一个品质恶劣、以捏造假新闻为能事的新闻记者。

这场反"客里空"运动从1947年4月开始到9月告一段落。1947年4月,中共中央新组成的工作委员会在刘少奇等人领导下渡过黄河到达晋绥解放区,深入了解土地改革进行的情况和问题,发现有明显的右的倾向,同时也发现了新闻宣传工作中的缺点,主要是《晋绥日报》在宣传土改工作时,有些新闻严重不真实,因而造成了农民对党报的某些不信任的心理。6月,在中共中央晋绥分局的领导下,《晋绥日报》着手解决这个问题。6月25日、26日,《晋绥日报》用整版篇幅发表了编辑部文章《不真实新闻与"客里空"之揭露》,公开揭露了本报的缺点,指出了我们新闻工作者中,有些人凭空制造"英雄模范",采访时道听途说,捕风捉影,编辑随意删改,校对中马马虎虎,甚至还有人站在地主的立场上反对农民。文章要求人民群众对报纸提出批评、进行检举。《晋绥日报》还介绍了"客里空"这个人物,让新闻工作者引以为戒。这样,反"客里空"运动便开始了。9月1日,新华社发表社论《学习晋绥日报的自我批评》,肯定"《晋绥日报》的这一倡导是非常有意义的"之后,还分析了出现不真实新闻的根本原因,是新闻工作者的思想和立场有了毛病。社论说:"我们的队伍中有许多革命的知识分子,其中很多出身于地主富农的家庭,在与帝国主义和大地主大资产阶级斗争时,立场常常比较坚定,但是在革命运动深入到普遍的土地改革、普遍的消灭封建制度时,出身于地主富农家庭的知识分子,因为他们与封建制度有若干联系,如果舍不得割掉封建的尾巴,舍不得为整个革命的利益而牺牲个人的和家庭的利益,就会发生立场上的动摇,其中一部分就会堕落到袒护地主、反对农民的立场上去,或者堕落到自私自利独占农民斗争的果实的富农立场上去。"社论还号召全国"学习《晋绥日报》的自我批评"。

这样,反"客里空"运动便迅速扩展到全国,全国各解放区的新闻战线都开展了反"客里空"运动。《东北日报》发表了题为《加强新闻的自我批评精神》的社论,强调好新闻必须是真实而又正确地反映客观实际的新闻。山东《大众日报》在反"客里空"运动中,检查了该报工作中的缺点和错误,并发表社论指出:"我们编辑同志在处理稿件时,还缺乏反复思考分析的慎重、严肃、科学的态度,也就是缺乏对党对人民真正负责的态度。""我们记者和特约通讯员,大都是采访会议、采访干部,大都是在干部会议、会议干部中打圈子,很少直接采访群众。"

解放区新闻战线上的反"客里空"运动有着重要的意义。一是纠正了土地改革中的错误宣传,推动土改运动的健康发展;二是促成了解放区新闻界的自我教育,从思想上组织上纯洁了党的新闻工作队伍,大大地增强了战斗力;三是维护了新闻工作的真实性原则,既挽救了党报在群众中的威信,又丰富了党的新闻理论。

但由于当时解放战争正激烈进行,反"客里空"运动开展得不够普遍、深入,因而在反右倾之后,又出现了"左"的倾向,其主要表现是:不是全面地宣传党在土地改革工作中的总路线、总政策,而是孤立地宣传贫农路线;不是全面地宣传党的统一战线政策,而是孤立地宣传所谓贫雇农打江山坐江山;在整党问题上宣传唯成分论,等等。中共中央及时发现了这一问题,1948年2月11日,毛泽东写了《纠正土地改革宣传中的"左"倾错误》的指示,指出了错误的表现,要求各地党的领导机关、新闻机关和新闻工作者根据马克思主义原则和中央路线,检查工作,纠正错误。

三、民主报刊的斗争

1946年6月蒋介石国民党冒天下之大不韪打响内战第一枪,十分不得人心。为了钳制舆论,国民党加强了新闻统制,国统区进步新闻机构及一切不利于国民党统治的新闻媒体都遭到迫害和摧残,激起了民主报刊的斗争。这里所谓的民主报刊,是指民主党派及在政治上倾向进步的个人所创办的报刊,主要有《民主报》、《联合晚报》、《文汇报》、《新民报》、《华商报》等。

(一)重庆《民主报》的斗争

《民主报》1946年2月1日创刊于重庆,次年2月被迫停刊。该报是中国民主同盟的机关报,发行人张澜,社长罗隆基,总编辑马哲民,编辑部负责人叶丁易。郭沫若、马寅初、陶行知、张申府、邓初民、张君劢、章伯钧、张东荪、梁漱溟、周鲸文、孙宝毅是该报社论委员。《民主报》创刊前,《新华日报》在1月10日的要闻版上,发表了引人注目的消息:《民主号角!民主报下月一日发刊》。《民主报》在发刊词中说:它是"一切民主信徒的共同工具,我们愿努力担负起代表民主信徒意见这个责任"。2月10日,国民党特务制造了"较场口事件",《民主报》当天出版"号外",大标题是《今晨较场口庆祝会上暴徒捣乱演成血案》,眉题是《政协成功,人民无庆祝自由》,副标题是《强占会场,殴打主席团,郭沫若、李公朴、马寅初、罗隆基、施复亮、章乃器及群众多人受伤》。第二天,《民主报》又发表社论《民主的耻辱》。7月12日,西南大学教授李公朴被特务暗杀,消息传来,举国震惊,第二天《民主报》发表了社论《抗议!抗议!抗议!》。7月15日,闻一多又倒在国民党无声手枪下,《民主报》不仅报道了血案的真相、人民的控诉,并且连续发表社论《血债》、《最严重的关头》,还刊登了《中国在屠杀中》、《闻一多先生的道路》、《血债要用血来还》等文章。这些报道、社论、文章,有如利剑,直刺国民党专制统治的要害。1946年9月以后,国民党反动派几次向东北、华北解放区大举进攻,《民主报》接连发表社论,表示谴责:《不要把人民当作炮灰》、《政府决心要打》、《拿出人民的力量,制止祸国殃民的内战》、《假道学与假民主》、《万税,万税》、《天南地北一团糟》。蒋介石1947年2月28日封闭了《新华日报》之后不久,又指使特务捣毁了《民主报》印刷设备,迫使《民主报》停刊了。

(二)上海《联合晚报》、《文汇报》的斗争

《联合晚报》即《联合日报》晚刊。《联合日报》1945年9月21日创刊,是上海的进步人士在战后创办的第一家民间报纸,陈翰伯任主编,冯宾符任主笔,陆诒任采访部主任。日销20万份。因得不到国民党当局的承认,于11月30日被迫休刊。1946年4月15日发行《联合日报》晚刊,人们称之为《联合晚报》。晚报出版后,在上海的舆论界做了大量的有益工作。1947年5月25日,被国民党当局以刊登学潮消息的"罪名"勒令停刊。

《文汇报》1945年9月复刊。从复刊到1945年底,由于主编的亲国民党立场,销量不断下滑。该报发行人严宝礼决定邀请《前线时报》总编辑宦乡主持编辑工作,中共上海地下市委也派陈虞孙担任撰写言论的副总主笔。报纸的面貌焕然一新。次年初,进步报人徐铸成又回报社担任总编辑,孟秋江担任采访部主任。复刊后的《文汇报》积极参加反对内战,要求和平民主的斗争。1946年7月,反对国民党实行"警管区制",被上海市警察局局长兼淞沪警备司令宣铁吾以"挑拨员警感情"的罪名,勒令从17日起停刊一周。之后,国民党当局企图以重金收买《文汇报》,遭到拒绝,于是恼羞成怒,于1947年5月25日勒令《文汇

报》停刊。

（三）南京《新民报》的斗争

抗战胜利后，《新民报》除重庆、成都原有日、晚刊外，又在上海、北平、南京恢复或创办了日、晚刊。南京《新民报》晚刊 1946 年元旦发行，日刊 10 月复刊。由于有共产党人参加工作，所以该报政治倾向日趋进步，反映了民族资产阶级反对帝国主义和官僚资本主义的立场。南京《新民报》复刊后，对下关事件、对中共代表团撤离，都作了较为公平详尽的报道。1947 年南京发生"五二〇"血案，《新民报》通过报道，揭露国民党军警殴打学生的罪行，因而该报有 9 人被列入黑名单，1948 年 7 月 8 日被勒令永远停刊，浦熙修等 3 人被捕。陈铭德、邓季惺逃往香港。

著名女记者浦熙修，1937 年春参加《新民报》工作，次年 1 月《新民报》迁重庆后，任采访部主任，利用民间报纸的有利条件写了大量揭露国民党反动政府丑恶面目和鼓舞人民团结抗战的新闻和特写。1945 年 10 月，她在重庆受到毛泽东的接见。1946 年 2 月，重庆"较场口事件"发生后，国民党中央社播发颠倒是非、混淆黑白的报道，她协同《新华日报》同行发动一大批有正义感的新闻工作者，联名发表公开信，揭露事实真相。4 月，在南京"下关事件"中，浦熙修与爱国民主人士一起遭到特务暴徒的围攻和毒打，在医院受到周恩来的亲切慰问。1947 年在"五二〇"血案中，她又不顾个人安危，以整版篇幅报道事实真相，有力地支援了广大青年学生的正义斗争。被捕后，在国民党大狱中与共产党员互相鼓励，坚持斗争，70 天后被共产党和有关方面营救出狱，即赴香港参加《文汇报》工作。解放后，任《文汇报》副总编兼驻北京办事处主任。1957 年被错划为"右派"。1970 年 4 月 23 日在"文革"中被折磨致死。

（四）香港《华商报》的斗争

《华商报》本是 1941 年 4 月 8 日由廖承志、范长江领导在香港创办的一张爱国统一战线报纸，因日寇进攻，于当年 12 月 12 日停刊。日本帝国主义投降后，《华商报》于 1946 年 1 月 4 日复刊，为民主报刊，董事长是香港华比银行华人副经理、爱国民主人士邓文钊，总编辑是著名国际问题专家刘思慕，总经理是民主同盟负责人萨空了。《华商报》在复刊词中说："本报匆匆在港复刊，仍当一本人民的立场，与我海内外同胞，共揭和平、团结、民主的大旗，为创造一个幸福、富强与民主的新中国而奋斗。"《华商报》一复刊，便高举起和平、民主的大旗，代表人民说话，反映人民希望和平、民主的意愿，揭露国民党反动派假和平真内战的阴谋。每逢时局发展到关键时刻或是节日，《华商报》都邀请著名民主人士发表谈话或写文章。例如国民党革命委员会领袖李济深、何香凝，民主同盟南方总支部领导人李章达，民主促进会领导人马叙伦、蔡廷锴，农工民主党负责人彭泽民以及著名作家郭沫若、茅盾等都在该报上发表过谈话和文章,号召人民起来反对国民党的法西斯政策。当李公朴、闻一多两位民主人士被国民党暗杀后,《华商报》用大量篇幅揭露国民党特务的卑劣行为,连续发表社论抨击国民党当局庇护特务、操纵暴徒的无耻行径,号召人民团结起来,与民主的敌人作斗争。当国民党反动派撕毁政治协商会议决议并在南京召开伪国大,而民盟中央发表严正声明拒绝参加伪国大时,《华商报》发表社论拥护民盟的正义行动。

《华商报》身处香港,深切地关心华侨,为爱国归侨说话,在东南亚一带华侨中有较大影响。华侨领袖陈嘉庚先生积极为《华商报》写文章,号召爱国华侨从事民主运动,反对蒋介石独裁统治。1949年10月15日终刊。

第三节 人民解放战争走向胜利中的新闻界

一、《观察》破产与自由主义报刊的幻灭

自由主义自19世纪中叶传到中国,无论是对学术界还是新闻界,虽然很有些诱惑力,但是其鼓吹的结果,终究是一次幻灭接着一次幻灭。抗战胜利后,中国的政治局势处于大变动时刻,国共两党军事和政治对决,自由知识分子以为又是他们大显身手的机会,于是,自由主义报刊盛行一时,政治时政期刊一家接一家创办起来。结果如何呢?看看其代表储安平创办的《观察》周刊就能知道全貌。

储安平的《观察》曾被认为是现代中国自由主义"最后一次悲壮的回光返照"中的一面旗帜,被认为是自由主义知识分子对理想的追求与坚持、对社会责任的担当。

(一)储安平其人

储安平生于1909年,江苏宜兴人。出生仅6天即丧母,14岁时丧父,抚养他长大的祖母亦于同年逝世。1928年,储安平入读光华大学英文系。1932年毕业后,为国民党《中央日报》编辑副刊;同时在戏剧学校兼课,往来于曹禺、夏衍、马彦祥等进步人士中间。1935年留学英国,入读伦敦大学经济学院政治系,师从著名的费边社员哈罗德·拉斯基教授。在英期间,担任不支薪水、只领稿酬的《中央日报》驻欧洲记者。1938年抗日军兴,储安平学业未卒提前归国,先任《中央日报》主笔兼国际版编辑,其后到中央政治学校研究院任研究员。由于不堪忍受写作"遵命文章"以及拒绝加入国民党等原因,于1941年远去湘西"国立蓝

田师范学院"任教授,主讲"英国史"和"世界政治概论"。1945年抗战胜利,随学校内迁重庆,自11月始主编《客观》周刊。1946年,任上海复旦大学新闻系教授,同年9月1日主办《观察》周刊。1948年12月24日,《观察》被国民党查封。1949年11月,《观察》被容许复刊,1950年5月16日终刊。《观察》终刊后,储安平任新华书店总店副总经理。1952年,改任中央出版总署发行局副局长。1957年4月1日,由胡乔木推荐出任《光明日报》总编辑。6月1日,因在中共中央统战部召开的党外人士整风座谈会上的发言——《向毛主席、周总理提些意见》,即"党天下"言论[1],受到强烈批判,从此成为知名"右派"。1966年9月中旬,储安平"失踪",不知所终[2]。

幼失怙恃的困苦际遇,养成了储安平自立、自强精神以及能吃苦、爱节俭的品质。早年,他主要是以"文学青年"形象出现。文学活动之外,青年储安平对政治已有兴趣。早在1931年10月,他就编辑过一册《中日问题各家论见》,收录了当时知名的知识分子以及社会活动家如左舜生、胡愈之、俞颂华、罗隆基、陈独秀、汪精卫、陶希圣、王造时、张东荪、萨孟武、张其昀、梁漱溟、高永晋等的20篇文章,由新月书店出版。在该书的序言中,他写道:"这集子的编印,正给国民们对政府功效检督的张本,同时也给政权当道以俯察民意的一份参考。"[3]

在湘西任教期间,储安平开始找到一方真正的阵地,他对民主、自由的见解得到较为充分的发挥,先后写作《英国采风录》、《英人法人中国人》,后相继于1945年、1948年出版。此外,他根据在蓝田师院的演讲整理而成的书稿《英国与印度》,亦由科学书店出版。据说,当年储安平演讲之时,"连走廊都坐得满满的,中间不晓得要拍多少次掌"[4]。

中华人民共和国成立后,擅写政论的储安平锋芒顿隐,其文章以游记为主,先后于1956年、1957年出版《玛纳斯河垦区——新疆旅行记之一》和《新疆新面貌——新疆旅行通信集》。1957年被免职之后,他的政治生命已基本结束,不再为人所关注。

(二)《客观》周刊——"《观察》的前身"

《客观》周刊于1945年11月11日创刊于重庆,发行人张稚琴,主编储安平,编辑为吴世昌、陈维稷、张德昌、钱清廉、聂绀弩[5]。该刊设有"客观一周"、"专

---

[1] 储安平:《向毛主席、周总理提些意见》,《光明日报》1957年6月2日。
[2] 关于储安平的最终结局,目前流传以下说法:投河自杀,蹈海而死,虐杀毙命,出家隐遁。
[3] 见张新颖编:《储安平文集》上,东方出版中心,1998年版,第190页。
[4] 戴晴:《储安平王实味梁漱溟》,江苏文艺出版社,1989年版,第139页。
[5] 20世纪40年代晚期,中国有三家名为《客观》的刊物。除本文所论的《客观》周刊外,另外一为上海《客观》半月刊,代表人为贾开基;一为广州《客观》半月刊,凌维素为发行人兼主编。

论"、"各地通讯"、"经济一周"、"文学·艺术·音乐·戏剧"、"副叶"副刊、"珊瑚"副刊等栏目,第1—12期还设有"长篇连载"一栏,分期刊登储安平的《英国采风录》。该刊共出17期,储安平负责前12期,后5期由吴世昌负责。

在储安平的设想中,《客观》应能成为一份进步的自由主义刊物。创刊号上,在以"本社同人"之名发表的《我们立场》一文中,他指出:"编辑部同人每周聚餐一次,讨论每期的稿件支配,并传观自己的及外来的文章,我并不承认我们彼此的看法、风度和趣味完全一致,我们也不要求彼此什么都一致,我们所仅仅一致的只是我们的立场,以及思想和做事的态度。我们完全能够对于一个问题作无保留的陈述,而服从多数人所同意的意见,其权仍在作者;其间绝不致引起'个人的情绪'问题。我并愿在此郑重声明:在《客观》上所刊的文字,除了用本社同人的名义发表者外,没有一篇可以被视为代表《客观》或代表我们一群朋友'全体'的意见,每一篇文字都是独立的,每一篇文字的文责,都是由各作者自负的。"

关于《客观》的筹办、影响以及为何中途放手,储安平曾在第一篇《观察》报告中有所追述:

> 那是一个大型(八开)的周刊,16面,除广告占去一部分篇幅外,每期需发6万余字的文章。现在回想起来,这不免是一次过分的冒失。因为创刊号于三十四年11月11日出版,而我们决定主编,犹为10月8日之事,实际上其间只有三个星期的筹备时间。那时正是抗战刚告胜利,政治酝酿改变的时候,多年以来,在"抗战第一"的大帽子下遮盖着的许多积郁,我们这时秉笔直书,亦确能畅所欲言。我们愿意毫无夸张地说,那时确有许多读者,每星期都在等候着星期六《客观》的出版。这些读者后来都成为《观察》的读者,今日《观察》在四川及西北一带有广大的销路,一部分应归因于《客观》的影响。有许多朋友至今或者未能明了为什么骤然放下《客观》,另立《观察》。我们无意在此追述那些业已过去的琐碎事情,只能就原则上补叙一笔。我们平常有一种基本的理想,即立言与行事应当一致。假如一个言论机构,在纸面上,它的评论写得头头是道,极其动听,而这个言论机构的本身,它的办事原则和办事精神,与它所发表的议论不能符合,我们认为这是一种极大的失败。假如我们主张政府负责而我们自己做事不负责任,要求政治清明而我们自己腐化,这对于一个怀有高度理想的人,实在是一种难于言说的苦痛。当时的《客观》只由我们主编,并非我们主办。我们看到其事之难有前途,所以戛然放手①。

---

① 储安平:《辛勤·忍耐·向前——本刊的诞生·半年来的本刊》,《观察》第1卷第24期,1947年2月8日。

考察刊物的宗旨、名称、栏目设计和主要撰稿人等因素,《观察》与《客观》之间存在延续性。储安平也曾指出:"精神上,我们未尝不可说,《客观》就是《观察》的前身。"

主编《客观》期间,储安平以"安平"为名撰写的"客观一周"专栏文章,颇为引人注目。后来他在《观察》时期所持的不少理念,在这些精悍的政论中都有流露;如著名的《中国的政局》一文,其思想在此文中已见雏形。前12期中,除第6期"客观一周"由吴世昌撰稿外,其余11期的该专栏皆由储安平执笔,共54篇。综而言之,这些政论展示了一个自由主义者对抗战胜利之后国民党、共产党、中产阶级知识分子三方的观感与评析。

其一,对国民党的批评与劝告。1945年8月21日,重庆国民党国民政府行政院通过《沦陷区重要公矿事业处理办法》和《收复地区土地权利清理办法》,对沦陷区的接收工作全面展开。储安平发现:"接收"本应是一种以人民利益为最高原则的政治行为,但在现实中已沦为大肆洗劫和明抢暗夺的代名词。于是他在《第二次沦陷》一文中悲愤地写道"在短短的几十天内,那些曾经沦陷七八年的广大土地,竟复宣告了第二次的沦陷!第一次,那些土地沦陷给'中国军事'的敌人,而这次,却沦陷给'中国政治'的敌人!"对于当时国内的现状,储安平的评价是"一团糟",并且认为时为执政党的国民党无可推诿地"应该负大部分的责任"。他在《国民党的病症》一文中指出国民党具有"腐化"和"缺少一种高度的新陈代谢的作用"两大病症,它们"互为因果",因此"国民党统治的腐化,是无可否认的。也正因为在重重的腐烂的覆盖下,使潜有的新生力量不易成长"。在《政治的责任心》一文中,他还指出:"国民党今日只知攻击共产党,企图消灭共产党,而竟不反躬自身釜底抽薪,在从本身改善革新做起,实可谓缘木而求鱼。"不过,其时抗战胜利不久,在批评国民党的施政绩效之时,储安平对其还抱有一定幻想。因此,他的批评要比《观察》时期温和,总以分析和劝告的语气谈及其过失。在《一团糟的责任问题》一文中,他甚至认为:"现在中国除共产党外,没有一党有推翻国民党的企图(因为在力量上他们和国民党还不能成为一个比例),没有一个真正超党派的爱国的中国人愿意国民党崩溃,而形成中国政治上不可想象的混乱。绝大多数,还是关切国民党的,这不是基于任何理想和思想上的理由,而是基于现实的原因。政治是一个现实。国家政治不能没有重心,而现在中国政治的重心落在国民党身上,国民党有这种优越的条件而不能好好利用,实为大可惋惜之事。"①

其二,对共产党进行深入分析。战后自由知识分子对中共及其政治理念的

---

① 见张新颖编:《储安平文集》下,东方出版中心,1998年版,第3、4、5、10、14页。

认同经历了一个相当长的过程。置身于这一具体的时空语境之中,储安平在某些方面虽未免俗,但他根据常识推断的见解相当深刻。有论者认为:储安平对共产党的深入分析和理性评价是他"在《客观》时期最为成熟的思想";体现了他比同时期自由主义知识分子"在政治上更为成熟的一面"①。储安平在《共产党与中国政治上的需要》一文中分析共产党"吸引人的地方"第一是"他的社会主义";其次则是"共产党的刻苦精神,实有可取之处"。对于前者,他表示:"我并不承认极端的社会主义能适行于中国。同时,我也不相信,假如共产党取得了政权的话,他能完全实行他原来的主义。中国人总是中国人,中国的共产党执政后,它的施政较之今日他们所揭橥者,恐将打一个大折扣,然而打了一个大折扣以后的共产党的政策,又可能相当地为中国人民所接受。"对于后者,他指出:"我是不赞成一味以吃苦为号召的,我希望能使个个中国人的生活标准提高,政治的目的是要使人民快乐而非人民苦痛。但是一般人的生活犹在水平线以下时,政治上的领导人物应先能刻苦自励。如此方能造成新的风气,而达政治清明之途。共产党这种长处正就是今日国民党的短处。"该文中,他对共产党也有所批评,指出:"共产党的主要缺点即是过度的宗举外邦。一味的视外邦为宗主,则不免丧失了自我的独立意志与独立人格。"此处的"外邦"是指苏联,在中共与苏联关系问题上,储安平持有较强的国家至上倾向,认为共产党的崇尚苏联不能令人满意。在《共产党与"国家"》一文中,他强调:"我们可以崇拜任何一国的政治思想,社会制度及民族性格,但我不能忘了我们自己仍是一个中国人。假如忘了这点,则将莫知自己努力之意义何在,而不啻成为了他国的工具与傀儡。"对于中共获取政权的途径,储安平寄望和平路径,反对暴力革命,认为军队国家化是实现民主和宪政的起码条件;不过他承认当时共产党的影响与地位。在《共产党的前途》一文中,他甚至表示:"假如中国能真正实行民主,共产党在大选中可能获得的选票和议席,为数恐不在少。"②此外,他在《共产党与民主自由》中认为,共产党讲究"统制"和"一致",否认在其治下会有真正的"民主"与"自由"。有论者指出:这一论调"无疑体现了大多数对中共缺乏了解的自由知识分子的一般心态,反映出他们在战后社会急剧变迁中所面临的认同危机"③。

其三,期盼进步中产阶级崛起。在抗战后风靡一时的民主化浪潮和国内政治"两趋极端"、前途未卜的特殊情势下,自由主义知识分子积极参与实际政治。对此,储安平持肯定态度,他期盼进步中产阶级能够崛起。在《中国未来安定局

---

① 谢泳:《储安平与〈观察〉》,中国社会科学出版社,2005年版,第4—5页。
② 见张新颖编:《储安平文集》下,东方出版中心,1998年版,第11、12、21、22页。
③ 张玉龙:《从"客观"到"观察":储安平对1947年前后中国政局的观感与析评》,《吉首大学学报(社会科学版)》,2003年第4期,第72页。

面中的一个重要因素》一文中,他认为:"思想开明,拥戴民主,爱好自由,憎恶党争的有科学有头脑的进步分子"是"一种可以造成社会安定的力量";强调美国、其他"友邦"以及中国国内都应当认清"未来中国的安定与希望,实多少系于今日中国这一批进步的中产阶级知识分子身上"。储安平还注意到当时中国政治运动中出现一个前所未有的特色——"工商阶层的过问政治",这可以弥补知识阶层在"组织"和"经费"方面的不足。他对此寄予厚望,在《知识分子、工商阶级、民主运动》一文中热情地写道:"近代的民主政治可说是一种以中产阶级为骨干的政治,自本世纪以来,虽然社会主义的思潮汹涌澎湃,劳工阶级在社会中所占的地位日见重要,但政治运动,大体上仍由中产阶级在领导着。……工商界人如能与知识分子取得联系,对于中国的民主运动,将易发生有实质的力量。要中国有健全的民主政治,先得使中国有一个有实力的中产阶级。这个中国的中产阶级现在正在缔造之中。"①

(三)《观察》周刊——"高级"言论刊物

1946年9月1日,《观察》在上海创刊,16开本,每期6万字。《观察》的诞生与《客观》的影响颇有关联,储安平曾有一段追忆:"在《客观》出版的时候,我们获得各方面的鼓励。特别是许多前辈,他们都是自由思想而保持超然地位的学人,他们鼓励我们继续在这一方面努力。许多朋友和读者也一致惋惜《客观》的夭折,希望我们继续努力。在这种鼓励下,我们渐渐计划自己来办一个刊物——不仅刊物的立场、态度、水准等,能符合我们的理想,并且这个刊物机构在办事上也能多少贯彻我们的精神。"②1948年12月24日,《观察》遭遇"查封"之厄,至此共出5卷18期。

储安平等从1946年初即开展筹备工作,1月6日在重庆举行第一次发起人会议,决定刊物的名称、缘起及征股简约。当时"抗战虽然胜利,大局愈见混乱",在创刊号上《我们的志趣和态度》一文中,储安平曾有描述:"言路狭窄,放言论事,处处顾忌;交通阻塞,发行推销,备受限制;物价腾涨,印刷成本,难于负担;而由于多年并多种原因所造成的弥漫于全国的那种麻痹、消沉、不求长进的风气,常常使一个有尊严有内容的刊物,有时竟不得获得广多的读者。"在此艰难困苦的环境之下,储安平认为仍然坚持创办此刊,除了他们具有理想和热忱之外,亦是他们深感在此国事殆危、士气败坏的时代,实在急切需要有"公正、沉毅、严肃"的言论,以挽救国运、振奋人心。因此,该刊具有如下两个宗旨。其

---

① 见张新颖编:《储安平文集》下,东方出版中心,1998年版,第19、20、34、35、48、49页。
② 储安平:《辛勤·忍耐·向前——本刊的诞生·半年来的本刊》,《观察》第1卷第24期,1947年2月8日。

一,"要对国事发表意见"。对此,他强调:"这个刊物确是一个发表政论的刊物,然而决不是一个政治斗争的刊物。我们除大体上代表一般自由思想分子,并替善良的广大人民说话以外,我们背后另无任何组织。"其二,"希望对一般青年的进步和品性的修养能够有所贡献"。对此,他指出:他们对于青年的"信左信右"一无成见,只是强调青年对政治思想的信仰应该"基于理性而非出于感情";同时期望在"做人的根本条件上",每个青年都有"健康的人生态度"以及"现代化的头脑"①。在1947年1月21日——当年农历除夕之夜——致胡适的信中,储安平对宗旨的表述更为明晰:"我们创办《观察》的目的,希望在国内能有一种真正无所偏倚的言论,能替国家培养一点自由思想的种子,并使杨墨以外的超然分子有一个共同说话的地方。"②在此宗旨之下,该刊"放言论事的基本立场"——该刊同人必须共守的信约——被确立为"民主、自由、进步、理性"。

《观察》是一份纯粹的同人刊物,主要经营管理者是储安平,资金则由他的一批"多是以教书为生"的朋友集股而成,具有"超党派性"和"纯粹民营性"特征。著名华裔学人汪荣祖对其有此评价:"在现代中国不获资助的政治性杂志中,《观察》是罕见的成功者。"③这一论断并不为过,无论就思想文化的影响还是商业运作的成功而言,皆是如此。关于前者,知名学者余英时先生写于2002年的一段文字可资佐证:"1947—1948年间,我曾是储安平主编的《观察》周刊的一个年轻读者,当时在思想上、知识上所受到的种种新鲜刺激至今记忆犹在。当年的《观察》以'独立'、'超党派'自律,而且也确实做到了这两点。《观察》的作者从左到右都包罗在内,他们之间也往往互相争论,针锋相对,一步不让,使我这样一个初入大学的青年大开眼界。我自然是没有能力判断其间的是非正误,但各种不同甚至相反的观点在一个刊物中纷然并陈,对我后来的思想形成发生了难以估量的深远影响。我从那时起便不敢自以为是,更不敢自以为代表正义、代表唯一的真理,把一切与我相异或相反的论点都看成'错误'或'邪恶'了。"④

关于后者,在当时政治激荡、民生凋敝的环境之中,自我定位为"高级硬性刊物"的《观察》,最高发行量曾达到10.5万份(包括华北航空版及台湾航空版)。国民党政府的不少高级官员如立法院院长孙科等人都是《观察》的读者。储安平曾不无骄傲地写道:"假定每份平均以10个人阅读计算,它的实际读者约在100万人以上。就读者的阶层来说,它的主要的读者包括着广大的学生群众、

---

① 储安平:《我们的志趣和态度》,《观察》第1卷第1期,1946年9月1日。
② 见张新颖编:《储安平文集》下,东方出版中心,1998年版,第324页。
③ 汪荣祖:《储安平与现代中国自由主义》,徐友渔译,见刘军宁、王焱编:《直接民主与间接民主》,三联书店,1998年版,第348页。
④ 余英时:《容忍与自由——〈观察〉发刊祝词》,中国信息中心《观察》编辑部,2002年5月1日。

公务人员、工商业者、自由职业者,以及军队里的将领士兵。就发行的分布来说,除华东、华北、华南沿海一带的大城市,以及华中、华西、西北、西南的内地大城市以外,它的发行广泛的渗入了广大的内地城市乡镇,一直达到边疆省份的辽远角落。"①该刊的盈利方面亦很可观,1947年9月22日,储安平致信胡适写道:"去年一年,盈余2.33亿万……1000万的本钱,在一年中赚了20倍。"②

以一介书生之力,办一份同人刊物,何以能够取得如此佳绩?有论者曾探讨储安平的经营策略——"刊物主旨契合时代需求,定位明确";"以发行为重,兼顾广告";"执事负责、严谨、高效"③。具体的经营策略值得关注,储安平恪尽职守的敬业精神更富有启迪意义,这从团结"《观察》撰稿人"和撰写"《观察》报告书"中可见一斑。"《观察》撰稿人"是一个特定的概念,并非指所有曾经给《观察》写过文章的人,而是指从创刊号起,就列在《观察》封面下的那批人。创刊时"《观察》撰稿人"有68位,自第7期起增至70位,后共增至78位。筹办期间,储安平"以最大的热忱"邀请,他认为"允任撰稿人的意义是双重的,第一表示愿为本刊撰稿,第二表示至少在道义上支持这个刊物"。在接洽这些"撰稿人"时,储安平非常敬业,既可多次设法寻求胡适、傅斯年、任鸿隽、陈衡哲等五四新文化运动健将的支持,又能积极团结与他年龄相仿的同时代人。"《观察》报告书"是指在前5卷《观察》之中,每出满24期,储安平即亲自执笔撰写一篇翔实的总结报告。现存的4篇完整分别为:第1卷报告书《辛勤·忍耐·向前——本刊的诞生·半年来的本刊》;第2卷报告书《艰难·风险·沉着》;第3卷报告书《风浪·熬炼·撑住》;第4卷报告书《吃重·苦斗·尽心》。这些"报告书"绝非一般应景式的总结,而是客观、严肃地向读者报告《观察》的经营和发行情况、遇到的问题、编者的想法乃至自己的政治参与状况,富有思想且不乏灵性。每卷报告书中,储安平都做了极其认真的工作,如从区域分布和职业分类两个方面统计《观察》的读者状况。因此,"《观察》报告书"成为当下研究《观察》最有说服力的第一手资料,亦是研究储安平本人极为重要的资料。

储安平《观察》时期的"政论"尤其值得注意。他说:"毋须讳言,我们这批朋友对于政治都是感兴趣的。但是我们所感觉兴趣的'政治',只是众人之事——国家的进步和民生的改善,而非一己的权势。同时我们对于政治感觉兴趣的方式,只是公开的陈述和公开的批评,而非权谋和煽动。"储安平并不掩饰他对政治的兴趣浓厚,但与张君劢、梁漱溟等前辈自由主义知识分子介入具体的政治活

---

① 储安平:《我们的自我批评·工作任务·编辑方针》,《观察》第6卷第1期,1949年11月1日。
② 见张新颖编:《储安平文集》下,东方出版中心,1998年版,第327页。
③ 蒋含平:《"刊物本身是可以赖发行收入自给的"——储安平〈观察〉的经营策略探析》,《新闻记者》2006年第9期,第70—72页。

动不同,他所追求的是:以超然客观的姿态关心政治,以理性公平的立场发表意见。他在《观察》时期所撰写的政论文章,保持独立发言精神,很好地贯彻了这一追求。除去上述"《观察》报告书"、《我们的志趣和态度》以及《施用闷药前后的心理与感觉》、《323位读者意见的分析与解释》、《〈为中国的农业试探一条出路〉刊出后的响应》8篇文章外,共有22篇政论。这些政论"干净利落,情文并茂",赢得时人尤其是知识界人士的好评;不过囿于历史环境和思想观念,某些论述亦有偏颇不当之处。大致可从以下方面进行分析。

其一,批评国民党腐败统治。储安平为《观察》所撰写的第一篇政论为《失败的统治》,他在该文中直指国民党前后20年的专政是一场"失败的统治":"一般人民的物质生活,愈来愈艰难;一般社会的道德生活愈来愈败坏……不仅党的声誉、地位、前途日见衰落,就国家社会也弄得千疮百孔,不可收拾。"究其症结,他认为是"这20年来国民党只聚精会神在做一件事,就是加强消极的政治控制,以求政权的巩固"。因此,他在文末疾呼强调:"要挽回党的颓局,当前的执政党必须赶快改变作风,换条路走,下大决心,大刀阔斧做几件福国利民的大事,以振人心。20年的时间不算短;20年的历史说明单靠消极的政治控制维护不了既得的政权;这条路走不通,越走越近死路。一个执政的政党,必须以政绩来维护其既得的政权。能如此,国家有利,党亦有利;否则,国家也许有前途,而党决无前途。"两年后,鉴于国民党愈加腐败的统治,储安平写下著名的《一场烂污》,痛斥20年来国民党政府"凭借他的武力,凭借他的组织,凭借他的宣传,统治着中国人民,搞到现在,弄得民穷财尽,烽火遍地"。当时国民党滥发金圆券导致全民"抢购"风潮,数以亿计的民众陷入绝境,"饥馑和恐怖、愤怒和怨恨,笼罩着政府所统治的土地",储安平言辞激烈地斥责——"70天是一场小烂污,20年是一场大烂污!烂污烂污!20年来拆足!烂污!"随后,在《政治失常》一文中,他对国民党统治的失望异常已经溢于言表:"我们平日的职司,就是议论政事,然而处此危局,几乎无政可论,无政足论;仰望长空,废笔三叹!"在批评国民党政权时,储安平表现出极强的逻辑推理能力,他无所顾忌的自由心态更令人叹服。

其二,同情和支持学生运动。当时国统区的学生运动风起云涌,国民党采取镇压手段,储安平对此不以为然。在《大局浮动,学潮如火》一文中,他分析:在这些汹涌澎湃学潮的底层,"都潜伏着一个严重的政治问题,即今日一般青年学生对于现状的普遍不满"。他认为学潮具有合理性:"理想与现实的矛盾,使他们在内心渐渐郁成一团怒火。这一肚子气,这一肚子火,碰上机会,自然得发泄出来。"他肯定学生运动的意义:"学生挺身而出,对国家是表示一种抗议,实亦为他们在这个时代中所应肩负的责任。"他反对政府采用严峻手段处置,指出:"凡是一个社会现象,必有这个现象的原因。不在原因上补救解决,一切处置徒然使事态更趋恶化。"他还热情赞颂:"今日这一代学生,无论是他们的活动能力,组织能力,处理能力,或是宣传能力,都远非 20 年或 10 年以前的学生所能比拟。他们已建立他们的尊严。在多年多种的锻炼下,他们不仅完全成熟,而且他们那样沉着坚韧,竟非中年或老年人所能想象。"一周之后,在《学生扯起义旗,历史正在创造》一文中,他再次指出当局应该反躬自责,逐一驳斥政府加诸学生的"破坏交通"、"妨害秩序"、"聚众威胁"等罪名。他强调:"这次全国的学潮,完全是政府逼出来的。学生的意志绝对是自发的,而非被动的;他们的动机绝对是纯洁的,而非卑鄙的;他们的精神绝对是勇敢的,而非怯懦的。"储安平还在《第二个闻一多事件往往制造不得》一文中,阐述了他对学生运动的基本态度:"我们并不偏袒学生,认为学生的每一句话都是对的,或每一件事都是对的。学生年青,富于理想,他们所追求的目标有时不免失之过高,而且在群众的情绪下,感情亦不免容易冲动。但是从大体上说,学生常常是站在正义一方面的。"

其三,维护言论自由的价值。1947 年 5 月 24 日,《文汇报》、《新民晚报》和《联合晚报》同时被淞沪警备司令部查封,理由为"连续登载妨害军事之消息,及意图颠覆政府破坏公共秩序之言论与新闻"。对此,储安平写下《论文汇·新民·联合三报被封及大公报在这次学潮中所表示的态度》。他犀利地指出:"这被封的三家报纸都有一个共同的脾气,就是专门喜欢刊载那些为政府当局引为大忌的新闻。他们所登的大都是事实,无奈今日发生于社会各方面的事实,都是政府所不愿让大家知道的……政府既无力在根本上防止那些'新闻'的发生,于是只好设法来制止那些'新闻'的发表。"在该文中,他坦陈"对于文汇新民两报的作风"有许多地方"不敢苟同",认为这两家报纸"编辑态度不够庄重,言论态度不够严肃",还直言"很少在《文汇报》上读到真有重量的文字"。就私人感情而论,四报之中他与《大公报》最为亲厚,与其他三报则很淡薄;但就查封一事,他严厉批评《大公报》的反应"显然失态,至可遗憾"。他掷地有声地表示:"我们今日从政也好,论政也好,必须把私人的感情丢开! 这就是今日我们需要锻炼自己的地方。当此一日查封三报,警备车的怪声驰骋于这十里洋场之日,我们仍旧不避危险,挺身发言,实亦因为今日国家这仅有的一点正气,都寄托在我们的肩上,虽然刀枪环绕,亦不能不冒死为之;大义当前,我们实无暇顾及一己的吉凶祸福。"储安平这种不顾私人恩怨的仗义执言的风格让人敬佩。1947 年 10 月间,国统区物价腾涨,其中"以纸价涨得最凶",让《观察》等期刊的经营困难重重;而国民党听任纸价上涨,意欲让与政府政见不合的言论刊物自行消灭。对此,储安平谴责:"有许多刊物,确是成绩昭著,极其努力,假如政府眼看这些优良的刊物一个一个消灭,政府在道义上似亦未能尽其维护文化事业的责任。"1947 年 10 月 24 日,国民党政府行政院临时会议通过《出版法修正草案》,欲以行政手段干预、限制新闻出版事业。对此,储安平除邀韩培德撰文从政治和法律角度加以评析外,自己还写了一篇《评〈出版法修正草案〉》,从条文本身予以批评。他表示:"在根本上,我们反对另设《出版法》来约束出版事业;出版品的一切责任问题,尽可按照民刑法的规定予以处理。假如在实际的情形之下不能达到这个理想的地步,则出版法的制订,应力求合理。"1948年7月,南京《新民报》遭受"永久停刊"处罚之后,《观察》亦将被查封的消息随后传出,在刊物"存亡难卜"之际,储安平发表《政府利刃,指向〈观察〉》一文,历数国民党对言论的管制,言辞异常激烈。他嘲讽道:"我们不相信封了一个《新民报》,再封一个《观察》,社会即能趋于安定。《文汇报》被封,业已一年,社会秩序又何尝因《文汇报》被封而稍改善。我们在此忠告政府,你们要挽回你们的颓局,就得全盘检讨,痛改前非,人民受你们的迫害,已经到了历史上少见的程度,假如你们以为封几个报纸刊物就能挽回你们的颓局,那就大错特错!"该文发表后,《观察》居然平安无事,5个月后才遭查封。

此外,《我们对于美国的感觉》、《政府应对纽约〈下午报〉的攻击采取步骤表明态度》、《评蒲立特的偏私的、不健康的访华报告》三篇政论亦很重要,从中我们可以了解储安平及那个时代不少人士对美国和苏联的态度。有论者指出:从中可以明显感受到在储安平这样坚定的自由主义知识分子身上,亦存在强烈的民族主义倾向,影响了他在判断美国和苏联问题上的清醒程度①。此种倾向或是那一代自由主义知识分子在当时历史情境之下难以摆脱的局限,我们不应苛责,但是也必须正视:这种局限有时导致他们的历史眼光不够长远。

(四)执著追求言论"干政"之梦

储安平在筹办《观察》期间备尝辛苦,1946年4—5月间,正是最为艰辛的阶段,国民党政府两度"以高级公务员见委",皆被拒绝,他曾道明原因:"我们做人做事,说不该半途而废,见异思迁。就在这一个远东第一豪华的大都市里(指上海——引者注),我落寞地守了好几个月。这些日子是黝暗的,但我还有着一盏明亮的灯,这盏灯挂在我的心底里,吹不灭,抢不掉;这盏灯发射光亮,冲散着周围的昏暗。"储安平心中那盏"明亮的灯"应是指他的办报理念——追求言论"干政",影响国人思想。对此,在《观察》创刊半年之际,他曾有一段说明:

> 我极其赞同张东荪先生所言:士的使命是"干政",而不一定要"执政"。(张东荪:《士的使命与理学》,第1卷第13期。)"干政"就是一种"舆论"的做法,而"执政"必须是一种"组党"的做法。我们无意组党,所以我们

---

① 参见谢泳的《储安平与〈观察〉》第一章第十节"储安平的《观察》政论",中国社会出版社,2005年版。

谈不上"具体主张";我们无意组党,所以我们无意担任组训青年的工作。我们做的是一种影响思想的工作,这个工作是替"国家"做的,不是为了"我们"做的,我们绝无意思要本刊的读者成为我们的"群众"。我们的目的乃是替国家培养一点自由思想的种子,因为我们替国家培养这种"种子",就是替国家培养元气①。

秉持这一理念,《观察》积极"干政"。储安平期待该刊不是少数人的园地,而能成为"全国作者读者共同发表意见的园地"。因此,他表示:在取稿上并无成见,并非只登约稿,自发的投稿只要"文章好,有分量"亦会被刊用。

由于积极"干政","查封"犹如一柄达摩克利斯之剑,时刻威胁着《观察》的存在。对此,储安平无畏无惧,他在第3卷报告书中指出:"编者的根本原则是:生死之权操之于人,说话之权操之于我。刊物要封,听命封,遇到大问题时,我们是无法躲避,无法退让的。在这混乱的大时代,中国需要的就是无畏的言论,就是有决心肯为言论而牺牲生命的人物!假如我们只能说些含含糊糊没有斤两的话,那老实说,今日中国的言论界,担当这一部分工作的人已经很多,用不着我们再来献身言论,从事于争取中国的自由、民主、和平的言论工作。我们的编辑方针素来是主动的,我们的目的乃在改变环境,而非欲为环境所改变。"②在第4卷报告书中,他再次强调:"封或不封,那是政府的'权力',但我们绝对不愿因为外来的意见而改变我们的编辑政策。我们的编辑政策是独立的,不受外来干涉的。"③

可见储安平深受英国政治文化的影响,期望在中国舆论亦能影响政治的实际运作。虑及其时的现实环境,他的理想毋宁说是梦想。从此意义上说,储安平是一位期冀言论"干政"的追梦者,他的追求执著坚定却不合时宜。曾与其共事的冯英子先生在回忆中评价说:"储安平对办报有他的理想,一句话,就是书生论政,他很向往伦敦《泰晤士报》那样的报纸,言论能影响政府的决策,但是他毕竟是个书生,没有看到中国的现实,怎么会允许有一家《泰晤士报》呢?……安平这个人,他受过英国的教育,相信英国的制度,他以为威斯敏斯特那一套章法,是一种民主,因此一谈心,他终以为这是可以效法的,他才气纵横而骄傲绝顶,万事不肯下人,其实归根结蒂他只是一个书生,当别人在引蛇出洞时,他却自投罗

---

① 储安平:《辛勤·忍耐·向前——本刊的诞生·半年来的本刊》,《观察》第1卷第24期,1947年2月8日。
② 储安平:《风浪·熬炼·撑住》,《观察》第3卷第24期,1948年2月7日。
③ 储安平:《吃重·苦斗·尽心——〈观察〉第4卷报告书》,《观察》第4卷第23、24合期,1948年8月7日。

网,竟以身殉,这不仅是知识分子的悲剧,也是中国的悲剧。"①

自由主义的追求不能说不美妙,但为什么总是以失败告终? 对于中国自由主义运动失败的原因,有人说是一没有经济基础,二没有法制保障,更有人中肯地分析道:"自由主义对中国社会的总体设计未能充分满足近代社会变革的历史要求,历史水平不向它倾斜自有其内在理由。20 世纪中国在实现现代化的进程中,按其自身的逻辑在运行着,任何以为中国只能按西方国家的某种模样跻身现代行列的理论,都不免是一种教条式的空想。"②尤其是在抗战胜利后、国共两党对决的时刻,自由知识分子主张所谓"第三条道路",更是不识时务,为国共两方所不答应。首先,共产党不允许"第三条道路"的宣传。1948 年 5 月 22 日,新华社发表题为《旧中国在灭亡,新中国在前进》的社论指出:"在中国人民和人民敌人的生死斗争中间,没有任何'第三条道路'存在。"面临穷途末路的国民党蒋介石反动派,也不容忍所谓"第三条道路"的宣传,它不希望"第三种势力"来与它争权夺利,更不希望"第三种势力"来取而代之,因而对自由主义报刊毫不客气,在查封了《文汇报》、《新民报》后,又查封了《观察》周刊。

二、《大公报》新生与民营报刊的最后抉择

随着国共两极在军事和政治上对决时刻的临近,民营新闻业面临着一次最后抉择的机会。在这次抉择中,绝大多数民营报人和报刊都选择了正确的道路,即加入人民报刊行列的发展道路,这以王芸生和《大公报》最为典型。

王芸生(1901—1980),原名王德鹏,天津人,自幼家境贫寒,没有进过正式学校,是个自学成才的总编辑。在天津东浮桥口茶叶铺当小伙计时,王芸生开始为《益世报》写稿。1928 年,王芸生担任《商报》总编辑。次年春天当他写文章与当时有名气的《大公报》辩论问题时,被张季鸾发现,请进了《大公报》编辑部。在人才济济的情况下,王芸生能够进入《大公报》是不容易的。初进《大公报》,王芸生负责编地方版新闻。1931 年 9 月至 1934 年 4 月,王芸生完成了《六十年来中国与日本》一书,计 7 卷 200 万字,由此显示了他的才华,巩固了他在《大公报》的地位,受到了张季鸾的特别青睐。1935 年,王芸生被提拔为《大公报》编辑主任。1936 年 4 月,《大公报》上海版创刊,王芸生到上海任《大公报》上海版编辑主任。1938 年 12 月 1 日,《大公报》重庆版发刊,王芸生任渝馆总编辑,社评

---

① 冯英子:《回忆储安平先生》,《黄河》1994 年第 2 期,第 76 页。
② 胡伟希等:《十字街头与塔》,转引自张育仁:《自由的历险》,云南人民出版社,2002 年版,第 19 页。

委员会主任。1941年9月,张季鸾病逝,王芸生就任《大公报》总编辑。王芸生在《大公报》的工作是辛苦的、勤勉的,在新闻编辑、采访,尤其是新闻评论的写作方面,是有贡献的。

王芸生在政治道路上却走了一个大大的"U"字形。早在五四运动时期,19岁的王芸生通过一些书刊报纸接触到"五四"新思潮,因而他对"英勇地出现于运动先头的"学生产生无限敬仰。1925年,在洋行工作的王芸生在"五卅"运动中激起了无比沸腾的民族热情,他和那些在天津各洋行服务的青年员工发起组织了"天津洋务华员工会",被推选为宣传部长,成了天津有名的反帝活动分子。1926年,王芸生因避难来到上海,并参加了上海的革命活动。当时,国共合作,王芸生先加入国民党,尔后又经博古等人介绍加入共产党,并参加了党所领导的工作,和几位共产党人一起先后办过《亦是》、《短棒》、《猛进》等周刊,还担任过《和平》的编辑工作。当年年底,王芸生从上海回到天津,工作关系也从上海转移到天津"顺直省委宣传部",没有正式职位,具体任务是每天给《华北新闻》写一篇社论。第二年蒋介石叛变革命,天津共产党组织遭到破坏,王芸生与党组织失去了联系。

1934年8月,刚写完《六十年来中国与日本》一书,王芸生应邀到江西庐山采访,并给蒋介石讲课。从此,王芸生把自己和蒋介石的"国家"捆在一起了。张季鸾病逝时蒋介石亲送挽联到灵堂,王芸生是看见了的;张季鸾生前感激蒋介石的"知遇之恩",一心图报,王芸生对此也是深有所知的。因而张季鸾死后,他和蒋介石拉得更紧了。1945年9月毛泽东、周恩来利用重庆谈判的时机,还主动做王芸生的工作。周恩来亲自到他家中和他交谈,毛泽东也约见他。但在《大公报》为毛泽东、周恩来举行的午宴上,王芸生仍然站在蒋介石的立场上提出希望共产党不要另起炉灶,当场遭到毛泽东的严厉驳斥:"不是我们要另起炉灶,而是国民党的炉灶里不许我们造饭。"王芸生不仅不听毛泽东、周恩来的劝告,反而向更落后的道路上滑去。

重庆谈判后,蒋介石背信弃义,多方向解放区进攻,解放区军民被迫英勇抵抗。可是王芸生颠倒是非,于1945年11月20日在《大公报》上发表了《质中共》的社评,替蒋介石张目。重庆《新华日报》21日发表《与大公报论国是》的社论,指出王芸生是蒋介石的"一位妙舌生花的说客"。1946年4月11日,《大公报》上海版复刊,13日王芸生飞回上海,第二天到编辑部上班,东北方面的新闻电讯纷纷传来,其中有苏联红军14日撤离长春,有国共两军争夺长春的战争开始等消息。在《大公报》15日的头条新闻上,王芸生作了这样的标题:《长春苏军昨已撤去,共军进攻接踵而来》,还加了一个小标题:《国土既归来,还流同胞血》。16日,王芸生又写了《可耻的长春之战》的社论,赤裸裸地为蒋介石叫喊。

对于王芸生、《大公报》这种可耻的反人民行径，重庆《新华日报》18日发表社论《可耻的大公报社论》，指出："社论作者原来是这样一个法西斯的有力帮凶，在平时伪装自由主义，一到紧要关头，一到法西斯有所行动时，就出来尽力效劳，不但效劳，而且替法西斯当开路先锋，替吃人的老虎当虎伥，替刽子手当走狗。"这篇社论由周恩来拟定标题，在周恩来的指导下，陆定一执笔创作。

1947年，王芸生和《大公报》的道路出现了转机。这一年2月，王芸生以《大公报》总编辑名义参加了中国赴日记者团，对投降后的日本进行考察。这次活动是应美国盟军司令麦克阿瑟的邀请而去的。王芸生和代表团在日本虽然只呆了半月，但所见极为丰富。战后的日本在一片深重压力下求生存，日本人民那种坚忍不拔的精神令人感动；而美帝国主义在日本扶植军国主义复活的情况令人担忧。回国后，王芸生把自己所见所闻写成《日本半月》等12篇文章，发表在《大公报》上。1947年10月23日，王芸生在天津南开大学作了题为《我对国事的看法》的讲演，揭露了美国扶持日本军国主义复活的阴谋；接着他又在黄炎培主编的《国讯》周刊上发表了《麦克阿瑟手上的一颗石子》一文，文章指出："而今日本正是麦克阿瑟手上的一颗石子。他拿着这颗石子预备打两只鸟：（一）对付苏联；（二）警备中国。"《大公报》10月16日转载了这篇文章。国民党对王芸生、对《大公报》的做法不满。1948年7月8日，国民党勒令南京《新民报》停刊，《大公报》对此也进行了评论，主张废除钳制人民言论自由的《出版法》。《中央日报》接连发表社评，向《大公报》攻击，并且来了个"三查王芸生"，列举了王芸生的大量"罪状"。

三查王芸生，这对他是一个极大的震慑。王芸生开始考虑到，蒋介石政权日薄西山，奄奄一息，个人前途何在？《大公报》事业何在？就在他犹豫、彷徨、苦闷、痛惜时，1948年10月30日，他得到了由《大公报》地下党员转给他的毛泽东的口头邀请，通知他尽早离开上海，前往香港，再转道北平参加新的政治协商会议。王芸生听到后，考虑了几天，他感谢共产党终于宽恕他以前的过失，遂下定决心，投奔共产党。11月5日，王芸生只身到了台湾，三天后又飞到了香港，发表了题为《和平无望》的社论，又在共产党员和进步人士帮助下，领导了《大公报》香港馆起义，在国内外引起了强烈反响。1949年1月，他和文化界知名人士郭沫若、马寅初、黄炎培等人一起从香港到北平。5月27日同解放军一起回到解放了的上海。《大公报》6月17日发表了王芸生写的《大公报新生宣言》，宣告《大公报》已获得新生，为人民所有。王芸生、《大公报》一起获得了新生！

随着《大公报》的"新生"，几乎所有有影响的民营报刊都作出了"留下来"的选择，只有成舍我和他的《世界日报》等极少数的报人报纸跟随国民党蒋介石撤离大陆跑到台湾去了。

三、中国新闻事业的除旧布新

（一）国民党新闻事业在大陆的瓦解

蒋介石发动全面内战的时候,国民党反动新闻事业达到了它发展的顶峰。由于国民党新闻事业的所谓"强大",实际上是在国民党反动派加强法西斯统治的政治形势下出现的,这也决定了它具有反动性、腐朽性。其主要表现是根本违背新闻工作的真实性原则,为了国民党反动派的政治、军事的需要,肆无忌惮地造谣,处处与民主、进步为敌：蒋军在战场上节节败退,整师整军地被消灭,它视而不见,却编造今天消灭了多少"共军",明天又取得了什么巨大"胜利"的假消息;明明是人民大众的民主、进步活动,它却硬说成"扰乱"、"破坏",不但不支持,反而叫嚷要予以"镇压";国民党大势已去,蒋介石"引退"、求和,它还在那里大讲什么"安定京沪"、"固若金汤"之类的鬼话……这样的新闻事业势必会随着国民党在政治、军事上的完蛋一道完蛋。

事实上,自1948年下半年起,国民党新闻事业的一些主要负责人已在安排后路,准备逃往台湾。1949年3月,《中央日报》在台北出版,军报《和平日报》也迁往台湾,并于7月1日恢复《扫荡报》名称,"中央广播电台"也运走了一批设备……就这样,国民党经营了20多年的新闻事业随着人民解放战争的胜利,在大陆上全部瓦解。

（二）共产党的新闻中心进入城市

1. 共产党新闻事业在新形势下遇到了新的问题

人民解放战争发展之迅速,超过了人们预想的程度,1947年下半年,人民解放战争由战略防御转入战略进攻。随着解放战争的节节胜利,一个又一个城市和交通枢纽被相继解放,共产党的新闻事业的发展也开始了它的新的历程,即由农村进入城市。

本来,抗战胜利后,共产党已经在城市创办过一些报纸,比如中共中央晋察冀分局机关报《晋察冀日报》1945年9月12日迁至张家口出版;中共吉林省委机关报《吉林日报》1945年10月10日在吉林市创刊;中共中央东北局机关报《东北日报》1945年11月1日在沈阳创刊;中共中央华中局机关报《新华日报》（华中版）1945年12月9日在江苏淮阴创刊;晋冀鲁豫中央局机关报《人民日报》1946年5月15日在邯郸创刊。但是,在国民党蒋介石发动内战后,随着解放区的缩小,这些在城市里出版的报纸大都撤回农村或停止出版了。因此,从总体上看,1947年以前共产党新闻事业依然在农村。

1947年11月12日,在刚刚解放的华北重镇石家庄创办的《新石门日报》

（后改名《石家庄日报》）是共产党在大城市创办的第一张大型日报。之后，共产党在大城市相继创办了一批报纸，其中特别重要的是中共中央华北局机关报《人民日报》的创办：该报由原中共中央晋察冀分局机关报《晋察冀日报》和原晋冀鲁豫中央局机关报《人民日报》合并而成，沿用《人民日报》报名，1948年6月15日在石家庄创刊出版。

随着新闻事业从农村进入城市，如何在城市办报的问题便尖锐凸显出来。这既是一个理论问题，又是一个实际问题。过去在农村办报，解放区社会结构单一，群众的文化水平较低，读者对象主要是党和政府的干部。进入城市后，情况要复杂得多，社会结构和读者对象多元，尤其是如何面对民族资产阶级和知识分子读者，对共产党的新闻工作者来说，是一个崭新的课题。实际情况也是如此，由于缺乏这方面的经验，有些报纸在进城之初，在政策宣传上完全照搬过去农村土改宣传中曾经盛行的"左"的做法。1948年初，在毛泽东和中央的干预下，"左"的错误得到纠正。但不久，城市新闻宣传又出现右的倾向，过高估计资本家在恢复生产中的作用，而对工人阶级的觉悟的能力重视不够。这种种情况引起了中共中央的高度重视。从1948年下半年开始，中共中央、中央宣传部就如何在城市办报作了一系列指示。6月，中共中央作出《关于宣传工作中请示与报告制度的决定》，要求各地党报必须无条件地宣传中央的政策和路线，各种宣传凡内容有不同于中央现行政策和指示的，均应事前将意见及理由报告中央批准，否则不得发表，并重申了看大样制度："每天或每期党报的大样须交党委负责人或党委所指定的人作一次负责的审查，然后付印。"8月15日，中共中央宣传部在《关于城市办报方针的指示》中指出了城市新闻宣传中存在的两种错误偏向：一种是忘记了主要是代表工农兵的，另一种是拒绝为工商业者和知识分子服务。提出了在城市创办出版党报应注意事项：主要为工农兵服务，同时也要为工商业者和知识分子服务；主要报道工厂和农村新闻，同时也要报道商业、学校和其他新闻；要重视办好副刊，办副刊既要坚持马克思主义观点，又要适合各种读者的口味。11月18日，中央宣传部与新华社联合发出《关于纠正各地新闻报道中右倾偏向的指示》，具体阐述了共产党城市新闻宣传的方针。1949年1月26日，中共中央又发出《宣传约法三章，不要另提口号》和《勿擅自向外表示态度》两个文件，强调在大城市进行新闻宣传决不可搬用过去农村的做法，要按照新闻规律办事。

2. 毛泽东、刘少奇对新闻工作作出新指示

中共中央为了保证党的新闻工作在新形势下沿着正确道路发展，除了作出必要的指示外，还采取了一些特别的举措，比如党的领袖人物毛泽东、刘少奇在这段时间先后面对面地直接对新闻工作者作指示。

1948年春，陕北战局稳定。3月，中共中央和毛泽东东渡黄河，经过晋绥地区到晋察冀地区去，以便在那里更好地领导全国的斗争。4月2日，毛泽东在晋西兴县接见了《晋绥日报》工作人员，并发表了重要谈话。毛泽东在谈话中总结了土地改革中新闻宣传工作的经验教训，肯定了《晋绥日报》反"客里空"运动后的进步，也指出了随后进行的反对"左"的偏向的必要性，勉励大家不要因纠正右的"左"的错误而背上包袱。在谈话中，毛泽东还着重阐述党报的作用、任务、办报的路线、办报方针和党报的风格等一系列问题。

在谈到党报的作用、任务时，毛泽东说："马克思列宁主义的基本原则，就是要使群众认识自己的利益，并且团结起来，为自己的利益而奋斗。报纸的作用和力量，就在它能使党的纲领路线、方针政策、工作任务和工作方法，最迅速最广泛地同群众见面。"因此，"办好报纸，把报纸办得引人入胜，在报纸上正确地宣传党的方针政策，通过报纸加强党和群众的联系，这是党的工作中的一项不可小看的、有重大原则意义的问题"。

在谈到报纸的风格时，毛泽东说："我们必须坚持真理，而真理必须旗帜鲜明。我们共产党人从来认为隐瞒自己的观点是可耻的。我们党所办的报纸，我们党所进行的一切宣传工作，都应当是生动的，鲜明的，尖锐的，毫不吞吞吐吐。这是我们革命无产阶级应有的战斗风格。"

毛泽东在谈话中还强调了新闻工作者"要向群众学习"，"报社的同志应当轮流出去参加一个时期的群众工作"，"慢慢地使自己的实际知识丰富起来，使自己成为有经验的人"。这样，"工作才能够做好"，"才能担负起教育群众的任务"。

在这篇文章中，毛泽东第一次完整地阐述了党的办报路线："靠全体人民群众来办，靠全党来办"，即"全民办报"、"全党办报"，"不能只靠少数人关起门来办"。

毛泽东《对晋绥日报编辑人员的谈话》进一步丰富了无产阶级的党报理论，他这些指示，对办好党报、搞好新闻工作，至今仍然有普遍的指导意义。

1948年5月，毛泽东和中共中央到达河北省平山县西柏坡村，在这里领导全国的解放战争。为了使新闻战线的同志更快适应新形势下的新闻宣传工作，党中央将新华社主要干部（包括原延安《解放日报》的编辑人员）集中到西柏坡中央负责同志住处，进行日常工作指导，从思想水平、政策水平、文字技术等方面进行严格训练。

9—10月间，党中央还在西柏坡专门召集人民日报社、新华社华北总分社的部分记者进行学习。10月2日，刘少奇在学习会上作了重要讲话（这次讲话通常被称为《对华北记者团的谈话》）。刘少奇在讲话中首先阐明了新闻工作的重要性。他说,新闻工作是党和人民群众联系的一座重要桥梁,党依靠它联系群众,指导人民,指导各地党和政府的工作;又依靠它把人民的一切活动、情绪反映上来,帮助党了解情况。刘少奇还指出,新闻工作者不仅要宣传党的路线、方针以及马列主义观点,而且有权利考察党的政策对不对。刘少奇在谈话中着重详细地阐述了人民的新闻工作者要做好工作所必须具备的四个条件:"第一要有正确的态度。"他说:"你们是人民的通讯员,是人民的记者,要全心全意为人民服务。""第二,必须独立地做相当艰苦的工作。"他说:"首先思想上要艰苦,要做理论的、系统的工作,而且是独立地去做。""第三,要有马列主义理论修养。"他指出:"要做马克思主义记者,却不大懂马克思主义,基本问题就在这里。你们不提高理论修养,工作是做不好的。""第四,要熟悉党的路线和政策。"他指出:"为了及时地正确地宣传党的路线和政策,就要经常学习、研究,时刻注意党的各项方针政策的执行情况。"

毛泽东、刘少奇的讲话和中共中央的文件,为共产党新闻事业进城发展在理论上指明了道路。随着人民解放军向全国进军的步伐,共产党的新闻宣传中心进入城市。1949年1月,北平解放。3月15日,中共中央华北局机关报《人民日报》迁入北平,并于8月改为中共中央机关报,胡乔木任社长,邓拓任副社长兼总编辑。新华总社和陕北新华广播电台一道于3月25日随着中共中央迁入北平。6月,新华总社调整领导班子,胡乔木兼任社长,范长江为副社长,陈克寒为副社长兼总编辑。同时陕北新华广播电台改名为北平新华广播电台。从此,北平成了中国共产党新闻宣传的中心。

第四节　共产党新闻事业向全国拓展

一、对旧有新闻事业的处理

为了做好对大中城市中旧有新闻事业的接管、清理与改造,中共中央分别于1948年11月8日、20日、26日作出了《关于新解放城市中中外报刊、通讯社处理办法的决定》、《对新解放城市的原广播电台及其人员的政策决定》、《关于处理新解放城市报刊、通讯社中的几个具体问题的指示》。中共中央在这些文件中,表明了共产党对处理旧有新闻事业的基本理论:报纸、刊物与通讯社是一定阶级、党派与社会团体进行阶级斗争的一种工具,不是生产事业,故对于私营报纸、刊物与通讯社,一般地不能采取对私营工商业同样的政策。清理旧有新闻业的原则是:"保护人民的言论出版自由和剥夺反人民的言论自由。"根据以上基本理论和基本原则,规定了新解放城市中报刊和通讯社的处理办法:对国民党反动新闻机构一律没收和封闭;对进步新闻事业加以保护;对不反共的中间新闻事业不禁止,依靠其自身力量继续出版。同时对外国在华的新闻事业也规定了一些相应的处理办法。因此,人民解放军进入城市后,军事管制委员会立即封闭当地国民党反动新闻机构,并利用这些机构的物资设备开展革命宣传工作。对于民主党派、人民团体主办的新闻机构,不仅允许登记出版,而且予以保护和支持。对于私营商业性新闻机构,则根据其政治态度区别对待。如上海解放后,军管会对国民党反动新闻机构一律封闭;对老牌的帝国主义报纸《大美晚报》、《字林西报》没有采取直接封闭办法,但由于它们仍然坚持与中国人民为敌的立场,公开造谣和攻击新生政权,受到了军管会的严厉处分。《大美晚报》在中国工人的坚决斗争下,于1949年6月自动停刊;《字林西报》于1951年3月停刊;军管会接收了《申报》和《新闻报》并实行军管,解散两报编辑部,没收两报中的官僚资本,对史家的私人资本则予以保护;《大公报》由于在王芸生的率领下起义,发表《新生宣言》,则被允许继续出版;对于被国民党于1947年5月查封的进步报纸《文汇报》,则支持其于1949年6月21日复刊出版。

二、共产党全国新闻事业网的加速布局

接着,各中央局和省级党委机关报纷纷创刊。中共中央山东分局机关报《大众日报》4月1日在济南创刊。中共南京市委机关报《新华日报》4月30日在南京创刊。中共中央中南局机关报5月27日《长江日报》在武汉创刊。5月28日即上海全市解放的当天,上海《解放日报》出版,为中共中央华东局和上海市委联合机关报。6月1日中共中央西北局机关报《群众日报》由延安迁西安出版。另外,中共中央东北局机关报《东北日报》已于1948年12月12日由哈尔滨迁沈阳出版。新华社在各地的分社相继成立。主要城市的广播电台也很快创建起来。到新中国成立时,报刊、通讯社、广播电台在全国迅速创立,形成了全国统一的共产党和人民的新闻事业网。

1949年7月,中华全国新闻工作者协会筹备会成立,实现了全国新闻工作者的大会师、大团结。筹备会推举了胡乔木、金仲华、陈克寒、张磐石、邓拓、恽逸群、杨刚(女)、邵宗汉、徐迈进、刘尊棋、王芸生、赵超构等12人(后又补推徐铸成、储安平二人)作为新闻界的代表参加中国人民政治协商会议,并参加新中国的建国工作。

1949年9月28日通过的《中国人民政治协商会议共同纲领》第49条规定:

"保护报道真实新闻的自由,禁止利用新闻进行诽谤、破坏国家人民的利益和煽动世界战争。发展人民广播事业。发展人民出版事业,并注意出版有益于人民的通俗书报。"10月1日,毛泽东向全世界庄严宣告中华人民共和国成立,中国新闻事业由此进入一个崭新的历史时期。

本章简论:各类新闻媒介消长均在两极对决大局中

在对本章内容做小结的时候,首先要说的一句话就是,"两极新闻业较量的胜负取决于两极政治军事势力的较量"。因为当新闻业作为政党宣传工具时,必然是依附于政党。新闻的内容和形式均取决于政党政治斗争的需要,新闻业的兴衰也取决于政党政治斗争的成败。

中国在抗战胜利后,随着沦陷区的收复,共产党在政治上越来越占主动,解放区得以扩大并连接成片,解放区的新闻事业也得到了很大的发展。除了原来解放区的报纸如《大众日报》纷纷扩大版面、扩大发行范围、缩短出版时间外,新解放的地区也在纷纷创办新的报纸,形成了解放区的报纸网。而在蒋介石全面发动内战后,解放军因为战略考虑放弃一部分解放区,许多报纸不得不停刊、转移或者缩小篇幅。但是,当1947年解放军从战略防御转向战略反攻后,一些城市相继解放,解放区的新闻事业不但在规模上又开始恢复和发展起来,并且实现了从农村办报到城市办报的战略转移。此后,解放军在军事上势如破竹,共产党的新闻事业也迅速在全国范围建立起来了。

对国民党而言,其在发动内战初期,凭借政治和军事上的势力作支撑,新闻事业也出现了一个"鼎盛时期":国民党党政军系统主办的报纸遍布全国,通讯社事业也发展到极致,广播电台发展到100多家。但是,随着军事失败和政治衰落,国民党的新闻事业也随之迅速衰败。

随政治斗争的起伏而消长,随军事成败而兴衰,这是政党报刊发展的铁律。这条铁律在中国新闻史,尤其是解放战争时期新闻发展史上得到了印证。

给本章作结的第二句话是,"民营新闻业又经历一次艰难的抉择"。在国共两党军事斗争正酣时,民营新闻业也面临着何去何从的问题,其间也经历过动摇和犹豫。影响其抉择过程的因素主要是对形势的判断,包括:国民党不可能真的给予新闻自由;第三条道路也难以行得通;军事局势日益明朗,国民党已经日薄西山,共产党执掌政权已经指日可待。

民营新闻业大都深受国民党的新闻钳制政策之害,也对蒋介石刚愎自用的性格有所了解。虽然他们也对共产党的人民民主专政怀有疑虑,但是解放军的优良风范、人民政府的大公无私,逐渐在打消他们的疑虑。而且共产党也积极争取民主报人的转变,比如王芸生被推选参加中国人民政治协商会议,徐铸成、储安平也列为候补代表,他们对共产党取得政权充满信心,对共产党执政后的善举怀有憧憬。

不仅两极新闻业较量的胜负取决于两极政治军事势力的较量,而且民营新闻业日后的生存命运也取决于各自对两极政治军事势力较量前景的判断。总之一句话,各类新闻媒介的消长、衰兴均在两极对决的大局之中。

下 编

定于一尊：共和国时代的新闻事业

第十二章

新中国成立与新闻事业一元格局形成

本章概要

中华人民共和国成立后,新闻事业出现了一种前所未有的新格局。所谓"前所未有",主要是指私营新闻业的终结,党营、公营和私营并存的新闻体制为单一的公营新闻体制所替代,在中国大陆建立起了一个以执政党党报为主体的社会主义新闻事业体系。

还在中华人民共和国成立前夕,中共中央对于如何处理新解放城市中原有的中外报刊、通讯社、广播电台及其人员作出了一系列决定,根据这些决定精神,查封了所有国民党党政军系统和反动派主办的新闻媒体,没收了其设备和资产;对于帝国主义国家在华设立的新闻机构一律予以封闭。中华人民共和国成立后,私营新闻媒体存在过一段时间,但很快碰到了困难。在建国初期的社会主义改造运动中,中共以公私合营和收买私股的办法,使私营新闻媒体首先成为公私合营的,然后很快完全转变成为公营的了。到1953年底,仅仅经过短短4年时间,私营新闻媒体基本上从中国大陆消失。与此同时,中共利用已经掌握的权力和各种资源,继续在全国范围内创办各级机关报和其他公营报纸。

为了加强对全国新闻媒体和新闻工作的统一领导和管理,中央人民政府政务院于1949年10月19日设立了以胡乔木为署长的新闻总署,作为领导与管理全国各种新闻媒体和新闻工作的行政机构。在新闻总署的主持下,1950年3月召开了新中国成立后的第一次全国新闻工作会议。会议提出了改进和发展新闻事业的指导思想:联系实际、联系群众、批评和自我批评。在这种思想指导下,新中国新闻事业发展健康,新闻业务有了改进,在经济生产宣传、政治外交宣传、抗美援朝宣传方面都取得了显著的成绩。

但是,由于"学习苏联"过程中的"一边倒",以及教条主义和党八股的严重影响,新闻机构的过分"国家化",新中国的新闻工作很快便暴露出了问题。主要表现有:新闻宣传中的教条主义,在"办一张没有错误的报纸"的口号下,无视读者利益,报喜不报忧等;在思想文化宣传上,在毛泽东发动的"关于电影《武训传》的批判"、"关于《红楼梦》研究和胡适资产阶级唯心论思想的批判"、"对'胡风反革命集团'的揭露和批判"等三次大规模思想文化批判中,跟着起哄,造成了很坏的影响。

为了及时总结教训,在"双百方针"的推动下,中国新闻界于1956年开展了一场全新的社会主义新闻改革。这次改革以《人民日报》的改版为起点,然后在新华社、中央人民广播电台全面铺开,因为方向正确,改革在很短的时间内就取得了较大的成绩,新中国的新闻事业显示出它的诱人活力。

第一节　社会主义改造与一元党报体制建立

一、对私营新闻事业的改造

新中国成立伊始,一切都在除旧布新,新闻事业更是如此。

1949年10月后,中国大陆新闻界的除旧主要由没收国民党及其他反动派的新闻机构转入对民族资产阶级私营新闻业的社会主义改造。

据1950年2月全国新闻工作会议调查统计,中国大陆有私营报纸55家,私营广播电台34座。私营报纸主要分布在华东地区,有24家,其中14家在上海;其次为华北,有10家;再次为中南7家、西北3家、西南和东北各2家,以及华侨报纸7家①。私营报纸中,著名的有上海的《大公报》、《文汇报》、《新民报》,武汉的《大刚报》和南京的《南京人报》等。刚解放时,全国有私营广播电台30余座,26座在上海。

关于私营报业的去向,解放前夕社会上就有过讨论。1949年初在香港的《华商报》上,就有人发表文章,对新中国成立后私人办报的可能性提出疑问。有人认为应当允许私人办报,也有人对此持否定态度。持否定态度的理由是,"这个即将建立起来的人民共和国,是以中共为领导,工农为主体的国家……由于这样的性质,就决定只有国有化的新闻事业才符合广大人民利益。这就是说,私人办报大致上已经失去了与广大人民利益相一致的联系了,已没有容许存在

---

① 《中国新闻年鉴》,1988年,第525页。

的必要了。"①对私营报纸存在有必要这一点,中国共产党在建国初期的态度是明确的。1949年11月31日,中共中央宣传部致电华东局宣传部说:"私营报纸及公私合营报纸,在现阶段有其一定的必要,故应有条件予以扶持。"可见,当时对待私营报纸,不仅在认识上是肯定的,而且在行动上也是积极的,不仅允许其存在,而且还要在其遇到困难时给予扶持。

但是,由于当时的具体情况,私营报纸在发展中遇到了许多难以克服的困难。首先是读者对私营报纸的不信任,发行上不去,广告拉不来,经济上难以为继。新中国刚成立,中国共产党的威信极高,党报的公信力也极高,无论是经济新闻还是政治新闻,人们主要以党报报道为准。当时政府对媒体管理实行分工制,按照分工,有些私营报纸不得不放弃原来熟悉的新闻资源,转移到新的不熟悉的报道领域。再者,中共机关报在新闻的获取上、政策的解释上都有着得天独厚的优势。新闻总署成立后,要求所有的报纸都能担负起"指导中心工作的职能"。在这一方面,私营报纸显然不如中共党报,读者也自然把目光投向中共党报而放弃私营报纸。发行上不去,广告客户自然光顾就少。其次是私营报纸的业务不能适应新社会新闻工作的要求。中共要求新闻媒体必须忠实宣传党和政府的方针政策,充当党和政府的喉舌,而私营报纸的长处是所谓以"超党派"立场,采写内幕新闻、独家新闻和趣味性新闻,以及进行批评报道等。但在当时的媒介生存环境中,这些做法都不合时宜。新政权要求报纸除了刊登新闻信息外,还要求报纸发挥政治宣传功能和对工作的指导功能,而私营报纸在这些方面毫无经验,由此导致报纸的思想性和群众性较差。比如上海的《新民报》在解放前以社会新闻见长,"内幕新闻"曾是其卖点。解放后,这种办报思路已难以施展。报社内有人提出"向党报学习",可是结果弄巧成拙,报纸变得四不像,读者和市场日渐萎缩。张友鸾办的《南京人报》,也面临着同样的窘境②。有的私营报纸仍然沿袭解放前的小报作风,热衷于猎奇、庸俗的社会新闻,有时甚至歪曲党的政策。天津的《博陵报》和哈尔滨的《建设日报》就曾因为发生过此类问题而受到停刊处分。第三,由于以上两点,在私营媒体工作的员工不安心,派进去的人员也不愿意继续留在那里工作。人心思离,事业安能发展?

为了让私营报纸生存下去,党和政府也曾经采取了一些措施,如向私营报纸提供新闻线索,定期举行记者招待会,通过新闻工作者协会加强党报与私营报纸的联系,举办学习班帮助私营报纸记者提高政策水平和业务能力,等等。这些人

---

① 蒋丽萍、林伟平:《民间的回声——新民报创始人陈铭德邓季惺传》,新世界出版社,2004年版,第293页。

② 同上书,第302页。

为的做法虽然用心良苦,但是毕竟不敌大势所趋,不能挽救私营报纸一步步走向终结的颓势。不少私营报纸纷纷自行停刊。到1950年3月,全国私营报纸还有58家。此后数量继续下跌:6月底减为43家,11月底减为39家,12月底减为34家;1951年4月底减为31家,到8月底只剩下25家了①。剩下的私营报纸也是人心惶惶,朝不保夕。无论从经济实力还是从社会影响看,私营报纸已经是举步维艰了。

其实,1949年11月中共中央宣传部的电报指示说得很清楚,"私营报纸"的存在只是在"现阶段有其一定的必要"。现在看来,实际情况的发展比中共中央的预计要快得多。1950年下半年中共中央和中央人民政府决定对私营新闻出版事业进行社会主义改造,这场运动势如破竹,进展异常顺利。到1952年底,全国原有私营性质的报纸全部变成为公私合营性质的报纸。1953年后,人民政府又通过收购私股的办法,使公私合营的报纸进一步变成公营报纸,其中《文汇报》、《新闻日报》、《新民晚报》、《大公报》和《光明日报》等5家是以民间报纸面目或民主党派报纸(《光明日报》)面目刊行的公营报纸。

对私营广播电台的改造更为简单。因为新政权发展广播事业的政策很明确:只许"国家经营","禁止私人经营"。

早在1948年11月20日,中共中央宣传部发布的《对新解放城市的原广播电台及其人员的政策决定》中就已经明确规定:"纯粹系私人营业性质,靠商业广告及音乐娱乐以维持者,则在军管会管理之下,暂时准其继续营业,但必须:(1)转播新华台的节目;(2)不得有反对人民解放军及人民政府的任何宣传;(3)广播节目须经军管会的审查。"同时规定:"私人经营的短波广播台,亦一律令其停止广播。"新中国成立后,对原有广播电台的处理,基本上是依据这个决定的精神进行的。那些"暂时准其继续营业"的私营广播电台,内容以娱乐节目为主,特别是地方戏曲、曲艺。在商业利益的驱动下,为了吸引听众,这些私营广播电台播送的节目大都格调低下,甚至胡编什么《毛泽东自传》,编造解放军和政府发言人答听众问等,影响极坏。所以,政府对私营广播电台的社会主义改造进行得很果断,先公私合营,随后用管理频道的办法将其并入当地的国营广播电台。1952年底,中央广播事业局宣布,全国34家私营广播电台全部改造完毕,全国所有广播电台一律为国家经营。

对私营广播电台的改造工作以上海最为典型。1949年上海解放时,根据中共政策被允许登记继续营业的私营广播电台有22座。1951年初,因违反军管会规定和人民政府法令,"福音"、"亚洲"、"新声"、"大中国"、"大同"、"鹤鸣"6

---

① 孙旭培:《新闻学新论》,当代中国出版社,1994年版,第260页。

家广播电台先后被勒令停止播音。当年3月,上海又取消私营广播电台的商业特别节目。接着又规定,20%的教育性节目时间既不能按播音时间计算,又必须符合营业收入的比例,使得这些广播电台经营十分困难。因此,1952年10月,剩下的16家私营广播电台申请与上海人民广播电台共同投资,以公私合营的方式组建"上海联合广播电台",用3个频道实行播音。为了便于统一经营管理,1953年,原私营广播电台的代表提出,愿意将私方设备资产转让给上海人民广播电台。9月,以9亿元成交,随后,"上海联合广播电台"台名取消。

二、公营新闻事业体系的形成

新中国成立以后,中央人民政府随即对在革命战争中发展起来的党的新闻事业进行调整、充实。建国后三年,经过有领导、有计划的发展,在全国形成了以《人民日报》为首并以共产党机关报为核心的公营报刊体系,以新华社为主体的国家通讯网,以及以中央人民广播电台为中心的国营广播网。与此同时,新闻摄影、新闻电影和新闻教育也得到初步发展。

(一)报刊体系的建立

中国共产党历来重视报刊在政治军事斗争中的作用。20世纪40年代末,随着解放区面积的扩大,人民的新闻事业很快发展壮大。1948年6月,《人民日报》在河北省平山县创刊。1949年8月改组为中共中央机关报。建国后,《人民日报》随即成为全国最大的报纸,并向国外发行。该报开始时日出对开6版,即一张半,有时出8版。1951年起改出对开4版。发行量在1949年底只有9万份,1950年增加到19万份,到1956年则升至近90万份。作为中共中央机关报,《人民日报》的主要内容是:报道评论国内外重要时事和重要思想、政策问题;介绍全国各地及首都的情况与中心工作,交流经验,开展各种思想与工作问题的讨论;刊登文艺作品和介绍文艺工作经验,发表读者来信问答。

建国初期,中共在全国共设有六个中央局。除华北局因原有《人民日报》外,其余均新创办有自己的党委机关报:东北局的《东北日报》、西北局的《群众日报》、中南局的《长江日报》、华东局的《解放日报》和西南局的《新华日报》;各省市也拥有自己的机关报。这些报纸有的是由本地出版的党报改组而成,如山东省的《大众日报》、陕西省的《群众日报》等;有的是以解放区新闻干部为主要成员并吸收当地进步知识分子组成编辑队伍新创建的报纸,如《解放日报》、《新华日报》、《浙江日报》等,其中《解放日报》、《新华日报》还沿用历史上著名的党报名称。除此之外,一些地(市)乃至县的党委也创办自己的机关报。由中共各级党委机关报组成的党报系统,成为公营报刊体系的主体。据1950年春新闻工作会议的调查统计,各级党的机关报多达151家,约占全国报纸总数的59%,居各类报纸首位。党报系统的建立,可以迅速传达党和政府的声音,有利于各项工作的开展。

除了中共党委机关报外,建国初期的公营报刊,还包括工会、农民、青少年、人民军队、少数民族、民主党派报纸及少数专业报纸。《工人日报》于1949年7月15日在北京创刊,为中华全国总工会机关报,初为4开4版,后改为对开4版。《中国青年报》创刊于1951年4月,为共青团中央机关报。它以全国青年及团员、团干为主要读者对象,它以鲜明的思想性和知识性深受读者喜爱,1955年发行达50万份。《光明日报》于1949年6月16日创刊于北京,对开4版,初为中国民主同盟创办的机关报。该报以知识分子为主要读者对象。在发刊词中明确表达了它的办报宗旨,同时提出四条言论与新闻报道方针:"负责的态度"、"服务的精神"、"建设的批评"、"忠实的报道"。《解放军报》为中国人民解放军的军报,1956年7月1日创刊于北京。

据统计,1950年全国有各类铅印报纸382种,1951年达到475种。经过1952年的整顿和1953年的调整,到1954年10月,全国共有报纸248种,均为公营报纸。按报纸种类分,综合性报纸68种,工人报纸55种,农民报纸84种,青年报纸16种,少数民族文字报纸20种,外文报纸2种,专业报纸3种。各类报纸的期发行总数比1950年增加了将近3倍。

(二)通讯社系统的建立

新华社迁入北京后,组建为国家通讯社。为了适应新的形势,以便更好地开展新闻业务,中共中央在1950年3月发出《关于改新华社为统一集中的国家通讯社的指示》。4月,中央人民政府新闻总署通过《关于统一新华通讯社组织和工作的决定》。据此,中央对新华社的职能和组织机构进行了调整。其主要内容如下:在华北及东北、华东、中南、西南、西北六大行政区设立六个总分社,各省会城市按需要设立分社或派驻记者,北京、天津设立总社直属分社,支社一律取消;各地新华社总分社、分社,在工作上、组织上与财务上均统一受新华社管理;除第三野战军总分社及其所属机构外,其他野战军的新华社分支机构与驻地总分社合并,由总社统一调遣;各地总分社、分社只向新华总社发稿。

1953年3月,新华社编委会提出成为"消息总汇"的任务。就是说要充分地、及时地、精确地报道对人民群众有教育意义、对实际工作及斗争有指导意义的新情况、新事物、新人物和新经验,这是新华社的总任务。会议还提出"内外并重"的工作方针,即国内问题的报道和国际问题的报道并重。经过短短几年的建设,新华社无论是组织上还是业务上都有了长足进步,技术手段也大为改进;还创办了一系列报刊如《参考消息》、《内部参考》、《参考资料》、《时事手册》、《新华社电讯稿》、《新华社通讯稿》、《新闻图片》等,集多种传播手段于一身;与国外的通讯社如塔斯社、路透社也开展了业务联系,为以后建设成为世界性的通讯社打下了基础。

为了向海外华人华侨介绍新中国,中共中央决定成立以对外宣传为主要功能的中国新闻社。1952年9月14日,中国新闻社在北京成立。它由国内一批热心新闻事业的知名人士发起组织,社长金仲华。编辑机构隶属新华社地方新闻编辑部,对内称华侨广播组,后扩大为部。1957年脱离新华社,成为独立的中新社。中新社根据华侨爱国统一战线的基本方针和政策,广泛报道祖国政治、经济、文化、卫生等建设成就和闽粤要闻、侨乡情况,以促成爱国华侨大团结。广播开始后,初期每日口语广播5 000字,后增至8 000字,同时对海外航寄《中国新闻》。随着业务的增加,还发行图片、文字特稿,摄制电影及出版画报等业务。中国新闻社简称"中新社"。随着规模的不断扩大,先后在广东、福建、上海设有分社,在广西、云南设有记者站,在香港设有办事处。

(三) 广播电台体系的建立

新中国成立之初,政府就十分重视广播事业的发展。1949年10月1日,中央广播事业管理处就改组为中央广播事业局,直属新闻总署。次年4月,新闻总署又规定广播宣传的几项任务:发布新闻、传达政令、社会教育和文化娱乐。

在广播事业建设方面,以解放区广播机构和人员为主体,在利用没收的国民党广播电台设备的基础上组建了从中央到地方的国营的人民广播电台网。延安新华广播电台于1949年3月25日迁入北京,同年12月5日改为中央人民广播电台。除了用普通话、方言和民族语言播音以外,1950年7月用英语、日语、朝鲜语、越南语、印度尼西亚语、缅甸语、泰语7种外语广播。与此同时,各地方广播电台纷纷设立。1954年,全国各省除西藏、台湾两地外均建立起本省的人民广播电台。

由于当时拥有收音机的人数极少,且都集中在东北、华北、华东一带中上等水平的家庭,为解决广大人民群众收听广播的工具问题,新闻总署于1950年4月发布《关于建立广播收音网的决定》,其主旨是设立收音站或建设有线广播电台。至1954年底,全国共有县广播站101座,中小城镇广播站705座,有线广播喇叭49 854个。广播收音网的建立和发展,不仅对人民群众的政治、文化生活起着重要的作用,而且使人民广播事业具有了鲜明的群众基础和中国特色。

(四) 新闻摄影与新闻纪录片的起步

新中国的新闻摄影事业的开端,以1950年1月新闻总署设立新闻摄影局为标志。新闻摄影局除了采集、保存和向报刊供应新闻照片外,还编辑出版了新中国第一份摄影杂志《摄影工作》和面向全国的摄影刊物《人民画报》。不久,新闻摄影局撤销,成立新华社新闻摄影部。该部的职责是根据中共中央和政务院的政策法令及国内外的形势,采摄和发布图片。建国初期,中国新闻摄影界还与国外同行进行了初步交流,如进行图片展览和互访。这对刚刚起步的中国新闻摄影界提供了良好的借鉴、促进作用。

最早承担拍制新闻纪录片职责的是北京电影制片厂。1953年7月,中央新闻纪录电影制片厂成立,使我国新闻纪录片在理论上和业务上进一步完善。从题材上看,纪录片涉及当时政治运动、军事发展、工农业成就以及社会生活变迁等各个方面,思想性和艺术性也在逐步提高。这一时期,新闻纪录片工作者与国外同行也有较多交往。从1953年开始,我国先后与东欧各国、联邦德国、日本、法国的电影厂和电视台建立了交换素材的关系。

(五)新中国制度新闻教育的建立

新中国制度新闻教育是在原有新闻教育的基础上发展起来的。新中国一成立,党和政府就着手对旧的新闻教育体系进行改革。原国民党直属的新闻教育单位,一律停办;对资产阶级新闻教育机构实行改造和调整。这类新闻教育机构主要有北京的燕京大学新闻系,上海的复旦大学新闻系、圣约翰大学新闻系、民治新闻专科学校、中国新闻专科学校,苏州的社会教育学院新闻系,广州的国民大学新闻研究班等。新政权接管这些新闻教育机构后,从办学思想、培养目标、课程设置等方面进行全面改造。1952年,在全国高等学校统一进行的院系调整中,这些新闻教育机构也进行了合并、调整:上海的几家(除民治新专外)集中到复旦大学新闻系,北京的燕京大学新闻系并入到北京大学中文系新闻专业,苏州的社会教育学院新闻系和上海民治新专先后停办。

为了发展新中国新闻事业的需要,新政权还新创办了一批新的新闻教育机构。

1949年11月1日,北京新闻学校成立。该校是新中国第一所高等新闻学校,由新华总社办的新闻训练班改建而成,直属新闻总署,由新闻总署副署长范长江兼任校长。1951年8月停办,共计办了两期,招收具有大学学历的知识青年和具有两年以上新闻工龄的在职新闻工作者,设有普通班和研究班。

北京新闻学校停办后,中共中央宣传部于1951年10月开办了中央宣传干部训练班,分甲、乙两班,分别培训全国各地选调来的中共地、县两级党委宣传部部长,由新闻总署署长胡乔木兼任总班主任。1953年5月停办。

中央马列主义学院(中共中央党校前身)新闻班第一期1954年9月1日开班,学制两年,主要培训全国省级党报编委以上的、新华社和广播电台相同级别的新闻工作人员。1957年11月停办。

中国人民大学新闻系1955年4月创建成立,9月开始招生,为建国后新创办的第一个大学新闻系;首任系主任安岗。该系主要任务是培养和提高新闻与出版事业方面的记者和编辑人才。

第二节 新中国发展新闻事业新举措

一、新闻总署成立与新闻法规制定

革命时期,中国共产党代表全国人民为争取新闻自由进行了不懈努力,新中国成立后,新闻自由原则被庄严地写入了国家根本大法。1949年9月,第一届全国人民政治协商会议通过《中国人民政治协商会议共同纲领》,其中第49条规定:"保护报道真实新闻的自由。禁止利用新闻以进行诽谤、破坏国家人民的利益和煽动世界战争。发展人民广播事业。发展人民出版事业,并注重出版有益于人民的通俗书报。"1954年通过的第一部《中华人民共和国宪法》第87条规定:"中华人民共和国公民有言论、出版、集会、结社、游行、示威的自由。"《共同纲领》和《宪法》中的这些条文是指导新中国新闻事业发展、保障人民言论出版自由的总纲。

为了保证《宪法》条文的落实,新政权建立之初就很注意制定各种新闻法规。1949年10月30日,中共中央宣传部和新华通讯社就中央人民政府成立后宣传中应注意的事项向新华社各分社和各地党报发出指示:"在中央人民政府成立后,凡属政府职权范围的事,应由政府讨论决定,由政府明令颁布实施。""不要再如过去那样有时以中国共产党名义向人民发布行政性质的决定、决议或通知。""各地共产党报的社论、论文和新闻标语,也要注意不再用行政命令的态度和口气,而应该用号召、建议和商讨的态度和口气。报纸用行政命令的态度和口气,不仅现在是错误的,就是过去也是不对的。"12月,为了保证中国人民政府及其所属机关提供新闻的正确性和负责性,政务院还规定了统一发布新闻的办法。该办法规定,凡须经过中央人民政府委员会、政务院、人民革命军事委员会、最高人民法院和最高人民检察署通过或同意的一切公告,以及须上述机构负责首长同意后发布的一切公告性新闻,均由新华社统一发布。此后陆续发布的文件还有《关于中央人民政府所属各机关在〈人民日报〉上发表公告及公告性文件的办法》和《关于严格遵照统一发布新闻的通知》等。

为了更好地管理全国的新闻事业,中央人民政府于1949年11月1日成立了新闻总署,负责领导全国的新闻事业,管理国家的新闻机构,署长胡乔木,副署长范长江、萨空了。下属机构设有一厅(办公厅)、一社(新华通讯社)、三局(广播事业局、国际新闻局、新闻摄影局)和一校(北京新闻学校)。与之对应,全国各大区设立新闻出版局,各省、市设立新闻出版处。

新闻总署成立以后,为在全国范围内建立起法制化新闻事业做了许多有益的工作。

1950年制定颁布了《全国报纸杂志登记暂行办法(草案)》,这是新中国成立后第一部有关报纸出版的重要法规。草案共分12条,包含了一部普通的新闻法的主要内容,从报刊出版登记到违反法纪给予处分,一应俱全。一些规定十分具体,有可操作性。如草案第9条规定:"各报社杂志人员之行动,及其报纸言论之记载,须遵守下列各项:(甲)须遵守共同纲领,拥护人民民主事业。(乙)须遵守各级人民政府的政策法令。(丙)须保守国家的国防、外交、财政、公安等有关机密事项。(丁)须报道真实新闻,并禁止利用新闻进行诽谤,破坏国家人民的利益和煽动世界战争的言论与记载。"这部法规和1952年8月颁布的《期刊登记暂行办法》、《管理书刊业、出版业、发行业暂行条例》一起,使新中国新闻事业管理有章可循。

为使这些新闻法规能够贯彻落实,新闻总署采取了一系列具体措施。一是主持全国各类报纸的社会分工,以便各有重点,减少重复。例如,《人民日报》的主要读者对象应为各级领导干部和机关工作人员,其主要内容应是报道、评论国内国际主要时事、思想、政策情况,介绍交流中心工作经验,开展各种思想与工作的批判,发表代表性文艺作品及文艺工作经验,刊登读者问答等;《光明日报》的读者对象应是各民主党派及小资产阶段、知识分子,其主要内容应侧重于时事、文化、学术、思想及业务学习等方面,并应特别提倡讨论的风气;《新民报》的读者对象是北京的小资产阶级及比较无组织的劳动群众,以通俗文艺为主的副刊是主要特色。二是推出报纸"企业化经营"与"邮发合一"的新办法。由于长期战争造成物质匮乏,纸价上涨,加上社会购买力低、读者范围不广等原因,新中国成立初期的公营、私营报纸一般都发生严重的赔耗现象,经营很困难。为此,新闻总署提出报纸"企业化经营"与"邮发合一"的措施。所谓"企业化经营",就是"必须把报纸真正作为生产事业来经营,逐步实行经济核算制"。为此,各报尽可能地发展广告业务,《新华日报》广告收入原来只占总收入的28%,实行企业化经营后,即增加为总收入的42%。对于"邮发合一",新闻总署1950年1月会同邮电部联合颁布施行了《关于邮电局发行报纸暂行办法》,以增加报纸的发行量。"邮发合一"率先在《人民日报》实行,1953年1月1日全面实行。这些措施在不同程度上促进了报纸的盈利。

总之,新闻总署的成立和建国初期的新闻法制建设为新中国新闻事业发展提供了组织保证和法规保证,使管理趋于规范化、法制化。但是随着私营新闻机构社会主义改造的成功,新闻法制建设日益缓慢乃至停滞,新闻行政管理和法规管理日益弱化。1952年8月7日新闻总署被撤销,接着各大区新闻出版局、各省市新闻出版处也随之撤销。党中央及各级党委的宣传部门逐步代替政府部门主管新闻事业与新闻宣传工作。

二、两次全国新闻工作会议与新闻工作改进

1950年初,范长江、邓拓联名就《人民日报》的工作向中共中央写报告说:"去年三月入城以后,《人民日报》取得了若干进步,但由于多数干部对城市办报,以及如何办全国性报纸的路线、方针、办法,长期混乱不清,以致形成严重脱离实际、脱离群众与独立分散的倾向。"[①]的确,新中国诞生之初,如何适应党的地位和任务的转变,发展好党和人民的新闻事业,还需要从理论和方针上进行解决。50年代上半期,先后召开了两次全国新闻工作会议,这两次会议对解决上述问题发挥了重要作用。

第一次全国新闻工作大会是1950年3月29日至4月16日在北京召开的,由中央人民政府新闻总署主持,胡乔木在会上作了题为《关于改进报纸工作等问题》的报告。中共中央党政领导人毛泽东、朱德等人在中南海颐年堂接见了与会的全体代表,毛泽东还发表了讲话。

这次会议是在对全国新闻事业的基本情况进行普遍调查的基础上召开的,因而很具有针对性。会议结合新时期的新特点,要求全国新闻工作者发扬中国共产党新闻工作在战争时期形成的优良传统,改进新闻工作。具体在三个方面下工夫:联系实际、联系群众、批评和自我批评。为了落实这些精神,会议作出了三个重要决定:《关于建立广播收音网的决定》(1950年4月14日发布)、《关于统一新华通讯社组织和工作的决定》(1950年4月25日发布)和《关于改进报纸工作的决定》(1950年4月23日发布)。这三个决定有效地推动了新中国新闻事业的发展。

第二次全国新闻工作大会是1954年5月在北京召开的,由中共中央宣传部主办。原定这年春季召开的全国报纸工作会议与这次会议合并举行,省级以上党报社长或总编辑参加了会议,因此,讨论改进报纸工作成了这次会议的一个重要内容。7月17日,还以中共中央的名义发表了《关于改进报纸工作的决议》。这次会议是在检查和总结过去几年大区中央局和省、市的新闻工作成绩和问题

---

① 转引自孙旭培:《新闻学新论》,当代中国出版社,1994年版,第265页。

的基础上召开的。会议在充分肯定成绩的前提下,指出:目前许多报纸的党性和思想性仍然不够强,主要表现在联系实际和联系群众不够,开展批评和自我批评不够经常和充分,评论工作非常薄弱,新闻报道面不够广泛,等等。

可见,两次新闻工作会议要解决的问题基本上是相同的,就是解决新中国成立后,面对新的形势,新闻工作迫切要解决的新课题,主要如下。

第一,联系实际、联系群众的问题。

1950年通过的《关于改进报纸工作的决定》要求在全国逐步转入以生产建设为中心任务后,报纸的主要篇幅应当用来报道人民生产劳动的情况,宣传生产工作和经济财政管理工作的经验教训,讨论解决这些领域中所遇到的困难和采取的克服办法;各地报纸还应该联系当地的实际,反映当地人民群众的要求;各种报纸应减少关于会议、机关活动、负责人的不重要的言论、行动的报道,减少没有广泛重要性的文告、电文的篇幅。

关于联系群众,《决定》要求报纸应当建立起自己的通讯员网和读报组。编辑部要举办通讯员学习班,提高他们的政策水平和新闻业务能力,使通讯员成为办报的一支重要力量;鼓励读报活动,使读报组不仅成为报纸内容的学习者和宣传者,而且还是报纸了解当地情况和听取群众意见的重要渠道。

1954年《关于改进报纸工作的决议》对报纸进一步联系实际方面提出了"三加强"的要求:一是要加强理论宣传和党的生活的宣传,宣传马克思列宁主义,宣传党的总路线,宣传社会主义思想,宣传党的政策和决议,要同一切脱离马克思列宁主义、脱离党的总路线的倾向和资产阶级思想作斗争;二是要加强经济宣传,党委要通过报纸动员千百万群众开展劳动竞赛,提高劳动生产率,争取完成第一个五年计划,完成社会主义改造的任务。报纸要积极支持工人阶级和农民群众的一切创举,宣传生产劳动中的先进典型和重大成就。经济宣传所占篇幅不能少于报纸版面的40%。三是要加强国际问题的宣传,全国性的报纸要经常发表国际问题的评论和述评,经常解释我国的对外政策,经常向广大人民进行国际主义教育。

为了落实联系实际、联系群众的方针,《决定》要求报社对编辑部内部机构进行改组。报社原来笼统设置编辑、采访、通联三大机构,各自为政。根据《决定》的要求,《人民日报》建立编辑部门统一领导的、按社会行业实际划分的各部,如"国内政治部"、"工商财贸部"、"农村部"、"文教部"、"文艺部"、"国际新闻部"、"理论部"、"群工部"等。省级党委机关报也照此变革。这种设置,加强了报纸与社会实际生活和党政实际工作的联系。

第二,批评和自我批评的问题。

在《关于改进报纸工作的决定》发布前4天的1950年4月19日,中共中央专门发布了《关于在报纸刊物上展开批评和自我批评的决定》,从新政权的稳定和党的建设高度阐述了展开批评和自我批评的意义,指出:"因为今天大陆上的战争已经结束,我们的党已经领导着全国的政权,我们工作中的缺点和错误很容易危害广大人民的利益。而由于政权领导者的地位、领导者的威信的提高,就容易产生骄傲情绪,在党内外拒绝批评、压制批评。由于这些新的情况的产生,如果我们对于我们党的人民政府的及所有机关和群众团体的缺点和错误,不能公开地及时地在全党和广大人民中展开批评与自我批评,我们就要被严重的官僚主义所毒害,不能完成新中国的建设任务。"因此,中共中央决定:"在一切公开的场合,在人民群众中,特别在报纸刊物上展开对于我们工作中一切错误和缺点的批评与自我批评。"[1]4天后,在《关于改进报纸工作的决定》中,进一步明确要求报纸对政府机关及其工作人员、经济组织及其工作人员在工作中的缺点和错误,应该负起批评的责任,当然这种批评应该是积极的、建设性的、实事求是的和与人为善的。1950年4月22日,《人民日报》在第一版显著刊登了《关于在报纸刊物上展开批评和自我批评的决定》,同时还将《决定》中规定要学习的列宁《论我们的报纸》、毛泽东《论自我批评》等五份材料集印出版专页,免费随报附送,供广大干部群众学习。此后,全国出现了一个批评和自我批评的新气象,不仅报纸增强了活力,而且在党内外形成了良好风气。

1954年的《关于改进报纸工作的决议》再次重申报纸是党用来开展批评和自我批评的最尖锐的武器。在检查和总结《关于在报纸刊物上展开批评和自我批评的决定》发表以来的经验教训后,《决议》指出,对于在报纸刊物上进行批评,一方面强调批评的目的是为了有利于人民的事业,有利于党的工作和党的团结,不是为了批评而批评;另一方面党委要加强对这一工作的领导,也就是说,编辑部必须在党委领导下积极负责地开展批评,批评的态度和观点必须正确,严格按党的原则、中央决议和党委意图办事。

"联系实际,联系群众,开展批评和自我批评",是解放初期发展新闻事业和开展新闻工作的基本方针,在这个方针的指导下,新中国的新闻事业和新闻工作有了一个好的开局。正如《人民日报》总编辑邓拓所说:"这三条应该是人民报纸的方针,对于党报来说,更是唯一的方针。过去的经验证明,能按照这个方针办的,报纸就办得生气勃勃;做得不好的,或者离开这个方针的,报纸就办得奄奄一息,没有生机。"[2]不仅报纸,广播电台、通讯社等,在个方针指导下,也取得了

---

[1] 中国社科院新闻研究所编:《中国共产党新闻工作文件汇编》中卷,新华出版社,1988年版,第76页。

[2] 转引自方汉奇:《中国新闻通史》第3卷,中国人民大学出版社,1999年版,第121页。

可喜的成绩。

第三节　建国初新闻事业发展中出现的问题

一、在三次思想文化大批判运动中"一边倒"

如前所述，新中国成立以来，中国新闻事业发展势头良好，新闻工作也取得了令人瞩目的成就，但是也出现了一些严重的问题。这些问题虽然不是主流，有的还只是刚刚冒头，但性质严重，在中国新闻史，甚至中国整个当代史上都造成了很坏的影响。

首先，在毛泽东错误地发动的三次思想文化大批判运动中，新闻界跟着错误起哄，毫无主见地"一边倒"，为中国新闻事业日后的发展开了一个很不好的头。

（一）对电影《武训传》批判中的新闻界

武训，山东堂邑（今聊城）人，出身贫苦，目不识丁，在乞讨和打工中经常受人欺侮，深感没有文化的苦，于是立志兴学。始靠乞讨，后靠收租，经30年的积攒，兴办起三所"义学"，让穷人家的孩子上学读书。孙瑜编导的电影《武训传》，详尽地讲述了武训行乞兴学的经历：为了筹款，武训不惜让人拳打脚踢，任人取乐。武训，一个普普通通的历史人物，《武训传》，一部普普通通的影片，在当代中国如此引人注目，是一件耐人寻味的事情。如何评价武训，那是史学界的事情，如何评价《武训传》，那是电影学界的事情，这里仅从新闻专业主义的角度，清理一下当时新闻界在这场运动中的表现。

电影《武训传》于新中国成立前夕开始编摄，1950年底摄制完成，1951年初在京津沪等城市公映。影片公映后，受到全国各界的一致好评，各地报刊纷纷刊文予以肯定，几个月发表赞扬的文章200多篇，在全国形成了一股"武训热"。当然，报纸上也发表了一些不同观点的文章，如《文艺报》发表署名贾霁的文章《不足为训的武训》，指出影片大肆宣扬"乞讨兴学"的武训精神，没有任何现实意义；《光明日报》发表《我对〈武训传〉的意见》、《新民报》发表《〈武训传〉能体现我们祖先的精神吗》、《进步日报》发表《不能接受武训的传统》等。应该说，这属于正常的学术行为。但是，5月20日《人民日报》发表社论《应该重视电影〈武训传〉的讨论》，一下子提到了政治的高度。社论说："《武训传》所提出的问题带有根本的性质"，"承认或者容忍这种歌颂，就是承认或者容忍污蔑农民革命斗争，污蔑中国历史，污蔑中国民族的反动宣传为正当宣传"。还指出："电影《武训传》的出现,特别是对于武训和电影《武训传》的歌颂竟至如此之多,说明了我国文化界的思想混乱到了何种的程度!"同日,该报还在《党的生活》专栏上发表专论《共产党员应当参加关于〈武训传〉的批判》。就这样,"讨论"换成了"批判"。可见,《人民日报》的本意根本不是要讨论,而是要批判。当天,新华社播发了上述两篇文章。接着,《人民日报》一连7天,在显著位置报道上海等地文化界开展批判活动的动态新闻,还专门刊登一批赞成批判的"读者来信",以表示代表人民的声音。至7月底,《人民日报》发表有关文章、动态消息达100多篇。其他报纸也不示弱,《光明日报》发表了30多篇,上海《文汇报》发表了100多篇。这些文章都是一个腔调。另外一个值得注意的事实是,7月27日至28日,《人民日报》在第三版上刊登了署名"武训历史调查团"的长达4.5万字的《武训历史调查记》。至此,关于电影《武训传》的批判告一段落。

《人民日报》"5·20"社论是经毛泽东亲笔修改定稿的,《武训历史调查记》是江青参与的"杰作",整个批判运动是毛泽东"开展党内思想斗争"的部署。江青在武训调查团赴山东调查前传达毛泽东的指示:"武训本人是不重要的,他已经死了几十年了;武训办的义学也不重要,它已经几经变迁,现在成了人民的学校。重要的是我们共产党人怎样看待这件事——对武训的改良主义道路,是应该歌颂,还是应该反对?"①这一指示,学者很难揣摩,问题是当个别政治领袖凭借自己的威信,运用行政手段,以新闻媒体为阵地,粗暴地、武断地进行所谓"思想斗争"时,新闻界的责任、新闻人的良知到哪里去了?

(二) 对《红楼梦》研究和胡适资产阶级唯心论思想批判中的新闻界

《红楼梦》,中国优秀古典名著;胡适,中国现代一个"百科全书"式的学者。对《红楼梦》进行研究,有不同看法、不同意见,甚至批判,都是再正常不过的。1952年,新红学家俞平伯将自己专著《红楼梦辨》修订后更名为《红楼梦研究》再版。1954年,他又在《新建设》第3号上发表了《红楼梦简论》。5月,《文艺报》第9期刊文介绍《红楼梦研究》一书,说它"扫除了过去'红学'的一切梦呓,这是很大的成绩"。几个月后,编辑部收到两个年轻人李希凡、蓝翎合写的一篇文章《关于〈红楼梦简论〉及其他》,批评俞平伯的观点。李、蓝的文章没有引起《文艺报》的重视,他们转而把文稿寄给了他们的母校山东大学《文史哲》,在第9期上刊登出来。9月中旬,江青驱车到人民日报社,找到负责人,要求转载该文,这位负责人不知深浅,竟然以"党报不是自由辩论的场所"予以拒绝。10月,《光明日报》的《文学遗产》专刊上刊登了李希凡、蓝翎写的《评〈红楼梦研究〉》。10月16日,毛泽东给中共中央政治局写了一封信——《关于红楼梦研究的信》,并

---

① 转引自文聿:《中国"左"祸》,朝华出版社,1993年版,第155页。

附上李、蓝的两篇文章。毛泽东在信中称赞说:"这是三十多年以来向所谓红楼梦研究权威作家的错误观点的第一次认真的开火。"他要求由此展开一场反对在古典文学领域毒害青年30余年的胡适派资产阶级唯心论的斗争。毛泽东还批评《文艺报》和《人民日报》阻拦小人物文章发表的错误做法,说"他们同资产阶级作家在唯心论方面讲统一战线,甘心做资产阶级的俘虏";还警告说,一些人没有从批判《武训传》中吸取教训,"又出现容忍俞平伯唯心论和阻拦'小人物'的很有生气的批判文章的奇怪事情,这是值得我们注意的"①。

毛泽东的指示传达后,全国报刊"闻风而动"。10月下旬,《人民日报》发表钟洛的《应该重视对〈红楼梦〉研究中的错误观点的批判》、袁水拍的《质问〈文艺报〉编者》等文章,一场由上而下的以新闻媒体为阵地的批判运动开始了。10月底至12月上旬,全国文联和作协主席团召开8次扩大联席会议,批判俞平伯和《文艺报》。学术讨论完全变成了政治围攻。《人民日报》和北京各报纸,紧密配合运动,用主要篇幅一方面进行动态报道,一方面发表长篇批判文章,对俞平伯和胡适进行全面批判。到1955年3月,全国省级以上报纸和全国学术性刊物上发表的批判文章总计在200篇以上。这些批判文章与批判《武训传》时一样,都是"一边倒"。

(三)对"胡风反革命集团"揭露与批判中的新闻界

胡风,原名张光人,中国现代著名文艺理论家,自30年代始就参加左翼文化运动,一直在国统区从事进步文化活动,他与鲁迅、冯雪峰提出了"民族革命战争的大众文学"的口号,与周扬等人"国防文学"的口号曾发生过激烈论争。胡风在政治上拥护中国共产党,但在文艺理论上,他的主张多次与中共在文艺界领导人的观点相冲突。从1945年以来,胡风的文艺理论多次受到过批评,性情耿直的他也作过反批评。

新中国成立后,胡风的一些文艺主张显然不合时宜。1951年起,一些人写信给《文艺报》编辑部,要求再次批判胡风的文艺思想。1952年初,《〈文艺报〉通讯员内部通报》陆续刊登了这些来信。5月22日,《长江日报》发表了一篇题为《从头学习〈在延安文艺座谈会上的讲话〉》的文章,对胡风算历史旧账。6月8日《人民日报》转载这篇文章并加上编者按说:《长江日报》上的文章提到的胡风《论主观》,这篇文章最初于1945年发表在重庆的《希望》上,"这个刊物是以胡风为首的一个文艺上的小集团办的。他们在文艺创作上,片面地夸大主观精神的作用,追求所谓生命力的扩张,而实际上否认了革命实践和思想改造的意义。这是属于资产阶级、小资产阶级的个人主义文艺思想的论文之一。"因而,

---

① 《毛泽东选集》第5卷,人民出版社,1977年版,第134、135页。

"对于他过去的错误思想进行批评,是值得欢迎的"。对胡风新一轮批判从此拉开帷幕,《人民日报》《文艺报》陆续发表了一些批判文章。出于对前一段批判的回应,胡风于1954年3月至6月撰写了《关于解放以来的文艺实践情况的报告》(即"三十万言书"),7月22日通过当时任中共中央文教委员会副主任的习仲勋呈政务院转交中共中央。在《报告》中,胡风陈述了1949年后他个人在工作上的遭遇、文艺思想上的苦闷;对所谓以他为首的"小集团"的政治面貌做了解释和说明;详尽地驳斥了以何其芳、林默涵为代表的"解放以后用党的名义取得了绝对的统治地位"的文艺思想,指出它们不过是"宗派主义"的"军阀统制",其实质是"左"的教条主义,是"主观公式主义"和"庸俗机械论",以及文艺取消论;阐述了他们对文艺政策、文艺运动方式及其领导方法等方面的建设性的意见。这些中肯的意见,引起了当时文艺界领导人的更大反感。1955年1月,中共中央批转中央宣传部《关于开展批判胡风思想的报告》。2月,中国作协主席团扩大会议决定对胡风文艺思想开展全面批判。

1955年4月13日,《人民日报》发表了胡风旧友舒芜反戈一击的文章《胡风文艺思想反党反人民的实质》,为了洗刷自己,舒芜还交出了胡风在40年代与他的私人通信。5月13日至6月10日,《人民日报》相继发表了三批"关于胡风反革命集团的材料",毛泽东亲自写了20多条按语,随后又为《胡风反革命集团材料》的小册子写了序言。5月13日的"编者按"还责令:"一切和胡风混在一起而得有密信的人",应该都把密信交出来! 三批材料都是解放前胡风与他的追随者之间往来信件的摘抄,总计168封,绝大部分都是胡风本人所写。信件主要表达了他们对文艺界党的领导人的极端不满,毛泽东据此将胡风和他的追随者定性为"反革命集团",说他们是由"帝国主义国民党特务、托洛茨基派、反动军官、共产党叛徒为骨干"组成的"一个暗藏在革命阵营的反革命派别,一个地下的独立王国",他们是"以推翻中华人民共和国和恢复帝国主义国民党的统治为任务的"。对胡风文艺思想的批判由此转为肃清所谓"胡风反革命集团"的斗争。从5月18日到6月8日的20天中,《人民日报》每天在第三版用五分之二以上甚至整版篇幅,有时还扩印两张共计12版的篇幅刊登表态声讨的文章、读者来信和漫画,版面上安上《提高警惕 揭露胡风》大标题。6月10日,第三批材料公布后,连续一个月类似报道大约占15个版面,版面大标题改为《坚决彻底粉碎胡风反革命集团》。这场斗争,共涉及2 100多人,逮捕92人,正式定为"胡风反革命集团分子"的78人,骨干分子23人。胡风被判处有期徒刑14年。

在以上三次思想文化领域的批判运动中,《人民日报》等新闻媒体丧失了独立思考能力,跟着错误指挥棒起哄,用政治斗争代替学术讨论,混淆两类不同性质的矛盾,给党和人民的社会主义建设事业造成了损失,也使新闻界自身的形象受到了损害。这种毛病的产生是历史上"左"的流毒在当时"学习苏联"运动中强化的结果。

二、在学习苏联新闻工作经验中的教条主义

建国初新闻界出现的问题,还表现在学习苏联新闻工作经验中严重的教条主义,对苏联新闻工作经验,不看我国实际需要而机械搬用,出现很多弊端。

"以苏俄为师",曾经是中国共产党探索革命道路的重要原则。革命胜利后,进行社会主义建设,更要学习苏联。实际上,作为第一个社会主义国家,苏联也确实为新中国提供了许多可资借鉴的经验。因此,学习苏联新闻工作经验发展社会主义新闻事业,成了50年代上半期中国新闻界的一件大事。

第一,组织翻译了大批苏联新闻工作理论与实践的文章,出版了相关的书籍和刊物。1950年1月4日创刊的《人民日报》的《新闻工作》副刊是介绍和学习苏联新闻工作经验的重要园地。在创刊号上发表的《编者的话》说,在创建我国新闻事业中,有一个便利条件,就是可以"大量地利用"苏联的"丰富经验"。这个园地用绝大部分篇幅刊登译介列宁、斯大林论报刊和苏联新闻工作经验的文章近30篇。《人民日报》还翻译出版内部刊物《真理报文选》,每周两期,共出了200多期。有段时间,每期都译介《真理报》版样,甚至有时把整版《真理报》全部译成中文版,以供学习模仿。人民出版社还翻译出版《联共(布)中央直属高级党校新闻班讲义汇编》等书,供我国新闻工作者和新闻系学生学习。

第二,对口学习,进行工作经验交流。建国初期,国内新闻机构就曾访问苏联。1954年出现了访苏学习高潮。这年1月,邓拓率《人民日报》等报纸的代表访问真理报社,回国后先是发表多篇关于访苏收获的文章,后汇编为《学习〈真理报〉的经验》一书出版。同年7月,中央广播事业局副局长温济泽率团访苏,回国后编印《苏联广播工作经验》。同年底,新华社副社长朱穆之率团访问塔斯社,回国后编印《塔斯社工作经验》一书。与此同时,苏联新闻工作者也应邀访问中国,介绍苏联新闻工作经验。1954年10月,苏联报刊代表团访华一个月,多次在北京等地举行专题报告会或座谈会。人民日报社总编室还将座谈会、座谈记录汇集,出版了《苏联报刊工作经验》一书。

学习苏联的新闻工作经验,主要是两个方面的内容。首先是系统地学习列宁、斯大林的办报实践、办报思想和苏联新闻工作传统,进一步加深对于无产阶级新闻事业党性原则的认识,并在很大程度上以此为样板,建构中国新闻事业基本体制。其次是全面学习苏联新闻工作的业务经验,包括新闻的编辑、采访、写作以及经营管理和发行等,并以此为样板改进我们的新闻业务。

但是，在学习苏联新闻工作经验中，由于教条主义作祟，对苏联经验的盲目崇拜和生搬硬套，导致出现脱离中国实际的弊病。这些弊病，在一个时期内还相当普遍地存在，对中国新闻事业发展产生了许多消极影响。在报纸工作方面，在学习《真理报》的过程中，片面地认为，该报从不登"更正"，是一张"没有错误的报纸"，因而我们也提出"为没有错误的报纸而奋斗"的口号。显然，这是不可能也是做不到的，因而，即使错了也不发表更正；模仿苏联《真理报》每天一篇社论的做法，要求每天写一篇社论。包括《人民日报》在内的许多报纸，无论有无必要，每天硬写一篇2 500字的社论放在头版头条。这样，评论的数量增多了，质量却得不到保证。在报纸业务上，也紧随苏联。例如，由于《真理报》是清一色的一行题，甚至多篇文章共用一个标题，于是我们也如法炮制，废弃传统的多行题；《真理报》不刊登广告，于是我们的报纸也不重视广告；国际新闻报道出现严重的片面性。各报袭用苏联的报道思路，反映国际形势不客观、不全面。对社会主义国家只说好，对西方资本主义国家只说坏。同时，在广播方面，也出现了若干教条主义倾向：如提出以中央台为基础、地方台为补充的办节目方针，要求地方台用较多的时间转播中央台的节目，其后果是削弱了地方广播联系当地实际的作用，也影响了地方办广播的积极性；再如限制在广播中开展批评，受苏联影响，丢掉了原有的批评传统，广播节目只能谈成绩，不能讲缺点，这极大限制了新闻媒体的舆论监督功能，社会效果也受到很大影响。

第四节 1956年的新闻改革

一、改革的酝酿

我国建国初期新闻事业发展中所出现的问题，使党和人民新闻事业的形象和威信受到损害，如果不解决好，势必影响新中国的新闻事业，乃至整个社会主义建设事业的健康发展。

中共头脑清醒的领导人在思考这些问题。1955年3月，在关于《红楼梦》研究和胡适资产阶级唯心论思想的批判甫告段落、对"胡风反革命集团"揭露与批判已经拉开帷幕时，中共中央发布了《关于宣传唯物主义思想批判资产阶级唯心主义思想的指示》。对于学术批评和讨论的正确展开，《指示》作了这样的一些规定："学术批评合乎讨论，应当是说理的，实事求是的"，"批评和讨论应当以研究工作为基础，反对采取简单、粗暴的态度"。"解决学术的争论，应当采取自由讨论的办法,反对采取行政命令的方法。应当容许被批评者进行反批评,而不是压制这种反批评。应当容许持有不同意见的少数人保留自己的意见,而不是实行少数服从多数的原则。"在批评中,"应当坚持党的统一战线政策和团结改造知识分子的政策","应当分清政治上的反革命分子和学术思想上犯错误的人"。对于后者,应当"保障他们有可能继续进行对于社会有用的研究,尊重和发挥他们对社会有用的专长,并将这种专长传授给青年,同时鼓励他们积极参加学术的批评和讨论,实行自我改造"[①]。这些规定是在总结这以前开展学术批评和讨论的情况和问题、经验和教训的基础上提出来的,是为了纠正和防止学术批评和讨论中的偏差,使之沿着健康的道路发展而提出来的。很可惜,这些很好的规定在揭露与批判"胡风反革命集团"的运动中完全被抛弃了。

1956年,我国基本上完成了社会主义改造,实现了从新民主主义到社会主义的转变,国内总的形势较为稳定,大规模的社会主义建设热潮正在兴起。但是,由于新的制度刚刚建立,有些环节还不够或很不完善,比如,"三大改造"和经济建设中出现要求过急、工作粗糙和某些单位存在严重的官僚主义等,引起群众的不满,罢工、罢课、农民打"扁担"的事时有发生。国际上出现了震荡:这年2月举行的苏共第二十次代表大会,揭露了斯大林在领导苏联社会主义建设中的严重错误,以及对他的个人崇拜所造成的严重后果,在苏联国内和国际上引起了巨大反响,对包括毛泽东在内的中共领导人的震动也是很大的。中共领导人开始思考如何以斯大林的经验教训为镜鉴,调整关系,缓和矛盾,避免走弯路。

早在1956年的1月,中共中央专门召开了关于知识分子问题的会议,周恩来在会上代表中央宣布说,经过建国后六年来贯彻执行党对知识分子的团结、教育、改造的政策,我国知识界的面貌已经发生了根本的变化,"他们中间的绝大部分已经成为国家工作人员,已经为社会主义服务,已经是工人阶级的一部分"[②]。在这个会上,毛泽东也发表了讲话,提出了技术革命、文化革命的任务。在大量调查的基础上,1956年4月毛泽东在扩大的政治局会议上,提出了《论十大关系》的报告。报告中所论述的十个问题,前五个讲经济问题,后五个属于政治生活、思想文化方面的问题。正确处理这十大关系,很大程度上是在总结新中国成立以来的经验和教训后提出来的,是以苏联教训为鉴戒而提出来的。毛泽东说:"特别值得注意的是,最近苏联方面暴露了他们在建设社会主义过程中的一些缺点和错误,他们走过的弯路,你还想走?过去我们就是鉴于他们的经验教

---

① 转引自胡绳主编:《中国共产党的七十年》,中共党史出版社,1991年版,第313—314页。
② 《周恩来选集》下卷,第162页。

训,少走了一些弯路,现在当然更要引以为戒。"①

1956年4月5日,《人民日报》以编辑部的名义发表了《关于无产阶级专政的历史经验》一文。这篇由陈伯达执笔起草、毛泽东详细修改补充的文章,把苏联发生的问题同中国的情况联系起来,认为:"我们有不少的研究工作者至今仍然带着教条主义的习气,把自己的思想束缚在一条绳子上面,缺乏独立思考的能力和创造的精神,也在某些方面接受了对于斯大林个人崇拜的影响。我们也还必须从苏联共产党反对个人崇拜的斗争中汲取教训,继续展开反对教条主义的斗争。"在考虑了苏联社会主义建设的失误、缺点和中国的实际情况之后,毛泽东提出了解决矛盾的新方针:在处理共产党与民主党派的关系,提出了"长期共存,互相监督"的方针;在处理艺术问题上,提出了"百花齐放"的方针;在对待学术问题上,则又提出了"百家争鸣"的方针。在4月28日中共中央政治局扩大会议上和5月2日最高国务会议上,毛泽东发表了关于"百花齐放,百家争鸣"方针的两次讲话。5月下旬,中共中央宣传部部长陆定一代表中共中央作了《百花齐放,百家争鸣》的报告,郑重、系统地阐述了"双百"方针,解释了党对知识分子,对教育、文艺工作的政策。他强调:"我们所主张的'百花齐放,百家争鸣'是提倡在文学艺术工作和科学研究中有独立思考的自由,有辩论的自由,有创作和批评的自由,有发表自己意见的自由。""我们主张政治上必须分清敌我,我们又主张人民内部一定要有自由。'百花齐放,百家争鸣',是人民内部的自由在文艺工作和科学领域中的表现。"对"双百"方针提出的国际背景,陆定一没有说明,而中宣部副部长周扬说得很明白:"最近中央提出了'百花齐放,百家争鸣'的方针……这和苏共二十次代表大会提出对斯大林的批评有关。"②在报告中,陆定一还向不久前在"《红楼梦》研究批判"中受到粗暴批评的俞平伯表示了歉意:"俞平伯先生,他政治上是好人,只是犯了文艺工作中学术思想的错误。"并公开承认一些批判文章"缺乏充分说服力量,语调也过分激烈了一些"。可见,毛泽东的《论十大关系》和"双百"方针的提出,主要目的是想化解矛盾,以苏联为戒,克服前几年在"三大改造"和经济建设中出现的"官僚主义"等问题,保证社会主义建设健康发展。

"百花齐放,百家争鸣"的方针,使新闻界的一些人的思想活跃起来。新闻界中许多从战争时期参加新闻工作的人员在社会主义建设时期出现许多不适应新形势的症状,典型的是教条主义和党八股严重,也促使新闻界自身反思。例如《人民日报》的编辑记者以前在农村根据地办报,习惯于直接代党政机关发言,

---

① 《毛泽东选集》第5卷,第267页。
② 《周扬文集》第2卷,人民文学出版社,1985年版,第405页。

进行自上而下的指导。新中国成立后,共产党取得了全国政权,报纸功能和读者对象都发生很大变化,但报社没有及时进行深入分析研究,没有进行及时的相应的改革,对新情况提出的新要求束手无策。另外,对前一时期照抄照搬苏联新闻工作经验所产生的报纸单一化等负面效果,报纸的可读性减弱,不少人的思想上产生改革的想法。《人民日报》总编辑邓拓是新闻实务界最早提出新闻改革要求的人,1956年2月下旬苏共二十大尚未结束,他多次与《人民日报》编委会商量如何重新评价学习苏联的问题,如何克服党八股、教条主义等旧有东西的影响。

二、改革的实施

(一)《人民日报》的改版

作为中共中央的机关报,《人民日报》走在了新闻改革的前列。

早在1956年初,《人民日报》就开始酝酿改革事宜。4月2日,新闻工作改革正式展开。先是人民日报社编委会讨论通过《关于讨论改进〈人民日报〉工作的计划》,对讨论的内容、时间、步骤作出具体详细规定。4月6日,中共中央宣传部副部长胡乔木代表中央到报社宣布《人民日报》进行改版。此后,改版工作全面展开。具体工作包括:① 向各方面读者广泛征求意见,其中既有机关党政领导,也有普通读者。征求意见方法包括个别访问、召开小型座谈会、个别写信和发公开信等方式。② 撰写《解放前报纸的特点》报告,供改版参考。③ 举办国内外报纸展览,并整理国外报纸简介,以资借鉴。

经过一个多月的紧张工作,《人民日报》编委员在5月中旬向中央提交了第一份报告。报告提出:"要使《人民日报》能够多方面地反映客观情况和群众意见,及时地深入地宣传解释党和政府的政策,更多地反映和交流地方工作的经验,对于广大人民迫切关心的工作上、生活上、思想上的问题展开讨论,使《人民日报》成为受群众欢迎的生动活泼的报纸。"报告还提出了扩版、扩大报道范围、开展自由讨论、满足读者需要等具体意见。后来经过修改,最后经过邓拓定稿,人民日报社将第二稿报纸改革方案于6月20日上报中央。

1956年7月1日,经中共中央批准,《人民日报》正式宣布改版。其改版社论《致读者》首先总结了该报创刊八年来的成绩,同时也公开承认《人民日报》的工作"仍然有很多缺点":存在教条主义和党八股等严重缺点,缺乏生动活泼的作风,不能适应形势发展的需要,因而必须进行一场深入的改革。接着,这篇社论阐述了改版的目的、意见与重点。社论说:"《人民日报》是党的报纸,也是人民的报纸。""我们的报纸名字叫作《人民日报》,意思就是说它是人民的公共的武器,公共的财产。人民是它的主人。""期望全国广大的读者给我们更多的帮助,更多的批评和指示!"社论还把改版的重点内容归纳为三个方面:"第一,扩大报道范围。……生活里的重要的、新的事物——无论是社会主义阵营的,或者是资本主义国家的,是通都大邑的,或者是穷乡僻壤的,是直接有关于建设的,或者是并不直接有关于建设的,是令人愉快的,或者是并不令人愉快的,人民希望在报纸上多看到一些,我们也应该多采集、多登载一些。""第二,开展自由讨论。报纸是社会的言论机关。在任何一个社会里,社会成员不可能对于任何一个具体问题都抱有一种见解。党和人民的报纸有责任把社会的见解引向正确的道路,但是为了达到这个目的,不应该采取简单的、勉强的方法。……有许多问题需要在群众性的讨论中逐渐得到答案。有一部分问题甚至在一个时期的讨论以后暂时也还不能得到确定的答案。有许多问题,虽然已经有了正确的答案,应该在群众中加以广泛的宣传,但是这种宣传也并不排斥适当的有益的讨论。相反,这种讨论可以更好地帮助人们认识答案的正确性……为了便于开展自由讨论,我们希望读者注意:在我们的报纸上发表的文章,虽然是经过编辑部选择的,但是并不一定都代表编辑部的意见"。"第三,改进文风。……在过去,我们的报纸上虽然也登过不少好文章,报纸上的文字虽然也逐渐有些进步,但是整个来说,生硬的、枯燥的、冗长的作品还是很多,空洞的、武断的党八股以及文理不通的现象也远没有绝迹。我们希望努力改变这种状况。"从这一天起,《人民日报》的篇幅由过去对开4版改为对开8版,版面安排也相应作了调整,第1版仍为要闻版,第2、3版为国内经济版,第4版为国内政治版,第5、6版为国际版,第7版是学术文化版,第8版上、下半部分分别为副刊和广告版。

《人民日报》改版后,给人耳目一新的感觉。首先反映在新闻报道上,新闻数量大大增加。改版前,报纸新闻数量少,内容又多半是外交、会议、公告等硬新闻;改版后,新闻数量明显增多。改版后的第一个月,《人民日报》平均每天登出新闻74条,共4万字,占全部版面的40%。为适应经济建设的形势,强化经济新闻报道。以1956年7、8两月头版头条新闻为例,共刊登头条新闻61条,其中,经济建设新闻31条,文教新闻5条,人民生活新闻5条,会议新闻和公告性新闻6条,涉外新闻14条。显而易见,经济建设新闻占了50%,居各类新闻的首位。新闻报道的题材变得广泛,开始提倡报道社会生活中的新闻,探讨解决生活中的问题,从而更加关心和贴近读者的生活,如刊登《沈阳的生活费用为什么高?》、《不要让孩子再在街头游荡》等。7月4日,《人民日报》在头版刊登《着手解决居民生活福利问题》的报道,体现了该报纸已把读者的需要放在首位。7月13日,《人民日报》头版共刊登了13条新闻,不仅有"全国发放农贷17亿元"、"哈尔滨量具刃具厂达到设计生产水平"、"宝成铁路完成铺轨架桥工程"等来自工农业和工程建设领域的报道,还报道了"阿富汗首相来访"、"全国各地教师开始过暑假"和"欢送埃及文化使团"等教科文和国际新闻。对于波兰波兹南事件和匈牙利事件,《人民日报》也作了如实报道,打破了对社会主义国家只报喜不报忧的禁忌,受到广大读者的欢迎。

其次,报纸言论、副刊和通联明显改进。与以往相比,《人民日报》的社论以及其他评论文章,题材广泛,且大多短小生动,出现了一些针对性较强的好文章。特别是关于"百家争鸣"方针的讨论,不拘一格,文风多样,一扫教条主义的文风,表现了独立思考和发表意见的自由,引起了知识界极大兴趣。副刊与通联工作得到进一步加强。《人民日报》创办了文学性副刊,刊登活泼、明快、尖锐的短文和文艺作品。《人民日报》还认真编发群众来信,按照其内容性质分别刊登在有关各版上,从而改变了过去设立读者来信专版、专页集中刊登读者来信来访的做法。改版后的第一个月里,《人民日报》平均每天发表读者来信近10篇。

最后,版式变活泼了。版式是报纸特有的语言,文章、照片在版面上的排列组合往往能反映报纸的风格。严谨、端庄、朴素是我国报纸版式特有的传统。在版面处理上,《人民日报》一改往日单调的做法,在继承传统的基础上进行大胆创新,新闻、言论、图片有机组合,使版式更加具有视觉冲击力。尤其是在照片的使用上,或在报眼位置刊登图片新闻,或将大幅照片改为两幅小照片,或是图片在文章中灵活穿插,显得生动活泼,赏心悦目。

《人民日报》改版后,赢得了全国各阶层读者的欢迎,报社不断收到读者的赞扬信。为了推广《人民日报》改革的措施与经验,促进新闻工作改革的全面展开,中共中央于1956年8月1日向各省、市、自治区党委批转了《人民日报》编辑委员会向中央呈送的关于《人民日报》改版的报告。为此下达的中共中央文件明确指示:"中央批准这个报告,认为《人民日报》改进工作的办法是可行的。中央还希望各地党委所属的报纸也能够进行同样的检查,以改进报纸的工作。"中共中央文件还就报纸上展开自由讨论作了精辟的论述:"为了便于今后在报纸上展开各种意见的讨论,《人民日报》应该强调它是党中央的机关报又是人民的报纸。过去有种论调说:'《人民日报》的一字一词都必须代表中央','报上发表的言论都必须完全正确,连读者来信也必须完全正确'。这些论调显然是不实际的,因为这不仅在事实上办不到,而且对于我们党的政治影响也不好。今后《人民日报》发表的文章,除了少数的中央负责同志的文章和少数的社论以外,一般地可以不代表党中央的意见;而且可以允许一些作者在《人民日报》上发表同我们共产党人的见解相反的文章。这样做就会使思想界更加活泼,使马克思主义的真理愈辩愈明。各级党委今后也要强调地方党报是地方党委的机关报,又是人民的报纸。我们党的各种报纸,都是人民群众的报纸,它们应该发表党的指示,同时尽量反映人民群众的意见;如果片面强调它们是党的机关报,反而容易在宣传上处于被动地位。"①这一文件体现了中国共产党尊重新闻规律的科学态度,表现了党报政策与宪法关于言论、出版自由规定的一致性,标志着党报理论的重大发展。

《人民日报》的改版带动了全国报纸的改革。中央和地方党报也积极探索办报新思路,充实内容,做活版面,开展百家争鸣,努力满足读者需求。一些党外报纸和其他公营报纸受此影响,也调整了办报思路,以期适应读者的口味。《新民报》的做法曾为业界瞩目。针对过去报纸工作中的新闻和文章太长、报道面太窄、文章太硬、有教训人的口气等缺点,《新民报》总编辑赵超构提出改进报纸工作的三个口号:"短些、短些、再短些;广些、广些、再广些;软些、软些、再软些。"他对"软"字做出的解释是:"思想既要正确,又要把报纸弄得生动一些,通俗一些,深入浅出,对读者亲切一些","不是不择手段的软,也不是片面追求趣味的软,只是反对老是板起面孔教训读者的作风。我们要让报纸成为读者的知心朋友,把这张报纸办成春风满面,议论风生,雅俗共赏,有益有味,从少先队到文史馆老前辈,从家庭保姆到大学教授,都可以看得下去。"这三个口号,曾受到毛泽东的肯定,还建议补充"软中有硬"的意思。改版后,《新民报》大受欢迎,发行量由2万份上升到14.5万份,如果不是因为纸张限额的原因,估计可达20万份。

(二)新华社的改革

建国后,经过几年的建设和发展,新华社已初具规模。但是随着国内形势的稳定以及新中国在国际上地位的提高,新华社在对内对外新闻宣传报道和在国际上争取发言权方面还存在诸多不足,中央领导为此曾专门发表意见。1955年12月,毛泽东曾批评新华社:"驻外记者派得太少,没有自己的消息,有,也太少。""应该大发展,尽快做到在世界各地都能派有自己的记者,发出自己的消息,把地球管起来,让全世界都能听到我们的声音。"②1956年5月28日和6月19日,刘少奇两次同新华社负责人谈话,内容非常丰富,涉及新华社的性质和任务、新闻报道的基本要求与国内和国际报道的改进、记者工作作风以及建设世界性通讯社、学习塔斯社等问题。

关于向塔斯社学习,刘少奇批评说,在这个问题上,新闻界存在着教条主义倾向。他指出:"对苏联和人民民主共和国经验要有批判地接受,不能无条件地接受。不分好坏,不看条件,一律接受,一律学习,一律照办,就是教条主义,就是

---

① 《中国共产党新闻工作文件汇编》中册,新华出版社,第483页。
② 《毛泽东新闻工作文选》,新华出版社,1983年版,第182页。

盲从,就是迷信。"他还明确指出:"我们的新闻报道,学塔斯社的新闻格式,死板得很,毫不活泼","党八股,照格式写文章","我们不能学这种党八股"①。他要求新华社既要学习塔斯社,也要学习资产阶级通讯社;并且认为如果不克服教条主义、主观主义和片面性的缺点,新华社就不可能成为世界性通讯社。

在新闻报道上,刘少奇认为新闻报道既要强调"立场",又必须讲究新闻客观、真实、公正、全面,要克服新闻报道的片面性。谈到国际新闻报道,刘少奇说:"现在我们的国际报道只有一面,骂美国,说我们好。这种片面性的报道,会造成假象,培养主观主义。""周恩来总理骂了美国,美国报纸照例是会刊登的。为什么资产阶级的报纸敢于把骂他们的东西登在报纸上,而我们的报纸却不敢发表人家骂我们的东西呢? 这是我们的弱点,不是我们的优点。"②谈到国内新闻报道,刘少奇说:"我们的新闻报道,要考虑利害,要有利于人民,有利于党,有利于当前的斗争。"他批评强调问题报道要及时:"一定要问题解决了才报道,是不好的。""对没有结论的问题应该有议论,应该有几种不同的意见。这个地方就是'百家争鸣'。这样,才能把报纸办得活泼些。"他还批评说:"稿件要经过本部门负责人同意"的规定"不一定妥善,有些报道不一定要本部门负责人同意。"③

关于新华社的性质,刘少奇主张"民间身份"。他说:"新华社做国家通讯社好,还是当老百姓好,我看,不做国家通讯社,当老百姓好。""新华社的评论、新华社记者的评论,不是代表国家发言。新华社也不要学习塔斯社那样代表政府辟谣。"④

根据毛泽东和刘少奇的讲话,新华社对过去的工作思路进行了调整,制定出新的发展规划,并于 1956 年 8 月以新华社编委会的名义向中共中央呈送请示报告。关于新华社的性质,《报告》说:"从新华社作为一个舆论机关来考虑,特别考虑到新华社要成为世界性通讯社,要跟西方资产阶级通讯社竞争,争取民办的形式好处较多。因为民办以后,政府在外交上对新华社可以不承担什么责任,而新华社可以更自由地进行活动和报道,同时,这样做也可以减少新华社的报道是官方宣传的印象。"《报告》还就改进国内报道,改进对国内分社的管理,改革报道组织,提高报道质量和工作效率,更好地为报纸和广播电台服务等方面谈了一些可行性意见。例如克服报道中的片面性,扩大国内记者网,改变机关化工作方式,采访深入基层等。此外,为了提高新闻报道质量和新闻发布时效,新华社拟

---

① 《新闻工作文献选编》下册,新华出版社,1980 年版,第 358、359 页。
② 同上书,第 360 页。
③ 同上书,第 362、363 页。
④ 同上书,第 367、368 页。

实行记者工作定额管理，建立好稿和超额奖励制度，以激发记者的积极性和创造性。《报告》提出，为实现建设世界性通讯社目标，新华社未来的发展规划是："第一步在五到七年内，新华社应首先集中力量建设成为东方（亚非地区）最有权威的世界性通讯社；第二步十到十二年内，新华社应建设成为在全世界范围内可以和西方资产阶级各大通讯社相匹敌的世界性通讯社。"1956年，新华社国外分社由原来的9家增加到19家。

经过这次改革，新华社业务有了显著改善，受到报纸和广播电台的欢迎。在规模上迅速扩张，开始向世界性通讯社迈进。

（三）广播的改革

广播工作改革的全面展开是以1956年暑期召开的第四次全国广播会议为标志的。在此之前，1956年5月28日刘少奇代表党中央对广播工作做了重要讲话。讲话内容涉及以下几个方面：发展农村有线广播；加强对国外广播；降低收音机价格；关于收听费问题；加强对广播事业局的领导；创办广播大学；广播宣传密切联系人民、关心人民生活等。

根据刘少奇的指示和毛泽东的《论十大关系》的精神，中央广播局于1956年7月25日至8月16日在北京召开第四次全国广播工作会议。会议讨论了广播事业的体制等问题，着重研究了如何改进广播宣传，更好地为社会主义建设服务的问题。会后，中央和地方广播电台结合各自具体情况，实施工作改革。

首先是改进新闻报道，努力做到又多又快又好。中央人民广播电台加强了《新闻报摘》和《全国联播》等新闻节目。1956年，每天的新闻节目从1949年的4次增加到15次，对外广播扩大到10个语种。地方广播电台也把新闻节目的调整放到优先位置。江苏台把长期不被重视的《新闻》节目摆上重要位置，减少新闻重播次数，多用自己采写的新闻。辽宁台狠抓节目质量，其办台口号是：质量第一、效果第一。

其次是贯彻"双百方针"，开展自由讨论，纠正广播不能批评的错误观念。上海台的评论工作较为出色，它们运用多种体裁对重大问题表明电台的观点。湖南台的评论工作也很活跃，在省级单位聘请了特约评论员。有的电台还采编批评性报道，对人民群众关心的问题进行干预。开展自由讨论，主要是指就社会中的一般问题的讨论，选择社会热点话题发表不同看法，进行讨论和辩论。这就改变了过去广播态度过于严肃、板着面孔训人的弊病。

第三，丰富文艺广播，广泛采用各种文艺样式。这一时期，各电台的文艺广播有了较大发展，节目来源扩大，题材丰富多样，社会影响越来越大。湖南广播电台在1956年前文艺节目很少。经过改革，该台引进各地大量的优秀节目，自己制作广播剧、电影录音剪辑和各种配乐文学节目，满足不同层面听众的爱好。

四川台还增办艺术教育节目,报道群众业余文艺活动。

四是重视听众关心的问题,开办直接为听众日常生活服务的节目。北京台开办《一周来的北京》《周末广播》节目,介绍一周来首都文艺、文化生活的动态,并介绍首都风光,兼做导游。吉林台开办《生活与知识》节目,关心人们的衣食住行,普及科学知识,指导社会生活。这些做法拉进了广播与群众之间的距离,很受群众青睐。

三、改革的意义

1956年的新闻改革是我国建国以来一次较为系统和全面的新闻方针调整和新闻业务改进活动,具有思想解放性质。在历时一年多的新闻工作改革过程中,新闻工作者在总结经验的基础上,大胆创新,使我国新闻工作出现崭新的局面。

在新闻理论层面,出现了新的提法和看法。复旦大学新闻系王中教授在1956年撰写了《新闻学原理大纲》,对报纸的性质、任务等问题做了新的阐释。他认为,报纸的职能是"为人民服务"。在新形势下,报纸有指导工作、指导生活、扶植民主、培植道德等职能,不赞成继续照搬列宁的报纸是"集体的组织者"的说法,主张"社会性质变化了,整个人与人之间的关系变化了,那么报纸的性质、办报的方针也应当随着变化"。他还提出,报纸既是政党宣传工具,又是老百姓花钱买的商品,具有工具性和商品性两重性。特别值得一提的是,刘少奇在新闻事业发展和新闻工作改进方面发表了很多真知灼见,他把党性与人民性结合起来,尊重新闻规律,努力发挥新闻应有的功能,作为当时的领导人实属难能可贵,在中共新闻思想史上别开生面。

在新闻实践上,无论是《人民日报》改版还是广播事业改革,都在向新闻专业主义回归的道路上迈出了可喜的一步。新闻报道的量在显著增加,质在显著提高,时效性在增强,新闻对社会现实干预的程度明显加深,这些做法都是符合新闻规律的表现。从对新闻事业的管理上来看,中央对新闻事业的指导更为科学,目标更为具体、明确。

这次改革受到了广大读者和听众的欢迎和支持。表现之一是报纸发行量,特别是自费发行部分大幅增加。1956年10月1日,机关、团体等单位中私人需要的报纸实行自费订阅后,报纸的发行量不但没有减少,反而有所增加。一些报纸还超过了预计的发行数。广播的收听率也明显提高,听众反馈也很热烈。

可惜,这场来之不易新闻改革到1957年上半年就夭折了。新闻改革的夭折,主要是毛泽东对改革"兴师问罪"的结果。从4月22日起,《人民日报》对版面作了调整,原第2、3版的经济版移至第3、4版,原第4版的国内政治版移至第2版。这就意味着改版后以经济建设为中心的编辑方针退到了政治领先的编辑方针。此是后话。

随着《人民日报》改版局面的中断,整个新闻界的社会主义改革也就随之终止了。

本章简论：新中国新闻体制应从"非常态"转换到"常态"

无论是报纸还是广播、通讯社,无论是新闻实务运作还是新闻思想指导,中华人民共和国的新闻业皆是共产党新闻业从农村向城市的转移,从局部向全国的延展。

中国共产党人以社会主义制度代替剥削制度,建立劳动者在平等地享受物质财富的同时也能平等地享有文化财富包括新闻财富的社会形态作为自己的奋斗目标。因此,中国共产党的新闻事业一反西方报业的权力监督与文化启蒙的路径,而以资本批判与政治宣传为主旨。在整个革命时期,意识形态的作用是共产党生存的首要条件,因为共产党本身就是一个具有意识形态魅力的政党,政党成员必须在意识形态层面达成高度一致,革命才有胜利的希望。同时,在当时历史条件下,中国共产党是反帝反封建的政党,没有当局政权的新闻宣传设备的支持,必须以秘密活动为主,下到基层,深入群众,以秘密的新闻传播的形式向四周扩散党的影响力。这种条件也使得党的新闻事业一开始就是按照军队的形式来思考其新闻纪律的。也正是这样的严峻条件及共产党本身所承担的历史任务,决定了共产党把新闻事业纳入视野时就不是把它作为一种现代性的社会分工,而是把它作为党领导下的一个工作部门,直接为党的建设服务,为党的革命斗争服务,并把其与党的领导的关系提高到关系到党的生存的高度上来认识。这样的新闻制度,在残酷的战争年代,充分保证了党对各级新闻单位的领导：在汪洋大海般的小农经济的包围下,党能坚持以无产阶级思想武装全党；在分散的革命根据地能进行党的建设；在新闻资源极度缺乏的情况下和与敌对政党的新闻战中,能够发出党的坚强有力的声音……所有这些,对于团结全党以维护中央权威、动员力量以支持战争并最终取得革命胜利发挥了重要的作用。

在严酷的阶级斗争情况下,党对新闻事业的认识也不可避免地存在着某种"偏向"。在物质存在与意识形态的关系上,往往强化意识形态的能动作用；在新闻的政治功能与社会功能上,往往强化新闻的政治属性,而忽视新闻本身作为现代性社会分工所应承担的社会职能;在新闻自由与新闻控制的关系上,往往强化新闻控制,而对新闻自由进行资产阶级定性而加以批判;在舆论的一律与不一律上,往往强化新闻舆论的一律,把异质的声音当作敌我矛盾来处理。实际上,在党的历史上,即使在革命战争年代,错误思潮——从陈独秀的右倾路线到王明的"左"倾路线——占据党内主导地位时,新闻媒介都没有发挥其监督匡正功能,而只能通过核心层的权力斗争来解决。新闻媒介不是党内多元声音的对话舞台,它只是也只能是权力之链上的一个链条,只能追随权力的变更而起舞。

建国后,党取得了对于全国的领导权,由革命党变为执政党,党的生存环境和具体任务都发生了根本变化。但遗憾的是,中央领导人没有意识到环境和任务的改变需要相应的制度创新,而是把这种在战争年代形成的新闻体制从解放区向全国推广。党的一元化领导保证了国家新闻事业的一元化体制,但新闻事业也因此没有形成其本身的生命和运作规律。突出的表现是,在和平建设的环境下继续按照战争思维来运作,把"革命"这种非常态的历史形式作为一种常态的历史发展形式。简言之,就是如同战争时期一样,新闻事业仍然是党的事业的一个组成部分,直接无条件地服从党委领导人的领导,新闻媒介成了党委领导人政治权力的延伸。

新中国成立后,党凭借自己取得的权力,很快在全国建立起了自己的新闻体系,党也凭借自己在革命年代树立起来的威信,使新闻媒介也很快地获得了人民的信任,党的崇高信念和责任感,也提出过不少好的新闻工作方针,比如前面所说的"联系实际、联系群众、批评与自我批评"等。但是由于战争年代的新闻宣传模式没有改变,新闻事业和新闻宣传工作的成绩中潜藏着问题,好的东西很难发扬,而问题则很快暴露并发展。比如,建国初期,党重视批评与自我批评,新闻媒体的批评与自我批评一度也搞得很好,但是后来由于某些因素的制约,指导思想往后退,实际行动也向下滑。

1950年的《关于在报纸刊物上展开批评和自我批评的决定》,在从巩固新政权的高度阐述了在报纸刊物上开展批评和自我批评的必要性后,明确指出:"在一切公开的场合,在人民群众中,特别在报纸刊物上展开对于我们工作中一切错误和缺点的批评与自我批评。"并且还给了报纸记者、编辑很大的权限:"凡在刊物上公布的批评,都由报纸刊物的记者和编辑负独立的责任。"① 应该说,这样规定,不仅符合党和人民的利益,也符合新闻工作的规律。到了1954年,第二次全国宣传工作会议所作出的《关于改进报纸工作的决议》,虽然也强调要在报纸上

---

① 《中国共产党新闻工作文件汇编》中卷,新华出版社,1980年版,第5、6页。

开展批评和自我批评,但是角度就有了明显变化,说"报纸上发表的批评有一部分发生事实错误和态度不适当,甚至有些报纸曾经发生脱离党委领导的倾向。中央责成各地党委并领导党报编辑部,对于四年以来在报纸上开展批评和自我批评的情况做一次认真检查,采取有效的改进办法,并向中央报告。"《决议》还特别说,在报纸上公开批评,应该防止被敌人利用,"鉴于目前的国际国内环境,在报纸上公开进行批评与自我批评,又必须在政治上作周密的考虑,使人民所得的多,敌人利用的少,不做这样的考虑也是错误的"①。这样的规定,没有起到鼓励新闻工作者和广大人民群众大胆开展报纸批评的作用,所以1954年《人民日报》的批评稿件大大下降,只是1953年的20%、1952年的12%②。还要特别提到1953年中共中央宣传部的一个文件。这年春天,广西《宜山农民报》刊登了批评宜山地委的文章,省委宣传部对此进行了批评,并上报了中央宣传部。中宣部复信指出:"不经请示不能擅自批评党委会,或者利用报纸来进行自己同党委会的争论,这是一种脱离党委领导的做法,也是一种严重的无组织无纪律的现象。"③这条"报纸不得批评同级党委"的规定,使得报纸开展批评、媒介发挥监督威力大打折扣。

　　刘少奇对这种新闻体制的弊端看得比较清楚,头脑也比较清醒。他在1956年5、6月间,连续对新华社作了两次指示,对广播事业局作了一次指示。这些指示不仅仅是对新华社和广播事业局作的,而且是对全国整个新闻界作的。这些指示不是一般的官话、套话,而是力求把新中国新闻体制由"非常态"转换到"常态"、正常发展国家新闻事业的真知灼见:新闻媒体,包括新华社这样的大新闻机构做"老百姓"的问题;新闻报道要既要强调立场,又要强调客观、真实、公正、全面的问题;报纸是"百家争鸣"的地方,应该容许不同意见的发表,好的要讲,不好的也要讲,等等。从某种程度上看,1956年的新闻改革实际上是刘少奇发动和支持的。虽然刘少奇当时已经是中国共产党和中华人民共和国的重要领导人,但是因为他不是一号领袖人物,所以他的话也不能作数,一旦毛泽东对《人民日报》改版"兴师问罪",整个新闻改革也就夭折了,"可喜"很快演变为了"可惜"。

---

① 《中国共产党新闻工作文件汇编》中卷,新华出版社,1980年版,第323页。
② 孙旭培:《新闻学新论》,当代中国出版社,1994年版,第277页。
③ 《中国共产党新闻工作文件汇编》中卷,新华出版社,1980年版,第279页。

第十三章

探索建设社会主义与新闻事业曲折发展

本章概要

上一章说到,新中国成立后的最初几年,新闻事业的发展和新闻工作的运作开了一个很好的头,新闻总署的成立,各项新闻法规的出台,党对新闻事业发展和新闻工作进行提出了"联系实际,联系群众,批评与自我批评"的指导方针,报纸企业化经营思想的提出与实施,尤其是1956年新闻界改革的思想与成果,是那样的喜人。但是,由于战争年代的新闻体制的沿用,加上历史上"左"病根深蒂固,影响深重,新闻界已经凸显出了与时代不适应的地方,问题虽然不占主流,但是性质严重,亟待解决。

然而,从1957年至1966上半年,即探索建设社会主义的过程中,中国新闻界"亟待解决"的问题非但没有得到解决,而且还在向更"左"的方向发展,上演了一个接一个的悲剧。在"左"潮掀起的一场又一场的政治运动中,新闻媒体都是首当其冲;媒体迎合政治运动的需要,丧失自己的独立思考能力,助长了"左"倾错误思想的泛滥,损害了党和人民的利益,媒体自身也成为受害者。

1957年反右派斗争中的新闻界,先是新闻媒体充当毛泽东实施"阳谋"、"引蛇出洞"的工具,后是新闻界自身成了重灾区,不少报人受到批判,许多报人被划为"右派"。

1958年"大跃进"中的新闻界,违反科学,丢失专业精神,宣传报道不顾客观事实,头脑发昏,满纸胡言乱语,为浮夸风、瞎指挥风的兴起和蔓延推波助澜,使我国社会主义建设蒙受极大损失;同时,新闻界自身也大搞"大跃进","假大空"盛行,新闻事业的权威性大打折扣。

1959年"反右倾"中的新闻界,丧失社会责任感,对错误的指令"一呼百应",而对正确意见的批判,高度"一边倒",是非颠倒,"左"论蜂起。

1960年下半年至1962年上半年,新闻界在全国国民经济实施"调整、巩固、充实、提高"方针的大局中,进入调整时期,新华社、《人民日报》和全国新闻单位对1958年至1960年三年的新闻宣传进行了全面检查,通过总结经验教训,学习马克思主义新闻理论,广大新闻工作者提高觉悟,新闻工作有了一定的起色。大兴调查研究之风,新闻工作开始走出误区,改革新闻业务,新闻界在典型宣传、热爱社会主义祖国的宣传和树立社会主义新风尚的宣传方面,取得了较大的成绩;另外,报刊杂文和晚报有较大发展。

但是,这种好转趋势没有发展多久,1962年9月,中共八届十中全会强调抓阶级斗争和反对修正主义,新闻界也开始唱"千万不能忘记阶级斗争"的调子,在批判"修正主义"和反"复辟"的斗争中,在批判小说《刘志丹》、批判昆剧《李慧娘》、批判电影《北国江南》与《早春二月》中,在批判杨献珍的"合二而一"论、经济学方面孙冶方的价值规律等学说、历史学方面翦伯赞的"历史主义"中,在批判吴晗新编历史剧《海瑞罢官》中,都有新闻媒体参与其中。需要指出的是,由于调整时期对1957年以来经验教训的总结,这个时期《人民日报》等新闻媒体在兴"左"风浪方面,似乎不如以往那样起劲,有时甚至是被逼上马的,并且,一些好的做法,如典型宣传一直在坚持,雷锋和焦裕禄两个先进典型就是这期间由媒体宣传出来的;又如1963年至1964年,有些报纸发起对青年应该树立共产主义理想的大讨论等。

如果要用一句话来概括这一时期的新闻事业特点的话,那就是在曲折中发展,在探索中前进。

第一节 "鸣放"中的新闻界与新闻界的反右派斗争

一、宣传"双百",动员"鸣放"

苏共二十大后,国际上主要是东欧局势动荡。在苏共批判斯大林浪潮的冲击下,1956年下半年发生波兰波兹南事件和匈牙利事件(史称"波匈事件")。在这样的背景下,毛泽东对苏共二十大重新作了解读。1956年11月在中国共产党八届二中全会上,毛泽东说:"关于苏共二十次代表大会,我想讲一点。我看有两把'刀子':一把是列宁,一把是斯大林。现在,斯大林这把刀子,俄国人丢了。哥穆尔卡、匈牙利的一些人就拿起这把刀子杀苏联,反对所谓斯大林主义。"波兰、匈牙利的政局为什么出现变化?毛泽东认为:"基本问题就是阶级斗争没有搞好,那么多反革命没有搞掉,没有在阶级斗争中训练无产阶级,分清敌我,分清是非,分清唯心论和唯物论。"①1957年1月18日至27日中共召开了省市自治区党委书记会议,毛泽东在会上讲到苏联问题时,联系中国的情况说:"苏共'二十大'的台风一刮,中国也有那么一些蚂蚁出洞。这是党内的动摇分子,一有机会他们就要动摇。他们听了把斯大林一棍子打死,舒服得很,就摇过去,喊万岁。说赫鲁晓夫一切都对,老子从前就是这个主张。……蚂蚁出洞了,乌龟王八都出来了。他们随着哥穆尔卡的棍子转,哥穆尔卡说大民主,他们也说大民主。"毛泽东警告大家说:"过去的这一年是多事之秋,国际上是赫鲁晓夫、哥穆尔卡闹风潮的一年,国内是社会主义改造很激烈的一年。现在还是多事之秋,各种思想还要继续暴露出来,希望同志们注意。"②如何避免匈牙利事件在中国发生?毛泽东提出了用"无产阶级大民主"帮助党"整风"的办法,在中国共产党八届二中全会上,他预告说:"我们准备明年开展整风运动。整顿三风:一整主观主义,二整宗派主义,三整官僚主义。"③如何实行"无产阶级大民主"?毛泽东还是以为借用1956年提出的"双百"方针为好,将这个发展文学艺术和指导学术研究的方针移植到发动民主党派和知识分子帮助共产党整风。

但是,"双百"方针公开提出后,在知识界引起的反响很不一致。只有少数人在"双百"方针的鼓舞下,积极从事创作活动和研究工作,如23岁的王蒙,于1956年9月号《人民文学》上发表了小说《组织部来了个年轻人》;多数人口头上欢迎,因有疑虑,一时还不敢有什么动作;还有一些人,对新方针抵触甚至抗拒。所以,大半年过去了,到1957年春,"百家争鸣,百花齐放"局面并没有真正出现,知识界仍然噤若寒蝉。实际上,经过了建国后陆续对电影《武训传》的批判,对梁漱溟的批判,对《红楼梦研究》和胡适资产阶级唯心思想的批判,以及对所谓"胡风反革命集团"的批判,广大知识分子心有余悸,他们都持观望的态度。

此时,还发生了一件事。1957年1月7日,《人民日报》发表了总政文化部陈其通、陈亚丁、马寒冰、鲁勤等联名写的《我们对目前文艺工作的几点意见》一文。该文罗列了"双百"方针提出后在文艺界产生的消极影响,说"双百"方针发表后,"反映社会主义建设的光辉灿烂的这个主要方向的作品逐渐少起来了,充

---

① 《毛泽东选集》第5卷,第322、323页。
② 同上书,第334、339页。
③ 同上书,第327页。

满着不满和失望的讽刺文章多起来了"。言外之意,就是"双百"害多利少。文章发表后,影响很大。相当一部分人认为这是反击或反击的先兆,不是"放"而是"收"。这更使一些人觉得还是沉默为好。

毛泽东对新闻界的表现很不满意,他决心打破这种沉默,亲自在各种场合鼓励大家"鸣放"。

在1957年2月27日召开的最高国务会议上,毛泽东作了《关于正确处理人民内部矛盾的问题》的报告,第八部分专门讲了"关于百花齐放、百家争鸣、长期共存、互相监督"。毛泽东批评了陈其通等人的文章,说他们结论下得过早了一点;批评《人民日报》发表了陈其通等人的文章后,没有表态。毛泽东说,我不赞成那篇文章,那篇文章是错误的。毛泽东还提到了王蒙小说《组织部来了个年轻人》,说无论官僚主义出在哪里,都可以批评。毛泽东还说:"我国社会主义和资本主义之间在意识形态方面的谁胜谁负的斗争,还需要一个相当长的时间才能解决。这是因为资产阶级和从旧社会来的知识分子的影响还要在我国长期存在,作为阶级的意识形态,还要长期存在。如果对于这种形势认识不足,或者根本不认识,那就要犯绝大的错误,就会忽视必要的思想斗争。"还说:"资产阶级、小资产阶级,他们的思想意识是一定要再反映出来的。一定要在政治问题和思想上,用各种办法顽强地表现他们自己。要他们不反映不表现,是不可能的。我们不应当用压制的办法不让他们表现,而应当让他们表现,同时在他们表现的时候,和他们辩论,进行适当的批评。"所以,用"百花齐放,百家争鸣"的方法,让"香花"、"毒草"都发表出来,再发动群众同"毒草"作斗争。毛泽东还提出了辨别"香花"、"毒草"的六条标准,其中"最重要的是社会主义道路和党的领导两条"①。

3月6日,中共中央在北京召开了有党外人士参加的全国宣传工作会议。8日、9日、10日三天,毛泽东分别邀请教育界、文艺界、新闻出版界的部分代表座谈,12日又在大会上讲话,鼓励大家"鸣放"。毛泽东说:"百花齐放,百家争鸣,这是一个基本性的同时也是长期性的方针,不是一个暂时性的方针。""我们主张放的方针,现在还是放得不够,不是放得过多。不要怕放,不要怕批评,也不要怕毒草。"②刚刚复刊的《文汇报》的总编辑徐铸成参加了3月10日新闻出版界的座谈会,毛泽东主动同他握手,对《文汇报》表示赞赏说,你们的报纸办得好,琴棋书画,梅兰竹菊,花鸟虫草,应有尽有,真是办得好。我下午起身,必先找你们的报看,然后看《人民日报》,有时间再看其他报纸。徐铸成请示如何在报纸

---

① 《毛泽东选集》第5卷,第390、392、393页。
② 同上书,第414、416页。

上宣传"双百"方针,毛泽东没有正面回答,只是说要他"从打仗中学习打仗"①。在几个座谈会上,毛泽东都批评了陈其通、马寒冰的文章,说他们的方针是反对中央的方针,他们用的是压的方法,不能说服人。同时,毛泽东再次肯定王蒙,说此人虽有缺点,但是他讲中了一个问题,就是批评官僚主义。

与会者听了毛泽东在座谈会上及在大会上的讲话如醉如痴。傅雷会后写信给他在波兰留学的儿子傅聪,谈到他听毛泽东讲话的感受说:"毛主席的讲话,那种口吻,音调,特别亲切平易,极富于幽默感;而且没有教训口气,间以适当的Pause(停顿),笔记无法传达。他的马克思主义到了化境的,随手拈来,都成妙谛。出之以极自然的态度,无形中渗透听众的心。讲话的逻辑都是隐而不露,真是艺术高手。"还说,毛泽东的讲话很有针对性,半年来,文艺界有些苦闷,报纸上只谈成绩不谈缺点,所以毛泽东从1月到3月连续三次讲百家争鸣问题,"他的胸襟宽大,思想自由,和我们旧知识分子没有区别,加上极灵活的运用辩证法,当然国家大事掌握得好了。毛主席是真正把古今中外的哲学融会贯通了的人"②。可见,毛泽东已经彻底赢得了知识分子的心,彻底打消了他们的思想顾虑。

全国宣传工作会议后,毛泽东于3月16日出京,17日在天津、18日在济南、19日在上海,继续动员"放"和"鸣"。此时,报纸上开始了对"双百"方针大张旗鼓的宣传。

由于毛泽东2月27日在最高国务会议上点名批评《人民日报》发表了陈其通等人的文章而长期没有表示态度,所以邓拓十分紧张,急急忙忙从来稿中选了一篇登在3月1日的报纸上,这篇文章立意不高,根本达不到毛泽东的要求。接着又约请茅盾写了一篇批评陈文的文章,3月18日见报;4月4日又集中发表了一组批评陈文的读者来信。

《人民日报》的被动局面直到4月10日才扭转过来。当日该报发表了以《继续放手,贯彻"百花齐放、百家争鸣"的方针》为题的社论,首次在报纸上正面阐述了毛泽东2月27日在最高国务会议上的讲话。社论说:"'百花齐放、百家争鸣'并不是什么一时的、权宜的手段,而是为发展文化和科学所必要的长时期的方针。"社论还对陈其通等人的文章表明了态度。刚从南方回京的毛泽东看到了这篇社论,当天中午说,要请社论作者王若水吃饭。

4月10日以后,《人民日报》又连续发表了五篇社论,宣传毛泽东的《关于正确处理人民内部矛盾的问题》和《在中国共产党全国宣传工作会议上的讲话》的

---

① 徐铸成:《"阳谋"亲历记》,《徐铸成回忆录》,三联书店,1998年版,第399页。
② 《傅雷家书》增补版,第158页。

精神。这五篇社论即《怎样对待人民内部的矛盾》(4月13日)、《从团结的愿望出发》(4月17日)、《工商业者要继续改造,积极工作》(4月22日)、《从各民主党派的会议谈"长期共存,互相监督"》(4月26日)。

在"双百"方针的宣传出现高潮时,1957年4月27日,中共中央作了关于在全党范围内进行一次以反对官僚主义、宗派主义、主观主义为内容的整风运动的指示。4月30日,毛泽东约请民主党派负责人和无党派人士在天安门城楼上谈话,要求民主党派帮助共产党整风。5月1日《人民日报》和全国的报纸都刊登了《关于整风运动的指示》。指示要求把正确处理人民内部矛盾问题作为这次整风运动的主题,要求检查"百花齐放、百家争鸣"方针和"长期共存、互相监督"方针的执行情况,并实行开门整风,欢迎党外人士自愿参加,帮助党整风。

整风运动开始后,全国各家报纸都围绕它进行报道。当时把提出批评和意见称为"鸣放",并发展成为"大鸣大放"。从5月8日到6月3日,中共中央统战部邀请各民主党派负责人和无党派民主人士举行座谈会,征求对党的工作与整风的意见。先后开会13次,发言的党外人士达70多人。12次座谈会分为两个阶段,5月8日至16日为第一阶段,5月21日至6月3日为第二阶段。《人民日报》,对这些发言作了全面详尽的报道。

整个座谈会由中共中央统战部长李维汉主持。每次座谈会的情况,李维汉都向毛泽东和中央常委作详细汇报,当"汇报到第三次或第四次时,已经放出了一些不好的东西,什么'轮流坐庄'、'海德公园'等谬论都出来了。毛泽东同志警觉性很高,说他们这样搞,将来会整到他们自己头上,决定把会上放出来的言论在《人民日报》发表,并指示:要硬着头皮听,不要反驳,让他们放。……及至听到座谈会的汇报和罗隆基现在是马列主义的小知识分子领导小资产阶级的大知识分子、外行领导内行之后,就在五月十五日写出了《事情正在起变化》的文章,发给党内高级干部阅读"①。毛泽东在文章中说:"现在右派的进攻还没有达到顶点,他们还在兴高采烈","我们还要让他们猖狂一个时期,让他们走到顶点。他们越猖狂,对我们越有利益"。这叫做"诱敌深入,聚而歼之"②。据薄一波回忆说,根据这个精神,从5月中旬至6月初,中央连续发出指示,中央政治局和书记处多次开会,制定反击右派斗争的策略;而其中最重要的一条,就是让右派进一步暴露的策略,即让右派任意鸣放,他们"愈嚣张愈好",党员暂不发言,"按兵不动",预作准备,后发制人。5月14日的指示说:"我们各地的报纸应该继续充分报道党外人士的言论,特别是对于右倾分子、反共分子的言论,必须原

---

① 李维汉:《回忆与研究》下,中共党史资料出版社,1986年版,第833—834页。
② 《毛泽东选集》第5卷,第425页。

样地、不加粉饰地报道出来,使群众明了他们的面目,这对于教育群众、教育中间分子,有很大好处。"①毛泽东撰写《事情正在起变化》,表明运动由前阶段的"整风"转变为"反右"了,那么,统战部召开的民主党派座谈会的第二阶段也就主要是让"右派""任意鸣放","愈嚣张愈好"。

二、毛泽东对1956年新闻改革的否定

《人民日报》和各级党报在宣传"双百"方针和动员"鸣放"中的表现,使毛泽东很不高兴。实际上,对于1956年社会主义新闻改革的诸多提法和行动,对于《人民日报》的一些文章,毛泽东早就有自己的看法,特别是在苏联和东欧政局变化后,毛泽东对新闻界的不放心,对党的机关报的不满意,对新闻界的一些人的不信任不时都有所流露,只是没有机会发作而已。1956年5月,中共中央政治局根据第一个五年计划执行过程中出现冒进的情况,确定了既反保守又反冒进、在综合平衡中稳步前进的国民经济建设方针。"少奇同志在这次会议上,要求中央宣传部就反对'两个主义'问题代《人民日报》写一篇社论。""6月1日,中央宣传部长陆定一同志在部分省市委宣传部长座谈会上讲话中宣布:'反对右倾保守,现在已高唱入云,有必要再提一个反对急躁冒进。中央要我们写篇社论,把两个主义反一反。'"②6月10日,在刘少奇主持下,政治局会议通过了1956年国家预算报告。6月16日,《人民日报》发表社论《读一九五六年的国家预算》,认为预算报告"最值得注意的一点,是在反对保守主义的同时,提出了反对急躁冒进的口号,这是总结了过去半年中执行国民经济计划的经验得来的结论"。社论在指出急躁冒进的几种表现后说:"希望全国各级组织和各个部门的工作人员,都认真地重视这个警号,在实际工作中正确地进行两条战线的斗争。"据薄一波说,这篇社论可能是由于题目不鲜明,未能引起毛主席的注意。中央宣传部起草的社论,题为《要反对保守主义,也要反对急躁情绪》,题目鲜明,先后经过了陆定一、胡乔木、刘少奇三人修改,6月10日脱稿,送毛泽东审阅。毛泽东在收到此稿后,批了三个字:"不看了"。《人民日报》总编辑邓拓接到退回的社论稿,十分为难,经过再三考虑,决定用新5号字(比老5号小一号)发排,在6月20日头版显著位置刊登。对于《人民日报》的"6·20"社论,毛泽东一直耿耿于怀,后来在1958年1月的南宁会议上来了一次总爆发,严厉指出1956年反冒进是错误的,《人民日报》"6·20"社论有原则错误,并将社论印发每

---

① 转引自薄一波:《若干重大决策与事件的回顾》下卷,中共中央党校出版社,1993年版,第613页。
② 薄一波:《若干重大决策与事件的回顾》上卷,中央党校出版社,1991年版,第534页。

个人,逐段进行批判。

1957年2月27日,毛泽东在最高国务会议上作了题为《关于正确处理人民内部矛盾》的报告,《人民日报》因为未接到中央的指示,故没有宣传,更没有发社论。3月6日,中央专门召开关于"双百"的全国宣传工作会议,毛泽东在会上多次讲话,《人民日报》也没有宣传。后来,在毛泽东批评之后,《人民日报》才开始宣传,但不甚得力,使毛泽东很不满意。

4月10日,也就是《人民日报》发表《继续放手,贯彻"百花齐放、百家争鸣"的方针》社论的那一天,毛泽东终于找到了发作的机会。中午,他把《人民日报》总编辑邓拓、副总编辑胡绩伟、王揖、黄操良和文艺部主任林淡秋、袁水拍以及社论作者王若水召到中南海卧室。一开始,毛泽东劈头盖脸对邓拓等人开火。首先对《人民日报》1956年的改版提出质疑:为什么要改8个版?为什么要排新5号字,把字弄得那么小?然后对近来的几件事的处理提出批评:最高国务会议后,《人民日报》无声音,非党的报纸在起领导作用,党报被动,整个党的领导也被动。最近对党的政策宣传,你们是专唱反调,专门给陈其通唱。过去说你们是书生办报,现在应该说死人办报。你们到底是有动于衷,还是无动于衷?我看是无动于衷。毛泽东还指出,宣传工作未登消息,是个错误。这次会议是党内外人士合开的,为什么不登消息?最高国务会议为什么不发社论?为什么把党的政策秘密起来?这里面有鬼,鬼在什么地方?你们多半是对中央的方针唱反派,是抵触的,反对中央的方针的,不赞成中央的方针的。中央开了很多会议,你们参加了,不写,只是使板凳增加了折旧费。如果继续这样,你们就不必来开会了,谁写文章叫谁来参加会。当胡乔木对改版一事解释说"《人民日报》出8个版是中央同意了的"时,毛泽东反问道,中央是谁?胡乔木说,请示过主席。毛泽东说,如果是那样,那是我说了昏话,我的很多话你们都听不进去,这件事就听进去了。谈话时,毛泽东对报纸近期的表现排了一个队:《文汇报》、《中国青年报》、《新民晚报》或者《大公报》、《光明日报》,最后是《人民日报》和各地党报。邓拓感到自己处境十分困难,请求辞职。毛泽东说,你只知道养尊处优,不能占着茅坑不拉屎。

为了消除1956年新闻改革的影响,使新闻"紧密结合政治形势"①,使报纸更好地在这场反右派斗争中发挥作用,毛泽东又于5月18日和6月7日专门对新闻界发表谈话,让新闻界来一个"改革"后的"改进"。

5月18日,即在撰写了《事情正在起变化》后的第三天,毛泽东在卧室召见刘少奇、周恩来、邓小平、彭真、陆定一、胡乔木和吴冷西等人,专门讲新闻的阶级

---

① 吴冷西:《忆毛主席》,新华出版社,1995年版,第40页。

性问题。毛泽东说,中国的新闻界有三条路线,一条是教条主义,一条是修正主义,一条是马克思主义。现在教条主义不吃香,修正主义神气起来,马克思主义还没有真正确立领导地位。许多人不懂得什么是马克思主义新闻学。毛泽东说,马克思主义新闻学的立足点是新闻有阶级性、党派性。我们无产阶级新闻学是以社会主义经济为基础的,这同资产阶级新闻学根本不同。在我们国家,无论哪一种报纸,都纳入国家计划,都要服从无产阶级利益,都要接受共产党的领导。报纸同政治关系密切,甚至有些形式,有些编排,就表现记者、编辑的倾向,就有阶级性、党派性了。毛泽东最后提出,要认真改进新闻工作。这一次,毛泽东关于无产阶级新闻学和新闻的阶级性的论述,实际上是在给1956年新闻改革的主持人刘少奇等"上课"。

6月7日,毛泽东在卧室召见了胡乔木和吴冷西,主要阐述"政治家办报"的观点。谈话还是从批评《人民日报》切入。毛泽东说,中央党报办成这样子怎么行? 写社论不联系当前政治,这哪像政治家办报? 接着,毛泽东结合4月10日对《人民日报》负责人的谈话归纳了四点改进意见:① 报纸的宣传,要联系当前的政治,写新闻、文章要这样,写社论更要这样。② 中央的每一重要决策,报纸都要有具体布置,要订出写哪些社论、文章和新闻的计划,并贯彻执行。③《人民日报》要在现有条件下改进工作,包括领导工作和业务工作。④ 要吸收报社以外的专家、学者、作家参加报纸工作,要团结好他们。最后,毛泽东对即将到《人民日报》工作的吴冷西说,要政治家办报,不是书生办报,就得担风险,要有"五不怕"的精神:一不怕撤职,二不怕开除党籍,三不怕老婆离婚,四不怕坐牢,五不怕杀头[①]。这一次,谈话对象很集中,就是即将全面掌握《人民日报》大权的两员大将,主要教他们不要像邓拓那样"书生办报"、"死人办报",而要"政治家办报"。

一周后,6月13日,新华社社长吴冷西被调到《人民日报》担任总编辑,同时兼任新华社的工作,"占着茅坑不拉屎"的邓拓被撤销总编辑职务,只保留社长名义,实际上没有什么实权。

《人民日报》又回到了改革前的轨道,整个新闻界也回到了改革前的轨道;在随即开展的反击右派的斗争中,新闻界又同以往一样动作了。

三、反右派斗争中的新闻界

1957年6月8日,中共中央发出了毛泽东起草的《关于组织力量准备反击右派分子进攻的指示》,向全党发出了反击右派的动员令,而且对整个斗争作周

---

① 吴冷西:《忆毛主席》,新华出版社,1995年版,第42、43、45页。

密部署。这一天也就成了中国历史上的反右派斗争的正式开始之日。当日，《人民日报》发表题为《这是为什么?》的社论,指出:"在'帮助共产党整风'的名义之下,少数的右派分子正在向共产党和工人阶级的领导权挑战,甚至公然叫嚣要共产党'下台'。他们企图乘机把共产党和工人阶级打翻,把社会主义的伟大事业打翻……这一切岂不是做得太过分了吗?物极必反,他们难道不懂得这个道理吗?"

据吴冷西回忆,《人民日报》6月8日的这篇社论是毛泽东亲自授意的。社论从卢郁文收到匿名信讲起。卢郁文,中国国民党革命委员会中央委员,国务院秘书长助理,5月25日在民革中央的座谈会上发言说,不要混淆资产阶级民主和社会主义民主,不要削弱和取消共产党的领导,等等。结果收到了匿名恐吓信,信中骂他"为虎作伥",警告他应"及早回头","不然人民是不会饶恕你的!"吴冷西说,6月7日,毛泽东在中南海卧室召见胡乔木和他,"我们刚坐下来,毛主席就兴高采烈地说,今天报上登了卢郁文在座谈会上的发言,说他收到匿名信,对他攻击、辱骂和恫吓。这就给我们提供了一个发动反击右派的好机会"。"过去几天我就一直考虑什么时候抓住什么机会发动反击。现在机会来了,马上抓住它,用《人民日报》社论的形式发动反击右派的斗争。社论的题目是《这是为什么?》,在读者面前提出这样的问题,让大家来思考。"毛泽东还现身说法对吴冷西说:像这样"写文章尤其是社论,一定要在政治上总揽全局,紧密结合政治形势。这就叫政治家办报"①。

为了指导和推动反右派斗争,《人民日报》在《这是为什么?》之后,几乎每天发表一篇反右派的社论。6月9日,发表《要有积极的批评,也要有正确的反批评》,进一步阐明对右派分子"破坏性的批评进行正确的反批评"的必要性。6月10日,发表社论《工人说话了》,支持工人对右派分子言论进行反驳,号召觉悟了的工人群众"起而应战"。6月11日发表《全国人民在社会主义基础上团结起来》,说:"要不要社会主义?要不要人民民主专政?要不要共产党的领导?这是我们的国家生活中最根本的是非问题。中国人民的大团结就是建立在对这样的问题的共同认识上面。右派分子企图混淆人们在这种根本问题上的认识。"实际上是公布划右派分子六条标准中最重要的三条。6月14日社论题目是《是不是立场问题》,提出:"在我国的民主革命、社会主义革命和社会主义建设中,成绩究竟是不是主要的?"怎样回答这个问题是一个立场问题。

"《人民日报》的社论一篇接一篇地发表,政治风向也一天比一天明朗。许

---

① 吴冷西:《忆毛主席》,新华出版社,1995年版,第39、40页。

多人已经根据这些社论的导向改变了立论的基调,拥护这些社论,在发言中重复这些社论的意思乃至字句。"①

6月19日,《人民日报》全文发表了毛泽东2月27日在最高国务会议上的讲话《关于正确处理人民内部矛盾的问题》。同讲话稿相比,论文稿增补了几条重要文字,包括关于我国阶级斗争形势的估计和六条政治标准。这就使得这篇文章不仅是在论述理论问题,而且实际上成为反击右派的威力无比的武器。有人称它在此时的发表,就像一颗重型炮弹把"猖狂进攻的资产阶级右派分子炸得魂飞魄散"。

6月21日,《人民日报》刊登了《首都高等学校师生用真理和事实击溃了右派分子》的长篇报道,说,现在"高校的大字报到处是批驳右派言论的短文","右派分子在各学校到处碰壁,已经丧失了前些日子的狂妄的气焰","有的不敢露面了,有的在无可辩驳的真理和事实面前,被迫检讨,表示悔改了"。

6月22日以后,《人民日报》又恢复了发表反击右派的社论。

四、新闻界的反右派斗争

在报道整风运动的同时,新闻界也就自身工作展开了"鸣放"。1957年3月,中国新闻工作者第一次代表会议在北京召开,并宣布成立中华全国新闻工作者协会,简称记协。5月16日至18日,记协研究部、北京大学新闻专业和中国人民大学新闻系联合召开新闻工作座谈会。与会人员有北京、上海、山东、江苏等地新闻工作者200余人。与会人员从实际出发,谈了官僚主义、宗派主义、主观主义在新闻界的表现和对新闻工作的影响,还就改善党对新闻工作的领导,党报的性质、作用与现阶段的任务,新闻自由与新闻体制,新闻报道的思想性与兴趣性,记者的工作条件,中国的报纸传统,新闻理论教学等问题提出了意见和建议。应该说,这些都是与新中国新闻事业息息相关的话题,有些是亟待解决的问题。虽然有个别意见较为偏激,甚至某些观点有错误倾向,但都是本着自由讨论和各抒己见的精神,坦诚地发表了自己的看法。

对于新闻界的形势,毛泽东在《事情正在起变化》中分析道,党内修正主义分子"否认报纸的党性和阶级性,他们混同无产阶级新闻事业与资产阶级新闻事业的原则区别,他们混同反映社会主义国家集体经济的新闻事业与反映资本主义国家无政府状态和集团竞争的经济的新闻事业。他们欣赏资产阶级自由主义,反对党的领导。他们赞成民主,反对集中。他们反对为了实现计划经济所必需的对于文化教育事业(包括新闻事业在内的)必要的但不是过分集中的领导、

---

① 朱正:《反右派斗争始末》上,香港明报出版社,2004年版,第246页。

计划和控制。"接着指出:"不论是民主党派内的右派,教育界的右派,文学艺术界的右派,新闻界的右派,科技界的右派,工商界的右派",他们"拥护人民民主专政,拥护人民政府,拥护社会主义,拥护共产党的领导""都是假的"。同时特别指出,"新闻界右派分子还有号召工农群众反对政府的迹象"①。5月14日,毛泽东指示刘少奇、周恩来等中央领导人,要他们注意上海《解放日报》、南京《新华日报》、上海《文汇报》及北京《北京日报》和《光明日报》的动向。

6月14日,《人民日报》发表由毛泽东撰写、署名《人民日报》编辑部的文章《文汇报在一个时期内的资产阶级方向》,公开批评《文汇报》和《光明日报》,认为"这两个报纸的基本政治方向,却在一个短时期内,变成了资产阶级报纸的方向。这两个报纸在一个时间内利用'百家争鸣'这个口号和共产党的整风运动,发表了大量资产阶级观点并不准备批判的文章和带煽动性的报道,这是有报可查的"。文章指出:"这两个报纸的一部分人……混淆资本主义国家报纸和社会主义国家报纸的原则区别。在这一点上,其他有些报纸的编辑和记者也有这种情形,一些大学的一些新闻系教师也有这种情形。"

事情的变化使《文汇报》总编辑徐铸成慌了神。3月10日全国宣传工作会议期间毛泽东在同新闻出版界代表座谈时对《文汇报》赞扬的话还在耳边回响。说实在的,徐铸成当时听后除了兴奋、激动,还有几分知遇之感。他很想把报纸办得更好,使毛泽东更满意。《文汇报》,这家创办于抗战烽火中的报纸,新中国成立后,是中共上海市委领导下的以知识分子为主要对象的报纸,徐铸成长期担任总编辑。该报曾于1956年4月28日停刊,并入北京的《教师报》。此时,毛泽东提出了"百花齐放,百家争鸣"方针,这个时候停掉这张同知识分子有广泛联系的报纸真不是时候,为了推动"双百"方针的贯彻,几乎在《文汇报》停刊的同时,毛泽东就在考虑让它复刊的事了。同年10月1日,《文汇报》在上海复刊,关于复刊后的编辑方针,徐铸成请教《人民日报》总编辑邓拓,邓拓说:"我们已千方百计鼓励知识分子鸣放,但知识分子看来有顾虑,不能畅所欲言。你们《文汇报》历来就建立了知识分子的信任,你们要首先说服知识分子抛开顾虑,想到什么,说什么。广大知识分子思想上的障碍消除了,他们才能尽其所长,为社会主义尽其力量。我看这应该是《文汇报》复刊后主要言论方针。"②复刊后的"《文汇报》各方面力求革新,全面打破苏联式的老框框。内容是贯彻'双百'方针为主,多姿多彩"。1956年底到1957年初,《文汇报》还组织了"为什么好的国产片这样少"的讨论,发表了钟惦棐的《为了前进》,转载了《文艺报》的评论《电影的

---

① 毛泽东:《事情正在起变化》,《毛泽东选集》第5卷,人民出版社,1977年版,第424、425页。
② 转引自徐铸成:《"阳谋"亲历记》,《徐铸成回忆录》,三联书店,1998年版。

锣鼓》,以及其他一些文章,尖锐地指出了电影业内存在的问题。毛泽东在3月10日座谈会上,对此也予以了肯定:"这次对电影的批评很有益。"整风运动开始后,《文汇报》对此反应很积极。在"大鸣大放"中,该报刊登了大量批评意见,包括少数偏激的意见,如在5月27日发表的《北京大学"民主墙"》报道中,说北大某些场面"就像是海德公园一样"。另外,该报主张把"鸣放的重点放到基层去"等。当时,徐铸成作为中国新闻工作者代表团团长正在苏联访问,看到自己的报纸"有些标题太尖锐,火气太大",就打长途电话问这样做的原因,钦本立说,《文汇报》编辑部几乎天天接到上海市委书记柯庆施的电话指示,要《文汇报》加温再加温。5月中旬,徐铸成回国,下旬返沪。6月上旬,反击右派开始,徐铸成被迫作检讨。6月14日,当日,《文汇报》在转载《人民日报》编辑部文章的同时,发表了题为《明确方向　继续前进》的社论,作了自我批评,并承认"在整风运动期间所犯的资产阶级方向错误"。16日又发表社论,表示"欢迎督促和帮助"。徐铸成和《文汇报》的检讨不能过关,7月1日,《人民日报》发表了第二篇批判《文汇报》的社论《文汇报的资产阶级方向应该批判》,这篇由毛泽东撰写的社论说:"文汇报在六月十四日作了自我批评,承认自己犯了错误。作自我批评是好的,我们表示欢迎。但是我们认为文汇报的批评是不够的。这个不够,带着根本性质。就是说文汇报根本没有作自我批评。相反,它在十四日社论中替自己的错误作了辩护。"社论断定,《文汇报》有"一个民盟右派系统",说"文汇报在春季里执行民盟中央反共反人民反社会主义的方针,向无产阶级举行了猖狂的进攻,和共产党的方针背道而驰。其方针是整垮共产党,造成天下大乱,以便取而代之,真是'帮助整风'吗?假的,真正是一场欺骗"①。

　　7月2日,《文汇报》发表社论《向人民请罪》,完全接受《人民日报》社论的批评,承认这几个月确确实实成了"章罗联盟"向无产阶级"猖狂进攻"的喉舌。社论还表示,《文汇报》正全心全意投入反右派斗争,用我们的笔与右派决一死战。7月3日,《文汇报》又以《痛切改造自己》为题发表社论,表示《文汇报》的全体工作人员,决心通过反右派斗争,改造自己,坚定立场,改变资产阶级新闻观点,办好一张为社会主义服务的报纸。2日至3日发表署名"本报编辑部"的长文《我们的初步检查》,对前一个时期发表的言论和版面编排作了系统揭发和批判,这篇文章长一万多字,分两天登完。

　　《人民日报》6月14日的《文汇报在一个时期内的资产阶级方向》文章中,也批评了《光明日报》。《光明日报》是各民主党派和无党派民主人士主办的报纸。社长是当时中国农工民主党中央主席、中国民主同盟中央副主席章伯钧,1957

---

① 《毛泽东选集》第5卷,第436页。

年4月1日起,九三学社中央宣传部部长储安平担任总编辑。整风开始后,该报大量报道北京和各地整风情况,派出记者赴各地采访,并以《光明日报》名义,邀请民主党派和高级知识分子,座谈对正确处理人民内部矛盾、"双百"方针等问题的看法。《光明日报》对各类意见均作了详尽报道。在报道过程中,不加分析,全文照登。6月1日,在中共中央统战部召开的座谈会上,储安平提出"党天下"问题。次日,储的发言稿以《向毛主席和周总理提些意见》为题,在《光明日报》头版发表。所以《人民日报》的文章将《光明日报》与《文汇报》相提并论。6月8日,储安平辞去《光明日报》总编辑职务。《人民日报》7月1日的社论则说,《光明日报》的工作人员严肃认真地批判了社长章伯钧、总编辑储安平的方向错误,由反共反人民反社会主义的资产阶级路线转到了革命的社会主义的路线,恢复了读者的信任,像一张社会主义的报纸了。7月15日,《光明日报》以编辑部的名义发表题为《〈光明日报〉在章伯钧、储安平篡改政治方向期间所犯错误的检查》的文章,做了公开检讨,并揭发批判了总编辑储安平的办报思想。

为使新闻界反右派斗争推向深入,在北京再次召开新闻工作者座谈会,与会者有400多人,时间从6月下旬到8月中旬。会上重点批判的人物有《光明日报》社长章伯钧、总编辑储安平,《文汇报》总编辑徐铸成、驻北京办事处主任浦熙修,以及复旦大学新闻系主任王中等。

《人民日报》的社论《文汇报的资产阶级方向应当批判》还提到了《新民报》,说《新民报》所犯的错误比《文汇报》小,它一发现自己犯了错误,就认真改正错误,表现了对人民的负责态度。7月2日,在新闻界座谈会上,《新民报》负责人赵超构检讨了《新民报》的错误。

随后,《北京日报》、《大公报》、《中国青年报》等诸多报刊纷纷作出检讨。正在北京举行的新闻工作座谈会借此加重了批判,并追查《文汇报》、《光明日报》同"右派系统"的关系。

毛泽东在《文汇报在一个时期内的资产阶级方向》中还说:"一些大学的一些新闻系教师也有这种情形(混淆资本主义国家报纸和社会主义国家报纸的原则区别)。"这些教师最有名的代表人物当推复旦大学新闻系主任王中。1956年7月至8月,王中率领复旦大学新闻系教师赴无锡、南京、济南、青岛等地调查研究,总结新闻改革的经验和问题,并在此基础上写成《新闻学原理大纲》一书,提出了一系列具有启发性的新闻理论观点,其中最具有代表性的是报纸商品论和读者需要论。

王中认为报纸具有两重性,一重是宣传工具,一重是商品,而且报纸是在商品性的基础上发挥宣传工具的作用的。他指出,最初的报纸是作为商品出现的,只是在政党产生后,政党才把报纸这种商品作为自己的工具,也就是说,在商品的基础上,政党夺取了报纸作为自己的工具。

王中还主张办报人要有读者观念,根据读者需要办报。他说:"报纸要根据读者需要来办,这是办好报纸的根本问题。离开了读者的需要,只把报纸当作党的宣传武器,不把它当成读者需要花5分钱购买的一种商品,报纸必然不会受读者欢迎的。"①

在1957年6月24日第二次首都新闻工作座谈会和10月16日上海市委宣传部召开的第十三次新闻工作座谈会上,王中的观点被定性为"右派反动言论",遭到严厉批判。1958年初王中被错划为"右派",并被开除党籍。

新闻界一共有多少人被划为右派,至今没有一个准确数字。据迟蓼洲编的《一九五七年的春天》中说:"九月底的初步统计,人民日报、光明日报、文汇报、大公报、新闻日报、教师报、健康报,以及北京、天津、河北、湖南、广西等二十二个省(市)和省辖市的党委机关报的编辑部门,在报上进行了批判的右派分子就达二百一十二人,其中有十二人已经窃据了报社总编辑的领导职位,如光明日报总编辑储安平、文汇报总编辑徐铸成、副总编辑浦熙修、新闻日报副总编辑陆诒,等等,都是新闻界十恶不赦大鲨鱼。"按照7月9日中共中央的一项通知,在报纸上点名批判的右派骨干只占右派分子的10%左右,其余90%的普通右派只在单位批判,那么计算起来,整个右派人数应该有2 120人左右。这是对1957年9月底的估计,此时划出来的右派人数还不到全部的一半。比如《新湖南报》1957年9月底还只是划出右派20余人,到斗争结束时,全报社划出的右派为54人②。

再说说《人民日报》的情况。由于邓拓在运动初期的"无动于衷",在反右派斗争开始后,《人民日报》也没有像《文汇报》、《光明日报》那样大鸣大放,并且很快成为反右派斗争的旗舰,所以,划出的右派分子只有29个。

整风运动和反右派斗争的严重扩大化,不仅中止了新闻界刚刚开始的社会主义新闻改革,而且使中国新闻事业受到严重伤害,一大批新闻工作者因言获罪,轻者遭受批判,重者遭到迫害,甚至为此付出生命的代价。

第二节 "大跃进"中的新闻界与新闻界的"大跃进"

薄一波说:"1958年到1960年,在我国历史上习惯称为'大跃进'的年代。

---

① 王中:《办报人要有读者观念》,《王中文集》,复旦大学出版社,2004年版,第3—6页。
② 朱正:《反右派斗争始末》下,明报出版社,2004年版,第460页。

发动'大跃进'是我们党在 50 年代后期工作中的一个重大失误。连续三年的'大跃进',使我国经济发展遭遇到严重的挫折,教训非常深刻。"①本来"大跃进"是生产领域的一个口号,但为什么有如此大的破坏性?根本原因是毛泽东把"冒进"当成"跃进",并且把这个生产领域的口号政治化了。在拉开"大跃进"帷幕的南宁会议上,毛泽东说:"反冒进是非马克思主义的,冒进是马克思主义的,反冒进没有提对一个指头与九个指头的关系。不弄清这个比例关系就是资产阶级的方法。"还警告说:"反冒进离右派只有 50 米远了,今后不要再提反冒进这个名词好不好?这是政治问题,一反就泄了气,六亿人民一泄气不得了。"②刚刚经过反右派斗争"洗礼"的中国,于是又迎来了"大跃进"。

那么,"大跃进"中的新闻界是个什么样子?媒体状况如何?对于"大跃进"的损失新闻媒体要担负什么的责任?这些是这一节要论述的主要问题。

1957 年后的中国新闻媒体完全成为领导人的"驯服工具",全国的新闻媒体高度一元化,高度政治化,高度"第一书记"化(1957 年 7 月,毛泽东提出,省市委、自治区党委的"第一书记"要特别注意报纸和刊物),报纸完全丧失了新闻专业精神,新闻人也完全丧失了新闻职业操守,违反新闻工作的"真实性"原则,不顾事实说大话,不讲科学说胡话,"大跃进"中报纸上充满了荒唐事、荒唐言。新闻报道不核对事实,不用头脑想问题,一味跟着起哄。同时,新闻界自身也在"大跃进"。

一、"大跃进"中反科学的新闻宣传

1957 年 10 月 27 日,《人民日报》发表了一篇题为《建设社会主义农村的伟大纲领》的社论。这篇社论是为宣传毛泽东亲自主持制定的《一九五六到一九六七全国农业发展纲要》(简称《四十条》或《农业发展纲要》)而写的。社论要求"有关农业和农村的各方面的工作在十二年内都按照必要和可能,实现一个巨大的跃进"。"这是党中央通过报纸正式发出'大跃进'的号召,也是第一次以号召形式使用'跃进'一词。"③当然也就是报纸上正式宣传"大跃进"的开始。11 月 13 日《人民日报》又发表社论《发动全民,讨论四十条纲要,掀起农业生产的新高潮》,再次提出要在生产建设上"来一个大跃进"。紧跟毛泽东"大跃进"步伐的柯庆施,1957 年 12 月 25 日在中共上海一届二次会议上作了长篇报告

---

① 薄一波:《若干重大决策与事件的回顾》下卷,中共中央党校出版社,1993 年版,第 679 页。
② 转引自文聿:《中国"左祸"》,朝华出版社,1993 年版,第 287 页。
③ 薄一波:《若干重大决策与事件的回顾》下卷,中共中央党校出版社,1993 年版,第 680 页。

《乘风破浪,加速建设社会主义的新上海》。1958年元旦,《人民日报》发表社论,题目就是《乘风破浪》,社论要求全国人民"鼓足干劲,力争上游,充分发挥革命的积极性和创造性,扫除消极、怀疑、保守的暮气","争取1958年农业生产的大跃进和大丰收"。2月2日,《人民日报》发表社论说:"我们国家现在正面临着一个大跃进的新形势,工业建设和工业生产要大跃进,农业生产要大跃进,文教、卫生事业也要大跃进。"2月12日,《人民日报》为第一次全国人民代表大会第五次会议闭幕而发的社论,题目就是《一次争取大跃进的大会》,提出:"我们口号是苦战三年,争取三年内使全国大部分地区的面貌基本改观。"当天,报道会议闭幕的消息,《人民日报》的通栏大标题是《带动全国人民争取全面跃进!》。5月,中共八大二次会议提出"鼓足干劲,力争上游,多快好省地建设社会主义"的总路线,各条战线"大跃进"形势迅猛发展,新闻界对"大跃进"的宣传也是高潮迭起,违反科学的新闻报道和社论俯拾即是。

"大跃进"中,新闻界的反科学宣传报道主要体现在以下两个方面。

一是浮夸成风,大话连篇。其突出表现是大肆宣传农业高产放"卫星"。因为苏联发射了两颗人造地球卫星,在全世界引起很大震动,于是在"大跃进"年代,很多人将造假的所谓高产典型叫做"放卫星"。经过新闻媒体一宣传,一时间,"放卫星"就成了全国最流行的时髦语言。全国从中央到地方各报纸、电台争相报道中,"放卫星"一词出现的频率最高。

第一个"卫星"是河南遂平县嵖岈山卫星人民公社放的。中共河南遂平县委负责人与嵖岈山公社、韩楼大队的负责人密谋,把20亩试验田里已经成熟的小麦移植到2.9亩地里,造成高产假象,并请新华社河南分社记者前来总结小麦试验田高产经验。经过"严格"的监打、过秤,得出亩产3 521斤的结果,后又经过反复打场,每亩增加了300斤。6月18日,《人民日报》、《河南日报》均在头版头条发布了这条高产新闻。《人民日报》还专门套红发了号外。《人民日报》的报道震动了神州大地,从6月21日开始,全国各地前来参观者蜂拥而至,络绎不绝,最多的一天达3万人。韩楼大队党支部书记被请到北京参加建设社会主义积极分子大会,并受到毛泽东、刘少奇等人的亲切接见。

随后,"卫星"越放越大。没过几天,河南西平县城关镇和平农业社放出试验小麦亩产7 320斤的"大卫星",《解放日报》7月21日头版予以报道,大标题:《伟大中国人民创造伟大奇迹》,肩题:《谁说增产能到顶,请看河南新卫星》,副题:《比已知世界纪录高出近四倍》。小麦"卫星"亩产最高的,是9月22日《人民日报》报道的青海赛什克农场亩产8 585斤。相比小麦的亩产,水稻"卫星"来势更猛,亩产两千斤的消息发出不久,就有亩产上万斤的"卫星"。8月15日,《人民日报》刊登了新华社记者拍摄的湖北麻城县建国第一农业社的早稻高产田照片。在这块亩产稻谷36 956斤的高产田上,4个儿童竟直端端地站立在稻穗上!为了使这张假照片更加令人信服,旁边还配有一幅"科学家正在丰产田里考察"的照片。水稻"卫星"亩产最高的,是9月18日《人民日报》报道的广西环江县红旗公社的中稻平均亩产量高达130 434斤10两4钱!新闻媒体上除了报道小麦、水稻"放卫星"外,《人民日报》上还连续发表了玉米、高粱、谷子、番薯、芝麻、南瓜、芋头、蚕豆、苹果等28种农作物和蔬菜、水果的高产"卫星"。

  对工业的报道也是如此。1957年11月,毛泽东率团参加苏联十月革命40周年庆祝活动,随后出席了12个社会主义国家共产党和工人党代表会议及64个共产党和工人党代表会议,11月18日,毛泽东在64个共产党和工人党代表会议上提出:"赫鲁晓夫同志告诉我们,十五年,苏联可以超过美国。我也可以讲,十五年后,我们可能赶上和超过英国。"①毛泽东的"超英赶美"主要是指钢铁生产指标。为了实现毛泽东的"雄心壮志",不惜破坏生态,全党全民大办钢铁。1958年元旦,《人民日报》发表社论提出:"我们要在15年左右的时间内,在钢铁和其他重要工业产品产量方面赶上和超过英国。""再用20年到30年的时间在经济上赶上并且超过美国。"2月1日,发表赶超英国的资料,对钢、生铁、煤、电力、水泥、硫酸、氮肥等重工业原材料产量进行具体比较,说明解放后增长速度快,意在证明"超英赶美"是可以做到的,接着发表一系列文章,如《钢铁工业15年内一定能赶上并超过英国》、《水泥工业15年能赶上英国》等。6月22日,毛泽东在一个批示中说:"赶超英国,不是十五年,也不是七年,只需要两年到三年,两年是可能的。"②1958年8月,中共中央决定1958年的钢产量要比1957年翻一番,达到1 070万吨。为了实现这个目标,新闻单位开始大规模宣传。8月8日《人民日报》发表社论《"土洋并举"加速发展钢铁工业的捷径》,指出可以全党全民办小型钢铁工业,不仅工厂可以办,而且机关、部队、学校、街道、农业合作社都可以办。报纸还提出,要"土洋并举",加速发展。9月1日《人民日报》发表社论《立即行动起来,完成把钢产量翻一番的伟大任务》;5日,又发表社论《全力保证钢铁生产》,要求与钢铁生产无直接关系的部门"停车让路"。经过《人民日报》的如此鼓吹,全党全民大办钢铁运动在中国大地上迅速展开。8月以前,全国已建起一批10万吨以下的土高炉、小高炉,9月后,新建了几十万座。从中小学生到七八十岁的老人,都投入运动③。地方报纸、电台也为此大造声势。为了

---

① 转引自薄一波:《若干重大决策与事件的回顾》下卷,中共中央党校出版社,1993年版,第691页。
② 同上书,第699页。
③ 同上书,第708页。

完成"1070"指标,国家和人民不仅投入了巨大的人力、物力和财力,而且生态遭到严重破坏,矿产资源毁坏,森林被砍光,连群众做饭的铁锅也被砸光。但是,生产出来的钢铁根本就不合格。"冶金部原定标准,生铁含硫量不得超过0.1%。北戴河会议后,放宽标准,改为0.2%。即使这样,1958年第4季度和1959年第1季度,各钢厂调入的生铁,合格的不到一半。有些地区的小高炉生产的铁,含硫量竟超过2%、3%,有的甚至高达6%。这种当时名叫'烧结铁'的高硫铁不能炼钢。"①但是,《人民日报》在1958年12月22日居然以套红通栏大标题对此进行报道《一〇七〇万吨钢——党的伟大号召胜利实现》。消息说:据冶金工业部12月19日的统计,今年全国生产钢1 073万吨,比1957年的钢产量增加了一倍挂零。

二是不顾客观事实,违反新闻工作根本原则。

客观事实是第一位的,新闻报道必须以客观事实为依据,这是新闻工作的根本原则,但是,"大跃进"年代的新闻媒体和新闻工作违背了这个根本原则。在论述主观意志和客观条件的关系时,一味无限制地夸大人的主观意志作用。前面说到《人民日报》刊登的尽是一些"神话"般的高产"卫星",对这些所谓"卫星",只要是一个正常人,稍微用脑筋想一想,或者稍微看一看客观事实,都不会相信,但是,它居然在中国第一大报上显著位置刊出,并且时间还不短。原因就在于当时的新闻工作者们已经不讲新闻规律了,他们的思想也跟着"膨胀",不仅报道了许多"荒唐事",而且还说了许多明显违反科学的"荒唐言"。1958年7月23日《人民日报》社论《今年夏季大丰收说明了什么》宣称:我国农业发展速度已经进入了一个"由渐进到跃进的阶段","只要我们需要,要生产多少就可以生产多少粮食来"。8月3日《人民日报》发表题为《年底算账派输定了》的社论,8月13日发表一位负责同志论述夏季农业丰收经验的文章、8月13日社论《祝早稻花生双星高照》,都大唱"人有多大胆,地有多大产"的豪言壮语,8月3日的社论还特别解释说"地的产是人的胆决定的"。在"大跃进"年代,《人民日报》和省级党报的文章似乎都在说明一个思想:异想天开。只要想到,一定能做到。8月27日《人民日报》刊登了一篇关于山东省寿张县搞所谓亩产万斤粮的"高产丰收运动"的调查报告,题目就是《人有多大胆,地有多大产》,编者并且做了通栏大标题。10月,报纸上刊登一些负责人总结当年农业高产经验的文章,说今年我国农业生产出现的新规律就是高产,所有外国和中国农业科学书籍上讲的那些规律都被推翻了。②

---

① 薄一波:《若干重大决策与事件的回顾》下卷,中共中央党校出版社,1993年版,第710页。
② 同上书,第687页。

任何事情都有其多面性,要使受众全面了解事情真相,正确认识事物本质,新闻报道必须要全面,要遵守新闻报道的平衡原则。但是"大跃进"年代的新闻报道是攻其一点,不及其余,只顾当前,不计后果。1958年5月,中共八大二次会议制定了"鼓足干劲,力争上游,多快好省地建设社会主义"总路线,前面说到的关于"大跃进"宣传中出现的大话,很大成分就是对总路线的片面理解和宣传。"多、快、好、省"四个方面是一个整体,但是,新闻媒体在宣传上只注重"多、快"而忽略"好、省"。1958年6月21日,《人民日报》发表题为《力争高速度》的社论,对总路线解释说:总路线的中心是一个"快"字,"快"是"多、快、好、省"的中心环节,"用最高的速度来发展我国的社会生产力,实现国家工业化和农业现代化,是总路线的基本精神。它像一条红线,贯穿在总路线的各个方面。如果不要求高速度,当然没有什么多快好省的问题,那么也就不需要鼓足干劲,也就无所谓力争上游了。因此可以说,速度是总路线的灵魂。"实践证明,这种只求"快"的片面性的宣传给社会主义建设造成了多大损失!

这种片面性,还反映在对"人民公社好"的宣传中。1958年8月4日,毛泽东视察河北徐水,称赞徐水的农民实现了"组织军事化、行动战斗化、生活集体化"。表扬这里的农民上山炼铁,还问粮食多了怎么办,可以考虑让农民一天干半天活,另外半天搞文化、学科学、闹文化娱乐,办大学、中学。毛泽东走后,中共中央农村工作部决定在徐水搞共产主义试点。8月23日,《人民日报》发表长篇报道,称"徐水的人民公社将会在不远的时期,把社员们带向人类历史上最高的仙境,这就是'各尽所能,按需分配'的时光"。8月6日下午,毛泽东来到河南省新乡县七里营公社,在公社办公室门口,看到公社的牌子,点点头说:"人民公社名字好。"在视察公社棉田时,对陪同视察的河南省委第一书记吴芝圃同志说:"吴书记,有希望啊!你们河南都像这样就好了。""有这样一个公社,就会有好多这样的公社。"随后,毛泽东又视察了山东,论述了人民公社的好处是"可以把工、农、商、学、兵结合起来,便于领导"①。8月17日,在北戴河政治局扩大会议上,毛泽东对农村建立"人民公社"系统地发表了意见,在谈到人民公社的特点时,他说,一曰大,二曰公。我看,叫大公社。

毛泽东赞扬了人民公社后,"人民公社好"在一个时期就成了新闻媒体宣传的热点。说"好",就是一切都好,不好的也说成好。8月18日,《人民日报》发表《人民公社好》的报道,肯定人民公社有十大优越性。10月4日,《人民日报》发表通讯《毛主席在安徽》,报道毛泽东视察舒城县舒荣人民公社时,看到该公社

---

① 转引自薄一波:《若干重大决策与事件的回顾》下卷,中共中央党校出版社,1993年版,第740页。

办公共食堂、吃饭不要钱时,很高兴地说,吃饭不要钱,既然一个社能办到,其他有条件的社也能办到,既然吃饭可以不要钱,将来穿衣也就可以不要钱了。9月1日出版的《红旗》杂志第7期,发表《迎接人民公社化高潮》的社论和河南嵖岈山卫星公社简章(此简章经毛泽东修改过)。9月4日,《人民日报》发表社论《从"卫星"公社简章看如何办公社》,赞扬嵖岈山卫星公社"在若干方面突破了集体所有制的框框","取消了生产资料私有制的某些最后残余"。10月13日,《人民日报》全文转载了发表在上海《解放》半月刊上的张春桥的文章《破除资产阶级法权》,文章认为,"资产阶级法权的核心是等级制度",社会主义阶段存在的资产阶级法权必须立即加以破除。毛泽东写的编者按指出:"张文基本上是正确的,但有些片面性,就是说,对历史过程解释得不完全。但他又鲜明地提出了这个问题,引人注意。"从10月18日起,《人民日报》和全国其他报刊开展了"破除资产阶级法权"的讨论。这场讨论持续了三个月。大多数文章同意张春桥的观点,甚至把工资制度也说成资产阶级法权的表现,主张用供给制代替工资制。张春桥的文章、《人民日报》的编者按及这场"破除资产阶级法权"的讨论,在全国造成了很坏的影响,一个突出表现就是在宣传人民公社"一大二公"的优越性时,片面强调"公"的一面,"破私立公",大刮"共产风":"一平二调"。正如老百姓所说:"见钱就要,见物就调,见屋就拆,见粮就挑。"人民公社公有化成分越多,无偿平调的"共产"范围就越大。前面所说的河南嵖岈山卫星公社为了建立牛场、"万头猪场"、"万只鸡山",不仅要求各大队无偿给公社修建305间畜舍,无偿调用50多名饲养员,而且给各大队下达无偿调集牲畜任务,限定一天完成。"这一天,到处牵牛赶猪,追鸡捕鸭,闹得'鸡犬不宁',人心惶惶,共调了牛192头,猪89头,鸡2 700多只。当时报纸宣传,许多社办企业'白手起家',实际上有不少就是无偿平调起家。"①

二、新闻界的"大跃进"

面对各行各业"大跃进"的形势,新闻界也提出了新闻工作"大跃进"的口号。1958年2月27日,《人民日报》编委会制定了《人民日报苦战三年工作纲要》,提出了自己气魄宏大的23条纲要。《人民日报》的"跃进"口号是:苦战三月,使报纸面貌焕然一新;苦战三年,使报社面目大改观。《纲要》要求报纸对中央路线、方针和重大决策的宣传做到及时、准确、系统,真正成为党中央机关报。

---

① 薄一波:《若干重大决策与事件的回顾》下卷,中共中央党校出版社,1993年版,第759页。

《纲要》对新闻评论、新闻报道、版面和标题、干部队伍、群众工作、写作文风以及同各地省市委的关系等方面都提出了很高的标准和很严的要求,要求各部门和每个人都制定"跃进规划",并开展挑战、应战、竞赛、评比活动。报社成立报纸研究组,天天评报插红旗,评好新闻、好标题、好版面、好评论①。这个《纲要》得到了毛泽东的首肯:"人民日报提出二十三条,有跃进的可能。我们组织和指导工作,主要依靠报纸,单是开会,效果有限。"②除此之外,《人民日报》还把版面下放,让各省分别自编一些版面,同时在新闻写作上搞群众运动,发动几十人、几百人讨论写一篇稿子。

同年3月,新华社也制定国内部《苦战三年工作规划(草案)》,提出这样的口号:苦战三年,把新华社建成充分满足全国报纸、广播电台的消息总汇和新闻图片总汇,更好地为社会主义服务。7月,在总社务虚会上,又提出了"新华社大跃进规划",提出新的口号:苦战两到三年,把新华社建设成无产阶级的以东方新闻为权威的世界性通讯社。9月,新华社还举行"大跃进"飞行集会,会上提出,国内新闻、亚非新闻、南美新闻是新华社报道工作中的三大"元帅",新华社要以这三个方面的"大跃进",带动全社的"大跃进",以保证把新华社建成以东方新闻为权威的世界性通讯社。

广播电台也同样制定了三年工作纲要。在"大跃进"形势下,中央人民广播电台的新闻节目从1954年的每天11次增加到1958年的15次。为了配合群众运动,一些广播电台频繁召开现场广播大会,听众动辄几百万甚至上千万,为全国"大跃进"大造声势。山西省广播电台曾在8个月之内召开36次现场广播大会,创下历史纪录。

在"大跃进"的影响和《人民日报》的带动下,其他报纸也都纷纷行动,不论条件是否具备,也加入到这个行列中来。《中国青年报》提出的战斗口号是:苦战两月,提高质量刷新版面;苦战三年,报纸工作全面"大跃进"。总编室、采访部、夜班编辑部均提出了各自的"跃进"计划。《解放日报》为了搞"大跃进",由原来的四个版增加到六个版,他们的战斗口号是:为办好一张具有鲜明党性的生动活泼的名副其实的党报而奋斗。许多省、市报纸也不甘落后,制定计划,以期实现飞跃。

新闻界的"大跃进"虽然提出了一些不切实际的规划,但是客观地看,对新闻工作的业务竞赛而言,也起了一定促进作用。例如《山西日报》曾向全国省级党报发出挑战,提出开展"十比"活动:"比评论"、"比标题"、"比时事报道"、

---

① 聂眉初:《头脑发热的日子》,《人民日报回忆录》,人民日报出版社,1988年版,第147页。
② 转引自吴冷西:《忆毛主席》,新华出版社,1995年版,第61页。

"比副刊"、"比花色品种和版面安排"、"比改进文风和消灭错别字"、"比经营管理"、"比印刷质量"、"比发行"、"比政治工作和领导方法"。这样的比赛活动,对加强和改进报纸工作大有益处。

特别要提及的是,在"大跃进"年代,中国新闻事业发展中几件有时代意义的事情。

第一,电视事业诞生。1955年初,在制定发展文教事业五年计划时就将发展电视列入其中。1956年5月28日,刘少奇在同中央广播事业局负责人谈话时,专门问到了发展电视的事情,他说:"建一个电视台要花多少钱?电视接收机是不是很贵?现在彩色电视搞成了没有?"他指示:"电视发射机和接收机最好自己生产,这样既便宜,易于推广,又不要外汇。"①1957年4月,中央广播事业局组建电视实验台筹备机构。1958年5月1日,中央电视台的前身北京电视台开始试播。9月2日,正式播送节目。同年试播的还有上海电视台、黑龙江电视台前身哈尔滨电视台、天津电视台。

第二,大量创办理论刊物。"大跃进"年代,毛泽东为了从理论上说明他提倡的"三面红旗"的正确性,提高全党贯彻"三面红旗"的自觉性,便向全党提倡学理论。因而,从中央到地方创办起了一批政治理论期刊。1958年6月1日,中共中央主办的理论刊物《红旗》半月刊创刊,总编辑陈伯达,毛泽东题写刊头,审阅发刊词。发刊词说:"在从资本主义到社会主义的过渡时期中,国内主要的斗争是无产阶级和资产阶级的斗争,社会主义道路和资本主义道路的斗争。无产阶级要在这个斗争中取得彻底胜利,就必须充分地、全面地、深入地开展思想战线的斗争,用马克思主义的批判的革命精神,破除迷信,厚今薄古,打破旧传统,粉碎资产阶级的伪科学,从而把中国人民从资产阶级思想的束缚下完全解放出来。"《红旗》的"任务就是要更高地举起无产阶级在思想界的革命红旗,坚决地同修正主义和一切脱离马克思主义轨道的思想决裂,《红旗》杂志在自己的工作中,将遵循着毛泽东同志所指出的这个方向前进"。毛泽东在创刊号上发表了他的《介绍一个合作社》,对"三面红旗"精神作了热情洋溢的赞扬和歌颂。

随后,在同样的指导思想下,各省市自治区党委也相继创办起自己的理论刊物,如河南省委的《中州评论》、河北省委的《东风》、北京市委的《前线》、上海市委的《解放》、内蒙古自治区党委的《实践》、新疆维吾尔自治区党委的《新疆》、广东省委的《上游》、贵州省委的《团结》、浙江省委的《求是》、江苏省委的《群众》、湖南省委的《学习导报》(后改名《新湘评论》)、吉林省委的《奋进》、黑龙江省委

---

① 《中国共产党新闻工作文件汇编》下,新华出版社,1980年版,第372页。

的《奋斗》、福建省委的《红与专》、甘肃省委的《红星》、湖北省委的《七一》、宁夏回族自治区党委的《思想解放》、山西省委的《前进》、江西省委的《跃进》、辽宁省委的《理论学习》、安徽省委的《虚与实》、云南省委的《创造》、山东省委的《新论语》等。还有一些地委也创办了自己的理论刊物。全国形成了一个从中央到地方的政治理论刊物宣传网。

第三,新闻教育有较大发展。1958年6月,北京大学中文系新闻专业正式并入中国人民大学新闻系,合并后的中国人民大学新闻系阵营强大,迅速发展。1959年9月,北京广播学院正式成立,是我国第一所培养广播电视专门人才的高等学校。

"大跃进"年代创办的新闻教育机构还有江西大学新闻系、杭州大学新闻系、安徽大学中文系新闻专业、西安政法大学新闻专业、南京大学中文系新闻专修科、暨南大学中文系新闻专业、吉林大学中文系新闻专业、山东大学中文系新闻专业、天津师范大学中文系新闻专业等。

三、"反右倾"中的新闻界

本来,对新闻传媒在"大跃进"报道中的种种问题,从1958年11月的"郑州会议"开始,毛泽东及中共中央就有所觉察。11月底在武昌召开的中共八届六中全会期间,毛泽东对记者说:"记者的头脑要冷静,要独立思考,不要人云亦云","不要人家讲什么,就宣传什么,要经过考虑",还特别叮嘱新华社和《人民日报》记者不能道听途说,要有独立判断能力,要防止弄虚作假,力戒虚夸[①]。1959年1月22日,中共中央在《关于目前报刊宣传工作的几项通知》中指出:对"大跃进"成就和人民公社优越性的宣传,要注意科学分析,力戒浮夸。对此,《人民日报》和新华社在总结了1958年报道经验时,对问题都有所认识。

但是,随着1959年的庐山会议召开和全国性"反右倾"斗争的进行,这些告诫和指示都抛到九霄云外去了。

1959年7月2日至8月16日,中共中央政治局扩大会议和中共八届八中全会先后在庐山召开。会议本来是为纠正"大跃进"中"左"的错误而召开。但是,彭德怀对"大跃进"提出的意见触怒了毛泽东,会议由此立即转向,由反"左"转为反"右",在全党和全国展开了一场声势浩大的"反右倾"斗争。彭德怀等人遭到无情批判,党内揪出了一个以彭德怀为首的"反党集团"。在党的会议上,党

---

① 《毛泽东新闻工作文选》,新华出版社,1979年版,第212页。

中央政治局委员写信给党中央主席,就"大跃进"中出现的问题提出自己的看法,是再正常不过的了,况且,彭德怀的意见是他经过深入调查后得出的结论,是非常正确、十分中肯的。但是,是非完全颠倒过来了。

薄一波在回忆当时的情况时说:"在党内斗争中,随大流,跟'风'跑,'墙倒众人推',上面说什么就是什么,这是党内生活中时常遇到的一种不正常的现象。庐山会议也不例外。毛主席7月23日讲话后,会议'一呼百应',对毛主席发动批判彭德怀等同志这一不正常、不正确的行动,却没有一个人站出来说句公道话,或者从中缓解一下。"①这段话用来说明当时新闻界的情况,也非常合适。在"批判右倾机会主义分子的斗争"中,新闻界的新闻报道和言论是那样高度的"一边倒",没有一点点不同的声音。中共八届八中全会结束后,"反右倾"成为全国新闻宣传的中心。

一是批驳"右倾"观点。在这方面,《人民日报》、《红旗》杂志发表一系列社论和评论员文章,如《"得不偿失"论可以休矣》、《驳"国民经济比例关系失调"的谬论》等。一时间,全国新闻媒体上出现许多驳斥文章和社论,如《驳"一团漆黑"论》、《驳"大丧元气"论》、《驳"公社早产"论》等。

二是正面宣扬"三面红旗"("总路线"、"大跃进"、"人民公社")的优越性。1959年8月19日,毛泽东写信给吴冷西、陈伯达、胡乔木,指示说:为了驳斥国内外敌人和党内右倾机会主义者,或者不明真相抱着怀疑态度的人们对于人民公社的攻击、污蔑和怀疑起见,必须向这一切人作战,长自己的志气,灭他人的威风。为此就需要大量的材料。请冷西令新华社和《人民日报》将此信讨论一次,向各分社立即发出通知,叫他们对人民公社进行马克思主义的调查研究,写好一律交给我,由我编一本书,例如1955年《农业合作化社会主义高潮》那样一本,我准备写一篇万言长序,痛驳全世界的反对派。后来,毛泽东根据新华社记者调查的材料编了一本《人民公社万岁》,1960年印制完成,后未发行。按照毛泽东的意图,宣传"三面红旗"的优越性,还是为了痛驳反对派的"右倾"观点。于是,从中央到地方的新闻媒体上,刊登了一系列歌颂"三面红旗"的文章:《大办钢铁就是好》、《公社食堂万年长青》、《市场情况好得很》等。一些省报,还连续用"人民公社万岁"、"人民公社好"、"人民公社力能胜天"等口号作为通栏标题,整版刊登颂扬人民公社的文章和报道。

三是鼓吹"继续跃进"。本来"大跃进"和农村人民公社化运动已经出现了很多问题,但是为了批驳"右倾机会主义"的"攻击",在中共八届八中全会后,新闻界进一步在全国鼓吹"继续跃进",虽然声势没有前一阶段大,但嗓门比前一

---

① 薄一波:《若干重大决策与事件的回顾》下卷,中共中央党校出版社,1993年版,第881页。

阶段高,"左"的程度比前一阶段强。

这场"反右倾斗争"对中国人的精神造成了巨大伤害,有良心、讲真话、敢于提意见的人又一次遭受打击,"在各级党组织中,一大批干部、党员遭受到错误的批判,不少人被定为右倾机会主义分子,受到组织处理。据1962年甄别平反时的统计,在这次'反右倾'斗争中被重点批判和定为右倾机会主义分子的干部和党员,有三百几十万人"①。这三百几十万人中,包含了新闻单位的一些优秀新闻工作者。1959年8月以后,新闻界内部也开展了反对"右倾机会主义"的斗争,一些在1958年"大跃进"运动中敢于讲真话、坚持原则的新闻工作者被戴上"右倾机会主义者"的大帽子,或被撤销职务,或被下放劳动,他们的精神上受到打击,心灵上受到伤害,工作上受到影响,直到1962年,多数同志方得以平反。

总体上看,在整个"大跃进"年代,以《人民日报》为首的中国新闻媒体扮演的角色不光彩,不讲科学,不顾及新闻工作的根本原则,丧失了新闻媒介的责任感,一味跟风,给党和人民的事业造成了严重损失。1959年6月20日,在中央政治局会议上讨论宣传工作时,刘少奇指出:报纸、通讯社和广播电台应当认真总结去年宣传工作的经验教训。报纸上去年放了许多"卫星",失信于人。我们去年浮夸风刮得厉害,下面怎么讲我们就怎么报道,表面上似乎"密切联系实际",其实是跟着下面走,犯了尾巴主义的错误,结果走向反面,完全脱离实际。毛泽东也承认,报纸上"去年吹得太凶、太多、太大。现在的问题是改正错误"②。

1961年5月,刘少奇在同《人民日报》负责人谈话中更是严厉指出该报的错误:"你们《人民日报》上登的新闻,有多少是真的?你们天天用大字登头条新闻,今天说那里生产如何好,昨天说那里的公共食堂办得好,究竟有多少是真的?"三年来,《人民日报》"在宣传生产建设方面的浮夸风,在推广先进经验方面的瞎指挥风,在政策和理论宣传方面的片面性,对实际工作造成很大恶果。你们宣传了很多高指标,放'卫星',在这个问题上使我们党在国际上陷于被动,报纸宣传大办万猪厂,结果是祸国殃民"。"大跃进"中的错误,"中央领导负一半,《人民日报》领导一半"③。

---

① 薄一波:《若干重大决策与事件的回顾》下卷,中共中央党校出版社,1993年版,第870—871页。
② 转引自吴冷西:《忆毛主席》,新华出版社,1995年版,第137页。
③ 刘少奇:《关于人民日报工作的谈话》,北京新闻学会编印:《刘少奇同志关于新闻工作的几次讲话》,1980年版,第26页。

第三节　惯性向"左"难刹车

一、新闻界的短期调整与发展

三年"大跃进"的"人祸"折腾，接着"天灾"又降，中国人民饱受磨难。为了总结"大跃进"的经验教训，减轻违背客观规律所遭受的惩罚，顺利度过困难时期，1961年1月，中共中央在北京召开了八届九中全会，着重讨论了国民经济的调整问题。会议通过了对国民经济实行"调整、巩固、充实、提高"的八字方针，并号召全党发扬实事求是的优良传统，大兴调查研究之风，一切从实际出发。在"八字方针"的指引下，新闻界和各行各业一样，总结经验教训，开始自身的"调整、巩固、充实和提高"。

（一）成功的典型报道

1960年12月24日至1961年1月13日召开的北京工作会议和随后四天召开的党的八届九中全会，毛泽东号召全党大兴调查研究之风，一切从实际出发，要求1961年成为实事求是年、调查研究年。1月29日，《人民日报》以《大兴调查研究之风》为题发表社论，阐释开展调查研究的重要性、目的和意义。社论引用毛泽东在1941年发表的《农村调查》序言中的一段话，指出现实生活中不良作风已经到了十分危险的地步。党的理论刊物《红旗》也发表评论《大兴调查研究之风，一切从实际出发》，从另一个侧面论述了调查研究的必要性和方法。

在宣传调查研究的同时，新闻界也开展了调查研究。1961年4月28日，刘少奇在湖南调研时曾对新闻宣传工作作出重要指示。他提出在"大跃进"中记者所犯的错误既有组织上的原因，也有依赖党委、自己不做调查研究的因素。5月1日，刘少奇对《人民日报》工作发表谈话，专门指出，报纸工作人员是"调查研究的专业工作人员"，报纸上的文章都应当是调查研究的结果。他勉励记者和编辑要认真做调查研究工作，要做一个实事求是的、马克思主义的新闻工作者[①]。新华社和《人民日报》合办的《新闻业务》上发表了许多新闻工作者进行调查研究的经验介绍。

调查研究的开展，改善了新闻作风，广大新闻工作者深入群众，深入实际，深入采访，用心写作，出现了一批内容翔实、实事求是的新闻通讯和典型报道。

[①] 参见方汉奇主编：《中国新闻事业通史》第3卷，中国人民大学出版社，1999年版，第289页。

《中国青年报》1960年2月28日第一版整版刊登报道山西"平陆事件",发表了该报记者采写的通讯《为了六十一个阶级弟兄》,并配发社论《又一曲共产主义的凯歌》,生动地宣传了社会主义大家庭里"一人有事,万人相助,一方有难,八方支援"的共产主义风尚。第二天,《人民日报》加编者按全文转载通讯和社论;接着,全国许多报纸和刊物都予以转载。《新闻战线》刊文介绍这篇通讯的采写经验和写作特点;这篇通讯还被选为中学语文教材,对中国青少年的成长产生了巨大的影响。

1960年5月至6月,新华社报道我国登山队员第一次从北坡登上珠穆朗玛峰的英雄事迹。《人民日报》发表了新华社记者郭超人采写的长篇连载通讯《红旗插上珠穆朗玛峰》、《珠穆朗玛山中的日日夜夜》,报道我国登山队员战胜困难、勇攀高峰的英雄气概和互相帮助的集体主义精神;《人民日报》还发表两篇社论:《祝贺攀登世界第一高峰成功》、《无高不可攀》。新华社主编的《新闻业务》还刊载了郭超人写的一封信,介绍他和新华社另外两名记者采写本次登山活动的经验,其中最重要的一点是:与登山队员们一起行动,随行采访,尽可能掌握第一手材料。

1963年关于雷锋的报道,更是一次成功的新闻宣传案例。雷锋是中国人民解放军的一名普通战士,助人为乐,无私奉献,在平凡的工作和生活中表现出崇高的共产主义品德和情操,1962年8月15日因公殉职。1963年1月8日,《辽宁日报》首先报道了他的事迹;2月7日,《人民日报》报道辽宁省学习雷锋活动的情况,并发表通讯《毛主席的好战士——雷锋》和评论员文章《伟大的普通一兵》,以及《雷锋日记摘抄》。2月8日,《解放军报》也发表通讯《伟大的战士》。3月2日《中国青年报》出版学习雷锋专辑。3月5日,《人民日报》发表毛泽东的题词:"向雷锋同志学习"。通过媒体的宣传,雷锋的名字家喻户晓,雷锋精神深入人心,全国掀起了一个"向雷锋学习"的高潮,"毫不利己,专门利人,艰苦奋斗,甘做永不生锈的螺丝钉",社会风气为之一变。雷锋事迹的宣传,使雷锋精神影响了几代人。

焦裕禄,河南省兰考县县委书记,全心全意为人民服务的好干部,1964年病逝在工作岗位上。1966年2月7日,《人民日报》发表通讯《县委书记的榜样——焦裕禄》,并配发社论《向毛泽东同志的好学生——焦裕禄学习》,指出:"焦裕禄同志的事迹,对于全国各地的县委书记同志和各行各业的领导干部,是一个巨大的启发。""焦裕禄同志为我们树立了一个完全、彻底为人民服务的典范。"通过媒体宣传,一个不怕苦、不怕死、不图名、不图利、全心全意为人民服务的共产党的干部形象展现在全国人民面前。穆青等人写的通讯真挚感人,使焦裕禄的事迹打动了千千万万读者的心。《县委书记的榜样——焦裕禄》这篇通讯是新中国新闻史上名篇之一。

大庆和大寨是那个时代出现的两个先进集体。1964年4月19日,新华社播发了通讯《大庆精神　大庆人》,次日,《人民日报》等各报纸刊登,以及随后的系列报道,使"自力更生、艰苦奋斗、革命干劲与科学精神相结合"的大庆精神,以王进喜为代表的大庆铁人形象广为传颂,"工业学大庆"运动在全国展开;1964年2月10日,《人民日报》发表通讯《大寨之路》,同时发表社论《用革命精神建设山区的好榜样》,使"战天斗地、百折不挠、艰苦创业、奋发图强"的大寨精神在神州大地颂扬,"农业学大寨"运动在全国兴起。

此外,还有发奋图强建设新农村的邢燕子,舍身救火英雄向秀丽,"一不怕苦、二不怕死"的战士王杰,以及拒腐蚀、永不沾的"南京路上好八连",都是新闻媒体宣传的先进典型。

(二) 深刻的杂文写作

调整时期,我国报纸的一个明显变化就是杂文在版面上勃兴起来。

报刊杂文是"五四"时期兴起的一种重要的报刊文体,尤其是鲁迅在《申报》副刊上发表的杂文,集思想性、文艺性于一体,内容深刻,富有很强的战斗性,深受读者欢迎。在调整时期,杂文写作又出现一个高潮,涌现出一批优秀的杂文作家和一些有影响的杂文专栏。

《燕山夜话》是《北京晚报》的杂文专栏,1961年3月19日创设,1962年9月2日停刊,共发表杂文152篇。《燕山夜话》由时任北京市委副书记邓拓主持,文章署名"马南邨"。他在解释专栏名称和文章署名时说:燕山是北京的一条主要山脉,夜话,就是夜晚谈心的意思,栏目就叫《燕山夜话》;"马南邨"是笔名,我们原来办《晋察冀日报》时住的小村子叫马兰邨,我对它一直很怀念,所以署名"马南邨"。当时正是我国国民经济暂时困难时期,这个专栏"以提倡读书、丰富知识、开拓眼界、振奋精神为宗旨",很符合读者需要。《燕山夜话》倾注了邓拓的心血,受到读者的喜爱,同时也埋下了他日后挨整的"炸药"。

邓拓(1912—1966),福建闽侯人。出身于书香门第。1933年加入中国共产党。解放前曾任《晋察冀日报》社社长兼总编辑、新华通讯社晋察冀分社社长等职。建国后,担任《人民日报》总编辑、社长,中共北京市委书记处书记,中华全国新闻工作者协会主席等。邓拓是中国共产党和中国人民优秀的新闻工作者,他热爱中国共产党,热爱中国人民,热爱新闻工作。他不愿意说假话,说坑害党、坑害人民的话。他办报,重视批评报道,注意发挥报纸的舆论监督功能;重视表达人民呼声,认为报刊除了是政党的喉舌之外,它也应该是人民的喉舌,应该反映老百姓的呼声和痛苦;主张思想争鸣,认为报纸除传达党的指示外,还应该是党内和人民内部交流思想和学术的场所;他认为,新闻工作者必须要独立思考,坚持真理，有强烈的求真精神；他要求新闻工作者应怀着强烈的责任感，大胆针砭时弊，指摘时政；他主张报纸上可以有多种声音，开展争论，在争论中来辨别真理。

如前所说，1957年邓拓和《人民日报》受到了毛泽东十分严厉的批评，"书生良知"与当时若干"政客作派"发生了很大矛盾，邓拓一方面思想压力很大，一方面又很苦恼。调整期间，他以杂文为武器，深刻表达他对时代、对党和人民的事业的关注。邓拓在《燕山夜话》上发表的第一篇文章是《生命的三分之一》，文中写道："我之想到用夜间的时间，向读者同志们作这样的谈话，目的也不过是要引起大家注意珍惜这三分之一的生命，使大家在整天的劳动、工作后，以轻松的心情，领略一些古今有用的知识而已。"《燕山夜话》的话题极其广泛，时事政治、工作学习、历史地理、科学技术、人文社科等，在邓拓的笔下都蕴含着极其深刻的思想内容，给人以启迪。《燕山夜话》结集成书，当时就发行30万册之多。

《三家村札记》是北京市委理论刊物《前线》半月刊的杂文专栏，1961年第9期创设，1964年第13期停刊，共发表杂文67篇。这个杂文专栏由邓拓发起，由邓拓、吴晗、廖沫沙三人执笔，故曰"三家村札记"。发表文章署名是"吴南星"，"吴"是吴晗，"南"是邓拓（马南邨），"星"是廖沫沙（繁星）。《三家村札记》上的文章由三人轮流执笔，随自己的意愿撰写，文责自负。《三家村札记》1979年结集出版时，林默涵在序言中介绍说：本书"介绍了一些古人读书治学、做事做人、从政打仗等各方面的经验得失；针砭了现实生活中一些不良倾向和作风；赞扬了社会主义的新人新事；还介绍了一些可供借鉴的各种知识……这样的书虽然不是巨火熊焰，却有着智慧的闪光，能帮助读者开拓眼界，增长知识，提高识别事物的能力"[①]。

《长短录》是《人民日报》的杂文专栏，1962年5月4日创设，12月8日停刊，共刊登杂文37篇。这个专栏的主持人是《人民日报》文艺部主任陈笑雨，主要作者有黄似（夏衍）、章白（吴晗）、陈波（孟超）、文益谦（廖沫沙）、万一羽（唐弢）等。该专栏的编辑方针是：配合进一步贯彻"双百"方针，在表彰先进、匡正时弊、活跃思想、增长知识方面起到更大作用。一般不强调直接配合，而是打迂回战，尽量发挥杂文的特性。比如黄似的杂文《从点戏说起》，说明了领导文艺工作不能搞瞎指挥。

此外，一些省报也创设了自己的杂文专栏。比如《山东日报》在第三版创设了《历下漫话》，《云南日报》在第三版创设了《滇云漫谭》。这些杂文专栏和杂文作家后来在"文化大革命"中都成了批判对象。

[①] 吴南星：《三家村札记》，人民出版社，1979年版，第1页。

(三)报纸可读性增强

为了适应人民休养生息的需要,报纸纷纷在知识性、趣味性上下工夫。《人民日报》带头部分改版,从1961年1月开始,每周周一拿出四个版面,专门刊登知识性、趣味性的作品:第五版刊登国际杂文、国际知识、国内外学术动态、外国旅行游记;第六版刊登各地风光、科学小品文、文物古迹、文娱体育;第七版登载文艺作品;第八版是星期画刊。

在《人民日报》的带动下,全国许多报纸都创设专门副刊,刊登知识性、趣味性的文字。《中国青年报》创设了《星期天》、《美术与摄影》、《舞台与银幕》、《长知识》等多种知识性副刊;《文汇报》创设了《笔会》副刊;《大公报》创设了《商品知识》专栏;《解放日报》创设了《国际知识》专栏等。

调整时期,新闻媒体有了较大的压缩,但是知识性、趣味性的需求,使全国晚报有了较大发展。建国初期,我国主要有两家晚报:上海的《新民报》晚刊和天津的《新生晚报》(1952年改名《新晚报》)。50年代,又增加广州的《羊城晚报》(1957年10月1日创刊)和北京的《北京晚报》(1958年3月15日创刊)。60年代初期,晚报大发展的特点是许多省会城市市委机关报由日报改为晚报。1961年1月,《广州日报》并入《羊城晚报》;《长沙日报》改为《长沙晚报》;《长江日报》改为《武汉晚报》;《南宁日报》改为《南宁晚报》;《郑州日报》改为《郑州晚报》;《西安日报》改为《西安晚报》;沈阳日报改为《沈阳晚报》;《成都日报》改为《成都晚报》;《合肥日报》改为《合肥晚报》;《南昌日报》改为《南昌晚报》,等等。

二、以"阶级斗争为纲"的新闻界

经过学习和调整,新闻界开始走出误区,形势是好的。但是,好景不长,1962年9月24日至27日,中共八届十中全会敲响了"阶级斗争"的锣鼓,毛泽东在会上指出,在整个社会主义历史阶段,都存在阶级斗争,存在资本主义复辟的危险性,于是,他发出了"千万不要忘记阶级斗争"的号召,强调阶级斗争要"年年讲、月月讲、天天讲"。一时间,新闻媒体成为毛泽东进行阶级斗争的工具。

(一)批判小说《刘志丹》

八届十中全会会议上,在毛泽东大讲了"阶级斗争、反复辟、反翻案"之后,康生密切配合,诬陷李建彤的长篇小说《刘志丹》(工人出版社出版)是"为高岗翻案的反党大毒草"。毛泽东马上得出结论:"利用小说进行反党,是一大发明。"还进一步指出:"凡是要推翻一个政权,总要先造舆论,总要先做意识形态方面的工作。革命的阶级是这样,反革命的阶级也是这样。"① 由于毛泽东从政治的高度给小说《刘志丹》定了性,所以这次批判已经不需要以文艺批评的面目出现,一上来就是政治斗争。强加的罪名主要有:"为高岗翻案"、"为习仲勋篡党篡国制造政治资本"、"以陕甘宁根据地与中央苏区分庭抗礼"等。这部小说当时还是征求意见的样本,只有一部分在《工人日报》连载。结果与之有关的编辑受到审查,报社党组多次检查也不能过关。由于将小说的写作定性为有组织、有预谋的反党活动,所以株连甚广,包括习仲勋、马文瑞、贾拓夫等老干部在内的一万多人受到迫害。工人出版社社长高丽生被折磨致死;《工人日报》多次检查仍不能过关,有关编辑受到审查,不但要检查思想,还要交代组织联系。

这是"阶级斗争天天讲"的早期的一个案例。

(二) 批判修正主义

60年代初,毛泽东注意社会上阶级斗争新动向,尤其重视党内出修正主义的问题。《人民日报》在1962年9月29日发表的八届十次会议公报,在肯定"三面红旗"的正确性、肯定国内存在资产阶级和无产阶级的阶级斗争后,特别提出警惕和反对修正主义是当前的迫切任务。

所谓"修正主义",按《人民日报》上的说法,是指19世纪90年代开始在国际共产主义运动中出现的反马克思主义的社会思潮。称它是修正主义是因为它的创始人公开提出对马克思主义进行修改或"修正",披着马克思主义的外衣篡改它的实质②。60年代初,中苏两党论战、中苏两国的争端中,在对苏共理论界定上,中共认为是"修正主义",因而提出了"反对修正主义"的口号,并以此在党内开展"反修防修"的斗争。60年代中国共产党开展的各类政治和思想斗争均是围绕着"反修防修"这个命题展开的。

批判修正主义是《人民日报》重要内容之一,不仅持续时间长,批判力度大,而且不惜篇幅,动辄一两个整版,甚至三四个版面。总的来看,对批判修正主义的宣传分为以下三个方面。

第一,直接批判苏联修正主义。1963年5月16日,《人民日报》发表刘少奇公开阐述反对现代修正主义问题的文章。9月6日,报纸用三个版面刊登了《苏共领导同我们分歧的由来和发展——评苏共中央的公开信》,文中指出苏共领导修正主义已经系统化。1964年4月11日,报纸用四个版面发表长文《赫鲁晓夫修正主义集团最近的反华言论》。这期间,中共和苏共展开了历史上著名的大论战。

---

① 转引自文聿:《中国"左"祸》,朝华出版社,1993年版,第364、365页。
② 《"修正主义"一词的由来》,《人民日报》1964年8月21日,第5版。

第二，不直接针对苏联，而批判同苏共有关系的兄弟党。1962年9月，《人民日报》发表社论《请看现代修正主义者堕落到何种地步》，指责"铁托公然鼓吹要实现世界的'经济一体化'和'政治一体化'"，"公然要对他的主子美帝国主义用'经济和民主的方法'来对付所谓'共产主义的某种渗透或广义上的侵略'"。文章对以铁托代表的"现代修正主义集团"进行了猛烈抨击。此后，《人民日报》多次运用大量篇幅刊文批判兄弟党，借以批判苏联修正主义。

第三，也是重点，把批判矛头对准国内修正主义。1963年12月9日、1964年6月27日，毛泽东对文艺工作作了两个批示，指出文联和它领导的各个协会15年来基本上不执行党的政策，做官当老爷，不去接近工农兵，不去反映社会主义的革命和建设。最近几年，竟然跌到了修正主义的边沿。如不认真改造，势必将来的某一天，要变成像匈牙利裴多菲俱乐部那样的团体。两个批示传达后，文化领域掀起了对"封资修"大批判高潮。

根据毛泽东指示，1963年5月6日，《文汇报》发表江青组织写作的署名梁壁辉的文章《驳"有鬼无害"论》，开始批判孟超改编的昆曲《李慧娘》和廖沫沙肯定此戏的文章《有鬼无害论》，污蔑孟超借厉鬼"向共产党复仇"。《人民日报》对此没有表态。此前，在1961年12月28日《人民日报》还曾发表赞扬京剧《李慧娘》的文章。作者认为孟超赋予了李慧娘以斗争精神，"从而丰富了李慧娘的思想感情"，认为该剧"是一个相当成功的改编尝试"，并批评那种把鬼戏一律看作迷信的观点。这引起了毛泽东的不满。1964年6月，毛泽东在谈话中，就"有鬼无害论"的批判一事，批评了《人民日报》，他说："1961年《人民日报》发表了赞扬京剧《李慧娘》的文章，一直没有检讨，也没有批判'有鬼无害论'。1962年八届十中全会就提出抓阶级斗争，但《人民日报》对外讲阶级斗争，发表同苏共领导论战的文章，对内不讲阶级斗争，对提倡鬼戏不作自我批评。这就使报纸处于自相矛盾的地位。"① 毛泽东的批评，不仅是逼《人民日报》，也是对全国新闻界进行"战争动员"。后来于1965年3月1日，《人民日报》发表齐向群的《重评孟超新编〈李慧娘〉》，认定《李慧娘》"是一株反党反社会主义的毒草"。

为了加强对文化工作的领导，贯彻执行毛泽东关于文学艺术和哲学社会科学问题的批示，在毛泽东提议下，1964年7月7日成立了以彭真为组长，有陆定一、康生、周扬和吴冷西参加的"文化革命五人小组"。此后，新的批判形势出现了。从《人民日报》到全国各地报刊，展开对电影《北国江南》、《早春二月》的批判。随后，在江青的直接干预下，在康生的直接指挥下，批判运动从文艺领域到其他学术领域，到整个意识形态领域，展开了全面大批判活动。电影《不夜城》、

---

① 转引自吴冷西：《忆毛主席》，新华出版社，1995年版，第145页。

《林家铺子》被批判,哲学方面杨献珍的"合二而一"论、经济学方面孙冶方的价值规律等学说、历史学方面翦伯赞的"历史主义"观点等均被批判,并且这些批判的共同特征是将学术问题政治化,提高到阶级斗争的高度来进行。这些批判不仅阻碍了正常的学术发展,而且相关学者也遭到打击迫害。

中共中央党校校长杨献珍早在"大跃进"年代就对席卷全国的浮夸风、共产风、瞎指挥有看法,他认为这些不正之风的实质是主观唯心主义。庐山会议后,杨献珍作为"右倾机会主义分子"被批判,由校长降为副校长。1962年初杨献珍被平反,但是,他不但不"收敛",反而"变本加厉",当年11月在中央党校大礼堂给学员作报告《怎样总结历史经验,教育干部提高干部》,针对实际生产中仍然存在的浮夸风、"共产"风、瞎指挥再次进行抨击,他大讲"快与慢、缓与急、劳与逸、苦战与休整,都是对立的统一"。在报告中,他第一次用了"合二为一"这个概念,并且说:"对立统一、合二为一,是一个意思。"1963年4月,他在给学员讲课时,详细阐述这一命题。

杨献珍的举动被康生、江青报告给了毛泽东。6月8日,毛泽东作出反应,说:"一分为二是辩证法,合二为一是修正主义。"①康生立即组织了对杨献珍的大批判。7月10日,《光明日报》发表中央党校理论班学员的文章,先批哲学教研室主任,并直指"黑后台"。7月17日,《人民日报》发表署名王中、郭佩衡的文章《就"合二为一"问题和杨献珍同志商榷》。8月31日,《红旗》杂志以本刊报道员名义发表《哲学战线的新论战》,断言:"杨献珍同志在这个时候大肆宣扬'合二为一'论,正是有意识地适应现代修正主义的需要,帮助现代修正主义者宣传阶级和平、阶级合作,宣传矛盾调和论。同时,也是有意识地提供所谓'理论'武器,对抗社会主义教育运动。"9月23日,康生召集全国宣传部长、党校校长和报刊负责人会议,将"批杨"运动推向全国。于是,全国各条战线都行动起来了。据统计,到1964年底,7个月时间内,各地主要报刊上发表的批判文章500多篇。1965年3月1日,中共中央党校校务委员会向中央作的《关于杨献珍问题的报告》中,结论是:"他是资产阶级在党内的代言人,是彭德怀的一伙,是个小赫鲁晓夫。"②受杨献珍案株连的,仅中央党校就有154人之多。

科学院经济研究所所长孙冶方早对"大跃进"年代不计成本、不讲效益的所谓群众性生产运动看不下去,公开表示过疑问。针对有人提出的"我们是社会主义国家,追求的是使用价值,不是价值。只要有了钢,亏损或盈利都无关紧

---

① 转引自文聿:《中国"左"祸》,朝华出版社,1993年版,第381页。
② 同上书,第385页。

要"观点,孙冶方说,社会主义绝对不是不讲价值。忽视价值是20世纪30年代苏联经济学中的自然经济论的流毒,这样干,不是把老本都要吃光吗?!不是坐吃山空吗?!在"反右倾"斗争中,孙冶方的观点遭到批判。

1964年8月10日,《红旗》杂志编辑部在天津市委会议室召开所谓再生产问题座谈会,会议主题实际上是批判经济学家孙冶方的经济学观点。会上,孙冶方说:"尽管人家在那里给我敲警钟,提醒我,我今天还要在这里坚持自己的意见。"有人责问他:"你认为国民经济综合平衡依据的是什么规律?"他毫不犹豫地说:"千规律、万规律,价值规律第一条!"[1]于是,陈伯达、康生给了他一顶大帽子:"中国最大的修正主义者"。批判会不断升级,各种批判文章连篇累牍地出现在全国报刊上。1965年秋天,孙冶方被强制下放到北京郊区劳动改造。

北京大学副校长、历史学教授翦伯赞也是这种批判的牺牲品。1965年12月6日出版的《红旗》杂志第13期上发表了戚本禹的文章《为革命而研究历史》,不点名地批判了翦伯赞,将他1962年发表的《对处理若干历史问题的初步意见》和1964年发表的《目前史学研究中存在的几个问题》说成是"反马克思主义的史学纲领"。由于对翦伯赞的批判与即将爆发的"文化大革命"紧紧联在一起,所以其疯狂程度超过了前几次,致使1968年12月18日,翦伯赞与夫人一道含冤自杀身亡。

三、批判《海瑞罢官》点燃"文革"导火索

1965年下半年至1966年上半年,中国的政治形势用一句话概括是:"山雨欲来风满楼"。一些政治敏感的人士似乎预感到中国要出大事了,但究竟会出什么大事呢?谁也说不清楚。就在此时,《文汇报》发表批判吴晗历史剧《海瑞罢官》的文章,点燃了"文化大革命"的导火索。

1959年4月5日,毛泽东在上海举行党的八届七中全会上,提出要敢于讲真话,敢于批评他的缺点,提出要学习海瑞"刚正不阿,直言敢谏"的精神。会后,胡乔木把这个精神告诉了著名明史专家吴晗,鼓励他写有关海瑞的文章。根据毛泽东的讲话精神,吴晗写了《海瑞骂皇帝》一文,发表在6月26日的《人民日报》上。9月17日,他又应胡乔木之约,在《人民日报》发表《论海瑞》一文,因为当时正值庐山会议彭德怀被批判之后,所以在文章中,吴晗特意指出,"右倾机会主义分子根本不是什么海瑞",以此表明自己的态度。同年,吴晗应北京京

---

[1] 转引自文聿:《中国"左"祸》,朝华出版社,1993年版,第390页。

剧团团长、著名京剧演员马连良之约,撰写有关海瑞的剧本,即1961年1月发表在《北京文艺》上的《海瑞罢官》。这出戏公演后,社会反响强烈,得到观众好评。吴晗写《海瑞罢官》与庐山会议罢彭德怀的官毫无联系,毛泽东当时也没有说有什么问题。

1964年,江青等多次对毛泽东说,该戏是替彭德怀翻案,有严重的政治问题。康生也向毛泽东说,《海瑞罢官》同庐山会议、同彭德怀有关,说这出戏的要害是"罢官"。毛泽东很快接受了这些观点。1965年2月,江青得知毛泽东观点转变后,便到上海,与张春桥、姚文元合谋,由姚文元执笔写了《评新编历史剧〈海瑞罢官〉》一文,经毛泽东审定后于11月10日在上海《文汇报》发表。该文把发生在明代的"退田"、"平冤狱",同1962年的"单干风"、"翻案风"硬牵扯在一起,说"'退田'、'平冤狱'就是当前资产阶级反对无产阶级专政和社会主义革命的斗争焦点",文章结论是"《海瑞罢官》就是这种阶级斗争的一种形式的反映","是一株毒草"。

由于当时主持中央工作的刘少奇、周恩来等领导人和彭真、陆定一都不知道文章的来历,因此,北京对姚文元的文章持抵制态度,当各大报纸请示是否要转载时,他们认为此文并不代表中央的意见,可以不转载。毛泽东看到北京按兵不动,就指示上海出小册子;由于不明真相,北京市新华书店没有立即表示订购。直到11月底,在北京工作的中央领导被告知北京各大报必须迅速转载姚文元的文章,这时距《文汇报》发表该文已有20多天。

11月29日、30日,《北京日报》、《人民日报》被迫转载姚文时,由彭真、周恩来分别审定"编者按",都把《海瑞罢官》的问题看作学术问题,有不同意见可以讨论。《人民日报》转载此文时把它放在"学术研究"版。12月12日,彭真授意邓拓在《北京日报》上发表了一篇题为《从〈海瑞罢官〉到道德继承》的文章;12月27日,又发表了吴晗写的自我批评的文章《关于〈海瑞罢官〉的自我批评》。

彭真等人的做法更激起了毛泽东的不满。12月21日,毛泽东在杭州对陈伯达、关锋等人说,戚本禹的文章(指发表于《红旗》杂志上的《为革命而研究历史》——引者)写得好,缺点是没有点名。姚文元的文章,好处是点了名,但没有打中要害。要害是"罢官",嘉靖皇帝罢了海瑞的官,1959年我们罢了彭德怀的官。彭德怀也是海瑞①。毛泽东关于《海瑞罢官》要害的谈话及其与彭真等人的分歧直接导致"文化大革命"的发动。

---

① 参见薄一波:《若干重大决策与事件的回顾》下卷,中共中央党校出版社,1993年版,第1232页。

本章简论：应正确理解"政治家办报"

1957年至1966年4月,为我国探索社会主义建设的年代,既然是"探索",就必然会遇到许多新课题,要研究这些新课题,解答这些新课题,无疑是很艰巨的。新闻界也不例外。

实事求是地讲,新闻界在解答诸个新课题时,虽然有成绩,但是成绩不好,教训不少。

出现问题的根源何在？

首先出在1957年。如果说1957年是我国人民政治生活中的转折年的话,同样,也是我国新闻事业发展的转折年。整风运动期间,利用"鸣放"材料作为整人口实,不仅给许多人造成难以弥补的伤害,而且给中国的社会风气造成了难以估计的损失。反右派政治斗争与新闻媒体的联盟,特别是利用媒介"引蛇出洞"、"大鸣大放",开创了"现代权谋"的恶劣先例。由此往后,在政治生活中,造成万马齐喑的局面,很多人以"不说"来明哲保身。包括新闻工作者在内的一大批知识分子,经过这场政治运动的"洗礼",不仅人与人之间的关系变得异常复杂,而且出现了不敢讲真话、人人自危的局面。新闻界的风气也大为改变,"讲真话,报真事"的新闻真谛丢失殆尽。同时,毛泽东对1956年新闻改革的否定,新闻媒体的高度一元化、"第一书记化",导致新闻媒体的独立性思考被扼杀,新闻批评被禁止。毛泽东对《人民日报》1956年6月20日的"反冒进"社论《要反对保守主义,也要反对急躁情绪》一直是耿耿于怀,多次进行严厉批判。李锐还进一步分析说,由于这篇定性为反毛泽东思想的"错误"社论原稿上有刘少奇修改的笔迹,刘也就同这一"错误"脱不了干系了。党内唯一还可以同毛泽东以平等的态度讨论问题的刘少奇,从此似乎也今非昔比了。李锐还说："我没有查证过,不知当年这篇针砭时弊——反对急躁冒进,反对片面性盲目性的社论,是否是1958年至1978年这20年间,《人民日报》敲响的最后一声警钟？"[①]一个国家的新闻媒体对国家的政治经济生活不发出一点点批评意见,一味迎合说好话,那不出问题才怪！可以这样说,1958年"大跃进"期间新闻媒体直接背离新闻的真实性原则,违反科学精神,睁着眼睛说瞎话,昧着良心说昏话,不看事实说大话的状况,是新闻界在1957年被整肃的必然结果。

---

① 李锐：《大跃进亲历记》上,南方出版社,1999年版,第76—77页。

问题还出在毛泽东提出的有特定含义的"政治家办报"概念。

一般来讲,对于从事与政治密切相关联的新闻工作的人来说,应该具备政治敏感性,尤其是新闻界的领导人,更应该有政治家的眼光和胸怀,考虑问题从全局着眼。特殊地讲,由于中国的国情,中国新闻事业在其发展历程中,从康有为、梁启超办报冀望"有益于国事",到孙中山、章太炎等为"实行革命"而办报,形成了鲜明的政治家亲自办报的传统。

毛泽东办报,从主编《政治周报》到领导创办《解放日报》,当然是不折不扣的政治家办报,那种政治家的眼光、政治家的胸怀折服了多少人!但是,随着地位的变化,他对政治家办报的理解变得狭窄了。从1957年6月7日他关于"政治家办报"的谈话中,以及1959年6月20日在中央政治局会议上关于宣传工作的讲话时重提"政治家办报",可以看出他从政治斗争的需要出发,正式提出"政治家办报"概念时,则赋予了它以特定的内涵。

首先,毛泽东此时的"政治家办报"是针对邓拓"书生办报"而提出来的。邓拓办报,提倡独立思考,坚持真理,有着强烈的"求真精神"和责任感。因此,每当政治运动袭来时,他都要进行甄别判断。他对1957年的政治形势有着清醒的认识,他不愿意做政治上的投机者和迎合派,不愿意有太多的政治功利性,"写社论不联系当前的政治"。所以毛泽东指责邓拓是"书生办报",甚至"死人办报",不能及时领会领导的意图,没有"紧密结合政治形势"。在毛泽东看来,政治家办报的一个特质就是"紧密结合政治形势",是"形势一变,要转得快"①。

什么是"紧密结合政治形势"呢?对此毛泽东没有进一步说明,但是我们可以从他对报纸的表扬或者批评中略窥一二。下面以《人民日报》为例来说明这个问题。

1958年元旦,《人民日报》紧跟形势,发表题为《乘风破浪》的社论,鼓吹"大跃进"。毛泽东大加赞扬说:"社论写得好,题目用《乘风破浪》也很醒目。"元旦社论开头后,整个"大跃进"期间,《人民日报》在"紧跟"方面表现十分出色,其负面作用却是巨大的;相反,被毛泽东批评跟得不紧的几次,刚好是《人民日报》冷静思考的表现:1956年6月发表了反冒进的社论,毛泽东一直耿耿于怀;1957年4月因为没有配合宣传"双百"方针、"引蛇出洞",被毛泽东批为是"死人办报";1966年春天对文艺、经济、哲学、历史等领域的斗争不大积极,并且把批判《海瑞罢官》说成是"学术讨论",招致毛泽东的严厉批评,他说:"《人民日报》登过不少污七八糟的东西,提倡鬼戏,捧海瑞,犯了错误。我过去批评你们不搞理论,从报纸创办时起就批评,批评过多次。我说过我学蒋介石,他不看《中央日

---

① 转引自吴冷西:《忆毛主席》,新华出版社,1995年版,第40、141页。

报》，我也不看《人民日报》，因为没有什么看头。"①可见，毛泽东所谓的紧密结合政治形势，就是紧跟最高领导人的指挥棒"转得快"，只问"听话"，无论是非。

将政治家办报界定在"紧密结合政治形势"、"转得快"是"政治家办报"的异化，殊不知，这恰恰不是政治家办报的特质，而是"政客"、"投机分子"办报的特质。正是这种异化，使得以《人民日报》为代表的中国新闻媒体在探索社会主义建设期间屡屡出错。

其次，毛泽东当时的"政治家办报"思想是针对《人民日报》"错误"提出来的。什么错误？一是《人民日报》1956年6月20日反冒进社论，毛泽东认为是针对他的；二是《人民日报》没有宣传他1957年2月27日在最高国务会议上的讲话精神，也没有宣传3月6日他在全国宣传工作会议上的讲话，"《人民日报》对最高国务会议无动于衷，只发了两行字的新闻，没有发社论，以后又不宣传。全国宣传工作会议甚至连新闻也没有发"。所以，毛泽东批评说："不仅不是政治家办报，甚至也不是书生办报，而是死人办报。"②后来又提出，各省第一书记要管好报纸。在毛泽东看来，政治家办报就是替第一书记办报，或者说，报纸必须并且只能听第一书记的。毛泽东为什么要翻1956年《人民日报》改革的案？因为是刘少奇支持和领导的。当有人说当时的改革是"中央同意了的"时，毛泽东立即反问道，中央是谁？并且，报纸不能批评第一书记，不仅不能批评，并且对第一书记的讲话的宣传必须及时，否则，就是"死人办报"，不是"政治家办报"。毛泽东虽然也讲过，第一书记在党委会中也只是普通的一员，但是在1957年以后，党内生活越来越不正常，"毛主席说对，就对。说错，就错，人人都以毛主席的是非为是非"③。对此，毛泽东也习以为常，认为理所应当了。把"政治家办报"理解为是以第一书记的好恶来办报，那只能是一个结果，当第一书记的路线正确时，报纸宣传就正确，当第一书记的路线错误时，报纸也跟着犯错误。1957年以来，新闻媒体几次重大失误莫不与此有关。

最后，毛泽东正式提出特定含义的"政治家办报"概念反映了他当时判断的政治形势。20世纪50年代中期国际国内的形势，本章第二节第一目已经作了论述。面对苏共二十次代表大会后的国际形势和"鸣放"开始后的国内形势已经超出了毛泽东想象，他认为1957年的"整个春季，中国天空突然黑云乱翻"，"黑云压城城欲摧"，刮起"十级台风"，满地"惊涛骇浪"，因而思想上很紧张，甚至设想重新上山打游击的事情，所以，毛泽东在谈到政治家办报时，提出了"五

---

① 转引自吴冷西：《忆毛主席》，新华出版社，1995年版，第151—152页。
② 同上书，第41页。
③ 薄一波：《若干重大决策与事件的回顾》下卷，中共中央党校出版社，1993年版，第881页。

不怕"问题。1957年6月7日和13日,他两次对即将赴任《人民日报》总编辑的吴冷西说,要政治家办报,就得担风险。要有充分的思想准备,要准备碰到最坏的情况,要有"五不怕"的精神准备①。他要求新闻工作者要准备坐牢,准备老婆离婚,甚至准备杀头;他还要求新闻工作者要多谋善断,要会观察形势。

总之,毛泽东对1956年新闻改革的否定,以及具有特定含义"政治家办报"概念的提出,已经为更大灾难的发生埋下隐患。1965年底,中国的政治形势已经是"山雨欲来风满楼",灾难想要避免都不可能了。

---

① 参见吴冷西:《忆毛主席》,新华出版社,1995年版,第45页。

第十四章

"文化大革命"与黑暗新闻业

本 章 概 要

  前一章说道,毛泽东关于《海瑞罢官》要害的谈话及其与彭真等人关于《海瑞罢官》批判的分歧直接导致"文化大革命"的发动。其实,对于发动这场所谓的"革命",毛泽东心存已远。这不是本书要论述的问题,但需要指出的是,从江青组织批判新编历史剧《海瑞罢官》之日起,在中国所进行的运动就已经不属于"文化"的范畴了,更不是什么"革命"。发展到1966年5月至1976年10月,在中国长达10年的"文化大革命"期间,"文化人"与全体人民都一起经受了一场"浩劫";新闻界和其他行业一样,也经受了一场灾难。所不同的是,新闻媒介一方面自身遭受灾祸,一方面又"助纣为虐"、祸害别人——"竭尽颠倒黑白、混淆是非、罗织罪状、诬陷忠良之能事,写下了我国新闻事业史上黑暗的一页"[①]。

  "文化大革命"的风暴首先是从上海刮起来的,"文革"初期,上海的新闻媒体发挥了特殊作用。除1965年11月10日发表姚文元的《评新编历史剧〈海瑞罢官〉》外,《解放日报》、《文汇报》还于1966年5月率先批判"三家村",向北京市委发起攻击;而在北京,率先响应"文化大革命"号召的是《解放军报》。该报不仅积极转载姚文元的文章,而且于1966年4月18日发表《高举毛泽东思想伟大红旗,积极参加社会主义文化大革命》的社论,将江青炮制的《林彪同志委托江青同志召开的部队文艺工作座谈会纪要》的精神公之于众,在全国提前吹响"文化大革命"的号角;同时,为了"造神"的需要,《解放军报》还打破常规版面安排格局,率先在报眼上每天刊登"毛主席语录",行文中,凡引用毛泽东的话均用黑体字处理,凡有毛泽东活动的新闻,一律用套红大字标题,这些都成为全国报

[①] 方汉奇主编:《中国新闻事业通史》第3卷,中国人民大学出版社,1999年版,第320页。

纸效法的样板。此外,《红旗》杂志也因为陈伯达的直接掌控表现"非凡"。

1966年5月31日,陈伯达带领人到《人民日报》,改组了该报的领导班子,驱逐了从1957年以来深得毛泽东赏识、后因"跟"得不紧而遭冷落的吴冷西,从此以后,《人民日报》"重显威风"。1967年1月全国夺权风暴,新闻界首当其冲,一大批新闻工作者遭受打击,许多人甚至被迫害致死;全国的新闻媒体基本上"停刊闹革命"。相反,被"中央文革"掌握的《人民日报》、《解放军报》和《红旗》杂志(被称为"两报一刊")威力无比,所向披靡,一言九鼎。要谁红,谁就红,要谁倒台,谁就倒台。在"中央文革"的指引下,"两报一刊"在"文革"中主要做了三方面的事情:发布一个又一个"战斗"指令;掀起一场接一场整人运动;甩出一块又一块打人"石头"(即树立所谓"典型",使之成为少数阴谋家"乱党乱国"的楷模)。

由于"两报一刊"被完全政治权力化,所以新闻宣传出现"小报抄大报,全国看'梁效'"的畸形态势;此外,在"文化大革命"的前期,"文革小报"漫天飞,成为中国新闻史上一种独有的"景观"。"文革小报"由学生办报很快扩展到工人、机关干部、农民甚至军人办报;"文革小报"是"派性"的产物,最多的地区是北京,各种"中央精神"和"首长讲话"通过"文革小报"传遍大江南北,一段时间,一些受"中央文革"直接掌控的"文革小报"甚至可以左右全国局势。

另一方面,新闻机构的权被夺、人被整,而成为"文革"十年的"重灾区"。在"新闻事实服从政治斗争"这种扭曲的新闻理论的指导下,媒介属性和功能发生严重变异,信息本质属性和信息传播功能完全被抹杀;新闻教育先被终止,后按"大批判写作组"模式恢复,成为培养"文攻能手"的速成班。

第一节 新闻媒体煽动全国动乱

一、全国起动乱,媒体当吹鼓手

这里主要论述在"文化大革命"的发动期,新闻媒体的角色和作用。

刘少奇、彭真等人认为,新编历史剧《海瑞罢官》是学术问题。以彭真为组长的"文化革命五人小组"于1966年2月3日召开的扩大会议(许立群、胡绳参加)指出,吴晗同彭德怀没有关系,因此在讨论《海瑞罢官》时不要提庐山会议,不要上升为政治问题。会议将讨论结果整理成《文化革命五人小组关于当前学术讨论的汇报提纲》(通称《二月提纲》)。《二月提纲》基本指导思想和重点是:

强调学术争论要"用摆事实、讲道理的方法","坚持实事求是,在真理面前人人平等的原则,要以理服人,不要像学阀一样武断和以势压人";"要准许和欢迎犯错误的人和学术观点反动的人自己改正错误";"对于吴晗这样用资产阶级世界观对待历史和犯有政治错误的人,在报刊上的讨论不要局限于政治问题,要把涉及各种学术理论的问题,充分地展开讨论";"报刊上公开点名作重点批判要慎重,有的人要经过有关领导机关批准"。很明显,《二月提纲》是针对当时那些"左"的观点和做法写成的,是想将这场大批判尽量加以限制,以避免发展成为严重的政治斗争,避免发生更大的社会混乱①。这个提纲的指导思想和其中的许多提法,不符合毛泽东的意愿。1966年3月底,毛泽东对这个提纲进行了严厉指责,认为它不分是非、混淆阶级界限。他还严厉指责彭真、中共中央宣传部以及中共北京市委包庇坏人,不支持左派,明确指出如果再这样下去,就要解散中宣部,解散北京市委,解散"五人小组"。

根据毛泽东的矛头指向,4月2日,《人民日报》和《光明日报》同时发表戚本禹的文章《〈海瑞骂皇帝〉和〈海瑞罢官〉的反动实质》,从政治上对吴晗进行了批判,说吴晗的文章《海瑞骂皇帝》"是为右倾机会主义分子向党进攻擂鼓助威";《海瑞罢官》"是号召被人民'罢官'而去的右倾机会主义分子东山再起"。5月1日,在庆祝国际劳动节的活动中,彭真没有露面,于是,报刊上捏造了一个所谓"三家村"(指北京市委书记邓拓、统战部部长廖沫沙和副市长吴晗),并加强了批判"三家村"的攻势。5月4日开幕的中央政治局扩大会议,准备"摊牌"彭真、陆定一、罗瑞卿、杨尚昆的问题,当日《解放军报》发表《千万不要忘记阶级斗争》的社论,指出同吴晗等"一小撮反党反社会主义分子"的斗争是一场你死我活的阶级斗争。5月8日,《解放军报》又发表江青组织撰写的署名高炬的文章《向反党反社会主义的黑线开火》,点名邓拓是"三家村黑掌柜","反党反社会主义分子的一个头目",诬陷《前线》、《北京日报》、《北京晚报》都是"反党工具",指斥邓拓、廖沫沙、吴晗为阶级敌人、黑线人物。同日,《光明日报》发表署名何明(即关锋)的文章《擦亮眼睛,辨别真假》,指责《北京日报》在搞"假批判,真掩护,假斗争,真包庇"。5月10日,上海《解放日报》、《文汇报》同时刊登姚文元的文章《评"三家村"——〈燕山夜话〉、〈三家村札记〉的反动本质》,说邓拓、吴晗、廖沫沙"合股开了黑店",是继《海瑞罢官》后有步骤、有组织、有指挥地向党进攻,声称要揪出其"指示者"、"支持者"、"吹捧者",挖出其"最深的根子"。第二天,全国报纸都奉命转载了姚文元的这篇文章。5月11日出版的《红旗》杂志第7期发表戚本禹写的《评〈前线〉、〈北京日报〉的资产阶级立场》,向北京市委发起攻

---

① 薄一波:《若干重大决策与事件的回顾》下卷,中共中央党校出版社,1993年版,第1238页。

击。5月14日,《人民日报》又发表林杰的文章《揭破邓拓反党反社会主义的面目》。从此以后,报刊上刊登批判"三家村"的文章越来越多,火药味越来越浓。报刊上这些文章杀气腾腾,其火力之猛、声势之大、批判调门之高,在中国新闻史上是空前的。全国各地的大批判炮声隆隆,报刊上连篇累牍地刊登这样的消息,以壮声威。

5月16日中共中央政治局扩大会议通过由陈伯达主持起草、经毛泽东七次修改的《中国共产党中央委员会通知》,即著名的《五一六通知》。《通知》指出,一大批反党反社会主义的资产阶级代表人物和一批反革命修正主义分子已经"混进党里、政府里、军队里和各种文化界","一旦时机成熟,他们就会夺取政权,由无产阶级专政变为资产阶级专政"。鉴于此,《通知》强调:"同这条修正主义路线作斗争,绝对不是一件小事,而是关系到我们党和国家的命运,关系到我们党和国家前途,关系到我们党和国家将来的面貌,也关系到世界革命的一件头等大事。"要求全党全军和全国人民行动起来,同他们作"殊死的斗争"。正式宣布撤销《二月提纲》和原来的"文化革命五人小组",重新设立以陈伯达为组长、江青为第一副组长、康生为顾问的"中央文化革命小组"(简称"中央文革"),隶属于政治局常委之下,直接具体领导"文化大革命"。

经过新闻媒体的一翻"狂轰乱炸",全国性动乱的帷幕正式拉开了。

二、"助纣为虐"的新闻媒体

一般来讲,新闻媒体是一种舆论工具,但是,"文化大革命"时期,中国的新闻媒体却具有无比的威力,似乎掌握了从国家主席到普通民众的生杀大权,报纸点了谁的名,谁就倒霉,甚至有生命危险。在少数几个阴谋家、野心家祸害国家、祸害社会、祸害人民的全过程中,新闻媒体助纣为虐、为虎作伥,起了极坏的作用。

(一)发出一个又一个"战斗"指令

1. "横扫一切牛鬼蛇神"

1966年6月1日,《人民日报》发表《横扫一切牛鬼蛇神》的社论,宣告:"一个势如暴风骤雨的无产阶级文化大革命高潮已在我国兴起!"当晚,中央人民广播电台在各地广播电台联播节目里,播送了北京大学聂元梓等人鼓动造校党委反的大字报《宋硕、陆平、彭珮云在文化革命中究竟干些什么?》(该大字报5月25日贴出)。6月2日,《人民日报》在头版头条以《北京大学七同志一张大字报揭穿了一个大阴谋》的通栏大标题,全文刊登了聂元梓大字报,同时发表了陈伯达指导炮制的评论员文章《欢呼北大的一张大字报》,要求"革命派"应"无条件地接受以毛主席为首的党中央的领导",与"反对毛主席、反对毛泽东思想、反对毛主席和党中央指示的黑帮"斗争到底。同日,《人民日报》还发表了社论《触及人们灵魂的大革命》,号召人们"做彻底的革命派,不当动摇派,永远高举毛泽东思想伟大红旗,横扫一切牛鬼蛇神,把无产阶级文化大革命进行到底"。此后,几乎天天都有"点火"社论:6月3日发表《夺取资产阶级霸占的史学阵地》,6月4日发表《毛泽东思想的新胜利》和《撕掉资产阶级自由、平等、博爱的遮羞布》,6月5日发表《做无产阶级革命派还是做资产阶级保皇派》,6月8日发表《我们是旧世界的批判者》等。这些社论经各报转载,把"文革"的大火燃遍全国。

在《人民日报》等新闻媒体的煽动下,全国"横扫牛鬼蛇神"运动井喷般兴起。北京大学顿时成了全国"文化大革命"的中心,聂元梓也成了显要的新闻人物。在北京大学的带动下,北京55所大专院校和部分中专及普通中学掀起了揪斗校党委第一、二把手的浪潮,大字报贴满校园,学校正常的教学秩序被打乱了。北京的"揪斗"运动迅速在全国各大城市蔓延开来。

2. "红卫兵不怕远征难"

在聂元梓大字报贴出后的第四天,即5月29日,清华大学附中的几个学生秘密组织了红卫兵组织,接着,北京几个大学附中相继出现了类似的组织:"红旗"、"东风"、"井冈山"等,并宣誓要"保卫党中央,保卫伟大领袖毛主席"。从此,"红卫兵"组织作为一种集体力量介入中国的政治活动。毛泽东对红卫兵运动给予了"热情支持"。8月1日,毛泽东写信给清华附中红卫兵说:"我向你们表示热烈的支持。"还说:"不论在北京,在全国,在文化革命运动中,凡是同你们采取同样态度的人们,我们一律给予热烈的支持。"8月18日,首都百万群众聚集天安门广场,举行庆祝"无产阶级文化大革命"大会,毛泽东接见红卫兵代表,并且佩带红卫兵袖章。第二天,全国各大报纸都以大量新闻和图片报道大会盛况,接下来的两个月中,毛泽东又七次接见红卫兵和检阅到北京串联的大中学生代表。对此,新闻媒体均予以了详细报道,红卫兵运动很快在全国普及开来。10月22日《人民日报》社论《红卫兵不怕远征难》发表后,全国几乎所有大学生、中学生组织形形色色长征队到全国各地串联,煽风点火,搅乱正常的生产、生活秩序。

3. "破四旧好得很!"

在1966年8月18日"庆祝文化大革命大会"上,林彪号召红卫兵"大破一切剥削阶级的旧思想、旧文化、旧风俗、旧习惯",号召全国人民支持红卫兵"敢创、敢干、敢造反的无产阶级革命造反精神"。从8月19日开始,在北京,首先掀起了一场规模空前的"破四旧"运动。"长安街"被改为"东方红大路","东交民巷"被改为"反帝路","西交民巷"被改为"反修路","东安市场"被改为"东风市场","同仁医院"被改为"工农兵医院","北京协和医院"被改为"反帝医院","中国科学院哲学社会科学部"也被改为"毛泽东思想哲学社会科学部"。"全聚德"的招牌被砸得稀巴烂,"荣宝斋"的招牌被"人民美术出版社第二门市部"的条幅盖上了。面对声势浩大的造反运动,北京的居民们赶紧"自觉"地自己家里凡是有"封、资、修"色彩的装饰物换上"革命"色彩的东西。几天工夫,北京的大街小巷到处都是一派"革命"气象。8月22日,广播电台对北京红卫兵"杀"向社会、大破"四旧"的"革命"行动大加赞扬,并向全国推广。23日,全国各大报纸以"新华社22日电"的方式,在头版头条登载了《无产阶级文化大革命的浪潮席卷首都街道》的消息,《人民日报》还为此发表了《好得很!》的社论。

在"破四旧"兴起几天后,8月29日,《人民日报》还发表社论《向红卫兵致敬》的社论,"热情洋溢"地"礼赞"道:"红卫兵上阵以来,时间不久,但是他们真正地把整个社会震动了,把旧世界震动了。他们的斗争锋芒,所向披靡,一切剥削阶级的旧风俗、旧习惯、都像垃圾一样,被他们扫地出门。一切躲在阴暗角落里的老寄生虫,都逃不过红卫兵锐利的眼睛。这些吸血虫,这些人民的仇敌,正在一个一个地被红卫兵揪出来,他们隐藏的金银财宝,被红卫兵拿出来展览了,他们隐藏的各种变天账,各种杀人武器,也被红卫兵拿出来示众了。这是我们红卫兵的功勋。"在新闻媒体的一再鼓吹下,"破四旧"运动迅速蔓延全国。这场"破四旧"给国家造成了无法估量的损失,仅北京市,1958年第一次文物普查时记载保存下来的古迹6 843处,"破四旧"毁坏了4 922处。红卫兵一大锤砸下去,很多价值连城的文物顷刻间不复存在。

4. "批判资产阶级反动路线"

1966年8月5日,毛泽东在中南海大院贴出了《炮打司令部——我的一张大字报》,写道:"全国第一张马列主义大字报和人民日报评论员的评论,写得何等好啊!请同志们重读一遍这张大字报和这个评论。可是50多天里,从中央到地方的某些领导同志,却反其道而行之,站在反动的资产阶级立场上,实行资产阶级专政,将无产阶级轰轰烈烈的文化大革命打下去,颠倒是非,混淆黑白,围剿革命派,压制不同意见,实行白色恐怖,自以为得意,长资产阶级的威风,灭无产阶级的志气,又何其毒也!联想到一九六二年的右倾和一九六四年形'左'实右的错误倾向,岂不是可以发人深省吗?"毛泽东指出,"文化大革命"以来,有一个资产阶级司令部和一条资产阶级反动路线,在镇压群众,打击轰轰烈烈的"文化大革命"。8月8日,中共八届十一中全会通过了《中国共产党中央委员会关于无产阶级文化大革命的决定》即《十六条》,提出要批判资产阶级反动路线。但是,被刘少奇派进学校"执行了反动路线"的工作组要接受这样的结论需要时间,加上刘少奇在广大党员和人民群众中形成的威信,广大工人、农民的思想也很难跟上,对于学生驱赶工作组持观望态度。为了扫除障碍,8月23日,《人民日报》发表《工农兵要坚决支持革命学生》的社论,给反工作组的学生撑腰打气。9月7日,毛泽东又一次发出指示:"凡是镇压学生运动的人都没有好下场!"并指使陈伯达、江青等人:"再写一篇社论,劝工农不要干预学生运动。"①9月11日《人民日报》又发表社论《工农群众和革命学生在毛泽东思想旗帜下团结起来》,指出:"学生起来闹革命,把斗争矛头指向党内走资本主义道路的当权派,指向一切牛鬼蛇神。他们的大方向始终没有错。"所以,工农群众"要坚决站在革命学生一边,支持他们的革命行动,做他们的坚强后盾"②。《人民日报》等新闻媒体接连几天对这一内容做了大量宣传,反工作组的学生们的情绪被调动起来了,腰杆子也硬朗起来了。10月1日,在庆祝国庆十七周年群众大会上,林彪在讲话中进一步指出,在"无产阶级文化大革命"中,以毛主席为代表的无产阶级革命路线同资产阶级反动路线的斗争还在继续。10月3日,《人民日报》不仅全文刊登了林彪的国庆讲话,而且以《在毛泽东思想的大路上前进》为题发表社论,说:"两条路线的斗争并未就此结束","对资产阶级反动路线,必须彻底批判",指出:"要不要批判资产阶级反动路线,是能不能贯彻执行文化革命的十六条,能不能正确进行广泛斗批改的关键。在这里,不能采取折中主义。"这等于下达了批判资产阶级反动路线的总攻击令,于是,全国各地"无产阶级革命派"采取各种方式"向资产阶级反动路线发动了猛烈攻击!"10月9日至28日,毛泽东亲自主持全国各省市自治区党委负责人参加的中央工作会议,刘少奇、邓小平在会上作了自我检查。11月1日出版的《红旗》杂志第14期发表的社论《以毛主席为代表的无产阶级革命路线的伟大胜利》说,刘少奇、邓小平的"资产阶级反动路线宣告破产"了,还指出:"无论什么人,无论过去有多大的功绩,如果坚持错误路线,他们同党同群众的矛盾性质就会起变化,就会从非对抗性矛盾变成为对抗性矛盾,他们就会滑到反党反社会主义的道路上去。"这里,新闻媒体已经超出了自己的职责范围,直接参与政治斗争,已经明确地把党中央工作会议的主要精神对外宣布了。11月3日,毛泽东第六次接见红卫兵,刘少奇、邓小平等人虽然参加了接见活动,但是《人民日报》报道这则消息时,只刊登了毛泽东同林彪、周恩来、陶铸、陈伯达在一起的巨幅照片(康生没有参加这次接见),这就明确告诉世人,刘少奇、邓小平因执行"资产阶级反动路线"靠边站了。

---

① 转引自高皋等:《"文化大革命"十年史》,天津人民出版社,1986年版,第95页。
② 林彪:《在毛主席第三次接见红卫兵大会上的讲话》,转引自高皋等:《"文化大革命"十年史》,天津人民出版社,1986年版,第96页。

5. 反对"右倾回潮"

1971年"九一三事件"后,"左"魔气焰受到打击,肆虐有所收敛,周恩来重新主持中央日常工作,针对生产遭到严重破坏的现实,他"贯彻抓革命,促生产,促工作,促战备"的方针,号召全国人民"鼓足干劲,力争上游,多快好省地完成和超额完成国家计划";针对"冤狱"四起、动辄得咎的现状,他强调要严格区别两类不同性质的矛盾,要爱护经过革命斗争考验的老干部;针对空喊"革命口号"的不良习气,他提倡"又红又专,在无产阶级政治统帅下,为革命学业务、文化和技术";针对教育遭破坏、学校荒废的状况,他组织科学家写文章,提出大学教育应重视自然科学基础理论的学习和研究……根据周恩来的指示,1971年底到1972年秋先后举行的全国计划会议、公安工作会议和科学会议,都把批判林彪一伙的极"左"思潮和无政府主义放在重要位置。1972年10月14日,《人民日报》发表了中共黑龙江省委写作组撰写的署名"龙岩"的文章《无政府主义是假马克思主义骗子的反革命工具》,指出林彪一伙在"文化大革命"中利用无政府主义破坏社会主义劳动纪律,破坏社会主义生产,从根本上动摇无产阶级专政。同时还刊登关于介绍无政府主义的老祖宗巴枯宁和学习列宁《共产主义运动中"左派"幼稚病》体会的文章,做成一个专版,集中批判无政府主义和极"左"思潮。12月5日,在国家计委汇报全国计划会议情况时,周恩来特别指出,现在管理乱得很,要整顿。为此,国务院着手抓企业,整顿生产秩序;抓学校的教学秩序,抓科学研究等。到了1973年,全国的情况走向稳定,生产有所发展,产值开始增长。

但是,这一切,都被江青一伙人视为"右倾回潮",等到他们从林彪出逃事件中缓过气来,就急不可耐地发起了所谓反击"右倾回潮"。首先,他们认为,林彪不是极"左",批林不是批极"左"和无政府主义。其次,他们把《人民日报》1972年10月14日专版上的文章打成"大毒草",在《人民日报》内部大批"修正主义"和"右倾回潮"。然后授意上海《文汇报》组织"反击",11月4日,《文汇报》的内部刊物《文汇情况》刊登了上海市委写作组炮制的所谓《工人座谈会纪要》,攻击《人民日报》上龙岩的文章。24日,奉命出版一期《文汇情况》,将龙岩文章发表以来一些报纸上发表的类似观点整理发表,作批判用。江青、张春桥一伙的观点得到了毛泽东的支持,1972年12月17日,毛泽东说,林彪是极右,修正主义,分裂,阴谋诡计,叛党叛国①。毛泽东的讲话使江青一伙批判周恩来的"右倾回潮"就有了理论依据和"尚方宝剑"。从1973年初开始,报刊上便大量发表反对"右倾回潮"的文章。1974年,《人民日报》、《红旗》杂志和《解放军报》的元旦社论

---

① 参见方汉奇主编:《中国新闻事业通史》第3卷,1999年版,第366页。

《元旦献词》,强调批林整风的重点是林彪反革命修正主义路线的极右实质。

就这样,新闻媒体上批极"左"变成了批极右,批林整风变成了反对"右倾回潮"。

6."反击右倾翻案风"

1975年1月13日至18日召开的第四届全国人民代表大会选举朱德为人大常务委员会委员长,任命周恩来为国务院总理,邓小平为副总理。会议决定,在周恩来因病住院期间,由邓小平主持党政日常工作。邓小平雷厉风行,根据毛泽东的"学习理论"、"促进安定团结"、"把国民经济搞上去"三条重要指示,大胆地治理整顿,各行各业有了明显好转,受到全国广大人民群众的欢迎。但是,"四人帮"有完全相反的看法,他们认为是"还乡团回来了,复辟了"。毛泽东的联络员毛远新对毛泽东说,感觉现在有一股风,比1972年批极"左"否定"文化大革命"时还要凶些;还说:"我很注意邓小平的讲话,我感到一个问题,他很少讲'文化大革命'的成绩,很少批判刘少奇的修正主义路线。"①毛远新还就清华大学反映迟群的问题向毛泽东说,迟群"在执行主席的教育革命路线上是比较坚决的"。迟群和谢静宜是江青在清华大学的亲信,自恃有后台,在清华大学为所欲为,群众意见很大。清华大学党委副书记刘冰、慧宪钧、柳一安,党委常委吕方正于1975年8月3日和10月3日,先后给毛泽东写了两封信反映迟群的问题。信是请邓小平转呈毛泽东的。毛远新的汇报,击中了毛泽东的心病,他十分担心有人否定"文化大革命",所以他说,"清华涉及的问题不是孤立的,是当前两条路线斗争的反映"。还说,"迟群不能走,迟群走了不是又要搞第二次'文化大革命'了吗?""他们骂迟群,实际上是反对我,可又不敢,就把气发到迟群身上"②。加上刘冰等人的信是通过邓小平转呈,所以更怀疑邓小平是支持刘冰等人的,是"想翻文化大革命的案"。毛泽东起用邓小平,是指望他将前一阶段的混乱局面收拾好,以证明"文化大革命好",然而,邓小平"治理整顿"有悖毛泽东的想法,毛泽东当然不答应。

1975年12月4日,《人民日报》转载《红旗》杂志第13期刊登的署名"北京大学、清华大学大批判组"的文章《教育革命的方向不容篡改》,认为教育战线的整顿就是"企图为修正主义教育路线翻案,进而否定文化大革命,改变毛主席的革命路线";还说教育战线上的这场争论,是当前社会上两个阶级、两条道路、两条路线斗争的组成部分。

《教育革命的方向不容篡改》成了"批邓、反击右倾翻案风"的信号,于是以

---

① 转引自高皋等:《"文化大革命"十年史》,天津人民出版社,1986年版,第565页。
② 同上书,第566页。

"教育革命大辩论"为起点的所谓"批邓、反击右倾翻案风"的浪潮席卷而来。1976年2月1日出版的《红旗》杂志刊登《回击科技界的右倾翻案风》。文章引用江青的话说,这是继北京大学、清华大学大批判组文章后的"第二发重型炮弹"。2月6日,《人民日报》发表了题为《无产阶级文化大革命的继续和深入——喜看清华大学教育革命大辩论破浪前进》的记者述评,说邓小平等人"提现代化是假,复辟资本主义是真,卫星上天是幌子,红旗落地才是真意",并明确提出"右倾翻案风的风源"是"至今不肯改悔的走资派"。2月12日,《北京日报》发表的署名梁效的文章,更明确提到"不肯改悔的最大的走资派";3月1日出版的《红旗》杂志刊登的署名池恒的文章《从资产阶级民主派到走资派》、初澜的文章《坚持文艺革命,反击右倾翻案风》和桂志的文章《右倾翻案风与资产阶级法权》,3月10日《人民日报》社论《翻案不得人心》等,都是将矛头直接对准了邓小平。

"批邓、反击右倾翻案风"的结果是邓小平的第二次被打倒。1976年4月7日,根据毛泽东的提议,中共中央"政治局一致通过,撤销邓小平党内外一切职务,保留党籍,以观后效"。

(二) 发动一场接一场整人运动

上海《文汇报》刊登批判吴晗新编历史剧《海瑞罢官》的文章是"浩劫"时期发动的第一场整人运动,随着是一场接一场,不仅整倒了邓拓、吴晗、廖沫沙"三家村",而且整倒了彭真、陆定一、罗瑞卿和杨尚昆。这个情节,前已备述,此处不赘。下面叙述当时新闻媒体掀起的另外几场整人运动。

1. 打倒"中国的赫鲁晓夫"

刘少奇在"文革"中有一个代称,就是"中国的赫鲁晓夫"。这一提法出自《五一六通知》,发明权属于毛泽东。在《五一六通知》中,毛泽东亲笔加上几段话,其中有一段说:"混进党里、政府里、军队里和各种文化界的资产阶级代表人物,是一批反革命修正主义分子。""这些人物,有些已经被我们识破了,有些还没有识破,有些正在受到我们的信用,被培养为我们的接班人,例如赫鲁晓夫那样的人物,他们正睡在我们的身旁,各级党委必须充分注意这一点。""文革"前,刘少奇已经被确定为毛泽东的接班人了,所以,在公开点名打倒刘少奇之前,媒体上就用"中国的赫鲁晓夫"代指他。

1966年8月初,毛泽东在他写的《炮打司令部》大字报中,就已经明确说明了他发动"文化大革命"的目的就是要打倒刘少奇,摧毁以刘少奇为首的"资产阶级司令部"。但是,毛泽东知道,凭着刘少奇在党内的威信,要把这一想法变成现实,并非易事。为了让全党和全国人民相信刘少奇是十恶不赦的"坏人",该打倒,毛泽东很好地运用了新闻媒体。这里用得上毛泽东自己1962年在八届十中全会上讲的一番话:凡是要推翻一个政权,总要先造成舆论,总要先做意识形态方面的工作。革命的阶级是这样,反革命的阶级也是这样。

打倒刘少奇的舆论战从批判《论共产党员的修养》和围剿电影《清宫秘史》开始。

1967年3月,毛泽东说:刘少奇的这本书(指《论共产党员的修养》)是欺人之谈。这本书是唯心论,是反马列主义的。不讲实际斗争,不讲夺取政权的斗争,只讲个人修养,蒋介石也可以接受。什么个人修养,每个人都是阶级的人,没有孤立的人,他讲的是孔孟之道,从封建主义到资本主义都可以接受①。于是社会上立即刮起批判刘少奇《论共产党员的修养》的浪潮。《人民日报》也刊登批判文章,如《在干部问题上的资产阶级反动路线必须批判》、《〈修养〉的要害是背叛无产阶级专政》等。

在批判《论共产党员的修养》的同时,新闻媒体开始对电影《清宫秘史》进行围剿。

早在1954年,毛泽东在《关于红楼梦研究问题的信》中,就给《清宫秘史》定性了:"这(指俞平伯研究《红楼梦》的论著未受到批判)同影片《清宫秘史》和《武训传》放映时候的情形几乎是相同的。被人称为爱国主义影片而实际是卖国主义影片的《清宫秘史》,在全国放映后,至今没有被批判。"这封信的注释写道:"《清宫秘史》是一部污蔑义和团爱国运动,鼓吹投降帝国主义的反动影片。刘少奇把这部卖国主义影片吹捧为'爱国主义'影片。"②1967年1月4日,《人民日报》发表意在攻击陶铸的《评反革命两面派》中,姚文元有意引用了毛泽东的上面那段话,并对"被人称为爱国主义影片而实际是卖国主义影片的《清宫秘史》"中的"人"作了一个很长的解释,说:"鼓吹《清宫秘史》的'大人物'中,就包括有当前这场无产阶级文化大革命中提出资产阶级反动路线的人,他们反毛泽东思想的反动资产阶级世界观,他们保护剥削阶级,仇恨革命的群众运动的本质,早在建国初期吹捧《清宫秘史》时就表现出来了。"刘少奇看后,感到了一种不祥的征兆,3月28日,他给毛泽东写了一封信,解释了他对《清宫秘史》看法的背景,但是,毫无作用。3月31日,中央人民广播电台广播了《红旗》杂志1967年第5期刊登的戚本禹的文章《爱国主义还是卖国主义?——评反动影片〈清宫秘史〉》,戚本禹在文章中引述了毛泽东的讲话:"《清宫秘史》,有人说是爱国主义的,我看是卖国主义的,彻底的卖国主义。"③文章疾言厉色地指出:"党内最

---

① 参见高皋等:《"文化大革命"十年史》,天津人民出版社,1986年版,第156页。
② 《毛泽东选集》第5卷,1977年版,第134—135页。
③ 转引自高皋等:《"文化大革命"十年史》,天津人民出版社,1986年版,第158页。

大的走资本主义道路的当权派"是"反革命","就是睡在我们身边的赫鲁晓夫";文章还用"八个为什么"罗列了"党内最大的走资本主义道路的当权派"的"八大罪状"。戚本禹的文章发表后,全国报刊就以"八大罪状"为口径,开始了对《清宫秘史》的批判。4月8日,《人民日报》发表社论《高举无产阶级革命的批判旗帜》,《光明日报》发表社论《批倒中国的赫鲁晓夫》。

戚本禹在《爱国主义还是卖国主义?——评反动影片〈清宫秘史〉》一文中,为了罗织刘少奇的罪名,还提出了一个所谓"叛徒集团"问题。于是全国出现了一个揪斗"叛徒"的浪潮。虽然1936年至1937年华北有61人先后按国民党的规定履行出狱手续的事情是中共中央批准了的,党的"七大"也作了结论,但是为罗织罪名的需要,还是要将"招降纳叛"的帽子戴在当时担任华北局书记的刘少奇头上。

戚本禹的一篇文章及其派生出来的理论和实际问题,把当时的国家主席刘少奇"妖魔化"得不成样子了,为最后彻底打倒刘少奇作好了铺垫。1967年6月1日,《红旗》杂志、《人民日报》为了纪念北京大学第一张马克思主义大字报发表一周年而写作了社论《伟大的战略措施》,用黑体字全文引用了毛泽东《炮打司令部——我的一张大字报》,意在提醒人们注意,"文化大革命"的主要目标是整垮刘少奇及其司令部。7月1日出版的《红旗》杂志发表社论《毛泽东思想照亮我们党胜利前进的道路》,历数了"这个党内最大的走资本主义道路当权派"在各个历史时期的"错误"。新闻媒体的口诛笔伐,导致揪出"党内最大的走资派"的活动日渐深入:在"中央文革"的支持下,北京红卫兵在中南海西门外设立了"揪刘前线指挥部";根据江青、戚本禹等人的指示,中央机关的造反派把刘少奇、王光美分别揪到中南海的两个食堂批斗。1967年8月5日,为了纪念毛泽东《炮打司令部——我的一张大字报》张贴一周年,《人民日报》再次登载大字报全文,并发表《炮打资产阶级司令部》的社论,说:"党中央号召,全国无产阶级革命派动员起来,集中火力,集中目标,进一步深入地、广泛地从政治上、思想上、理论上,对党内最大的一小撮走资本主义道路当权派,开展革命大批判。"8月中旬,《红旗》杂志、《人民日报》连续发表社论,把"党内最大的走资派"说成是与陈独秀、瞿秋白、李立三、王明、张国焘一脉相承的"推行资产阶级反动路线"的人物,而这个"党内最大的走资派,就是这条反动路线最集中的代表"。刘少奇彻底被打倒只是时间问题了。

1968年11月2日,《人民日报》等中国主要报纸都在头版头条,以套红大标题刊登了中共八届十二中全会公报,全国各广播电台也反复播送公报的内容。关于刘少奇的结论是:"充分的证据查明:党内头号走资本主义道路当权派刘少奇,是一个埋藏在党内的叛徒、内奸、工贼,是罪恶累累的帝国主义、现代修正主义和国民党反动派的走狗。""全会对于刘少奇的反革命罪行,表示了极大的革命义愤,一致通过决议:把刘少奇永远开除出党,撤销其党内外一切职务,并继续清算刘少奇及其同伙叛党叛国的罪行。"至此,刘少奇的政治生命彻底结束了。一年后,1969年11月12日,刘少奇的自然生命也结束了。他死得非常凄惨,骨灰盒上写的名字是"刘卫黄"。

2. 批判中国"现代大儒"

事后看来,"文化大革命"的前半期,主要是整垮中国的"赫鲁晓夫"刘少奇及其"资产阶级司令部",以保证"无产阶级江山永不变色";后半期,主要是批判中国"现代大儒"周恩来,以捍卫"无产阶级文化大革命"所取得的成果。

报刊批判周恩来,前后有几个高潮。由于周恩来在全党和全国人民群众中的威望,射向周恩来的毒箭一般都采用"影射"的方式进行。

(1)"批孔批周公"。

1973年下半年,报刊上掀起了一股批孔浪潮,意在批判周恩来的"右倾回潮"。如前所述,林彪叛逃后,周恩来利用"批林整风"的机会,纠正林彪的一些极"左"的错误做法,被"中央文革"认为是"右倾回潮"。为了批判"右倾回潮",毛泽东5月在中央工作会议上提出了批孔问题。7月4日他在与王洪文、张春桥谈批孔问题时说:林彪同国民党一样,都是"尊孔反法"。8月7日和13日《人民日报》相继刊登杨荣国的文章《孔子——顽固地维护奴隶制的思想家》和《两汉时代唯物论反对唯心论先验论的斗争》作为开场锣鼓。9月,正戏开始:9日,《北京日报》发表北京大学、清华大学大批判组的《儒家和儒家反动思想》,文章从孔子的"吾从周"扯到"周礼",从"周礼"又扯到"周公",说"周公"是旧奴隶制度的"政治代表",由"批林"过渡到"批孔",再由"批孔"过渡到"批周公"。15日上海出版的《学习与批判》杂志创刊号上发表的署名石仑的文章《论尊儒反法》,对儒法斗争作了"现代化"的解释:"儒家和法家的斗争,是守旧和革新、复辟和反复辟的斗争。"17日,《北京日报》第二版整版刊登了北京大学、清华大学大批判写作组写的《秦始皇在历史上的进步作用》。24日,《文汇报》刊登署名陈新的文章《这是一场革命——评秦始皇的焚书坑儒》。27日,《人民日报》刊登署名唐晓文的文章《孔子是全民教育家吗?》。28日,《人民日报》刊登署名施丁的长文《"焚书坑儒"辩》。同一天,《北京日报》刊登署名轻矢的文章《焚书坑儒是对反动派的革命专政》……到11月,"批孔"运动进入到一个新阶段:1日出版的《红旗》第11期转载了上海《学习与批判》杂志创刊号的文章《论尊儒反法》,同时刊登姚文元组织他的写作班子"罗思鼎"写的重点文章《秦王朝建立过程中复辟与反复辟的斗争——兼论儒法论争的社会基础》。江青说:"这篇文章的好处,是批吕不韦——吕是宰相。"姚文元得意地说,这篇文章比《论尊儒反法》进了一步。1973年第4期《学习与批判》再次刊登署名罗思鼎的文章《汉代的一场儒法大论战——读〈盐铁论〉札记》,矛头指向"奴隶主残余势力"的黑后台霍光,以影射周恩来。

1974年元旦,《人民日报》、《红旗》杂志和《解放军报》联合发表社论《元旦献词》,强调"要继续开展对尊孔反法思想的批判",因为"中外反动派和历次机会主义路线的头子都是尊孔的,批孔是批林的一个组成部分"。此后,报刊上重点开展"评法批儒",批"周公",批"宰相儒"。一些文章说孔子在鲁国"代行宰相职务","七十一岁,重病在床","还拼命挣扎着爬起来,摇摇晃晃地去见鲁君"。甚至故意在孔子形象上突出"端起胳膊",恶毒影射周恩来。1974年第4期《红旗》杂志上发表署名罗思鼎的文章《评〈吕氏春秋〉》,意在批周恩来的"折中主义",文章说:"历史现象常常会有相似之处。《吕氏春秋》这种以折中主义形式表现出的反动思潮在今天仍然还可以看到。"进一步说:"他们常常摆出一副平正、公允的面孔,用似是而非、模棱两可的态度来掩盖自己的极右本质,表面上不偏不袒,实质上千方百计保护反动派,对革命派则是力图置之死地而后快。"

(2)评《水浒》,批"投降主义"。

如前所述,1975年在周恩来的支持下,邓小平大刀阔斧对被"四人帮"整垮的局面进行"治理整顿",收到明显效果,但是,被"中央文革"认为是"右倾翻案"。在所谓"反击右倾翻案风"过程中,开展了评《水浒》。1975年8月13日,毛泽东与北京大学中文系教员芦荻谈话时说:"《水浒》这本书,好就好在投降。做反面教材,使人民都知道投降派。《水浒》只反贪官,不反皇帝。摒晁盖于一百零八人之外。宋江投降,搞修正主义,把晁的聚义厅改为忠义堂,让人招安了。宋江同高俅的斗争,是地主阶级内部这派反对那派的斗争。"毛泽东的谈话,很快就被江青、姚文元等人利用来作为打击周恩来和邓小平的武器。姚文元将毛泽东的谈话转发给《人民日报》、《红旗》杂志、《光明日报》以及北京大学清华大学批判组、上海市委写作组,要他们制定评论《水浒》的计划;江青指出:"主席对《水浒》的批示有现实意义。评论《水浒》的要害是架空晁盖,现在有人架空毛主席。"还说:"批《水浒》就是要大家知道我们党内就是有投降派。"宋江"上山以后,马上把晁盖架空了……把一些大官、大的将军、武官、文官、文吏,统统弄到梁山上来,都占据了领导的岗位"[①]。1975年《红旗》杂志第9期上,在"用《水浒》做反面教材,使人民都知道投降派"的总标题下,发表了一组评论《水浒》的文章。9月4日,《人民日报》发表《开展对〈水浒〉的评论》的社论,公布毛泽东关于评论《水浒》的谈话内容,此后,迎合毛泽东观点的文章连篇累牍地出现在报

---

① 转引自高皋等:《"文化大革命"十年史》,天津人民出版社,1986年版,第558、559页。

刊上,这些文章用"投降主义"、"架空晃盖"来影射周恩来,对其进行恶毒攻击。

(3) "周恩来死了,我也要和他斗争到底。"

1976年1月8日上午9时57分,周恩来病逝。江青说:"周恩来死了,我也要和他斗争到底。"① 姚文元利用分管新闻宣传的职权,指示《人民日报》减少对周恩来逝世的报道:"总理不要突出,标题要缩小","广大群众吊唁的场面不要登","要登些文化方面的东西,登些抓革命方面的东西"。对新华社发出指令:"不要因为刊登悼念总理的活动把日常抓革命促生产的报道挤掉了。"1月14日,即周恩来追悼会前一天,《人民日报》居然在头版头条发表长篇文章《大辩论带来大变化》,说什么"近来,全国人民都在关心着清华大学关于教育革命的大辩论……"新闻媒体如此强奸民意,倒行逆施,在中国新闻史上都是罕见的。

更有甚者,1976年2月6日,新华社出版的《参考资料》上编发国民党特务就"四一二"事件诬陷周恩来的材料。接着上海的《学习与批判》以介绍蒋介石发动的"四一二"大屠杀的历史情况为由,含沙射影地攻击周恩来。1976年第3期《学习与批判》上同时刊登《梯也尔小传》、《由赵七爷的辫子想到阿Q小D的小辫子兼论党内不肯改悔的走资派的大辫子》两篇文章,说梯也尔搞复辟,是俾斯麦授意的,赵七爷反攻倒算,有"辫帅"张勋的支持。影射邓小平搞"右倾翻案"有周恩来的"授意"和"支持",企图达到批倒邓小平、搞臭周恩来一箭双雕的目的。2月13日《光明日报》头版发表署名高路的文章《孔丘之忧》,把悼念周恩来的人们污蔑为"哭丧妇",说什么:"让旧制度的'哭丧妇'抱着孔丘的骷髅去忧心如焚,呼天号地吧。"3月5日,上海《文汇报》刊登前一天新华社播发的《沈阳部队指战员坚持向雷锋同志学习》消息时,将周恩来"学习雷锋"的题词删去了。3月25日,《文汇报》发表《走资派还在走,我们就要同他斗》的通讯,再次出现攻击周恩来的话:"党内那个最大的走资派要把被打倒的至今不肯改悔的走资派扶上台。"

"四人帮"的倒行逆施激起了广大人民群众的愤怒。从3月底到4月初,北京的天安门广场上人山人海,人们通过各种方式表达对周恩来的怀念和对"四人帮"的痛恨。在江青等人的策划下,革命群众遭到殴打和逮捕,4月5日天安门广场上群众的悼念活动被定为"反革命事件"。4月7日,中央人民广播电台广播了《天安门广场的反革命政治事件》的现场报道和北京市委书记吴德在天安门广场的讲话稿。"现场报道"和"讲话"歪曲事实,颠倒黑白,给革命群众捏造了种种罪名。一时间,全国报纸上充满了"声讨天安门反革命分子"和"批判邓小平"的文章。

---

① 转引自高皋等:《"文化大革命"十年史》,天津人民出版社,1986年版,第571页。

(三) 甩出一块又一块打人的"石头"

"文革"期间,我国新闻媒体上的典型报道是可以与"大批判"文章并列的又一大特色。一"破"一"立",相得益彰,手法不同,目的一个,就是整人。新闻媒体上的典型报道是"四人帮"为了打人而甩出来的"石头"。

1. 关于"六厂二校"的典型报道

"六厂"指的是北京新华印刷厂、北京针织厂、北京二七机车车辆厂、北京北郊木材厂、南口机车车辆厂、北京化工三厂。"二校"指的是北京大学、清华大学。

在"文化大革命"中,几乎与世隔绝的毛泽东为了解"文化大革命"的进展情况,派他的警卫战士选择一些运动搞得比较激烈的单位蹲点,了解情况,回来向他汇报,"六厂二校"就是在这样的背景下作为"文化大革命"的先进单位而进入新闻宣传视野的。随着解放军进驻这些单位,新闻记者也纷纷进驻这些单位,在这些单位专门设有新华社、《人民日报》社的报道小组。从1968年到1976年整整8年,这两大新闻单位几乎接连不断有人在"六厂二校"蹲点,蹲点记者们把写这些单位的稿子看作是"对毛主席的态度"问题。在这样的政治气候下,"六厂二校"的报道充斥了"文革"时期的新闻报纸的版面。由于各报的反复宣传,"六厂二校"成为样样都好的典型。

在"六厂二校"的典型经验中,重点是清理阶级斗争队伍工作的经验。这几个单位在"文化大革命"期间,通过各种方式,揪出了"地、富、反、坏、右、特务、叛徒、走资派、国民党残渣余孽"等各种阶级敌人,纯洁了工人阶级队伍。这里的经验通过媒介推广的形式推向全国;在"六厂二校"的典型经验的示范作用下,全国清理阶级队伍的面越搞越大,许多无辜的人惨遭迫害。

2. 关于"有路线斗争觉悟"的典型报道

中共九大前后,报刊上突出报道了一批"有路线斗争觉悟"的党员、干部、战士"典型"。例如,"毛主席挥手我前进"的战士、"无产阶级专政的红哨兵"、"无限忠于毛主席革命路线的好干部"、"小车不倒只管推"、"拉革命车不松套"的农村基层干部等。在这些新闻典型中,并不排除典型本身的品质和成绩,但在极"左"路线的控制下,新闻媒介成为林彪、江青等反党集团的夺权工具之后,充斥于报纸版面的是种种假典型。即使是先进人物和单位,也往往按照林彪、江青集团的需要,扭曲角度,渲染个人崇拜,强化"典型"的"路线斗争觉悟",以为篡党夺权张目。比如关于"大寨"的宣传报道。大寨大队在恶劣的自然条件和严重的自然灾难面前,在党支部的带领下,为改变自己的生存环境自力更生、艰苦奋斗,显示出人类征服自然的伟大力量。对其先进经验进行宣传、推广是有新闻价值的,但在林彪、"四人帮"集团的操纵下,大寨由一个生产典型变成了一个政治典型,由一个农业先进典型变成一个推行极"左"路线的典型。

3. 关于"反潮流"、"反回潮"的典型报道

1973年至1975年，报刊上出现了一批"反潮流"、"反回潮"的典型报道。

(1)"白卷英雄"张铁生。

1973年4月3日，国务院批转《关于高等学校一九七三年招生工作的意见》，提出要坚持选拔两年以上实践经验的优秀工农兵上大学，坚持群众推荐和群众评议。在政治条件合格的基础上，重视文化程度，进行文化考查，了解推荐对象掌握知识的能力，同时，也要防止"分数挂帅"。对于这些意见，江青等人十分反感。他们污蔑进行文化考查是大学招生的"弊病"，是"智育第一"、"文化至上"。他们一心想要寻找一个反对文化考试的典型，以此作为一块打人的"石头"，来为其政治斗争服务。在当年大学招生考查中，辽宁兴城考区有一个叫张铁生的考生，"文化考查"语文38分，数学61分，理化6分。他估计自己的成绩太差不能被录取，于是在考卷背面上写了一封恳求领导录取时考虑照顾他的信。信中骂别人是"不务正业，逍遥法外的浪荡书呆子"，"为个人努力的大学迷"；标榜自己"为人民热忱忘我地劳动工作，自我表现胜似黄牛"，而上大学是他"自幼的理想"。"四人帮"集团听到这件事后如获至宝，视为"反潮流"的典型，其亲信亲自为张铁生的信修改润色，《辽宁日报》于7月19日以《一份发人深省的答卷》为题在头版头条发表了张铁生的信，并加了编者按。编者按说，张铁生在大学招生的"文化考查"中，虽然交了"白卷"，但在"白卷"背面写的一封信，却是"一份令人深省的答卷"，它对"整个大学招生的路线问题"所提出的意见，"颇有见解，发人深省"。8月2日，上海《文汇报》首先转载了张铁生的"答卷"和《辽宁日报》的编者按，并另加按语提出："我们希望各条战线上的同志都来议论一下这个问题。"该报还从8月4日起开辟了《选什么样的人上大学？》的专栏，开展讨论，大批所谓"智育第一"。29日，该专栏发表了署名姚清新的文章《劝君莫奏前朝曲——对张铁生一份答卷的几种不正确的议论》，认为教育制度要彻底改革。8月10日，《人民日报》也在头版头条加按语刊登了张铁生的"答卷"。一时间，张铁生被捧为"反潮流"的英雄。张铁生因为交"白卷"而被录取为大学生，吸收入党，平步青云。抓住张铁生这个典型，报刊载文集中攻击文化考查，把文化考查说成是"旧高考制度"的复辟，是对教育革命的反动，是"资产阶级向无产阶级的反扑"和"反攻倒算"。

(2)"批师道尊严的小英雄"黄帅。

《北京日报》的内部刊物上刊载了北京海淀区中关村第一小学五年级学生黄帅的来信和日记摘抄，其中有她对班主任老师的一些意见。迟群和谢静宜知道后，认为这是批判"师道尊严"的典型。在他们的精心策划下，《北京日报》1973年12月12日公开发表了黄帅的来信和日记摘抄，并加了一则长达900字

的编者按:"一个12岁的小学生的反潮流的革命精神,提出了教育革命中一个大问题,就是在教育战线上,修正主义路线的流毒还远远没有肃清,旧的传统观念还是很顽强的。"《人民日报》12月28日转载时又加了编者按,再次肯定"黄帅敢于向修正主义教育路线的流毒开火,生动地反映出毛泽东思想哺育的新一代的革命精神面貌。"一名小学生一夜之间成为敢于批判师道尊严的反潮流的"英雄"。全国新闻媒体纷纷宣传黄帅所谓"反潮流"精神,挑起学生斗老师,产生了很坏的影响。

(3)"自力更生"典型"风庆轮"。

根据我国的实际情况,周恩来和国务院制定了我国远洋运输的方针:造船与买船同时并进,在国内造船一时不能适应需要时,适当进口一些船只,以满足发展我国的远洋运输业的需要。这一方针被"中央文革"认为是"洋奴哲学"和"崇洋卖国"。1974年9月13日,我国自己建造的"风庆轮"完成远航任务返抵上海吴淞口,"中央文革"以为找到了批判"洋奴哲学"的典型事例。11月1日出版的《红旗》杂志第11期发表了署名"风庆轮党支部"的文章《扬眉吐气的三万二千里》,并加了编者按,说"风庆轮"远航归来"对于洋奴哲学、爬行主义之类的地主买办资产阶级思想,是一个有力批判,它的意义决不限于造船业和海洋运输业。"关于"风庆轮"的报道和宣传,上海新闻界折腾了一个多月,《文汇报》、《解放日报》共用3次头版头条、20多个版面、近20万字的文章。"风庆轮"完全成了"四人帮"打击周恩来的一块"石头"。

第二节 新闻界成为"文革"重灾区

一、被摧残的新闻界

江青和"中央文革"认为,新中国成立后的17年,刘少奇等人"疯狂推行反革命的资产阶级新闻路线,把叛徒、特务、走资派安插到各个新闻单位中,妄图使新闻事业变成颠覆无产阶级专政、复辟资本主义的工具";新闻界成了"中国赫鲁晓夫及其代理人把持的反革命独立王国"[①]。他们把新华社的干部称为"一筐烂西红柿",说《人民日报》社的干部有"一股邪气",《红旗》杂志社的干部都应该"用铁帚扫出去";给报刊写稿的作者队伍,被他们诬陷为"踏进新闻界"的"叛

---

① 《把新闻战线的大革命进行到底》,1968年9月1日,《人民日报》、《红旗》杂志、《解放军报》。

徒"、"特务"、"三教九流"、"牛鬼蛇神"、"封建遗老遗少"、"资产阶级学术权威"。尤其是江青精心组织撰写的《评新编历史剧〈海瑞罢官〉》在上海《文汇报》发表后,以《人民日报》为首的北京很多新闻媒体不知其中的底细,在相当长时间内不予转载,这种"反应迟钝"的表现,没有跟上毛泽东的"战略部署",毛泽东对此十分恼火,认为这是北京市"针插不进,水泼不进"的表现,这种现象"不能容忍"。"五一六通知"发布后,毛泽东决心对北京市委的机关报刊和"万报之首"《人民日报》"动手术"。

5月中旬,中共中央决定改组北京市委,李雪峰、吴德分别担任北京市委第一、二书记,彭真领导的北京市委解体。在北京市委被改组的同时,《北京日报》、《北京晚报》和《前线》杂志等领导班子被撤换。

5月31日,毛泽东派陈伯达率工作组进驻《人民日报》社,全面接管报社工作,"掌握报纸的每天版面,同时指导新华社和广播电台的对外报道",改组了《人民日报》的领导班子,长期受到毛泽东信任的吴冷西靠边站。6月2日,陈伯达在报社全体员工大会上,宣布"让吴冷西停职反省",实际上是撤销职务。他甚至直言不讳地说,他在《人民日报》社"搞了一个小小的政变"。从此,中共中央机关报《人民日报》实际上成为"文化革命领导小组"整人的工具。

当时省级以下地方新闻媒体是什么样的状况呢?自"文化大革命"开始以后,全国各省市自治区党委机关报受到冲击,许多老新闻工作者被赶出新闻机关,致使很多报纸不能正常出版。1967年1月3日,中共中央发出关于报纸问题的通知,指出:最近有些省市的报纸停刊闹革命,这是可以的,但必须完成代印《人民日报》、《解放军报》、《光明日报》航空版的任务,以保证党中央的精神"及时同广大群众见面"。还有很多报纸,因为是"修正主义"的,被红卫兵查封了。1967年《人民日报》和《红旗》杂志发表元旦社论,传达毛泽东的指示,宣布1967年将是向党内一小撮"走资本主义道路当权派"和社会上"牛鬼蛇神"开展总攻的一年。全国的"夺权"斗争从上海开始,上海又拿新闻界开刀。1月3日、4日,上海《文汇报》和《解放日报》先后被造反派夺权接管,《人民日报》于1月9日发表社论《让毛泽东思想占领报纸阵地》,赞扬《文汇报》和《解放日报》的"夺权"是"文化大革命"的"一件大事",是我国无产阶级新闻事业发展史上的"一个创举",并号召全国新闻界"向他们学习"。因此,"一月风暴"后,全国省市委被"夺权",成立"革命委员会",原来的党委机关报都改为"红色政权革命委员会"的机关报。有的报纸还更改了报名,或者重新印制了报头,有的甚至重新更改出版编号,以示与旧党委机关报彻底决裂。除了查封的、停刊的外,都被"夺权"了,均成为"红色"报纸。据统计,1965年全国邮发的中央和地方报纸共计413种,杂志767种,1966年分别减少为390种和248种,1967年再分别减少为334

种和102种①。1968年至1970年,报纸竟然减少到只有42种,整个新闻界是万花凋谢。

随着新闻界的被"夺权",正直的新闻工作者很多人被整。"文化大革命"刚刚发动,1966年5月18日,"人民新闻家"邓拓含冤自杀,营造了新闻界第一起悲剧。在随后的"夺权"斗争及长达十年的迫害中,老一辈新闻工作者孟秋江、金仲华、范长江、章汉夫、潘梓年等先后被迫害致死。同时,还有大量的新闻工作者以种种"莫须有"的理由被打成"反革命分子",轻者撤换工作,下放到"五七"干校进行劳改;重者投进监狱,经受非人的折磨,甚至被迫害致死。

二、畸形的新闻格局

"文革"中的新闻界,不仅是万花凋谢,而且形成了一种畸形的新闻传播格局——"小报抄大报,全国看梁效"。

所谓"大报",就是指《人民日报》、《解放军报》和《红旗》杂志,被称为"两报一刊"。

如前所述,1966年5月31日,陈伯达奉命接管了《人民日报》后,该报成了"中央文革"得心应手的工具。《解放军报》在林彪的直接干预下,在"文革"发动期起到了"打先锋"的作用。如前所述,当《人民日报》、《北京日报》等北京新闻媒体对上海《文汇报》发表姚文元的《评新编历史剧〈海瑞罢官〉》集体抵制时,《解放军报》于1965年11月29日率先转载姚文元的文章,并发表编者按,指斥《海瑞罢官》是"一株反党反社会主义的大毒草"。1966年,彭真在制定《二月提纲》的时候,江青在林彪的支持下,在上海召开部队文艺工作者座谈会,炮制了《林彪同志委托江青同志召开的部队文艺工作座谈会纪要》,认为文艺界"被一条与毛主席思想相对立的反党反社会主义的黑线专了我们的政。这条黑线就是资产阶级的文艺思想、现代修正主义的文艺思想和所谓三十年代文艺的结合",一定要"坚决进行一场文化战线上的社会主义大革命,彻底搞掉这条黑线"。1966年4月18日《解放军报》发表了《高举毛泽东思想伟大红旗,积极参加社会主义文化大革命》,将江青炮制的毛泽东修改了三遍的《林彪同志委托江青同志召开的部队文艺工作座谈会纪要》的精神公之于众,在全国首先吹响"文化大革命"的号角。此后到陈伯达改组《人民日报》领导班子前,江青组织的重要文章基本上首先都是在《解放军报》发表的。

此外,在林彪的具体"指导"下,《解放军报》在制造对毛泽东的个人崇拜方

---

① 方汉奇主编:《中国新闻事业通史》第3卷,1999年版,第332页。

面,很多做法,也属始作俑者。早在1961年4月,林彪就要求《解放军报》应该经常刊登毛主席语录。当年5月1日,《解放军报》开始刊登毛泽东语录,开中国报刊上在显著位置刊登毛泽东语录的先河。1964年3月,林彪又指示《解放军报》要尽量使用党中央、毛主席提出的全国性语言;如果外面来稿中没有这种语言,编辑部要加上去。1965年底,林彪又指示,《解放军报》主要是引证主席的话,主席的话,一句顶我们讲一万句,要多收集、多引用。1966年,林彪在《〈毛主席语录〉再版前言》中又强调,在报纸上要经常结合实际,刊登毛主席的语录,供大家学习和运用。"文化大革命"开始后,《解放军报》每天在报眼上刊登毛主席语录的做法成为全国报刊效法的样板。

《红旗》杂志一直控制在陈伯达手中,"文革"开始后,更是"中央文革"整人的武器。

"两报一刊"被"中央文革"所掌控,而"中央文革"又隶属于中央政治局常委,所以,"两报一刊"的文章就直接传达毛泽东的指示,即当时"一句顶一万句"的"最高指示",当然,也就成了其他报纸"转抄"的样板。

至于"梁效",就更是一个怪物了。"梁效"分狭义和广义。狭义的"梁效"是"中央文革"操纵和指挥的"北京大学、清华大学大批判组"的笔名。这个写作班子由江青通过迟群、谢静宜直接控制,因其成员主要是北京大学和清华大学的教师,以"两校"谐音称"梁效"。广义的"梁效"是泛指"中央文革"控制和指挥的所有大批判写作班子,除"梁效"外,主要还有由张春桥、姚文元直接操纵的上海市委写作组、中共中央党校写作组、文化部写作组;此外,还有很多笔名,如"池恒"、"江天"、"罗思鼎"、"唐晓文"、"石一歌"、"万山红"、"秦怀文"、"祝小章"、"梁小章"、"史军"、"闻军"、"哲军"、"康立"、"石仑"、"齐永红"、"史建文"、"范秀文"等。这些写作班子撰写的文章一般都是江青等人布置的,甚至多次修改定稿的,所以成为指导"文革"的"纲领性文献",其他文章的口径均需与之保持一致,因而全国新闻宣传唯其马首是瞻。

总之,在这种畸形的新闻格局之下,新闻媒体被高度控制,千报一面,一呼百应,并且完全沦为了林彪、江青集团的政治斗争的工具。他们往往从其政治目的出发来进行新闻报道,一方面,别有用心地从"正"的方面树立为其服务的"典型","典型"报道成为其"打人"的"石头",并且将"典型"向全国推广,营造舆论压力;另一方面,在"反"的方面,则以"大批判"文章开路,对将欲置于死地的夺权障碍无限上纲,以一边倒的漫骂给对手制造各种罪名。这两种手法的共同之处就在于:无中生有,造谣污蔑,一切都从夺权的需要出发,完全置新闻规律于不顾,使新闻媒介成为弄虚作假的集散地。

三、扭曲的新闻理论

"文革"期间，中国的新闻媒体被"中央文革"控制，不仅角色变异，功能错位，格局变形，而且理论扭曲，最终导致整个新闻事业变质。

所谓"文化大革命"发动和进行的理论根据是毛泽东关于"无产阶级专政下继续革命"的理论。"文革"时期的新闻理论正是这种错误理论在新闻宣传上的延伸。"四人帮"和林彪一伙出于自己不可告人的目的，充分地利用了毛泽东"继续专政理论"中的极"左"命题和党的新闻事业中的结构性缺陷，并把它推演到极端，编造出一套法西斯的新闻理论，为自己的政治野心张目。

1968年9月，人民出版社出版的《把新闻战线的大革命进行到底》小册子，1968年9月1日，《人民日报》、《红旗》杂志、《解放军报》以"两报一刊编辑部"的名义发表的《把新闻战线的大革命进行到底》长文，1975年10月，北京市朝阳区工农通讯员和北京大学中文系新闻专业1973级工农兵学员联合编写的《新闻理论讲话》，是这个时期新闻理论的代表性成果，尤其是"两报一刊编辑部"的文章（以下简称"文章"），可以算作这一时期新闻理论的"经典"，从中可以清楚地看出"文革"期间被扭曲的新闻理论的几个基本观点。

1. 新闻媒体的根本任务是宣传好毛泽东思想

"文章"认为："坚定不移地、始终一贯地宣传毛泽东思想，是无产阶级报纸、广播、通讯社的根本任务。""无产阶级报纸要把宣传毛泽东思想当作自己最神圣的职责。""宣传好毛泽东思想，这是我们办好报纸的最高标准。"从这样的"根本任务论"出发，文章批驳了"中国赫鲁晓夫"的"为读者服务"、满足人民的"知情权"的新闻观点，认为这种新闻观是资产阶级的新闻观。这种"根本任务论"不仅完全背离了新闻基本理论，而且为"文革"时期新闻事业鼓吹个人崇拜、神化最高领袖提供了理论依据。

2. 新闻媒体"统统都是阶级斗争工具"

"文章"开宗明义地指出："新闻事业，包括报纸、刊物、广播、通讯社，统统是阶级斗争的工具。它们的宣传，影响着群众的思想情绪和政治方向。无产阶级同资产阶级争夺新闻阵地领导权的严重斗争，是无产阶级同资产阶级在思想文化战线上的生死搏斗。"从1957年反右派斗争开始到1966年"文革"爆发前，"阶级斗争工具论"经过了一个从确立到向全国普及的过程，很快成为中国新闻理论的基础和主要内容。"阶级斗争工具论"把阶级斗争当作了新闻媒体全部功能，甚至唯一功能，本身就具有片面性。到了"文革"期间，一些别有用心的人把"阶级斗争工具论"的片面性推到了极端，使新闻媒体变成了整人工具。他们认为,新闻事业必须掌握在忠诚"自己"的人手里,换言之,新闻宣传阵地必须要掌握在林彪、"四人帮"集团的人手里。这种"阶级斗争工具论"否认新闻事业自身特有的运作规律,只是属于不同阶级、集团、派别的政治斗争的武器,这为林彪、"四人帮"集团把持新闻事业、"清洗"新闻队伍提供了理论依据。

3. "新闻事实为政治服务"

"四人帮"从新闻事业的阶级属性出发,把新闻真实的阶级属性推到极端,完全否认新闻真实、客观、公正、全面等普适性价值的存在,认为这是"中国的赫鲁晓夫"所提出来的资产阶级新闻理论,是资产阶级自由化在无产阶级专政下的表现。他们认为"新闻是有阶级性、党派性的,超阶级的'客观报道'是没有的"。所以,为了"为政治服务",可以大造假新闻,编造新闻事实,"原稿件上没有的,编辑可以加上去"。脱离唯物论的基础来谈党性、阶级性,使新闻的党性、阶级性丧失了存在的根基,这为林彪、"四人帮"集团捏造事实、颠倒黑白、随意制造舆论以为其私利服务提供了理论依据。

4. "驯服工具论"

所谓"驯服工具论"就是要求新闻工作者要听党的话,一切按领导的指示办事,当党的"驯服工具"。这种"驯服工具论"也是1957年反右派斗争后出现的,以后又加上了一个形容词"奋发有为的"。当党的"奋发有为的驯服工具"的要害是抹杀新闻工作者的主体地位和独立思考精神,叫说什么就说什么,叫写什么就写什么,叫怎么写就怎么写。到了"文革"期间,"四人帮"完全否定新闻机构的独立存在,完全否定新闻工作者的独立人格,把新闻媒体变成了他们"得心应手"的御用工具,把新闻工作者变成了他们"俯首帖耳"的佞臣。在这种理论指导下,整个"文革"期间,中国新闻媒体"助纣为虐",干了许多伤天害理的事情。

5. "舆论一律论"

"四人帮"认为,报刊有不同声音就是资产阶级自由化。1957年,毛泽东为了反右派斗争的需要,先提出所谓"百家争鸣",后又解释为实际上就只有两家——"无产阶级一家"和"资产阶级一家"的观点。到"文革"期间,这种观点得到进一步发展,提出了"双百方针"的阶级性问题,用来批判"中国赫鲁晓夫以偷天换日的手法,抹杀'百家争鸣'的革命方针的阶级内容,妄图用什么'几种不同的意见'取而代之"。在他们看来,"不同的意见"的争论,就是"资产阶级"的虚伪性表现。他们根据"整体主义式"的思维方式,把无产阶级设想成为一个同质的、边缘整齐的整体,凡是与此异质的声音,都是属于"反动派";而对于这样的"反动派","则必须实行舆论一律,不许他们发表'不同意见',不给他们一点自由"。从这样的观点出发,他们下结论说,"中国的赫鲁晓夫们"所提出的新闻事业是"公共的武器",是"社会的言论机关",要"让不同见解的人"都能"发表不同的意见"等,是资产阶级的新闻观,是资产阶级与无产阶级争夺新闻领导权的表现。这种"舆论一律论"导致"文革"时期思想专制盛行。"文革"期间流行一种对立式思维模式,非此即彼,不是无产阶级的就是资产阶级的。并且还提出一个前提,就是毛泽东是正确路线的代表,是真理的化身,他的话句句是真理,一句顶一万句。因此凡是与毛泽东的意见有一点点不相符合的,不论其正确与否,都是资产阶级的、修正主义的、反革命的,都应该打倒。即使是国家主席,也能随意打倒,含冤莫辩,完全没有为自己进行申辩的机会,而普通群众,更遑论有自己的声音了。

6. "让工农兵到报社来办报"

本来,群众办报是我们党新闻工作的光荣传统,但林彪、"四人帮"集团从搅乱全国的目的出发,把它做了一种民粹式的理解。这种民粹式的新闻观不承认新闻事业作为社会分工的现代性特征,反认为这是资产阶级的"关门办报",他们提出要"彻底改变那种轻视工农、关门办报的资产阶级老爷作风,更好地贯彻执行毛主席的群众办报路线"。他们提出:"应当吸收有无产阶级觉悟的有生产实践经验的工人到报社中来,大量培养不脱离生产的工农通讯员,打破知识分子成堆的状况。"林彪、"四人帮"集团的"群众办报论"隐含着对知识、对知识分子的仇恨和蔑视,是"掺沙子"、"甩石头"的极"左"做法在新闻领域的实施。这种新闻观念将"新闻革命"变成了"革新闻的命",在这样的新闻观点指导下,新闻队伍被赶到农场改造,新闻机构被解散,新闻教育被停止,最终取消了新闻传播业,造成新闻传播发展史的大倒退。

可以这样认为,"文革"时期的新闻理论是一种扭曲的新闻理论,"文革"时期的新闻实践,就是在这样的新闻理论指导下进行的。这种新闻理论指导下的新闻实践,给中国新闻事业所带来的后果是毁灭性的。

四、新闻教育的灾难

"教育革命"是"文化大革命"的重要部分。"五一六"通知前夕,毛泽东发表了针对教育界的"五七"指示,断言"教育要革命,资产阶级知识分子统治我们学校的现象,再也不能继续下去了"。在"教育革命"中,"新闻教育革命"又是首当其冲,"文革"期间,新闻教育事业遭到严重破坏,成为重灾区中的重灾区。

"文革"一开始,各高等院校停课了,正常的教学秩序全被打乱,随后停止招生。1968年7月22日,《人民日报》传达了毛泽东的"最新指示":"大学还是要办的,我这里说的是理工科大学还要办。"作为人文社会科学的新闻教育当然属于"彻底砸乱"之列。1969年3月29日,《人民日报》头版在《社会主义大学应当如何办》的通栏大标题下，发表三篇文章，其中一篇是驻复旦大学工人、解放军毛泽东思想宣传队写的，题为《我们主张彻底革命》。该文章在列举属于停办之列的系时指出："有些系，如新闻系，根本培养不出革命的战斗的新闻工作者，可以不办。"接着，报纸上出现了要求"堵死"从大学培养新闻记者道路的文章。1971年，中国人民大学被迫停办，该校新闻系也随之被撤销。复旦大学新闻系则被一些"造反派"指为"根本培养不出革命的战斗的新闻工作者"而暂停招生。北京广播学院早在"文化大革命"初期已被撤销。我国新闻教育事业摧残殆尽，虽然一些院校的新闻系的牌子还挂着，但教育活动已完全停止。从1966年到1970年的四年时间里，中国大陆的新闻教育成为一片空白。

不仅如此，所有新闻专业教师被下放到农村、农场或"五七"干校劳动改造，繁重的体力劳动和残酷的思想改造，使不少人身心受到严重摧残，有的人甚至被迫害致死。

经过长时间的停顿和瘫痪之后，大学开始招收工农兵学员。1971年9月，北京大学中文系新闻专业得以恢复；同年年底，复旦大学新闻系也开始招收第一批工农兵学员。1973年，北京广播学院经国务院批准复校，次年重新开始招生。此外，还复办和新办了一些新闻教育单位：1972年，广西大学中文系成立新闻专业；同年，天津师范大学中文系新闻专修班招收工农兵学员；1974年，江西大学中文系开办新闻干部进修班；1976年，郑州大学中文系开始试办新闻专业班。

虽然复办和新办了这些新闻教育单位，但由于受到极"左"思潮的严重影响，大搞"开门办学"，学员实行"上、管、改"（即工农兵大学生上大学、管大学、改造大学），大批"师道尊严"，无论培养目标还是教学内容、教学环节，新闻教育都深深地打上了那个时代的烙印。具体体现在以下几个方面。

（1）从培养目标来看，就是按"五七指示"办事，从服从于与服务于"文化大革命"的需要出发，"文科就是要办成写作组"，按照"四人帮"大批判写作组的方式培养学员，换言之，就是要培养符合"四人帮"要求的政治斗争的工具。

（2）从教学内容来看，主要学习前面所说的那套被"四人帮""扭曲的新闻理论"，并且还要贴上马克思主义的标签。具体做法是将马克思主义经典作家有关新闻和新闻工作的语录汇编加上他们的注解，或者按照他们的观点编写教学讲义，向学员进行灌输；新闻业务就是围绕如何写批判文章来进行教学；教学活动按照某场政治斗争来设定。因此，课程设置和教学内容都是临时拼凑的，教学中存在很大的随意性，教学方式则完全依运动进行的过程和不断变化的形势而变化，各种各样的政治运动和非教学内容充斥着课堂教学。

（3）从学生水平来看，因为那时大学入学资格不是通过考试而是经过群众推荐和组织遴选，以政治合格为第一要素，因此，接受新闻教育的"工农兵"学员的文化基础参差不齐。有高中毕业的,也有初中毕业的,乃至小学程度的都有,入学后各人的勤奋程度又不同,最后,学习成绩的好坏差别很大。

"文革"中的新闻教育是在否定"十七年"乃至整个人类文明的基础上起步的,它拒绝接受人类一切优秀的文明成果,尽管最高领袖为其制定了亦工亦农亦武的乌托邦目标。它的教育理念是错误的,课程和教学内容是杂乱无序的,教学方法是随意的,特别是暴露出反智倾向——对知识和知识分子的轻视和践踏,因而有人将这一段新闻教育称为"一段被扭曲的新闻教育史"①。

第三节 "文革小报"的泛滥

在"文化大革命"前期,"文革小报"作为那个特殊年代一种特殊的宣传品兴起于一时。

"文化大革命"开始以后,随着各种"红卫兵"组织和"造反"组织的出现,为了"革命"和"造反"的需要,学校和社会上冒出了一大批的"文革小报"、"红卫兵小报"。这种小报开始是油印,后来大都发展为铅印。先是在学校、机关、工厂内部发送,后来逐渐向社会发行。多数小报随出随停,没有正式的编辑机构,也无须向有关部门申请、登记注册,刊期以及出刊、停刊均带有很大的随意性。因此"文革小报"、"红卫兵小报"出刊的种数、期数没有十分精确的统计。

一、"文革小报"的兴起与衰亡

(一)"文革小报"的发展经历

"文革小报"按创办单位分主要有两种类型:一种是学校各红卫兵组织创办的"红卫兵小报",其中有大学的,也有中学的;另一种是社会各界群众组织创办的"文革小报",有党政机关的,也有厂矿企业的,尚没见统战、政协系统和民主党派创办的小报②。以上的"文革小报",无论是红卫兵组织创办的,还是社会上群众组织创办的,从政治观点上看,又主要分为"造反"性质的和"保守"性质的。

"文革小报"是"文化大革命"特定历史条件下的产物。1966年8月17日,毛泽东为北京大学"文革筹委会"主办的新校刊题写了刊名《新北大》,表示了对

---

① 李建新:《中国新闻教育史论》,新华出版社,2003年版,第222页。
② 方汉奇主编:《中国新闻事业通史》第3卷,1999年版,第336页。

"新报刊"的支持。这给一些"群众组织"自发创办报纸以很大的启示和鼓舞。"文革小报"由此应运而生。

1966年9月1日由北京六中红卫兵创办的《红卫兵报》和"首都大专院校红卫兵司令部"创办的《红卫兵》，是迄今所见到的最早的"文革小报"。这两份"文革小报"均为8开4版，前者出版了10余期，而后者出了20余期即停刊。

9月中旬以后，随着对"工作组"和"反动路线"的批判，一批"造反派"组织如雨后春笋般涌现，为了给"造反"造舆论，各造反派组织一般都创办了自己的报纸。具代表性的有清华大学"井冈山兵团"的《井冈山》、北京地质学院"东方红公社"的《东方红报》、北京航空学院"红旗战斗队"的《红旗》、北京师范大学"井冈山公社"的《井冈山》这四份小报。加上北京大学"新北大公社"的《新北大》（8月22日由原北大校刊改名），合称为"北京地区红卫兵五大造反组织报纸"。这些报纸因为其创办组织得到"中央文革"的支持，在北京乃至全国有很大影响，发表的社论往往代表了"中央文革"的态度，有指导运动的作用。报纸的出版、印刷、发行比较正规，前期还通过邮局订阅，存在时间也很长，一般都延续到1969年。

1966年12月初，林彪、陈伯达下发关于工矿企业"文化大革命"的规定，把"革命之火"吹向了经济建设战线。红卫兵的含义急剧膨胀，不再是青年学生的专利；"文革小报"中，也涌现了大批工人、农民甚至军人主办的行业"造反报"。此后，各地"文革"群众组织报刊的兴办达到高潮。据目前不完全统计，种数最多的地区有：北京900多种，上海、江苏、辽宁、四川都在300种以上，其多少主要取决于人口密度和文化程度。不仅跨行业的"文革"群众组织办报，而且一派组织创办有多种报纸，甚至连几个人组成的"革命"群众组织也办报。由于"文化大革命""真正把群众发动起来了"，所以办报人的职业和身份十分广泛，社会各个阶层、各色人等都有，以学生、教师、干部居多，工人其次，农民再次。一些军事院校"文革"组织也以军人身份办报。尤其有趣的是，还出现了聋哑人办的《聋人风暴》，甚至从监狱"平反"出来的囚犯也办有《红囚徒》，其庞杂混乱状况可见一斑。

"文革小报"是"文革"的产物，又推动"文革"走向失控。"小报"出现之初，鼓吹"造反有理"，"礼赞革命之'乱'"，"横扫一切牛鬼蛇神"，"踢开党委闹革命"，"批判资产阶级反动路线"，为"中央文革"搅乱全国敲响了开场锣鼓。随着时间的推移，群众组织分为"造反"和"保守"两大派时，这些"文革小报"又开始"闹派性"，"打派仗"，相互攻击，相互讨伐（这方面的情况后面有专论，此处不赘述），同时还通过各种门路，打听各种"小道消息"，刊登各式各样的"首长讲话"，有时弄得"中央文革"很被动。因而，"中央文革"对其态度也基本上经历了从鼓励、限制到禁止的过程,大约三年的时间里,"文革小报"也走过了兴起、发展、鼎盛、衰亡的阶段。

中共中央于1967年5月14日发布《关于改进革命群众组织的报刊宣传的意见》。文件首先肯定"文化大革命"中,革命群众组织编印的各种报刊、传单在宣传战线上起了重要作用。然后,针对这类报刊宣传工作中存在的问题,提出了具体的政策规定。首先强调小报的"政治方向",要求"文革小报"应严格遵守毛主席、林副主席和中共中央、中央军委的指示,并参照《人民日报》、《红旗》杂志、《解放军报》的重要社论和评论进行宣传。其次,对小报宣传也规定了一些具体政策,包括不准擅自刊登和印发毛主席、林副主席没有公开发表的文章、讲话、批示,以及中央的内部文件、会议记录和负责同志的内部讲话;不得公开发表反对人民解放军的文章和报道;必须严格保守党和国家的机密,必须迅速制止群众组织的报刊泄密现象;宣传要突出政治,不要搞"黄色新闻"以及其他庸俗、低级的东西;不要传播道听途说的"政治谣言"。这个《意见》是在肯定"文革小报"的前提下来提"改进意见"的,就决定了这种状况不可能根本改变。

1967年10月以后,根据毛泽东主席的"战略部署",按单位、班组实行"大联合",各种群众组织纷纷解体,工矿企业机关、文化科技单位出版的小报相继停刊,因而小报的出版量明显下降。1968年7月,随着工人、解放军宣传队进驻学校、机关,红卫兵开始上山下乡和毕业分配,"文革小报"逐渐走向衰亡,大多数都在1968年底至1969年中停止出版,只有少数改为革命委员会、红代会、工代会的机关报,"文革小报"的出版历史基本结束。

"文化大革命"期间,影响最大的文革小报有《首都红卫兵》、《中学文革报》、《工人造反报》三种。

《首都红卫兵》创办于1966年9月13日,由"首都大专院校红卫兵革命造反总司令部(简称三司)宣传部"主办。1967年1月25日,《首都红卫兵》发表社论《打倒"私"字,实行革命造反派大联合》。毛泽东看到后,感到这篇文章有助于控制越来越趋向分裂的"文革"组织,于是在标题上划上红圈,要求各大报立即转载。2月1日,《人民日报》、《解放军报》、《红旗》杂志一齐转载,并在编者按中引用毛泽东的批语:"这篇文章提出了一个带有普遍意义的、极其重要的问题。"《首都红卫兵》由此声名大振,执笔写社论的一个大学生也被调到《人民日报》工作。此后《人民日报》又四次转载该报文章。"三司"更是以"毛主席的红卫兵"自居,不仅在北京耀武扬威,而且纷纷在外地开设联络站,发号施令,成为"中央文革"在外地的代言人。据不完全统计,1967年1月底,"三司"在外地的42个城市设立了联络站,《首都红卫兵》办有上海、重庆、西宁、株洲、长沙、无锡、常州等分版,在北京还办有中学中专版。其发行总量,估计在50万至100万份,是全国发行量最大的"文革小报"。

《中学文革报》同样是北京和全国影响最大的"文革小报"之一,命运却和《首都红卫兵》截然不同。1966年底,北京四中学生牟志京看到失学青年遇罗克的文章《出身论》,十分赞赏。他向学校借贷500元,联系1201工厂印刷,于1967年1月18日以"首都中学生革命造反司令部宣传部"的名义出版了《中学文革报》第1期,全文刊登了《出身论》。《出身论》的中心论点是出身不由己,道路自己选,对一个人的评价应该是有成分论,不唯成分论,重在政治表现。文章说:"人是能够选择自己前进的方向的。这是因为真理总是更强大,更有感召力";"究竟一个人所受影响是好是坏,只能从实践中检验。这里所说的实践,就是一个人的政治表现";"在表现面前,所有的青年都是平等的";"娘胎里决定不了。任何通过人努力所达不到的权利,我们一概不承认"。在当时强大的政治压力下,这篇文章大胆提出的观点,对长期以来"阶级斗争为纲"造成的人与人之间的严重扭曲对立关系,进行了尖锐的批判和造反。报纸出版后,引起了社会上的极大反响,许多群众组织报刊围绕《出身论》的观点展开了大辩论。《出身论》一方面受到群众的欢迎,一方面遭受到严厉批判。《中学文革报》又陆续刊登《谈"纯"》等文章反驳对立的观点。1967年4月13日,"中央文革"的戚本禹在讲话中点名批判了《出身论》和《中学文革报》。此后遇罗克和办报者都受到残酷迫害。1970年3月5日,遇罗克被判处死刑,惨遭杀害。直到1979年11月21日,北京市中级人民法院宣布遇罗克无罪。

《中学文革报》到1967年4月1日停刊,共出版了6期,每期印数在3万到6万之间。载有《出身论》的第1期还出版特刊重印,前后共发行10万份,都销售一空。这张小报出版时间不长,出版期数也不多,但是它以真正"反潮流"的精神轰动一时。

《工人造反报》由王洪文等人于1966年12月28日创刊于上海,到1971年4月停刊,是出版时间最长的"文革小报"。该报自创刊伊始,就是"中央文革"的御用工具。1966年12月6日,张春桥、姚文元在北京接见"工总司"代表,提醒他们注意抓舆论阵地。《工人造反报》创刊后,张春桥又要求该报要"办得泼辣,敢于讲话",指出"造反报火力可以强一些,不然的话,要这样的报纸干什么?有些文章《文汇报》不能登,造反报、红卫兵报可以登,火力要超过《文汇报》。出一期报纸要使有些人睡不着觉。别人不敢讲的,造反报你们要大胆讲"。这家报纸名为群众组织报刊,实际上被上海"官方"直接操纵,使该报与当时的上海《解放日报》、《文汇报》、《支部生活》合称上海"三报一刊","媲美"于北京中央的《人民日报》、《解放军报》、《红旗》杂志"两报一刊"。《工人造反报》的许多社论是与上海"三报一刊"合写的,不少被张春桥、姚文元指示《人民日报》、《红旗》杂志转载,影响很大。

该报发行量最初为3万份,1969年增加到平均每期41万份,最多一期达到64万份,远远超过上海市革命委员会机关报《解放日报》。该报还出版了大量的"学习材料",被各地竞相翻印。各省市自治区革命委员会成立后,各群众组织报刊先后停刊,只有《工人造反报》坚持出版,一些地方的造反派便以此为榜样,要求复刊。1971年4月,张春桥不得已指示《工人造反报》停刊,前后共出版488期。

(二)"文革小报"的基本特点

"文革小报"是在一种无政府状态下进行的,是极"左"思潮盛行时期的产物,从内容到形式都打上了那个时代的特有烙印。

1. 刊登内容

《新闻战报》第19期(1967年9月28日)刊载一篇题为《赞红卫兵报》的文章,宣称:红卫兵报的出现是"无产阶级新闻史上的一个伟大创举",并指出,初期红卫兵运动的传单、小字报,"就是红卫兵报的雏形";红卫兵报的功劳,是及时刊登毛泽东的指示。"被扣押了十几年,甚至几十年的毛主席的指示"及"文革"中的"最新最高指示"刊登出来了,林彪和"中央文革首长"的各种讲话和活动也刊登出来了。另一个功劳就是进行"革命大批判"。所以,"文革小报"上的主要内容,一是毛泽东的指示、讲话、文章(以前未曾发表过或者根据需要重新刊登的),二是各种各样的大批判文章,三是派性斗争的论战文章。

2. 版面编排

"文革小报"为了显示其革命性,报头一律套红,均用毛泽东的手书字体。版面上刊登很多毛泽东语录和战斗口号。对"重要"新闻,比如毛泽东的"最新指示"、"中央文革首长讲话"等,一般都用大字通栏标题。为了显示其战斗性,文章中,凡提到被批判对象的名字,均采用倒排、反排或在名字上打个红色的×。版面安排上,漫画比较多,火药味很浓,富有"战斗性"。

3. 语言

"文革小报"的语言特点非常明显。

一是军事化色彩。"红卫兵"、"红小兵"、"战斗队"、"兵团"、"革命大联合"、"红色风暴"、"联合总部"、"联络站"、"内战"、"白色恐怖"、"红色恐怖"、"战士"、"疯狂反扑"、"打倒在地,踏上千万只脚"……这些军事用语被大量搬用,使"文革小报"的新闻版面充斥着浓烈的火药味,从而在客观上也渲染了紧张、严峻的效果。

二是粗俗化。"文革小报"出现大量粗鄙不堪的谩骂式的语句,如将对立面称为"家伙"、"混蛋",在评述对方"罪状"时以"真他妈的反动透顶"、"可耻可恨之极"、"疯狂到了何等地步"、"滚蛋"、"滚他妈的蛋,罢他娘的官"等十分情绪化的粗话表达己方强烈的愤恨之情,并以此作为对敌对方罪状的"定性结论"。

4. 文风

在"笔战"中,"文革小报"多采用"罪状书"这一攻击性很强的论证形式,分条列举事实,缺少逻辑论证,在自问自答中往往上纲上线,从不同出发点清算对立派别的"滔滔罪行",措词十分严厉强硬,不容对方有反驳的余地,语气强烈的感叹句、反问句随处可见。如:"看这些家伙对抗毛主席指示到了何种地步!""他们到底在顶什么风,不是一清二楚了吗?"这种僵硬文风,旨在为己方营造"锐不可当"的逼人气势,使文章自始至终贯穿着"真理在握,不由分说"的雄辩态势,为己方舆论服务。这种僵硬的文风逐渐演化为一种以势压人、空唱高调的"文革八股",陷入僵硬呆板的定式,成为派性斗争的机械工具。

当然,也有值得肯定的。当时的政治气候严峻,不仅文章内容,而且版面编排都不能出一点点差错,因此,"文革小报"很注意各个环节,尽量避免错误。比如认真校对,减少差错,因为任何一个文字错误都可能带来对方上纲上线的攻击,造成本派在政治上的被动,甚至"全军覆没"。比如《新华战报》曾批判对立面的《新闻战报》,开列的"罪状"有:刊登刘少奇会见赫鲁晓夫的照片时,保留了在场的康生的部分头像;在勃列日涅夫的照片上没有打×标记;把毛泽东的指示放在末页位置……诸如此类,都被指责为"用心何其毒也"[①]。所以当时的"文革小报"的错字率都很低,甚至低于现在的通俗报刊。

二、"文革小报"与派性斗争

"文革小报"是红卫兵等群众组织派性膨胀、"造反"行动的产物,其后又被"文化大革命"的发动者和领导者所利用,特别是被林彪、江青两个反革命集团所利用,用以"搞乱全国"。这种"文革小报"以"新闻事业是政治斗争工具"的理论为指导,充当各派群众组织的喉舌,直接服务于各派群众组织争权夺利的派性斗争。

当时的派性斗争主要有两种形式:一种是"武斗",一种是"文斗"。武斗是"文革"期间的特殊用语,指群众运动中的暴力行为,拳打脚踢,挥舞棍棒皮带乃至动用长矛枪炮的,称为"武斗"。声讨批判,口诛笔伐,动口不动手的,称为"文斗",而"文革小报"则是各造反组织手中的"文斗"武器。作为"文斗"的武器,"文革小报"主要用于揭露"敌对方"的"阴谋与丑恶",宣传己方的"正义"立场,

---

[①] 陈东林:《"文革"群众组织报刊研究》,《档案与北京史》,中国档案出版社,2003年版。

有针对性地制造有利于"己方"的舆论和影响,争取话语权的主动,从"道义"上战胜"敌对方",为己方的夺权营造合法性根基。这种办报的思路,决定了"文革小报"充当派性斗争的角色,甚至影响报纸发行,比如某邮局为"造反派"掌权,就只发行"造反派"组织所出版的报纸,如果是"保守派"掌权,则只发行"保守派"的报。

"文革小报"参与派性斗争的手段主要有如下五种。

一是"大批判",连篇累牍地刊登支持对立派别"走资派"的"罪行录"。尤其是在1967年8月康生主持下以中央名义发出《关于在报刊上点名批判问题的通知》之后,各省市自治区的报刊公开点名批判了一大批党政军领导人中的"走资派";本来就肆意点名的"文革小报",更是从自己的派别利益出发,对不同意本派观点的领导干部随便戴上"走资派"帽子,大肆污蔑诽谤,开展人身攻击,无所不用其极。

二是刊登有利于本派的所谓"首长讲话"和文件。当时,"文革小报"几乎都设有"动态组"、"情报组",都非常关注"中央文革"的动向,有的还专门派出记者尾随"中央文革"成员参加各种活动。为了显示自己所在的派系得到"中央文革"的支持,唯我独"革",唯我独"左",往往抢先发表他们得到的"首长讲话"。同时,"中央文革"有些新的部署,或是某些不便公开的策划,也常常通过"文革小报"有意透露,制造舆论。

三是刊登"派性斗争"的消息、文章。1967年"一月夺权"以后,各省市自治区"文革"组织都分裂为几大派,各自在自己的报刊上刊登攻击对方的文章,指责对方是"保守派"。一些"文革"组织的分裂,导致了原有报刊的分裂。如清华大学"井冈山兵团"的《井冈山》报之外,又出版有"兵团414派"办的《井冈山报》,名称一字之差,却是势不两立的死对头。两派报纸极尽煽动之能事,捕风捉影,大肆鼓动,以致酿成武斗,甚至出现流血事件。

四是刊登"路线斗争"的历史资料。在"造反"过程中,一些"文革"组织从"走资派"家中或是机要部门抄得了不少机密文件和档案,如过去没有公开的毛泽东内部讲话、中央内部文件等,予以刊登;有些被编写成所谓"路线斗争"史,强调自己派别走的是正确路线,攻击对方走的是反动路线。其中最著名的有清华大学《井冈山》和地质学院《东方红报》分别连载几十期的"两条路线斗争大事记",后来曾经出版单行本。

五是刊登本派组织学习毛主席著作、首长讲话、中央文件的心得体会,分析讨论形势的文章等,阐述本派对于当前革命运动的观点,引起群众注意,发展壮大本派力量。前者一般没有多少历史价值,往往是空话连篇。后者却有不少深刻反映社会思潮的代表作,如前面所说的《中学文革报》,刊登《出身论》引起了一场大争论,实际上是特殊历史条件下对建国以来阶级关系的反思。

本章简论:"革命新闻体制"弊端的总暴露

　　如前所述,"文化大革命"十年间,极"左"思潮横行,以《人民日报》为代表的中国新闻媒体付出了沉重代价:一方面自己被搅乱、被人整,损失巨大;另一方面又参与搅乱全国,成为整人工具,威信扫地。极"左"思潮笼罩下的中国新闻事业,留下了一段人类新闻史上怪诞的、黑暗的一页,成为后人研究"黑暗新闻事业"不可多得的案例。

　　这里,我们还想从更深的层面来考察中国的"文革新闻宣传"所付出的沉重代价。作为一个有着几千年历史的文明古国,中国人长期对自己的文化有着强烈的优越感,但这种优越感面对东渐的西学,产生了巨大的失落,中国传统文化受到了巨大的挑战,国人产生了道德和信仰的危机。在这种危机中,马克思主义进入中国,并随着中国无产阶级革命的胜利,纠缠了中国近半个世纪之久的信仰危机在马克思主义理论和实践中获得了解决。中国人民为此欢欣鼓舞,对革命领袖由衷地高呼"万岁"。由于我们进行的社会主义建设事业毕竟是崭新的事业,需要"探索",既然是"探索",就难免出差错,新闻媒体应该把这些差错如实地报道出来,一方面对当权者进行监督,一方面发动人民想办法纠正错误。但是,在"革命新闻体制"的作用下,即使是国家经济到了崩溃的边缘,报纸上依然是"莺歌燕舞"、"形势一片大好",一旦"四凶"被擒,"天机"泄露,人们这才明白,原来新闻宣传使自己全身心投入的"人类最壮丽、最伟大的革命运动"所带来的是一片废墟,一个噩梦。"真理"遭到质疑,中国的社会道德再次被败坏,中国人的信仰再次面临危机。"文革"结束后,1980年5月,《中国青年》杂志刊登了一封署名"潘晓"的读者来信,来信表达了年轻一代对于社会和人生的迷惘。编辑部在25天之内收到近两万封来信,许多来信表现出与潘晓同样的困惑,表达了对长期以来"指鹿为马"式的新闻宣传的不满,指出这样宣传的结果必然会造成民众的信心危机、信仰危机和信任危机。从这个意义上说,中国新闻事业在"文革"期间给整个中华民族所造成的损失是前所未有的!

　　"冰冻三尺,非一日之寒。"如此恶劣的"文革新闻宣传"是"左"的思想长期存在和"左"的做法长期肆虐的必然结果。

　　中华人民共和国成立后,中国共产党从革命党变成了执政党,新闻事业的生存环境和发展方式都发生了根本性的变化,但是,毛泽东把在长期革命斗争中所建立的军事化新闻体制不加任何改变地由解放区向全国推广,没有完成由革命党的新闻事业向执政党的新闻事业、由农村办报向城市办报、由战争环境办报向和平环境办报的转变。党对新闻事业的管理不但实行思想上的意识形态统一、组织上的金字塔式垂直管理,而且在体制上,随着新政权的成立、政府职能的无限扩张,各种民营报纸被纷纷改造,民营新闻业终结,新闻工作者成为党和政府机关的干部,整个新闻界实行单一的党报体制。这种单一的新闻体制把所有新闻传媒全部编织在党的权力链条上,大大地萎缩了新闻事业的活力,从制度上极大地增加了新闻媒体对"大脑"的依附性,这就为某些别有用心者如"四人帮"之流控制媒介提供了极大方便。

20世纪50年代中后期,随着毛泽东对1956年新闻改革的否定,尤其是反右派斗争扩大化之后,"引蛇出洞"斗争谋略对中国新闻界和整个知识界造成很大伤害。长期以来,谨小慎微、看脸色行事、看场合说话成为中国人的一种信条,据实报道的新闻传播原则似乎成了叶公心中的"龙"。在刚刚度过"三年自然灾害"难关、新闻界可以用杂文等形式说点真话的时候,很快又开始了抓"阶级斗争",抓"反对修正主义"的斗争,到"文革"前夕,中国新闻界已经形成了"噤若寒蝉"、"万马齐喑"的局面。新闻媒介只能随着政治权力的变动而有所动作,整个新闻界只能发出一个声音,无法承担新闻事业作为多元声音交流平台的功能,不能很好地沟通党中央和下层民众之间的联系。在"全部"与"全不"的二元对立思维的语境下,往往把一点不同的声音当作阶级敌人加以批判,弱化了新闻事业本身的预警功能,舆论高度一律,就为少数人如"四人帮"掌握新闻传媒制造反革命舆论提供了极大方便。

历史已经铸定,推翻它做不到,涂改它更没有必要,甚至是错误的。正确的态度是否定它,并记取其教训。邓小平说:"我们根本否定'文化大革命',但应该说'文化大革命'也有一'功',它提供了反面教训。没有'文化大革命'的教训,就不可能制定十一届三中全会以来的思想、政治、组织路线和一系列政策。三中全会确定将工作重点由以阶级斗争为纲转到以发展生产力、建设四个现代化为中心,受到了全党和全国人民的拥护。为什么呢?就是因为有'文化大革命'作比较,'文化大革命'变成了我们的财富。"①

总结建国以来,尤其是"文革"中新闻事业的教训,归根结底在于改善党对新闻事业的领导,给新闻媒介留出必要的自由活动空间;遵从新闻事业的内在规律,使新闻工作保持应有的活力。

中华人民共和国是社会主义国家,中华人民共和国的新闻事业是社会主义

---

① 《邓小平文选》第3卷,人民出版社,1993年版。

新闻事业,必须自觉地接受中国共产党的领导,自觉地执行党的政治路线和思想路线,这是毫无疑义的。但问题是中共在成为执政党后,如何改善对新闻事业的领导,既要加强管理,又要给新闻媒介以必要的活动空间,使其能够发挥主观能动性;既要求新闻媒介在政治上、思想上、组织上同党保持一致性,又要使新闻媒介保持相对的独立性,甚至有必要鼓励创办一些"形式上独立的党的刊物"①。党对新闻事业的领导主要是"保持相当大的道义上的影响"②,即主要体现在政治思想和路线方针上的领导,指导新闻工作者用马克思主义观点来报道新闻。如果对新闻媒介控制得过死,所有新闻报道都必须"统一",不容许出现一点点不同声音,那必然会造成整个社会的"道德败坏":"政府只听见自己的声音,它也知道听见的只是自己的声音,但是它却欺骗自己,似乎听见的是人民的声音,而要求人民拥护这种自我欺骗。至于人民本身,他们不是在政治上有时陷入迷信有时又什么都不信,就是完全离开国家生活,变成一群只管私人生活的人。"③马克思的这段论述,是对中国"文革"新闻媒介的写照。

  新闻有政治性,但新闻不是政治;新闻人必须有政治意识,但新闻人不直接经营政治。然而,"文革"期间,从新闻事业的阶级性出发,把新闻媒介当成阶级斗争的工具,扼杀它的生命属性和自身价值;它只是"一把刀",为持有它的所有者服务,它只是一个被征服之物,一个可以随心所欲地摆弄之物,因此,它必须无条件地服从阶级斗争和政治斗争。"文革"期间只讲宣传纪律,不顾新闻规律,认为新闻规律是资产阶级的东西。实践证明,这种工具理性认识,给新闻事业本身的实践带来了巨大灾难。对于新闻事业,必须坚持如下信条:新闻事业是社会大系统中的一个子系统,尽管这个系统中具有权力和金钱植入的机制,但绝不能使其变成权力和金钱支配的奴仆,绝不能只讲政治宣传纪律,也不能只讲营利的市场规律,必须讲新闻事业自身发展的内在规律。因为新闻事业的这种内在规律,是如同"连植物也具有的那种为我们所承认的东西","不应该从外界施加压力","不能而且也不应该由于专横而丧失掉"④。"文化大革命"黑暗新闻事业的出现正是放弃新闻规律、放弃新闻事业之所以是新闻事业的普适价值、放弃了新闻事业安身立命的生存家园所造成的恶果。

---

① 中国社科院新闻所编:《马克思恩格斯论新闻》,新华出版社,1985年版,第531页。
② 同上书,第517—518页。
③ 同上书,第66页。
④ 同上书,第107页。

第十五章

走进新时期与新闻事业新篇章

本 章 概 要

"山重水复疑无路,柳暗花明又一村。"事情坏到了极点,就有可能向好的方面转化。中国政局和新闻事业的发展到20世纪70年代后期的变化,印证了这个哲学原理。

1976年10月6日,中共中央作出决定,将作恶多端的王洪文、张春桥、江青、姚文元"四人帮"逮捕归案,结束了持续十年之久的"文化大革命",在经过了两年的徘徊期之后,从1978年12月中共十一届三中全会召开起,中国的历史进入一个新的时期,中国的新闻事业也翻开新的一页。

新时期中国新闻传播业的发展经历了四个阶段。

第一个阶段从1978年至1981年,为新闻界的拨乱反正阶段。一方面,新闻界自身拨乱反正,为被冤报人平反昭雪,被迫停刊的报纸恢复出版,被迫停办的新闻教育重新招生,被颠倒的理论再颠倒过来;另一方面,各新闻媒体发挥舆论机关的功能,促进全国的拨乱反正。这主要表现在1978年上半年在全国范围内开展的关于"真理标准"问题的报刊大讨论。通过讨论,从理论上、思想上为整个政局的拨乱反正扫清了障碍。

第二个阶段从1982年至1991年,为新闻工作全面改革阶段。1982年9月,中共十二次全国代表大会制定了正确路线,中国的媒介生态发生了明显变化,新闻工作开展了全面的改革,并取得了较大的成绩——新闻观念的转变。公开报道观念、新闻的商品性观念等经过争论被接受;新闻业务全面改革,信息增加,报道样式出新,批评报道初显威力;新闻出版署和广播电影电视部成立,新闻管理体制发生变化;1983年,中共中央宣传部和教育部联合召开了新中国成立以来第一次新闻教育工作座谈会,新闻教育得到了较快、较大发展。

第三个阶段从1992年至2001年,为新闻传播业迅速发展阶段。1992年初,邓小平发表一系列关乎中国未来和命运的"南巡讲话",随后召开中共十四次全国代表大会,正式提出建立社会主义市场经济体制,使中国新闻传播业进入产业化发展阶段。报业集团出现并发展,媒介产业多元化经营,媒介功能多方面发挥作用;第四媒体在中国出现并获得迅速发展;传播技术进步推动媒体的融合发展;新闻传播的新发展对新闻人才提出新要求,新闻教育界探索出"文工交叉,理论与实践结合,培养复合型新闻传播人才"的新的人才培养模式。

第四个阶段从2002年至今,为新闻传播业新变化阶段。2001年12月11日,我国正式加入世界贸易组织,中国进一步融入世界经济一体化潮流,改革开放进入一个新的阶段,由此导致经济、政治、文化和社会的一系列变化。虽然中国在入世谈判中,没有涉及过报纸、杂志、电台和电视台这些传统媒体领域,但这并不意味着加入WTO对中国媒体的发展没有影响:相关产品关税的降低,传播内容产品配额的改变,外资的多渠道进入,发行、营销体系的变化,直接导致新闻媒介生态的变化;新闻从业者、信息消费者由于有了新的比照对象,新闻传播观念也悄然发生变化;这些变化必然会推动中国新闻法制建设;上述变化给新闻传播人才的培养提出新要求,新闻教育必须进一步改革。

第一节 揭批"四人帮"与新闻界拨乱反正

1976年10月18日,中共中央将"四人帮"反党集团事件通告全党和全国人民,全国迅速掀起了揭批林彪、"四人帮"反革命集团的高潮。1978年12月18日,中共十一届三中全会胜利召开,中国的历史真正进入转折时期,"文革"中被"四人帮"颠倒的是非逐一又颠倒过来,叫做"拨乱反正"。新闻界一方面开始自身的拨乱反正,同时发挥媒介特殊功能,充当了中国政局拨乱反正的先锋和促进派。

一、新闻界自身的拨乱反正

(一)被冤报人平反昭雪

林彪、"四人帮"横行时期,哀鸿遍野,冤狱及于全国,一大批著名的新闻工作者遭到残酷迫害,其中许多人含冤而死,给中国新闻事业造成了不可弥补的损失。中共十一届三中全会后,开始进行大规模的彻底平反冤假错案的工作,受迫害的报人也得到平反昭雪。下面列举几个典型平反案例。

1. "三家村反党集团"冤案的平反

"三家村反党集团"一案是"文化大革命"中的第一个大冤案,也是新闻界的第一个大冤案。在遭到猛烈批判和人格侮辱后,无权申辩的邓拓,痛苦万分,他选择了以死抗争,用自杀来捍卫自己的清白,1966年5月17日,含冤死去。吴晗在"文革"开始后被捕入狱,受尽折磨,1969年,冤死狱中;"三家村"中只有廖沫沙侥幸活到"四人帮"被粉碎后。此外,1966年《五一六通知》下发后,各地许多报纸副刊杂文专栏几乎全被打成"三家村"的"分店"或《长短录》式的"反党工具",受到株连的杂文作者、编辑不计其数,甚至连赞赏过一篇杂文的读者也遭到长期迫害①。

为彻底平反这一冤案,1979年初《北京日报》、《解放军报》、《人民日报》相继发表文章,揭露"四人帮"分子围绕"三家村"冤案所进行的反革命夺权阴谋。1月26日,《北京日报》发表原《前线》编辑部部分同志写的文章《一场惊心动魄的反革命夺权事件——论"三家村"冤案》;2月22日,《人民日报》发表任文屏的文章《一桩触目惊心的文字狱——为〈三家村札记〉、〈燕山夜话〉恢复名誉》,并加了编者按。几个月之后,经中共中央批准,北京市委决定为"三家村反党集团"冤案彻底平反,撤销对邓拓、吴晗、廖沫沙所作的错误结论,恢复这三位同志的政治名誉。其后,《人民日报》副刊杂文专栏《长短录》冤案也获得平反,杂文作家夏衍、吴晗、廖沫沙、孟超、唐弢和主持专栏的陈笑雨恢复了名誉。

2. 范长江冤案的平反

"文化大革命"爆发后,因为曾经做过"资产阶级报纸《大公报》名记者",范长江遭到造反派的批斗,被诬陷为"30年代反共老手",受尽折磨摧残。为帮助组织了解情况,范长江把自己从30年代保留下来的几十本珍贵的日记、笔记以及书信等,全部上交,希望以自己的坦白襟怀换取组织的信任。在所提交的材料中,有一篇他在1941年香港《华商报》时撰写的回顾抗战历史的文章原稿《祖国十年》,其中有"蒋委员长"领导抗战之类的文字。范长江将这份原稿一字未动地交给了党组织,但结果却是为造反派提供了迫害他的证据。1970年10月23日,范长江的遗体在河南确山的一口水井里被发现,但其死因至今未明。1978年12月27日,范长江同志追悼会在北京八宝山革命公墓隆重举行,为他平反昭雪,恢复名誉。胡耀邦同志主持了追悼会。为了鼓励新闻记者们学习和继承范长江献身于党和人民新闻事业的崇高精神,1991年中国记协设立了"范长江新闻奖",这是我国中青年新闻工作者的最高奖项。

---

① 参见方汉奇主编:《中国新闻事业通史》第3卷,中国人民大学出版社,1999年版,第445页。

3. 王中冤案的平反

1979年春，著名新闻学者、新闻教育家王中在"反右"运动中受到的错误处理得到改正，对新闻界产生了重大影响，开启了重新探讨新闻学理论的新风气。

王中(1914—1994)，山东高密人，原名单勣，笔名张德功。解放前长期从事党的新闻宣传工作，历任《大众月刊》编辑、《大众日报》编委、新华社山东总分社编辑部主任、《鲁中日报》总编辑等职。1952年起担任复旦大学新闻系主任。1958年初被错划为"右派"，并被开除党籍。1960年他的"右派"帽子被摘掉，但在"文革"期间又被作为"大右派"多次被批判，然而他从未在新闻理论观点上否定过自己。1979年1月，王中得到平反，继续出任复旦大学新闻系主任。

另外，在"文革"中惨遭迫害致死的新闻工作者潘梓年、章汉夫、孟秋江、金仲华、高丽生和惨遭迫害致残的陈克寒，以及遭受长期迫害的恽逸群等，都得到了平反昭雪。

（二）停办媒体纷纷复刊

新闻事业是"文革"时期的重灾区。十年动乱中最少的时候报纸仅42种。党的十一届三中全会以后，"文革"中被迫停办的媒体纷纷复刊。

1.《工人日报》的复刊

《工人日报》为中华全国总工会机关报，1949年7月15日在北平创刊。1966年底，林彪、"四人帮"一伙污蔑《工人日报》是刘少奇复辟资本主义的宣传工具，执行的是刘少奇反革命修正主义路线。江青亲自煽动和唆使造反派"查封"了《工人日报》。

在被迫停刊了12年后，1978年10月8日《工人日报》复刊。复刊词写道："要维护工人当家作主的民主权利，保护工人的物质利益……大力提倡关心群众生活，提出改善群众生活的必要建议，批评漠视群众疾苦的现象。"

在复刊后不久，《工人日报》就成功报道了"渤海2号"钻井船翻沉事故，在业界和社会上产生了巨大影响。

2.《中国青年》的复刊

《中国青年》杂志是由中共中央青年工作委员会于1948年12月20日在河北平山县创刊的。毛泽东亲自题写了刊头，并作了"军队向前进，生产长一寸，加强纪律性，革命无不胜"的题词。同年4月，中国共产主义青年团的前身中国新民主主义青年团成立，《中国青年》一直是团中央机关刊物。"文化大革命"中，林彪、"四人帮"一伙给《中国青年》扣上了"修正主义的黑刊物"、"刘少奇黑修养的标本"等大帽子，1966年8月被迫停刊。1978年9月11日《中国青年》复刊。

1980年5月《中国青年》杂志以《人生的路呵，怎么越走越窄……》为题，发表了青年工人"潘晓"的一封来信。在信中,"潘晓"倾吐了自己从"文化大革命"以来的经历和目前的苦闷。《中国青年》就此展开了一场"人生的意义究竟是什么"的讨论。这场讨论引起了社会的普遍关注,编辑部不到一个月就收到参加讨论的读者来信两万余封。《中国青年报》、《北京日报》等新闻媒体也参加了讨论。7月29日,《人民日报》发表评论员文章《人生观的讨论值得重视》,对这场讨论给予肯定和支持。

3.《北京晚报》的复刊

1961年3月19日,邓拓应《北京晚报》的要求,以"马南邨"为笔名开设《燕山夜话》杂文专栏。邓拓所写的杂文旗帜鲜明,爱憎分明,切中时弊,而又短小精炼,妙趣横生,寓意深刻,深受广大读者欢迎。就是这样一个专栏却给《北京晚报》带来了厄运。

1966年5月,《解放军报》和《光明日报》分别发表高炬的《向反党反社会主义的黑线开火》和何明的《擦亮眼睛,辨别真假》,对邓拓的《燕山夜话》发起攻击。同时,这两家报纸还刊登林杰等人合编的题为《邓拓的〈燕山夜话〉是反党反社会主义的黑话》的长篇材料。10月,上海《解放日报》、《文汇报》同时发表姚文元的文章《评"三家村"——〈燕山夜话〉、〈三家村札记〉的反动本质》。14日,《人民日报》发表林杰的《揭露邓拓反党反社会主义的面目》。这些文章掀起了批判《燕山夜话》、《三家村札记》及其作者邓拓、吴晗、廖沫沙的高潮。5月25日中共新改组的北京市委决定撤销《北京晚报》原编委会。

1979年2月6日,中共北京市委宣布为《北京晚报》彻底平反。1980年2月15日,《北京晚报》复刊。

4.《新民晚报》的复刊

《新民晚报》前身为《新民报》晚刊,1946年5月1日于上海创刊,陈铭德主办,是超党派的民间报纸。1947年5月25日被国民党当局以"破坏社会秩序、意图颠覆政府"罪名查封,7月复刊。中华人民共和国成立后继续出版。1957年赵超构任社长兼总编辑。1958年改名《新民晚报》。1966年12月被迫停刊。1982年元旦复刊。复刊词以亲切平实而又富有诗意的语言表达了报人的喜悦心情以及对于报纸的定位:

> 作为一张地方性报纸,《新民晚报》既不是摩天飞翔的雄鹰,也不是搏击风雨的海燕,更不是展翅万里的鲲鹏,它只是穿梭飞行于寻常百姓家的燕子。它栖息于寻常百姓之家,报告春天来临的消息。衔泥筑巢,呢喃细语,为百姓分忧,与百姓同乐,跟千家万户同结善缘。——似曾相识的燕子,隔了15年之后又归来了。

1978年中共十一届三中全会后,在"文革"中被迫停办的报纸基本上都恢复出版了。

(三)新闻理论的拨乱反正

"文革"中,"四人帮"为了牢牢把持操纵新闻界,使之成为他们搅乱中国、乱中夺权的阵地,他们通过发表文章,歪曲新闻理论,搅乱新闻思想,企图从根本上改变新闻事业的性质。打倒"四人帮"后,新闻界花费了巨大精力开展新闻理论的拨乱反正。

1977年1月14日,《人民日报》发表中央广播事业局的文章《人民广播的政治方向不容篡改》,揭发"四人帮"破坏广播事业的罪行。1977年第3期《红旗》杂志发表题为《捣乱、失败、灭亡的记录》的长篇文章,揭露姚文元在控制《红旗》杂志后,利用《红旗》刊登一系列反动文章的罪行。1977年11月23日,被"四人帮"长期控制的上海《解放日报》、《文汇报》刊载两报大批判组写的文章《"四人帮"及其余党是怎样操纵上海两报鼓吹反革命政治纲领的》,对"四人帮"利用这两家报纸进行篡党夺权的罪行进行了清算。1977年第10期《红旗》杂志发表了上海市委写作组、《红旗》杂志编辑部的文章《评姚文元》,一笔一笔清算了姚文元掌握新闻宣传大权后,颠倒是非、混淆黑白、制造反革命舆论的罪行。与此同时,各报还发表文章,对"四人帮"操纵的御用写作班子"梁效"(北京大学、清华大学两校写作班子)、"罗思鼎"(上海市委写作班子),以及"池恒"、"唐晓文"、"初澜"等"用笔杀人"的罪行进行了批判。1977年7月13日,《人民日报》发表记者、新华社通讯员的文章《"四人帮"的一支反革命别动队》。1978年3月21日发表中共北京大学委员会的文章《论梁效》,系统揭露和批判了"梁效"充当"四人帮"篡党夺权急先锋的罪行,并指出,"梁效"在"四人帮"御用写作班子中占有特殊重要位置,不仅是"四人帮"的喉舌,而且是"四人帮"一根打人的指挥棒,是"四人帮"反革命舆论体系中的中枢。1977年8月15日,《人民日报》发表申涛声的文章《论罗思鼎》,指出罗思鼎在张春桥等人的指使下,使用卑劣手段,借"批孔"恶毒攻击周恩来总理。1977年12月15日,《人民日报》发表申涛声的文章《阴谋文艺的一股狂澜》,揭发"初澜"为"四人帮"鼓吹阴谋文艺的罪行。1978年4月21日,《南方日报》发表《坚决推倒"四人帮"炮制的"新闻黑线专政"论》,批判1968年陈伯达、姚文元合伙炮制反动文章《把新闻战线的大革命进行到底》,指出陈伯达、姚文元等人颠倒是非,一方面攻击建国以来新闻战线取得的成绩,一方面乘机把持新闻界。

同时,新闻界还开展了对"四人帮"炮制的所谓"新闻理论"的批判。1978年3月26日,《人民日报》发表徐占焜的文章《斥"事实服从路线需要"论》,指出,"事实服从路线需要"论是"四人帮"的造谣理论、说假话理论。用这种理论指导新闻宣传,只会败坏党报的威信,最终损害党的事业。1978年第1期《新闻战线》发表本刊评论员文章《新闻战线的革命与反革命——批判林彪、"四人帮"篡夺舆论大权的黑纲领》,从理论的角度批判1968年"四人帮"炮制的反动文章《把新闻战线的大革命进行到底》,指出这是他们把持新闻界用以推行反革命路线所编造出来的"理论根据"。

此外,随着拨乱反正工作的展开,新闻界对"文革"盛行的"假大空"文风也进行了清理和摒弃。1977年2月21日,《人民日报》发表文章《打倒帮八股》和短评《说老实话》,向全国新闻媒体提出了恢复党的优良传统的要求。10月18日、12月24日和1978年10月14日,《解放军报》发表"编者述评",三论"从'假'字开刀整顿文风"问题,列举了报刊上虚假报道的表现,分析其产生根源,提出治理办法。该报还在1977年11月13日发表评论员文章《禁绝一切空话》,《人民日报》转载了这篇文章。1978年2月,中央人民广播电台率先停办语录节目。随后,中央电视台对搞个人崇拜、神化领袖的标语口号进行清理。3月《人民日报》取消设在报眼位置上的语录专栏。随之,对文章中摘引领袖的原话不再用黑体字。5月,中宣部向《人民日报》提出要求,希望重视短新闻刊登。9月,新华社发表了《关于多发短新闻的通报》,提倡全国新闻媒体写短新闻。

1978年12月18日至22日,中共十一届三中全会在北京召开,中国的历史发生伟大转折。1979年3月8日至21日,中共中央宣传部召开了全国新闻工作座谈会,胡耀邦同志在会上作了重要报告,阐述了党的新闻工作性质、新时期新闻工作的任务,要求全党解放思想,把发挥新闻工作者的积极性、主动性、创造性同加强党的集中统一领导密切结合起来等。会议确定,新闻媒体既要坚定宣传党的路线、方针、政策,又要充分反映人民的意见,党性和人民性是完全一致的。

中共十一届三中全会和全国新闻工作座谈会后,新闻界开始从理论上深入开展拨乱反正。这方面的工作,首先是在否定"以阶级斗争为纲"口号的背景下,重新审视"报纸是阶级斗争的工具"这个有广泛影响的命题。经过讨论认为,在社会主义建设时期,在剥削阶级已经消灭,阶级斗争不再是社会主要矛盾的历史条件下,还使用"报纸是阶级斗争的工具"这样的提法是有害的,"四人帮"就是利用这个提法演绎出"报纸是无产阶级专政的工具"的荒谬观点,使新闻媒体变异成为他们的"专人民政"的工具。其次是利用1980年2月中共中央为刘少奇平反昭雪的机会,重新肯定刘少奇新闻思想的地位。1980年3月,北京新闻学会举行刘少奇新闻理论讨论会,重新学习和研究刘少奇有关新闻工作的论述,充分肯定刘少奇新闻思想的正确性和深刻性。

二、新闻界为全国范围拨乱反正而努力

随着新闻界自身拨乱反正的开展,各新闻媒体发挥舆论机关的功能,促进全国的拨乱反正。这主要表现为1978年上半年在全国范围内开展的关于"真理标准"问题的报刊大讨论。

粉碎"四人帮",全国人民欢欣鼓舞。但是,人们很快感觉到,江青反革命集团的组织体系虽然被摧毁了,但是他们的政治影响和思想影响依然存在,并顽固地起作用。

1977年1月8日,是周恩来总理逝世一周年纪念日。忌日前后,纪念文章像雪片般飞进《人民日报》编辑部,编辑部也写了社论。但是,纪念文章和社论,受到当时党中央主管新闻宣传的副主席汪东兴的压制,他指示《人民日报》不要刊登那么多纪念文章,三几篇就够了,社论中也不能提周恩来是伟大的马克思主义者,因为一年前的悼词中没有这样评价,而悼词是毛主席看过两次的。他责备《人民日报》领导说:你们这样做,是什么意思,是不是想另外给周恩来总理写个悼词?① 3月,《人民日报》刊登了一篇揭露"天安门事件"真相的文章,说天安门事件是革命事件,汪东兴看后质问人民日报社:天安门事件是"反革命事件"是谁说的呀? 是毛主席他老人家说的嘛。你们要翻,翻谁呀?② 1975年第3、4两期《红旗》杂志上,分别刊登了姚文元的《论林彪反党集团的社会基础》和张春桥的《论对资产阶级的全面专政》,这两篇文章是集"四人帮"极"左"反动思想之大成的文章,给中国人民造成了极大危害。粉碎"四人帮"后,当《红旗》杂志写报告打算批判这两篇文章时,汪东兴批示说:"这两篇文章是经过中央和伟大领袖和导师毛主席看过的",不能点名批判③。如此等等,不一而足。

出现这种局面的主要原因是当时中共中央主要领导人华国锋等继续维持对毛泽东的个人崇拜,把毛泽东的错误指示当作"圣旨",明确提出了"两个凡是":"凡是毛主席作出的决策,我们都坚决拥护,凡是毛主席的指示,我们都始终不渝地遵循。"1977年2月7日,沿用"文革"做法,《人民日报》、《红旗》杂志和《解放军报》联合发表社论《学好文件抓住纲》,向全国公开了"两个凡是"。"两个凡是",就是要坚持"无产阶级专政下继续革命",继续批判"死不改悔的走资派","继续批邓";还要坚持"以阶级斗争为纲",坚持认为"天安门事件是反革命事

---

① 转引自张涛:《中华人民共和国新闻史》,经济日报出版社,1992年版,第245页。
② 同上书,第247页。
③ 同上书,第252页。

件"。华国锋等人的"两个凡是"为批判"四人帮"、为全国范围的拨乱反正设置了严重障碍。按照"两个凡是"的原则去做,拨乱反正难以深入下去,"文革"冤案难以彻底平反,有经验的老干部难以尽快恢复工作,被"四人帮"颠倒的政策是非、路线是非和理论是非难以再颠倒过来。

障碍必须扫除。在扫除这些障碍的过程中,中国新闻界发挥了很好的作用,干了一件具有深远历史意义的大事、好事——组织和开展关于"真理标准"问题的讨论。

3月26日,《人民日报》上刊登了一组讨论关于"真理标准"的理论文章,其中有一篇署名张成的短文,题目是《标准只有一个》,编者为了引起重视,格外加上了花边。文章提出了一个命题:"真理的标准只有一个,就是社会实践。"虽然编者用心良苦,但是这篇短文的发表并没有引起社会的重视,也没有人提出异议。

到了1978年5月,《光明日报》发表的题为《实践是检验真理的唯一标准》的文章则在社会上掀起了狂飙。《实践是检验真理的唯一标准》的作者是胡福明,文章正式发表时署名"《光明日报》特约评论员"。

早在1977年9月,南京大学哲学系教师胡福明就将自己写的《实践是检验真理的标准》一文寄给了《光明日报》。编辑部审阅后,认为可以采用,但是需要与作者商量修改,故推迟发表。1978年3月,杨西光调到《光明日报》主持工作,他看到胡福明的文章,认为不错,并予以了高度关注,将已经排到哲学学术版的胡文抽下来,要求修改得更有针对性和说服力后,在第一版重要位置上刊出。

文章经过作者和编辑部较大幅度的修改,针对性和说服力大为增强。修改后的文章送到中共中央党校理论研究室,请时任党校副校长的胡耀邦审阅定稿。1978年5月10日出版的中共中央党校内部刊物《理论动态》上发表了胡福明的文章,题目是《实践是检验真理的唯一标准》,文末署名为"光明日报社供稿"。1978年5月11日,胡福明的文章以"《光明日报》特约评论员"的名义在《光明日报》全文发表。同一天,新华社向全国播发了这篇文章的全文。次日,《人民日报》、《解放军报》和7家省市委机关报转载了此文。到5月底,全国共30家报纸转载了这篇文章。

《实践是检验真理的唯一标准》是粉碎"四人帮"后全国进行"拨乱反正以来影响最大、反应最强烈的一篇文章,是中国进入社会主义现代化建设新时期思想解放的宣言"①。文章说,真理标准问题是无产阶级革命导师早已解决了的问题,但是由于"四人帮"控制的舆论工具的歪曲,把这个本来很明白的问题搞得混乱不

---

① 方汉奇主编:《中国新闻事业通史》第3卷,中国人民大学出版社,1999年版,第427—428页。

堪了。因此，在这个问题上有必要"拨乱反正"。文章阐述了马克思关于真理标准的重要原则，指出检验真理的标准"不能到主观领域去寻找，思想、理论本身不能成为检验自身是否符合客观实际的标准"，"只有千万万人的社会实践，才能完成检验真理的任务"。文章指出："'四人帮'及其资产阶级帮派体系已经被摧毁，但是，'四人帮'加在人们身上的精神枷锁还远远没有完全粉碎。……无论在理论上或实际工作中，'四人帮'都设置了不少禁锢人们思想的'禁区'。对于这些'禁区'，我们要敢于去触及，敢于去弄清是非。"文章严厉批评了"两个凡是"的观点，指出"躺在马列主义毛泽东思想的现成条文上，甚至拿现在的公式去限制、宰割、裁减无限丰富的飞速发展的革命实践，这种态度是错误的"。

  文章发表后，引起了截然不同的两种反应。广大干部和党员对文章给予高度评价，对文章所提出的观点表示完全赞同和支持；而坚持"两个凡是"的人对此表示强烈反对。当时中共中央分管宣传工作的负责人严厉指责这篇文章的"矛头指向毛主席"，是"要向马列主义开战、向毛泽东思想开战"，指责刊登这篇文章的报社负责人"没有党性"；有人明确指出，这篇文章"理论上是荒谬的、思想上是反动的、政治上是砍旗的"；还有人说它是"散布怀疑论、不可知论"，等等。

  1978年6月2日，邓小平在全军政治工作会议上针对反对派及其观点，作了深刻分析："有一些同志天天讲毛泽东思想，却往往忘记、抛弃甚至反对毛泽东同志的实事求是、一切从实际出发、理论与实践相结合的这样一个马克思主义根本观点、根本方法。不但如此，有的人还认为谁要是坚持实事求是、从实际出发、理论与实践相结合，谁就犯了弥天大罪。他们的观点，实质上是主张只要照抄马克思、列宁、毛泽东同志的原话，照抄照转照搬就行了。要不然，就说这是违反了马列主义、毛泽东思想，违反了中央精神。他们提出这个问题不是小问题，而是涉及怎样看待马列主义、毛泽东思想的问题。"他指出："我们一定要肃清林彪、'四人帮'的流毒，拨乱反正，打破精神枷锁，使我们的思想来个大解放。"①6月3日，《人民日报》以《精辟地阐述了实事求是光辉思想》为题报道了上述讲话内容。6月6日，《人民日报》在第一版显著位置发表了邓小平讲话的全文。6月24日，《解放军报》发表题为《马克思主义的一个基本原则》的评论员文章，对向《实践是检验真理的唯一标准》一文提出的种种责难逐一予以驳斥。这是在拨乱反正中，继《实践是检验真理的唯一标准》后的又一篇重要文章。

  尽管当时中央主管新闻宣传的负责人站在"反对派"的立场上，但是新闻界的旗帜是鲜明的，思想是解放的，起到了很好的舆论引导作用。从中央到地方，

---

  ① 《邓副主席在全军政治工作会议上的讲话》，《人民日报》1978年6月6日，第1版。

绝大多数媒体都发表了论述实践是检验真理的唯一标准的文章,认为坚持实践是检验真理的唯一标准这一马克思主义原则,具有重大的政治意义和现实意义。在真理标准问题讨论中,作为中共中央理论刊物的《红旗》杂志没有及时发表对"两个凡是"的批判文章,采取了保守沉默、不表态、不介入的消极态度,直到1979年9月,《红旗》才在这年的第9期上发表了一篇文章,题目是《认真补好真理标准讨论这一课》。

通过真理标准的讨论,全党、全国人民冲破"两个凡是"的束缚,思想获得解放。于是,很多问题的解决便在顺理成章之中了:"文革"中被"四人帮"打成"反革命事件"的"天安门事件"平反了(1978年11月12日,《人民日报》发表长篇报道《天安门事件真相》,15日新华社向全国播发了中共北京市委为天安门事件平反的决定,确认其为革命事件,同日,《人民日报》发表评论员文章《实事求是,有错必纠》);因反对林彪、江青而惨遭杀害的张志新昭雪了(1979年4月5日,《辽宁日报》发表消息,报道辽宁省委召开为张志新平反昭雪大会,追认其为烈士,并从即日起到9月,先后用28个版报道张志新的英雄事迹以及向她学习的活动)。一批又一批有经验的领导干部陆续重返领导岗位。

1978年12月召开的中共十一届三中全会高度评价了关于实践是检验真理唯一标准问题的讨论,认为这场讨论对于促进全党和全国人民解放思想、端正思想路线具有深远意义。在这场关于真理标准问题的讨论中,新闻界不仅态度鲜明,而且行动积极,做出了重大贡献。在极"左"思潮长期横行后、寒气袭人未退时,要组织并公开发表针对"两个凡是"的文章,是要冒很大风险的,也是需要很大政治勇气的。新闻界的领导和广大新闻工作者以对党、对人民、对历史高度负责的精神,高扬马克思主义的旗帜,组织并参与了这场理论讨论,展示中国新闻界的风采,是自1949年以来的一次漂亮亮相!

三、新闻教育重新发展

中国的新闻教育事业在"文化大革命"中受到严重摧残,高等院校的新闻系或新闻专业全部被迫停止招生。直到1971年北京大学中文系和复旦大学新闻系恢复新闻专业,招收少量的"工农兵学员",但是从培养目标、教学内容和教学环节等诸方面来看,只能说是被扭曲的新闻教育。粉碎"四人帮"以后,一方面是中国新闻事业的大发展迫切需要大批新闻人才,另一方面是新闻教育事业中断十年造成新闻人才短缺。在这种形势下,恢复新闻教育事业就成为一项重要工作。

1977年全国高等院校恢复统一招生制度,废除了"文革"时期实行的从工农兵中选拔学员保送入学的办法。北京大学、复旦大学、北京广播学院和广西大学的新闻系或新闻专业开始按新的方式招收学生。

1978年,中国人民大学在被迫停办五年之后恢复办学。"文化大革命"中重建的北京大学中文系新闻专业停办,原中国人民大学新闻系并入该专业的师生重新回到中国人民大学,人大新闻系也随即恢复招生。同年,暨南大学新闻系恢复招生,兼收港、澳学生。之后,曾经设立过新闻系或新闻专业的省属大学,如郑州大学、江西大学、杭州大学、天津师范大学等都在中文系恢复了新闻专业。

1978年之后,由于"文化大革命"中停办的一些报纸恢复出版,同时又有大量新的报纸创刊,新闻工作者的数量和质量都严重不足,急需补充和提高。鉴于中国人民大学、复旦大学等老牌新闻系不能满足用人单位的需求,这一时期又在一些高等院校新增设了新闻系或新闻专业,如北京国际政治学院、河北大学、四川大学、安徽大学、山西大学等。为适应广播电视事业的发展,一些广播电视学校在原有的广播电视技术专业外,恢复或增设了广播电视新闻专业。据统计,到1982年底,全国高等院校中的新闻院、系、专业点有16个,在校学生1 585人(包括专科生),专业教师364人。这表明,中国新闻教育事业在"文化大革命"结束后的6年时间里得到了恢复并有了新的发展。

在本科教育恢复之后,新闻专业的研究生也开始恢复。1961年9月,复旦大学新闻系李龙牧副教授招收了王涵隆、徐占焜两名研究生,这是我国高校新闻系首次培养研究生。"文革"开始后,研究生教育也随着新闻专业的废止而停止了招生。1977年我国决定恢复研究生制度。1978年,中国社会科学院成立新闻研究所和中国社会科学院研究生院新闻系,当年,该系即招收研究马克思主义新闻理论、中国新闻事业史、中国共产党新闻事业史、世界新闻事业、新闻业务和英语新闻写作6个专业的研究生,首批研究生共85名。同年,中国人民大学新闻系招收了8名新闻研究生,复旦大学新闻系招收了4名新闻研究生。这一年全国共招收了97名新闻专业研究生。1979年北京广播学院新闻系开始招收研究生,侧重马克思列宁主义新闻理论的教育与培养,并开始注意研究和探讨西方新闻学。从1981年起,中国实行了学位制,这一年毕业的1978级新闻研究生中大多数人获得了硕士学位。至此,中断了多年的新闻研究生培养工作得到了恢复并有了较大发展。

第二节 社会转型与新闻工作全面改革

1981年6月,中共第十一届六中全会通过《关于建国以来党的若干历史问题的决议》,标志着粉碎"四人帮"、拨乱反正的历史任务顺利完成。次年9月1日中共第十二次代表大会的召开,则预示着中国改革开放新局面的开始。在全面开创社会主义现代化建设新局面的大背景下,中国新闻工作也进入了全面改革阶段。

一、新闻观念的转变

首先是新闻公开报道观念被提出。在改革开放的背景下,如何扩大新闻报道的开放程度,成为20世纪80年代新闻界思考的一个重要课题。以往,由于害怕泄密、顾虑"抹黑"、担心制造混乱等因素,许多重大事件、突发事件的报道不能公开见报。因此中国新闻界对一些可能会引起争议的重大事件就形成了这样一种报道模式:"当一个重大事件发生以后,我们首先让外报外电报道;等到事情有了结果,作了定论,再发一篇终结式报道。"新闻学者将其称为"后发制人"式的报道[1]。

应该报道而不报道,结果在客观上助长了小道消息、马路新闻的流传,人们由于无法了解事实真相,只能凭借猜测和传言去进行判断。应当报道而不报道,体现了一种不信任心理,也会疏远党、政府、新闻媒介与人民群众的关系。曾任新华社社长的著名记者穆青对此评论道:"过去我们对人民群众街谈巷议,甚至是满城风雨的议论,往往视而不见,听而不闻,在宣传上脱离了群众。这样做法,在社会上就形成了两个舆论阵地,一个是群众口头舆论阵地,一个是官方的舆论阵地,无形间拉开了党和人民的距离。这种状况不能再继续下去了。"[2]

1987年中宣部等部门发出《关于改进新闻报道若干问题的意见》,重申新华社作为党和国家发布新闻的机关,一个主要职能就是负责准确地、及时地统一发布党和政府的重大决策、决定、重要文件、重要会议新闻等重大新闻,并采取措施保证中央人民广播电台、国际广播电台和中央电视台同时发出。该意见还就国务院新闻发言人制度作出了规范。1988年,中共中央办公厅转发《新闻改革座谈会纪要》,对中央政治局和国务院会议消息发布工作制度化,健全中央和国家机关各部委新闻发言人制度,定期举行新闻发布会、记者招待会等提出了积极的建议。1989年《全国人民代表大会议事规则》规定了全国人民代表大会会议应该举行新闻发布会、记者招待会。这些政策和法规规定了党和政府有关部门公开信息的职责,保障了公民的知情权和新闻媒体的公开报道权。

---

[1] 李良荣:《开放的报纸和报纸的开放》,《新闻大学》1988年春季号。
[2] 同上。

在加强新闻报道的开放程度方面,电视媒体充分发挥自身的优势,进行了有益的探索。1985 年,六届全国人大三次会议开幕式第一次实行了现场直播。1987 年召开的六届全国人大五次会议实行中外记者招待会录像播出。1988 年七届全国人大一次会议期间实行中外记者招待会现场直播,并对一些会议进行了连续报道。

其次是新闻的商品性观念受到关注。在西方,新闻的商品性是一个基本常识,是一个不言自明的问题;这个问题在 1949 年以前的新闻界和新闻学界也是被广泛认可的命题。但是在 1949 年后,由于党报把政治宣传作为唯一要务,新闻的商品性渐渐被人遗忘,并且在阶级斗争工具理论指导下,"新闻的商品性理论"被打入另册。复旦大学新闻系王中教授就是因提出新闻"双重性"理论而被打成"右派分子"的。长期以来,中国新闻界否认新闻的商品属性,并认为新闻商品价值理论纯属资产阶级的异端邪说。虽然 1978 年党的十一届三中全会之后,中国新闻学术界在 20 世纪 80 年代上半期,掀起了一个探索新闻价值问题的学术热潮,但作为新闻价值理论的重要内容,新闻商品性问题在很长时间里却成为激烈争议的焦点。

关于新闻商品性的争论大致分为两个阶段,第一个阶段是报纸的商品性问题的争论,第二个阶段才是新闻的商品性问题的争论。王中教授在 20 世纪 50 年代就曾经提出过报纸具有"双重性"的观点:一是宣传性,二是商品性,并认为宣传性依附于商品性,因为报纸是一种有价物质,是作为"商品"流通的。进入 80 年代后,报社实行"事业单位,企业化管理"的体制,由于报业经营的需要,报纸的商品属性在经过争论之后得到确认。但问题的另一面——新闻的商品性问题却很难一下子获得普遍认同。原因在于新闻是一种精神产品,具有意识形态的性质,在商品经济的初级阶段人们在情感上难以把它作为一种普通商品来加以接受。另外,在 1993 年国家和地方对新闻媒介实行财政"断奶"前,媒介的经济问题并不突出,市场化程度也比较低,因而在理论上并不需要新闻商品性说法的支持。相反,这一时期出于反对"精神污染"的需要,精神产品商品化的倾向受到中央领导的公开批评。这为拒绝新闻商品性的提法提供了有力的依据。有人进一步认为,新闻商品性的提法"在实践上非常有害",害处主要有:① 助长有偿新闻;② 会影响新闻质量,造成新闻商品化;③ 会削弱媒介的宣传职能,忽视社会效益。

社会主义市场经济体制建立后,新闻媒介被推向市场,新闻商品性的问题再度引起人们的关注。

第三,新闻自由观念被提出并获得"争论的自由"。在我国,新闻自由曾是新闻界一个最为敏感的话题。较长时期内,我国社会上普遍存在"谈新闻自由色变"现象,"新闻自由"成为一个十恶不赦的魔鬼,不要说实行新闻自由,就连谈论新闻自由的自由都没有。从1957年到"文化大革命",谁要是提"争取新闻自由",谁就是要在中国复辟资本主义,谁就是"右派分子"。打倒"四人帮"以后一段时间,"新闻自由"仍然成为讨论的禁区,谁要是提"争取新闻自由",谁就是搞资产阶级自由化,是"资产阶级自由化分子"。总之,"新闻自由"成了少数"站在资产阶级立场"的人同党和人民斗争的一个重要口号。

进入新时期后,这种状况有了明显的改变。20世纪80年代初期和中期,新闻自由问题一度成为我国新闻界争论最多的问题。这一时期,对于新闻自由的认识上的一个重要进步就是,体会到新闻自由应有法律规范和法制保障。在1980年第五届全国人大三次会议和第五届政协三次会议上,就有一些来自新闻界的代表和委员,就制定新闻出版法和保障公民言论出版自由等问题提出了意见和建议。在1983年召开的第六届全国人大一次会议上,黑龙江代表王化成、王士贞,湖北省代表纪卓如同时正式提出了"在条件成熟时制定中华人民共和国新闻法"的建议。根据这个建议,中宣部新闻局在1984年1月向中共中央书记处提出了《关于着手制定新闻法的请示报告》。后来分别形成了新闻出版署、中国社会科学院新闻研究所和上海社会科学院三个《新闻法》文稿。不过由于种种原因,《新闻法》迄今尚未出台。

第四,舆论导向观念的提出。1989年的春夏之交发生了一场政治风波。中共中央认为,新闻界在政治风波中起了很不好的作用,应该进行认真、严肃的反思。1989年11月28日,江泽民在新闻工作研讨班上发表的《关于党的新闻工作的几个问题》讲话指出:"近几年来资产阶级自由化思潮泛滥,直到今年春夏之交发生动乱和反革命暴乱,暴露出新闻界存在不少问题,有的还相当严重。"江泽民说,在动乱期间,一些新闻媒体不但不宣传中央正确的声音,反而违背中央的正确方针和决策,公开唱反调,为动乱暴乱的策划者和支持者提供舆论阵地,在群众中造成极大的思想混乱,影响很坏,教训深刻。"这也从反面说明了新闻工作的极端重要性,说明新闻宣传一旦出了大问题,舆论工具不掌握在真正的马克思主义者手中,不按照党和人民的意志、利益进行舆论导向,会带来多么严重的危害和巨大的损失。"①要深刻认识新闻媒介必须重视新闻舆论导向,注意正确引导舆论。他要求各级党委、宣传部门和新闻出版等单位的领导,必须以高度的责任心做好舆论引导工作。这是江泽民同志第一次阐述舆论导向概念,此后他又多次加以强调和深化。1994年1月24日《在全国宣传思想工作会议上的讲话》中,江泽民指出:"坚持正确的舆论导向,就是要造成有利于进一步

---

① 《新闻年鉴》(1990),第2页。

改革开放,建立社会主义市场经济体制,发展生产力的舆论;有利于加强社会主义精神文明建设和民主法制建设的舆论;有利于鼓舞和激励人们为国家富强、人民幸福和社会进步而艰苦创业、开拓创新的舆论;有利于人们分清是非,坚持真善美,抵制假丑恶的舆论;有利于国家统一、民族团结、人民心情舒畅、社会政治稳定的舆论。"① 这次讲话形成了关于正确舆论导向的五个标准或五个方面的要求。1996年9月26日,他在视察人民日报社时说:"历史经验反复证明,舆论导向正确与否,对于我们党的成长、壮大,对于人民政权的建设、巩固,对于人民的团结和国家的繁荣富强,具有重要作用。舆论导向正确,是党和人民之福;舆论导向错误,是党和人民之祸。因此,我们党一贯强调,要把新闻舆论的领导权牢牢掌握在忠于马克思主义、忠于党、忠于人民的人手里;新闻舆论单位一定要把坚持正确的政治方向放在一切工作的首位,坚持正确的舆论导向。"②

二、新闻业务的改革

随着新闻观念的转变,新闻界也着手开展新闻业务方面的改革,并取得成效。

首先,媒体的信息功能得到重视,信息量明显增加。我国新闻界历来把新闻媒介当作宣传工具,新闻机构就是党和政府的宣传机构,新闻媒介的第一功能甚至全部功能就是政治宣传。十一届三中全会之后,由于工作中心转向经济建设,新闻传播事业迅速发展,人们对信息的需求量迅速增加,新闻媒体提供信息的功能得到越来越充分的发挥。

信息概念的引进和深入人心,使得新闻媒介竞相以"信息灵敏"、"信息量大"为口号吸引受众,带来了新闻业务上的深刻变化。要做到"信息灵敏",就必须改变我国新闻界长期存在的"慢三拍"现象,加强新闻报道的时效性,满足人们在第一时间内获知最新动态的需要。1984年7月29日新华社播发的《零的突破》报道我国选手许海峰获得第23届奥运会第一块金牌,这则快讯比东道主国家的美联社快20分钟,比路透社快15分钟,是我国新闻工作者在增强新闻报道时效性方面的一个重要突破。而要做到"信息量大",就必须缩短新闻报道的篇幅,多写短消息。为倡导记者写短新闻,中国新闻奖及其前身全国好新闻奖都对参评作品的字数和时间提出了明确的限制要求,例如文字

---

① 《十四大以来重要文献选编》上,人民出版社,1996年版,第654页。
② 《新闻年鉴》(1997),第3页。

消息在1 000字以内,文字言论在2 000字以内,文字通讯在3 000字以内等。有的报社甚至规定了每块版面上的新闻稿件不得少于多少条,以控制报道的字数。在方方面面的努力下,收获了一大批言简意赅、反应良好的新闻作品。《湖北日报》1980年7月4日刊登的小通讯《会计佮嫌我的油壶小》,仅200多字,却以小见大,深刻反映了农村的巨大变化,并且写得生动活泼,人物形象跃然于纸上。

其次,报道样式推陈出新。针对"文革"动乱时期的"假、大、空、套、长"的流弊,改革开放后新闻界有针对性地提出"真、短、快、活、强",在呼唤新闻真实性的回归、重建新闻基本原则的基础上,倡导写短新闻,让消息当主角。为了把消息写活,1982年穆青同志提出散文式新闻的概念,希望以自由活泼的散文形式和清新明快的写法改造沉重死板的新闻体式。之后,他又提出文字记者要学会写视觉新闻,以典型的细节和生动的画面使报道形象化、立体化,从而适应电视媒体的竞争。这些号召得到了广大新闻工作者的热烈响应,对丰富消息写作、改革报道样式起到了重要推动作用。在新闻界的努力探索下,一批具有创新性的新闻作品迅速问世。

在改革开放不断深化的过程中,社会矛盾日益突出,新旧体制与思想观念的碰撞也带来大量困惑,人们对于新闻报道不仅想知道"怎么样",更想了解"为什么"。在这种背景下,以挖掘"新闻背后的新闻"为特征的深度报道应运而生。1985年《中国青年报》记者张建伟撰写的《大学毕业生成才追踪记》系列报道,被公认为中国新闻界第一篇有代表性的深度报道。此外,《中国青年报》的大兴安岭"三色"系列报道、《光明日报》的《一个工程师出走的反思》、《经济日报》的《关广梅现象》、《人民日报》的《中国改革的历史方位》等一大批有影响的报道作品,确立了深度报道在新闻文体中的地位。

80年代至90年代初,还先后出现过立体报道、系列报道、连续报道、组合报道、中性报道、对话式报道等多种报道式样,新的新闻文体如雨后春笋般涌现。报道式样的丰富多彩,反映了新闻记者思想观念的更新,有利于新闻人才的成长,也较好地满足了受众的多样化需求。

再次是批评报道初显威力。1980年6月14日,新华社报道了山西省昔阳县水利建设中,由于领导人的错误导致劳民伤财的"西水东调"的蠢事。1980年7月22日,《人民日报》《工人日报》同时发表了关于"渤海2号"钻井船翻沉事故的消息。《工人日报》还发表了该报记者采写的《渤海2号钻井船翻沉事故说明什么?》一文,在全国引起强烈反响。这起因石油部海洋勘探局严重违章指挥造成的重大责任事故发生后,首都几家新闻单位经过8个月之久的共同努力,终于将事故真相和有关领导的错误态度公之于众。结果,国务院对此事进行了严肃处理。

新闻界对"西水东调"和"渤海 2 号"事件的报道,实现了批评报道的三个方面的突破:一是突破了对重大事故和重大决策失误不公开报道的做法;二是突破了对先进典型的缺点不公开批评的做法;三是突破了对高级领导干部的错误不公开批评的做法。

"渤海 2 号"事件报道后不久,1980 年《人民日报》、《中国青年报》、中央人民广播电台报道了中纪委对在任的商业部长在饭店吃喝不照付费用的错误进行通报批评的消息,并就此发表评论。这几起批评报道,在许多人心中至今记忆犹新。

从 1983 年 2 月 9 日起,中央人民广播电台发表了关于哈尔滨铁路局双城堡火车站野蛮装卸事件的连续报道,历时三个多月,共发消息、评论、录音报道 32 篇。后来又连续报道该站的整顿情况和新班子组成之后车站的变化。这次批评报道震动全国,受到党中央领导人的重视和社会各界的好评,取得了良好的宣传效果。

1987 年,邓小平主持通过的中共十三大政治报告第一次在官方文件中使用了"舆论监督"概念:"要通过各种现代化的新闻和宣传工具,增加对政务和党务的报道,发挥舆论监督的作用,支持群众批评工作中的缺点和错误,反对官僚主义,同各种不正之风做斗争。"

三、管理体制的演变

首先看报刊管理体制的变化。

我国在 1949 年成立过新闻总署,但到 1952 年 2 月就撤销了。从 1952 年到 1987 年间,报纸都是由各级党委宣传部管理。长期以来,中共中央和地方各级党委一直是新闻媒介的最高决策机关,形成了我国新闻事业管理体制的最重要传统。这就是"党管新闻",主要是通过中央宣传部和各级宣传部具体管理各级新闻媒介。在管理范围上包括:批准或直接任命各地新闻媒介的主要负责人;制定新闻媒介的工作方针;批准各阶段的工作计划;审查重大的新闻报道和重要的新闻评论;监督、审查财务收支状况。这种机制自新中国成立以来,除了在"文化大革命"期间遭到破坏以外,一直延续了下来。

在进入 20 世纪 80 年代以后,中国报业发展十分迅速,报业结构发生了重大变化,出现了大量的非机关报性质的报纸,如专业报、行业报、服务性报纸等。资料表明,截至 1990 年底,光是到有关部门登记注册的公开发行与内部发行的企业报就多达 1 500 多家,这个数字超过了当时全国公开发行报纸数量的总和①。非机关报在性质和体制上都不适合党委管理,而且数量上又十分巨大,为此中共中央宣传部新闻局多次建议成立隶属政府的新闻管理机构。1987年1月,国务院决定成立中华人民共和国新闻出版署。此后,各省都建立了新闻出版局。这是我国由政府部门管理新闻出版事业的开始。

新闻出版署直属国务院领导,负责全国新闻、出版事业主要是报纸和期刊等印刷媒介的管理工作。广播电台、电视台和通讯社不在其管理范围之内。新闻出版署在新闻管理方面的主要职能有四:一是对新闻事业的发展进行规划,根据规划审批新办报纸,调整结构、品种;二是制定和执行新闻法规、规章;三是查处非法出版活动;四是对各个报(刊)社的经营活动进行宏观管理。可见,新闻出版署主要负责对报刊经营的管理。

从1980年1月1日到1985年3月1日这段时间内,全国新创办的报纸达1 008家,平均不到两天就有一家新报纸问世。与此同时,报业生产所必需的新闻纸价格逐年飙升,1980年每吨730元,1985年上升到1 100元,1988年攀升至2 800元。1987年国家财政仅对新闻纸差价这一个项目的补贴即达到700万元。政府已经难以承受报业迅速膨胀带来的额外负担。为此,1988年3月国家新闻出版署和国家工商管理局联合颁布了《关于报社、期刊、出版社开展有偿服务和经营活动的暂行办法》。

另外,新闻出版署成立以来,先后颁布了十多项法规,其中最重要的是1990年颁布的《报纸管理暂行规定》,通过各种规章逐步建立起了一套报刊行政管理制度。2000年新闻出版署改名为新闻出版总署,旨在加强市场管理职能。

其次看广播电视管理体制的变化。

"文化大革命"结束时,广播电视事业归中央广播事业局领导。该局1949年成立,属中央人民政府新闻总署领导,新闻总署撤销后,由政务院文化教育委员会领导,宣传业务由中共中央宣传部领导,1954年11月成为国务院直属机构之一。1982年5月第五届全国人民代表大会通过《关于国务院部委机构改革实施方案的决议》,宣布撤销中央广播事业局,成立广播电视部,任命吴冷西为部长。广播电视部的成立,为加强广播电视宣传工作,为全国广播电视事业的统一管理,为更好地调整中央与地方、广播与电视、有线与无线、宣传与技术等方面的关系,创造了有利条件。1986年1月,又将电影管理纳入广播电视部,组成广播电影电视部。

在1983年广播电视部召开的全国广播电视工作会议上,提出了广播电视要"扬独家之优势,汇天下之精华"的办台方针,要进一步根据广播电视的特点,创

---

① 申凡:《中国企业报研究》,新华出版社,1994年版,第2页。

造自己的宣传形式和方法,努力发扬自己的优势,充分发挥广播电视的宣传、教育和鼓舞的功能。在这次会议上还提出了实行中央、省、地、县"四级办广播、四级办电视、四级混合覆盖"的发展思路,以加快我国广播电视事业建设的步伐。四级办广播、电视的建设方针,彻底改变了原来中央和省(区、市)两级办广播电视的事业格局,使中国广播电视结构向多级办台转变。有关数字表明,在目前已经建立起来的电视台中,90%以上是市县两级开办的。

"四级办台"的方针对我国广播电视事业产生了深刻影响,对电视事业的作用尤为显著。一方面,"四级办台"方针充分调动了各方面的积极性,聚集资源,加快了广播电视的覆盖速度,使我国在短时间内迅速成为广播电视大国。但另一方面,也带来了各级电视台之间为相互瓜分观众群而产生的无序竞争,降低了覆盖效益。由于投入不足,制作能力低,地市级电视台的自制节目占所播出节目的比例非常低,许多电视台不到10%。一些小电视台为了维持自身的生存和发展,从音像市场购买廉价的海外影视剧,乱播滥放,有些甚至主要以转播其他电视台节目为主要生存手段,对中央电视台和省级电视台造成重大冲击,导致严重侵犯知识产权问题。电视事业的散乱格局成为制约中国电视发展的一大障碍。同时,市场化程度低是中国电视发展的另一大阻力。自我国电视事业诞生以来,电视台一直既是节目的制作单位,又是节目的播出单位,缺乏竞争的市场环境。因此采取制播分离,实现电视运营的市场化和电视节目的商品化,从而推进电视业的产业化进程,是今后一个时期中国电视体制改革的重要内容。

四、新闻教育的发展

1983年,中共中央宣传部和教育部联合召开了新中国成立以来第一次新闻教育工作座谈会,会议强调为了适应新闻事业快速发展的需要,新闻教育必须在保证质量的前提下有一个较快、较大的发展。在这次会议的推动下,出现了新闻教育的一个办学热潮,新闻教育在全国迅速普及。

1983年,东北的吉林大学、西北的兰州大学、新疆大学、宁夏大学和华中的武汉大学、华中工学院都先后增设了新闻系或新闻专业,福建的厦门大学新设了新闻传播系。至此,全国设有新闻专业的院校已达21个,提前实现了新闻教育发展规划提出的"1985年原各大行政区至少应有一所高等院校设置新闻专业"的要求。1983年全国共有新闻系(专业)教员518人,在校的新闻专业学生共2 814名,其中本科生1 877名,研究生177名,进修生380名,函授生380名。

到1992年,全国设有新闻学类专业教学点的普通高等院校达到52所,共设新闻学类专业77个。其中包括新闻学专业39个,国际新闻专业6个,广播电视新闻专业9个,广告学专业21个,播音专业1个,体育新闻专业1个。全国新闻学类专业在校学生1.719万人,其中博士研究生30人,硕士研究生355人,专科生2 418人,函授生7 430人。有关资料显示,到20世纪90年代中期,全国在职新闻学教师共有1 011人,其中教授132人,副教授352人。

随着我国社会主义现代化事业的不断向前推进,我国新闻教育的办学规模也不断发展壮大。到2000年,在全国高校中设有新闻学学士学位点的有56家,设有广播电视新闻学学士学位点的有67家,设有编辑出版学学士学位点的有16家。另有新闻学博士点5个、硕士点27个,传播学博士点2个、硕士点12个。师资队伍也由1977年的百余人增加到近2 000人。据统计,从新中国成立之后的50多年时间里,我国新闻专业大专以上文化程度的毕业生已达到10万人。

在全面普及的过程中,新闻教学单位突破了过去的文科类院校或综合大学办新闻教育的格局,一些财经类院校、体育类院校、外语类院校、师范类院校、政法类院校、理工类院校也纷纷加入到新闻教育的行列中来,拓展了新闻人才的培养渠道,扩大了新闻专业的应用、适用范围,也促进了新闻学与其他一些相关学科的融合与渗透。

此外,1983年以后,业余新闻教育和新闻函授、广播电视大学新闻专业、新闻自学考试等都有了很大发展,成为高等院校新闻教育的重要补充。1984年,安徽日报社首先创办了新闻刊授大学,短期内就有2万人报名参加。之后,相继成立的新闻函授学院有:中国人民大学语文系与中国青年报社等合办的北京人文函授大学新闻专业,中国人民大学新闻系与工人日报社合办的中华新闻函授学院,人民日报社主办的新闻智力开发中心函授部,经济日报社主办的人才开发函授部经济新闻专业,辽宁日报社主办的新闻函授中心,吉林日报社主办的新闻刊授讲习所,陕西日报社主办的西北新闻刊授学院,兰州大学新闻系与甘肃省新闻研究所合办的甘肃新闻刊授学院,南方日报社与暨南大学新闻系合办的新闻学刊授中心,中国农民报社与中国人民大学新闻系合办的农民新闻函授学校等,共12所。据不完全统计,报名参加新闻函授学习的人在13万以上。新闻函授面向全社会招生,不受年龄、性别、职业、地区等限制,以自学为主,通过发教材和辅导材料进行教学,有的学校还组织面授辅导,因此,新闻函授很受广大新闻宣传干部、通讯员和新闻爱好者的欢迎①。

新闻教育发展的热潮,还表现在教学内容的扩展。20世纪80年代,中国的新闻事业发生了较大变化,新闻传播事业发展呈现新局面,给新闻教育提出了调整和拓展教学内容的要求。在此背景之下,经济、科技、哲学、传播学、社会调查

---

① 方汉奇主编:《中国新闻事业通史》第3卷,中国人民大学出版社,1999年版,第409—410页。

与统计、媒介经营管理、公共关系学等课程步入新闻学专业的课堂,影响较大的主要有以下两个方面的内容。

一是传播学的引进。中国学者接触传播学始于20世纪50年代,并作了一些初步介绍,但随着反右斗争的开展这项工作很快就中断了。70年代末,伴随着中国的改革开放,传播学正式进入中国。1978年复旦大学首先在本科生中开设传播学选修课。1982年,美国著名传播学家威尔伯·施拉姆访华,大大推动了传播学在中国的普及。传播学的引进,不仅带来了信息、反馈、受众、效果等新概念,促进了中国新闻观念的更新与改革,也推动了新闻学的学科建设。

二是新闻法规与职业道德的教育。随着社会主义法制建设的不断完善,我国法制化程度的提高,加上自1987年《民法通则》实施以来,新闻官司呈逐年上升趋势,不少新闻院系都把新闻法规作为一门重要课程,使学生了解国家的各种法律规章对新闻传播的要求,增强未来新闻从业者的法制观念,避免新闻侵权诉讼。另一方面,针对新闻事业快速发展中出现的种种不正之风,新闻教育还把新闻职业道德引进了教学的课堂,培养新闻学子的廉洁自律精神,促使他们做一名坚持真理、维护真实、敢讲真话的新闻工作者,自觉抵制社会上的各种压力和诱惑。

第三节 市场经济体制建立与新闻事业快速发展

一、媒介产业化进程

邓小平南方谈话后,党的"十四大"明确提出了建立社会主义市场经济体制的目标。在这一时代主题之下,媒介产业化概念被提了出来,媒介经济发展在观念上发生质的飞跃,市场化行为开始走向自觉。在经营上,一些媒体逐步以"一业为主,多业并举"为目标,由纵向一体化朝横向一体化发展,少数成功的媒体开始涉足房地产、交通运输、高新技术开发、餐饮旅游等行业,创办了一系列跨地区、跨行业、独资或合资经营的经济实体。

市场经济带来的巨大活力促使媒介迅速发展。比如报纸数量剧增,1991年为1 610种,1992年为1 791种,1993年增至1 850种,盛况空前。报纸规模也急剧扩大,1991年至1993年,出现了以扩版为中心的第二次办报热潮。1992年,全国各类公开发行的报纸中,扩版的达200家以上。1994年至1998年,全国报纸种数一直维持在2 000种以上。同时,媒介内部机制改革的力度加大,速度加快,开始引入市场机制,全国已有 1/3 的报纸能自负盈亏。

进入 20 世纪 90 年代以来,大众媒介的产业化动向尤为引人注目,具体表现在:① 媒介自身的规模急剧扩大。报纸扩版和电视增加频道成为一个共同倾向。② 媒介之间的市场竞争加剧。既有同类媒介的竞争,如省与市媒体、中央与地方媒体的利益冲突,也有不同类的媒介竞争,如有线电视与无线电视的竞争。③ 行业外对媒介的渗透和介入。各种企业和广告公司纷纷通过出资、承包栏目或开发新媒介等方式介入大众媒介的经营。

1996 年以来,除个别晚报外,各种媒介都有广告"吃不饱"的现象。媒介的暴利时代已经过去。这使得媒介的生存更得靠产业化的运作来推动。

与此同时,随着媒介经济规模的进一步扩大,实际存在的集团化或集约化经营方式得到了政府首肯,报业集团开始浮出水面。

第一阶段,从 1994 年到 1997 年底,报业集团处于探索起步阶段。

为探索建立适应社会主义市场经济体制的报业集团模式,新闻出版署于 1994 年 6 月 10 日至 12 日在杭州举办了全国首次报业集团研讨会,《光明日报》、《经济日报》、《浙江日报》、《四川日报》、《解放日报》、《南方日报》、《北京日报》、《湖北日报》、《辽宁日报》、《新华日报》等 10 家报社的负责同志参加了会议。会议研讨了组建报业集团的必要性、可行性以及组建报业集团的条件,提出了组建报业集团要具有传媒实力、经济实力、人才实力、技术实力和发行实力等五个基本条件。这次会议的召开拉开了组建报业集团的大幕。因为有了明确的组建报业集团的指导思想和具体要求,各级党报都对照组建报业集团的五项条件积极准备,而已经符合五项条件的《广州日报》成为第一家吃"螃蟹"的报社。1996 年 1 月 15 日,中宣部、新闻出版署正式批准《广州日报》作为全国组建报业集团的第一个试点单位。

实际上,自广州日报报业集团成立后,两年内再无第二家报业集团出现。虽然在"杭州会议"的纪要里提到"希望中宣部和新闻出版署把参加这次研讨会的 10 家报社列为全国首批报业集团的试点单位",但报业集团毕竟是新生事物,五项条件又是非常具体、量化的指标,报业集团的试点原则是"充分论证,谨慎试点,逐步推广",因此,虽然有一些报社已具备组建报业集团的条件,但对于组建报业集团的优劣利弊并没有清晰的认识,《广州日报》的实践经验尚待总结,对于如何建立适应社会主义市场经济体制的、具有中国特色的报业集团的理论论证还不够充分,报业集团建设处于初步探索阶段。

第二阶段,从 1998 年到 2002 年底,报业集团进入数量快速增长阶段。

1997 年 12 月,新闻出版署和中国报协在北京顺义召开了组建报业集团座谈会,有了《广州日报》两年的实践,有了学术界两年来的深入研究和探讨,在这次会议上，业界、学界和政府部门三方将理论、实践和政策对接，对报业集团的探讨从组建原则、组建条件深入到集团的性质、组织结构、运作模式以及扩大报业集团的社会意义等问题。尤其是广州日报报业集团的试点所取得的明显成效，激发了国内各大报社争相申请组建报业集团：1998年，5家报社经新闻出版署批准挂牌成立报业集团；1999年，10家报社经新闻出版署批准挂牌成立报业集团；2001年，10家报社经新闻出版署批准挂牌成立报业集团；2002年，13家报社经新闻出版署批准挂牌成立报业集团；至2002年底，全国共组建39家报业集团，报业集团的全国性布局基本形成。

报业集团的组建，可以说是我国媒介产业化进程的缩影。在这一阶段，产业化使我国媒介产业的地区差距进一步拉大，并造成了一些新的不平衡现象。

首先是总体上虽然空前繁荣，但东部与西部地区的发展极不平衡。北京、上海、广东是中国经济最发达的地区，1994年上述三地的报业广告收入已占全国报业广告总收入的55%以上。其中北京（包括各类全国性报纸）约占15%—20%，广东占25%—30%，上海占12%。相比之下，西部地区明显落后。例如日报千人拥有量的平均数是32.5，其中最高的上海（267.9）与最低的云南（12.2），前者是后者的近22倍，并且这种差距还有进一步扩大的趋势。

其次是城市媒介在市场化发展中一枝独秀。城市报纸是指主要在某一城市发行的城市晚报和综合性城市日报，非城市报纸是指城市报纸以外的中央和地方各级党和政府机关报，以及全国的行业性、专门性报纸。在市场化发展中，城市报纸广告经营额的增长大大高于非城市报纸。最典型的是中国第一大报《人民日报》的变化。在1990年之前，它在全国各类报纸中一直雄居首位；但在1993年全国报纸广告经营十强中，它就只能忝陪末座。据中国报纸协会统计，1994年55家中央部委报纸的广告额大都下降15%—20%，这些报纸的广告部门为拉广告绞尽脑汁，而《新民晚报》的广告客户却必须排队等候。

最后是不同媒介之间在广告经营上产生了新的差距。例如报纸广告营业额尽管增长迅速，但电视的广告营业额在1992年首次超过了报纸，并从1995年开始与报纸的距离拉大。1997年，全国各广告媒体所占有的市场份额中，电视占43%，大大领先于报纸。

第三阶段，2003年到现在，报业集团进入规模扩张、多元经营阶段。

如果说2003年以前，我国报业集团一直致力于数量增长，力求做大，那么，自2003年开始，报业集团则开始在做大的基础上实现做强。2003年，全国共成立了39家报业集团，拥有报纸271种，平均每家报业集团7种；共有员工69 049人，平均每家报业集团约1 771人。从经济状况看，39家报业集团的总资产共计384.46亿元，平均每家报业集团9.86亿元。在这一阶段，报业集团的发展呈现如下四个特征。

其一,报业集团成为舆论导向的主力军。39家报团共拥有报纸271种,这在我国报纸总数中仅占12.7%,但是,平均期发行量却占到了全国所有报纸平均期印数的33.6%。

其二,报业集团已成为报业经济的顶梁柱。2002年全国报业广告营业额为188.48元,其中39家报业集团为133.07亿元,占当年报业广告营业额的70.6%。

其三,报业集团的经营规模正在扩大。39家报业集团共拥有225个各类子公司,这些子公司涉及房地产、物流、商业、制造、贸易、教育、旅游、会展等众多领域。多元化经营显示了集团化经营强劲的扩张态势。

其四,报业集团存在一定的发展潜力。39家报业集团的负债总额为84.68亿元,资产负债率大约为12%,与我国工业企业平均资产负债率60%左右相比,报业集团的负债率是相当低的,包袱很轻。与此同时,报业集团的创利能力却非常强劲,从37家集团提供的人均纯利润来看,实现年人均创利3万元。

世纪之交,在报业集团化的推动下,广播电视媒体也开始了组建集团的步伐。2000年7月在国家广电总局召开的全国广电厅局长座谈会上,明确提出了中国电视体制集团化的要求。2001年5月,北京广播影视集团宣告成立,这是我国第一个广电集团。2001年12月,经党中央、国务院批准,中国规模最大的新闻传媒集团——中国广播影视集团在北京正式成立,表明中国广播影视事业的改革迈出了新步伐,广播影视事业的发展进入了新阶段。

但我们也应清醒地看到,我国传媒集团,当然主要是报业集团运作过程中所出现的问题。

首先,我国报业集团的组建往往不是一种市场行为,而主要是一种行政行为。按照产业化的运行规律,报业的集团化要求报业体系内部要有一定数量的产业规模大、产业化程度高的具有核心竞争力的强势个体存在,在此基础上以市场为导向、以资本为纽带,进行个体间的强强联合或强弱兼并,慢慢形成产业集团。西方的媒介集团就是这样的一种运作方式。而在我国报业集团化的过程中,由于媒体主管单位、主办单位、出版单位的三级管理体制,媒体之间市场化的兼并整合极少发生。报业的"集团化"往往以政府行业主管部门为主体,借助行政手段对所管辖媒体进行资产的重组和集中,其中不乏经营不善者"兼并"优秀者的个案。严格说来,这种借助行政手段实现的集团化带来的主要是权力重组,而不是资产重组,这与报业集团的本旨是相去甚远的。报业集团作为一个信息企业集团,应该是能够自主经营、自负盈亏、独立核算的信息企业,其自身实力的增强应该是通过市场化的竞争来实现,而不是依赖政策特权来达到。目前中国这种以行政关系为骨架组建起来的、尚在权力庇护下的报业集团虽然具备了表面上的形式和名称，但从本质上讲，它们还不是独立自主的竞争主体。

其次，报业集团的兼并和重组主要局限在同一个地方区域内进行。由于目前中国报业的活动采取"归口管理"，报社被各个主管部门按照组织范围和管辖权限分割成相互封闭的庞杂的条条块块，任何两个报社之间的经济联系都必须得到它们各个主管部门的批准才能进行。于是中国报业在集团化过程中陷于这样一种处境：在报业系统内部，纵向跨地区办报受到多种约束，横向涉足其他媒介又会遇到行业壁垒。

如果中国的传媒按照集团化、规模化的方向发展，其必然结果是向着跨地区、跨媒体的方向前进，但现在中国既有的这种按照地域和行业分割来进行管理的模式，使得报业集团在跨地区兼并时存在很大的难度。要实现跨地区经营，并不仅仅需要传媒市场本身的变化，在相当程度上它更需要社会管理方式的重组，重新建立管理规则。唯有如此，才能推动中国报业规模化的发展。

再次，报业集团的组建大多停留在单一报业系统内的联合。有学者曾指出，在今后媒介的发展中，媒介机构不会越来越多，只会越来越少，媒体间加强合作与并购是一个大的趋势，传媒一体化与合作化倾向正在成为历史潮流。许多传媒巨头不仅插手各种传播领域，也将传播范围覆盖到全世界，如澳大利亚的默多克新闻集团简直就是一个没有国界的传媒帝国，美国的CNN、英国的BBC等都是世界传媒领域的"航空母舰"。跨媒体经营使得不同媒体之间的交叉与融合、合作与共生现象越来越普遍，媒介之间的界限也会因此变得越来越模糊。而我国现行的管理模式使得传统媒介之间隔行如隔山，报业集团不能涉足广播电视领域。这样不仅无法发挥媒体之间的互补效应，也造成了结构上的重复建设和新闻资源的浪费，从而增加了新闻传播的成本。

最后，报业集团目前缺乏吸纳业外资本联合办报的完善机制。根据中国现行的新闻政策，现代化报业集团可以经营其他的行业，如商业零售、旅游观光、房地产等，但其他行业的资本涉足报业的渠道并不畅通。因为根据我们通行的新闻理论，报纸是宣传工具，必须政治家办报。一些人担心，引入社会资金办报，就会影响党报的性质，削弱党对新闻舆论的控制权。因此报业集团在筹措自身发展资金时，主要还是采取单纯依靠内部积累、自身滚动发展的传统的生产经营方式，报业的扩大再生产难以得到其他行业资本的支持，这在很大程度上限制了报业集团的规模及其发展的速度。作为需要高投入的媒介产业，报业的维持与发展需要大量的资金投入，仅靠报纸自身的积累是远远不够的。打破行业的界限，开辟安全有效的融资渠道，吸纳业外资本共同经营报纸，是推进报业产业化、集团化的必由之路。

二、媒介功能的多面发挥

传播学的四大奠基人之一拉斯韦尔在1948年发表的《传播在社会中的结构与功能》一文中,将传播的社会功能概括为三方面:环境监视、社会协调、社会遗产传承。另一位传播学者赖特对拉斯韦尔的"三功能说"进行了补充,提出了大众传播的"娱乐功能"。补充后的"四功能说",较为全面地概括了大众传播的社会功能,无论是在西方社会还是在中国,都得到了学术界的认可。

但长期以来,由于在中国,媒介"不仅是集体的宣传者和集体的鼓动者,而且是集体的组织者",大众传媒被认为是党和人民的"耳目喉舌",所以,大众传媒的新闻宣传功能一直被强调到一个很高的位置,信息传播功能、舆论监督功能和提供娱乐功能被或多或少地忽略。

所以,在1978年之前的计划经济年代,媒体多为综合性,广播、电视、报纸都被办成囊括所有内容的综合体,而受众则被当成没有个人兴趣爱好的普遍的、大众化的受传对象。

20世纪90年代初,随着改革开放程度的加深,尤其是市场经济体制的建立,以都市报为代表的一批新兴报纸悄然崛起。都市报以新的市场观念为指导,提出了一系列以市场为导向的经营理念,如:以市场需要定位的市民报的定位思想;全心全意为市民服务、为政府分忧、为百姓解难、让党和人民都喜欢的经营方针;办畅销报、以营销策划提高新闻采编质量和报纸发行量的经营路线等。这一整套经营理念的提出,实际上是企业经营观念在报业的成功移植与发展。

都市报创造了一套全新的办报理念和适应市场竞争的灵活的管理机制。正因为如此,在短短几年中,都市报以异军突起的姿态和新颖别样的面貌,成为继机关报、晚报之后,我国综合性日报中的一个新的报种。媒介越来越走向市场,尤其是重视受众市场,所以受众被细化为小型的群体。或者因为职业缘故而青睐一种媒介,或者因为文化层次而被某一媒介包容,或者因为为观点偏向频频参与媒体运作,如参与某一谈话节目等,大群体概念逐渐被小群体概念代替。受众的小众化现象,反映了媒体市场化程度的加深。

由此,在我国,单一的政党机关报一统天下的格局开始向党报、大众化报纸并存的格局转化。传媒格局发生深刻变化,过去单一的政党机关报逐渐衍生出多重功能的报纸,综合电台、专业电台、有线、无线、卫星电视相继涌现,综合被专门化代替。

最明显的变化在于出现了高级严肃性媒体与大众化媒体的分化。以报纸为例,一方面是作为党的喉舌和舆论机关的机关报,以刊登严肃新闻著称,以硬新闻为主；另一方面，从党报中逐渐分化出大众化报纸，如周末报、晚报、都市报等，以受众的通俗需求为卖点，刊登社会新闻、体育新闻、服务信息、休闲生活等通俗内容，以服务性、趣味性、舆论性、人情味取胜。

在这种多元化的大众传媒格局下，各种媒介各有所长、各司其职，大众传媒的新闻宣传、信息传播、舆论监督、提供娱乐功能得到了充分的发挥。

三、第四媒体在中国的出现与发展

从广义上说，"第四媒体"通常就指互联网，有时亦被称为"网络媒体"。不过，因特网并非仅有传播信息的媒体功能，它还有电子邮件、电子商务等重要功能。因此，从狭义上说，"第四媒体"是指基于互联网这个传输平台来传播新闻和信息的网站。从类别上看，第四媒体可分为以下四种类型：① 传统媒体的网络版；② 由一家或多家传统媒体联合创办的具有一定自主性的网络媒体，前者如新华社的新华网、《人民日报》的人民网，后者如上海的东方网、北京的千龙网；③ 综合类网站，主要是商业网站，如新浪网、搜狐网等；④ 专业类网站。

1994年，中国接入互联网，基础设施的建设在全国范围内全面铺开。与此同时，第四媒体在中国也开始悄悄萌芽。第四媒体在中国的发展历程，可分为以下四个阶段。

第一个阶段，1994年至1995年，第四媒体在中国萌芽。

1994年，虽然真正意义上的第四媒体在中国并未诞生，但在这一年，中国互联网基础设施的建设，为第四媒体的诞生提供了必备的技术条件。

1994年9月，中国电信与美国商务部签署中美双方关于国际互联网的协议，协议中规定，中国电信将通过美国斯普林特（Sprint）公司开通两条64K专线（一条在北京，另一条在上海），中国公用互联网的建设开始启动。

1994年10月，由国家计委投资、国家教委主持的中国教育和科研网开始启动。该项目的目标是，利用先进的计算机技术和网络通信技术，把全国大部分高等学校和中学连接起来，以推动这些学校校园网的建设和信息资源的交流共享，从而改善我国大学教育和科研的基础设施和环境。

1995年1月12日，国家教委主办的《神州学人》正式上网，通过互联网发行其网络版——《神州学人周刊》（CHISA, China Scholars Abroad）。在保留《神州学人》作为国内唯一的留学生刊物特点的同时，CHISA 的内容与形式均迥异于母媒体《神州学人》，可以说是对母媒体的一种补充。在发行方式上，CHISA 也尝试开创了新的发行方式：除了向读者提供电子邮件订阅外，还提供了 WWW、FTP、Gopher 等订阅方式。

作为中国第一家走上互联网的传统媒体,《神州学人》的大胆尝试和勇于探索,为后来者提供了经验借鉴。

第二个阶段,1996年至2000年,第四媒体在中国迅速扩张。

1996年是中国互联网商业化快速发展的一年,也是中国网络媒体呈现出强劲发展势头的一年。1月2日,《广州日报·电子版》和《中国证券报·电子版》在网上正式发行。1月13日,《人民日报》综合数据库国际平台经过3个月的调试,开始正常运行,读者可以在互联网上阅读当日出版的《人民日报》、《人民日报·海外版》的全文和部分图片。到1996年底,有30多家报纸在互联网上发行了电子版,另外,有20多家杂志也上了网。在广播、电视以及通讯社方面,1996年10月广东人民广播电台建立自己的网站,1996年12月中央电视台建立自己的网站,同时中国新闻社香港分社也上了网。

1997年1月1日,《人民日报》正式开通自己的网站,定名为《人民日报·网络版》。中国新闻社的《华声月报》于1997年4月申请了自己的独立域名,随即制作了5个专栏共10多万字的网络版,正式定名为"《华声报》电子版",于5月25日亮相互联网。新华社于1997年11月7日正式开通自己的网站。

1998年,报纸上网掀起了新的热潮。据中国记协报纸电子网络版调研会统计,到1998年底,全国电子报刊总数为127家。到1999年底,全国上网报纸近1 000多家,上网的广播电视机构近200家。到2000年底,在全国总共一万多家媒体中,共有2 000多家媒体上了网。

此外,还有一些非传统媒体兴办的商业网站也越来越引起人们的关注。门户网站网易与搜狐在1998年开通了新闻频道,与国内的多家著名媒体建立了合作关系。新浪网于1998年12月成立后,在1999年4月改版成功,推出了大型的新闻中心。这些网站在国家政策许可的范围内,每天发布并随时更新国际、国内、社会、体育、娱乐、财经等各种新闻信息,页面浏览量迅速增长。此类网络媒体还有FM365、263首都在线等。

值得关注的是,2000年5月,还诞生了两家由某一地方的各传统媒体联合而成并试图进入资本市场运作的网络新闻媒体:北京的千龙新闻网和上海东方网。借助于传统媒体的新闻资源与运作经验,它们取得了非凡的业绩,新闻页面的浏览量直线上升。

从以上描述可以见出,中国网络媒体经过这短短五年的发展,已初具规模,在整个中国媒体形态格局中占据了重要一席。

这里需要特别指出的是,中国政府对网络媒体管理,也在这短短的五年中,从无序逐渐走向有序。为了很好地对我国的网络媒体进行管理,国务院新闻办专门成立了网络新闻管理局,负责对网络新闻传播相关事宜的管理。2000年,国家相继出台了《互联网信息服务管理办法》、《互联网电子公告服务管理办法》、《互联网站从事登载新闻业务管理暂行规定》等法规,从而初步实现了对我国网络媒体的规范化管理。2000年12月底,一些商业性门户网站如新浪网、搜狐网、263首都在线等取得了登载新闻业务的许可证。这标志着我国政府对网络媒体的管理进入一个新的阶段。

第三个阶段,2001年至2003年,第四媒体在中国的影响力彰显。

受2000年下半年全球范围内网络经济下跌的影响,2001年至2002年,第四媒体的发展进入低潮,人们开始用"互联网冬天的来临"来形容当时的经济大环境。在大批网站开始裁员,一些小网站难以为继、濒临倒闭的时候,以新浪、搜狐、网易为代表的门户网站开始探索新的盈利模式,以寻求突围之路。

收费,成了2001年最热门的话题。在经历了近两年的摸索后,以三大门户网站为代表的互联网盈利模式已经形成:手机短信订阅、网络游戏、网络广告、电子商务、收费邮箱等为互联网业的经济复苏提供了保障。

2002年底,三大门户网站迎来了好消息。2002年第四季度的财务报告中,新浪和搜狐同时宣布已收支持平;2003年第一季度,几大门户网站宣布开始盈利。度过漫漫严冬,自2003年开始,网络媒体终于迎来了自己的春天。

在终于找到适合自己的盈利模式,逐步走上良性发展轨道后,2003年的中国网络媒体,开始彰显了不同于传统媒体的独特的影响力。这种影响力表现在三个层面。

第一层面是对政府及政府决策的影响。例如2003年的"非典"、孙志刚案件、刘涌案件,由于有了网络媒体的参与,事件的影响得到最大限度的扩散与放大,各大网站的留言都最充分地表达了民意,并影响了政府部门的决策。

第二层面是对普通公民的影响。这种影响力是以第一层面的影响力为前提的。在2003年之前,人们在遇到无法解决的情况时,首先想到要向上一级政府或相关机构反映,其次是向有影响力的传统媒体反映。而2003年之后,这种情形得到了颠覆式的转变。例如2003年的黄静案、宝马汽车撞人案、珠海日本人买春案等都是这种情况。当事人在新浪、搜狐、人民网、新华网等有影响的网络媒体上发帖,关注案件进展的网友持续不断地跟帖留言,帖子在网上被广泛转载,在虚拟的网络空间所形成的舆论被延伸到现实空间,从而将舆论的影响力最大限度地放大。

第三层面是对传统媒体的影响。在2003年,网络媒体与传统媒体的交互影响越来越多,这种交互影响的最明显后果是逐渐确立了网络媒体的地位与影响力。由于网友的积极参与,网上舆论被放大,在网络空间引起强烈反响,从而为传统媒体设置了报道的"议程"。

2003年,可以说是中国网络媒体确立自身地位和影响力的一年。在这一年,网络媒体迎来了高速发展期,但一些问题同时也暴露出来:虚假新闻、网络侵权、网络色情等。2003年,规范与自律成为摆在网络媒体面前不容回避的问题。2003年10月10日,以"网络媒体的社会责任"为主题的"2003中国网络媒体论坛"在北京举行,论坛通过了由中国各网络媒体代表共同签署的"北京宣言",倡议在各网络媒体内部开展增强社会责任感的学习教育活动,以"三个代表"重要思想为指导,以增强社会责任感为主题,以学习国家法律法规、建立和完善自律机制、提高从业人员素质为重点,以提高网络媒体的整体素质和社会公信力为目标,切实落实党的十六大提出的"互联网站要成为传播先进文化的重要阵地"的要求。因此,2003年亦被称为网络媒体的"社会责任年"。

第四个阶段,2004年以后,第四媒体在中国跻身主流。

2004年后,网络媒体及网络传播领域发生了很大的变化,这些变化主要表现在以下几个方面。

首先,互联网传播进入Web2.0时代。2005年,一个新概念"Web2.0"被提了出来。从技术的角度看,Blog、RSS、SNS、Tag、WiKi等与其有着密切关系。在传播学者看来,它们对网络新闻和网络媒体的影响,主要表现在以下几个方面:① 非专业人员在新闻生产领域的深层渗透;② 网络新闻内容结构的变革;③ 网络新闻生产层次的进一步清晰;④ 网络新闻生产专业分工的细化与合作模式的多样化;⑤ 网络受众新闻消费模式的多元化与社会化;⑥ 媒体融合局面的不断明朗。随着网络承载能力的不断改善,媒体融合将越来越多地付诸实践。

其次,博客传播风行。2005年至2006年,博客在网民中间大面积普及,各著名博客网站规模迅速扩大,如"博客中国"获得1 000万美元风险投资,在7月7日改版为博客网,全力打造博客门户网站,全方位提供多种博客服务。门户网站亦纷纷进入博客领域,并展开多种推广活动,如新浪网就独辟蹊径地推出名人博客。博客网、新浪网、搜狐网同时举办的三台博客大赛,让人感到博客领域的争夺战同样如火如荼。

再次,网络媒体的报道能量持续增长。2005年国际、国内重大事件和突发事件不断,网络媒体报道的能量又达到新的水平。以"神舟六号"10月发射及返回为例,人民网和新华网经授权对"神六"发射实况进行现场直播。在长达120多个小时的直播中,人民网直播页面共发布信息1 209条,平均6分钟1条。在18日3时至8时这个时段,更达到平均不到2分钟便发布1条信息的高频率。在"神六"发射的10月12日,新浪网当天24小时的访问量突破4.5亿页读数,刷新了此前2004年雅典奥运会创造的流量纪录。各大新闻网站和门户网站几乎动用了所有的表现形态,新浪网还独家推出了3D全程模拟动画大片,以令人震撼的效果逼真演示了"神六"从发射到回收的全过程,推出后受到了网民的大力追捧。

2005年11月7日,北京奥组委宣布,搜狐成为北京2008年奥运会互联网内容服务赞助商。这是奥运会历史上第一次设立互联网内容赞助类别。根据协议,搜狐为北京2008年奥运会和残奥会、北京奥组委、中国奥委会以及中国体育代表团提供官方互联网内容服务,打造官方网站(www.beijing2008.com)。

最后,互联网的舆论动员及组织作用开始发挥。2005年2月28日,美国多个华人团体率先发动反对日本成为安理会常任理事国的"百万人全球签名"活动。3月中旬,国内众多网站加入,签名活动形成了浩大的声势;4月下旬,这次网络大签名的总人数达到4 000万(当然不可避免有反复签名、替他人签名的情况)。而此前国内网络签名规模最大的一次是2003年爱国者同盟等7家网站针对侵华日军在齐齐哈尔遗留化学武器泄漏事件发起的"对日索赔百万网民签名活动"。反对日本入常的签名,原本要打印交联合国,尽管最终没有付诸实施,但这次签名活动对随后的游行活动无疑起了舆论动员作用。进入4月,连续三周的周六、周日,国内多个城市举行了反日游行活动,互联网和手机的信息传播在其中发挥了集体行动组织者的作用。游行集结之快、人数之众、主题之明确、形式之松散、组织者之隐秘的特点,得到前所未有的展现。这说明,虚拟空间作为现实的反映,政治表达、政治动员、政治抗争都会充分地表现出来。

四、传播新技术发展与新闻媒介融合

传播新技术对传统媒体提出了严峻的挑战。

首先,网络媒体传播信息的无限量递增和信息接受方式的快捷简便是传统媒体所无法企及的。传统媒体要受到地域、数量和时间等的极大限制,即使是通过卫星传播的信息,也只能覆盖全球的三分之一的地区。而网络媒体则为人们获取信息提供了多种不同的渠道和平台:它是贯通全球的交互式网络,基本上是一个没有国界也没有地域限制的虚拟世界,可以实现全球性覆盖;并且突破了时间和空间的限制。

同时,网络媒体的传播速度也是传统媒体难以企及的。据统计,在近些年发生的轰动世界的几次重大的事件报道中,如中国驻南大使馆被炸、美国"9·11"恐怖事件等,在世界上所有的新闻媒体中,首次发布信息的无一例外地都是互联网,其他传统媒体最快的报道都出现在互联网之后。

最后,网络媒体强化了受众的参与意识,更新了媒体传播的传统观念。在传统的传播过程中,以传播者的意愿为主体,难以关照个体受众的个性选择和需

求,受众对信息的接受形态是被动性的,报纸、电台、电视台提供什么样的节目信息,受众也只能接受什么样的节目信息,缺少自己选择的余地。而网络媒体的用户可以任意选择自己所需要的各种信息情报,作为受众的同时,他们也可以以传播者的面目出现,把自己认为有价值的信息传播给别人,并随时发表自己的见解。网上的信息形成了发布、反馈、再发布的循环往复的过程,这种传播方式具有交互性,更能满足现代人的参与意识。

面对以互联网为代表的新媒体的挑战,传统媒体纷纷调整策略,积极应对,充分利用互联网这个技术平台,以拓展自己的生存空间。21世纪的大众传播格局,是一种技术融合、媒介融合的格局:在经历了从"触网"到"用网"再到"融网"的蜕变后,传统媒体最终将与网络媒体实现全面的融合。"媒介融合"这一概念,早在20世纪80年代的美国学术界就被提出。"媒介融合"是指随着传播技术(卫星技术、数字化技术和网络技术)的进步,以及这些技术在报业、广电、通信领域的全方位渗透与应用,使得媒介间的界限逐渐模糊,同时,新媒体层出不穷,媒介终端可实现的功能逐步强大。

如果说,最早的融合始于一些传统的纸质报纸开办网络版、在互联网上拓展新的发展空间的话,那么传统媒体与网络媒体的"深度融合",则在2005年达到高潮:2005年2月24日,人民网与中国人大新闻网、中国政协新闻网共同开办的以手机为终端的"两会"无线新闻网站开通;5月25日,上海东方网的无线新闻网站开通;7月28日,中国广播网开通银河网络电台;7月13日,"国际在线"正式开播多语种(汉语普通话、英语、德语、日语)网络电台;8月8日,央视国际网络开通网络电视新闻频道和娱乐频道;8月16日,中青网"青春之声——中国青少年网络电台"开始试播,等等。

网络电视(IPTV)牌照的发放是2005年业界关注的事件之一。这年4月,国家广电总局向上海文广新闻传媒集团发出首张IPTV执照,准其开办以电视机、手持设备为接收终端的视听节目传播业务。手机电视的发展亦是年内的一个亮点。自中国移动这年9月底全网开通手机电视业务以来,截至11月底,中国移动全网的手机电视用户数已经突破15万,上海的实际用户数突破2万。

新的技术不断开辟新的业务领域和经营领域。但是否能形成市场规模以达到盈利目的,不论是手机报还是网络杂志,都还要经过一段摸索的过程。

五、新闻人才新要求与新闻教育新变革

一方面是传媒产业的迅速发展,新闻传播业的面貌焕然一新,一方面是传播科技的进步、第四媒体崛起,使得报刊新闻的采、编、排、印和广播、电视的摄、录、

编、播都已引进现代化的传播手段和工具,新闻传播运作今非昔比。这一切都对新闻人才提出了新的要求,对新闻传播教育提出了前所未有的严峻挑战。

调查显示,大多数新闻传媒单位都表示,目前他们急需的,不是一般意义上的"新闻人才",而是复合型的"传媒人才"。所谓复合型传媒人才,是指不仅在新闻专业技能方面一专多能,有丰富的经验,还应具备较高水平的传输技能;在知识结构上不仅有对人文社会科学的融会,而且还有一定的自然科学与社会科学的结合。

为了培养复合型的新闻传播人才,新闻教育必须从根本上进行改革。所以,这个时期,中国新闻改革呈现出一个新特点,即探讨新的人才培养模式,在培养目标、课程体系、教学环节、教学手段等方面实施全方位的改革。理工科背景的大学创办新闻教育,在探讨新闻教育新模式方面别开生面。华中理工大学(原华中工学院)新闻与信息传播学院经过较长时间的理论研究和实践探索,总结出了"新闻学与传播学并重,传播学理与传播科技结盟,人文学科与信息学科大跨度交叉,培养既有深厚理论功底又有丰富传播技能的复合型新闻与传播人才"的新的新闻教育模式[①]。

以培养复合型新闻人才为目标的新模式,与传统模式相较,实现了三个转变:从偏重人文学科知识的单学科教育转变为人文、社科融合,并与传播科技交叉的多学科综合教育;从偏重新闻产品制作的技能教育转变为技能教育与学理教育并重;从不需要任何设备的廉价教育转变为需要最新实验设备的高投入教育。新闻传播教育成为文科中的工科。在新的教育模式下,新闻传播教育实现了新闻学与传播学并重、传播学理与传播科技结盟的战略。

这种新教育模式的典型案例就是网络新闻专业的设置。1998年华中理工大学新闻与信息传播学院创办了全国第一个网络新闻传播班,开创了我国网络新闻教育的先河。从这个班毕业的学生,既懂科技、网络,有理工科知识背景,又有新闻素质,很受用人单位好评。2000年,中国人民大学新闻学院正式成立网络新闻传播专业,招收本科生和研究生。网络传播课程及相关专业的开设,及时地把当代新闻传媒中的高新技术和相关知识吸纳近来,紧跟现代传播的步伐,使新闻教育保持了它的时代性和先进性。

此外,复旦大学新闻学院、复旦大学管理学院于2004年3月联手合作,首创整合商学院和新闻专业两个领域的教育资源,开设传媒管理方向的高层管理人员工商管理硕士课程(EMBA)。2005年5月清华大学与德国汉堡传媒艺术与新媒体学院联手,开展面向数字奥运、培养中国广告业策略创意与高端设计人才的

---

① 吴廷俊:《传播学的导入与中国新闻教育模式改革》,《新闻大学》2002年春季号。

战略合作,旨在培养符合国际标准的中国本土专业传媒设计与创意高端人才,特别是适应全球广告竞争需要的艺术、创意总监。

随着新闻教育的快速发展和教育改革的推进,新闻教育在我国高等教育中地位不断提高。在新时期新闻教育发展的起步阶段,新闻专业多数由中文系开设。与这种现实状况相对应的是,新闻学被归入中国语言文学学科之内。1990年,国务院学位委员会第九次会议通过的《授予博士、硕士学位和培养研究生学科、专业目录》中,将新闻学列入文学类一级学科中国语言文学之内,与中国现当代文学、中国古代文学、语言学、现代汉语、汉语史等并列为二级学科。

进入20世纪90年代中期之后,新闻事业和新闻研究、新闻教育都取得了飞速发展,新闻学作为二级学科的地位显然不能适应现实需要。同时,传播学作为一门显学,开始为中国学术界所广泛接受,并且对新闻教育产生了显著影响。为此,新闻教育界以方汉奇、赵玉明、丁淦林等为代表的一大批专家学者,呼吁把新闻传播学列为国家一级学科。并且事实上,在1992年由国家技术监督局发布的国家标准《学科分类与代码》中,已将"新闻学与传播学"与哲学、语言学、文学、艺术学、历史学、经济学、政治学、法学同等看待,列入一类学科。

在多方面的努力争取下,1997年在国务院学位委员会修订的研究生学位授予点专业目录中,新闻传播学被列为文学门类中的一级学科,下设新闻学、传播学两个二级学科。新闻传播学学科地位的提升是新闻事业发展的必然,也说明了我国新闻事业和新闻教育的发展得到了社会科学研究工作者的认同。为实现这一目标,好几代新闻教育工作者呕心沥血、孜孜以求。中国的新闻教育取得与哲学、语言学、政治学等一级学科同等的地位,是中国新闻教育走向繁荣的标志之一,对促进整个新闻传播学的发展具有里程碑意义。

第四节 加入WTO与新闻事业新的变化

WTO,是世界贸易组织(World Trade Organization)的缩写,1995年1月1日正式开始运作,其前身是1948年1月1日正式生效的关税与贸易总协定(General Agreement on Tariffs and Trade,缩写为GATT)。WTO是独立于联合国的永久性国际组织,旨在通过市场开放、无歧视和公平贸易等原则,推动世界贸易的自由发展,并为解决各个成员方的贸易摩擦和纠纷,协调各成员方的贸易政策和立场提供一个正式和常设的交流场所。如今,它已经拥有146个成员,并占据了95%以上的世界贸易额。

2001年12月11日，我国正式加入世界贸易组织（即加入WTO，或简称为"入世"）。这标志着中国进一步融入世界经济一体化的潮流，也标志着改革开放进入一个新的阶段，由此导致的一系列经济、政治、文化和社会的变化已经或正在出现，并且还将继续凸显。

中国是以发展中国家的身份入世的。在谈判过程中，中国从来没有涉及过报纸、杂志、电台和电视台这些传统媒体的领域，也就是说中国没有对境外资本进入这些领域作出任何承诺，但这并不意味着加入WTO对中国媒体的发展没有影响。相关产品关税的降低，传播内容产品配额的改变，外资的多渠道进入，发行、营销体系的变化直接导致新闻媒介生态的变化。新闻传播从业者、消费者由于有了新的比照对象，新闻传播观念会悄然变化。入世对新闻媒体来说，挑战与机遇同在，既要面临实力强大的境外媒体，又有可能获得必要的资金支持，搏击国际传媒市场。这些变化对严重滞后的新闻法制建设提出了巨大挑战。上述变化还给新闻传播后备人才的培养带来影响，新闻教育必须与时俱进。

一、新闻媒介生态的新变化

（一）WTO基本原则和中国政府对与新闻传播业有关的承诺

WTO的基本原则有如下九条。

（1）无歧视待遇原则。也称无差别待遇原则。指一缔约方在实施某种限制或禁止措施时，不得对其他缔约方实施歧视性待遇。

（2）最惠国待遇原则。指WTO成员方给予任何第三方的优惠和豁免，将自动地给予各成员方。

（3）国民待遇原则。指缔约方之间相互保证给予另一方的自然人、法人和商船在本国境内享有与本国自然人、法人和商船同等的待遇。

（4）透明度原则。指缔约方有效实施的关于影响进出口货物的销售、分配、运输、保险、仓储、检验、展览、加工、混合或使用的法令、条例，与一般援引的司法判决及行政决定，以及一缔约方政府或政府机构与另一缔约方政府或政府机构之间缔结的影响国际贸易政策的现行规定，必须迅速公布。

（5）贸易自由化原则。指通过限制和取消一切妨碍和阻止国际贸易开展与进行的所有障碍，包括法律、法规、政策和措施等。

（6）市场准入原则。指一国允许外国的货物、劳务与资本参与国内市场的程度。

（7）互惠原则。指两国互相给予对方以贸易上的优惠待遇。

（8）对发展中国家和最不发达国家优惠待遇原则。指如果发展中国家在实施 WTO 协议时需要一定的时间和物质准备,可享受一定期限的过渡期优惠待遇。

(9) 公正、平等处理贸易争端原则。指在调解争端时,要以成员方之间在地位对等基础上的协议为前提。调解人通常由 WTO 总干事来担任。

中国入世后,对与新闻传播方面相关的问题作出了以下承诺。

1. 分销服务方面

(1) 批发。入世后 3 年内,允许外资服务提供者从事书报杂志的批发。允许外资控股,取消所有数量限制。

(2) 零售。入世时,允许跨境邮购和境外消费。1—5 年内,允许外资企业从事书报杂志零售的城市逐步扩展到几乎所有大城市,但不允许外资控股。

(3) 特许经营。入世后 3 年内,没有限制。

(4) 无固定地点的批发和零售。入世后 3 年内,没有限制。

2. 广告服务方面

入世时,跨境提供服务及境外消费必须通过中国注册的有外国广告经营权的广告代理。只允许外国服务提供者在中国设立中外合营广告企业,外资比例不超过49%。入世后 2 年内,允许外资控股。入世后 4 年内,允许外国服务提供者在华设立外资独资子公司。

3. 视听服务方面

(1) 录音制品分销服务。入世时,对跨境提供服务和境外消费没有限制;在不损害中国审查音像制品内容的权利的情况下,允许外国服务提供者与中方伙伴设立合作企业(中外合作企业的合同条款必须符合中国有关法律、法规及其他规定),从事音像制品的分销,但电影除外。

(2) 电影院服务。入世时,对跨境提供服务和境外消费没有限制;允许外国服务提供者建设或改造电影院,外资比例不得超过 49%。

(3) 电影进口。入世时,在与中国有关电影管理条例相一致的情况下,中国允许每年以分账形式进口 20 部外国电影用于影院放映。

4. 书报刊和音像制品进口方面

入世 3 年内,逐步放开外贸经营权,但承诺中没有直接涉及书报刊和音像制品的进口。由于书报刊和音像制品没有作为专营产品列入例外清单,因此,入世 3 年后,逐步允许外资企业从事书报刊和音像制品进口经营。

根据 WTO 的基本原则和我国入世后对与新闻传播业有关问题所作出的承诺,可以看出,入世后,我国新闻传播事业会发生一定程度的变化。

首先,入世改变了我国经济的基本规则,标志着我国开始融入世界经济一体化的主流。经济的改变必将引起政治、社会、文化等的改变。任何一个国家的新闻传播事业都不是独立的,它必须与经济、政治、社会、文化的发展变化相适应,因此,入世必将影响中国新闻传播事业的发展。其次,中国是以发展中国家的身份加入WTO的,对中国新闻传播业来说,有15年(2001—2016)的缓冲期,所以入世对中国新闻传播的影响目前尚没有充分显现出来。最后,从中国入世后与新闻传播方面相关的承诺来看,入世将首先影响新闻传播业的下游环节,但物资产品、分销、广告市场的变化会给上游环节产生压力、提出挑战。关税下调降低了海外媒体集团进入中国媒体市场的门槛,民众接触海外媒体后将有新的比照对象,海外人力资本可能进入媒体行业,信息透明原则也会给中国媒体的新闻报道提出更高的要求。

(二)入世后中国媒介生态的变化

1. 以入世为契机,各行各业悄然变化

以入世为契机,我国各行各业正在悄然变化。我国的新闻传播事业根植于当代中国这一宏大背景之中,经济、政治、社会、文化的变化不仅是新闻传播的基本内容,还构成了新闻传播事业生存发展的基本生态环境。

首先,政府信息透明度不断提高,相关制度纷纷出台。透明度原则是WTO的基本原则之一。按照这一原则,我国各级政府设立了政府网站,普遍建立了新闻发言人制度,透明度越来越高。据国务院办公厅和国务院信息化办公室发布的《2006年中国政府网站绩效评估》报告,2006年我国各级政府网站平均拥有率达到85.6%,各级政府网站的"信息公开、在线办事和公众参与"能力保持快速上升趋势,并认为深化政务信息公开、在线办事和公众参与的主要功能是当前我国政府网站发展"第一要务"。

我国政府新闻发言人制度早在1983年就已设立,但直到2003年才随着"非典"一起真正成为中央各部委和省级人民政府的一项日常行为,跃入公众视野。根据国务院新闻办公室公布的政府新闻发言人名单统计,截止到2006年12月28日,共有31个省、直辖市、自治区,74个国务院各有关部门,6个中共中央有关部门设立了新闻发言人,最高人民法院、中华全国总工会、全国人大随后也设立了此项制度。政府新闻发言人制度的设立,表明中国打造"透明政府,阳光公务",推进政治民主文明的决心,新闻媒体在政治报道领域也获得了较大的活动空间。

其次,国人规则意识逐渐增强。原外经贸部首席谈判代表、现任博鳌亚洲论坛秘书长龙永图在入世前夕的2001年10月说:"应对入世最重要的是观念转变。"他认为观念的变化在六个方面:一是一个地区、一个企业的结构调整和发展,一定要着眼于在全球范围内进行,要有"经济全球化"的概念,要有"补缺经济"的概念和"先为别人打工"的概念;二是加强法制观念,遵守国际规则办事,特别应强调依法行政;三是强化信用意识,因为真正的信用制度是法制的基础;四是切实转化政府的职能,研究政府如何为企业服务,以及如何减少企业的社会评判成本;五是注重发挥中介机构的作用,特别是发挥行业协会、会计师事务所、审计师事务所等中介机构的作用;六是培养真正的人才,尤其是培养优秀的企业家,那些任命出来的厅局级的企业家不能称人才,入世需要真正从市场上一步一步走出来的企业家①。加入世贸组织五年后,他认为最大的变化还是人们观念的变化。树立起了规则意识,接受了国际上通行的一些基本规则,确保我国的经济法律法规和世界贸易组织的规则与国际通行的做法相一致。加强了法律法规方面的透明度,采取了一系列措施保证全国贸易政策的统一实施。这些都是参与经济全球化的基本条件②。

最后是经济持续稳步增长,人民生活水平有所提高。入世以来,中国经济保持了强劲增长势头。国家统计局的数字显示,我国人均GDP从2001年的不足1 000美元提高到了2005年的1 700美元③。2005年中国城镇居民人均可支配收入达10 493元,比2000年实际增长58.3%,年均增长9.6%;农村居民家庭人均纯收入达3 255元,比2000年实际增长29.2%,年均增长5.3%;中国社会消费品零售总额和生产资料销售总额合计从2001年约1.1万亿美元增长到了2005年的约2.6万亿美元④。媒体广告大户汽车产业、房地产业、IT产业和零售业保持快速增长。据新华社数据,入世五年,中国汽车市场销量增长了近两倍,轿车市场年销量增长了四倍多。2006年中国已经是世界第三大汽车制造国、世界第二大汽车市场⑤。总的来说,入世以来,中国经济基本保持高速稳步增长,给新闻媒体的发展提供了良好社会环境;人们消费水平也随之提高,直接带动了广告额的增加。

2. 与新闻传播相关的领域变化明显

首先是信息技术设备及服务领域。

中国加入WTO诸多协议中涉及信息产业的内容主要集中在信息技术设备及服务两方面。在信息技术设备方面,计算机、网络设备、具有通信功能的机顶盒均在开放之列。服务领域主要集中于增值服务和无线寻呼、移动电话和数据

---

① 《龙永图说,应对入世最重要的是观念转变》,http://www.cctv.com/special/173/3/20396.html。
② 《入世已五年,巨变悄然间》,《新华每日电讯》2006年12月11日,第6、7版。
③ 同上。
④ 《入世改变中国——写在中国加入世贸组织五周年之际》,http://news.xinhuanet.com/fortune//2006-12/12/content_5470422.htm。
⑤ 《入世五年,汽车产业做大做强,七大关键词见证成长》,http://news.xinhuanet.com/auto/2006-12/11/content_5466370.htm。

服务、国内及国际基础电信服务。按照"信息技术产品协议",2005年所有信息技术产品已全部实行零关税。这些产品主要包括计算机、电信设备、半导体器件、半导体生产设备、软件、科学仪器及其他等七大类电子产品。

在信息服务领域首先开放增值服务和无线寻呼。入世之后,外商即可在北京、上海、广州不受数量限制地建立中外合资企业,外商股权比例不超过30%。入世后2年,增值服务开放扩大到14个城市:成都、重庆、大连、福州、杭州、南京、宁波、青岛、沈阳、深圳、厦门、西安、太原、武汉。外资股权比例不超过49%。入世后4年,全国开放,外资比例不超过50%。

在移动电话和数据业务方面。入世后1年,开放北京、上海、广州,不受数量限制地建立中外合资企业,外资股权比例不超过25%。入世后3年,再开放上述14个城市,外资股权比例不超过35%。入世后5年,全国开放,外资股权比例不超过49%。

在国内及国际基础电信服务方面。入世后3年,开放北京、上海、广州,只能从事三城市内部和之间的有关基础电信服务,不受数量限制地建立中外合资企业,外资股权比例不超过25%。入世后5年,再开放上述14个城市,外资比例不超过35%。入世后6年,全国开放,外资股权比例不超过49%。

以入世5年后的情况看,上述承诺绝大多数都已成为现实。以新闻传播发展史的视角来看,传播科技是传播发展的第一推动力。今天的新闻传播业是建立在现代信息技术、设备和服务基础上的,而且,两者越来越趋向融合。加入WTO,信息技术相关产品、服务领域的开放,将大大降低新闻传播业的成本,内容传输的速度、数量将得以提升。

其次是出版发行领域。

WTO诸多协议中涉及出版发行领域的内容主要有三个方面:一是出版物的分销服务,二是出版物的关税,三是知识产权保护。

关于出版物的发行。入世后1年内,允许外资企业从事书刊的零售。外国服务提供者可在5个经济特区和北京、武汉等8个城市设立中外合营零售企业。2年后,允许外资控股,并开放所有省会城市及重庆和宁波。3年内,允许外国服务提供者从事书刊的批发,允许外资控股,取消所有制限制。在音像方面,允许外商从事音像制品和娱乐业分销服务,包括音像制品的租赁业务。

关于出版物的关税。由于1999年我国书报刊进口税为零,音像制品进口税为9%—14%,与世界贸易组织成员的关税基本一致,因此这方面没有太大的压力。由于语言、价格、审查机制等因素的影响,国外的出版物如图书、报纸、期刊等,即使在零关税的情况下,对我国图书市场的影响也不会太大。

关于知识产权保护。加入WTO后,我国要履行《巴黎公约》、《伯尔尼公约》

和《罗马公约》的义务。我国对于外国著作权保护的立法已经达到,有些地方甚至超过《与贸易有关的知识产权协定》的要求。入世后的主要问题是如何保证公约得到切实执行①。前商务部部长薄熙来在 2006 年 11 月 14 日表示,中国政府已将保护知识产权确立为国家战略,将对盗版侵权行为予以毫不留情的处罚。据他介绍,1999 年至 2005 年,中国各级法院每年受理的案件数和判决人犯数都逐年递增,翻了 3 倍多②。

由此可见,出版发行领域的开放,一是有利于新闻传播产业通道的畅通,二是有利于成本的降低,三是有利于知识产权的保护,这都会激发新闻传播业进一步融入国际市场。同时,下游产品和通道的开放,对本土出版、发行公司提出了严峻的挑战。

再次是视听领域。

在新闻传播事业中,视听内容(广播电影电视音响等产品)可以分为两大部分,一是新闻性内容,二是非新闻性内容。前者不在开放之列,后者更多地可划为信息产业,属于开放的行列。

入世对中国广播电视电影的影响,体现在三个方面,一是相关产品关税,二是音像分销市场,三是电影引进数量与影院服务。

关税减让承诺表中涉及视听领域的设备产品主要有摄影器材、广播电视后期处理设备和器材、节目信号放送设备。自入世时起,在不损害中国审查音像制品内容的权利的情况下,允许外国服务提供者与中国合资伙伴设立合作企业,从事除电影外的音像制品的分销;允许外国服务提供者建设和/或改造电影院,外资不得超过 49%;在与我国电影管理条例相一致的情况下,允许每年以分账形式进口 20 部外国电影,进口电影大片每年 10 部增至 20 部,3 年内达 50 部。

最后是广告领域。

广告业是服务贸易的一部分。《服务贸易减让表》规定,中国从入世之日起,允许外国服务提供者仅限于以合资企业形式,在中国设立广告企业,外资不超过 49%。2 年内,将允许外资拥有多数股权。中国加入后 4 年内,将允许设立外资独资子公司。据中国广告协会统计数据,截至 2005 年底,外资进入广告市场的比例大幅上扬,外资投资企业共 461 家,占据 12% 的总营业额③。

加入 WTO,我国广告服务市场的开放程度大大提高,开放的市场也必将给

---

① 楚明:《"入世"对新闻出版业的影响和对策》,《出版科学》2002 年第 3 期。
② 《薄熙来:保护知识产权是中国的国家战略》,2006 年 11 月 14 日新华网,http://news.xinhuanet.com/fortune/2006-11/14/content_5329422.htm。
③ 《2005 年中国广告业统计数据报告》,《现代广告》2006 年第 4 期。

我国的广告业带来较大的影响。外国知名广告企业的进入，内外资广告企业在优质客户、市场份额和人才资源方面的竞争将大大加剧，预计将有一大批国内广告企业遭淘汰；外商独资、控股广告企业的出现和合资广告企业数量的增加，国外先进的广告经营理念将推动广告整体水平的提升；关税的降低，将吸引大批国外的企业发布广告，越来越多的国外知名企业将成为新的广告主。

二、新闻传播观念的新变化

加入WTO，可以预料到的海外媒体进入，或者事实上的接触，不管是对新闻传播从业者还是对受众来说，都提供了一个可以比照的对象。中外新闻传播体制、政策、理念、业务都会给从业者和受众造成一定的落差。因此，在入世之初，新闻传播观念会发生非常微妙的变化。

第一，认为新闻传播业更多地属于信息产业的范畴。

我国的新闻传播媒介一直是党和人民的喉舌，是意识形态的一部分。20世纪80年代以来，顺应新闻传播事业的发展，新闻传播事业逐渐分化为两大部分，一是意识形态部分，二是信息产业部分，所谓"事业性质，企业管理"。这既是党领导下的新闻事业体制改革的硕果，又是新闻传播事业发展的必然。随着我国加入WTO，新闻传播事业面临着国外媒介集团的严峻挑战。中国政府在入世谈判过程中，采取决不开放意识形态部分，逐渐开放信息产业部分。这是非常明智的。今天的新闻传播事业，是建立在高投入、集团化、高科技基础上的，只有具备强大的实力，包括充足的资本、先进的设备、一流的管理和过硬的业务素质，才能在整个世界传播格局中占有一席之地，才有可能打破西方的话语霸权，发出中国自己的声音。因此，做好企业经营与发挥党的喉舌作用互为促进。在上述认识的基础上，中国媒体在有限的保护期内，苦练内功，整合资源，做大做强；同时，积极贯彻党的有关路线、方针、政策，解放思想，锐意进取，传达党和人民的声音，尤其是在张扬社会正义、满足公众知情权方面有更大作为。这一观念还将随着入世的深入而深入人心。

第二，认为入世对我国新闻传播业的发展利大于弊。

入世之初，不少人担心我国民众接触境外传媒会造成意想不到的后果。实践证明，新闻传播内容的开放是与民众的理性意识一起增长的。2001年10月与12月，三家境外电视频道经批准先后在广东落地。这无疑具有实验意义。2002年7、8月石长顺教授等人到广东进行了实地调查，调查结果表明，在观众最常收看的频道中，境外频道处于首位，有86.4%的人认为境外电视频道落地广东有利于观众获得信息和娱乐，只有9%和4.6%的人认为会导致西化和影响社会稳定,这表明观众的开放心态①。因此,我们有理由认为,第一,受众对境外传媒是欢迎的,这说明中国人在经过改革开放30年的洗礼后,对新鲜事物具有较强的包容性;境外媒体以其特有的文化、形式和内容,吸引了不少受众。第二,受众在接受境外传媒时是理性的,有自己的思考和判断,同时对中国的媒体抱有信心和期待。这也是改革开放的结果。中国的受众有自己的文化背景和接受偏好,再加上语言这道"防火墙",传播学早期的"魔弹论"效应并不会发生。相反,境外媒体要在中国大陆有较好的发展,必须走本土化道路。

同时,中国新闻传播从业者也表现出较强的理性。他们认为,从整体上看,入世对中国新闻传播业来说具有较积极的意义,但多数人并不主张外国传媒短时间内大规模进入。他们把目前中西传媒的差距主要归结为意识和体制层面的差距,而对新闻业务水平、人员素质、资金和规模持有信心②。由此可见,在保证党的领导前提下,新闻体制改革成了新闻传播从业者应对境外传媒的共识。

第三,对新闻传播事业在推动政治文明建设方面的作用充满期待。

透明度原则是WTO协议的基本原则之一,它虽然是关于贸易方面的规定,但涉及行政、立法和司法方面,影响不容小觑。前文提高,我国以此为契机,正在积极而又稳妥地推进政治文明建设,其中就包括民众知情权的满足,以及"重大情况让人民知道,重大问题经人民讨论"。新闻传媒作为信息传递的最好通道,被人们寄予厚望。

(1)督促政府公开信息,满足公众知情权。就目前的发言人制度而言,政府仍享有绝对的主动权,新闻媒体的作用仍没有充分发挥出来。在督促政府公开信息方面,媒体还可以更主动,更有作为。《中国青年报》报道,上海某报政法部记者马某为了对一新闻事件进行深入采访,于2006年4月18日向上海市规划局传真了采访提纲,但该局不予答复。4月23日,该记者又以挂号信的形式向上海市规划局寄送了书面采访申请,请该局按照《上海市政府信息公开规定》提供应当公开的政府信息,再次遭到拒绝。为此,他一纸诉状把规划局告到了法院③。虽然后来撤回起诉,但该记者认为起诉的目的已经达到,那就是提醒有关部门,要尊重记者的正常的合法的采访权。这个针对"政府信息不公开"的行政诉讼案具有"破冰"意义。它提醒我们,虽然不少政府制定了信息公开条例,但

---

① 孙旭培主编:《中国传媒的活动空间》,人民出版社,2004年版,第330—348页。
② 丁柏铨等:《加入WTO与中国新闻传播业》,社会科学文献出版社,2005年版,第175—176页。
③ 《屡次采访申请被拒绝,上海一记者起诉市规划局信息不公开》,《中国青年报》2006年6月2日。

真正落实起来仍有很大困难,新闻媒体的主动参与、有力督促,是一条最有效的途径。

(2) 及时发布真实信息,引导和掌控舆论。随着社会结构的复杂多变,食品、药品、安全、环保方面的突发事件增多,面对重大突发事件,如果新闻媒体集体失语,听任各种小道消息肆意传播,就会引发社会不安。"在这种情况下,可操作的应对之策,是保证公共信息的及时公开。回头再看那些谣言短信事件,一个共同的特点是,公共信息及时到位,便会迅速中止谣言;公共信息倘若迟到,就会助长谣言的声势。"①"谣言止于公开",新闻传播媒体以自己所特有的权威性,若能及时发布信息,不失为正视听、止谣言的利器。因此,媒体在引导和掌控社会舆论领域方面应有所建树。

(3) 制定相关法律,加强和保证舆论监督。绝对的权力产生绝对的腐败。监督,是一种制衡机制;加强监督,尤其是加强来自公众的监督,可以更好地防止官员腐败,使社会资源达到更合理的配置②。舆论监督具有及时性、广泛性和公开性,因此是一种有效的监督方式。广州孙志刚事件充分说明了舆论监督在推进政治民主文明建设中的重要作用。要切实加强舆论监督,最要紧的是制定相应的法律,给舆论监督以法律上的地位和保障。

第四,倡导职业精神,加强伦理道德建设。

入世以来,受市场经济的冲击和影响,加上新闻传播事业长久以来的泛行政化取向,还有自律和他律方面的不足,新闻传播行业出现了"有偿新闻"、"虚假报道"、"低俗之风"和"不良广告"四大"公害",严重影响了从业者的形象,也给新闻的权威、真实、可信带来了不小负面影响。在一项调查中,84.2%的被调查对象认为现阶段的记者亟待提高的是"职业道德",其他如希望提高"敬业精神"、"个人素质和自我约束能力"、"专业知识"的分别为 57.2%、26.6% 和 21.4%③。

对此,我们一是要切实认识到新闻职业伦理缺失的危害性,这不是对哪一家媒体、哪一个记者的影响,而是对整个新闻传播事业的影响,一旦新闻的公信力因此而降低,就会导致受众对整个事业的不信任,这是致命的打击;二是也不要过分担心,认识到这是一种必然,是市场经济初级阶段的伴随现象,是竞争不充分的结果,随着新闻改革的逐步深入,是可以改进的;三是既要加强伦理道德建设,重塑职业精神,又要从立法的角度来根治这一弊病。

---

① 丁汀:《谣言短信为何满天飞?》,《人民日报》2007 年 1 月 24 日,第 5 版。
② 金震茅:《对网络传播环境下受众知情权问题的若干思考》,《视听界》2007 年第 1 期。
③ 吴廷俊:《转型期新闻职业精神的缺失与重塑》,《新闻前哨》2006 年第 2—3 期。

三、新闻媒体发展的新变化

1. 网络媒体的发展变化

自20世纪90年代末以来,网络成了中国发展最快的媒体。截至2006年12月,中国网民已达1.3亿之多。网络已经成了网民接收信息的第一通道,浏览新闻也成了网络主要行为之一①。

入世五年来的发展历程显示,入世对国内互联网行业的总体影响是积极的,国内互联网企业在竞争中经受了市场洗礼,外资亦因开放加快进入中国的步伐,这都促进了我国互联网市场的发展壮大。

首先,用户急剧增长,广告逐年增加,网络公司走向成熟。2001年以来,中国大陆网民急剧增长。2007年1月统计的网民数是2001年1月统计的6倍。而且,中国网络媒体走过了只赚眼球不赚钱的阶段,开始盈利。根据iResearch的调研数据显示,2005年中国网络广告市场规模为31.3亿元,比2004年增长77.1%,是2001年的7.6倍。iResearch的研究预测,至2010年,中国网络广告市场规模(不含渠道代理商收入)预计将达到157亿元②。国内互联网企业逐渐成长壮大,部分互联网企业成功实现境外上市。美国股市上,与互联网有关的股票,在中美签约后一路疯涨,其中中国红筹股中华网当日股价一路飙升,从58美元直攀至101.3美元,增幅达75%。新浪、搜狐、网易、腾讯等公司都在股市上有不俗表现。截至目前,大多数互联网公司的股价都已翻番③。在WTO协议中,网络业是最开放的行业,同时也是发展最好的行业。这给中国其他行业,尤其是传媒业提供了"与狼共舞"的坚定信念。

其次,网络媒体的发展正在形成新的传播方式。广播、电视、报刊等传统媒体都搭建了网站,两者形成了强势互补。还有的网站开始从母媒体中独立出来,主打新闻门户。带宽的增加,给视频在网络上大规模流畅传输提供了可能,网络开始成为真正意义上的多媒体。聚合(RSS)新闻的推出,使得网民可以随时浏览自己定制的内容,而不必在网海中去"捞针"了,实现了从"推"新闻向"拉"新闻的转变。博客(Blog)的设立,增加了新闻来源的通道,不少重要新闻都是网民在现场用手机拍下照片后传到自己的博客上,而后又广为传播的,"个媒"时代开始到来。

---

① 第19次《中国互联网络发展状况统计报告》,2007年1月。
② 《2001—2010年中国网络广告投放规模及增长率》,艾瑞市场调查报告,2006年9月6日发布。
③ 《入世五年逐渐开放 中国互联网走过青春期》,《证券日报》2006年12月16日。

2. 报刊业的发展变化

(1) 从政策主导来看,市场化趋势明显。

中国经济的高速发展,城市化水平的越来越高,给报刊业的发展提供了强有力的支撑。从2001年至2005年,报纸由2 000多种减少到1 931种,印数则由329亿份增长到413亿份,总印张由800亿印张增长到1 613亿印张。期刊品种由8 725种增长到9 468种,总印张由100亿印张增长到125亿印张①。同时,面对散滥多的局面,中央开展了一次改革开放以来影响最大的报刊治理整顿。从治理的倾向来看,在于严格区分党报和市场报,党报脱离市场,以新闻宣传为主;其他类型的报刊则推向市场。

2003年7月30日,国家新闻出版总署向全国下达了《治理报刊摊派实施细则》,开始对报刊业进行建国以来力度最大的一次整顿和变革,以推动报刊的产业化进程。此次治理涉及1 452种报刊,划转302种,停办677种。停办的报刊中,报纸282种,期刊395种,94种公报改为免费赠阅。这次治理行动还包括,县市级党委不办报刊;行业报刊实行管办分离,进入市场;党报党刊,三级主办,淡出市场。取消摊派,取消规模小效益差的报刊,通过划转的方式整合现有资源,表明了中国政府将报刊推向市场的决心。

(2) 从报刊形态来看,集团化是报刊生存、发展和竞争的基本形态。

1996年1月15日,广州日报报业集团成立。至2006年,中国报业集团已走过了10个春秋。报业集团已成了我国报刊业的一种主要生存、发展和竞争模式。截至2002年底,全国已获新闻出版总署批准成立的报业集团达39个。简单一点来说,四个直辖市和主要省会城市基本都有两家报业集团。我国报业集团的常见结构模式是:以党报为"母报",附属1—2份都市报,1—2份杂志,1个网站;有自己的发行、印务和广告公司;党报充分发挥喉舌作用,几乎不营利;都市报几乎完全市场化运作,成为集团的主要经济来源,所谓"小报养活大报"。但中国报业集团的组建往往不是一种市场行为,主要是一种行政行为,统一开放、竞争有序的现代化报业市场体系尚未形成;从发行地域来说,主要局限在同一地方区域内进行,给报业集团的扩张造成极大障碍;报业集团只重规模,缺乏核心竞争力,只大不强。这些问题都需要进一步解放思想,充分释放报业集团的潜能。

(3) 从结构来看,报业更加多样化。

入世以来,报业的构成进一步发生变化,逐步形成了以党报为龙头、各门类报纸共同发展的局面。

---

① 《新闻出版业"十一五"发展规划》,新闻出版总署办公厅2006年12月31日印发。

在报纸总量上,省和地市级报纸占据了85%以上的份额。截至2005年7月,全国共出版报纸1 926种。其中,中央级报纸218种,占我国报纸总量的11.3%;省级报纸806种,占总量的41.8%;地市级报纸848种,占总量的44%;县市级报纸54种,占总量的2.8%。

党报数量最多,都市报仍是市场主角,生活、健康、休闲类报刊增多,报刊正从新闻传播向媒介消费转向。2005年,全国出版各级党报438种,党报成为我国为数最多的单一品种报纸;出版晚报都市类报纸285种(其中晚报153种,都市报132种),在全国报纸结构中所占比重仅次于党报;出版生活服务类报纸245种,其中广播电视报仍占有51%的比重;出版行业、专业及其他各类报纸958种;在20个细分子类别中,数量最多的是企业报,占这类报纸总量的16.9%。

在不同刊期的报纸中,日报和周一刊报纸是我国报纸的主要类型,分别占报纸总量的49.7%和29.8%。我国72%的日报是党报和晚报都市类报纸。

我国报纸的地域布局与各地区经济、社会、文化的发展水平日益协调。2005年,全国报纸布局呈现纺锤形结构,但基本保持均衡。在"长三角"和"珠三角"经济带动下,华东地区和中南地区出版报纸的数量占全国总量的42%。各省区布局基本均衡,报纸出版资源最多的省份仅占全国份额的5%左右。但各城市布局呈非均衡布局,占全国城市比例5.5%的36个中心城市(包括直辖市、省会城市和计划单列市)集中了全国62.2%的报纸出版资源,其中4个直辖市拥有全国1/5的报纸①。

整体来看,我国报刊结构正趋于合理化,与经济发展相一致。但广播电视报所占比重多大,行业报如何走向市场,县城及以下地区如何覆盖,怎样避免同城同质化竞争,如何增强党报的影响力都是下一步改革要思考的问题。

(4) 从媒体间竞争来看,报业正在经受着其他媒体的冲击。

入世以来,我国报业虽然一直保持着增长趋势,但增幅明显减小。这从报刊广告额增幅的变化可以看出来。从2001年到2006年,报刊广告额一直在增加,但除2003年稍微上扬外,然后就一直在急剧下降。2006年的增幅仅是2001年的1/5,首次低于中国GDP的增幅。而从2001年至2005年,中国广告业平均增长率近17%②。从报刊业广告增长的幅度来看,这说明作为发展最成熟、最古老的媒体类型,报纸正在受到其他媒体的冲击。

广告增幅的变化是读者不断流失、年轻读者减少的信号。有调查显示,从

---

① 《王国庆解读2005〈中国报业年度发展报告〉》,http://media.people.com.cn/GB/40710/40715/3595542.html。
② 该数据是根据《2006年中国广告市场研究报告》计算得到的。

2003年到2005年,北京读者平均每天阅读报纸时间减少了2.2分钟,上海读者减少了3.6分钟,广州读者减少了3.5分钟①。

电视对报纸的冲击由来已久,目前对报纸冲击最大的是网络媒体。网络新闻的及时、多元、互动、超链接编排几乎都击中了报纸的软肋,因此大批读者把眼球从报纸的版面移向了计算机屏幕。在这种挑战下,报纸除了改变风格、加大活动力度外,还试图通过转型重获新生。一是创办网站。由于网络媒体没有采访新闻的资格,只能转载传统新闻媒体的新闻,报刊网站一直是网络新闻的主要提供者。报刊网站还通过多种方式与纸质媒体互动,扬长避短。更有几家报刊联合创办的带有新闻门户性质的网站,如千龙网、北方网等。这都是新闻网站的得天独厚的优势。二是创办手机报、网络报等新型报刊。2004年7月18日,《中国妇女报》正式开通手机报。《中国青年报》、《京华时报》、《参考消息》、《浙江日报》、《宁波日报》、《温州日报》都推出了手机报②。新型报刊是适应受众信息接受习惯而推出的,但目前大多停在试验阶段,尚不成熟。

3. 广播电视的发展变化

(1) 体制改革在艰难探索中前行。

报业集团的组建催生了广播电视的集团化,经过4年的试验,2004年突然刹车。1999年,我国第一家广播电视集团——无锡市广播电视集团成立。2000年11月,国家广电总局下发《关于广播电影电视集团化发展试行工作的原则意见》,规定了广电集团化的具体内容,被视为集团化改革的指导性文件。随后,加快推进大型影视集团的组建成为整个广电改革的重点。2001年8月出台的《关于深化新闻出版广播影视业改革的若干意见》把集团化建设推向高潮。但在2004年,国家广电总局宣称今后将不再批准组建事业性质广电集团,只允许组建事业性质的广播电视总台。截至目前,全国大概有20多家集团登记在册。没有成立集团的或成立总台,或依旧是合并后的电视台。与集团化同期,2001年,城市的无线和有线电视台开始了全国范围内的合并,后者最后全部消失。目前我国同时存在三种广电体制:集团、总台、局台。这种探索的艰难性,反映了我国广电业在做大做强、应对境外媒体挑战过程中的焦虑,没有固定的模式,没有成功的经验。

(2) 频道增多,节目丰富。

从中心制向频道化过渡是这几年电视运营机制改革的主要特征,这反映出

---

① 李晓林:《技术为王,还是内容为王——报业亟待建立数字化发展战略刍议》,《新闻记者》2006年第11期。

② 《报纸争相上手机 进一步推广面临带宽内容瓶颈》,新华网,http://news.xinhuanet.com/newmedia/2005-08/02/content_3298773.htm。

电视市场逐渐细分,受众口味正在多样化,也是我国电视机构管理机制的创新。目前,除个别省外,全国省级电视台几乎全部上星。2004年5月28日,深圳电视台卫星频道上星播出,成为副省级城市中唯一获批上星的电视台。15个副省级城市电视台有可能获批上星。频道增多了,但个性化还没体现出来。除湖南卫视、安徽卫视、江苏卫视、海南卫视外,全国卫视几乎都大同小异,同质化严重。节目生产数量大,有影响的节目少。由于没有成熟的节目交易市场,制播难以分离,市场化程度低。

从内容来看,新闻、综艺、电视剧占据大多数份额。新闻节目一直是电视媒体最重要的节目类型。2002年,在全国电视观众每天的电视收视时间中,看新闻的占11.9%,2003年、2004年、2005年,这个数字都保持在15%左右。除传统节目、栏目外,从2003年开始,民生新闻成为新闻类节目的热点。这类节目从平民视角出发,以普通社会大众的生存状况、空间和环境为内容,风格活泼,互动性强,比较贴近实际、贴近生活。综艺娱乐类节目迅速发展,电视娱乐化明显。从2002年到2005年,这类节目在人均收视时间所占的比例分别是4.9%、5.8%、6.7%和7.4%。其中,以湖南卫视《超级女声》为代表的平民选秀节目更是异军突起,成为荧屏的一道风景①。

广电总局将2003年定为"网络发展年"和"广播发展年"。都市化的发展、私家车的增多、移动人群的增加带动了广播电台的发展,如交通台、音乐台等。广播在经历了低谷后在2000年重新焕发了青春。从2005年广播行业的收入来看,广播继续保持着高速增长的态势,在四大媒体中一枝独秀。首先,频率专业化实现听众规模化、分众化。2005年各地广播频率进一步细化,从"广播"走向"窄播",从综合台走向频率专业化。也就是说,在市场的压力下,广播率先突破了千台一面的态势,走向了专业化。其次,广播媒体的收听方便等优势再次得以彰显。广播受众具有年龄低、文化程度高的特征。车载听众比例增高,广播受众"含金量"不断提升。这说明,媒体之间的竞争不是新媒体取代旧媒体,而是进一步分割市场,充分发挥自己的优势。

(3) 数字化试水。

广播电视的数字化是国家信息化建设中的重要组成部分,也是广播电视发展的必然趋势,是未来信息产业的主力军,因此数字化关乎我国广播电视的未来,意义非同小可。国家广播电影电视总局确定2003年开始逐步实施中国广播电视数字化:2003年全面推进有线数字电视;2005年开展数字卫星直播业务,开始地面数字电视试验,有线数字电视用户达到3 000万;2008年利用北京奥运

---

① 《收视中国》2006年第8期。

会转播之机,全面推广地面数字电视和高清晰电视。在政府的强力推动下,数字广播电视发展迅速。2003年启动有线电视数字化试点工作,2004年全国有线数字电视用户仅有120多万户,2005年增长到400多万户,2006年则突破1000万户。数字付费频道的数量也明显增长。2004年全国数字付费频道不到30个,截至2006年底全国已开播92个数字付费频道①。2006年9月6日,北京人民广播电台DAB移动多媒体广播启动;9月初,上海文广启动IPTV业务;12月11日,中央电视台联手中国移动、中国联通两大移动通讯运营商,开启了央视手机电视业务。此前,上海文广、广东南方集团已开通此业务。

广播电视数字化将改变"你播我看"的收视状态,改为点播、定制等按照受众需求提供内容。数字化还带来进一步的专业化和分众化,如动画频道、高尔夫频道、网球频道等都将目标群体锁定在固定的群体上。如此多的频道,需要源源不断的节目,这就必然刺激节目的制作、引进,推进制播分离、节目交易等。数字广播电视除了广告收入外,还将开辟多渠道盈利模式。另外,社会资金进入数字电视广播领域是受鼓励的②,这有利于我国广播电视体制改革。

四、新闻传播法制建设

入世改变了我国的立法环境,要求我们调整诸多法律法规,以与WTO协议相一致。新闻传播方面的立法也是如此。WTO的国民待遇原则、自由原则、信息透明原则等改变了我国新闻传播领域的立法环境。主要是如何处理好入世承诺、外资多渠道或变相的进入、意识形态、知识产权和竞争诸方面的关系。入世前后,我国出台了一系列法律法规,包括2001年8月发布的《印刷业管理条例》,2001年10月公布修订的《中华人民共和国著作权法》,2001年12月发布的《出版管理条例》和《音像制品管理条例》,新闻出版总署、广电总局出台的有关新闻传播的"部门规章"和"规范性文件"更多。这反映出入世以来,新闻传播实践的发展,尤其是新闻传播产业的发展,与原有法律法规的矛盾不断出现,也反映出入世后由于环境的变化,迫切需要制定符合我国现实和长远发展的法律法规。

首先,《政府信息公开条例》出台。经过多年的讨论,《政府信息公开条例》于2007年出台。2007年1月17日,国务院总理温家宝主持召开国务院常务会议,审议并原则通过《中华人民共和国政府信息公开条例》。会议认为:"推行政

---

① 《中国去年有线数字电视用户数突破1 000万户》,人民网,http://info.broadcast.hc360.com/2007/01/16090297327.shtml。

② 《广电总局:鼓励社会资金进入数字电视运营》,http://info.broadcast.hc360.com/2006/04/19091291191.shtml。

府信息公开,是推进社会主义民主、完善社会主义法制、建设法治国家的重要举措,是建立行为规范、运转协调、公正透明、廉洁高效的行政管理体制的重要内容。为进一步推进和规范全国政府信息公开工作,更好地发挥政府信息对人民群众生产生活和经济社会活动的服务作用,有必要制订专门的法规。"①另据新华社消息,2006年全国有31个省(自治区、直辖市)政府已经建立政务公开管理制度。15个副省级城市建立了政府信息公开制度②。

目前,我国政府信息公开的主要途径包括政府发言人、设立网站、出版报刊、电视直播等,不管哪种形式,媒体都起着桥梁作用,同时肩负着信息传播、信息整合与解读以及监督责任。这给新闻媒体更好地履行自己的职责提供了极大便利。

其次,出台多部法律法规,规范媒体产业的经营管理。我国新闻媒体既包含属于上层建筑中的意识形态,又具有信息产业的属性。因此,如何立法鼓励传媒产业充分发展,规范产业市场,又要保证党对传媒的领导,充分发挥党和人民喉舌的功能,是入世以来新闻传播领域立法的重点。至于传媒市场中的中外合作经营方面的规定,魏永征先生认为有以下几点③。

(1)明确界定开放和不开放的范围。2002年2月及4月重新公布了《指导外商投资方向规定》和《外商投资产业指导目录》。在"限制外商投资产业目录"中,在"批发和零售贸易业"下,列入了"图书、报纸、期刊的批发、零售业务","音像制品(除电影外)的分销",以及"代理公司"内的"广告",在"教育文化艺术及广播电影电视业"下,列入了"电影院的建设、经营(中方控股)"。此外,在"制造业"下,列入了"出版物印刷(中方控股,包装装潢印刷除外)"。与此相适应,各个相关行业的管理法规也在2001年底作了修改。如《出版管理条例》增加了"国家允许设立从事图书、报纸、期刊分销业务的中外合资经营企业、中外合作经营企业、外资企业"(第39条)。《电影管理条例》增加了"国家允许以中外合资或者中外合作的方式建设、改造电影院",既然允许外资进入,也应当允许国内各种资本进入,所以又增加了"国家允许企业、事业单位和其他社会组织以及个人投资建设、改造电影院"(第41条)。在《音像制品管理条例》中增加了"国家允许设立从事音像制品分销业务的中外合作经营企业"(第35条)。同时,在《外商投资产业指导目录》的"禁止外商投资产业目录"中,开列有关传媒业的禁

---

① 《温家宝主持常务会议,审议通过政府信息公开条例》,http://www.gov.cn/ldhd/2007-01/17/content_499420.htm。
② 《目前全国31个省区市政府建立政务公开管理制度》,http://news.xinhuanet.com/lianzheng/2006-12/10/content_5466668.htm。
③ 魏永征:《入世前后中国传媒法的调整》,香港《传媒透视》2002年第7期。

入内容有：图书、报纸、期刊的出版、总发行和进口业务；音像制品和电子出版物的出版、制作、总发行和进口业务；新闻机构；各级广播电台（站）、电视台（站）、广播电视传输覆盖网；广播电视节目制作、出版、发行及播放公司；电影制片、发行公司；录像放映公司。这个目录告诉人们，中国传媒领域的开放，就是只限于入世承诺的那几项，除此以外都不开放。

（2）全面确立许可制。在修改后的行政法规中，许可制得到进一步的全面确立。《出版管理条例》规定出版物的出版、印刷或复制、发行、进口都实行许可制；《电影管理条例》规定国家对电影摄制、进口、出口、发行、放映和电影片公映实行许可制度，未经许可任何单位和个人不得从事上述活动，也不得放映、发行未取得许可证的电影（第5条）；《音像制品管理条例》规定国家对出版、制作、复制、进口、批发、零售、出租音像制品实行许可制度，未经许可任何单位和个人不得从事上述活动（第5条）；《印刷业管理条例》规定国家实行印刷经营许可制度，未取得许可证任何单位和个人不得从事印刷经营活动（第7条）。

许可制有以下特征：第一，实行双重行政部门的审批和监督管理；第二，批准的权限在中央；第三，对于中外合营企业，规定了中方控股（即绝对控股）或主导地位；第四，对于外商条件，投资印刷企业的，要求能够提供国际先进的印刷经营管理模式及经验，或能够提供国际领先水平的印刷技术和设备，或能够提供较为雄厚的资金；第五，中方凡是以国有资产合营的，都必须对国有资产进行评估，并在申请时提交评估报告。

再次，强化对传媒产品进口的控制。从境外进口传媒产品的制度，有一个重大改变，这就是从原先的审批制改为指定制。指定制比审批制严格：审批制还有经营单位向政府申请、争取的可能，指定制就完全由政府说了算。这就确保政府部门牢牢控制传媒产品的进口权，杜绝进口渠道过多，难以管理，致使不良文化乘隙而入。

再次，加大行政处罚力度。对违法活动的处罚力度也有加大。《出版管理条例》增加了出版行政部门可以检查、查封、扣押与违法活动有关的物品的权力（第7条）。在法律责任的规定中，明确规定涉及非法出版、印刷、发行等活动，构成犯罪的，以非法经营罪处罚，这是同最高人民法院1998年的一个司法解释相衔接的。行政处罚的罚款起点从原来条例的违法所得3倍以上提高至违法经营额5倍以上，并且增加了违法经营额不足一万元的罚款规定。应受处罚的行为也比过去有所增多。其他条例的罚则规定，也有相类似的调整。还可留意的是增加了一个新的行政处罚品种，即"行业禁入"。处罚的方式是剥夺违法人在一定时限在相关行业的执业资格，属于资格罚（能力罚）。

最后，落实党管媒体。

党管媒体是中国共产党的新闻传统,也是近年再三强调的重要政策。这不仅是指共产党的各级组织实施对所属媒体的领导,而且是指共产党对传媒业必须始终掌握对重大事项的决策权、对资产配置的控制权、对宣传业务的审核权、对主要领导干部的任免权。这就意味着中国主要媒体必须由共产党的一级组织直接主办、主管,在组织上纳入共产党的宣传系统之内。党管媒体是一项政策,还没有反映到法律上来,今后,对此要在法律上制定相应的条款。

五、新闻教育面临的新机遇

(一)入世与新闻教育国际化问题

教育属于WTO的服务贸易领域。《服务贸易总协定》中有"高等教育服务"、"成人教育服务"等。该协定规定:除了由各国政府彻底资助的教学活动以外(如军事院校),凡收取学费、带有商业性质的教学活动均属教育贸易服务范畴,它覆盖基础教育、高等教育、成人教育和技术培训。远程和函授、出国求学或培训、设立办学机构,或与国外合作设立办学机构、外国教师专家来华任教等都属于该范畴。这一规定要求我们把高等教育作为第三产业,介入高等教育服务贸易,即在世界贸易范围内提供国际协作办学,开展合作科研,相互交流教师,互招留学生,以及围绕这些活动形成的相关产业的服务[1]。由于我国教育实力,尤其是高等教育的实力不够强,在国际上处于弱势,发达国家的教育市场将对我国的教育产生很大的冲击,同时也可能借助后发优势而崛起。因此,入世对中国教育而言同样有利有弊。

长久以来,新闻教育由于新闻传播事业的特殊性也有了"特殊性"。这主要是因为我们是要培养党的宣传工作者,不能像西方新闻教育那样培养为资产阶级服务的"无冕之王"[2],因此有人对我国新闻教育国际化有些担心。这就要对国际化有个正确理解。首先,"国际化不等于全球化,更不等于西化";其次,"国际化是一个过程而不是结果","教育国际化主要是一种办学方式的国际化"[3]。我们认为,中国新闻教育国际化,不但不会造成西化,反而会培养更多熟悉国际传播游戏规则的人员,扩大和提高中国对外传播的效果,为中国的发展争取重要的舆论支持,为建立世界传播新秩序做出自己的贡献。另外,现代传媒产业的经营管理都是按照世界通行的方式操作的,只有培养具有国际视野、懂得国际企业

---

[1] 杨德广:《中国加入WTO与教育的改革和发展》,《现代大学教育》2002年第2期。
[2] 孙旭培:《中国传媒的活动空间》,人民出版社,2004年版,第254页。
[3] 同上书,第265—266页。

规律的人才,才谈得上媒介经营,才有可能让中国传媒走出去。

(二) 我国新闻传播教育的现状分析

据何梓华教授介绍,从 21 世纪初开始,我国新闻学类专业点(新闻学专业、广播电视新闻学专业、广告学专业、编辑出版学专业和传播学专业统称新闻学类专业点)开始了"超常规"发展。据统计,1994 年以前,全国新闻学类专业点共有 66 个;1995 年至 1999 年,5 年共增加 58 个专业点,平均每年增加 10 个左右;2000 年至 2004 年,5 年又增加 335 个专业点,平均每年增加 70 个;2005 年教育部高等教育司提供的数据表明,我国新闻学类专业点已达 661 个,即,2005 年一年新增 202 个专业点[①]。

据《北京考试报》文章,清华大学新闻与传播学院新闻学专业的录取分数线超过了英语和法学,连续几年稳居文科类专业首位,近几年报考该校的文科最高分考生,也往往出在新闻学专业。中国人民大学新闻专业的录取分数线也一向很高。该报道同时告诉我们,新闻传播类专业"就业前景并不看好","教育同市场有距离"[②]。

另据中国教育在线(http://www.eol.cn)《2007 年全国硕士研究生招生学科、专业索引—文学》提供的学校名录统计,参与 2007 年招生的新闻学硕士点在 70 个左右,传播学硕士点在 80 个左右,新闻传播学类硕士点保守估计在 160 个以上,2007 年新增加的点达 44 个。另外还有 10 个新闻学博士点,10 个传播学博士点。我国新闻传播学研究生教育规模也已非常庞大。

总的来看,我国新闻传播教育的现状是增长过快,规模过大,教育与市场脱节。由此带来的问题包括师资力量不足,有些教师不能胜任本职工作;投入不足,基本办学条件得不到保证;毕业生就业变得越来越困难。

(三) 国际化给新闻教育带来新机遇

入世后,出国留学变得越来越容易。国外教育机构,包括大学,也看中了中国教育这个大市场,开出很多优惠条件吸引中国留学生。最现实的挑战来自香港地区的大学。从 2004 年起,香港大学、香港中文大学、香港科技大学等多所高校开始在内地招生,规模逐年增大。由于交通、语言、文化上的障碍很小,港校在内地备受追捧。事实告诉我们,新闻教育要么国际化,要么被边缘化。

对于如何实现我国新闻传播的国际化,有学者认为应采取以下措施。

(1) 按"通用性"的要求确定培养目标。"通用性"是指除基本人格品质和

[①] 何梓华:《控制办学规模,提高教学质量——兼论中国新闻传播学教育面临的问题》,《新闻战线》2005 年第 7 期。

[②] 《新闻专业还能热多久,2006 年高考报考专业要慎重》,http://media.people.com.cn/GB/40606/5043805.html。

职业道德外,还应该具有国际视野、国际意识和国际活动能力。

(2)按"共同性"的要求设置专业。改变以往专业划分过细、口径较窄的做法,参照国际上发达国家新闻传播教育专业设置,按照覆盖广、口径宽的原则,合理而科学地调整专业设置。

(3)按"普适性"的要求安排教学内容。教学内容不仅在一个国家、一个地区适用,而且在全世界绝大多数国家和地区适用。首先应在专业课中加强传播学理论与方法的教学;其次,要加强与国际化人才密切相关的知识,如计算机、国际法律知识等的教学。

(4)按"交流性"的要求建设教师队伍。一方面提高学术水平,取得国际交流的资格和能力;另一方面要鼓励教师到发达国家攻读博士学位,接受严格的学术训练,在国际学术交流中熟悉国际学术规范,开阔学术视野。

(5)按"先进性"的要求添置教学设施。要摒弃新闻传播是廉价教育的观念,保证一定的经费投入,添置先进的教学实验设备,加强实验基地的建设①。

本章简论:新闻制度层面的改革尚需加大力度

中国社会转型后短短的20多年,新闻传播业发展相当迅猛,据《2005年中国传媒产业发展报告》,2005年底,我国共出版各类报纸404亿份,各类期刊27.5亿册。年末共有广播电台273座,电视台302座,教育台50个。全国有线电视用户12 569万户,有线数字电视用户413万户。年末广播、电视综合人口覆盖率分别为94.5%、95.8%。该报告还推算,2005年我国传媒产业总产值为3 205亿元,约比2004年上升11.9%②。就报纸而言,2004年我国出版的日报数量位居世界首位,占全球日报出版总量的14.5%。日报出版规模连续第五年位居世界第一,成为无可争议的世界日报出版大国。我国日报的千人拥有量2004年达到75.86份。其中,北京、上海两地的千人日报拥有量分别增为274.2份和268.1份,已超过中等发达国家水平③。截至2006年12月,中国网民已达1.3

---

① 孙旭培:《中国传媒的活动空间》,人民出版社,2004年版,第257—264页。
② 《2005年中国传媒产业发展分析》,http://www.china.org.cn/chinese/zhuanti/06media/1197886.htm。
③ 《王国庆解读2005〈中国报业年度发展报告〉》,http://media.people.com.cn/GB/40710/40715/3595542.html。

亿之多①。因此,从数量来看,特别是从历史的比较上来看,我国已是媒体大国。

中国已是媒体大国的事实也得到了世界的认可。全球知名咨询公司摩根士丹利2006年研究报告认为,中国媒体行业充满生机,中国正跃升为全球领先的媒体大国。主要表现在:① 在媒体规模方面,中国的电视用户数量、报纸发行量和30岁以下的网民人数均排名全球首位;② 在媒体种类方面,中国现有3 000多个电视频道、2 000多份报纸和9 000多种杂志;③ 在增长率方面,在1996年至2006年10年间,中国的广告投放量飙升了近6倍,而同期中国GDP增长了3倍,美国的广告投放量增长了仅2倍。该公司的报告考虑到中国的媒体行业虽然还处于发展的早期阶段,存在着诸多的不确定因素,但认为它将是中国发展最为迅猛的行业之一②。

但媒体大国并不等于媒体强国,在新闻传播事业与社会的关系、媒体的结构与布局、媒体的市场主体性、宣传和产业之间的关系等方面,我们还有许多急需解决的问题。对此,我们必须有一个清醒的认识,必须加强新闻改革的力度。

新闻改革是贯穿我国社会转型期新闻传播发展史的一条主线。新闻改革包括两个层次的改革:一是新闻业务领域的改革,二是新闻体制的改革。在这两个层次的改革上,我们都取得了一定成就,如媒体角色的变化:从阶级斗争的工具到为经济建设和社会发展服务的大众传播媒体,再到一部分属于信息产业的划分;媒体结构上的变化:从单一的机关媒体到以机关媒体为主体,面向各个层次和群体的多元媒体格局;在经营管理上,从依靠财政拨款的事业单位,到"事业单位,企业管理",再到尝试建立以媒介集团为标志的现代企业;在内容及传播手法上,从"新闻+副刊"到新闻、科教、娱乐百花齐放,从高高在上式的说教到充分考虑受众特点的内容编排。但是,通过总结我们不难发现,这些新闻改革主要是新闻业务领域的改革,新闻体制层面上的改革进展不大,因此,一些根本性的问题尚未得到有效的解决。

首先,如何从法律上明确新闻传播事业在我国社会的地位、角色和职能,尤其是如何更充分地发挥媒体舆论监督的功能,是最需解决的问题,但这一问题经过多年的讨论仍没有很好解决,新闻媒体舆论监督功能尚未充分发挥;其次,《新闻法》至今尚未出台,对新闻的管理仍然主要靠宣传纪律,相关法律法规尚不完善;再次,如何把宣传和产业很好地统一起来,兼顾社会效益和经济效益,这考验着我们的智慧和能力;再次,如何应对传播科技的发展、入世后境外媒体的

---

① 第19次《中国互联网络发展状况统计报告》,2007年1月。
② 《摩根士丹利:中国正跃升为全球领先的媒体大国》,http://biz.163.com/06/0609/23/2J7AB87V00020QFC.html。

挑战,在维护我国根本利益的前提下,做大做强我国新闻媒体,从而在世界传播格局中占据一席之地,发出我们自己的声音;最后,如何规范和管理国内媒体市场竞争,给媒介相对独立活动的空间,使其运作做到有序、有活力。因此,新闻制度层面的改革尚须加大力度。

当然,新闻制度层面的改革是与我国经济、社会和文化状况紧密相关的,是整个社会改革尤其是国家政治体制改革的一部分,不可能在短时期内实现。对此,我们必须要有耐心,必须要有信心。

补编

第十六章

1949年后台、港、澳的新闻传播事业

本章概要

  台湾、香港、澳门尤其是香港和澳门1949年前的新闻传播业在帝国晚期、民国时期各章有所论述。1949年以后,中国共产党在大陆建立了新政权,实行社会主义,而中国台湾、香港、澳门三地实行资本主义,大陆和台港澳新闻传播业存在根本性的差异,故在共和国时代的各章只是论述了大陆新闻传播业发展情况,没有涉及台、港、澳新闻传播业的发展情况,如果不加补充,就不是一部完整的中国新闻传播业发展的历史,故本章主要是对这三个地区1949年后的新闻传播业进行补充论述。

  1949年以后,台湾的新闻传播业以1987年"解禁"为界明显地分为两个时期。

  1949年国民党蒋介石集团到台湾后,自1950年1月起在台湾全省实行"戒严",次年又实施"报禁",对报纸实行的"停登、限张、限印"禁令,极大地限制了新闻事业尤其是报业的发展。在长达30多年的报禁期间,台湾报纸发展十分艰难,至1987年,台湾的报纸数目始终维持在1952年的31家;相对报纸停滞而言,广播电视业有了一定的发展,但是,发展起来的台湾广播电视有一个很大特点,就是垄断:广播界始终由军营电台和党营电台占据主导位置;电视业也基本上被"台湾电视台"、"中国电视公司"和"中华电视台"所垄断。

  1987年12月解除戒严后,台湾的新闻体制和管理方式发生根本性的变化,行政主导力量式微,新闻自由实施,新闻传播业进入开放、自由的市场竞争时代,获得了很大发展,同时也出现许多新问题。

  首先是报业发展迅速与转型。一方面是新创办了许多报刊,另一方面报界形成了《联合报》、《中国时报》、《自由时报》三大报团鼎立的格局。2000年民进

党取代国民党上台后,新闻传播业政治版图移位重整,新闻自由的追求与泛滥,媒体间的商业竞争更加激烈;2003年,香港《苹果日报》进入台湾,在一定程度上促使台湾报业再次洗牌,出现了"四雄称霸"的局面,台湾狭小的报业市场更加紧张,出现了日益激烈的恶性竞争。为了竞争的需要,纸质媒体寻求对策,走上跨媒体经营的道道。由此,台湾出现了跨媒体集团。

其次是广播电视业发展与变化。在竞争机制的作用下,广播电台剧增,并且出现分众化、地方化的发展大势,同时专业广播电台也日趋繁荣。解禁后,上个时期占垄断地位的"台湾电视台"、"中国电视公司"和"中华电视台"为保住自己的地位,求新求变,实行转型。与此同时,公共电视事业、民营电视台有了一定的发展,尤其是有线电视发展迅速,并且在市场机制的作用下,有线电视产业所有权很快集中在辜家和信集团、力霸东森集团、木乔传播公司、太设集团和台湾固网等少数几个企业集团的手中。

最后是网络传媒发展极为迅速。1995年9月,"中国时报系全球资讯网"正式启动,开启了台湾网络媒体的新时代。1999年9月《联合报》整合该报系的五大报纸的新闻,推出"联合新闻网"。除了两大报系,台湾其他报业及媒体也纷纷投入互联网。近年来,网民数不断攀升,互联网已成为新兴媒体中最具发展潜力的行业。

1949年后,香港的传媒业发展很有规律,先随政治环境的变化、后随经济发展的起伏而发生变化与起伏。新中国成立之初,国共两极政治势力在海峡两岸对峙,香港新闻传媒业也就是左、中、右、中左、中右"五类并存"。20世纪六七十年代,随着香港经济起飞,社会稳定发展,人口快速增加,教育水平普遍提高,中产阶级力量抬头,本地意识兴起,政治性质鲜明的报纸跟不上这种变化,渐渐失去读者,香港报业出现左右两极式微、中立凸显的态势。20世纪80年代中后期,香港进入回归祖国的过渡期,香港传媒也进入回归的"准备期"。1997年香港实现主权回归后,香港传媒较快地走出"英影"。2001年至2003年,受世界经济危机的影响,香港经济也一度萧条,传媒业也随之一度低迷。2004年,随着经济的回升,传媒业也随之回升,并在稳中求变,渐渐与大陆发生密切联系。

澳门的新闻传播业,在回归前除了殖民当局主办的葡文媒体外,中文媒体主要直接受大陆政治形势的影响。抗战胜利后,国民党势力趁机在澳门创办多家报纸,加上原有的国民党报纸,在解放战争时期,澳门的中文报业基本上成了国民党报纸的天下。中华人民共和国成立后,澳门报业发展的一个显著特点就是进步报刊的兴起与繁荣。1999年12月20日澳门回归祖国,实行"一国两制",特区政府希望借助大陆改革开放和入世的机遇,增强澳门传媒的实力,逐步走向国际化,以取得较强的竞争力。

第一节 台湾新闻传播事业的发展

1885年7月12日,台湾出现第一张报纸《台湾府教公报》,标志着台湾近代新闻传播业的开始。该报为活版印刷,月刊,用福建方言写作,拉丁文注音,由英国基督教长老会派往台湾的传教士托马斯·巴塞莱(Thomas Barclay)创办。1895年,清政府在甲午战败后,将台湾及澎湖列岛割让给日本。此后至1945年,台湾沦于日本帝国主义的残暴统治之下,台湾新闻业也走上了一条扭曲的发展道路。

在日本统治台湾的相当长时间内,殖民当局只准日本人办报,以作为殖民统治者的传声筒与驯化工具。到20世纪20年代后,中国人办报活动才逐渐兴起。但很快,日本发动侵略中国的战争,台湾新闻事业日益萎缩。1937年4月11日,台湾殖民当局勒令所有报纸的中文版全部停刊。1944年后日本败局已定,日本统治当局强制将全岛6家报纸合并改组为一份8开小报,定名《台湾新报》,在台北出版。

1945年台湾光复后,台湾报纸蓬勃兴起,《台湾新生报》是光复后新创办的第一家中文日报。1945年10月至1946年12月期间,新创刊的报纸近20家。至1948年底,台湾报纸共计有28家。

一、"戒严"时期的新闻传播事业

(一)"戒严"时期的报刊业

1949年12月国民党蒋介石集团到台湾后,为了巩固其独裁统治,他们自1950年1月起在台湾全省实行"戒严",并从1951年6月10日起,实施"报禁",对新闻事业进行严格控制和限禁。

所谓"报禁",就是台湾当局对报纸实行的"停登、限张、限印"禁令的统称[1]。1951年6月,台湾"行政院"发布"训令":台湾省全省报纸、杂志已达饱和点,为节约用纸起见,今后新申请登记之报社、杂志社、通讯社,应从严限制登记,这就是所谓"限证"的开端[2]。"训令"内容适用于报社、杂志社和通讯社,但主要针对

---

[1] 方积根、唐润华、李秀萍:《台湾新闻事业概观》,新华出版社,1990年版,第23页。
[2] 方汉奇主编:《中国新闻事业通史》第3卷,中国人民大学出版社,1999年版,第674页。

的还是报纸。通讯社早已为官方所垄断,申请办社的人本来就不多。杂志登记申请曾在"训令"发布后停止了一年,但此后实际上没有太多限制。因此,上述禁令被台湾新闻界习惯地称为"报禁"。所谓的"从严限制登记",只是禁止创办新报的一种措词,实际上不是"从严",而是根本就不批准。禁令发布后,除台湾"国防部总政治部"创办的《青年战士报》获准登记出版外,"行政院"没有再批准过任何一份新报的登记申请。1987年2月民进党创办机关报《民进报》,因登记不准又"擅自发行",被有关部门扣押和勒令停刊。受上述"报禁"的影响,30多年来想在台湾创办新报,只有收购旧报及其登记证顶名或更名出版之一种途径,"登记证"因而就成为新闻界的命根子。所以,"解禁"之前,台湾的报纸维持在31家①。

除"限证"外,还有"限张"和"限印"的规定。

1950年11月台"行政院"第6516号训令规定:"各报应自本年度12月1日起,一律减缩篇幅,至多不得超过一大张半。"1952年11月"内政部"公布"出版法"实施细则,第27条规定,"纸张及其他印刷原料,应基于节约原则及中央政府之命令,调整辖区内新闻、杂志之数量",由当局核发限制报纸的用纸量,以节约外汇支出为名遏制报业过度发展。

所谓"限印",是指一家报纸只能有一个印刷所和发行所,并且必须在原登记的印刷所和发行所印刷发行,不能够随意变更。这是根据台湾当局1955年颁布的"出版法"第9条的相关条文作出的。1970年以后,台北的一些报纸多次申请在台湾南部城市印刷报纸以供应南部订户,南部城市出版的报纸也有类似的要求,均遭到拒绝。台湾南北各报只能把印好的报纸互相运送,这样造成了人力和物力上的巨大浪费。仅《联合报》一家,为了向南部运送报纸,就需要动用26部运报车,年耗汽油7.2万公升,柴油24万公升,折合新台币1 419.6万元②。

以上所说的"限证"、"限张"、"限印",被台湾新闻界称为"一报三禁"。

在长达30多年的"报禁"期内,台湾报纸发展充满艰辛。至1987年,台湾的报业数目还是维持在1952年的31家。它们是:在台北出版的《中央日报》、《台湾新生报》、《中华日报》、《中国时报》、《联合报》、《经济日报》、《民生报》、《国语日报》、《青年日报》、英文《中国邮报》(The China Post)、英文《中国日报》(The China News)、《大华晚报》、《民族晚报》、《自立晚报》、《工商日报》15家,在高雄出版的《台湾新闻报》、《台湾时报》、《中国晚报》、《成功晚报》、《民众日报》5家,在台中出版的《自由日报》、《中国日报》、《民声日报》、《台湾日报》4家,在台

---

① 陈飞宝:《当代台湾传媒》,九州出版社,2007年版。
② 方汉奇主编:《中国新闻事业通史》第3卷,中国人民大学出版社,1999年版,第676页。

北县出版的《忠诚报》,在台南出版的《中华日报》南部版,在花莲出版的《更生报》,在嘉义出版的《商工日报》,在澎湖出版的《建国日报》,在金门出版的《金门日报》,在马祖岛出版的《马祖日报》①。

在"报禁"期间,规模较大的报纸基本上是由国民党党营的《中央日报》系统以及由王锡吾经营的《联合报》集团、余纪忠经营的《中国时报》集团三大报纸系统出版的。据1987年3月台湾"行政院新闻局"公布的统计数字,31种报纸的总发行量为370万份,平均每五六个人拥有一份报纸,其中《联合报》、《中国时报》的发行量在100万份以上,《中央日报》的发行量在55万份左右。

台湾"报禁"主要是"禁报",所以杂志可以大量出版。据统计,在台湾出版的杂志,1962年为686家,1971年为1 370家,1973年为1 528家,1982年为2 244家。其中大部分在台北出版,约占70%。杂志的品种也很多,台湾"行政院新闻局出版处"根据这些杂志的内容将它们分为25类;财经工商类、教育文化学术类、政治类、宗教类、工程技术类、通讯类、艺术类、文艺类、医药卫生类、社会类、农林水产类、妇女家庭类、地方报道类、影剧广播类、儿童类、观光旅游类、青少年类、体育类、史地类、科学类、语文类、目录学类、法律类、军事类、综合类。其中财经工商类种数最多,达901种。从外形看,有的是16开书册式,有的呈报纸型。

在实行"报禁"期间,台湾新闻通讯社有了一定的发展。至1987年底,台湾经登记允许营业的通讯社有37家,大半设在台北,其他设在高雄、台中、新竹、基隆等地。其中规模最大的是"中央通讯社",虽然在20世纪60年代台湾当局被逐出联合国,但"中央通讯社"在海外的分支机构仍有24个之多。1973年,"中央通讯社"改组为股份有限公司,但实际上仍掌握在国民党中央党部手中。

(二)"戒严"时期的广播电视业

在"戒严"期间,国民党当局对广播事业以及20世纪60年代后出现的电视事业实行旨在统制的广播电视法规,日益强化台湾广播电视事业的垄断地位与性质。

台湾广播电台创于1925年6月17日,当日,日本殖民者在台湾"总督府"举行殖民统治台湾30周年仪式上,台湾广播临时播音。1930年正式设立10千瓦电力的广播电台。1931年1月13日本殖民当局在台北成立财团法人的"台湾放送协会"(台湾广播协会),其后相继成立台湾台、板桥台、台南台、台中台、嘉义台、花莲台6个广播电台。台湾各地广播电台、转播台的节目大致可分为教

---

① 丁淦林主编:《中国新闻事业史》,高等教育出版社,2002年版,第539页。

育、新闻、娱乐等类型,自始至终是日本殖民者推行所谓"皇民化"运动的宣传工具,配合日本军国主义的南进政策,扩大侵略战争。

1945年日本战败,国民党派专员林忠接手台湾的广播电台及其分支机构。林忠任台湾广播电台台长,于1945年10月25日将台湾放送协会改组为台湾广播协会,下辖台湾、台中、台南、嘉义、花莲、高雄台6个广播电台,输出电力125.9千瓦,每日播音78小时40分钟,初步形成了台湾的广播网。

1949年,国民党将在南京的"中央台"千余箱的机件、库房重要器材,以及"上海台"50中波机一套,一并运往台湾,总计1652箱。同年11月,"中央台"改制为"中国广播公司"。"中国广播公司"在原来台湾广播电台的基础上,再增建10个地方电台,7座调频广播电台,以及12处转播台,分布台北、新竹、苗栗、台中、嘉义、台南、高雄、台东、花莲、宜兰等地,构成22台联播网,使台湾各地均收听清晰。

另外,1942年成立的军中广播电台随着国民党军委改组而改隶于"国防部",于1949年初迁往台湾。为配合国民党整军建军的需要改名为台北军中广播电台处,先后在国光、台中、高雄、花莲、左营、台东等地建立17个分台,以及鸟石鼻中继站。1946年12月在南京成立的"空中之声",也于1949年迁到台湾播音。

1949年迁到台湾的民营广播电台有益世、民本、凤鸣广播电台。据台湾"交通部邮电司"在1961年底的统计,台湾广播电台共计有33家,其中军营电台4家,公营电台3家,国民党党营中广电台及社团幼狮台各1家,民营电台22家(28台),学校经营的电台有2家,总发射电力6 259千瓦①。虽然在数目上多于公营电台,但其发射设备和功率都远不及公、党营的电台。可见军营电台和党营电台在广播界占据着主导位置。

台湾的无线电视台始筹于20世纪50年代,正式开业是60年代的事。1951年"行政院"决定电视事业由当局"倡导推动",并"采取企业化经营的制度"。1962年至1971年,和日本合资创办的"台湾电视台"、由国民党创办的"中国电视公司"、由"国防部"创办的"中华电视台"相继成立,长期以来,这三家电视台基本上垄断了台湾的电视业。

二、"解禁"后新闻传播事业的竞争与发展

1988年1月,国民党当局宣布解除"报禁"。"报禁"解除后,台湾当

---

① 陈飞宝:《当代台湾传媒》,九州出版社,2007年版,第232页。

局对新闻媒介的控制发生变化,新闻政策有所调整。台湾当局对党营的和部分民营的新闻媒介一般不再直接发号施令,而是通过笼络其负责人的方式,间接加以控制。1988年7月,国民党选出第13届中央委员,当选的180名委员中,新闻媒介的负责人就有17位,约占总数的十分之一,台湾新闻界的主要头面人物几乎都被囊括在内。其中有《中央日报》董事长楚崧秋、社长石永贵,《中国时报》社长余范英,《联合报》社长王效兰。国民党当局主要通过这些被拉入中央委员会和中央评议委员会的各新闻媒介负责人,来实行对新闻界的控制[①]。

另外,对言论和新闻报道,也强调"依法办事"的原则,不再用行政手段加以干预,而是以"刑法"、"特别刑法"、1973年修正公布的"出版法"的有关规定和1982年修正公布的"广播电视法"的有关规定为依据,对新闻媒介的言论和报道追究法律责任。

解除戒严后,原先由警备部门管理的新闻事业改为由"行政院"的"新闻局"具体负责,该局负责人多次强调该局的功能首先是服务,其次是沟通,最后是管理。和"解禁"前相比,"新闻局"所执行的新闻政策较为宽松,一般只从宏观上进行把握,在具体问题上采取灵活态度,不事苛求。在有关大陆的宣传报道方面,不再限制新闻记者前往大陆进行采访,报纸和其他新闻媒介上也可发表记者们在祖国大陆的见闻,但拒绝大陆记者来台采访,同时鼓励新闻媒介以各种方式将台湾的"政经成果"向大陆推销。

由于行政主导力量式微,实行新闻自由,新闻传播业进入前所未有的开放、自由的市场竞争时代,得到了很大的发展。但随着新闻传播业的迅猛发展,所带来的负面影响,如传媒的社会责任等问题也逐渐显露出来。

(一)"解禁"后台湾报业的竞争与发展

1. 报纸发展新契机

首先,大量新报创刊。"解禁"当年就有122家报纸登记,到了1990年增至211家,1992年达到270家,至1998年累计发出报纸登记证高达883张,但其中许多报纸的产权几经易手,或购并整顿,或因经营不良很快停刊。如《环球时报》,发行一年零一个月后,结束经营;老报人成舍我的《台湾立报》走小四开报纸路线,因时空环境转变,小型报已经不再为受众所喜爱,吸引广告很难,被迫停办。新报的淘汰率非常高,维持正常出刊的只有58家(见表格),比报禁前的31家多出近一倍。

[①] 方汉奇主编:《中国新闻事业通史》第3卷,中国人民大学出版社,1999年版,第706页。

"报禁"解除后至 1996 年台湾报纸家数①

年　度	核准登记	登记积累	注销停刊	正常出版
1987	28	31	3	28
1988	98	120	7	—
1989	139	193	66	—
1990	78	206	63	—
1991	67	46	—	
1992	117	271	27	58
1993	31	275	27	58
1994	72	300	34	59
1995	90	356	1	110
1996 年 1 至 2 月	53	361	1	110

对于新办报纸的性质，综合台湾王天滨先生等人的分析，大致可以分为五类②：一是旧报纸的"另立山头"，内延横向发展。比如《联合报》系在原有《联合报》、《经济日报》、《民生报》基础上，另登记《联合晚报》及各报的中、南部版。《中国时报》另登记《中时晚报》及该报的中部版以及南部版。《自立晚报》登记发行《自立早报》。二是通讯社创办的新报。比如自由新闻社创办《财经时报》，民权通讯社登记《民权时报》等。三是政治、财经、企业界人士创办的新报。如民进党籍康宁祥出版的《首都早报》，羊汝德创办的《国语儿童画报》等。四是对新闻有高度热情和理想，有丰富务实经验，欲创新天地的人士创办的报纸。如成舍我创办的《台湾立报》，以及新闻院校师生共创的较具水平的校报，如铭传大学的《铭传报》。五是追逐新闻界的虚誉，或认为办报好玩的人士办报，他们一人登记多报，挂发行人、董事长、总编辑、总主笔等虚名，在社会上显耀，以增加知

---

① 转引自陈飞宝：《当代台湾传媒》，九州出版社，2007 年版，第 89 页。
② 同上书，第 56 页。

名度。如柯赐海一人登记了 20 多家报纸，自称"报系大亨"，却无一家按期出版。另一何姓发行人登记 51 家报纸，却有 50 家停刊①。

其次，三大报团鼎立格局形成。1988 年 1 月报禁开放，在市场规律的支配下，报纸所有权也逐渐集中在两类经营者手中：一类是延续解禁前优势并持续成为领导品牌的《中国时报》系和《联合报》系，目前仍为企业型超级大报团；另一类是实力雄厚的财团出资创办或收购报纸，从而掌握报纸的所有权，使报纸迅速发展，像《自由时报》。解禁后，台湾报界形成了《联合报》、《中国时报》、《自由时报》三大报团鼎立的格局。

《联合报》是以报业为核心的全球最大的华文报刊，旗下包括 8 报 9 公司：1951 年创办的《联合报》，60 年代的《联合报》航空版、《经济日报》，70 年代的美洲《世界日报》（纽约总社，旧金山、洛杉矶、加拿大多伦多分社）、《民生报》，80 年代的《欧洲日报》、《印尼世界日报》、《星报》；其他文化事业有《联合报》文化基金会、《世界日报》文化基金会、《中国论坛》、《历史月刊》、《联合文学》月刊、"中国经济通讯社"、联经资讯公司、纽约世界电视等。该报系以现代的经营理念和管理理念相结合，重视和精心培育延伸自己的产业，如联经出版事业公司、联经信息公司、《联合报》文化基金会、国学文献馆、天利运输公司、美洲世界书局，以及跨媒体经营纽约世界电视公司等，构建了庞大的报团关系企业网。无论从报团经济结构还是规模等方面来看，《联合报》系都已经成为全球最大的华文报业媒体企业集团。

《中国时报》于 1988 年新增《中时晚报》，1989 年成立时报资讯公司。1995 年《中时电子报》正式上网，为世界华人提供多媒体服务，目前已经成为华人世界最大新闻网站之一。中时报系集团的事业扩充迅速，旗下的公司已达 20 多家，包括 2 家电视台（"中天"、"中视"），1 家广播网（"中广"），1 家集电影制作、发行、放映公司（"中影"），3 种杂志，2 个出版公司，3 个行销公司；经营的领域有报纸、期刊、书籍、出版、运输、行销、广告传播、旅游娱乐、生活艺术、网络科技等不同行业。

《联合报》、《中国时报》两大报团凭借其稳固的根基、雄厚的实力稳居报业市场前列。报禁开放两年，两大报团 7 家报纸，囊括了台湾 4/5 的报业市场，广告市场 80% 的份额也被两大报团占据，剩下不到 20% 的市场，才留给其他报纸共享。在这种环境下，人力和财力资源有限的新报和一些品质不良的既有报纸，在市场中只有被淘汰。

---

① 陈飞宝：《当代台湾传媒》，九州出版社，2007 年版，第 63—67 页。

1989年台湾股市投资蔚然成风,背靠林荣三的联邦集团①创办的《自由时报》开创"自由证券"副报头,将证券、财经、投资、理财等新闻集中于第二单元,成为台湾首个具有两个报头的"双子星式"报纸。

　　该报于1990年发行《自由时报》美洲版,1995年再发行《自由时报》美东版,并在1999年创办英文《台北时报》,逐步形成跨越海外的媒体集团。拥有雄厚财团背景的《自由时报》,凭借独特的行销手法争夺《联合报》、《中国时报》两大报系的市场,迅速成为台湾三大报之一。1996年7月《自由时报》引用SRT市场调查数据,显示该报读者阅读率超过《中国时报》和《联合报》,自此使台湾报业市场变成三足鼎立局面。

　　《自由时报》独特的行销手法,规模空前,在市场上引起强烈反响。在此可举几例。1992年,凡订阅《自由时报》半年,付报费1 800元,便可以参加抽奖,奖品金额高达1.6亿元新台币,其中包括黄金6 000两,奔驰轿车20部等,创下台湾有史以来单一赠品金额的最高纪录②。另外,《自由时报》实施广告分版战略,普设广告营业据点,吸收各地广告。采取广告低价策略,吸引客户。1994年1月,《中国时报》、《联合报》计划调高台北地区房屋中介分类广告价格,引起台北县、市房屋中介业者的反感。林荣三乘机以低价拉广告,结果16家房屋中介公司自3月1日起,将所有的房屋中介广告转移到《自由时报》,并且连续刊登了5年,单这一项增加了将近5 000万元的广告收入③。

　　《自由时报》在报纸立场上坚持"台独",新闻报道和评论强调"本土"、"台湾优先"、"拥李(登辉)",执行"台独"路线。林荣三支持李登辉政治色彩非常强烈,这一作风与立场反映在《自由时报》的新闻和言论上,凡是有人批评李登辉,该报均视为仇敌,大力抨击,为李登辉辩护。该报新闻始终以民进党为主的报道角度,在台湾"台独意识"膨胀过程中,蒙骗了许多是非不清的读者。

　　最后是报界出现其他新变化。在三大报纸大肆抢占日报、晚报市场的竞争中,地方报纸生存举步维艰,各类报纸要么纷纷转型,要么在竞争中逐渐被淘汰关门。为了不至于被淘汰出局,各报也采取了一些相应的措施,报界还出现了其他一些新变化。

　　一是"官报、军报"脱掉"官服、军装"。随着媒体竞争白热化,运营越来越差的"官报、军报"努力通过转型谋求出路。原隶属台湾省的《台湾新生报》和《台

---

　　① 林荣三当过"立委"、"监察委员"、"监察院副院长",曾是《民众日报》的董事长,有着复杂的政商关系,其掌管的联邦集团创办的《自由时报》以联邦建设、联邦投信、联邦期货、联邦染业等为依托。参见陈飞宝:《当代台湾传媒》,九州出版社,2007年版,第64页。
　　② 陈飞宝:《当代台湾传媒》,九州出版社,2007年版,第65页。
　　③ 同上。

湾新闻报》,改隶台湾"新闻局",在2000年底,两报彻底转化为民营,脱掉了"官服"。《台湾新生报》民营化以后,由综合新闻报纸转型为专业的航运报纸,加强两岸新闻报道,致力于报道两岸商情与港口城市的资讯信息,积极朝"两岸航贸新媒体"目标发展。《台湾新闻报》于2000年底由高雄市议员张瑞德以370万元得标,他任该报董事长,社长由东华大学教授、"台独"政党"台联"秘书长苏进强接任,其经营宗旨标榜"关怀台湾,南部优先,立足本土,放眼世界"。军营报纸《台湾日报》于1996年被台湾瑞联机构接手,后又转手卖给原《自由时报》社长颜文闩,由他自己出任董事长兼社长。该报被颜文闩以10亿元买下后,由军报彻底变为纯民营报纸,言论逆历史潮流而动,坚持所谓"台湾优先与台湾主权",成为所谓"极具台湾本土性的报纸"①。

二是地方报纸寻找新出路。"报禁"解除以来,三大报进军地方报业和增加地方版面,地方报业发展面临着空前的压力和危机,发展空间不断被压缩。在这种情况下,台湾的地方性报纸纷纷寻找新的出路。台中的《台湾日报》,台南的《中华日报》,高雄的《台湾新闻报》、《台湾时报》、《民众日报》,花莲的《更生日报》及"解禁"后成立的云林《台湾公论报》,在三大报系的蚕食情形下,纷纷寻找新的途径应对威胁。有的扩充地方版新闻,如《民众日报》、《台湾时报》在总社所在地和周边县市的地方版扩充至五六版之多,《中华日报》多达八九个版,比三大报系还多出许多,因此能固守地盘。《台湾公论报》联合地方广播电台,作为发展的新途径。

三是晚报市场竞争惨烈。台湾的晚报市场,长期以来,一直以台北的《自立晚报》、《大华晚报》、《民族晚报》为主,"报禁"开放前后,这种态势开始发生变化。首先是《民族晚报》由于财政危机以及第二代负责人王正镛病逝于解禁前夕而停刊;接着是《大华晚报》经营不善,走下坡路;与此相反,四家历史悠久的日报《台湾新闻报》、《台湾日报》、《联合报》、《中国时报》,凭借既有的实力分别创办了自己的晚报:《新闻晚报》(1986年4月)、《台湾晚报》(1987年7月)、《联合晚报》(1988年2月)及《中时晚报》(1988年3月),企图打出另一片江山。由此晚报市场竞争进入厮杀阶段。《大华晚报》颓势难挽,于1988年12月31日停刊;老牌的《自立晚报》最后也不敌对手,于2001年停刊,虽然又于次年复刊,但是气势下落。只有《联合晚报》和《中时晚报》凭借雄厚的人力及资金得以维持出版。

2. 报纸转型与走上跨媒体经营道路

1999年1月12日"立法院"通过废除实施长达70年的"出版法",2月公布

---

① 王天滨:《台湾报业史》,台湾亚太图书出版社,2003年版,第475页。

"卫星广播电视法",开放外籍人的投资限制,放宽部分跨媒体经营限制。新法规定,电视媒体可以经营报业,报业也可以跨媒体、收购或以入股方式兼营电视媒体,为台湾媒体规模化、产业化、现代化发展扫清了政策障碍。2000年民进党取代国民党上台后,新闻传播业政治版图移位重整,媒体间的商业竞争更加激烈。

在这场竞争中,21世纪初,传统媒体尤其是报业景况低迷。2003年,虽然报纸由1990年的211种增加到708种,但是每百户报纸订阅数,从1990年的69.49份下降到2003年的37.87份;日报阅读率由1991年的76%,下滑到2001年的57%,2003年更下滑到48.9%[1]。2001年台湾失业率持续上扬,房屋市场低迷,报业的广告市场遭受重创,又加上网络媒体后来追上,使得各报广告收入萎缩。2001年台湾各大报纸收入锐减。据润利公司的统计,2001年报纸、无线电视、杂志、广播等媒体有效广告出现负增长。

2001年6月,《中国时报》无预警裁撤中南部编辑部,102名员工一夕之间丢失工作,这是《中国时报》50年来第一次裁员。《联合报》也相继推出优惠离职措施。2001年10月2日,已有54年历史的《自立晚报》宣布停刊,造成劳资纠纷。经过内部努力于12月9日在员工不支薪的状况下复刊[2]。2002年5月1日起,《中央日报》精简内部人员,原本320名员工减少至70人,并与《中华日报》、《台湾新生报》进行策略联盟。台湾报业景况持续低迷,多家风云一时的报纸纷纷倒闭。

2003年是台湾报纸一个重要的转型时期。原在香港发行、以"煽腥色"及八卦新闻起家的《苹果日报》,挟着60亿元新台币来势汹汹地进驻台湾,实施"攻台"计划。《苹果日报》进入台湾,很快形成了台湾报业市场的"苹果现象"。《苹果日报》及其《壹周刊》,完全照搬香港的办报方针,内容以"扒粪"、"色情"、"流血"等耸人听闻的字眼为主题,其无所不在的"狗仔队",以捕捉各类能够满足读者即时的"感官刺激"为目标。这种以情色、刺激、休闲为主的编辑与办报方针,完全超越了台湾原来传媒文化中比较严肃的文人办报传统[3]。

根据AC尼尔森2004年底统计,《自由时报》阅报率为17.7%,稳居第一,《苹果日报》阅报率已达12.4%。2005年第一季度《自由时报》是16.3%,《苹果日报》以15.8%阅报率名列第二[4]。到了2005年第二季度,AC尼尔森报告《苹果日报》阅报率已超越《自由时报》,而其相关的杂志《壹周刊》阅刊率也遥遥领

---

[1] 陈飞宝:《当代台湾传媒》,九州出版社,2007年版,第91页。
[2] 《中国新闻年鉴》(2001),第155页。
[3] 《中国新闻年鉴》(2005),第242页。
[4] 香港《财华社新闻》2005年6月7日。

先其他周刊。《苹果日报》进入台湾,重组了台湾的报业市场,在一定程度上使得台湾报业再次洗牌,报业市场出现四雄称霸的局面。

《苹果日报》侵蚀台湾报业市场,使得台湾狭小的报业市场不足以提供四个较大型报业集团的有效运营,结果造成了台湾报业市场日益激烈的恶性竞争。四大报纸推出订报送赠品、免费送报、降价销售等措施,各种手段竞相使出,最后造成了各家报纸的经营日益艰难。报团间的恶性竞争造成了整个报业市场的大幅萎缩。根据 AC 尼尔森的媒体接触率统计显示,民众对报纸的接触率持续破底。调查显示,2004 年报纸的接触率只有 49%,而 1994 年还高达 73.1%[①]。

到了 2005 年,台湾的报业市场困境全面显现。这年 11 月 1 日,《中国时报》集团旗下的《中时晚报》宣布停刊,象征着台湾主流纸质媒体衰落,岛内不少纸质媒体在《苹果日报》八卦震波下纷纷倒地。曾是台湾岛内言论第一大报的《中央日报》,到了 2006 年因媒体间的惨烈竞争,发行量每况愈下,于 2006 年 6 月 1 日宣布停刊。后国民党补助 1 000 万元新台币,将其转为电子报,以延续香火。对于这一曾见证岛内历史兴衰的老牌大报的停刊,国民党荣誉主席连战表示万分惋惜:"我感到万分不舍,毕竟这是一份将近 80 年历史的报纸,有很高的历史价值以及时代意义,我对它有极深的情感。"[②]

为了力挽狂澜,台湾的纸质媒体寻求另一对策,就是进行跨媒体经营,由纸质媒体扩张为涵盖电子、平面等相关领域的跨媒体集团。以台湾主流报纸之一的《中国时报》集团为例,早在 2002 年就开始向电视进军,收购了有线中天电视台,转亏为盈。2005 年 12 月 24 日再以 58 亿元新台币收购了国民党的三大党营媒体"中国电视公司"、"中国广播公司"与"中国电影公司"(简称"三中"),使《中国时报》集团成为一家拥有两份日报、两家电视台以及包括中时网络科技公司、时报周刊股份有限公司、中时旅行社、时报出版公司等在内的跨媒体集团,成为台湾最大的媒体集团。

跨媒体集团的出现,预示着台湾传统媒体的未来发展之道。

(二)"解禁"后广播电视事业的发展

1. 广播业的发展

1987 年解除戒严,1992 年宣布电波频率开放政策,1993 年 1 月宣布开放频道,成立"广播电台审议委员会",以"健全广播事业"、"均衡区域发展"、"避免垄断经营"、"符合地方需求"、"民营优先"的审议原则,大力发展广播事业。到

---

① 《中国新闻年鉴》(2004),第 241 页。
② 转引自陈飞宝:《当代台湾传媒》,九州出版社,2007 年版,第 163 页。

2002年"新闻局"完成10个梯次的审批手续。2000年6月底,台湾广播电台数已达142家①,其中正式营运的有132家。民营电台成为广播业发展的主流,而且民营电台大多是调频广播电台,从而使民营电台又成为台湾地区调频广播的主体,可凭借良好的音讯品质与公营电台竞争,有效地开发不同类型的受众市场。随着广播电台的剧增和分众化、地方化发展大势,专业广播电台也日趋繁荣,进入了发展的春天。

台湾广播电台大致可分为三大类:音乐类——包括当代热门音乐、休闲背景音乐、古典音乐、另类音乐等;信息类——包括新闻谈话、生活信息、都会类型、女性类型、语言类型等;特定主题类——包括杂闻、交通、宗教、农业、渔业、本地文化、医药保健、劳工、教育、校园、旅游等②。据2007年的统计,台湾共有174家广播电台领有广播执照(合法设立)正式营运。

在所有的传统媒体中,虽然广播一直处于敬陪末座的位置,但是它的接触率也是最稳定的。近些年来,广播的接触率几乎都在30%上下。2003年为28.6%,2004年为29.3%,而在1994年,大概也就是这个数字③。

2. 电视业的发展

如前所说,戒严期间,台湾的电视业基本上被"台湾电视台"、"中国电视公司"和"中华电视台"所垄断着。1987年7月15日,台湾当局解除"戒严令",1993年"有线电视法"通过,终结了不合法的有线电视收视历史。台湾电视业进入多元化、现代化自由时期。随着台湾经济的日益繁荣,上面所说的三家无线电视台各自利用有利发展契机求新求变,实行转型。

"台湾电视台"("台视"):1993年底,"台视"完成卫星网络化工程。"台视"在2000年提出朝着"多频道、多媒体、多通路"的"资讯集团"化模式经营发展,到2002年已成立几家相关企业,计有台视文化事业、国际视听传播、麦克强森多媒体科技、传译网科技,以及台湾固网等股份有限公司。近几年来,"台视"花费近6.4亿元新台币改善数字化播映与录制等设备,积极推动数字化和多频道化的转型计划。2004年"台视"建构"具有企业集团面貌的准数位电子媒体",朝"准数位频道"、"优势事业群"以及"企业化营运管理"的营运模式来经营发展。

"中国电视公司"("中视"):在台湾政治、经济与媒体产业的内外变化的压力下,"中视"于1999年8月9日率先将股票公开上市(是台湾官办民营化的第

---

① 黄瑚、李新丽:《简明中国新闻事业史》,中南大学出版社,2005年版,第243页。
② 同上。
③ 《中国新闻年鉴》(2005),第242页。

一家电视公司)。同时大力发展集团化策略,投资成立与电视领域相近的企业,业务包括电视节目制作与人才培育等。另外市场评估看好的未来产业也是其投资重点,如互联网与科技等宽频产业相关的企业,也介入部分与电视本业无关的企业经营。"中视"目前已经从单一无线电视台转型成为"中视媒体集团"。其所经营的业务包括广播电视节目策划制作及代理销售、资讯软件服务、投资业、服务业,以及录影带业等。

"中华电视台"("华视"):"华视"在1990年以前投资华视文化与国际视听两家公司,之后10年间未见任何动静。2002年7月开始筹划改造,组织开发频宽及节目资源的增值运用。2003年5月完成全台数字广播网的设置,6月起以数字频道播出节目与空中教学节目。

此外,公共电视事业也开始启动,并得到一定发展。由于"台视"、"中视"、"华视"的商业性质,将利润的追求放在第一位,导致其无法充分实现社会教育的责任。为了"改善公众生活,提升社会文化",早在1983年3月,台湾"新闻局"就提出了"公共电视节目制作中心计划"草案。1984年2月16日,"新闻局"又成立公共电视节目制播小组(公视小组)。1984年5月20日,台湾公共电视节目《大家来读三字经》在"中视"频道正式播出,成为台湾公共电视的里程碑。后又由"新闻局"主导的公共电视筹备机构投资53.48亿元在台北市内湖区东湖的山坡上选定公共电视台台址①,随即着手公共电视台的建设。1997年7月1日,公共电视正式开播,其节目关注妇女、儿童、原住民的需求,创办了《原住民新闻杂志》、《部落面对面》、《客家新闻杂志》等节目。

同时,民间全民电视公司也开始创立和经营。民进党要员施明德等人出资创办的"民间传播公司",与民进党张俊宏和余陈月英创办的"全民电通投资公司",在1994年6月合并成立"民间全民联合无线电视公司筹备处"。1995年,台湾第四家商业电视台即"民间全民联合无线电视"(简称"民视")正式成立。"民视"由综合性的无线电视台和24小时播放的新闻卫星台组成。"民视"的开播一改长久以来国民党党、政、军垄断商业电视媒体的局面。

在无线电视发展的同时,有线电视也获得了迅速发展。由于台湾地形崎岖,各地存在无线电视接收死角,于是旨在改善电视收视效果的社区共同天线系统应运而生。70年代开始,有线电视崛起并风行,经过竞争、购并,到2004年3月,在47个有线电视区域里,有线电视系统有63家。近年,台湾资本雄厚的企业财团或者媒体集团介入有线电视,通过对有线电视系统的合并、收购,使有线电视

---

① 陈飞宝:《当代台湾传媒》,九州出版社,2007年版,第301页。

产业所有权集中在少数几个企业集团的手中,形成台湾五大媒体集团:辜家和信集团、力霸东森集团、木乔传播公司、太设集团和台湾固网。

1988年台湾当局允许民众接收直播卫星信号,继而开放经营者租购卫星转播器,又开放卫星节目中继业务的转频器经营和地面站经营。1991年12月,跨地区媒体经营的亚洲卫视(Star TV)正式在台湾市场登陆。台湾有线电视系统为了避免被市场淘汰,纷纷南北串联进行策略联盟,成立卫星电视公司,增加自己系统的频道内容。"立法委员"周荃成立的"第四产业集团"和王志隆所发起的"泛卫集团"以数字压缩的方式各送4个卫星频道,成为台湾民间首次拥有的卫星电视频道,使得台湾正式成为数字卫星电视的拥有者。1993年7月,美国娱乐与运动节目网(ESPN)登陆台湾市场,成为第二个在台湾市场上公开推出的跨国卫星电视频道。一个月后CNN也紧跟着登场。随后各个财团纷纷成立卫星电视公司,相继成立卫星电视频道。到1995年卫星电视频道已经增加至40余个,2004年增加到大约90个。

至今,台湾有线电视台主要有以下几个。

佳讯录影视听公司的"三立台"。其前身是在1983年成立的三立公司,主要生产空白录影带及代理发行节目。擅长制作台湾本地题材的电视连续剧和青春偶像剧,如偶像剧《薰衣草》、《MVP情人》曾在海峡两岸流行。《台湾霹雳火》创下了15.72%的高收视率,并在新加坡黄金档播出。"三立台"的优势在于有非常多的自制的节目,以片子的授权和多媒体重制收入为主。

"中天电视台"。中天电视台编播数字化,树立品牌,并在海外较早占有市场。提供自制的新闻节目,同时向大陆购买片子。在台湾制作节目,结合美国的广告,通过卫星传输至全美。向大陆购买连续剧、旅游节目,此方面其自制节目的比率较小。自己投入制作的咨询台强调都会、人文特色,娱乐台强调本地意识。

"年代影视公司"。该公司成立于1982年,在港剧收视风潮尚未在台湾盛行的时候,便与香港无线电视台(TVB)合作,取得香港无线电视台港剧在台湾的代理权,在以录影带代理发行为基础,并在影视业创出一番成绩后转向多元化经营。但是到了21世纪初,由于代理问题发生纠纷,2003年1月双方终止代理权合约。后来"年代"为了加强自身实力,在设备和资源上都做了很大改变,如增设新闻部,成立南部办公室,训练人员,成立民调中心,打造全新360度圆形摄影棚,推广数字互动教学等,让观众们获得更多知识。"年代"致力于本地题材,平衡南北新闻量,呈现出不同新闻观点以及内容。近年来年代公司的经营重心已经转向投资年代电通,积极进军数字电视、数字学习及动画游戏市场。年代电通投入3亿多元的设备和人事费用,从刚开始投入时每月亏损800多万元,减少至每月只亏 300 多万元①。

无线卫星电视 TVBS。1993 年,年代影视公司与香港 TVB 合作成立 TVBS (联意制作股份有限公司),属于家族频道,服务海外华人,技术上运用泛美 8 号 CBand 卫星,通过 TVBS Asia 频道,将 TVBS 家族节目每日传送到东南亚及北美,与新加坡、马来西亚、印尼、澳洲、日本、美国同步播出。无线卫星电视曾经代理的频道有北京中央电视台和香港无线电视 TVB8②。TVBS 由于进入台湾时间比较早,所以目前的发展较为稳定,其制作的《2100 全民开讲》等节目更开创批判台湾时政的谈话节目之先河。

(三) 网络媒体的发展

进入 21 世纪,台湾纸质媒体出现的危机,还不限于各大报纸间的竞争以及广告量的下降。计算机的普及,互联网内容的无所不包,容量的无限,及时快速的特性,使得越来越多的人利用网络来获取信息,造成了台湾纸质媒体年轻读者的流失。

1995 年 9 月,《中时电子报》前身"中国时报系全球资讯网"正式上网,为全球华人提供资讯服务,开启了台湾网络媒体的新时代。

1999 年 9 月《联合报》推出"联合新闻网",整合了《联合报》系五大报《联合报》、《经济日报》、《民生报》、《联合晚报》以及《星报》的新闻,网站内容丰富,兼具深度和广度,连续两次入选百大热门网站,2003 年底已达到资金损益平衡。

除了两大报系,台湾其他报业及媒体也纷纷投入互联网。台湾由传统媒体所经营的网站,按照发行单位可分为三类:第一类是平面媒体所创办的网站,如"中时电子报"、"联合新闻网"、"中央日报网络版"、"自由电子新闻网"、"中华日报电子版"等,这类网站的特点是大都以其母报的定位及内容为主要取向;第二类是电视台的新闻网站,如"台视"、"民视"、"华视"、"中视"等电视台的新闻网站;第三类是由通讯社建立的网站。

2000 年 2 月台湾第一家号称"网络原生报"的《明日报》创刊。它与台湾八大媒体以及大陆一家媒体共同组成"EPOST 电子报联盟",《明日报》拥有记者约 200 名,编辑、制作以及技术人员上百名,设立八大新闻中心,一天出报 12 次,平均每一小时更新一次内容,每天可提供上千条台湾内外新闻,拥有 36 余万订户。可惜,次年由于受全球网络泡沫的冲击,台湾经济不景气,网络广告收益与支出无法平衡,其不堪亏损又找不到明确的盈利模式,在 2001 年 2 月 21 日黯然关闭。

---

① 陈飞宝:《当代台湾传媒》,九州出版社,2007 年版,第 321 页。
② 《频道市场普及率调查报告》,《卫星与有线电视》1999 年 6 月号。

这只是暂时现象。2001年3月,据AC尼尔森公布调查显示,台湾有效网络使用人口约有378万,潜在网络人口约1 000多万,拥有亚太地区第三大网络使用人口,仅次于日、韩①。据台湾"资策会"统计,2004年9月底为止,台湾网民又攀升到905万,上网几乎成为全民运动②。随着网络经济的复苏以及宽频网络的不断普及,台湾网络媒体的接触率不断上升。根据AC尼尔森的统计,网络的接触率由2001年的6.6%,逐年快速增加,2003年已达27.8%,2004年达33%,是媒体中速度增长最快的。而网络广告由2003年的14亿元新台币,增加到2004年的19.6亿元新台币,增长率40%③。无疑,互联网已成为新兴媒体中最具发展潜力的行业。2005年台湾纸质媒体哀鸿遍野,而网络媒体则如东升的朝阳锐气十足。根据2005年的台湾网络媒体接触率调查显示,网络媒体是几乎所有类型媒体中媒体接触率唯一实质性上升的媒体,由2004年的33%升到2005年的35.5%,不仅领先了杂志的35.2%,更超越了广播的28.6%,成为台湾的第三大媒体。

根据统计,2005年台湾前8大创收的网络媒体分别为:Yahoo！奇摩(门户网站)、MSN台湾(门户网站)、YAM番薯藤(门户网站)、Pchome Online 网络家庭(门户网站)、中时电子报(新闻网站)、联合线上(新闻网站)、HiNet(ISP)、ETtoday(新闻网站)。而按访问率排序(在调查期内,至少访问过目标网站一次的网络使用人数占台湾整体上网人口的百分比),排名前15位的网站分别是Yahoo！奇摩、Pchome Online、HiNet、MSN台湾、YAM番薯藤、无名小站、Google台湾、联合新闻网、东森新闻网、新浪网台湾、博客来网络书店、eBay台湾、中时电子报、104人力银行、台北市教育入口网等④。

第二节　香港新闻传播事业的演进

香港,是中国近代新闻事业的发祥地之一,香港新闻事业史在中国新闻事业史上占有十分重要的地位。

香港曾经是资产阶级维新派报刊、资产阶级革命派报刊、抗日救国报刊和中国共产党领导的抗日统一战线报刊的重要活动根据地。不少的香港报纸,立足

---

① 《中国新闻年鉴》(2002),第157页。
② 陈飞宝:《当代台湾传媒》,九州出版社,2007年版,第152页。
③ 《中国新闻年鉴》(2005),第242页。
④ 《中国新闻年鉴》(2006),第267页。

于香港,面向内地和海外,其影响不局限于香港这一隅之地。

香港的新闻事业在1949年10月以前的发展情况,本书前面各章均有论述,这里补论的主要是1949年10月以后的发展情况。

一、新中国成立后的新闻传播事业

(一) 五类并存,政治角力

随着解放战争排山倒海地进展,国民党蒋介石集团退往台湾;1949年10月1日,中国共产党领导下的中华人民共和国成立了。从此,在香港的政治势力也开始泾渭分明,各种势力都布置了自己的宣传阵地,多数报纸都有较鲜明的政治倾向性。这阶段的香港的中文报纸可分为左、中、右三大派别,其中中间报纸又可分为中间偏左、中间偏右和中立三种,所以当时报纸堪称五类并存[①]。左派指的是拥护新中国、支持中国共产党领导的报纸,主要有《大公报》、《文汇报》、《新晚报》、《香港商报》等。在新中国成立初期,左派报纸在办报思想方向上、手法上适合香港读者的口味,部分报纸销往内地。但是,在60年代后期受到内地"文化大革命"的不良影响,左派报纸名声下降,销量也一落千丈。

所谓中间报纸是在政治上处于中立地位的报纸,主要是些商办报纸。其中倾向爱国拥共的是中间偏左报纸,有《田丰日报》、《香港夜报》等,倾向台湾国民党的则是中间偏右报纸,如《华侨日报》、《星岛日报》,另外还有英文《香港虎报》、《超然报》、《天下日报》等。这些报纸在报道中国新闻方面还能客观对待,而且在它们的发展过程中,态度也随之有所变化。始终坚持中立、基本上不偏不倚的中间报纸主要是《成报》等,它们只奉行其商业性原则。英文的《南华早报》及其集团其他报纸,因其态度亲近港英政府,也是处于中立。

右派报纸是拥护蒋介石国民党的,主要有国民党的正统机关报《香港时报》和老牌的商办报纸《工商日报》。右派报纸在这一时期不断扩大自己的实力和市场,其影响也不可低估。

第二次世界大战后,香港的广播业也有了新发展。1948年取消了原来的ZBW(1928年港英政府接办的英语广播电台,原呼号为GOW,次年改为ZBW),正式启用香港电台(Radio Hong Kong)的称呼,它一直作为政府的官办电台沿用至今。1949年,丽的呼声有线电台作为香港第一家商业电台创立了。1963年丽的中文电视台的成立分散了丽的呼声有线电台的力量。1973年9月底,丽的呼声有线电台停播。1958年,香港商业电台作为第一家民营广播机构开始广播,

---

① 陈昌凤:《香港报业纵横》,法律出版社,1997年版,第22页。

其经济来源主要依靠广告。

香港英军于1971年设有一个由军部影音公司管理的英军电台,它有2套节目,分别对英军和尼泊尔籍军人广播。

香港的电视事业始于50年代后期。1957年5月29日,"丽的映声(香港)有限公司"创办的"丽的电视台",为香港最早开办的有线黑白电视台。1973年12月,改用无线播放彩色电视节目,并改名为"丽的电视广播有限公司"[①]。1967年后,电视广播有限公司成立,简称"无线电视台"或"无线电视",11月19号开始播出黑白电视节目,1971年开办彩色电视节目,为香港最早成立的彩色电视台。香港电台也于1970年设立了电视部,制作公共事务节目,供商业电视台播出。

(二)两极式微,中立凸显

20世纪六七十年代,由于香港经济起飞,社会稳定发展,人口快速增加,教育水平普遍提高,伴随着中产阶级力量的抬头,以及香港土生土长的第一代力量的增强,香港报纸的本地意识开始兴起,报业的视线从国共斗争和对内地的兴趣拉回到对香港本身的关注上。最明显的是出现了一批本地化的商业性报纸,这些报纸以市场为导向,崇尚本地意识,关心社会民生,走大众化信息的路线而获得成功。这些报纸以《成报》、《东方日报》等为代表,商业报纸成为报业主流。该时期原有传统的家族式办报模式受到冲击,不少报纸都实行股份制,实行企业化、多元化管理,香港报业的经营和管理水平逐渐与国际水平靠拢。

而政治倾向性鲜明的左、右派报纸,因为跟不上新香港的变化而逐渐走下坡路。尤其是之前大陆的极"左"思潮对香港新闻业的不良影响,使得左派报纸的声誉一蹶不振。

香港广播电台目前的组织机构和节目内容格局,基本上是在70年代中期以来逐步形成的,在80年代,广播电台与其他传播媒介已构成相对稳定的均衡局势。1976年香港电台首次采用超短波调频立体声广播,开亚洲之先。1980年3月首创全日24小时广播。到80年代初,香港各地有10座电台。1973年前后,各台已争取到自己办新闻节目的权利,新闻节目多且新,同听众的联系也更加广泛紧密,改进播出形式,避开电视高峰时间,从而扩大了影响[②]。

而此时的香港电视台也跟报纸一样,开始走商业化路线。作为商营电视台,它的经营特点是以出售广告时间来赚取利润,这样才能维持电视台本身的生存和发展,而广告费的确定又是以节目的收视率为依据的。无线电视和亚洲电视

---

① 丁淦林主编:《中国新闻事业史》,高等教育出版社,2002年版,第557页。
② 方积根、王光明:《港澳新闻事业概观》,新华出版社,1992年版,第116—117页。

两家公司之间,为了争取更高的收视率,在节目上、技术上、人力上展开了十分激烈的竞争。在激烈的竞争中,这两家公司的经营管理也都朝着国际化、多元化方向发展。

(三)肩负责任,准备回归

20世纪80年代中后期,香港进入回归祖国的过渡期。过渡时期的香港报纸,表现出较强的社会责任感,开始探讨新形势下香港的发展及报业本身的适应与进步,为香港平稳过渡和继续繁荣作出了一定贡献①。这时期,中国内地的新闻在香港报纸上得到了最大限度的报道。香港报业在自由竞争中不断发展,一些大资本投入到报业及其他传媒业,还有不少外资进入,使得不少报社跻身现代化、国际化大企业的行列。一些新兴的专业性报纸如经济类报纸异军突起。而香港报纸生存所依赖的商业空间、读者人数已趋向饱和。不同政治派别的报纸有消有长:左派报纸主要报道中国对香港繁荣稳定所制定的各种政策,其声誉和销量逐渐恢复并有所提高;右派报纸则因为脱离读者而亏损巨大,相继停刊。同时,过渡时期香港报界也开始重视对新闻自由的探讨。新闻自律与自我审查成为重要话题,出现了所谓的言论"中移"现象。

香港的广播电视事业继续发展,并成为报纸的有力竞争对手。新城电台于1991年7月创建,打出"旧媒体、新魅力"的旗号,目前有2套中文节目,1套英文节目②。"浪潮之声"卫星直播音乐电台则是在1995年由香港"卫星电视"开设,1996年底由于商业的原因而停播。

1991年10月,卫星电视广播有限公司成立并开播,简称"卫视",它以香港为中心点,通过亚洲卫星一号向亚洲地区免费传送24小时不间断的电视节目,覆盖面遍及38个国家和地区。对全亚洲直播的卫星电视设有音乐台、体育台、新闻台、中文台和合家欢台5个频道节目。除中文台用普通话播讲外,其余频道用英语播讲。1992年,该公司开设只对欧洲直播的"欧洲中国卫星电视",1993年开设只对台湾直播的"无线电视卫星台"。"卫视"董事长原为李嘉诚,现控股权在"报业大王"默多克手中。1996年3月,"卫视"中文台改建为"凤凰卫视",由今日亚洲有限公司、香港卫星电视有限公司及华颖国际有限公司合资经营。该台的收视地域定位为内地、台湾和东南亚地区③。

进入1995年后,又有两家华语电视台开播:一家是仿美国有线电视网模式而建立的传讯电视,其中的"中天"频道24小时用普通话播放新闻,"大地"则24

---

① 陈昌凤:《香港报业纵横》,法律出版社,1997年版,第24页。
② 钟大年、赵淑萍、胡芳:《香港内地传媒比较》,北京广播学院出版社,2002年版,第23页。
③ 丁淦林:《中国新闻事业史》,高等教育出版社,2002年版,第557—558页。

小时播放中外娱乐节目;另一家是华娱电视,每天专门播放娱乐节目。

公营的香港电台于 1994 年 10 月建立了网站,成为香港最早上网的传统媒体。1995 年 8 月 23 日,《星岛日报》推出了全港首份电子报纸。同一年《明报》也建立了自己的网站,成为印刷传媒中最早拥有宣传网站的香港报纸。根据香港政府出版的《香港年鉴》公布的资料,1996 年有 2 份英文报纸和 3 份中文报纸出版了网络版①。

二、回归后新闻传播事业的发展

(一) 关注祖国,走出"英影"

1997 年 7 月 1 日,香港回归到祖国的怀抱。在"一国两制"的政策下,香港保留原有的社会制度与生活方式,但比以往更加受到中国大陆的影响。在政治、经济、文化等方面,内地与香港更加融合渗透。香港的新闻体制稳定,享有很大的新闻自由。

回归后的香港报业蓬勃兴旺发展,行业格局基本稳定。从 1997 年至 2000 年的几年内只有一两家新报问世。据《香港年鉴》统计,在香港注册出版的本地和外地报纸,日报达 45 份,期刊达 684 份。其中中文报纸 26 份,英文报纸 8 份。中文报纸中,专门报道香港和世界新闻的有 19 份,另外有 3 份是财经类报纸,其余的专门报道娱乐新闻,特别是影视圈消息。规模较大的报刊,发行范围远及海外的华人社会,还有些在美国、加拿大、英国、澳大利亚等地印行外地版。

2000 年,香港每天出版的面向香港的中文日报共 13 份,从市场定位来看,可以分为 3 大类:传统的左派爱国报纸 3 份;大众化报纸 6 份;精英类报纸 4 份(2 份财经日报,2 种综合报纸)。英文报纸 2 份,《南华早报》和 Hong Kong iMail。这样的格局是经过市场不断整合变动后的结果。刊物的竞争也很激烈,香港本地以八卦娱乐类周刊最为走俏,外来刊物则以中英文的《读者文摘》销量最多,其销量甚至还远远超过那些八卦刊物。

香港的晚报成为历史。自 80 年代以后,香港基本上只有两份晚报。由于报业技术手段的突破,日报不断趋向休闲娱乐化,再加上广播电视业的发达,晚报的优势逐渐消失,《星岛晚报》和《新晚报》终于在 1996 年底和 1997 年 7 月 26 日分别停刊。香港成为没有晚报的都市,虽然很可惜,但这是市场竞争机制作用的结果。

广播电视业也兴旺发展。电子传媒业在这一时期有很大的发展,90 年代初

---

① 彭兰:《香港媒体网站发展概况》,《国际新闻界》2004 年第 2 期。

香港只有2个电视台提供4个频道,引进卫星电视及有线电视启播后,香港的电视频道2年激增至40个。到2000年,政府为开放收费电视市场,发出5个新收费电视台牌照,连同原有的有线电视及互动电视,香港仅有线电视市场就出现了7个电视台,为公众提供多达149个额外频道①。这次的发牌照行动,结束了香港有线电视专营权的历史,为电视市场开辟了一个新局面。广播电视业界在引入新竞争力量的同时,也相应引入了新的经营管理模式,使服务趋向多元化。而外国资金的介入,既有利于广播电视的国际化发展,同时也使得香港广播电视界的竞争更加激烈。

由于香港先进的电信科技,以及自由竞争的市场经济状况,蓬勃发达的大众传媒,以及宽松自由的媒体环境,香港在国际新闻事业中具有特殊地位。香港吸引了不少国际通讯社、国际报刊和广播电视公司,它们在香港设立了亚洲区总部或代理办事处。《亚洲周刊》、《远东经济评论》的业务基地均在香港设立,《金融时报》、《亚洲华尔街日报》和《国际先驱报》也在香港刊印发行。美国NBC在香港也建立了CNBC总部,向整个亚洲传送财经消息。同时,Disney和Discovery也在香港设立了亚洲总部。香港当之无愧是亚洲广播电视中心。

香港的各类传媒都充分利用互联网,有一定规模的传媒均已实现上网。1997年有2份英文报纸和6份中文报纸利用互联网出版。1998年有2份英文报纸和6份中文报纸利用互联网出版。1999年有2份英文报纸和8份中文报纸利用互联网出版。2000年有3份英文日报、6份中文日报和6份中英文双语日报利用互联网出版②。这一时期,高涨的互联网热潮,带动了传媒业网站业务快速发展。但在2000年的年中,香港互联网形势急转直下,网站收益下降,进入网站企业减少。在互联网的寒冬时期,香港传媒网站纷纷用各自的方式改善经营以求拼出一条生路。网站内容是各媒体重视的一种盈利资源,因为内容收费在香港网站较为普遍。随着互联网业的逐渐复苏,香港媒体网站大多进入了平稳时期,各个网站根据自身的特点,根据整个媒体行业的发展态势,又以各种方式开展着网上业务。

回归后,香港的新闻逐渐脱离英国的影响。原来香港不少的报纸都加入了英国刊物销量公证会(ABC),ABC成为最权威的销量核算标志。1998年1月,香港ABC正式脱离英国ABC,独立成为国际ABC联会(IFABC)的会员和亚太地区ABC(APABC)的会员。这是一个法人保证非牟利团体,主要目的是增加销量的公信力。

---

① 陈昌凤:《回归以来的香港新闻事业》,《中国新闻年鉴》(2000),第590页。
② 彭兰:《中国网络媒体的第一个十年》,清华大学出版社,2005年版,第353—354页。

回归以来香港新闻界更关注中国内地的各种事务,新闻从业人员也更注重提高相关素养,如香港职业训练局每年资助新闻业训练委员会,开办"1997 新闻研讨会"、"中国法律"、"普通话"等课程,积极为内地与香港的更好交流而努力。而内地有更多的投资商热心投资香港新闻传媒业,出现了以内地资金背景为主的香港电子媒介。

(二) 经济进入低潮,媒体自谋出路

2001 年,美国"9·11"事件后,由于全球性的经济不景气,广告收益下滑,迫使传媒削减经营成本。这股浪潮波及香港,不少外国传媒纷纷迁离,香港的媒体数量由 1997 年高峰期的 173 家跌至 2002 年中的 114 家[①]。2003 年"非典"出现令原本低迷的广告环境更加雪上加霜,对中文报纸的打击尤其严重,主要报纸在当年 4 月份广告下跌 5% 至 30% 不等[②]。

2001 年,香港每日出版十多份日报,以《东方日报》、《苹果日报》和《太阳报》主导报纸市场。老牌的星岛集团除了出版中文《星岛日报》外,也出版英文报纸 *Hong Kong iMail*。星岛的前大股东胡仙因为债务问题,于 1999 年 4 月卖出 51.4% 股权给 Lazard Asia 抵债。2001 年 6 月,烟草大王何柱国再从后者手中购入有关资产。《星岛日报》易主后,重新强调集中发展传播事业。星岛集团于 2002 年初出售了旗下的印刷业务,将 3 家印刷分公司出售给 CVC Asia Pacific,使星岛集团可以专注发展其传媒业务。星岛还积极拓展多项和内地传媒业有关的投资业务;同时,旗下的英文报纸 *Hong Kong iMail* 在 2002 年 5 月底改用原来的名称 *The Standard*,该报定位于大中华地区财经新闻的报道。老牌报纸《成报》自 2000 年 11 月被 Optima Media Holdings 收购后,到 2001 年 5 月,Optima 母公司中策控投及东方魅力同时声明将所持有的资产卖给资本策略公司,然后又向资本策略公司回购《成报》的股份。在几次转手中,《成报》的采编及排版等不复传统形象。有 60 多年历史的《成报》由于持续出现亏损,一直在市场放盘求售,阳光文化在 2002 年 12 月底以约 1 亿元收购成报传媒 55% 的控股权。成报传媒易名为阳光出版,收购《成报》及《广角镜》这两家报刊及一些网站。此次收购后阳光文化对《成报》进行业务重组及人事调整,自 2003 年 3 月起改版,在新领导的主持下,《成报》希望做到"跟政府与社会互动,讲市民想讲,急香港所急的小市民正派报纸"[③]。一些新创办的报纸,由于受经济危机潮的影响,艰难生存。比如《公正报》,2000 年 12 月和 2001 年 2 月两次裁员,还是难以维持,于

---

① 《中国新闻年鉴》(2003),第 174 页。
② 《中国新闻年鉴》(2004),第 231 页。
③ 同上。

2001年2月底宣布停刊,从创刊到停刊前后只有几个月,真可谓生不逢时。

逆市中仍有新杂志在2002年初创办,这就是《战国策商业月刊》,创刊号主题文章是建议香港学习瑞士,在香港本地传媒引起很大反响。地铁免费报纸《都市日报》在2002年4月创刊出版,内容包括时事新闻等资讯,对象是200多万乘地铁上班的乘客。《都市日报》未受到"非典"的影响,在2003年6月首次获得盈利。该报是香港首份免费派发的大众化报纸,根据香港出版销数公证会核查并证实,该报每日派发量超过30万份,成为全港发行量第三大的报纸。

2003年因为盈利倒退,英文《南华早报》在15个月内三度裁员。3月份,《南华早报》改版庆祝创报一百周年,同时也将报纸市场转移,从香港本位变为中国本位,避免和官方的 China Daily 正面竞争。虽然这样,短期内效果依然不佳,《南华早报》说,该报2003年上半年每日发行量急跌了7%。9月份《南华早报》公布中期业绩,盈利急跌了六成多。

在这一时期,香港电视业为了生存、提升收视率而各显神通。2001年,两家免费电视台"无线"和"亚视"开办知识型节目,进行竞争。5月,"亚视"率先引入了问答游戏节目《百万富翁》,由于设置的奖金可观,吸引了30万人排队参加,造成轰动,令收视率上升。"无线"收视率受到威胁,连一向有收视保证的香港小姐竞选总决赛,也因为和同类节目对垒而落得29年来最低收视率。为了挽救收视率,"无线"匆忙也推出同类节目《一笔 out 销》。两个节目的恶性竞争最终使观众厌烦,收视率持续下跌,而知识游戏节目热潮也如昙花一现。

2002年,因为"亚视"和"无线"的牌照将于2003年底到期,故广管局在4月底举行公听会,两台和广管局就续牌条件有了分歧,两台投诉政府趁机增加续牌条件,广管局则要求两台提高节目的社会服务功能,例如增加文化普及和公众教育节目等,而两台联手与政府商讨,希望能放宽对它们广告的限制,使电视台在淡季时能增加收入。经过多月的协商,两台终于和政府达成共识,行政会议在2002年底批准"亚视"和"无线"的服务牌照续期12年。

与免费电视相比,收费电视台的发展则不尽如人意。在5个牌照发出后,先有卫星电视在2000年度退出,香港网络电视在2001年3月也宣布退出收费电视,主要原因是租用固网的成本过高,令经营无利可图,虽然政府批准以卫星传送,但仍然无法解决家庭收视问题。

(三) 经济回升,媒体稳中有变

2004年初起,香港与内地落实了更紧密的经贸关系,香港和内地的关系进一步融合,香港的传媒业虽然没有直接获得优惠政策,但进军内地市场早已起步。内地媒体也积极进入香港,如母公司为《北京青年报》的新股北青传媒就在2004年12月在港上市,成为第一家上市的内地传媒股。

2004年后,香港经济逐渐回升,这使得报业整体经营环境也转好。如《南华早报》集团在2004年中业绩理想,全年营业额为13.75亿港元。《东方日报》则继续高居销售量首位,据当年5月5日的调查,当天销数超过53万份,大大超过《苹果日报》自称的印数38万份。《明报》企业集团在2004年前6个月获得半年纯利润2 054万港元,相对上年同期增加41%。壹传媒上半年营业达14.4亿元,比上年同期上升26.5%,业绩转亏为盈,半年盈利9 100万元。只有《苹果日报》因竞争激烈导致广告收入轻微下跌①。

2005年,中原地产主席施永青在6月底公布了他一亿元办报的计划,并于当年7月30日推出免费报纸《am730》,目标读者是时尚上班一族,周一至周五出版,初期印量每天十多万份。星岛集团在7月中抢先推出了其免费报纸《头条日报》,第一阶段的发行量为每天40万份。这样,包括2002年创刊的《都市日报》在内,香港免费报纸达至3份。发行商认为免费报纸对传统报纸的销路影响不大,但香港报贩协会却表示生意下跌了20%②。

截至2005年3月,香港已有47种报纸、762种杂志及其他刊物③,出版业的竞争越来越激烈了。报业市场不仅受制于市场规模的变小,而且更受制于读者群的阅读倾向的转移,年轻一代获取信息的渠道由传统纸质媒体转移到网上,纸质媒体需求减少。而新报纸的加入,很有可能再次出现汰弱留强的现象。受免费报纸的冲击,《太阳报》宣布从10月9日起将售价减至3元,以刺激销量。但其他中文报纸仍持观望态度,没有追随这一行动。

经济复苏也令电视广播业2004年业绩理想,全年赚19.75亿港元,较2003年16亿有明显上升,加上电视剧集《金枝欲孽》罕有地掀起收视高潮,10月初的大结局有接近300万观众收看,成为该年电视剧集的收视奇迹。剧集叫座,令电视广播有很好的理由增加广告费,10月下旬开始广告预订,无线调升了2005年的广告价10%④。其他媒体如亚洲电视、有线宽频等也相继加价。

对香港电视业来说,还有一点要特别提及的就是,经过多年与中央政府磋商,经批准,这年9月翡翠、明珠两台终于可以合法在珠三角地区9个城市落地,并可以与内地电视台摊分广告收入。

收费电视市场竞争更是越来越激烈,使规模较小的经营者难以维持。台湾的谱乐视首先在2004年中交回本地收费电视节目服务牌照给香港政府,不久又有一家收费电视商退出了市场,英资的YesTV也宣布结束其收费电视节目,集

---

① 《中国新闻年鉴》(2005),第236页。
② 《中国新闻年鉴》(2006),第263页。
③ 同上。
④ 《中国新闻年鉴》(2005),第237页。

中资源拓展宽频个人计算机娱乐服务。香港政府自 2000 年批出 5 个收费电视牌照以来,连续 4 家营运商先后退出香港的收费电视市场,可见收费电视营运的艰难。

2005 年,无线电视旗下的收费电视台银河卫视于 1 月底与和记环球电讯签约,协议内容是使用和记环球电讯的光线固网传送节目到用户家中,让银河卫视的覆盖率由当时的约 3 万户,能大幅增至 2005 年底的 200 万户。借此机会,银河卫视还发展了一些与观众互动的节目。自从美资 Intelsat 退出银河卫视的经营后,无线电视在 4 月底公布,出售银河卫视 51% 股权给瑞力控股和德祥企业的主席陈国强,作价 3.5 亿港元。

第三节　澳门新闻传播事业的变化

澳门新闻事业至今已有 170 多年的历史。自从葡萄牙人租占以后,澳门逐渐成为东西方商品的中转站和中西文化的交汇点,这为澳门报刊的出现创造了条件。1822 年 9 月 12 日创刊的《蜜蜂华报》被认为是在我国出版的第一份外文报纸,也是澳门历史上第一份报纸。1892 年创刊的《澳报》,是在澳门出版的第一份中文日报。维新时期影响较大的报刊是 1897 年 2 月 22 日康有为与澳门商人何穗田共同创办的《知新报》。1898 年 9 月政变后,《知新报》仍然继续出版,后成了保皇会的重要机关报之一。辛亥革命时期,革命派和保皇派在海内外掀起办报的高潮,澳门成了他们报刊论战的重要地区之一。从中华民国成立到抗日战争爆发,澳门相继出版了 9 家中文报纸。其中稍具规模的是《澳门通报》、《濠镜日报》和《濠镜晚报》。抗战胜利后,国民党势力趁机创办了《世界日报》、《复兴日报》和《精华报》,和老牌报纸《华侨报》、《市民日报》、《大众报》一起进行反共宣传。在解放战争时期,澳门的中文报业基本上成了国民党的天下。

一、新中国成立后的新闻传播事业

（一）报纸的变化

澳门报业受内地的影响较大,中华人民共和国成立后澳门报业发展的一个显著的特点就是进步报刊的兴起与繁荣。

1950 年 3 月 8 日,澳门爱国团体新民主协会会刊《新园地》小报出版。1958 年 8 月 15 日,《澳门日报》创刊,为大型日报,《新园地》成为该报的综合性副刊。

《澳门日报》在创刊词中揭示了其办报宗旨：竭尽所能，宣传爱国正义，宣扬一切真正引人向善的科学思想，并且用人们最喜闻乐见的方式，报道一切澳门同胞所需要的知识。该报后来发展为澳门地区最大的报纸，30余版，日出对开7至9张，发行量近4万份，约占澳门中文报纸发行量总数的70%。该报重要消息大多来源于新华社和中新社电讯稿，设有20多个专刊和副刊。该报除在澳门本地销售外，还广销至香港、广州、珠江三角洲一带及海外。1988年5月起，《澳门日报》均以彩色印刷。

1966年，《华侨报》总编辑赵斑斓买回该报的全部股本，使之成为澳门一家有影响的爱国报纸，销量略少于《澳门日报》，是澳门第二大报。该报注重新闻，内容充实，报道范围及于香港、内地和世界各地。《大众报》在新中国成立后开始真实客观地报道内地新闻，受到读者的信任，成为澳门三大中文报之一。

从20世纪60年代到80年代，澳门新创办了一些报纸。

中文《星报》创刊于1963年10月5日，以刊登本地新闻和娱乐信息为主。《正报》1978年1月7日创刊，初名《澳门体育会》周刊，后易名《体育日报》。初创时全部内容为澳门体育新闻，后改为综合性日报。1982年又易名《正报》。

1979年，中国和葡萄牙建交后，葡文报刊骤增了5家，分别是《澳门晚报》、《澳门论坛报》、《澳门商业报》、《澳门》、《东方快报》，加上原有的《号角报》和《澳门人报》，到1989年初共有7家。此外，老资格的《大众报》也于1982年开设葡文版，成为当地唯一一家中、葡文双语报纸。

（二）广播电视业的发展

澳门电台是澳门最早的无线电广播电台，于1933年8月26日开播，每晚9点至11点用葡萄牙语播送新闻和音乐。1948年，澳门电台成为官方电台，隶属于澳门政府新闻旅游处，1962年由邮电厅负责主办，1980年2月至1981年一度由葡萄牙广播公司管理。

除官方电台外，土生葡萄牙人保罗于1950年创办了绿村商业广播电台，最初只播放音乐，到1964年开始用粤语广播商业新闻。1981年，该台改由澳门商业广播（香港）有限公司经营，每天广播由早晨7时至晚上12时。

澳门广播电台于1982年组成澳门广播电视公司（"澳广视"），分为中文台和葡文台两部分，并增添新闻广播。

澳门的电视事业起步很晚，到1984年5月13日才正式开播。澳门电视台属官办，创建初每周只播40小时，仅覆盖至本地。1988年8月"澳广视"转为私营。1989年，该台进行改革：接收私人股份，延长播放时间，推出新鲜节目，现场直播在澳门举行的一些大型活动。1990年9月17日，该电视台设中文和葡文两个频道，分别播放中文和葡文节目。

除报纸和广播电视业外,澳门其他新闻机构较简单。80年代中期,《澳门日报》社是实际上的澳门新闻通讯社。1987年9月21日,新华社在澳门正式成立分社。1988年2月,葡萄牙通讯社在澳门设立分社,用中、葡、英三种语言发稿。1989年3月,葡萄牙通讯社又将澳门分社改组为葡通社亚太总分社,下有澳门、香港、北京三个分社。

澳门的新闻团体主要是澳门新闻工作者协会,它由6家中文报纸(《澳门日报》、《华侨报》、《大众报》、《市民日报》、《星报》、《正报》)联合于1968年1月1日成立。其宗旨是团结同业,交流业务,保障和维护新闻工作者的合法权益。

二、回归后新闻传播事业的新变化

(一)报纸的变化

澳门自1999年12月20日回归后,特区政府希望借助内地改革开放和入世的机遇,增强澳门传媒的实力,逐步走向国际化,并增强自身的地方话语权,以取得与香港媒体同等的竞争力。

澳门的新闻传播事业得到"一国两制"《基本法》的保障,西式的新闻自由也得到一定程度的保留,因而澳门的新闻事业比较开放。报纸种类的多样也显示出话语多元化的特色。澳门报业的主要困难,除了自身实力较弱,就是强大的香港媒体对手的竞争,例如香港《成报》、《东方日报》和《南华早报》等几份报纸在本来市场容量就不大的澳门报业拥有相当的读者群,使澳门的报纸寝食难安。

创刊已44年的《澳门日报》在回归后已然成为澳门地区发行量最大、最具影响力的报纸,而且该报注重在版面设计、新闻采写、标题制作等方面提高水平。《澳门日报》在澳门率先出版"电子版",后又与海外报纸合作,发行"美洲版"、"东南亚版",将澳门回归后社会发展、政府施政、民众生活的信息传播至海外,以扩大国际影响力。其后《华侨报》也推出"电子版"。报纸上网后,更有助于这些报纸拓展海外华人读者群,扩展国际影响力。

2004年8月,回归后首份英文报纸——《澳门邮报》创刊,主要由澳门传媒人所办。"英文报纸的出现,显示澳门正式迈向国际化,该报也表明会以客观和中肯的报道和言论向外展示澳门情况、特色、价值及观点,为市民捍卫社会正义和公民权,并致力于保护澳门多元化特色和族群和谐。"[①]

澳门的免费报纸受香港的影响,但也有自己的特色。例如,澳门的免费报纸更注重形式的设计,以房地产业务为主,几乎没有新闻,与现在内地的"广告报"

---

① 《中国新闻年鉴》(2004)。

较相似。这类报纸在很大程度上是一种经营和生存的方式，并不会影响主流报纸的销量。此外，香港地区的报纸减价，办报成本的提高，也影响澳门报业。2005年，澳门发行量最大的《澳门日报》宣布报纸提价，引起了部分市民的不满。

从澳门第一份葡文报纸创办至今，葡文报纸的发展一直都不顺利。由于澳门土生葡萄牙人数量少，以及回归后葡人影响力大大减弱，葡文媒体的声音越来越低，几乎都是在亏本经营，销量最高的葡文报纸也不过两千份。葡文媒体若持续衰弱下去，势必会影响到澳门多元化的社会基础和族群关系，不利于澳门新闻事业走向多元化和国际化。

回归后，为了令澳门报业增强竞争力和进一步走向现代化、国际化，特区政府延续葡澳政府对报业的资助制度，由政府提供财政支持，协助本地报业在业务培训、专业能力、技术设备等方面提高水平，并且修改补助制度，在培训学习和社会保障等方面提供多种优惠政策。但政府过多地参与到报业的运作中，是否会导致报纸言论的保守，缺乏多元化的舆论以及降低媒体对政府的监督作用，这是值得澳门新闻业思索的另一个问题。

综上所述，澳门报业有三个特点：第一，报纸的本地化程度较高，注重当地新闻和突发事件的报道，积极参与社会活动。第二，澳门报社的规模虽小，但效率高。《澳门日报》和《华侨报》职工各有百余十人，但都有相当的盈利。第三，报纸开展多种经营，并注重新科技的应用。《澳门日报》其实是一个以报纸为主，在投资、资讯、贸易等领域开展多种业务的综合性企业。

（二）广播电视的新变化

澳门的广播电视事业1933年起步后，发展一直不顺利。回归后，澳门广播电视业获得了与内地、港、台及海外更多的交流和合作机会，获得较大的发展。至今，澳门已成为一个以有线电视和卫星电视为主的广电事业较发达的城市。

2000年3月22日，绿村广播电台重新开播，节目内容更加丰富，除时事新闻外，还有音乐、体育及赛狗节目，而且覆盖面扩展到香港和珠江三角洲地区。考虑到澳门仍有部分葡语听众，在每天的播音中设置8小时的葡语节目。回归后，作为官方交流平台的澳门广播中文台也逐渐向年轻化及本地化靠近，以吸引本地听众。澳门电台在2005年6月进行节目大改革，根据本地听众口味，推出更多新型节目。

2000年7月8日，澳门有线电视正式开播，该台由内地、葡萄牙、澳门三方投资4.5亿成立。前期，该台通过微波传送，提供40余个中、英、葡语频道，而且该台以转播为主，不播放自制节目。澳门有线电视的成立，使澳门居民有了更多的频道选择，而且各语种、各种类型的频道的推出，也标志着该台逐渐向分众化转变，有助于澳门居民收看到更多高质量的节目。

澳门有线电视致力于扩大网络覆盖范围和吸引更多用户,例如设立多个便民销售站,使市民能及时查询电视服务。另外,该台通过降低月收视费的方法来吸引更多的用户使用。澳门有线电视在2001年10月与澳门电讯签署无线上网服务协议,用户可利用无线上网查询节目和其他资讯。多种经营手段的采用使用户数得到较大增长,收入逐渐增加,到2003年有线电视在澳门的覆盖率已达40%。2005年7月,澳门有线电视频道增加到70个,包括MTV中文台及彭博财经台的加入。体育方面,澳门有线电视继续独家转播英超联赛、世界杯外围赛、欧冠及足总杯等赛事。

回归以来,澳广视一直致力于加强澳门与内地电视台之间的交流。澳门已举办过北京、广州、新疆、青岛、深圳、泉州、南京、重庆等十个电视节。同时,澳广视也与内地的电视台开展节目交流。2002年5月与天津电视台联合举办"天津电视节",接着在北京参加国际电视周。但年中以后,经营问题更趋恶化,8月澳广视召开股东大会,商讨解决澳广视的财政问题。至2003年,澳广视的财政问题稍为缓和。2004年10月,在由澳广视主办的"公营广播机构国际年会"上,特首何厚铧明确指出,澳广视提供公营服务,表明澳广视已正式成为"公营广播机构"。一直受财政困扰的澳广视,终于在政府的协助下找到解决方案。2005年3月,董事会决定将澳广视的私人股份转售给特区政府,政府从而拥有了全部股份。由于财政的改善,澳广视会有多方面的业务扩展。

1999年7月,澳门卫视成立,该台由宇宙卫视经营。经过两年的发展,该台已从一个小电视台发展成为拥有6个频道、全天24小时播放的卫星台,包括旅游台、生活台、五星台、澳亚台、财经台和卡通台,共约50套节目。其中五星台和澳亚台已分别获得内地落地许可权。澳门卫视以澳门为据点,覆盖包括两岸三地和澳洲、日本、韩国及北美的广大地区,已经初具国际性传媒的规模。

2002年6月1日起,澳门卫视的6个频道进行转星播放,覆盖范围增加到30多个国家和地区。"澳门卫视国际商务台(即莲花卫视)于10月29日在澳门正式开播。莲花卫视是澳门卫视全新的商务频道,以商务、财政类资讯为频道定位,关注商人、商机、商情等。"①莲花卫视通过亚洲2号通讯卫星,覆盖以亚太地区为主的全球53个国家和地区,节目24小时滚动播放。

2001年7月24日,澳门东亚卫视模拟试播,2002年初正式开播,该台由香港丰德丽投资建立。开播初期,东亚卫视的节目主要由香港的亚洲电视提供。东亚卫视覆盖包括中国、日本、韩国、南亚以及俄罗斯和澳洲在内的广大地区。该台的观众主要为华人,计划设两个频道:一个以年轻消费者为对象,以推动优

---

① 《中国新闻年鉴》(2002)。

质生活为主；另一个以资讯为主，并在2001年获得内地的有限落地权。除经营卫星电视，东亚卫视还获准兴建了一座东亚卫视影城，每年可制作约5 000小时节目，供东亚卫视播放。

2001年11月10日，亚洲联合卫星电视（UTV）正式开播，UTV是由内地、台、港、澳四地联合创办的卫星电视台。该台总部设在澳门，业务中心设在北京，已取得内地的有限落地权，主要向亚洲地区华人提供新闻、娱乐、资讯服务等多方面的节目。该台注重与海内外国家和地区合作，交换和购买节目资源，包括日、韩及两岸三地的新闻资源、电视剧和娱乐节目、著名电影影库以及一些纪录片和专题报道。

2004年6月，CBN（中国商务网）卫视在澳门正式开播，CBN卫视由金燕国际传媒投资建立，该频道以播放经贸节目为主。该卫视总部设于澳门，在北京、上海、成都、广州和香港设有办事处。除经营卫星电视主业，CBN卫视也从事新闻采访、节目制作和广告策划等服务。金燕传媒把澳门作为连接内地和海内外的纽带，致力于将CBN卫视打造成一个具有电视媒介和商务服务双重功能的平台。该卫视覆盖全球53个国家和地区，而且其节目已获得在新加坡、泰国和马来西亚等东南亚国家的落地权。2004年下半年开始，该卫视还取得了在亚洲及北美部分地区的落地许可权。

综上所述，澳门广播电视业的一个显著特点就是卫星电视业务比较发达。特区政府为推动澳门传播事业，多次强调要对外开放卫星电视业务。卫星电视的发展不仅能增加收入和就业机会，而且能提高澳门的国际形象，使澳门居民有更多渠道接收外界的信息，创造一个自由民主的信息环境。另外，澳门广播电视业存在着公营和私营并存、本地和外地多方资本并存的局面，这也是其特点之一。

整体而言，无论通过报纸、广播还是电视，澳门居民每天都可以自由接收本地、香港、台湾和内地以及世界各地的新闻信息和电视节目。澳门的新闻事业虽然发展有限，但仍是一个新闻事业比较发达的城市。

本章简论：享受新闻自由与遵守职业操守

台湾、香港和澳门新闻事业的生存环境和发展历程尽管存在若干不同，但是，有一点是相同的，就是它们都生存在资本主义环境中，对西方新闻界的运作方式有比较全面的了解，并且长期以来按照西方媒介的运作方式在进行运作。

一句话,它们享受着比较充分的新闻自由,这是正面的。但是新闻人的职业操守一直受到经济利益的挑战,如何享受充分的新闻自由与推行严格的新闻自律,在新闻自由与职业操守之间寻求平衡,这是台、港、澳三地新闻事业发展面临的主要课题。

台湾在"解禁"后,消除行政干预,实施新闻自由,实行法治新闻事业,新闻媒体按市场规律优胜劣汰,新闻事业一时间迅猛发展。但是,问题很快就出现了。在严峻的市场竞争中,为了生存,各媒体挖空心思抢夺眼球,取悦读者(听众、观众),以抢占市场份额。在新闻报道方面,各家报纸大都采取西方19世纪三四十年代廉价报纸的做法,拼命抢夺"独家新闻"、"内幕新闻",追求轰动效应,大肆炒作;此外,为了抢新闻,不惜道听途说,捕风捉影,捏造事实,造成很坏影响。尤其是《苹果日报》进入台湾并站稳脚跟后,给台湾带来的世俗化、八卦化冲击是巨大的。八卦有星火燎原之势,各种媒体为了盈利的需要,争先恐后地群起效仿,娱乐新闻、社会新闻纷纷八卦化,这固然有对过去台湾媒体新闻报道泛政治化的逆反因素,但主要还是市场利益的驱动。《台湾时报》的俞雨霖先生在谈到2005年台湾媒体特点时说:"过去一直以文人办报为骄傲……倡导文以载道,并追求扮演社会喉舌角色的台湾本地媒体市场,到了2005年已经完全弃守了原有的立场,'狗仔队'的能耐成为媒体生存与发展的利器,本地媒体也开始建立'狗仔部队',希望能够突破困境。台湾的媒体经营者,迅速地向香港的八卦媒体靠拢了。这是一种无奈的选择,但终究是受众与市场决定了台湾媒体八卦化的方向。"[①]所以,台湾新闻学界和正直人士对此忧心忡忡,呼吁台湾新闻界强化行业自律,加强新闻职业道德建设,新闻人既要享受充分的新闻自由,又必须严格遵守专业操守。

在港英当局统治期间,香港新闻界有较为充分的新闻自由,这是不争的事实;1997年主权回归祖国后,中央政府严格遵守"一国两制"的原则,香港新闻界所享受的新闻自由没有改变,这也是有目共睹的事实。在西式新闻自由原则支配下,在比较健全的法治环境中,一方面香港新闻事业发展得比较好,但另一方面,道德问题也一直是困扰香港新闻事业发展的主要问题,暴力、血腥内容被大肆渲染,各种有伤风化的文字充斥版面,传媒特派员跟踪名人、艺人,专揭隐私的"狗仔队"肆无忌惮,"香港传媒的缺乏公德、品位庸俗低下已经成为一种公害"[②]。进入21世纪后,情况并无明显好转。2006年2月,在致力于维护香港新闻操守的香港报业评议会成立五周年庆祝会上,特区政府律政司司长黄仁龙发

[①] 《中国新闻年鉴》(2006),第266—267页。
[②] 陈昌凤:《香港报业纵横》,法律出版社,1997年版,第267页。

表题为《法律与新闻自由及专业操守的关系》的致词,认为香港新闻界对政府运作有重要的制约作用,政府保护新闻自由,但媒体同样要遵守专业操守及法律标准。报业评议会也公开批评本地报刊的表现,例如谴责《东方新地》及《壹周刊》刊登色情淫秽封面及不雅内容,还关注了报刊对自杀新闻的不当处理。传媒的操守问题,引起了香港特首的关注。2006年4月,行政长官曾荫权出席报业公会的活动时,勉励新闻工作者多报道"对社会重要的新闻"。政府及官员都是传媒监察的对象,传媒的素质、见识及视野,是驱使政府前进的力量。他又告诫传统报业面对新媒体的挑战,在追求速度的同时,也要兼顾质量及深度①。政府越是保护新闻自由,新闻界越是要注重道德自律,如何在享受新闻自由与遵守职业操守间保持平衡,是一个长期的话题。

---

① 《中国新闻年鉴》(2007),第181—182页。

后 记

方汉奇教授最近寄语新闻史研究工作者说,新闻史"面上的研究,前人已备述矣。据说'通史'类的新闻史教材目前已经有五六十种之多,其中很多属于重复劳动,再投入力量,近期内已经没有太大的重义。希望大家多花一点力气改做基础性的工作,多打深井,多做个案研究"[1]呈现在大家面前的这本《中国新闻史新修》,正是我多年来进行个案研究的结晶。

我从上个世纪80年代中期开始从事中国新闻史的教学和研究。为了教学的需要,我着手通史的阅读和资料收集;为了研究的需要,我从通史中寻找我感兴趣的或者能打动我、让我激动的"点",抓住这些"点","一点一点"地做深入探求。比如,最初,我为宋代"小报"而激动,认为它才是中国报纸的起源。当时,方汉奇先生的力作《从不列颠图书馆藏唐归义军进奏院状看中国古代的报纸》发表了,新闻史学界对中国古代报纸始于唐代的看法基本认同;我则以为学术研究可以争鸣。经过近两年的研究,撰写出我的新闻史研究方面的两篇"处女作":一篇是《从归义军进奏院状的原件看唐代进奏院状的性质》,认为唐代归义军进奏院状只具有情报性质,不具备报纸性质;一篇是《论中国古代报纸始于宋》,指出宋代民间"小报"的报纸性质最为明显,应该是中国古代报纸的开始。这两篇文章都发表在我系内部刊物《新闻探讨与争鸣》上,我还把第一篇文章寄给了方先生。方先生马上给我回信,鼓励我继续研究,拿出有说服力的成果参与"学术上的争鸣和探讨"。方先生的博大胸怀对我是极大教育。我懂得了做史学研究首先必须有过硬的史料;要得到过硬的史料,就必须做个案研究。之后,才有了新记《大公报》研究、张季鸾研究、文人办报专题研究;进入新世纪后,指导博士生又进行了邓拓研究、林白水研究、胡适研究、储安平研究,以及1957年新闻界研究、1945年至1949年政论周刊研究等。如果说这本著作还有些新意的话,那得益于这些个案的研究。这是要说的第一点。

要说的第二点,是这部书与其说是我的著作,不如说是多年来学习中国新闻

---

[1] 方汉奇、曹立新:《多打深井多做个案研究——与方汉奇教授谈新闻史研究》,《新闻大学》2007年秋季号。

史的体会。常言道,发生的历史只有一部,写出来的历史有若干部,这中间的差异主要在于编撰者对史料的认知和判断。我尽可能让自己"回到历史中去",把收集到的新闻史实,放在当时的历史大背景中去考察,去判断,去体会。一句话,尽可能把"发生的历史"理清、读懂,然后用自己的体会作"魂",把史实串起来,把历史"写"出来。我力求把历史写出"个性",打上我的"烙印"。

要说的第三点,是这部书包含了很多人的劳动成果。高海波、陶巍、李统兴、摆卉娟、李白袁、郑素侠、陈俊峰分别参与了第一至十一章的修订(这十一章内容以我原来的著作《中国新闻传播史稿》为基础修订而成);裴晓军、阳海洪、张振亭、郑素侠分别参与了第十二至十六章的初稿撰写;范珍珍、姚世艳、李亚分别参与了第十四至十六章的初稿撰写。此外,特别要提及吴麟,她为参与有关胡适和储安平的章节的初稿撰写,收集了大量资料,付出了巨大劳动。在此,感谢这些青年人,本书如果有些成绩,他们功不可没;如果有什么问题,那是我的责任。

吴廷俊

2008 年 6 月 9 日

图书在版编目(CIP)数据

中国新闻史新修/吴廷俊著.—上海:复旦大学出版社,2008.8(2021.10 重印)
ISBN 978-7-309-06146-8

Ⅰ.中… Ⅱ.吴… Ⅲ.新闻事业史-中国 Ⅳ.G219.29

中国版本图书馆 CIP 数据核字(2008)第 101014 号

中国新闻史新修
吴廷俊　著
责任编辑/黄文杰

复旦大学出版社有限公司出版发行
上海市国权路 579 号　邮编:200433
网址:fupnet@fudanpress.com　http://www.fudanpress.com
门市零售:86-21-65102580　　团体订购:86-21-65104505
出版部电话:86-21-65642845
大丰市科星印刷有限责任公司

开本 787×960　1/16　印张 39.75　字数 735 千
2021 年 10 月第 1 版第 8 次印刷
印数 20 611—21 710

ISBN 978-7-309-06146-8/G・762
定价:58.00 元

如有印装质量问题,请向复旦大学出版社有限公司出版部调换。
版权所有　侵权必究